건축
기사 필기

시대에듀

[건축기사] 필기

Always with you

사람이 길에서 우연하게 만나거나 함께 살아가는 것만이 인연은 아니라고 생각합니다.
책을 펴내는 출판사와 그 책을 읽는 독자의 만남도 소중한 인연입니다.
시대에듀는 항상 독자의 마음을 헤아리기 위해 노력하고 있습니다.
늘 독자와 함께하겠습니다.

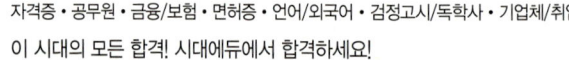

머리말

건축기사 자격
건축물의 계획 및 설계에서 시공에 이르기까지 전 과정에 관한 건축공학의 지식과 기술을 갖춘 기술인을 배양하여 건축 관련 업무를 수행하게 함으로써 창의적이고 안전한 건축물을 생산하기 위해 제정된 자격입니다.

건축기사 자격 취득 후의 업무 수행
건축기사는 건설 회사 및 종합 엔지니어링 회사 등에서의 건축 시공과 설계 업무 수행, 건축사사무소에서의 설계 업무 수행, 감리전문업체에서의 감리 업무 수행, 건축 관련 컨설팅 회사에서의 건축 기획 업무 수행, 공기업 및 공공기관에서의 시설 담당 업무를 수행합니다.

건축기사 시험 학습방법
첫째, 기출문제 위주의 문제은행 출제방식과 소수의 신규 문제의 조합으로 출제되기 때문에 건축 관련 전공자는 기출문제를 통해 출제 빈도가 높은 문제를 우선하여 출제 범위와 경향을 파악해야 합니다.
둘째, 평균점수 60점 이상과 과목별 과락점수 40점 이상을 목표로 학습기준을 정하여 단기간의 학습과정에서 개념에 대한 명확한 이해와 핵심 내용을 도출하여 암기하는 방식으로 효과적인 학습을 진행하여야 하고, 응용 및 신규 문제는 유추를 통해 해결할 수 있도록 이론 및 문제풀이 과정을 반복하는 것이 중요합니다.

이 책의 구성 및 활용방법
첫째, 빨간키에서 제시하는 빈도가 높은 기출 중심 어휘들에 익숙해져야 합니다.
둘째, 본문의 핵심요약은 최근 기출(복원)문제를 중심으로 정리한 내용이므로 필수적으로 학습하여야 하며, 본문에 함께 제시된 빈출문제를 중심으로 암기하여야 합니다.
셋째, 최근 7년간 기출(복원)문제를 여러 번 반복하여 학습하면서 해설을 더 꼼꼼하게 학습합니다.

위와 같은 방법은 선택과 집중에 의한 효율적인 학습으로써 문제 해결력을 높일 수 있을 것이며, 핵심을 파악하고 체계적인 학습을 통해 건축기사 필기시험에 합격할 수 있다고 확신합니다.

마지막으로 본 교재가 출간될 수 있도록 도움을 주신 분들, 편집을 주관하시느라 수고 많으셨던 시대에듀 임직원분들에게 진심으로 감사드립니다.

편저자 드림

Win-Q [건축기사] 필기

시험안내

개요
건축물의 계획 및 설계에서 시공에 이르기까지 전 과정에 관한 공학적 지식과 기술을 갖춘 기술인력으로 하여금 건축업무를 수행하게 함으로써 안전한 건축물 창조를 위하여 자격제도를 제정하였다.

진로 및 전망
❶ 종합 또는 전문건설회사의 건설현장, 건축사사무소, 용역회사, 시공회사 등으로 진출할 수 있다.
❷ 신규 착공부지의 부족, 기업에 대한 정부의 강도 높은 부동산 제재로 투자위축 우려, 전세대란의 대책으로 인한 재건축사업의 부진 우려, 지방지역의 높은 주택보급률에 대한 부담 등 감소요인이 있으나, 최근 저금리 추세가 지속, 신규 공동주택에 대한 매매수요가 증가요인으로 작용하여 건축기사 자격취득자에 대한 인력수요는 증가할 것이다.

시험일정

구 분	필기원서접수 (인터넷)	필기시험	필기합격 (예정자)발표	실기원서접수	실기시험	최종 합격자 발표일
제1회	1.13~1.16	2.7~3.4	3.12	3.24~3.27	4.19~5.9	1차 : 6.5 / 2차 : 6.13
제2회	4.14~4.17	5.10~5.30	6.11	6.23~6.26	7.19~8.6	1차 : 9.5 / 2차 : 9.12
제3회	7.21~7.24	8.9~9.1	9.10	9.22~9.25	11.1~11.21	1차 : 12.5 / 2차 : 12.24

※ 상기 시험일정은 시행처의 사정에 따라 변경될 수 있으니, www.q-net.or.kr에서 확인하시기 바랍니다.

시험요강
❶ 시행처 : 한국산업인력공단
❷ 관련 학과 : 대학이나 전문대학의 건축, 건축공학, 건축설비, 실내건축 관련 학과
❸ 시험과목
  ㉠ 필기 : 1. 건축계획 2. 건축시공 3. 건축구조 4. 건축설비 5. 건축관계법규
  ㉡ 실기 : 건축시공 실무
❹ 검정방법
  ㉠ 필기 : 객관식 4지 택일형 과목당 20문항(2시간 30분)
  ㉡ 실기 : 필답형(3시간)
❺ 합격기준
  ㉠ 필기 : 100점을 만점으로 하여 과목당 40점 이상, 전 과목 평균 60점 이상
  ㉡ 실기 : 100점을 만점으로 하여 60점 이상

검정현황

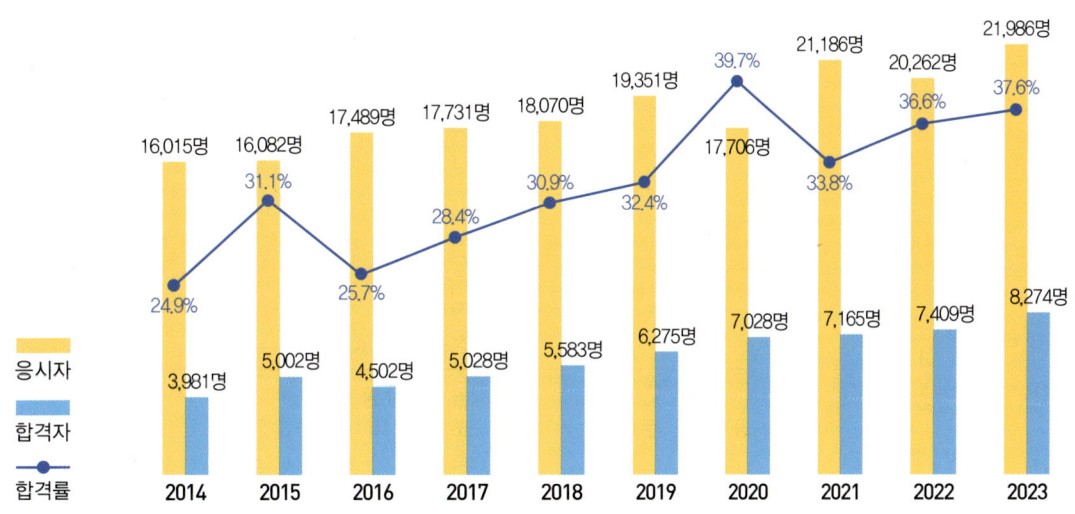

필기시험

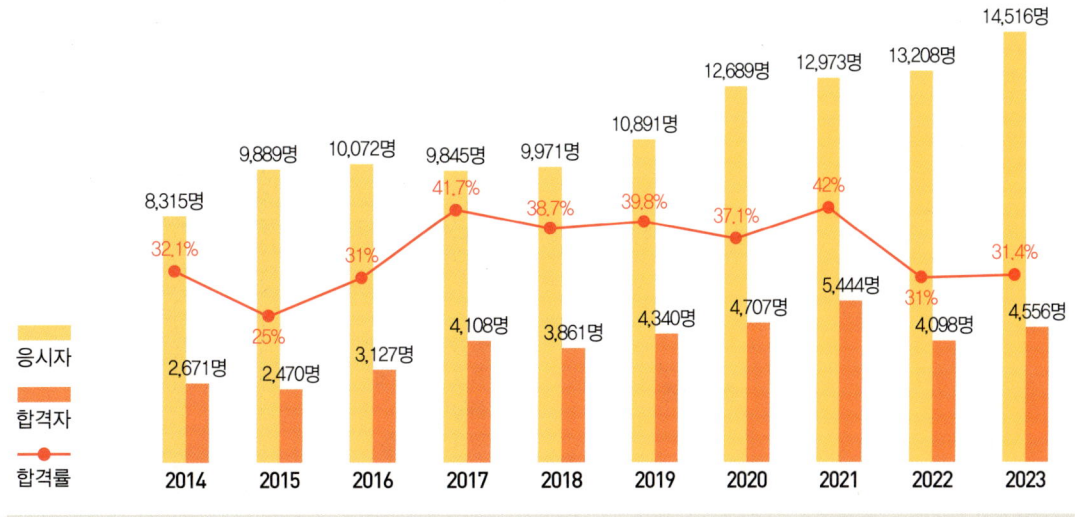

실기시험

시험안내

출제기준

필기 과목명	주요항목	세부항목
건축계획	건축계획원론	• 건축계획 일반 • 건축사 • 건축설계 이해
	각종 건축물의 건축계획	• 주거건축계획 • 상업건축계획 • 공공문화건축계획 • 기타 건축물계획
건축시공	건설경영	• 건설업과 건설경영 • 건설계약 및 공사관리 • 건축적산 • 안전관리 • 공정관리 및 기타
	건축시공기술 및 건축재료	• 착공 및 기초공사 • 구조체공사 및 마감공사 • 건축재료
건축구조	건축구조의 일반사항	• 건축구조의 개념 • 건축물 기초설계 • 내진·내풍설계 • 사용성 설계
	구조역학	• 구조역학의 일반사항 • 정정구조물의 해석 • 탄성체의 성질 • 부재의 설계 • 구조물의 변형 • 부정정구조물의 해석
	철근콘크리트구조	• 철근콘크리트구조의 일반사항 • 철근콘크리트구조설계 • 철근의 이음·정착 • 철근콘크리트구조의 사용성
	철골구조	• 철골구조의 일반사항 • 철골구조설계 • 접합부설계 • 제작 및 품질

필기 과목명	주요항목	세부항목
건축설비	환경계획원론	• 건축과 환경 • 열환경 • 공기환경 • 빛환경 • 음환경
	전기설비	• 기초적인 사항 • 조명설비 • 전원 및 배전, 배선설비 • 피뢰침설비 • 통신 및 신호설비 • 방재설비
	위생설비	• 기초적인 사항 • 급수 및 급탕설비 • 배수 및 통기설비 • 오수정화설비 • 소방시설 • 가스설비
	공기조화설비	• 기초적인 사항 • 환기 및 배연설비 • 난방설비 • 공기조화용 기기 • 공기조화방식
	승강설비	• 엘리베이터설비 • 에스컬레이터설비 • 기타 수송설비
건축관계법규	건축법 · 시행령 · 시행규칙	• 건축법 • 건축법 시행령 • 건축법 시행규칙 • 건축물의 설비기준 등에 관한 규칙 및 건축물의 피난 · 방화구조 등의 기준에 관한 규칙
	주차장법 · 시행령 · 시행규칙	• 주차장법 • 주차장법 시행령 • 주차장법 시행규칙
	국토의 계획 및 이용에 관한 법 · 시행령 · 시행규칙	• 국토의 계획 및 이용에 관한 법률 • 국토의 계획 및 이용에 관한 법률 시행령 • 국토의 계획 및 이용에 관한 법률 시행규칙

구성 및 특징

핵심이론

필수적으로 학습해야 하는 중요한 이론들을 각 과목별로 분류하여 수록하였습니다.
시험과 관계없는 두꺼운 기본서의 복잡한 이론은 이제 그만! 시험에 꼭 나오는 이론을 중심으로 효과적으로 공부하십시오.

---

01 건축계획

제1절 총론

핵심이론 01 계획일반

(1) 건축의 3대 요소
① 기능 : 공간의 용도 및 목적
② 구조 : 안정성에 기초한 기능·미의 균형과 조화
③ 미 : 형태, 아름다움

(2) 의사결정단계(분석 → 종합 → 평가순으로 진행)
① 분석
  ㉠ 용도, 특성의 분석 및 결정
  ㉡ 공간의 연계성, 대지조건 등 분석
  ㉢ 건축주의 요구사항 수렴
② 종합
  ㉠ 디자인 원칙 및 요소 결정 : 의장, 이미지 등의 결정
  ㉡ 평면, 입면, 단면도 작성
  ㉢ 구조 및 설비 시스템 검토
③ 평가 : 최적안 결정

(3) POE(Post Occupancy Evaluation)
① 거주 후 평가(Post Occupancy Evaluation)로서 자료 수집 단계에서 거주 후 사용자의 경험과 반응을 연구
② 장래에 유사한 건축물 계획에 필요한 정보추출 및 제공을 위하여 만족도, 요구, 가치 등을 평가
③ 평가과정 : 건축물선정 → 인터뷰, 답사, 관찰 → 반응연구 → 지침설정
④ 평가요소 : 환경장치, 사용자, 디자이너
⑤ 거주 후 평가 유형
  ㉠ 기술적 평가 : 건물에 대한 평가
  ㉡ 기능적 평가 : 서비스에 대한 평가
  ㉢ 행태적 평가 : 환경 심리에 대한 평가

(4) 건축계획 조사방법
① 문헌조사
  ㉠ 비용과 시간이 최소가 되며, 가장 많이 사용
  ㉡ 문헌 자체의 오류와 한계 고려
② 면담법
  ㉠ 면담에 의해 계획적 기초 연구 시행
  ㉡ 시간 및 조사 경비의 소요
③ 관찰법
  ㉠ 인간 행태에 관한 연구
  ㉡ 구두 표현 능력이 없는 어린이 등이 조사 대상
④ 설문지법
  ㉠ 설문지 응답자는 기초적 문장 이해 능력 요구
  ㉡ 오류의 최소
⑤ 실험법 : 특수

핵심이론 03 주거동 계획

(1) 주동 계획(Block Plan) 결정조건
① 각 단위 플랜이 2면 이상 외기에 접할 것
② 중요한 거실이 모퉁이 등에 배치되지 않도록 할 것
③ 각 단위 플랜에서 중요한 실의 환경이 균등할 것
④ 현관이 계단으로부터 멀지 않을 것(6m 이내)
⑤ 모퉁이에서 다른 거주가 들여다보이지 않을 것

(2) 단위 평면(Unit Plan)의 결정 조건
① 거실에는 직접 출입이 가능하도록 한다.
② 침실에는 직접 출입이 가능하도록 하며 타 실을 통하여 통행하지 않도록 한다.
③ 식사실은 부엌과 직결하고 거실과도 연결한다.
④ 동선은 단순하고 혼란되지 않도록 한다.

(3) 공용 복도 및 계단
① 화재 시의 연기, 피난 등을 고려하여 계획한다.
② 복도 폭
  ㉠ 한쪽에만 거실이 있는 경우(편복도) : 1.2m 이상
  ㉡ 양측에 거실이 있는 경우(중복도) : 1.8m 이상
③ 주택단지의 건축물에 설치하는 계단 유효폭
  ㉠ 공동으로 사용하는 계단 유효폭 : 최소 120cm 이상
  ㉡ 세대 내 계단, 옥외계단 유효폭 : 최소 90cm 이상

(4) 엘리베이터 계획
① 엘리베이터는 1대당 50~100세대가 적당하다.
② 엘리베이터 대수 산출 시 가정 조건
  ㉠ 2층 이상 거주자의 30%를 15분간에 일방향 수송
  ㉡ 1인 승강 필요시간 : 문의 개폐시간을 포함해서 6초
  ㉢ 한 층에서 승객을 기다리는 시간 : 평균 10초
  ㉣ 실제 주행속도 : 전속도의 80%
  ㉤ 수송인원 : 정원의 80%

10년간 자주 출제된 문제

3-1. 아파트 주거 단위 계획(Block Plan)에서 옳지 않은 것은?
① 현관이 계단에서 멀지 않을 것
② 중요한 거실이 모퉁이 등에 배치되지 않도록 한다.
③ 각 단위 플랜이 1면 이상 외기에 면할 것
④ 모퉁이에서 다른 주거가 들여다보이지 않을 것

3-2. 아파트 단위 평면 조건에 대한 설명 중 옳지 않은 것은?
① 거실에는 직접 출입이 가능해야 한다.
② 침실은 다른 실과 접속하여 출입하도록 한다.
③ 부엌과 식사실은 직결하고 외부에서 직접 출입할 수 있도록 한다.
④ 동선은 단순하고 혼란하지 않도록 한다.

3-3. 주택단지 안의 건축물에 설치하는 계단의 유효폭은 최소 얼마 이상이어야 하는가?(단, 공동으로 사용하는 계단의 경우)
① 90cm
② 120cm
③ 150cm
④ 180cm

|해설|
3-1
각 단위 플랜이 2면 이상 외기에 면할 것
3-2
침실에는 직접 출입이 가능하도록 하며 타 실을 통하여 통행하지 않도록 한다.
3-3
• 공동으로 사용하는 계단 유효폭 : 최소 120cm 이상
• 세대 내 계단, 옥외계단 유효폭 : 최소 90cm 이상

정답 3-1 ③ 3-2 ② 3-3 ②

10년간 자주 출제된 문제

출제기준을 중심으로 출제 빈도가 높은 기출문제와 필수적으로 풀어보아야 할 문제를 핵심이론당 1~2문제씩 선정했습니다. 각 문제마다 핵심을 찌르는 명쾌한 해설이 수록되어 있습니다.

STRUCTURES

합격의 공식 Formula of pass | 시대에듀 www.sdedu.co.kr

과년도 기출문제

지금까지 출제된 과년도 기출문제를 수록하였습니다. 각 문제에는 자세한 해설이 추가되어 핵심이론만으로는 아쉬운 내용을 보충 학습하고 출제경향의 변화를 확인할 수 있습니다.

최근 기출복원문제

최근에 출제된 기출문제를 복원하여 가장 최신의 출제경향을 파악하고 새롭게 출제된 문제의 유형을 익혀 처음 보는 문제들도 모두 맞힐 수 있도록 하였습니다.

최신 기출문제 출제경향

Win-Q [건축기사] 필기

2021년 2회
- 건축계획단계에서 조사방법
- 공동도급방식
- 구조용 강재의 명칭
- 전기설비의 배선공사 종류
- 지구단위계획의 내용

2021년 4회
- 도서관 서고 및 출납시스템
- BIM(건축정보모델링)
- 고장력볼트 마찰접합
- 팬코일 유닛 방식
- 용적률 최대한도

2022년 1회
- 근대 건축 5원칙
- 직접공사비 구성 항목
- 골조 아웃리거 구조
- 습공기의 온도 및 엔탈피 특성
- 피난 및 특별피난계단의 구조
- 승용 및 비상용 승강기 설치기준

2022년 2회
- 장애인 편의시설 중 매개시설
- 굴착용 건설기계의 종류
- 철골구조 주각부의 구성
- 실내 음환경의 잔향시간
- 베르누이의 정리
- 건축신고 대상 공작물

TENDENCY OF QUESTIONS

합격의 공식 Formula of pass | 시대에듀 www.sdedu.co.kr

2023년 1회
- 레이트 모던 양식
- 벽돌 소요매수
- 강구조 주각부 구조
- 펌프의 소요동력
- 착공신고 시 첨부서류

2023년 2회
- 전통건축의 공포 형식
- 돌쌓기방법
- 단순보의 처짐량
- 불쾌지수(DI) 산정
- 주택법상 복리시설

2024년 1회
- 엘리베이터 배치계획
- 미술관의 전시기법 특징
- 공사원가 구성요소
- 백화현상 방지법
- 강재의 응력-변형도 곡선
- 피난안전구역의 구조 및 설비
- 장애인전용 주차단위구획 기준
- 주거지역의 세분

2024년 2회
- 주거단지의 교통계획
- 단면계수 산출
- 콘크리트의 설계 전단강도
- 고가수조방식의 특징
- 봉수파괴의 원인과 방지법
- 전력부하 산정
- 직통계단의 설치기준
- 용도지역의 건폐율

이 책의 목차

빨리보는 간단한 키워드

PART 01 | 핵심이론

CHAPTER 01	건축계획	002
CHAPTER 02	건축시공	087
CHAPTER 03	건축구조	181
CHAPTER 04	건축설비	261
CHAPTER 05	건축관계법규	344

PART 02 | 과년도 + 최근 기출복원문제

2018년	과년도 기출문제	428
2019년	과년도 기출문제	507
2020년	과년도 기출문제	589
2021년	과년도 기출문제	665
2022년	과년도 기출문제	747
2023년	과년도 기출복원문제	803
2024년	최근 기출복원문제	853

빨리보는 간단한 키워드

빨간키

#합격비법 핵심 요약집 #최다 빈출키워드 #시험장 필수 아이템

CHAPTER 01 건축계획

■ 주택설계의 방향
- 가족본위의 주거(가장 중심 → 주부 중심)계획
- 좌식 + 입식(의자식) 혼용 : 좌식 기본, 입식 도입

■ 주거 생활 수준의 기준
- 기준 : 1인당 주거 면적(연면적의 50~60%로서 평균 55%)
- 병리기준 : $8m^2$/인 이상
- 최소기준 : $10m^2$/인
- 한계(유효)기준 : $14m^2$/인 이상
- 표준기준 : $16m^2$/인 정도

■ 주택단지 안의 건축물에 설치하는 계단의 유효폭
- 공동으로 사용하는 계단 유효폭 : 최소 120cm 이상
- 세대 내 계단, 옥외계단 유효폭 : 최소 90cm 이상

■ 페리의 근린주구 구성의 6가지 원리
- 규모 : 초등학교 중심
- 경계 : 주구 경계는 간선도로
- 주구 내 가로 체계 : 쿨데삭(Cul-de-sac) 처리
- 오픈스페이스 : 공원 등의 녹지 면적은 주구 면적의 10%
- 공공시설용지(공공건축물) : 가정에서 커뮤니티 센터까지 보행거리 400m 정도에 집중 배치
- 근린 점포 : 주구 교차점이나 인접 주구의 점포에 인접한 1개 이상 점포지구 배치

■ 주택단지의 체계 - 근린주구의 구성
- 인보구 : 20~40호, 인구 100~200명, 어린이 놀이터가 중심
- 근린분구 : 400~500호, 인구 2,000~2,500명, 일상 소비생활에 필요한 공동시설 운영 단위
- 근린주구 : 1,600~2,000호, 인구 8,000~10,000명, 초등학교를 중심으로 한 단위

■ 사무소 임대 유효율(렌터블비, Rentable Ratio, %)
- 연면적에 대한 대실면적의 비율(대실면적÷연면적×100%)
- 유효율(임대율, Rentable Ratio)
  - 연면적의 70~75%
  - 기준층에서는 80% 정도

■ 사무실 실 단위 계획
- 개실 시스템(Individual Room System) : 복도에 의해 각 층의 사무공간으로 들어가는 방식
- 개방식 배치(Open Plan System) : 개방된 대규모 사무공간 계획, 책상과 시설의 서열식 배치
- 오피스 랜드스케이핑(Office Landscaping) : 업무, 작업 흐름 관계를 고려한 융통적인 배치

■ 코어(Core)의 종류
- 중심(중앙)코어형 : 구조적으로 가장 유리, 내진구조로서 고층 및 초고층에 적합
- 편심코어형 : 바닥면적이 적은 소규모 건물에 적합, 피난 및 구조상 불리
- 독립코어형 : 독립된 사무공간 제공 가능, 내진 및 방재상 불리, 서브코어(Sub Core)가 필요
- 양단코어형 : 건물 중앙부에 대공간 계획이 용이, 2방향 피난 이상적, 방재 및 피난상 유리

■ 상점 광고 5요소(AIDMA법칙)
- Attention(주의)
- Interest(흥미, 주목)
- Desire(욕망, 공감, 욕구)
- Memory(기억, 인상)
- Action(행동, 출입)

■ 상점 판매 형식
- 대면 판매 : 상품 설명과 포장 편리하지만, 쇼케이스(진열장) 내 전시로 진열면적 감소
- 측면 판매 : 상품 선택 용이하고, 상품에 친근감이 있으며, 진열 면적이 많음

■ 진열창(Show Window)의 반사 방지
- 진열창 내부가 어둡고 외부가 밝을 때 반사가 발생하므로 내부를 외부보다 밝게 한다.
- 반사 방지 : 차양, 가로수 그늘, 경사유리, 곡면유리를 사용한다(광원을 감추고, 입사 광속을 적게 함).

■ **백화점 에스컬레이터 배치 형식**
- 직렬식 배치 : 승객의 시야가 좋은 형식으로 점유 면적이 크다.
- 병렬식 배치 : 내부를 내려다보기가 용이하다(병렬 단속식 배치, 병렬 연속식 배치).
- 교차식 배치 : 점유 면적이 가장 적은 형식으로 매장의 전망이 좋지 않다.

■ **몰(Mall)의 유형**
- 오픈 몰(Open Mall) : 몰(Mall) 천장이 개방된 형태
- 엔클로즈드 몰(Enclosed Mall) : 몰(Mall) 천장이 닫혀 있는 형태

■ **몰(Mall)의 계획**
- 몰의 폭은 6~12m, 몰의 길이는 240m를 초과하지 않아야 한다.
- 20~30m의 길이마다 변화를 주어 단조로운 느낌이 들지 않도록 한다.

■ **학교의 교사(敎舍) 배치 형식**
- 폐쇄형 : 부지의 효율적 활용 및 유기적 구성이 가능, 화재·비상시 불리, 일조·통풍 불균등
- 분산병렬형 : 일조·통풍 등 교실 환경이 균등하고 구조계획 간단하지만 넓은 부지가 필요

■ **학교의 단층 및 다층 교사(敎舍) 계획**
- 단층(單層) 교사 : 채광 및 환기에 유리하고, 내진이나 내풍구조가 용이하다.
- 다층(多層) 교사 : 설비 관계 배선 및 배관의 집약이 가능하고, 부지의 이용률이 높다.

■ **학교 운영방식**
- 종합교실형(U(A)형) : 초등학교의 저학년에 적합, 교실의 이용률이 높다.
- 일반교실 및 특별교실형(U+V형) : 우리나라의 일반적인 학교 운영방식이다.
- 교과교실형(V형) : 교과교실 구성으로 순수율 높지만, 학생의 이동이 심하다.
- U형과 V형의 중간형(E형) : 일반교실은 학급 수보다 적고, 교과교실 배치로 이용률을 높인다.
- 플래툰형(P형) : 학급의 2분단 분리 수업으로 시간표 배정, 교사 수 배정이 어렵다.
- 달톤형(D형) : 학급, 학년을 없애고 능력에 따라 교과목 이수 후 졸업한다.

■ **학교 교실의 이용률과 순수율**
- 이용률 $= \dfrac{\text{실제 이용시간}}{\text{평균 수업시간}} \times 100(\%)$
- 순수율 $= \dfrac{\text{해당 교과목 수업시간}}{\text{실제 교실 이용시간}} \times 100(\%)$

■ 공장의 레이아웃 형식
- 제품 중심 레이아웃 : 생산에 필요한 공정, 기계 기구를 제품의 흐름에 따라 배치
- 공정 중심 레이아웃 : 동종의 공정, 동일 기계, 기능이 유사한 것을 하나의 그룹으로 배치
- 고정식 레이아웃 : 주재료나 조립부품이 고정되고, 사람이나 기계가 이동해 작업하는 방식

■ 병원 건축 형식
- 분관식(Pavilion Type) : 일조·통풍이 좋지만, 넓은 대지가 필요하며 설비가 분산되고 보행거리가 길다.
- 집중식(Block Type) : 도시의 협소한 대지에 고층화, 일조·통풍에 불리하며, 병실 환경이 불균일하다.

■ 병원의 외래진료부 진료방식의 분류
- 클로즈드 시스템(Closed System) : 대규모 각 과를 필요(우리나라 병원의 외래진료방식)
- 오픈 시스템(Open System) : 큰 병원의 의료와 장비를 이용하는 형식(외국의 병원 형식)

■ 병원의 간호 단위(Nursing Unit) 구성
- 1개의 간호사 대기소 간호 단위 : 병상수로 25베드 이상적, 일반적 병상수는 30~40개 정도
- 간호사 대기소에서 병실까지의 보행거리는 24m 이내로 한다.

■ 호텔 부분별 면적비 비교
- 숙박 면적비 : 시티(커머셜) 호텔 > 리조트 호텔 > 아파트먼트 호텔
- 공용 면적비 : 아파트먼트 호텔 > 리조트 호텔 > 시티(커머셜) 호텔

■ 전시실 순회 형식
- 연속순로(순회) 형식 : 전시실을 연속적으로 연결하는 형식(소규모 전시실에 적합)
- 갤러리(Gallery) 및 코리더(Corridor) 형식 : 한쪽 복도에 접하여 전시실을 배치한 형식
- 중앙 홀(Hall) 형식 : 중심에 홀을 두고 주위에 전시실을 배치한 형식(대규모 전시실에 적합)

■ 특수 전시 기법
- 디오라마(Diorama) 전시 : 사실 또는 주제를 연출하여 현장 느낌으로 관람하도록 전시
- 파노라마(Panorama) 전시 : 연속적 주제를 전시하여 전경을 보는 듯한 감각을 주도록 전시
- 아일랜드(Island) 전시 : 벽, 천장을 직접 이용하지 않고, 바닥에 배치하여 가까이 관람하도록 전시
- 하모니카(Harmonica) 전시 : 동일 종류의 전시물을 동일한 공간으로 연속 배치하는 전시

■ 극장 객석의 가시거리 한계
- 생리적 한도(15m까지) : 연기자의 자세한 표정, 몸놀림을 볼 수 있는 시각 한계
- 제1차 허용 한도(22m까지) : 무대와 객석의 위치, 관람, 많은 관객을 고려하여 수용하는 한계
- 제2차 허용 한도(35m까지) : 연기자의 일반적인 몸동작을 알 수 있는 한계

■ 서양 건축양식의 시대별 순서
이집트 → 그리스 → 로마 → 초기 기독교 → 비잔틴 → 사라센 → 로마네스크 → 고딕 → 르네상스 → 바로크 → 로코코

■ 그리스 건축 기둥(주범) 양식
- 도리아식 : 단순하고, 직선적이고 남성적인 느낌. 주초가 없음
- 이오니아식 : 소용돌이 형상의 주두로 우아하고 곡선적이고 여성적인 느낌. 주초가 있음
- 코린트식 : 아칸더스 나무잎 형상의 주두, 장식적이고 화려한 느낌

■ 로마 건축 기둥(주범) 양식
- 그리스 건축의 3가지 주범을 사용하였고, 이외에 터스칸식 주범과 복합식 주범 등 5주범 사용
- 터스칸(Tuscan)식 주범 : 그리스 도리아식 주범 단순화
- 복합(Composite)식 주범 : 이오니아식과 코린트식 복합

■ 초기 기독교 건축의 바실리카식 교회 공간 구성
- 입구에서 계단에 이르는 장축형 평면 구성
- 신랑(Nave) : 양측의 열주에 의해 형성되는 장방형의 대공간으로 신자석으로 이용
- 측랑(Aisle) : 열주에 의해 신랑과 분리되는 신랑 양측의 공간으로 측면의 복도로 이용
- 후진(Bema) : 신랑 단부에 위치한 성직자의 공간으로 사제석이 위치
- 앱스(Apse) : 성스러운 공간으로 제단으로서 반원형의 공간
- 수랑(Transept) : 신랑과 후진 사이에 신랑과 직각방향으로 형성된 공간
- 나르텍스(Narthex) : 아트리움에서 본당으로 들어가는 전실

■ 비잔틴 건축
- 펜덴티브 돔(Pendentive Dome) 창안 : 페르시아의 스퀸치(Squinch) 구법으로 새로운 돔을 개발
- 성 소피아 성당 : 펜덴티브와 반구형 돔에 의해 지지

로마네스크 건축
- 초기 기독교 시대 바실리카식 교회 장축형 평면 사용, 교회 전면 양측에 고탑 및 종탑 첨가
- 피사 성당, 피사의 사탑, 앙굴렘 성당, 성 프롱 성당

고딕 건축
- 수직성, 구조미 표현 : 종교적 열망(종탑, 첨탑 등), 구조체 노출 및 합리적인 구조체계를 완성
- 플라잉 버트레스(Flying Buttress) : 상부 하중을 측랑 부축벽을 통해 지상으로 전달하는 역할
- 착색유리(Stained Glass), 첨두형 아치(Pointed Arch), 리브 볼트(Ribbed Vault) 사용
- 노트르담 성당(파리), 아미앵 성당, 두오모 성당(밀라노)

바로크 건축
- 강렬한 인상과 극적 효과 추구하였고 비대칭, 대비, 과장 등 역동적 형태 및 공간 창출
- 베르니니(성 베드로 성당 광장), 카를로 마데르나(성 수잔나 성당)

로코코 건축
- 곡선, 곡면을 이용하여 실내를 우아한 공간으로 구성하였고, 개인 쾌락 및 사적 생활을 위주로 전개
- 상수시 궁(독일), 오뗄 드 수비즈(프랑스)

낭만주의 건축(Romanticism)
- 중세의 고딕 건축양식에 관심을 갖고 구조와 재료의 정직한 표현이라는 고딕양식과 방법 사용
- 영국 낭만주의 : 19세기 말 미술공예운동을 유발

예술공예운동(Art & Crafts Movement)
- 예술품의 기계생산 배격, 수공예에 의한 예술 복귀 주장
- 윌리엄 모리스의 레드 하우스 : 붉은 벽돌 치장 않고 드러나는 방식

아르누보(Art Nouveau)
- 기계생산에 대해 거부하고, 철의 유연성을 이용한 곡선의 장식적 가치 창조
- 빅토르 오르타(타셀 주택, 튜린가의 저택), 안토니오 가우디(사그라다 파밀리아 교회, 구엘 공원)

빈 세제션(빈 분리파, Wien Sezession)
- 일체의 과거 양식으로부터 분리와 해방을 하고자 하였고, 기하학적 형태를 추구
- 오토 바그너(빈 우편저금국), 요제프 올브리히(세제션관), 아돌프 로스(슈타이너 저택)

▌ 고려시대 불사 건축
- 주심포식 : 봉정사 극락전(최초 목조건물), 부석사 무량수전, 수덕사 대웅전, 강릉 객사문
- 다포식 : 심원사 보광전, 석왕사 응진전, 성불사 응진전

▌ 조선시대 불사 건축
- 송광사 : 대웅전을 중심으로 지형에 따라 자유롭게 배치
- 금산사 미륵전(1635년 중건) : 다포식 3층 불전
- 안동 봉정사 대웅전 : 초기 다포식, 단층 8각 지붕
- 부여 무량사 극락전 : 다포식, 중층 8각 지붕
- 양산 통도사 대웅전 : 단층, 정자형 지붕, 다포식
- 구례 화엄사 : 각황전(다포식), 대웅전(다포식)

▌ 조선시대 - 익공식 목조 건축
- 초기 : 합천 해인사 장경판고(초익공), 강릉 오죽헌(이익공), 청평사 회전문
- 중기 : 서울 동묘(초익공), 서울 문묘 명륜당(이익공), 종묘 정전 및 영령전, 남원 광한루(이익공)
- 후기 : 수원 화서문(이익공), 제주 관덕정(이익공), 경복궁 경회루 및 향원정, 덕수궁 중화전

CHAPTER 02 건축시공

■ 건설정보 관리 시스템
- CALS(Continuous Acquisition & Life-cycle Support) : 건설사업 정보화 체계
- CIC(Computer Integrated Construction) : 건설산업 정보통합화 생산시스템

■ 입찰방식의 종류
- 특명 입찰(수의계약) : 가장 적격한 1명을 지명하여 입찰시키는 방법
- 지명경쟁 입찰 : 공사에 적합하다고 인정되는 3~7개의 회사를 선정하여 입찰시키는 방법
- 공개경쟁 입찰 : 유자격자는 모두 참가할 수 있도록 입찰하는 방식

■ 공사 실시 방식 종류
- 일식도급 : 건축공사 전체를 하나의 도급자에게 도급
- 분할도급 : 공사를 구분하여 각각 전문적인 도급업자에게 도급(전문공종별, 공정별, 공구별)
- 공동도급 : 2개 이상의 도급자가 임시로 결합하여 공사를 완성하고 해산하는 방식
- 컨소시엄(Consortium) : 독립된 2개 이상의 회사가 공동의 프로젝트에 참여하는 방식
- 파트너링(Partnering) : 여러 회사가 공정의 간섭 등을 사전 배제하기 위해 공동 노력하는 방식

■ 시방서(Specification, 示方書)
- 설계자의 의도를 시공자에게 전달할 목적으로 설계도에 기재할 수 없는 사항을 기재하는 문서
- 우선순위 : 특기시방서 > 표준시방서 > 설계도면

■ 공정표의 종류
- 횡선식 공정표(Bar Chart) : 세로축에 공사명 배열, 가로축에 날짜 표기 후, 공사 소요 시간 표시
- 사선식(곡선식) 공정표 : 공사량은 세로, 날짜는 가로 기입하여 표시(그래프식, 바나나곡선)
- 네트워크 공정표 : 공정별 작업 단위를 망형도로 표시(CPM, PERT, PDM 기법)
- 열기식 공정표 : 공사 착수(완료기일), 인부 수 등을 글자로서 나열시키는 방법
- 일순식 공정표 : 일주 형식으로 한 달을 셋으로 나눈 열흘 단위 또는 주 단위로 상세히 작성

■ 품질관리를 위한 7가지 도구
- 히스토그램 : 데이터 분포를 알기 위해 기둥 그래프와 같은 형태로 만든 도표
- 파레토도표(Pareto Diagram) : 결함부, 시공불량 등 항목을 구분하여 크기순으로 나열한 도표
- 특성요인도(Cause and Effect Diagram) : 원인과 결과의 관계를 알기 쉽게 작성한 그림
- 체크시트(Check Sheet) : 계수치의 데이터가 분류 항목의 어디에 집중되는지 나타낸 그림이나 표
- 각종 그래프 및 관리도 : 데이터를 요약하여 쉽게 의미를 알 수 있도록 나타낸 그림
- 산점도(Scatter Diagram) : 서로 대응하는 데이터를 그래프 용지 위에 점으로 나타낸 그림
- 층별(Stratification) : 집단을 구성하는 데이터를 특징에 따라 몇 개의 부분 집단으로 나누는 것

■ 공사 착공시점 인허가항목
비산먼지 발생사업 신고는 사업시행 3일 전, 가설건축물 축조신고는 착공 5일 전

■ 공통가설 종류
- 가설건물(현장사무소 및 숙소, 기자재 창고), 가설울타리, 가설운반로(가설도로)
- 공사용 동력 및 전기 설비, 급배수 설비 등의 용수(用水)설비
- 안전 및 재해방지설비(경비소, 위험물저장설비)

■ 직접가설 종류
- 비계, 규준틀, 줄쳐보기, 먹매김
- 건축물 각종 공사 및 보양설비, 양중, 운반 및 타설시설
- 안전설비 : 낙하물방지망, 방호선반 및 시트, 방호철망

■ 벤치마크(Bench Mark, 기준점, 수준점)
- 건물의 위치 및 높이 기준이 되는 표식으로 기준면으로부터 표고를 정확하게 측정하여 표시해 둔 점
- 높낮이 기준이 되도록 건축물 인근에 설치하며, 최소 2개소 이상 설치한다.
- 공사에 지장이 없는 곳, 이동 염려가 없는 곳에 지반선(GL)에서 0.5~1.0m 위에 둔다.

■ 사운딩(Sounding)
- 표준관입시험 : 사질지반의 밀도측정
- 베인 테스트(Vane Test) : 점토지반의 점착력 파악
- 화란식 관입시험 : 화란식 시험기의 관입 저항력 측정
- 스웨덴식 사운딩 시험 : 스웨덴식 시험기의 관입 저항력 측정

표준관입시험(SPT ; Standard Penetration Test)

- 순서 : 로드 선단 샘플러 부착 → 63.5(±0.5)kg의 드라이브 해머를 76(±1)cm 높이에서 자유 낙하 → 30cm 관입 시 타격횟수(N값) 측정
- N값에 따른 지반상태

N값	0~4	4~10	10~30	50 이상
모래의 상대밀도	몹시 느슨	느슨	보통	다진 상태

지반개량공법

- 웰 포인트(Well Point) 공법(사질 지반) : 집수장치를 붙인 파이프를 지중에 박아 펌프로 배수
- 생석회 말뚝공법(점토지반) : 연약한 점토층에 생석회 말뚝을 박아서 생석회가 흡수 팽창하는 공법
- 샌드 드레인(Sand Drain) 공법(점토지반) : 모래말뚝 형성 후 하중으로 압밀 탈수하는 공법
- 페이퍼 드레인(Paper Drain) 공법(점토지반) : 합성수지 Card Board를 사용하여 탈수하는 공법

흙파기 공법

- 어스 앵커(Earth Anchor, Tie-back Method) 공법
- 아일랜드 컷(Island Cut) 공법 : 중앙부 굴착 → 중앙부 기초 구조물 축조 → 주변부 흙파기
- 트렌치 컷(Trench Cut) 공법 : 주변부 흙파기 → 중앙부 기초 구조물 축조 → 중앙부 굴착

흙막이의 붕괴현상

- 히빙 현상(Heaving Failure) : 점토지반에서 흙막이 외부 흙이 안으로 들어와 불룩하게 되는 현상
- 보일링 현상(Boiling of Sand) : 사질지반에서 흙막이 뒷면 지하수가 들어와서 모래와 같이 솟아오름
- 파이핑(Piping) 현상 : 흙막이벽 구멍, 이음새를 통하여 물이 공사장 내부 바닥으로 스며드는 현상

언더피닝 공법(Underpinning Method)

- 기존 건물 가까이에 신축공사를 할 때 기존 건물의 지반과 기초를 보강하는 공법
- 목적 : 기존 건물을 보호, 기울어진 건축물을 바로 잡음, 인접 건축물 침하 방지

철근의 이음 위치

- 응력이 큰 곳은 피하고 엇갈려 잇게 하며, 주근 이음은 인장력이 가장 작은 곳에서 한다.
- 한 곳에서 철근수의 반 이상을 이어서는 안 되며, D35를 초과하는 철근은 겹침 이음을 할 수 없다.

▌ 거푸집의 측압이 커지는 영향요인

- 슬럼프(묽기)가 클수록, 부배합(富配合)일수록
- 타설 속도가 빠를수록, 다짐이 과다할수록
- 철골, 철근량이 적을수록, 거푸집의 강성이 클수록
- 대기 중 습도가 높을수록, 온도가 낮을수록

▌ 거푸집 부속자재 및 기구

- Form Tie(긴결재) : 거푸집 간격을 유지하는 긴장재로서 거푸집이 밖으로 벌어짐을 방지
- Separator(격리재) : 거푸집 상호 간격을 유지(좁혀짐 방지)하며, 철제와 파이프제, 모르타르제 등 사용
- Spacer(간격재) : 철근 피복두께를 유지하기 위한 간격재(굄재)로서 철근의 거푸집 밀착 방지
- Form Oil(박리제) : 거푸집 탈형과 청소를 용이하게 하기 위해 거푸집 표면에 바름

▌ 시멘트의 조기강도가 빠른 순서

알루미나 > 조강 포틀랜드 > 보통 포틀랜드 > 고로 > 실리카 > 중용열 포틀랜드 시멘트

▌ 이어치기(콘크리트 이음, Joint)

- Cold Joint : 경화된 콘크리트에 새로 콘크리트를 타설할 경우 생기는 줄눈
- Construction Joint(시공 줄눈) : 시공상 콘크리트를 한 번에 타설하지 못하는 곳에 생기는 줄눈
- Delay Joint(지연 줄눈) : 장 Span 구조물에 건조수축의 감소 목적으로 설치
- Expansion Joint(신축 줄눈) : 기초 부동침하와 온·습도 변화에 따른 신축팽창 흡수를 위해 설치
- Control Joint(조절 줄눈) : 바닥판의 수축에 의한 표면균열 방지를 목적으로 설치하는 줄눈

▌ 콘크리트의 재료분리 현상

- 블리딩(Bleeding) : 굳지 않은 시멘트 풀, 모르타르, 콘크리트에서 물이 윗면으로 떠오르는 현상
- 레이턴스(Laitance) : 콘크리트를 부어 넣은 후 물의 증발에 따라 표면에 발생하는 백색의 물질

▌ 크리프(Creep, 장기변형)를 증가시키는 원인

- 재하응력이 클수록, 단위 시멘트량이 많을수록, 양생(보양, Curing)이 나쁠수록
- 부재의 단면이 작을수록, 부재의 경간 길이에 비해 높이가 낮을수록, 온도가 높고 습도가 낮을수록
- 물시멘트비가 큰 콘크리트를 사용할수록, 재령이 적은 콘크리트에 재하 시기가 빠를수록

- **철골공사의 접합에서 녹막이칠을 하지 않는 부분**
  - 콘크리트에 매입되는 부분, 조립에 의하여 맞닿는 면, 현장 용접하는 부분
  - 초음파탐상검사에 영향을 주는 범위, 고력볼트 접합부의 마찰면

- **용접 접합**
  - 맞댄 용접(Butt Welding) : 두 부재를 맞대어 홈(Groove)을 만들고 용착금속으로 채워 용접
  - 모살 용접(필릿 용접, Fillet Welding) : 목두께 방향이 모재 면과 45° 또는 거의 45°로 용접

- **용접 결함**
  - 오버 랩(Over Lap) : 용접 금속과 모재가 융합되지 않고 단순히 겹쳐지는 것
  - 언더 컷(Under Cut) : 과대 전류로 용접 상부에 모재가 녹아 홈으로 남게 된 부분
  - 피트(Pit) : 용접부 표면에 생기는 미세한 홈
  - 블로 홀(Blow Hole) : 용융 금속이 응고할 때 방출가스가 남아서 생긴 기포나 작은 틈
  - 피시아이(Fish Eye) : 슬래그 혼입 및 블로 홀 겹침 현상, 생선 눈알 모양의 은색 반점이 나타남(은점)
  - 크랙(Crack) : 용접 후 냉각 시에 생기는 갈라짐
  - 크레이터(Crater) : 용접길이 끝부분에 우묵하게 파진 부분

- **줄눈의 시공**
  - 줄눈 치수 : 표준은 10mm, 내화벽돌은 6mm, 타일이나 모자이크 벽돌은 2mm
  - 막힌 줄눈이 원칙, 보강블록조와 치장용은 통줄눈 시공

- **조적공사 시공 시 유의사항**
  - 하루의 쌓기높이는 보통 1.2m(18켜) 정도로 하며, 최대 1.5m(22켜) 이하로 한다.
  - 벽돌 표면온도는 4℃ 이하가 되지 않도록 관리한다.
  - 내력벽 쌓기에서는 눕혀쌓기가 주로 쓰이며, 모르타르 강도는 벽돌 강도 정도로 사용한다.
  - 연속되는 벽면의 일부를 나중쌓기 할 때에는 그 부분을 층단 들여쌓기로 한다.

- **벽돌쌓기 방법**
  - 영식(영국식) 쌓기 : 마구리쌓기와 길이쌓기를 번갈아 하고, 모서리 벽 끝은 이오토막 사용(가장 튼튼함)
  - 화란식(네덜란드식) 쌓기 : 영식 쌓기와 거의 같으나 길이쌓기 층의 끝에 칠오토막을 사용
  - 불식(프랑스식) 쌓기 : 매 켜에 길이와 마구리쌓기가 번갈아 나오게 쌓는 방법
  - 미식(미국식) 쌓기 : 5켜는 길이쌓기로 하고, 다음 한 켜는 마구리쌓기하는 방법

▌ 블록쌓기
- 살두께 : 두꺼운 쪽이 위로 가게 쌓는다.
- 줄눈 시공 : 일반 블록조는 막힌줄눈, 보강 블록조는 통줄눈

▌ 테두리보(Wall Girder)
- 조적조의 맨 위에 설치하는 보로, 춤(높이)은 벽 두께의 1.5배로 하고 철근은 40d 이상 정착시킨다.
- 역할 : 균등 하중 분포, 벽체 수직 균열 방지, 보강 블록조 세로 철근 정착, 집중하중을 받는 부분 보강

▌ 안방수와 바깥방수
- 안방수 : 수압이 적고 얕은 지하실에 시공하며 보호누름이 필요하지만 공사비가 싸다.
- 바깥방수 : 수압이 크고 깊은 지하실에 시공하며 보호누름이 없어도 되며, 본 공사에 선행한다.

▌ 도막방수의 종류
- 용제형 도막방수 : 완성된 도막은 외부 충격에 약하므로 시공 후 보호층 시공이 필요하다.
- 유제형 도막방수(수지 에멀션형 도막방수) : 재질이 연약하여 넓은 장소의 시공이 어렵다.
- 에폭시 도막방수 : 내약품성, 내마모성, 내화학성, 내후성 우수하고 화학공장이나 바닥공사에 사용한다.

▌ 미장공사의 수경성과 기경성 재료
- 기경성(공기 중에서 경화) : 석회질, 진흙질로서 회반죽, 회사벽, 돌로마이트 플라스터
- 수경성(물과 함께 경화, 혼화재(소석회, 돌로마이트 플라스터) 사용) : 석고질, 혼합석고, 경석고 플라스터

▌ 도장 요령
- 칠막은 얇게 여러 번 도포하며, 서서히 충분하게 건조시킨다.
- 칠하는 횟수를 구분하기 위해 색을 다르게 칠한다.

▌ 커튼 월(Curtain Wall)의 외관형태별 분류
- 스팬드럴 방식(Spandrel Type) : 스팬드럴(Spandrel)로서 수평성을 강조하는 방식
- 샛기둥 방식(Mullion Type) : 멀리온(Mullion)으로서 수직을 강조하는 창
- 격자 방식(Grid Type) : 수직과 수평을 동시에 강조하기 위해 격자형으로 외관을 구성

■ 시멘트창고 면적(m²)

- 시멘트창고 면적 $= 0.4 \times \dfrac{N}{n}$

  여기서, N : 시멘트 포대 수

  n : 쌓기단수(최대 13단)

  - 600포 미만 : N = 전량
  - 600포 이상~1,800포 이하 : N = 600포
  - 1,800포 초과 : N = 1/3만 적용

■ 변전소 면적(m²)

변전소 면적 $= 3.3 \times \sqrt{W}$

여기서, W : 사용기구 전력의 합(kW)

■ 조적공사 적산 – 벽돌

- 벽돌 기준량(소요량) 산정 시 할증률
  - 붉은 벽돌일 때 : 3% 이내
  - 시멘트 벽돌일 때 : 5% 이내
- 벽돌 정미량(매) = 벽 면적(벽 길이 × 벽 높이 – 개구부 면적) × 단위수량
- 벽돌(190 × 90 × 57mm) 단위수량
  - 0.5B : 75장/m²
  - 1.0B : 149장/m²
  - 1.5B : 224장/m²

CHAPTER 03 건축구조

▌ 골조에 따른 구조 시스템
- 건물골조방식 : 수직 하중은 입체골조가 저항하고 횡력은 전단벽이나 가새골조가 저항하는 방식
- 이중골조방식 : 횡력의 25% 이상을 부담하는 연성 모멘트골조가 전단벽이나 가새골조와 조합되는 구조방식
- 모멘트골조방식 : 수직 하중과 횡력을 보와 기둥으로 구성된 라멘골조가 저항하는 구조방식
- 연성 모멘트골조방식 : 횡력의 저항능력 증가를 위해 부재와 접합부 연성을 증가시킨 모멘트골조방식

▌ 말뚝의 종류별 간격(D : 말뚝머리 지름)

말뚝의 종류	말뚝의 중심간격
나무말뚝	2.5D 이상 또한 600mm 이상
기성 콘크리트말뚝	2.5D 이상 또한 750mm 이상
강재말뚝	D 또는 폭의 2.0배 이상 또한 750mm 이상
매입말뚝	2D 이상
현장타설(제자리) 콘크리트말뚝	2D 이상 또한 D+1,000mm 이상

▌ 풍하중(Wind Load)
- 주골조 설계용 설계 풍압은 설계 속도압, 가스트 영향계수, 풍력계수 또는 외압계수를 곱하여 산정한다.
- 설계 속도압은 공기밀도와 설계 풍속의 제곱을 곱하여 산정한다.

▌ 우리나라의 지진구역 및 지역계수(S)

지진구역	행정구역	지역계수
I	지진구역 II를 제외한 전지역	0.22
II	강원도 북부, 전라남도 남서부, 제주도	0.14

우리나라의 지역계수(S)를 결정하는 지진위험도 기준 : 2,400년 재현주기의 지진위험도

■ 하중계수 및 하중의 조합

- $U = 1.4(D+F)$
- $U = 1.2(D+F+T) + 1.6L + 0.5(Lr \text{ or } S \text{ or } R)$
- $U = 1.2D + 1.6(Lr \text{ or } S \text{ or } R) + (1.0L \text{ or } 0.65W)$
- $U = 1.2D + 1.3W + 1.0L + 0.5(Lr \text{ or } S \text{ or } R)$
- $U = 1.2D + 1.0E + 1.0L + 0.2S$
- $U = 0.9D + 1.3W$
- $U = 0.9D + 1.0E$

■ 건물의 내진등급과 중요도계수

건축물의 중요도	내진등급	중요도계수(I_E)
중요도(특)	특	1.5
중요도(1)	I	1.2
중요도(2), (3)	II	1.0

■ 건물 형상 및 변형과 횡변위 제한

- 모든 구조물은 조항에 따라 평면 또는 수직의 정형 혹은 비정형으로 구분한다.
- 허용 층간변위(Δa) : h_{sx}는 x층 층고

구 분	내진등급		
	특	I	II
허용 층간변위(Δa)	$0.010h_{sx}$	$0.015h_{sx}$	$0.020h_{sx}$

■ 구조물의 판별식(부정정 차수)

- 판별식 : $N = m + r + k - 2j$

  여기서, m : 부재수

  r : 반력수

  k : 강절점수

  j : 절점수

- 판별 결과
  - $N > 0$: 부정정
  - $N = 0$: 정정
  - $N < 0$: 불안정

■ 변형률(Strain, 변형도), 푸아송비와 푸아송수

- 변형률 = $\dfrac{\text{변형된 길이}(\Delta l)}{\text{원래의 길이}(l)}$

- 푸아송비(ν) = $\dfrac{\text{압축변형률}}{\text{인장변형률}}$ = $\dfrac{1}{\text{푸아송수}(m)}$

■ 기둥의 세장비(λ) : 기둥의 가늘고 긴 정도의 비

- $\lambda = \dfrac{\text{유효 좌굴길이}}{\text{최소 단면 2차 반경}} = \dfrac{Kl}{r} = \dfrac{Kl}{\sqrt{\dfrac{I}{A}}}$

  여기서, K : 좌굴 유효길이 계수 A : 단면적
     l : 기둥 지지길이 I : 단면 2차 모멘트

- 단주 : $\lambda = \dfrac{l}{r} < 100$, 장주 : $\lambda = \dfrac{l}{r} \geq 100$

■ 장주의 해석 : 오일러(Euler)의 공식

- 좌굴하중(P_{cr}) = $\dfrac{\pi^2 EI}{(Kl)^2}$

  여기서, EI : 휨강도 Kl : 기둥유효길이
     E : 탄성계수 I : 단면 2차 모멘트
     K : 단부지지조건 l : 부재의 길이

- 좌굴응력(σ_{cr}) = $\dfrac{P_{cr}}{A} = \dfrac{\pi^2 E}{\left(\dfrac{Kl}{r}\right)^2}$

■ 단순보의 하중 상태별 처짐과 처짐각(이론 213p 표 중 2가지만)

하중 상태	처짐각	처 짐
A에서 $l/2$ 위치에 집중하중 P, 길이 l 단순보	$\theta_A = -\theta_B \dfrac{Pl^2}{16EI}$	$\delta_{\max} = \dfrac{Pl^3}{48EI}$
등분포하중 w, 길이 l 단순보	$\theta_A = -\theta_B \dfrac{wl^3}{24EI}$	$\delta_{\max} = \dfrac{5wl^4}{384EI}$

■ 캔틸레버 보의 하중 상태별 처짐과 처짐각(이론 213p 표 중 3가지만)

하중 상태	처짐각	처 짐
A,B 끝단 P 하중, 길이 l	$\theta_B = \dfrac{Pl^2}{2EI}$	$\delta_B = \dfrac{Pl^3}{3EI}$
A, 중앙 C에 P 하중($l/2$), 길이 l	$\theta_C = \theta_B = \dfrac{Pl^2}{8EI}$	$\delta_B = \dfrac{5Pl^3}{48EI}$
A,B 등분포하중 w, 길이 l	$\theta_B = \dfrac{wl^3}{6EI}$	$\delta_B = \dfrac{wl^4}{8EI}$

■ 계수(λ)

- 보통중량콘크리트 : $\lambda = 1.0$
- f_{st} 값이 규정되어 있지 않은 경우
  - 전경량콘크리트 : $\lambda = 0.75$
  - 모래경량콘크리트 : $\lambda = 0.85$
- 보통 잔골재, 경량 굵은 골재 사용 : $\lambda = 0.85$
- 보통 굵은 골재 사용 : $\lambda = 1.0$

■ 콘크리트 휨인장강도와 전단강도

- 휨인장강도(휨인장 시 인장측에서 균열이 시작될 때의 인장응력) : $f_r = 0.63 \times \lambda \sqrt{f_{ck}} (\mathrm{MPa})$
- 전단강도 : 인장강도보다 20~30% 더 큰 값을 갖는다.

■ 등가블록의 깊이(a)

균형 상태로부터 $C = T$에서, $0.85 f_{ck} \times a \times b = A_s \times f_y$ 이며, $\therefore a = \dfrac{A_s f_y}{0.85 f_{ck} \times b}$

■ 등가블록의 중립축의 위치(c)

$a = \beta_1 \times c_y$ 이며, $\therefore c = \dfrac{a}{\beta_1} = \dfrac{A_s f_y}{0.85 f_{ck} b \beta_1}$

■ 단철근 T형 단면보의 해석에서, 플랜지의 유효폭(다음 중 작은 값으로 결정)

T형 보(대칭)	반T형 보(비대칭)
• $16t_f + b_w$ • 슬래브 중심 간 거리 • $l \times \dfrac{1}{4}$	• $6t_f + b_w$ • $l_n \times \dfrac{1}{2} + b_w$ • $l \times \dfrac{1}{12} + b_w$

여기서, t_f : 슬래브 두께, b_w : 보의 폭, l_n : 인접 보와의 내측 거리, l : 경간

■ 보의 전단설계 – 설계전단강도

- 콘크리트가 부담하는 전단강도 : $V_c = \dfrac{1}{6}\lambda\sqrt{f_{ck}}\,b_w d$

- 전단철근이 부담하는 전단강도 : $V_s = \dfrac{2}{3}\lambda\sqrt{f_{ck}}\,b_w d$ 이하

■ 처짐의 제한

부재(l : 지간 거리)	최소 두께(h)			
	캔틸레버	단순지지	1단연속	양단연속
l : 경간 길이(단위 : cm) f_y = 400MPa 철근을 사용한 경우의 값				
• 보 • 리브가 있는 1방향 슬래브	$\dfrac{l}{8}$	$\dfrac{l}{16}$	$\dfrac{l}{18.5}$	$\dfrac{l}{21}$
1방향 슬래브	$\dfrac{l}{10}$	$\dfrac{l}{20}$	$\dfrac{l}{24}$	$\dfrac{l}{28}$

■ 띠철근의 역할과 간격

- 띠철근의 역할 : 콘크리트의 가로방향 변형 방지, 주철근 위치 확보(압축응력 증가, 기둥 좌굴방지)
- 띠철근 간격(최솟값으로 설계)
    - 주철근 직경의 16배 이하
    - 띠철근 직경의 48배 이하
    - 기둥 단면의 최소 폭 이하

■ 구조용 강재의 종류
- SS(Steel Structure) : 일반구조용 압연강재
- SN(Steel New structure) : 고성능 건축구조용 압연강재
- SM(Steel for Marine) : 용접구조용 압연강재
- SMA(Steel Marine Atmosphere) : 용접구조용 내후성 열간 압연강재
- HPS(High Performance Steel) : 고성능강
- TMCP(Thermo Mechanical Control Process) : 열간 압연공정에 의한 열가공제어법으로 제작한 강재
- SV(Steel riVet) : 리벳용 압연강재

■ 고력(고장력)볼트 접합의 장점
- 접합부의 강도 및 내화력이 크다.
- 현장시공이 용이하고 소음이 덜하며, 노동력이 절약되고, 공기가 단축된다.
- 연결부의 증설, 변경이 쉽고 불량 부위의 교체가 쉽다.

■ 용접접합 방법
- 스캘럽(Scallop) : 재용접 부위가 취약해지기 때문에 모재에 부채꼴 모양의 모따기를 한 것
- 메탈 터치(Metal Touch) : 기둥 상하부 밀착으로 축력의 50%까지 하부 기둥 밀착변에 전달시키는 이음
- 엔드 탭(End Tab) : 용접결함이 생기기 쉬운 용접 비드(Bead)의 시작과 끝지점에 부착하는 보조강판
- 뒷댐재(Back Strip) : 맞댐용접을 한 면으로만 실시하는 경우 금속판을 루트 뒷면에 받치는 것

■ 용접부의 목두께(a)
- 목두께 : 응력을 전달하는 용접부의 유효두께
- 맞댐(홈)용접 : $a = t$
- 필릿(모살)용접 : $a = \dfrac{1}{\sqrt{2}}S ≒ 0.7S$(모재의 두께가 다를 경우 얇은 쪽)

■ 필릿(모살)용접의 유효용접면적(A_w)
$A_w = a \cdot l_e$(단면 : $A_w = 0.7S \times (l - 2S)$, 양면 : $A_w = 0.7S \times (l - 2S) \times 2$)

■ 주각의 구성

- 베이스 플레이트(Base Plate) : 기초 콘크리트 위 또는 모르타르의 위에 설치하여 주각을 고정시킴
- 사이드앵글(Side Angle) : 윙 플레이트와 베이스 플레이트를 연결하는 측면에 부착하는 앵글
- 윙 플레이트(Wing Plate) : 철골 주각부에 부착되는 강판으로 베이스 플레이트에 기둥의 응력 전달
- 클립 앵글(Clip Angle) : 베이스 플레이트와 철골 기둥의 웨브 부분을 고정시키는 접합 앵글
- 앵커볼트(Anchor Bolt) : 기초 콘크리트에 매입되어 주각부의 이동을 방지하는 역할

■ 휨재의 특징

- 보는 작용하중이 단면의 전단중심과 일치하지 않으면 비틀림이 발생한다.
- 강재보의 응력분담은 플랜지(Flange)가 휨모멘트를 주로 부담한다.
- 커버 플레이트 : 플랜지의 단면이 부족하거나 보의 휨내력을 보강하기 위해 사용한다.
- 웨브(Web) : 전단력을 주로 부담한다.
- 스티프너(Stiffener) : 웨브의 단면 부족, 보 단부의 모멘트가 클 경우 변형 방지를 위해 설치한다.

CHAPTER 04 건축설비

▌ 베르누이의 법칙
- 유체의 위치에너지와 운동에너지, 압력에너지의 총합은 어디에서나 항상 일정하다.
- 유체의 속력이 증가하면 압력은 감소한다.

▌ 펌프의 축동력

$$축동력 = \frac{W \times Q \times H}{102 \times 60 \times E} = \frac{W \times Q \times H}{6,120 \times E} \text{(kW)}$$

여기서, 1kW = 102kg・m/sec = 6,120kg・m/min

W : 비중량(kg/m³), 물의 비중량 = 1,000kg/m³

Q : 양수량(m³/min)

H : 전양정(m)

E : 효율(%)

여유율 : 1.1~1.2

▌ 수격작용(Water Hammering) 원인
- 유속의 급정지 시 충격
- 관경이 작을 때
- 수압 과대, 유속이 클 때
- 밸브를 급조작할 때

▌ 물의 팽창과 수축
- 0℃ 물 → 0℃ 얼음 : 약 9% 체적 증가
- 4℃ 물 → 100℃ 물 : 약 4.3% 체적 증가
- 100℃ 물 → 100℃ 증기 : 약 1,700배 체적 증가

▌ 트랩(Trap)
- 봉수를 고이게 하는 기구로서 배수관 속 악취, 유독가스 및 벌레의 침투를 방지한다.
- 구조가 간단하며, 평활한 내면으로 내식성, 내구성 재료를 사용한다.
- 자체 유수로 세정하며, 오수가 정체되지 않아야 하고, 봉수가 없어지지 않게 항상 유지해야 한다.

▌ 트랩의 봉수(Seal Water)
- 봉수의 역할 : 트랩 안에 봉수를 유지하여 하수 가스, 벌레 등의 실내 침입을 방지
- 봉수의 깊이 : 5~10cm 정도가 적당

▌ 통기관 설치 목적
- 트랩의 봉수를 보호하고, 배수관 내의 물의 흐름을 원활히 한다.
- 배수관 내 신선한 공기 유통으로 환기 및 청결을 유지하고, 관 내의 기압을 일정하게 유지한다.

▌ 통기관의 종류
- 각개 통기관 : 위생 기구 1개에 1개의 통기관 설치
- 회로 통기관(환상, 루프 통기관) : 최상류 바로 아래 설치. 1개 통기관이 최고 8개까지 감당
- 도피 통기관 : 루프 통기관의 능률 촉진을 위해 기구수가 8개 이상일 경우 추가로 설치하는 통기관
- 습식 통기관 : 배수 수평 지관 최상류 기구에 설치하여 배수와 통기의 효과를 동시에 볼 수 있음
- 신정 통기관 : 배수 수직관 상단을 연장하여 대기 중(옥상)에 개방(배관 길이에 비해 성능이 우수)
- 결합 통기관 : 고층의 5개 층마다 통기 수직관과 배수 수직관을 연결하는 통기관(관경이 가장 굵다)

▌ 배관 재료
- 주철관 : 내식성, 내구성, 내압성이 우수하지만, 충격에 약하고 인장강도가 작다.
- 경질 염화비닐관(PVC관) : 내화학적(내산, 내알칼리)이며 마찰손실 적지만, 열에 약하다.
- 콘크리트관, 도관 : 옥외배수, 상하수도 배관에 이용된다.

▌ BOD 제거율

$$BOD\ 제거율 = \frac{유입수\ BOD - 유출수\ BOD}{유입수\ BOD} \times 100$$

■ 난방부하(HL ; Heating Load)

- 난방부하 영향 요인 : 전열손실, 극간풍, 외기취입 등
- 실내 발생열량에 따른 난방부하 계산 시 재실자, 전열기구 등의 발생 열은 일반적으로 무시한다.
- 환기에 의한 손실열량(H_i(W))

$$H_i = 0.337 \times Q \times \Delta t (\text{W}) = 0.337 \times n \times V \times \Delta t (\text{W})$$

여기서, Q : 환기량(m^3/h)　　　　　　0.337 : 단위환산계수($W \cdot h/m^3 \cdot K$)
　　　　n : 환기횟수(회/h)　　　　　　V : 실의 체적(m^3)
　　　　Δt : 실내외 온도차(℃)

■ 주철제 보일러

- 내식성이 우수하고 수명이 길어서 주택이나 소규모 건물 등에 사용한다.
- 니플, 볼트에 의한 조립식으로 분할 반입과 용량의 증감이 용이하다.
- 내압, 충격에 약하고 구조가 복잡하며, 대용량, 고압에 부적당하다(사용압력 : 증기용 $1kg/cm^2$ 이하).

■ 증기난방과 온수난방 특성

- 증기난방

장 점	단 점
• 증발 잠열을 이용하므로 열의 운반 능력이 크다.	• 부하변동에 따른 방열량 제어가 어렵다.
• 예열시간이 짧고, 증기순환이 빠르다.	• 난방 개시 때 소음이 많이 나고, 쾌감도가 나쁘다.
• 설비비, 유지비가 싸다.	• 열손실이 크다.
• 방열기의 방열 면적을 작게 할 수 있다.	• 화상의 우려(102℃의 증기 사용)가 있다.
• 한랭지에서 동결의 우려가 적다.	• 배관 내 부식우려가 크다.

- 온수난방

장 점	단 점
• 열용량이 커서 난방을 정지하여도 여열이 오래 간다.	• 방열 면적과 관경이 커서 설비비가 비싸다.
• 방열량 조절이 용이하고, 연속 난방에 유리하다.	• 예열시간이 길며, 온수 순환시간이 길다.
• 증기난방에 비해 쾌감도가 좋다.	• 한랭지에서는 난방 정지 시 동결의 염려가 있다.
• Water Hammering이 없어 소음·진동이 없다.	

■ 압축식 냉동기

압축식 냉동기의 순환 원리 : 압축 → 응축 → 팽창 → 증발(냉동, 냉각)

■ 흡수식 냉동기

흡수식 냉동기의 순환 원리 : 흡수 → 재생 → 응축 → 증발

▌ 냉각탑

냉각탑의 역할 : 응축기용 냉각수 재사용을 위해 대기와 접촉시켜서 물을 냉각하는 장치

▌ 혼합공기의 온도계산

$$t_3 = \frac{(Q_1 \times t_1) + (Q_2 \times t_2)}{Q_1 + Q_2}(℃)$$

여기서, Q_1, Q_2 : 혼합 전 공기의 양 t_1, t_2 : 혼합 전 공기의 온도
       t_3 : 혼합 후 공기의 온도

▌ 온도의 분류

- 유효온도(ET ; Effective Temperature) : 온도, 기류, 습도를 조합한 효과온도 또는 체감온도
- 작용온도 : 기온·기류 및 주위 벽 온도의 종합에 의해서 체감도를 나타내는 척도
- 등온지수(等溫指數), 등가온도(等價溫度) : 기온, 기습, 기류에 복사열의 영향을 고려한 온도 지수

▌ clo 및 MET(Metabolic Equivalent of Task)

- clo : 의복의 열저항 단위
- MET : 주관적 온열요소 중 인체의 활동상태를 표시하는 단위

▌ 환기 횟수

- 실내 공기는 이산화탄소(CO_2) 농도를 기준으로 산출
- 환기 횟수 : 1시간에 방 공기를 외기와 교체하는 횟수(환기 횟수 = 환기량(m^3/h) ÷ 실체적(m^3))

▌ 덕트(Duct)의 형상

- 장방형 덕트 : 저속(풍속 10~15m/sec)에 사용되며, 천장 내 스페이스가 적은 곳에 적당함
- 원형 덕트 : 고속(풍속 20~25m/sec)에 사용되며, 천장 내 스페이스가 많이 필요하고, 마찰손실이 적어 에너지가 절감됨
- 스파이럴형 덕트 : 나선형 접합. 기밀성, 강도, 내구성 좋고, 시공이 용이함

▌ 전기설비의 분류

- 강전설비 : 조명, 동력, 전원 등에 이용되는 전기설비
- 약전설비 : 전화, 인터폰, 전기시계, 안테나, 방송설비 등에 이용되는 전기설비
- 방재설비 : 피뢰침 설비, 항공장애등 설비, 비상콘센트 설비, 소방전기설비 등에 이용되는 전기설비

■ 수·변전설비 용량 결정

- 수용률 = $\dfrac{\text{최대 수용전력}}{\text{총 부하설비용량}} \times 100(\%)$

- 부등률 = $\dfrac{\text{각 부하의 최대 수용전력 합계}}{\text{합성 최대 수용전력}} \times 100(\%)$

- 부하율 = $\dfrac{\text{평균전력}}{\text{최대 수용전력}} \times 100(\%)$

■ 간선 배선 방식(배전반에서 분전반까지 배선)

- 평행식(개별 방식) : 각 분전반에 단독으로 배선하는 방식(사고발생 시 영향이 적고, 대규모 건물 적합)
- 나뭇가지식(수지상식) : 한 개의 간선이 각 분전반을 거쳐가며 공급하는 방식
- 병용식 : 평행식과 수지상식을 병용한 방식으로 일반적으로 가장 많이 사용

■ 간선의 설계순서

간선의 부하용량 산출 → 전기 방식과 배선 방식 결정 → 배선 방법 결정 → 전선의 굵기 결정

■ 조도(Illuminance)

거리의 역제곱의 법칙 : 점광원으로부터의 거리가 n배가 되면 조도 값은 $\dfrac{1}{n^2}$배가 된다.

■ 연색성

- 스펙트럼에 모든 색이 고루 나타나는 성질(연색성의 평가단위 : 연색평가수(Ra))
- 평균 연색평가수(Ra)가 100에 가까울수록 연색성이 좋다.
- 연색평가수 : 태양, 백열전구는 100, 고압 수은램프는 23~45

■ 조명설계 순서

소요조도 결정 → 광원 선택 → 조명 방식 결정 → 조명기구 결정 → 광속 계산 → 조명기구 배치 결정 → 광속발산도 계산

■ 피뢰설비

- 대상 : 낙뢰 우려가 있는 건축물, 높이 20m 이상 건축물 또는 공작물
- 피뢰설비는 한국산업표준이 정하는 피뢰레벨 등급(Ⅰ~Ⅳ까지 4등급)에 적합해야 한다.

▌ 열 감지기
- 정온식 : 국부적인 온도가 일정한 온도를 넘으면 작동(보일러실, 주방 등)
- 차동식 : 주위 온도가 일정 온도 상승률 이상일 때 작동(일반 사무실 등)
- 보상식 : 정온식과 차동식을 복합한 것으로 온도가 일정한 값 이상으로 오르거나 온도 상승률이 일정한 값을 초과할 경우 작동

▌ 엘리베이터 안전장치
- 완충기(Buffer) : 승강로 하부에서 충돌 방지
- 조속기 : 정격속도의 120%를 초과 시 권상기의 동력전원을 끊음으로써 정지시키는 장치
- 비상정지장치 : 카 속도가 정격속도의 130% 초과 시 조속기 로프를 잡아 비상 정지시키는 장치
- 종점 스위치(Terminal Switch) : 종단층에서 카 정지 스위치를 잊은 경우 자동 정지시키는 장치
- 리밋 스위치(Limit Switch) : 위치 이동의 한계 스위치

▌ LPG(액화석유가스, Liquefied Petroleum Gas)
- 무색·무취, 중독성이 있으며 연소범위가 좁다(주성분 : 프로판(C_4H_{10}), 부탄(C_3H_8)).
- 발열량이 높고, 공기보다 무겁다(경보기는 바닥에서 30cm 이내 설치).

▌ LNG(액화천연가스, Liquefied Natural Gas)
- 도시가스 중앙공급원에서 도관을 따라 수요자에게 공급(주성분 : 메탄(CH_4))
- 발열량 낮고, 공기보다 가벼워서 공기 중에 흡수되어 안정성이 높다(경보기는 천장에서 30cm 이내 설치).

▌ 도시가스 공급 압력(도시가스 사업자 기준)
- 저압 : 0.1MPa 미만
- 중압 : 0.1MPa 이상 ~ 1MPa 미만
- 고압 : 1MPa 이상

▌ 가스계량기와 전기기기 이격거리
- 전기 계량기, 전기 개폐기 : 60cm 이상
- 굴뚝, 전기콘센트(접속기, 점멸기) : 30cm 이상
- 절연조치를 하지 아니한 전선과의 거리 : 15cm 이상
- 입상관과 화기 사이 : 우회거리 2m 이상

▌ 화재의 분류
- 일반화재(A급 화재, 백색) : 목재, 종이, 직물 등 일반 가연물 화재로서, 물에 의한 소화
- 유류, 가스화재(B급 화재, 황색) : 석유, 가연성 액체 등 화재로서, 공기를 차단하여 소화
- 전기화재(C급 화재, 청색) : 전기시설 등 감전의 우려가 있는 화재

▌ 소화활동설비
- 화재를 진압하거나 인명구조활동을 위하여 사용하는 설비
- 종류 : 제연설비, 연결살수설비, 연결송수관설비, 비상콘센트설비, 무선통신보조설비, 연소방지설비

▌ 옥내소화전
- 수원의 수량 : $2.6m^3$ × 소화전 최다 설치 층 설치 개수(2개 이상 설치된 경우에는 2개)
- 방수 압력 : 0.17MPa 이상

▌ 옥외소화전
- 수원의 수량 : $7.0m^3$ × 소화전 개수(최대 2개)
- 방수 압력 : 0.25~0.7MPa

▌ 스프링클러 헤드의 송수구역에 설치하는 기준 개수
- 폐쇄형 스프링클러 헤드
  - 아파트 : 10개 이하
  - 판매시설, 복합상가, 11층 이상 소방대상물 : 30개 이하
- 개방형 스프링클러 헤드 : 10개 이하

CHAPTER 05 건축관계법규

▌ 용어의 정의
- 건축 행위 : 신축, 증축, 개축, 재축, 이전(대수선은 건축 행위가 아님)
- 도로 : 보행과 자동차 통행이 가능한 너비 4m 이상의 도로

막다른 도로의 길이	막다른 도로의 너비
10m 미만	2m
10m 이상 35m 미만	3m
35m 이상	6m(도시지역이 아닌 읍·면지역 : 4m)

▌ 발코니 대피공간의 설치 기준
- 공동주택 중 아파트로서 4층 이상인 층의 각 세대가 2개 이상의 직통계단을 사용할 수 없는 경우
- 대피공간은 바깥의 공기와 접하여야 하고, 실내 다른 부분과 방화구획으로 구획될 것
- 대피공간의 바닥면적은 인접 세대와 공동으로 설치하는 경우에는 $3m^2$ 이상, 각 세대별로 설치하는 경우에는 $2m^2$ 이상일 것
- 대피공간으로 통하는 출입문은 60분+방화문으로 설치할 것

▌ 건축물의 층수별 분류
- 고층 건축물 : 층수 30층 이상이거나 높이 120m 이상인 건축물
- 초고층 건축물 : 층수 50층 이상이거나 높이 200m 이상인 건축물

▌ 다중이용 건축물
- 바닥면적 합계가 $5,000m^2$ 이상인 다음의 용도
  - 문화 및 집회시설(동물원 및 식물원 제외), 종교시설, 판매시설
  - 운수시설 중 여객용 시설, 의료시설 중 종합병원, 숙박시설 중 관광숙박시설
- 16층 이상인 건축물

▌ 리모델링이 쉬운 구조의 공동주택 규정 완화
120/100의 범위에서 완화 적용 규정 : 용적률, 건축물 높이 제한, 일조 등의 확보를 위한 높이 제한

건축법을 적용하지 않는 건축물
- 문화재보호법에 의한 지정·임시지정문화재 또는 자연유산의 보존 및 활용에 관한 법률에 따라 지정된 명승이나 임시지정명승
- 철도나 궤도의 선로 부지에 있는 다음의 시설
    - 운전보안시설
    - 철도 선로의 위나 아래를 가로지르는 보행시설
    - 플랫폼
    - 해당 철도 또는 궤도사업용 급수·급탄 및 급유시설
- 고속도로 통행료 징수시설
- 컨테이너를 이용한 간이창고(공장의 용도로만 사용되는 건축물의 대지에 설치하는 것으로서 이동이 쉬운 것만 해당된다)
- 하천법에 따른 하천구역 내의 수문조작실

특별시장, 광역시장의 허가 대상
- 21층 이상 건축
- 연면적 합계 100,000m^2 이상 건축(공장·창고 제외)
- 연면적 3/10 이상 증축으로 인해 21층 이상 또는 100,000m^2 이상(공장·창고 제외)이 되는 경우

건축신고 대상
- 증축·개축·재축 : 바닥면적 합계가 85m^2 이내
- 대수선 : 연면적 200m^2 미만이고, 3층 미만인 건축물의 대수선
- 건축 : 관리지역, 농림지역, 자연환경보전지역에서 연면적 200m^2 미만이고 3층 미만인 건축물
- 기타 소규모 건축물 : 연면적 합계 100m^2 이하, 건축물 높이 3m 이하의 증축

감리중간보고서의 제출 시기
- 철근콘크리트조, 철골철근콘크리트조, 조적조, 보강콘크리트블록조 : 기초공사 시 철근배치를 완료한 때, 지붕 슬래브 배근을 완료한 때, 지상 5개 층마다 상부 슬래브 배근을 완료한 때
- 철골조 : 기초공사 시 철근배치를 완료한 때, 지붕철골 조립을 완료한 때, 지상 3개 층마다 또는 높이 20m마다 주요구조부 조립을 완료한 때
- 기타 구조 : 기초공사 시, 거푸집 또는 주춧돌 설치를 완료한 때

허용오차

- 대지 관련 건축기준의 허용오차
  - 건축선의 후퇴거리, 인접 대지 경계선과의 거리, 인접 건축물과의 거리 : 3% 이내
  - 건폐율은 0.5% 이내(건축면적 5m^2 이하), 용적률은 1% 이내(연면적 30m^2 이하)
- 건축물 관련 건축기준의 허용오차
  - 건축물 높이, 반자 높이, 평면 길이, 출구 너비 : 2% 이내
  - 벽체 두께, 바닥판 두께 : 3% 이내

용도변경

시설군	세부용도		구 분
자동차 관련 시설군	자동차 관련 시설		허가 대상 ↑ ⋮ ⋮ ⋮ ⋮ ↓ 신고 대상
산업 등의 시설군	• 운수시설 • 창고시설 • 자원순환 관련 시설 • 장례시설	• 공 장 • 위험물 저장 및 처리시설 • 묘지 관련 시설	
전기통신시설군	• 방송통신시설	• 발전시설	
문화 및 집회시설군	• 문화 및 집회시설 • 위락시설	• 종교시설 • 관광휴게시설	
영업시설군	• 판매시설 • 숙박시설	• 운동시설 • 제2종 근린생활시설 중 다중생활시설	
교육 및 복지시설군	• 의료시설 • 노유자시설 • 야영장시설	• 교육연구시설 • 수련시설	
근린생활시설군	• 제1종 근린생활시설	• 제2종 근린생활시설(다중생활시설 제외)	
주거업무시설군	• 단독주택 및 공동주택 • 교정시설	• 업무시설 • 국방·군사시설	
그 밖의 시설군	동물 및 식물 관련 시설		

대지 안의 조경, 공개공지 등의 확보

조경 대상 : 대지면적 200m^2 이상에 건축을 하는 경우

대지가 도로에 접해야 하는 길이

- 건축물의 대지는 2m 이상이 도로에 접해야 한다(자동차만의 통행 도로는 제외).
- 연면적 2,000m^2(공장은 3,000m^2) 이상인 건축물의 대지는 너비 6m 이상의 도로에 4m 이상 접해야 함

■ 건축선에 따른 건축제한
- 건축물 및 담장은 건축선의 수직면을 넘어서는 아니 된다. 다만, 지표하의 부분은 그러하지 아니하다.
- 도로면으로부터 높이 4.5m 이하 출입구·창문 등은 개폐 시 건축선의 수직면을 넘지 않도록 한다.

■ 구조 안전의 확인 및 서류제출, 내진능력 공개
- 층수 : 2층 이상인 건축물(목구조 건축물 3층 이상)
- 연면적 : 200m^2 이상인 건축물(목구조인 경우 500m^2 이상)
- 건축물의 높이 13m 이상, 처마높이 9m 이상인 건축물
- 기둥과 기둥 사이의 거리(경간) : 10m 이상인 건축물

■ 직통계단의 설치
- 피난층 외의 층에서의 보행거리 : 30m 이하
- 주요구조부가 내화구조 또는 불연재료 건축물 : 50m 이하(지하층 300m^2 이상 공연장 등은 제외)
- 16층 이상인 공동주택의 경우 16층 이상인 층 : 40m 이하
- 자동식 소화설비 설치 공장 : 반도체 등 제조공장 75m 이하(무인화 공장은 100m 이하)

■ 피난안전구역 설치 기준
- 피난안전구역의 높이는 2.1m 이상이어야 하며, 내부 마감재료는 불연재료로 설치할 것
- 건축물 내부에서 피난안전구역으로 통하는 계단은 특별피난계단으로 설치
- 비상용 승강기는 피난안전구역에서 승하차할 수 있는 구조로 할 것
- 피난안전구역에는 식수 공급을 위한 급수전을 1개소 이상 설치할 것

■ 피난계단 및 특별피난계단의 설치 대상
- 원칙(해당 층) : 5층 이상, 지하 2층 이하(5층 이상 직통계단과 연결된 지하 1층 계단 포함)
- 예외 : 주요구조부가 내화구조 또는 불연재료로 된 건축물로서 5층 이상의 층이 다음의 경우
  - 바닥면적 합계가 200m^2 이하의 경우
  - 200m^2 이내마다 방화구획이 된 경우 제외
- 판매시설용도로 쓰이는 층으로부터의 직통계단은 그 중 1개소 이상을 특별피난계단으로 설치한다.

■ 옥내 피난계단 설치 기준
- 개구부 외에는 내화구조의 벽으로 구획, 불연재료 마감(계단 유효너비는 규정에 없음)
- 옥외 개구부는 다른 외벽 개구부와 2m 이상 이격하고, 망입유리 붙박이창 설치 시 1m^2 이하
- 출입구 유효폭은 0.9m 이상, 60 + 방화문 또는 60분 방화문 설치(피난방향으로 열릴 것)

▌ 특별피난계단 설치 기준

- 옥내 출입구는 60 + 방화문 또는 60분 방화문 설치, 계단실 출입구는 60 + 방화문, 60분 방화문 또는 30분 방화문 설치
- 출입구 유효폭 0.9m 이상

▌ 공연장 개별 관람실의 출구 설치 기준(바닥면적 300m^2 이상인 것)

- 관람석별로 2개소 이상 설치하여야 하며, 각 출구의 유효 너비는 1.5m 이상
- 출구 유효너비 합계 : 관람실 바닥면적 100m^2마다 0.6m 너비 이상

▌ 방화구획 등의 설치

- 방화구획 설치 대상 : 내화구조 또는 불연재료로 된 건축물로서 연면적 1,000m^2를 넘을 경우
- 방화구획의 구조 : 내화구조로 된 바닥·벽으로 구획, 60 + 방화문, 60분 방화문 또는 자동방화셔터 설치

▌ 대규모 건축물의 방화벽

- 연면적 1,000m^2 이상 건축물은 바닥면적 합계 1,000m^2 미만마다 방화벽으로 구획해야 한다.
- 방화벽 구조 : 내화구조로서 홀로 설 수 있는 구조일 것(자립구조)
- 출입문 구조 : 너비 및 높이는 각각 2.5m 이하, 60 + 방화문 또는 60분 방화문 설치
- 외벽 및 처마 밑의 연소 우려가 있는 부분은 방화구조로 한다.

▌ 지하층의 설치 기준

지하층 규모	설치 기준
(거실의 바닥면적이) 50m^2 이상인 층	직통계단 외에 비상탈출구 및 환기통 설치(직통계단이 2개소 이상인 경우는 제외)
(바닥면적이) 1,000m^2 이상인 층	방화구획으로 구획하는 각 부분마다 1개소 이상의 피난 또는 특별피난계단 설치
(거실의 바닥면적의 합계가) 1,000m^2 이상인 층	환기설비 설치
(지하층의 바닥면적이) 300m^2 이상인 층	식수 공급을 위한 급수전 1개소 이상 설치

▌ 비상탈출구의 구조

- 크기 : 유효폭 0.75m 이상, 유효높이 1.5m 이상
- 구조 : 피난방향으로 열리도록(항상 열 수 있는 구조)하고, 내외부에 비상탈출구 표시를 할 것
- 출구 위치 : 출입구로부터 3m 이상 떨어진 곳에 설치

너비 8m 미만인 도로 모퉁이에 위치한 대지의 가각전제(街角剪除) 부분

도로의 교차각	해당 도로의 너비(m)		교차되는 도로의 너비(m)
	6m 이상 8m 미만	4m 이상 6m 미만	
90° 미만	4	3	6 이상 8 미만
	3	2	4 이상 6 미만
90° 이상 120° 미만	3	2	6 이상 8 미만
	2	2	4 이상 6 미만

층수 산정
- 지하층은 건축물의 층수에 산입하지 않는다.
- 층의 구분이 명확하지 않은 건축물에 있어서는 해당 건축물의 높이 4m마다 하나의 층으로 산정한다.
- 건축물의 부분에 따라 그 층수를 달리한 경우에는 그 중 가장 많은 층수를 그 건축물의 층수로 본다.

건축물의 높이 제한에 따른 이격 거리(전용주거지역과 일반주거지역 안에서의 건축)
- 10m 이하인 부분 : 1.5m 이상
- 10m 초과인 부분 : 해당 건축물 각 부분의 높이의 1/2 이상

승강기의 설치(16인승 이상 승강기의 설치 시에는 2대의 설치대수로 인정)

건축물의 용도	6층 이상의 거실면적의 합계 3,000m² 초과
• 문화 및 집회시설 중 공연장, 집회장, 관람장 • 판매시설, 의료시설	$2대 + \dfrac{초과 면적 - 3{,}000m^2}{2{,}000m^2}$ (대)
• 문화 및 집회시설 중 전시장, 동·식물원 • 업무시설, 숙박시설, 위락시설	$1대 + \dfrac{초과 면적 - 3{,}000m^2}{2{,}000m^2}$ (대)
• 공동주택 • 교육연구시설, 노유자시설, 기타 시설	$1대 + \dfrac{초과 면적 - 3{,}000m^2}{3{,}000m^2}$ (대)

비상용 승강기의 승강장 및 승강로의 구조
- 승강장 바닥면적은 비상용 승강기 1대에 대하여 6m² 이상으로 할 것(다만, 옥외 승강장을 설치 시 제외)
- 피난층이 있는 승강장 출입구로부터 도로 또는 공지에 이르는 거리가 30m 이하일 것

자연환기설비 또는 기계환기설비 설치 기준
- 신축 또는 리모델링하는 주택이나 건축물은 시간당 0.5회 이상 환기가 되도록 한다.
- 대상 : 30세대 이상의 공동주택, 주택 외 시설과 함께 건축하는 경우 30세대 이상의 주택

주차장의 수급 실태 조사
- 실태조사의 주기는 3년으로 한다.
- 조사구역 바깥 경계선의 최대 거리가 300m를 넘지 아니하도록 한다.
- 사각형 또는 삼각형으로 조사구역을 설정하며, 건축법에 따른 도로를 경계로 구분한다.

주차전용 건축물의 주차면적 비율
- 원칙 : 95% 이상
- 70% 이상 : 단독 및 공동주택, 제1종·제2종 근린생활시설, 문화 및 집회시설, 종교시설, 판매시설, 운수시설, 운동시설, 업무시설, 창고시설, 자동차 관련 시설

주차장의 주차구획 크기 등
- 평행주차 형식의 경우

구 분	너비 × 길이
경 형	1.7m × 4.5m 이상
일반형	2.0m × 6.0m 이상
보도와 차도의 구분이 없는 주거지역의 도로	2.0m × 5.0m 이상
이륜자동차 전용	1.0m × 2.3m 이상

- 평행주차 형식 외의 경우

구 분	너비 × 길이
경 형	2.0m × 3.6m 이상
일반형	2.5m × 5.0m 이상
확장형	2.6m × 5.2m 이상
장애인 전용	3.3m × 5.0m 이상
이륜자동차 전용	1.0m × 2.3m 이상

노상주차장의 설치금지 장소
- 주간선도로
- 너비 6m 미만 도로
- 종단경사도 4% 초과하는 도로(종단구배 6% 이하로 보도와 차도가 구별되고 차도 너비 13m 이상은 제외)
- 고속도로, 자동차전용도로, 고가도로
- 도로교통법상 주정차 금지구역에 해당하는 도로 부분

노상주차장의 장애인 전용 주차구획 설치
- 주차대수 20대 이상 50대 미만 : 1면 이상 설치
- 주차대수 규모가 50대 이상 : 주차대수 2~4%까지 범위에서 장애인 주차 수요를 고려하여 조례로 정함

■ 노외주차장 출입구의 설치금지 장소
- 도로교통법에 의하여 정차·주차가 금지되는 도로 부분
- 횡단보도(육교 및 지하횡단보도를 포함)에서 5m 이내의 도로 부분
- 너비 4m 미만의 도로(예외 : 주차대수 200대 이상인 경우에는 너비 6m 미만의 도로에는 설치할 수 없다)
- 종단기울기 10%를 초과하는 도로
- 유아원, 유치원, 초등학교, 특수학교, 노인 및 장애인 복지시설, 아동전용시설 등 출입구로부터 20m 이내의 도로 부분

■ 노외주차장의 출입구 구조
- 출입구 너비 : 3.5m 이상
- 주차대수 규모가 50대 이상인 경우 : 출구와 입구를 분리하거나 너비 5.5m 이상의 출입구 설치

■ 노외주차장의 차로 기준
- 차로의 높이 : 주차 바닥면으로부터 2.3m 이상
- 곡선 부분 내변반경 : 6m 이상(50대 이하 - 5m 이상, 이륜자동차 전용 - 3m 이상)
- 경사로의 차로 너비 및 종단경사도

구 분	차로 너비		종단경사도
	1차로	2차로	
직선형	3.3m 이상	6.0m 이상	17% 이하
곡선형	3.6m 이상	6.5m 이상	14% 이하

- 차로의 분리 : 주차대수 50대 이상인 경우 경사로는 너비 6m 이상인 2차로 확보 또는 진출입 차로 분리

■ 부설주차장 설치 대상 용도별 설치 기준
- 시설면적 100m^2당 1대 : 위락시설
- 시설면적 150m^2당 1대 : 문화 및 집회시설(관람장 제외), 종교시설, 판매시설, 운수시설, 업무시설(외국공관, 오피스텔 제외), 의료시설(정신병원, 요양병원, 격리병원 제외), 운동시설(골프장, 골프연습장, 옥외수영장 제외), 방송국, 장례식장
- 시설면적 200m^2당 1대 : 제1종·제2종 근린생활시설, 숙박시설
- 시설면적 350m^2당 1대 : 공장(아파트형 제외), 발전시설, 수련시설
- 시설면적 400m^2당 1대 : 창고시설
- 골프장 - 1홀당 10대, 골프연습장 - 1타석당 1대, 옥외수영장 - 15인당 1대, 관람장 - 100인당 1대

▌부설주차장의 인근 설치
- 인근 설치 대상 : 주차대수 300대 이하
- 부지 인근 범위 : 직선거리 300m 이내 또는 도보거리 600m 이내

▌용어의 정의 - 도시 계획
- 광역도시계획 : 광역계획권 지정에 의해 지정된 광역계획권의 장기발전 방향을 제시하는 계획
- 지구단위계획 : 토지 이용을 합리화하고 기능을 증진시키며 미관을 개선하고 양호한 환경을 확보하며 체계적·계획적으로 관리하기 위하여 수립하는 도시·군관리계획

▌기반시설 분류
- 교통시설 : 도로·철도·항만·공항·주차장·자동차정류장·궤도·차량 검사 및 면허시설 등
- 공간시설 : 광장·공원·녹지·유원지·공공공지 등
- 유통·공급 시설 : 유통업무설비, 수도·전기·가스·열공급설비, 방송·통신시설, 공동구·시장, 유류저장 및 송유설비 등
- 공공·문화체육시설 : 학교·공공청사·문화시설·체육시설·연구시설·사회복지시설·공공직업훈련시설·청소년수련시설 등
- 방재시설 : 하천·유수지·저수지·방화설비·방풍설비·방수설비·사방설비·방조설비
- 보건위생시설 : 장사시설·도축장·종합의료시설
- 환경기초시설 : 하수도·폐기물처리 및 재활용시설·빗물저장 및 이용시설·수질오염방지시설·폐차장

교육은 우리 자신의 무지를 점차 발견해 가는 과정이다.

– 윌 듀란트 –

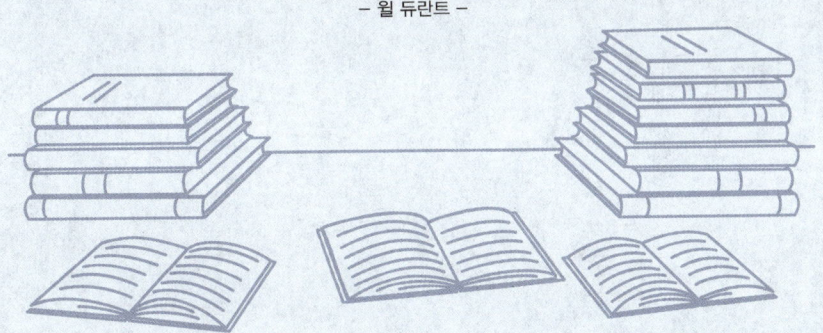

CHAPTER 01	건축계획	회독 CHECK 1 2 3
CHAPTER 02	건축시공	회독 CHECK 1 2 3
CHAPTER 03	건축구조	회독 CHECK 1 2 3
CHAPTER 04	건축설비	회독 CHECK 1 2 3
CHAPTER 05	건축관계법규	회독 CHECK 1 2 3

PART 01

핵심이론

#출제 포인트 분석　　#자주 출제된 문제　　#합격 보장 필수이론

CHAPTER 01 건축계획

제1절 총론

핵심이론 01 | 계획일반

(1) 건축의 3대 요소
① 기능 : 공간의 용도 및 목적
② 구조 : 안정성에 기초한 기능·미의 균형과 조화
③ 미 : 형태, 아름다움

(2) 의사결정단계(분석 → 종합 → 평가순으로 진행)
① 분석
  ㉠ 용도, 특성의 분석 및 결정
  ㉡ 공간의 연계성, 대지조건 등 분석
  ㉢ 건축주의 요구사항 수렴
② 종합
  ㉠ 디자인 원칙 및 요소 결정 : 의장, 이미지 등의 결정
  ㉡ 평면, 입면, 단면도 작성
  ㉢ 구조 및 설비 시스템 검토
③ 평가 : 최적안 결정

(3) POE(Post Occupancy Evaluation)
① 거주 후 평가(Post Occupancy Evaluation)로서 자료 수집 단계에서 거주 후 사용자의 경험과 반응을 연구
② 장래에 유사한 건축물 계획에 필요한 정보추출 및 제공을 위하여 만족도, 요구, 가치 등을 평가
③ 평가과정 : 건축물선정 → 인터뷰, 답사, 관찰 → 반응연구 → 지침설정
④ 평가요소 : 환경장치, 사용자, 디자인
⑤ 거주 후 평가 유형
  ㉠ 기술적 평가 : 건물에 대한 평가
  ㉡ 기능적 평가 : 서비스에 대한 평가
  ㉢ 행태적 평가 : 환경 심리에 대한 평가

(4) 건축계획 조사방법
① 문헌조사
  ㉠ 비용과 시간이 최소가 되며, 가장 많이 사용
  ㉡ 문헌 자체의 오류와 한계 고려
② 면담법
  ㉠ 면담에 의해 계획적 기초 연구 시행
  ㉡ 시간 및 조사 경비의 소요
③ 관찰법
  ㉠ 인간 행태에 관한 연구
  ㉡ 구두 표현 능력이 없는 어린이 등이 조사 대상
④ 설문지법
  ㉠ 설문지 응답자는 기초적 문장 이해 능력 요구
  ㉡ 오류의 최소화를 위한 고도의 설문지 작성 기법 요구
⑤ 실험법 : 특수한 문제의 해결법으로 사용

10년간 자주 출제된 문제

1-1. 인간 행태에 관한 연구로서 구두 표현 능력이 없는 어린이 등을 조사 대상으로 할 경우 효과적인 계획 조사방법은?
① 문헌조사법
② 면담법
③ 관찰법
④ 설문지법

1-2. POE(Post Occupancy Evaluation)의 의미로 가장 알맞은 것은?
① 건축물 사용자를 찾는 것이다.
② 건축물을 사용한 후에 평가하는 것이다.
③ 건축물의 사용을 염두에 두고 계획하는 것이다.
④ 건축물 모형을 만들어 설계의 적정성을 평가하는 것이다.

|해설|
1-1
관찰법 : 인간 행태에 관한 연구에 적용되며, 구두 표현 능력이 없는 어린이 등이 조사 대상으로 한다.
1-2
POE는 거주 후 평가로서 건축물을 사용한 후에 평가한다.

정답 1-1 ③ 1-2 ②

핵심이론 02 | 건축 공간 구성

(1) 건축척도조정(MC ; Modular Coordination)
① 개 념
  ㉠ MC : 구성재의 크기를 정하기 위한 치수의 조정
  ㉡ 건축의 공장생산화(Prefabrication) : 공장에서 대량생산하여 현장에서 조립함(공기 단축, 품질 확보)
② MC의 고려사항
  ㉠ 우리나라의 지역성을 최대한 고려한다.
  ㉡ 건물의 종류, 성격에 맞추어 계획 모듈을 정한다.
  ㉢ 가능한 한 국제적 MC 합의 사항에 맞도록 한다.
  ㉣ MC화 되더라도 설계의 자유도를 높이도록 한다.
③ MC의 장점
  ㉠ 재료규격의 표준화 및 대량생산 가능(공장화)
  ㉡ 연중 공사 가능(건식화)하고, 공사기간 단축(조립화)
  ㉢ 설계작업과 시공 간편
④ MC의 단점
  ㉠ 융통성이 없고 획일적이므로 집단화에 유의한다.
  ㉡ 인간성, 창조성 상실이 우려된다.
  ㉢ 배색에 신중을 기해야 한다.

(2) 건축 공간 스케일(Scale) 분류
① 물리적 스케일 : 인간이나 물체의 크기 등에 따라 치수가 결정된다(출입구 치수).
② 생리적 스케일 : 실 공간의 소요 환기량과 같이 생리적으로 필요로 하는 공간의 치수이다(창문의 크기).
③ 심리적 스케일 : 심리적으로 압박감이나 답답함을 느끼지 않을 만큼의 치수이다(천장 높이).

(3) 주택의 평면과 각 부위의 치수 및 기준척도
① 치수 및 기준척도는 안목치수를 원칙으로 한다.
② 거실, 침실 평면 각 변의 길이는 5cm 단위로 한다.
③ 부엌, 식당, 욕실, 화장실, 복도, 계단 및 계단참 등 평면 각 변 길이 또는 너비는 5cm를 기준척도로 할 것
④ 거실 및 침실의 반자높이(반자를 설치하는 경우만 해당한다)는 2.2m 이상으로 하고 층 높이는 2.4m 이상으로 하되, 각각 5cm를 단위로 한 것을 기준척도로 할 것

10년간 자주 출제된 문제

2-1. 건축척도조정(MC) 시 고려할 사항으로 옳지 않은 것은?
① 우리나라의 지역마다 다른 다양한 MC를 개발한다.
② 건물의 종류, 성격에 맞추어 계획 모듈을 정한다.
③ 가능한 한 국제적 MC 합의 사항에 맞도록 한다.
④ MC화 되더라도 설계의 자유도를 높이도록 한다.

2-2. 건축척도조정(MC)의 장점으로 옳지 않은 것은?
① 재료 규격의 표준화, 대량생산이 가능하다.
② 인간성과 창조성이 증대된다.
③ 연중공사가 가능하고 공기를 단축시킬 수 있다.
④ 설계작업과 시공이 간편하다.

2-3. 건축 공간에서 창문의 크기에 따른 소요 환기량과 같이 생리적으로 필요로 하는 공간의 치수는?
① 물리적 스케일   ② 생리적 스케일
③ 심리적 스케일   ④ 상대적 스케일

2-4. 주택의 평면과 각 부위의 치수 및 기준척도에서 거실 및 침실의 평면 각 변의 길이는 얼마의 단위로 하는가?
① 5cm   ② 10cm
③ 20cm   ④ 30cm

2-5. 주택의 평면과 각 부위의 치수 및 기준척도에 관한 설명으로 옳지 않은 것은?
① 치수 및 기준척도는 안목치수를 원칙으로 한다.
② 거실, 침실 평면 각 변 길이는 5cm를 기준척도로 한다.
③ 거실, 침실 층 높이는 10cm를 단위로 한 것을 기준척도로 한다.
④ 계단 및 계단참의 평면 각 변 길이는 5cm를 단위로 한다.

| 해설 |

2-1
지역마다 다른 다양한 MC를 개발하는 것이 아니라 우리나라의 지역성을 최대한 고려하여야 한다.

2-2
인간성, 창조성 상실이 우려되는 단점이 있다.

2-4
5cm를 단위로 한 것을 기준척도로 한다.

2-5
거실, 침실 층 높이는 5cm를 단위로 한 것을 기준척도로 한다.

정답 2-1 ① 2-2 ② 2-3 ② 2-4 ① 2-5 ③

핵심이론 03 | 건축 의장

(1) 통일(Unity)과 변화(Variability)

① 통일(Unity)
  ㉠ 구성체 요소들을 전체로서 하나의 이미지를 주는 것
  ㉡ 형태, 색깔, 질감 등에서 통일성을 얻을 수 있다.

② 변화(Variability)
  ㉠ 무질서한 변화가 아니라 통일성에서의 조화
  ㉡ 지나친 통일성 강조는 단조로워지므로 적절한 변화성이 필요하다.

(2) 비례(Proportion)와 균제(Symmetry)

① 비 례
  ㉠ 어떤 양과 다른 양, 건축에서 말하면 선, 면, 공간 사이에 상호 간의 양적인 관계
  ㉡ 비례의 기본은 언제나 인간이며, 자연 상태의 동식물에서도 훌륭한 비례 체계를 찾아 볼 수 있다.

② 균제 : 일정한 비율 관계의 균형 잡힌 구성

(3) 조화(Harmony)와 대비(Contrast)

① 조 화
  ㉠ 미적 대상을 구성하는 부분과 부분 사이에 질적으로나 양적으로 모순되는 일이 없이 질서가 잡혀 있는 상태
  ㉡ 유사와 대비가 있다.

② 유사(Similarity) : 서로 비슷한 요소들의 조화

③ 대비(Contrast)
  ㉠ 서로 상반되는 요소를 대치시켜 상호 간의 특징을 더욱 강조하는 조화
  ㉡ 동적이고 강한 시각적 디자인에 효과적이다.

(4) 균형(Balance)

① 어느 한쪽으로 기울거나 치우치지 아니하고 고른 상태
② 대칭과 비대칭
③ 주도와 종속

(5) 리듬(Rhythm)
① 상호 간의 균형에서 만족스러운 질서
② 부분과 부분 사이에 시각적으로 강한 힘과 약한 힘이 규칙적으로 연속될 때 나타난다.
③ 동적 질서는 활기찬 표정, 시각적 운동감을 준다.
④ 리듬의 종류 : 반복, 점층, 점이, 점증, 억양 등

(6) 질감(Texture)
① 표면처리의 외곽적 표현
② 물체를 만져보지 않고 눈으로만 보는 표면의 상태

10년간 자주 출제된 문제

3-1. 건축계획에서 말하는 미의 특성 중 변화 혹은 다양성을 얻는 방식과 가장 거리가 먼 것은?
① 억양(Accent)
② 대비(Contrast)
③ 균제(Proportion)
④ 대칭(Symmetry)

3-2. 미적 대상을 구성하는 부분과 부분 사이에 질적으로나 양적으로 모순되는 일이 없이 질서가 잡혀 있는 상태를 의미하는 것은?
① 조화(Harmony)
② 비례(Proportion)
③ 리듬(Rhythm)
④ 질감(Texture)

|해설|
3-1
대칭(Symmetry)은 정적인 특성을 가지고 있고 통일과 대칭을 이룰 수는 있으나, 변화성을 얻기는 어렵다.

정답 3-1 ④ 3-2 ①

제2절 단독주택

핵심이론 01 | 기본 목표와 주거생활 수준

(1) 주택설계의 새로운 방향
① 생활의 쾌적함 증대
② 가사노동의 경감(주부의 동선 단축)
③ 가족본위의 주거(가장 중심 → 주부 중심)
④ 개인생활의 프라이버시(독립성) 확보
⑤ 좌식 + 입식(의자식) 혼용 : 좌식 기본, 입식 도입

(2) 가사노동의 경감방법
① 필요 이상의 넓은 주거를 지양(노동의 절감)
② 평면에서의 주부의 동선이 단축되도록 할 것
③ 능률이 좋은 부엌시설이나 가사실을 갖출 것
④ 설비를 좋게 하고 되도록 기계화할 것

(3) 주거생활 수준
① 주거생활 수준
   ㉠ 주거생활 수준은 1인당 주거 면적으로 나타내며, 주거 면적은 연면적에서 공용 부분을 제외한 순수 거주 면적을 말한다.
   ㉡ 건축 연면적의 50~60% 정도
② 1인당 점유 바닥면적(주거면적)
   ㉠ 최소 $10m^2$
   ㉡ 표준 $16m^2$ 정도
③ 각국의 기준
   ㉠ 세계가족단체협회의 콜로뉴 기준 : $16m^2$/인
   ㉡ 숑바르 드 로브(Chombard de Lawve)의 기준
      • 병리기준 : $8m^2$/인 이상
      • 한계기준 : $14m^2$/인 이상
      • 표준기준 : $16m^2$/인 정도

10년간 자주 출제된 문제

1-1. 주택설계의 새로운 방향으로 옳지 않은 것은?
① 생활의 쾌적함을 증대시킬 수 있도록 한다.
② 필요 이상의 넓은 주거를 지양한다.
③ 주부 중심의 가족본위 주거로 계획한다.
④ 입식을 기본으로 좌식을 도입한다.

1-2. 주거생활 수준의 기준에 관한 내용으로 잘못 설명된 것은?
① 병리기준 : 8m^2/인
② 최소기준 : 10m^2/인
③ 한계(유효)기준 : 12m^2/인 이상
④ 세계가족단체협회(UIOP)의 콜로뉴(Cologne) 기준 : 16m^2/인 이상

1-3. 숑바르 드 로브(Chombard de Lawve)가 제시하는 1인당 주거면적의 병리기준은?
① 6m^2
② 8m^2
③ 10m^2
④ 12m^2

|해설|

1-1
좌식 + 입식(의자식) 혼용 : 좌식 기본, 입식 도입

1-2
한계(유효)기준 : 1인당 14m^2 이상으로서 개인 또는 가족적인 거주의 융통성이 보장될 수 있다.

1-3
병리기준 : 1인당 8m^2 이하인 경우 거주자의 신체 및 건강에 나쁜 영향을 끼치게 된다.

정답 1-1 ④ 1-2 ③ 1-3 ②

핵심이론 02 | 주생활공간과 동선계획

(1) 주생활공간

① 생활공간에 의한 분류
  ㉠ 단란생활공간
  ㉡ 보건위생공간
  ㉢ 개인생활공간

② 사용 시간에 의한 분류
  ㉠ 주간 사용공간
  ㉡ 주야간 사용공간
  ㉢ 야간 사용공간

③ 생활 주체에 의한 분류
  ㉠ 주인 사용공간
  ㉡ 주부 사용공간
  ㉢ 아동 사용공간

(2) 동선계획

① 동선계획
  ㉠ 동선 3요소 : 속도, 빈도, 하중
  ㉡ 하중이 큰 가사노동선은 굵고 짧게, 남쪽 위치
  ㉢ 동선에는 가구를 둘 수 있다.
  ㉣ 동선에는 공간(Space)이 필요하다.

② 동선계획의 원칙
  ㉠ 단순 명쾌할 것
  ㉡ 빈도가 높은 동선은 짧게 할 것
  ㉢ 서로 다른 종류의 동선은 분리할 것
  ㉣ 필요 이상의 동선 교차는 피할 것
  ㉤ 서로 다른 영역권에 대한 독립성을 유지할 것

10년간 자주 출제된 문제

동선에 대한 설명으로 옳지 않은 것은?
① 동선의 3요소에는 속도, 빈도, 하중이 있다.
② 단순 명쾌해야 하며, 필요 이상의 동선 교차는 피한다.
③ 서로 다른 영역권에 대한 동선을 혼합하여 융통성을 유지하여야 한다.
④ 동선의 주체는 사용자, 정보, 물질 등이 있다.

|해설|
서로 다른 동선은 분리하고 영역권에 대한 독립성을 유지할 것

|정답| ③

핵심이론 03 │ 각 실 세부계획

(1) 거실(Living Room)

① 단란, 대화, 휴식 및 주부의 작업공간 역할도 할 수 있다.
② 거실의 위치 : 주거 공동생활의 중심적 위치에 둔다.
③ 거실의 크기
   ㉠ 가족 구성 및 편리, 가구의 크기(응접, 전시)와 사용상의 조건(TV, 영화, 음악 감상 등)에 의해 결정
   ㉡ 주택 전체 면적의 21~25%, 소규모는 30% 정도
   ㉢ 일반적으로 가족 1인당 4~6m^2 정도
   ㉣ 한식 16.5m^2(5평), 양식 26.4m^2(8평) 내외
④ 고려할 사항
   ㉠ 침실과는 대칭되게 한다.
   ㉡ 다른 한쪽 방과 접속하게 되면 유리하다.
   ㉢ 통로나 홀로 사용되어서는 안 된다.
   ㉣ 정원과 테라스에 연결되도록 한다.

(2) 침실(Bed Room)

① 침실의 위치
   ㉠ 거실과 식당, 부엌 등의 공간은 분리한다.
   ㉡ 현관, 출입구에서 떨어진 조용한 곳에 있어야 한다.
   ㉢ 야간의 교통 소음과 주간의 복잡한 시선을 피하며, 도로쪽은 피하여 안정되고 기밀한 곳에 위치한다.
② 침실의 크기
   ㉠ 규모 결정 기준 : 사용 인원수에 따른 필요한 기적(신선한 공기의 양), 활동 면적(수면, 휴식 등), 수납공간의 면적 등
   ㉡ 침실 면적 산정
      • 보통 어른 1인은 50m^3/h의 신선한 공기가 필요
      • 천장 높이 2.5m 기준, 자연환기 횟수 2회/h 가정
      • 따라서 1인 10m^2, 2인은 20m^2 필요
   ㉢ 침실 길이 : 최소한 한쪽 벽면이 2.1m 이상 필요

③ 고려할 사항
  ㉠ 사적 개인생활공간이므로 정적, 독립성을 고려
  ㉡ 부부 침실 : 기밀성을 고려한 독립된 내측에 위치
  ㉢ 노인 침실 : 욕실, 화장실 등에 근접한 안정된 곳

(3) 식사실(Dining Room)
① 가족 수, 가구, 테이블, 여유 공간을 고려하여 정한다.
② 4인 가족 평균 $8.5m^2$ 정도이다.
③ 분리형 : 거실이나 부엌과 완전히 독립된 식사실
④ 개방형
  ㉠ 리빙 다이닝(LD형식, Living Dining) : 거실 내에 커튼이나 스크린으로 칸막이를 설치
  ㉡ 다이닝 알코브(Dining Alcove) : 거실의 일부에 식탁을 꾸민 것으로, 6~9m^2의 공간이 필요
  ㉢ 리빙 키친(LK, LDK형식, Living Kitchen) : 거실, 식사실, 부엌을 겸용
  ㉣ 다이닝 키친(DK, Dinette형식, Dining Kitchen) : 부엌의 일부에 간단히 식탁을 꾸민 것
  ㉤ 다이닝 포치(Dining Porch) : 테라스, 정원에 식당 설치

10년간 자주 출제된 문제

3-1. 거실에 관한 설명으로 잘못된 것은?
① 남향이 이상적이고, 전망, 일조, 통풍을 고려한다.
② 거실은 통로로 사용될 수 없고, 분할되지 않게 한다.
③ 거실의 2면 이상을 다른 실과 접속시킨다.
④ 거실은 침실과 대칭적 개념으로 마주보지 않도록 한다.

3-2. 주택의 거실계획에 관한 설명으로 옳지 않은 것은?
① 거실에서 문이 열린 침실의 내부가 보이지 않게 한다.
② 거실은 타 공간을 연결하는 통로 역할이 되지 않도록 한다.
③ 거실의 의자, 소파에 의해 동선이 차단되지 않도록 한다.
④ 일반적으로 연면적의 10~15% 정도로 계획하는 것이 좋다.

3-3. 거실의 일부에 식탁을 꾸민 것으로, 6~9m^2의 공간이 소요되는 식사실(Dining Room) 유형은?
① 리빙 다이닝   ② 다이닝 알코브
③ 리빙 키친   ④ 다이닝 포치

|해설|
3-1
거실은 1면만 다른 실과 접속시키고, 나머지 3면은 확보한다.
3-2
전체 연면적의 20~30% 정도의 규모로 계획한다.
3-3
다이닝 알코브(Dining Alcove) : 거실의 일부에 식탁을 꾸민 것

정답 3-1 ③ 3-2 ④ 3-3 ②

(4) 부엌(Kitchen)

① 위 치
- ㉠ 남쪽 또는 동쪽 모퉁이 부분
- ㉡ 서쪽은 음식물이 부패하기 쉬우므로 피해야 한다.

② 크 기
- ㉠ 보통 연면적의 8~12% 정도의 크기가 필요
- ㉡ 소규모 주택(50m² 이하)인 경우는 5m² 정도가 필요
- ㉢ 주택 규모가 큰 경우(100m² 이상)는 7% 이하도 가능
- ㉣ 작업대의 면적, 작업인의 동작공간, 수납공간, 연료의 종류와 공급 방법, 가족 수와 주택의 크기 등을 고려

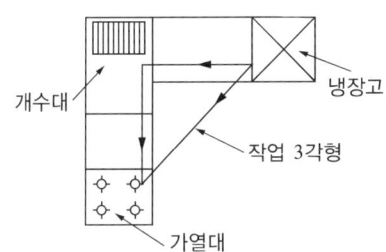

③ 부엌의 작업 3각형 : 냉장고 + 개수대 + 가열대 연결

④ 부엌의 유형
- ㉠ 직선형, 一자형 : 동선이 길어진다(소규모, 좁은 부엌).
- ㉡ L자형, ㄱ자형 : 작업동선이 가장 효율적이지만, 모서리 부분 이용도가 낮다.
- ㉢ U자형, ㄷ자형 : 수납공간이 넓고 이용이 편리(양측 벽면 이용)하다.
- ㉣ 병렬형 : 외부로 통하는 출입구를 둘 수 있다.

(5) 욕실 및 화장실

① 욕실 계획 시 고려할 사항
- ㉠ 천장의 높이는 2.1m 이상으로 한다.
- ㉡ 천장은 물방울 떨어짐을 고려해 적당한 경사를 둔다.

② 화장실의 크기
- ㉠ 한식 화장실의 크기는 최소한 0.9×0.9m
- ㉡ 양식 화장실은 0.8×1.2m 이상

(6) 복도 및 계단

① 복 도
- ㉠ 50m²(약 15평) 이하의 소규모 주택은 협소한 공간이기 때문에 복도를 두는 것이 비경제적이다.
- ㉡ 복도 면적은 전체 연면적의 10% 정도이다.
- ㉢ 통로로서의 복도의 최소한 폭은 90cm가 많다.

② 계 단
- ㉠ 계단은 현관이나 거실에 가까이 근접해서 식당, 욕실, 화장실과 가까운 곳에 만드는 것이 적합하다.
- ㉡ 복층구조에서는 상하층 친교의 매개공간이 된다.

10년간 자주 출제된 문제

3-4. 주택 부엌의 작업 삼각형(Work Triangle)에 관한 설명으로 옳지 않은 것은?
① 3변의 길이 합은 7~8m 정도가 기능적이다.
② 삼각형의 한 변의 길이는 1.8m 이하가 바람직하다.
③ 작업 삼각형은 냉장고, 개수대, 레인지의 중간 지점을 연결한 삼각형이다.
④ 삼각형의 한 변 길이가 너무 길어지면 동선이 길어지므로 기능상 좋지 않다.

3-5. 다음과 같은 특징을 갖는 부엌의 유형은?

- 작업 시 몸을 앞뒤로 바꾸어야 하는 불편이 있다.
- 식당과 부엌이 개방되지 않고 외부로 통하는 출입구가 필요한 경우에 많이 쓰인다.

① 일렬형 ② ㄱ자형
③ 병렬형 ④ ㄷ자형

3-6. 2층 단독주택에서 1층에 부모가, 2층에 자녀들이 거주할 경우 가족의 단란에 가장 영향을 줄 수 있는 요소는?
① 계단의 배치
② 침실의 방위
③ 건물의 층고
④ 식당과 부엌의 연결방법

|해설|
3-4
3변의 길이 합은 3.6~6.6m 정도가 기능적이다.

3-5
병렬형은 앞뒤로 부엌가구가 배치되어 있는 형식으로 작업 시 몸을 앞뒤로 바꾸어야 하는 불편이 있다.

3-6
계단 배치에 따라 1층에 부모와 접할 수 있는 기회가 많고 적음이 달라지므로, 계단을 거실과 같이 단란생활공간에 접하게 하면 좋다.

정답 3-4 ① 3-5 ③ 3-6 ①

핵심이론 04 | 한식주택 특성

(1) 한식주택과 양식주택 비교

특성	한 식	양 식
형태	단층 구조	2층 구조
구조	목조 가구식 (바닥이 높고, 개구부 작다)	목구조, 벽돌조적식 (바닥이 낮고, 개구부 크다)
평면	조합평면 (은폐적이며 실의 조합)	분화평면 (개방형이며 실의 분화)
습관	좌식생활(온돌)	입식생활(의자식)
난방	바닥의 복사난방	대류식 난방
용도	혼용도	단일용도
가구	부차적 존재	가구에 따라 실결정

(2) 전통 주택(한옥)의 지방별 유형

① 서울 지방형 : ㄱ자형, ㄴ자형, ㅁ자형
② 중부 지방형 : ㄱ자형(방 앞에 좁은 툇마루 설치)
③ 남부 지방형 : ㅡ자형(방 앞에 긴 마루 설치)
④ 북부 지방형 : 田자형
⑤ 제주도형 : 남부형과 유사하며 방 뒤에 폭이 좁은 광을 설치

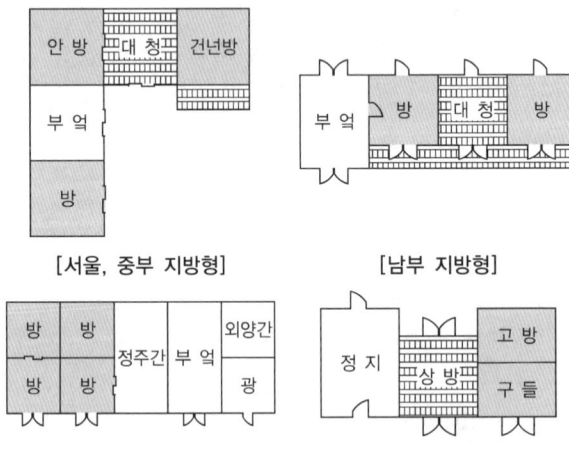

[서울, 중부 지방형] [남부 지방형]
[북부 지방형] [제주도형]

10년간 자주 출제된 문제

4-1. 한식주택과 양식주택에 관한 설명으로 옳지 않은 것은?
① 양식주택은 입식 생활이며, 한식주택은 좌식 생활이다.
② 양식주택의 실은 단일용도이며, 한식주택의 실은 혼용도이다.
③ 양식주택은 실의 위치별 분화이며, 한식주택은 실의 기능별 분화이다.
④ 양식주택은 가구가 주요한 내용물이며, 한식주택의 가구는 부차적 존재이다.

4-2. 전통 주거건축 중 부엌, 방, 대청, 방의 순으로 배열되는 일(一)자형 평면을 가진 민가형은?
① 남부 지방형   ② 개성 지방형
③ 평안도 지방형   ④ 함경도 지방형

4-3. 전통적인 주택의 골목길을 적층(積層) 주택인 아파트에 구현하고자 했던 설계 어휘는?
① 진입광장
② 공중가로
③ Eco-bridge
④ 데크식 주차장

|해설|

4-1
한식주택은 실의 위치별 분화이며, 양식주택은 실의 기능별 분화이다.

4-2
- 남부 지방형의 경우 일반적으로 채광, 통풍과 건조에 유리한 一자형으로 구성하였다.
- 서울을 중심으로 한 중부 지방의 경우, 一자형이나 ㄱ자형으로 구성하기도 하고, 사랑채에 ㄷ자형 안채를 두어 튼 ㅁ자 형식의 평면 구성을 갖기도 한다. 겨울철 유난히 매서운 북풍한설을 막아내기에 충분한 구조 형식이다.
- 함경도를 비롯한 북부 지방은 田자 형식으로, 부엌 옆으로 마구를 두어 겨울에 소나 말이 얼어 죽지 않게 하고, 녹지 않는 눈을 피해 먹이를 주기 용이하게 하기 위함이다.

4-3
공중가로는 오버브리지(Over Bridge)형태로 본다면, 적층(積層) 주택에서는 2층 이상에서 건물과 건물 사이를 공중가로로 이어 보행동선을 연결하기도 하며, 아파트의 경우 동과 동을 공중가로로 연결하는 계획을 하기도 한다.

정답 4-1 ③ 4-2 ① 4-3 ②

제3절 공동주택

핵심이론 01 | 공동주택의 특성

(1) 공동주택의 성립 요인

① 사회적 요인
  ㉠ 도시 인구 밀도의 증가, 도시의 지가 상승
  ㉡ 도시 생활자의 이동성 증대
  ㉢ 세대 인원의 감소

② 경제적 요인
  ㉠ 세대별 건축비, 대지비, 설비비 등을 분담 절약
  ㉡ 토지이용 효율의 극대화 및 좋은 실외 환경을 조성
  ㉢ 주거 서비스 만족도 향상 : 커뮤니티 시설(문화 및 체육 공간 제공 및 주택의 품질 향상과 거주성 확보

(2) 공동주택의 장단점

① 토지의 이용률을 높일 수 있다.
② 접지, 집합형식에 따라 양호한 옥외공간 조성이 가능하다.
③ 경사지, 소규모 택지의 이용이 가능하다.
④ 대지와의 지형 조화로써 다양한 배치와 변화가 가능하다.
⑤ 일조·채광·통풍이 불리하고 평면계획에 제약을 받는다.
⑥ 프라이버시 유지에 불리하며, 단조로운 외관이 형성된다.

(3) 테라스 하우스

① 지형에 의한 분류 – 자연형과 인공형
  ㉠ 자연형 테라스 하우스 : 경사 지형을 이용, 양호한 일조, 조망, 향이 확보될 수 있다.
  ㉡ 인공형 테라스 하우스 : 평지에 테라스형으로 건립

② 진입방식에 의한 분류 – 상향식과 하향식
　㉠ 상향식 : 아래층에 거실을 두고 도로로부터 진입한다.
　㉡ 하향식 : 상층에 거실 등의 주생활 공간을 두고, 하층에 침실 등의 휴식·수면 공간을 둔다.
③ 평지 주택보다 주거로 진입하는 동선이 길어지게 된다.
④ 테라스 하우스는 경사가 심할수록 밀도가 높아진다.
⑤ 아래층 세대의 지붕은 위층 세대의 개인 정원이 될 수 있으며, 2.7m 정도의 높이 차가 적당하다.
⑥ 테라스 하우스에서는 경사면 반대쪽에 창문이 없기 때문에 각 세대의 깊이가 6~7.5m 이상 되어서는 안 된다.

10년간 자주 출제된 문제

1-1. 공동주택의 장점이 아닌 것은?
① 커뮤니티 형성과 생활 협동체를 구성할 수 있다.
② 설비의 집중화를 기할 수 있으며, 공동 시설을 설치할 수 있다.
③ 생활의 변화에 대해 자유롭게 대응할 수 있다.
④ 세대당 건설비, 유지비를 절감할 수 있다.

1-2. 다음 중 아파트 성립 요건과 관련이 먼 것은?
① 도시근로자의 이동성이 많아짐
② 도시의 랜드마크를 만들기 위해
③ 넓은 옥외 공간과 좋은 실외 환경을 조성
④ 가족구성에 있어 핵가족화에 따른 세대 인원감소

1-3. 자연형 테라스 하우스에 관한 설명으로 옳지 않은 것은?
① 일반적으로 후면에 창을 설치할 수 없으므로 각 세대 깊이가 너무 깊지 않도록 한다.
② 경사지를 이용하여 지형에 따라 각 세대의 테라스(정원)를 계획하기가 유리하다.
③ 하향식의 경우 각 세대의 규모를 동일하게 할 수 없다.
④ 각 세대마다 전용의 정원을 가질 수 있다.

1-4. 테라스 하우스에 관한 설명으로 옳지 않은 것은?
① 경사가 심할수록 밀도가 높아진다.
② 각 세대의 깊이는 7.5m 이상으로 하여야 한다.
③ 평지보다 더 많은 인구를 수용할 수 있어 경제적이다.
④ 시각적인 인공테라스형은 위층으로 갈수록 건물의 내부 면적이 작아지는 형태이다.

|해설|

1-1
생활의 변화에 대해 자유롭게 대응할 수 있는 것은 단독주택이다.

1-2
도시의 랜드마크를 만들기 위한 요건은 관련이 적다.

1-3
상향식, 하향식 모두 각 세대의 규모를 동일하게 할 수 있다.
테라스 하우스(Terrace House) : 경사도 18° 이상일 경우 주거동이 계단 모양으로 후퇴하면서 상하로 주호가 겹치는 형식

1-4
후면에 창이 없기 때문에 깊이가 6~7.5m 이상 되어서는 안 된다.

정답 1-1 ③ 1-2 ② 1-3 ③ 1-4 ②

| 핵심이론 02 | 형식별 분류

(1) 평면 형식에 의한 분류

① 계단실(홀)형(Direct Access Hall System)
  ㉠ 계단 또는 엘리베이터 홀로부터 각 주거로 진입하는 형식
  ㉡ 장 점
    • 프라이버시(독립성)가 양호하다.
    • 통행부의 면적 감소(건물의 이용도가 높다)
    • 출입(통행)이 유리하다.
  ㉢ 단 점
    • 계단실마다 엘리베이터 설치로 시설비가 많이 든다.
    • 다수의 주호가 하나의 홀을 사용할 경우 각 주호는 거실의 향에 따라 일조 등의 환경이 달라진다.

② 편(갓)복도형
  ㉠ 편복도로부터 각 주호로 출입하는 형식
  ㉡ 장 점
    • 복도 개방 시 채광, 환기에 유리하다.
    • 중복도에 비해 독립성이 우수하다.
    • 엘리베이터 이용률이 높다.
  ㉢ 단 점
    • 복도 폐쇄 시 채광, 환기, 통풍 불리하다.
    • 복도 개방 시 추락사고의 위험이 있다.
    • 공용 복도에 있어서는 프라이버시가 침해되기 쉬우나 이웃 간에 친교할 수 있는 기회가 많아진다.
    • 공용 면적이 많아진다.

③ 중(속)복도형, 집중형
  ㉠ 복도 양측으로부터 각 주호로 출입하는 형식으로, 복도의 폭은 보통 1.8~2.1m 이상으로 계획한다.
  ㉡ 장 점
    • 대지에 비해 건물 이용도가 높다.
    • 고층, 고밀도 아파트에 유리하다.
    • 독신자 아파트에 많이 이용된다.
  ㉢ 단 점
    • 중복도에서 프라이버시, 채광, 통풍이 불리하다.

• 각 세대에 대한 균일한 환경(향) 제공이 어렵다.
• 편복도형에 비해 공용 면적이 많아진다.

10년간 자주 출제된 문제

2-1. 다음의 공동주택 평면 형식 중 각 주호의 프라이버시와 거주성이 가장 양호한 것은?
① 계단실형 ② 중복도형
③ 편복도 ④ 집중형

2-2. 프라이버시가 침해되기 쉬우나 이웃 간에 친교할 수 있는 기회가 많아지고 자연환기에 유리한 형식은?
① 계단실형 ② 편복도형
③ 중(속)복도형 ④ 집중형

2-3. 아파트에서 계단실형에 관한 설명으로 옳은 것은?
① 대지에 관한 이용률이 가장 높은 유형이다.
② 통행을 위한 공용 면적이 크므로 건물의 이용도가 낮다.
③ 각 세대가 양쪽의 개구부 계획으로 통풍이 양호하다.
④ 엘리베이터는 공용의 사용 세대가 많으므로 효율이 높다.

2-4. 공동주택의 중복도식에 대한 설명 중 옳지 않은 것은?
① 고층, 고밀도 아파트에 유리하다.
② 대지에 비해 건물 이용도가 높다.
③ 복도 내부에서 채광, 통풍에 대해 기계적 장치가 필요 없다.
④ 편복도형에 비해 공용면적이 많아진다.

|해설|
2-1
계단실형은 계단실 또는 홀에서 각 주호로 진입하는 형식으로 복도를 계획하지 않으므로 각 주호의 프라이버시와 거주성이 가장 양호하다.

2-2
편복도 형식은 복도, 현관에서 이웃과 친교할 수 있는 기회가 많다.

2-3
① 대지에 관한 이용률이 가장 높은 유형은 중복도형이다.
② 통행을 위한 공용 면적이 작으므로 건물의 이용도가 높다.
④ 공용 사용하는 세대가 적으므로 엘리베이터의 효율이 낮다.

2-4
중복도 형식은 폐쇄적이므로 프라이버시, 채광, 통풍이 불리하며, 기계적 장치가 필요하다.

정답 2-1 ① 2-2 ② 2-3 ③ 2-4 ③

(2) 단면 형식에 의한 분류

① 단층형(Flat Type, Simplex Type)
- ㉠ 각 주호가 1개 층으로 구성
- ㉡ 장 점
  - 평면구성의 제약이 적고, 피난상 유리하다.
  - 작은 면적에서도 설계가 가능하다.
- ㉢ 단 점
  - 프라이버시 유지가 어렵다.
  - 각 주호 규모가 커질수록 공용부분 면적이 커진다.

② 복층형(Maisonnette, Duplex, Triplex)
- ㉠ 하나의 주호가 2개 층 이상으로 구성
- ㉡ 장 점
  - 엘리베이터 정지 층수가 적어서 경제적, 효율적이다.
  - 복도가 없는 층은 남북면이 트여서 조망, 채광, 통풍 등이 유리하다.
  - 통로 면적이 감소되고, 유효면적이 증대된다.
  - 독립성, 프라이버시가 좋다.
- ㉢ 단 점
  - 복도가 없는 층은 피난상 불리하다.
  - 소규모 주거에는 비경제적이다.
  - 복층 구성으로 구조, 설비 계획이 어렵다.

③ 스킵플로어형(Skip Floor Type)
- ㉠ 하나의 주호가 반층 높이 차이로 구성
- ㉡ 장 점
  - 엘리베이터 정지 층수를 적게 계획할 수 있다.
  - 통로 면적이 감소, 유효면적은 증대된다.
- ㉢ 단 점
  - 구조, 설비 계획이 어렵다.
  - 계단으로 상하 이동하는 경우 통행이 불편하다.

(3) 주거동의 형태상 분류

① 판상형
- ㉠ 각 세대의 환경이 균등하다.
- ㉡ 뒤쪽의 주동은 경관, 조망이 불리하다.
- ㉢ 주동의 그림자(음영) 분포가 크다.

② 탑상형
- ㉠ 조망이 우수하고 시각적 개방감이 높다.
- ㉡ 고층화가 가능하고 옥외 환경이 풍부하다.
- ㉢ 경관, 랜드마크적 역할을 할 수 있다.
- ㉣ 주동의 음영 분포가 적다.
- ㉤ 각 세대의 환경이 불균등하다.

10년간 자주 출제된 문제

2-5. 아파트의 분류에서 평면 형식에 따른 분류가 아닌 것은?
① 계단실형
② 편복도형
③ 중(속)복도형
④ 탑상형

2-6. 메조넷형 아파트에 관한 설명으로 옳지 않은 것은?
① 다양한 평면구성이 가능하다.
② 소규모 주택에서는 비경제적이다.
③ 편복도형일 경우 프라이버시가 양호하다.
④ 복도와 엘리베이터 홀은 각 층마다 계획된다.

2-7. 아파트의 복층 형식(Maisonnette Type)에 대한 설명 중 옳지 않은 것은?
① 전체적으로 유효면적이 증가된다.
② 복도 면적이 늘어난다.
③ 엘리베이터 정지 층수를 줄일 수 있다.
④ 소규모 주택에는 면적 측면에서 불리하다.

|해설|

2-5
탑상형은 주동 형태에 따른 분류이다.
공동주택의 유형 분류

분류	유 형
평면(코어) 형태	홀형, 편복도형, 중복도형, 집중형
층수구성(단면 형태)	저층형, 고층형
단위평면구성(유닛단면)	단층형, 복층형, 스킵플로어형
주동 형태(입체 형태)	판상형, 탑상형

2-6
메조넷형은 복층형으로서 엘리베이터는 격층으로 운행한다.

2-7
복도(통로) 면적이 감소하며 유효면적은 증가한다.
메조넷형(Maisonnette Type)
복층형 아파트이며 규모가 작은 경우 비경제적이며 단위공간의 면적에 제한을 받으며, 공용 복도가 없는 층은 피난상 불리하다.

정답 2-5 ④ 2-6 ④ 2-7 ②

| 핵심이론 03 | 주거동 계획

(1) 주동 계획(Block Plan) 결정조건
① 각 단위 플랜이 2면 이상 외기에 접할 것
② 중요한 거실이 모퉁이 등에 배치되지 않도록 할 것
③ 각 단위 플랜에서 중요한 실의 환경이 균등할 것
④ 현관이 계단으로부터 멀지 않을 것(6m 이내)
⑤ 모퉁이에서 다른 거주가 들여다보이지 않을 것

(2) 단위 평면(Unit Plan)의 결정 조건
① 거실에는 직접 출입이 가능하도록 한다.
② 침실에는 직접 출입이 가능하도록 하며 타 실을 통하여 통행하지 않도록 한다.
③ 식사실은 부엌과 직결하고 거실과도 연결한다.
④ 동선은 단순하고 혼란되지 않도록 한다.

(3) 공용 복도 및 계단
① 화재 시의 연기, 피난 등을 고려하여 계획한다.
② 복도 폭
  ㉠ 한쪽에만 거실이 있는 경우(편복도) : 1.2m 이상
  ㉡ 양측에 거실이 있는 경우(중복도) : 1.8m 이상
③ 주택단지의 건축물에 설치하는 계단 유효폭
  ㉠ 공동으로 사용하는 계단 유효폭 : 최소 120cm 이상
  ㉡ 세대 내 계단, 옥외계단 유효폭 : 최소 90cm 이상

(4) 엘리베이터 계획
① 엘리베이터는 1대당 50~100세대가 적당하다.
② 엘리베이터 대수 산출 시 가정 조건
  ㉠ 2층 이상 거주자의 30%를 15분간에 일방향 수송
  ㉡ 1인 승강 필요시간 : 문의 개폐시간을 포함해서 6초
  ㉢ 한 층에서 승객을 기다리는 시간 : 평균 10초
  ㉣ 실제 주행속도 : 전속도의 80%
  ㉤ 수송인원 : 정원의 80%

10년간 자주 출제된 문제

3-1. 아파트 주거 단위 계획(Block Plan)에서 옳지 않은 것은?
① 현관이 계단에서 멀지 않을 것
② 중요한 거실이 모퉁이 등에 배치되지 않도록 한다.
③ 각 단위 플랜이 1면 이상 외기에 면할 것
④ 모퉁이에서 다른 주거가 들여다보이지 않을 것

3-2. 아파트 단위 평면 조건에 대한 설명 중 옳지 않은 것은?
① 거실에는 직접 출입이 가능해야 한다.
② 침실은 다른 실과 접속하여 출입하도록 한다.
③ 부엌과 식사실은 직결하고 외부에서 직접 출입할 수 있도록 한다.
④ 동선은 단순하고 혼란되지 않도록 한다.

3-3. 주택단지 안의 건축물에 설치하는 계단의 유효폭은 최소 얼마 이상이어야 하는가?(단, 공동으로 사용하는 계단의 경우)
① 90cm ② 120cm
③ 150cm ④ 180cm

|해설|

3-1
각 단위 플랜이 2면 이상 외기에 면할 것

3-2
침실에는 직접 출입이 가능하도록 하며 타 실을 통하여 통행하지 않도록 한다.

3-3
• 공동으로 사용하는 계단 유효폭 : 최소 120cm 이상
• 세대 내 계단, 옥외계단 유효폭 : 최소 90cm 이상

정답 3-1 ③ 3-2 ② 3-3 ②

핵심이론 04 | 근린주구 이론

(1) 페리의 근린주구 구성의 6가지 원리
① 규모 : 초등학교 중심의 인구 5,000~6,000명 규모
② 경계 : 주구와 주구는 간선도로를 경계로 한다.
③ 지구 내 가로 체계 : 가로는 폭이 좁고 구불구불한 막다른 도로 형식의 쿨데삭(Cul-de-sac)으로 처리한다.
④ 오픈스페이스 : 소공원 등의 용지(주구 면적의 10% 정도)
⑤ 공공건축물 : 보행거리 400m 정도에 집중 배치한다.
⑥ 근린 점포 : 근린주구의 교차점이나 인접 주구의 점포에 인접한 1개 이상의 점포지구를 배치한다.

(2) 하워드(Ebenzer Howard)의 전원도시
① 내일의 전원도시(1898)
  ㉠ 도시와 농촌 결합으로 도시가 확산되는 것을 방지
  ㉡ 인구 규모는 30,000~50,000명으로 제한
  ㉢ 토지사유는 제한하며, 개발 이익의 사회 환원을 주장
② 레치워스(Letchworth), 웰윈(Welwyn) 전원도시 계획

(3) 라이트(Henry Wright)와 스타인(Clarence S. Stein)
① 래드번(Radburn) 계획의 5가지 기본원리
  ㉠ 슈퍼블록(大街區, Super Block)은 자동차의 통과교통을 배제하고, 주택과 시설, 학교, 공원 등은 보도로 연결
  ㉡ 기능에 따른 4가지 종류의 보차 분리의 도로 구분
  ㉢ 보도망의 형성 및 보도와 차도의 입체적 분리
  ㉣ 쿨데삭(Cul-de-sac)으로 접근하고 주택의 거실, 서비스실은 보도 또는 정원 방향으로 배치
  ㉤ 단지의 어디든 통할 수 있는 공동 오픈스페이스 조성
② 뉴저지 래드번(Radburn) 설계(1928)

(4) 케빈 린치(Kevin Lynch)의 도시 이미지 5요소
① Path(통로, 길) : 이동 경로(가로보도, 철도, 고속도로 등)
② Node(중심, 지역) : Path의 결절점(교차로, 광장 등)
③ District(구역) : 지역 또는 지구 구분의 선형적 영역
④ Edge(경계, 접경) : 두 지역 사이의 경계(해안선, 빌딩 등)
⑤ Landmark(랜드마크) : 탑, 기념물, 건물, 산 등

10년간 자주 출제된 문제

4-1. 페리(C. A. Perry)의 근린주구의 중심이 되는 시설은?
① 약 국
② 대학교
③ 초등학교
④ 어린이 놀이터

4-2. 페리의 근린주구에 관한 설명으로 옳지 않은 것은?
① 경계 : 4면의 간선도로에 의해 구획
② 지구 내 상업시설 : 지구 중심에 집중하여 배치
③ 오픈스페이스 : 소공원과 위락공간을 배치하는 공간
④ 지구 내 가로 체계 : 교통을 원활히 처리하고 통과교통 방지

4-3. 래드번(Radburn) 계획에서 슈퍼블록을 구성함으로써 얻어질 수 있는 효과로 옳지 않은 것은?
① 충분한 공동의 오픈스페이스의 확보가 가능
② 건물을 집약화함으로써 고층화·효율화가 가능
③ 도로교통의 개선, 즉 보도와 차도의 완전한 분리가 가능
④ 커뮤니티 시설의 중심배치로 간선도로변의 활성화가 가능

4-4. 래드번(Radburn) 계획의 5가지 원리로 옳지 않은 것은?
① 기능에 따른 4가지 종류의 도로 구분
② 자동차 통과도로 배제를 위한 슈퍼블록 구성
③ 보도망 형성 및 보도와 차도의 평면적 분리
④ 주택단지 어디나 통할 수 있는 공동 오픈스페이스 조성

4-5. 케빈 린치(Kevin Lynch)의 도시 이미지(Image)의 5가지 요소에 해당되지 않는 것은?
① Path(통로, 길)
② Node(중심, 지역)
③ Landmark(랜드마크)
④ Cul-de-sac(막다른 도로)

| 해설 |

4-1
근린주구의 크기는 초등학교를 중심으로 하는 인구규모이다.

4-2
지구 내 상업시설(근린 점포) : 근린주구의 교차점이나 인접 주구의 점포에 인접한 1개 이상의 점포지구를 배치한다.

4-3
커뮤니티 시설 : 간선도로변에 배치로써 도로변의 활성화가 가능

4-4
보도망 형성 및 보도와 차도의 입체적 분리

4-5
Cul-de-sac(막다른 도로)은 관계없다.

정답 4-1 ③ 4-2 ② 4-3 ④ 4-4 ④ 4-5 ④

핵심이론 05 | 주택단지의 체계

(1) 주거밀도의 표시

① 건폐율(%)
  ㉠ 건물의 밀집도를 나타낸다.
  ㉡ 대지면적에 대한 건축면적의 비율

② 용적률(%)
  ㉠ 토지의 고도집약 이용도를 나타낸다.
  ㉡ 대지면적에 대한 연면적의 비율

③ 호수밀도(호/ha)
  ㉠ 토지와 건물량의 관계를 나타낸다.
  ㉡ 대지면적에 대한 주택호수의 비율

④ 인구밀도(인/ha)
  ㉠ 토지와 인구와의 관계를 나타낸다.
  ㉡ 대지면적에 대한 주거인구의 비율

(2) 근린주구의 구성

① 인보구(隣保區)
  ㉠ 규모 : 20~40호, 인구 100~200명
  ㉡ 반경 100m 정도를 기준으로 하는 가장 작은 생활권 단위로서 어린이 놀이터가 중심이 되는 단위
  ㉢ 아파트는 3~4층 건물로서 1~2동이 여기에 해당
  ㉣ 이웃 개념으로 가까운 친분관계를 유지하는 범위

② 근린분구(近隣分區, Branch Unit of Neighbourhood)
  ㉠ 규모 : 400~500호, 인구 2,000~2,500명
  ㉡ 주민 간에 면식이 가능한 최소 단위의 생활권으로서 일상 소비생활에 필요한 공동시설이 운영 가능한 단위
  ㉢ 소비시설을 갖추며, 후생시설(목욕탕, 약국 등), 보육시설(유치원, 탁아소), 어린이 공원을 설치한다.

③ 근린주구(近隣住區, Residential Neighborhood)
  ㉠ 규모 : 1,600~2,000호, 인구 8,000~10,000명
  ㉡ 보행으로 중심부와 연결이 가능하며, 초등학교를 중심으로 한 단위

ⓒ 어린이 공원, 운동장, 우체국, 소방서, 동사무소 등

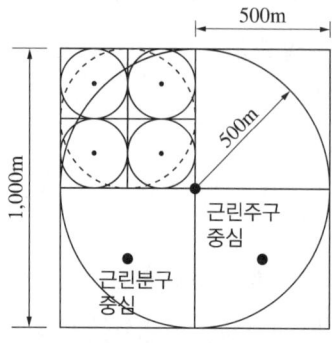

[근린주구의 단계별 범위]

10년간 자주 출제된 문제

5-1. 주거밀도에 관한 설명으로 옳지 않은 것은?

① 총밀도(Gross Density)는 총대지면적 또는 단지총면적에 대한 주거밀도를 말한다.
② 순밀도(Net Density)는 녹지나 교통용지를 제외한 주거용지면적에 대한 주거밀도를 말한다.
③ 건축 면적률을 높이고 1호당의 규모를 작게 하면 밀도는 감소되나, 거주성은 높아지게 된다.
④ 인구밀도(인/ha)는 토지와 인구와의 관계를 나타내며, 대지면적에 대한 주거인구의 비율을 말한다.

5-2. 근린생활권에 관한 설명으로 옳지 않은 것은?

① 인보구는 가장 작은 생활권 단위이다.
② 인보구 내에는 어린이 놀이터 등이 포함된다.
③ 근린주구는 초등학교를 중심으로 한 단위이다.
④ 근린분구는 주간선도로 또는 국지도로에 의해 구분된다.

|해설|

5-1
1호 규모와 건축 면적률 가정으로 주거밀도가 결정되며, 건축 면적률을 높이고 1호당 규모를 작게 하면 밀도는 상승되나, 거주성은 떨어진다.

5-2
근린주구는 주간선도로 또는 국지도로에 의해 구분된다.

정답 5-1 ③ 5-2 ④

핵심이론 06 | 주택단지 시설 계획

(1) 커뮤니티 시설

① 커뮤니티(Community, 공동, 집합, 집단지, 근린)
   ㉠ 적극적으로 공동사회에의 소속감과 연대의식을 느낄 수 있는 지역공동사회라는 주거집단을 의미한다.
   ㉡ 커뮤니티 센터(공동시설, 근린생활시설) : 공동생활에 필요한 시설이 형성된 군

② 공동시설
   ㉠ 1차 공동시설(기본적 주거시설) : 급·배수, 급탕, 난방 설비, 통로, 엘리베이터, 구급 설비 등
   ㉡ 2차 공동시설(거주 행위의 일부를 공유하여 합리화 향상) : 작업시설, 어린이 놀이터, 창고, 응접실 등
   ㉢ 3차 공동시설(집단생활 기능 촉진) : 관리시설, 물품 판매, 집회실, 체육시설, 의료, 보육시설, 정원 등
   ㉣ 4차 공동시설(공공시설) : 우체국, 학교, 경찰서, 파출소, 소방서, 교통기관 등

(2) 단지 내 시설 계획

① 주택법상 주택단지의 복리시설
   ㉠ 복리시설 : 어린이 놀이터, 주민운동시설, 근린생활시설, 경로당, 유치원 등
   ㉡ 부대시설 : 주차장, 관리사무소, 담장, 주택단지 안의 도로 등

② 아파트에 설치하여야 하는 장애인·노인·임산부 등의 편의시설의 종류
   ㉠ 매개시설 : 장애인 등의 통행이 가능한 접근로(주출입구 접근로), 장애인전용주차구역, 주출입구 높이 차이 제거
   ㉡ 내부시설 : 출입구(문), 복도, 계단, 승강기
   ㉢ 안내시설 : 유도 및 안내설비, 점자블록, 경보 및 피난설비

② 위생시설 : 대변기, 소변기, 세면대, 욕실, 샤워 및 탈의실
③ 그 밖의 시설 : 객실, 침실, 관람석, 열람석, 접수대, 작업대, 매표소, 판매기, 음료대, 임산부 등을 위한 휴게시설 등

10년간 자주 출제된 문제

6-1. 공동주택의 공동시설 분류에서 기본적 주거시설로서 급·배수, 급탕, 난방, 환기, 전화 설비, 통로, 엘리베이터 등의 설비 중심시설은?
① 1차 공동시설
② 2차 공동시설
③ 3차 공동시설
④ 4차 공동시설

6-2. 장애인 등의 편의시설 중 매개시설에 속하지 않는 것은?
① 주출입구 접근로
② 유도 및 안내설비
③ 장애인전용주차구역
④ 주출입구 높이 차이 제거

6-3. 아파트에 의무적으로 설치하여야 하는 장애인·노인·임산부 등의 편의시설에 속하지 않는 것은?
① 점자블록
② 장애인전용주차구역
③ 높이 차이가 제거된 건축물 출입구
④ 장애인 등의 통행이 가능한 접근로

|해설|

6-1
1차 공동시설(기본적 주거시설) : 급·배수, 급탕, 난방 설비, 통로, 엘리베이터, 구급 설비 등

6-2
유도 및 안내 설비는 안내시설에 속한다.

6-3
아파트에 설치해야 하는 편의시설은 의무와 권장으로 구분되며, 점자블록은 의무사항이 아니다. 시각장애인의 보행편의를 위하여 설치하는 블록이며, 감지용 점형 블록과 유도용 선형 블록을 사용한다.

정답 6-1 ① 6-2 ② 6-3 ①

핵심이론 07 | 주택단지 교통 계획

(1) 교통 계획의 주요 착안사항
① 통행량이 많은 고속도로는 근린주구 단위를 분리한다.
② 근린주구 단위 내부로의 자동차 통과 진입을 극소화한다.
③ 도로 패턴은 조직적, 주요 차도와 보도의 입구는 명확히 해야 한다.
④ 2차 도로체계(Sub-System)는 주도로와 연결되어 쿨데삭(Cul-de-sac)을 이루게 한다.
⑤ 단지 내 통과교통량을 줄이기 위해 고밀도 지역은 진입구 주변에 배치한다.
⑥ 통과도로는 다른 도로들보다 중요하게 취급되어 방문자가 불필요하게 방황하거나 길을 잃지 않도록 한다.

(2) 도로의 유형
① 쿨데삭(Cul-de-sac, 막다른 도로 형식)
  ③ 차량통행로 계획으로 통과교통을 없애고, 자동차 진입을 최소화함으로써 보행자 위주로 계획하는 방법이다.
  ⓒ 우회도로가 없어서 방재, 방범상 불리하다.
  ⓒ 주택 배면에 보행자 전용도로가 설치되면 효과적이다.
  ② 쿨데삭의 길이는 120~300m로 계획하지만, 가능한 150m 이하로 계획하는 것이 좋다.
  ⑤ 주거환경의 쾌적성 및 보행자의 안전성 확보가 용이하다.

② 선형도로(Linear Road Pattern)
  ③ 폭이 좁은 단지에 유리하고, 양 측면 또는 한 측면의 단지를 서비스할 수 있다.
  ⓒ 특이한 지형과 바로 인접할 경우 비교적 가까이에서 보행자를 위한 공간의 확보가 가능하다.

③ T자형 교차로
  ㉠ T자형으로 도로를 교차하는 방식이다.
  ㉡ 격자형이 갖는 택지의 효율성을 활용한다.
  ㉢ 지구 내 통과교통 배제 및 주행속도를 감소시킬 수 있다.
  ㉣ 목적지로 가려면 교차로를 통하므로 통행거리가 증가된다.
  ㉤ 보행자 전용도로와 결합해서 계획한다.

10년간 자주 출제된 문제

7-1. 단지 계획에서 교통 계획의 착안사항으로 옳지 않은 것은?
① 통행량이 많은 고속도로는 근린주구 단위를 분리시킨다.
② 근린주구 단위 내부로의 자동차 통과진입을 최소화한다.
③ 2차 도로체계는 주도로와 연결하고 통과도로를 이루게 한다.
④ 단지 내의 교통량을 줄이기 위하여 고밀도지역은 진입구 주변에 배치시킨다.

7-2. 주거단지의 도로 형식에 관한 설명으로 옳지 않은 것은?
① 격자형은 가로망의 형태가 단순·명료하고, 가구 및 획지 구성상 택지의 이용효율이 높다.
② 쿨데삭(Cul-de-sac)형은 각 가구와 관계없는 자동차의 진입을 방지할 수 있다는 장점이 있다.
③ 루프(Loop)형은 우회도로가 없는 쿨데삭형의 결점을 개량하여 만든 패턴으로 도로율이 높아지는 단점이 있다.
④ T자형은 도로의 교차방식을 주로 T자 교차로 한 형태로 통행거리가 짧아 보행자 전용도로와 병용이 불필요하다.

7-3. 주거단지의 각 도로에 관한 설명으로 옳지 않은 것은?
① 격자형 도로는 교통을 균등 분산시키고 넓은 지역을 서비스할 수 있다.
② 선형 도로는 폭이 넓은 단지에 유리하고 한쪽 측면의 단지만을 서비스할 수 있다.
③ 루프(Loop)형은 우회도로가 없는 쿨데삭(Cul-de-sac)형의 결점을 개량하여 만든 유형이다.
④ 쿨데삭(Cul-de-sac)형은 통과교통을 방지함으로써 주거환경의 쾌적성과 안정성을 모두 확보할 수 있다.

|해설|

7-1
주도로에서부터 연결되는 단지 내의 2차 도로체계는 통과도로를 두지 않는 쿨데삭을 이루게 한다.

7-2
T자형은 교차로를 통해 이동하면서 통행거리가 길어지며 보행자 전용도로와 병용하여 계획한다.

7-3
선형 도로는 폭이 좁은 단지에 유리하며, 양 측 또는 한 측면의 단지를 서비스할 수 있다.

정답 7-1 ③ 7-2 ④ 7-3 ②

(3) 단지 내 도로의 계획

① 보차의 동선분리 방법
  ㉠ 평면적 분리 : 평면에서 선적으로 분리(T자형 교차로, 루프(Loop)형 도로, 쿨데삭(Cul-de-sac) 등)
  ㉡ 입체적 분리 : 평면에서 교차되는 부분 입체화 분리

[보차의 동선분리 방법]

평면 분리	쿨데삭(Cul-de-sac), 루프(Loop), T자형
면적 분리	안전 참, 보행자 공간, 몰 플라자(Mall Plaza)
입체 분리	오버브리지(Over Bridge), 언더패스(Under Path), 지상인공지반, 지하가, 다층구조지반
시간 분리	시간제 차량통행, 차 없는 날

② 공동주택단지 안의 도로의 설계속도
  ㉠ 주택단지 내 도로는 시속 20km/h 이하가 되도록 한다.
  ㉡ 도로의 설계속도 : 유선형 도로로 설계하거나 도로 노면의 요철이나 마감 포장, 과속방지턱 설치 등을 통하여 도로 속도를 조절하게 된다.

[공동주택 단지 도로폭]

주택단지의 총세대 수	기간도로와 접하는 폭 또는 진입도로의 폭
300세대 미만	6m 이상
300세대 이상~500세대 미만	8m 이상
500세대 이상~1,000세대 미만	12m 이상
1,000세대 이상~2,000세대 미만	15m 이상
2,000세대 이상	20m 이상

(4) 장애인전용주차구역의 의무적 설치 대상

① 제1종 근린생활시설 중 지구대, 우체국, 지역자치센터의 경우 공공용도로서 장애인전용주차구역을 설치하여야 한다.
② 슈퍼마켓, 일용품점 등 소매점 등의 경우는 일상소비생활을 위한 용도로써 공공용도가 아니므로 의무 설치 대상은 아니다.

10년간 자주 출제된 문제

7-4. 공동주택단지 안의 도로의 설계속도는 최대 얼마 이하가 되도록 하여야 하는가?

① 10km/h   ② 15km/h
③ 20km/h   ④ 30km/h

7-5. 제1종 근린생활시설 중 장애인전용주차구역을 의무적으로 설치하여야 하는 대상에 속하지 않는 것은?

① 지구대   ② 우체국
③ 슈퍼마켓   ④ 지역자치센터

|해설|

7-4
주택단지 안의 도로는 시속 20km/h 이하가 되도록 한다.
도로의 설계속도 : 유선형 도로로 설계하거나 도로 노면의 요철이나 마감 포장, 과속방지턱 설치 등을 통하여 도로 속도를 조절하게 된다.

7-5
제1종 근린생활시설 중 지구대, 우체국, 지역자치센터의 경우 공공용도로서 장애인전용주차구역을 설치하여야 한다.

정답 7-4 ③   7-5 ③

제4절 업무시설

핵심이론 01 | 사무소 유효율 및 평면형식

(1) 유효율(렌터블비, Rentable Ratio, %)

① 유효면적(대실, 주거, 거주, 전용)과 공용면적의 비
② 유효율(임대율, Rentable Ratio)은 수익성의 지표가 된다.

$$유효율 = \frac{대실면적}{연면적} \times 100$$

③ 연면적에 대해서는 70~75%, 기준층에서는 80% 정도
④ 전용 사무소는 거주성을 고려하여 낮게 하는 경우도 있다.

(2) 복도형 사무실(Corridor Office) 평면형식 구분

① 단일지역 배치(Single Zone Layout, 편복도식)
   ㉠ 복도의 한편에만 사무실을 둔 형식
   ㉡ 통풍, 채광에 유리하고 보건위생, 쾌적성이 좋다.
   ㉢ 임대료가 고가이며, 소규모 사무소에 적당하다.

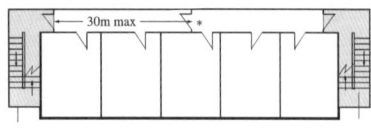

[단일지역 배치(편복도식)]

② 2중지역 배치(Double Zone Layout, 중복도식)
   ㉠ 남북 방향의 복도를 중앙에 두고 양쪽에 사무실 배치
   ㉡ 동서 방향으로 사무실을 면하게 하는 것이 유리하다.
   ㉢ 중규모의 사무소 건물에 적당하다.

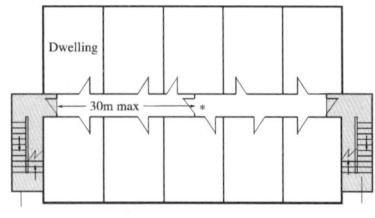

[2중지역 배치(중복도식)]

③ 3중지역 배치(Triple Zone Layout, 2중복도식)
   ㉠ 중앙에 코어 존(Zone)을 배치하고 양쪽에 사무공간을 배치
   ㉡ 코어 존(Zone, 제3지역)에 교통, 위생설비 등을 둔다.
   ㉢ 대규모의 고층 사무소 건물에 적당하다.
   ㉣ 경제적이고, 미적 및 구조적인 이점이 있다.
   ㉤ 복도, 깊은 사무공간에는 인공조명과 환기설비가 필요하다.

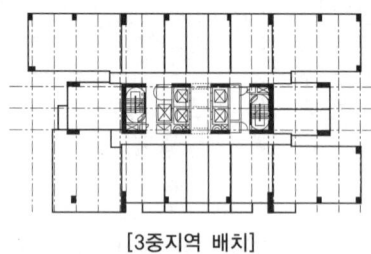

[3중지역 배치]

10년간 자주 출제된 문제

1-1. 고층 사무소 건축에 관한 설명으로 옳지 않은 것은?
① 토지이용 효율이 높아진다.
② 화재와 지진 등의 재난에 대한 대비가 필요하다.
③ 층고를 낮게 할 경우 건축비를 절감시킬 수 있다.
④ 고층일수록 설비의 감소로 단위면적당 건축비가 절감된다.

1-2. 사무소 건축에서 3중지역 배치(Triple Zone Layout)에 관한 설명으로 옳지 않은 것은?
① 서비스 부분을 중심에 위치하도록 한다.
② 고층 사무소 건축의 전형적인 해결방식이다.
③ 부가적인 인공조명과 기계환기가 필요하다.
④ 대여사무실을 포함하는 건물에 가장 적합하다.

|해설|

1-1
고층일수록 구조 및 설비가 고도화되며, 설비비는 증가하게 되고 단위면적당 건축비도 증가한다.

1-2
대여사무실은 업무 환경 조건이 좋은 단일지역 배치가 가장 적합하며, 특히 소규모 임대사무소에 유리하다.

정답 1-1 ④ 1-2 ④

핵심이론 02 | 사무소의 실 단위 계획

(1) 개실 시스템(Individual Room System)
① 복도에 의해 각 층의 사무공간으로 들어가는 방법
② 장 점
  ㉠ 독립성(프라이버시), 쾌적성이 좋다.
  ㉡ 조명, 창, 블라인드, 커튼 등을 이용한 환경 조절이 쉽다.
③ 단 점
  ㉠ 큰 실은 적절한 공간으로 실을 분할하여야 한다.
  ㉡ 공사비가 많이 들고, 칸막이 설치 후 변경이 어려워 장래의 공간 변화에 대응하기 어렵다.
  ㉢ 업무 감독과 커뮤니케이션이 어렵다.
  ㉣ 복도, 구석진 공간, 출입문 등의 공간 낭비가 있다.
  ㉤ 방 길이에는 변화를 줄 수 있으나, 연속된 긴 복도 때문에 실 깊이에는 변화를 줄 수 없다.

(2) 개방식 배치(Open Plan System)
① 단일 공간의 개방된 대규모 사무공간으로 계획
② 사무공간은 책상과 시설을 서열에 따라 배치한다.
③ 장 점
  ㉠ 통로가 최소화되어 공간이 절약된다.
  ㉡ 작업의 흐름이 유연하여 작업 능률이 향상된다.
  ㉢ 업무 감독과 커뮤니케이션이 쉽다.
  ㉣ 실의 길이나 깊이에 변화를 줄 수 있다.
  ㉤ 전면적을 유용하게 이용할 수 있다.
  ㉥ 내부 개조가 쉽고, 벽이 없어 공사비가 절감된다.
④ 단 점
  ㉠ 소음이 많고 독립성이 저하된다.
  ㉡ 서열에 의한 책상 배치, 비우호적인 느낌을 준다.
  ㉢ 각 개인이 주위 환경을 통제할 수 없다.
  ㉣ 자연채광에 인공조명이 필요하다.

(3) 오피스 랜드스케이핑(Office Landscaping)
① 사무공간의 작업 패턴(흐름) 관계를 고려하여 획일성을 없애고 융통성과 능률을 높이고자 하는 방식
② 개방식 배치의 변형된 방식으로, 낮은 칸막이나 화분 등으로 자유롭게 구성한다.
③ 장 점
  ㉠ 인간관계의 질적 향상과 작업 능률이 향상된다.
  ㉡ 작업 패턴의 변화에 따른 조정이 가능하며 융통성이 있으므로 새로운 요구 사항에 맞도록 신속한 변경이 가능하다.
  ㉢ 사무 공간 및 공사비(칸막이 벽, 공조, 소화, 조명 설비 등)가 절약되어 경제적이다.
  ㉣ 시각적 차단과 부드러운 분위기를 조성할 수 있다.
  ㉤ 창, 기둥의 방향에 관계없이 사무실 배치가 가능하다.

10년간 자주 출제된 문제

2-1. 사무소의 개실형 배치에 관한 설명으로 가장 옳은 것은?
① 개인의 독립성 확보가 용이하다.
② 전면적을 유용하게 이용할 수 있다.
③ 공간의 길이나 깊이에 변화를 줄 수 있다.
④ 기본적인 자연채광에 인공조명이 필요한 형식이다.

2-2. 사무소의 개방식 배치에 관한 설명으로 옳은 것은?
① 독립성과 쾌적감의 이점이 있다.
② 조명은 자연채광만으로 하며 별도의 인공조명은 필요 없다.
③ 방 길이는 변화를 줄 수 있으나 깊이에는 변화를 줄 수 없다.
④ 소음 경감에 대한 고려가 필요하다.

2-3. 사무소의 오피스 랜드스케이핑 설명으로 옳지 않은 것은?
① 대형가구 등 소리를 반향시키는 기재의 사용이 어렵다.
② 작업장의 집단을 자유롭게 그루핑하여 불규칙한 평면을 유도한다.
③ 변화하는 작업의 패턴에 따라 조절이 가능하며 신속하고 경제적으로 대처할 수 있다.
④ 개실 시스템의 한 형식으로 배치를 의사전달과 작업흐름의 실제적 패턴에 기초를 둔다.

|해설|
2-1
사무공간이 분리되어 있어 개인의 독립성 확보가 유리하다.
2-2
①, ②, ③은 개실형 배치의 특성이다.
2-3
오피스 랜드스케이핑은 개방식 시스템의 한 형식으로 배치를 의사전달과 작업흐름의 실제적 패턴에 기초를 둔다.

정답 2-1 ① 2-2 ④ 2-3 ④

핵심이론 03 | 사무소의 코어 계획(Core Planning)

(1) 코어의 역할
① 평면적 역할
  ㉠ 서비스 부분을 집약하므로 유효면적을 높일 수 있다.
  ㉡ 사무실 공간은 융통성 있는 균일 공간으로 계획된다.
② 구조적 역할
  ㉠ 주내력 구조체로 외곽이 내진벽 역할을 한다.
  ㉡ 코어 하중 부담으로 긴 스팬(Span) 구조가 가능하다.
③ 설비적 역할
  ㉠ 설비계통의 집중화로 각 층 계통 거리가 최단이 된다.
  ㉡ 설비계통의 순환이 원활하여 설비비가 절약된다.

(2) 코어 내의 각 공간의 위치 관계
① 계단, 엘리베이터, 화장실은 가능한 한 접근시킬 것
② 코어 내의 공간과 사무 공간 사이의 동선이 간단할 것
③ 코어 내의 공간의 위치가 명확할 것
  ㉠ 화장실 위치는 외래자에게 잘 알려질 수 있도록 한다.
  ㉡ 홀, 복도 등에서 화장실 내부가 보이지 않도록 한다.
④ 엘리베이터 홀이 출입구에 접근해 있지 않도록 할 것
⑤ 엘리베이터는 가급적 중앙에 집중될 것
⑥ 코어 내의 각 공간이 각 층마다 공통의 위치에 있을 것
⑦ 잡용실, 급탕실은 가급적 접근시킬 것

(3) 코어의 종류

① 중심(중앙)코어형
  ㉠ 중앙에 코어가 있어서 구조적으로 가장 유리하다.
  ㉡ 내진구조로서 고층 및 초고층에 적합하다.
  ㉢ 바닥면적이 큰 경우에 적합하다.
  ㉣ 내부 공간과 외관이 획일적으로 되기 쉽다.

② 편심코어형
  ㉠ 기준층 바닥면적이 작은 소규모 건물에 적합하다.
  ㉡ 규모가 커지면 피난 및 구조상 좋지 않다.

③ 독립코어(외코어)형
  ㉠ 코어와는 독립된 자유로운 사무 공간 제공이 가능하다.
  ㉡ 각종 덕트, 배관 등의 길이가 길어지며 제약이 많다.
  ㉢ 방재상 불리하고 바닥면적이 커지면 피난시설을 포함한 서브코어(Sub Core)가 필요하다.
  ㉣ 내진 구조에는 불리하다.

④ 양단코어형
  ㉠ 중앙부에 대공간이 필요한 전용 사무실에 적합하다.
  ㉡ 2방향 피난에는 이상적이며, 방재 및 피난상 유리하다.

10년간 자주 출제된 문제

3-1. 코어와 일체로 한 내진구조가 가능한 유형으로 유효율이 높으며, 임대사무소로서 경제적인 계획이 가능한 것은?
① 편심형 ② 독립형
③ 분리형 ④ 중심형

3-2. 사무소 건축에서 코어에 관한 설명으로 옳은 것은?
① 편심코어는 각 층의 바닥면적이 큰 경우 적합하다.
② 양단코어는 코어가 분산되어 있어 피난상 불리하다.
③ 중심코어는 구조적으로 바람직한 형식으로 유효율이 높은 계획이 가능하다.
④ 외코어는 설비 덕트나 배관을 코어로부터 사무실 공간으로 연결하는데 제약이 없다.

3-3. 사무소의 코어 유형에 관한 설명으로 옳지 않은 것은?
① 중심코어는 유효율이 높은 계획이 가능하다.
② 양단코어는 2방향 피난에 이상적이며 방재상 유리하다.
③ 편심코어는 각 층 바닥면적이 소규모인 경우에 적합하다.
④ 독립코어는 구조적으로 가장 바람직한 유형으로, 고층이나 초고층 사무소 건축에 주로 사용된다.

3-4. 다음 중 구조코어로서 가장 바람직한 코어형식으로, 바닥면적이 큰 고층, 초고층 사무소에 적합한 것은?
① 중심코어형 ② 편심코어형
③ 독립코어형 ④ 양단코어형

|해설|

3-3
독립코어형은 구조적으로 불리하며, 소규모 사무소에 주로 사용된다.

3-4
중심(중앙)코어형은 바닥면적이 클 경우에 유리하고, 고층 및 초고층에 적합하다.

정답 3-1 ④ 3-2 ③ 3-3 ④ 3-4 ①

핵심이론 04 | 사무소의 평면 및 단면 계획

(1) 평면 계획

① 기준층 평면형태 결정요인
  ㉠ 구조상 스팬의 한도
  ㉡ 동선상의 거리
  ㉢ 각종 설비 시스템상의 한계
  ㉣ 방화구획상 면적
  ㉤ 자연광에 의한 조명한계
  ㉥ 대피상 최대 피난거리
  ㉦ 배연 계획

② 기둥 간격 결정요인
  ㉠ 공간의 기능 : 책상단위 배치, 사무기기 배치 등
  ㉡ 채광상 층고에 의한 안깊이
  ㉢ 코어의 크기, 위치 등
  ㉣ 지상부 주차배치단위, 지하주차장 주차구획

(2) 단면 계획

① 층고 계획
  ㉠ 기준층의 층고는 3.3~4.0m 정도가 적당하다.
  ㉡ 최상층은 옥상으로부터의 단열과 옥상 슬래브의 물매를 위해 2중 천장으로 계획하여 최상층의 층높이는 기준층보다 최소한 30cm 정도 높게 계획한다.
  ㉢ 사무실의 깊이
    • 외측에 면할 경우 층고의 2.0~2.4배 이내
    • 채광 정측에 면할 경우 층고의 1.5~2.0배 이내
  ㉣ 채광용 개구부는 바닥면적의 1/10로 하고, 창대 높이는 0.75~0.8m 정도로 한다.

② 층고 결정요소
  ㉠ 층고와 깊이 결정요소 : 사용목적, 채광, 공사비 등
  ㉡ 구조적 요인 : 보의 춤
  ㉢ 설비적 요인 : 냉·난방설비(파이프, 덕트 등), 공조시스템, 소방설비(스프링클러 등), 전기설비(조명 등)
  ㉣ 생리적 요인 : 소요 기적량, 사무실의 깊이 결정요소(채광, 창 크기 등)

10년간 자주 출제된 문제

4-1. 사무소의 기준층 평면 결정요소와 가장 거리가 먼 것은?
① 엘리베이터 대수
② 방화구획상 면적
③ 구조상 스팬의 한도
④ 자연광에 의한 조명한계

4-2. 고층 사무소의 기둥 간격 결정의 직접적인 요인은?
① 공조방식
② 동선상의 거리
③ 자연광에 의한 조명한계
④ 지하주차장의 주차구획 크기

4-3. 사무소의 기준층 층고 결정요소와 가장 거리가 먼 것은?
① 채광률
② 사용목적
③ 계단의 형태
④ 공조시스템의 유형

4-4. 사무소의 층고 계획에 관한 설명으로 옳지 않은 것은?
① 기준층의 층고는 3.3~4.0m 정도가 적당하다.
② 지하층과 최상층은 기준층의 층고와 같도록 한다.
③ 사무실의 깊이는 외측에 면할 경우 층고의 2.0~2.4배 이내로 한다.
④ 사무실의 깊이는 채광 정측에 면할 경우 층고의 1.5~2.0배 이내로 한다.

|해설|

4-1
엘리베이터 대수는 코어의 크기에 영향을 준다.

4-2
기둥 간격 결정 시 가장 중요한 요인은 공간의 용도나 기능이며, 지하주차장의 주차구획 크기 등도 직접적인 요인이 된다.

4-3
계단의 형태는 기준층 층고의 결정요소와 관계가 없다.

4-4
최상층의 층높이는 기준층보다 최소한 30cm 정도 높게 계획한다.

정답 4-1 ① 4-2 ④ 4-3 ③ 4-4 ②

핵심이론 05 | 사무소의 기타 계획

(1) 엘리베이터 계획

① 엘리베이터(승용승강기) 배치
  ㉠ 1개소 집중 설치하고 출발 층은 1개소로 한정한다.
  ㉡ 직렬로 배치할 경우, 4대 한도로 하며, 엘리베이터 중심 간 거리는 8m 이하가 되도록 한다.
  ㉢ 5대 이상일 경우 알코브형 배치로 한다.
  ㉣ 알코브형 배치 시 대향거리는 3.5~4.5m 정도로 한다.
  ㉤ 홀의 넓이는 정원의 50%로 0.5~0.8m^2/인 정도이다.

② 5분 동안의 집중률
  ㉠ 기준 : 아침 출근시간 직전 5분
  ㉡ 아침 출근 시 5분간(전체 이용자의 1/3~1/10 정도)
    • 전용 건물의 경우 사무소 수용 인원의 20~30%
    • 임대 건물의 경우 10~20%
  ㉢ 피크타임 적용 : 점심시간(12시경)을 기준으로 한다.

③ 사무소 건축에서 엘리베이터 계획 시 고려사항
  ㉠ 수량 계산 시 교통수요량에 적합해야 한다.
  ㉡ 승객의 층별 대기시간은 평균 운전간격(허용값) 이하가 되도록 하여 기다리는 시간을 줄여 주어야 한다.
  ㉢ 군 관리 운전은 동일 군 내의 서비스층은 같게 한다.
  ㉣ 초고층, 대규모인 경우는 분할(조닝)을 고려한다.

(2) 계단실 계획

① 동선을 단순하게, 주계단은 1층 출입구 근처에 배치한다.
② 엘리베이터 홀에 근접시킨다.
③ 방화구획 내에는 1개소 이상의 계단을 설치한다.
④ 2개소 이상의 계단을 설치할 경우 균등하게 배치한다.

(3) 스모크 타워(Smoke Tower)

① 비상계단 전실에 설치하는 연기를 배기하기 위한 샤프트(Shaft)이다.
② 화재 시 계단실이 굴뚝 역할을 하는 것을 방지한다.
③ 자연환기에 의한 배연과 기계배기에 의한 배연이 있다.
④ 방화문은 피난 방향으로 열려야 한다.
⑤ 전실의 천장 높이는 가급적 높게 한다.

10년간 자주 출제된 문제

5-1. 엘리베이터 배치 시 고려사항으로 옳지 않은 것은?
① 엘리베이터는 1개소 집중 설치한다.
② 출발 층은 2개소 이상으로 한다.
③ 직렬로 배치할 경우, 4대 한도로 한다.
④ 알코브형 배치 시 대향거리는 3.5~4.5m 정도로 한다.

5-2. 엘리베이터 배치 시 고려사항으로 옳지 않은 것은?
① 대면배치 시 대면거리는 3.5~4.5m로 한다.
② 엘리베이터 홀은 엘리베이터 정원 합계의 10% 정도를 수용할 수 있도록 한다.
③ 여러 대의 엘리베이터를 설치하는 경우, 그룹별 배치와 군 관리 운전방식으로 한다.
④ 일렬배치는 4대를 한도로 하고, 엘리베이터 중심 간 거리는 8m 이하가 되도록 한다.

5-3. 엘리베이터 설치계획에 관한 설명으로 옳지 않은 것은?
① 군 관리 운전의 경우 동일 군 내의 서비스층은 같게 한다.
② 승객의 층별 대기시간은 평균 운전간격 이상이 되게 한다.
③ 서비스가 균일하도록 건축물 중심부에 설치하는 것이 좋다.
④ 건축물의 출입층이 2개층이 되는 경우는 각각의 교통수요량 이상이 되도록 한다.

5-4. 스모크 타워에 관한 설명으로 옳지 않은 것은?
① 비상계단 전실에 화재에 의해 연기를 배기하기 위한 샤프트(Shaft)이다.
② 화재 시 계단실이 굴뚝 역할을 하는 것을 방지한다.
③ 자연환기 배연과 기계배기에 의한 배연 방법이 있다.
④ 방화문은 안여닫이로 한다.

| 해설 |

5-1
출발 층은 1개소로 한정한다.

5-2
엘리베이터 홀은 정원 합계의 50% 정도를 수용할 수 있도록 한다.

5-3
승객의 층별 대기시간은 평균 운전간격(허용값) 이하가 되게 하여 기다리는 시간을 줄여주어야 한다.

5-4
방화문은 피난 방향으로 열려야 한다.

정답 5-1 ② 5-2 ② 5-3 ② 5-4 ④

핵심이론 06 | 은 행

(1) 은행의 시설 규모

① 시설 규모를 결정 요인 : 행원수, 내점 고객수, 고객 서비스를 위한 시설 규모, 장래의 예비 스페이스 등

② 연면적 산정
  ㉠ 연면적 = 행원수 × (16~26m^2)
  ㉡ 연면적 = 은행실 면적 × (1.5~3)

③ 영업장 및 객장 면적
  ㉠ 영업장 면적 = 행원수 × (4~5m^2)
  ㉡ 고객용 로비 면적 = 1일 평균 고객수 × (0.13~0.2m^2)
  ㉢ 고객용 로비 면적 : 영업장 면적 = 1 : 0.8~1.5

④ 은행실(영업장 + 객장) 면적 = 행원수 × 10m^2

(2) 평면 계획 시 고려할 사항

① 고객의 공간(객장)과 업무공간(영업장)과의 사이에는 원칙적으로 구분이 없어야 한다.

② 고객이 지나는 동선은 되도록 짧아야 한다.

③ 고객 부분과 내부 객실과의 긴밀한 관계가 요구되며 작업의 흐름이 정체하지 않도록 한다.

④ 업무 내(영업장) 일의 흐름은 고객이 알기 어렵게 한다.

⑤ 고객공간을 1층에 설치할 수 없는 경우, 카운터 홀에서 직접 통하는 특별계단 또는 엘리베이터를 이용한다.

⑥ 직원 및 내객(방문객)의 출입구는 따로 설치하여 영업 시간에 관계없이 열어 둔다.

(3) 은행 각 실 계획

① 주출입구
  ㉠ 겨울철에 낮은 기온으로 인한 열손실 방지를 위해 방풍실을 설치한다.
  ㉡ 출입문은 도난 방지상 안여닫이로 하며, 방풍실의 바깥문은 밖여닫이 또는 자재문으로 계획한다.

② 객장 : 최소 폭은 3.2m 정도를 확보한다.

③ 영업 카운터
  ㉠ 고객 대기실에서 입식 카운터의 높이는 고객이 문서나 금전을 취급하기 쉬운 100~110cm 정도로 한다.
  ㉡ 은행원 측에서 카운터의 높이는 상담 방식에 따라 다르지만, 의자식은 76cm 정도로 한다.

10년간 자주 출제된 문제

6-1. 은행의 건축계획에 관한 설명으로 옳지 않은 것은?
① 고객이 지나는 동선은 되도록 짧게 한다.
② 직원과 고객의 출입구는 따로 설치하는 것이 좋다.
③ 규모가 큰 건물에 은행을 계획하는 경우, 고객 출입구는 최소 2개소 이상 설치하여야 한다.
④ 일반적으로 출입문은 안여닫이로 하며, 전실을 두는 경우에 바깥문은 밖여닫이 또는 자재문으로 하기도 한다.

6-2. 은행 건축에 관한 설명 중 가장 부적당한 것은?
① 일반적으로 주출입구는 도난 방지상 안여닫이로 한다.
② 영업장의 넓이는 은행 건축의 규모를 결정한다.
③ 객장의 최소 폭은 3.2m 정도를 확보한다.
④ 어린이의 출입이 많은 곳에는 회전문을 설치하는 것이 좋다.

6-3. 은행 건축계획에 관한 설명으로 옳지 않은 것은?
① 주출입구는 겨울철에 낮은 기온으로 인한 열손실 방지를 위해 방풍실을 설치한다.
② 출입문은 도난 방지상 안여닫이로 하며, 방풍실을 설치할 경우 바깥문은 밖여닫이 또는 자재문으로 계획한다.
③ 영업카운터의 높이는 고객대기실 쪽에서 76cm 정도로 한다.
④ 임대금고는 비밀실(Coupon Booth), 금고실, 전실로 구성된다.

|해설|

6-1
규모가 큰 건물에 은행을 계획하는 경우, 고객 출입구는 되도록 1개소로 한정한다.

6-2
은행 건축에서 뿐만 아니라, 어린이의 출입이 많은 곳에 회전문을 설치하면 문틈에 손이 끼거나 발목이 끼어서 다칠 우려가 있으므로 안전상 적절치 못하다.

6-3
영업카운터의 높이는 고객대기실 쪽에서 100~110cm가 적당하다.

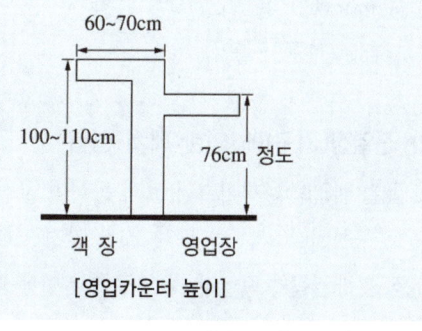

[영업카운터 높이]

정답 6-1 ③ 6-2 ④ 6-3 ③

제5절 상점 및 백화점

핵심이론 01 | 상점

(1) 상점 광고 5요소(AIDMA법칙)
① Attention(주의)
② Interest(흥미, 주목)
③ Desire(욕망, 공감, 욕구)
④ Memory(기억, 인상)
⑤ Action(행동, 출입)

(2) 진열장(가구)에 의한 배치 형식
① 굴절 배열형 : 케이스와 고객 동선이 굴절 또는 곡선으로 구성된다(양품점, 모자 코너, 안경 코너, 문방구 등).
② 직렬 배열형 : 진열장 등 입구에서 안을 향하여 직선으로 구성되며, 부분별로 상품 진열이 용이하다(침구류, 의복 코너, 전기 코너, 식기, 서점 등).
③ 환상 배열형 : 중앙 진열대 중심으로 회전형으로 배치하고 그 안에 포장대 등을 놓는 형식이다(수예품점, 민예품점 등).
④ 복합형 : 여러 가지 형태를 적절히 조합시킨 형식이다(패션점, 액세서리점, 부인복, 피혁제품 코너, 서점 등).

(3) 상점 판매 형식
① 대면 판매
  ㉠ 고객과 종업원이 쇼케이스를 기준으로 상담, 판매하는 형식이다.
  ㉡ 시계점, 귀금속점, 카메라점, 안경점, 제과점, 약국 등
  ㉢ 장 점
    • 상품에 대한 설명과 포장이 편리하다.
    • 판매원이 위치를 정하기가 용이하다.
  ㉣ 단 점
    • 쇼케이스(Showcase, 진열장) 내 전시로 진열면적이 감소된다.
    • 쇼케이스가 많아지면 상점의 분위기가 부드럽지 않다.
② 측면 판매
  ㉠ 고객과 종업원이 상품을 같은 방향으로 보며 판매가 이루어지는 형식이다.
  ㉡ 의류 매장, 침구점, 서점, 양복점, 양장점 등
  ㉢ 장 점
    • 충동적 구매와 선택이 용이하다.
    • 진열 면적이 커지며, 상품에 친근감이 있다.
  ㉣ 단 점
    • 상품의 설명이나 포장 등이 불편하다.
    • 판매원이 위치를 정하기가 어려우며 불안정하다.

10년간 자주 출제된 문제

1-1. 상점 계획 시 정면(Facade) 구성에 요구되는 5가지 광고 요소에 속하지 않는 것은?
① Attention   ② Attraction
③ Desire   ④ Memory

1-2. 상점 계획에 대한 설명 중 옳지 않은 것은?
① 고객의 동선은 일반적으로 길수록 좋다.
② 점원의 동선과 고객의 동선은 서로 교차하여 서비스를 충분히 할 수 있도록 한다.
③ 대면 판매 형식은 일반적으로 시계, 귀금속, 의약품 상점 등에서 쓰여진다.
④ 진열케이스, 진열대, 진열장 등이 입구에서 안을 향해서 직선적으로 구성된 평면배치는 주로 침구, 식기 코너, 서점 등에서 사용된다.

1-3. 상점의 판매 방식에 관한 설명으로 옳지 않은 것은?
① 측면 판매 형식은 직원 동선의 이동성이 많다.
② 대면 판매 형식은 측면 판매 형식에 비해 상품 진열면적이 넓어진다.
③ 측면 판매 형식은 고객이 직접 진열된 상품을 접촉할 수 있는 관계로 선택이 용이하다.
④ 대면 판매 형식은 쇼케이스를 중심으로 판매원이 고정된 자리나 위치를 확보하는 것이 용이하다.

|해설|
1-1
Attraction은 관계가 없다.
1-2
점원 동선과 고객의 동선은 서로 교차되지 않는 것이 바람직하다.
1-3
대면 판매 형식은 측면 판매 형식에 비해 진열장(쇼케이스)에 전시하므로 상품 진열면적이 감소된다.

정답 1-1 ②　1-2 ②　1-3 ②

(4) 매장 동선 계획

① 고객의 동선
　㉠ 고객이 밖에서 점내로 유도되어 들어오는 동선
　㉡ 고객의 동선은 원활하면서도 길게 할 것
② 점원의 동선
　㉠ 고객을 응대하며 판매하고 출납사무를 위해 생기는 점원의 동선
　㉡ 점원 동선은 중복을 피하고 단순하고 짧게 할 것

(5) 매장 가구 배치 계획

① 고객 쪽에서 상품이 효과적으로 보이게 한다.
② 고객을 감시하기 쉬우며, 고객에게 감시받고 있다는 인상을 주지 않도록 해야 한다.
③ 고객과 종업원 동선이 원활하고, 소수의 종업원으로 다수의 고객을 수용할 수 있어야 한다.
④ 매장으로 들어오는 고객과 종업원의 시선이 마주치는 것을 피하도록 한다. 이를 위해 종업원의 위치는 상점 전면에서 직접 보이지 않고, 슬며시 보이는 장소를 정한다.
⑤ 고객 동선을 길게 하고, 판매와 지불의 관계에 있어서 종업원의 동선은 짧게 한다.

(6) 진열창(Show Window)의 유리 흐림 방지

① 진열창 내부와 외부의 온도차가 생기면 유리면에 김이 서리고 흐려져서 내부의 진열 상품을 볼 수 없게 된다.
② 창대 밑에 난방장치를 하여 내외의 온도차를 적게 함이 유리하다.
③ 환기와 열선 등으로 김서림을 방지한다.

(7) 진열창(Show Window)의 반사 방지

① 진열창의 내부가 어둡고 외부가 밝을 때에는 유리면은 거울과 같이 비추어서 내부에 진열된 상품이 보이지 않게 된다.

② 주간 시 반사 방지
  ㉠ 진열창 내의 밝기를 외부보다 더 밝게 한다.
  ㉡ 차양을 설치하여 외부에 그늘을 준다.
  ㉢ 유리면을 경사지게 하고 특수 곡면 유리를 사용한다.
  ㉣ 건너편의 건물이 비치는 것을 방지하기 위해 가로수를 심어서 그늘을 준다.
③ 야간 시 반사 방지
  ㉠ 광원을 감춘다.
  ㉡ 눈에 입사하는 광속을 적게 한다.

10년간 자주 출제된 문제

1-4. 상점 매장 가구 배치 계획의 설명으로 옳지 않은 것은?
① 고객 쪽에서 상품이 효과적으로 보이게 한다.
② 매장으로 들어오는 고객과 직원의 시선이 바로 마주치는 것을 피하도록 한다.
③ 감시하기 쉽고 또한 고객에게 감시받고 있다는 인상을 주어 미연에 도난을 방지하도록 한다.
④ 고객과 직원의 동선이 원활하고, 소수의 직원으로 다수의 고객을 수용할 수 있어야 한다.

1-5. 판매장의 조명방법에 관한 설명으로 옳지 않은 것은?
① 직접조명은 조명효율이 좋고 조도가 낮아서 쾌적감을 준다.
② 간접조명은 그림자를 만들지 않아 좋지만 단독으로 사용할 경우 상품을 강조하는데 효과적이지 못하다.
③ 국부조명은 상품전시를 대상으로 하여 스포트라이트가 사용된다.
④ 반간접조명은 루버가 있는 형광등이 사용되며 광선의 부드러운 감이 좋다.

1-6. 쇼윈도 유리면의 반사 방지법으로 옳지 않은 것은?
① 차양을 달아 외부에 그늘을 준다.
② 곡면 유리를 사용한다.
③ 유리를 아래로 향하게 사면으로 설치한다.
④ 쇼윈도는 외부보다 내부를 어둡게 한다.

|해설|

1-4
고객에게 감시받고 있다는 인상을 주지 않는다.

1-5
직접조명은 조명효율은 좋지만, 조도가 높고 그림자가 생길 우려가 있으므로 쾌적감이 낮다.

1-6
외부에서 쇼윈도 내부를 바라볼 때 내부가 어둡게 되면 반사가 되거나 잘 보이지 않으므로, 내부를 외부보다 밝게 해서 쇼윈도 내부를 잘 볼 수 있게 하여야 한다.

정답 1-4 ③ 1-5 ① 1-6 ④

핵심이론 02 | 백화점

(1) 백화점 무창 계획
① 외벽의 창을 없애고, 실내의 진열면을 늘리거나 분위기의 조성을 위해 입면을 처리한다.
② 무창 계획의 장점
  ㉠ 창문을 통해 들어오는 역광으로 인한 내부 의장의 불리함을 감소시킨다.
  ㉡ 매장 내의 냉난방 효율이 좋아진다.
  ㉢ 외벽면에도 상품전시가 가능하여 진열면적이 증가한다.
  ㉣ 채광을 고려하지 않아도 되므로 매장의 면적을 늘리거나 진열장을 배치하는 데 유리하다.
③ 무창 계획의 단점
  ㉠ 화재나 정전 시 고객들이 피난에 혼란을 겪을 수 있다.
  ㉡ 자연채광 및 통풍이 불리하여 고도의 설비시설이 요구된다.

(2) 백화점 매장 평면 계획 시 유의사항
① 일반매장과 특별매장(일반매장 내 배치)으로 구분된다.
② 매장 전체가 멀리서도 넓게 보이고, 알기 쉬워야 한다.
③ 동일 층에서는 수평적으로 높이의 차가 없도록 한다.
④ 시야가 방해, 돌출, 만곡, 모난 것은 피하는 것이 좋다.

(3) 백화점 매장 통로
① **주통로** : 엘리베이터, 로비, 계단, 에스컬레이터 앞, 현관을 연결하는 통로로 폭은 2.7~3.0m 정도로 한다.
② **부통로** : 주통로와 연결하는 통로로 폭은 1.8m 이상으로 판매대 앞에 사람이 서고, 후면에 둘 이상 보행 가능한 폭 정도로 한다.
③ 통로 폭의 결정은 쇼케이스 앞에 손님이 서 있을 때 45~60cm가 필요하다.
④ 통과하는 손님 한 사람에 대하여 60~70cm를 요한다.
⑤ 1층은 통행량이 최대이므로 다른 층보다 넓게 계획한다.

10년간 자주 출제된 문제

2-1. 무창 백화점에 관한 설명으로 옳지 않은 것은?
① 창의 역광으로 인한 내부 의장의 불리한 요소를 제거할 수 있다.
② 외기의 도입이 줄어들므로 매장 내의 냉방 및 난방 효율이 증가된다.
③ 외부 벽면에 전시품의 전시가 가능하여 진열면적을 증가시킬 수 있다.
④ 자연채광이 필요 없고 고도의 설비시설을 설치하지 않으므로 경제적이다.

2-2. 백화점 매장 평면 계획 시 유의할 사항으로 옳지 않은 것은?
① 일반매장과 특별매장으로 구분된다.
② 매장 전체가 멀리서도 넓게 보이고, 알기 쉬워야 한다.
③ 동일 층에서는 수평적으로 높이의 차를 만든다.
④ 시야가 방해, 돌출, 만곡, 모난 것은 피하는 것이 좋다.

|해설|

2-1
자연채광 및 통풍이 불리하여 고도의 설비시설이 요구된다.

2-2
동일층에서는 수평적으로 높이의 차가 없도록 한다.

정답 2-1 ④ 2-2 ③

(4) 백화점의 매장 기둥 간격

① 일반적으로 사방 6~7m 정도가 보통, 바람직한 기둥 간격은 기둥 크기를 포함해서 차량 3대가 주차 가능한 사방 9~10m 정도이다.

② 기둥 간격 결정요소
   ㉠ 매장 진열장의 치수와 배치방법
   ㉡ 엘리베이터, 에스컬레이터의 배치방법
   ㉢ 매장의 통로와 계단실의 폭
   ㉣ 지하주차장의 주차방식과 주차폭

(5) 백화점 매장의 배치 형식

① 직각배치(직교법)
   ㉠ 가장 간단한 배치로, 가구와 가구 사이를 직교하여 배치함으로써 직각의 통로가 나오게 하는 배치방법
   ㉡ 경제적이고 판매장 면적을 최대한 이용할 수 있으므로 가장 많이 사용되는 배치 형식이다.
   ㉢ 단조로운 배치이고 고객 통행량에 따른 통로폭의 변화가 어려워, 국부적인 혼란을 가져오기 쉽다.

② 사행배치(사교법)
   ㉠ 주통로를 직각으로 배치하고, 부통로를 주통로에 45° 경사지게 배치하는 방법
   ㉡ 직각배치 형식에서 국부적인 혼란의 결점을 시정한 것으로 주통로에서 부통로의 상품이 잘 보인다.
   ㉢ 사행배치는 상하 교통로를 가깝게 연결할 수 있다.
   ㉣ 수직 동선에 접근이 쉽고, 매장의 구석까지 가기 쉽다.
   ㉤ 이형의 판매대가 많이 필요하다.

③ 방사형 배치(방사법)
   ㉠ 엘리베이터, 에스컬레이터 등 수직 동선을 중심으로 판매장의 통로를 방사형이 되도록 배치하는 방법
   ㉡ 고객 동선이 명확하고 매장에 대한 인지도가 높다.

④ 자유유선형 배치(자유유동법)
   ㉠ 고객 유동 방향에 따라 자유 곡선으로 통로를 배치

   ㉡ 전시에 변화를 주고 판매장의 특수성을 살릴 수 있다.
   ㉢ 매장의 변경 및 이동이 곤란하다.
   ㉣ 쇼케이스나 판매대 등이 특수형을 필요로 하므로 유리케이스 등 가구비가 증가하고 시설비가 많이 든다.

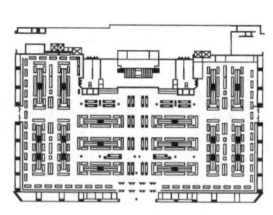
[직각배치]

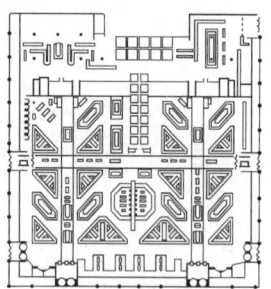
[사행배치]

[방사형 배치]   [자유유선형 배치]

10년간 자주 출제된 문제

2-3. 백화점의 배치 형식에 관한 설명으로 옳지 않은 것은?

① 직각배치는 매장 면적의 이용률을 최대로 확보할 수 있다.
② 사행배치는 주통로 이외의 제2통로를 상하 교통계를 향해서 45° 사선으로 배치한 것이다.
③ 사행배치는 많은 고객이 매장 구석까지 가기 쉬운 이점이 있으나 이행의 진열장이 필요하다.
④ 자유유선배치는 획일성을 탈피할 수 있으며, 변화와 개성을 추구할 수 있고 시설비가 적게 든다.

|해설|

2-3
자유유선배치는 획일성을 탈피할 수 있으며, 변화와 개성을 추구할 수 있지만, 곡선형의 가구 등으로 인해 시설비가 많이 든다.

정답 ④

(6) 엘리베이터(Elevator) 특성

① 위치는 주출입구의 반대쪽 또는 먼 곳에 배치한다.
② 에스컬레이터와 병용하는 경우에는 최상층에의 급행용 이외에는 보조적인 역할을 한다.
③ 연면적 2,000~3,000m²에 대해 15~20인승 1대 정도이다.

(7) 에스컬레이터 배치 형식

① 직렬식 배치
  ㉠ 승객의 시야가 좋은 형식이다.
  ㉡ 점유 면적은 크다.
② 병렬식 배치
  ㉠ 백화점 내부를 내려다보기가 좋고 시야가 넓은 형식이다.
  ㉡ 병렬 단속식 배치 : 오르기와 내리기를 단속적으로 하는 형식으로 서비스가 나쁘고, 혼잡할 수 있다.
  ㉢ 병렬 연속식 배치 : 오르기와 내리기를 연속적으로 하는 형식으로 교통이 연속되어 혼잡이 적다.
③ 교차식 배치
  ㉠ 점유 면적이 가장 적은 형식이다.
  ㉡ 교통이 연속되어 혼잡이 작다.
  ㉢ 에스컬레이터 측면이 매장의 전망을 나쁘게 한다.

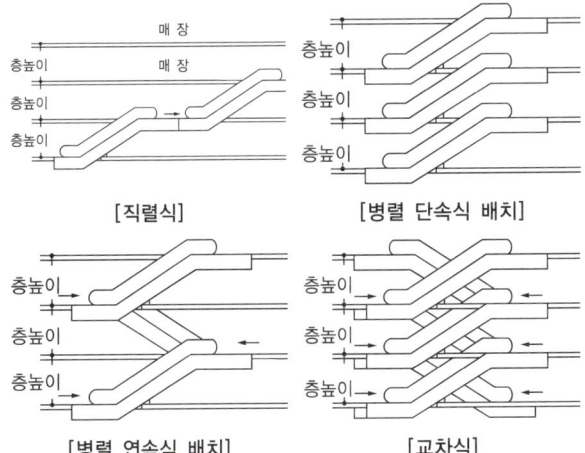

> **10년간 자주 출제된 문제**
>
> **2-4. 백화점의 에스컬레이터(Escalator) 특성에 관한 설명으로 옳지 않은 것은?**
>
> ① 고객의 70~80%가 이용하게 되어 백화점의 고객 상하 수송용으로 가장 적합하다.
> ② 엘리베이터의 10배 이상의 수송 능력을 가진다.
> ③ 4대 이상의 엘리베이터를 필요로 할 때 또는 2,000명/h 이상의 수송력을 필요로 할 때 설치한다.
> ④ 주출입구와 엘리베이터의 중간 또는 매장의 중앙에 가까운 위치는 피해서 배치한다.
>
> |해설|
>
> **2-4**
> 에스컬레이터(Escalator)는 주출입구와 엘리베이터의 중간 또는 매장의 중앙에 가까운 장소로서 고객이 알아보기 쉬운 곳에 배치한다.
>
> 정답 ④

| 핵심이론 03 | 쇼핑센터 계획

(1) 쇼핑몰(Shopping Mall)의 구성

① 몰(Mall)의 5개 구성요소
  ㉠ 핵상점(핵점포) : 고객을 끌어들이는 점포 센터
  ㉡ 몰(Mall) : 고객의 주요 동선(쇼핑거리) 역할
  ㉢ 코트(Court) : 몰 중간에 고객이 머무르는 넓은 공간
  ㉣ 전문점(단일 상점) : 단일 상품을 전문적으로 취급하는 상점과 음식점 등
  ㉤ 주차장 및 관리시설 : 관리를 위한 부분으로 사무공간, 통제 및 설비관계 공간

② 몰(Mall)의 면적 배분
  ㉠ 핵상점 : 50% 정도
  ㉡ 전문점 : 25% 정도
  ㉢ 몰, 코트 등 공유공간 : 10% 정도
  ㉣ 기타(관리시설, 기계실 등) : 15% 정도

③ 쇼핑몰(Mall)의 유형
  ㉠ 오픈 몰(Open Mall) : 몰(Mall) 천장이 개방된 형태
  ㉡ 엔클로즈드 몰(Enclosed Mall) : 몰(Mall) 천장이 닫혀있는 형태로 공기조화에 의해 쾌적한 실내기후를 유지하여야 한다.

(2) 몰(Mall)의 계획

① 몰(Mall)의 계획 시 고려할 사항
  ㉠ 몰의 폭은 6~12m가 일반적이며, 핵상점들 사이의 몰의 길이는 240m를 초과하지 않아야 한다.
  ㉡ 20~30m의 길이마다 변화를 주어 단조로운 느낌이 들지 않도록 하며, 보행공간의 중간에 특별행사, 휴식, 만남 등을 위한 코트를 계획한다.
  ㉢ 몰(Mall)은 고객의 주보행동선을 통해 핵상점과 각 전문점으로 연결되므로 방향성과 식별성을 갖도록 계획한다.
  ㉣ 고객에게 변화감과 다채로움, 자극과 흥미를 갖도록 하여 유쾌한 쇼핑이 될 수 있도록 계획한다.

② 페데스트리언 지대(Pedestrian Area)
  ㉠ 변화감과 다채로움, 자극과 변화와 흥미를 주며 쇼핑을 유쾌하게 할 수 있으며, 휴식할 수 있는 장소를 말한다.
  ㉡ 보행로, 휴식 공간, 분수, 연못, 조경 등으로 구성된다.
  ㉢ 쇼핑몰 또는 쇼핑센터의 가장 특징적인 요소로서 넓은 면적을 필요로 하지만, 고객들이 즐겁게 쇼핑을 할 수 있으므로 결과적으로 구매력이 증가한다.

10년간 자주 출제된 문제

3-1. 쇼핑몰(Mall)에 관한 설명으로 옳지 않은 것은?
① 확실한 방향성과 식별성이 요구된다.
② 전문점과 핵상점의 주출입구는 몰에 면하도록 한다.
③ 몰은 고객의 주보행동선으로서 중심 상점과 각 전문점에서의 출입이 이루어지는 곳이다.
④ 일반적으로 공기조화에 의해 쾌적한 실내기후를 유지할 수 있는 오픈 몰(Open Mall)이 선호된다.

3-2. 쇼핑몰(Mall)의 계획에 대한 설명으로 옳지 않은 것은?
① 전문점들과 중심 상점의 주출입구는 몰에 면하도록 한다.
② 중심 상점들 사이의 몰의 길이는 150m를 초과하지 않아야 하며, 길이 40~50m마다 변화를 주는 것이 바람직하다.
③ 몰에는 자연광을 끌어들여 외부공간과 같은 성격을 갖게 한다.
④ 다층으로 계획할 경우, 다층 및 각 층간의 시야의 개방감이 적극적으로 고려되어야 한다.

|해설|

3-1
④는 엔클로즈드 몰(Enclosed Mall)에 대한 설명이다.

3-2
쇼핑몰(Mall)은 20~30m마다 변화를 주어 단조로움을 피하며, 전체 길이는 240m 이내로 계획하는 것이 좋다.

정답 3-1 ④ 3-2 ②

제6절 학 교

핵심이론 01 | 교사 계획

(1) 교사(敎舍)의 배치 형식

① 폐쇄형
  ㉠ 운동장을 남쪽에 확보하고 부지 북쪽에서부터 건축하기 시작해서 L형에서 □형으로 완결하는 형식이다.
  ㉡ 부지를 효율적으로 활용하고, 유기적 구성이 가능하다.
  ㉢ 화재 및 비상시에 불리하고, 환경 조건이 불균등하다.
  ㉣ 운동장으로부터 교실로의 소음이 크다.
  ㉤ 교사 주변에 활용되지 않는 부분이 많은 결점이 있다.

② 분산병렬형
  ㉠ 교사동을 남면으로 향하게 나란히 배치한다.
  ㉡ 일조 통풍 등과 교실 환경 조건이 균등하다.
  ㉢ 구조계획이 간단, 규격형의 이용도 편리하다.
  ㉣ 건물 사이에 놀이터, 정원이 생겨서 환경이 좋아진다.
  ㉤ 넓은 부지가 필요하다.
  ㉥ 편복도 형식으로 계획하면 복도 면적이 크고 단조로운 형태이며 유기적인 구성을 취하기가 어렵다.

③ 집합형(새로운 형태)
  ㉠ 부지 활용 효율성과 교사의 합리적인 배치를 고려하여 유기적인 구성으로 전체 교지를 계획한다.
  ㉡ 교육구조에 따른 유기적 구성이 가능하다.
  ㉢ 동선이 짧아 학생의 이동이 유리하다.
  ㉣ 물리적 환경이 좋고, 다목적 계획이 가능하다.
  ㉤ 산만한 배치가 될 수 있다.

(2) 단층 및 다층 교사(敎舍) 계획

① 단층(單層) 교사
  ㉠ 학습활동을 실외에 연장시킬 수 있다.
  ㉡ 계단을 오르내릴 필요가 없으므로 재해 발생 시 피난상 유리하다.
  ㉢ 각 교실에서 밖으로 직접 출입 가능하므로 복도가 혼잡하지 않다.
  ㉣ 채광 및 환기가 유리하다.
  ㉤ 내진이나 내풍구조가 용이하다.
  ㉥ 소음이 큰 작업, 화학약품의 악취 등을 격리시키기 좋다.

② 다층(多層) 교사
  ㉠ 전기, 급배수, 난방 등의 배선 및 배관의 집약이 가능하다.
  ㉡ 치밀한 평면계획을 할 수가 있다.
  ㉢ 부지의 이용률이 높다.

10년간 자주 출제된 문제

1-1. 학교의 배치 계획 중 분산병렬형에 대한 설명으로 옳지 않은 것은?
① 일조·통풍 등 교실의 환경조건이 균등하다.
② 일반적으로 부지 이용률이 높다.
③ 교사동 사이의 공간에 놀이터와 정원이 생긴다.
④ 교사동의 구조 계획이 간단하고 시공이 용이하다.

1-2. 학교 건물에서 단층 교사의 장점과 관계가 없는 것은?
① 계단이 필요가 없으므로 재해 발생 시 피난상 유리하다.
② 학습활동을 실외에 연장할 수 있다.
③ 각 교실에서 밖으로 직접 출입이 가능하므로 복도가 혼잡하지 않다.
④ 각종 설비 등을 집약할 수 있어서 효율적인 평면 계획이 가능하다.

1-3. 학교 건축에서 단층 교사에 관한 설명으로 옳지 않은 것은?
① 재해 시 피난이 용이하다.
② 학습활동의 실외 연장이 가능하다.
③ 구조 계획이 단순하며, 내진·내풍 구조가 용이하다.
④ 집약적인 평면 계획이 가능하나 채광·환기가 불리하다.

|해설|

1-1
분산병렬형(핑거 플랜)은 건물이 분산 배치되어 부지를 넓게 확보하여야 하므로 이용률이 낮다.

1-2
설비 등을 집약할 수 있고 짜임새 있는 평면 계획이 가능한 것은 다층 교사 형태이다.

1-3
집약적 평면 계획이 가능하나 채광·환기가 불리한 유형은 다층 교사이다.

정답 1-1 ② 1-2 ④ 1-3 ④

핵심이론 02 | 학교 운영방식

(1) 종합교실형(U(A)형)
① 교실 수는 학급 수에 일치하며, 각 학급은 자기 교실 안에서 전 교과를 행한다.
② 초등학교의 저학년에 적합한 형식이다.
③ 학생 이동이 전혀 없고, 교실 이용률이 높다.
④ 각 학급마다 가정적인 분위기를 조성할 수 있다.
⑤ 시설 정도가 낮은 경우에는 빈약한 형태가 된다.
⑥ 초등학교 고학년 이상에는 무리가 있다.

(2) 일반교실 및 특별교실형(U+V형)
① 일반교실은 각 학급에 하나씩 배당하고 그 밖에 특별교실을 갖는 형식으로 우리나라에서 가장 일반적인 형태이다.
② 전용 학급교실이 있고, 홈룸 활동이 편하다.
③ 학생의 소지품을 두는 자리가 안정되어 있다.
④ 특별교실이 많을수록 일반교실의 이용률은 낮아진다.
⑤ 시설의 수준을 높일수록 비경제적이다.

(3) 교과교실형(V형)
① 모든 교실이 교과교실로 만들어지고, 일반교실이 없다.
② 순수율이 높은 교실이 주어지며, 시설 수준도 높다.
③ 학생의 이동이 심하다.
④ 이동에 대비해서 소지품을 보관할 장소가 필요하다.

(4) U형과 V형의 중간형(E형)
① 일반교실은 학급 수보다 적고, 교과교실도 있다.
② 특별교실의 순수율은 반드시 100%가 되지 않는다.
③ 이용률을 상당히 높일 수 있으므로 경제적이다.
④ 학생이 있는 곳이 안정되지 않고, 학생의 이동이 상당히 많으며 혼란이 심하다.

(5) 플래툰형(P형)
① 전 학급을 2분단으로 나누고, 한편이 일반교실을 사용할 때 다른 한편은 특별교실을 사용한다.
② 초등학교에서 과밀을 해결하기 위해 실시한다.
③ 학급 담임제와 교과 담임제의 병용이 가능하다.
④ 교실 사용시간을 배정하기 위한 시간표 구성이 복잡하고, 담당교사 수를 맞추기에도 어려움이 있다.

(6) 달톤형(D형)
① 학급, 학년을 없애고 학생들이 각자의 능력에 따라 교과를 골라 일정한 교과가 끝나면 졸업한다.
② 하나의 교과에 출석하는 학생 수가 정해지지 않기 때문에 여러 가지 크기의 교실을 설치해야 한다.

(7) 오픈스쿨(Open School, 개방학교)
① 종래의 학급단위 수업을 거부하고 개인의 능력, 자질에 따라 무학년제로써 다양한 학습활동을 할 수 있게 하는 형식으로 넓고 변화가 많은 공간으로 구성한다.
② 각자의 흥미나 능력에 따른 수업 진행으로 교육의 질을 높일 수 있다.
③ 교원(교사) 자질, 풍부한 교재 및 티칭머신의 활용이 필요하고, 시설적인 면에서 공기조화 설비 등이 요구된다.

10년간 자주 출제된 문제

2-1. 학교 운영방식에 관한 설명으로 옳지 않은 것은?
① 교과교실형은 교실 순수율이 높지 않다.
② 종합교실형은 초등학교 저학년에 적합하다.
③ 일반교실, 특별교실형은 각 학급마다 일반교실을 하나씩 배당하고 그 외에 특별교실을 갖는다.
④ 교과교실형은 일반교실이 없다.

2-2. 학교 운영방식 중 학급 및 학년 단위의 구분을 없애고 각자의 능력에 맞게 교과를 선택하고 이수 후 졸업하는 방식은?
① 종합교실형
② 달톤형
③ 교과교실형
④ 플래툰형

|해설|
2-1
교과교실형은 교실의 순수율은 높으나 학생의 이동이 심하다.
2-2
달톤형 : 학급 및 학년 단위의 구분을 없애고 각자의 능력에 맞게 교과를 선택하고 이수 후 졸업하는 방식이다.

정답 2-1 ① 2-2 ②

핵심이론 03 | 기본 계획

(1) 이용률과 순수율

① 이용률 = $\dfrac{\text{실제 이용시간}}{\text{평균 수업시간}} \times 100(\%)$

② 순수율 = $\dfrac{\text{해당 교과목 수업시간}}{\text{실제 교실 이용시간}} \times 100(\%)$

(2) 확장성과 융통성

① 확장성 : 인구 집중, 증가에 따른 학생 수 증가에 대응하고 최적 600~700명, 최대 1,000명으로 계획한다.

② 융통성
  ㉠ 융통성이 요구되는 원인
   - 미래의 확장, 지역사회의 이용에 의해서
   - 광범한 교과 내용의 변화에 대응하여
   - 학교 운영방식의 변화에 대응하여
  ㉡ 해결 수단
   - 방 사이 벽(Partition)의 이동(구조 계획) : 건식 구조
   - 교실 배치의 융통성(배치 계획) : 관련 시설은 근접 배치
   - 공간의 다목적성(평면 계획) : 교과 내용의 변화에 대응

(3) 블록(Block) 플랜과 교실군

① 일반교실군과 특별교실군
  ㉠ 일반교실과 특별교실은 분리한다.
  ㉡ 특별교실군은 교과 내용에 대한 융통성·보편성, 학생의 이동과 그때의 소음 방지를 검토한다.

② 학년 단위로 정리
  ㉠ 초등학교 저학년
   - 종합교실형(U)이 이상적이다.
   - 단층이 좋고, 1층에 배치하여 교문에 근접시킨다.
   - 다른 접촉은 적게 하고, 출입구는 따로 설치한다.
   - 중정 중심으로 둘러싸인 형태가 좋다.
  ㉡ 초등학교 고학년 : 일반교실 및 특별교실형(U+V형)의 운영방식이 이상적이다.

(4) 특수한 형태의 블록(Block) 평면 형식

① 엘보 액세스형(Elbow Access) : 복도를 교실에서 이격시켜 설치하는 형식으로 소음대비에 유리하다.

② 클러스터형 : 홀(공용공간)을 중앙에 위치시키고, 몇 개의 교실을 하나의 유닛으로 하여 분리(교실 2~4개씩 단위화)시키는 형식이다.

10년간 자주 출제된 문제

3-1. 주당 40시간을 수업하는 학교에서 미술실 수업이 총 20시간이며 이 중 15시간은 미술시간으로 나머지 5시간은 학급 토론시간으로 사용되었다면, 미술실의 이용률과 순수율은?

① 이용률 37.5%, 순수율 75%
② 이용률 50%, 순수율 75%
③ 이용률 75%, 순수율 37.5%
④ 이용률 75%, 순수율 50%

3-2. 다음 중 학교의 계획에 관한 설명으로 옳지 않은 것은?

① 초등학교 고학년의 경우 일반교실, 특별교실형(U+V형)의 운영방식이 일반적이다.
② 실내체육관의 배치는 학생이 이용하기 쉬운 곳에 배치하며 지역주민들의 이용도 고려한다.
③ 동학년의 학급은 될 수 있으면 균일한 조건으로 하여야 하기 때문에 동일한 층에 모으는 고려가 필요하다.
④ 초등학교 저학년의 경우는 될 수 있으면 2층 이상에 있게 하며 교문과 근접되지 않게 하여야 한다.

3-3. 학교계획에서 융통성의 해결 수단과 가장 관계가 먼 것은?

① 공간의 다목적성
② 각 교실의 특수화
③ 교실 배치의 융통성
④ 방 사이 벽(Partition)의 이동

|해설|

3-1

• 이용률 = $\dfrac{20시간}{40시간} \times 100(\%) = 50\%$

• 순수율 = $\dfrac{20시간 - 5시간}{20시간} \times 100(\%) = 75\%$

3-2
초등학교 저학년은 1층에 배치하며 교문과 근접되도록 위치한다.

3-3
교실의 특수화는 교육의 질적 수준을 높이는 것에는 관련이 있지만, 융통성의 해결 수단은 아니다.

정답 3-1 ② 3-2 ④ 3-3 ②

핵심이론 04 | 교실 및 기타 계획

(1) 교실 계획

① 교실의 채광
  ㉠ 일조가 긴 방위로서, 채광 면적은 실면적의 1/10 이상
  ㉡ 교실 칠판을 향해 좌측 채광이 원칙이다.
  ㉢ 칠판의 현휘를 막기 위해서 정면의 벽에 접하여 1m 정도의 측면벽을 남긴다.
  ㉣ 조명은 실내에 음영이 생기지 않도록 한다.
  ㉤ 칠판면 조도를 책상면보다 높게 한다(100lx 이상).

② 교실의 크기 등
  ㉠ 교실 크기 : 7×9m 정도(저학년은 9×9m)
  ㉡ 창대 높이 : 초등학교 80cm, 중학교 85cm가 적당
  ㉢ 출입구 : 교실마다 2개소에 설치한다.

③ 색채 계획
  ㉠ 저학년은 난색계통, 고학년은 사고력의 증진을 위해 중성색이나 한색계통이 좋다.
  ㉡ 음악, 미술교실 : 창작적 학습 활동을 위해서는 난색계통이 좋다.
  ㉢ 교실 반자는 음향을 고려하며, 백색(80% 반사)에 가까운 색으로 마감한다.

(2) 강 당

① 강당의 크기(학교별 1인당 소요 면적)
  ㉠ 초등학교 : 0.4m²/인
  ㉡ 중학교 : 0.5m²/인
  ㉢ 고등학교 : 0.6m²/인

② 강당과 체육관 겸용 계획
  ㉠ 강당 겸 체육관으로 시설비, 부지면적을 절약한다.
  ㉡ 커뮤니티의 시설로서 학생 및 지역주민의 이용을 고려하며, 학생의 수업시간 내에는 외부 지역주민의 이용을 금지한다.
  ㉢ 벽, 천장, 바닥, 마감재료 등에 있어서 양자의 기능을 만족할 수 있도록 하여야 한다.

② 일반적으로 강당으로의 이용보다는 체육관의 사용이 높으므로 체육관의 목적으로 치중하는 것이 좋다.

(3) 체육관
① 크기
㉠ 농구코트를 둘 수 있는 크기를 표준으로 한다.
㉡ 최소 400m^2, 보통 500m^2(15.2×28.6m) 정도

② 세부 계획
㉠ 천장 높이 : 최소 6m 이상
㉡ 바닥 : 충격 흡수를 위해 2중의 실의 길이 방향으로 목재 마루판을 깐다.
㉢ 징두리벽 : 운동기구 설치를 고려한 2.5~2.7m 높이로 계획한다.

③ 배치
㉠ 채광은 남쪽뿐 아니라 천장을 이용하면 좋다.
㉡ 장축을 동서로 잡고, 장변(남북)으로부터 자연채광을 받도록 한다.

10년간 자주 출제된 문제

4-1. 학교의 교실 계획에 관한 설명으로 옳지 않은 것은?
① 교실의 채광은 교실 칠판의 정면을 향해서 좌측 채광을 원칙으로 한다.
② 칠판의 현휘를 막기 위해서 정면의 벽에 접하여 1m 정도의 측면벽을 남긴다.
③ 교실 출입문은 각 교실마다 2개소에 설치한다.
④ 저학년은 한색계통, 고학년은 난색계통이 좋다.

4-2. 학교의 강당 계획에 관한 설명으로 옳지 않은 것은?
① 체육관의 크기는 농구코트의 크기를 표준으로 한다.
② 강당은 학교별 1인당 소요 면적에서 초등학교 계획 시에는 0.4m^2/인으로 한다.
③ 강당 및 체육관으로 겸용하게 될 경우 강당 목적으로 치중하는 것이 좋다.
④ 강당 겸 체육관은 커뮤니티의 시설로서 이용될 수 있도록 고려하여야 한다.

|해설|
4-1
저학년은 난색계통, 고학년은 중성색이나 한색계통이 좋다.
4-2
강당 및 체육관으로 겸용하게 될 경우 이용시간이 많고 다목적 활용이 가능하도록 체육관의 목적으로 치중하는 것이 좋다.

정답 4-1 ④ 4-2 ③

제7절 도서관

핵심이론 01 | 출납 시스템

(1) 자유개가식
① 이용자가 자유롭게 자료를 찾고, 검열 없이 열람 가능하다.
② 1실의 규모는 10,000권 이하로서 분관이나 아동도서관 등의 소규모인 도서관에 적합하다.
③ 책의 내용을 보고 선택하며, 목록이 필요 없다.
④ 책이 손상되기 쉽고 분실할 염려가 있다.
⑤ 책의 위치, 정리 정돈, 열람실이 혼잡하기 쉽다.

(2) 안전개가식
① 이용자는 서고에 들어가서 책을 선택하여 사서의 검열을 받고 열람한다(자유개가식과 반개가식의 혼용).
② 1실의 규모는 15,000권 이하의 도서관에 적용된다.
③ 책의 내용을 직접 보고 선택하며, 목록이 필요 없다.
④ 책의 대출 시 사서의 검열이 있어 수속이 조금 번잡하다.
⑤ 책은 다소 손상되기 쉽지만 분실은 적다.

(3) 반개가식
① 이용자는 책을 배포지 등에 의해 선택해서 직원들에게 신청하면 사서가 책을 가져와서 열람한다.
② 책의 표지를 보고 선택하기 때문에 책의 선택이 쉽다.
③ 신간 서적 코너 등으로 채용된다.
④ 사서의 검열이 있고 수속이 조금 번잡하다.
⑤ 책의 대출, 반납의 작업이 증가된다.
⑥ 책의 손상이나 분실될 염려가 적다.

(4) 폐가식
① 목록으로 자료를 찾고, 대출 수속을 받은 후 열람한다.
② 이용 빈도가 낮은 귀중 도서나 대학도서관 등에 좋다.
③ 목록으로 책을 선택하므로 희망하는 책이 아닐 수 있다.
④ 사서가 서가에서 책을 찾아서 대출해 주는 시간이 길다.
⑤ 책의 대출, 반납의 작업이 증가된다.
⑥ 책의 손상이나 분실될 염려는 적다.
⑦ 대규모인 도서관에 적용되고 있다.

10년간 자주 출제된 문제

1-1. 도서관의 출납시스템 중 자유개가식에 관한 설명으로 옳지 않은 것은?
① 책의 마모, 망실의 우려가 크다.
② 서가의 정리가 잘 안되면 혼란스럽게 된다.
③ 자유로이 책 내용을 보고 필요한 책을 고를 수 있다.
④ 보통 2실형이고, 50,000권 이상의 서적 보관과 열람에 적당하다.

1-2. 도서관의 출납시스템 중 열람자는 직접 서가에 면하여 책의 체제나 표지 정도는 볼 수 있으나 내용을 보려면 관원에게 요구하여 대출 기록을 남긴 후 열람하는 형식은?
① 폐가식
② 반개가식
③ 안전개가식
④ 자유개가식

1-3. 도서관 출납시스템 중 폐가식의 설명으로 옳지 않은 것은?
① 서고와 열람실이 분리되어 있다.
② 도서의 유지 관리가 좋아 책의 망실이 적다.
③ 대출 절차가 간단하여 관원의 작업량이 적다.
④ 대규모 도서관의 독립 서고에 많이 채용된다.

|해설|

1-1
보통 1실형, 10,000권 이하의 서적 보관과 열람에 적당하다.

1-2
반개가식 : 이용자는 책을 배포지 등에 의해 선택해서 직원들에게 신청하면 사서가 책을 가져와서 열람한다.

1-3
대출 기록을 남기고 관원이 서고에서 책을 운반해서 대출해 주어야 하므로 절차가 복잡하고 관원의 작업량이 많다.

정답 1-1 ④ 1-2 ② 1-3 ③

핵심이론 02 | 열람실, 서고 계획

(1) 열람실

① 일반 열람실
   ㉠ 크기 : 1.5~2.0m²/인
   ㉡ 통로를 포함하면 2.4m²/인 정도가 필요

② 아동 열람실
   ㉠ 1층 현관 주변에 위치하며, 성인과 구별하여 열람실을 설치한다.
   ㉡ 별도의 현관을 둘 수 있으며, 자유개가식으로 계획한다.
   ㉢ 자유로운 책상배치로 획일적인 배치는 피한다.
   ㉣ 아동 1인당 1.2~1.5m² 정도

(2) 서 고

① 서고의 계획
   ㉠ 서가 1단 1m당 20~30권이며, 평균 25권
   ㉡ 서고 면적 1m²당 150~250권이며, 평균 200권 내외
   ㉢ 서고 공간 1m³당 평균 66권 정도
   ㉣ 모듈러 시스템(Modular System)을 도입한 서가 배치
      • 모듈러 플래닝은 건물 치수를 기둥 간격 치수의 배수가 되도록 계획하는 방법
      • 서고의 바닥면은 가동벽과 독립 서가에 의해서 구획되고 필요조건의 변화에 대응해서 구획을 변경하는 것이 가능하게 할 수 있도록 한다.
      • 도서관 계획은 확장성(50% 이상의 확장 변화 대응)과 융통성의 문제가 처음부터 고려되어야 하기 때문에 모듈러 플랜(Modular Plan)으로 계획한다.

② 장서의 보관 방법
   ㉠ 서고는 온도 15℃, 습도 63% 이하가 좋다.
   ㉡ 도서 보존을 위해서는 서고 내부가 어두운 것이 좋다.
   ㉢ 서고는 개구부를 닫아 기계환기와 인공조명으로 온도, 습도를 유지하여 세균의 침입을 예방하여야 한다.
   ㉣ 세균, 충해 작용이 많을 경우 : 온도 20℃, 습도 80%일 때

③ 캐럴(Carrel)
   ㉠ 서고 내에 설치하는 개인용 소열람실 또는 소연구실
   ㉡ 크기 : 1인당 바닥면적은 1.4~4.0m² 정도
   ㉢ 캐럴(Carrel)은 열람자의 도서 접근을 용이하게 하기 위해 서고의 내부 등에서 연구를 할 수 있도록 설치한다.

10년간 자주 출제된 문제

2-1. 능률적인 작업용량으로서 100,000권을 수장할 도서관 서고의 면적으로 가장 알맞은 것은?
① 300m² ② 500m²
③ 600m² ④ 1,000m²

2-2. 도서관 기둥 간격 결정과 가장 밀접한 관계가 있는 공간은?
① 서 고 ② 캐 럴
③ 출납실 ④ 시청각자료실

2-3. 도서관 건축계획에 관한 기술 중 가장 부적당한 것은?
① 열람실은 흡음성이 높은 바닥, 천장 마감재를 사용하며, 책상 위의 조도는 600lx로 한다.
② 서고는 가급적 공기조화설비를 갖추고, 장래 증축을 고려한다.
③ 서고는 서가 1단 1m당 20~30권(평균 25권) 정도로 계획하며, 서고가 65~70% 정도 사용될 경우에는 기존 시설의 확충을 고려한다.
④ 참고실은 열람실과 함께 계획함이 원칙이며, 서가에 참고 도서를 배열하고 목록실, 출납실에 인접시켜 접근이 용이한 장소에 배치한다.

2-4. 서고의 장서 보관 방법에 관한 설명 중 옳지 않은 것은?
① 서고는 온도 15℃, 습도 63% 이하가 좋다.
② 도서 보존을 위해서는 서고 내부가 어두운 것이 좋다.
③ 서고는 자연환기와 인공조명으로 온도, 습도를 유지한다.
④ 세균 작용 및 충해가 최고로 현저한 것은 온도 20℃, 습도 80%일 때이다.

|해설|

2-1
100,000 ÷ 200 = 500m²

2-2
도서관 계획은 확장(50% 이상의 확장 변화의 유연성)과 융통성의 문제가 처음부터 고려되어야 하기 때문에 모듈러 플랜(Modular Plan)으로 확장 및 변화에 대응해야 한다.

2-3
참고실은 열람실과 별도로 서가에 참고 도서를 배열하고 목록실과 출납실에 인접시켜 접근이 용이한 장소에 배치한다.

2-4
서고는 기계환기와 인공조명으로 온도, 습도를 유지한다.

정답 2-1 ② 2-2 ① 2-3 ④ 2-4 ③

제8절 공 장

핵심이론 01 건축 형식

(1) 배치 계획
① 건물 배치는 작업 내용을 검토한 후 결정하는 것이 좋다.
② 장래 계획, 확장 계획을 충분히 고려한다.
③ 원료 및 제품을 운반하는 방법, 작업동선을 고려한다.
④ 동력의 종류에 따라 배치하는 계통을 합리화한다.
⑤ 생산, 관리, 연구, 후생 등의 각 부분별 시설을 명쾌하게 나누고 유기적으로 결합시킨다.
⑥ 견학자 동선을 고려한다.
⑦ 가장 중요한 작업은 가장 유리한 위치에 배치한다.

(2) 장래 확장 계획
① 장래 계획과 확장 계획을 충분히 고려하며, 공장의 전체 종합 계획을 하고 그 일부로서 단위 건물을 계획한다.
② 공장 설계 시 전체 종합 계획을 수립하고, 입체적 환경이 예측될 경우 구조물 설계에 미리 고려한다.
③ 부대설비의 용량을 확장 계획에 반영하도록 고려한다.
④ 마스터 플랜(Master Plan)을 계획하며, 증축을 고려한다.

(3) 공장건축 형식 분류
① 분관식(Pavilion Type)
 ㉠ 건축형식, 구조를 다르게 할 수 있다.
 ㉡ 대지가 부정형이나 고저차가 있을 때 유리하다.
 ㉢ 공장의 신설, 확장이 비교적 용이하다.
 ㉣ 채광 및 통풍이 양호하다.
 ㉤ 여러 개의 공장 건물을 순차적으로 병행 건축할 수 있으므로, 조기가동이 가능하다.
 ㉥ 배수, 물홈통 설치가 용이하다.

ⓢ 화학공장, 기계조립공장, 중층(다층) 공장 등이 많다.

② 집중식(Block Type)
  ㉠ 기계 배치 및 작업공간의 효율이 좋다.
  ㉡ 대지가 평탄하거나 정형일 때 유리하다.
  ㉢ 재료 및 제품의 운반이 용이하고 흐름이 단순하다.
  ㉣ 건축비가 저렴하다.
  ㉤ 내부 배치 변경에 탄력성, 융통성이 있다.
  ㉥ 기계조립공장, 단층 공장이 많으며, 평지붕 무창 공장에 유리하다.

10년간 자주 출제된 문제

1-1. 공장건축 계획 방침으로서 옳지 않은 것은?
① 대지 고저차가 있으면 원료 반입은 높은 곳에서 낮은 곳으로 한다.
② 중층(복층)형 공장 형식에 있어서 톱날형 채광방식을 취함으로서 작업장의 균일한 밝기를 유지시킬 수 있다.
③ 평면 계획상 공간 배분의 순서는 생산공정의 순서와 일치되어야 한다.
④ 크레인의 하중설계는 크레인의 자중(自重)과 적재하중을 동시에 고려하여야 한다.

1-2. 공장건축의 형식에 관한 설명 중 옳지 않은 것은?
① 분관식은 대지가 부정형, 고저차가 있을 때 유리하다.
② 집중식은 대지가 평탄, 정형일 때 유리하며, 일반 기계조립공장 등에 유리하다.
③ 분관식은 공장 확장의 빈도가 클 때에 적합하며, 건설 기간의 단축이 가능하다.
④ 집중식은 내부 배치에 탄력성이 있고 건축비가 저렴하나 공간의 효율이 나쁘다.

1-3. 공장건축 형식 중 파빌리온 타입(Pavilion Type)에 관한 설명으로 옳지 않은 것은?
① 통풍, 채광이 좋다.
② 배수, 물홈통 설치가 불리하다.
③ 공장의 신설과 확장이 용이하다.
④ 공장건설을 병행할 수 있으므로 조기완성이 가능하다.

|해설|

1-1
톱날지붕은 단층 공장에 많이 채용하며, 중층 공장의 지붕은 일반적으로 평지붕으로 계획한다.

1-2
집중식은 내부 배치에 탄력성이 있고 건축비가 저렴하고 공간의 효율이 좋다.

1-3
파빌리온 타입(Pavilion Type)은 분관식으로서, 저층화한 여러 개의 건물로 계획하며 배수, 물홈통 설치가 용이하다.

정답 1-1 ② 1-2 ④ 1-3 ②

핵심이론 02 | 공장 레이아웃(Layout), 무창공장

(1) 레이아웃(Layout)의 개념
① 공장의 기계설비, 작업자의 작업구역, 재료 및 제품을 보관하는 장소 등 상호 위치관계를 말한다.
② 레이아웃을 통해 생산성을 향상시키도록 한다.
③ 장래 공장 규모의 변화에 대응한 융통성이 있어야 한다.
④ 생산, 관리, 연구, 후생 등은 분리하여 기능을 유지한다.

(2) 공장의 레이아웃 형식
① 제품 중심 레이아웃
  ㉠ 생산에 필요한 모든 공정, 기계·기구를 제품의 흐름에 따라 배치하는 방식이다.
  ㉡ 대량생산에 유리하고, 생산성이 높다.
  ㉢ 장치 공업(석유, 시멘트), 가전제품 조립공장 등에 유리하다.
  ㉣ 공정 간의 시간적, 수량적 균형을 이룰 수 있고, 상품의 연속성이 유지된다.
② 공정 중심 레이아웃
  ㉠ 동종의 공정, 동일한 기계, 기능이 유사한 것을 하나의 그룹으로 집합시키는 방식이다.
  ㉡ 생산성이 낮으나 주문생산 공장에 적합하다.
  ㉢ 다종 소량생산으로 예상 생산이 불가능한 경우나 표준화가 행해지기 어려운 경우에 채용된다.
③ 고정식 레이아웃
  ㉠ 주가 되는 재료나 조립부품이 고정되고, 사람이나 기계가 이동해 가며 작업하는 방식이다.
  ㉡ 선박, 건축과 같이 크고 수량이 적은 경우에 적합하다.
④ 혼성식 레이아웃 : 위의 방식들이 혼성된 형식이다.

(3) 무창공장
① 방직공장 또는 정밀기계 공장에 적합하다.
② 실내의 조도는 인공조명을 통해 조절할 수 있다(균일한 조도).
③ 창호를 설치할 필요가 없다(건설비 저렴).
④ 실내에서의 소음이 크다.
⑤ 외부로부터의 자극이 적어서 작업 능률이 향상된다.
⑥ 온도, 습도 조정이 쉽고, 유지비가 싸다.

10년간 자주 출제된 문제

2-1. 공장건축의 레이아웃(Layout)에 관한 설명으로 옳지 않은 것은?
① 제품 중심 레이아웃은 대량생산에 유리하며 생산성이 높다.
② 레이아웃이란 생산품의 특성에 따른 공장의 건축면적 결정방식을 말한다.
③ 공정 중심의 레이아웃은 다종 소량생산으로 표준화가 행해지기 어려운 주문생산에 적합하다.
④ 고정식 레이아웃은 조선소와 같이 조립부품이 고정된 장소에 있고 사람과 기계를 이동시키며 작업을 행하는 방식이다.

2-2. 공장의 레이아웃 형식 중 생산에 필요한 모든 공정과 기계류를 제품의 흐름에 따라 배치하는 형식은?
① 고정식 레이아웃 ② 혼성식 레이아웃
③ 제품 중심의 레이아웃 ④ 공정 중심의 레이아웃

2-3. 공장 레이아웃(Layout)의 설명으로 옳지 않은 것은?
① 제품 중심 레이아웃은 대량생산에 유리하여 생산성이 높다.
② 레이아웃은 장래 공장 규모의 변화에 대응한 융통성이 있어야 한다.
③ 공정 중심의 레이아웃은 다품종 소량생산이나 주문생산에 적합한 형식이다.
④ 고정식 레이아웃은 기능이 동일하거나 유사한 공정, 기계를 접합하여 배치하는 방식이다.

2-4. 무창공장에 관한 기술 중 부적당한 것은?
① 유창공장보다 공기조화설비의 유지비가 적게 든다.
② 인공조명으로 균일한 조도를 얻을 수 있다.
③ 온습도 조절이 유창공장보다 어렵다.
④ 방직, 정밀기계 공장 등에 적합하다.

|해설|
2-1
면적 결정과는 관계가 없다.
2-3
유사한 공정, 기계를 접합하여 배치하는 방식은 공정 중심 레이아웃이다.
2-4
무창공장은 온도와 습도 조절이 용이하고, 유지비가 저렴하다.

정답 2-1 ② 2-2 ③ 2-3 ④ 2-4 ③

핵심이론 03 | 공장의 형태

(1) 단면 형식에 의한 분류
① 단층 공장
  ㉠ 톱날 모양의 지붕 및 천창이 있는 형태로 무거운 원료나 제품을 취급하는 공장에 적합하다.
  ㉡ 기계, 조선, 주물공장 등에 적용된다.
② 중층 공장
  ㉠ 다층 형태로 가벼운 원료나 제품 취급 공장에 적합하다.
  ㉡ 제지, 제약, 제과, 제분, 방직공장 등에 적용된다.
③ 단층·중층 병용 공장
  ㉠ 단층 공장과 중층 공장을 병용한 건물 형태이다.
  ㉡ 양조, 방적공장 등에 적용된다.
④ 특수한 형태
  ㉠ 제품에 따라 형태가 결정되는 경우이다.
  ㉡ 제분, 시멘트공장 등에 적용된다.

(2) 지붕 형태에 의한 분류
① 평지붕 : 일반적으로 중층 건물 최상층 옥상에 쓰인다.
② 뾰족지붕
  ㉠ 평지붕과 동일한 최상층 옥상에 천창을 내는 형태이다.
  ㉡ 어느 정도 직사광선을 허용한다.
③ 솟음지붕(솟을지붕)
  ㉠ 채광, 환기에 적합한 형태로 채광창의 경사에 따라 채광이 조절된다.
  ㉡ 상부 창의 개폐에 의해 환기량을 조절한다.
④ 톱날지붕
  ㉠ 공장 건물 특유의 지붕 형태를 갖는다.
  ㉡ 채광창을 북향으로 설치하여 균일한 조도를 유지하며 작업 능률을 향상시킨다.
⑤ 샤렌구조 지붕
  ㉠ 톱날지붕의 기둥이 많은 결점을 보완하기 위해 지붕을 곡선형으로 만든 형태이다.

ⓒ 기둥이 적게 소요되는 장점이 있다.

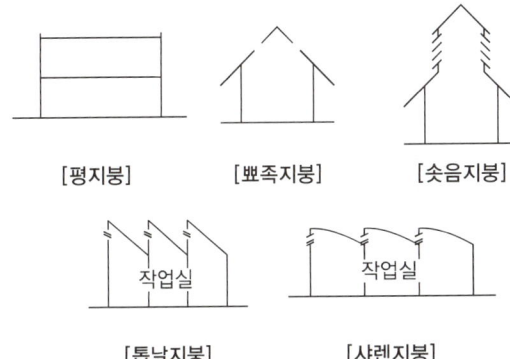

[평지붕] [뾰족지붕] [솟음지붕]
[톱날지붕] [샤렌지붕]

10년간 자주 출제된 문제

3-1. 공장의 지붕을 톱날형으로 하는 이유로 가장 적당한 것은?

① 모양이 좋다.
② 소음이 줄어든다.
③ 빗물 처리가 용이하다.
④ 균일한 조도를 얻을 수 있다.

3-2. 공장건축의 지붕형에 관한 설명으로 옳지 않은 것은?

① 솟을지붕은 채광, 환기에 적합한 방법이다.
② 샤렌지붕은 기둥이 많이 소요되는 단점이 있다.
③ 뾰족지붕은 직사광선을 어느 정도 허용하는 결점이 있다.
④ 톱날지붕은 북향의 채광창으로 일정한 조도를 유지할 수 있다.

|해설|

3-1
톱날형 지붕은 북향으로 면하도록 창을 설치할 경우 균일한 조도를 얻을 수 있으며, 직사광선의 작업환경을 개선해 준다.

3-2
샤렌지붕은 톱날지붕의 기둥이 많이 소요되는 결점을 보완하기 위하여 지붕을 곡선형으로 만든 형태이다.

정답 3-1 ④ 3-2 ②

제9절 병원

핵심이론 01 병원 형식 분류, 규모

(1) 병원건축 형식

① 분관식(Pavilion Type)
  ㉠ 3층 이하 저층 건물로 외래부, 부속진료시설, 병동을 각각 별동으로 분산시키고 복도로 연결시키는 방법이다.
  ㉡ 병실을 남향으로 하면 일조, 통풍 조건이 좋아진다.
  ㉢ 넓은 대지가 필요하며, 설비가 분산되고 보행거리가 길어진다.
  ㉣ 환자는 주로 경사로 보행 또는 들것으로 운반한다.

② 집중식(Block Type)
  ㉠ 외래부, 부속진료시설, 병동을 합쳐서 한 건물로 고층화하여 환자를 엘리베이터로 운송하는 방식이다.
  ㉡ 대지가 협소한 도시 지역에 적합하다.
  ㉢ 관리가 편리하고, 설비 등의 시설비가 적게 든다.
  ㉣ 일조, 통풍 등의 조건이 불리하며, 각 병실 환경이 균일하지 못하다.
  ㉤ 의료, 간호, 급식 등의 서비스가 원활하다.

③ 다익형
  ㉠ 건물을 날개 모양으로 여러 개를 연결한 형태로 의료 수요 변화, 기술 및 설비 고도화 등에 대응하는 형식이다.
  ㉡ 병원 각부의 증·개축이 용이한 구조로 계획한다.

(2) 병원의 규모

① 병상 규모로 추정 : 병동부 병상을 기준으로 한다.
② 소요 병상수 추정의 요소
  ㉠ 연간 입원 환자수
  ㉡ 평균 재원 일수
  ㉢ 병상 이용률

③ 전체적인 면적 배분
  ㉠ 병동부 : 30~40%
  ㉡ 외래부 : 8~10%
  ㉢ 중앙 진료부 : 15~17%
  ㉣ 관리부 : 8~10%
  ㉤ 서비스부 : 20~25%

10년간 자주 출제된 문제

1-1. 병원건축의 형식 중 분관식(Pavilion Type)에 관한 설명으로 옳은 것은?

① 저층 분산형의 형태이다.
② 각 병실의 채광 및 통풍 조건이 불리하다.
③ 환자의 이동은 주로 에스컬레이터를 이용한다.
④ 외래부, 부속진료부는 저층부에, 병동은 고층부에 배치한다.

1-2. 병원건축의 병동 배치 형식 중 집중식(Block Type)에 관한 설명으로 옳지 않은 것은?

① 재난 시 환자의 피난이 용이하다.
② 병동에서의 조망을 확보할 수 있다.
③ 대지를 효과적으로 이용할 수 있다.
④ 공조설비가 필요하게 되어 설비비가 높다.

1-3. 고층 밀집형 병원에 관한 설명으로 옳지 않은 것은?

① 병동에서 조망을 확보할 수 있다.
② 대지를 효과적으로 이용할 수 있다.
③ 각종 방재대책에 대한 비용이 높다.
④ 병원의 확장 등 성장 변화에 대한 대응이 용이하다.

1-4. 병원건축의 시설 규모를 결정하는 기준이 되는 것은?

① 병상수   ② 병실수
③ 의사수   ④ 간호사수

1-5. 종합병원의 면적 배분에서 가장 많이 차지하는 부분은?

① 외래부   ② 병동부
③ 관리부   ④ 중앙진료부

|해설|

1-2
재난 시 환자는 고층에서 피난해야 하므로 대피하기에 불리하다.

1-3
고층 밀집형의 집중형(블록타입)은 주로 도시에 건립되어 수평적인 확장에 어려움이 있지만, 저층형의 분관식은 확장 등 변화의 대응이 용이하다.

1-4
병원의 시설 규모는 병동부의 병상수를 기준으로 산정한다.

1-5
병동부는 전체 면적에 대해 30~40%로 가장 많이 차지한다.

정답 1-1 ① 1-2 ① 1-3 ④ 1-4 ① 1-5 ②

| 핵심이론 02 | 병원의 각 부 구성

(1) 중앙(부속)진료부 계획

① 계획상의 요점
  ㉠ 수술실, 중앙 소독 재료·X선·분만·검사·구급부 등
  ㉡ 외래부와 병동부의 중간 위치가 좋다.
  ㉢ 수술실, 물리치료실, 분만실은 통과교통이 없게 한다.
  ㉣ 약국은 외래진료부, 현관과의 연락이 좋은 곳에 설치한다.

② 수술실 위치
  ㉠ 외래와 병동 중간에 위치하게 하여 쌍방의 이용이 편리하게 한다.
  ㉡ 중앙 소독 공급부와 수직, 수평적 근접된 부분이 좋다.
  ㉢ 병동 및 응급부에서 환자 수송이 용이한 곳으로 한다.
  ㉣ 복도에 다른 부분의 통과교통이 없는 건물의 익단부(막다른 위치)로 격리된 위치에 둔다.

③ 수술실 계획
  ㉠ 실내 온도는 26.6℃ 이상의 고온이어야 하고, 습도는 55% 이상이어야 한다.
  ㉡ 공조설비 시 공기를 재순환시키지 않는다.
  ㉢ 실내 벽 재료는 피의 보색인 녹색 계통으로 마감을 하여 적색의 식별이 용이하게 한다.
  ㉣ 바닥 재료는 전기도체성 타일을 사용하며, 모든 전기기구는 스파크 방지장치가 붙은 것을 사용한다.
  ㉤ 출입문은 쌍여닫이로 1.5m 전후의 폭으로 한다.
  ㉥ 출입구 손잡이는 팔꿈치 조작식 또는 자동문으로 하며, 내부를 볼 수 있는 유리를 설치한다.
  ㉦ 방위 : 전혀 무관하며 인공조명(무영등)으로 하여 직사광선을 피하고 밝기를 일정하게 한다.
  ㉧ 눈 수술실에는 암막장치를 필요로 한다.
  ㉨ 넓이는 5.5×4.5m 이상으로 수술 공간을 확보한다.

④ 기타 부분
  ㉠ 중앙 소독 재료부 : 수술실 부근에 둔다.
  ㉡ 분만부 : 20병동 이하 산과 병상수에 대해 1실을 둔다.
  ㉢ X-ray실 : 각 병동에 가깝거나 외래진료부나 구급부 등으로부터 편리한 장소에 위치한다.
  ㉣ 물리요법부 : 외래환자가 많으므로 외래 이용에 편리한 위치에 둔다.
  ㉤ 검사부 : 병동과 외래진료부에서 가까운 곳으로 북향이 좋다.
  ㉥ 구급(응급)부 : 병원 후면의 1층에 위치하여 구급차가 출입할 수 있도록 플랫폼을 설치한다.
  ㉦ 육아부 : 산과 중앙에 배치하며 분만실과 격리한다.

10년간 자주 출제된 문제

2-1. 종합병원의 건축 계획에 관한 설명으로 옳지 않은 것은?
① 간호사의 보행거리는 24m 이내가 되도록 한다.
② 외래진료부는 이용이 편리하도록 1층 또는 2층 이하에 둔다.
③ 일반적으로 병원건축의 시설규모는 입원환자의 병상수에 의해 결정된다.
④ 수술실의 위치는 병동 중간에 위치하게 한다.

2-2. 병원건축에 관한 설명 중 옳지 않은 것은?
① 수술실의 방위는 중요하지 않으며, 인공조명(무영등)으로 하여 직사광선을 피하고 밝기가 일정하게 한다.
② 수술실은 실내 온도는 26.6℃ 이상의 고온이어야 하고, 습도 55% 이상이어야 한다.
③ 종합병원 병실의 큐비클시스템(Cubicle System)은 간호, 급식, 서비스 등이 용이하고 공간을 유용하게 사용할 수 있다.
④ 병실의 출입문은 환자의 독립성 보호를 위하여 안에서 잠글 수 있도록 하며 폭은 90cm 이상으로 한다.

|해설|

2-1
수술실 위치는 외래와 병동 중간에 위치하여 쌍방 이용이 편리하게 한다.

2-2
병실의 출입문은 환자의 보호관찰, 안전을 위해 밖에서 잠글 수 있도록 하며, 출입구는 1.15m 이상으로 하여 침대가 통과할 수 있게 한다.

정답 2-1 ④ 2-2 ④

(2) 외래진료부 계획

① 진료 방식의 분류
  ㉠ 클로즈드 시스템(Closed System)
    • 대규모 각 과를 필요로 하고, 환자가 매일 병원에 출입하는 형식이다.
    • 1일 외래 환자수는 보통 병상수의 2~3배
    • 동선은 체계화, 대기공간을 통로공간과 분리한다.
    • 각 외래진료실은 환자 이용이 편리하도록 1층 또는 2층 이하에 둔다.
    • 한국은 클로즈드 시스템(Closed System)을 주로 채용한다.
  ㉡ 오픈 시스템(Open System)
    • 종합병원 근처에 일반 개업 병원이 종합병원에 등록되어 개인이 준비하기 힘든 큰 병원의 각종 의료시설과 장비를 이용하는 형식이다.
    • 자기 환자를 종합병원 진찰실에서 예약, 진찰, 치료할 수 있도록 하고 입원 또한 시킬 수 있다.
    • 외국의 경우 오픈 시스템(Open System)을 주로 채용한다.

② 외래진료부 각 실 계획
  ㉠ 내과 : 환자가 탈의를 하므로 충분한 난방을 요하며, 진찰실, 검사실, 치료실로 구분한다.
  ㉡ 소아과 : 부모가 동반하므로 넓어야 한다.
  ㉢ 외과 : 진찰실, 처치실로 구분한다.
  ㉣ 정형외과 : 보행이 불편한 환자를 위해 저층에 둔다.
  ㉤ 산부인과 : 임산부를 주로 돌보는 산과와 부인병을 주로 치료하는 부인과로 구분한다.
  ㉥ 피부비뇨기과 : 피부과와 비뇨기과로 구분되며 채뇨를 위해 화장실에 근접시킨다.
  ㉦ 이비인후과 : 남쪽 광선은 차단하고 북쪽 채광을 하되 수술 후 요양하는 침대가 필요하다.
  ㉧ 안과 : 시력검사(검안)를 위하여 5m 정도의 거리를 확보한다.
  ㉨ 치과 : 진료실은 북향이 좋고, 치료 공간별 칸막이를 설치한다.

10년간 자주 출제된 문제

2-3. 종합병원건축 계획에 관한 설명으로 옳지 않은 것은?
① 내과는 환자가 탈의를 하므로 충분한 난방을 요한다.
② 수술실의 바닥 마감은 전기도체성 마감을 사용하는 것이 좋다.
③ 간호사 대기실은 각 간호 단위 또는 층별, 동별로 설치한다.
④ 우리나라의 일반적인 외래진료 방식은 오픈 시스템이며 대규모의 각종 진료과를 필요로 한다.

2-4. 종합병원건축에서 외래진료부의 클로즈드 시스템(Closed System)에 관한 설명으로 옳지 않은 것은?
① 일반 병원이 종합병원에 등록되어 개인이 준비하기 힘든 큰 병원의 각종 시설을 이용하는 형식이다.
② 대규모 각 과를 필요로 하고, 환자가 매일 병원에 출입하는 형식이다.
③ 환자의 이용이 편리하도록 1층 또는 2층 이하에 둔다.
④ 한국은 일반적으로 클로즈드 시스템(Closed System)을 채용한다.

2-5. 종합병원 계획에 관한 설명으로 옳지 않은 것은?
① 전염병, 결핵, 정신병은 종합병원에서 제외하되, 만일 포함할 때는 별동으로 격리한다.
② 정형외과는 보행이 부자유한 환자가 많으므로 저층에 두어 이동을 편리하게 한다.
③ 우리나라의 일반적인 외래진료 방식은 클로즈드 시스템이며 대규모의 각종 과를 필요로 한다.
④ 평면 계획 시 모듈을 적용하여 각 병실을 모두 동일한 크기로 하는 것이 좋다.

|해설|

2-3
우리나라의 일반적인 외래진료 방식은 클로즈드 시스템(Closed System)이며 대규모의 각종 과를 필요로 한다.

2-4
①은 오픈 시스템(Open System)에 대한 설명이다.

2-5
병동부의 각 병실은 1인실, 2인실, 다인실 등으로 다양하게 평면을 구성하는 것이 좋다.

정답 2-3 ④ 2-4 ① 2-5 ④

(3) 병동부 계획

① 간호 단위(Nursing Unit)의 분류
  ㉠ 전염병, 결핵, 정신병은 종합병원에서 제외하되, 만일 포함할 때는 별동으로 격리한다.
  ㉡ 성인과 어린이를 구분한다.
  ㉢ 내과, 외과, 소아과, 산부인과로 대별한다.
  ㉣ 증상이 가벼운 환자는 공동 병실(Ward)에 집단 수용도 가능하며, 고급 병실은 별도로 한다.

② 간호 단위의 구성
  ㉠ 1개의 간호사 대기소(8~10명) 간호 단위
    • 1개소의 간호 병상수는 20~30베드가 이상적
    • 간호사 대기소에서 능률적으로 간호할 수 있는 일반적인 병상수는 30~40베드 정도로 한다.
  ㉡ 간호사 대기소에서 병실까지 보행거리는 24m 이내
  ㉢ 간호사 대기실은 계단과 엘리베이터에 인접하여 환자 및 보호자 등의 출입을 감시할 수 있도록 한다.
  ㉣ 간호사 대기소는 간호 단위, 각 층 또는 동별로 설치하되, 환자를 돌보기 쉽도록 병실군 중앙에 위치한다.

③ PPC(Progressive Patient Care)의 방식
  ㉠ 간호 단위의 개념 : 증세에 따라 간호 단위 구성
  ㉡ 질병의 종류에 관계없이 또는 같은 질병의 환자를 단계적으로 구분하여 질병을 치료하는 방법
  ㉢ PPC 단계 : 집중 간호 단위, 중간 간호 단위, 자가 간호 단위, 장기 간호 단위 등의 단계로 구분할 수 있다.
  ㉣ ICU(Intensive Care Unit) : 중증환자로 24시간 집중적인 간호와 치료를 행하는 집중 간호 단위
  ㉤ CCU(Coronary Care Unit) : 협심증 환자, 심근경색 등 환자를 대상으로 집중 치료를 행하는 간호 단위

④ 특수 병실(큐비클)
  ㉠ 일반적으로 천장에 닿지 않는 가벼운 커튼이나 몇 개의 큐비클로 나누어 병상을 배치
  ㉡ 특 성
    • 공간을 유효하게 사용
    • 북향 부분도 실의 환경이 균일
    • 개방감은 있으나, 독립성이 나쁘다.
    • 실내 공기의 오염 가능성이 높다.

⑤ 병실의 구분
  ㉠ 총 실과 개실의 그룹별로 층 구성을 한다.
  ㉡ 병상수의 비율은 4 : 1 혹은 3 : 1로 한다.

10년간 자주 출제된 문제

2-6. 종합병원 계획에 관한 설명으로 옳지 않은 것은?
① 수술부는 타 부분의 통과교통이 없는 장소에 배치한다.
② PPC(Progressive Patient Care)는 질병의 종류에 관계없이 또는 같은 질병의 환자를 단계적으로 구분하여 질병을 치료하는 간호 단위의 구성을 말한다.
③ 외래진료부의 구성 단위는 간호 단위를 기본 단위로 한다.
④ ICU(Intensive Care Unit)는 중증환자를 수용하며, 24시간 집중적인 간호와 치료를 행하는 집중 간호 단위이다.

2-7. 간호 단위(Nursing Unit)의 구성에 관한 설명으로 옳지 않은 것은?
① 간호사 대기소가 간호하기에 적절한 병상수로 40베드가 이상적이다.
② 간호사 대기소에서 병실까지의 보행거리는 24m 이내로 한다.
③ 간호사 대기실은 계단과 엘리베이터에 인접하여 환자 및 보호자 등의 출입을 감시할 수 있도록 한다.
④ 간호사 대기소는 각 간호 단위 또는 각 층이나 동별로 설치하되, 환자를 돌보기 쉽도록 병실군 중앙에 위치한다.

2-8. 병원 계획에 관한 설명으로 옳지 않은 것은?
① 입원환자와 외래환자의 출입구는 분리시킨다.
② 환자 병상수에 따라 병원의 시설 규모가 결정된다.
③ 수술실 앞에는 홀이나 다른 통과교통이 없도록 한다.
④ 종합병원의 간호 단위는 60병상 정도로 하는 것이 바람직하다.

|해설|

2-6
병동부의 구성 단위는 간호 단위를 기본 단위로 한다.

2-7
간호사 대기소가 간호하기에 적절한 병상수로 20~30베드로 평균 25베드가 이상적이다.

2-8
간호 병상수는 20~30베드가 이상적이며, 일반적으로 30~40베드이다.

정답 2-6 ③ 2-7 ① 2-8 ④

제10절 호텔

핵심이론 01 호텔의 분류

(1) 시티 호텔(City Hotel)

① 커머셜 호텔(Commercial Hotel)
  ㉠ 일반 여행자, 비즈니스 여행자를 위한 호텔이다.
  ㉡ 교통이 편리한 도시 중심지에 위치한다.
  ㉢ 제한된 도심지에 건축 가능하며, 주로 고층화한다.

② 레지덴셜 호텔(Residential Hotel)
  ㉠ 상업, 사무상 단기 체재 여행자용 호텔이다.
  ㉡ 객실이 2~3개 연결된 스위트(Suite)로서 최고의 호화로운 시설을 갖추고 있다.
  ㉢ 도심을 피하여 안정된 곳에 위치한다.

③ 아파트먼트 호텔(Apartment Hotel)
  ㉠ 장기간 체재하는 데 적합하다.
  ㉡ 각 객실에는 일반 아파트에 가까운 시설로서 부엌과 셀프 서비스를 갖추고 있다.

④ 터미널 호텔(Terminal Hotel)
  ㉠ 여행자를 위한 호텔로서 교통기관의 발착 지점이나 근처에 위치하는 호텔이다.
  ㉡ 가까운 관광지까지 교통이 편리한 것을 이용하여 리조트 호텔의 형태를 취하는 것도 있다.
  ㉢ 철도, 터미널, 부두(Harbor), 공항 호텔 등

(2) 리조트 호텔(Resort Hotel)

① 피서 및 휴양을 위주로 하여 관광객이나 휴양객에게 많이 이용되는 호텔이다.
② 산, 바다, 호수, 강, 공원 등 도시에서 떨어진 관광지에 위치하여 운동, 레크리에이션 시설 등을 갖춘다.
  ㉠ 해변 호텔(Beach Hotel)
  ㉡ 산장 호텔(Mountain Hotel)
  ㉢ 온천 호텔(Hot Spring Hotel)
  ㉣ 스키 호텔(Ski Hotel)
  ㉤ 클럽 하우스(Club House)

(3) 기타 호텔의 종류

① 모텔(Motel) : 모터리스트 호텔(Motorists Hotel)이라는 의미로 자동차 여행자를 위한 숙박시설
② 유스 호스텔(Youth Hostel)
  ㉠ 청소년의 국제적 활동 장소로 우호적인 분위기 속에서 회합할 수 있는 휴식처 역할을 한다.
  ㉡ 보통 1실의 수용 인원은 20명을 넘지 않는다.

10년간 자주 출제된 문제

1-1. 호텔에 관한 설명으로 옳지 않은 것은?
① 커머셜 호텔은 스포츠 시설 위주의 숙박시설을 갖추고 있다.
② 터미널 호텔은 교통기관의 발착 지점에 위치한다.
③ 유스 호스텔(Youth Hostel)은 청소년이 우호적인 분위기 속에서 회합할 수 있는 휴식처 역할을 한다.
④ 아파트먼트 호텔은 장기간 체재하는 데 적합한 호텔로서 각 객실에는 주방설비를 갖추고 있다.

1-2. 다음 중 리조트 호텔에 속하지 않는 것은?
① 스키 호텔(Ski Hotel)
② 산장 호텔(Mountain Hotel)
③ 부두 호텔(Harbor Hotel)
④ 클럽 하우스(Club House)

1-3. 호텔계획에 관한 설명으로 옳지 않은 것은?
① 커머셜 호텔(Commercial Hotel)은 제한된 도심의 대지에 건축 가능하며 일반적으로 저층으로 계획한다.
② 터미널 호텔(Terminal Hotel)은 여행자를 위한 호텔로서 교통기관의 발착 지점이나 근처에 위치한다.
③ 리조트 호텔의 주변 조건에 따라 자유로이 형태가 계획된다.
④ 커머셜 호텔은 일반적으로 리조트 호텔에 비해 적은 규모의 공공공간(Public Space)을 갖는다.

|해설|
1-1
클럽 하우스 : 스포츠 시설 위주로 이용되는 숙박시설이다.
1-2
부두 호텔(Harbor Hotel)은 터미널 호텔의 일종이다.
1-3
커머셜 호텔(Commercial Hotel)은 제한된 도심의 대지에 건축 가능하며 일반적으로 고층화한다.

정답 1-1 ① 1-2 ③ 1-3 ①

핵심이론 02 | 각 부 계획

(1) 호텔의 공간 구성

① 부분별 공간 구성

부분별	주요 각 실의 명칭
숙박 부분	객실 및 부수되는 공동 화장실, 메이드실, 보이실, 린넨실, 트렁크실, 복도, 계단 등
퍼블릭 스페이스	현관, 홀, 로비, 라운지, 식당, 연회실, 매점, 바, 커피숍, 프런트데스크, 정원 등
관리 부분	프런트오피스, 클로크룸, 지배인실, 사무실, 종업원 관계제실 등
요리 관계 부분	배선실, 주방, 식기실, 식료품창고 등
설비 관계 부분	보일러실, 각종 기계실 등
대여실	상점, 창고, 임대사무실, 클럽 등

② 호텔 경영 방침 : 경영 주체는 숙박료와 식사료에 있으나 비중은 영업 방침에 따라 다르다. 커머셜 호텔은 숙박에 비중을 두고, 레지덴셜 호텔은 식사료 등, 리조트 호텔은 그 중간에 비중을 두고 있다.

③ 호텔 부분별 면적비 비교

숙박 면적비	시티(커머셜) 호텔 > 리조트 호텔 > 아파트먼트 호텔
공용 면적비	아파트먼트 호텔 > 리조트 호텔 > 시티(커머셜) 호텔
객실 1개 면적	아파트먼트 호텔 > 리조트 호텔 > 시티(커머셜) 호텔

(2) 호텔의 각 실 계획

① 객실의 크기는 대지나 건물의 형태에 영향을 받는다.
② 현관, 로비, 라운지
　㉠ 현관은 외부인 접객 장소로 로비, 라운지와 분리한다.
　㉡ 로비는 현관홀에 접속되어 호텔의 전체적인 인상을 보여주는 공간으로 프런트데스크가 인접해 있다.
　㉢ 로비(Lobby)는 퍼블릭 스페이스의 중심으로 휴식, 면회, 담화, 독서 등 다목적으로 사용되는 공간이다.
　㉣ 라운지는 휴식이나 대화 등을 할 수 있도록 테이블, 의자를 갖춘 공간이다.
③ 프런트오피스는 고객을 응대하는 안내데스크와 함께 계획되며, 기계화 및 현대화된 설비와 함께 적은 인원으로 고객의 편의와 능률을 높여야 한다.
④ 주식당은 외래객이 편리하게 이용할 수 있도록 출입구를 별도로 설치한다.
⑤ 공공 부분, 사교 부분은 저층에 배치하는 것이 좋다.

10년간 자주 출제된 문제

2-1. 호텔 계획에 관한 설명으로 옳지 않은 것은?
① 일반적으로 호텔의 형태는 숙박 부분의 계획에 의해 영향을 받는다.
② 로비는 라운지(Lounge)와 명확히 구별하여 계획한다.
③ 공공 부분, 사교 부분은 일반적으로 저층에 배치하는 것이 이용성이 좋다.
④ 숙박 부분에는 객실 및 부수되는 공동 화장실, 메이드실, 보이실, 린넨실 등으로 구성된다.

2-2. 일반적으로 연면적에 대한 숙박 관계 부분 비율이 가장 큰 호텔은?
① 해변 호텔　　② 리조트 호텔
③ 커머셜 호텔　④ 레지덴셜 호텔

2-3. 호텔 외관의 형태에 가장 크게 영향을 미치는 부분은?
① 관리 부분　　② 공공 부분
③ 숙박 부분　　④ 설비 부분

2-4. 호텔의 건축 계획에 관한 설명으로 옳지 않은 것은?
① 객실의 크기는 대지나 건물의 형태에 영향을 받는다.
② 기준 층의 객실 수는 기준 층의 면적이나 기둥 간격의 구조적인 문제에 영향을 받는다.
③ 로비는 퍼블릭 스페이스의 중심으로 휴식, 면회, 담화, 독서 등 다목적으로 사용되는 공간이다.
④ 주식당(Main Dining Room)은 숙박객 및 외래객을 대상으로 하며, 숙박객과 외래객이 편리하게 이용할 수 있도록 출입구를 동일한 공간에 함께 설치한다.

| 해설 |

2-1
로비는 라운지(Lounge)와 함께 계획한다.

2-2
커머셜 호텔 > 리조트 호텔 > 아파트먼트 호텔

2-3
호텔은 객실이 외벽에 면하므로 객실의 크기 및 형태, 배치 등에 따라 입면 및 외관의 형태가 결정된다.

2-4
숙박객 및 외래객을 대상으로 하며 외래객이 편리하게 이용할 수 있도록 출입구를 별도로 설치한다.

정답 2-1 ② 2-2 ② 2-3 ③ 2-4 ④

제11절 미술관, 전시관

핵심이론 01 전시실 순회 형식

(1) 연속순로(순회) 형식
① 구형 또는 다각형 전시실들을 연속적으로 연결하는 형식이다.
② 소규모 전시실에 적합하다.
③ 단순하고 공간이 절약된다.
④ 전시 벽면을 많이 만들 수 있다.
⑤ 많은 실을 순서별로 통해야 하며 1실을 닫으면 전체 동선이 막힌다.

(2) 갤러리(Gallery) 및 코리더(Corridor) 형식
① 연속된 전시실을 복도에 의해 배치한 형식이며, 그 복도가 중정을 포위하여 순로를 구성하는 경우가 많다.
② 각 실에 직접 들어갈 수 있는 점이 유리하다.
③ 필요시 각 전시실은 독립적으로 폐쇄할 수 있다.
④ 복도 자체도 전시공간으로 이용이 가능하다.

(3) 중앙 홀(Hall) 형식
① 중심부에 하나의 큰 홀을 두고 주위에 각 전시실을 배치하여 자유롭게 출입하는 형식이다.
② 과거에 많이 사용한 평면으로 중앙 홀에 높은 천창을 설치하여 고창으로부터 채광하는 방식이 많다.
③ 대규모 전시실에 가장 적합하며, 대지의 이용률이 높은 장소에 설립할 수 있다.
④ 중앙 홀이 크면 동선 혼란 없으나, 장래 확장은 어렵다.
⑤ 뉴욕의 구겐하임 미술관(Frank Lloyd Wright), 오르세 미술관(Gae Aulenti) 등이 있다.

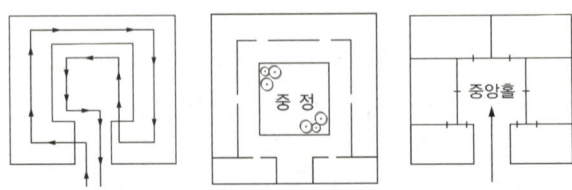

[연속순로(순회) 형식] [갤러리 및 코리더 형식] [중앙홀 형식]

10년간 자주 출제된 문제

1-1. 많은 실을 순서별로 통하여야 하는 불편이 있으며, 하나의 실을 폐문시켰을 때는 전체 동선이 막히게 되는 형식은?
① 연속순회 형식
② 중앙홀 형식
③ 갤러리(Gallery) 형식
④ 코리더(Corridor) 형식

1-2. 미술관건축 계획에 관한 설명으로 옳지 않은 것은?
① 미술관은 이용하기에 편리한 도심지에 위치하는 것이 좋다.
② 갤러리(Gallery) 및 코리더(Corridor) 형식은 연속된 전시실의 한쪽 복도에 의해서 각 실을 배치한 형식이다.
③ 중앙 홀(Hall) 형식은 중앙 홀이 크면 동선 혼란이 없고, 장래 확장이 용이하다.
④ 2층 이상의 층은 일반적으로 전시실로는 부적당하나 뉴욕 근대미술관은 이러한 개념을 타파하였다.

1-3. 미술관의 전시실 순회 형식에 관한 설명으로 옳지 않은 것은?
① 갤러리 및 코리더 형식에서는 복도 자체도 전시공간으로 이용이 가능하다.
② 중앙홀 형식에서 중앙 홀이 크면 동선의 혼란이 적지만, 장래의 확장에는 어려움이 있다.
③ 연속순로(순회) 형식은 전시 벽면을 많이 만들 수 없기 때문에 소규모 전시실에 적합하다.
④ 갤러리 및 코리더 형식은 복도에서 각 전시실에 직접 출입할 수 있으며 필요시에 자유로이 독립적으로 폐쇄할 수가 있다.

1-4. 전시공간의 융통성을 주요 건축 개념으로 한 것은?
① 구겐하임 미술관
② 루브르 박물관
③ 슈투트가르트 미술관
④ 퐁피두 센터

|해설|
1-2
중앙 홀이 크면 동선 혼란은 없으나, 장래 확장에 어려움이 있다.
1-3
전시 벽면을 많이 만들 수 있다.
1-4
프랑스의 퐁피두 센터(Pompidou Center)

정답 1-1 ① 1-2 ③ 1-3 ③ 1-4 ④

핵심이론 02 | 특수 전시 기법

(1) 디오라마(Diorama) 전시
① 전시물 뒤에 그림이나 사진을 비추어 전시하여, 현장에 임한 듯한 느낌을 가지고 관찰할 수 있는 전시 기법
② 하나의 사실 또는 주제의 시간 상황을 고정시켜 연출
③ 현장 매체를 전시하는 방법, 모형 전시 방법, 실물 또는 모형을 전시하고 보조 매체를 첨가하는 방법 등이 있다.

(2) 파노라마(Panorama) 전시
① 연속적인 주제를 선적으로 연계성을 표현하기 위한 전시로 벽면 전시와 입체물이 병행되는 것이 일반적이며 넓은 시야의 전경을 보는 듯한 감각을 주는 전시 기법
② 벽면 전시(벽화, 사진, 영상 등)와 입체물을 병행한다.
③ 시간적인 연속성을 위해 플로차트와 시퀀스마다 중심 주제를 수평적으로 펼쳐 전시하는 방법이다.

(3) 아일랜드(Island) 전시
① 벽, 천장을 직접 이용하지 않고 전시물이나 장치를 바닥에 배치함으로써 전시 공간을 만들어 내는 전시 기법
② 관람객의 동선이 전시물 사이를 통과할 수 있도록 하며, 입체적인 전시물의 성격에 따라 모든 방향에서 관람이 가능하게 한다.
③ 전시물을 가까이 볼 수 있고 크기에 관계없이 배치가 가능하다.

(4) 하모니카(Harmonica) 전시
① 전시 평면이 하모니카 흡입구처럼 동일한 공간으로 연속 배치하는 전시 기법
② 동일 종류의 전시물을 반복하여 전시할 때 유리하다.
③ 전시 항목 구분이 짧고 명확하며 동선 계획이 용이하다.

(5) 3차원 전시
① 입체적인 전시 모체가 벽체로부터 독립되어 전시되는 형식의 전시 방법
② 진열장 전시, 전시실 전시, 전시판 전시 등이 있다.

(6) 영상 전시

① 실물을 직접 전시할 수 없거나 오브제 전시만의 한계를 극복하기 위해 사용하는 형식
② 영상 매체는 크게 정지 화면인 슬라이드, OHP 등과 동적 화면인 영화, 비디오, 멀티비전 등으로 구분된다.

10년간 자주 출제된 문제

2-1. 현장감을 실감나게 표현하는 방법으로 하나의 사실 또는 주제의 시간 상황을 고정시켜 연출하는 특수 전시 기법은?

① 디오라마 전시
② 하모니카 전시
③ 파노라마 전시
④ 아일랜드 전시

2-2. 특수 전시 기법에 관한 설명으로 옳지 않은 것은?

① 디오라마 전시는 하나의 사실 또는 주제의 시간 상황을 고정시켜 연출하는 기법이다.
② 파노라마 전시는 전체 맥락이 중요하다고 생각될 때 사용된다.
③ 하모니카 전시는 동일 종류의 전시물을 반복하여 전시할 경우에 유리하다.
④ 아일랜드 전시는 벽면 전시 기법으로 전체 벽면의 일부만을 사용하며 그림과 같은 미술품 전시에 주로 사용된다.

2-3. 특수 전시 기법에 관한 설명으로 옳지 않은 것은?

① 아일랜드 전시는 전시물과 관람자의 시선 거리가 멀어져서 전시물을 가까이 보기 어렵다.
② 파노라마 전시는 시간적인 연속성을 위해 플로차트와 시퀀스마다 중심 주제를 수평적으로 펼쳐 전시할 수 있다.
③ 영상 전시는 실물을 직접 전시할 수 없거나 오브제 전시만의 한계를 극복하기 위해 영상 매체를 사용하는 전시 방법이다.
④ 디오라마 전시는 하나의 사실 또는 주제의 시간 상황을 고정시켜 연출하는 것으로 현장에 임한 느낌을 주는 기법이다.

|해설|

2-2
벽면 전시 기법은 파노라마(Panorama) 전시 기법에 많이 사용되며, 벽면에 그림이나 사진과 같은 예술품을 전시하게 된다.

2-3
아일랜드 전시는 전시물을 가까이에서 볼 수 있고 전시물 크기에 관계없이 배치가 가능하다.

정답 2-1 ① 2-2 ④ 2-3 ①

제12절 극장, 공연장

핵심이론 01 | 평면 형식별 분류

(1) 프로시니엄(Proscenium)형

① 연기자가 일정한 방향으로만 관객을 대하게 된다.
② 무대 배경이 용이하고 조명 효과가 좋다.
③ 연기자와 관객의 접촉면이 한정되므로 많은 객석이 무대 가까이에 접근하기가 곤란하다.
④ 고정 액자 속에서 보는 듯한 느낌이 들기 때문에 픽처 프레임 스테이지(Picture Frame Stage)라고도 한다.
⑤ 강연, 콘서트, 독주, 연극 공연장 등에 적용된다.

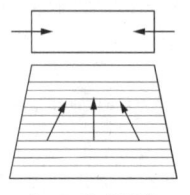

[프로시니엄형]

(2) 오픈 스테이지(Open Stage)형

① 연기자와 관객의 배치가 동일 공간에 놓여진다.
② 관객이 연기자에게 근접하여 관람할 수 있다.
③ 다양한 방향감으로 연기의 통일된 효과를 내기가 어렵다.

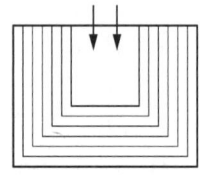

[오픈 스테이지형]

(3) 아레나(Arena)형, 중심 무대형(Center Stage)

① 무대가 객석으로 360° 둘러싸인 형식으로 가까운 거리에서 가장 많은 관객을 수용할 수 있다.
② 무대 배경을 만들지 않으므로 경제성이 있다.

③ 객석과 무대가 하나의 공간에 있으므로 관객과 연기자의 일체감을 높여 긴장감이 높은 연극 공간을 형성한다.
④ 관객이 무대를 둘러싸므로 연기자들끼리 가리게 된다.

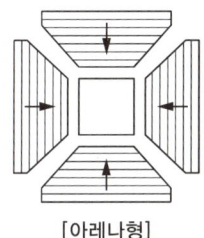
[아레나형]

(4) 가변형 무대(Adaptable Stage)
① 무대와 객석의 크기, 모양, 배열 그리고 상호관계를 한정하지 않고 작품의 필요에 따라 변화될 수 있다.
② 작품의 성격이나 연출에 적합한 공간을 만들 수 있다.
③ 연출의 다변화가 가능하며 대학극장, 실험극장에 적용된다.

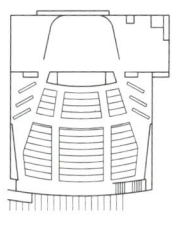
[가변형]

10년간 자주 출제된 문제

1-1. 극장 평면형 중 프로시니엄형에 관한 설명으로 옳은 것은?
① 센트럴 스테이지(Central Stage)형이라고도 한다.
② 연기자가 일정한 방향으로만 관객을 대하게 된다.
③ 무대의 배경을 만들지 않으므로 경제성이 있다.
④ 가까운 거리에 가장 많은 관객을 수용할 수 있다.

1-2. 극장 평면형 중 아레나(Arena)형의 설명으로 옳은 것은?
① 투시도법을 무대공간에 응용한 형식이다.
② 무대의 장치나 소품은 주로 높은 기구로 구성된다.
③ 픽쳐 프레임 스테이지(Picture Frame Stage)라고도 한다.
④ 가까운 거리에서 관람하고 가장 많은 관객을 수용할 수 있다.

1-3. 프로시니엄 형식의 설명으로 옳지 않은 것은?
① 연기자가 일정한 방향으로만 관객을 대하게 된다.
② 배경과 조명 효과가 좋으며 강연, 콘서트, 연극 등에 가장 좋다.
③ 많은 객석이 무대 가까이에 접근하기가 용이하다.
④ 픽쳐 프레임 스테이지(Picture Frame Stage)라고도 한다.

1-4. 아레나(Arena)형에 관한 설명으로 옳지 않은 것은?
① 가까운 거리에서 관람하고 가장 많은 관객을 수용할 수 있다.
② 무대의 배경을 많이 만들어야 하므로 비경제적이다.
③ 무대의 장치나 소품은 주로 낮은 기구들로 구성된다.
④ 객석과 무대가 하나의 공간에 있어서 공연의 일체감이 높다.

|해설|
1-1
①, ③, ④는 아레나(Arena) 형식에 대한 설명이다.

1-2
①, ②, ③은 모두 프로시니엄(Proscenium) 형식에 대한 설명이다.

1-3
많은 객석이 무대 가까이에 접근하기가 곤란하다.

1-4
낮은 가구는 둘 수 있으나 무대 배경을 만들지 않으므로 경제성이 있다.

정답 1-1 ② 1-2 ④ 1-3 ③ 1-4 ②

핵심이론 02 | 극장의 객석 계획

(1) 객석의 가시거리 한계

① 생리적 한도(15m까지)
  ㉠ 연기자의 자세한 표정, 몸놀림을 볼 수 있는 시각 한계
  ㉡ 인형극이나 아동극 등은 이 범위로 정해진다.

② 제1차 허용 한도(22m까지)
  ㉠ 무대와 객석이 가깝게 위치하여 잘 보여야 함과 동시에 많은 관객을 수용하는 범위
  ㉡ 소규모인 오페라, 현대극, 고전무용, 실내악 등

③ 제2차 허용 한도(35m까지)
  ㉠ 연기자의 일반적 몸동작을 보고 감상하는 한계
  ㉡ 대규모 오페라, 발레, 뮤지컬 등은 이 범위로 정한다.
  ㉢ 영화관에서의 시거리 한계는 45m 정도이다.

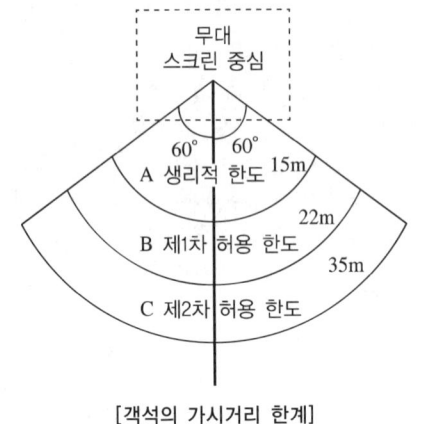

[객석의 가시거리 한계]

(2) 객석 계획

① 세로 통로는 무대를 중심으로 하는 방사선상이 좋다.
② 좌석을 엇갈리게 배열(Stagger Seats)하면 바닥구배가 완만해도 효과적으로 시야가 확보되어 유리하다.
③ 객석은 무대 중심 기준으로 원호의 배열이 이상적이다.
④ 객석의 바닥
  ㉠ 수평식, 경사식, 계단식으로 구분되며, 바닥의 경사에는 직선형 경사 바닥과 포물선형 경사 바닥이 있다.
  ㉡ 직선형 경사 바닥은 무대 끝에서 1/3은 수평, 뒷부분의 2/3는 1/10 정도 경사진 바닥으로 하는 경우가 많다.
  ㉢ 객석 바닥은 경사로로 하는 것이 계단식보다 좋다.

(3) 객석의 음향 계획

① 직접음과 1차 반사음 사이의 경로차는 17m 이내
② 천장은 음을 객석에 고루 분산시키는 형태일 것
③ 극장의 사용 목적에 따라 잔향시간을 조절할 것
④ 발코니 저면 및 후면은 특히 흡음에 유의할 것
⑤ 발코니 밑면의 천장 및 뒷벽은 파음에 주의한다.

(4) 객석 내의 소음 방지 계획

① 객석 내의 소음은 30~35dB 이하로 한다.
② 출입구는 2중문으로 하여 밀폐하고 도로면을 피한다.
③ 창은 2중창으로 하고 지붕과 천장은 차음구조로 한다.
④ 영사실은 천장에 반드시 흡음재를 사용한다.

10년간 자주 출제된 문제

2-1. 연극을 감상하는 경우 배우의 표정이나 동작을 상세히 감상할 수 있는 시각의 한계는?
① 3m ② 5m
③ 10m ④ 15m

2-2. 극장의 객석 계획에 관한 설명 중 옳지 않은 것은?
① 객석의 바닥은 경사로 하는 것이 계단식보다 좋다.
② 연기자의 표정을 읽을 수 있는 가시 한계는 15m 정도이다.
③ 객석은 무대의 중심 또는 스크린의 중심을 중심으로 하는 원호의 배열이 이상적이다.
④ 좌석을 엇갈리게 배열하는 방법은 객석의 바닥구배가 완만할 경우는 사용할 수 없으며 통로 폭이 좁아지는 단점이 있다.

2-3. 극장의 음향 계획에 관한 설명으로 옳지 않은 것은?
① 반사음은 객석 중앙에 집중되도록 한다.
② 무대 근처에는 음의 반사재를 취한다.
③ 불필요한 음은 적당히 감쇠시키고 필요한 음의 청취에 방해가 되지 않게 한다.
④ 천장 계획에 있어서 돔(Dome)형은 음원의 위치 여하를 막론하고 음을 집중시키므로 바람직하지 않다.

|해설|
2-2
좌석을 엇갈리게 배열(Stagger Seats)하는 경우 객석의 바닥구배가 완만해도 효과적으로 시야가 확보되어 유리하다.
2-3
반사음은 집중되지 않아야 하며, 확산되도록 한다.

정답 2-1 ④ 2-2 ④ 2-3 ①

핵심이론 03 | 극장의 무대 및 주변 계획

(1) 프로시니엄 아치(Proscenium Arch)
① 무대와 객석의 경계이며 프로시니엄 개구부를 통해 관람
② 프로시니엄의 개구부는 직사각형으로 가로·세로의 비율이 황금비(1:1.618)로 구성되는 경우가 많다.
③ 프로시니엄은 무대로 집중하게 하는 시각적 효과를 준다.
④ 조명기구, 암막 등이 설치된 후면 무대를 가리는 역할을 하며, 마스킹(Masking)으로 관객의 시선을 차단한다.

(2) 무대의 평면 및 단면
① 무대 폭 : 프로시니엄 아치 폭의 2배 정도
② 무대 깊이 : 프로시니엄 아치 폭 정도 이상
③ 무대 단면에서 플라이 로프트(Fly Loft)는 무대 위의 천상공간을 말하며, 높이는 프로시니엄 높이의 4배 이상
④ 사이클로라마의 높이 : 프로시니엄 높이의 3배 정도

(3) 무대 천장 부분
① 그리드 아이언(Grid Iron, 격자 철판)
  ㉠ 배경, 조명기구, 음향판 등을 매달 수 있게 한 장치
  ㉡ 무대 천장 밑에서 1.8m의 위치에 바닥이 위치
② 플라이 갤러리(Fly Gallery)
  ㉠ 그리드 아이언에 올라가는 계단과 연결된 좁은 통로
  ㉡ 무대 주위 벽에 6~9m 높이로 설치(폭은 1.2~2m)
③ 라이트 브리지(Light Bridge, 잔교)
  ㉠ 플라이 갤러리 가운데 프로시니엄 아치 바로 뒷부분
  ㉡ 조명 또는 눈이 내리는 장면을 위해 사용
④ 록 레일(Lock Rail) : 와이어로프를 모아서 조정하는 장소

(4) 무대 주변 계획

① 오케스트라 박스(Orchestra Box, Orchestra Pit) : 음악을 연주하는 곳(객석과 무대 경계에 설치, 1인당 $1m^2$ 정도)

② 프롬프터 박스(Prompter Box) : 객석 측면에서 무대를 보며 대사를 불러주거나 연기의 주의환기를 시키는 곳

③ 그린 룸(Green Room, 출연 대기실) : 출연자 대기실로서 무대에 가까운 곳에 위치하며, 규모는 $30m^2$ 이상

④ 앤티 룸(Anti Room) : 출연 바로 직전 기다리는 방으로 무대와 그린 룸 사이의 조그만 방

⑤ 사이클로라마 : 무대 배경용의 벽

10년간 자주 출제된 문제

3-1. 극장의 무대에 관한 설명으로 옳지 않은 것은?
① 프로시니엄 아치는 장방형으로 종횡의 비율은 황금비가 많다.
② 프로시니엄 아치 바로 뒤 막의 위치를 커튼 라인이라고 한다.
③ 무대의 폭은 적어도 프로시니엄 아치 폭의 2배, 깊이는 프로시니엄 아치 폭 이상으로 한다.
④ 플라이 갤러리는 배경이나 조명기구, 음향 반사판 등을 매달 수 있도록 무대 천장 밑에 철골로 설치한 것이다.

3-2. 극장 건축에서 무대의 제일 뒤에 설치되는 무대 배경용의 벽을 나타내는 용어는?
① 프로시니엄　　② 사이클로라마
③ 플라이 로프트　④ 그리드 아이언

3-3. 극장의 무대 계획에 대한 설명 중 옳지 않은 것은?
① 프로시니엄 아치는 일반적으로 장방형이며, 종횡의 비율은 황금비가 많다.
② 프로시니엄 아치의 바로 뒤에는 막이 쳐지는데, 이 막의 위치를 커튼 라인이라고 한다.
③ 무대의 폭은 적어도 프로시니엄 아치 폭의 2배, 깊이는 프로시니엄 아치 폭 이상으로 한다.
④ 왜건 형식 무대는 좌우로 활주하여 이동시키는 방식이며, 무대의 양쪽이 좁고 깊이가 깊은 경우에 채용되는 방식이다.

|해설|
3-1
플라이 갤러리 : 그리드 아이언에 올라가는 계단과 연결되게 무대 후면의 벽에 6~9m 높이로 설치되는 좁은 통로

3-2
사이클로라마 : 무대 배경용의 벽

3-3
좌우로 활주이동시키는 왜건 형식은 무대의 양쪽이 길고 깊이가 깊지 않을 경우에 채용되는 방식이다.

정답 3-1 ④　3-2 ②　3-3 ④

제13절 서양 건축사

[서양 건축사 시대순]

고 전	그리스, 로마	
중 세	초기 기독교, 비잔틴, 사라센, 로마네스크, 고딕	
근 세	르네상스, 바로크, 로코코	
근 대	태동기	신고전주의, 낭만주의, 절충주의
	여명기	수공예, 아르누보, 시카고파, 세제션, 독일공작연맹
	성숙기	입체파, 미래파, 표현파, 구성파, 데스틸파, 순수파, 바우하우스, 유기적 건축, 국제주의, C.I.A.M
	전환기	팀텐, GEAM, 아키그램, 메타볼리즘, 슈퍼스튜디오, 형태주의, 브루탈리즘, 포스트, 레이트 모더니즘
현 대	대중주의, 지역주의, 신합리주의, 구조주의, 신공업기술주의, 해체주의	

핵심이론 01 | 이집트, 서아시아 건축

(1) 이집트 건축

① 마스타바(Mastaba)
  ㉠ 왕, 왕족, 귀족의 분묘로서 후에 피라미드로 발전
  ㉡ 평지붕과 경사벽으로 구성된 입방체 형태

② 피라미드(Pyramid)
  ㉠ 왕의 분묘로서 사체와 사후생활에 필요한 물품 보관
  ㉡ 마스타바 → 단형 → 굴절형 → 일반형 피라미드

③ 암굴분묘
  ㉠ 마스타바, 피라미드는 비공간적인 밀적체임에 반해 암굴분묘는 공간을 형성
  ㉡ 암굴 일체식 석조 가구식 기법 적용

(2) 서아시아 건축

① 중정 중심의 장방형 실들이 집약된 평면 구성
② 외벽을 흙벽돌로 두껍게 구축하고 개구부가 없음
③ 건축구조 : 조적식 구법 발달, 아치 및 볼트 사용

④ 지구라트(Ziggurat)
  ㉠ 신에게 제사를 드리는 신전의 기능과 천문관측과 예언을 행하는 천문관측대로서의 기능을 동시에 지님
  ㉡ 평면은 장방형, 내부는 밀적체의 계단형 외관 형태

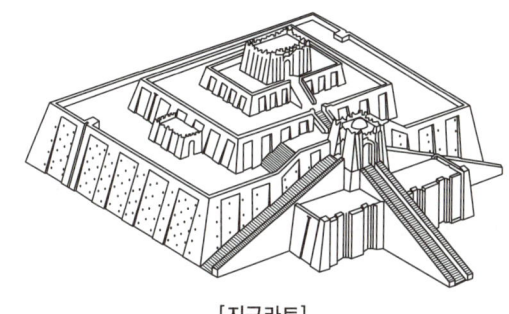

[지구라트]

10년간 자주 출제된 문제

1-1. 서양 건축양식의 시대 순서로 옳은 것은?
① 로마 → 로마네스크 → 고딕 → 르네상스 → 바로크
② 로마 → 로마네스크 → 고딕 → 바로크 → 르네상스
③ 로마네스크 → 로마 → 고딕 → 르네상스 → 바로크
④ 로마네스크 → 로마 → 고딕 → 바로크 → 르네상스

1-2. 고대 이집트의 분묘 건축 형태에 속하지 않는 것은?
① 인술라 ② 피라미드
③ 암굴분묘 ④ 마스타바

1-3. 서아시아 건축양식의 특성으로 옳지 않은 것은?
① 평면구성에서는 중정을 중심으로 장방형의 실들이 집약되는 평면구성 수법을 사용하였다.
② 건축구조에서는 조적식 구법이 발달하였으며, 흙벽돌을 이용하거나 부축벽을 쌓아 벽체를 보강하였다.
③ 지구라트(Ziggurat)는 천문관측과 예언 기능을 행하는 장방형 평면의 천문관측대로만 사용하였다.
④ 신바빌로니아(BC 626~538) 건축에서는 다양한 색채의 유약 벽돌을 이용하였고, 벽면장식 기법이 발달하였다.

|해설|

1-1
이집트 → 그리스 → 로마 → 초기 기독교 → 비잔틴 → 사라센 → 로마네스크 → 고딕 → 르네상스 → 바로크 → 로코코

1-2
인술라는 로마의 주거 건축이다.

1-3
지구라트(Ziggurat)는 신에게 제사를 드리는 신전의 기능과 천문관측과 예언을 행하는 천문관측대로서의 기능을 동시에 지녔다. 최상부에는 사당이 위치하며, 신의 거소이자 천체관측소로 이용하였다.

정답 1-1 ① 1-2 ① 1-3 ③

핵심이론 02 | 그리스 건축

(1) 기둥(주범) 양식

① 도리아식
  ㉠ 가장 단순하고 직선적이고 장중하며 남성적인 느낌
  ㉡ 주신에는 착시 현상의 교정을 위해 배흘림 기법을 적용하였으며, 골줄을 새겨 입체감과 수직성을 강조
  ㉢ 주초가 없음

② 이오니아식
  ㉠ 소용돌이 형상의 주두가 특징
  ㉡ 우아, 경쾌, 유연감을 주며, 곡선적이고 여성적인 느낌
  ㉢ 주초가 있고, 배흘림이 약하며 주신에 골줄을 새김

③ 코린트식
  ㉠ 주두를 아칸더스 나뭇잎 형상으로 장식
  ㉡ 세 가지 주범 양식 중 가장 장식적이고 화려한 느낌
  ㉢ 소규모 기념적인 건축 이외에는 많이 사용하지 않음

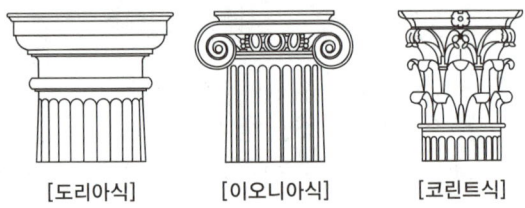

[도리아식]   [이오니아식]   [코린트식]

(2) 신전 건축

① 배치 계획
  ㉠ 도시의 아크로폴리스 지역에 위치
  ㉡ 건물 배치의 장축이 동서 방향에 일치
  ㉢ 조각적 형태의 넓은 회랑을 가진 건물 및 구조물 배치

② 건축 형태
  ㉠ 외부공간 구성요소로서 건물의 형태미를 추구
  ㉡ 공간보다는 형태를 중시한 조각적 형태의 건축

③ 외관 구성

　㉠ 기단(Stylobate) : 3단으로 구성

　㉡ 열주(Peristyle) : 기둥은 주두, 주신, 주초로 구성

　㉢ 엔타블러처(Entablature) : 코니스, 프리즈, 아키트레이브로 구성

　㉣ 박공(Pediment)

(3) 아고라(Agora)

① 시민들의 도시 생활의 중심적 기능을 담당하며, 시민들의 정치, 경제, 상업 등의 일상적 활동을 수용

② 공공광장으로서 광장을 중심으로 열주, 도서관, 의회당, 군무청, 재판소 등이 있고, 광장은 시장, 음악, 논쟁, 사색 등을 하는 장소로 쓰임

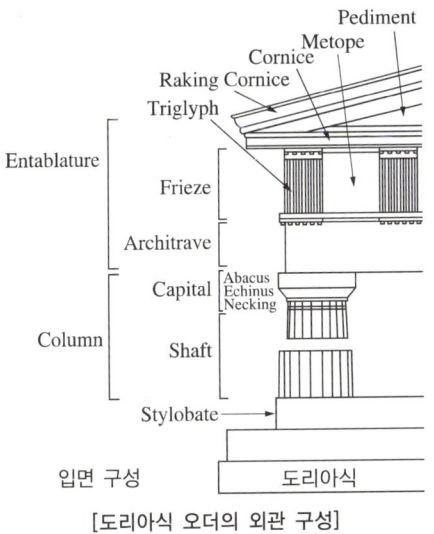

[도리아식 오더의 외관 구성]

10년간 자주 출제된 문제

2-1. 그리스 건축의 오더 중 도리아식 오더의 구성에 속하지 않는 것은?

① 벌류트(Volute)　② 프리즈(Frieze)
③ 아바쿠스(Abacus)　④ 에키누스(Echinus)

2-2. 그리스 건축의 오더 중에서 주두는 에키누스와 아바쿠스로 구성되며, 육중하고 엄정한 모습을 지니는 남성적인 오더는?

① 도리아식 오더　② 코린트 오더
③ 이오니아 오더　④ 콤퍼짓 오더

|해설|

2-1

벌류트(Volute)는 기둥 머리에 끝이 말린 것처럼 보이는 소용돌이 모양의 장식을 말하며 이오니아, 코린트식에서 볼 수 있다.

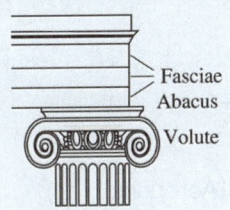

정답 2-1 ①　2-2 ①

(4) 스토아(Stoa)
① 벽체 없이 지붕과 열주로만 이루어진 개방적인 야외열주회랑 형식의 건물
② 시민들의 토론, 집회를 위한 장소로서 그리스인들의 야외 생활의 중심적 역할

(5) 극장 건축
① 도시 근방의 자연 구릉지의 경사 지형을 이용하여 건설
② 오케스트라, 스케네, 객석 등으로 구성
　㉠ 오케스트라 : 원형 무대로 합창, 군무 등의 장소
　㉡ 스케네 : 무대 후면 건물로서 분장실, 준비실로 사용
　㉢ 객석 : 구릉지의 경사를 이용하여 구축
③ 디오니소스 극장(BC 330년)

(6) 아크로폴리스(Acropolis)
① 도시에서의 성역의 장소로서 신전이 위치
② 경관이 좋고 유사시에 방어하기 좋은 언덕에 위치
③ 입구에 위치한 프로필레아는 성문을 통과하여 진입
④ 아테네의 아크로폴리스에는 파르테논 신전이 있다.
⑤ 파르테논 신전 : 아테나 여신을 모시기 위해 지어진 신전으로, 페리클레스가 페르시아 전쟁에서 승리한 것을 기념하기 위해 건축가 익티누스에 의해 BC 432년에 완공하였다.

(7) 착시교정 기법
① 배흘림(Entasis) : 기둥의 중앙부가 가늘어 보이는 것을 교정하기 위해 기둥 중앙부의 직경을 기둥 상하부의 직경보다 약간 크게 하는 기법
② 라이즈(Rise) : 착시 현상을 교정하기 위해 건물 외관의 수평적 요소인 기단과 엔타블레처의 중앙부를 약간씩 솟아오르게 하는 기법
③ 안쏠림 : 건물에 안정감을 주기 위해 양측 모서리 기둥을 약간씩 안쪽으로 기울이는 기법
④ 기둥 간격 : 기둥 간격이 양측 모서리로 갈수록 넓어 보이는 착시 현상을 교정하기 위해 모서리로 갈수록 기둥 간격을 좁게 하였다.

10년간 자주 출제된 문제

2-3. 그리스 건축에서 아테네 아크로폴리스에 관한 설명으로 옳지 않은 것은?
① 파르테논 신전은 도리크 양식의 대표적인 신전으로서 그리스 고전건축을 대표하는 건물이다.
② 에레크테이온 신전은 이오닉 양식의 대표적인 신전으로 부정형 평면으로 구성되어 있다.
③ 니케 신전은 순수한 코린트 양식으로서 페르시아와의 전쟁의 승리 기념으로 세워졌다.
④ 프로필레아는 아크로폴리스로 들어가는 입구 건물이다.

2-4. 그리스 신전 건축에 사용된 착시 현상의 보정 방법으로 옳지 않은 것은?
① 기단, 아키트레이브, 코니스 등이 이루는 긴 수평선들을 약간 위로 불룩하게 만들었다.
② 모서리 쪽의 기둥 간격을 넓혔다.
③ 기둥 같은 수직 부재들은 올라가면서 약간 안쪽으로 기울였다.
④ 기둥의 전체적인 윤곽을 중앙부에서 약간 부풀게 만들었다.

2-5. 그리스 건축물의 특성으로 옳지 않은 것은?
① 극장은 오케스트라, 스케네, 객석 등으로 구성되었으며, 도시 근방의 자연 구릉지의 경사 지형을 이용하여 건설하였다.
② 스타디온(Stadion)은 육상(달리기) 경기장으로서 마제형의 관람석을 설치하였다.
③ 주거는 옥외 야생활에 치중하였기 때문에 다른 건축 분야에 비해 건축 수준이 낮았고, 중정형 평면주택이 많았다.
④ 아고라(Agora)는 벽체 없이 지붕과 열주로만 이루어진 개방적 야외열주회랑 건물로서 시민들의 토론, 집회를 위한 장소로서 그리스인들의 야외생활의 중심적 역할을 하였다.

|해설|
2-3
③은 아테네의 아크로폴리스에 세워진 이오니아식 신전이다.
2-4
중앙부 기둥 간격은 넓게 하였으나, 모서리 쪽의 기둥 간격을 좁게 함으로써 시각적 안정을 고려하였다.
2-5
④는 스토아(Stoa)의 설명이다.

정답 2-3 ③ 2-4 ② 2-5 ④

핵심이론 03 | 로마 건축

(1) 기둥(주범) 양식

① 그리스 건축의 3가지 주범을 사용하였고, 이외에 터스칸식 주범과 복합식 주범 등으로 5주범을 사용
② 터스칸(Tuscan)식 주범 : 그리스 도리아식 주범 단순화
③ 복합식(Composite) 주범 : 이오니아식과 코린트식 복합

(2) 신전 건축

① 그리스에 비해 종교에 무관심하여 신전의 중요성이 감소
② 사각형 평면의 신전과 원형 평면의 신전이 건축됨
③ 판테온(Pantheon) 신전(원형 평면 신전)
  ㉠ 내부는 로툰다(Rotunda)라 불리우는 원통형의 벽체(Drum)와 돔(Dome)형의 지붕으로 구성
  ㉡ 반구형 돔 하부의 드럼 부분은 상부의 깊은 7개의 벽감(Niche)으로 구성하여 내부에 신상을 안치
  ㉢ 돔 하부는 코린트 양식의 열주들로 조형이 분절됨
  ㉣ 단순한 기하학적 공간이면서 역동적인 모습을 나타냄
  ㉤ 전면 열주현관(Portico)은 코린트식 기둥 8개로 구성

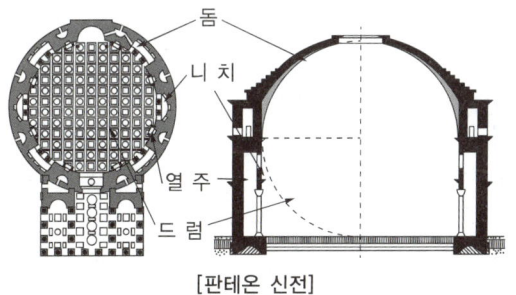

[판테온 신전]

(3) 바실리카(Basilica)

① 법정과 상업교역소의 역할을 하며 포럼에 면하여 위치
② 바실리카 울피아(Basilica Ulpia)
  ㉠ 트라야누스 광장의 일부에 있는 바실리카로써 행정관청, 법정사무실, 상업거래 교역소 등으로 사용됨
  ㉡ 후에 초기 기독교 교회당 건축의 규준이 됨
  ㉢ 박공형 지붕구조로 광대한 내부 공간으로 구성됨
  ㉣ 장방형 평면이며, 길이는 폭의 2~3배로 열주로서 내부 공간이 네이브(Nave)와 아일(Aisle)로 구분됨

10년간 자주 출제된 문제

3-1. 고대 로마 건축에 관한 설명으로 옳지 않은 것은?

① 그리스 건축의 3가지 주범을 사용하였고, 이외에 터스칸식 주범과 복합식 주범 등으로 5주범을 사용하였다.
② 사각형과 원형 평면의 신전이 건축되었다.
③ 바실리카 울피아는 황제를 위한 신전으로 배럴 볼트가 사용되었다.
④ 판테온은 거대한 돔을 얹은 로툰다와 대형 열주 현관이라는 두 주된 구성요소로 이루어진다.

3-2. 로마의 판테온에 관한 설명으로 옳지 않은 것은?

① 단순한 기하학적 공간에도 불구하고 매우 역동적인 모습을 나타내고 있다.
② 직사각형의 입구 공간은 외부와 내부 사이의 전이공간으로 사용된다.
③ 반구형 돔 하부의 드럼 부분은 상부의 깊은 7개의 벽감(Niche)으로 구성하여 내부에 신상을 안치하였다.
④ 전면 열주현관(Portico)은 도리아식 기둥 8개로 구성되었다.

3-3. 고대 로마 건축에 대한 설명으로 옳지 않은 것은?

① 판테온은 거대한 돔을 얹은 로툰다와 대형 열주현관이라는 두 주된 구성 요소로 이루어진다.
② 카라칼라 황제 욕장은 정사각형 안에 직사각형을 담은 배치를 취하였다.
③ 콜로세움의 외벽은 도리아-이오니아-코린트 오더를 수직으로 중첩시키는 방식을 사용하였다.
④ 바실리카 울피아는 신전 건축물로서 로마식의 광대한 내부 공간을 전형적으로 보여 준다.

|해설|

3-1
바실리카 울피아는 재판과 집회 및 상업거래를 위하여 사용된 건물로 박공형 지붕구조이다.

3-2
전면 열주현관(Portico)은 코린트식 기둥 8개로 구성

3-3
바실리카 울피아(Basilica Ulpia)는 행정관청, 법정사무실, 교역소 등으로 사용되었다.

정답 3-1 ③ 3-2 ④ 3-3 ④

(4) 포럼(Forum)
① 그리스의 아고라와 동일한 기능을 지니는 공공광장
② 도시구조의 중심으로서 정치, 산업, 사교, 교통 등이 집약된 공공광장
③ 광장 주위에 바실리카, 신전 등의 공공건축물과 개선문, 기념주 등의 기념건축물이 위치
④ 포럼 로마나(Forum Romana) : 총 5개소의 포럼 중 트라얀(Trajan) 포럼이 가장 대규모

(5) 공중 목욕장
① 목욕탕 기능 외에 다목적 시민 사교장의 기능도 겸비
② 목욕시설, 도서실, 강의실, 사교실, 휴게실 등을 갖춤
③ 카라칼라(Caracalla) 욕장 : 로마의 욕장 중 최대 규모로서 천장은 교차 볼트 구조이며, 욕장 외에 휴게실, 도서실, 소극장, 운동장, 광장, 점포 등으로 구성

(6) 로마의 주택
① 그리스의 중정형 평면이 지속적으로 사용됨
② 로마 주거 건축의 3가지 유형
  ㉠ 도무스(Domus) : 개인주택
  ㉡ 빌라(Villa) : 별장 또는 전원주택
  ㉢ 인술라(Insula) : 평민, 노예들을 위한 다층의 집합주거 건물로서의 공동 집합주택

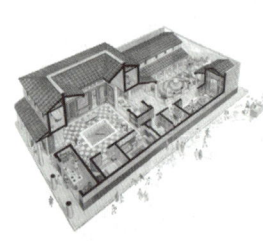
[도무스(Domus)]

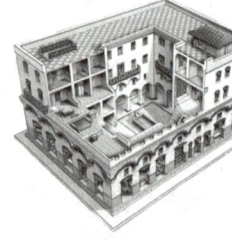
[인술라(Insula)]

10년간 자주 출제된 문제

3-4. 로마시대의 것으로 그리스의 아고라(Agora)와 유사한 기능을 갖는 것은?
① 포럼(Forum)
② 인술라(Insula)
③ 도무스(Domus)
④ 판테온(Pantheon)

3-5. 로마의 주거 건축에서 평민, 노예들을 위한 다층의 집합주거 건물로서의 공동 집합주택은?
① 도무스(Domus)
② 인술라(Insula)
③ 빌라(Villa)
④ 바실리카(Basilica)

3-6. 로마 건축의 특성으로 옳지 않은 것은?
① 십자형 평면 신전인 판테온(Pantheon) 신전은 로툰다(Rotunda)라 불리우는 벽체와 지붕으로 구성하였다.
② 포럼(Forum)은 그리스의 아고라와 동일한 기능을 지니며, 도시구조의 중심으로서 정치, 산업, 사교, 교통 등이 집약된 공공광장이다.
③ 바실리카(Basilica)는 법정과 상업교역소의 역할을 하며 포럼에 면하여 위치하였다.
④ 카라칼라(Caracalla) 욕장과 같은 공중 목욕장은 단순한 목욕탕의 기능뿐만 아니라 다목적 시민 사교장의 기능도 겸비하였으며 도서실, 강의실, 사교실, 휴게실 등을 갖추었다.

|해설|

3-4
포럼(Forum) : 그리스의 아고라와 동일한 기능을 지니는 공공광장이다.

3-5
② 인술라(Insula) : 평민, 노예들을 위한 다층의 집합주택
① 도무스(Domus) : 개인주택

3-6
판테온(Pantheon) 신전은 원형 평면으로 로툰다(Rotunda)라는 원통형의 벽체와 돔형의 지붕으로 구성하였다.

정답 3-4 ① 3-5 ② 3-6 ①

핵심이론 04 | 중세 초기 기독교 건축

(1) 교회 건축 양식의 정립
① 로마시대의 공공건물이었던 바실리카를 모델로서 교회 건물로 전용
② 교회에서 요구되는 집회 공간, 제단, 사제석 등의 기능과 기존의 바실리카의 기능이 상호유사
③ 바실리카식 교회는 중세 교회 건축의 원형으로서 로마네스크 양식을 거쳐 고딕 양식에 이르러 완성

(2) 바실리카(Basilica)식 교회
① 동서를 주축으로 하여 건물을 배치
② 서측 입구, 사방 열주랑으로 둘러싸인 중정에서 진입
③ 중정에서 전실을 통과하여 교회 내부로 진입
④ 좁은 열주와 엔타블레처에 의한 가구식 구조이며, 지붕은 간단한 목조 트러스 구조

(3) 바실리카식 교회의 실내 공간 구성
① 입구에서 계단에 이르는 장축형 평면 구성
② 신랑(Nave) : 양측의 열주에 의해 형성되는 장방형의 대공간으로서 신자석으로 이용
③ 측랑(Aisle) : 열주에 의해 신랑과 분리되는 신랑 양측의 공간으로서 양쪽 측면의 복도로 이용
④ 후진(Bema) : 신랑 단부에 위치하여 신과 신도를 구분하고 매개하는 성직자의 공간으로 사제석이 위치
⑤ 앱스(Apse) : 제단으로서 반원형의 공간
⑥ 수랑(Transept) : 신랑과 후진 사이에 신랑과 직각 방향으로 형성된 공간
⑦ 나르텍스(Narthex) : 아트리움에서 본당으로 가는 전실
⑧ 영광의 문(Triumphal Arch) : 신랑과 후진 사이의 대형 횡단아치로서, 신도와 성직자의 영역을 공간적으로 구분

(4) 카타콤(Catacomb)
① 원래는 지하분묘이며, 박해시대의 비밀 집회장으로 이용
② 지하 가로망과 묘소로 구성되어 있으며, 지면에서 수직으로 광정을 통해 채광과 환기

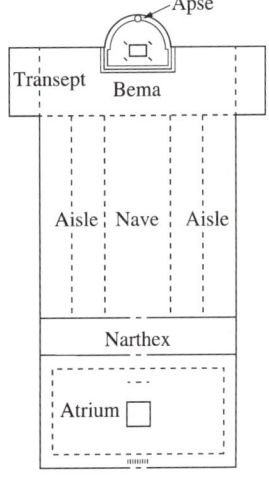

[바실리카식 교회 평면]

10년간 자주 출제된 문제

4-1. 초기 기독교 건축에서 바실리카(Basilica)식 교회의 설명으로 옳지 않은 것은?
① 동서를 주축으로 하여 건물을 배치하였다.
② 서측 입구, 사방 열주랑으로 둘러싸인 중정에서부터 내부로 진입하였다.
③ 내부에는 목욕시설, 도서실, 강의실, 사교실, 휴게실 등을 갖추었다.
④ 좁은 열주와 엔타블레처에 의한 가구식 구조이며, 지붕은 간단한 목조 트러스 구조였다.

4-2. 초기 기독교 시기의 바실리카 양식의 본당의 평면도에서 회랑의 중앙 부분을 나타내는 용어는?
① 아일(Aisle)   ② 네이브(Nave)
③ 아트리움(Atrium)   ④ 페디먼트(Pediment)

4-3. 바실리카식 교회당의 구성에 속하지 않는 것은?
① 수랑(Transept)   ② 파일론(Pylon)
③ 후진(Bema)   ④ 나르텍스(Narthex)

|해설|

4-1
내부에 목욕시설 이외에 도서실, 강의실, 사교실, 휴게실 등을 갖춘 건축물은 공중 목욕장이다.

4-3
파일론(Pylon)은 이집트 신전의 정문 앞에 사용하였던 탑문을 말한다.

정답 4-1 ③ 4-2 ② 4-3 ②

핵심이론 05 | 중세 비잔틴 건축, 사라센 건축

(1) 비잔틴 건축의 특성
① 동서교류 활발했으며 동서 건축 양식 혼용
② 사라센 양식 영향으로 서양 열주 구조에 동양 돔 구조 혼용
③ 돔 중심의 좌우대칭 집중형(그리스 십자형) 평면 사용
④ 아케이드 : 로마의 영향, 아치나 볼트, 열주 사용

(2) 비잔틴 건축의 특성
① 신주범 창안
  ㉠ 주두를 경쾌하게 조각
  ㉡ 주초(Base)를 없앰
  ㉢ 주신의 길이와 직경비를 30 : 1로 경쾌하게 가공
② 부주두(Dosseret, 도세렛) 설치
  ㉠ 주두 위에 더 넓은 부주두를 얹어서 이중 주두를 형성
  ㉡ 화려한 조각으로 장식적 효과를 줌
③ 펜덴티브 돔(Pendentive Dome) 창안
  ㉠ 페르시아 지방의 스퀸치(Squinch) 구법을 발전시켜 새로운 돔을 개발
  ㉡ 사각형 평면 위에 원형 평면의 돔을 가설하는 비잔틴양식의 독특한 기법
  ㉢ 정방형 평면 모서리에 4개의 기둥을 세우고 4개의 대형 아치를 구축한 후 아치 위에 돔을 얹은 형태

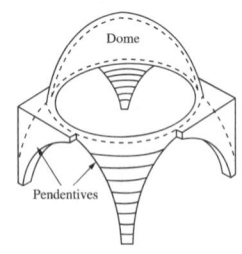

[펜덴티브 돔]   [스퀸치 구법]

④ 비잔틴 건축의 주요 건축물
  ㉠ 성 소피아 성당 : 펜덴티브와 반구형 돔에 의해 지지
  ㉡ 성 마르크 성당 : 정십자형 평면 구성

(3) 사라센 건축의 특성
① 회교(이슬람) 사원인 모스크 건축이 중심
② 아라비아 문자를 이용한 복잡한 곡선의 장식기법인 아라베스크 문양 사용
③ 주요 건축물
  ㉠ 코르도바 대모스크(스페인)
  ㉡ 알함브라 궁전(스페인 그라나다)
  ㉢ 타지마할 능묘(인도 아그라)

10년간 자주 출제된 문제

5-1. 비잔틴 건축의 특성으로 옳지 않은 것은?
① 사라센 건축양식의 영향을 받으면서 동서 교류가 활발했던 비잔틴 문화를 배경으로 동서의 건축양식을 혼용하였다.
② 초기 기독교 시대의 바실리카식 교회의 장축형 평면 구성에서 탈피하여 돔에 의한 집중형 평면을 사용하였다.
③ 페르시아 지방에서 사용한 스퀸치 기법을 발전시켜 개발한 펜덴티브 돔(Pendentive Dome)을 창안하였다.
④ 카타콤(Catacomb)과 같은 지하분묘가 유행하였다.

5-2. 사라센 건축의 특성으로 옳지 않은 것은?
① 회교중심 건축으로서 모스크가 집중적으로 건축되었다.
② 첨두형 아치(Pointed Arch)를 주로 사용하였다.
③ 알함브라 궁전(Palacio de Alhambra)은 후기 사라센 양식의 대표작으로 중정형 평면의 궁전이다.
④ 타지마할 능묘의 디테일(Detail)은 인도 특유의 변화성을 바탕으로 복잡하게 구성되었다.

5-3. 이슬람교의 영향을 받은 건축물에서 볼 수 있는 연속적인 기하학적 문양, 식물 문양, 당초 문양 등을 이르는 용어는?
① 리브   ② 펜덴티브
③ 모자이크   ④ 아라베스크

|해설|
5-1
카타콤(Catacomb)은 초기 기독교 건축의 지하분묘이다.

5-2
첨두형 아치(Pointed Arch)는 고딕 건축에서 사용하였다.

5-3
아라베스크는 이슬람교의 영향을 받은 건축물에서 볼 수 있는 연속적인 기하학적 문양, 식물 문양, 당초 문양 등을 말한다.

정답 5-1 ④ 5-2 ② 5-3 ④

핵심이론 06 | 중세 로마네스크 건축, 고딕 건축

(1) 로마네스크 건축

① 로마네스크 건축의 주요 특성
- ㉠ 외관은 중후하고 육중한 느낌이지만, 내부에 치중하면서 외관은 단순하고 간소화
- ㉡ 고측창–착색유리, 트리포리움–프레스코 벽화 장식
- ㉢ 초기 기독교 시대 바실리카식 교회 장축형 평면 사용
- ㉣ 교회 전면 양측에 고탑 설치 및 종탑의 첨가
- ㉤ 내부는 수평축에 의한 방향성, 공간의 연속성 강조

② 건축 구조
- ㉠ 단위 석재를 이용하여 아치, 볼트, 피어 등을 조적
- ㉡ 교차 볼트 기법의 발달
- ㉢ Bay System : 교차 볼트와 리브, 4개의 피어로 구성되는 정방형 구조 체계가 건물 구성의 기본 단위 요소

③ 주요 건축물
- ㉠ 이탈리아 : 피사 성당, 피사의 사탑
- ㉡ 프랑스 : 앙골렘 성당, 성 프롱 성당

(2) 고딕 건축

① 고딕 건축의 주요 특성
- ㉠ 수직성 표현 : 종교적 열망(종탑, 첨탑 등)
- ㉡ 구조미 표현 : 입면 노출 구조체에서 구조미 표현
- ㉢ 외벽 장식 : 성상을 주제로 정교한 부조(Relief) 장식

② 내부 공간 구성
- ㉠ 수직축 구성 : 높은 천장과 첨두형 아치
- ㉡ 착색유리(Stained Glass) : 고측창을 통한 채광으로 내부 공간에서 신비감과 종교적 분위기를 조성

③ 건축 구조
- ㉠ 역학적, 합리적인 구조 체계를 완성
- ㉡ 첨두형 아치(Pointed Arch), 리브 볼트(Ribbed Vault) 사용
- ㉢ 플라잉 버트레스(Flying Buttress) : 상부 하중을 측랑의 부축벽을 통해 지상으로 전달하는 역할

④ 주요 건축물
- ㉠ 프랑스 : 노트르담 성당(파리), 아미앵 성당
- ㉡ 이탈리아 : 두오모 성당(밀라노)

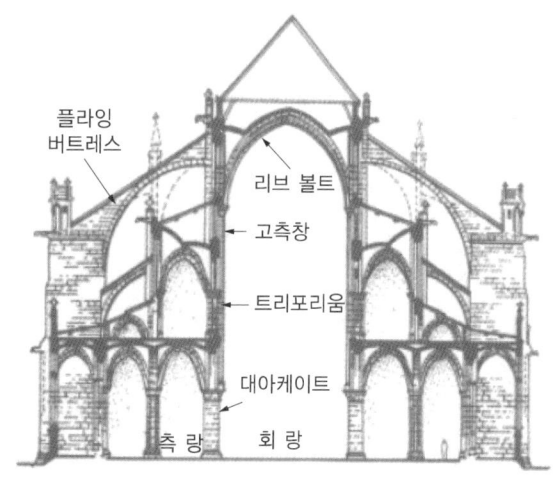

[고딕 건축 교회 내부 공간 단면]

10년간 자주 출제된 문제

6-1. 고딕 건축의 특성으로 옳지 않은 것은?
① 수평적인 구성요소를 많이 표현하였다.
② 수직 기둥의 구조적 이점을 살려, 대형 개구부를 낼 수 있었다.
③ 교차 볼트에 첨두형 아치의 리브를 덧대어 구조적으로 보강하면서 리브 볼트(Ribbed Vault)를 사용하였다.
④ 역학적, 합리적인 구조체계를 완성하였다.

6-2. 건출물과 양식의 연결이 옳지 않은 것은?
① 판테온 - 로마 양식
② 파르테논 신전 - 그리스 양식
③ 성 소피아 성당 - 비잔틴 양식
④ 노트르담 성당 - 로마네스크 양식

6-3. 다음 중 고딕 건축과 가장 관계가 먼 것은?
① 첨두아치(Pointed Arch)
② 착색유리(Stained Glass)
③ 첨탑(Spire)
④ 펜덴티브(Pendentive)

|해설|

6-1
신앙심의 표현으로서 수직적인 구성요소를 주로 표현하였다.

6-2
노트르담 성당은 고딕 양식이다.

6-3
펜덴티브(Pendentive)는 비잔틴 건축 양식이다.

정답 6-1 ① 6-2 ④ 6-3 ④

핵심이론 07 | 근세 건축

(1) 르네상스 건축

① 봉건제도와 기독교 정신의 중세가 붕괴되고 상공업 위주의 시민사회가 성립된 15세기 초 이탈리아에서 발생
② 인본주의(Humanism) 사상 영향 : 신 중심 세계관에서 벗어난 인간 주제의 공공건물, 궁전, 주택 등이 건축되었다.
③ 건축 형태
  ㉠ 고전 건축의 질서와 형식미를 기본적 요소로 봄
  ㉡ 수학적 기초의 조화, 질서, 균형, 통일, 형태미 추구
  ㉢ 건축 구성요소가 비례와 조화를 이루는 형태 추구
  ㉣ 외벽은 거칠게 마감, 재질감 강조
④ 주요 건축가와 건축물
  ㉠ 브루넬레스키 : 플로렌스 성당 돔, 파찌 예배당
  ㉡ 미켈로초 : 메디치 궁
  ㉢ 브라만테 : 템피에토
  ㉣ 알베르티 : 건축론 저술
  ㉤ 미켈란젤로 : 메디치가 능묘, 캄피돌리오 광장
  ㉥ 안드레아 팔라디오 : 카프라 별장, 성 마조레 성당

(2) 바로크 건축

① 건축 특성
  ㉠ 관찰자의 강렬한 인상과 감동의 극적 효과 추구
  ㉡ 비대칭, 대비, 과장 등 역동적 형태 및 공간 창출
  ㉢ 회화, 조각, 공예 등을 장식적으로 건축에 적용
  ㉣ 주범 변형, 곡선형 코니스, 파동벽면 등 화려하게 장식
  ㉤ 종교와 절대왕권을 배경으로 공적 생활 위주로 전개

② 주요 건축가와 건축물
  ㉠ 베르니니 : 성 베드로 성당 광장
  ㉡ 카를로 마데르나 : 성 수잔나 성당

(3) 로코코 건축
① 건축 특성
  ㉠ 18세기 초부터 1770년까지 프랑스를 중심으로 전개되며, 영국, 독일 등에 영향
  ㉡ 실내의 곡선, 곡면을 이용한 섬세하고 우아한 공간 구성
  ㉢ 개인의 쾌락, 사적 생활을 위주로 전개
② 주요 건축물
  ㉠ 독일 : 상수시 궁(포츠담, 1745~1747년)
  ㉡ 프랑스 : 오뗄 드 수비즈(파리, 1735~1740년)

10년간 자주 출제된 문제

7-1. 다음 중 르네상스 시대의 건축가가 아닌 사람은?
① 비트루비우스
② 브루넬레스키
③ 미켈란젤로
④ 알베르티

7-2. 안드레아 팔라디오의 작품이 아닌 것은?
① 빌라 로툰다
② 일 제수 성당
③ 일 레덴토레 성당
④ 성 조르조 마조레 성당

7-3. 르네상스 시대 대표적 건축물인 피렌체 성당의 돔에 대한 설명으로 옳지 않은 것은?
① 부르넬레스키가 현상설계에서 당선된 작품이다.
② 반원형 돔의 형태를 띠고 있다.
③ 안팎 2중 셸(Shell)로 되어 있다.
④ 8개의 메인 리브와 16개의 마이너 리브로 되어 있다.

7-4. 바로크 건축의 특성으로 옳지 않은 것은?
① 관찰자의 강렬한 인상과 감동의 극적 효과 추구
② 비대칭, 대비, 과장 등 역동적 형태 및 공간 창출
③ 개인의 쾌락, 사적 생활을 위주로 전개
④ 주범 변형, 곡선형 코니스, 파동벽면 등 화려하게 장식

|해설|

7-1
비트루비우스(Vitruvius)는 로마시대 건축가이다.

7-2
일 제수 성당은 피에로 델라 포르타의 작품이다.

7-3
리브형 돔의 형태를 띠고 있다.
※ 르네상스 건축의 시점으로 보는 피렌체 성당(플로렌스 성당)은 직경 42m, 높이 120m의 대규모 돔을 리브(Rib)를 이용한 2중 표피구조이며, 내부는 조적조의 돔 형태로 구성되었다.

7-4
종교와 절대왕권을 배경으로 공적 생활 위주로 전개되었다.

정답 7-1 ① 7-2 ② 7-3 ② 7-4 ③

핵심이론 08 | 근대 건축

(1) 신고전주의 건축(Neo-Classicism)
① 건축 특성
  ㉠ 그리스와 로마 건축 양식의 모방 및 복원에 주력
  ㉡ 순수 기하학적 입방체를 결합한 거대한 건축 추구
② 주요 건축물
  ㉠ 프랑스 : 샬그랭 – 파리 에투알 개선문
  ㉡ 영국 : 스머크 경 – 대영박물관
  ㉢ 독일 : 싱켈 – 베를린 왕립극장

(2) 낭만주의 건축(Romanticism)
① 건축 특성
  ㉠ 중세의 고딕 건축에 관심을 가졌고, 국가와 민족의 기원이 중세에 있는 것을 보고 중세를 이상으로 삼음
  ㉡ 구조와 재료의 정직한 표현이라는 진실성이 반영된 고딕 건축의 양식과 방법을 그대로 유지하려고 시도
② 영국 낭만주의
  ㉠ 19세기 말 미술공예운동을 유발
  ㉡ 찰스 배리 경 : 영국 국회의사당
③ 프랑스 낭만주의
  ㉠ 신고전주의 건축 활발, 낭만주의 건축은 저조
  ㉡ 비올레르뒤크 : 피에르퐁 성 복원

(3) 절충주의 건축(Eclecticism)
① 건축 특성
  ㉠ 일정한 양식에 국한되지 않고 과거 모든 양식을 이용
  ㉡ 과거 양식의 절충을 통하여 새로운 양식의 창조를 시도
② 영국 절충주의
  ㉠ 찰스 배리 경 : 리폼 클럽
  ㉡ 존 내시 : 브라이턴 궁
③ 프랑스 절충주의
  ㉠ 고전 건축을 기본으로 한 절충주의 건축 성행
  ㉡ 샤를 가르니에 : 파리 오페라 하우스
  ㉢ 앙리 라브루스트 : 생주느비에브 도서관

(4) 예술공예운동(Art & Crafts Movement)
① 건축 특성
  ㉠ 윌리엄 모리스가 주도한 수공예 위주의 예술 운동
  ㉡ 존 러스킨 : '건축의 7등(1849)', 예술에 의한 사회 개혁, 중세적 수공예 주장
  ㉢ 예술품의 기계생산 배격, 수공예 예술 복귀 주장
  ㉣ 레드 하우스 : 1859년 미술공예운동의 중심
② 윌리엄 모리스
  ㉠ 솔직한 표현 : 붉은 벽돌 치장 않고 드러나는 방식
  ㉡ 종합적인 예술로 건축을 꾸미기 위한 5요소
    • 벽면장식
    • 조 각
    • 스테인드 글라스
    • 금속제품
    • 가 구

10년간 자주 출제된 문제

8-1. 산업혁명 이후 근대 건축의 발전을 촉진시킨 건축 재료로 가장 적절한 것은?
① 플라스틱, 철, 유리
② 목재, 철, 유리
③ 철, 유리, 시멘트
④ 시멘트, 플라스틱, 철

8-2. 18세기에서 19세기 초에 있었던 신고전주의 건축의 특징으로 옳은 것은?
① 장대하고 허식적인 벽면 장식
② 고딕 건축의 정열적인 예술창조 운동
③ 각 시대의 건축양식의 자유로운 선택
④ 고대 로마와 그리스 건축의 우수성에 대한 모방

|해설|

8-2
신고전주의 건축은 18세기 전반기에는 고대 유적에 대한 발굴과 고고학적 연구가 활발해지고 고전 건축에 대한 관심이 증가하면서, 고대 로마와 그리스 건축의 우수성을 모방하려 하였다.

정답 8-1 ③ 8-2 ④

(5) 아르누보(Art Nouveau)

① 건축 특성
- ㉠ 19세기 말, 예술공예운동의 영향을 받아 전 유럽 확산
- ㉡ 기계생산에 대한 거부(주관적이고 낭만적인 사조)
- ㉢ 철의 유연성 이용한 곡선의 장식적 가치 창조

② 주요 건축가
- ㉠ 빅토르 오르타 : 타셀 주택, 튜린가의 저택
- ㉡ 앙리 반 데 벨데 : 공작연맹 주장
- ㉢ 엑토르 기마르 : 파리 지하철역 입구
- ㉣ 매킨토시 : 영국 글래스고 미술학교
- ㉤ 안토니오 가우디 : 사그라다 파밀리아 교회, 카사 밀라, 구엘 공원

(6) 빈 세제션(빈 분리파, Wien Sezession)

① 건축 특성
- ㉠ 일체의 과거 양식으로부터 분리와 해방을 하고자 함
- ㉡ 과거 역사적 양식을 거부하고 기하학적 형태를 추구

② 주요 건축가
- ㉠ 오토 바그너 : 빈 우편저금국
- ㉡ 요제프 마리아 올브리히 : 세제션관
- ㉢ 아돌프 로스 : 슈타이너 저택

(7) 시카고파(Chicago School)

① 건축 특성
- ㉠ 1871년 시카고 대화재와 1893년 만국 박람회 이후 철골구조와 엘리베이터 결합에 의한 고층 건축 발전
- ㉡ 비역사주의적 건축 : 형태와 기능의 순수함 표현
- ㉢ 근대적인 사무소 건축의 발전에 기여

② 주요 건축가
- ㉠ 윌리엄 배런 제니 : 홈 인슈어런스 빌딩
- ㉡ 루이스 설리번 : 웨인라이트 빌딩, 오디토리엄 빌딩, 개런티 빌딩

(8) 독일공작연맹(Deutcher Werkbund)

① 건축 특성
- ㉠ 공업제품의 질적 향상을 목표로 기계생산에 의한 기술 개선과 생산 제품의 질적 향상을 목적으로 결성
- ㉡ 영국 예술공예운동의 영향을 받음
- ㉢ 기계화와 공업화 수용, 규격화, 표준화를 건축에 도입

② 주요 건축가
- ㉠ 무테지우스 : 독일공작연맹 설립자
- ㉡ 페터 베렌스 : AEG 터빈 공장
- ㉢ 발터 그로피우스 : 파구스 제화 공장

10년간 자주 출제된 문제

8-3. 원합리주의로 분류되며 '장식은 죄악이다'라는 표현을 남긴 근대 건축가는?

① 오토 바그너   ② 아돌프 로스
③ 르 코르뷔지에   ④ 미스 반데어로에

8-4. 오토 바그너(Otto Wagner)가 주장한 근대 건축의 설계 지침에 대한 내용으로 옳지 않은 것은?

① 경제적인 구조
② 그리스 건축양식의 복원
③ 시공재료의 적당한 선택
④ 목적을 정확히 파악하고 완전히 충족시킴

8-5. 시카고파(Chicago School)의 특성으로 옳지 않은 것은?

① 1871년 시카고 대화재와 1893년 만국 박람회 이후 철골구조와 엘리베이터의 결합에 의한 고층건축 발전
② 비역사주의적 건축으로서 형태와 기능의 순수함 표현
③ 근대적인 사무소 건축의 발전에 기여
④ 대표적인 건축물로는 홈 인슈어런스 빌딩이 있으며 루이스 설리번의 작품이다.

|해설|

8-4
오토 바그너(Otto Wagner)의 근대 건축의 설계 지침
- 합목적적 건축
- 재료의 적절성, 솔직함
- 구조의 진실성, 경제적인 구조

8-5
홈 인슈어런스 빌딩은 윌리엄 배런 제니의 작품이다.

정답 8-3 ② 8-4 ② 8-3 ④

(9) 데 스틸(De Stijl)
① 건축 특성
- ㉠ 1917년 네덜란드에서 결성
- ㉡ 몬드리안의 신조형주의 영향을 받음
- ㉢ 추상적인 형태언어 사용 : 직교 직선, 색채 대비, 역동적으로 분해되는 순수 입방체 등을 사용

② 주요 건축가
- ㉠ 리트벨트 : 슈뢰더 하우스(Schröder House)
- ㉡ 테오 반 되스버그(Theo van Doesburg) : 프랑스 파리 뫼동(Meudon)의 자택(Van Doesburg House)

(10) 러시아 구성주의(Constructivism)
① 건축 특성
- ㉠ 1917년 혁명 후 사회주의 국가에 적합한 새로운 기능의 건물과 새로운 미학이 대두
- ㉡ 비대칭의 기하학적, 동적 구성

② 주요 건축가
- ㉠ 타틀린 : 제3인터내셔널 기념탑
- ㉡ 멜니코프 : 루사코프 노동자 클럽

(11) 독일 표현주의(Expressionism)
① 건축 특성
- ㉠ 1901년부터 1925년까지의 유럽의 독일 중심 사조
- ㉡ 리듬감 있는 조형 구성, 동적인 표현이 특징
- ㉢ 환상적인 이상향이나 극단적인 색채 및 조형을 추구

② 주요 건축가
- ㉠ 한스 펠치히 : 베를린 대극장
- ㉡ 에리히 멘델존 : 아인슈타인 탑
- ㉢ 브루노 타우트 : 유리전시관

(12) 미래파(Futurism, 이탈리아)
① 건축 특성
- ㉠ 1909년 마리네티의 미래파 선언으로 시작
- ㉡ 기계의 속도감을 조형의 기본 관심으로 함
- ㉢ 기계를 찬미, 산업화된 미래 도시 예견

② 신도시 계획안 : 라 치타 누오바(La Citta Nuova, 안토니오 산텔리아)

(13) 바우하우스(Bauhaus)
① 건축 특성
- ㉠ 1919년 발터 그로피우스가 미술학교와 공예학교를 합병하여 바이마르에 설립한 학교
- ㉡ 건축과 다른 예술의 협동에 의한 종합예술 목표
  - 공업과의 협력을 통하여 조형예술을 조합
  - 기계화, 표준화를 통한 대량생산 방식 도입

② 학교 교장 : 발터 그로피우스 → 한스 마이어 → 미스 반데어로에

10년간 자주 출제된 문제

8-6. 추상적인 형태언어를 사용하고 색채의 대비와 역동적인 순수 입방체 등을 사용한 양식은?
① 러시아 구성주의(Constructivism)
② 데 스틸(De Stijl)
③ 독일 표현주의(Expressionism)
④ 시카고파(Chicago School)

8-7. 20세기 초 근대건축에 관한 내용 중 옳지 못한 것은?
① 미래파는 기계의 속도감을 조형의 기본 관심으로 하였으며, 1909년 이탈리아의 시인 필리포 마리네티(Filippo Marinetti)에 의해서 제창된 예술 운동이다.
② 독일 표현주의는 전쟁 후 생활의 불안한 상태와 혼란의 내적 감정을 표출하고자 하였으며, 리듬감 있는 조형 구성, 동적인 표현이 특징이다.
③ 러시아 구성주의(Constructivism) 1917년 혁명 후 기하학적인 형태로 표현하였으며, 특히 타틀린의 제3인터네셔널 탑에서는 대칭의 기하학적, 동적 구성이 뚜렷하게 나타난다.
④ 데 스틸(De Stijl)은 몬드리안의 신조형주의를 강력히 옹호하고 새로운 조형예술운동 전개하였다.

| 해설 |

8-6
데 스틸(De Stijl) : 추상적인 형태언어를 사용하였으며 직교, 직선, 색채 대비, 역동적으로 분해되는 순수 입방체 등을 사용하였다.

8-7
러시아 구성주의는 비대칭의 기하학적 구성과 동적인 구성을 위주로 하였다.

정답 8-6 ② 8-7 ③

핵심이론 09 | 근대 건축의 주요 건축가

(1) 발터 그로피우스
① 독일공작연맹, 바우하우스를 통해 국제주의 양식 확립
② 표준화, 대량생산 시스템과 합리적 기능주의 추구
③ 주요 작품
  ㉠ 데사우 바우하우스
  ㉡ 아테네 미국 대사관
  ㉢ 파구스 제화공장
  ㉣ 하버드대학교 대학원

(2) 프랭크 로이드 라이트
① 미국의 풍토와 자연에 근거한 자연과 건물의 조화 추구
② "유기적 건축은 그 외부 조건과의 조화 없이 응용된 건축이 아니라, 건축 자체의 조건(Condition)과 조화되는 외부로부터 발전하는 건축을 의미한다."
③ 주요 작품
  ㉠ 로비 하우스
  ㉡ 유니티 교회
  ㉢ 제국호텔
  ㉣ 낙수장(Kaufmann House)
  ㉤ 존슨 왁스 사무소
  ㉥ 뉴욕 구겐하임 미술관

(3) 미스 반데어로에(Mies van der Rohe)
① 구조체와 비구조체의 분리(철골구조의 기능성 추구)
② "Less is More(보다 적은 것이 더 많은 것이다)"
③ 철, 유리를 사용한 장식을 배제한 순수 형태(건축미) 강조
④ 주요 작품
  ㉠ 바르셀로나 파빌리온
  ㉡ 투겐하트 주택, 판즈워스 하우스
  ㉢ IIT 대학 마스터 플랜, 크라운 홀
  ㉣ 시그램 빌딩
  ㉤ 베를린 국립박물관

(4) 르 코르뷔지에(Le Corbusier)

① 합리적 기능주의, 순수주의(Purism) 전개

② 근대 건축 5원칙(1926)

  ㉠ 필로티 : 지면으로부터 일정 높이를 띄워 구조물 지지

  ㉡ 수평 띠창 : 연속된 수평창으로 골조와 벽이 독립

  ㉢ 자유로운 평면 : 기능에 따라 자유로이 내부 공간 구성

  ㉣ 자유로운 입면 : 자유로운 외관 구성

  ㉤ 옥상정원 : 평지붕으로 정원 구성

③ 주요 작품

  ㉠ 시트로한 주택

  ㉡ 사보아 주택(Villa Savoye) : 건축 5원칙 적용

  ㉢ 마르세유 아파트 : 메조넷 구조

  ㉣ 롱샹 교회(Ronchamp Church)

  ㉤ 찬디가르(Chandigarh) 도시계획

10년간 자주 출제된 문제

9-1. 르 코르뷔지에(Le Corbusier)가 주장한 건축 5대 원칙에 속하지 않는 것은?

① 필로티 ② 모듈러
③ 옥상정원 ④ 자유로운 평면

9-2. 다음 중 건축가와 작품의 연결이 옳지 않은 것은?

① 르 코르뷔지에 – 롱샹 교회
② 발터 그로피우스 – 아테네 미국 대사관
③ 프랭크 로이드 라이트 – 구겐하임 미술관
④ 미스 반데어로에 – MIT 공대 기숙사

9-3. 건축가와 그의 작품 연결로 옳지 않은 것은?

① Marcel Breuer – 파리 유네스코본부
② Le Corbusier – 시드니 오페라하우스
③ Antonio Gaudi – 사그라다 파밀리아 교회
④ Frank Lloyd Wright – 뉴욕 구겐하임 미술관

|해설|

9-1
르 코르뷔지에 건축 5대 원칙
• 필로티
• 수평 띠창
• 자유로운 평면
• 자유로운 입면
• 옥상정원

9-2
MIT 공대 기숙사는 스티븐 홀이 설계하였다.

9-3
시드니 오페라하우스는 예른 웃손(Jørn Utzon)의 작품이다.

정답 9-1 ② 9-2 ④ 9-3 ②

핵심이론 10 | 현대 건축

(1) CIAM
① 근대건축국제회의로 모인 현대건축운동추진단체
② 각국 건축가의 자유롭고 활발한 교류를 자극
③ 국제적인 성격이 강한 기능주의, 합리주의 건축을 보급

(2) 팀 텐(Team 10)
① CIAM 제10회 국제회의(1959)에서 해체를 주도한 단체
② 전체보다는 부분을, 고정보다는 변화를, 닫혀진 미학에서 열려진 미학을, 조직보다는 개인을 중요시함

(3) GEAM
① 움직이는 건축 연구 그룹(1957~1963)
② 건축가는 이용자가 자신의 사회와 그 속에서 움직이고 사회를 형성해 나가기 위한 가능성을 줄 수 있는 유연성 있고 움직이는 건축을 창조해야 한다는 것이 기본적 사고임
③ 스페이스, 프레임, 플라스틱에 의한 막구조, 확장 구조 등 새로운 구조 기술을 사용

(4) 아키그램(Archigram)
① 이상향 계획안 : 변화무쌍한 상상력의 유연성을 추구
② 피터 쿡의 '인스턴트 시티(1968)' : 돌아다니는 대도시라는 발상에서 시작하고, 공동체를 이루는 패키지로 일시적으로 합체 분해 가능한 도시 구상
③ 워렌 초크의 '캡슐(1964)' : 캡슐은 기술 발전과 거주 필요에 따라 자유롭게 변형함(플러그인 시티의 연장 개념)
④ 론 헤론의 'Walking City(1964)'

(5) 메타볼리즘(Metabolism, 1960~)
① 신진대사를 의미하는 생물학 용어로서 생체의 메카니즘을 기계에 포함시킨다는 발상
② 생물학적 이미지, 생물과의 유추에 의한 건축을 주장. 건축과 환경의 신진대사 개념을 조형
③ 주요 건축가 : 단게 겐조, 구로가와 기쇼(나카진 캡슐 타워(1972)), 기쿠다케 기요노리(해상도시 계획안(1963))

(6) 형태주의(Formalism)
① 표현적 특성을 강조하는 형태적, 미적 측면에 관심
② 내용보다 형태를 강조하고 전통적, 상징적 요소 도입
③ 주요 건축가 : SOM(존 핸콕 빌딩, 람베르트 은행), 에로 사리넨(JFK 국제공항 TWA 터미널(1962))

10년간 자주 출제된 문제

10-1. 20세기 중반 현대 건축에 관한 내용 중 옳지 못한 것은?

① 메타볼리즘(Metabolism, 1960)은 생물학적 이미지, 생물과의 유추에 의한 건축을 주장하였다.
② 형태주의(Formalism, 1958)은 근대 건축의 원리를 거부하고 건축의 표현적 특성을 강조하며 미적 형태의 관심을 가졌다.
③ 브루탈리즘(Brutalism 1958~1966)은 직접적이고 솔직한 생소재의 모습을 노출시키는 노출미학의 건축으로 구조와 재료, 설비를 있는 그대로 정직하게 표현하려 하였다.
④ 아키그램(Archigram)은 이념과 다른 현실적 디자인을 적용한 전원도시를 계획하였다.

10-2. 론 헤론의 움직이는 도시(Walking City)의 계획안은 어느 건축운동과 관계가 깊은 것인가?

① CIAM
② Archigram
③ Post-Modernism
④ 바우하우스

10-3. 근대 건축의 도시계획에 관한 설명 중 틀린 것은?

① 도시화의 문제점 해소를 위해 도시공간의 재편하려 하였다.
② 모델도시의 실천으로 전원도시 건설, 각종 이론(근린주구 등) 및 도시계획 개념을 발표하고 발전시켰다.
③ 오스만(Haussmann)의 쇼(Chaux) 이상도시 계획안에서는 원형 평면에 방사상의 도로로 구성하였다.
④ 하워드(Ebenezer Howard)는 '내일의 전원도시'를 출판하고, 이상적 도시 모델로서 전원도시 실천개념을 발전시켰다.

| 해설 |

10-1
아키그램(Archigram)은 이상향 계획안을 시도하였다.

10-3
르두(Claude Nicolas Ledoux, 1736~1806)의 쇼(Chaux) 이상도시 계획안에서는 원형 평면에 방사상의 도로로 구성하였다.

정답 10-1 ④ 10-2 ② 10-3 ③

(7) 브루탈리즘(Brutalism, 1958~1966)

① 직접적이고 솔직한 생소재의 모습을 노출시키는 건축
② 구조, 재료, 설비의 정직한 표현과 노출
③ 건축의 구성요소로서 각 요소의 정체성과 연관성 강조
④ 건축의 윤리성과 진실성을 강조

(8) 포스트 모더니즘(Post Modernism, 탈근대 건축)

① 근대 건축 사상의 의도적 거부, 이탈
② 상징성의 회복 시도
③ 대중적, 지역적 코드에 관심 : 전통, 역사 장식 도입
④ 맥락주의 건축 : 도시 환경, 문화, 역사적 맥락을 중시

(9) 레이트 모더니즘(Late Modernism, 후기 근대 건축)

① 근대 건축 이념과 형식 계승, 미적 즐거움을 제공하려 함
② 실용주의 사고, 관습적 형태보다 추상적 형태언어와 공업 기술을 구사함으로써 근대 건축의 원리를 기술적 완벽으로 발전시키려 함
③ 구조 왜곡 및 표피 강조 : 건물 구조, 기술적 이미지 과장
④ 기계미학 : 논리성과 동선, 기술의 강조 및 장식적 사용

(10) 해체주의(Deconstructivism)

① 근대 건축의 본질적 특성(전통과의 대립)을 계승하지만, 건축과 기능, 건축과 공간 형태에 있어서 차이점을 지님
② 사용자와의 환경적 맥락, 공간과 기능 등의 건축 구성의 모든 요소들의 관계에 의해 변화 가능, 융통성 있는 (기능주의 건축과는 다른) 건축 주제를 담고자 한다.
③ 주요 특징
  ㉠ 고정관념의 해체를 목적
  ㉡ 비정형적 성격
  ㉢ 형태적 구성에서 러시아의 구성주의와 유사

④ 주요 건축가
   ㉠ 렘 콜하스 : 네덜란드 국립무용극장, 후쿠오카 넥서스 월드 집합주택
   ㉡ 자하 하디드 : 동대문 디자인 플라자(DDP)
   ㉢ 베르나르 추미 : 라 빌레트 공원
   ㉣ 프랭크 게리 : 스페인 빌바오의 구겐하임 미술관, 비트라 디자인 뮤지엄
   ㉤ 피터 아이젠먼 : 웩스너 시각예술센터, 학살된 유럽 유대인을 위한 추모비(2005)

10년간 자주 출제된 문제

10-4. 스페인 빌바오의 구겐하임(Guggenheim) 미술관을 설계한 건축가는?
① 찰스 젱크스(Charles Jencks)
② 아이 엠 페이(I.M.Pei)
③ 노먼 포스터(Norman Foster)
④ 프랭크 게리(Frank O. Gehry)

10-5. 다음 현대 건축 건축가와 작품의 연결이 잘못된 것은?
① 예른 웃손 - 시드니 오페라하우스
② 알도 반 에이크(Aldo Van Eyck) - Nieuwmarkt Playground
③ 렘 콜하스(Rem Koolhaas) - 넥서스 월드
④ 자하 하디드(Zaha Hadid) - 라 빌레트 공원

10-6. 다음 현대 건축 건축가와 작품의 연결이 잘못된 것은?
① 자하 하디드(Zaha Hadid) - 동대문 디자인 플라자(DDP)
② 아이 엠 페이(Ieoh Ming Pei) - 빌바오 구겐하임 미술관
③ 피터 아이젠먼(Peter Eisenman) - 학살된 유럽 유대인을 위한 추모비(2005)
④ 도미니크 페로(Dominique Perrault) - 이화여대 이화 캠퍼스 콤플렉스(ECC)

|해설|

10-4, 10-6
프랑크 게리(Frank Owen Gehry) : 빌바오의 구겐하임 미술관

10-5
라 빌레트 공원은 베르나르 추미(Bernard Tschumi)의 작품

정답 10-4 ④ 10-5 ④ 10-6 ②

제14절 한국 건축사

핵심이론 01 | 한국 건축의 특성

(1) 주요 특성
① 위치 : 자연을 존중하고 지세에 적응하고 조화되도록 배려(지형, 기후, 생활문화 등 고려)
② 기교 : 인위적 기교를 사용하지 않음(무기교의 기교)
③ 규모 : Human Scale을 적용하여 지나치게 크지 않다.
④ 외관 : 아름답고 안정된 외관 구성(배흘림, 민흘림, 귀솟음, 안쏠림 등)
⑤ 공간 구성 : 비대칭적 구성에 의한 균형미
⑥ 배치 : 배산임수, 향보다는 지세

(2) 착시 보정 기법
① 기둥에 배흘림(Entasis)을 두었다.
② 기둥에 안쏠림과 우주(隅柱)의 솟음을 두었다.
   ㉠ 귀솟음 : 우주를 중간에 있는 평주보다 약간 길게(높게) 하여 솟아 올리게 해서 처마 곡선과 조화를 이루도록 한다.
   ㉡ 안쏠림 : 기둥 상단을 안쪽으로 쏠리게 세우는 것으로 시각적으로 건물 전체에 안정감을 준다.

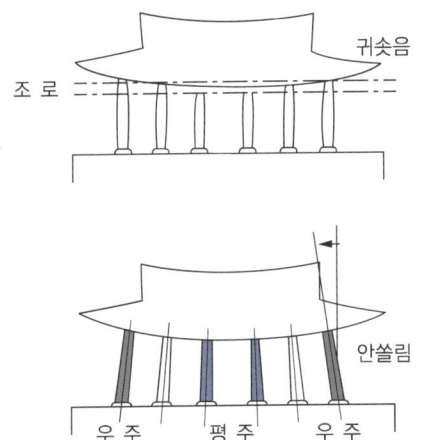

③ 지붕 처마 곡선의 후림과 조로 수법
   ㉠ 후림 : 평면에서 처마의 안쪽으로 휘어 들어오는 것
   ㉡ 조로 : 입면에서 처마의 양 끝이 들려 올라가는 것

(3) 한국 주거 공간의 특성

① 비대칭성 : 자연에 따라 건물을 비대칭적으로 배치
② 연속성 : 주공간과 부공간들을 상호 유기적으로 연결
③ 공간의 폐쇄성 : 내적 개방적, 외적 폐쇄성
④ 위계적 공간구성 : 지붕 크기, 지형 고저차 이용한 위계

10년간 자주 출제된 문제

1-1. 한국 건축에 관한 설명으로 옳지 않은 것은?
① 한국 건축은 인간적 척도 개념을 나타내는 특징이 있다.
② 기둥의 안쏠림으로 건축의 외관에 시지각적인 안정감을 느끼게 하였다.
③ 한국 건축은 서양 건축과 달리 박공면이 정면이 되고 지붕면이 측면이 된다.
④ 한국 건축은 공간의 위계성이 있어 각 공간의 관계가 주(主)와 종(從)의 관계를 갖는다.

1-2. 착시현상을 바로잡기 위한 조치를 서양 건축의 고전인 그리스 건축에서 뿐 아니라 우리나라의 전통건축에서도 찾을 수 있다. 서양 건축에서는 볼 수 없고, 우리의 전통건축에서만 볼 수 있는 것은 다음 중 어느 것인가?
① 배흘림   ② 귀솟음
③ 안쏠림   ④ 투시도 효과의 적용

1-3. 우리나라의 전통주택에 대한 기술 중 부적당한 것은?
① 상류주택은 독립적인 채와 마당이 유교적 질서 하에 유기적인 공간구성을 하고 있다.
② 전통주택의 마당 중에 사랑마당은 선비의 검소한 품격에 맞추어 구성되었고 꽃나무 등은 안마당 정원에 조경되었다.
③ 전통주택의 격에 따라 각 채의 칸 사이가 다르다.
④ 치목과정에서 생긴 자귀 등의 연장 자국은 굳이 피하려 하지 않고 자연스럽게 처리하였다.

|해설|

1-1
한국 건축은 서양 건축과 달리 박공면이 측면이 되고 지붕면이 보이는 쪽이 정면이 된다.

1-2
귀솟음은 모서리 기둥을 평주보다 약간 길게 하여 솟아 올림으로서 처마곡선을 조화롭게 보이게 하는 기법이다.

1-3
마당은 흙바닥으로 마감되는 것이 일반적이며, 정원은 후원에 두었다.

정답 1-1 ③ 1-2 ② 1-3 ②

핵심이론 02 | 삼국시대부터 고려시대의 건축

(1) 삼국시대 건축

① 가장 먼저 건축된 불사는 흥륜사(534~544년)와 영흥사
② 황룡사지
  ㉠ 9층 탑은 한국 최대의 목조 탑파였으나 소실됨
  ㉡ 전형적인 일탑식 가람배치 형식
③ 분황사탑
  ㉠ 안산암을 벽돌과 같은 모양으로 다듬어서 축조한 모전탑의 일부와 당간지주가 보존되어 있다.
  ㉡ 처음에는 9층이었으나 현재는 3층만 남아 있다.

(2) 통일신라시대 건축

① 조형미술이 크게 발달
② 조화미, 정제미의 극치 : 중국과 서역 불교미술 전래
③ 궁궐은 장엄(임해전지, 안압지, 포석정 등이 남음)
④ 불 사
  ㉠ 삼국 통일 후 불교 중흥에 힘써 전국에 많은 절 창건
  ㉡ 경주 감은사, 사천왕사, 망덕사, 불국사, 합천 해인사, 동래의 범어사, 구례 화엄사, 보은 법주사
  ㉢ 일탑식 가람배치와는 달리 2탑식 가람배치가 도입
  ㉣ 불국사 : 751년(경덕왕 10년)에 김대성에 의해 건립됨
  ㉤ 석굴암 : 사각형 전실과 원형 평면 주실, 돔 천장

(3) 고려시대 건축

① 건축적 특성
  ㉠ 전체적으로 외관이 높고 웅대
  ㉡ 기둥은 배흘림 양식 도입(건물의 안정감)
  ㉢ 일조 효율 향상(처마끝과 주춧돌 일조 각도 30° 내외)
  ㉣ 공포(栱包) 양식이 발전
  ㉤ 풍수지리설의 영향

② 불사
- ㉠ 주심포식 : 봉정사 극락전(최초 목조건물), 부석사 무량수전, 수덕사 대웅전, 강릉 객사문
- ㉡ 다포식 : 심원사 보광전, 석왕사 응진전, 성불사 응진전

③ 궁궐 : 만월대(개경), 수녕궁

10년간 자주 출제된 문제

2-1. 고구려의 불사 건축에 관한 설명으로 옳지 않은 것은?
① 일탑식 가람배치를 형성하였다.
② 궁궐 건축의 배치형식으로부터 영향을 받았다.
③ 불사는 주로 도성 근처에 건축하였다.
④ 청암리 사지(淸岩里 寺址)는 1탑 1금당 배치이다.

2-2. 한국의 고대 사찰 배치 중 1탑 3금당 배치에 속하는 것은?
① 미륵사지
② 불국사지
③ 정림사지
④ 청암리 사지

2-3. 고려시대를 대표하는 건축물이 아닌 것은?
① 예산 수덕사 대웅전
② 영주 부석사 무량수전
③ 안동 봉정사 대웅전
④ 속리산 법주사 팔상전

|해설|

2-1, 2-2
청암리 사지(淸岩里 寺址)
- 평양에 위치한 사찰터로 고구려의 불사 건축이다.
- 전체의 건축물 배치가 중심축을 기준으로 대칭으로 놓여 있고, 남으로부터 중문·탑·금당이 놓여 있다.
- 1탑 3금당 배치 : 탑의 좌우에는 동·서금당을 배치하였으며 북금당 뒤쪽에는 강당터가 있다.

2-3
속리산 법주사 팔상전은 조선시대 중기의 다포식 건물이다.

정답 2-1 ④ 2-2 ④ 2-3 ④

핵심이론 03 | 조선시대 건축

(1) 건축적 특성
① 궁궐과 성곽, 성문, 학교 건축이 중심(불교 건축의 쇠퇴)
② 건물 규모를 신분에 따라 규제
③ 건물 자체의 균형 및 주위 환경과의 조화
④ 자연 그대로 살린 정원 설계(비원, 창경궁)
⑤ 궁궐은 장대, 화려(경복궁, 창경궁, 창덕궁, 덕수궁 등)
⑥ 조선시대 궁궐이나 사찰 전각에는 다포식을 주로 사용

(2) 불사
① 송광사 : 대웅전을 중심으로 지형에 따라 자유롭게 배치
② 금산사 미륵전(1635년 중건) : 다포식 3층 불전
③ 안동 봉정사 대웅전 : 초기 다포식, 단층 8각 지붕
④ 부여 무량사 극락전 : 다포식, 중층 8각 지붕
⑤ 양산 통도사 대웅전 : 단층, 정자형 지붕, 다포식
⑥ 구례 화엄사 : 각황전(다포식), 대웅전(다포식)

(3) 다포식 목조 건축
① 초기 : 개성 남대문, 서울 남대문, 안동 봉정사 대웅전
② 중기 : 창경궁 명정전, 강화 전등사 대웅전
③ 후기 : 불국사 극락전, 대웅전, 수원 팔달문, 창덕궁 인정전, 동대문, 경복궁 근정전, 덕수궁 중화전 등

(4) 주심포식 목조 건축
① 초기 : 부석사 조사당, 무위사 극락전, 송광사 국사전
② 중기 : 도동서원, 안동 봉정사 화엄강당 및 고금당
③ 후기 : 전주 풍남문, 밀양 영남루

(5) 익공식 목조 건축
① 초기 : 합천 해인사 장경판고(초익공), 강릉 오죽헌(이익공), 청평사 회전문
② 중기 : 서울 동묘(초익공), 서울 문묘 명륜당(이익공), 종묘 정전 및 영령전, 남원 광한루(이익공)

③ 후기 : 수원 화서문(이익공), 제주 관덕정(이익공), 경복궁 경회루 및 향원정, 덕수궁 중화전

(6) 향교, 서원의 배치
① 전묘후학(前廟後學) : 대성전(배향 공간)을 앞에 배치하고 강학 공간을 뒤에 배치한 형식
② 전학후묘(前學後廟) : 강학 공간을 앞에 배치하고 대성전(배향 공간)을 뒤에 배치한 형식

10년간 자주 출제된 문제

3-1. 한국 전통건축물의 공포 양식이 옳게 연결된 것은?
① 남대문 – 다포 양식
② 동대문 – 주심포 양식
③ 강릉 오죽헌 – 주심포 양식
④ 부석사 무량수전 – 익공 양식

3-2. 경복궁의 궁궐 배치는 전조 공간과 후침 공간으로 이루어져 있다. 다음 중 전조 공간의 구성에 속하지 않는 것은?
① 근정전   ② 만춘전
③ 천추전   ④ 강녕전

3-3. 관학인 향교의 배치 방법 중 평지에 지어지고 대성전을 앞에 배치한 것은?
① 전조후침(前朝後寢)   ② 전조후시(前朝後市)
③ 전묘후학(前廟後學)   ④ 전학후묘(前學後廟)

|해설|

3-1
② 동대문 : 다포 양식
③ 강릉 오죽헌 : 익공 양식
④ 부석사 무량수전 : 주심포 양식

3-2
전조 공간(나랏일을 보는 정무 공간)
• 근정전 : 국가의 중대한 의식을 거행
• 중심 편전인 사정전의 좌우에 보조 편전인 만춘전과 천추전이 있다.
후침 공간(생활 공간)
• 강녕전 : 경복궁의 내전(內殿)이고 왕이 일상을 보내는 거처였으며 침전으로 사용한 전각(殿閣)이다.

정답 3-1 ① 3-2 ④ 3-3 ③

핵심이론 04 | 근대 건축

(1) 구한말 건축

구 분	건축물	양 식	비 고
종교 건축	약현성당	삼랑식 고딕	–
	명동성당	고 딕	–
	정동교회	고 딕	–
	정관헌	서양 절충식	고종 때 정자
	천주교성당	고 딕	원효로
상업 건축	일본 제일은행	르네상스	–
	부산세관	르네상스	현 부산세관
기 타	독립문	석 조	–
	덕수궁 석조전	그리스	이오니아식

(2) 일제 강점기 건축

구 분	건축물	양 식	비 고
공공 건축	조선총독부	르네상스	전 국립중앙박물관
	경성부청	절충주의	현 서울시청
	경성역사	르네상스	전 서울역사
	경성부민관	절충주의	–
상 업	화신백화점	합리주의	박길용
학 교	보성전문학교	고 딕	박동진(고대 본관)
	경성제대본관	–	박길용(문예진흥원)
종 교	성공회성당	로마네스크	벽돌, 화강석

(3) 해방 이후 건축(건축가별 분류)

건축가	건축물
김중업	프랑스 대사관, 서강대 및 제주대 본관, 삼일 빌딩
김수근	자유센터, 국립 진주 박물관
이희태	절두산복자기념 성당, 혜화동 성당
엄덕문	세종문화회관
이광노	어린이 회관, 중국 대사관
이해성	남산 시민 도서관

10년간 자주 출제된 문제

4-1. 한국 근대 건축 중 르네상스 양식을 취하고 있는 것은?
① 명동성당
② 한국은행
③ 덕수궁 정관헌
④ 서울 성공회성당

4-2. 우리나라 근대 건축물 가운데 르네상스 양식으로만 짝지어진 것은?
① 성공회 서울성당, 경성부민관
② 경성역사, 조선은행
③ 조선은행, 경성부민관
④ 명동성당, 성공회 서울성당

4-3. 고려대학교 본관 건물은 누구의 작품인가?
① 박동진　　② 박길룡
③ 김수근　　④ 김중업

4-4. 한국 근대 건축 중 로마네스크 양식을 취하고 있는 건축물은?
① 명동성당　　② 정관헌
③ 서울 성공회성당　　④ 정동교회

|해설|

4-1
② 한국은행 : 르네상스 양식
① 명동성당 : 고딕 양식
③ 덕수궁 정관헌 : 한식과 서양식(로마네스크)이 혼합된 양식
④ 서울 성공회성당 : 로마네스크 양식

4-2
• 경성역사 : 르네상스 양식
• 조선은행 : 르네상스 양식
• 성공회성당 : 로마네스크 양식
• 경성부민관 : 절충주의 양식
• 명동성당 : 고딕 양식

정답 4-1 ②　4-2 ②　4-3 ①　4-4 ③

핵심이론 05 | 공포(栱包)

(1) 부재 결구 순서

① 기 둥
② 창방 : 기둥 머리 연결
③ 평방 : 다포식에 해당
④ 주 두
⑤ 첨 차
⑥ 살미(제공)
⑦ 소 로

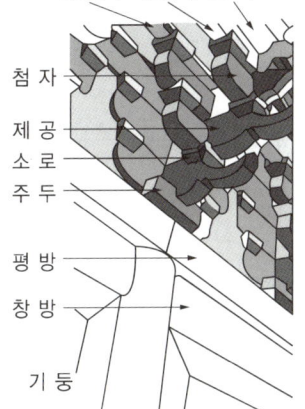

(2) 주심포계 양식(고려 중기 남송에서 전래)

① 기둥 위에 주두를 놓고 배치
② 배흘림이 큰 편이며, 단아한 외관
③ 고려시대에는 사찰의 불전 등 주요 건축물에 사용하였으나, 조선시대에는 중요도가 낮은 곳에 사용
④ 맞배지붕이 많고, 측면에 공포 없음(무량수전 팔작지붕)
⑤ 주로 단장혀 사용
⑥ 대부분 연등천정으로 건물 내부 구조미를 볼 수 있다.
⑦ 대부분 내출목은 없으며, 외1출목인 3포집이다.
⑧ 주두와 소로는 오목굽에 굽받침이 있으며, 헛첨차도 쓰인다(봉정사 극락전은 굽받침, 헛첨차 없음).

(3) 다포계 양식(고려 말 원나라에서 전래)

① 창방 위에 평방을 놓고, 주간에도 공포를 배치한다.
② 주심포식보다 배흘림이 덜하다.
③ 외형이 정비되고 장중한 외관
④ 중요도 높은 건물에 사용
⑤ 팔작지붕에 많이 사용
⑥ 주로 긴장혀 사용
⑦ 우물천정 구성으로 동자주, 대공 등의 천정구조는 단순

⑧ 건물 내부에도 출목장여를 두고, 외부출목도 2출목 이상으로 할 때가 많으며, 일반적으로 내출목이 더 많다.
⑨ 주두나 소로의 굽은 평굽으로 되고 굽받침은 없다.

(4) 익공 양식
① 조선 초기 주심포 양식을 간략화하여 개발한 공포 양식
② 기둥 위에 새 날개 모양의 첨차식 장식과 주심도리를 높이는 구조
③ 궁궐의 침전, 누각, 회랑 등 부차적 건물이나 관아, 향교, 서원 등 유교 건축물, 지방 상류 주택에 사용

10년간 자주 출제된 문제

5-1. 다음 건축물 중 주심포 양식에 속하지 않는 것은?
① 강릉 객사문
② 석왕사 응진전
③ 봉정사 극락전
④ 부석사 무량수전

5-2. 주심포식 건축 양식에 속하지 않는 것은?
① 무위사 극락전
② 심원사 보광전
③ 수덕사 대웅전
④ 봉정사 극락전

5-3. 다음 건축물 중 익공식(翼工式)에 속하는 것은?
① 강릉 오죽헌
② 서울 동대문
③ 봉정사 대웅전
④ 무위사 극락전

5-4. 현존하는 우리나라 목조 건축물 중 가장 오래된 것은?
① 봉정사 극락전
② 법주사 팔상전
③ 부석사 무량수전
④ 화엄사 보광대전

5-5. 다음 중 다포 양식의 건축물이 아닌 것은?
① 내소사 대웅전
② 경복궁 근정전
③ 전등사 대웅전
④ 무위사 극락전

|해설|

5-1, 5-2
석왕사 응진전, 심원사 보광전은 다포 양식이다.

5-3
②, ③은 다포식이며, ④는 주심포식이다.

5-4
봉정사 극락전 : 고려시대 주심포식(현존 가장 오래된 목조 건축)

5-5
무위사 극락전은 주심포식이다.

정답 5-1 ② 5-2 ② 5-3 ① 5-4 ① 5-5 ④

CHAPTER 02 건축시공

제1절 총론

핵심이론 01 개요

(1) 건축시공의 관리요소
① 3대 요소 : 공정, 품질, 원가
② 4대 요소 : 공정, 품질, 원가, 안전
③ 5대 요소 : 공정, 품질, 원가, 안전, 환경

(2) 건설생산 주체
① 건축주 : 공사시행 주체로, 자금을 투자하여 공사를 행하는 시행주체, 기업주, 일명 발주자
② 현장대리인(소장) : 건설공사 도급계약조건에 따라 공사 관리, 기술 관리, 기타 업무를 수행하는 총괄책임자
③ 감리자 : 설계도서대로 공사가 진행되는지의 여부 확인 및 기술 지도, 감독, 공사시행자 지도
④ 시공자 : 직접적으로 건축물을 시공하는 공사 업무를 담당하는 자를 뜻하며 하도급자까지 포함(상세시공도면 작성)

(3) 공사 감리자의 업무
① 공사비 내역 명세의 조사
② 공사의 지시, 입회 검사
③ 시공 방법의 지도
④ 공사현장 안전관리 지도
⑤ 관계법령에 의한 기준에 적합한 건축자재인지 여부의 확인
⑥ 품질시험의 실시여부 및 시험성과의 검토, 확인

(4) 건설노무자
① 직용노무자 : 원도급자에게 직접 고용된 노무자로서 미숙련자가 대부분이다.
② 정용노무자 : 전문업자, 하도급자에게 고용된 노무자로서 숙련공이 대부분이다.
③ 임시 고용노무자 : 날품노무자, 보조 노무자

10년간 자주 출제된 문제

1-1. 건설현장에서 공사 감리자가 하는 업무로 옳지 않은 것은?
① 상세시공도면의 작성
② 공사 시공자가 사용하는 건축자재가 관계법령에 의한 기준에 적합한 건축자재인지 여부의 확인
③ 공사현장에서의 안전관리지도
④ 품질시험의 실시 여부 및 시험성과의 검토, 확인

1-2. 건축시공의 5대 관리요소가 아닌 것은?
① 안전관리   ② 품질관리
③ 원가관리   ④ 노무관리

1-3. 발주자에 의한 현장관리로 볼 수 없는 것은?
① 착공 신고   ② 하도급 계약
③ 현장회의 운영   ④ 클레임 관리

1-4. 공사 착공시점의 인허가 항목이 아닌 것은?
① 비산먼지 발생사업 신고
② 오수처리시설 설치신고
③ 특정 공사 사전신고
④ 가설건축물 축조신고

|해설|

1-1
상세시공도면의 작성은 시공자의 업무이다.

1-3
- 발주자는 원도급자와 계약을 하며, 하도급 계약과 관계없다.
- 하도급 계약은 원도급자와 하도급자 간의 계약이다.

1-4
오수처리시설 설치신고는 공사 착공 전에 한다.

정답 1-1 ① 1-2 ④ 1-3 ② 1-4 ②

핵심이론 02 | 건설관리 기법

(1) VE(Value Engineering, 가치공학)
① 개념
  ㉠ VE는 발주자가 요구하는 성능·품질을 보장하면서 최소의 비용으로 공사를 수행하기 위한 수단을 찾고자 하는 체계적이고 과학적인 공사관리 기법이다.
  ㉡ VE는 가치공학으로서 발주자를 위한 비용과 시간을 절감하고 기능 위주의 사고(기능/원가, 원가에 대한 기능을 향상하는 사고방식)가 필요하다.

$$VE = \frac{기능(Function)}{비용(Cost)}$$

  ㉢ VE의 효과적인 도입 단계 : Design단계(설계단계)

② VE(Value Engineering)의 기본원칙
  ㉠ 사용자 우선의 원칙
  ㉡ 기능본위 우선의 원칙
  ㉢ 창조에 의한 변경 우선의 원칙
  ㉣ Team Design 우선의 원칙
  ㉤ 가치향상 우선의 원칙

③ VE의 적용
  ㉠ 기능 중심의 접근 및 기능적 설계
  ㉡ 고정관념의 제거, 사용자 중심의 사고
  ㉢ 조직적 노력과 가치의 제고
  ㉣ 원가 절감과 공기 단축

(2) 린 건설(Lean Construction)
① 낭비가 없는 효율적 생산시스템으로써 가치 및 비가치 요소로 구분하고 불리한 요소를 최소화하며, 최소 비용 및 기간으로 결함, 재고, 낭비가 없는 생산을 목표로 한다.
② 관리방법 : 변이관리, 당김생산, 흐름생산
③ 린 건설 방식의 효과
  ㉠ 순서에 따른 작업 진행으로 관리능률 향상
  ㉡ 변이관리능력 향상
  ㉢ 주문 재고, 낭비의 최소화
  ㉣ 표준적 공정 반복 시 효과적
  ㉤ 공기 단축
  ㉥ 원가(비용) 절감

10년간 자주 출제된 문제

2-1. VE 사고방식과 가장 거리가 먼 것은?
① 기능 중심의 사고
② 비용절감
③ 제도, 법규 위주의 사고
④ 발주자, 사용자 중심의 사고

2-2. 가치공학(Value Engineering)기법에서 어떤 개선 활동이나 계획을 세울 때 적용하는 것은?
① 기능설계   ② 원가 절감
③ 브레인스토밍 ④ 공기단축 기법

2-3. 공사계약제도 중 공사관리방식(CM)의 단계별 업무 내용 중 비용의 분석 및 VE 기법의 도입 시 가장 효과적인 단계는?
① Pre-Design단계(기획단계)
② Design단계(설계단계)
③ Pre-Construction단계(입찰·발주단계)
④ Construction단계(시공단계)

2-4. 린 건설(Lean Construction)에서의 관리 방법으로 옳지 않은 것은?
① 변이관리   ② 당김생산
③ 흐름생산   ④ 대량생산

|해설|
2-1
제도, 법규 위주의 사고는 관계가 없다.
2-2
브레인스토밍 : 어떤 개선 활동이나 계획을 세울 때 아이디어를 제시하고 토의하는 기법이다.
2-3
VE 기법은 Design단계(설계단계)에서 수행하는 것이 가장 효과적이다.
2-4
대량생산할 경우 재고가 발생할 우려가 있다. 린 건설은 낭비를 최소화하는 효율적인 생산시스템을 말한다.

정답 2-1 ③ 2-2 ③ 2-3 ② 2-4 ④

(3) 건설정보 관리 시스템

① CALS(Continuous Acquisition & Life-cycle Support, 건설사업정보화)
건설사업의 설계, 시공, 유지관리 등 전 과정의 생산정보를 발주자, 관련 업체 등이 전산망을 통하여 교환 및 공유하기 위한 통합 정보화 체계

② CIC(Computer Integrated Construction)
건설산업 정보통합화 생산 시스템으로써 설계·시공에서 발생되는 데이터를 가지고 컴퓨터와 자동화 기술들을 이용하여 생산을 돕는 개념으로, CIC는 건설생산에 초점을 맞춰 계획, 관리, 엔지니어링, 설계, 구매, 시공, 유지보수 등 건설업체가 수행하는 모든 행위를 대상으로 한다.

③ MIS(Management Information System)
기업의 관점에서 경영시스템의 목표인 이익창출을 위해 재무, 인사, 노무 등의 운영 요소를 대상으로 다른 하위 시스템이 효율적으로 작용하도록 지원하는 경영 정보 시스템

④ PMIS(Project Management Information System)
건설 기획단계부터 유지관리까지 발주처, 사업관리자, 설계사, 시공사, 감리자 사이의 정보 흐름을 원활하게 관리함으로써 원가절감 및 합리적 의사결정을 하는 프로젝트 전반에 대한 체계적인 관리절차 시스템이다. 이 시스템은 기획, 공정, 사업비, 구매 및 계약, 공사 품질, 설계, 장비 및 기자재, 시운전 관리 등 다양한 기능을 포함하고 있다.

⑤ CAM(Computer Aided Manufacturing)
제품 생산을 위해 CAD에서 만들어진 형상 데이터를 입력 데이터로 가공하기 위한 응용 프로그램 작성 등의 생산 준비 전반을 컴퓨터로 하는 컴퓨터 지원제조 시스템

⑥ SCM(Supply Chain Management, 공급망관리)
제품의 생산에서 판매까지 모든 공급과정을 관리하는 시스템

⑦ CIM(Computer Integrated Manufacturing)
제조, 개발, 판매로 연결되는 정보 흐름의 과정을 일련의 정보시스템으로 통합한 종합적인 생산관리 시스템

⑧ BIM(Building Information Modeling)
3차원 형상정보 모델로서 건설 전 분야에서 시설물 객체의 물리적, 기능적 특성에 의하여 시설물 수명주기 동안 의사결정을 하는데 신뢰할 수 있는 근거를 제공하는 3D 모델링 및 업무 절차, 그 결과물로서의 디지털 모델과 그로부터 생산되는 산출물을 모두 포함한다.

10년간 자주 출제된 문제

2-5. 건설공사 기획부터 설계, 입찰 및 구매, 시공, 유지관리의 전 단계에 있어 업무 절차의 전자화를 추구하는 종합건설 정보망체계를 의미하는 것은?
① CALS   ② BIM
③ SCM   ④ B2B

2-6. 건설 프로세스의 효율적인 운영을 위해 형성된 개념으로 건설생산에 초점을 맞추고 이에 관련된 계획, 관리, 엔지니어링, 설계, 구매, 계약, 시공, 유지 및 보수 등의 요소들을 주요 대상으로 하는 것은?
① CIC(Computer Integrated Construction)
② MIS(Management Information System)
③ CIM(Computer Integrated Manufacturing)
④ CAM(Computer Aided Manufacturing)

2-7. 건설사업자원 통합 전산망으로 건설 생산활동 전 과정에서 건설 관련 주체가 전산망을 통해 신속히 교환·공유할 수 있도록 지원하는 통합 정보 시스템의 용어로써 옳은 것은?
① 건설 CIC(Computer Integrated Construction)
② 건설 CALS(Continuous Acquisition & Life Cycle Support)
③ 건설 EC(Engineering Construction)
④ 건설 EVMS(Earned Value Management System)

|해설|

2-5
CALS : 제품계획, 설계, 조달, 생산, 사후관리, 폐기 등 전 과정에서 발생하는 정보의 전산화로써 기업 간 상호 공유하는 건설정보 종합 시스템

2-6
① CIC : 건설산업 정보 통합화 생산 시스템
② MIS : 기업의 경영정보 시스템
③ CIM : 종합적인 생산관리 시스템
④ CAM : 컴퓨터 지원제조 시스템

2-7
② 건설 CALS : 건설 통합 정보화 시스템

정답 2-5 ① 2-6 ① 2-7 ②

핵심이론 03 | 공사 입찰

(1) 일반경쟁입찰 순서

입찰공고 → 참가등록 → 설계도서 교부, 열람 → 현장설명, 질의응답 → 견적 → 입찰 등록 → 입찰 → 개찰 → 낙찰 → 계약

(2) 입찰방식의 종류

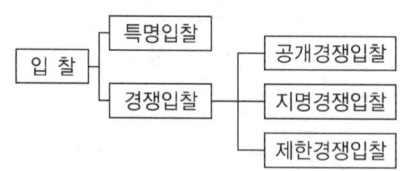

① 특명입찰(수의계약)
  ㉠ 가장 적격한 1명을 지명하여 입찰시키는 방법이다.
  ㉡ 입찰 수속이 간단하다.
  ㉢ 공사 기밀을 유지할 수 있고, 우량 시공이 기대된다.
  ㉣ 공사비 결정이 불명확하고 공사비 증대가 우려된다.
  ㉤ 불공정할 수가 있다.

② 지명경쟁입찰
  ㉠ 공사에 적합한 3~7개 회사 선정 후 입찰시키는 방법이다.
  ㉡ 시공상의 신뢰성이 높아진다.
  ㉢ 불합리한 요소가 줄어들고, 부당한 업자를 제거할 수 있다.
  ㉣ 담합의 우려가 크다.

③ 공개경쟁입찰
  ㉠ 유자격자는 모두 참가할 수 있도록 입찰하는 방식이다.
  ㉡ 담합의 우려가 적고 입찰자 선정이 공정하다.
  ㉢ 일반업자에게 균등한 기회를 제공한다.
  ㉣ 공사비가 절감된다.
  ㉤ 입찰 수속이 번잡하고, 공사가 조잡할 우려가 있다.
  ㉥ 과다 경쟁으로 업계의 건전한 발전을 저해할 수 있다.

(3) 건설 클레임(Claim)

① 계약 당사자가 계약상 조건에 대해 계약서의 조정 또는 해석, 금액의 지급, 공기의 연장, 또는 계약서와 관계되는 기타의 구제를 권리로 요구하는 것 또는 주장하는 것

② 클레임(Claim)은 분쟁(Dispute) 이전 단계를 말한다.

10년간 자주 출제된 문제

3-1. 다음 중 건설공사의 입찰 순서로 옳은 것은?

ⓐ 입찰 통지	ⓑ 계 약
ⓒ 입 찰	ⓓ 현장 설명
ⓔ 낙 찰	ⓕ 개 찰

① ⓐ - ⓓ - ⓒ - ⓑ - ⓔ - ⓕ
② ⓐ - ⓑ - ⓔ - ⓕ - ⓒ - ⓓ
③ ⓐ - ⓔ - ⓑ - ⓕ - ⓒ - ⓓ
④ ⓐ - ⓓ - ⓒ - ⓕ - ⓔ - ⓑ

3-2. 지명경쟁입찰을 택하는 이유 중 가장 중요한 것은?
① 양질의 시공 결과 기대
② 공사비의 절감
③ 준공기일의 단축
④ 공사 감리의 편리

3-3. 건축주가 시공회사의 신용, 자산, 공사경력, 보유기자재 등을 고려하여 그 공사에 적격한 하나의 업체를 지명하여 입찰시키는 방법은?
① 공개경쟁입찰
② 제한경쟁입찰
③ 지명경쟁입찰
④ 특명입찰

3-4. 건설 클레임과 분쟁에 관한 설명으로 옳지 않은 것은?
① 클레임의 예방대책으로는 프로젝트의 모든 단계에서 시공의 기술과 경험을 이용한 시공성 검토가 있다.
② 작업 범위 관련 클레임은 주로 예상 못한 지하구조물 출현이나 지반 형태로 인해 시공자가 작업 수행을 위해 입찰 시 책정된 예정 가격을 초과 부담해야 할 경우에 발생한다.
③ 분쟁은 발주자와 계약자의 상호 이견 발생 시 조정, 중재, 소송의 개념으로 진행되는 것이다.
④ 클레임의 접근 절차는 사전평가단계, 근거자료확보단계, 자료분석단계, 문서작성단계, 청구금액산출단계, 문서제출단계 등으로 진행된다.

|해설|

3-2
지명경쟁입찰은 부적격 업자를 제거하고 시공상 기술적 성과에 대한 신뢰성을 향상시킬 수 있다.

3-4
현장 상이 조건 관련 클레임의 설명이다.

정답 3-1 ④ 3-2 ① 3-3 ④ 3-4 ②

핵심이론 04 | 공사 계약, 도급 방식

(1) 도급계약 방식

① 건축공사 방식 : 직영, 도급공사
② 공사 실시 방식 : 일식, 분할, 공동도급
③ 공사비 지불 방식 : 정액, 단가, 실비정산 보수가산도급

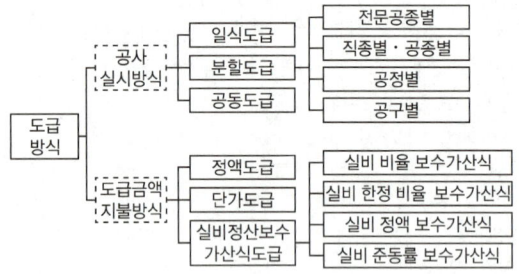

(2) 공사 실시 방식

① 일식도급
　㉠ 건축공사 전체를 하나의 도급자에게 도급시키는 방식
　㉡ 책임한계가 확실하며, 공사관리가 용이하다.
　㉢ 공사비 증대 및 조악한 공사가 되기 쉽다.

② 분할도급
　㉠ 공사 구분 후 전문적 도급업자에게 도급시키는 방식
　㉡ 종 류
　　• 전문공종별 : 전문공사별로 도급
　　• 공정별 : 과정별로 나누어 도급
　　• 공구별 : 지역별로 공사를 분리하여 발주

③ 공동도급
　㉠ 대규모 공사에서 2개 이상의 도급자가 임시로 결합하여 공사를 완성하고 해산하는 것
　㉡ 위험성의 분산 및 시공의 확실성
　㉢ 기술 확충, 융자력과 신용도의 증대
　㉣ 공사 도급 경쟁 완화
　㉤ 한 회사의 도급 공사보다 공사비 증대
　㉥ 구성원 간의 이해 충돌이 발생

④ 컨소시엄(Consortium)
　㉠ 독립된 2개 이상의 회사가 공동의 프로젝트에 참여를 하지만 하나의 법인을 설립하지는 않는다.
　㉡ 프로젝트에 대해 각각 계약을 하므로 문제발생 시 각각의 회사가 독립적으로 책임을 지게 된다.

⑤ 파트너링(Partnering) : 건설사업에 참여하는 여러 회사가 공정의 간섭 등을 사전에 배제하기 위해 공동의 노력을 하는 것

10년간 자주 출제된 문제

4-1. 계약제도의 하나로써 독립된 회사의 연합으로 법인을 설립하지 않으며 공사의 책임과 공사 클레임 등을 각각 독립된 회사의 계약 당사자가 책임을 지는 방식은?

① 공동도급(Joint Venture)
② 파트너링(Partnering)
③ 컨소시엄(Consortium)
④ 분할도급(Partial Contract)

4-2. 공동도급(Joint Venture)방식의 장점에 관한 설명으로 옳지 않은 것은?

① 2명 이상의 업자가 공동으로 도급하므로 자금 부담이 경감된다.
② 대규모 공사를 단독으로 도급하는 것보다 적자 등 위험부담의 분산이 가능하다.
③ 공동도급 구성원 상호 간의 이해충돌이 없고 현장관리가 용이하다.
④ 각 구성원이 공사에 대하여 연대책임을 지므로, 단독도급에 비해 발주자는 더 큰 안정성을 기대할 수 있다.

4-3. 공사 금액의 결정 방법에 따른 도급 방식이 아닌 것은?

① 정액도급　　② 공종별도급
③ 단가도급　　④ 실비정산 보수가산도급

| 해설 |

4-1
③ 컨소시엄(Consortium) : 프로젝트에 대해 각각 계약을 하므로 문제발생 시 각 회사가 독립적으로 책임을 지게 된다.
① 공동도급(Joint Venture) : 2개 이상의 회사가 하나의 법인을 설립하여 프로젝트에 참여하고, 이익이나 문제발생 시 투자 지분에 따라 공동 분배 및 책임을 지는 것
④ 분할도급(Partial Contract) : 공정별, 공구별 분할하여 도급하는 것이며, 분할 범위에 따라 각자가 책임을 지게 된다.

4-2
단독도급에 비해 구성원 상호 간의 이해충돌이 많이 발생하고, 사무관리가 복잡하다.

정답 4-1 ③　4-2 ③　4-3 ②

(3) 공사비 지불 방식

① 정액도급
  ㉠ 공사비 총액을 확정하여 계약하는 방식
  ㉡ 장점 : 공사관리가 간편하며, 자금·공사 계획 등의 수립이 명확하다.
  ㉢ 단점 : 공사가 조악해질 우려가 있으며, 장기 공사나 전례가 없는 공사에는 부적당하다.

② 단가도급
  ㉠ 단가만을 확정하고 공사가 완료되면 실시 수량의 확정에 따라 정산하는 방식
  ㉡ 장점 : 공사의 신속한 착공, 설계 변경에 의한 수량 증감의 계산이 용이하다.
  ㉢ 단점 : 자재, 노무비를 절감하려는 의욕이 저하된다.

③ 실비정산 보수가산도급
  ㉠ 공사의 실비를 확인 정산하고 미리 정한 보수율에 따라 그 보수액을 지불하는 방법
  ㉡ 장점 : 가장 정확하고 양심적인 공사를 할 수 있다.
  ㉢ 단점 : 공사비 절감 노력이 없고 공사기일이 연장된다.

(4) 턴키도급

① 건설업자가 대상 계획의 기업, 금융, 토지조달, 설계, 시공, 기계기구 설치, 시운전까지 주문자가 필요로 하는 모든 것을 조달하여 주문자에게 인도하는 도급계약 방식

② 장 점
  ㉠ 동일 설계자 및 시공자로서 의사소통이 원활
  ㉡ 공기 단축 및 공사비 절감 가능
  ㉢ 책임 시공 및 기술개발 촉진이 가능

③ 단 점
  ㉠ 건축주의 건설 의도 반영이 어려울 수 있음
  ㉡ 공사비에 대한 사전 파악이 어려움
  ㉢ 대규모 건설사에 유리

(5) PQ(Pre-Qualification)제도

① 부실공사를 방지하기 위한 수단으로 입찰 전에 미리 공사수행능력 등을 심사하여 일정 수준 이상의 능력을 갖춘 자에게만 입찰에 참가할 자격을 부여하는 제도이다.

② 시공경험, 기술능력, 재무상태, 조직관리 등 비가격요인을 종합적으로 검토하여 가장 효율적으로 공사를 수행할 수 있는 능력의 업체에 입찰 참가 자격을 부여한다.

10년간 자주 출제된 문제

4-4. 공사 계약 방식 중 공사 수행 방식에 해당하지 않는 것은?
① 실비정산 보수가산계약 ② 설계ㆍ시공 분리계약
③ 설계ㆍ시공 일괄계약 ④ 턴키계약

4-5. 실비정산 보수가산계약 제도의 특징이 아닌 것은?
① 설계와 시공의 중첩이 가능한 단계별 시공이 가능하다.
② 복잡한 변경이 예상되거나 긴급을 요하는 공사에 적합하다.
③ 계약 체결 시 공사 비용의 최댓값을 정하는 최대 보증한도 실비정산 보수가산계약이 일반적으로 사용된다.
④ 공사 금액을 구성하는 물량 또는 단위공사 부분에 대한 단가만을 확정하고 공사 완료 시 실시 수량의 확정에 따라 정산하는 방식이다.

4-6. 발주자가 시공자에게 공사를 발주하는 경우 계약 방식에 의한 시공 방식으로 옳지 않은 것은?
① 보증방식 ② 직영방식
③ 실비정산방식 ④ 단가도급방식

4-7. 입찰참가 사전자격심사(Pre-Qualification)에 관한 설명으로 옳지 않은 것은?
① 공사입찰 시 참가자의 기술능력, 관리 및 경영 상태 등을 종합 평가한다.
② 공사입찰 시 입찰자로 하여금 산출내역서를 제출하도록 한 입찰제도이다.
③ 댐, 지하철, 고속도로 등의 토목 대형 공사에 주로 적용된다.
④ 부실공사를 방지하기 위한 수단이다.

|해설|

4-4
실비정산 보수가산계약은 도급금액 지불 방식에 따른 분류이다.

4-5
④는 단가계약방식이다.

4-6
보증방식은 공사 완료 시 위험에 대한 보증을 해지하는 방식이다.

4-7
산출내역서는 본계약 시 필요한 서류이다.

정답 4-4 ① 4-5 ④ 4-6 ① 4-7 ②

핵심이론 05 | 공사 관리 및 시공계획

(1) 건설사업관리(CM ; Construction Management)

① 건설산업기본법에 따르면, 건설공사에 관한 기획, 타당성 조사, 분석, 설계, 조달, 계약, 시공관리, 감리, 평가 또는 사후관리 등에 관한 관리를 수행하는 것을 말한다.
② 건축주를 대신하여 설계자, 시공자를 관리하는 조직으로 설계정보, 공사정보, 시공성을 고려하여 원가절감 및 공기단축을 꾀할 수 있는 통합시스템 관리조직이다.
③ CM의 업무
  ㉠ 건설공사의 기본구상 및 타당성 조사관리
  ㉡ 계약관리, 설계관리, 사업비관리
  ㉢ 공정관리, 품질관리, 안전관리, 환경관리
  ㉣ 사업정보관리, 준공 후 사후관리

(2) 공사도급 계약서류

① **기본서류** : 도급계약서류 및 약관, 설계도면, 시방서
② **참고서류** : 공사비 내역서, 현장설명서, 질의응답서
③ **첨부서류** : 착공계, 계약보증서, 현장대리인계 등

(3) 공사 진행의 일반적 순서

공사 착공 준비 → 가설공사 → 토공사 → 지정 및 기초공사 → 구조체 공사 → 마감 공사

(4) 시방서(示方書, Specification)

① 설계자의 의도를 시공자에게 전달할 목적으로 설계도에 기재할 수 없는 사항을 기재하는 문서
② 내용 : 재료, 공법, 시공용 기계기구, 시공상 주의사항
③ 우선순위 : 특기시방서 > 표준시방서 > 설계도면

(5) 공사 조직구조의 분류

① 기능별 조직(Functional Organization) : 각 기능별 부서를 구분하여 기능별 책임자가 업무지시 및 공사를 진행
② 매트릭스 조직(Matrix Organization) : 특정의 한 사람이 2개의 조직업무를 수행하는 다중 지휘체계로서 본부서가 있고, 특정 프로젝트를 수행하는 업무를 수행하다가 프로젝트 종료 후에는 원래의 부서로 복귀한다.
③ 태스크포스 조직(Task Force Organization) : 특정한 프로젝트를 전담하기 위한 조직을 말한다.
④ 라인스태프 조직(Line-Staff Organization) : 수직 라인작업과 스태프(전문관리자)를 구성하여 공사를 진행하는 라인과 스태프로 구성되는 조직으로 패스트 트랙(Fast Track) 공사에서 공기단축의 목적에 적합한 구조이다.

10년간 자주 출제된 문제

5-1. CM(Construction Management)의 업무가 아닌 것은?
① 설계부터 공사관리까지 전반적인 지도, 조언, 관리 업무
② 입찰 및 계약관리 업무와 원가관리 업무
③ 현장조직관리 업무와 공정관리 업무
④ 자재조달 업무와 시공도 작업 업무

5-2. 건설사업관리(CM)의 주요 업무로 옳지 않은 것은?
① 입찰 및 계약관리 업무
② 건축물의 조사 또는 감정 업무
③ 제네콘(Genecon)관리 업무
④ 현장조직관리 업무

5-3. 건설공사의 시방서에 관한 설명으로 옳지 않은 것은?
① 시방서는 계약서류에 포함되지 않는다.
② 시방서는 설계도서에 포함된다.
③ 시방서에는 공법의 일반사항, 유의사항 등이 기재된다.
④ 시방서에 재료의 메이커를 지정하지 않아도 좋다.

5-4. 공기단축 목적으로 공정에 따라 부분적으로 완성된 도면만 가지고 각 분야별 전문가를 구성하여 패스트 트랙(Fast Track) 공사를 진행하기에 가장 적합한 조직구조는?
① 기능별 조직(Functional Organization)
② 매트릭스 조직(Matrix Organization)
③ 태스크포스 조직(Task Force Organization)
④ 라인스태프 조직(Line-Staff Organization)

|해설|
5-1
자재조달 업무와 시공도 작성 업무는 시공자의 업무이다.
5-2
CM의 주요 업무 : 공정관리, 품질관리, 안전관리, 원가관리
5-3
계약서류 : 공사도급계약서, 설계도면, 시방서, 현장설명서, 질의응답서, 내역서, 물량산출서, 구조계산서, 공정표 등이다.

정답 5-1 ④ 5-2 ② 5-3 ① 5-4 ④

핵심이론 06 | 공정관리 및 원가관리

(1) 공정표의 종류

① 횡선식 공정표(Bar Chart)
  ㉠ 세로축에 공사종목별 각 공사명을 배열하고 가로축에 날짜를 표기한 후, 공사명별 공사의 소요 시간을 표시한 공정표(Bar Chart 또는 Gantt Chart)
  ㉡ 공사 진척사항을 기입하면 예정과 실시가 비교되어 공정관리에 편리하다.

② 사선식(곡선식) 공정표
  ㉠ 공사량을 세로로, 날짜를 가로로 잡아 공사 진척사항을 사선그래프로 표시한 것(그래프식, 바나나곡선)
  ㉡ 작업의 관련성을 나타낼 수 없으나 공사의 기성고를 표시하는 데는 편리하다.

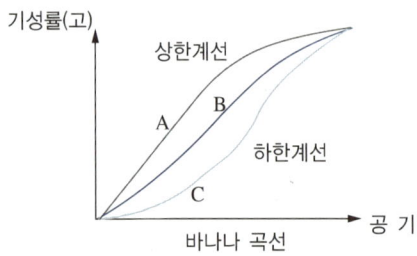

- 상한계선 A : 부실공사의 우려, 검토 필요
- B : 적당한 진척 속도 유지
- 하한계선 C : 공정이 늦어지므로 공정 촉진

③ 열기식 공정표 : 공사 착수(완료기일), 인부수 등을 글자로서 나열시키는 방법으로 인부 및 재료 준비를 하는 데 있어서 가장 적당하다.

④ 일순식 공정표 : 일주하는 형식으로 한 달을 셋으로 나눈 열흘 단위 또는 주 단위로 상세히 작성한다.

10년간 자주 출제된 문제

6-1. 고층건축물 공사의 반복 작업에서 각 작업조의 생산성을 기울기로 하는 직선으로 각 반복 작업의 진행을 표시하여 전체 공사를 도식화하는 기법은?

① CPM
② PERT
③ PDM
④ LOB

6-2. 기본 공정표와 상세 공정표에 표시된 대로 공사를 진행시키기 위해 재료, 노력, 원척도 등이 필요한 기일까지 반입, 동원될 수 있도록 작성한 공정표는?

① 횡선식 공정표
② 열기식 공정표
③ 사선 그래프식 공정표
④ 일순식 공정표

|해설|

6-1

LOB(Line of Balance) : 반복 작업이 많은 공사에서 생산성을 기울기로 하는 직선으로 표시하여 도식화하는 기법

- **PDM(Precedence Diagram Method)** : 이벤트형 또는 노드형 네트워크 공정표이며, 활동 및 활동의 수행기간은 노드에 표현하고 활동 간 의존 관계는 화살표로 표현한다. ADM 기법에 비해서 공정표 작성이 용이하고 한 작업이 하나의 숫자로 표기되므로 컴퓨터에 적용 시 편리한 이점이 있는데 네트워크의 기본적인 법칙은 ADM과 유사하다.
- **ADM(Arrow Diagramming Method)** : 화살선형 네트워크 공정 기법으로서 화살선은 작업에 대한 시간적 의미를 가지고 있다.

6-2

열기식 공정표 : 재료, 노력, 원척도 등이 필요한 기일까지 반입, 동원될 수 있도록 글자로 열거해서 작성한 공정표

정답 6-1 ④ 6-2 ②

⑤ 네트워크 공정표
  ㉠ 공정별 작업단위를 망형도로 표시하고 각 공사의 순서관계, 일정관계를 도해식으로 표시한 것(CPM 기법, PERT 기법, PDM 기법)
  ㉡ 장점 : 컴퓨터 이용이 가능, 공정관리가 편리, 작업원의 중점 배치가 가능
  ㉢ 단점 : 손익할 때까지 작성 시간이 필요. 작성 및 검사에 특별한 기능이 필요

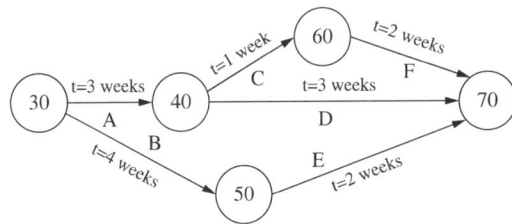

  ㉣ PERT(Program Evaluation & Review Technique)
    • 신규 작업에서 공정을 분석하는 기법으로 연결점 중심의 공정관리 기법으로 한 작업을 완성하는데 소요되는 시간, 즉 낙관적 시간, 최다 빈도 시간, 비관적 시간을 통한 3점 추정법을 적용하여 평균 기대치와 표준편차를 구하는 방식으로서 경험이 없거나 적은 프로젝트에 주로 적용하는 공정관리 기법
    • 네트워크를 이용하여 효과적인 프로젝트 수행이 될 수 있도록 시간을 고려하여 과학적으로 계획, 관리, 통제한다.
  ㉤ CPM(Critical Path Method) : 미국 듀퐁사가 공장건설에 소요되는 시간, 비용의 효율성 향상을 목적으로 개발한 것으로, 프로젝트 최소 기간을 결정하는 데 사용되는 수행될 작업에 중점을 둔 일정 네트워크 분석 기법

⑥ PERT와 CPM의 차이점
  ㉠ PERT와 CPM의 근본적인 차이점은 활동시간 추정 방법에 있다.
  ㉡ PERT는 개개의 활동에 대한 낙관적 시간, 최빈 시간, 비관적 시간을 추정한 후 그들이 베타분포를 이룬다고 가정하여 계산된 평균 기대시간을 사용한다.
  ㉢ CPM은 한 개의 확정된 시간 추정치를 이용한다.
  ㉣ PERT는 확률적 기법, CPM은 확정적 기법이다.

10년간 자주 출제된 문제

6-3. 네트워크(Network) 공정표의 장점이 아닌 것은?
① 작업 상호 간의 관련성 파악이 용이하다.
② 진도관리를 명확하게 실시할 수 있으며 적절한 조치를 취할 수 있다.
③ 작업의 선후관계 및 소요일정 파악이 용이하다.
④ 작성 및 검사에 특별한 기능이 필요 없고, 경험이 없는 사람도 쉽게 작성할 수 있다.

|해설|

6-3
네트워크(Network) 공정표는 작성 및 검사에 특별한 기능을 요하며 경험이 있는 자가 쉽게 작성할 수 있다.

정답 ④

(2) 네트워크 공정표의 용어와 기호

① 활동(Activity) : 프로젝트를 구성하는 작업 단위이며, 전체 계획사업을 구성하는 개별 단위 작업을 표시하며 시간과 자원을 필요로 함
② 이벤트(Event) : 작업과 작업을 결합하는 점 및 프로젝트의 개시점 혹은 종료점
③ 더미(Dummy) 네트워크에서 작업 상호관계를 나타내는 점선으로 표시하는 화살선
④ 패스(Path) : 네트워크 중 둘 이상의 작업이 연결
⑤ 크리티컬 패스(Critical Path) : 개시 결합점으로부터 종료 결합점에 이르는 가장 긴 패스인 주공정선
⑥ 소요시간(Duration) : 작업을 수행하는데 필요한 시간
⑦ 플로트(Float) : 각 작업에 허용되는 시간적인 여유
⑧ 슬랙(Slack) : 결합점이 가지는 여유시간
⑨ EST : 가장 빠른 개시시각
⑩ EFT : 가장 빠른 종료시각
⑪ LST : 가장 늦은 개시시각
⑫ LFT : 가장 늦은 종료시각

(3) 공정표 작성 요령

① 월 단위, 열흘 단위 등 일정한 간격으로 상황을 기재하는 것이 좋다.
② 용도에 따라 양식을 변형하여 작성하도록 한다.
③ 공정표를 토대로 작업량을 조절하기도 하므로 내용을 정확히 기재해야 한다.
④ 비고란을 만들어 작업 시 특이점이나 문제점을 기재할 수 있도록 한다.

10년간 자주 출제된 문제

6-4. 네트워크 공정표에 사용되는 용어 설명으로 틀린 것은?

① Critical Path : 처음 작업부터 마지막 작업에 이르는 모든 경로 중에서 가장 긴 시간이 걸리는 경로
② Activity : 작업을 수행하는데 필요한 시간
③ Float : 각 작업에 허용되는 시간적인 여유
④ Event : 작업과 작업을 결합하는 점 및 프로젝트의 개시점 혹은 종료점

6-5. 화살선형 네트워크의 화살표에 대한 설명 중 옳지 않은 것은?

① 화살표 밑에는 계획작업 일수를 숫자로 기재한다.
② 더미(Dummy)는 화살점선으로 표시한다.
③ 화살표 위에는 결합점 번호를 기재한다.
④ 화살표의 길이는 특정한 의미가 없다.

6-6. 네트워크 공정표에서 작업의 상호관계만을 도시하기 위하여 사용하는 화살선을 무엇이라 하는가?

① Event
② Dummy
③ Activity
④ Critical Path

6-7. 공정관리에서의 네트워크(Network)에 관한 용어와 관계 없는 것은?

① 커넥터(Connector)
② 크리티컬 패스(Critical Path)
③ 더미(Dummy)
④ 플로트(Float)

|해설|

6-4
- 활동(Activity) : 프로젝트를 구성하는 작업 단위이며, 전체 계획사업을 구성하는 개별 단위 작업을 표시하며 시간과 자원을 필요로 한다.
- 소요시간(Duration) : 작업을 수행하는데 필요한 시간

6-5
화살표 위에는 작업명(Activity)을 기재한다.

6-6
Dummy는 작업 없이 상호관계만을 나타낸다.

6-7
커넥터(Connector) : 목재, 거푸집 등의 부재 간 연결재

정답 6-4 ② 6-5 ③ 6-6 ② 6-7 ①

(4) 공정관리 용어 정리

① 공정관리(Progress Control) : 프로젝트 공정을 관리함이며, 계획과 실제를 비교하고 검토하여 필요한 조치를 하는 것

② 공정계획(Planning of Progress) : 프로젝트 공정을 계획함이며, 순서(수순)계획과 일정계획을 포함한다.
  ㉠ 순서(수순)계획(Planning) : 공정의 수순계획이며, 목표달성에 필요한 작업을 프로젝트 단위작업으로 분해하고 작업순서, 소요시간 및 자원 등을 정하는 계획
  ㉡ 일정계획(Scheduling)
    - 절차계획 및 공수계획에 기초를 두고 생산에 필요한 원재료의 조달, 반입으로부터 제품 완성까지 수행될 모든 작업을 구체적으로 할당하고 각 작업이 수행되어야 할 시기를 결정하는 것
    - 지정공기, 소유자원 등의 제약하에 계획달성에 필요한 작업의 일정을 정하는 계획으로 시간계획, 공사기일 조정, 공정도 작성 등이 포함

③ 총공사비(Total Cost) : 공사에 투입되는 모든 작업의 직접비와 간접비의 총합. 보통의 경우 시간과 비용(공기와 공비)을 도표 표시함

(5) 공사원가 구성요소

① 직접공사비
  ㉠ 자재비 : 직접자재비, 간접자재비
  ㉡ 노무비 : 임금, 급료, 잡급, 상여수당
  ㉢ 외주비 : 일괄외주비, 부분외주비, 제작외주비
  ㉣ 경비 : 건설공사 시 자재, 노무, 외주비를 제외한 비용

② 간접공사비
  ㉠ 각종 보험료 및 퇴직공제부금
  ㉡ 안전관리비, 환경보전비
  ㉢ 하도급 보증 수수료, 공사이행 보증 수수료

③ 일반 관리비
  ㉠ 일반관리비는 기업의 유지, 관리활동에 소요되는 제비용으로 공사원가에는 포함하지 않는다.
  ㉡ 본사 관리비, 영업비 등

10년간 자주 출제된 문제

6-8. 공정관리의 공정계획에는 수순계획과 일정계획이 있다. 다음 중 일정계획에 속하지 않는 것은?
① 시간계획
② 공사기일 조정
③ 프로젝트의 단위작업 분해
④ 공정도 작성

6-9. 다음 중 건설공사 경비에 포함되지 않는 것은?
① 외주제작비   ② 현장관리비
③ 교통비   ④ 업무추진비

6-10. 아래 공종 중 건설현장의 공사비 절감을 위해 집중분석해야 하는 공종이 아닌 것은?

> A. 공사비 금액이 큰 공종
> B. 단가가 높은 공종
> C. 시행실적이 많은 공종
> D. 지하공사 등의 어려움이 많은 공종

① A   ② B
③ C   ④ D

6-11. 현장 공사용수설비는 어느 항목에 포함되는가?
① 재료비   ② 외주비
③ 가설공사비   ④ 콘크리트 공사비

6-12. 건축공사의 공사원가 계산방법으로 옳지 않은 것은?
① 재료비 = 재료량 × 단위당 가격
② 경비 = 소요(소비)량 × 단위당 가격
③ 고용보험료 = 재료비 × 고용보험요율(%)
④ 일반관리비 = 공사원가 × 일반관리비율(%)

| 해설 |

6-8
③은 순서(수순)계획(Planning)에 속한다.

6-9
외주제작비는 직접공사비에 포함된다.

6-10
시행실적이 많은 공종은 많은 자료로 인해 공사비 절감에는 한계가 있다.

6-11
공통가설공사 : 관리운영상 가설시설, 가설울타리, 통신설비, 공사용수비 등

6-12
③ 고용보험료 = 노무비 × 고용보험요율(%)

정답 6-8 ③ 6-9 ① 6-10 ① 6-11 ③ 6-12 ③

핵심이론 07 | 품질관리(QC ; Quality Control)

(1) 품질관리(QC ; Quality Control)의 목적
① 시공능률의 향상
② 품질신뢰성 향상
③ 설계의 합리화
④ 작업의 표준화

(2) 품질관리를 위한 7가지 도구
① 히스토그램 : 데이터가 어떤 분포를 하고 있는지 알기 위해 기둥 그래프와 같은 형태로 만든 도표
② 파레토도표(Pareto Diagram) : 결함부나 기타 시공불량 등 항목을 구분하여 크기순으로 나열하여 결함항목을 집중적으로 감소시키는 데 효과적으로 사용

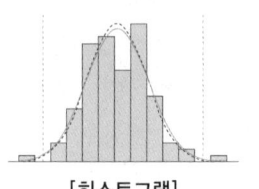
[히스토그램]
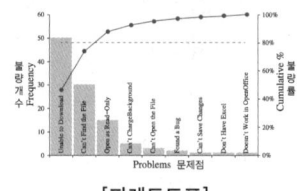
[파레토도표]

③ 특성요인도(Cause and Effect Diagram) : 결과에 대해 원인이 어떻게 관계 하는지를 알기 쉽게 작성한 그림
④ 체크시트(Check Sheet) : 계수치의 데이터가 분류 항목의 어디에 집중되어 있는지 알아보기 쉽게 나타낸 그림이나 표

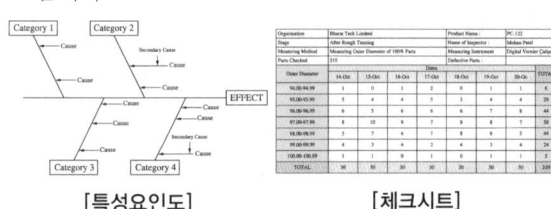
[특성요인도] [체크시트]

⑤ 각종 그래프 및 관리도 : 데이터를 요약하여 쉽게 의미를 알 수 있도록 나타낸 그림
⑥ 산점도(Scatter Diagram) : 서로 대응하는 데이터를 그래프 용지 위에 점으로 나타낸 그림

⑦ 층별(Stratification) : 집단을 구성하는 많은 데이터를 어떤 특징에 따라 몇 개의 부분 집단으로 나누는 것

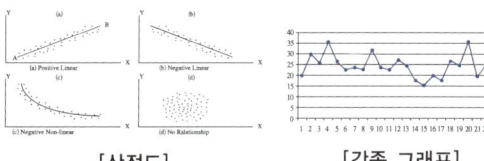

[산점도]   [각종 그래프]

10년간 자주 출제된 문제

7-1. 건설공사의 품질관리와 가장 거리가 먼 것은?
① ISO 9000   ② CIC
③ TQC   ④ Control Chart

7-2. 다음 중 QC 활동의 도구가 아닌 것은?
① 특성요인도   ② 파레토그램
③ 층 별   ④ 기능계통도

7-3. 통합품질관리 TQC(Total Quality Control)를 위한 도구에 관한 설명으로 옳지 않은 것은?
① 파레토란 층별 요인이나 특성에 대한 불량점유율을 나타낸 그림으로서 가로축에는 층별 요인이나 특성을, 세로축에는 불량건수나 불량손실금액 등을 표시하여 그 점유율을 나타낸 불량해석도이다.
② 특성요인도란 문제로 하고 있는 특성요인 간의 관계, 요인 간의 상호관계를 쉽게 이해할 수 있도록 화살표를 이용하여 나타낸 그림이다.
③ 히스토그램이란 모집단에 대한 품질특성을 알기 위하여 모집단의 분포상태, 분포의 중심위치, 분포의 산포 등을 쉽게 파악할 수 있도록 막대그래프 형식으로 작성한 도수분포도를 말한다.
④ 관리란 통계적 요인이나 특성에 대한 두 변량 간의 상관관계를 파악하기 위한 그림으로서 두 변량을 각각 가로축과 세로축에 취하여 측정값을 타점하여 작성한다.

|해설|

7-1
CIC : 건설산업 정보통합화 생산시스템

7-2
기능계통도(Function Analysis System Technique)는 VE의 수행 시 기능을 분석하는 대표적인 분석방법이다.

7-3
④는 산점도의 설명이다.

정답 7-1 ② 7-2 ④ 7-3 ④

제2절 가설공사

핵심이론 01 | 공사 착공, 가설공사 분류

(1) 공사 착공시점 인허가항목
① 비산먼지 발생사업 신고 : 사업시행 3일 전
② 가설건축물 축조신고 : 착공 5일 전
③ 특정 공사 사전신고 : 공사개시 10일 전

(2) 가설공사 분류
① 공통 가설
  ㉠ 가설건물(현장사무소 및 숙소, 기자재 창고)
  ㉡ 가설울타리, 가설운반로(가설도로)
  ㉢ 공사용 동력 및 전기 설비
  ㉣ 급배수 설비 등의 용수(用水)설비
  ㉤ 안전 및 재해방지설비(경비소, 위험물저장설비)
② 직접 가설
  ㉠ 비계, 규준틀, 줄쳐보기, 먹매김
  ㉡ 건축물 각종 공사 및 보양설비
  ㉢ 양중, 운반 및 타설시설
  ㉣ 안전설비 : 낙하물방지망, 방호선반 및 시트, 방호철망

(3) 안전 설비
① 방호철망
② 방호시트
③ 방호선반 : 재료, 공구 등의 낙하로 인한 피해 방지를 위해 강판 등의 재료로 비계 내외측, 위험장소에 설치
④ 낙하물방지망 : 높이 10m 이내, 3개 층마다 설치
⑤ 안전 난간 및 로프 : 높이 1.2m 이상

10년간 자주 출제된 문제

1-1. 다음 중 가설비용의 종류로 볼 수 없는 것은?
① 가설건물비
② 바탕처리비
③ 동력, 전등설비
④ 용수설비

1-2. 공사현장의 가설건축물에 관한 설명으로 옳지 않은 것은?
① 하도급자 사무실은 현장사무실과 가까운 곳에 둔다.
② 시멘트 창고는 통풍이 되지 않도록 출입구 이외는 개구부 설치를 금하고, 벽, 천장, 바닥에는 방수·방습 처리한다.
③ 변전소는 안전상 현장사무실에서 가능한 멀리 위치한다.
④ 인화성 재료 저장소는 방화, 불연구조로 한다.

|해설|
1-1
- 바탕처리비는 본공사용 비용이다.
- 가설비용 : 동력·전등설비, 용수설비, 수송설비, 양중설비

1-2
변전소는 관리 및 안전상 현장사무실에서 가능한 가까이 위치한다.

정답 1-1 ② 1-2 ③

핵심이론 02 | 공통 가설공사

(1) 가설울타리
① 목적 : 대지 경계, 교통 차단, 위험 및 도난 방지, 미관 확보
② 높 이
 ㉠ 원칙 : 1.8m 이상 설치
 ㉡ 도심지의 공사현장 주위에는 50m 이내 주거, 상가 건물이 있는 경우 3m 이상
③ 출입구 : 폭 4m 이상 통용문, 접이식 문 설치

(2) 현장사무실
① 1인당 $3.3m^2$ 기준이나 보통은 $5 \sim 8m^2$가 적당
② 대지 여유가 없을 때 보도를 이용한 Over Bridge(육교)를 가설하여 2층 부분을 사무소로 사용(구대)

(3) 시멘트 창고
① 바닥 : 지면에서 30cm 이상 받침대 또는 마룻널 설치
② 시멘트를 한 곳에 쌓는 높이는 13포대 이하로 하며, 바닥면적 $1m^2$당 50포대를 저장할 수 있으나, 통로를 낼 경우에는 $1m^2$당 30~35포대를 저장
③ 외벽 및 지붕 : 출입구를 제외하고는 가능한 개구부를 설치하지 아니한다.
④ 시멘트 창고 주위에는 배수로를 설치하여 우수의 침입을 방지하도록 한다.
⑤ 3개월 이상 저장한 시멘트는 사용 전에 재시험을 실시하여 품질을 확인한다.
⑥ 반입 및 반출구를 따로 두고, 먼저 반입한 것부터 사용한다.
⑦ 시멘트 창고 면적 산출
 ㉠ 시멘트 창고 면적 = $0.4 \times \dfrac{N}{n}$
  여기서, N : 시멘트 포대수
    n : 쌓기 단수(최대 13단)

ⓛ 수량별 면적
- 600포 미만 : N = 쌓기 포대수 전량
- 600포 이상~1,800포 이하 : N = 600포
- 1,800포 초과 : N = 1/3만 적용

10년간 자주 출제된 문제

2-1. 가설건축물 중 시멘트 창고에 관한 설명으로 옳지 않은 것은?
① 바닥구조는 일반적으로 마루널깔기로 한다.
② 규모는 시멘트 100포당 2~3m²로 하는 것이 바람직하다.
③ 공기의 유통이 잘되도록 개구부를 가능한 한 크게 한다.
④ 벽은 널판붙임으로 하고 장기간 사용 시 함석붙이기로 한다.

2-2. 어느 공사 현장에 필요한 시멘트량이 2,397포이다. 이 현장에 필요한 시멘트 창고의 면적으로 적당한 것은?(단, 쌓기 단수는 13단)
① 24.6m² ② 54.2m²
③ 73.8m² ④ 98.5m²

|해설|

2-1
시멘트 창고는 환기가 잘되면 응결되기 때문에 풍화작용을 방지하기 위해서 공기의 흐름을 막기 위해 환기창을 금지한다.

2-2
1,800포 초과 시에는 $N = 1/3$만 적용하므로

시멘트 창고 면적 $= 0.4 \times \dfrac{2{,}397 \times \dfrac{1}{3}}{13} = 24.58 \text{m}^2$

정답 2-1 ③ 2-2 ①

핵심이론 03 | 직접 가설공사

(1) 벤치마크(Bench Mark, 기준점, 수준점)
① 정 의
  ㉠ 건물 위치, 높이 기준이 되는 표식으로 기준면으로부터 표고를 측정하여 표시해 둔 점이다.
  ㉡ 높이 측량 기준이 되도록 건축물 인근에 설치한다.
② 설치 시 주의사항
  ㉠ 바라보기 좋고 공사에 지장이 없는 곳에 설치한다.
  ㉡ 이동의 염려가 없는 곳에 설치한다.
  ㉢ 지반선(G.L)에서 0.5~1.0m 위에 둔다.
  ㉣ 최소 2개소 이상 여러 곳에 표시해 두는 것이 좋다.
  ㉤ 공사 착수 전에 설치하여 종료 시까지 존치시킨다.

(2) 수평규준틀
① 건물의 각부 위치, 높이, 기초너비, 길이 등을 정확히 결정하기 위해 설치
② 이동·변형이 없도록 견고하게 실치해야 한다.
③ 나무말뚝의 머리는 충격을 받았을 때 발견하기 쉽도록 엇빗자르기를 한다.

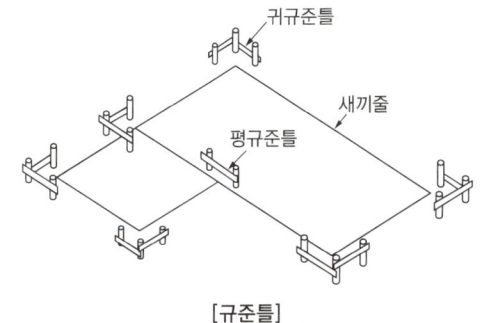

[규준틀]

(3) 세로규준틀
① 조적공사에서 고저 및 수직면의 기준을 두기 위해 설치
② 기입사항 : 줄눈 위치, 창문틀 위치, 볼트 위치, 나무벽돌 위치, 쌓기 단수 등

(4) 먹매김
건축물의 형상, 치수, 위치 등의 선을 표면에 표시하는 것

10년간 자주 출제된 문제

3-1. 건축물 높낮이의 기준이 되는 벤치마크(Bench Mark)에 관한 설명으로 옳지 않은 것은?
① 이동 또는 소멸우려가 없는 장소에 설치한다.
② 수직 규준틀이라고도 한다.
③ 이동 등 훼손될 것을 고려하여 2개소 이상 설치한다.
④ 공사가 완료된 뒤라도 건축물의 침하, 경사 등의 확인을 위해 사용되기도 한다.

3-2. 공사착공 전에 건축물의 형태에 맞춰 줄을 띄우거나 석회 등으로 선을 그어 건축물의 건설 위치를 표시하는 것으로 도로 및 인접 건축물과의 관계, 건축물의 건축으로 인한 재해 및 안전대책 점검과 관련 있는 것은?
① 줄쳐보기   ② 벤치마크
③ 먹매김   ④ 수평보기

3-3. 기준점(Bench Mark)에 대한 설명으로 틀린 것은?
① 바라보기 좋고 공사에 지장이 없는 곳에 설치한다.
② 기준점은 1개만 설치한다.
③ 이동의 우려가 없는 곳에 설치한다.
④ 공사 착수 전에 설정되어야 한다.

3-4. 가설공사에서 건물의 각부 위치, 기초의 너비 또는 길이 등을 정확히 결정하기 위한 것은?
① 벤치마크   ② 수평규준틀
③ 세로규준틀   ④ 현상측량

|해설|

3-1
벤치마크(Bench Mark, 수준점) : 수준 측량에 있어 지형의 고저를 측정하여 공사계획을 세우고 절토, 성토의 계산을 하여 토목공사의 기초를 제공할 때 수행한다.
수직규준틀 : 세로규준틀로서 조적공사 시 고저(높낮이) 및 수직면의 위치에 대한 기준이다.

3-3
건축물의 각 부에서 헤아리기 좋도록 2개소 이상 보조 기준점을 표시해 두어야 한다.

3-4
수평규준틀 : 가설공사에서 건물 각부 위치, 기초의 너비 또는 길이 등을 정확히 결정하기 위한 기준

정답 3-1 ② 3-2 ① 3-3 ② 3-4 ②

(5) 비계의 종류

분류	종류
공법상 분류	외줄비계, 겹비계, 쌍줄비계
용도상 분류	외부비계, 내부비계, 달비계, 말(안장)비계
재료별 분류	통나무비계, 강관파이프(단관, 틀)비계

① 공법상 종류
  ㉠ 외줄비계 : 한쪽 면을 벽체에 걸치고 기둥에 띠장, 장선 발판을 매어 달은 비계로서 경미한 공사에 사용한다.
  ㉡ 쌍줄비계 : 2줄의 비계. 본비계라고도 하며 고층 건물에 사용한다. 일반 비계는 강관비계로 쌍줄비계가 원칙이고, 쌍줄겹비계는 중량물공사에 사용한다.

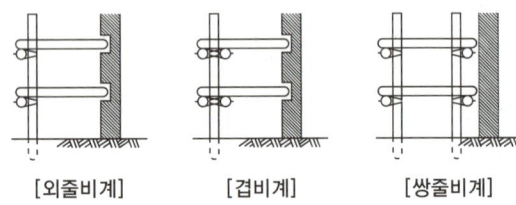

[외줄비계]   [겹비계]   [쌍줄비계]

② 용도상 종류
  ㉠ 시스템비계 : 규격화된 부재들을 강력한 쐐기방식을 연결하여 흔들림이나 이탈이 없고, 작업발판 및 안전난간을 함께 설치하므로 작업이 쉽고 빠르며 안전한 첨단 가설재이다.
  ㉡ 강관틀비계 : 공사용 통로나 작업용 발판을 위해서 구조물의 외부에 조립, 설치되는 비계이다.
  ㉢ 달비계 : 건축공사에서 외벽작업을 위한 이동설치가 가능하도록 달아매는 비계시스템으로 건물에 고정된 돌출보 등에 와이어로 매달고 고정시킨다. 고층 건물공사 또는 외부마감이나 청소 등에 활용한다.

[시스템비계]   [강관틀비계]   [달비계]

ㄹ. 말비계 : 설치 높이 2m 이하의 이동식 비계로 실내
공사에 사용한다.

10년간 자주 출제된 문제

3-5. 와이어로프로 매단 비계 권상기에 의해 상하로 이동시킬 수 있는 공사용 비계의 명칭은?
① 시스템비계 ② 틀비계
③ 달비계 ④ 쌍줄비계

3-6. 강관비계 설치에 대한 설명 중 옳지 않은 것은?
① 띠장의 간격은 1.8m 이내로 한다.
② 비계기둥의 간격은 도리 방향 1.5~1.8m, 간사이 방향 0.9~1.5m로 한다.
③ 비계장선의 간격은 1.5m 이내로 한다.
④ 지상 제1띠장은 지상에서 2m 이하의 위치에 설치한다.

3-7. 철근콘크리트 건축물 5×10m 평면에 높이가 4m일 때 동바리 소요량은 몇 공m^3이 되는가?
① 20 ② 100
③ 180 ④ 200

|해설|

3-5
달비계 : 와이어로프로 매단 비계 권상기에 의해 상하로 이동시킬 수 있는 공사용 비계이다.

3-6
- 띠장 간격은 1.5m 내외로 하고 지표에서 첫 번째 띠장은 지상에서 2m 이하의 위치로 결속한다.
- 비계기둥 간격은 도리 방향 1.5~1.8m, 간사이 방향 0.9~1.5m로 하며, 비계기둥 최고부에서 31m까지 밑부분은 2본의 강관으로 세운다.

3-7
- 동바리 소요량(공m^3)의 산출은 상층 바닥판 면적(개소당 $1m^2$ 이상의 개구부 면적은 제외)에 층 높이를 곱한 값의 90%로 한다.
- ∴ 동바리소요량(공m^3) = (상층 바닥판 면적×층안목 높이)×0.9
  = (5m×10m×4m)×0.9
  = 180(공m^3)
- 동바리(Support)는 상부 거푸집을 지지하여 콘크리트 타설 시 변형을 막고 양생되기까지 설치하는 목재, 강관 등으로 설치하는 가설재이다.

정답 3-5 ③ 3-6 ① 3-7 ③

제3절 토공사 및 기초공사

핵심이론 01 | 흙의 성질

(1) 흙의 전단강도

① 외력이 가해지면 흙은 변형되지만, 내부에는 변형에 저항하는 힘(응력)이 발생하며, 외력이 일정 크기가 되면 흙 내부의 어떤 면을 따라 미끄럼이 일어나 흙은 파괴된다. 이때 변형에 저항하려고 하는 힘을 전단저항이라 한다.

② 전단강도 공식
  ㉠ $\tau = C + \sigma \tan\theta$
  여기서, τ : 전단강도, C : 점착력,
  σ : 파괴면에 수직인 힘,
  θ : 내부 마찰각, $\tan\theta$: 마찰계수
  ㉡ 점토의 경우 : $\tau ≒ C$ ($\because$ 점토의 내부 마찰각 $\theta ≒ 0$)
  ㉢ 모래의 경우 : $\tau ≒ \sigma\tan\theta$ ($\because$ 모래의 점착력 $C ≒ 0$)

(2) 간극비・함수비・포화도

① 간극비(Void Ratio) = $\dfrac{간극의 용적}{토립자의 용적}$

② 함수비(Moisture Content) = $\dfrac{물의 중량}{토립자의 중량} \times 100(\%)$

③ 포화도(Degree of Saturation) = $\dfrac{물의 용적}{간극의 용적} \times 100(\%)$

(3) 흙의 압밀(Consolidation)

① 압밀침하 : 외력에 의하여 간극 내의 물이 빠져 흙 입자 간의 사이가 좁아지며 침하되는 것

② 예민비(Sensitivity Ratio) : 흙을 이기면서 약해지는 정도

$$예민비 = \dfrac{자연(천연) 시료의 강도}{이긴(흐트러진) 시료의 강도}$$

(4) 점토와 사질 지반

① 점토지반

　㉠ 가소성이 있다.

　㉡ 마찰력이 작고, 수축성이 크다.

　㉢ 압밀속도가 느리다(장기압밀).

　㉣ 전단강도가 작다.

② 사질지반

　㉠ 투수성이 크다.

　㉡ 마찰력이 크며, 수축성이 작다.

　㉢ 압밀속도가 빠르다(순간압밀).

　㉣ 전단강도가 크다.

10년간 자주 출제된 문제

1-1. 흙의 함수비에 관한 설명으로 옳지 않은 것은?

① 연약점토질 지반의 함수비를 감소시키기 위해서 샌드 드레인 공법을 사용할 수 있다.
② 함수비가 크면 흙의 전단강도가 작아진다.
③ 모래지반에서 함수비가 크면 내부 마찰력이 감소된다.
④ 점토지반에서 함수비가 크면 점착력이 증가한다.

1-2. 사질 및 점토층 지반에 관한 기술 중 틀린 것은?

① 내부 마찰각은 점토층보다 모래층이 크다.
② 일반적으로 투수성은 점토층보다 모래층이 좋다.
③ 모래층은 입도와 밀도에 따라 유동화 현상을 일으킬 가능성이 크다.
④ 압밀침하량은 점토층보다 모래층이 크다.

1-3. 흙의 성질을 나타낸 내용 중 옳지 않은 것은?

① 외력에 의하여 간극 내의 물이 밖으로 유출하여 입자의 간격이 좁아지며 침하하는 것을 압밀침하라 한다.
② 자연시료에 대한 이긴시료의 강도비를 푸아송비라 한다.
③ 함수량은 흙 속에 포함되어 있는 물의 중량을 나타낸 것으로 일반적으로 함수비로 표시한다.
④ 투수량이 클수록 침투량이 크며, 모래는 투수계수가 크다.

|해설|

1-1
점토지반에서 함수비가 크면 점착력이 감소한다.

1-2
압밀침하량은 모래층이 작다.

사질층과 점토층의 특성

특성 구분	사질층(모래)	점토층
내부마찰각	크다.	작다.
압밀침하	작다.	크다.
압밀속도	빠르다.	느리다.
투수성	크다.	작다.
입도, 밀도에 따른 유동화현상	크다.	작다.
건조수축	어렵다.	쉽다.

1-3
예민비 : 자연시료에 대한 이긴시료의 강도비

정답 1-1 ④ 1-2 ④ 1-3 ②

| 핵심이론 02 | 지반조사

(1) 지반조사 분류
① 지하탐사법 : 짚어보기, 터파보기, 물리적 탐사법
② 보링(Boring) : 오거 보링, 수세식 보링, 충격식 보링, 회전식 보링
③ 시료 채취(Sampling) : 교란시료 채취, 불교란시료 채취
④ 사운딩(Sounding) : 표준관입시험, 베인(Vane) 시험, 콘관입 시험
⑤ 토질시험 : 물리적 시험, 역학적 시험
⑥ 지내력시험 : 평판재하시험, 말뚝재하시험

(2) 지하탐사법
① 터파보기(Test Pit) : 대지를 파서 지층 상태를 보고 내력을 추정하며, 대지 일부분에 대해 시험한다.
② 짚어보기 : 탐사간(철봉) 등을 지중에 꽂아 지반의 단단함을 조사한다.
③ 물리적 탐사법 : 넓은 대지의 지하 구성층을 개략적으로 탐사하는 방법이다(전기저항식, 강제진동식, 탄성파식).

(3) 보링(Boring)
① 지중의 토사에 철관을 꽂아 시료를 채취하여 지층 상황을 판단하기 위한 토질조사 방법이다.
② 종 류
　㉠ 오거 보링(Auger Boring) : 오거(나선형으로 된 송곳)를 이용하여 굴삭하며, 밀려나오는 흙의 상태를 보고 토질을 판별하는 방법으로 가장 간단하다.
　㉡ 수세식 보링(Wash Boring) : 비교적 연약한 토사에 수압을 이용한 탐사방식으로 물을 주입하여 흙과 물을 같이 배출시켜 침전된 상태로 지층의 토질을 판별하며, 깊이 30m 정도의 연질층에 적당하다.
　㉢ 충격식 보링(Percussion Boring) : 경지층의 토사, 암석을 파쇄하여 천공하는 방법으로 와이어로프 끝에 충격날(Bit)을 달고 낙하충격을 주어 토사·암석을 천공하여 비교적 굳은 지층까지 깊이 뚫어보면서 조사한다.
　㉣ 회전식 보링(Rotary Boring) : 비트(Bit)를 회전시켜 굴진하는 방법으로 지층의 변화를 연속적으로 비교적 정확히 알고자 할 때 이용하는 방식으로 불교란 시료의 채취가 가능하다.

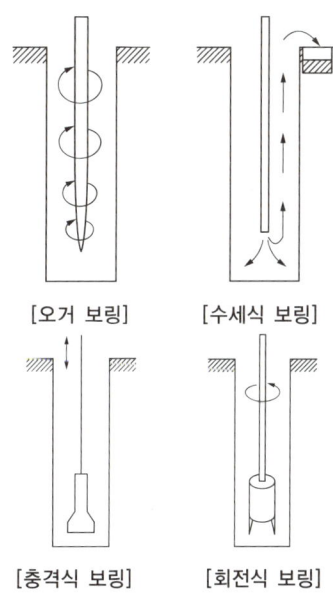

[오거 보링]　[수세식 보링]
[충격식 보링]　[회전식 보링]

10년간 자주 출제된 문제

2-1. 지반조사 중 보링에 관한 설명으로 옳지 않은 것은?
① 보링의 깊이는 일반적인 건물의 경우 대략 지지층 이상으로 한다.
② 채취시료는 충분히 햇빛에 건조시키는 것이 좋다.
③ 부지 내에서 3개소 이상 행하는 것이 바람직하다.
④ 보링 구멍은 수직으로 파는 것이 중요하다.

|해설|
2-1
채취시료는 토질시험을 위해 건조시키지 않은 자연상태로 시험 및 보관한다.

정답 ②

(4) 시료채취(샘플링)

① 종 류
- ㉠ 교란시료(Disturbed Sample) : 자연적·인공적으로 훼손시켜 얻은 시료(물리적 특성 파악)
- ㉡ 불교란시료(Undisturbed Sample) : 점성토의 얕은 지반에서 흙의 자연 퇴적 상태인 채로 채취한 시료

② 불교란시료 채취방법
- ㉠ 신 월 샘플링(Thin Wall Sampling)
  - 튜브가 얇은 시료채취기(Sampler)로 시료를 채취
  - 값이 0~4 정도의 부드러운 점토의 채취에 적합
- ㉡ 콤퍼짓 샘플링(Composite Sampling)
  - 샘플링 튜브의 살이 두꺼운 콤퍼짓 샘플러 사용
  - 값이 0~8 정도의 다소 굳은 점토 또는 모래의 채취
- ㉢ 덴션 샘플링(Dension Sampling) : 값이 4~20 정도의 경질점토의 샘플링에 적합
- ㉣ 포일 샘플링(Foil Sampling) : 연약지반에 사용

(5) 사운딩(Sounding)

① 로드에 붙인 저항체를 지중에 넣고 관입, 회전, 빼서 올리기 등의 저항으로부터 토층의 성상을 탐사하는 방법

② 탐사방법 종류
- ㉠ 표준관입시험 : 사질 지반의 밀도측정
- ㉡ 베인 테스트(Vane Test) : 점토 지반의 점착력 파악
- ㉢ 화란식 관입시험 : 화란식 시험기의 관입 저항력 측정
- ㉣ 스웨덴식 사운딩 시험 : 스웨덴식 시험기로 관입 저항력 측정

③ 표준관입시험(SPT ; Standard Penetration Test)
- ㉠ 불교란시료 채취가 불가능한 사질 지반에서 지반을 구성하는 토층의 경연, 상대밀도를 측정할 때 사용
- ㉡ 시험순서
  - 로드(Rod) 선단에 관입시험용 샘플러 부착
  - 63.5(±0.5)kg의 드라이브 해머를 76(±1)cm 높이에서 자유 낙하
  - 지반에 30cm 관입 시 필요만 타격횟수 N값 측정
- ㉢ N값에 따른 지반상태

N값	모래의 상대밀도	N값	모래의 상대밀도
0~4	몹시 느슨	10~30	보 통
4~10	느 슨	50 이상	다진 상태

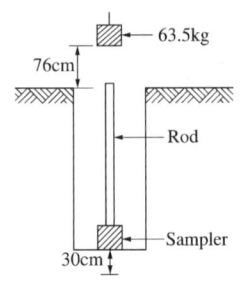

[표준관입시험]

④ 베인 테스트(Vane Test) : 보링 구멍에 +자 날개형 베인을 지반에 박고 회전시켜 그 저항력으로 연약 점토 지반의 점착력을 판별한다.

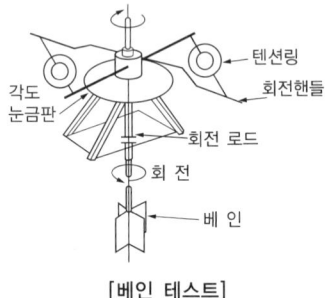

[베인 테스트]

10년간 자주 출제된 문제

2-2. 사질토의 경우 표준관입시험의 타격횟수 N값이 50이면 이 지반의 상태(모래의 상대밀도)는?
① 몹시 느슨하다. ② 느슨하다.
③ 보통이다. ④ 다진 상태이다.

2-3. 지반조사 시험에서 서로 관련 있는 항목끼리 옳게 연결된 것은?
① 지내력 - 정량분석시험
② 연한 점토 - 표준관입시험
③ 진흙의 점착력 - 베인 시험(Vane Test)
④ 염분 - 신 월 샘플링(Thin Wall Sampling)

2-4. 연약 점토의 점착력을 판정하기 위한 지반조사 방법으로 가장 적당한 것은?
① 표준관입시험 ② 베인 테스트
③ 샘플링 ④ 스웨덴 테스트

|해설|

2-2
N값이 50이면 다진 상태이다.

2-3
- 연한 점토(진흙)의 점착력 : 베인 시험
- 지내력 : 정성적 분석시험으로 평판재하 시험, 보링 테스트 등이 있다.
- 연약 점토지반의 시료채취 : 신 월 샘플링(Thin Wall Sampling)

2-4
베인 테스트 : +자 날개형 베인을 지반에 박고 회전시켜 그 저항력으로 연약한 점토층의 점착력 또는 전단강도를 측정하기 위한 시험법

정답 2-2 ④ 2-3 ③ 2-4 ②

(6) 지내력시험

① 지반에 하중을 가하여 지반의 지지력을 파악하기 위한 재하시험(Loading Test)
② 종 류
　㉠ 평판재하시험 : 직접기초가 놓일 위치에 시험하는 지반의 지지력시험으로 기초 저면의 위치에 재하판을 설치해 하중을 실어 재하하중마다 침하량을 측정해 지반의 지내력 및 기초 지반의 허용지내력을 판정하는 시험
　㉡ 말뚝박기시험 : 지질조사분석 시 말뚝시공을 실시할 경우에 3개 이상의 시험말뚝을 사용하여 시험
　　• 실제 말뚝과 시험말뚝은 동일한 조건으로 한다.
　　• 정확한 위치에서 수직으로 박는다.
　　• 연속적으로 박되 휴식시간을 두지 않는다.

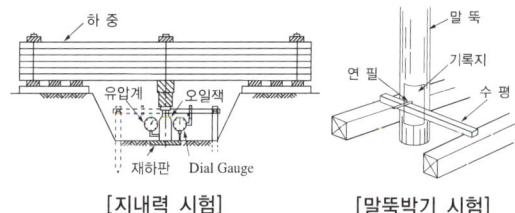

[지내력 시험]　　[말뚝박기 시험]

(7) 지질주상도

① 주상도(Geologic Columnar Section) : 지질조사를 실시하여 지질단면을 깊이에 따라 토질(지질의 상태)의 각종 정보를 그림으로 표시한 도법
② 주상도의 주요한 6가지 정보
　㉠ 심 도
　㉡ 주 상
　㉢ 토질상태(토층별 두께 및 구성)
　㉣ 기 록
　㉤ 시료상태
　㉥ N값

10년간 자주 출제된 문제

2-5. 다음 중 표준관입시험에 대한 설명으로 옳은 것은?
① 점토지반에서는 표준관입시험을 행할 수 없다.
② 추의 낙하높이는 150cm이다.
③ 지반의 전단강도를 직접 측정하는 방법이다.
④ N값은 샘플러를 30cm 관입하는데 소요되는 타격 횟수이다.

2-6. 평판재하시험에 관한 설명으로 옳지 않은 것은?
① 재하판의 크기는 45cm 각을 사용한다.
② 침하의 증가가 2시간에 0.1mm 이하가 되면 정지한 것으로 판정한다.
③ 시험할 장소에서의 즉시 침하를 방지하기 위하여 다짐을 실시한 후 시작한다.
④ 지반의 허용지지력을 구하는 것이 목적이다.

2-7. 지반조사 시 실시하는 평판재하시험에 관한 설명으로 옳지 않은 것은?
① 시험은 예정 기초면보다 높은 위치에서 실시해야 하기 때문에 일부 성토작업이 필요하다.
② 시험재하판은 실제 구조물의 기초면적에 비해 매우 작으므로 재하판 크기의 영향, 즉 스케일 이펙트(Scale Effect)를 고려한다.
③ 하중시험용 재하판은 정방형 또는 원형의 판을 사용한다.
④ 침하량을 측정하기 위해 다이얼게이지 지지대를 고정하고 좌우측에 2개의 다이얼게이지 설치한다.

2-8. 지질조사를 통한 주상도에서 나타나는 정보가 아닌 것은?
① N치   ② 투수계수
③ 토층별 두께   ④ 토층의 구성

|해설|
2-5
① 점토지반, 사질지반 모두 가능하다.
② 추의 낙하높이는 76cm이다.
③ 주로 지반상태(경도, 밀도)를 측정한다.

2-6
시험할 장소에서 다짐을 하지 않은 자연 상태로 실시한다.

2-7
직접기초가 놓일 위치에 시험한다.

정답 2-5 ④ 2-6 ③ 2-7 ① 2-8 ②

핵심이론 03 | 지반침하, 지반개량공법

(1) 지반침하

① 부동침하 : 기초지반이 침하함에 따라 불균등하게 침하를 일으키는 현상으로 인장력에 직각 방향으로 균열이 발생

② 침하 원인
- 연약층
- 경사지반
- 이질지층
- 증축, 지하수위 변경
- 이질, 일부지정 메운 땅

③ 연약지반의 부동침하 방지대책
  ㉠ 상부 구조에 대한 대책
   - 건물의 경량화, 강성을 높일 것
   - 건물의 중량 분배를 고려할 것
   - 건물의 평면길이를 짧게 할 것
   - 인접 건물과의 거리를 멀게 할 것
  ㉡ 하부 구조에 대한 대책
   - 경질지반에 지지하고, 마찰말뚝 사용
   - 지하실 설치
   - 온통기초(Mat Foundation) 시공
   - 독립기초의 지중보(Underground-beam)로 연결
   - 지반개량공법으로 지반의 지지력 증대

(2) 지반개량공법

① 웰 포인트(Well Point) 공법(사질지반) : 집수장치를 붙인 파이프를 지중에 박아 이것을 지상의 집수관에 연결하여 펌프로 지중의 물을 배수하는 공법

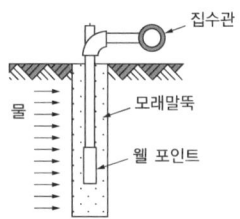

[웰 포인트 공법]

② 생석회 말뚝 공법(점토지반) : 연약한 점토층에 생석회 말뚝을 박아서 생석회가 흡수 팽창하는 원리를 이용하여 연약지반 중의 수분을 탈수하는 공법
③ 샌드 드레인(Sand Drain) 공법(점토지반) : 점토질 지반에 지름 40~60cm의 철관을 이용하여 모래말뚝을 형성한 후, 지표면에 성토하중을 가하여 압밀 탈수하는 공법
④ 페이퍼 드레인(Paper Drain) 공법(점토지반) : 점토지반에서 모래 대신 합성수지로 된 Card Board를 사용하여 탈수하는 공법

10년간 자주 출제된 문제

3-1. 지하수가 많은 지반을 탈수(脫水)하여 지내력을 갖춘 지반으로 만들기 위한 공법이 아닌 것은?
① 샌드 드레인 공법 ② 웰 포인트 공법
③ 페이퍼 드레인 공법 ④ 베노토 공법

3-2. 다음 배수공법 중 중력배수 공법에 해당하는 것은?
① 웰 포인트 공법 ② 진공압밀 공법
③ 전기삼투 공법 ④ 집수정 공법

3-3. 웰 포인트 공법에 대한 설명으로 옳지 않은 것은?
① 흙파기 밑면의 토질 약화를 예방한다.
② 진공펌프를 사용하여 토중의 지하수를 강제적으로 집수한다.
③ 지하수 저하에 따른 인접 지반과 공동매설물 침하에 주의가 필요하다.
④ 사질지반보다 점토층 지반에서 효과적이다.

3-4. 점토질 연약지반의 탈수공법으로 적합하지 않은 것은?
① 샌드 드레인(Sand Drain) 공법
② 생석회 말뚝(Chemico Pile) 공법
③ 페이퍼 드레인(Paper Drain) 공법
④ 웰 포인트(Well Point) 공법

|해설|

3-1
베노토 공법 : 현장타설 말뚝 공법

3-2
④ 집수정 공법 : 우물처럼 집수정을 만들어 자연 배수되는 중력배수 공법
① 웰 포인트 공법, ② 진공압밀 공법 : 펌프를 이용한 강제배수 공법
③ 전기삼투 공법 : 전기의 힘을 이용한 강제배수 공법

3-3
펌프로 집수하기 때문에 사질지반에 효과적이다.

3-4
웰 포인트 공법 : 사질지반 탈수공법

정답 3-1 ④ 3-2 ④ 3-3 ④ 3-4 ④

핵심이론 04 | 흙파기 공법

(1) 흙파기 경사각

① 흙파기 경사각(θ)은 휴식각의 2배로 한다.
② 휴식각 : 흙의 마찰력만으로 중력에 대해 정지하는 흙의 사면(斜面) 각도(흙 입자 간의 응집력, 부착력을 무시)

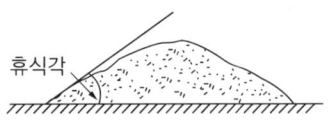

(2) 흙파기 공법

① 어스 앵커(Earth Anchor, Tie-back Method) 공법
  ㉠ 버팀대 대신 흙막이벽 배면을 Earth Drill로 굴착하고, 인장재와 Mortar를 주입하여 경화시켜 앵커체를 만든 후, 인장력에 의해 토압을 지지하는 공법
  ㉡ 앵커체 지지방식 : 마찰형, 지압형, 복합형

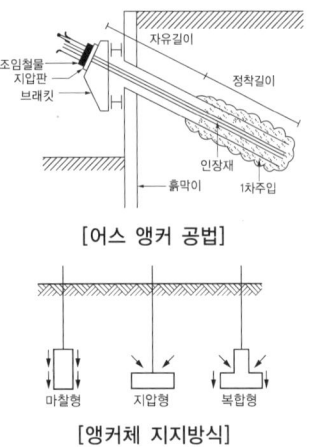

  ㉢ 특 징
  • 버팀대가 없어 굴착 공간을 넓게 활용
  • 대형기계 반입과 공기단축이 용이
  • 작업공간이 좁은 곳에서도 시공 가능
  • 시공 후 검사 곤란
  • 인접 구조물의 기초나 매설물이 있는 경우 부적합

② 아일랜드 컷(Island Cut) 공법
  ㉠ 중앙부를 먼저 파고 기초를 축조한 후, 버팀대로 지지하고 주변을 굴착하여 지하 구조물을 완성하는 공법
  ㉡ 시공순서 : 흙막이 설치 → 중앙부 굴착 → 중앙부 기초 구조물 축조 → 버팀대 설치 → 주변부 흙파기 → 지하구조물 완성

③ 트렌치 컷(Trench Cut) 공법
  ㉠ 아일랜드 공법과 역순으로 건물의 측벽이나 주열선 부분을 먼저 파내고 주변부 기초를 축조한 다음 중앙부를 굴착하여 지하 구조물을 완성하는 공법
  ㉡ 시공순서 : 흙막이 설치 → 주변부 흙파기 → 버팀대 설치 → 중앙부 기초 구조물 축조 → 중앙부 굴착 → 지하구조물 완성

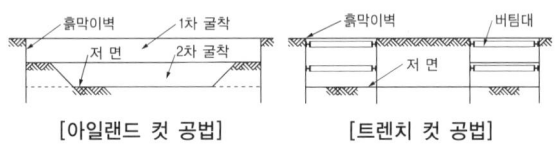

10년간 자주 출제된 문제

4-1. 어스 앵커 공법에 대한 설명으로 틀린 것은?
① 버팀대가 없어 굴착공간을 넓게 활용할 수 있다.
② 인접한 구조물의 기초나 매설물이 있는 경우 효과가 크다.
③ 대형기계의 반입이 용이하다.
④ 시공 후 검사가 어렵다.

4-2. 건물의 중앙부만 남겨 두고, 주위부분에 먼저 흙막이를 설치하고 굴착하여 기초부와 주위벽체, 바닥판 등을 구축하고 난 다음 중앙부를 시공하는 터파기 공법은?
① 복수공법
② 지멘스 웰 공법
③ 트렌치 컷 공법
④ 아일랜드 컷 공법

|해설|

4-1
인접한 구조물의 기초나 매설물이 있는 경우 부적합하다.

4-2
복수공법 : 지하수를 이용하여 지하수위를 유지하는 공법으로 담수공법과 주수공법이 있다.
- **담수공법** : 지하수를 담아 놓기만 하여 지하수위 유지하는 공법
- **주수공법** : 굴착 지반에서 퍼낸 지하수를 재충전 우물을 통해 주변 지반에 다시 주입시켜 지하수위를 일정하게 유지시킴으로 지하 터파기 굴착부 지하수 유출로 인해 발생되는 터파기 주변 지반의 지하수위 저하로 인한 압밀침하를 방지하는 공법

지멘스 웰(Siemens Well) 공법 : 지하수 처리를 위한 배수공법으로서, 지름 20cm의 관을 박고 그 선단에는 웰 포인트 장치를 설치하고 진공 흡인하여 지하수를 모아 펌프로 배수하는 공법

정답 4-1 ② 4-2 ③

핵심이론 05 | 흙막이벽의 안전성 검토

(1) 널말뚝 시공상의 주의사항
① 말뚝은 수직으로 똑바로 박는다.
② 널말뚝은 항타기를 사용하여 1 또는 2장씩 박는다.
③ 널말뚝의 끝부분은 바닥면에서 깊이 박히도록 하고, 웰 포인트 공법 등에 의해 지하수위를 낮춘다.
④ 널말뚝 끝부분에서 용수에 의한 누수 발생 시에는 흙가마니 등으로 이를 방지한다.
⑤ 널말뚝 인발기계는 세우기용 기계를 사용한다.

(2) 흙막이의 붕괴현상
① **히빙 현상(Heaving Failure)**
점토지반에서 하부지반이 연약할 때 흙막이 바깥에 있는 흙의 중량과 지표면의 적재하중으로 인하여, 저면 흙이 붕괴되어 흙막이 바깥에 있는 흙이 안으로 밀려 들어와 불룩하게 되는 현상이다.

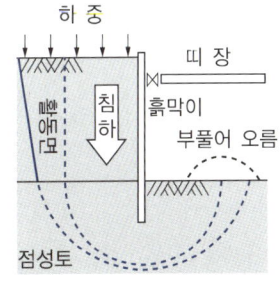

[히빙 현상]

② **보일링 현상(Boiling of Sand, Quick Sand)**
투수성이 좋은 사질지반에서 흙막이벽 뒷면의 수위가 높아서 지하수가 흙막이벽을 돌아서 들어오면서 모래와 같이 솟아오르는 현상이다.

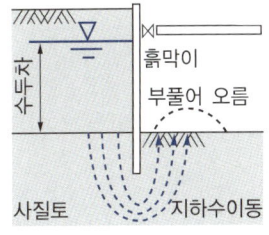

[보일링 현상]

③ 파이핑(Piping) 현상

흙막이벽의 부실공사로써 흙막이벽의 뚫린 구멍 또는 이음새를 통하여 물이 공사장 내부 바닥으로 스며드는 현상이다.

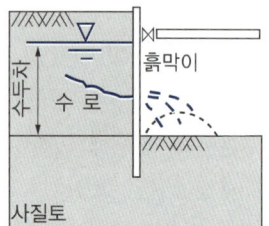

[파이핑 현상]

10년간 자주 출제된 문제

5-1. 사질 지반 굴착 시 벽체 배면의 토사가 흙막이 틈새 또는 구멍으로 누수가 되어 흙막이벽 배면에 공극이 발생하여 물의 흐름이 점차로 커져 결국에는 주변 지반을 함몰시키는 현상을 일컫는 것은?

① 보일링 현상
② 히빙 현상
③ 액상화 현상
④ 파이핑 현상

5-2. 토공사를 수행할 경우 주의해야 할 현상으로 가장 거리가 먼 것은?

① 파이핑(Piping)
② 보일링(Boiling)
③ 그라우팅(Grouting)
④ 히빙(Heaving)

| 해설 |

5-1
파이핑 현상 : 흙막이벽의 틈 또는 구멍, 이음새를 통하여 물이 공사장 내부 바닥으로 스며드는 현상이다.

5-2
그라우팅(Grouting) : 콘크리트 기초 보강에 사용하는 공법으로 지반개량이나 용수(湧水)의 방지를 위해 지반의 갈라진 틈 등에 시멘트 풀을 압입하는 것이다.

정답 5-1 ④ 5-2 ③

(3) 히빙, 보일링 파괴 방지대책

① 흙막이벽의 타입 깊이(근입장)를 늘린다(보일링, 히빙).
② 웰 포인트로 지하수위를 낮춘다(보일링).
③ 약액 주입 등으로 굴착지면의 지수(止水)(히빙, 보일링)
④ 흙막이벽 상부의 과재하 하중 제거
⑤ 강성이 큰 흙막이를 사용한다.
⑥ 흙막이벽 밀실 시공(파이핑)

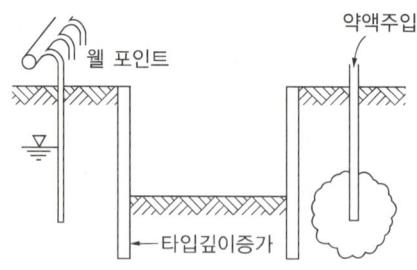

(4) 인접건물의 침하원인

① 히빙 현상
② 보일링 현상
③ 파이핑 현상
④ 지하수위 변동
⑤ 흙막이벽 배면의 뒤채움 불량

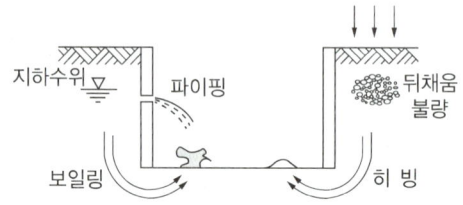

(5) 언더피닝 공법(Underpinning Method)

① 기존 건물 가까이에 신축공사를 할 때 기존 건물의 지반과 기초를 보강하는 공법

② 목 적
　㉠ 기존 건물을 보호
　㉡ 기울어진 건축물을 바로 잡기 위하여
　㉢ 인접 토공사의 터파기 작업 시 기존 건축물 침하 방지
③ 종 류
　㉠ 2중 널말뚝 공법(흙막이 널말뚝 외측에 2중 말뚝)
　㉡ 현장타설 콘크리트말뚝 공법
　㉢ 강재 말뚝 공법
　㉣ 모르타르 및 약액주입법(사질지반에 고결)

10년간 자주 출제된 문제

5-3. 흙막이공사 시 지표재하 하중의 중량에 못 견디어 흙막이 저면 흙이 붕괴되어 바깥에 있는 흙이 안으로 밀려 불룩하게 되어 파괴되는 현상을 무엇이라 하는가?(단, 점성토지반일 경우)

① 히빙(Heaving) 파괴
② 보일링(Boiling) 파괴
③ 수동토압(Passive Earth Pressure) 파괴
④ 전단(Shearing) 파괴

5-4. 건축공사에서 언더피닝(Underpinning) 공법의 설명으로 옳은 것은?

① 용수량이 많은 깊은 기초 구축에 쓰이는 공법이다.
② 기존 건물의 기초 혹은 지정을 보강하는 공법이다.
③ 터파기 공법의 일종이다.
④ 일명 역구축 공법이라고도 한다.

|해설|
5-3
① 히빙 파괴 : 하부 지반이 연약한 경우 흙파기 저면선(底面線)에 대하여 흙막이 바깥에 있는 흙의 중량과 지표적재 하중을 이기지 못하고 흙이 붕괴되어서 흙막이 바깥 흙이 안으로 밀려 들어와 불룩하게 되는 현상
② 보일링 파괴 : 흙막이 저면의 특수성이 좋은 사질지반에서 지하수가 얕게 있거나 상승하는 피압수로 인해 모래 입자가 부력을 받아 떠올라 저면 모래지반의 지지력이 급격히 없어지는 현상

5-4
언더피닝(Underpinning) : 기존 건축물의 기초를 보강 또는 새로이 기초를 삽입하는 공사의 총칭이다.

정답 5-3 ① 5-4 ②

핵심이론 06 | 흙막이 공법

(1) 슬러리 월(Slurry Wall) 공법(지하연속벽식 공법)

① 공벽붕괴에 벤토나이트 이수액을 사용하는 공법으로 먼저 가이드 월(Guide Wall)을 설치하고, 지반을 굴착하여 여기에 철근망을 삽입하고 트레미 관(Tremie Pipe)을 설치하여 콘크리트를 타설하는 지중에 철근 콘크리트 연속벽체를 형성한다.
② 트레미관(콘크리트 수송관) : 콘크리트 속에 삽입한 상태를 유지하면서 점차 관을 끌어 올려서 타설한다.

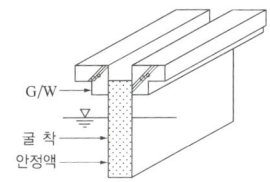

③ 가이드 월(Guide Wall) 설치 목적 및 스케치
　㉠ 표토층의 붕괴 방지
　㉡ 굴착 시 수직도 및 벽두께 유지
　㉢ 철근 삽입 및 트레미관 설치를 위한 지지대 역할
④ 벤토나이트(안정액, 이수(泥水))
　㉠ 점토광물로써 만들어진 비중이 큰 안정액
　㉡ 사용목적 : 공벽 붕괴 방지, 지하수 유입차단, 굴착부의 마찰저항감소

(2) 이외의 공법

① 주열식(Icos) 공법 : 제자리 콘크리트 말뚝을 연속적으로 나열하여 만든 주열식 지하연속벽 공법
② 톱다운(Top-Down) 공법(역타 공법) : 지하층 외부 옹벽과 지하층 기둥을 토공사에 앞서 시공한 후 지하 터파기와 지상층 공사를 병행 실시하는 공법
③ SPS(Strut as Permanent System) 공법 : 가설 Strut(버팀대) 공법의 성능을 개선하여 본 구조체인 기둥, 보를 흙막이 버팀대로 활용하는 공법(영구 버팀대)

10년간 자주 출제된 문제

6-1. 지하연속벽 공법 중 슬러리 월의 특징으로 옳은 것은?
① 인접건물의 경계선까지 시공이 불가능하다.
② 주변지반에 대한 영향이 크다.
③ 시공 시의 소음·진동이 크다.
④ 일반적으로 차수효과가 뛰어나다

6-2. 지하연속 흙막이 공법인 슬러리 월(Slurry Wall) 공법과의 관련성이 가장 적은 것은?
① 가이드 월(Guide Wall)
② 벤토나이트(Bentonite) 용액
③ 파워 셔블(Power Shovel)
④ 트레미 관(Tremie Pipe)

6-3. 건축공사에서 제자리 콘크리트 말뚝이나 수중 콘크리트를 칠 경우 콘크리트 속에 2m 이상 묻혀 있도록 하여 콘크리트 치기를 용이하게 하는 것은?
① 리바운드 체크　　② 웰 포인트
③ 트레미 관　　　　④ 드릴링 바스켓

6-4. 지하연속벽(Slurry Wall)의 설명으로 옳지 않은 것은?
① 차수성이 우수하다.
② 비교적 지반조건에 좌우되지 않는다.
③ 소음·진동이 적고, 벽체의 강성이 높다.
④ 공사비가 타 공법에 비하여 저렴하고 공기가 단축된다.

|해설|

6-1
① 인접건물의 경계선까지 시공이 가능하다.
② 주변지반에 대한 영향이 적다.
③ 시공 시의 소음·진동이 적다.

6-2
파워 셔블(Power Shovel) : 버킷이 외측으로 움직여 기계위치보다 높은 지반이나 굳은 지반의 굴착에 사용되는 굴착용 장비이다.

6-3
트레미 관 : 수중 콘크리트 타설용의 수송관으로, 상부에 콘크리트를 받는 호퍼를 가지며, 관 끝에 역류 방지용의 마개 또는 뚜껑이 붙어 있다. 콘크리트 타설에 따라 관 하단을 콘크리트 속에 삽입한 상태를 유지하면서 점차 관을 끌어 올려서 타설한다.

6-4
지하연속벽식 공법은 근접시공이 가능한 무소음, 무진동 공법이다. 공기가 길며, 장비도 비싸고 공사비가 많이 든다.

정답 6-1 ④　6-2 ③　6-3 ③　6-4 ④

핵심이론 07 | 계측관리, 토공사용 장비

(1) 계측기 종류

종류	내용
Tiltmeter(건물 경사계)	인접구조물 기울기 측정
Level and Staff(지표면 침하계)	지표면의 침하량을 측정
Inclinometer(지중 경사계)	지중 수평변위로 기울기 측정
Extension Meter(지중 침하계)	지중 수직변위로 침하도 측정
Strain Gauge(변형률계)	흙막이부재의 응력 측정
Load Cell(하중계)	흙막이 측압, 어스 앵커 인장력 하중 측정
Earth Pressure Meter(토압계)	주변 지반 토압 변화를 측정
Piezometer(간극수압계)	굴착에 따른 간극 수압 측정
Water Level Meter(지하수위계)	지하수위의 변화를 측정

(2) 토공사용 굴착장비

① 파워 셔블(Power Shovel)
　㉠ 기계가 위치한 지면보다 높은 곳의 굴착에 적합
　㉡ 굴삭 높이 : 1.5~3m, 굴삭 깊이 : 지반 밑으로 2m 정도
　㉢ 선회각 : 90°

② 백호(Backhoe)
　㉠ 기계가 위치한 지면보다 낮은 곳의 굴착에 적합
　㉡ 굴삭 깊이 : 5~8m

③ 드래그 라인(Drag Line)
　㉠ 기계가 위치한 지면보다 낮은 곳의 굴착에 적합
　㉡ 굴삭 깊이 : 8m, 선회각 : 110°
　㉢ 넓은 면적을 팔 수 있으나 파는 힘이 강력하지 못하다.

④ 클램셸(Clamshell)
　㉠ 사질지반 굴삭에 적합, 좁은 곳의 수직 굴착에 좋다.
　㉡ 굴삭 깊이 : 최대 18m

(3) 지반 정지용 장비

① 불도저(Bulldozer) : 운반거리 60m(최대 100m) 이내의 배토 작업용 장비

② 스크레이퍼(Scraper) : 굴착, 정지, 운반용으로 대량의 토사를 고속으로 원거리(500~2,000m)에 운송하는 장비

10년간 자주 출제된 문제

7-1. 건축물의 터파기 공사 시 실시하는 계측의 항목과 계측기를 연결한 것으로 옳지 않은 것은?

① 지하수의 수압 - 트랜싯
② 흙막이벽의 측압, 수동토압 - 토압계
③ 흙막이벽의 중간부 변형 - 경사계
④ 흙막이벽의 응력 - 변형계

7-2. 다음 각 건설기계와 주된 작업의 연결이 틀린 것은?

① 클램셸 - 굴착 ② 백호 - 정지
③ 파워 셔블 - 굴착 ④ 그레이더 - 정지

7-3. 토공사용 기계에 관한 설명 중 옳지 않은 것은?

① 파워 셔블(Power Shovel)은 지반보다 낮은 곳을 깊게 팔 수 있는 기계로서 보통 약 5m까지 팔 수 있다.
② 드래그라인(Drag Line)은 기계를 설치한 지반보다 낮은 장소 또는 수중을 굴착하는데 사용된다.
③ 불도저(Bulldozer)는 일반적으로 흙의 표면을 밀면서 깎아 단거리 운반을 하거나 정지를 한다.
④ 클램셸(Clamshell)은 수직굴착 등 일반적으로 협소한 장소의 굴착에 적합한 것으로 자갈 등의 적재에도 사용된다.

|해설|

7-1
① 지하수의 수압 : 간극 수압계(Piezometer)
트랜싯은 지상부의 기울기 측정

7-2
백호(Backhoe) : 파워 셔블과 반대되는 작업을 하는 기계로 버킷을 기계쪽으로 향해 아래로 끌어당기면서 기계의 위치보다 낮은 지반, 기초 굴착, 비탈면 절취, 옆도랑 파기 등에 사용되는 굴착장비

7-3
파워 셔블(Power Shovel) : 지반보다 높은 곳을 굴착할 수 있는 기계이며, 그 크기에 따라 다르지만 지면에서 약 6m(유압식인 경우는 10m) 높이까지의 토사를 굴착할 수 있다.

정답 7-1 ① 7-2 ② 7-3 ①

핵심이론 08 | 기초공사

(1) 기초의 종류

① 독립기초 : 단일 기둥을 하나의 기초로 지지하는 방식
② 복합기초 : 2개 이상의 기둥을 1개 기초에 연결하여 지지
③ 연속기초 : 일련의 기둥, 벽의 하중을 지지하는 방식
④ 온통기초 : 건물 하부 전체를 기초판으로 지지하는 방식

(2) 말뚝의 기능상 분류

① 지지말뚝 : 연약한 지반을 관통하여 견고한 지반에 도달시켜 선단 지지력에 의하여 하중을 지반에 전달
② 마찰말뚝 : 굳은 지반이 깊이 있는 경우 말뚝과 지반의 마찰력에 의하여 하중을 지지

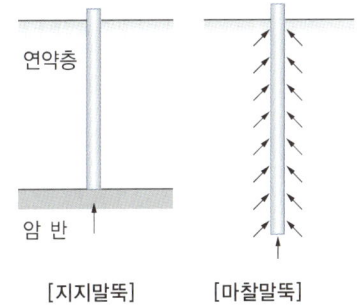

[지지말뚝] [마찰말뚝]

(3) 시험말뚝의 허용지지력 산출

① 시험말뚝의 허용지지력 산출에 있어서 영향 요인
  ㉠ 추의 중량
  ㉡ 추의 낙하높이
  ㉢ 말뚝의 최종 관입량
② 해머의 타격에너지 = 추의 중량 × 추의 낙하높이

(4) 말뚝의 종류별 간격(D : 말뚝머리 지름)

말뚝의 종류	말뚝의 중심 간격
나무말뚝	$2.5D$ 이상 또한 600mm 이상
기성 콘크리트말뚝	$2.5D$ 이상 또한 750mm 이상
강재말뚝	D 또는 폭의 2.0배 이상 또한 750mm 이상
매입말뚝	$2D$ 이상
현장타설(제자리) 콘크리트말뚝	$2D$ 이상 또한 $D+1,000$mm 이상

10년간 자주 출제된 문제

8-1. 시험말뚝박기에서 다음 항목 중 말뚝의 허용지지력 산출에 거의 영향을 주지 않는 것은?
① 추의 낙하 높이
② 말뚝의 길이
③ 말뚝의 최종 관입량
④ 추의 무게

8-2. 말뚝의 지지력 확인에 가장 신뢰성이 있는 시험방법은?
① 전단시험
② 재하시험
③ 표준관입시험
④ 지내력시험

해설

8-1
- 추의 중량, 추의 낙하고, 말뚝의 관입량에 관계된다.
- 해머의 타격에너지 = 추의 중량 × 추의 낙하 높이
- 샌더(Sander) 공식 : 추의 중량을 W_H, 추의 낙하고를 H, 타격당 말뚝의 평균 관입량을 S라고 하면 샌더 공식은 다음과 같다.

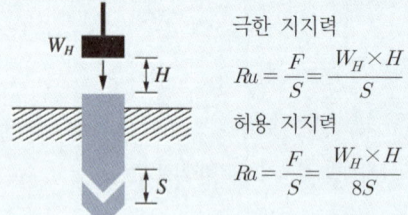

극한 지지력
$$Ru = \frac{F}{S} = \frac{W_H \times H}{S}$$

허용 지지력
$$Ra = \frac{F}{S} = \frac{W_H \times H}{8S}$$

8-2
말뚝의 지지력을 확인하는 시험에는 재하시험, 말뚝박기시험 등이 있다.

재하시험(Loading Test, 하중시험) : 구조물, 구조부재, 말뚝, 지반 또는 모형 시험체 등에 중량물이나 또는 힘을 가하는 기기를 서서 정적(靜的)으로 하중을 가해, 그 내력, 변형 성상, 파괴 성상 등을 알기 위한 시험

정답 8-1 ② 8-2 ②

(5) 기성 콘크리트말뚝

① 말뚝박기 시 주의사항
  ㉠ 시험말뚝은 실제 말뚝과 똑같은 조건으로 시공한다.
  ㉡ 시험말뚝은 정확한 위치에서 수직으로 박는다.
  ㉢ 말뚝은 연속적으로 박되 휴식시간은 두지 않는다.
  ㉣ 소정의 침하량에 도달하면 무리하게 박지 않는다.
  ㉤ 최종 관입량은 5 또는 10회 타격 평균값을 적용한다.
  ㉥ 무리말뚝은 주변을 먼저 박고, 차례로 중앙을 박는다.

② 소음, 진동이 있는 공법
  ㉠ 타격공법 : 드롭해머, 디젤해머, 스팀해머 타격공법
  ㉡ 진동공법 : 상하로 진동기를 이용하여 박는 공법

③ 무소음, 무진동 공법
  ㉠ 프리보링(Pre Boring)공법 : 미리 구멍을 뚫고 굴착 후에 말뚝을 타입하는 공법
  ㉡ 수사(水射)식 공법 : 말뚝선단에서 고압의 물을 분사하여 타입하는 공법
  ㉢ 압입(壓入)식 공법 : Jack으로 말뚝머리에 큰 하중을 가하여 박는 공법
  ㉣ 중굴(中掘)공법 : 말뚝의 중공부(中空部)에 오거를 삽입하여 매설하는 공법

(6) 제자리 콘크리트말뚝 공법 종류

분류	공법 분류별 종류
관입공법	• 컴프레솔 파일(Compressol Pile) • 심플렉스 파일(Simplex Pile) • 레이먼드 파일(Raymond Pile) • 페데스탈 파일(Pedestal Pile)
기계굴삭 공법	• 베노토 공법(Benoto Method) • 어스드릴 공법(Earth Drill Method) • 이코스 공법(ICOS Method) • 역순환 공법(Reverse Circulation Drill Method)
프리팩트 공법	• CIP 파일(Cast-In-Place Pile) • PIP 파일(Packed-In-Place Pile) • MIP 파일(Mixed-In-Place Pile)

10년간 자주 출제된 문제

8-3. 타격에 의한 말뚝박기 공법을 대체하는 저소음, 저진동의 말뚝공법에 해당되지 않는 것은?
① 압입 공법
② 사수(Water Jetting) 공법
③ 프리보링 공법
④ 바이브로 콤포저 공법

8-4. 파이프 회전용의 선단에 커터(Cutter)를 장치하여 흙을 뒤섞으며 지중으로 파들어간 다음 파이프 선단에서 모르타르를 분출시켜 흙과 모르타르를 혼합하면서 파이프를 빼내는 말뚝 이름은 다음 중 어느 것인가?
① 레이먼드 말뚝
② 페데스탈 말뚝
③ CIP 말뚝
④ MIP 말뚝

8-5. 굴착구멍 내 지하수위보다 2m 이상 높게 물을 채워 굴착함으로써 굴착 벽면에 $2t/m^2(0.02MPa)$ 이상의 정수압에 의해 벽면의 붕괴를 방지하면서 현장타설 콘크리트말뚝을 형성하는 공법은?
① 베노토 파일
② 프랭키 파일
③ 리버스 서큘레이션 파일
④ 프리팩트 파일

|해설|

8-3
바이브로 콤포저 공법 : 사질지반 개량공법으로, 지반에 특수파이프를 넣어 모래를 투입하고 모래를 진동하여 다짐으로써 샌드 파일을 형성

8-4
CIP Pile(Cast-In-Place Pile) : 스크루 오거 머신(Screw Auger Machine)으로 땅속에 구멍을 뚫고 철근을 조립한 후 모르타르 주입용 파이프를 밑창까지 꽂은 다음 구멍에 자갈을 다져 넣고 파이프를 통하여 모르타르를 주입하여 콘크리트 기둥을 만든 공법
PIP Pile(Packed-In-Place Pile) : 스크루 오거를 회전시키면서 땅속에 밀어 넣어 오거를 뽑아 올리면서 오거의 중심관 선단으로부터 모르타르나 잔자갈 콘크리트를 주입하여 말뚝을 형성하는 공법
MIP Pile(Mixed-In-Place Pile) : 말뚝을 만들려고 하는 장소의 흙을 그대로 이용해서 일종의 소일콘크리트 파일을 만드는 공법

8-5
① 베노토 파일 : 올 케이싱 공법이라고 하여 케이싱 내에 굴착장비로 구멍을 파는 요동식 공법이다. 안정된 굴착이나 공사속도가 늦고 공사비가 비싸다.
② 프랭키 파일 : 관입공법으로서 심대 끝에 원추형의 마개가 달린 외관을 관입한 후 내부의 마개와 추를 넣고 추로 다져 구근을 만들면서 외관만을 빼내어 말뚝을 형성한다.
④ 프리팩트 파일 : CIP, PIP, MIP 공법이 있으며, 구멍을 굴착하여 콘크리트말뚝을 형성하는 공법이다.

정답 8-3 ④ 8-4 ④ 8-5 ③

(7) 강재말뚝

① 강재말뚝의 특징
  ㉠ 지지층에 깊이 관입할 수 있어서 지지력이 크다.
  ㉡ 중량이 가볍고, 단면적을 작게 할 수 있다.
  ㉢ 휨저항이 크고, 수평력, 충격 등에 대한 저항성이 크다.
  ㉣ 이음이 강하며 길이 조절이 용이하다.
  ㉤ 경질층에 타입 및 인발이 용이하다.

② 강재말뚝의 부식 방지법
  ㉠ 판두께 증가(단면 증가) : 소요 단면보다 두꺼운 부재를 사용하는 방법으로 공사비가 많이 든다.
  ㉡ 도장에 의한 도포법(에폭시 등 도료 피복) : 부식을 방지하기 위해서 표면을 부식 방지 도장을 한다.
  ㉢ 콘크리트 피복법 : 부식이 심한 지표면 부근이나 건습이 되풀이되는 부분을 모르타르로 피복한다.
  ㉣ 전기도금법(내부식성 금속을 방식도금) : 전기적으로 처리하여 부식을 감소시키며, 이 경우에 부식량을 1/10 이하로 감소시킬 수 있다.

(8) 깊은 기초

① 우물통식 기초(Well Foundation)
  ㉠ 철근콘크리트조 우물통 기초 : 지름 1~1.5m 우물통을 지상에서 만들고 속을 파내어 침하시키는 방법
  ㉡ 강판제 우물통 기초 : 지름 1~2m의 강판 우물통을 만들고 그 안을 파서 콘크리트를 채워 기초를 구축

② 잠함기초(Caisson Foundation)
  ㉠ 개방잠함(Open Caisson) : 지하구조를 지상에서 구축하여 그 밑을 파내어 구조체를 침하시키는 공법
  ㉡ 용기잠함(Pneumatic Caisson) : 용수량이 많고 깊은 기초를 구축할 때 쓰이는 공법으로, 압축 공기의 압력을 이용하는 공법

10년간 자주 출제된 문제

8-6. 강제말뚝의 부식에 대한 대책과 가장 거리가 먼 것은?
① 부식을 고려하여 두께를 두껍게 한다.
② 에폭시 등의 도막을 설치한다.
③ 부마찰력에 대한 대책을 수립한다.
④ 콘크리트로 피복한다.

8-7. 건축물의 지정공사에 사용하는 말뚝의 이음방법이 아닌 것은?
① 충진식 이음
② 볼트식 이음
③ 맞댄 이음
④ 용접식 이음

|해설|

8-6
부마찰력은 말뚝의 지지력에 관계된다.
부마찰력 : 연약점토층이나 성토, 매립층에 시공한 말뚝은 말뚝 주변의 지반이 말뚝보다 많이 침하하면서 말뚝 주면에 발생하는 전단응력은 하향으로 작용하며 이를 부(-)마찰력이라 한다. 이러한 경우 말뚝지지력 감소, 지반침하, 구조물 균열 등이 우려되며 부마찰력에 대한 대책을 수립해야 한다.

8-7
기성 콘크리트말뚝은 일반적으로 15m 이하의 말뚝을 많이 사용하기 때문에 15m 이상의 말뚝을 필요로 할 때에는 말뚝을 이음해서 사용한다. 이음공법 종류에는 장부식 이음(Band 이음), 충전식 이음, Bolt식 이음, 용접식 이음 등이 있다.

정답 8-6 ③ 8-7 ③

제4절 철근콘크리트 공사

핵심이론 01 | 철근 공사

(1) 재 료
① 띠철근의 역할 : 콘크리트의 가로방향 변형 방지, 주철근의 위치를 확보하고, 압축응력을 증가시키며, 기둥의 좌굴방지
② 온도조절 철근(Temperature Bar) : 온도 변화에 따른 콘크리트의 수축으로 생긴 균열을 최소화하기 위한 철근

(2) 주열대와 중간대
① 주열대(柱列帶, Column Strip) : 플랫슬래브나 2방향 슬래브에서 기둥 바로 위에 유효폭(1/2폭)의 대(帶)를 가상하고, 기둥을 포함하지 않는 중간대와 구별해서 응력해석을 하는 부분
② 중간대(中間帶, Middle Strip) : 플랫슬래브나 2방향 슬래브에서 기둥을 직교하는 두 방향의 직선으로 연결하여 이것을 주열선(柱列線)으로 생각했을 때 서로 이웃한 2개의 평행한 주열선 사이에 있는 중간부분

(3) 철근의 이음 및 정착위치

이음 위치	• 응력이 큰 곳은 피하고 엇갈려 잇게 한다. • 한 곳에서 철근수의 반 이상을 이어서는 안 된다. • D35를 초과하는 철근은 겹침 이음을 할 수 없다. • 주근 이음은 인장력이 가장 작은 곳에서 한다.
정착 위치	• 기둥 주근 : 기초에 정착 • 보 주근 : 기둥에 정착 • 작은 보 주근 : 큰 보에 정착 • 벽철근 : 기둥, 보, 바닥에 정착 • 바닥철근 : 보, 벽체에 정착 • 지중보의 주근 : 기초 또는 기둥에 정착

(4) 철근 이음의 종류

겹침 이음	#18~20 철선으로 결속하여 이음
용접 이음	철근을 서로 겹쳐대어 아크(Arc), 전기로 용접
가스압접 이음	철근을 가열 및 가압하여 연결하는 용접 이음
기계적 이음	연결재(Sleeve, 나사 등)를 이용한 철근의 이음

10년간 자주 출제된 문제

1-1. 슬래브에서 4변 고정인 경우 철근배근을 가장 많이 하여야 하는 부분은?
① 단변 방향의 주간대
② 단변 방향의 주열대
③ 장변 방향의 주간대
④ 장변 방향의 주열대

1-2. 철근이음방법 중 철근을 가열하면서 압력을 가하는 방식으로 모재와 동등한 기계적 강도를 가지며 조직의 성분의 변화가 적고 접합강도가 큰 것은?
① 겹침 이음
② 가스 압접
③ 나사식 이음
④ Cad Welding

1-3. 철근의 가공·조립에 관한 설명으로 옳지 않은 것은?
① 철근배근도에 철근의 구부리는 내면 반지름의 표시가 되어 있지 않은 때에는 건축구조기준에 규정된 구부림의 최소 내면 반지름 이하로 철근을 구부려야 한다.
② 철근은 상온에서 가공하는 것을 원칙으로 한다.
③ 철근 조립이 끝난 후 철근배근도에 맞게 조립되어 있는지 검사하여야 한다.
④ 철근의 조립은 녹, 기름 등을 제거한 후 실시한다.

|해설|

1-1
휨모멘트가 가장 큰 부분은 단변 방향이며, 단변 방향의 주열대에 철근배치가 가장 많이 필요하다.

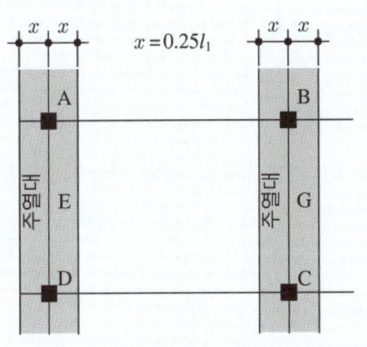

단변방향($l_1 < l_2$)

1-2
가스 압접은 가열하면서 30MPa의 압력을 가하여 접합한다.

1-3
구부림의 최소 내면 반지름 이상으로 철근을 구부려야 한다. 최소 내면 반지름 이하로 구부리면 꺾임이 심하여 철근이 끊어질 수 있다.

정답 1-1 ② 1-2 ② 1-3 ①

핵심이론 02 | 거푸집 공사

(1) 거푸집의 측압 영향요인

측압영향요소	측압에 미치는 영향
슬럼프	슬럼프(묽기)가 클수록 측압은 크다.
타설 속도	타설 속도가 빠를수록 측압은 크다.
다 짐	다짐이 과다할수록 측압은 크다.
배 합	부배합(富配合)일수록 측압은 크다.
철골, 철근량	철골, 철근량이 적을수록 측압은 크다.
벽두께	벽두께가 두꺼울수록 측압은 크다.
온 도	온도가 낮을수록 측압은 크다.
습 도	대기 중 습도가 높을수록 측압은 크다.
거푸집의 강성	강성이 클수록 측압은 크다.

(2) 거푸집 구성재료

거푸집 널	목재, 합판, 패널(Panel) 등을 사용
띠장(장선)	거푸집을 지지, 콘크리트 측압을 멍에에 전달
멍에(장선받이)	장선, 띠장 하중을 긴결재 또는 받침기둥에 전달
동바리 (支柱, Support)	멍에, 장선받이 등을 받아 그 하중을 지반 또는 바닥판에 전달하는 받침 기둥
잭서포트 (Jack Support)	건축물 상판 구조물에 과다한 하중 및 진동으로 인한 균열, 붕괴의 위험을 방지하기 위해 보 및 슬래브의 적정 지점에 세워 구조물에 가해지는 과다한 하중을 분산하기 위한 동바리

(3) 거푸집 부속자재 및 기구

① Form Tie(긴결재) : 거푸집 간격을 유지하는 긴장재로서 거푸집이 밖으로 벌어짐을 방지한다.
② Separator(격리재) : 거푸집 상호 간의 간격을 유지(좁혀짐 방지)하며, 철제와 파이프제, 모르타르제 등이 있다.
③ Spacer(간격재) : 철근 피복두께를 유지하기 위한 간격재(굄재)로서 벽, 바닥 철근이 거푸집에 밀착하는 것을 방지한다.
④ Form Oil(박리제) : 거푸집 박리를 용이하게 하는 약제로서 거푸집의 탈형과 청소를 용이하게 하기 위해 거푸집 표면에 바른다.

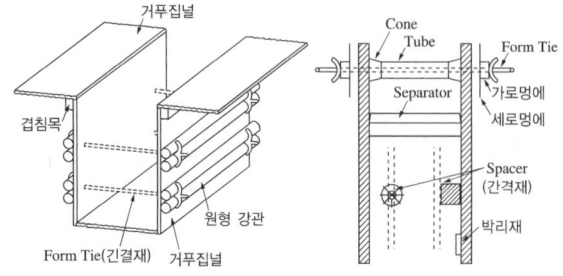

(4) 거푸집 고려 하중

① 수평거푸집 설계 시 고려 하중(보, 바닥판 밑면) : 굳지 않은 콘크리트 중량, 충격하중, 작업하중
② 수직거푸집 설계 시 고려 하중(기둥, 벽, 보 옆) : 굳지 않은 콘크리트 중량, 굳지 않은 콘크리트 측압

10년간 자주 출제된 문제

2-1. 바닥판과 보 밑 거푸집 설계 시 고려해야 하는 하중을 옳게 짝지은 것은?
① 굳지 않은 콘크리트 중량, 충격하중
② 굳지 않은 콘크리트 중량, 측압
③ 작업하중, 풍하중
④ 충격하중, 풍하중

2-2. 콘크리트 측압에 영향을 주는 요인에 관한 설명으로 틀린 것은?
① 콘크리트 타설 속도가 빠를수록 측압이 크다.
② 묽은 콘크리트일수록 측압이 크다.
③ 철골 또는 철근량이 많을수록 측압이 크다.
④ 진동기를 사용하여 다질수록 측압이 크다.

|해설|

2-1
- 바닥판과 보 밑 거푸집은 수직 하중에 대한 고려를 해야 하며, 굳지 않은 콘크리트 중량, 작업하중, 충격하중 등은 수직 하중으로 작용한다.
- 수평 하중(횡하중)인 측압, 풍하중은 해당되지 않는다.

2-2
철골 또는 철근량이 적을수록 측압은 크다.

정답 2-1 ① 2-2 ③

---

(5) 거푸집 공법

① 슬라이딩 폼(Sliding Form) : 콘크리트를 부어 넣으면서 거푸집을 연속적으로 끌어올리거나 밀어서 사용하며, Silo 또는 굴뚝 등과 같이 단면 형상의 변화가 없는 구조물에 사용(공기 단축, 경비 절감, 일체성 확보)

② 슬립 폼(Slip Form) : 콘크리트를 부어 넣으면서 거푸집을 연속적으로 끌어올려 사용하는 거푸집이며, 단면 형상의 변화가 있는 구조물에 사용(전망탑, 급수탑 등)

③ 갱 폼(Gang Form, 대형 패널공법) : 사용할 때마다 작은 부재의 조립, 분해를 반복하지 않고 대형화, 단순화하여 한 번에 설치하고 해체하는 거푸집으로 거푸집널과 강지보공으로 이루어져 있다(옹벽, 피어 등에 사용).

④ 클라이밍 폼(Climbing Form) : 벽체용 거푸집으로써 거푸집과 벽체 마감공사를 위한 비계틀을 일체로 조립하여 한꺼번에 인양시켜 설치하는 공법으로 비계 설치가 필요 없으며, 고소작업 시 안전성이 높다.

⑤ 플라잉 폼(Flying Form, Table Form) : 바닥전용 거푸집으로 거푸집판, 장선, 멍에, 서포트 등을 일체로 제작하여 부재화한 거푸집으로 대형 양중 장비가 필요하다.

⑥ 와플 폼(Waffle Form) : 무량판구조에서 2방향 장선(격자보) 바닥판 구조가 가능한 특수 상자모양의 기성재 거푸집

⑦ 무량판(無梁板) 구조 : RC구조 방식에서 보를 사용하지 않고 바닥 슬래브를 직접 기둥에 지지시키는 구조

⑧ 데크 플레이트(Deck Plate) : 아연도금 철판을 절곡하여 제작한 바닥(Slab) 콘크리트 타설을 위한 슬래브 하부 거푸집판
 ㉠ 철판을 절곡하여 제작하며 별도 해체작업이 필요 없다.
 ㉡ 안전성 강화, 동바리 수량 감소로 원가절감이 가능하다.

⑨ 터널 폼(Tunnel Form) : 벽과 바닥의 콘크리트 타설을 일체화하기 위한 ㄱ자 또는 ㄷ자형의 기성재 거푸집으로 아파트, 호텔 객실 등 동일한 형태의 구조체에 적합

⑩ 트래블링 폼(Travelling Form) : 거푸집 전체를 다음 장소로 이동하여 사용하는 대형의 이동 거푸집으로 아치, 돔, 셸 등의 연속구조에 사용
⑪ 무지주 공법(Non Support Form) : 천장이 높을 때 받침기둥(Support) 없이 보에 수평 지지보를 걸어서 거푸집을 지지하는 공법
　㉠ 보우 빔(Bow Beam) : 길이 조절이 불가능한 무지주공법 수평 지지보
　㉡ 페코 빔(Pecco Beam) : 길이 조절이 가능한 무지주 공법 수평 지지보

10년간 자주 출제된 문제

2-3. 거푸집 공사에서 사용할 때마다 작은 부재의 조립, 분해를 반복하지 않고 대형화·단순화하여 한 번에 설치하고 해체하는 벽체용 거푸집의 명칭은?
① 슬라이딩 폼(Sliding Form)
② 갱 폼(Gang Form)
③ 플라잉 폼(Flying Form)
④ 유로 폼(Euro Form)

2-4. 클라이밍 폼의 특징에 대한 설명으로 옳지 않은 것은?
① 고소작업 시 안전성이 높다.
② 거푸집 해체 시 콘크리트에 미치는 충격이 적다.
③ 초기 투자비가 적은 편이다.
④ 비계설치가 불필요하다.

|해설|
2-3
갱 폼(Gang Form, 대형패널공법)
• 사용할 때마다 작은 부재의 조립, 분해를 반복하지 않고 대형화·단순화하여 한 번에 설치하고 해체하는 거푸집
• 거푸집널과 강지보공으로 이루어져 옹벽, 피어 등에 사용
• 초기 투자비가 과다하며, 대형 양중 장비 필요
• 거푸집 조립시간, 기능공 교육 및 숙달기간 필요

2-4
대형 패널과 장선, 띠장이 결합된 폼은 갱 폼이며, 여기에 작업대가 추가되면 클라이밍 폼이 된다.
클라이밍 폼 : 벽체용 거푸집으로 거푸집과 벽체 마감공사를 위한 비계틀을 일체로 조립하여 한꺼번에 인양하여 설치하는 거푸집으로 초기 투자비가 비싸다.

정답 2-3 ② 2-4 ③

핵심이론 03 | 철근콘크리트 공사

(1) 시멘트 성질

① 시멘트의 주요화합물
　㉠ 종 류
　　• 규산 2석회(28일 이후 장기강도에 관여)
　　• 규산 3석회
　　• 알루민산 3석회
　　• 알루민산철 4석회
　㉡ 수화작용이 빠른 순서(발열량의 크기)
　　알루민산 3석회(C_3A) > 규산 3석회(C_3S) > 알루민산철 4석회(C_4AF) > 규산 2석회(C_2S)

② 시멘트의 시험

분류	분류별 시험 종류
비중 시험	르샤틀리에 비중병
분말도 시험	체가름 방법, 비표면적 시험(마노미터, 브레인장치)
안정성 시험	오토 클레이브(Auto Clave) 팽창도 시험
강도 시험	표준모래를 사용하여 휨 시험, 압축강도 시험
응결 시험	길모어 바늘, 비카 바늘에 의한 이상응결 시험

③ 시멘트의 성질
　㉠ 응결 : 수량, 온도, 분말도, 화학성분, 풍화, 습도 등에 따라 다르다.
　㉡ 헛응결(False Set) : 가수 후 발열하지 않고 10~20분 후에 굳어졌다가 다시 묽어지며 이후 순조롭게 경화되는 현상으로 이중 응결이라고 한다.
　㉢ 시멘트의 풍화 : 시멘트가 대기 중에서 수분을 흡수하여 수화작용으로 수산화칼슘이 생기고 공기 중의 이산화탄소를 흡수하여 탄산칼슘 또는 탄산석회가 생기는 현상이다.

④ 시멘트의 분말도와 응결
　㉠ 분말도가 큰 경우의 영향
　　• 수화작용이 빠르다.
　　• 발열량이 커지고 초기강도 크다.
　　• 시공연도가 좋고 수밀한 콘크리트 가능
　　• 균열발생이 크고 풍화가 쉽다.
　　• 장기강도는 저하된다.

ⓒ 응결시간이 빠른 경우의 조건
- 분말도가 클수록
- 온도가 높고, 습도가 낮을수록
- 알루민산 3석회(C_3A) 성분이 많을수록
- 물시멘트비가 적을수록
- 풍화가 적게 될수록

10년간 자주 출제된 문제

3-1. 시멘트 광물질의 조성 중에서 발열량이 높고 응결시간이 가장 빠른 것은?
① 알루민산 3석회
② 규산 3석회
③ 규산 2석회
④ 알루민산철 4석회

3-2. 시멘트 분말도 시험방법이 아닌 것은?
① 플로 시험법
② 체분석법
③ 브레인법
④ 피크노미터법

|해설|

3-1
알루민산 3석회(알루미네이트)는 발열량이 높고 응결시간이 가장 빠르다.
시멘트 광물질의 수화작용 순서(발열량이 크다)
알루민산 3석회 > 규산 3석회 > 알루민산철 4석회 > 규산 2석회

3-2
플로(Flow) 시험은 유동성 시험으로서 비빔콘크리트 또는 모르타르의 반죽질기를 측정한다.
시멘트 분말도 시험
- 체분석법(체가증법)
- 브레인법(브레인 공기투과장치)
- 피크노미터법

정답 3-1 ① 3-2 ①

(2) 시멘트 종류

① 포틀랜드 시멘트(Portland Cement)의 종류

종 류	시멘트의 특성
보 통	• 비중 : 3.05 이상(보통 3.15 이상) • 단위용적 중량 : 1,500kg/m³
중용열	• 규산 2석회를 크게 한 시멘트로서 초기강도의 발현은 늦으나 장기강도에는 유리하다. • 발열량 낮아 건조수축, 균열 발생이 적다. • 알칼리 골재반응 억제를 위해 플라이 애시 사용 • 장기강도가 커서 매스콘크리트, 댐공사, 차폐용 콘크리트에 사용된다.
조 강	• 보통의 28일 강도를 7일 만에 발현시킨다. • 조기강도가 크며, 수화발열량도 크다. • 저온에서 강도의 저하율이 낮다. • 긴급공사, 한중공사, 수중공사에 사용된다.
저 열	수화발열이 적어 대형구조물 공사에 적합하다.
내황산염	지하수에서 침투되는 황산염 저항성이 강하다.

② 혼합 시멘트의 종류

종 류	시멘트의 특성
고 로	• 보통 포틀랜드 시멘트 클링커(30%)와 광재(클링커의 30~50%)에 적당한 석고를 넣은 것이다. • 건조수축이 발생한다. • 해안공사, 큰 구조물공사 등
플라이 애시	• 플라이 애시(Fly Ash)의 혼합량은 포틀랜드 시멘트의 15~40% 정도이다. • 수화열이 적고, 장기강도가 커진다. • 워커빌리티 좋고 수밀성이 크며 단위수량이 감소한다. • 하천공사, 해안공사, 해수공사 등
포졸란	• 포졸란(화산재, 규조토, 규산백토 등의 실리카질 혼화재) 생석회가 혼합된 콘크리트이다. • 고로 시멘트와 특성이 유사하다.

③ 특수 시멘트의 종류

종 류	시멘트의 특성
알루미나	• 조기강도가 크고 수화열이 높다. • 화학작용에 대한 저항이 크다. • 수축이 적고 내화성이 크다.
팽 창	칼슘 클링커(보크사이트, 백악, 석고를 혼합 소성한 것)에 광재 및 포틀랜드 클링커의 혼합물을 넣어 만든 것이다.
백 색	특성은 보통 시멘트와 같으나 성분 중에 산화철(Fe_2O_3)이 거의 포함되어 있지 않은 백색 점토와 석회석을 원료로 사용한다.

④ 조기강도가 빠른 순서

알루미나 시멘트 > 조강 포틀랜드 시멘트 > 보통 포틀랜드 시멘트 > 고로 시멘트 > 실리카 시멘트 > 중용열 포틀랜드 시멘트

10년간 자주 출제된 문제

3-3. 콘크리트 재료 중 시멘트의 설명으로 옳지 않은 것은?

① 중용열 포틀랜드 시멘트는 수화작용에 따르는 발열이 적기 때문에 매스콘크리트에 적당하다.
② 조강 포틀랜드 시멘트는 조기강도가 크기 때문에 한중콘크리트공사에 주로 쓰인다.
③ 알칼리 골재반응을 억제하기 위한 방법으로써 내황산염 포틀랜드 시멘트를 사용한다.
④ 조강 포틀랜드 시멘트를 사용한 콘크리트의 7일 강도는 보통 포틀랜드 시멘트를 사용한 콘크리트의 28일 강도와 거의 비슷하다.

3-4. 다음 시멘트 중 시멘트 분말의 비표면적이 가장 큰 것은?

① 보통 포틀랜드 시멘트
② 중용열 포틀랜드 시멘트
③ 조강 포틀랜드 시멘트
④ 백색 포틀랜드 시멘트

3-5. 보통 포틀랜드 시멘트 경화체의 성질에 관한 설명으로 옳지 않은 것은?

① 응결과 경화는 수화반응에 의해 진행된다.
② 경화체의 모세관수가 소실되면 모세관 장력이 작용하여 건조수축을 일으킨다.
③ 모세관 공극은 물시멘트비가 커지면 감소한다.
④ 모세관 공극에 있는 수분은 동결하면 팽창되고 이에 의해 내부압이 발생하여 경화체의 파괴를 초래한다.

|해설|

3-3
내황산염 포틀랜드 시멘트와 알칼리 골재반응은 관계없다.

3-4
단위 부피당 표면적을 말하는 비표면적이 크면, 수화반응이 빠르고, 수화열이 많이 나며, 조기에 강도를 확보할 수 있다. 따라서 조강 포틀랜드 시멘트의 비표면적이 가장 크다.

3-5
모세관 공극은 물시멘트비가 커지면 증가한다.

정답 3-3 ③ 3-4 ③ 3-5 ③

(3) 골 재

① 골재의 품질 요구사항
 ㉠ 청정, 견고, 내구성, 내화성
 ㉡ 구형으로 표면이 거친 것이 좋음(마찰력)
 ㉢ 유기 불순물을 포함하지 않을 것
 ㉣ 입도가 적당할 것(세·조립이 적당히 혼합된 것)
 ㉤ 물리적·화학적으로 안정할 것
 ㉥ 경화한 시멘트풀 강도 이상이어야 함

② 방청상 유효한 조치(철근부식 방지법)
 ㉠ 물시멘트비가 적은 밀실한 콘크리트를 사용
 ㉡ 방청제를 사용하거나 염소이온을 적게 한다.
 ㉢ 콘크리트 표면에 수밀성이 높은 마감(라이닝)을 실시
 ㉣ 피복두께를 충분히 확보
 ㉤ 방청철근(에폭시수지 도장, 아연도금)을 사용

③ 골재의 함수상태
 ㉠ 함수량 : 습윤상태의 골재가 함유하는 전 수량
 ㉡ 흡수량 : 표면건조 내부포수상태의 골재 중에 포함되는 물의 양
 ㉢ 표면수량 : 함수량과 흡수량과의 차
 ㉣ 유효흡수량 : 흡수량과 기건상태의 골재 내에 함유된 수량과의 차

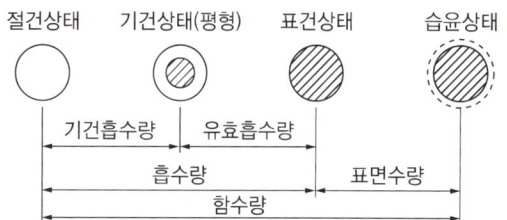

(4) 콘크리트 중의 공기량의 변화

① 일반적으로 슬럼프가 커지면 공기량은 증가하지만, 슬럼프(Slump)가 약 17~18cm 이상이고 묽은 비빔일 경우 공기량은 감소한다.
② 공기량 1% 증가 시에 슬럼프치는 2cm 증가하고, 압축강도는 4~6% 감소한다.

③ 잔골재 많을 시 공기량 증가한다.
④ 비빔시간이 오래되면 공기량이 감소한다.
⑤ AE제를 많이 넣을수록 연행 공기량이 증가한다.
⑥ 온도가 높으면 감소하고, 온도가 낮으면 증가한다.

(5) 혼화재료 – 혼화제(混和劑)

① 콘크리트 성질 개선을 위해 비교적 소량 사용(시멘트 중량의 1% 미만)하며, 배합설계 시 혼화제 부피는 무시
② 포틀랜드 시멘트, 배합수, 골재 이외의 콘크리트 구성 재료로, 콘크리트에 특정한 성능을 부여하는 첨가제
③ 혼화제 종류
  ㉠ 표면활성제(AE제, 감수제, AE감수제) : 표면활성 작용에 의해 콘크리트 속에 미세한 기포를 발생시키거나 시멘트 입자를 분산시켜 시공연도를 좋게 한다.
    • AE제(Air-Entraining Agent) : 미세한 기포를 발생시켜 단위수량을 감소시키면서 시공연도를 향상
    • 감수제(분산제) : 시멘트 입자를 분산시켜 적은 수량으로 시공연도를 향상(추가 물을 넣지 않기 위해)
    • AE감수제 : AE(Air-Entraining Agent)제의 성능과 더불어 감수효과를 증대시킨 혼화제
  ㉡ 고성능 감수제 : 감수제의 성능을 향상시켜 단위수량을 대폭 감소시키는 혼화제
  ㉢ 유동화제(流動化濟) : 단위수량이 적은 콘크리트의 유동성을 일시적으로 증대시키는 혼화제
  ㉣ 응결경화 촉진제 : 시멘트와 물의 화학반응을 촉진시켜 조기강도를 증대(급결제, 급경제(急硬濟))
  ㉤ 응결 지연제 : 시멘트와 물과의 화학반응을 늦어지게 하는 것으로 응결을 지연

10년간 자주 출제된 문제

3-6. 콘크리트 중 공기량의 변화에 관한 설명으로 옳은 것은?

① AE제의 혼입량이 증가하면 연행공기량도 증가한다.
② 시멘트 분말도 및 단위시멘트량이 증가하면 공기량은 증가한다.
③ 잔골재 중의 0.15~0.3mm의 골재가 많으면 공기량은 감소한다.
④ 슬럼프가 커지면 공기량은 감소한다.

|해설|

3-6
② 시멘트 분말도 및 단위시멘트량이 증가하면 공기량은 감소한다.
③ 잔골재가 많으면 미세한 공극이 많아져서 공기량은 증가한다.
④ 슬럼프가 커지면 공기량은 증가한다.

정답 ①

(6) 혼화재료 - 혼화재(混和材)

① 콘크리트의 물성을 개선하기 위하여 비교적 다량 사용(시멘트 중량의 5% 이상)하는 것으로 배합설계 시 혼화재의 부피를 계산에 포함한다.

② 고로슬래그, 플라이 애시, 실리카 퓸, 착색재, 팽창재

③ 혼화재 종류

㉠ 포졸란(Pozzolan) : 콘크리트의 수산화칼슘과 화합하여 불용성 화합물을 만드는 실리카질(SiO_2) 재료
- 천연 재료 : 화산재, 규조토, 규산백토
- 인공 재료 : 고로슬래그, 소성점토, 플라이 애시

㉡ 실리카 퓸(Silica Fume) : 전기로에서 규소철을 생산하는 과정 중 부산물로 생성되는 미세한 입자로서, 고강도 콘크리트 제조에 사용되는 포졸란계 혼화재

㉢ 팽창재 : 경화과정에서 팽창을 일으킴으로써 건조, 수축, 균열을 방지

㉣ 착색재
- 빨강 : 제2산화철
- 노랑 : 크롬산바륨
- 파랑 : 군청
- 초록 : 산화크롬
- 갈색 : 이산화망간
- 검정 : 카본 블랙

[혼화재료 비교]

구 분	AE제	포졸란	플라이 애시
특 징	• 단위수량 감소 • 연행공기량 증가 • 동결융해 저항성 증대 • 알칼리 골재반응 억제	• 해수 등의 화학적 저항성 증대 • 건조수축 증대	• 해수 등의 화학적 저항성 증대 • 알칼리 골재반응 억제
공 통	• 수밀성 향상 • 수화발열량 감소 • 장기강도(내구성) 증대		

(7) 콘크리트 배합 설계 시 고려할 사항

① 콘크리트의 배합설계 순서

설계기준강도(소요강도) 결정 → 배합강도 결정 → 시멘트강도 결정 → 물시멘트비 결정 → 슬럼프값 결정 → 골재입도 결정 → 배합의 결정 → 보정 → 재료계량 → 배합의 변경

② 콘크리트 배합설계 시 고려사항

㉠ 반죽질기 조정 : 단위수량, 시멘트량을 고려

㉡ 점도 및 재료분리 조정 : 잔골재율, 단위 굵은 골재량

㉢ 강도 : 물시멘트비를 고려

㉣ 내구성 : AE제의 양 조절을 고려

③ 배합 결정요소 : 시멘트 강도, 물시멘트비, 슬럼프값, 골재크기 및 잔골재율, 소요 공기량

④ 배합설계 시 고려사항

㉠ 계획배합은 원칙적으로 시험비빔에 의하여 정한다.

㉡ 구조체 콘크리트의 강도관리 재령은 91일 이내로 하고, 공사시방서에 따른다. 공사시방서에 정한 바가 없을 때에는 28일로 한다.

10년간 자주 출제된 문제

3-7. 콘크리트에 사용되는 혼화재 중 플라이 애시의 사용에 따른 이점으로 볼 수 없는 것은?
① 유동성의 개선
② 초기강도의 증진
③ 수화열의 감소
④ 수밀성의 향상

3-8. 콘크리트 배합에 직접적인 영향을 주는 요소가 아닌 것은?
① 시멘트 강도
② 물시멘트비
③ 철근의 품질
④ 골재의 입도

3-9. 콘크리트 배합 시 시공연도와 가장 거리가 먼 것은?
① 시멘트 강도
② 골재의 입도
③ 혼화제
④ 혼합시간

|해설|
3-7
장기강도가 증진한다.
3-8
철근의 품질은 콘크리트 배합에 직접적인 영향을 주지 않는다.
3-9
시멘트 강도는 시공연도와는 거리가 멀지만, 배합강도에 영향을 준다.

정답 3-7 ② 3-8 ③ 3-9 ①

(8) 콘크리트 배합설계 방법

① 물시멘트비(W/C) : 모르타르 또는 콘크리트에 포함된 시멘트 풀 속의 시멘트에 대한 물의 중량 백분율

② 배합강도
  ㉠ 현장의 품질을 고려하여 콘크리트의 배합강도를 설계기준 압축강도보다 충분히 크게 정하여야 한다.
  ㉡ 설계기준 압축강도가 35MPa 이하 또는 초과의 경우로 구분하여 구한다.

③ 슬럼프(Slump)값
  ㉠ 밑지름 20cm, 윗지름 10cm, 높이 30cm 의 몰드에 콘크리트를 3회에 나누어 넣고 각각 25회 다진 다음 몰드를 들어 올렸을 때 가라앉은 높이

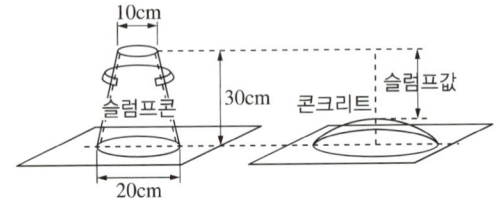

  ㉡ 콘크리트 시공연도의 양부 측정
  ㉢ 타설 장소별 공사시방서에 따른다.
  ㉣ 슬럼프는 운반, 타설, 다지기 등의 작업에 알맞은 범위 내에서 될 수 있는 한 작은 값으로 정한다.

④ 잔골재율 : 소요 워커빌리티를 얻을 수 있는 범위 내에서 단위수량이 최소가 되도록 시험에 의해 정하여야 한다.

⑤ 부순 골재
  ㉠ 굵은 골재의 크기는 강자갈보다 조금 작은 편이 좋다.
  ㉡ 잔골재는 특히 미립분이 부족하지 않도록 주의한다.
  ㉢ 모래는 강자갈 콘크리트의 경우보다 많이 사용한다.
  ㉣ 가능하면 AE제를 사용한다.

⑥ 공기량이 증가하는 경우

　㉠ AE제를 넣을수록

　㉡ 온도가 낮을수록

　㉢ 시멘트 분말도가 작을수록

　㉣ 기계비빔(손비빔보다 공기량이 증가)

　㉤ 비빔시간 3~5분까지는 증가하지만 그 이후는 감소

　㉥ 굵은 골재의 최대 치수가 작을수록

　㉦ 잔골재율이 클수록(0.6mm 이하에서)

　㉧ 빈배합일수록

　㉨ 슬럼프가 클수록

　㉩ 진동을 주지 않을수록

10년간 자주 출제된 문제

3-10. 콘크리트의 배합에 관한 설명으로 옳지 않은 것은?

① 일반적으로 굵은 골재의 최대 치수가 클수록 잔골재율을 작게 할 수 있다.
② 잔골재율은 소요 워커빌리티가 얻어지는 범위 내에서 단위수량이 가능한 한 작게 되도록 시험비빔에 의해 결정한다.
③ 단위수량이 동일하면 골재량이나 시멘트량의 근소한 변화는 슬럼프에 그다지 영향을 주지 않는다.
④ 강도 및 슬럼프가 동일하면 실적률이 큰 굵은 골재를 사용할수록 단위 수량이 많아진다.

3-11. 부순 골재를 사용하는 콘크리트의 배합설계에 관한 설명으로 옳지 않은 것은?

① 굵은 골재의 크기는 강자갈보다 조금 작은 편이 좋다.
② 잔골재는 특히 미립분이 부족하지 않도록 주의한다.
③ 모래는 강자갈 콘크리트의 경우보다 적게 사용한다.
④ 될 수 있는 한 AE제를 사용한다.

3-12. 지름 10cm, 높이 20cm인 원주 공시체로 콘크리트의 압축 강도를 시험하였더니 200kN에서 파괴되었다면 이 콘크리트의 압축강도는 약 얼마인가?

① 12.7MPa　② 17.8MPa
③ 25.5MPa　④ 50.9MPa

|해설|

3-10
콘크리트 배합에서 강도와 슬럼프가 동일하면 실적률이 큰 굵은 골재를 사용할수록 단위수량이 적어진다.

3-11
- 모래는 강자갈 콘크리트의 경우보다 많이 사용한다.
- 부순 골재를 사용하는 콘크리트는 공극률이 증가하며, 공극률이 증가하면 잔골재율도 증가하여 부순 골재를 사용할 경우 모래는 강자갈 콘크리트보다 많이 사용한다.

3-12
$$f_c = \frac{P}{A} = \frac{최대\ 하중(N)}{시험체의\ 단면적(mm^2)} = \frac{200 \times 1,000}{\frac{\pi \times 100^2}{4}} N/mm^2$$

$$= \frac{200 \times 1,000}{3.14 \times 2,500} ≒ 25.4777 ≒ 25.5MPa$$

정답 3-10 ④　3-11 ③　3-12 ③

(9) 콘크리트의 시공

① 부어넣기
  ㉠ 타설 시 현장가수(加水)의 문제점
    - 강도의 저하, 재료의 분리
    - Bleeding 증가(굳지 않은 모르타르에서 수분이 상승)
    - 건조수축, 균열 발생
  ㉡ VH(Vertical Horizontal) 공법 : 수직 부분(기둥, 벽)에 먼저 콘크리트를 타설하고 수평 부분(보, 슬래브)을 후 타설하는 공법

② 다 짐
  ㉠ 종류 : 손다짐, 진동다짐(Vibrating Compaction), 거푸집 두드림, 가압법(加壓法)
  ㉡ 진동기 과도 사용 시 문제점 : 재료분리 현상이 나타나고, AE 콘크리트에서는 공기량이 많이 감소된다.

③ 이어치기(콘크리트 이음, Joint)

Cold Joint	콘크리트 작업관계로 경화된 콘크리트에 새로 콘크리트를 타설할 경우 일체화가 저해되어 생기는 줄눈
Construction Joint (시공줄눈)	시공상 콘크리트를 한 번에 계속하여 부어나가지 못한 곳에 생기는 줄눈
Delay Joint (지연줄눈)	장스팬 구조물(100m 넘는)에 신축줄눈을 설치하지 않고, 건조수축을 감소시키기 위해 설치하는 줄눈
Expansion Joint (신축줄눈)	기초 부동침하, 온·습도 변화의 신축팽창을 흡수시키기 위해 설치하는 줄눈
Control Joint (조절줄눈)	바닥판의 수축에 의한 표면균열 방지를 목적으로 설치하는 줄눈

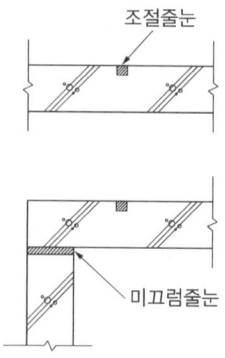
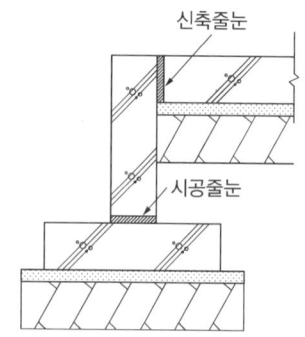

10년간 자주 출제된 문제

3-13. 콘크리트 이어치기에 대한 설명으로 옳지 않은 것은?
① 콘크리트 이어치기는 응력이 집중되는 곳이 좋다.
② 보는 스팬의 중앙부에서 이어친다.
③ 기둥 및 벽은 바닥슬래브 및 기초의 상단에서 이어친다.
④ 캔틸레버 보는 이어치기를 하지 않고 한 번에 타설한다.

3-14. 콘크리트 시공 시 진동다짐의 설명으로 옳지 않은 것은?
① 진동의 효과는 봉의 직경, 진동수 등에 따라 다르다.
② 안정되어 굳기 시작한 콘크리트라도 콘크리트의 표면에 페이스트가 엷게 떠오를 때까지 진동기를 사용하여야 한다.
③ 진동기를 인발할 때에는 진동을 주면서 천천히 뽑아 콘크리트에 구멍을 남기지 말아야 한다.
④ 고강도 콘크리트에서는 고주파 내부 진동기가 효과적이다.

3-15. 콘크리트 이어붓기에 대한 설명으로 옳지 않은 것은?
① 보, 슬래브 이어붓기 위치는 전단력이 작은 스팬의 중앙부에 수직으로 한다.
② 아치이음은 아치축에 직각으로 설치한다.
③ 부득이 전단력이 큰 위치에 이음을 설치할 경우에는 시공이음에 촉 또는 홈을 두거나 적절한 철근을 내어 둔다.
④ 염분 피해 우려가 있는 구조물은 시공이음부를 설치한다.

3-16. 시공 시 휴식시간 등으로 응결이 시작한 콘크리트에 새로운 콘크리트를 이어칠 때 일체화가 저해되어 생기는 줄눈은?
① Construction Joint   ② Expansion Joint
③ Cold Joint   ④ Control Joint

3-17. 콘크리트 타설 후 부재가 건조수축에 대하여 내·외부의 구속을 받지 않도록 일정 폭을 두어 어느 정도 양생한 후 남겨둔 부분을 콘크리트로 채워 처리하는 조인트는?
① Construction Joint   ② Delay Joint
③ Cold Joint   ④ Expansion Joint

| 해설 |

3-13
콘크리트 이어치기는 응력이 집중되는 곳을 피한다.

3-14
안정되어 굳기 시작하면 진동기를 사용하지 않는다.

3-15
염분 피해 우려가 있는 경우 시공 이음부를 금지하고 연속으로 타설한다.

정답 3-13 ① 3-14 ② 3-15 ④ 3-16 ③ 3-17 ②

(10) 콘크리트의 품질관리

① 굳지 않은 콘크리트의 성질

시공연도 (Workability)	묽기 정도 및 재료 분리에 저항하는 정도 등 복합적 의미에서의 시공난이 정도
반죽질기 (Consistency)	단위 수량의 다소에 따르는 혼합물의 묽기 정도 (유동성의 정도)
성형성 (Plasticity)	거푸집에 쉽게 넣을 수 있고, 재료가 분리되거나 허물어지지 않는 성질
마감성	굵은 골재 최대 치수, 잔골재율, 골재입도, 반죽질기 등에 따르는 마무리하기 쉬운 정도
펌프 이송성	펌프로 콘크리트가 잘 유동되는지의 정도

② 시공연도(Workability) 측정방법(반죽질기 측정방법)

슬럼프(Slump)시험	콘크리트 시공연도의 양부 측정
흐름(Flow)시험	콘크리트가 흩어 퍼지는 변형 측정
비비(Vee-Bee)시험	된반죽 콘크리트의 반죽질기 측정
리몰딩(Remolding)시험	반복 낙하 횟수로 반죽질기 측정

③ 재료분리(Segregation)

블리딩 (Bleeding)	아직 굳지 않은 시멘트 풀, 모르타르 및 콘크리트에 있어서 물이 윗면으로 떠오르는 현상
레이턴스 (Laitance)	콘크리트를 부어 넣은 후 블리딩 수(水)의 증발에 따라 그 표면에 발생하는 백색의 미세한 물질

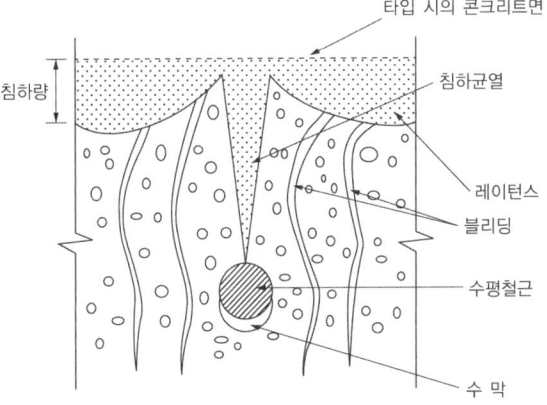

④ 알칼리 골재반응(AAR ; Alkali Aggregate Reaction)
  ㉠ 내구성 저하 : 알칼리 성분과 골재 등의 실리카 광물이 화학반응을 일으켜 팽창, 균열을 유발하는 반응
  ㉡ 방지대책
   • 저알칼리(고로슬래그, 플라이 애시) 시멘트 사용
   • 비반응성 골재 사용
   • 수분의 흡수방지 및 염분의 침투방지
   • 콘크리트에 포함되어 있는 알칼리 총량을 저감

10년간 자주 출제된 문제

3-18. 굳지 않은 콘크리트 중의 전 염소이온량은 얼마 이하로 하여야 하는가?(단, 콘크리트표준시방서 기준)

① 0.10kg/m³
② 0.20kg/m³
③ 0.30kg/m³
④ 0.40kg/m³

3-19. 콘크리트의 블리딩에 관한 설명으로 옳지 않은 것은?

① 콘크리트 타설 후 비교적 가벼운 물이나 미세한 물질 등이 상승하는 현상을 의미한다.
② 콘크리트의 물시멘트비가 클수록 블리딩량은 증대한다.
③ 콘크리트의 컨시스턴시가 클수록 블리딩량은 증대한다.
④ 단위시멘트량이 많을수록 블리딩량은 크다.

3-20. 알칼리 골재반응의 대책으로 적절하지 않은 것은?

① 반응성 골재를 사용한다.
② 콘크리트 중의 알칼리양을 감소시킨다.
③ 포졸란 반응을 일으킬 수 있는 혼화재를 사용한다.
④ 단위시멘트량을 최소화한다.

3-21. 콘크리트의 내화·내열성 설명으로 옳지 않은 것은?

① 콘크리트 내화·내열성은 골재의 품질에 영향을 받는다.
② 콘크리트는 내화성이 우수해서 600℃ 정도의 화열을 장시간 받아도 압축강도는 거의 저하하지 않는다.
③ 철근콘크리트 부재의 내화성을 높이기 위해서는 철근의 피복두께를 충분히 하면 좋다.
④ 화재를 당한 콘크리트의 중성화 속도는 그렇지 않은 것에 비하여 크다.

|해설|

3-18
철근의 부식 방지를 위해서 굳지 않은 콘크리트의 전체 염소이온량은 원칙적으로 0.30kg/m³ 이하로 하여야 한다.

3-19
단위시멘트량이 많을수록 블리딩량은 적어진다.

3-20
반응성 골재 사용을 금지하며, 저알칼리 시멘트로 비반응성 골재를 사용한다.

3-21
콘크리트는 내화성이 우수하지만, 600℃ 정도의 화열을 장시간 받으면 압축강도는 저하된다.

정답 3-18 ③ 3-19 ④ 3-20 ① 3-21 ②

(11) 콘크리트의 균열 원인

① 콘크리트 경화 전 균열 원인

㉠ 침하균열 : 묽은 비빔 콘크리트에서는 블리딩이 크고 이것에 상당하는 침하균열이 경계면상에 발생한다.

㉡ 거푸집 변형에 의한 균열 : 거푸집 고정철물 부족, 동바리 결함의 부등침하, 콘크리트 측압에의 거푸집 변형 등이 발생하면 콘크리트의 소성 변형 능력보다 외력에 의한 변형 쪽이 크게 되어 균열을 일으킨다.

㉢ 진동, 경미한 재하에 따른 균열 : 콘크리트 근처에서 말뚝 박기, 기계류 등의 진동에 따른 균열이 발생한다.

㉣ 소성수축 균열(Plastic Shrinkage Crack) : 콘크리트 타설 후 건조한 외기에 노출될 경우 콘크리트 내부의 수분은 표면으로 상승 및 증발하면서 수축 현상이 일어나고 표면에 인장응력이 발생하여 소성(플라스틱)수축 균열이 발생하게 된다.

② 콘크리트 경화 후 균열 원인

㉠ 탄성화에 의한 균열 : 대기 중의 CO_2가 공극을 통해 콘크리트 속으로 침투하면 공극 내 $Ca(OH)_2$와 결합하여 H_2O가 생성되고, 이것이 콘크리트 표면에서 증발하면 콘크리트의 수축현상으로 인장응력이 발생되며 인장강도를 초과하면 표면균열이 생긴다.

㉡ 건조수축에 의한 균열(크리프(Creep) 수축) : 내부 수분이 공극을 통해 표면으로 이동하여 증발하면서 체적 감소현상으로 균열한다. 균열을 억제하기 위해서는 배합 시에 굵은 골재량을 증가시키고 단위수량을 감소시키거나, 건조한 경우에는 콘크리트 표면에 Sprinkler로 살수하는 방법을 취하기도 한다.

ⓒ 화학 반응에 의한 균열
- 알칼리 골재반응 : 시멘트의 알칼리 성분(Na, K)과 알칼리 용해성 규산을 함유한 골재의 반응으로 체적이 팽창하여 균열파손현상이 나타난다.
- 황산염에 의한 팽창반응 : 황산염(SO_4^{2-})은 공장폐수, 해수, 공장 배출가스에 함유되어 하수오니의 생물학적 반응으로 생성되며, 물에 용해된 황산이온이 공극을 통해 침투하면서 시멘트 수화물이 반응하여 체적이 약 227% 증가하며 공극벽에 압축력을 가하고, 콘크리트에 인장응력이 발생하면서 균열이 형성된다.

ⓓ 열응력(온도변화)에 의한 균열 : 시멘트 수화작용과 대기 온도변화에 의한 경우가 있으며, 콘크리트 단면 내의 온도변화는 체적변화를 일으키면서 인장변형이 유발되고, 인장변형률이 콘크리트의 인장변형 능력을 초과하게 되면 콘크리트는 균열을 일으킨다.

ⓔ 동해(동결융해) 및 제설제 사용에 따른 균열

ⓕ 철근부식에 의한 균열

10년간 자주 출제된 문제

3-22. 콘크리트 균열을 발생 시기에 따라 구분할 때 콘크리트의 경화 전 균열의 원인이 아닌 것은?
① 건조수축   ② 거푸집 변형
③ 진동 또는 충격   ④ 소성수축, 침하

3-23. 콘크리트 균열의 발생 시기에 따라 구분할 때 콘크리트의 경화 전 균열의 원인이 아닌 것은?
① 크리프 수축   ② 거푸집의 변형
③ 침 하   ④ 소성수축

3-24. 콘크리트의 균열을 발생 시기에 따라 구분할 때 경화 후 균열의 원인에 해당되지 않는 것은?
① 알칼리 골재반응 ② 동결융해
③ 탄산화   ④ 재료분리

3-25. 백화 현상에 대한 설명으로 옳지 않은 것은?
① 시멘트는 수산화칼슘의 주성분인 생석회(CaO)의 다량 공급원으로서 백화의 주된 요인이다.
② 백화 현상은 미장 표면뿐만 아니라 벽돌벽체, 타일 및 착색 시멘트 제품 등의 표면에도 발생한다.
③ 겨울철보다 여름철의 높은 온도에서 백화 발생 빈도가 높다.
④ 배합수 중에 용해되는 가용 성분이 시멘트 경화체의 표면건조 후 나타나는 현상을 백화라 한다.

|해설|

3-25
백화 현상(백태 현상) : 벽에 침투하는 빗물에 의해 모르타르 중의 석회분이 공기 중의 탄산가스와 결합하여 조적 벽면에 흰색가루가 올라오는 현상을 말한다. 저온, 그늘진 곳에서 잘 발생하며, 여름철보다 온도가 낮은 겨울철에 발생빈도가 높다.

정답 3-22 ① 3-23 ① 3-24 ④ 3-25 ③

(12) 콘크리트의 균열 보수

① 균열의 보수공법

표면처리법	미세한 균열에 적용되는 공법으로 균열 부위에 시멘트 페이스트 등으로 도막을 형성
주입공법	균열 부위에 주입용 파이프를 적당한 간격으로 설치하고 저점성 에폭시 수지 등을 주입
충전공법	비교적 큰 폭의 균열(0.5mm 이상) 보수에 적당하다. 균열선 절단 부분에 보수재를 충전

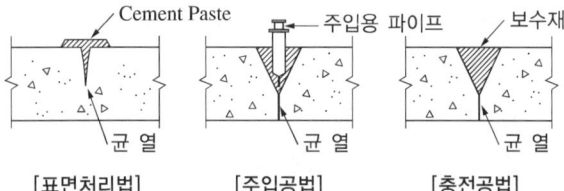

[표면처리법]　　[주입공법]　　[충전공법]

② 균열의 보강공법

강판접착공법	콘크리트 부재의 인장측 표면에 강판을 접착시켜 콘크리트와 강판을 일체화시키는 공법
앵커접합공법	콘크리트에 설치된 앵커용 볼트에 강판을 끼워 너트 조임으로 콘크리트에 밀착시키는 공법
탄소섬유판 접착공법	탄소섬유판을 에폭시 수지 등으로 콘크리트 면에 부착시켜 콘크리트와 일체화시키는 공법
단면 증가공법	콘크리트를 다져 넣어 단면을 증가하는 공법

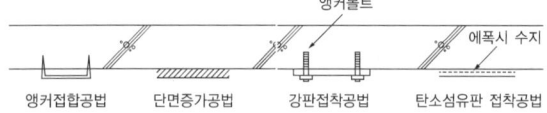

앵커접합공법　단면증가공법　강판접착공법　탄소섬유판 접착공법

(13) 크리프(Creep) 현상

① 크리프(Creep) 현상

　㉠ 지속하중으로 인한 장기변형으로, 일정한 하중이 계속 작용하면 하중이 증가하지 않아도 시간이 경과함에 따라 계속해서 변형되는 현상이 일어나게 된다.

　㉡ 크리프는 처음 28일 동안 전체 크리프량의 약 50%, 4개월 내 약 80%, 2~5년 후는 거의 완료되며, 초기 변형률은 크나 재하시간 경과에 따라 점차 감소한다.

② 크리프를 증가시키는 원인

　㉠ 재하응력이 클수록

　㉡ 물시멘트비가 큰 콘크리트를 사용할수록

　㉢ 재령이 적은 콘크리트에 재하 시기가 빠를수록

　㉣ 양생조건에 따라서는 온도가 높고 습도가 낮을수록

　㉤ 부재의 경간 길이에 비해 높이가 낮을수록

　㉥ 양생(보양, Curing)이 나쁠수록

　㉦ 단위시멘트량이 많을수록

　㉧ 부재의 단면이 작을수록

10년간 자주 출제된 문제

3-26. 콘크리트 보수 및 보강의 설명으로 옳지 않은 것은?
① 주입공법은 작업의 신속성을 위하여 균열 부위에 주입파이프를 설치하여 보수재를 고압고속으로 주입하는 공법이다.
② 표면처리공법은 균열 0.2mm 이하 부위에 수지로 충전하고 균열 표면에 보수재료를 씌우는 공법이다.
③ 충전공법 사용재료는 실링재, 에폭시 수지 및 폴리머 시멘트모르타르 등이 있다.
④ 탄소섬유 접착공법은 탄소섬유판을 에폭시 수지 등으로 콘크리트 면에 부착시켜 탄소섬유판의 높은 인장 저항성으로 콘크리트를 보강하는 공법이다.

3-27. 콘크리트의 크리프에 관한 설명으로 옳지 않은 것은?
① 습도가 높을수록 크리프는 크다.
② 물시멘트비가 클수록 크리프는 크다.
③ 콘크리트의 배합과 골재의 종류는 크리프에 영향을 끼친다.
④ 하중이 제거되면 크리프 변형은 일부 회복된다.

3-28. 건축물의 초고층화, 대형화에 따라 발생되는 기둥 축소량(Column Shortening) 방지대책으로 적합하지 않은 것은?
① 구조설계 시 변위 발생량에 대해 여유 있게 산정한다.
② 전체 건물의 층을 몇 절(Tier)로 등분하여 변위 차이를 최소화한다.
③ 가조립 시 위치별, 단면크기별 등 변위를 충분히 발생시킨 후 본조립한다.
④ 시공 시 발생되는 변위를 최대한 보정한 후 실시한다.

|해설|

3-26
주입공법은 균열 부위에 주입파이프로 보수재를 저압저속 주입하는 공법이다.

3-27
습도가 낮을수록 크리프가 크다.

3-28
구조설계 시 변위 발생량을 최소화하여 위험요인을 억제하도록 한다.

정답 3-26 ① 3-27 ① 3-28 ①

(14) 콘크리트의 종류

① 한중(寒中)콘크리트(Cold Weather Concrete)
  ㉠ 부어 넣기 후 하루 평균 기온이 4℃ 이하의 동결 우려가 있는 기간에 시공하는 콘크리트이다.
  ㉡ 동결피해 예방을 위해 물시멘트비는 60% 이하로 작게 하고, AE제나 감수제 중 하나는 반드시 사용한다.
  ㉢ 시멘트는 기온이 0℃ 이하일 때는 보온시설이 된 창고에 저장한다.
  ㉣ 물, 골재를 가열한 경우에는 40℃ 이하로 한다.
  ㉤ 초기 양생이 중요하며, 초기 강도 5MPa 이상이 될 때까지 5℃ 이상 유지하여 양생한다.
  ㉥ 가열 보온양생, 단열 보온양생, 피복양생 중 한 가지 이상의 방법으로 양생한다.
  ㉦ 부어넣기 온도 : 5℃ 이상 20℃ 미만

② 서중(暑中)콘크리트(Hot Weather Concrete)
  ㉠ 일 평균 기온이 25℃ 또는 일 최고 온도가 30℃를 초과할 때 시공한다.
  ㉡ 기온이 높은 조건에서는 콘크리트의 온도가 높아져 수화반응이 빨라지므로 이상 응결이 발생되기 쉽다.
  ㉢ 워커빌리티가 감소되어 작업성이 떨어진다.
  ㉣ 운반 중의 슬럼프(Slump)가 저하되고, 연행 공기량이 감소되므로 운반이나 타설 시간을 단축해야 한다.
  ㉤ 표면 수분의 급격한 증발로 균열이 발생되고, 시간차 타설로 인한 콜드 조인트(Cold Joint)가 발생된다.
  ㉥ 수분 증발을 방지하고 습윤 양생한다.

③ 레디믹스트 콘크리트(Ready Mixed Concrete)
  ㉠ 공장에서 제조해 주문자의 필요에 따라 필요한 장소로 운반하여 사용하는 굳지 않은 콘크리트

ⓛ 레디믹스트 콘크리트의 호칭규격

Remicon(25-24-150)
　　　　ⓐ　ⓑ　ⓒ
ⓐ 25 : 굵은 골재 최대 치수(mm)
ⓑ 24 : 호칭강도(MPa)
ⓒ 150 : 슬럼프값(mm)

ⓒ 운반 시간은 25℃를 초과할 경우 90분 이내, 25℃ 이하는 120분 이내에 콘크리트를 타설해야 한다.
ⓓ 콘크리트의 운반 거리 및 운반 시간에 제한이 많다.
ⓔ 시가지에서는 콘크리트를 혼합할 장소가 좁다.
ⓕ 콘크리트의 혼합이 충분하여 품질이 고르다.

10년간 자주 출제된 문제

3-29. 한중(寒中)콘크리트 양생의 설명 중 옳지 않은 것은?
① 가열 보온양생을 실시할 경우 가열 중 살수를 금한다.
② 타설한 콘크리트는 어느 부분에서도 그 온도를 5℃ 이상으로 하여 초기 양생을 실시한다.
③ 초기 양생은 콘크리트의 압축강도가 5MPa 이상이 얻어진 것을 확인하고 담당원의 승인을 받아 중지한다.
④ 타설 후의 콘크리트 온도를 시트, 매트 및 단열거푸집 등에 의하여 단열 보온양생하여야 한다.

3-30. 콘크리트 공사 중 적산온도와 가장 관계 깊은 것은?
① 매스(Mass)콘크리트 공사
② 수밀(水密)콘크리트 공사
③ 한중(寒中)콘크리트 공사
④ AE콘크리트 공사

3-31. 서중콘크리트에 관한 설명으로 옳은 것은?
① 동일 슬럼프를 얻기 위한 단위수량이 많아진다.
② 장기강도의 증진이 크다.
③ 콜드 조인트가 쉽게 발생하지 않는다.
④ 워커빌리티가 일정하게 유지된다.

3-32. 레디믹스트 콘크리트(Ready Mixed Concrete)를 사용하는 이유로 옳지 않은 것은?
① 시가지에서는 콘크리트를 혼합할 장소가 좁다.
② 현장에서는 균질한 품질의 콘크리트를 얻기 어렵다.
③ 콘크리트의 혼합이 충분하여 품질이 고르다.
④ 콘크리트의 운반 거리 및 운반 시간에 제한을 받지 않는다.

|해설|

3-29
가열 중에는 물이 증발하므로 살수를 실시한다.
한중(寒中)콘크리트 양생의 종류 : 단열양생, 가열(급열)양생, 보온양생

3-30
적산온도 : 시간에 따른 누적 온도를 추적하여 강도를 추정하는 방법으로 한중기에는 초기강도가 늦어지므로 적산온도를 이용하여 거푸집의 해체 시기, 양생 기간 등을 검토하며, 한중(寒中)콘크리트 공사에 적용한다.

3-31
② 초기강도는 증가하고, 장기강도는 저하된다.
③ 콜드 조인트(Cold Joint)가 발생된다.
④ 워커빌리티(Workability)가 감소된다.

3-32
콘크리트의 운반 거리 및 운반 시간에 제한을 많이 받는다.

정답 3-29 ① 3-30 ③ 3-31 ① 3-32 ④

④ 프리스트레스 콘크리트(Prestressed Concrete)
  ㉠ 콘크리트의 인장응력이 생기는 부분에 PS강재에 미리 압축력을 주어 인장강도를 증가시켜 휨저항성을 크게 한 콘크리트
  ㉡ 프리텐션(Pre-tension) : PS강재에 미리 인장력을 주어 콘크리트를 넣고 경화 후 인장력을 풀어준다.

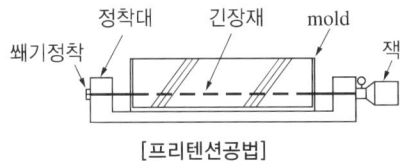

[프리텐션공법]

  ㉢ 포스트텐션(Post-tension) : 콘크리트 타설 및 경화 후 미리 묻어둔 시스(Sheath) 내에 PS강재를 삽입하여 긴장시키고 정착한 다음 그라우팅한다.

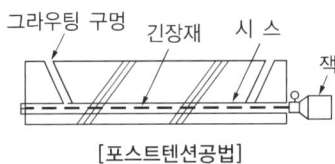

[포스트텐션공법]

  ㉣ 긴장재의 종류 : PC강선, PC강연선, PC강봉
  ㉤ 프리스트레스 콘크리트 특성
    • 구조물 자중 경감, 부재 단면을 줄일 수 있다.
    • 내구성, 복원성이 크고 공기단축이 가능하다.
    • 항복점 이상에서 진동, 충격에 약하다.
    • 공정이 복잡하고 고도의 품질관리가 요구된다.
    • 열에 약하며 내화피복(5cm 이상)이 필요하다.

⑤ 프리팩트 콘크리트 : 거푸집 안에 미리 굵은 골재를 채워 넣은 후 그 공극 속으로 특수한 모르타르를 주입하여 만든 콘크리트

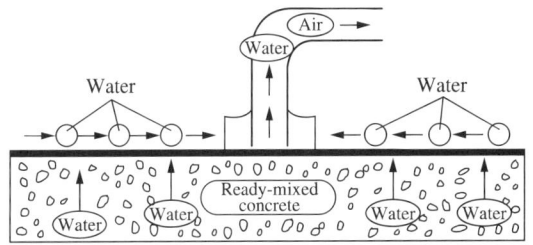

⑥ 경량골재 콘크리트
  ㉠ 단위시멘트량의 최솟값 : 300kg/m³ 이상
  ㉡ 물결합재비 : 60% 이하
  ㉢ 기건단위질량 : 1,700~2,000kg/m³
  ㉣ 굵은 골재의 최대 치수 : 20mm

⑦ 중량콘크리트(방사선 차폐용 콘크리트)
  ㉠ 용도 : 방사선 차단용
  ㉡ 사용골재 : 자철광(Magnetite), 중정석(Barite)
  ㉢ 시멘트 : 중용열 포틀랜드, 보통 포틀랜드 시멘트
  ㉣ 물시멘트비 : 60% 이하
  ㉤ 슬럼프값 : 150mm 이하

10년간 자주 출제된 문제

3-33. 프리스트레스트 콘크리트(Prestressed Concrete)에 관한 설명으로 옳지 않은 것은?

① 포스트텐션(Post-tension)공법은 콘크리트의 강도가 발현된 후에 프리스트레스를 도입하는 현장형 공법이다.
② 구조물의 자중을 경감할 수 있으며, 부재 단면을 줄일 수 있다.
③ 화재에 강하며, 내화피복이 불필요하다.
④ 고강도이면서 수축 또는 크리프 등의 변형이 적은 균일한 품질의 콘크리트가 요구된다.

3-34. 프리스트레스트 콘크리트 공사에서 강재의 부식저항성과 관련하여 비빌 때에 프리스트레스트 그라우트 중에 포함되는 염화물 이온의 총량은 얼마 이하를 원칙으로 하는가?

① $0.1kg/m^3$
② $0.2kg/m^3$
③ $0.3kg/m^3$
④ $0.4kg/m^3$

3-35. 경량골재 콘크리트와 관련된 기준으로 옳지 않은 것은?

① 단위시멘트량의 최솟값 : $400kg/m^3$
② 물결합재비의 최댓값 : 60%
③ 기건단위질량(경량골재 콘크리트 1종) : $1,700 \sim 2,000kg/m^3$
④ 굵은 골재의 최대 치수 : 20mm

|해설|

3-33
프리스트레스트 콘크리트(Prestressed Concrete)는 PC강선을 사용하기 때문에 화재(열)에 약하며, 염화물에 의한 부식이 우려되기 때문에 내화피복이 필요하다.

3-34
- Cl(염화이온) 0.02% 이하
- NaCl(염화나트륨) 0.04% 이하
- 콘크리트의 전체 염화이온량 : $0.3kg/m^3$ 이하

3-35
단위시멘트량의 최솟값 : $300kg/m^3$ 이상

정답 3-33 ③ 3-34 ③ 3-35 ①

⑧ 고강도 콘크리트(High Strength Concrete)
  ㉠ 설계기준 압축강도가 보통콘크리트에서 40MPa 이상, 경량골재콘크리트에서 27MPa 이상의 경우
  ㉡ 적용 : 초고층 또는 안전 및 내구성이 필요한 구조물
  ㉢ 기상 변화가 심하거나 동결융해에 대한 대책이 필요한 경우를 제외하면 공기연행제를 사용하지 않는다.
  ㉣ 폭열(Explosive Fracture) 현상 : 화재 시 고온으로 내부 수증기압이 발생하면서 콘크리트 부재 표면이 심한 폭음과 함께 박리 및 탈락하는 현상
  ㉤ 주의사항
    • 물시멘트비 50% 이하, 슬럼프 150mm 이하로 한다.
    • 단위시멘트량 및 단위수량은 가급적 적게 사용한다.
    • 잔골재율은 가급적 적게 사용한다.
    • 콘크리트 부어넣기의 낙하고는 1m 이하로 한다.

⑨ 매스 콘크리트(Mass Concrete)
  ㉠ 부재 또는 구조물의 치수가 커서 시멘트의 수화열에 의한 온도 상승을 고려해 설계·시공하는 콘크리트
  ㉡ 적용 : 댐, 교각처럼 구조체가 큰 콘크리트
  ㉢ 균열방지 대책(수화열 저감 대책)
    • 수화열이 적은 시멘트(중용열 시멘트)를 사용
    • 급격한 온도변화 피하고, 시공 시 온도 상승을 억제
    • 온도균열을 방지하기 위해 줄눈을 설치
    • 단위시멘트량 저감

⑩ 수밀(水密) 콘크리트
  ㉠ 물 침투를 못하게 밀실하게 만든 콘크리트로 물, 공기 공극률의 최소, 방수성 물질을 사용한 콘크리트
  ㉡ 적용 : 수조(水槽), 수영장, 지하실 등

ⓒ 주의사항
- 물결합재비 기준은 50% 이하
- 소요 슬럼프는 가능한 작게 180mm 이하로 한다.
- 워커빌리티 개선을 위해 공기량은 4% 이하로 한다.
- 이어치기는 레이턴스를 제거하고 부배합으로 한다.

⑪ 제치장 콘크리트
콘크리트 면에 미장 등을 하지 않고, 직접 노출시켜 마무리하는 노출 콘크리트

⑫ 섬유보강 콘크리트(FRC ; Fiber Reinforced Concrete)
휨강도, 전단강도, 인장강도, 인성 등을 개선하기 위하여 단섬유상 재료를 균등히 분산시켜 제조한 콘크리트

10년간 자주 출제된 문제

3-36. 고강도 콘크리트에 대한 설명 중 틀린 것은?
① 염화물량은 염소이온량으로서 $0.3kg/m^3$ 이하가 되어야 한다.
② 물결합재비는 50% 이하로 한다.
③ 단위수량은 $180kg/m^3$ 이하로 한다.
④ 잔골재율은 시험에 의하여 결정하며, 가능한 한 크게 한다.

3-37. 고강도 콘크리트의 배합 기준으로 옳지 않은 것은?
① 단위수량은 소요 워커빌리티 범위에서 가능한 작게 한다.
② 잔골재율은 소요의 워커빌리티를 얻도록 시험에 의하여 결정하여야 하며, 가능한 작게 하도록 한다.
③ 고성능 감수제의 단위량은 소요 강도 및 작업에 적합한 워커빌리티를 얻도록 시험에 의해서 결정하여야 한다.
④ 기상 변화에 관계없이 공기연행제의 사용을 원칙으로 한다.

3-38. 고강도 콘크리트 공사에 사용되는 굵은 골재에 대한 품질기준으로 옳지 않은 것은?(단, 건축공사표준시방서 기준)
① 절대 건조밀도 : $2.5g/cm^3$ 이상
② 흡수율 : 3.0% 이하
③ 점토량 : 0.25% 이하
④ 씻기시험에 의한 손실량 : 1.0% 이하

3-39. 건축공사 표준시방서에 규정된 고강도 콘크리트의 설계 기준 강도로 옳은 것은?
① 보통 콘크리트 40MPa 이상, 경량 콘크리트 24MPa 이상
② 보통 콘크리트 40MPa 이상, 경량 콘크리트 27MPa 이상
③ 보통 콘크리트 33MPa 이상, 경량 콘크리트 21MPa 이상
④ 보통 콘크리트 33MPa 이상, 경량 콘크리트 24MPa 이상

|해설|

3-36
단위시멘트량, 단위수량, 잔골재율은 가급적 적게 사용한다.

3-37
기상의 변화가 심하거나 동결융해에 대한 대책이 필요한 경우를 제외하면 공기연행제를 사용하지 않는 것이 원칙이다.

3-38
흡수율 : 굵은 골재는 2.0%, 잔골재는 3.0%

정답 3-36 ④ 3-37 ④ 3-38 ② 3-39 ②

⑬ 폴리머 콘크리트(Polymer Concrete)
  ㉠ 합성 고분자 재료(Polymer)를 시멘트 대신 결합재로 사용하거나 시멘트와 같이 사용하는 콘크리트
  ㉡ 특 징
   • 워커빌리티(시공연도)가 우수하다.
   • 블리딩 및 재료분리에 대한 저항성이 우수하다.
   • 강도(휨, 인장, 전단, 장기 강도)가 뛰어나다.
   • 내동결 융해성, 내후성, 내약품성이 양호하다.
   • 건조수축이 감소한다.

⑭ AE(Air Entraining) 콘크리트
  ㉠ 콘크리트에 AE제(공기연행제)를 사용하여 미세한 기포를 발생시켜서 단위수량을 적게 하면서 시공연도를 증진시킨 콘크리트
  ㉡ AE제의 사용목적
   • 시공연도가 증진되고, 동결융해 저항성이 확보
   • 단위수량 감소, 수밀성 증대
   • 블리딩(Bleeding)에 의한 재료분리 저항성 증대

⑮ 기타 콘크리트
  ㉠ 프리패브 콘크리트
   • 부재를 공장에서 생산하고 현장에서는 조립이나 부착하는 공법으로 건식구조에 적합하다.
   • 표준화, 생산성 향상, 품질의 균일성을 목표로 한다.
   • 대량생산하여도 부재 규격은 변경하지 않는다.
  ㉡ 경량기포 콘크리트(ALC)
   • ALC(Autoclaved Lightweight Concrete)는 발포제에 의하여 콘크리트 내부에 무수한 기포를 독립적으로 분산시켜 중량을 가볍게 한 기포콘크리트
   • 고온고압으로 증기양생 제조
   • 기건 비중 : 보통 콘크리트의 1/4(경량)
   • 열전도율 : 보통 콘크리트의 1/10(단열성 우수)
   • 경량성, 내구성, 단열, 내화성, 흡음, 차음성 우수

  ㉢ 숏 크리트(Shotcrete) : 모르타르를 압축공기로 분사하여 바르는 뿜칠 공법(건나이트, Gunite)
  ㉣ 신더 콘크리트(Cinder Concrete) : 석탄재를 골재로 한 일종의 경량 콘크리트
  ㉤ 서모콘(Thermo-con) : 골재를 사용하지 않고 시멘트와 물, 발포제를 배합하여 만든 경량 콘크리트

10년간 자주 출제된 문제

3-40. 매스 콘크리트(Mass Concrete)의 타설 및 양생에 관한 설명으로 옳지 않은 것은?
① 내부 온도가 최고에 달한 후에는 보온하여 중심부와 표면부 온도차 및 중심부 온도강하 속도가 크지 않도록 양생한다.
② 신구 콘크리트의 유효탄성계수 및 온도 차이가 클수록 이어 붓기 시간 간격을 길게 하면 할수록 좋다.
③ 부어넣는 콘크리트의 온도는 온도균열을 제어하기 위해 가능한 한 저온(일반적으로 35℃ 이하)으로 해야 한다.
④ 거푸집널 및 보온을 위하여 사용한 재료는 콘크리트 표면부의 온도와 외기 온도와의 차이가 작아지면 해체한다.

3-41. 수밀 콘크리트의 물결합재비 기준으로 옳은 것은?(단, 건축공사표준시방서 기준)
① 40% 이하　　② 45% 이하
③ 50% 이하　　④ 55% 이하

3-42. 폴리머함침콘크리트에 관한 설명으로 옳지 않은 것은?
① 시멘트계의 재료를 건조시켜 미세한 공극에 수용성 폴리머를 함침・중합시켜 일체화한 것이다.
② 내화성이 뛰어나며 현장시공이 용이하다.
③ 내구성 및 내약품성이 뛰어나다.
④ 고속도로 포장이나 댐의 보수공사 등에 사용된다.

3-43. 프리패브 콘크리트에 관한 설명으로 옳지 않은 것은?
① 제품의 품질을 균일화 및 고품질화할 수 있다.
② 작업의 기계화로 노무 절약을 기대할 수 있다.
③ 공장생산의 기계화로 부재 규격을 쉽게 변경할 수 있다.
④ 자재를 규격화하여 표준화 및 대량생산을 할 수 있다.

| 해설 |

3-40
신구 콘크리트의 유효탄성계수 및 온도 차이가 클수록 온도 변화에 대한 응력이 커지므로 이어붓기 시간을 짧게 한다.

3-41
수밀 콘크리트의 물결합재비 기준은 50% 이하이다.

3-42
폴리머는 플라스틱 계열이므로 내화성이 좋지 않다.

3-43
표준화, 대량생산 등을 목표로 하므로 부재의 규격은 쉽게 변경하지 않는다.

정답 3-40 ② 3-41 ③ 3-42 ② 3-43 ③

제5절 철골 공사

핵심이론 01 | 공장제작 과정

① 공작도 및 원척도 작성
  ㉠ 공작도 : 설계도에 의거해서 각 부분의 공작도를 작성
  ㉡ 원척도 : 상세, 재의 길이 등을 원척(Full Size) 작성
② 본뜨기(형판뜨기) : 원척도에서 강판으로 본뜨기 한다.
③ 변형 바로잡기 : 금매김 전에 강재의 변형을 바로 잡는다.
④ 금매김(Marking) : 리벳 구멍 위치, 절단개소 등을 강재에 기입하는 작업
⑤ 절단 및 가공
  ㉠ 절단 : 전단절단, 톱절단, 가스절단
  ㉡ 가공 : 상온 또는 800~1,100℃로 가열 가공
⑥ 구멍뚫기
  ㉠ 펀칭, 송곳뚫기(Drilling), 구멍가심(Reaming)
  ㉡ 철골공사 구멍뚫기에서 철근 관통구멍의 지름 크기
    • 원형철근 : 철근지름 + 10mm
    • 이형철근

규격	+치수	지름	규격	+치수	지름
D10	11	21mm	D22	13	35mm
D13		24mm	D25		38mm
D16	12	28mm	D29	14	43mm
D19		31mm	D32		46mm

⑦ 가조립
  ㉠ 각 부재는 1~2개의 Bolt나 Pin으로 가조립하고, Drift Pin으로 부재구멍을 맞춘다.
  ㉡ 가볼트 죄임은 Impact Wrench, Torque Wrench를 사용
⑧ 본조립(리벳치기) 및 검사

⑨ 녹막이칠
  ㉠ 조립 철골 부재는 현장 반입 전 녹막이칠 1회 실시
  ㉡ 녹막이 칠을 하지 않는 부위
    - 현장 용접하는 부분
    - 고력볼트 접합부의 마찰면
    - 콘크리트에 묻히는 부분이나 밀폐되는 내면
    - 조립에 의하여 맞닿는(밀착되는) 부분
⑩ 운반 : 공장검사 완료 후 공장칠이 건조되면 현장으로 반입

10년간 자주 출제된 문제

1-1. 철근, 볼트 등 건축용 강재의 재료시험 항목에서 일반적으로 제외되는 항목은?
① 압축강도시험　② 인장강도시험
③ 굽힘시험　　　④ 연신율 시험

1-2. 철골공사에 사용되는 공구가 아닌 것은?
① 턴버클(Turn Buckle)
② 리머(Reamer)
③ 임팩트렌치(Impact Wrench)
④ 세퍼레이터(Separater)

1-3. 철골 구멍뚫기에서 이형철근 D22의 관통구멍 직경은?
① 24mm　② 28mm
③ 31mm　④ 35mm

1-4. 철골공사에서 크롬산 아연을 안료로 하고, 알키드 수지를 전색료로 한 것으로서 알루미늄 녹막이 초벌칠에 적당한 것은?
① 그래파이트 도료　② 징크로메이트 도료
③ 광명단　　　　　④ 알루미늄 도료

1-5. 다음 중 녹막이 칠에 사용하는 도료가 아닌 것은?
① 광명단　　　　　② 크레오소트유
③ 아연분말 도료　　④ 역청질 도료

|해설|

1-1
- 인장시험, 휨(굴곡)시험, 경도시험, 연신율 시험 등을 실시
- 시험은 상온에서 행하여 단면이 다를 때마다 또는 중량으로 20ton이 넘을 때마다 1개씩 시험한다.

1-2
④ 세퍼레이터(Separator) : 거푸집 구성에서 격리재
① 턴버클(Turn Buckle) : 변형을 막기 위해 가새를 고정하는 기구
② 리머(Reamer) : 구멍을 맞추는 도구
③ 임팩트렌치(Impact Wrench) : 고력볼트 조임 장비

1-3
D22의 관통구멍 직경 : 35mm

1-4
① 그래파이트 도료 : 정벌용에 사용
③ 광명단 : 철재 녹막이 도료
④ 알루미늄 도료 : 열반사, 방청효과, 풍화방지 효과가 있다.

1-5
② 크레오소트유 : 목재 방부제로 사용
①광명단, ④ 역청질 도료 : 강재에 사용
③ 아연분말 도료 : 알루미늄에 사용

정답 1-1 ①　1-2 ④　1-3 ④　1-4 ②　1-5 ②

| 핵심이론 02 | 부재의 접합

(1) 리벳 접합
① 리벳치기 공구
　㉠ 리머(Reamer) : 리벳구멍 주위 가심질 공구
　㉡ 드리프트 핀(Drift Pin) : 리벳구멍 중심 맞춤 공구
　㉢ 드라이비트(Drivit) : 리벳, 콘크리트 못을 박는 공구
② 리벳 관련 용어
　㉠ 게이지 라인(Gauge Line) : 부재 긴 방향 리벳 중심선
　㉡ 게이지(Gauge) : 게이지 라인 상호 간격 또는 게이지 라인과 재면과의 거리
　㉢ 피치(Pitch) : 게이지 라인의 리벳 간격
　㉣ 클리어런스(Clearance) : 리벳과 타 재면과의 거리
　㉤ 연단거리(Edge Distance) : 리벳과 부재 끝과의 거리

(2) 고력볼트(High Tension Bolt) 접합
① 너트를 강하게 죄면 볼트에 강한 인장력이 생기고, 반력으로 접합된 판 사이에 강한 압력이 작용하게 되며 접합재 간의 마찰저항에 의하여 힘을 전달하는 접합방법
② 장 점
　㉠ 접합부의 강성, 피로강도가 높다.
　㉡ 노동력이 절약되고, 공기가 단축된다.
　㉢ 소음이 없으며, 현장시공이 간단하다.
　㉣ 너트가 풀리지 않으며, 불량부분 수정이 쉽다.
　㉤ 화재, 재해의 위험이 적다.
③ 고력볼트 접합 방법
　㉠ 마찰접합(90%), 인장접합, 지압접합
　㉡ 1차 조임에서 80%, 2차 조임에서 표준장력을 얻는다.
　㉢ 중앙에서 단부로 조인다.

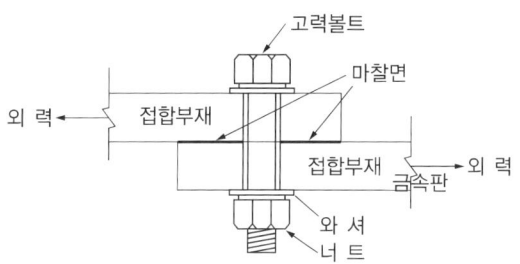

④ 고력볼트 접합 시 주의사항
　㉠ 고력볼트 접합면을 거칠게 해야 한다.
　㉡ 접촉면의 밀착과 뒤틀림, 구부림이 없게 한다.
　㉢ 표준볼트 장력이 얻어지게 한다.
　㉣ 설계볼트 장력 : 10% 할증한 표준볼트 장력으로 조인다.
⑤ 고력볼트 접합 시 마찰력 확보를 위한 처리 방법
　㉠ 도료, 기름, 오물은 충분히 청소하여 제거한다.
　㉡ 들뜬 녹은 와이어 브러시로 제거한다.
　㉢ 녹, 흑피는 숏 블라스트(Shot Blast) 또는 샌드 블라스트(Sand Blast)로 제거한다.

10년간 자주 출제된 문제

2-1. 철골공사의 접합에 관한 설명으로 옳지 않은 것은?
① 고력볼트 접합의 종류에는 마찰접합, 지압접합이 있다.
② 녹막이도장은 작업 장소 주위의 기온이 5℃ 미만이거나 상대습도가 85%를 초과할 때는 작업을 중지한다.
③ 철골이 콘크리트에 묻히는 부분은 녹막이 칠을 잘해야 한다.
④ 용접접합에 대한 비파괴시험의 종류에는 자분탐상시험, 초음파탐상시험 등이 있다.

2-2. 철골공사에 관한 설명으로 옳지 않은 것은?
① 볼트접합부는 부식되기 쉬우므로 방청도장을 하여야 한다.
② 볼트조임에는 임팩트렌치, 토크렌치 등을 사용한다.
③ 화재에 의한 강성 저하가 심하므로 내화피복을 하여야 한다.
④ 용접부 비파괴검사에는 침투탐상법, 초음파탐상법 등이 있다.

2-3. 고력볼트 접합에 관한 설명으로 옳지 않은 것은?
① 고층화, 대형화에 따라 소음이 심한 리벳은 거의 사용하지 않고 볼트접합과 용접접합이 대부분을 차지하고 있다.
② 토크셰어형 고력볼트는 조여서 소정의 축력이 얻어지면 자동적으로 핀테일이 파단되는 구조로 되어 있다.
③ 고력볼트의 조임기구는 토크렌치와 임팩트렌치 등이 있다.
④ 고력볼트의 접합 형태는 모두 마찰접합이며, 마찰접합은 하중이나 응력을 볼트가 직접 부담하는 방식이다.

|해설|
2-1
콘크리트와의 일체화를 위해서 녹막이 칠을 하지 않는다.
2-2
볼트접합부는 마찰력에 의한 지지와 고정이 되므로 도장하지 않는다.
2-3
하중이나 응력을 볼트가 직접 부담하는 방식은 인장접합이다.
고력볼트 접합방식 : 마찰접합, 인장접합, 지압접합

정답 2-1 ③ 2-2 ① 2-3 ④

(3) 용접접합

① 용접봉은 특수금속으로 된 심선과 플럭스(Flux)라 불리는 피복재로 구성된다.
② 심선 지름은 보통 4mm, 길이는 400mm가 표준이다.
③ 피복재(Flux)의 역할
   ㉠ 공기를 차단하여 용적의 산화 또는 질화 방지
   ㉡ 함유원소를 이온화하여 아크를 안정시킨다.
   ㉢ 용융금속의 산소 제거, 정련(불순물 제거)을 한다.
   ㉣ 용착금속의 합금원소를 가한다.
   ㉤ 표면의 냉각응고 속도를 낮춘다.

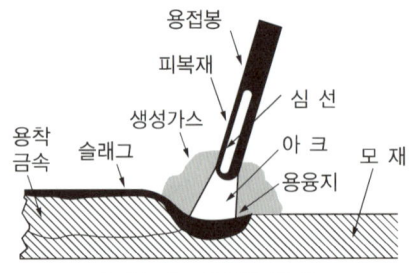

[피복 아크 용접의 원리]

④ 맞댄용접(Butt Welding) : 두 부재를 맞대어 홈(앞벌림 Groove)을 만들어 그 사이에 용착금속으로 용접한다.

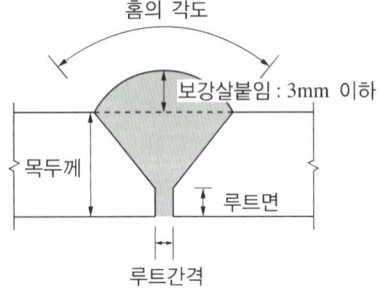

⑤ 모살용접(필릿용접, Fillet Welding) : 목두께의 방향이 모재의 면과 45° 또는 거의 45°의 각을 이루며 용접하는 방법으로 단속용접과 연속용접이 있다.

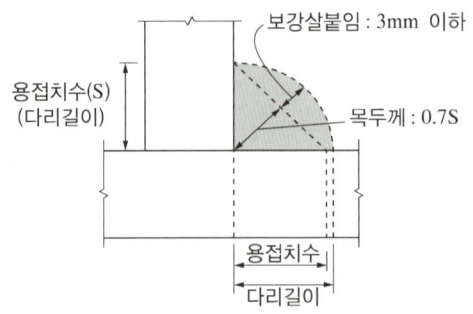

⑥ 검 사

용접 착수 전	홈의 각도 및 간격 치수, 부재의 밀착, 청소상태
용접 작업 중	아크전압, 용접속도, 밑면 따내기
용접 완료 후	균열 및 언더컷 유무, 필릿의 크기

10년간 자주 출제된 문제

2-4. 철골부재 용접 시 겹침이용, T자이용 등에 사용되는 용접으로 목두께의 방향이 모재의 면과 45° 또는 거의 45°의 각을 이루는 것은?

① 완전용입 맞댐용접   ② 모살용접
③ 부분용입 맞댐용접   ④ 다층용접

2-5. 철골공사에서 용접봉의 내밀기, 이동 등을 기계화한 것으로, 서브머지드 아크용접법에 쓰이며, 피복재 대신에 분말상의 플럭스를 쓰는 용접기기의 명칭으로 옳은 것은?

① 직류 아크용접기   ② 교류 아크용접기
③ 자동용접기   ④ 반자동용접기

|해설|

2-4
모살용접 : 겹침이용, T자이용 등에 사용되는 용접으로 목두께의 방향이 모재의 면과 45° 또는 거의 45°의 각을 이루는 용접

모살용접 종류

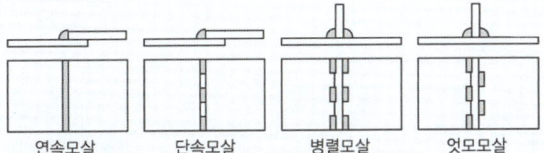

연속모살   단속모살   병렬모살   엇모모살

맞댄용접 종류

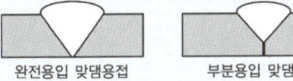

완전용입 맞댐용접   부분용입 맞댐용접

다층용접

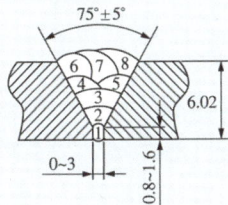

2-5
용접 방법에 의한 분류
- 수동용접 : 용접봉 용접
- 반자동용접 : CO_2 아크용접
- 자동용접 : 서브머지드 아크용접, 일렉트로 슬래그용접

정답 2-4 ② 2-5 ③

⑦ 용접 접합 방법

스캘럽(Scallop)	용접선이 교차되어 재용접된 부위가 열을 받아 취약해지므로 모재에 부채꼴 모양의 모따기를 한 것
메탈 터치(Metal Touch)	기둥 이음부의 상하부 밀착을 좋게 하여 축력의 50%까지 하부 기둥 밀착변에 직접 전달시키는 이음
엔드 탭(End Tab)	용접 Bead의 시작과 끝지점에 용접을 하기 위해 용접모재의 양단에 부착하는 보조강판
뒷댐재(Back Strip)	맞댄용접에서 충분한 용입을 확보하고, 용융금속의 용락 방지목적으로 금속판을 루트 뒷면에 받치는 것

⑧ 용접 결함

오버 랩(Over Lap)	용접 금속과 모재가 융합되지 않고 단순히 겹쳐지는 것
언더 컷(Under Cut)	과대 전류로 용접 상부에 모재가 녹아 용착 금속이 채워지지 않고 홈으로 남게된 부분
피트(Pit)	용접부 표면에 생기는 미세한 흠
블로 홀(Blow Hole)	용융 금속이 응고할 때 방출가스가 남아서 생긴 기포나 작은 틈
피시아이(Fish Eye)	슬래그 혼입 및 블로 홀 겹침 현상, 생선 눈알 모양의 은색 반점이 나타남(은점)
크랙(Crack)	용접 후 냉각 시에 생기는 갈라짐
크레이터(Crater)	용접 길이 끝부분에 우묵하게 따진 부분
슬래그(Slag) 감싸들기	용접봉의 피복재 용해물인 회분(Slag)이 용착 금속 내에 혼합된 것
용입 부족	과소 전류로 용착 금속이 채워지지 않고 흠으로 남는 부분

10년간 자주 출제된 문제

2-6. 용접작업 시 용착 금속 단면에 생기는 작은 은색의 점을 무엇이라 하는가?
① 피시아이(Fish Eye)
② 블로 홀(Blow Hole)
③ 슬래그 함입(Slag Inclusion)
④ 크레이터(Crater)

2-7. 철골부재의 용접 시 이음 및 접합 부위의 용접선의 교차로 재용접된 부위가 열 영향을 받아 취약해짐을 방지하기 위하여 모재에 부채꼴 모양으로 모따기를 한 것은?
① Blow Hole   ② Scallop
③ End Tab   ④ Crater

2-8. 압연강재가 냉각될 때 표면에 생기는 산화철 표피는?
① 스패터   ② 밀 스케일
③ 슬래그   ④ 비드

2-9. 다음 중 철골공사 용접작업 자세 기호의 의미가 옳은 것은?
① F : 수평자세   ② H : 수직자세
③ O : 상향자세   ④ V : 하향자세

|해설|

2-8
② 밀 스케일(Mill Scale) : 금속을 800℃ 이상으로 가열, 가공하였을 때 냉각되면서 표면에 생성되는 표피 산화물 피막
① 스패터(Spatter) : 아크용접과 가스용접에서 용접 중 불꽃이 사방으로 비산하면서 튀어나오는 슬래그 또는 금속 입자
③ 슬래그(Slag) : 광물을 고로에서 제련할 때 광석에서 금속을 빼내고 남은 찌꺼기
④ 비드(Bead) : 용접할 때 녹아 붙어 만들어지는 가늘고 긴 띠 모양의 쇠붙이

2-9
용접작업 자세 기호
• F : Flat, 하향자세
• H : Horizontal, 수평자세
• O : Overhead, 상향자세
• V : Vertical, 수직자세

정답 2-6 ① 2-7 ② 2-8 ② 2-9 ③

핵심이론 03 | 현장설치작업 및 세우기용 장비

(1) 철골 주각부의 현장시공 순서
① 기초 주각부 심먹 매김
② 앵커볼트 설치
③ 기초 상부 고름질
④ 철골 세우기
⑤ 가조립
⑥ 변형 바로잡기
⑦ 정조립(본조립)
⑧ 접합부 검사
⑨ 도 장

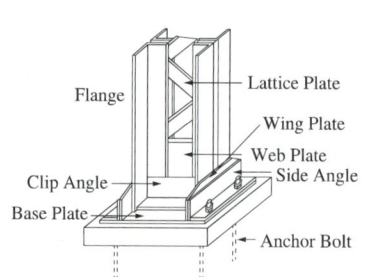

(2) 앵커볼트 매입방법

고정 매입법	앵커볼트 고정 후 콘크리트를 타설하는 공법으로 시공정밀도가 요구되는 곳에 사용하며 위치 수정 불가능	
가동 매입법	함석 깔대기(얇은 철판통)를 끼워 두고 콘크리트를 타설(약간의 위치 수정 가능)	
나중 매입법	앵커볼트 묻을 자리를 만들고 콘크리트를 타설 후 나중에 고정하는 방법(경미한 공사, 위치 수정 가능)	

(3) 세우기용 장비
① 가이 데릭(Guy Derrick) : 가장 일반적인 기중기
  ㉠ 붐(Boom)의 회전범위 : 360°
  ㉡ 붐(Boom)의 길이는 마스트의 길이보다 짧다.
② 스티프 레그 데릭(Stiff Leg Derrick)
  ㉠ 삼각 데릭으로 수평이동 가능, 층수 낮은 긴 평면에 유리
  ㉡ 회전범위 : 270°, 작업범위 : 180°
③ 타워 크레인(Tower Crane) : 타워 위에 크레인을 설치한 것으로 고양정, 광범위한 작업에 적당
④ 트럭 크레인(Truck Crane) : 트럭에 설치한 크레인으로 이동성 및 작업능률이 좋다.

⑤ 진 폴(Gin Pole) : 소규모 공사에 사용하는 간단한 설비

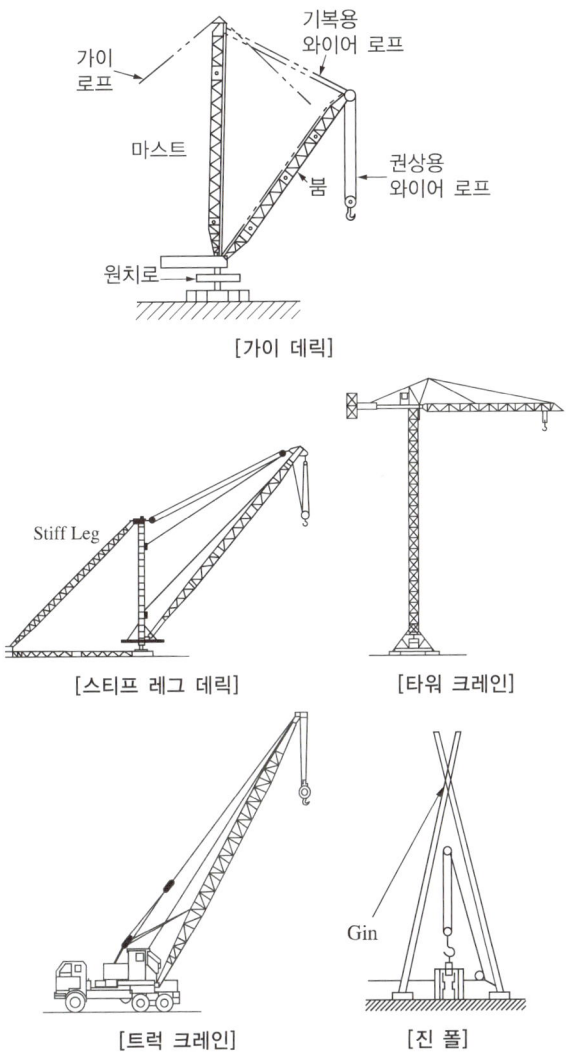

[가이 데릭]

[스티프 레그 데릭]　[타워 크레인]

[트럭 크레인]　[진 폴]

10년간 자주 출제된 문제

가이 데릭(Guy Derick)에 대한 설명 중 옳지 않은 것은?

① 기계 대수는 평면 높이의 가동범위·조립능력과 공기에 따라 결정한다.
② 붐(Boom)의 길이는 마스트의 길이보다 길다.
③ 볼 휠(Ball Wheel)은 가이 데릭 하단부에 위치한다.
④ 붐(Boom)의 회전각은 360°이다.

|해설|
붐(Boom)의 길이는 마스트의 길이보다 짧다.

정답 ②

핵심이론 04 | 경량철골 공사 및 기타 공사

(1) 경량철골구조

① 두께(1.6~4.0mm)가 얇고 나비가 일정한 판을 휨에 대한 단면 성능이 좋도록 접어 만든 경량형강재를 사용
② 철골 반자틀 시공 순서 : 인서트 매입 → 달대 설치 → 행거 → 천장틀받이 → 천장틀 설치 → 텍스 붙이기

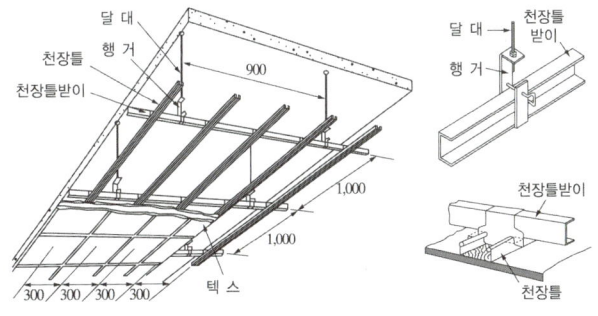

(2) 파이프 구조

① 강관 파이프를 사용한 구조로 경량, 외관이 미려하다.
② 파이프의 부재 형상이 간단하고 공사비가 저렴하다.
③ 대규모 공장, 창고, 체육관, 동식물원 등에 사용
④ 파이프 단면의 녹막이를 고려한 밀폐방법

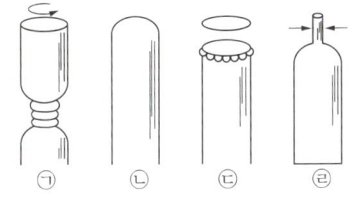

㉠ 스피닝(Spinning)에 의한 방법
㉡ 가열하여 구형으로 가공
㉢ 원판, 반구형판을 용접
㉣ 관 끝을 압착, 용접 밀폐시키는 방법

(3) 칼럼 쇼트닝(Column Shortening)

① 고층 건물에서 높이가 증가함에 따라 발생하는 기둥의 축소 변위량(수직 부재가 시간 경과에 따라 수축하는 현상)

② 부등축소 원인 : 기둥구조 상이, 내외부 기둥 하중 차, 이질 재료 기둥(합성구조) 사용
③ 영 향
  ㉠ 구조물의 안전성 저해
  ㉡ 건축마감재, 엘리베이터, 설비 등에 변형을 유발
  ㉢ 건물의 기능 및 사용성을 저해한다.

(4) CFT(Concrete Filled Tube)
① 강관을 기둥의 거푸집으로 하며, 강관 내부에 콘크리트를 채운 합성구조
② 좌굴방지, 내진성 향상, 기둥 단면 축소, 휨강성 증대 등의 효과가 있으므로, 초고층 건물의 기둥 구조물에 유리한 구조

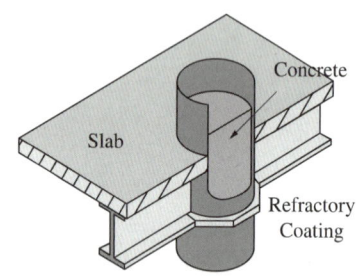

10년간 자주 출제된 문제

파이프구조에 관한 설명으로 옳지 않은 것은?
① 파이프구조는 경량이며, 외관이 경쾌하다.
② 파이프구조는 대규모의 공장, 창고, 체육관, 동·식물원 등에 이용된다.
③ 접합부의 절단가공이 어렵다.
④ 파이프의 부재 형상이 복잡하여 공사비가 증대된다.

|해설|
파이프의 부재 형상이 간단하고 공사비가 저렴하다.

정답 ④

제6절 조적공사, 석공사

핵심이론 01 벽돌공사

(1) 벽돌의 종류
① 붉은 벽돌(점토제품, KS L 4201)
② 시멘트벽돌(KS F 4004) : 압축강도 $5.88N/mm^2$ 이상, 골재의 최대 크기 10mm 이하
③ 내화벽돌 : 산성 점토(규산점토, 알루미나), 염기성 점토(마그네사이트), 크롬철광 등 기건성 내화점토 소성 벽돌 등이 있다.
④ 경량벽돌 : 분탄, 톱밥을 섞어 공극을 생성한 것으로 못치기, 절단이 용이하고 경미한 칸막이벽, 방열, 방음, 치장재로 사용하며, 중공벽돌과 다공질벽돌 등이 있다.
⑤ 포도(바닥)용 벽돌 : 흡수율 작고 마모성, 강도가 크다.

(2) 줄 눈
① 줄눈의 시공
  ㉠ 줄눈 치수 : 표준 10mm, 내화벽돌 6mm, 타일이나 모자이크 벽돌 2mm
  ㉡ 막힌 줄눈 원칙, 보강블록조와 치장용은 통줄눈 시공
② 치장줄눈
  ㉠ 보통 많이 사용되는 줄눈은 평줄눈이다.
  ㉡ 벽면에서 8~10mm 정도로 줄눈파기로 한다.
  ㉢ 쌓기 직후 줄눈 모르타르가 굳기 전에 누르기 한다.
  ㉣ 치장줄눈의 종류 : 평줄눈, 민줄눈, 볼록줄눈, 오목줄눈, 엇빗줄눈, 내민줄눈, 빗줄눈, 둥근줄눈, 실줄눈

(3) 조적조 시공방법
① 물축이기 : 충분히 물을 축인다. 내화벽돌은 건조상태로서 물축임을 하지 않는다.

② 세로규준틀 설치
  ㉠ 건물의 모서리, 벽이 길 때 중앙부에 설치
  ㉡ 기입사항 : 줄눈 위치, 창문틀 위치, 볼트 위치, 나무벽돌 위치, 쌓기 단수
③ 보양 : 쌓기 후 보양하고, 무거운 짐이나 충격·진동·압력 등을 주지 않으며, 쌓은 벽돌은 움직여서는 안 된다.

(4) 조적공사 시공 시 유의사항
① 한랭 공사(4℃ 이하) 시 모르타르 온도는 4~40℃ 이내로 유지한다.
② 벽돌 표면온도는 4℃ 이하가 되지 않도록 관리한다.
③ 가로, 세로의 줄눈 너비는 1cm를 표준으로 한다.
④ 모르타르용 모래는 5mm체에 100% 통과하는 입도여야 한다.
⑤ 하루 쌓기 높이는 보통 1.2m(18켜) 정도, 최대 1.5m(22켜) 이하로 한다.
⑥ 내력벽 쌓기에서는 눕혀쌓기가 주로 쓰인다.
⑦ 모르타르 강도는 벽돌과 같은 정도의 것을 사용한다.
⑧ 연속되는 벽면의 일부를 나중쌓기 할 때에는 그 부분을 층단 들여쌓기로 한다.

10년간 자주 출제된 문제

1-1. 다음 중 조적벽 치장줄눈의 종류로 옳지 않은 것은?
① 오목줄눈   ② 빗줄눈
③ 통줄눈   ④ 실줄눈

1-2. 벽돌쌓기에 대한 설명으로 옳지 않은 것은?
① 연속되는 벽면의 일부를 나중쌓기 할 때에는 그 부분을 층단 들여쌓기로 한다.
② 내력벽 쌓기에서는 세워쌓기나 옆쌓기가 주로 쓰인다.
③ 벽돌쌓기 시 줄눈 모르타르가 부족하면 하중 분담이 일정하지 않아 벽면에 균열이 발생할 수 있다.
④ 창대쌓기는 물흘림을 위해 벽돌을 15° 정도 기울여 벽면에서 3~5cm 정도 내밀어 쌓는다.

1-3. 벽돌공사에 관한 설명으로 옳지 않은 것은?
① 치장줄눈은 모르타르가 충분히 굳은 후에 줄눈파기를 한다.
② 벽돌쌓기에서 하루 쌓기 높이는 1.2m를 표준으로 한다.
③ 붉은 벽돌은 벽돌쌓기 하루 전에 물호스로 충분히 젖게 하여 표면에 습도를 유지한 상태로 준비한다.
④ 세로 줄눈 모르타르는 벽돌 마구리면에 충분히 발라 쌓도록 한다.

|해설|
1-1
통줄눈, 막힌줄눈은 구조적 줄눈이다.
1-2
내력벽 쌓기에서는 눕혀쌓기가 주로 쓰인다.
1-3
치장줄눈은 줄눈 모르타르가 완전히 굳기 전에 줄눈파기를 한다.

정답 1-1 ③ 1-2 ② 1-3 ①

(5) 벽돌쌓기 방법

① 길이쌓기(0.5B 쌓기) : 길이 면이 보이도록 쌓는 방식으로 가장 얇은 벽쌓기이며 칸막이용으로 쓰임
② 마구리쌓기(1.0B 쌓기) : 원형 굴뚝에 쓰임

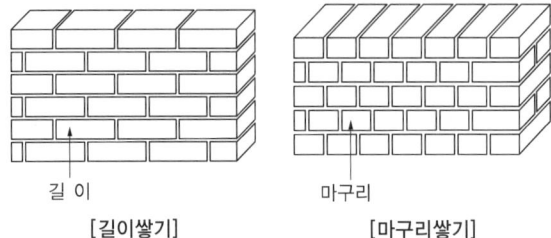

[길이쌓기]　　　　　　　[마구리쌓기]

③ 세워쌓기 : 길이 면이 보이도록 수직으로 쌓는 방식
④ 옆세워쌓기 : 마구리면이 보이도록 수직으로 쌓는 방식
⑤ 영롱쌓기 : 상부 하중을 지지하지 않는 벽으로 장식적인 효과를 기대하기 위해 벽체에 구멍을 내어 쌓는 방식
⑥ 엇모쌓기 : 담, 처마에 내쌓기를 할 때 45°로 모서리가 면에 나오게 쌓는 방식(시공 간단, 외관 장식에 좋다)

(6) 나라별 벽돌쌓기 방법

① 영식 쌓기 : 한 켜는 마구리쌓기, 다음 켜는 길이쌓기로 하고, 모서리 벽 끝에는 이오토막을 사용하여 마무리하는 쌓기법으로 벽돌쌓기 중 가장 튼튼한 쌓기법
② 화란식(네덜란드식) 쌓기 : 영식 쌓기와 거의 같으나 길이 쌓기 층의 끝에 칠오토막을 사용
③ 불식(프랑스식) 쌓기 : 매 켜에 길이와 마구리쌓기가 번갈아 나오게 쌓는 방법
④ 미식 쌓기 : 5켜는 길이쌓기로 하고, 다음 한 켜는 마구리쌓기로 한다.

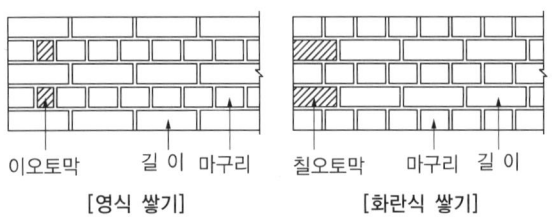

[영식 쌓기]　　　　　　　[화란식 쌓기]

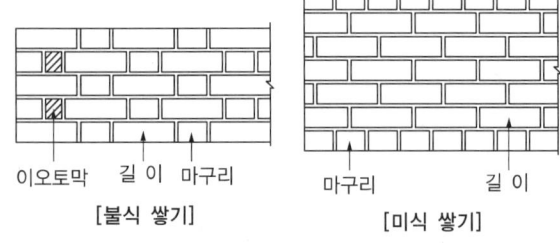

[불식 쌓기]　　　　　　　[미식 쌓기]

10년간 자주 출제된 문제

1-4. 벽돌쌓기 공사에 관한 설명으로 옳지 않은 것은?
① 가로 및 세로 줄눈의 너비는 도면 또는 공사시방서에 정한 바가 없을 때에는 20mm를 표준으로 한다.
② 벽돌쌓기는 도면 또는 공사시방서에서 정한 바가 없을 때에는 영식 쌓기 또는 화란식 쌓기로 한다.
③ 세로 줄눈의 모르타르는 벽돌 마구리면에 충분히 발라 쌓도록 한다.
④ 하루의 쌓기 높이는 1.2m(18켜 정도)를 표준으로 하고, 최대 1.5m(22켜 정도) 이하로 한다.

1-5. 벽돌벽에 장식적으로 구멍을 내어 쌓는 벽돌쌓기 방식은?
① 불식 쌓기　② 영롱쌓기
③ 무늬쌓기　④ 층단떼어쌓기

1-6. 벽돌벽 내쌓기에서 내쌀을 수 있는 총 길이의 한도는?
① 2.0B　② 1.0B
③ 1/2B　④ 1/4B

|해설|
1-4
가로 및 세로 줄눈의 너비
- 표준 : 10mm
- 내화벽돌 : 6mm
- 타일, 모자이크 벽돌 : 2mm

1-5
영롱쌓기 : 장식적으로 구멍을 내어 쌓는 방식

1-6
벽돌벽 내쌓기의 벽길이 한도
- 최대 : 2.0B
- 한 켜당 : 1/2B
- 두 켜당 : 1/4B

정답 1-4 ①　1-5 ②　1-6 ①

(7) 조적조 설계기준

① 조적식 구조의 설계
  ㉠ 조적재는 통줄눈이 되지 아니하도록 설계해야 한다.
  ㉡ 조적식 구조인 각 층의 벽은 편심하중이 작용하지 아니하도록 설계하여야 한다.

② 기초쌓기
  ㉠ 조적조 기초는 연속 기초로 한다.
  ㉡ 기초판은 철근콘크리트구조 또는 무근콘크리트구조로 한다(두께는 20~30cm).
  ㉢ 기초쌓기 시의 벌림 각도는 60° 이상이다.
  ㉣ 기초벽 두께는 250mm 이상으로 하여야 한다.

③ 내력벽의 높이 및 길이
  ㉠ 조적식 구조인 건축물 중 2층 건축물에 있어서 2층 내력벽의 높이는 4m를 넘을 수 없다.
  ㉡ 조적식 구조인 내력벽의 길이는 10m를 넘을 수 없다.
  ㉢ 조적식 구조인 내력벽으로 둘러쌓인 부분의 바닥면적은 $80m^2$를 넘을 수 없다.

④ 내쌓기(Corbel)
  ㉠ 벽면에서 내밀어 쌓아 횡가재의 자릿대 역할을 한다.
  ㉡ 내쌓기는 한 켜당 1/8B 또는 두 켜당 1/4B로 하고, 내미는 정도는 2B를 한도로 한다.

⑤ 창대쌓기
  ㉠ 물흘림을 위해 벽돌을 15° 정도로 경사지게 옆세워 쌓으며 벽면에서 3~5cm 정도 내밀어 쌓는다.
  ㉡ 창대쌓기 길이는 1.5B 또는 벽두께 이하(방수처리)
  ㉢ 돌출은 벽면에 일치, 1/8~1/4B 정도 밀어 쌓는다.

(8) 백화(Efflorescence)현상

① 벽 표면에 침투하는 빗물, 재료 및 시공불량에 의해 모르타르 중의 석회분이 유출되어 공기 중의 탄산가스와 결합하여 벽 표면에 백색의 미세한 물질이 생기는 현상

② 백화현상 방지 대책
  ㉠ 소성이 잘된(잘 구워진) 벽돌을 사용한다.
  ㉡ 줄눈 모르타르에 방수제를 혼합하고, 밀실하게 사춤시켜서 빗물의 침투를 막는다.
  ㉢ 차양, 루버, 돌림띠 등의 비막이를 설치한다.
  ㉣ 조립률이 큰 모래, 분말도가 큰 시멘트를 사용한다.
  ㉤ 벽면에 파라핀 도료, 실리콘 뿜칠로 방수처리를 한다.
  ㉥ 우중시공을 금지하며 석회가 혼합되지 않도록 한다.

(9) 벽체 균열에 대한 계획 및 설계상 대책

① 건물 자중을 작게 하고, 균형적 하중 분배를 고려
② 건물의 평면, 입면의 균형 및 합리적 배치
③ 기초 부동침하 방지를 위한 기초구조 설계
④ 벽의 길이, 높이, 두께, 벽돌의 강도 확인
⑤ 인방보의 위치에 대한 하중을 고려한 설계 반영
⑥ 문꼴 크기와 합리적인 배치

10년간 자주 출제된 문제

1-7. 조적식 구조의 기초에 관한 설명으로 옳지 않은 것은?
① 내력벽의 기초는 연속 기초로 한다.
② 기초판은 철근콘크리트구조로 할 수 있다.
③ 기초판은 무근콘크리트구조로 할 수 있다.
④ 기초벽의 두께는 최하층의 벽체 두께와 같게 하되, 250mm 이하로 하여야 한다.

1-8. 조적조에 발생하는 백화현상을 방지하기 위하여 취하는 조치로서 효과가 없는 것은?
① 줄눈 부분을 방수처리하여 빗물을 막는다.
② 잘 구워진 벽돌을 사용한다.
③ 줄눈 모르타르에 방수제를 넣는다.
④ 석회를 혼합하여 줄눈 모르타르를 바른다.

1-9. 조적조의 벽체 균열에 대한 설계상 대책으로 틀린 것은?
① 건축물의 복잡한 평면구성을 피한다.
② 건축물의 자중을 크게 한다.
③ 테두리보를 설치한다.
④ 상하층의 창문 위치 및 너비를 일치시킨다.

| 해설 |

1-7
250mm 이상으로 하여야 한다.

1-8
석회 혼합 시 백화가 발생하므로 모르타르에는 석회를 혼합하지 않는다.

1-9
건축물 자중이 클수록 균열이 커지므로 경량화한다.

정답 1-7 ④ 1-8 ④ 1-9 ②

핵심이론 02 | 블록공사

(1) 블록쌓기 일반사항
① 살두께 : 두꺼운 쪽이 위로 가게 쌓는다.
② 줄눈 시공
  ㉠ 일반 블록조 : 막힌줄눈
  ㉡ 보강 블록조 : 통줄눈
③ 줄눈모르타르는 쌓은 후 줄눈누르기, 줄눈파기를 한다.
④ 1일 쌓기 단수 : 1.2~1.5m 이내(6~7켜)
⑤ 사춤은 3켜 이내마다 한다.
⑥ 와이어 메시는 3단마다 보강한다.

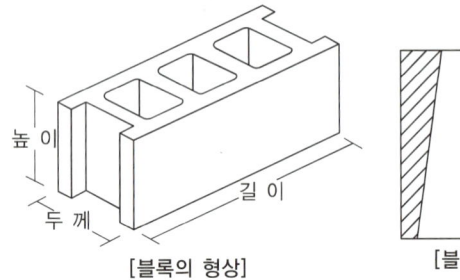

[블록의 형상]　　　[블록살]

(2) 블록벽체 누수(습기, 빗물침투) 원인
① 사춤 모르타르가 불충분할 때
② 치장줄눈의 시공이 불완전할 때
③ 이질재의 접촉부에 틈이 생길 때
④ 물흘림, 물끊기, 빗물막이가 불완전할 때
⑤ 블록을 쌓을 때 비계장선 구멍 메우기가 불충분할 때

(3) 테두리보(Wall Girder)
① 조적조의 맨 위에 설치하는 보로 춤(높이)은 벽 두께의 1.5배로 하고 철근은 40d 이상 정착시킨다.
② 테두리보(Wall Girder)의 역할
  ㉠ 분산된 벽체를 일체로 하여 균등한 하중 분포
  ㉡ 벽체의 수직 균열에 대한 방지
  ㉢ 보강 블록조의 세로 철근을 테두리보에 정착
  ㉣ 집중하중을 받는 부분을 보강

10년간 자주 출제된 문제

2-1. 블록쌓기에 대한 설명으로 틀린 것은?
① 살두께가 큰 편을 아래로 하여 쌓는다.
② 특별한 지정이 없으면 줄눈은 10mm가 되게 한다.
③ 하루의 쌓기 높이는 1.5m 이내를 표준으로 한다.
④ 줄눈 모르타르는 쌓은 후 줄눈누르기 및 줄눈파기를 한다.

2-2. 보강 콘크리트 블록조의 내력벽에 관한 설명으로 옳지 않은 것은?
① 사춤은 3켜 이내마다 한다.
② 통줄눈은 될 수 있는 한 피한다.
③ 사춤은 철근이 이동하지 않게 한다.
④ 벽량이 많아야 구조상 유리하다.

2-3. 블록조 벽체에 와이어 메시를 가로 줄눈에 묻어 쌓기도 하는데 이에 관한 설명 중 옳지 않은 것은?
① 전단작용에 대한 보강이다.
② 수직하중을 분산시키는데 유리하다.
③ 블록과 모르타르의 부착성능의 증진을 위한 것이다.
④ 교차부의 균열을 방지하는데 유리하다.

|해설|
2-1
살두께가 큰 편을 위쪽으로 시공한다.
2-2
보강 콘크리트 블록조는 통줄눈으로 한다.
2-3
블록과 모르타르 부착성능의 증진과는 관계가 없다.

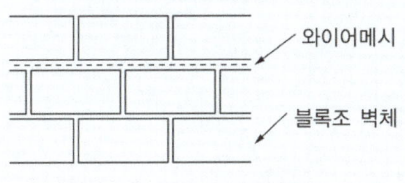

정답 2-1 ① 2-2 ② 2-3 ③

핵심이론 03 | 석공사

(1) 석재의 특성
① 공극률이 클수록 내화성이 크다.
② 비중이 클수록 강도가 크고 내부 공극이 적다.
③ 외장용 석재 : 화강암, 안산암, 점판암 등
④ 내장용 석재 : 대리석과 사문암 등

(2) 석재의 종류
① 화성암(Igneous Rock)
  ㉠ 화강암(Granite) : 마그마가 냉각하여 굳은 것이다.
    • 단단하고 내구성 및 강도가 크나 내화성은 부족하다.
    • 큰 판재를 생산할 수 있으나 가공이 어렵다.
  ㉡ 안산암(Andesite) : 화강암보다 내화력이 우수하고 광택이 없으며, 구조용에 많이 사용한다.
  ㉢ 현무암 : 용암가스 때문에 슬래그 모양의 다공질 구조이다.
② 수성암(Acquecus Rock) : 광물질, 유기물 등이 쌓이고 겹쳐져서 고화되어 침상으로 된 석재이다.
  ㉠ 점판암(Clay Slate) : 점토가 압력을 받아 응결한 것
    • 얇은 판(천연 슬레이트)으로 만들 수 있다.
    • 내수성이 우수하여 지붕 재료, 벽 재료로 사용된다.
  ㉡ 응회암 : 다공질로 내화성은 크나 강도는 약하다.
  ㉢ 석회암(Lime Stone) : 석질은 치밀하나 내산성, 내화성, 내후성이 낮다. 석회, 시멘트의 원료로 사용된다.
  ㉣ 사암(Sand Stone) : 모래가 침전, 퇴적된 경화 암석으로 흡수성이 크고 풍화가 쉽다.
③ 변성암(Metamorphic Rock) : 화성암, 수성암이 지반 변동의 압력과 열에 의해 조직 또는 광물성분이 변화한 것이다.

㉠ 대리석 : 석회석이 변화되어 결정화한 것이다.
- 색조가 다양하고 연마하면 아름다운 광택이 난다.
- 실내 장식용 고급 석재로서 강도가 높다.
- 산성, 열에 약하고 내구성이 적어 내장용으로 사용한다.

㉡ 사문암 : 실내 장식용으로서 대리석과 유사하다.

(3) 돌쌓기 방법

① 찰쌓기 : 콘크리트가 앞면 접촉부까지 채워지도록 다지는 돌쌓기 방식이다.
② 메쌓기 : 모르타르를 쓰지 않고 돌을 쌓는 방식이다.
③ 막돌쌓기 : 가공되지 않은 자연 그대로의 돌 또는 거칠게 마감한 돌을 겹쳐 쌓은 돌쌓기 방식이다.
④ 건쌓기 : 돌의 뿌리가 서로 물리게 속을 채우는 석회물을 쓰지 않고 돌만을 이용하는 쌓기 방식이다.

(4) 석재 다듬기 순서와 석공구

순 서	내 용
혹두기	마름돌 돌출부를 쇠메로 쳐서 평탄하게 메다듬는 것
정다듬	혹두기 면을 정으로 쪼아 평평하게 다듬는 것
도드락다듬	정다듬 면을 도드락 망치로 평탄하게 다듬는 것
잔다듬	도드락다듬면을 날망치로 평탄하게 마무리하는 것
물갈기	잔다듬면을 숫돌, 금강사로 갈아서 광택을 내는 것(거친 갈기 → 물갈기 → 본갈기 → 정갈기)

10년간 자주 출제된 문제

3-1. 석재에 관한 설명으로 옳지 않은 것은?
① 심성암에 속한 암석은 대부분 입상의 결정광물로 되어 있어 압축강도가 크고 무겁다.
② 화산암의 조암광물은 결정질이 작고 비결정질이어서 경석과 같이 공극이 많고 물에 뜨는 것도 있다.
③ 안산암은 강도가 작고 내화적이지 않으나, 색조가 균일하며 가공도 용이하다.
④ 수성암은 화성암의 풍화물, 유기물, 기타 광물질이 땅속에 퇴적되어 지열과 지압을 받아서 응고된 것이다.

3-2. 다음 중 화성암에 속하지 않는 것은?
① 화강암　　　　② 섬록암
③ 안산암　　　　④ 점판암

3-3. 모든 석재와 콘크리트가 잘 부착되도록 쌓고, 콘크리트가 앞면 접촉부까지 채워지도록 다지는 돌쌓기 방법은?
① 메쌓기　　　　② 찰쌓기
③ 막돌쌓기　　　④ 건쌓기

|해설|
3-1
안산암은 조직 및 색조가 균일하지 않다.

3-2
점판암은 수성암 계통으로 절리 형태의 암석이다.

정답 3-1 ③　3-2 ④　3-3 ②

핵심이론 04 | ALC, 타일공사

(1) ALC(다공질의 경량기포 콘크리트)

① ALC(Autoclaved Lightweight Concrete)는 규석을 주원료로 생석회, 석고, 시멘트, 물 등을 혼합, 발포시켜 고온·고압 상태에서 증기 양생한 경량기포 콘크리트이다.
② ALC 패널이나 블록으로 사용한다.
③ 특 징
  ㉠ 비중은 0.5, 보통콘크리트의 1/4 정도로서 경량이다.
  ㉡ 열전도율이 콘크리트의 1/10 정도로 단열성능이 좋다.
  ㉢ 건조 수축이 적고, 균열 발생이 적다.
  ㉣ 흡수율이 높아 동해에 대한 방수·방습처리가 필요하다.
  ㉤ 불연성, 내화성, 흡음성이 우수하다.

(2) 타일공사

① 타일 붙이기 일반사항
  ㉠ 줄눈 나누기 및 타일 마름질은 온장을 사용한다.
  ㉡ 줄눈 너비의 표준(단위 : mm)

대형벽돌형(외부)	대형(내부일반)	소 형	모자이크
9	5~6	3	2

  ㉢ 징두리벽은 온장타일이 되도록 나누어야 한다.
  ㉣ 바닥타일은 벽체타일을 먼저 붙인 후 시공한다.
  ㉤ 벽체는 중앙에서 양쪽으로 타일 나누기로 조절한다.
  ㉥ 타일을 붙이는 모르타르에 시멘트 가루를 뿌리면 시멘트의 수축이 크기 때문에 타일이 떨어지기 쉽고 백화가 생기기 쉬우므로 뿌리지 않아야 한다.
  ㉦ 모자이크 타일 붙이기 : 붙임 모르타르를 바탕면에 초벌, 재벌로 두 번 바른다(총 두께는 4~6mm 표준).

② 검 사
  ㉠ 시공 중 검사 : 하루 작업이 끝난 후 비계발판 높이로 보아 눈높이 이상과 무릎 이하 타일을 임의로 떼어 뒷면에 붙임 모르타르가 충분히 채워졌는지 확인한다.
  ㉡ 두들김 검사 : 모르타르 경화 후 검사봉을 두들겨 검사한다.
    • 들뜸, 균열 등의 발견 부위는 줄눈을 잘라 다시 붙인다.
  ㉢ 타일의 접착력 시험(국가건설기준 표준시방서)
    • 600m^2당 한 장씩 시험한다.
    • 시험할 타일은 먼저 줄눈 부분을 콘크리트 면까지 절단하여 주위의 타일과 분리시킨다.
    • 시험 타일은 시험기 부속장치 크기로 하되, 그 이상은 180×60mm로 절단한다. 40mm 미만 타일은 4매를 1개조로 하여 부속 장치를 붙여 시험한다.
    • 시험은 타일 시공 후 4주 이상일 때 실시한다.
    • 판정 : 인장 부착강도가 0.39MPa 이상이어야 한다.

10년간 자주 출제된 문제

4-1. ALC 제품에 관한 설명으로 옳지 않은 것은?
① 절건상태에서의 비중이 0.75~1 정도이다.
② 압축강도는 3~4MPa 정도이다.
③ 내화성능을 보유하고 있다.
④ 사용 후 변형이나 균열이 적다.

4-2. 타일공사에 관한 설명 중 옳은 것은?
① 모자이크 타일의 줄눈 너비의 표준은 5mm이다.
② 벽체타일이 시공되는 경우 바닥타일은 벽체타일을 붙이기 전에 시공한다.
③ 타일을 붙이는 모르타르에 시멘트 가루를 뿌리면 백화가 방지된다.
④ 치장줄눈은 24시간이 경과한 뒤 붙임 모르타르의 경화 정도를 보아 시공한다.

4-3. 타일 시공 후의 접착력 시험 설명으로 옳지 않은 것은?
① 타일의 접착력 시험은 600m²당 한 장씩 시험한다.
② 시험할 타일은 먼저 줄눈 부분을 콘크리트 면까지 절단하여 주위의 타일과 분리시킨다.
③ 시험은 타일 시공 후 4주 이상일 때 행한다.
④ 시험결과 판정은 타일 인장 부착강도가 10MPa 이상이어야 한다.

|해설|
4-1
절건비중 0.45~0.55 정도이며, 보통콘크리트의 1/4 정도이다.

4-2
① 모자이크 타일의 줄눈 너비의 표준은 2mm이다.
② 벽타일 시공 후에 바닥타일을 시공한다.
③ 모르타르에 시멘트 가루를 뿌리면 백화가 생기기 쉽다.

4-3
시험결과 판정은 타일 인장 부착강도가 0.39MPa 이상이어야 한다.

정답 4-1 ① 4-2 ④ 4-3 ④

제7절 목공사

핵심이론 01 | 목공사

(1) 목재의 성질
① 섬유포화점 : 세포막 내부가 수분으로 포화되어 있을 때의 함수율로 보통 섬유포화점 함수율은 30% 정도
② 목재의 강도 : 비중이 클수록 강도가 크다.
  ㉠ 섬유방향의 강도 > 직각방향의 강도
  ㉡ 인장강도 > 휨강도 > 압축강도 > 전단강도
③ 함수율 변화에 따른 강도의 변화
  ㉠ 섬유포화점(30%) 이상 : 강도 일정
  ㉡ 섬유포화점 이하 : 함수율 감소에 따라 강도 증가

(2) 천연건조(자연건조)
① 주의사항
  ㉠ 그늘지고 서늘한 곳으로 지상에서 20cm 이상 이격
  ㉡ 마구리에 페인트를 칠하여 급격한 건조를 방지한다.
② 천연건조의 장단점
  ㉠ 목재는 건조시간이 길고, 변형이 생기기 쉽다.
  ㉡ 목재는 비교적 균일한 건조가 가능하다.
  ㉢ 건조비는 적게 들며, 재질의 변질이 적다.

(3) 목재의 접합

이 음	재의 길이 방향으로 부재를 길게 접합하는 것
맞 춤	• 부재를 서로 경사 또는 직각으로 접합하는 것 • 연귀맞춤 : 모서리, 구석 등에 나무 마구리가 보이지 않게 45° 각도로 빗잘라 대는 맞춤
쪽 매	재를 섬유 방향과 평행으로 옆대어 붙이는 것

(4) 목재의 보강철물
① ㄱ자쇠, 띠쇠 : 기둥과 층도리 맞춤
② 앵커볼트 : 기초와 토대
③ 주걱볼트 : 깔도리와 기둥의 맞춤
④ 감잡이쇠 : 기초와 토대, 평보와 왕대공 연결 철물

⑤ 듀벨 : 볼트와 같이 사용(듀벨은 전단력, 볼트는 인장력 부담)
⑥ 안장쇠 : 큰 보와 작은 보

10년간 자주 출제된 문제

1-1. 건축용 목재의 일반적인 성질에 대한 설명 중 틀린 것은?
① 섬유포화점 이하에서는 목재의 함수율이 증가함에 따라 강도는 감소한다.
② 기건상태의 목재의 함수율은 15% 정도이다.
③ 목재의 심재는 변재보다 건조에 의한 수축이 작다.
④ 섬유포화점 이상에서는 목재의 함수율이 증가함에 따라 강도는 증가한다.

1-2. 목재를 천연건조시킬 때의 장점에 해당되지 않는 것은?
① 비교적 균일한 건조가 가능하다.
② 시설투자 비용 및 작업 비용이 적다.
③ 건조 소요시간이 짧은 편이다.
④ 타 건조방식에 비해 건조에 의한 결함이 적은 편이다.

1-3. 목조 지붕틀 구조에 있어서 모서리 기둥과 층도리 맞춤에 사용되는 철물은?
① 띠 쇠   ② 감잡이쇠
③ 주걱볼트   ④ ㄱ자쇠

1-4. 다음 중 벽체구조에 관한 설명으로 옳지 않은 것은?
① 목조 벽체를 수평력에 견디게 하고 안정한 구조로 하기 위해 귀잡이를 설치한다.
② 벽돌구조에서 각 층의 대린벽으로 구획된 각 벽에서 개구부 폭의 합계는 그 벽의 길이의 2분의 1 이하로 하여야 한다.
③ 목조 벽체에서 샛기둥은 본기둥 사이에 벽체를 이루는 것으로서 가새의 옆 휨을 막는데 유효하다.
④ 너비 180cm가 넘는 문꼴의 상부에는 철근콘크리트 인방보를 설치하고, 벽돌 벽면에서 내미는 창 또는 툇마루 등은 철골 또는 철근콘크리트로 보강한다.

| 해설 |

1-1
섬유포화점 이상에서는 강도가 거의 일정하며 전건상태의 1/3 정도 강도가 감소한다.

1-2
목재는 건조시간이 길고, 변형이 생기기 쉽다.

1-3
ㄱ자쇠 : 모서리 기둥과 층도리 맞춤

1-4
귀잡이 : 사각구조의 모서리 보강을 위해 귀 부분에 45° 수평방향으로 보강하는 것이며, 수평 간에 있는 부재 중에서 직교하는 부재의 변형을 방지한다.

정답 1-1 ④ 1-2 ③ 1-3 ④ 1-4 ①

제8절 방수공사

핵심이론 01 | 안방수와 바깥방수

(1) 안방수와 바깥방수의 장단점 비교

내용구분	안방수	바깥방수
사용환경	수압이 적고 얕은 지하실	수압이 크고 깊은 지하실
공사시기	자유롭다.	본 공사에 선행한다.
내수압성	작다.	크다.
경제성	(공사비)싸다.	(공사비)고가이다.
보호누름	필요하다.	없어도 무방하다.

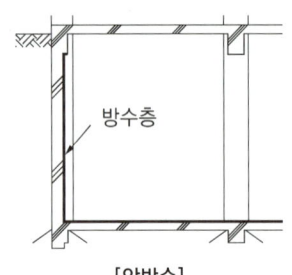

[안방수]

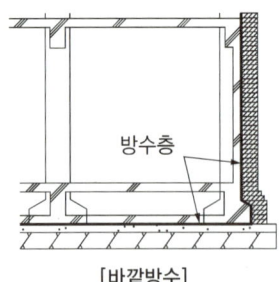

[바깥방수]

(2) 지하실 바깥 방수법 시공순서

잡석다짐 → 밑창 콘크리트 → 바닥 방수층 시공 → 바닥 콘크리트 → 외벽 콘크리트 → 외벽 방수층 시공 → 보호누름 시공 → 되메우기

10년간 자주 출제된 문제

1-1. 바깥방수에 대한 안방수의 특징 설명으로 옳지 않은 것은?
① 공사가 간단하다.
② 공사비가 비교적 싸다.
③ 보호누름이 없어도 무방하다.
④ 수압이 작은 곳에 이용된다.

1-2. 안방수와 바깥방수를 비교한 설명으로 옳지 않은 것은?
① 바탕 만들기에서 안방수는 따로 만들 필요가 없으나 바깥방수는 따로 만들어야 한다.
② 경제성(공사비)에서는 안방수는 비교적 저렴한 편인 반면에 바깥방수는 고가인 편이다.
③ 공사시기에서 안방수는 본공사에 선행해야 하나 바깥방수는 자유로이 선택할 수 있다.
④ 안방수는 바깥방수에 비해 시공이 간편하다.

|해설|
1-1
안방수는 보호누름이 필요하다.
1-2
바깥방수는 아스팔트나 복합방수로써 본공사에 선행해야 하지만, 안방수는 자유로이 선택할 수 있다.

정답 1-1 ③ 1-2 ③

| 핵심이론 02 | 각종 방수법

(1) 시멘트 액체방수

① 방수제를 물에 타서 충분히 섞은 다음에 콘크리트 또는 모르타르를 섞어 방수층을 시공하는 공법이며, 방수제의 종류에는 액체방수제, 분말방수제 등이 있다.

② 장단점
 ㉠ 보호누름이 불필요하고 시공이 용이하다.
 ㉡ 공사비가 싸고 보수가 쉽다.
 ㉢ 외기의 영향이 크고, 신축성이 작다.
 ㉣ 건조수축 등에 의한 균열이 잘 발생한다.

③ 시공재료
 ㉠ 충진성 : 소석회, 진흙, 규조토, 규산백토 등으로 모르타르나 콘크리트 공간을 메우는 것
 ㉡ 발수성 : 명반, 비누, 수지 등의 재료를 사용하여 모재의 표면에서 물을 튕기게 하는 것
 ㉢ 화학성 : 포졸란 등으로 소석회 유출을 방지하는 것

④ 시공순서
 방수액 침투 → 시멘트 풀 → 방수액 침투 → 시멘트 모르타르 → 방수액 침투 → 시멘트 풀 → 방수액 침투 → 시멘트 모르타르

⑤ 시멘트 액체방수의 시공
 ㉠ 바탕 처리는 균열 없이 수밀하고 평탄하게 손질한다.
 ㉡ 바탕 콘크리트면에 시멘트 풀을 일정한 두께로 솔칠하여 바른다.
 ㉢ 급경 방수액이나 보통 방수액을 솔칠하여 바른다.
 ㉣ 위와 같이 소정의 횟수를 반복한 후, 그 위에 보호 모르타르를 5cm 이상 평활하게 바른다.
 ㉤ 방수층은 신축성이 없기 때문에 반드시 신축줄눈을 설치하도록 한다.
 ㉥ 공정의 마지막 단계인 시멘트 모르타르를 방수 모르타르 마감으로 하여 보호층의 역할을 겸하게 한다.

10년간 자주 출제된 문제

2-1. 시멘트 액체방수에 관한 설명으로 옳은 것은?
① 모체 표면에 시멘트 방수제를 도포하고 방수 모르타르를 덧발라 방수층을 형성하는 공법이다.
② 구조체 균열에 대한 저항성이 매우 우수하다.
③ 시공은 바탕처리 → 혼합 → 바르기 → 지수 → 마무리순으로 진행된다.
④ 시공 시 방수층의 부착력을 위하여 방수할 콘크리트 바탕면은 충분히 건조시키는 것이 좋다.

2-2. 시멘트의 액체방수에 관한 설명으로 옳지 않은 것은?
① 값이 저렴하고 시공 및 보수가 용이한 편이다.
② 바탕이 습하거나 수분이 함유되어 있어도 시공할 수 있다.
③ 옥상 등 실외에서 효력의 지속성을 기대할 수 없다.
④ 바탕 콘크리트의 침하, 경화 후의 건조수축, 균열 등 구조적 변형이 심한 부분에서도 사용할 수 있다.

|해설|
2-1
② 구조체 균열에 대한 저항성이 좋지 않다.
③ 시공은 지수 → 바탕처리 → 혼합 → 바르기 → 마무리순으로 진행된다.
④ 시공 시 방수층의 부착력을 위하여 방수할 콘크리트 바탕면은 건조시키지 않고 습윤상태를 유지하면서 시공한다.

2-2
시멘트의 액체방수는 콘크리트의 건조수축, 균열 등의 구조적 결함 부위에는 사용하지 않는다.

정답 2-1 ① 2-2 ④

(2) 아스팔트방수

① 석유계 아스팔트의 종류

㉠ 스트레이트 아스팔트(Straight Asphalt) : 연화점 낮다.

㉡ 블론 아스팔트(Blown Asphalt) : 스트레이트 아스팔트를 가열하면서 공기를 불어 넣어 만든다. 비교적 연화점 높고, 온도에 예민하지 않아 지붕방수에 사용

㉢ 아스팔트 컴파운드(Asphalt Compound) : 블론 아스팔트에 동식물성 기름과 광물성 분말을 혼입하여 성질을 개량한 최우량품의 아스팔트

㉣ 아스팔트 프라이머(Asphalt Primer) : 아스팔트를 휘발성 용제로 녹인 것으로 방수 시공 시 밑바탕에 도포하여 모재와 방수층의 부착을 좋게 한다.

② 아스팔트의 품질검사 항목

㉠ 침입도 : 아스팔트의 견고성 정도(경도)를 나타내는 것으로서, 25℃에서 100g 추가 5초 동안 바늘을 누를 때 0.1mm 들어가는 것을 침입도 1이라 한다.

㉡ 연화점 : 아스팔트를 가열할 경우 액상의 점도에 도달하는 온도

㉢ 신도 : 아스팔트가 늘어나는 신장(伸張)의 정도

㉣ 감온비 : 온도변화에 따른 아스팔트의 침입도 변화를 나타내는 수치

㉤ 인화점 : 아스팔트가 불이 붙을 때의 온도

(3) 시트(고분자 루핑)방수

① 합성고무 또는 합성수지를 주성분으로 하는 시트 1겹을 접착제로 바탕에 붙여서 방수층을 형성하는 공법으로, 폭 1m, 두께 1~3mm 정도의 시트를 접착제 또는 열로 가열하여 접착하며, 이음 부위 처리가 성능을 좌우한다.

② 수용성 프라이머는 저온 시 동결 피해 발생에 주의한다.

③ 접착제 도포에 앞서 먼저 도포한 프라이머의 적정한 건조를 확인한다.

④ 접착공법은 모서리부, 드레인 주변 등 특수한 부위를 먼저 세심하게 작업한다.

10년간 자주 출제된 문제

2-3. 아스팔트방수공사에 관한 설명 중 옳지 않은 것은?

① 아스팔트 용융 중에는 최소 30분에 1회 온도를 측정하며, 접착력 저하 방지를 위해 200℃ 이하가 되지 않게 한다.
② 한랭지 사용의 아스팔트는 침입도 지수가 적은 것이 좋다.
③ 지붕방수에는 침입도가 크고 연화점이 높은 것을 사용한다.
④ 아스팔트 용융솥은 시공장소와 근접한 곳에 설치한다.

2-4. 방수공사에 사용하는 아스팔트의 견고성 정도를 침(針)의 관입 저항으로 평가하는 방법은?

① 침입도   ② 마모도
③ 연화점   ④ 신 도

2-5. 아스팔트방수공사에 관한 설명으로 옳지 않은 것은?

① 아스팔트 프라이머는 건조하고 깨끗한 바탕면에 솔, 롤러, 뿜칠기 등을 이용하여 규정량을 균일하게 도포한다.
② 용융 아스팔트는 운반용 기구로 시공 장소까지 운반하여 방수 바탕과 시트재 사이에 롤러, 주걱 등으로 뿌리면서 시트재를 깔아 나간다.
③ 옥상에서의 아스팔트 방수 시공 시 평탄부에서의 방수 시트 깔기 작업 후 특수 부위에 대한 보강붙이기를 시행한다.
④ 평탄부는 프라이머의 건조상태를 확인하여 시트를 깐다.

2-6. 시트방수공법에 관한 설명 중 틀린 것은?

① 접착제 도포에 앞서 먼저 도포한 프라이머의 건조를 확인한다.
② 시트의 너비와 길이에는 제한이 없고, 3겹 이상 적층하여 방수하는 것이 원칙이다.
③ 수용성의 프라이머는 저온 시 동결피해 발생에 주의한다.
④ 접착공법은 모서리부, 드레인 주변 등 특수한 부위를 먼저 세심하게 작업한다.

| 해설 |

2-3
한랭지에서는 아스팔트의 경도가 커야 하므로 침입도가 큰 것이 좋다.

2-4
침입도는 아스팔트의 견고성 정도를 침(針)의 관입 저항으로 평가하며, 아스팔트 양부 판별에 가장 중요한 검사이다.

2-5
일반 평탄부의 루핑깔기는 특수부의 보강붙이기가 끝난 후 프라이머의 적절한 건조상태를 확인하여 루핑 시트를 깐다.

2-6
시트방수는 폭 1m, 두께 1~3mm 정도의 시트를 접착제 또는 열로 가열하여 바탕면에 접착하는 공법으로 이음 부위의 처리가 성능을 좌우한다.

정답 2-3 ② 2-4 ① 2-5 ③ 2-6 ②

(4) 도막방수

① 도막방수의 종류

㉠ 용제형 도막방수
- 천연 및 합성고무를 휘발성 용제에 녹인 고무도료를 여러 번 덧칠하여 방수층을 만드는 공법
- 공사가 쉽고 착색이 자유롭지만 휘발성 용제를 사용하는 만큼 화재 발생이나 환기에 주의해야 한다.
- 완성된 도막은 외부 충격에 약하므로 시공 후 보호층 시공이 필요하다.

㉡ 유제형 도막방수(수지 에멀션형 도막방수)
- 수지 에멀션제(유제)를 바탕 콘크리트 면에 여러 차례 덧발라 방수층을 만드는 공법
- 방수재가 굳을 때 자체 수축에 의한 균열은 적으나 재질이 연약하여 면적이 넓은 장소에서는 시공이 어렵다.

㉢ 에폭시 도막방수
- 에폭시 수지를 여러 번 발라 0.1~0.2mm의 얇은 도막을 형성하는 공법
- 내약품성, 내마모성, 내화학성, 내후성이 우수하다.
- 접착력이 좋아서 화학공장 방수층을 겸한 바닥공사에 사용된다.

② 도포공법의 종류

㉠ 코팅공법
- 프라이머를 칠하고 롤러, 붓 등으로 도막방수제(에폭시액)으로 매회 0.1mm로 총 3회 0.3mm 정도로 도포만 하는 방법
- 저렴한 공사비용으로 시공이 가능하다.
- 도막층은 얇지만 내마모성과 분진 방진이 요구되어지는 바닥상태가 평활한 신축바닥면에 적용한다.

ⓒ 라이닝 공법
- 유리섬유, 합성섬유 등의 망상포를 적층하여 도포하며, 에폭시 코팅에 비해 두꺼운 도막층을 형성하여 바닥상태의 거친 표면을 은폐하기 위한 부위에 시공한다.
- 표준 시공 권장 두께는 3mm이다.
- 식품공장, 크린룸, 주차장, 냉동창고 바닥, 기계적 강도가 요구되는 장소에 적용된다.

10년간 자주 출제된 문제

2-7. 도막방수에 관한 설명으로 옳지 않은 것은?
① 방수재의 도포 시 치켜올림 부위를 도포한 다음, 평면 부위의 순서로 도포한다.
② 방수재의 겹쳐바르기 폭은 100mm 내외로 한다.
③ 도막 두께는 원칙적으로 사용량을 중심으로 관리한다.
④ 우레아수지계 도막방수재를 스프레이 시공할 경우 바탕면과 200mm 이하로 간격을 유지하도록 한다.

2-8. 도막방수에 관한 설명으로 옳지 않은 것은?
① 도막방수의 바탕처리는 시멘트 액체방수에 준하여 실시한다.
② 도막방수에는 노출공법과 비노출공법이 있다.
③ 아크릴계 도막방수는 인화성이 강하므로 화기를 엄금한다.
④ 용제형 도막방수는 강풍이 불 경우 방수층 접착이 불량하다.

2-9. 유리섬유, 합성섬유 등의 망상포를 적층하여 도포하는 도막방수공법은?
① 시멘트 액체방수 공법
② 라이닝 공법
③ 스타코 마감 공법
④ 루핑 공법

2-10. 멤브레인 방수공법에 해당되지 않는 것은?
① 아스팔트방수
② 콘크리트 구체방수
③ 도막방수
④ 합성고분자 시트방수

|해설|

2-7
우레아수지계 도막방수재를 스프레이 시공할 경우 바탕면과 300mm 이하로 간격을 유지한다.

2-8
- 아크릴계 도막방수는 수용성이며 시너 등을 사용하지 않기 때문에 인화성이 약하다.
- 불용성 유성 용제인 시너나 휘발유 등은 인화성이 강하다.

2-9
라이닝 공법 : 유리섬유, 합성섬유 등의 망상포를 적층하여 도포하며, 에폭시 코팅에 비해 두꺼운 도막층을 형성한다.

2-10
콘크리트 구체방수는 콘크리트 타설 시 방수액을 혼합하여 수밀성·내수성을 증대시켜 방수성능을 확보하는 방수법이다.
멤브레인(Membrane) 방수 : 불투성 피막을 형성하여 방수하는 공사를 총칭하며 아스팔트, 개량 아스팔트 시트, 합성고분자계 시트 및 도막 등의 피막 형성 방수층 공사에 사용한다.

정답 2-7 ④ 2-8 ③ 2-9 ② 2-10 ②

제9절 지붕공사

핵심이론 01 | 지붕공사

(1) 한식 기와 잇기

알매흙	한식기와 잇기에서 산자(흙받이) 위에 펴 까는 흙
홍두깨흙	수키와 밑에 홍두깨 모양으로 둥글게 뭉쳐 까는 흙
너 새	박공 옆에 직각으로 대는 암키와
단골막이	착고막이로 수키와 반토막을 간단히 댄 것
와당(瓦當)	기와의 끝에 둥글게 모양을 낸 것
내림새	비흘림판이 달린 처마끝의 암키와
막 새	비흘림판이 달린 처마끝에 덮는 수키와
머거불	용마루 끝에 마구리에 옆세워 댄 수키와
착 고	지붕마루에 수키와 모양의 기와를 옆세워 댄 것
부 고	착고 위에 수키와를 옆세워 쌓은 것
아귀토	수키와 처마 끝에 막새 대신 회백토로 바른 것

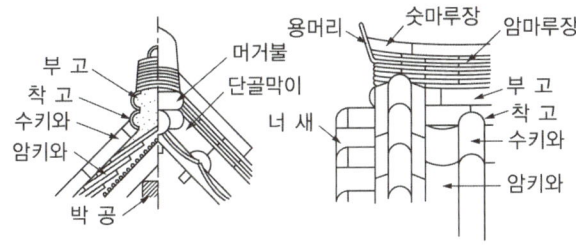

(2) 기와 잇기

① 기와는 내후, 방화, 방수, 차음, 단열성능이 우수하나 다른 재료에 비해 무거워서 내진상 불리하다.
② 전통기와는 점토소성품으로 암키와와 수키와로 구성
③ 개량기와는 암키와와 수키와를 한장으로 붙여 만든 것으로 시멘트로 제작되며 잇기가 편리하고 경제적이다.

(3) 금속판 잇기

① 금속판 잇기는 무게가 가볍고, 현장에서 부재를 절곡하여 가공하기 때문에 재료의 낭비도 적다.
② 겹침 두께가 작으며, 물매를 완만하게 할 수 있다.
③ 부분적인 파손으로 전체적으로 수리를 해야 하며, 온도변화에 의한 신축이 크고, 산화하며, 부식되기 쉽다.
④ 단열성이 나쁘고 강우 시 소음이 발생하는 단점이 있다.

(4) 싱글 잇기

① 얇은 정형의 소형판을 겹쳐 늘어놓는 것이다. 횡방향으로는 틈새가 허용되나 위판과의 겹침 부분은 충분한 길이로 해서 물이 새지 않도록 한다.
② 아스팔트 싱글 : 두꺼운 펠트에 아스팔트를 침투시키고 표면에 연화점이 높은 양질의 아스팔트를 도포한 후 채색 모래를 압착시킨 것으로 접착재와 못을 이용하여 바탕면에 고정하여 시공한다.
③ 아스팔트 싱글은 값이 싸고 시공이 간편하고, 내후성도 좋지만 가연성이 있다.

(5) 실링공사

① 개스킷(Gasket) : 두 개의 면 사이에 장착되는 것으로 연결면에 대한 기밀을 유지하고 조립 부위를 통해 외부의 오염된 물질 유입을 방지하는 고정형 타입실을 말한다.
② 프라이머는 접착면과 실링재와의 접착성을 좋게 하기 위하여 도포하는 바탕처리 재료이다.
③ 백업재는 소정의 줄눈깊이를 확보하기 위하여 줄눈 속을 채우는 재료이다.
④ 마스킹 테이프는 시공 중 실링재 충전개소 외의 오염방지, 줄눈선을 깨끗이 마무리하기 위한 보호 테이프이다.

10년간 자주 출제된 문제

지붕 잇기 중 금속판 지붕 잇기에 대한 설명으로 틀린 것은?

① 금속판 지붕은 다른 재료에 비해 무겁고, 시공이 어렵다.
② 겹침의 두께가 작으며 물매를 완만하게 할 수 있다.
③ 열전도가 크고 온도 변화에 의한 신축이 크기 때문에 바탕재와의 연결에 주의한다.
④ 대기 중에 장기간 노출되면 산화하며, 염류나 가스에 부식되기 쉽다.

|해설|

금속판은 판의 형태로 제작되기 때문에 가볍고 시공이 용이하다.

정답 ①

제10절 미장공사, 도장공사

핵심이론 01 | 미장공사

(1) 수경성과 기경성 재료

기경성	공기 중에서 경화하는 것으로, 공기가 없는 수중에서는 경화되지 않는 성질(수축성, 알칼리성)	
	석회질, 진흙질	회반죽, 돌로마이트 플라스터
수경성	• 물과 섞이면서 상호 작용하여 경화되고 점차 강도가 커지는 성질(팽창성) • 분말한 소석고를 물로 비비면 구울 때 소실한 물에 상당하는 물과 결합하여 경화된다. • 석고의 경화 시간은 짧으므로 경화 시간 조절을 위해 혼화재(소석회, 돌로마이트 플라스터)를 사용한다.	
	석고질, 시멘트질	순석고, 혼합석고, 경석고 플라스터

① 기경성
  ㉠ 회반죽 : 소석회 + 모래 + 여물을 해초풀로 반죽한 것
    • 물은 사용하지 않는다.
    • 소석회 : 공기 중 탄산가스(CO_2)에 의해 굳어진다.
    • 여물 : 회반죽이 건조하여 균열이 생기는 것을 방지
    • 해초풀물 : 은행초, 미역, 해초를 끓인 물
    • 모래 : 점도 조절재로 소량을 쓴다.
  ㉡ 회사벽 : 석회죽 + 모래
  ㉢ 돌로마이트 플라스터 : 돌로마이트석회 + 모래 + 여물
    • 돌로마이트(Dolomite)는 백운석, 고회석의 백색, 회색 광물이며, 돌로마이트 플라스터는 마그네시아를 다량 함유한 석회석인 백운석을 구워 소석회와 같은 공정을 거친 뒤 분쇄해서 제작한다.
    • 소석회보다도 점도가 높고 풀을 혼용하지 않고 미장 도장이 가능하다(소석회를 첨가하지 않아도 된다).
    • 석고에 비해 바르기 쉽고 값도 비교적 저렴하다.
    • 경화가 늦고, 수축성이 크기 때문에 균열 발생이 쉽다.
    • 밑바름 두께와 그 건조도에 영향을 많이 받는다.
    • 강도가 약하고 경화 수축이 크므로 소량의 시멘트를 넣어 강도를 증진시키고 석고 플라스터를 넣어 균열을 방지한다.

② 수경성
  ㉠ 순석고 플라스터 : 순석고 + 모래 + 물로서 경화 속도가 빠르며, 중성이다.
  ㉡ 혼합석고 플라스터 : 배합석고 + 모래 + 여물 + 물로서 경화 속도는 보통이며, 약알칼리성이다.
  ㉢ 경석고 플라스터 : 무수석고 + 모래 + 여물 + 물로서 강도가 크고 수축균열이 거의 없다.

10년간 자주 출제된 문제

1-1. 다음 미장재료 중 기경성 재료로만 짝지어진 것은?
① 회반죽, 석고 플라스터, 돌로마이트 플라스터
② 시멘트 모르타르, 석고 플라스터, 회반죽
③ 석고 플라스터, 돌로마이트 플라스터, 진흙
④ 진흙, 회반죽, 돌로마이트 플라스터

1-2. 다음 중 공기의 유통이 좋지 않은 지하실과 같이 밀폐된 방에 사용하는 미장 마무리 재료로 가장 적합하지 않은 것은?
① 돌로마이트 플라스터
② 혼합 석고 플라스터
③ 시멘트 모르타르
④ 경석고 플라스터

1-3. 석고 플라스터에 대한 설명으로 틀린 것은?
① 석고 플라스터는 경화지연제를 넣어서 경화 시간을 너무 빠르지 않게 한다.
② 경화 · 건조 시 치수 안정성과 내화성이 뛰어나다.
③ 석고 플라스터는 공기 중의 탄산가스를 흡수하여 표면부터 서서히 경화한다.
④ 시공 중에는 될 수 있는 한 통풍을 피하고 경화 후에는 적당한 통풍을 시켜야 한다.

| 해설 |

1-1
기경성 재료(공기 중에서 굳는 성질) : 진흙, 회반죽, 돌로마이트 플라스터
수경성 재료(수중에서 굳는 성질) : 석고 플라스터

1-2
경화가 늦고 건조수축으로 균열발생이 크다.

1-3
순수 소석고는 표면부터 빠른 속도로 경화한다. 경화 시간이 짧으므로 건축공사에서는 경화 시간을 조절하기 위해 혼화재(소석회, 돌로마이트 플라스터)를 함께 사용한다.

정답 1-1 ④ 1-2 ① 1-3 ③

(2) 플라스터 시공

① 돌로마이트 플라스터 시공
　㉠ 정벌바름용 반죽은 가수(물과 혼합)한 후 12시간 정도 지난 후 사용한다.
　㉡ 시멘트 혼합 시 2시간 이상 경과한 것은 사용하지 않는다.
　㉢ 초벌바름에 균열이 없을 때에는 고름질한 후 7일 이상 두어 고름질면의 건조를 기다린 후 균열이 발생하지 아니함을 확인한 다음 재벌바름을 실시한다.
　㉣ 초벌바름 후 10일 이상 두어 고름질한 후 재벌바름을 하며, 어느 정도 건조 후 정벌바름을 한다.
　㉤ 실내 온도가 5℃ 이하일 때는 공사를 중단하거나 난방하여 5℃ 이상으로 유지한다.

② 석고 플라스터 시공
　㉠ 가수 후 초벌 · 재벌용은 3시간 이내, 정벌용은 2시간 이내에 사용한다.
　㉡ 작업 중 통풍 방지, 작업 후에 서서히 통풍시킨다.
　㉢ 2℃ 이하일 때는 공사를 중지하고, 보온장치를 설치하며 5℃ 이상으로 유지하도록 한다.
　㉣ 초벌바름에는 반드시 거치름눈(작살긋기)을 넣는다.
　㉤ 재벌바름은 초벌 후 1~2일 후, 정벌은 재벌이 반건조되었을 때 마무리 흙손질을 한다.

(3) 테라초(Terrazzo) 현장갈기

① 바르기 : 초벌바름은 접착공법(밀착공법)과 절연공법(유리공법)이 있다.
② 줄눈 나누기 : 1.2m 이내(보통 90cm)이며, 최대 간격은 2m 이하로 한다.
③ 갈기 : 정벌바름 후 경화 정도를 보아 갈되 손갈기는 2일, 기계갈기는 5~7일 이상 경과한 후 갈아야 한다.
④ 현장갈기 : 초벌갈기(1~3일 정도 양생), 중갈기 후에 시멘트풀을 2~3회 먹인 후 정벌한다.

(4) 테라초(인조석 물갈기) 미장공사 시공순서

초벌갈기 → 눈메꾸기죽먹임 → 양생(1~3일) → 재벌갈기 → 죽먹임 → 양생 → 정벌갈기 → 물씻기(2회) → 건조 → 보양(톱밥) → 수산닦기 → 왁스먹임 → 광내기

10년간 자주 출제된 문제

1-4. 석고 플라스터 바름에 대한 설명으로 옳지 않은 것은?

① 보드용 플라스터는 초벌바름, 재벌바름의 경우 물을 가한 후 2시간 이상 경과한 것은 사용할 수 없다.
② 실내 온도가 10℃ 이하일 때는 공사를 중단한다.
③ 바름작업 중에는 될 수 있는 한 통풍을 방지한다.
④ 바름작업이 끝난 후 실내를 밀폐하지 않고 가열과 동시에 환기하여 바름면이 서서히 건조되도록 한다.

1-5. 테라초(Terrazzo) 현장갈기에 대한 시공 내용 중 옳지 않은 것은?

① 여름철 갈기는 3일 이상 충분히 경화시킨 다음 갈기 시작한다.
② 초벌갈기는 돌알이 균등하게 나타나도록 하고 바로 이어서 중갈기를 행한다.
③ 정벌갈기는 중갈기가 끝나고 시멘트 풀먹임을 2~3회 거듭한 후 행한다.
④ 광내기 왁스칠은 시간을 두고 얇게 여러 번 행하는 것이 좋다.

1-6. 테라초 현장바름 공사 내용으로 옳지 않은 것은?

① 줄눈 나누기는 최대 줄눈 간격을 2m 이하로 한다.
② 바닥바름 두께의 표준은 접착공법(초벌바름)일 때 20mm 정도이다.
③ 갈기는 테라초를 바른 후 손갈기일 때 2일, 기계갈기일 때 3일 이상 경과한 후 경화 정도를 보아 실시한다.
④ 마감은 수산으로 중화 처리하여 때를 벗겨내고, 헝겊으로 문질러 손질한 후 왁스 등을 바른다.

1-7. 미장공사에서 나타나는 결함 유형과 가장 거리가 먼 것은?

① 균 열   ② 부 식
③ 탈 락   ④ 백 화

|해설|

1-4
실내 온도가 2℃ 이하일 때 공사를 중단하며, 5℃ 이상 유지한다.

1-5
초벌갈기 후, 1~3일 정도 양생 후에 중(재벌)갈기를 한다.

1-6
정벌바름 후 경화 정도를 보아 갈되 손갈기는 2일, 기계갈기는 5~7일 이상 경과한 후 갈아야 한다.

1-7
부식은 철재에서 일어나는 결함이다.
미장공사의 결함 : 균열, 탈락(박락), 백화, 들뜸, 오염 등

정답 1-4 ② 1-5 ② 1-6 ③ 1-7 ②

핵심이론 02 | 도장공사

(1) 도장의 원료

용제	• 도막 요소를 녹여서 유동성을 갖게 만드는 것 • 건성유(아마인유 등)와 반건성유(대두유 등)
건조제	• 건조를 촉진시키는 것 • 아연, 망간, 코발트 수지산, 지방산 염류, 연단, 초산염, 이산화망간, 수산화망간
희석제 (신전제)	• 도료 자체를 희석하고, 적당한 휘발, 건조속도 유지 • 휘발유, 테레빈유, 벤젠, 알코올, 아세톤, 나프타
수지	천연수지(레진, 셀락, 코펄 등)와 합성수지가 사용
안료	유체안류(착색제), 체질안료(피복 은폐력)
착색제	• 바니시스테인, 수성스테인 : 작업성 우수, 색상 선명, 건조가 늦다. • 알코올스테인 : 퍼짐이 우수, 건조가 빠르다. • 유성스테인 : 작업성 우수, 건조가 빠르고 얼룩이 생길 우려
가소제	도료의 영구적 탄성, 표착성, 가소성 부여

(2) 페인트의 종류

유성 페인트	• 안료 + 건성유 + 건조제 + 희석제 • 내후성, 내마모성이 우수 • 건조가 늦고 내약품성이 떨어짐 • 건물 내외부에 다양하게 사용
수성 페인트	• 안료 + 아교 또는 전분 + 물 • 내알칼리성이며, 취급과 작업성이 좋음 • 내구성과 내수성이 떨어지며, 무광택 • 회반죽, 모르타르, 텍스 등 내부에 사용
에나멜 페인트	• 안료 + 유성바니시 + 건조제 • 유성에나멜과 합성수지에나멜(래커에나멜) • 내후성, 내수성, 내열성, 내약품성이 우수
에멀션 페인트	• 수성페인트 + 합성수지 + 유화제 • 수성과 유성페인트의 특징을 모두 가지고 있음 • 수성페인트의 일종으로 발수성이 있다. • 내외부 도장용으로 사용

(3) 목부 도장

① 목부 바탕 처리법

  ㉠ 오염, 부착물 제거

  ㉡ 송진처리(긁어내기, 인두 지짐, 휘발유 닦기)

  ㉢ 연마지 닦기(대팻자국 제거 등)

  ㉣ 옹이땜(셸락 니스칠)

  ㉤ 구멍땜(퍼티 먹임) 및 눈 메움

② 바니시의 종류와 특징

유성바니시		• 건조가 늦고, 유성페인트보다 내후성 작음 • 옥내의 목재용으로 주로 사용
휘발성 바니시	클리어 래커	• 목재면의 투명 도장으로 광택이 있음 • 건조가 매우 빨라서 뿜칠로 시공 • 내후성이 작아서 옥내에 사용
	에나멜 래커	• 연마성이 좋음 • 내후성 보강으로 외부용으로 사용

10년간 자주 출제된 문제

2-1. 도장공사 시 희석제 및 용제로 활용되지 않는 것은?

① 테레빈유 ② 벤 젠
③ 티탄백 ④ 나프타

2-2. 다음 중 도장공사를 위한 목부 바탕 만들기 공정으로 옳지 않은 것은?

① 오염, 부착물의 제거
② 송진의 처리
③ 옹이땜
④ 바니시칠

2-3. 목재의 무늬나 바탕의 재질을 잘 보이게 하는 도장 방법은?

① 유성 페인트 도장
② 에나멜 페인트 도장
③ 합성수지 페인트 도장
④ 클리어 래커 도장

|해설|

2-1
티탄백(타이타늄 백, Titanium White) : 산화티탄으로 된 도료용 백색 안료로서 자기원료, 연마제 등에 이용된다.

2-2
바니시칠 : 도장을 다하고 마무리 코팅하는 마감처리 작업

2-3
클리어 래커는 투명 래커이며 내수성 및 내후성이 부족하여 실내용 도장에 사용된다.

정답 2-1 ③ 2-2 ④ 2-3 ④

(4) 뿜칠, 도장 요령

① 뿜칠 요령(Spray Gun)
  ㉠ 도료가 되면 거칠고, 묽으면 칠오름이 나빠진다.
  ㉡ 칠면과의 뿜칠 거리는 30cm 정도를 유지하며, 1/3 정도 겹쳐서 칠한다.
  ㉢ 각 회의 스프레이 방향은 전회의 방향에 직각으로 진행한다.
  ㉣ 스프레이 Gun은 연속적으로 평행 운행한다.
  ㉤ 뿜칠 압력이 낮으면 거칠고, 높으면 칠의 손실이 많다.

② 도장요령
  ㉠ 칠막은 얇게 여러 번 도포하며, 서서히 충분하게 건조시킨다.
  ㉡ 칠하는 횟수를 구분하기 위해 색을 다르게 칠한다.
  ㉢ 솔질은 위에서 밑으로, 왼편에서 오른편으로, 재의 길이방향으로 한다.
  ㉣ 바람이 강할 때에는 뿜칠을 중지한다.
  ㉤ 온도 5℃ 이하, 35℃ 이상, 습도 85% 이상인 경우에는 뿜칠을 중지한다.

③ 도료의 보관
  ㉠ 가연성 도료는 전용 창고에 보관하는 것을 원칙으로 하며, 적절한 보관 온도를 유지하도록 한다.
  ㉡ 보관 장소는 독립된 단층건물로 주위 건물과 1.5m 이상 격리시키고, 지붕은 불연재료로 한다.

(5) 방청도료(녹막이칠)

광명단	• 단단한 도막으로 수분 통과 방지 • 알칼리성, 주로 철재에 사용
방청 산화철 도료	내구성이 좋아 널리 사용
징크로메이트 도료	• 크롬산아연 + 알키드수지 • 녹막이 효과가 좋음 • 알루미늄판 초벌용으로 적합
알루미늄 도료	• 알루미늄 분말을 안료로 함 • 방청효과, 광선 및 열반사 효과
역청질 도료	일시적인 방청효과 기대
규산염 도료	• 내수성 약함 • 실내 및 내화도료로 사용
이온교환수지 도료	전자제품, 철재면 녹막이도료로 사용
그라파이트 도료	정벌칠에 사용(녹막이 효과 있음)

10년간 자주 출제된 문제

2-4. 칠공사에 관한 설명 중 옳지 않은 것은?
① 한랭 시나 습기를 가진 면은 작업을 하지 않는다.
② 초벌부터 정벌까지 같은 색으로 도장해야 한다.
③ 강한 바람이 불 때는 먼지가 묻게 되므로 외부 공사를 하지 않는다.
④ 야간에는 색을 잘못 칠할 염려가 있으므로 칠하지 않는 것이 좋다.

2-5. 도장공사의 뿜칠에 관한 설명으로 옳지 않은 것은?
① 큰 면적을 균등하게 도장할 수 있다.
② 스프레이건과 뿜칠면 사이의 거리는 30cm를 표준으로 한다.
③ 뿜칠은 도막 두께를 일정하게 유지하기 위해 겹치지 않게 순차적으로 이행한다.
④ 뿜칠 공기압은 $2\sim4kg/cm^2$를 표준으로 한다.

2-6. 건축공사 스프레이 도장 방법의 설명으로 옳지 않은 것은?
① 도장 거리는 스프레이 도장면에서 300mm를 표준으로 한다.
② 매 회에 에어스프레이는 붓도장과 동등한 정도의 두께로 하고, 2회분의 도막 두께를 한 번에 도장하지 않는다.
③ 각 회의 스프레이 방향은 전회의 방향에 평행으로 진행한다.
④ 스프레이 할 때는 항상 평행이동하면서 운행의 한 줄마다 스프레이 너비의 1/3 정도를 겹쳐 뿜는다.

|해설|
2-4
초벌도장, 재벌도장, 정벌도장의 각층 색깔은 다른 색으로 칠하여 몇 번째의 도장도막인가를 판별할 수 있도록 한다.

2-5
뿜칠은 한 줄마다 너비의 1/3이 겹치게 도장한다.
뿜칠 도장 요령
• 1/3 정도 겹쳐 칠한다.
• 칠면과의 뿜칠거리 : 30cm
• 뿜칠 압력 : $3.5kgf/cm^2$ 정도
• 뿜칠 방향은 위에서 밑으로, 왼편에서 오른편으로, 재의 길이(직각) 방향으로 한다.
• 칠 횟수를 구분하기 위해 색을 다르게 칠한다.
• 바람이 강하면 뿜칠이 비산되므로 작업을 중단한다.
• 온도 5℃ 이하 35℃ 이상, 습도 85% 이상 시 작업을 중단한다.

2-6
각 회의 스프레이 방향은 전회의 방향에 직각으로 진행한다.

정답 2-4 ② 2-5 ③ 2-6 ③

핵심이론 03 | 합성수지

(1) 열경화성 수지의 종류별 특성

① 에폭시(Epoxy)수지
   ㉠ 내수성, 내약품성, 내알칼리성, 내후성, 접착성이 좋다.
   ㉡ 빨리 굳고, 피막이 단단하지만, 유연성이 부족
   ㉢ 금속 접착제, 강화플라스틱, 보호용 코팅으로 사용

② 실리콘수지
   ㉠ 내열성이 매우 우수
   ㉡ 방수 재료, 발포 보온재, 절연재, 성형품의 원료로 사용

③ 요소수지 : 무색으로 착색이 자유롭다.

④ 멜라민수지
   ㉠ 피막이 단단하고 광택이 양호하며 외관이 미려하다.
   ㉡ 탄성이 적고 단독으로는 도료에 부적합

⑤ 페놀수지
   ㉠ 전기절연성, 접착성, 내약품성, 내열성, 내수성이 우수
   ㉡ 전기 절연재료, 통신 기자재로 많이 사용

(2) 열가소성 수지의 종류별 특성

① 아크릴수지
   ㉠ 투광성, 내약품성, 내후성이 양호하고 착색이 자유로움
   ㉡ 채광판, 유리 대용품(내충격도가 유리의 10배)

② 폴리스티렌수지
   ㉠ 물보다 가볍고, 내충격성은 보통 합성수지의 5배
   ㉡ 무색투명하고 내수성, 내약품성, 전기절연성이 양호
   ㉢ 건축벽 타일, 건물의 천장재, 블라인드에 사용

③ 폴리에틸렌수지
   ㉠ 전기절연성, 내수성, 내약품성이 대단히 양호
   ㉡ 건축용 성형품, 방수필름, 벽재, 발포보온판

④ 염화비닐수지
   ㉠ 강도, 내약품성, 전기절연성이 우수하다.
   ㉡ 가소제에 의하여 유연한 고무형태가 가능하다.
   ㉢ 고온 및 저온에 약하다.
   ㉣ 타일, 시트, 조인트 재료, 파이프, 접착제, 도료에 활용

⑤ 초산비닐수지
   ㉠ 무색투명, 접착성 양호, 내열성이 부족
   ㉡ 도료, 접착제, 비닐론 원료

⑥ 비닐아세탈수지
   ㉠ 무색투명, 밀착성 양호
   ㉡ 안전유리, 접착제, 도료에 사용

⑦ 메타크릴수지
   ㉠ 무색투명, 내약품이 크다.
   ㉡ 방풍유리, 조명기구, 장식재 사용

⑧ 폴리아미드수지 : 강하고 내마모성이 크며, 장식용으로 사용

⑨ 셀룰로이드 : 투명, 가소성과 가공성이 양호하나, 내열성이 없다.

10년간 자주 출제된 문제

3-1. 목재의 접착제로 활용되는 수지로 가장 거리가 먼 것은?
① 요소수지 ② 멜라민수지
③ 폴리스티렌수지 ④ 페놀수지

3-2. 다음 합성수지에 관한 설명으로 틀린 것은?
① 페놀수지는 접착성, 전기절연성이 크다.
② 요소수지는 무색으로 착색이 자유롭다.
③ 에폭시수지는 산 및 알칼리에 약하나 내수성이 뛰어나다.
④ 실리콘수지는 내열성이 우수하고 발포 보온재에 사용된다.

3-3. 다음 중 열가소성 수지에 해당하는 것은?
① 페놀수지 ② 염화비닐수지
③ 요소수지 ④ 멜라민수지

|해설|

3-1
폴리스티렌수지는 열가소성 수지이다.
폴리스티렌수지 : 무색, 무취하여 선명한 착색을 자유롭게 할 수 있고, 열에 안정적이고 유동성이 양호하여 플라스틱 파이프, 일용 잡화에 주로 사용된다.

3-2
에폭시수지는 내알칼리성, 내약품성, 내수성을 갖는다.

3-3
염화비닐수지는 열가소성 수지이다.

정답 3-1 ③ 3-2 ③ 3-3 ②

핵심이론 04 | 금속공사

(1) 알루미늄
① 열, 전기전도율이 높고 가공성이 우수하다.
② 비중이 작고(철의 1/3), 내식성이 크다.
③ 탄성계수가 낮고, 알칼리(콘크리트)에 침식된다.
④ 용융점이 낮고(640℃), 열팽창계수가 크다.
⑤ 알루미늄박(箔)의 열반사율 : 65.1%(약 2/3)
⑥ 도장(초벌칠) : 징크로메이트칠
⑦ 공기 중 산화피막 : 알루마이트

(2) 동
① 구 리
  ㉠ 열 및 전기 양도체이며, 잘 부식되지 않는다.
  ㉡ 전도성·가공성이 우수하여 합금재료로 사용한다.
  ㉢ 변색, 산, 알칼리에 약하고 암모니아에 침식된다.
② 황동(놋쇠)
  ㉠ 구리와 아연의 합금으로 연성이 크다.
  ㉡ 구리보다 단단하고 주조가 잘되며 외관이 아름답다.
③ 청 동
  ㉠ 구리, 주석 합금으로 강도, 내식성 크고 가공이 쉽다.
  ㉡ 창호, 장식철물, 미술품으로 사용한다.

(3) 스테인리스강
① 크롬, 니켈 합금강으로 내식성 우수하고, 열전도율 낮다.
② 강도는 알루미늄의 3배, 내후성은 보통 강의 3~6배이다.

(4) 아연(Zn)
① 백색으로 질이 연하고 내식성이 양호하며 강도도 있다.
② 알칼리, 해수에 약하다.
③ 도금재, 산, 약품저장실, 함석 지붕재료 및 홈통에 사용

(5) 주석(Sn)
① 납과 청동 합금으로, 철판도금에 사용한다.
② 공기 또는 수중에서 녹슬지 않는다.
③ 산에 약하며, 유기산에는 침식되지 않는다.

(6) 납(Pb)
① 내산성은 크지만, 알칼리(콘크리트)에 침식된다.
② 비중이 큰 편이고 연성, 전성이 풍부하다.
③ 대기 중에서 보호막을 형성하여 부식되지 않는다.
④ 열전도율이 작으나 온도 변화에 따른 신축성이 크다.
⑤ 방사선 차단효과가 크다(콘크리트의 100배).

10년간 자주 출제된 문제

4-1. 비철금속에 관한 설명 중 옳지 않은 것은?
① 동에 아연을 합금시킨 일반적인 황동은 아연함유량이 40% 이하이다.
② 구조용 알루미늄 합금은 4~5%의 동을 함유하므로 내식성이 좋다.
③ 주로 합금재료로 쓰이는 주석은 유기산에는 거의 침해되지 않는다.
④ 아연은 철강의 방식용에 피복재로서 사용할 수 있다.

4-2. 다음 중 비철금속에 해당되지 않는 것은?
① 알루미늄　　② 탄소강
③ 동　　　　　④ 아연

4-3. 서로 다른 종류의 금속재가 접촉하는 경우 부식이 일어나는 경우가 있는데 부식성이 큰 금속순으로 옳게 나열된 것은?
① 알루미늄 > 철 > 주석 > 구리
② 주석 > 철 > 알루미늄 > 구리
③ 철 > 주석 > 구리 > 알루미늄
④ 구리 > 철 > 알루미늄 > 주석

|해설|
4-1
- 구리(동) 계열(Cu, Zn, Fe 등)은 내식성에 약하다.
- Al-Cu계의 합금은 강도가 증가하며 내열성과 연신율 등이 좋으나 내식성이 저하된다.
- 내식성 합금은 합금원소로 Mg, Si 등을 포함한다.

4-2
탄소강은 철금속에 속한다.

4-3
알루미늄 > 철 > 주석 > 구리

정답 4-1 ②　4-2 ②　4-3 ①

제11절 창호공사, 유리공사, 커튼 월

핵심이론 01 창호공사

(1) 창호 철물

자유 정첩	내외로 개폐하는 정첩, 자재문 사용
플로어 힌지 (Floor Hinge)	정첩으로 지탱할 수 없는 무거운 자재 여닫이문에 사용
피벗 힌지 (Pivot Hinge)	용수철을 쓰지 않고 문장부식으로 된 정첩, 가장 중량문에 사용
도어체크 (Door Check)	문 윗틀과 문짝에 설치하여 자동으로 문을 닫는 장치(Door Closer)
레버터리 힌지 (Labatory Hinge)	공중전화 출입문, 공중변소에 사용, 15cm 정도 열려진 것
실린더 자물쇠	자물통이 실린더로 된 것으로 핀을 넣은 실린더 록(Cylinder Lock)으로 고정
창 개폐조절기	여닫이창, 젖힘창의 개폐조절
도어 스톱	도어 스톱(문닫힘 방지), 도어 홀더(문열림 방지)
도어 행거 (Door Hanger)	미닫이문 또는 미서기문을 매달아서 열고 닫을 수 있도록 하는 장치
오르내리 꽂이쇠	쌍여닫이문(주로 현관문)에 상하 고정용으로 달아서 개폐방지
크레센트(Crescent)	오르내리창이나 미서기창의 잠금장치(자물쇠)
멀리온(Mullion)	창 면적이 클 때 기존 창 Frame을 보강하는 중간 선대

(2) 알루미늄 창호의 장단점

① 장 점
  ㉠ 경량이다(비중이 철의 약 1/3 정도).
  ㉡ 녹슬지 않고 사용연한이 길며, 여닫음이 경쾌하다.
  ㉢ 공작이 자유롭고 기밀성이 우수하다.
  ㉣ 내식성이 강하고 착색이 가능하다.

② 단 점
  ㉠ 철에 비하여 강도가 약하다.
  ㉡ 모르타르, 콘크리트, 회반죽 등 알칼리에 약하다.
  ㉢ 내화성이 약하고, 염분에 약하다.
  ㉣ 이질금속과 접하면 부식된다.
  ㉤ 강성이 작고, 수축 팽창이 크다.

10년간 자주 출제된 문제

1-1. 창호철물 중 여닫이문에 사용하지 않는 것은?
① 도어 행거(Door Hanger)
② 도어 체크(Door Check)
③ 실린더 록(Cylinder Lock)
④ 플로어 힌지(Floor Hinge)

1-2. 건축물에 사용되는 금속제품과 그 용도가 바르게 연결되지 않은 것은?
① 피벗 : 문의 하부 발이 닿는 부분에 대하여 문짝이 손상되는 것을 방지하는 철물
② 코너비드 : 벽, 기둥 등의 모서리에 대는 보호용 철물
③ 논슬립 : 계단에 사용하는 미끄럼방지 철물
④ 조이너 : 천장, 벽 등의 이음새 감추기용 철물

|해설|
1-1
도어 행거(Door Hanger) : 미닫이문 또는 미서기문을 매달아서 열고 닫을 수 있도록 하는 장치이다.

1-2
피벗 : 힌지의 일종으로 중량문(철문 등) 위아래에 설치한다.

정답 1-1 ① 1-2 ①

핵심이론 02 | 유리공사

(1) 유리의 종류

① 강화유리
  ㉠ 내부 인장응력, 표면 압축응력, 내충격, 강도가 보통 판유리의 3~5배, 휨강도는 6배 정도이다.
  ㉡ 600℃ 가열 후 급랭한 안전유리(파편 : 둥근 입상)
  ㉢ 내열성이 있어 200℃ 이상의 고온에도 잘 견딘다.
  ㉣ 자동차, 선박, 무테 문 등에 사용

② 망입유리
  ㉠ 유리 내부에 금속망을 삽입하여 압착성형한 유리
  ㉡ 파손되더라도 파편이 튀지 않는다.
  ㉢ 도난 방지, 방화 목적, 30분 방화문으로 사용된다.
  ㉣ 유리칼로 철망까지 절단시켜 유리를 자른다.

③ 복층유리
  ㉠ 2~3장을 일정 간격으로 내부에 공기를 봉입한 유리
  ㉡ 단열, 방음, 결로 방지용으로 우수하다.
  ㉢ 차음에 대한 성능은 보통 판유리와 비슷하다.

④ X선 차단 유리 : 방사선 차단, 의료용이나 원자력에 사용

⑤ 로이(Low-Emissivity) 유리
  ㉠ 유리 표면에 금속 또는 금속산화물을 얇게 코팅한 것으로 열(적외선) 이동을 최소화시키는 저방사 유리
  ㉡ Low-E는 단판보다 복층판으로 가공하고 코팅 면이 내측 유리의 바깥쪽 표면에 오도록 제작한다.

⑥ 자외선 투과 유리 : 자외선 50~90% 이상 투과

⑦ 스팬드럴 유리
  ㉠ 판유리의 한쪽 면에 세라믹질의 도료를 코팅한 다음 고온에서 융착 및 반강화시킨 불투명 유리
  ㉡ 서랭유리에 비하여 2배의 강도를 갖고 있으며 열충격에 대한 저항도가 큰 열강화유리이다.

⑧ 접합유리 : 2장 이상 판유리 사이에 필름막을 넣고 150℃ 고열로 접합하여 파손 시 파편이 떨어지지 않게 만든 유리

⑨ 배강도유리
  ㉠ 일반 서랭유리를 다시 연화점 이하로 가열하였다가 급속히 냉각하여 만든 강화유리
  ㉡ 일반유리보다 파괴강도를 증대시키고, 파손 시 재료인 판유리와 유사하게 깨지도록 만든 유리이다.

10년간 자주 출제된 문제

2-1. 보통 창유리의 투과 특성에 관한 설명으로 옳지 않은 것은?
① 투사각 0°일 때 투명 창유리는 약 90%의 광선을 투과한다.
② 보통의 창유리는 많은 양의 자외선을 투과시키는 편이다.
③ 보통 창유리도 먼지가 부착되면 투과율이 현저하게 감소한다.
④ 광선의 파장이 길고 짧음에 따라 투과율이 다르게 된다.

2-2. Low-E 유리의 특징으로 틀린 것은?
① 가시광선 투과율은 맑은 유리와 비교할 때 큰 차이가 난다.
② 근적외선 영역의 열선 투과율은 현저히 낮다.
③ 색유리를 사용했을 때보다 실내는 훨씬 밝아진다.
④ 실외의 물체들이 자연색 그대로 실내로 전달된다.

2-3. 열적외선을 반사하는 은소재 도막으로 코팅하여 방사율과 열관류율을 낮추고 가시광선 투과율을 높인 유리는?
① 스팬드럴 유리
② 접합유리
③ 배강도유리
④ 로이 유리

2-4. 유리섬유(Glass Fiber)에 관한 설명으로 옳지 않은 것은?
① 단위 면적에 따른 인장강도는 다르고, 가는 섬유일수록 인장강도는 크다.
② 탄성이 적고 전기절연성이 크다.
③ 내화성, 단열성, 내수성이 좋다.
④ 경량이면서 굴곡에 강하다.

| 해설 |

2-1
보통의 창유리는 자외선을 잘 투과시키지 못한다.
자외선 투과 유리 : 유리의 철 성분을 줄여서 자외선을 투과시키는 유리로서 온실, 살균실 등에 사용한다.

2-2
가시광선 투과율은 맑은 유리와 비교할 때 큰 차이가 나지 않지만, 적외선 투과율은 많은 차이가 난다.

2-3
로이 유리 : 열적외선 반사율이 높은 금속(은소재)으로 도막 코팅한 것으로 열선 반사유리이다.

2-4
유리섬유는 일반 섬유에 비해 무거우며 깨지거나 부스러지기 쉽다.
유리섬유(Glass Fiber)의 특성
- 가는 섬유일수록 인장강도는 크다.
- 탄성이 적고, 전기절연성이 크다.
- 내화성, 단열성, 내수성이 좋다.

정답 2-1 ② 2-2 ① 2-3 ④ 2-4 ④

핵심이론 03 | 커튼 월

(1) 커튼 월(Curtain Wall) 특성
① 건물 하중에 부담주지 않는 금속재, 유리, 석재, 패널 등으로 막벽 또는 달아매는 벽으로 구성한 비내력벽
② 비, 바람, 소음, 열을 차단하는 벽체 기능 외에도 공기단축, 경량화, 가설공사 간소화, 고성능 등의 특성이 있다.
③ 다양한 소재, 공법 개발로 초고층 건축의 외장으로 활용

(2) 외관형태별 분류

스팬드럴 방식 (Spandrel Type)	스팬드럴(Spandrel)로서 수평성을 강조하는 방식
샛기둥 방식 (Mullion Type)	• 멀리온(Mullion)으로서 수직을 강조하는 창 • 수직 기둥을 노출시키고 그 사이에 유리창이나 스팬드럴 패널을 끼우는 방식
격자 방식 (Grid Type)	수직과 수평을 동시에 강조하기 위해 격자형으로 외관을 구성
피복 방식	수직과 수평 부재를 내부로 넣어 구성

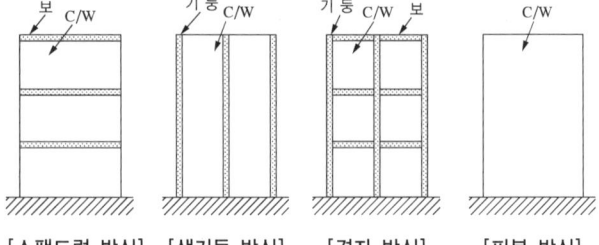

[스팬드럴 방식] [샛기둥 방식] [격자 방식] [피복 방식]

(3) 조립방식별 분류

유닛 월 (Unit System)	• 커튼 월 구성부재를 공장에서 사전 조립하여 현장에 반입하여 설치하는 방식 • 창호와 유리, 패널의 일괄발주 방식 • 빠른 시공성과 우수한 품질이 가능하다. • 현장 상황에 융통성 발휘가 어려움
스틱 월 (Stick System)	• 커튼 월 구성부재를 녹다운(Knock-down) 형태로 현장에 반입하여 조립하는 방식 • 창호와 유리, 패널의 분리발주 방식 • 현장 조립, 연결 → 창틀 구성 • 다양한 디자인 중, 저층 건물에 적합하다. • 현장 적응력 우수, 공기조절이 가능하다.
Window Wall	• 창호와 유리, 패널 개별발주 방식 • 창호 주변의 패널 구성(경제적 시스템)

10년간 자주 출제된 문제

3-1. 건축물 외부에 설치하는 커튼 월에 대한 설명으로 틀린 것은?

① 커튼 월이란 외벽을 구성하는 비내력벽 구조이다.
② 공장에서 생산하여 반입하는 프리패브 제품이다.
③ 콘크리트나 벽돌 등의 외장재에 비하여 경량이어서 건물의 전체 무게를 줄이는 역할을 한다.
④ 커튼 월의 조립은 대부분 외부에 대형 발판이 필요하므로 비계공사를 반드시 해야 한다.

3-2. 창의 면적이 클 때에는 스틸바(Steel Bar)만으로는 부족하며, 또한 여닫을 때의 진동으로 유리가 파손될 우려가 있으므로 이것을 보강하는 외관을 꾸미기 위하여 강판을 중공형으로 접어 가로 또는 세로로 대는 것을 무엇이라 하는가?

① Mullion   ② Ventilator
③ Gallery   ④ Pivot

|해설|

3-1
커튼 월 조립은 외부에 달비계를 사용하며, 특히 고층 건물인 경우에는 타워크레인 등을 설치하여 조립한다.

3-2
① Mullion : 커튼 월에서의 수직 바
② Ventilator : 환기장치
③ Gallery : 환기그릴
④ Pivot : 정첩

정답 3-1 ④ 3-2 ①

(4) 패스너(Fastener)

① 패스너 : 커튼 월을 구조물 벽체 등에 지지하는 철물류
② 커튼 월 자중, 외부 횡력(풍력, 지진력 등)에의 응력 전달
③ 외부 기후에 대한 내구성, 시공에 따른 허용오차 흡수
④ 패스너(Fastener) 긴결방식

슬라이드방식(Slide Type)	커튼 월 상부가 Sliding되도록 긴결
회전방식(Locking Type)	커튼 월 상하부, 중앙부를 핀으로 지지
고정방식(Fixed Type)	커튼 월 상하부를 용접으로 고정

(5) 비처리 방식(누수방지 대책)

Closed Joint	Curtain Wall Unit의 접합부를 Seal재로 완전히 밀폐시켜 틈을 없앰으로써 비처리
Open Joint	외측면과 내측면 사이에 공간을 두어 옥외 기압과 같은 기압을 유지하게 하여 배수

(6) 커튼 월 시공

① 커튼 월 구체 부착철물의 설치 : 허용차의 표준치는 연직방향 ±10mm, 수평방향 ±25mm이다.
② 커튼 월 조립은 외부에 달비계를 사용한다.
③ 고층 건물은 타워크레인 등을 설치하여 조립한다.

(7) 커튼 월 성능시험방법(Mock-up Test) 종류

예비시험	설계풍압력의 50%를 일정시간(30초) 동안 가압하여 시험 장치에 설치된 시료의 상태 점검
기밀시험	지정 압력차에서 유속을 측정한 뒤 시험체에서 발생하는 공기 누출량 측정
정압수밀시험	설계풍압력의 20% 압력하에 3.4L/min·m^2의 유량을 15분 동안 살수하여 실시
동압수밀시험	규정된 압력의 상한값까지 1분 동안 정압으로 예비로 가압한 뒤에 시료의 이상여부 확인 후, 4L/min·m^2의 유량을 균등히 살수하고 규정된 맥동압을 10분간 가해 누수 관찰
구조시험	설계풍압력의 100%를 단계별로 증감하여 구조재의 변위에 따라 측정 유리의 파손 여부를 확인

10년간 자주 출제된 문제

3-3. 금속 커튼 월 시공 시 구체 부착철물 설치 위치의 연직방향 및 수평방향의 치수 허용차의 표준치로 옳은 것은?

① 연직방향 ±5mm, 수평방향 ±15mm
② 연직방향 ±10mm, 수평방향 ±25mm
③ 연직방향 ±15mm, 수평방향 ±25mm
④ 연직방향 ±25mm, 수평방향 ±25mm

3-4. 건축물 외벽공사 중 커튼 월 공사의 특징으로 옳지 않은 것은?

① 외벽의 경량화
② 공업화 제품에 따른 품질 제고
③ 가설비계의 증가
④ 공기단축

3-5. 금속 커튼 월의 Mock-up Test에 있어 기본성능 시험의 항목에 해당되지 않는 것은?

① 정압수밀시험
② 방재시험
③ 구조시험
④ 기밀시험

|해설|

3-3
연직(수직)방향 ±10mm, 수평방향 ±25mm

3-4
커튼 월 조립
- 외부에 달비계를 사용하며, 특히 고층 건물인 경우에는 타워크레인 등을 설치하여 조립한다.
- 가설비계가 감소된다.

3-5
방재시험은 관계없다.

정답 3-3 ② 3-4 ③ 3-5 ②

제12절 적산

핵심이론 01 | 적산

(1) 적산순서
① 수평에서 수직으로
② 시공하는 순서대로
③ 내부에서 외부로 계산
④ 단위 세대에서 전체로
⑤ 큰 곳에서 작은 곳으로

(2) 품셈 및 재료의 할증
① 품셈 : 소요 노력, 재료를 단위당 수량으로 나타낸 것
② 실적공사비 제도 : 이미 수행한 유사공사의 계약단가를 활용하여 예정 가격을 결정하는 방법
③ 재료의 할증 : 도면 및 시방서에 의하여 산출된 재료의 정미량(正味量)에 재료의 운반, 절단, 가공 및 시공 중에 발생되는 손실량을 가산하는 비율(%)
  ㉠ 품셈에 할증이 포함 또는 표시되어 있지 아니한 경우에 한하여 적용
  ㉡ 정미량(절대 소요량)
    - 설계수량으로써 공사에 실제로 설치되는 자재량
    - 할증은 포함되지 않는다.
  ㉢ 소요량(재료의 수량)
    - 정미량 + 할증량(시공 손실량)
    - 할증을 포함한다.
④ 재료 운반품은 정미수량에 할증량을 포함한 총 수량을 적용한다.
⑤ 건축자재의 할증률 예시

할증률(%)	건축자재
1	레미콘, 철골구조물, 유리
2	시멘트, 도료, 아스팔트 콘크리트
3	고력볼트, 붉은벽돌, 타일(모자이크, 도기, 자기, 클링커), 이형철근, 슬레이트, 조립식 구조물
4	블록, 콘크리트 포장 혼합물의 포설

할증률(%)	건축자재
5	시멘트벽돌, 목재(각재), 원형철근, 형강(강관, 봉강), 각파이프, 타일(아스팔트, 리노륨, 비닐, 비닐덱스), 텍스, 콘크리트판, 기와, 석고보드(못붙임용)
7	대형 형강
8	시스관, 석고판(본드붙임용)
10	단열재, 강판, 목재(판재), 석재(정형), 수목, 잔디
30	석재(부정형), 원석(마름돌용)

10년간 자주 출제된 문제

1-1. 수량 산출 작업을 함에 있어 효율적인 적산방법이 아닌 것은?

① 수직방향에서 수평방향으로 적산한다.
② 시공 순서대로 적산한다.
③ 내부에서 외부로 적산한다.
④ 큰 곳에서 작은 곳으로 적산한다.

1-2. 건축재료의 할증률 올바르지 않은 것은?

① 시멘트벽돌 : 3%
② 유리 : 1%
③ 단열재 : 10%
④ 도료 : 2%

1-3. 건축재료의 수량 산출 시 적용하는 할증률로 옳지 않은 것은?

① 유리 : 1%
② 단열재 : 5%
③ 붉은벽돌 : 3%
④ 이형철근 : 3%

1-4. 철골제의 수량산출에서 사용되는 재료별 할증률로 옳지 않은 것은?

① 고력볼트 : 5%
② 강판 : 10%
③ 봉강 : 5%
④ 강관 : 5%

| 해설 |

1-1
수평방향에서 수직방향으로 적산하는 것이 편리하다.

1-2
시멘트벽돌 : 5%

1-3
단열재 : 10%

1-4
고력볼트 : 3%

정답 1-1 ① 1-2 ① 1-3 ② 1-4 ①

(3) 가설공사

① 시멘트창고 면적(m^2)

시멘트창고 면적 $= 0.4 \times \dfrac{N}{n}$

여기서, N : 시멘트 포대수
n : 쌓기단수(최대 13단)
• 600포 미만 : N = 쌓기 포대수 전량
• 600포 이상~1,800포 이하 : N = 600포
• 1,800포 초과 : N = 1/3만 적용

② 변전소 면적(m^2)

변전소 면적 $= 3.3 \times \sqrt{W}$
여기서, W : 사용기구 전력의 합(kW)

③ 동바리량(공m^3, 10m^3)

• 동바리 소요량은 90%로 본다.
• 동바리 체적(공m^3) = 상층 슬래브(바닥판) 면적 × 층높이 × 0.9

④ 비계 면적(m^2) – 내부 비계

• 비계면적은 연면적의 90%
• 비계면적(m^2) = 연면적 × 0.9

⑤ 비계 면적(m^2) – 외부 비계

• 비계설치를 위한 건물의 이격거리
 – 외줄비계 : 0.45m 이격
 – 쌍줄비계 : 0.9m 이격
 – 단관 파이프 : 1.0m 이격
• 외줄비계 면적 = (외부 벽길이 + 0.45 × 8) × 높이
• 쌍줄비계 면적 = (외부 벽길이 + 0.9 × 8) × 높이
• 단관파이프비계 면적 = (외부 벽길이 + 1.0 × 8) × 높이

10년간 자주 출제된 문제

1-5. 어느 공사 현장에 필요한 시멘트량이 3,000포이다. 이 현장에 필요한 시멘트창고 면적으로 적당한 것은?(단, 쌓기 단수는 13단)

① 20m² ② 30.77m²
③ 61.54m² ④ 153.85m²

1-6. 철근콘크리트 건축물이 6×10m 평면에 높이가 4m일 때 동바리 소요량은 몇 공m³가 되는가?

① 216 ② 228
③ 240 ④ 264

1-7. 다음과 같은 철근콘크리트조 건축물에서 외줄비계 면적으로 옳은 것은?(단, 비계 높이는 건축물의 높이로 함)

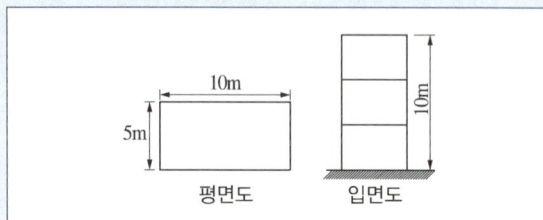

① 300m² ② 336m²
③ 372m² ④ 400m²

|해설|

1-5
1,800포 초과 시에는 $N = 1/3$만 적용하여,

시멘트창고 면적 $= 0.4 \times \dfrac{3,000 \times \dfrac{1}{3}}{13}$
$= 30.77\text{m}^2$

1-6
동바리 체적(공m³) = 바닥판 면적 × 층높이 × 90%
$= 6 \times 10 \times 4 \times 0.9$
$= 216\text{공m}^3$

1-7
외줄비계이므로 0.45m 이격하여 설치한다.
외부 벽 길이 = (10m + 5m) × 2 = 30m이므로,
외줄비계 면적 = (외부 벽 길이 + 0.45 × 8) × 높이
$= (30 + 0.45 \times 8) \times 10$
$= 336\text{m}^2$

정답 1-5 ② 1-6 ① 1-7 ②

---

(4) 철근콘크리트공사

① 현장배합 콘크리트의 양($1 : m : n$)

> 콘크리트량(V) $= 1.1m + 0.57n$
> 여기서, m : 모래의 부피
> n : 자갈의 부피
>
> • 시멘트량 $= \dfrac{1}{V}(\text{m}^3) \times 1,500(\text{kg/m}^3)$
>
> • 모래량 $= \dfrac{m}{V}(\text{m}^3)$
>
> • 자갈량 $= \dfrac{n}{V}(\text{m}^3)$
>
> • 물의 양 = 시멘트량 × 물시멘트비

② 체적 산출방법

㉠ 기 초
- 독립기초의 체적(m³) = 기초 실체적(m³)
- 줄기초 체적(m³) = 기초 단면적(m²) × 기초연장 길이(m)
- 지반선 이하로 하고, 지하실이 있는 경우 바닥 경계

㉡ 기 둥
- 콘크리트량(m³) = 단면적 × 기둥 높이(바닥판 간 높이)
- 이 경우 기둥 높이는 바닥판 두께를 뺀 것으로 한다.

㉢ 벽
- 콘크리트량(m³) = (벽 면적 – 개구부 면적) × 벽 두께
- 높이는 바닥판 간 또는 보의 안목거리로 하며, 벽 면적은 기둥 면적을 제외

㉣ 보
- 콘크리트량(m³) = 보 단면적 × 보 길이
- 보 단면적(보 너비 × 보 춤) 산출 시 바닥판 두께 제외

㉤ 바닥판
- 콘크리트량(m³) = 바닥판 면적 × 두께
- 개구부 면적은 제외

ⓑ 계단
- 콘크리트량(m³) = 계단 경사 면적 × 계단의 평균 두께
- 계단의 경사 면적 = 경사 길이 × 계단 폭

10년간 자주 출제된 문제

1-8. 각 부재에 대한 콘크리트량 산출방법으로서 틀린 것은?
① 연속기초 : 단면적 × 중심 연장길이
② 계단 : 길이 × 평균 두께 × 계단 폭
③ 보 : 보 폭 × 바닥판 두께를 뺀 보춤 × 내부 유효길이
④ 기둥 : 기둥 단면적 × 슬래브 두께를 포함한 층 높이

1-9. 철근콘크리트 PC 기둥을 8ton 트럭으로 운반하고자 한다. 차량 1대에 최대로 적재 가능한 PC 기둥의 수는?(단, PC 기둥의 단면크기는 30×60cm, 길이는 3m임)
① 1개   ② 2개
③ 4개   ④ 6개

|해설|
1-8
기둥 콘크리트량(m³) = 단면적 × 기둥 높이(바닥판 두께 제외)

1-9
철근콘크리트 중량은 2.4ton/m³이며, PC기둥 1개의 중량은 기둥 체적 × 단위중량이다.
∴ PC기둥 1개의 무게는
(0.3m × 0.6m × 3m) × 2.4ton/m³ = 1.296ton이며,
8ton/1.296ton ≒ 6.173
그러므로 차량 1대는 6개까지 운반할 수 있다.

정답 1-8 ④   1-9 ④

(5) 조적공사

① 벽 돌
  ㉠ 벽돌쌓기 할증률 : 정미량 가산하여 소요량으로 한다.
   - 붉은벽돌일 때 3% 이내
   - 시멘트벽돌일 때 5% 이내
  ㉡ 벽돌 정미량(매)
   = 벽 면적(벽 길이 × 벽 높이 − 개구부 면적) × 단위수량
  ㉢ 벽돌(190×90×57mm) 단위수량 : 1m²당 벽돌 수
   - 0.5B : 75장/m²
   - 1.0B : 149장/m²
   - 1.5B : 224장/m²

② 콘크리트 블록 : 1m²당 기본형 13개

(6) 타일공사

① 외부 타일, 내부 타일, 타일의 할증률 : 3%
② 타일수량(매)

$$= \frac{\text{벽 면적}}{(\text{한 변 길이} + \text{줄눈 두께}) \times (\text{다른 변 길이} + \text{줄눈 두께})}$$

(7) 수장 공사

① 외부 마감재를 사용하여 바닥, 벽, 천장을 아름답게 꾸미는 공정으로, 재료 종류와 재질, 두께 시공방법이 다양하여 설계도서 내용을 정확히 파악하고 수량을 산출한다.
② 설계도서를 기준으로 바닥, 벽, 천장으로 나누어 재료, 규격, 시공방법으로 구분하여 정미면적을 산출한다.

(8) 도장 공사

① 칠 면적 배수표

구 분	소요면적 계산
장두리벽, 두겁대, 걸레받이	(바탕면적)×(1.5~2.5)
비늘판	(표면적)×2.6
철격자(양면칠)	(안목면적)×0.7
철제계단(양면칠)	(경사면적)×(3.0~5.0)
파이프난간(양면칠)	(높이×길이)×(0.5~1.0)
기와가락잇기(외쪽면)	(지붕면적)×1.2
큰골함석지붕(외쪽면)	(지붕면적)×1.2
작은골함석지붕(외쪽면)	(지붕면적)×1.33

② 치수 중 큰 치수는 복잡한 구조일 때, 작은 수치는 간단한 구조일 때 적용한다.

10년간 자주 출제된 문제

1-10. 조적벽 $40m^2$를 쌓는 데 필요한 벽돌량은?(단, 표준형 벽돌 0.5B 쌓기, 할증은 고려하지 않음)

① 2,850장 ② 3,000장
③ 3,150장 ④ 3,500장

1-11. 벽 두께 1.5B, 벽 면적 $20m^2$ 쌓기에 소요되는 기본 벽돌(190×90×57)의 정미량은?

① 2,240매 ② 3,360매
③ 4,480매 ④ 6,720매

1-12. 콘크리트 블록벽체 $2m^2$를 쌓는 데 소요되는 콘크리트 블록 장수로 옳은 것은?(단, 블록은 기본형이며, 할증은 고려하지 않음)

① 26장 ② 30장
③ 34장 ④ 38장

1-13. 철공사에서 철제 계단(양면칠)의 소요면적 계산식으로 옳은 것은?

① 경사면적×1배
② 경사면적×1.5배
③ 경사면적×(2~2.5배)
④ 경사면적×(3~5배)

|해설|

1-10
벽돌 0.5B 쌓기는 $1m^2$당 75장이다.
따라서, $40m^2 × 75장/m^2 = 3,000장$

1-11
벽돌 1.5B 쌓기는 $1m^2$당 224장이다.
따라서, $20m^2 × 224장/m^2 = 4,480장$

1-12
콘크리트 블록쌓기는 $1m^2$당 기본형 13개이다.
따라서, $2m^2 × 13장/m^2 = 26장$

정답 1-10 ② 1-11 ③ 1-12 ① 1-13 ④

CHAPTER 03 건축구조

제1절 일반구조

핵심이론 01 | 총론

(1) 구조 형태상 분류

① 내력벽식 구조 : 벽체 등에서 힘을 받게 건축한 구조방식
② 가구식 구조 : 기둥과 보 등으로 짜서 맞추는 구조
③ 일체식 구조 : 라멘구조로 불리며, 기둥과 보가 고정단으로 강접합하는 구조방식(철근콘크리트조)
④ 입체트러스구조 : 넓은 평지붕 등을 종횡으로 트러스를 짜서 일체식으로 넓은 평판을 구성한 구조
⑤ 박판구조 : 얇은 판으로 힘을 받을 수 있게 된 구조물로서 절판구조와 곡면구조가 있다.
⑥ 막구조 : 텐트와 같은 원리로 된 구조물
⑦ 현수구조 : 지붕, 바닥 등 슬래브를 케이블로 매단 구조
⑧ 플랫슬래브(Plat Slab)구조 : 보가 없이 하중을 바닥판이 부담하는 구조로 큰 내부 공간 조성이 가능
⑨ 절판(Folded Plate)구조 : 굴절된 평면판의 큰 지지력을 이용한 형식으로 주로 지붕구조에 사용

(2) 구조 재료 분류별 장단점

구조별	장 점	단 점
나무구조	공기단축, 구조방법 간단, 시공용이, 외관이 미려함	내구력 부족, 화재위험
벽돌구조	내구, 방서, 방한, 방화, 외관 장중	• 습기의 침입이 쉬움 • 횡력과 진동에 약함
블록구조	공사비 저렴, 방화, 방한 및 방서에 유리	균열발생, 횡력과 진동에 약함
돌구조	내구·내화성, 외관 장중, 방서 및 방한	고가, 공기·시공 불리, 횡력·진동에 약함
철근콘크리트구조	내구, 내진, 내화, 고층, 지하 및 수중 구축	공기 길고, 비교적 고가, 중량이 큼
철골구조	고층, 대공간 구조 유리, 해체 이동 가능, 내진·내풍적	공사비 고가, 내구성, 내화성 약함, 정밀 시공이 요구됨
경량 철골구조	경량, 비교적 경제적, 자재 취급이 용이함	내화·내구적이지 못함
철골철근 콘크리트 구조	고층건물, 대건축에 적합, 내구·내화·내진적, 저층부 공간 확보 유리	• 부재의 중량이 크다. • 고가, 공기가 길다. • 시공이 복잡

10년간 자주 출제된 문제

1-1. 건축구조별 특징에 관한 설명 중 옳지 않은 것은?

① 가구식 구조는 삼각형보다 사각형으로 조립하면 안정한 구조체를 이룰수 있다.
② 조적식 구조는 압축력에는 강하지만 횡력에 취약하다.
③ 조립식 구조는 부재를 공장에서 생산·가공하여 현장에서 조립하므로 공기가 짧다.
④ 일체식 구조는 비교적 균일한 강도를 가진다.

1-2. 목구조에 대한 설명 중 틀린 것은?

① 목골구조는 건물의 뼈대는 목재로 구성하고, 벽에는 벽돌, 돌 등을 쌓아 막은 구조이다.
② 목구조는 주로 목재를 써서 뼈대를 조립한 가구식 구조를 말한다.
③ 심벽목구조는 주로 목재를 써서 뼈대를 조립한 가구식 구조를 말한다.
④ 목재패널구조는 합판 또는 널재로 대형 패널을 만들어 구조 내력 부재로 이용하는 목조건물의 구조법이다.

|해설|

1-1
가구식 구조는 사각형보다는 삼각형이 더 안전한 구조체를 이룰 수 있다.

1-2
심벽목구조(心壁木構造, Half Timber Structure) : 기둥·도리·층도리·보·가새 등을 쓰고, 구조체의 표면은 외부에 노출되어 나타내고, 구조부 사이에 조적조나 라스바탕의 미장바름으로 마감하는 방식

정답 1-1 ① 1-2 ③

(3) 초고층 건축의 구조 시스템

① **골조(강접골조) 구조 시스템** : 외부 하중에 의해 발생되는 횡력을 보와 기둥이 부담할 수 있도록 보와 기둥을 강접합으로 처리한 구조 시스템

② **골조와 전단벽의 혼합구조(Framed Shear Wall System)** : 바람에 대한 저항력을 극대화하기 위하여 코어와 외부 골조 그리고 바닥이 일체로 거동하도록 한 구조형식

③ **골조-가새 구조 시스템** : 외부 골조만으로 수평 하중 저항이 어려운 구조물의 강성 증가를 위해서 수직 전단 트러스를 건물의 외부 양면과 코어에 설치한 구조 시스템

④ **튜브 구조(Tubular Structure)** : 외벽을 강한 외피로 둘러싸서, 외부 벽체가 마치 튜브(Tube)와 같은 역할로써 수평 하중을 지탱시켜 주는 건축구조(횡력 저항 구조)

⑤ **아웃리거 구조(Outrigger Wall & Beam System)** : 초고층 건물에서 횡력(풍하중, 지진하중)에 저항하기 위해 내부 코어와 외부 기둥을 연결하는 강성이 큰 수평 부재를 사용한 구조

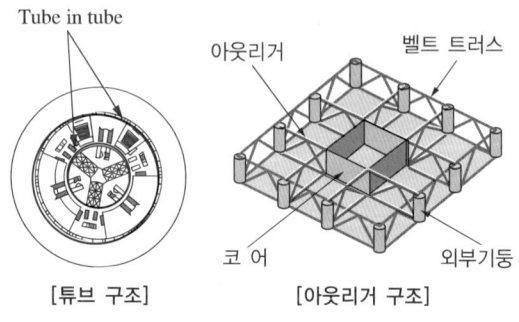

[튜브 구조] [아웃리거 구조]

⑥ **메가칼럼(Mega Column System) 구조** : 건물 평면을 보았을 때 거대한 기둥을 코너 부분에 배치하는 시스템이며, 거대한 기둥이 건물의 횡하중에 저항한다.

⑦ **스페이스 프레임(Space Frame)** : 부재의 입체적 조립으로 대공간으로 만드는 구조시스템으로 철골구조와 같은 대스팬 구조물에 적용하며 경량이고 강성이 크다.

(4) 골조에 따른 구조 시스템

① **건물골조방식** : 수직 하중은 입체골조가 저항하고 전단벽 또는 가새골조가 횡력의 100%를 부담하는 골조 방식

② **이중골조방식** : 횡력의 25% 이상을 부담하는 연성 모멘트골조(강성골조)가 전단벽이나 가새골조와 조합되어 있는 구조방식

③ **모멘트골조방식** : 수직 하중과 횡력을 보와 기둥으로 구성된 라멘골조가 저항하는 구조방식

④ **연성 모멘트골조방식** : 횡력에 대한 저항성 증가를 위하여 부재와 접합부의 연성을 증가시킨 모멘트골조 방식

10년간 자주 출제된 문제

1-3. 횡력의 25% 이상을 부담하는 연성 모멘트골조가 전단벽이나 가새골조와 조합되는 구조방식을 무엇이라 하는가?
① 재진시스템방식
② 면진시스템방식
③ 이중골조방식
④ 메가칼럼-전단벽 구조방식

1-4. 고층건물 구조형식에서 건물 중간층에 대형 수평 부재를 설치하여 횡력을 외곽 기둥이 분담할 수 있도록 한 형식은?
① 트러스 구조
② 튜브 구조
③ 골조 아웃리거 구조
④ 스페이스 프레임 구조

1-5. 다음 각 구조시스템에 관한 정의로 옳지 않은 것은?
① 모멘트골조방식 : 수직 하중과 횡력을 보와 기둥으로 구성된 라멘골조가 저항하는 구조방식
② 연성 모멘트골조방식 : 횡력에 대한 저항능력을 증가시키기 위하여 부재와 접합부의 연성을 증가시킨 모멘트골조방식
③ 이중골조방식 : 횡력의 25% 이상을 부담하는 전단벽이 연성 모멘트골조와 조합되어 있는 구조방식
④ 건물골조방식 : 수직 하중은 입체골조가 저항하고 지진하중은 전단벽이나 가새골조가 저항하는 구조방식

|해설|

1-4
아웃리거 구조 시스템은 중앙의 코어, 외주부의 기둥, 이 둘을 연결시키는 아웃리거로 구성된다. 아웃리거는 코어의 휨강성과 외부 기둥의 축방향 강성을 서로 연결함으로써 전체 수평 강성을 증가시키게 된다.

1-5
이중골조방식 : 횡력의 25% 이상을 부담하는 연성 모멘트골조(강성골조)가 전단벽이나 가새골조와 조합되어 있는 구조방식

정답 1-3 ③ 1-4 ③ 1-5 ③

핵심이론 02 | 토질 및 지반침하

(1) 흙의 전단강도
① 외력이 가해지면 흙은 변형되지만, 내부에는 변형에 저항하는 힘(응력)이 발생하며, 외력이 일정 크기가 되면 흙 내부의 어떤 면을 따라 미끄럼이 일어나 흙은 파괴된다. 이때 변형에 저항하려고 하는 힘이 전단저항이다.
② 그 흙이 가지고 있는 전단저항의 최댓값, 즉 미끄럼이 일어나기 직전의 전단저항을 전단강도라고 한다.

(2) 점토와 사질 지반
① 점토지반
  ㉠ 가소성이 있다.
  ㉡ 마찰력이 작고, 수축성이 크다.
  ㉢ 압밀속도가 느리다(장기압밀).
  ㉣ 전단강도가 작다.
② 사질지반
  ㉠ 투수성이 크다.
  ㉡ 마찰력이 크며, 수축성이 작다.
  ㉢ 압밀속도가 빠르다(순간압밀).
  ㉣ 전단강도가 크다.

(3) 각 지반의 장기 허용지내력

경암반	연암반	자 갈	모 래
4,000kN/m²	2,000kN/m²	300kN/m²	100kN/m²

(4) 지반침하
① 부동침하 : 기초지반이 침하함에 따라 불균등하게 침하를 일으키는 현상으로 인장력에 직각 방향으로 균열이 발생
② 침하 원인
  ㉠ 연약층
  ㉡ 경사지반

ⓒ 이질지층
ⓓ 증축, 지하수위 변경
ⓔ 이질, 일부지정 메운 땅
③ 연약지반의 부동침하 방지대책
  ㉠ 상부 구조에 대한 대책
    • 건물의 경량화, 강성을 높일 것
    • 건물의 중량 분배를 고려할 것
    • 건물의 평면 길이를 짧게 할 것
    • 인접 건물과의 거리를 멀게 할 것
  ㉡ 하부 구조에 대한 대책
    • 경질지반에 지지하고, 마찰말뚝 사용
    • 지하실 설치
    • 온통기초(Mat Foundation) 시공
    • 독립기초의 지중보(Underground-beam)로 연결
    • 지반개량공법으로 지반의 지지력 증대
    • 지내력을 같게 하기 위해 기초판 크기를 다르게 할 수 있다.

10년간 자주 출제된 문제

2-1. 각 지반의 허용지내력의 크기가 큰 것부터 순서대로 올바르게 나열한 것은?

| A. 자갈 | B. 모래 | C. 연암반 | D. 경암반 |

① B > A > C > D
② A > B > C > D
③ D > C > A > B
④ D > C > B > A

2-2. 연약지반에서 부동침하의 방지 대책으로 옳지 않은 것은?
① 건물을 경량화한다.
② 지하실을 강성체로 설치한다.
③ 줄기초와 마찰말뚝기초를 병용한다.
④ 건물의 구조강성을 높인다.

2-3. 연약지반에서 부동침하를 줄이기 위한 가장 효과적인 기초의 종류는?
① 독립기초
② 복합기초
③ 연속기초
④ 온통기초

2-4. 연약지반에 기초 구조를 적용할 때 부동침하를 감소시키기 위한 상부 구조의 대책으로 옳지 않은 것은?
① 폭이 일정할 경우 건물의 길이를 길게 할 것
② 건물을 경량화할 것
③ 강성을 크게 할 것
④ 부분 증축을 가급적 피할 것

|해설|
2-1
경암반 > 연암반 > 자갈 > 모래

2-2
기초 종류가 다른 것을 혼용(병용)할 경우 부동침하가 생길 수 있다.

2-3
연약지반의 부동침하 감소에는 온통기초(매트기초)가 유리하다.

2-4
건물의 평면 길이를 짧게 할 것

정답 2-1 ③ 2-2 ③ 2-3 ④ 2-4 ①

(5) 흙막이에 작용하는 토압

① 주동토압(Active Earth Pressure) : 흙막이 벽체가 전면으로 변위가 생길 때의 토압
② 수동토압(Passive Earth Pressure) : 흙막이 벽체가 배면으로 변위가 생길 때의 토압
③ 정지토압(Earth Pressure at Rest) : 흙막이 벽체가 정지하고 있을 때의 토압
④ 안전조건 : 수동토압 + 버팀대 반력 > 주동토압

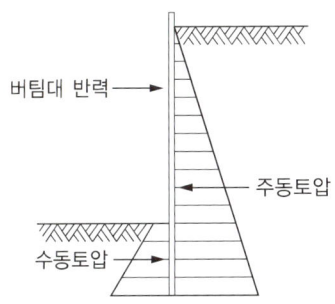

(6) 흙막이의 붕괴현상

① 히빙 현상(Heaving Failure) : 점토지반에서 하부지반이 연약할 때 흙막이 바깥에 있는 흙의 중량과 지표면의 적재하중으로 인하여, 저면 흙이 붕괴되어 흙막이 바깥에 있는 흙이 안으로 밀려 들어와 불룩하게 되는 현상

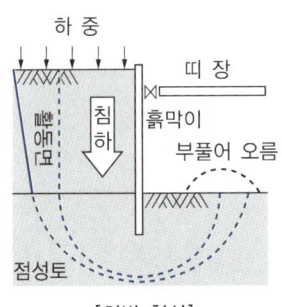

[히빙 현상]

② 보일링 현상(Boiling of Sand, Quick Sand) : 투수성이 좋은 사질지반에서 흙막이벽 뒷면의 수위가 높아서 지하수가 흙막이벽을 돌아서 들어오면서 모래와 같이 솟아오르는 현상

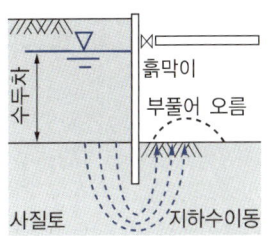

[보일링 현상]

③ 파이핑(Piping) 현상 : 흙막이벽의 부실공사로써 흙막이벽의 뚫린 구멍 또는 이음새를 통하여 물이 공사장 내부 바닥으로 스며드는 현상

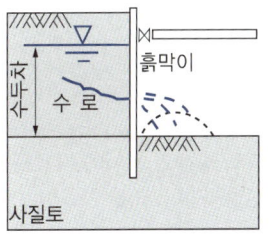

[파이핑 현상]

10년간 자주 출제된 문제

2-5. 사질지반 굴착 시 벽체 배면의 토사가 흙막이 틈새 또는 구멍으로 누수가 되어 흙막이벽 배면에 공극이 발생하여 물의 흐름이 점차로 커져 결국에는 주변 지반을 함몰시키는 현상을 일컫는 것은?

① 보일링 현상
② 히빙 현상
③ 액상화 현상
④ 파이핑 현상

2-6. 토공사를 수행할 경우 주의할 현상으로 거리가 먼 것은?

① 파이핑(Piping)
② 보일링(Boiling)
③ 그라우팅(Grouting)
④ 히빙(Heaving)

2-7. 다음에서 설명하는 용어는?

> 포화사질토가 비배수상태에서 급속한 재하를 받게 되면 과잉간극수압의 발생과 동시에 유효응력이 감소하며, 이로 인해 전단저항이 크게 감소하는 현상

① 히 빙
② 액상화
③ 보일링
④ 파이핑

|해설|

2-5
파이핑 현상 : 흙막이벽의 틈 또는 구멍, 이음새를 통하여 물이 공사장 내부 바닥으로 스며드는 현상이다.

2-6
그라우팅(Grouting) : 콘크리트 기초 보강에 사용하는 공법으로 지반개량이나 용수(湧水)의 방지를 위해 지반의 갈라진 틈 등에 시멘트 풀을 압입하는 것이다.

2-7
액상화 : 토양이 응력을 받았을 때 강성과 전단강도를 상실하여 액체처럼 되는 현상으로, 예를 들어 강한 지진 흔들림으로 인해 땅 아래 있던 흙탕물이 지표면 밖으로 솟아올라 지반이 액체와 같은 상태로 변화하기도 한다.

정답 2-5 ④ 2-6 ③ 2-7 ②

핵심이론 03 | 기초구조

(1) 말뚝의 기능상 분류

① 지지말뚝 : 연약한 지반을 관통하여 견고한 지반에 도달시켜 선단 지지력에 의하여 하중을 지반에 전달
② 마찰말뚝 : 연약, 사질토 지반에 적용하며 굳은 지반이 깊이 있는 경우 말뚝과 지반의 마찰력에 의하여 하중을 지지

(2) 말뚝의 종류별 간격(D : 말뚝머리 지름)

말뚝의 종류	말뚝의 중심 간격
나무말뚝	$2.5D$ 이상 또한 600mm 이상
기성 콘크리트말뚝	$2.5D$ 이상 또한 750mm 이상
강재말뚝	D 또는 폭의 2.0배 이상 또한 750mm 이상
매입말뚝	$2D$ 이상
현장타설(제자리) 콘크리트말뚝	$2D$ 이상 또한 $D+1,000$mm 이상

(3) 현장타설 콘크리트말뚝 구조 세칙

① 말뚝의 단면적은 설계 단면적 이하이어서는 안 된다.
② 말뚝 선단부는 지지층에 확실히 도달시켜야 한다.
③ 현장타설 콘크리트말뚝은 특별한 경우를 제외하고 주근은 6개 이상 또한 설계 단면적의 0.4% 이상으로 하고 띠철근 또는 나선철근으로 보강하여야 한다. 이 경우 철근의 피복두께는 60mm 이상으로 한다.
④ 저부의 단면을 확대한 말뚝 측면 경사가 수직면과 이루는 각은 30° 이하로 하고 전단력에 대해 검토하여야 한다.
⑤ 현장타설 콘크리트말뚝을 배치할 때 그 중심 간격은 말뚝머리 지름의 2.0배 이상 또한 말뚝머리 지름에 1,000mm를 더한 값 이상으로 한다.

(4) 강재말뚝의 특징

① 지지층에 깊이 관입할 수 있어서 지지력이 크다.
② 중량이 가볍고, 단면적을 작게 할 수 있다.

③ 휨저항이 크고, 수평력, 충격 등에 대한 저항성이 크다.
④ 이음이 강하며 길이 조절이 용이하다.
⑤ 경질층에 타입 및 인발이 용이하다.

10년간 자주 출제된 문제

3-1. 현장타설 콘크리트말뚝의 구조 세칙으로 틀린 것은?
① 현장타설 콘크리트말뚝은 특별한 경우를 제외하고 주근은 6개 이상으로 한다.
② 현장타설 콘크리트말뚝은 배치할 때 그 중심 간격은 말뚝머리 지름의 1.5배 이상 또한 말뚝머리 지름에 500mm를 더한 값 이상으로 한다.
③ 현장타설 콘크리트말뚝의 선단부는 지지층에 확실히 도달시켜야 한다.
④ 저부의 단면을 확대한 현장타설 콘크리트말뚝의 측면경사가 수직면과 이루는 각은 30° 이하로 한다.

3-2. 말뚝머리 지름이 400mm인 기성콘크리트말뚝을 시공할 때 그 중심 간격으로 가장 적당한 것은?
① 800mm
② 900mm
③ 1,000mm
④ 1,100mm

3-3. 말뚝기초에 관한 설명으로 옳지 않은 것은?
① 말뚝기초는 지반이 연약하고 기초 상부의 하중을 지지하지 못할 때 보강공법으로 쓰인다.
② 지지말뚝은 굳은 지반까지 말뚝을 박아 하중을 직접 지반에 전달하며 주위 흙과의 마찰력은 고려하지 않는다.
③ 마찰말뚝은 주위 흙과의 마찰력으로 지지되며 n개를 박았을 때 그 지지력은 n배가 된다.
④ 동일 건물에는 서로 다른 종류의 말뚝을 혼용하지 않는다.

3-4. 말뚝기초에 관한 설명으로 옳지 않은 것은?
① 사질토(砂質土)에는 마찰말뚝의 적용이 불가하다.
② 말뚝 내력(耐力)의 결정 방법은 재하시험이 정확하다.
③ 철근콘크리트말뚝은 현장 제작 양생하여 시공할 수도 있다.
④ 마찰말뚝은 한 곳에 집중하여 시공하지 않는 것이 좋다.

|해설|

3-1
말뚝머리 지름의 2.0배 이상 또한 1,000mm를 더한 값 이상으로 한다.

3-2
$2.5D(2.5 \times 400 = 1,000\text{mm})$ 이상 또는 750mm 이상이어야 한다.

3-3
과도한 개수를 박을 경우 간격이 좁아지게 되면서 지지력이 저하된다.

3-4
마찰말뚝은 사질토(砂質土) 지반에 적용이 가능하다.

정답 3-1 ② 3-2 ③ 3-3 ③ 3-4 ①

핵심이론 04 | 설계하중, 내진설계

(1) 설계하중

① 고정하중(사하중, Dead Load) : 구조체 자체의 무게나 존재기간 중 지속적으로 구조물에 작용하는 수직 하중

② 활하중(적재하중, Live Load)
  ㉠ 건축물의 각 실, 바닥별 용도에 따라 수용되는 사람과 적재되는 물품 등의 중량으로 인한 수직 하중
  ㉡ 설계에 적용하여야 하는 활하중의 최솟값의 규정
  ㉢ 영향면적($A \geq 36m^2$) : 부재에 직접적으로 하중의 영향을 미치는 범위 내에 있는 바닥의 면적
  ㉣ 기둥 및 기초의 영향면적 : 부하면적의 4배

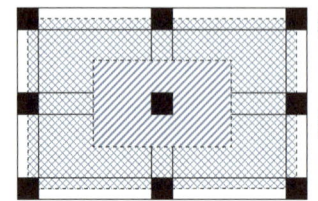

  ㉤ 보의 영향면적 : 2배

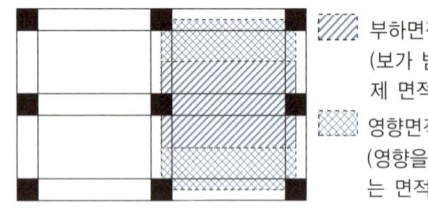

  ㉥ 슬래브의 영향면적 : 부하면적 적용

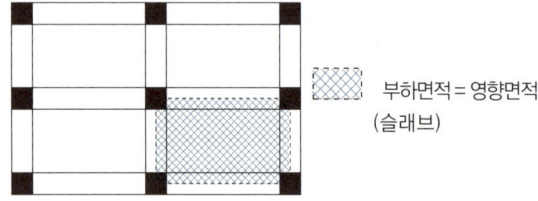

  ㉦ 캔틸레버의 영향면적 : 부하면적 중 캔틸레버 부분은 영향면적에 단순 합산
  ㉧ 활하중 저감계수(C) : 등분포 활하중(지붕 활하중은 제외)은 영향면적(A) $\geq 36m^2$인 경우 기본 등분포 활하중에 C를 곱하여 저감할 수 있다.

$$C = 0.3 + \frac{4.2}{\sqrt{A}}$$

10년간 자주 출제된 문제

4-1. 활하중의 영향면적에 대해 옳게 설명한 것은?
① 기둥 및 기초에서는 부하면적의 6배
② 보에서는 부하면적의 5배
③ 캔틸레버 부분은 영향면적에 단순 합산
④ 슬래브에서는 부하면적의 2배

4-2. 부하면적 36m²인 콘크리트 기둥의 영향면적에 따른 활하중 저감계수(C)로 옳은 것은?(단, $C = 0.3 + \frac{4.2}{\sqrt{A}}$, A는 영향면적)
① 0.25   ② 0.45
③ 0.65   ④ 1

4-3. 건축물에 작용하는 풍압력의 크기를 결정하는 요소와 가장 거리가 먼 것은?
① 건축물의 무게   ② 건축물의 높이
③ 건축물의 형상   ④ 풍 속

|해설|

4-1
③ 부하면적 중 캔틸레버 부분은 영향면적에 단순 합산
① 기둥 및 기초 : 부하면적의 4배
② 보 : 2배
④ 슬래브 : 부하면적 적용

4-2
기둥의 영향면적은 부하면적의 4배이다.
∴ $A = 36m^2 \times 4 = 144m^2$

활하중 저감계수, $C = 0.3 + \frac{4.2}{\sqrt{A}} = 0.3 + \frac{4.2}{\sqrt{144}} = 0.65$

4-3
건축물의 무게는 관계가 없다.
풍압력의 영향 : $F = P \times A$로 이해할 수 있으며, 압력과 면적에 영향을 받는다. 이때의, $P = \frac{1}{2}\rho V^2$ (ρ : 공기의 밀도, V : 풍속)
지진의 영향 : $F = m \times a$로 이해할 수 있으며, 건축물의 무게와 속도에 영향을 받는다.

정답 4-1 ③ 4-2 ③ 4-3 ①

③ 적설하중(Snow Load)

　㉠ 최소 지상 적설하중 : $0.5kN/m^2$

　㉡ 최소 지붕 등분포 활하중 : $1.0kN/m^2$

④ 풍하중(Wind Load)

　㉠ 주골조 설계용 설계 풍압은 설계 속도압, 가스트 영향계수, 풍력계수 또는 외압계수를 곱하여 산정한다.

　㉡ 설계 속도압은 공기밀도와 설계 풍속의 제곱을 곱하여 산정한다.

⑤ 지진하중(Earthquake Load)

　㉠ 건축물 및 공작물의 구조체와 건축, 기계 및 전기 비구조요소의 지진하중을 산정하는 경우에 적용한다.

　㉡ 우리나라 지진구역 및 지역계수(S) : 지진하중 산정을 위해 지역 지진위험도를 가속도 형태로 나타낸 것

지진구역	행정구역	지역계수
Ⅰ	지진구역 Ⅱ를 제외한 전지역	0.22
Ⅱ	강원도 북부, 전라남도 남서부, 제주도	0.14

　　• 강원도 북부(군, 시) : 홍천, 철원, 화천, 횡성, 평창, 양구, 인제, 고성, 양양, 춘천시, 속초시
　　• 전라남도 남서부(군, 시) : 무안, 신안, 완도, 영광, 진도, 해남, 영암, 강진, 고흥, 함평, 목포시

　㉢ 우리나라 지역계수(S)를 결정하는 지진위험도 기준은 2,400년 재현주기의 지진위험도로서 최대 예상지진의 유효 지반가속도를 말한다.

⑥ 하중계수 및 하중의 조합

　㉠ 철근콘크리트 구조물에 작용하는 하중에 대하여 하중계수와 하중조합을 적용하여 계산된 소요강도 중 가장 불리한 값에 대해 설계하도록 규정

　㉡ 강도설계법 또는 한계상태설계법의 하중조합(7가지)

　　• $U = 1.4(D+F)$

　　• $U = 1.2(D+F+T) + 1.6L + 0.5(Lr\ or\ S\ or\ R)$

　　• $U = 1.2D + 1.6(Lr\ or\ S\ or\ R) + (1.0L\ or\ 0.65W)$

　　• $U = 1.2D + 1.3W + 1.0L + 0.5(Lr\ or\ S\ or\ R)$

　　• $U = 1.2D + 1.0E + 1.0L + 0.2S$

　　• $U = 0.9D + 1.3W$

　　• $U = 0.9D + 1.0E$

여기서, D : 고정하중
　　　　L : 활하중
　　　　W : 풍하중
　　　　Lr : 지붕활하중
　　　　E : 지진하중
　　　　S : 적설하중
　　　　T : 온도하중
　　　　F : 유체중량 및 압력에 의한 하중
　　　　R : 강우하중

10년간 자주 출제된 문제

4-4. 저층 강구조 장스팬 건물의 구조계획에서 고려해야 할 사항과 가장 관계가 적은 것은?
① 층고, 지붕형태 등 건물의 형상 산정
② 적절한 골조 간격의 선정
③ 강절점, 활절점에 대한 부재의 접합방법 선정
④ 풍하중에 의한 횡변위 제어방법

4-5. 구조물의 내진보강 대책으로 적합하지 않은 것은?
① 구조물의 강도를 증가시킨다.
② 구조물의 연성을 증가시킨다.
③ 구조물의 중량을 증가시킨다.
④ 구조물의 감쇠를 증가시킨다.

4-6. 건축구조기준에 따른 우리나라 지진구역 및 이에 따른 지진구역 계수값이 옳게 연결된 것은?
① 지진구역 I : 0.22g, 지진구역 II : 0.14g
② 지진구역 I : 0.17g, 지진구역 II : 0.11g
③ 지진구역 I : 0.11g, 지진구역 II : 0.17g
④ 지진구역 I : 0.14g, 지진구역 II : 0.22g

4-7. 강도설계법에서 철근콘크리트 구조물 설계 시 고려해야 하는 하중조합으로 옳지 않은 것은?(단, D는 고정하중, F는 유체압 및 유기내용물하중, L은 활하중, W는 풍하중, E는 지진하중, S는 적설하중)
① $U = 1.4(D+F)$
② $U = 1.2D + 1.3W + 1.0L + 0.5S$
③ $U = 1.2D + 1.0E + 1.0L + 0.2S$
④ $U = 1.4D + 1.3L + 1.6S$

|해설|

4-4
풍하중은 고층 건물 구조에서 중요한 요소이나, 저층 강구조 건물은 풍하중에 의한 횡방향 변위가 크지 않으므로 크게 고려하지 않는다.

4-5
지진하중은 중량에 비례하여 증가하므로, 구조물의 중량을 증가시키면 밑면 전단력이 증가되어 지진에 불리하다.

4-6
지진구역 I : 0.22g, 지진구역 II : 0.14g

4-7
④의 하중조합은 없다.

정답 4-4 ④ 4-5 ③ 4-6 ① 4-7 ④

(2) 내진설계 기준

① 건물의 내진등급과 중요도계수

건축물의 중요도	내진등급	중요도계수(I_E)
중요도(특)	특	1.5
중요도(1)	I	1.2
중요도(2), (3)	II	1.0

② 내진설계를 위한 탄성 해석법
  ㉠ 정적 해석법 : 등가정적 해석법
  ㉡ 동적 해석법(모드 해석법)
    • 응답스펙트럼 해석법
    • 탄성시간이력 해석법

③ 건물 형상 및 변형과 횡변위 제한
  ㉠ 모든 구조물은 조항에 따라 평면 또는 수직의 정형 혹은 비정형으로 구분한다.
  ㉡ 허용 층간변위(Δa) : h_{sx}는 x층 층고

구 분	내진등급		
	특	I	II
허용 층간변위(Δa)	$0.010 h_{sx}$	$0.015 h_{sx}$	$0.020 h_{sx}$

④ 밑면 전단력 : 등가정적 해석법에 의한 산정
  ㉠ 주기 1초에서 설계 스펙트럼 가속도, 고유주기 산정

$$V = C_s W = \frac{S_{D1}}{\left(\dfrac{R}{I_E}\right)T} W$$

여기서, C_s : 지진응답계수
   R : 반응수정계수
   W : 고정하중을 포함한 유효 건물중량
   I_E : 건축물의 중요도계수
   S_{D1} : 주기 1초에서의 설계 스펙트럼 가속도
   T : 건축물의 고유주기(초)

ⓒ 지역계수 산정 : $V = \left(\dfrac{A \cdot I \cdot C}{R}\right) \times W$

여기서, A : 지역계수
I : 중요도계수
C : 동작계수
R : 반응수정계수
W : 유효 건물중량

(3) 지진의 진도와 규모

① 진도 : 사람이 느끼는 감각, 물체이동 등을 계급별로 구분하는 상대적 개념의 지진 크기
② 규모 : 진원지에서 지진이 방출한 에너지를 계산해서 나타낸 숫자이며, 각 지역에서 땅이 얼마나 흔들렸는지 나타내는 지표로서 장소에 관계없는 절대적 개념의 크기

10년간 자주 출제된 문제

4-8. 다음 중 내진 I등급 구조물의 허용 층간변위로 옳은 것은?(단, h_{sx}는 x층 층고)

① $0.005h_{sx}$
② $0.010h_{sx}$
③ $0.015h_{sx}$
④ $0.020h_{sx}$

4-9. 지진하중 설계 시 밑면의 전단력과 관계없는 것은?

① 유효 건물중량
② 중요도계수
③ 지반증폭계수
④ 가스트계수

4-10. 등가정적 해석법에 따른 지진응답계수의 산정식과 가장 거리가 먼 것은?

① 가스트영향계수
② 반응수정계수
③ 주기 1초에서의 설계 스펙트럼 가속도
④ 건축물의 고유주기

4-11. 지진의 진도(Intensity)와 규모(Magnitude)에 대한 설명으로 옳지 않은 것은?

① 진도는 상대적 개념의 지진 크기이다.
② 규모는 장소에 관계없는 절대적 개념의 크기이다.
③ 진도는 사람이 느끼는 감각, 물체이동 등을 계급별로 구분한다.
④ 규모는 지반의 운동 정도를 평가하나 정밀하지는 않다.

|해설|

4-8
내진 I등급 구조물의 허용 층간변위 : $0.015h_{sx}$

4-9, 4-10
가스트영향계수 : 풍하중에 관계됨. 건축물의 동적 거동에 의한 하중 효과로서 바람의 난류로 인해 발생되는 동적 거동 성분을 나타낸다.

4-11
규모는 지진계 측정에 의한 진폭을 진원의 깊이와 진앙까지의 거리 등을 고려하여 지수로 나타낸 절대적(정량적) 개념으로서 소수점 첫째 자리까지 표시하며 정밀하다.

정답 4-8 ③ 4-9 ④ 4-10 ① 4-11 ④

제2절 구조역학

핵심이론 01 | 힘과 모멘트

(1) 힘의 3요소

벡터량(크기뿐 아니라 방향도 중요시되는 물리량)

① 작용점 : 좌표(x, y)로 표시
② 크기 : 선분의 길이로 표시
③ 방향 : 각도(기울기)로 표시

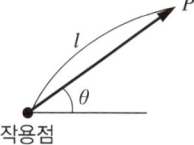

(2) 라미(Lami)의 정리(sin법칙)

① 한 점에 작용하는 세 힘의 평형에 관한 정리
② 그림과 같이 P_1, P_2, P_3가 작용할 때, 이 세 힘이 닫힌 삼각형을 이루면 서로 평형이 된다.

$$\frac{P_1}{\sin\theta_1} = \frac{P_2}{\sin\theta_2} = \frac{P_3}{\sin\theta_3}$$

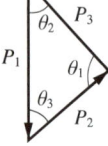

(3) 모멘트(M ; Moment)

① 모멘트(M) = 힘(P) × 떨어진 수직거리(l)

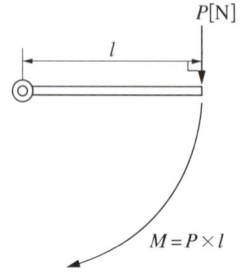

$M = P \times l$

② 우력(偶力) 모멘트(Couple Moment) : 크기가 같고, 방향이 반대인 한 쌍(Couple)의 우력이 돌리려고 하는 힘
  ㉠ $M = P \times l [\text{N} \cdot \text{m}]$
  ㉡ 우력의 합은 0이다.
  ㉢ 우력 모멘트의 크기는 일정하다.

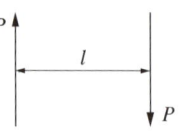

(4) 바리뇽(Varignon)의 합모멘트 정리

① 한 점에 대한 각 성분 모멘트 대수합은 합력 모멘트와 같다.

② 합력에 의한 모멘트=분력에 의한 모멘트의 합

$$P_1 \cdot l_1 + P_2 \cdot l_2 + P_3 \cdot l_3 = \sum P \cdot l$$
$$\therefore \sum M = M_1 + M_2 + M_3 + \cdots$$

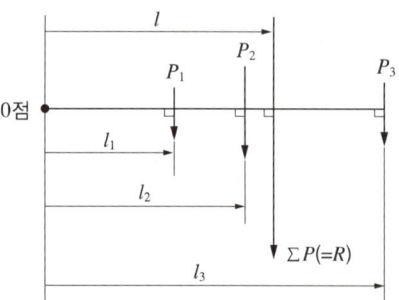

(5) 힘의 평형

이동하거나 변형되지 않을 조건

- $\sum H = 0$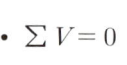
- $\sum V = 0$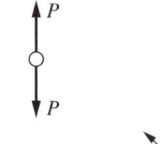
- $\sum M = 0$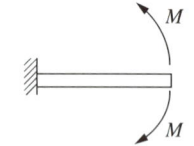

10년간 자주 출제된 문제

다음 그림에서 AC부재가 받는 힘은?

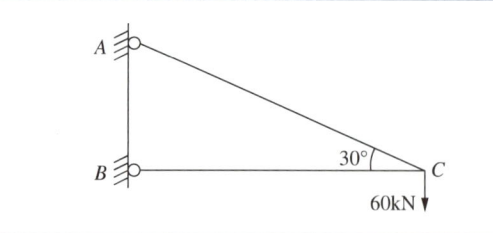

① 30kN ② $30\sqrt{3}$ kN
③ 120kN ④ 180kN

|해설|

C점에서 힘의 평형을 고려하면, $N_{AC} \times \sin 30° = 60\text{kN}$
$\therefore N_{AC} = 120\text{kN}$

정답 ③

핵심이론 02 | 구조물의 판별

(1) 안정, 불안정, 정정, 부정정

① 안정 : 외력 작용 시 구조물이 항상 평형을 이루는 상태
② 불안정 : 외력이 작용할 때 구조물이 항상 평형을 이루지 못하는 상태
③ 정정 : 힘의 평형 조건식만으로 미지수(내적 부재력, 외적 반력)를 구할 수 있는 상태
④ 부정정 : 힘의 평형 조건식만으로 미지수(내적 부재력, 외적 반력)를 구할 수 없는 상태

(2) 구조물의 판별식(부정정 차수)

① 미지수 ≦ 방정식(조건식) ⇒ 정정
② 미지수 > 방정식(조건식) ⇒ 부정정
③ 판별식(부정정 차수 : N) = 총 미지수 − 총 조건식수
 N = 외적 판별식 + 내적 판별식 = $m + r + k - 2j$
 여기서, m : 부재(Member)수
  r : 반력(Reaction)수
  k : 강절점수
  j : 절점(Joint)수

 ㉠ 지점, 반력 표시 및 반력수

지 점	지점 표시	반력 표시	반력수(n)
이동단 (Roller Support)	○ or △	↑V	1
회전단 (Hinged Support)	△	H→ ↑V	2
고정단 (Fixed Support)	⫽	H→ M↶ ↑V	3

 ㉡ 강절점수, 부재수

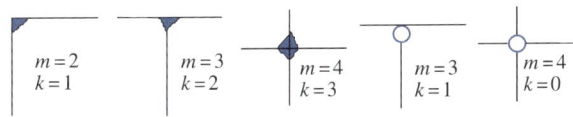

㉢ 판별 결과
 • $N > 0$: 부정정
 • $N = 0$: 정정
 • $N < 0$: 불안정
④ 보(단층 구조물)의 판별식
 $N = (r-3) - h$
 여기서, r : 지점 반력수
  h : 부재의 힌지수
⑤ 라멘의 판별식
 $N = (r-3) + (3m' - h)$
 여기서, r : 지점 반력수
  h : 부재의 힌지수
  m' : 추가 연결된 부재수

10년간 자주 출제된 문제

2-1. 다음 그림과 같은 라멘의 부정정 차수는?

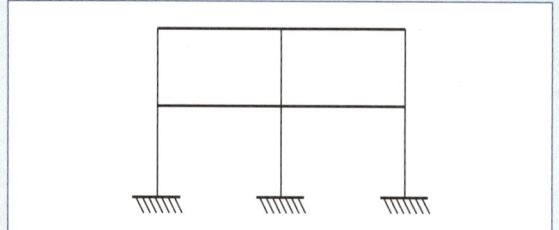

① 4차 부정정 ② 8차 부정정
③ 12차 부정정 ④ 14차 부정정

2-2. 다음 구조물의 부정정 차수는?

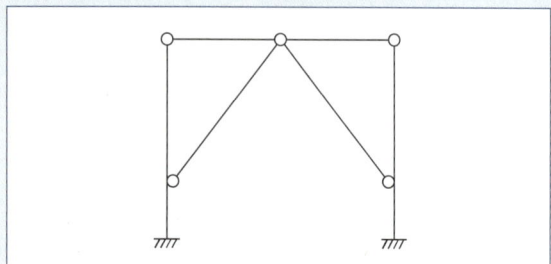

① 1차 부정정 ② 2차 부정정
③ 3차 부정정 ④ 4차 부정정

|해설|

2-1

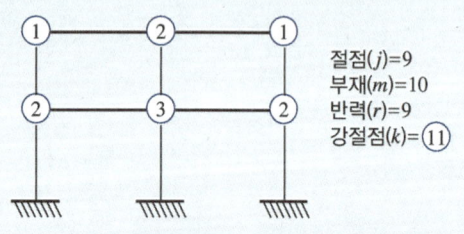

절점(j)=9
부재(m)=10
반력(r)=9
강절점(k)=⑪

$N = m + r + k - 2j = 10 + 9 + 11 - 2 \times 9 = 12$

여기서, m : 부재(Member)수
r : 지점반력(Reaction)수
k : 강절점수
j : 절점(Joint)수

∴ $N = 12$이므로, 12차 부정정 구조물이다.

2-2

$N = m + r + k - 2j = 8 + 6 + 2 - 2 \times 7 = 2$

∴ N은 2이므로, 2차 부정정 구조물이다.

정답 2-1 ③ 2-2 ②

핵심이론 03 | 정정보

(1) 정정보

① 보(Beam)는 1개 부재를 몇 개의 지점으로 지지하고, 부재축에 직각 또는 경사진 외력이 작용하는 상태의 부재

② 힘의 평형 조건식($\sum M = 0$, $\sum V = 0$, $\sum H = 0$)에 의하여 해석이 가능한 보

③ 반력 계산 시 부호 약속
 ㉠ $\sum M$ 부호 : ↷는 (+), ↶는 (−)
 ㉡ $\sum V$ 부호 : ↑는 (+), ↓는 (−)
 ㉢ $\sum H$ 부호 : →는 (+), ←는 (−)

(2) 보의 종류

단순보	1개의 보의 일단은 보의 방향으로 이동할 수 있는 이동지점이고 타단은 회전(힌지)지점으로 된 보
캔틸레버보	일단이 고정지점이고 다른 한 단은 지점이 없는 자유단으로 된 보
내민보	단순보에서 일단 또는 양단이 지점밖으로 내밀어 자유단을 가진 보로서 캔틸레버 부분을 가진 보
겔버보	연속보에서 지점 이외의 곳에 적절한 힌지(내부 활절, Hinge)를 넣어 정정보로 변화시킨 보

(3) 보의 단면력(전단력, 휨모멘트, 축방향력)

① 단면력 : 하중 작용에 따라 보의 단면에 생기는 합력
② 단면력은 그 단면의 한 쪽을 기준으로 계산할 수 있다.

전단력(S)		부재를 축의 수직방향으로 절단하려는 힘
	전단력도(SFD)	기선 상부(+), 하부(−) 표시
휨모멘트(M)		외력이 부재를 구부리거나 휘려고 할 때의 힘(굽힘모멘트)
	휨모멘트도(BMD)	기선 하부(+), 상부(−) 표시
축방향력(A)		부재 축과 나란히 작용하여 압축 또는 인장시키려는 힘
	축방향력도(AFD)	기선 상부(+), 하부(−) 표시

※ 휨모멘트도(BMD)의 경우, 반대로 표시하기도 한다.

(4) 보의 해석과정

① 미지의 반력 계산
② 구간별로 자유물체도를 그려서 단면력을 계산
③ 단면력도(SFD, BMD, AFD) 작성
④ 보의 변형을 결정

10년간 자주 출제된 문제

3-1. 다음 그림과 같이 수평하중 30kN이 작용하는 라멘구조에서 E점에서의 휨모멘트값은?

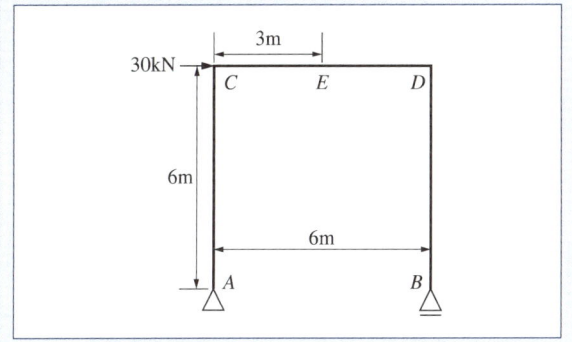

① 40kN·m ② 45kN·m
③ 60kN·m ④ 90kN·m

3-2. 그림과 같은 부정정 라멘에서 CD기둥의 전단력값은?

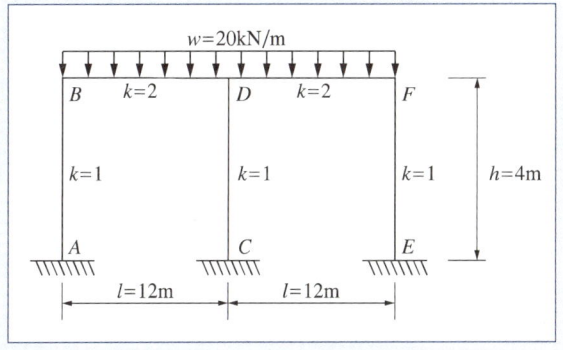

① 0   ② 10kN
③ 20kN   ④ 30kN

|해설|

3-1
- 반력의 산정 : $\sum M_A = 0$, $30 \times 6 - R_B \times 6 = 0$ ∴ $R_B = 30$kN
- E점의 모멘트 : $M_E = 30 \times (6-3)$ ∴ $M_E = 90$kN·m

3-2
절점 D를 기준으로 좌우대칭의 하중이므로, $M_{DB} = M_{DF}$이다.
절점 D에서 $M_{DB} + M_{DC} + M_{DF} = 0$이므로, $M_{DC} = 0$이다.
∴ CD부재의 층방정식으로부터 전단력(S_{DC}) = 0이 된다.

정답 3-1 ④ 3-2 ①

(5) 단순보에 작용하는 하중과 반력

집중하중		하중의 합에 대한 거리로 배분하여 반력을 구함
등분포하중		면적을 구해 집중하중으로 환산하여 반력을 구함
등변분포하중		삼각형 면적을 구하여 집중하중으로 환산하여 반력을 구함
모멘트하중		모멘트하중 작용 시 지점에서 반력이 생김

(6) 단순보의 반력(Reaction) 계산

① 집중하중(P) 작용 시

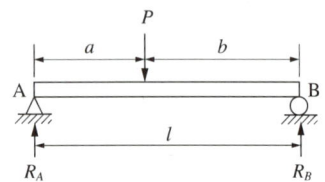

$$R_A = \frac{P \cdot b}{l}$$

$$R_B = \frac{P \cdot a}{l}$$

② 등분포하중(w) 작용 시

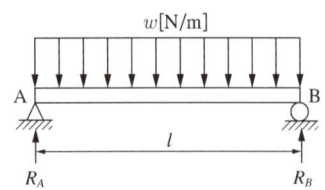

$$R_A = R_B = \frac{wl}{2}$$

③ 등변분포하중(w) 작용 시

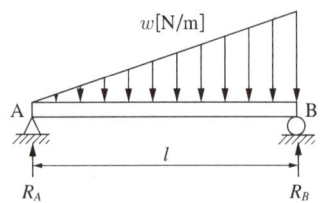

$$R_A = \frac{wl}{6}$$

$$R_B = \frac{wl}{3}$$

④ 모멘트하중(M) 작용 시

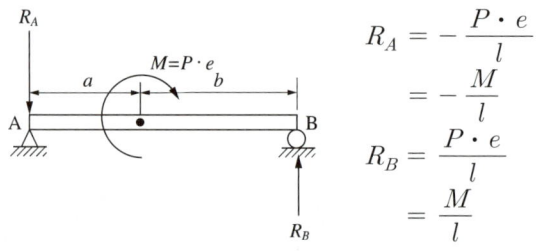

$$R_A = -\frac{P \cdot e}{l} = -\frac{M}{l}$$

$$R_B = \frac{P \cdot e}{l} = \frac{M}{l}$$

10년간 자주 출제된 문제

3-3. 정정 구조의 CD부재에서 C, D점의 휨모멘트값은?

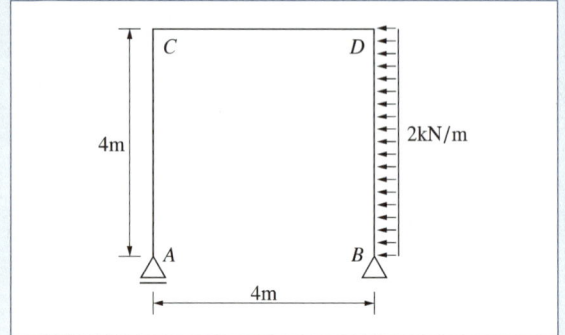

① C : 0kN·m, D : 16kN·m
② C : 16kN·m, D : 16kN·m
③ C : 0kN·m, D : 32kN·m
④ C : 32kN·m, D : 32kN·m

|해설|

3-3

- 반력을 구한다.

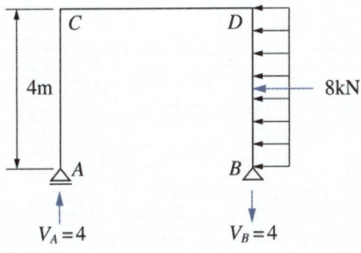

반력이 많은 B점 기준의 모멘트 합을 구하면,
$\Sigma M_B = 0$; $(V_A \times 4) - (8 \times 2) = 0$, ∴ $V_A = 4\text{kN}$
$\Sigma F_y = 0$; $V_A + V_B = 0$, ∴ $V_B = -4\text{kN}$

- C점과 D점의 모멘트 값을 구한다.

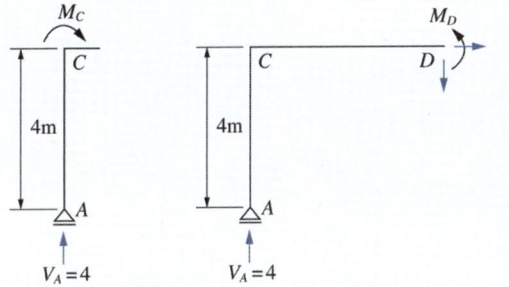

C점 기준의 모멘트 합을 구하면,
$\Sigma M_C = 0$; $M_C = 0$, C점은 모멘트가 0이다.
D점 기준의 모멘트 합을 구하면,
$\Sigma M_D = 0$; $(V_A \times l) - M_D = 0$
$(4 \times 4) - M_D = 0$, ∴ $M_D = 16\text{kN} \cdot \text{m}$

정답 ①

(7) 단순보의 전단력도, 휨모멘트도

① 집중하중이 작용할 때

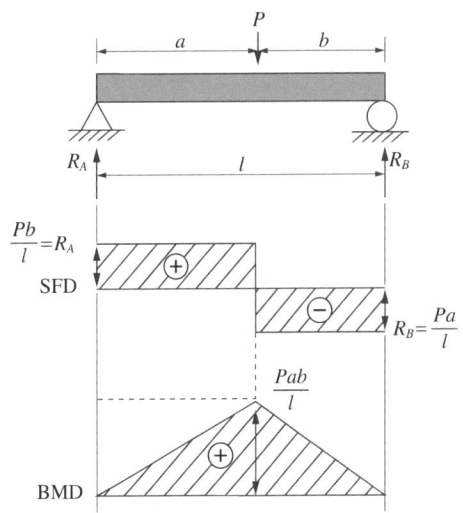

② 등분포하중이 작용할 때

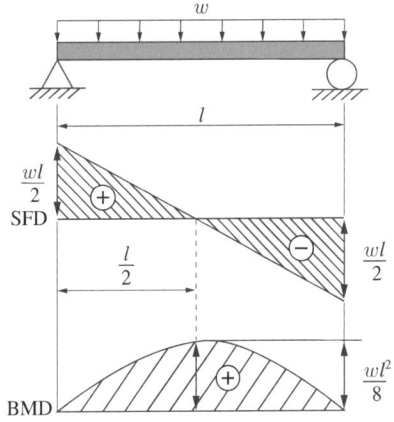

③ 등변분포하중이 작용할 때

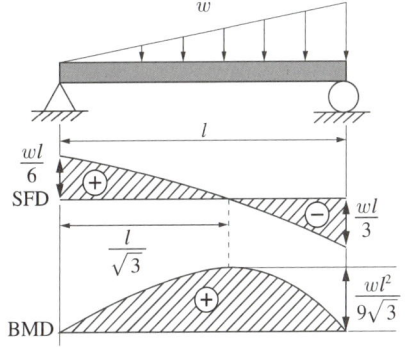

(8) 외팔보의 전단력도, 휨모멘트도

① 집중하중이 작용할 때

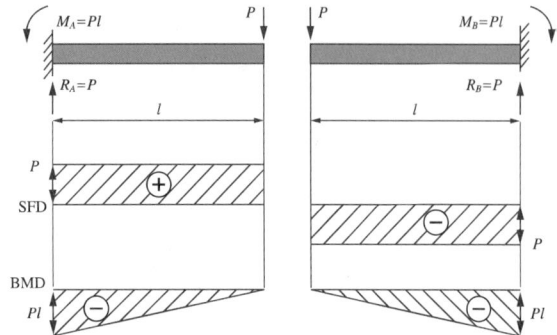

② 등분포하중이 작용할 때

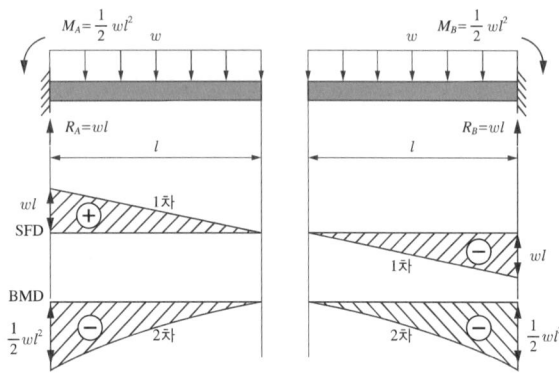

③ 등변분포하중이 작용할 때

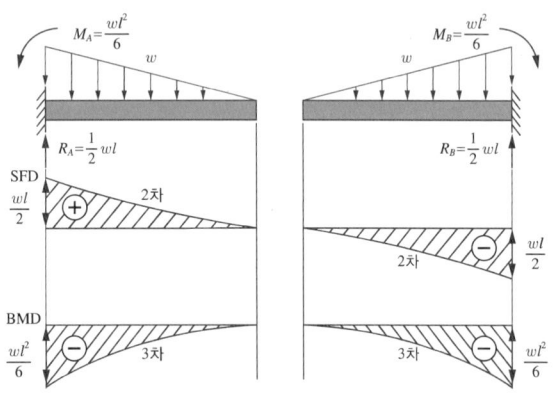

(9) 부정정보의 반력과 휨모멘트

① 일단고정, 타단지지, 집중하중

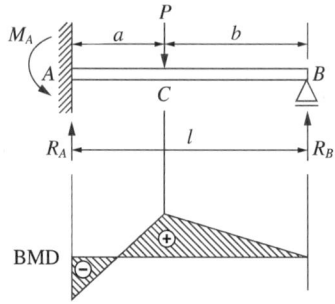

㉠ $a = b = \dfrac{l}{2}$ 인 경우

- 반력 : $R_A = \dfrac{11P}{16}$, $R_B = \dfrac{5P}{16}$
- 휨모멘트 : $M_A = -\dfrac{3Pl}{16}$

㉡ $a \neq b$ 인 경우

- 반력 : $R_A = \dfrac{Pb}{2l^3}(3l^2 - b^2)$

  $R_B = \dfrac{P(l-b)^2}{2l^3}(2l+b)$

- 휨모멘트 : $M_A = -\dfrac{Pb}{2l^2}(l^2 - b^2)$

② 일단고정, 타단지지, 등분포하중

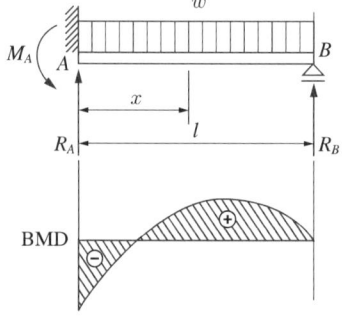

㉠ 반력 : $R_A = \dfrac{5wl}{8}$, $R_B = \dfrac{3wl}{8}$

㉡ 휨모멘트 : $M_A = -\dfrac{3wl^2}{8} + \dfrac{wl^2}{2} = -\dfrac{wl^2}{8}$

$M_{\max,\, x=\frac{5l}{8}} = \dfrac{9wl}{128}$

③ 양단고정, 집중하중

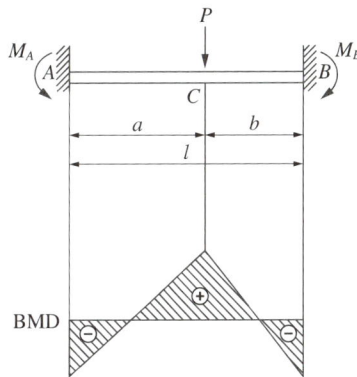

㉠ 반력 : $R_A = \dfrac{Pb}{l}$, $R_B = \dfrac{Pa}{l}$

㉡ 휨모멘트 : $M_A = -\dfrac{Pab^2}{l^2}$, $M_B = -\dfrac{Pa^2b}{l^2}$

$$M_{\max = \frac{l}{2}} = \dfrac{Pl}{8}$$

④ 양단고정, 등분포하중

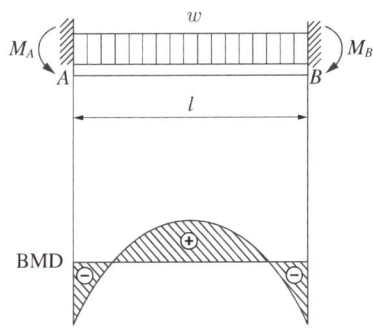

㉠ 반력 : $R_A = R_B = \dfrac{wl}{2}$

㉡ 휨모멘트 : $M_A = -\dfrac{wl^2}{12}$, $M_B = -\dfrac{wl^2}{12}$

$$M_{\max = \frac{l}{2}} = \dfrac{wl^2}{24}$$

10년간 자주 출제된 문제

3-4. 그림과 같은 단순보에서 반력 R_A의 값은?

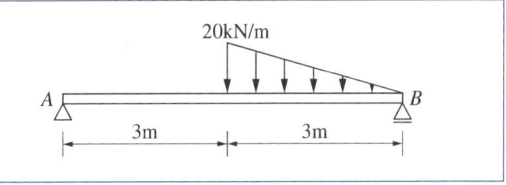

① 5kN ② 10kN
③ 20kN ④ 25kN

3-5. 다음 부정정 구조물의 A단의 휨모멘트 값은?

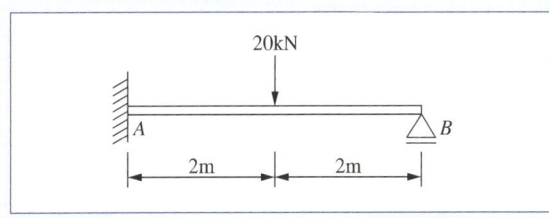

① $-15\text{kN}\cdot\text{m}$
② $-20\text{kN}\cdot\text{m}$
③ $-30\text{kN}\cdot\text{m}$
④ $-40\text{kN}\cdot\text{m}$

3-6. 다음 부정정 구조물에서 B점의 반력을 구하면?

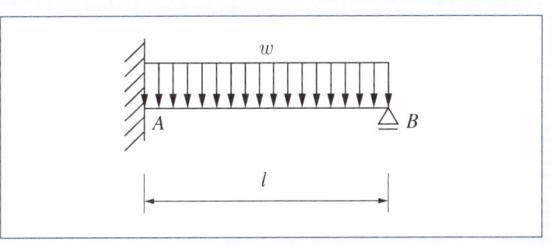

① $\dfrac{1}{8}wl$ ② $\dfrac{3}{8}wl$
③ $\dfrac{5}{8}wl$ ④ $\dfrac{7}{8}wl$

| 해설 |

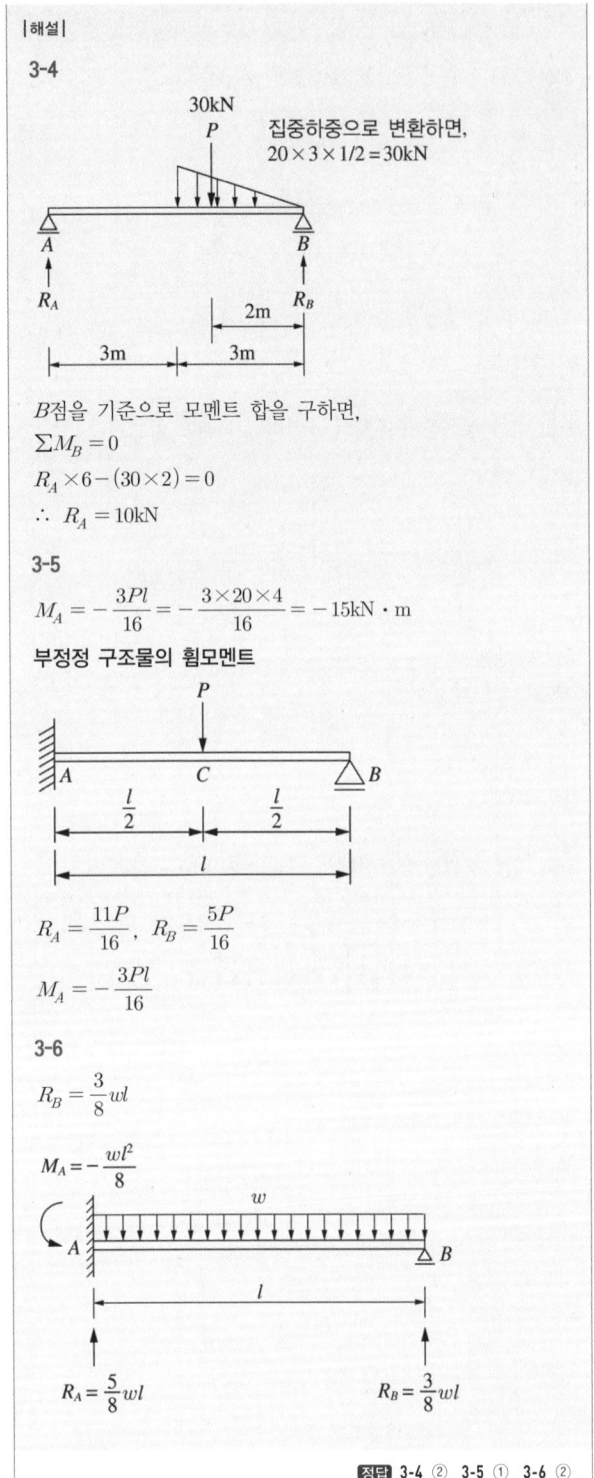

3-4

집중하중으로 변환하면,
$20 \times 3 \times 1/2 = 30kN$

B점을 기준으로 모멘트 합을 구하면,
$\sum M_B = 0$
$R_A \times 6 - (30 \times 2) = 0$
$\therefore R_A = 10kN$

3-5

$M_A = -\dfrac{3Pl}{16} = -\dfrac{3 \times 20 \times 4}{16} = -15kN \cdot m$

부정정 구조물의 휨모멘트

$R_A = \dfrac{11P}{16}$, $R_B = \dfrac{5P}{16}$

$M_A = -\dfrac{3Pl}{16}$

3-6

$R_B = \dfrac{3}{8}wl$

$M_A = -\dfrac{wl^2}{8}$

정답 3-4 ② 3-5 ① 3-6 ②

핵심이론 04 | 라멘, 아치, 트러스

(1) 라멘(Rahmen)

① 2개 이상의 부재가 강절점(고정절점)으로 연결된 구조물로 외력에 의해 형태가 변형되더라도 절점각(부재각)은 변하지 않는다.

② 라멘의 종류

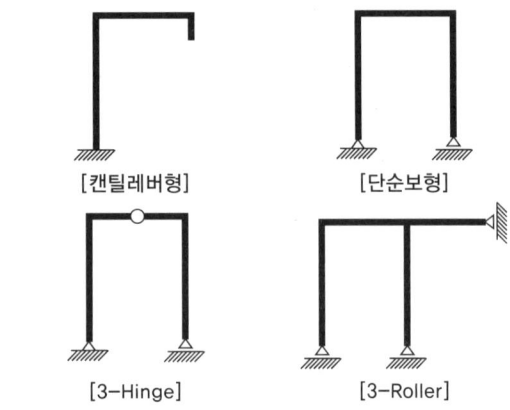

[캔틸레버형]　　[단순보형]

[3-Hinge]　　[3-Roller]

③ 라멘의 해법
  ㉠ 정정 라멘은 힘의 평형조건($\sum M = 0$, $\sum V = 0$, $\sum H = 0$)에 의해서 반력을 구한다.
  ㉡ 단면력은 내측을 기준으로 단순보의 해법과 같은 방법으로 구한다.
  ㉢ 자유물체도(FBD)를 그려서 해석한다.

(2) 아치(Arch)

① 곡선 부재로 구성된 구조물로 단면 내에 각 응력이 발생한다.
② 포물선 3활절 아치에 등분포하중이 작용될 경우 전구간에 걸쳐 축방향력만 발생한다.
③ 아치의 반력 : 수직 반력은 보의 반력과 같고, 수평 반력은 힌지점의 모멘트 평형조건으로 구한다.

10년간 자주 출제된 문제

4-1. 그림과 같은 구조물에 힘 P가 작용할 때 휨모멘트가 0이 되는 곳은 모두 몇 개인가?

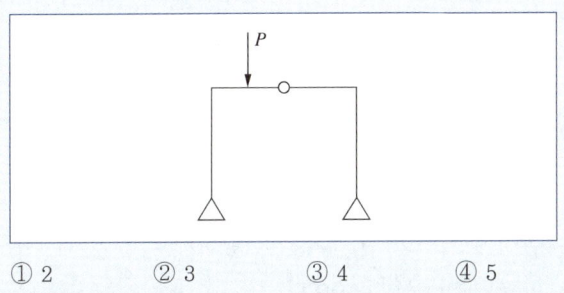

① 2　　② 3　　③ 4　　④ 5

4-2. 등분포하중을 받는 다음 그림과 같은 3회전단 아치에서 C점의 전단력을 구하면?

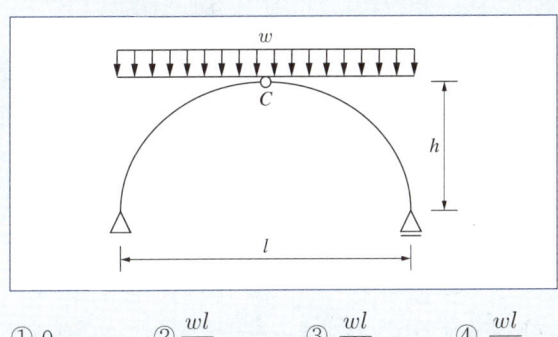

① 0　　② $\dfrac{wl}{2}$　　③ $\dfrac{wl}{4}$　　④ $\dfrac{wl}{8}$

|해설|
4-1
지점, +에서 −로 전환점, 힌지 부분에서는 모멘트가 0이다.

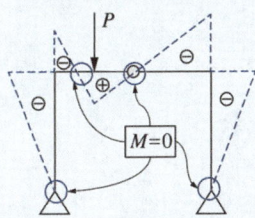

4-2
3활절 포물선 아치에서 등분포하중이 만재된 경우에는 축방향력(압축력)만 작용하며, 좌우 대칭인 C점에서는 전단력이 0이 된다. 아치는 직각으로 작용하는 수직 하중들을 축방향력으로 변환하게 되며, 등분포하중이 작용하면 그림의 보에서는 C점에서 휨모멘트 $\left(M = \dfrac{wl^2}{8}\right)$가 발생하지만, 아치에서는 전단력과 휨모멘트가 거의 발생되지 않는다.

정답 4-1 ③　4-2 ①

(3) 트러스(Truss) 해법

① 모든 절점을 힌지(Hinge)로 가정하고 각 부재는 축방향력(인장력, 압축력)만 받는다.
② 트러스 해석상 가정
　㉠ 트러스의 부재는 마찰이 없는 힌지만으로 연결되어 있다.
　㉡ 하중은 격점(절점)에만 집중하여 작용한다.
　㉢ 트러스의 자중은 무시한다.
　㉣ 직선 부재만으로 이루어져 있다.
　㉤ 트러스에 작용하는 단면력은 축방향력만 작용한다(전단력, 휨모멘트는 작용하지 않는다).
　㉥ 트러스의 변형은 무시한다(평면보존 법칙 성립).
　㉦ 트러스 부재와 작용하는 외력은 동일 평면 내에 있다.
③ 트러스 해법
　㉠ 지점반력은 단순보나 라멘과 같이 힘의 평형조건식으로 구한다.
　㉡ 부재력은 축방향력으로 인장력, 압축력만 생기며 인장력을 (+), 압축력을 (−)로 가정한다.
　㉢ 절점법의 부호는 절점을 향하여 들어가는 부재력을 압축(−), 절점에서 밖으로 나오는 부재력을 인장(+)으로 가정한다.

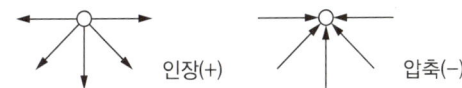

④ 영(0)부재 : 부재력(축방향력)이 0이 되는 부재
⑤ 영부재의 판별법
　㉠ 트러스 응력의 특징을 고려하여, 절점을 중심으로 고립시켜 판정한다.
　㉡ 외력, 반력이 작용하지 않는 절점 기준으로 판정한다.
　㉢ 3개 이하의 부재가 만나는 절점을 기준으로 판정한다.
　㉣ 영부재로 판정되면 이 부재를 제거하고, 다시 위의 과정을 반복한다.

10년간 자주 출제된 문제

4-3. 트러스 해법의 기본 가정으로 틀린 것은?

① 절점을 연결하는 직선은 재축과 일치한다.
② 외력은 모두 절점에 작용하는 것으로 한다.
③ 부재를 연결하는 절점은 강절점으로 간주한다.
④ 외력은 모두 트러스를 포함한 평면 안에 있는 것으로 한다.

4-4. 그림과 같은 트러스(Truss)에서 T부재에 발생하는 부재력으로 옳은 것은?

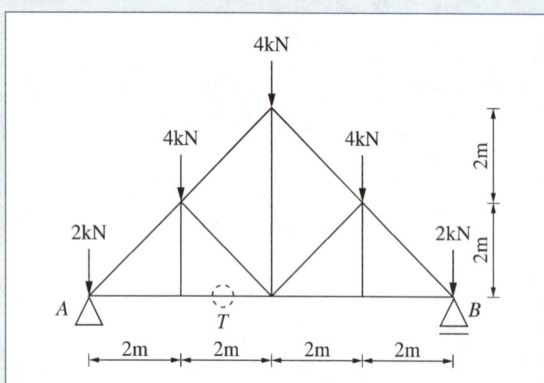

① 4kN
② 6kN
③ 8kN
④ 16kN

|해설|

4-3
트러스 부재의 각 절점은 핀(힌지)절점으로 가정한다.

4-4
단면(절단)법에 의해서 산정할 수 있다.
좌우대칭이므로 $R_A = 8kN(\uparrow)$

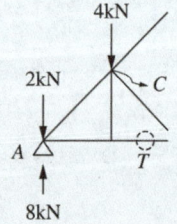

$\Sigma M_C = 0$; $8 \times 2 - 2 \times 2 - T \times 2 = 0$, ∴ $T = 6kN$

정답 4-3 ③ 4-4 ②

(4) 트러스(Truss) 영(0)부재

① 두 부재가 모이는 절점에 외력이 작용하지 않을 때 두 부재의 응력은 0이다.

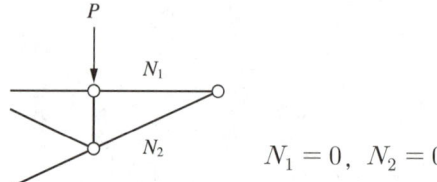

$N_1 = 0$, $N_2 = 0$

② 절점에 외력이 한 부재와 나란하게 작용할 때 다른 한 부재의 응력은 0이다.

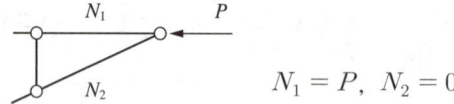

$N_1 = P$, $N_2 = 0$

③ 세 개의 부재가 모인 절점에 외력이 작용하지 않을 때 나란한 두 부재의 응력은 같고, 다른 한 부재의 응력은 0이다.

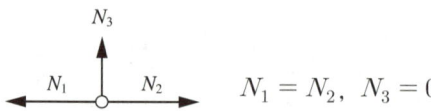

$N_1 = N_2$, $N_3 = 0$

④ 한 절점에 4개의 부재가 교차해 있고, 그 절점에 외력이 작용하지 않을 때 동일 선상에 있는 두 개의 부재 응력은 서로 같다. 단, 각각 서로의 부재는 일직선상에 있어야 하고, 부재가 이루는 각은 관계없다.

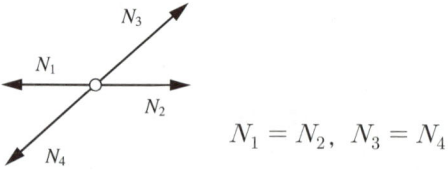

$N_1 = N_2$, $N_3 = N_4$

⑤ 동일 직선상에 있지 않은 부재에 외력(P)가 그 부재의 축방향으로 작용할 때 이 부재의 응력은 P와 같고, 동일 직선상에 있는 두 개의 부재 응력은 서로 같다.

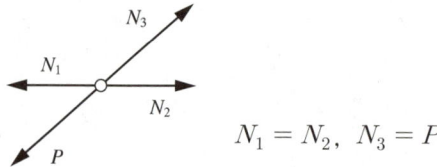

$N_1 = N_2$, $N_3 = P$

10년간 자주 출제된 문제

4-5. 그림과 같은 트러스가 절점 C 및 D에서 하중을 지지하고 있다. 이 트러스에서 응력이 발생하지 않는 부재는?

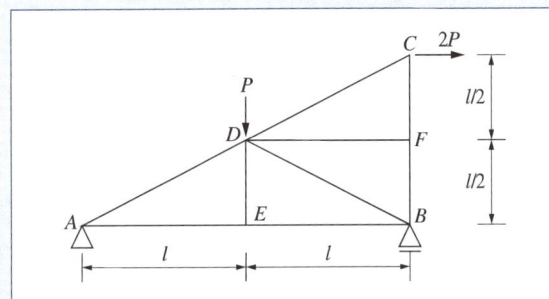

① DF
② DE 및 DB
③ DE 및 DF
④ DE, DB 및 DF

| 해설 |

4-5
부재력이 0인 부재는 DE, DF부재이다.

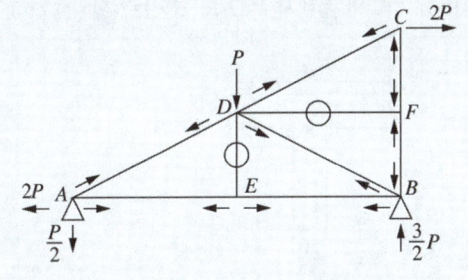

정답 ③

핵심이론 05 | 단면의 성질

(1) 단면 1차 모멘트

① 단면 1차 모멘트 = 도형의 면적 × 축에서 도심까지 거리
② 단면 1차 모멘트는 임의의 도형에서 도심(x_0, y_0)을 구함

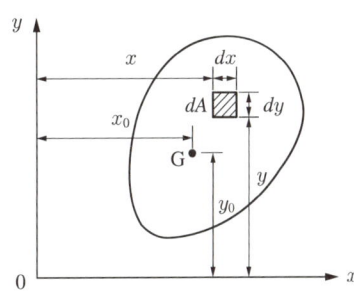

③ 단위 : 거리 × 미소 면적 = cm × cm² = cm³
④ 도심(G)을 지나는 축에 대한 단면 1차 모멘트는 0이다.
⑤ 단면 1차 모멘트는 +, -부호가 있다.
⑥ 도 심
  ㉠ 도심 : 단면 1차 모멘트가 0이 되는 좌표의 원점
  ㉡ 도심의 위치(x_0, y_0)
   • 사각형 단면
   $$y = \frac{h}{2}$$
   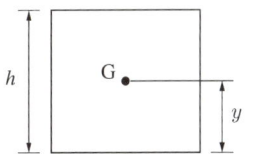

   • 삼각형 단면
   $$y_1 = \frac{h}{3}$$
   $$y_2 = \frac{2h}{3}$$
   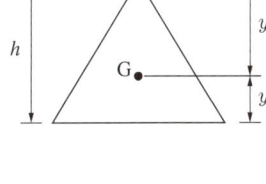

   • 원형 단면
   $$y = \frac{D}{2} = r$$
   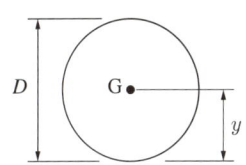

- 사다리꼴 단면

$$y_1 = \frac{h}{3} \times \frac{(2a+b)}{(a+b)}$$

$$y_2 = \frac{h}{3} \times \frac{(a+2b)}{(a+b)}$$

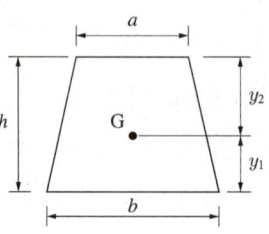

- 합성 단면

$$y = \frac{A_1 y_1 + A_2 y_2}{A_1 + A_2}$$

(A_1, A_2 : 단면적)

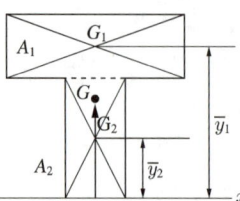

10년간 자주 출제된 문제

5-1. 그림과 같은 사다리꼴 단면형의 도심(圖心)의 위치 y를 나타내는 식은?

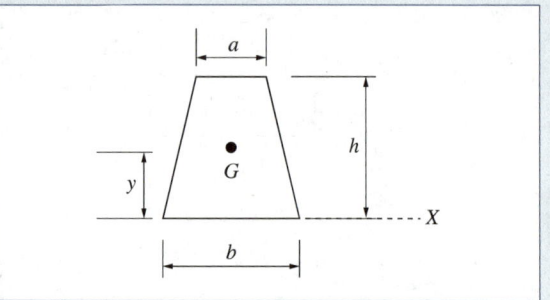

① $y = \dfrac{h}{3} \times \dfrac{2a+b}{a+b}$ ② $y = \dfrac{h}{3} \times \dfrac{a+2b}{a+b}$

③ $y = \dfrac{h}{3} \times \dfrac{a+b}{2a+b}$ ④ $y = \dfrac{h}{3} \times \dfrac{a+b}{a+2b}$

5-2. 그림과 같은 좌우대칭의 T형 단면의 도심(G)이 플랜지 하단과 일치하게 하려면 플랜지 폭 B의 크기는?(단위 : cm)

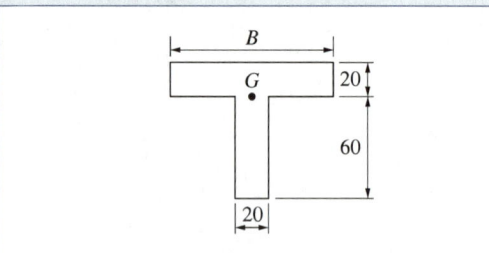

① 60cm   ② 120cm
③ 180cm   ④ 360cm

|해설|

5-1

$$y = \frac{h}{3} \times \frac{(2a+b)}{(a+b)}$$

5-2

- A_1 도형 단면 1차 모멘트
  $Gx_1 = 20 \times B \times 10 = 200 \times B [\text{cm}^3]$
- A_2 도형 단면 1차 모멘트
  $Gx_2 = 20 \times 60 \times (-30) = -36,000 \text{cm}^3$
- $Gx_1 + Gx_2 = 0$ 이므로, $200B - 36,000 = 0$ ∴ $B = 180\text{cm}$

정답 5-1 ①   5-2 ③

(2) 단면 2차 모멘트(관성모멘트)

① 단면 2차 모멘트 = 면적 × 축에서 미소 면적까지의 거리의 제곱
② 단면 2차 모멘트(I)는 휨응력(σ)에 대한 견고성을 표시하는 단면계수(Z)를 구하기 위함

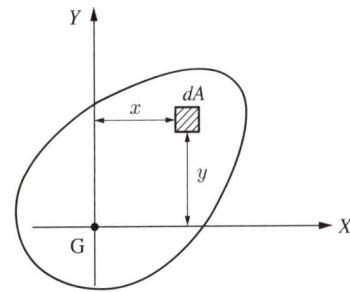

③ 단위 : 거리^2 × 미소 면적 = cm^2 × cm^2 = cm^4
④ 도심축에 대한 단면 2차 모멘트는 최솟값을 가진다.
⑤ 정방형 도형(정사각형이나 원형 단면)인 경우 단면 2차 모멘트는 축의 회전과 관계없이 일정하다.
⑥ 단면 2차 모멘트는 항상 양(+)수이다.
⑦ 도심축에 대한 단면 2차 모멘트

   ㉠ 사각형 단면

      $I_X = \dfrac{bh^3}{12}$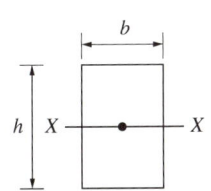

   ㉡ 삼각형 단면

      $I_X = \dfrac{bh^3}{36}$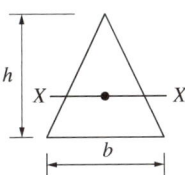

   ㉢ 원형 단면

      $I_X = \dfrac{\pi D^4}{64} = \dfrac{\pi r^4}{4}$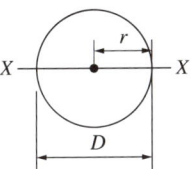

⑧ 축의 평행이동에 대한 단면 2차 모멘트(평행축 정리)
   $I_{x'} = I_x + A \cdot a^2 \,[\text{cm}^4]$, $I_{y'} = I_y + A \cdot b^2 \,[\text{cm}^4]$

10년간 자주 출제된 문제

5-3. 그림과 같은 도형의 $X-X$축에 대한 단면 2차 모멘트는?

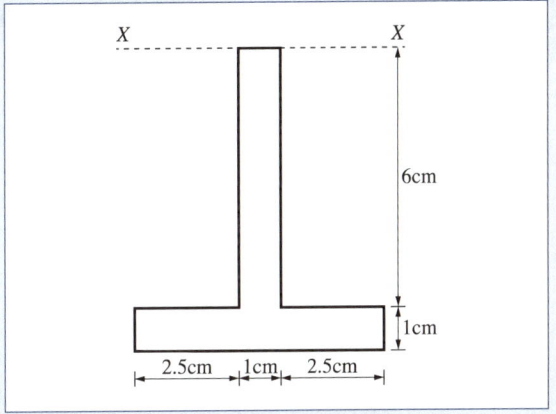

① 326cm^4 ② 278cm^4
③ 215cm^4 ④ 188cm^4

|해설|

5-3
- 단면 2차 모멘트 산정
  - 도심이 중립축일 경우, $I = \dfrac{1}{12}bh^3$
  - 도심이 중립축에서 축이 y만큼 이동할 경우, $I' = I + A \times y^2$

  따라서, $I_{X-X} = I + I'$
- 1과 2로 분리하여 단면 2차 모멘트 산정 후 합산한다.

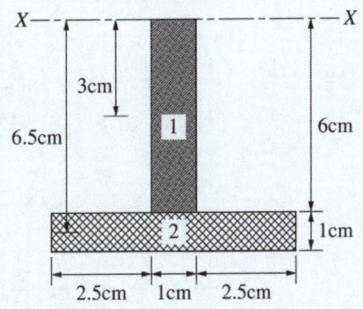

$I_1 = \dfrac{1 \times 6^3}{12} + (1 \times 6) \times 3^2 = 18 + 54 = 72\text{cm}^4$

$I_2 = \dfrac{6 \times 1^3}{12} + (1 \times 6) \times 6.5^2 = 0.5 + 253.5 = 254\text{cm}^4$

$\therefore \ I_1 + I_2 = 326\text{cm}^4$

정답 ①

(3) 단면계수(Z)와 단면 2차 반경(회전 반경)

① 단면계수(Z)

　㉠ 정의 : 도심을 지나는 축에 대한 단면 2차 모멘트를 도심에서 상하 최연단까지의 거리(가장 먼 거리)로 나눈 값으로 휨에 대한 견고성이다(단위 : cm³).

$$Z_t = \frac{I_X}{y_1}[\text{cm}^3]$$

$$Z_c = \frac{I_X}{y_2}[\text{cm}^3]$$

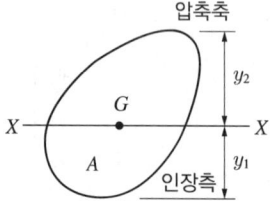

　㉡ 단면계수의 정리
　　• 단면계수가 클수록 재료의 강도가 커진다.
　　• 도심을 지나는 단면계수의 값은 0이다.
　　• 단면계수가 큰 단면일수록 휨에 대하여 강하다.

② 단면 2차 반경(회전 반경)

　㉠ 정의 : 단면 2차 모멘트(I)를 단면적(A)으로 나눈 값의 제곱근($\sqrt{\ }$)이다.

$$I = A \times r^2, \quad r^2 = \frac{I}{A}$$

$$\therefore r = \sqrt{\frac{I}{A}}\,[\text{cm}]$$

　㉡ 단면 2차 반경의 정리
　　• 봉의 형태나 기둥 등 설계에서는 최소 회전 반경을 사용한다.
　　• 사각형 단면

$$Z = \frac{bh^2}{6}$$

$$r_X = \sqrt{\frac{I_X}{A}}$$

$$= \frac{h}{2\sqrt{3}}$$

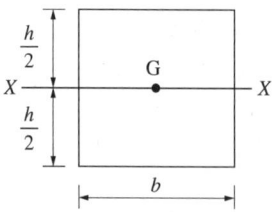

　　• 원형 단면

$$Z = \frac{\pi D^3}{32}$$

$$r_X = \frac{D}{4} = \frac{r}{2}$$

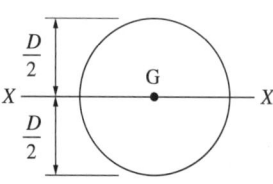

10년간 자주 출제된 문제

5-4. 그림과 같은 단면에서 x-x축에 대한 단면 2차 반경은?

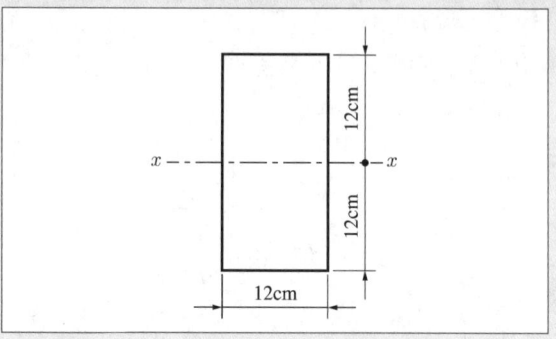

① 5.5cm　　② 6.9cm
③ 7.7cm　　④ 8.1cm

5-5. 그림과 같은 중공형 단면에 대한 단면 2차 반경 r_x는?

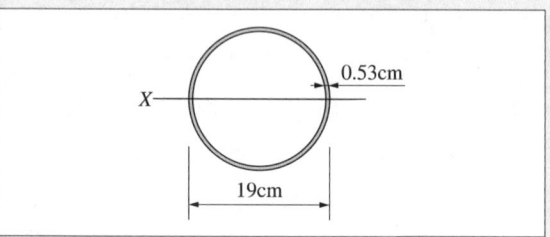

① 3.21cm　　② 4.62cm
③ 6.53cm　　④ 7.34cm

|해설|

5-4

$r = \sqrt{\dfrac{I}{A}}$, $I = \dfrac{bh^3}{12}$ 이므로,

$\therefore r = \sqrt{\dfrac{12 \times 24^3}{12 \times 24 \times 12}} = \sqrt{48} \fallingdotseq 6.93\text{cm}$

5-5

외면과 내면 I_x, A의 차를 구한다.

원형단면 : $I_0 = \dfrac{\pi d^4}{64}$, $A = \dfrac{\pi d^2}{4}$ 이므로,

• $I_x = \dfrac{\pi}{64}[19^4 - (19 - 0.53 \times 2)^4] \fallingdotseq 1,312.48\text{cm}^4$

• $A = \dfrac{\pi}{4}[19^2 - (19 - 0.53 \times 2)^2] \fallingdotseq 30.75\text{cm}^2$

단면 2차 반경을 구한다.

$\therefore r_x = \sqrt{\dfrac{I_x}{A}} = \sqrt{\dfrac{1,312.48}{30.75}} \fallingdotseq 6.53\text{cm}$

정답 5-4 ②　5-5 ③

핵심이론 06 | 응력도, 변형률

(1) 응력도(Stress, 응력)

① 정의 : 단위 면적(A)당 작용하는 힘(하중, P)

② 단위 : N/m², kgf/cm²

③ 수직 응력(축응력, 법선응력, σ)
  ㉠ 부재의 축방향으로 하중이 작용하는 경우에 발생하는 응력
  ㉡ 종류
   • 인장응력
   $$\sigma_t = \frac{P_t}{A}$$
   • 압축응력
   $$\sigma_c = \frac{P_c}{A}$$

④ 전단응력(Shearing Stress, τ 또는 V)
  ㉠ 부재 축의 직각 방향으로 하중이 작용하는 경우에 발생하는 응력
  ㉡ 종류 : 수직 전단응력, 수평 전단응력
   • 전단응력
   $$\tau = \frac{P_s}{A}$$

⑤ 휨응력(σ)
  ㉠ 휨을 받는 부재의 단면에서 발생하는 응력
  ㉡ 정(+)의 휨을 받는 경우 상연이 압축, 하연이 인장을 받는다.
  ㉢ 종류
   • 단면에서 임의 점의 휨응력 : $\sigma = \frac{M}{I}y$
   • 단면에서 연단의 최대 휨응력 : $\sigma = \frac{M}{Z}$

10년간 자주 출제된 문제

6-1. 한변의 길이가 a인 정사각형 단면을 가진 부재가 있다. 이 부재가 4kN의 인장력을 견딜 수 있는 a의 값으로 가장 적정한 것은?(단, σ_a = 4.5MPa이다)

① 15mm ② 20mm
③ 25mm ④ 30mm

6-2. 다음 그림과 같은 하중을 받는 단순보에서 단면에 생기는 최대 휨응력도는?(단, 목재는 결함이 없는 균질한 단면이다)

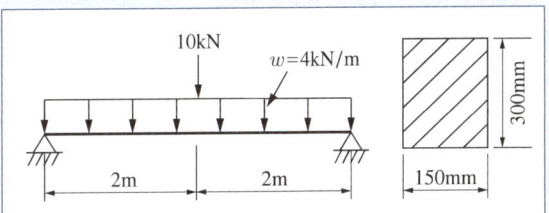

① 8MPa ② 10MPa
③ 12MPa ④ 15MPa

|해설|

6-1
단순보로 가정하여 해석한다.

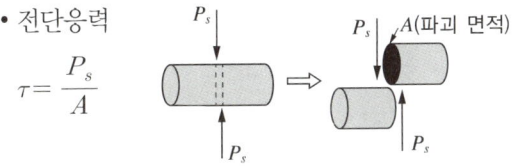

$$\sigma = \frac{P}{A} = \frac{4,000}{a^2} \leq 4.5\text{N/mm}^2$$

$$a^2 \geq \frac{4,000}{4.5}, \quad a \geq 29.8\text{mm}$$

∴ 30mm가 적정하다.

6-2
• 최대 모멘트
$$M_{max} = \frac{wL^2}{8} + \frac{PL}{4} = \frac{4 \times 4^2}{8} + \frac{10 \times 4}{4} = 18\text{kN} \cdot \text{m}$$

• 최대 휨응력
$$\sigma_{max} = \frac{M}{I}y = \frac{M}{Z}$$

• 직사각형 보의 단면계수 : $Z = \frac{bh^2}{6}$ 이므로,

$$\sigma_{max} = \frac{M}{Z} = \frac{M}{\frac{bh^2}{6}} = \frac{M \times 6}{bh^2}$$

$$\therefore \sigma_{max} = \frac{18 \times 10^6 \times 6}{150 \times 300^2} = 8\text{N/mm}^2 = 8\text{MPa}$$

정답 6-1 ④ 6-2 ①

(2) 변형률(Strain, 변형도)

① 정의 : 축방향력을 받았을 때의 변형량을 본래 변형 전 길이로 나눈 값(선변형률 또는 길이변형률)

② 변형률$(\varepsilon) = \dfrac{\text{변형된 길이}(\Delta l)}{\text{원래의 길이}(l)}$

　㉠ 축(길이)방향 변형률 : $\varepsilon = \dfrac{\Delta l}{l}$

　㉡ 횡(직경)방향 변형률 : $\beta = \dfrac{\Delta D}{D}$

③ 푸아송비와 푸아송수

　㉠ 푸아송비$(\nu) = \dfrac{\text{압축변형률}}{\text{인장변형률}} = \dfrac{1}{\text{푸아송수}(m)}$

　㉡ 푸아송수$(m) = \dfrac{\varepsilon}{\beta} = \dfrac{\Delta l/l}{\Delta D/D} = \dfrac{D \times \Delta l}{l \times \Delta D}$

④ 전단변형률(Shear Strain)

　㉠ 전단으로 인해 재료가 변형하는 정도

　㉡ 전단변형률(γ)는 단위길이에 대한 변화량(미끄럼량)이므로 변화율이 된다.

$$\gamma = \dfrac{\lambda_s}{l} = \tan\phi$$

　여기서, γ : 전단변형률
　　　　　λ_s : 전단변형길이
　　　　　ϕ : 전단각

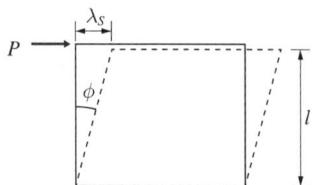

(3) 응력-변형률 선도

① 응력-변형률 선도 : 어떤 재료의 인장 또는 압축시험 결과로 얻어진 응력, 변형률 관계를 그림으로 나타낸 것

② 훅의 법칙(Hooke's Law)

　㉠ 재료의 탄성한도 내에서 응력은 변형률에 비례한다.

　　• $\sigma = E \times \varepsilon = E \times \dfrac{\lambda}{l}$

　　• $\lambda = \dfrac{\sigma \times l}{E} = \dfrac{P \times l}{A \times E}\,[\text{mm}]$

　㉡ 탄성계수, 변형량

　　• σ-ε 선도의 탄성범위에서의 기울기를 의미한다(훅의 법칙에서의 비례상수).

　　• 단위 : MPa, N/mm^2

　　• 탄성계수 : $E = \dfrac{\sigma}{\varepsilon} = \dfrac{P \cdot l}{A \cdot \Delta l}$

　　• 변형량 : $\Delta l = \dfrac{P \cdot l}{E \cdot A}$

10년간 자주 출제된 문제

6-3. 지름이 21mm인 강봉에 30kN의 인장력을 작용시켰더니 길이가 3m에서 3.006m로 늘어났다. 변형률은?

① 0.001　　② 0.002
③ 0.006　　④ 0.028

6-4. 단면이 500mm²이고 길이가 3m인 강봉에 50kN의 축방향 인장하중이 작용한다면 늘음량은?(단, 강봉의 탄성계수 $E = 2.0 \times 10^5$MPa임)

① 2.5mm　　② 1.5mm
③ 0.5mm　　④ 6.5mm

6-5. 직경 2.2cm, 길이 50cm의 강봉에 축방향 인장력을 작용시켰더니 길이는 0.04cm 늘어났고 직경은 0.0006cm 줄었다. 이 재료의 푸아송수는?

① 0.34　　② 2.93
③ 0.015　　④ 66.67

|해설|

6-3
세로 변형도(길이방향 변형도)

$$\varepsilon = \frac{\Delta l (\text{변형된 길이})}{l (\text{원래의 길이})} = \frac{0.006\text{m}}{3\text{m}} = 0.002$$

6-4

$$\Delta l = \frac{P \times l}{A \times E} = \frac{50{,}000\text{N} \times 3{,}000\text{mm}}{500\text{mm}^2 \times 2.0 \times 10^5 \text{N/mm}^2} = 1.5\text{mm}$$

6-5

$$\text{푸아송수}(m) = \frac{\frac{0.04}{50}}{\frac{0.0006}{2.2}} = \frac{0.04 \times 2.2}{50 \times 0.0006} \fallingdotseq 2.93$$

변형률

- 인장 변형률 $\varepsilon = \dfrac{\delta}{l}$
- 압축 변형률 $\varepsilon = -\dfrac{\delta}{l}$

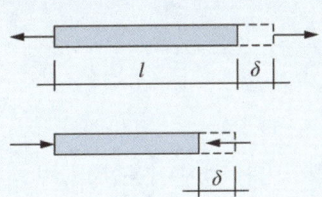

정답　6-3 ②　6-4 ②　6-5 ②

(4) 전단중심

① 임의의 단면에 하중이 작용할 때, 비틀림이 없는 단순굽힘상태(순수 휨상태)를 유지하기 위한 각 단면에서의 전단응력의 합력이 통과하는 위치나 점

② 전단중심의 위치

㉠ 양축에 대칭(2축 대칭)인 단면의 전단중심은 도심과 일치한다.

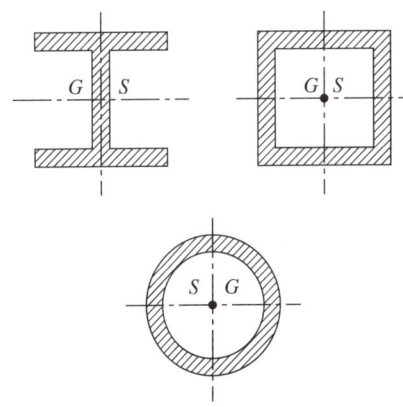

㉡ 어느 한 축에 대칭(1축 대칭)인 단면의 전단중심은 대칭 축상에 존재한다.

㉢ 비대칭의 전단중심은 축선상에 위치하지 않을 수 있다.

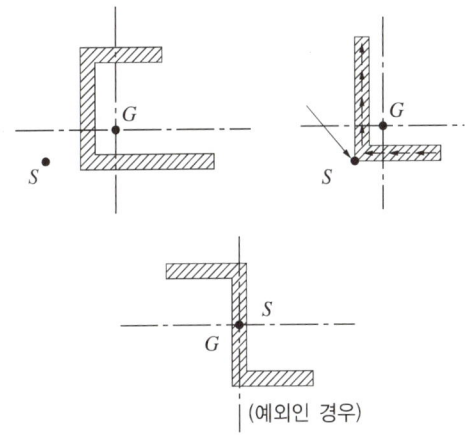

(예외인 경우)

10년간 자주 출제된 문제

6-6. 그림과 같은 단면의 주축(主軸)으로 옳지 않은 것은?

①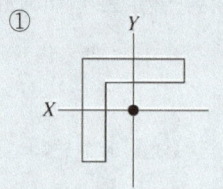
②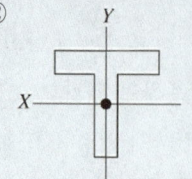
③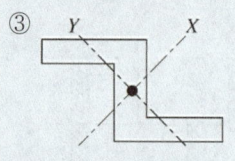
④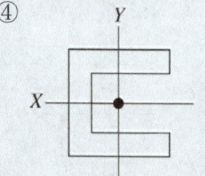

|해설|

6-6
주축은 대칭일 경우 좌표축과 수직이 된다.

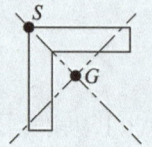

여기서, G : 도심(중심)
S : 전단 중심
축 : 주축

정답 ①

핵심이론 07 | 기둥, 기초

(1) 기둥의 판별

① 기둥의 세장비를 이용하여 판별

② 기둥의 세장비(λ) : 기둥의 가늘고 긴 정도의 비

$$\lambda = \frac{\text{유효 좌굴길이}}{\text{최소 단면 2차 반경}} = \frac{Kl}{r} = \frac{Kl}{\sqrt{\dfrac{I}{A}}}$$

여기서, K : 좌굴 유효길이 계수
　　　　A : 단면적
　　　　l : 기둥 지지길이
　　　　I : 단면 2차 모멘트

③ 단주 : $\lambda = \dfrac{l}{r} < 100$, 장주 : $\lambda = \dfrac{l}{r} \geq 100$

(2) 단주의 해석

① 중심축에 하중 작용 : 전단면에 균일한 압축응력 발생

$$\sigma = \frac{P}{A}$$

여기서, σ : 압축응력
　　　　P : 중심축 하중
　　　　A : 단면적(bh)

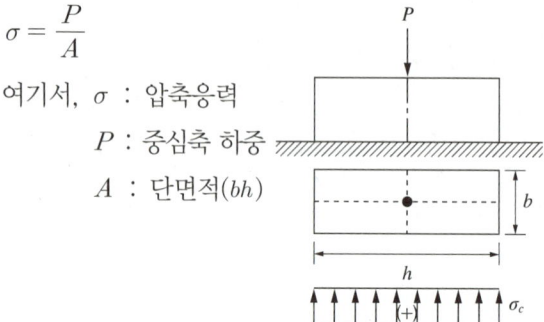

② 1축 편심축 하중이 작용하는 경우
　㉠ 하중이 한 쪽에 편심되어 작용하면 축방향 응력을 받는 동시에 편심 모멘트에 의한 휨응력도 같이 받는다.
　㉡ 응력 = 축응력 ± 휨응력 : $\sigma = \dfrac{P}{A} \pm \dfrac{M}{Z}$

③ 단면의 핵, 핵점
　㉠ 핵과 핵점 : 하중이 어떤 점에 작용할 때, 반대편 단부 응력이 0인 점이 핵점이며, 이 점들의 내면이 핵이다.

ⓒ 핵거리(e) : 인장응력이 생기지 않는 편심거리

$$e = \frac{r^2}{y}$$

여기서, r : 최소 회전 반지름$\left(=\sqrt{\dfrac{I}{A}}\right)$

　　　　y : 도심거리

ⓒ 각 단면의 핵거리(e)
- 사각형 : $e = \dfrac{b}{6}$
- 원형 : $e = \dfrac{D}{8}$
- 삼각형 : $e = \dfrac{b}{8}$

10년간 자주 출제된 문제

7-1. 양단 힌지인 길이 6m의 H−300×300×10×15의 기둥이 약축방향으로 부재 중앙이 가새로 지지되어 있을 때 이 부재의 세장비는?(단, 단면 2차 반경 γ_x=13.1cm, γ_y=7.51cm)

① 40.0　　② 45.8
③ 58.2　　④ 66.3

7-2. 그림과 같은 기둥단면이 300mm×300mm인 사각형 단주에서 기둥에 발생하는 최대 압축응력은?(단, 부재의 재질은 균등한 것으로 본다)

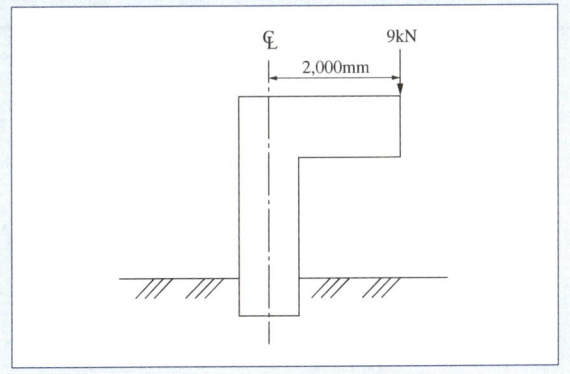

① −2.0MPa　　② −2.6MPa
③ −3.1MPa　　④ −4.1MPa

|해설|

7-1
- 양단힌지 : 좌굴길이 계수(K) = 1.0

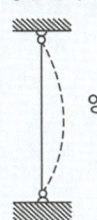

양단힌지 ∴ K=1.0

- 세장비(약축방향 중간 횡지지 : $l/2$ 적용)

　강축 : l=6m, $\lambda_x = \dfrac{Kl}{\gamma_x} = \dfrac{1.0 \times 600\text{cm}}{13.1\text{cm}} ≒ 45.8$

　약축 : l=3m, $\lambda_y = \dfrac{Kl}{\gamma_y} = \dfrac{1.0 \times 300\text{cm}}{7.51\text{cm}} ≒ 39.9$

∴ 부재의 세장비는 큰 값으로 λ_x=45.8

7-2

$$\sigma = \frac{P}{A} + \frac{M}{Z}$$

$$= \frac{9,000}{300 \times 300} + \frac{6 \times 9,000 \times 2,000}{300 \times 300^2}$$

$$= 0.1 + 4.0 = 4.1\text{MPa(압축)}$$

정답 7-1 ②　7-2 ④

(3) 장주의 해석

① 오일러(Euler)의 공식

㉠ 좌굴하중(P_{cr}) = $\dfrac{\pi^2 EI}{(Kl)^2}$

여기서, EI : 휨강도, E : 탄성계수

㉡ 좌굴응력(σ_{cr}) = $\dfrac{P_{cr}}{A}$ = $\dfrac{\pi^2 E}{\left(\dfrac{Kl}{r}\right)^2}$

② 장주의 계수(K, 좌굴 유효길이 계수)

조건	구 속			자 유	
회전조건	양단 힌지	양단 구속	한단힌지 타단구속	양단구속	한단자유 타단구속
좌굴 형태					
K	1.0	0.5	0.7	1.0	2.0

(4) 기초

① 압축을 정(+), 인장을 부(-)로 한다. 기초 저면의 응력은 대부분 압축이기 때문이다.

② 기초 저면의 편심거리

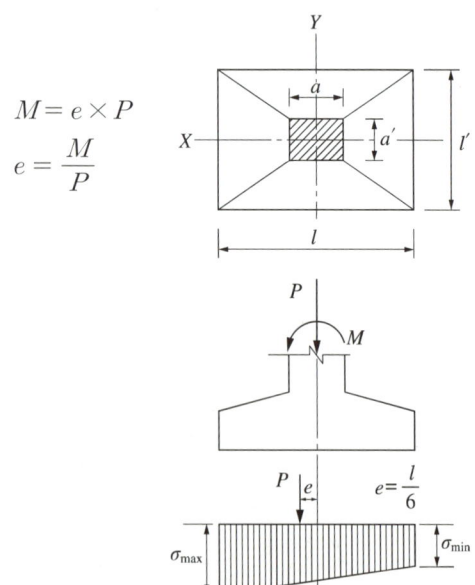

$M = e \times P$
$e = \dfrac{M}{P}$

$e = \dfrac{l}{6}$

10년간 자주 출제된 문제

7-3. 다음 중 압축재의 좌굴하중 산정 시 직접적 관계가 없는 것은?

① 부재의 푸아송비
② 부재의 단면 2차 모멘트
③ 부재의 탄성계수
④ 부재의 지지조건

7-4. 1단은 고정, 1단은 자유인 길이 10m인 철골기둥에서 오일러의 좌굴하중은 몇 kN인가?(단, $A = 6,000mm^2$, $I_x = 4,000cm^4$, $I_y = 2,000cm^4$, $E = 205,000MPa$)

① 101.2 ② 168.4
③ 195.7 ④ 202.4

7-5. 부재의 EI가 일정하고, 양단 지지상태가 그림과 같은 경우, A기둥의 탄성좌굴하중은 B기둥의 몇 배인가?

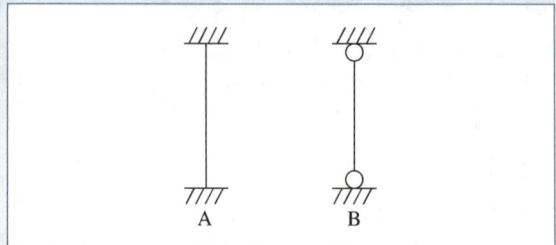

① 4배 ② 6배
③ 8배 ④ 16배

7-6. 독립기초(자중 포함)가 축방향력 650kN, 휨모멘트 130kN·m를 받을 때 기초 저면의 편심 거리는?

① 0.2m ② 0.3m
③ 0.4m ④ 0.6m

| 해설 |

7-3
부재의 푸아송비는 관계없다.

7-4
좌굴은 I값이 작은 쪽으로 생긴다($K = 2.0$).
$$P_{cr} = \frac{\pi^2 \times 205,000\text{MPa} \times 2,000 \times (10\text{mm})^4}{(2 \times 10,000\text{mm})^2} ≒ 101.2\text{kN}$$

7-5
• 양단고정 좌굴하중(P_{cr1})
$$P_{cr1} = \frac{\pi^2 EI}{(0.5l)^2} = \frac{1}{0.25} \times \frac{\pi^2 EI}{l^2} = 4 \times \frac{\pi^2 EI}{l^2}$$
• 양단고정 좌굴하중(P_{cr2})
$$P_{cr2} = \frac{\pi^2 EI}{(1.0l)^2} = \frac{1}{1} \times \frac{\pi^2 EI}{l^2} = 1 \times \frac{\pi^2 EI}{l^2}$$
∴ $P_{cr1} : P_{cr2} = 4 : 1$이며, 4배가 된다.

7-6
$M = P \times e$, ∴ $e = \dfrac{M}{P} = \dfrac{130\text{kN} \cdot \text{m}}{650\text{kN}} = 0.2\text{m}$

정답 7-3 ① 7-4 ① 7-5 ① 7-6 ①

핵심이론 08 | 구조물의 변형

(1) 단순보의 처짐, 처짐각

① 공액보(Conjugate Beam)법(탄성 하중법)
 ㉠ 굽힘 모멘트 선도(BMD)를 하중으로 생각한 보
 ㉡ 처짐각(θ) = 전단력을 EI로 나눈 값 : $\theta = \dfrac{V}{EI}$
 ㉢ 처짐(δ) = 모멘트를 EI로 나눈 값 : $\delta = \dfrac{M}{EI}$

② 단순보의 하중 상태별 처짐과 처짐각

하중 상태	처짐각	처 짐
중앙 집중하중 P (경간 l, $l/2$ 위치)	$\theta_A = -\theta_B$ $\dfrac{Pl^2}{16EI}$	$\delta_{max} = \dfrac{Pl^3}{48EI}$
임의 위치 집중하중 P (a, b)	$\theta_A = \dfrac{Pb}{6EIl}(l^2 - b^2)$ $\theta_B = -\dfrac{Pa}{6EIl}(l^2 - a^2)$	$\delta_C = \dfrac{Pa^2b^2}{3EIl}$
등분포하중 w	$\theta_A = -\theta_B$ $\dfrac{wl^3}{24EI}$	$\delta_{max} = \dfrac{5wl^4}{384EI}$

(2) 캔틸레버 보(외팔보)의 처짐, 처짐각

① 모멘트 면적법으로써 외팔보의 처짐각, 처짐을 구함
② 캔틸레버 보의 하중 상태별 처짐과 처짐각

하중 상태	처짐각	처 짐
자유단 집중하중 P	$\theta_B = \dfrac{Pl^2}{2EI}$	$\delta_B = \dfrac{Pl^3}{3EI}$
임의 위치 집중하중 P (a, b)	$\theta_C = \theta_B = \dfrac{Pa^2}{2EI}$	$\delta_B = \dfrac{Pa^2}{6EI}(3l - a)$
중앙 집중하중 P ($l/2$)	$\theta_C = \theta_B = \dfrac{Pl^2}{8EI}$	$\delta_B = \dfrac{5Pl^3}{48EI}$
자유단 및 중앙 집중하중 P	$\theta_B = \dfrac{3Pl^2}{8EI}$	$\delta_B = \dfrac{11Pl^3}{48EI}$
등분포하중 w	$\theta_B = \dfrac{wl^3}{6EI}$	$\delta_B = \dfrac{wl^4}{8EI}$

10년간 자주 출제된 문제

8-1. 다음 그림과 같은 단순보의 중앙점에서 보의 최대 처짐은?(단, 부재의 EI는 일정하다)

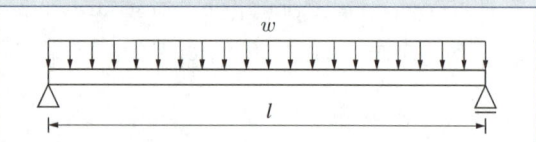

① $\dfrac{wl^3}{24EI}$ ② $\dfrac{wl^3}{48EI}$ ③ $\dfrac{wl^4}{384EI}$ ④ $\dfrac{5wl^4}{384EI}$

8-2. 다음 그림과 같은 보의 C점에서의 최대 처짐은?

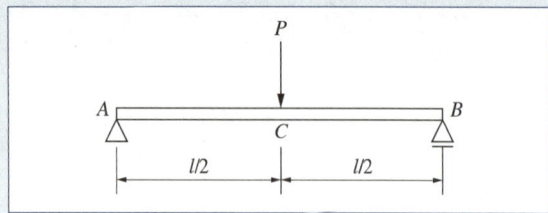

① $\dfrac{Pl^3}{2EI}$ ② $\dfrac{Pl^3}{48EI}$ ③ $\dfrac{Pl^3}{384EI}$ ④ $\dfrac{5Pl^3}{384EI}$

8-3. 그림에서 동일 처짐이 되기 위한 P_1, P_2의 값의 비로 옳은 것은?(단, 부재의 EI는 일정하다)

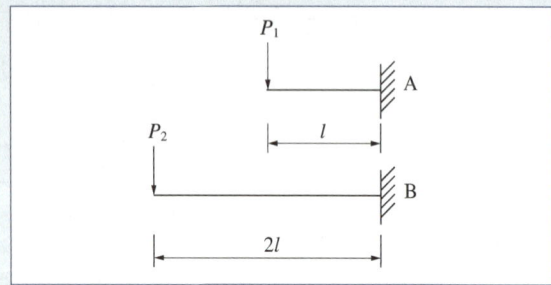

① $P_1 : P_2 = 2 : 1$ ② $P_1 : P_2 = 4 : 1$
③ $P_1 : P_2 = 6 : 1$ ④ $P_1 : P_2 = 8 : 1$

|해설|

8-3
문제의 조건에서 $\delta_1 = \delta_2$
$\dfrac{P_1 l^3}{3EI} = \dfrac{P_2 (2l)^3}{3EI}$, $P_1 = P_2 \times 8$
∴ $\dfrac{1}{8} = \dfrac{P_2}{P_1}$ 이므로, $P_1 : P_2 = 8 : 1$

정답 8-1 ④ 8-2 ② 8-3 ④

핵심이론 09 | 부정정 구조

(1) 부정정 보의 종류
① 힘의 평형방정식($\sum X = 0$, $\sum Y = 0$, $\sum M = 0$)만으로 미지수(반력, 단면력)를 구할 수 없는 보
② 종류 : 양단 고정보, 일단 고정 타단 지지보, 연속보

(2) 모멘트 분배법
① 강도(K) : $K = \dfrac{I}{l}$

② 강비(k, 상대강도) : $k = \dfrac{\text{부재의 강도}}{\text{표준(기준) 강도}} = \dfrac{K}{K_0}$

③ 유효강비(k_e) : 부재의 분배율 계산에 이용하는 강도계수

부재 종류	유효강비
양단 고정(또는 탄성 고정)의 부재	$1k$
일단 고정 타단 활절(Pin)의 부재	$\dfrac{3}{4}k$
절점 회전각이 대칭인 부재, 대칭 라멘이 대칭 하중을 받을 경우의 대칭축 부재	$\dfrac{1}{2}k$
절점 회전각이 역대칭인 부재, 대칭 라멘이 역대칭 하중을 받을 경우의 대칭축 부재	$\dfrac{3}{2}k$

④ 분배율(분배계수, DF ; Distribution Factor) : 2개 이상의 부재가 연결된 곳에 작용하는 불균형모멘트를 각 부재에 분배하는 비율
$DF = \dfrac{k}{\sum k}$

⑤ 분배 모멘트(DM ; Distribution Moment) : 작용 모멘트 중 각 부재에 분배되는 분배 모멘트($DM = M \times DF$)

$DM_{OA} = M \times DF_{OA}$
$DM_{OB} = M \times DF_{OB}$
$DM_{OC} = M \times DF_{OC}$

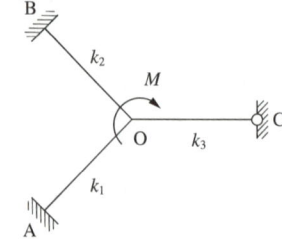

⑥ 전달 모멘트

　㉠ 전달률(도달률, 도달계수, CF) : 상대 단에 전달되는 모멘트의 비율(고정단의 경우 1/2만 전달)

　㉡ 전달 모멘트(CM) : $CM = \dfrac{1}{2} \times DM$

10년간 자주 출제된 문제

9-1. 그림에서 B점에 도달되는 모멘트는 얼마인가?

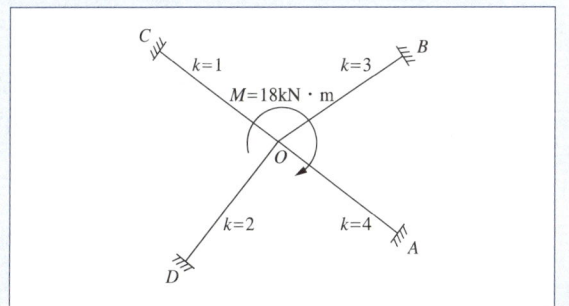

① 2.7kN·m　　② 3.0kN·m
③ 5.4kN·m　　④ 6.0kN·m

9-2. 다음 그림과 같은 구조에서 B단에 발생하는 모멘트는?

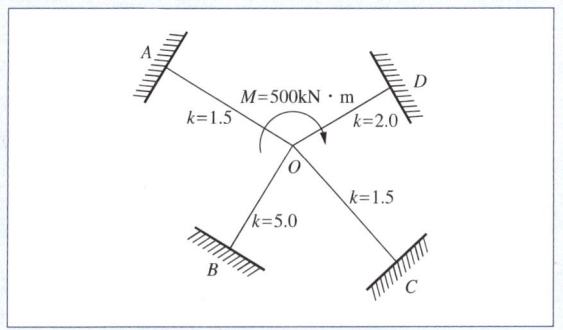

① 125kN·m　　② 188kN·m
③ 250kN·m　　④ 300kN·m

|해설|

9-1

• 분배 모멘트

$DM_{OB} = M \times DF = 18 \times \dfrac{3}{4+3+1+2} = 5.4 \text{kN} \cdot \text{m}$

• 전달(도달) 모멘트는 분배 모멘트의 $\dfrac{1}{2}$만 전달된다.

$\therefore M_{OB} = \dfrac{1}{2} DM_{OB} = \dfrac{1}{2} \times 5.4 = 2.7 \text{kN} \cdot \text{m}$

9-2

• 분배 모멘트

$DF_{OB} = \dfrac{k_{OB}}{\sum k} = \dfrac{5}{1.5+5+1.5+2} = \dfrac{1}{2}$

$\therefore DM_{OB} = M_O \times DF_{OB} = 500 \times \dfrac{1}{2} = 250 \text{kN} \cdot \text{m}$

• 도달 모멘트는 분배 모멘트의 $\dfrac{1}{2}$만 전달된다.

$\therefore DM_{OB} \times \dfrac{1}{2} = 250 \times \dfrac{1}{2} = 125 \text{kN} \cdot \text{m}$

정답 9-1 ①　9-2 ①

제3절 철근콘크리트

핵심이론 01 | 총론

(1) 철근콘크리트의 특성

① 내구성, 내화성, 내진성을 가진다.
② 압축강도가 크며, 일체식 구조와 강성이 큰 재료로 만들 수 있다.
③ 콘크리트 속의 철근은 부식되지 않으며, 철근과 콘크리트 사이의 부착강도가 크다.
④ 강구조에 비해 경제적이고, 구조물의 유지·관리가 쉽다.
⑤ 철근과 콘크리트 두 재료의 열팽창계수(온도변화율)가 거의 같다.
⑥ 취성재료인 콘크리트와 연성재료인 철근을 결합하여 구조 부재의 연성파괴를 유도할 수 있다.
⑦ 콘크리트에 균열이 발생하며, 중량이 크다.
⑧ 인장강도가 낮다.
⑨ 크리프(Creep), 건조수축(Dry Shrinkage) 등의 소성 변형이 크다.

(2) 응력-변형률선도, 탄성계수

① 콘크리트의 응력-변형률선도
  ㉠ 초기에는 거의 직선(탄성)으로 거동한다.
  ㉡ 보통강도 콘크리트(40MPa 이하)에서는 변형률 0.002에서 최대 응력을 나타낸다.
  ㉢ 설계기준압축강도(f_{ck}) : 변형률 0.002에서의 최대 응력을 말하며, 콘크리트 재령 28일 압축강도(f_{28})이다.
  ㉣ 콘크리트의 압축변형률이 극한변형률(ε_{cu})에 도달하면 파괴되는 것으로 가정한다.
    • $f_{ck} \leq$ 40MPa일 경우 ε_{cu}=0.0033
    • $f_{ck} >$ 40MPa일 경우 ε_{cu}=매 10MPa의 강도 증가에 대하여 0.0033에서 0.0001씩 감소시킨다.

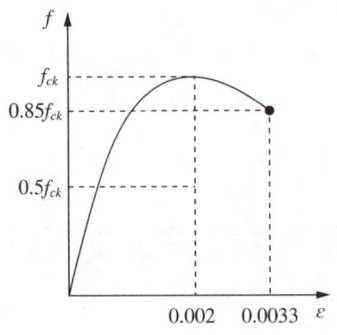

② 탄성계수(E_c)
  ㉠ 보통중량골재를 사용한 콘크리트(m_c = 2,300kg/m³)의 경우
    $E_c = 8,500 \times \sqrt[3]{f_{cm}}$ [MPa]
  ㉡ 콘크리트의 평균 압축강도(f_{cm})에 대한 충분한 시험자료가 없는 경우
    $f_{cm} = f_{ck} + \Delta f$
    여기서, $f_{ck} \geq$ 60 MPa이면, Δf = 6 MPa
    $f_{ck} \leq$ 40 MPa이면, Δf = 4 MPa
    40 MPa< f_{ck} < 60 MPa이면, Δf는 직선보간

③ 탄성계수비(n) : $n = \dfrac{E_s}{E_c}$

④ 경량콘크리트계수(λ)
  ㉠ 콘크리트의 쪼갬인장강도(f_{sp}) 값이 규정되어 있지 않은 경우
    • 보통중량콘크리트 : λ =1.0
    • 전경량콘크리트 : λ =0.75
    • 모래경량콘크리트 : λ =0.85
  ㉡ 콘크리트의 쪼갬인장강도(f_{sp}) 값이 주어진 경우
    $\lambda = \dfrac{f_{sp}}{(0.56\sqrt{f_{ck}})} \leq 1.0$

10년간 자주 출제된 문제

1-1. 콘크리트 압축강도가 30MPa일 때 보통 골재를 사용한 콘크리트의 탄성계수는?

① 2.62×10^4 MPa ② 2.75×10^4 MPa
③ 2.95×10^4 MPa ④ 3.12×10^4 MPa

1-2. 보통 골재를 사용한 철근콘크리트보에 콘크리트 압축강도(f_{ck} = 24MPa), 철근의 항복강도(f_y = 400MPa)의 재료를 사용할 경우 탄성계수비는 약 얼마인가?(단, $E_s = 2 \times 10^5$ MPa, KCI(2012) 기준)

① 6.75 ② 7.75
③ 8.25 ④ 9.15

|해설|

1-1
보통골재일 경우, 콘크리트 탄성계수(E_C) = $8,500 \times \sqrt[3]{f_{ck} + \Delta f}$
Δf는 $f_{ck} \leq$ 40MPa(보통콘크리트)이면 4MPa이다.
∴ $E_C = 8,500 \times \sqrt[3]{30+4} ≒ 2.75 \times 10^4$ MPa

1-2
탄성계수비$(n) = \dfrac{E_S}{E_C} = \dfrac{E_S}{8,500 \times \sqrt[3]{f_{ck} + \Delta f}}$

(Δf는 $f_{ck} \leq$ 40MPa일 경우 4MPa임)

∴ $n = \dfrac{200,000}{8,500 \times \sqrt[3]{24+4}} ≒ \dfrac{200,000}{25,800} ≒ 7.75$

정답 1-1 ② 1-2 ②

(3) 콘크리트 일반사항

① 휨인장강도와 전단강도

㉠ 휨인장강도(파괴계수) : 휨인장 시 인장측에서 균열이 시작될 때의 인장응력
$$f_r = 0.63 \times \lambda \sqrt{f_{ck}} \text{ [MPa]}$$

㉡ 전단강도 : 인장강도보다 20~30% 더 큰 값을 갖는다.

㉢ 설계전단력
$$\phi V_n = \phi(V_c + V_s)$$
여기서, V_c : 콘크리트의 공칭전단강도
V_s : 전단보강근에 의한 공칭전단강도
ϕ : 전단력 강도감소계수 0.75

② 콘크리트의 크리프

㉠ 크리프(Creep) 변형 : 탄성변형 이후 지속하중으로 인하여 콘크리트에 일어나는 소성적 장기변형

㉡ 탄성변형 : 하중이 실리는 순간 일어나는 순간변형

㉢ 크리프는 진행 처음 28일 동안에 전체 크리프량의 약 50%, 4개월 이내에 약 80%, 2년 이내에 약 90%가 발생하고, 2~5년 후엔 크리프 발생이 거의 완료된다.

③ 콘크리트의 건조수축

㉠ 콘크리트 타설 시 콘크리트 수화반응 후 블리딩(Bleeding) 현상에 의하여 콘크리트 속에 있던 자유수가 증발함에 따라 콘크리트가 수축하는 현상

㉡ 콘크리트의 건조수축은 단위수량과 단위시멘트량의 영향을 크게 받는다.

㉢ 콘크리트의 수축응력 : 철근에는 압축응력이 일어나고 콘크리트에는 인장응력이 일어난다.

10년간 자주 출제된 문제

1-3. 콘크리트의 크리프(Creep) 현상에 대한 설명 중 틀린 것은?
① 재령이 적은, 즉 재하 시기가 빠를수록 크다.
② 부재의 길이에 대한 높이가 클수록 크다.
③ 보양이 나쁠수록 크다.
④ 물시멘트비(W/C)가 큰 콘크리트를 사용할 때 크다.

1-4. 콘크리트에 일어나는 변형에서 지속하중으로 인하여 일어나는 장기변형을 뜻하는 것은?
① 응력   ② 크리프
③ 건조수축 ④ 전단변형

1-5. 콘크리트의 크리프에 영향을 미치는 요인에 대한 설명으로 옳지 않은 것은?
① 물시멘트비가 클수록 크리프가 크게 일어난다.
② 단위시멘트량이 많을수록 크리프가 증가한다.
③ 콘크리트 부재의 치수가 클수록 크리프가 감소한다.
④ 온도가 낮을수록 크리프가 증가한다.

|해설|

1-3
부재의 길이에 대한 높이가 클수록 크리프는 작아진다.
크리프의 증가 원인
- 물시멘트비가 많을 때
- 단위시멘트량이 많을 때
- 진동기를 사용하지 않을 경우
- 온도가 높을 때
- 습도가 낮을 때
- 단면의 치수가 작을 때
- 재령이 작을 때
- 재하 시기가 빠를 때

1-4
크리프(Creep) 변형 : 탄성변형 이후 지속하중으로 인하여 콘크리트에 일어나는 소성적 장기변형

1-5
온도가 높을수록 크리프가 증가한다.

정답 1-3 ② 1-4 ② 1-5 ④

(4) 철근 일반사항

① 이형철근은 원형철근에 비해 부착력이 증대되고 균열폭을 작게 한다.

② 철근의 공칭값 : 동일한 길이, 동일한 중량의 원형철근의 지름, 단면적, 둘레로 환산한 값

③ 스터럽 : 보의 주근을 둘러싸고 이에 직각 또는 45° 이상 경사로 배근한 복부보강근(전단력, 비틀림 모멘트 저항)

④ 철근 간격 제한 : 콘크리트의 균열 제어 목적
　㉠ 동일 평면에서 철근의 평행한 수평 순간격
　　• 25mm 이상
　　• 철근 공칭지름 이상
　　• 굵은 골재 최대 치수의 4/3배 이상
　㉡ 2단 이상 배치된 철근의 상하 연직 순간격
　　• 동일 연직면 내에 배치
　　• 연직 순간격 25mm 이상

⑤ 프리스트레스하지 않는 부재의 현장치기 콘크리트의 최소 피복두께(단위 : mm)

종류			피복두께
수중에서 타설하는 콘크리트			100
흙에 접하여 콘크리트를 친 후 영구히 흙에 묻혀 있는 콘크리트			75
흙에 접하거나 옥외의 공기에 직접 노출되는 콘크리트		D19 이상 철근	50
		D16 이하 철근	40
옥외의 공기나 흙에 직접 접하지 않는 콘크리트	슬래브, 벽체, 장선	D35 초과	40
		D35 이하	20
	보, 기둥	$f_{ck} < 40$MPa	40
		$f_{ck} \geq 40$MPa	30
	셸, 절판부재		20

⑥ 철근의 표면상태
　㉠ 철근의 표면에는 부착을 저해하는 흙, 기름 또는 비금속 도막이 없어야 한다.
　㉡ 긴장재를 제외하고 철근의 녹, 가공 부스러기, 그 조합은 마디의 높이를 포함하는 철근 최소 치수와 중량에 미달하지 않는 한 제거할 필요는 없다.

ⓒ 긴장재 표면은 청결하게 유지하며 기름, 먼지, 가공 부스러기, 흠집 및 과도한 녹이 없어야 하지만, 강도에 영향을 주지 않는 경미한 녹은 허용할 수 있다.

10년간 자주 출제된 문제

1-6. 철근의 부착성능에 영향을 주는 요인에 관한 설명으로 옳지 않은 것은?
① 이형철근이 원형철근보다 부착강도가 크다.
② 블리딩의 영향으로 수직 철근이 수평 철근보다 부착강도가 작다.
③ 보통의 단위중량을 갖는 콘크리트의 부착강도는 콘크리트의 인장강도, 즉 $\sqrt{f_{ck}}$에 비례한다.
④ 피복두께가 크면 부착강도가 크다.

1-7. 철근콘크리트조에 관한 설명으로서 옳지 않은 것은?
① 보에 대한 주근의 이음 위치로서 굽힘철근은 굽힘 부분에 둔다.
② 철근에 대한 피복의 목적은 방청, 내화, 부착력 유지 등이 있다.
③ 기둥의 띠철근 간격은 축방향 철근지름의 16배, 띠철근 지름의 48배, 기둥의 최소 폭 이하로 한다.
④ 보에서 늑근의 간격은 보 춤의 2/3 이하 또는 400mm 이하로 한다.

1-8. 강도설계법에서 흙에 접하는 기둥의 최소 피복두께 기준으로 옳은 것은?(단 KCI(2012) 기준, 프리스트레스 하지 않는 부재의 현장치기 콘크리트로서 D25인 철근임)
① 20mm   ② 30mm
③ 40mm   ④ 50mm

|해설|

1-6
블리딩(Bleeding)은 재료가 분리되는 현상으로 수평 철근에 영향을 주며, 블리딩으로 인해 수평 철근이 수직 철근보다 부착강도가 작아진다.

1-7
철근콘크리트보의 늑근은 직경 6mm 이상의 것을 사용하고, 그 간격은 전단보강철근이 필요하지 않다고 하더라도 보 춤의 3/4 이하 또는 450mm 이하로 배치한다.

1-8
현장치기 콘크리트로서 흙에 접하는 기둥일 경우 D25 철근의 최소 피복두께는 50mm이다.

정답 1-6 ② 1-7 ④ 1-8 ④

핵심이론 02 | 보의 휨설계

(1) 강도설계법 기본사항

① 철근비 : 콘크리트 단면적과 철근 단면적과의 비
$$\rho = \frac{A_s}{bd}$$

  ㉠ 균형 철근비(ρ_b) : 인장철근이 설계기준항복강도에 도달함과 동시에 압축연단 콘크리트의 변형률이 극한 변형률에 도달하는 단면의 인장철근비를 말한다.

  ㉡ 최대 철근비(ρ_{max}) : 균형 철근비보다 철근을 적게 배치하여 철근콘크리트가 파괴될 때 철근의 항복에 의한 파괴(연성파괴)가 되도록 하기 위한 철근비

  ㉢ 최소 철근비(ρ_{min}) : 철근과 콘크리트의 단면적이 가장 작은 비이며, 단면의 치수가 크게 설계되는 경우 너무 작은 철근이 배근되는 것을 막기 위한 철근비를 말한다.
$$\rho_{min} = \frac{0.25 \times \sqrt{f_{ck}}}{f_y} \geq \frac{1.4}{f_y}$$

② 설계를 위한 가정
  ㉠ 콘크리트의 인장강도는 무시한다.
  ㉡ 콘크리트의 압축변형률이 극한변형률(ε_{cu})에 도달하면 파괴되는 것으로 가정한다.
  - $f_{ck} \leq$ 40MPa일 경우 ε_{cu} = 0.0033
  - $f_{ck} >$ 90MPa일 경우 ε_{cu}는 성능실험을 통한 조사연구에 의하여 콘크리트 압축연단의 극한변형률을 선정하고 근거를 명시하여야 한다.

  ㉢ 콘크리트 압축응력도-변형률 관계는 직사각형, 사다리꼴, 포물선 형태 등으로 가정할 수 있다.

③ 보의 휨 해석을 위한 가정
  ㉠ 변형 전 수직 평면은 변형 후에도 부재축에 수직하다.
  ㉡ 철근 변형률은 같은 위치의 콘크리트 변형률과 같다.

ⓒ 철근과 콘크리트의 응력은 철근과 콘크리트의 재료 실험에 의한 응력-변형률 관계로부터 계산할 수 있다.

10년간 자주 출제된 문제

2-1. 강도설계법에 따른 철근콘크리트 부재의 휨에 관한 일반사항으로 옳지 않은 것은?

① 콘크리트의 인장강도는 철근콘크리트 부재 단면의 축강도와 휨강도 계산에서 무시할 수 있다.
② 콘크리트의 설계기준압축강도가 40MPa 이하인 경우 압축변형도가 0.0033에 도달되었을 때 콘크리트는 파괴된다.
③ 휨부재의 최소 철근량은 $A_{s,min} = \dfrac{0.63 \times \lambda \sqrt{f_{ck}}}{f_y} b_w d$ 또는 $A_{s,min} = \dfrac{1.4}{f_y} b_w d$ 중 큰 값 이상이어야 한다.
④ 강도설계법에서는 연성파괴보다는 취성파괴를 유도하도록 설계의 초점을 맞추고 있다.

2-2. 단면이 $b_w \times d = 300 \times 550$mm 콘크리트보 부재의 최소 인장철근량으로 옳은 것은?(단, KCI(2012) 기준, $f_{ck} = 40$MPa, $f_y = 400$MPa)

① 약 495mm²   ② 약 577mm²
③ 약 652mm²   ④ 약 725mm²

|해설|

2-1
강도설계법에서는 취성(급격하게 파괴되는 성질)파괴는 피하며, 연성(늘어나는 성질)파괴로 유도함을 목표로 한다.

2-2
$\rho_{min} = \dfrac{0.25\sqrt{f_{ck}}}{f_y} = \dfrac{0.25\sqrt{40}}{400}$
$\fallingdotseq 0.00395$
$A_{s,min} = \rho_{min} b_w d$
$= 0.00395 \times 300 \times 550 = 651.75 \text{mm}^2$

정답 2-1 ④ 2-2 ③

---

(2) 등가블록, 순인장 변형률

① 등가직사각형 압축응력블록

ⓐ 단면의 가장자리와 최대 압축변형률이 일어나는 연단부터 $a = \beta_1 c$ 거리에 있고 중립축과 평행한 직선에 의해 이루어지는 등가 압축영역에 $\eta(0.85 f_{ck})$인 콘크리트응력이 등분포하는 것으로 가정한다.

ⓑ 최대 변형률이 발생하는 압축연단에서 중립축까지 거리 c는 중립축에 대해 직각방향으로 측정한 것으로 한다.

ⓒ $f_{ck} \leq 40$MPa일 때, $\beta_1 = 0.8$, $\eta = 1.0$이다.

※ 등가직사각형 응력분포 변수값

f_{ck} (MPa)	≤40	50	60	70	80	90
ε_{cu}	0.0033	0.0032	0.0031	0.003	0.0029	0.0028
η	1.00	0.97	0.95	0.91	0.87	0.84
β_1	0.80	0.80	0.76	0.74	0.72	0.70

여기서, a : 등가직사각형 응력블록의 깊이
β_1 : 등가직사각형 압축응력블록의 깊이 계수
c : 압축연단에서 중립축까지 거리
ε_{cu} : 콘크리트의 극한변형률
η : 등가직사각형 압축응력블록의 크기 계수

② 순인장 변형률(ε_t)

ⓐ 순인장변형률 : 최외단 인장철근 또는 긴장재의 인장변형률에서 프리스트레스, 크리프, 건조수축, 온도변화에 의한 변형률을 제외한 인장변형률

ⓑ 변형률 분포에서 비례식을 이용
$\varepsilon_t = \varepsilon_c \dfrac{d_t - c}{c}$

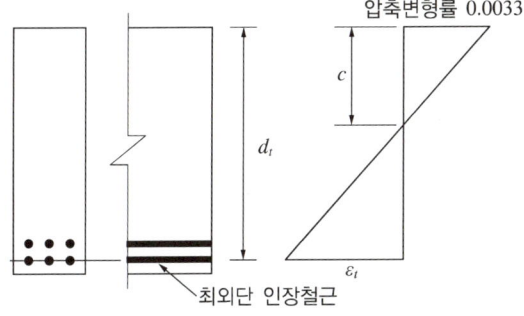

(3) 단철근 직사각형 보의 해석과 설계

① 휨 해석

㉠ 단철근 직사각형 단면보

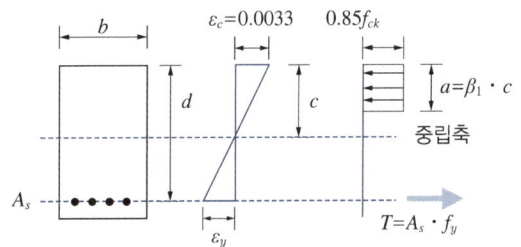

㉡ 등가블록 깊이(a) : 균형상태로부터 $c = T$에서,
$0.85 f_{ck} \times a \times b = A_s \times f_y$ 이며,

$$\therefore a = \frac{A_s f_y}{0.85 f_{ck} \times b}$$

㉢ 중립축의 위치(c) : $a = \beta_1 \times c$ 이며,

$$\therefore c = \frac{a}{\beta_1} = \frac{A_s f_y}{0.85 f_{ck} b \beta_1}$$

㉣ 공칭휨강도(M_n) : 공칭휨강도는 내부의 우력모멘트가 외력에 의한 모멘트를 저항한다고 보는 개념

$$M_n = 0.85 f_{ck} ab \left(d - \frac{a}{2}\right) = A_s f_y \left(d - \frac{a}{2}\right)$$

㉤ 설계휨강도

$$M_d = \phi M_n = \phi A_s f_y \left(d - \frac{a}{2}\right)$$

10년간 자주 출제된 문제

2-3. 콘크리트구조 휨 및 압축 설계기준에서 설계가정에 관한 내용으로 옳지 않은 것은?

① 콘크리트 압축연단의 극한변형률은 콘크리트의 f_{ck}가 40MPa 이하인 경우에는 0.0033으로 가정한다.
② f_{ck}가 40MPa을 초과할 경우에는 매 10MPa의 강도 증가에 대하여 0.0001씩 감소시킨다.
③ 등가직사각형 응력분포 변수값 중 깊이 계수 β_1은 f_{ck}가 40MPa 이하일 때 0.6을 적용한다.
④ 등가직사각형 응력분포 변수값 중 크기 계수 η은 f_{ck}가 40MPa 이하일 때 1.0을 적용한다.

2-4. 철근콘크리트 보의 공칭 휨강도를 산정할 때 기본 가정으로 틀린 것은?

① 계수 β_1은 콘크리트 압축강도에 비례하여 증가한다.
② 철근과 콘크리트의 변형률은 중립축으로부터의 거리에 비례한다.
③ 콘크리트 압축연단의 극한변형률은 0.0033이다.
④ 철근의 응력이 설계기준 항복강도 f_y 이하일 때 철근의 응력은 그 변형률에 E_s를 곱한 값으로 한다.

|해설|

2-3
등가직사각형 응력분포 변수값 중 깊이 계수 β_1은 f_{ck}가 40MPa 이하일 때 0.8을 적용한다.

2-4
계수 β_1은 $\beta_1 = 0.85 - 0.007(f_{ck} - 28)$의 관계식에 따라 콘크리트 압축강도($f_{ck}$)값에 비례하여 감소한다.

정답 2-3 ③ 2-4 ①

10년간 자주 출제된 문제

2-5. 인장철근량 $A_s = 1{,}500\text{mm}^2$인 단근보에서 사각형 응력분포의 깊이 a는 약 얼마인가?(단, $f_{ck} = 24\text{MPa}$, $f_y = 300$ MPa, $b = 300\text{mm}$, $d = 500\text{mm}$)

① 65.12mm ② 73.53mm
③ 82.57mm ④ 89.69mm

2-6. 강도설계법 적용 시 다음 그림과 같은 단철근 직사각형 보 단면의 공칭휨강도 M_n은?(단, $f_{ck} = 21\text{MPa}$, $f_y = 400\text{MPa}$, $A_s = 1{,}200\text{mm}^2$)

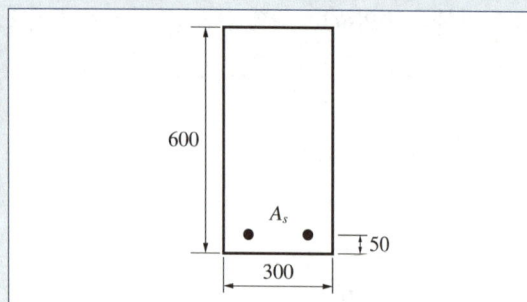

① 162kN·m ② 182kN·m
③ 202kN·m ④ 242kN·m

|해설|

2-5
- $c = 0.85 f_{ck} \times b \times a$, $T = A_s \times f_y$
  여기서, $c = T$일 경우, $0.85 f_{ck} \times b \times a = A_s \times f_y$이며,
  $\therefore a = \dfrac{A_s \times f_y}{0.85 f_{ck} \times b}$ 가 된다.
- 주어진 조건을 대입하면,
  $a = \dfrac{A_s \times f_y}{0.85 f_{ck} \times b} = \dfrac{1{,}500 \times 300}{0.85 \times 24 \times 300} \fallingdotseq 73.53\text{mm}$

2-6
- 중립축의 위치를 구한다.
  힘의 평형에 의해 $0.85 f_{ck} \times b \times a = A_s \times f_y$이며,
  $a = \dfrac{A_s \times f_y}{0.85 f_{ck} \times b}$ 가 되며, 주어진 조건을 대입하면,
  $a = \dfrac{1{,}200 \times 400}{0.85 \times 21 \times 300} = 89.63585 \fallingdotseq 90\text{mm}$
- 공칭휨강도 공식에 대입한다.
  $M_n = A_s f_y \left(d - \dfrac{a}{2}\right) = 1{,}200 \times 400 \times \left(550 - \dfrac{90}{2}\right)$
  $= 242{,}400{,}000\text{N} \cdot \text{mm}$, $\therefore M_n = 242.4\text{kN} \cdot \text{m}$

정답 2-5 ② 2-6 ④

② 철근비의 제한
  ㉠ 균형 철근비(ρ_b) : 균형상태의 $C = T$로부터
    $0.85 f_{ck} ab = A_s f_y$ 이며,
    $\rho_b = \dfrac{0.85 f_{ck} \beta_1}{f_y} \times \dfrac{\varepsilon_c}{\varepsilon_c + \varepsilon_y}$
    $= \dfrac{0.85 f_{ck} \beta_1}{f_y} \times \dfrac{600}{600 + f_y}$

  ㉡ 최대 철근비($\rho_{\max}$)
    $\rho_{\max} = \dfrac{0.85 f_{ck} \beta_1}{f_y} \times \dfrac{\varepsilon_c}{\varepsilon_c + \varepsilon_{t,\min}}$

  ㉢ 휨부재의 최소 허용변형률에 해당하는 철근비
    - SD400일 경우
      $\rho_{\max} = \dfrac{\varepsilon_c + \varepsilon_y}{\varepsilon_c + \varepsilon_{t,\min}} \rho_b$
      $= \dfrac{0.0033 + 0.002}{0.0033 + 0.004} \rho_b = 0.726 \rho_b$

    - 휨부재의 최소 허용변형률 및 최대 철근비

철근의 설계기준 항복강도(f_y)	휨부재 허용값	
	최소 허용변형률 ($\varepsilon_{t,\min}$)	최대 철근비 ($\rho_{\max}$)
300MPa	0.004	$0.658 \rho_b$
350MPa	0.004	$0.692 \rho_b$
400MPa	0.004	$0.726 \rho_b$
500MPa	$0.005(2\varepsilon_y)$	$0.699 \rho_b$
600MPa	$0.006(2\varepsilon_y)$	$0.677 \rho_b$

  ㉣ 최대 철근량 : $A_{s,\max} = \rho_{\max} \times b \times d$

10년간 자주 출제된 문제

2-7. $f_{ck} = 27\text{MPa}$, $f_y = 400\text{MPa}$, $d = 550\text{mm}$인 철근콘크리트 단근 직사각형 보에서 균형철근비 ρ_b를 구하면?(단, $E_s = 2.0 \times 10^5 \text{MPa}$)

① 0.0260 ② 0.0275
③ 0.0325 ④ 0.0352

10년간 자주 출제된 문제

2-8. 강도설계법에서 단철근 직사각형 보의 단면이 b = 400mm, d = 800mm이고 등가응력블록 깊이 a가 100mm일 경우 철근비는?(단, f_y = 300MPa, f_{ck} = 24MPa)

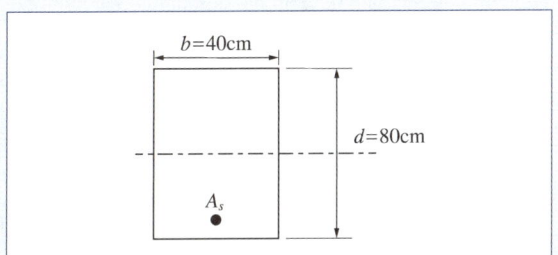

① 0.0035
② 0.0057
③ 0.0085
④ 0.0103

2-9. 철근콘크리트 단근보에서 균형철근비를 계산한 결과 ρ_b = 0.039이었다. 최대 철근비는?(단, E = 200,000MPa, f_y = 400MPa, f_{ck} = 24MPa임)

① 0.01863
② 0.02256
③ 0.02607
④ 0.028314

|해설|

2-7
$f_{ck} \leq$ 40MPa일 때, 압축응력블록의 깊이 계수 β_1 = 0.8이다.
$\rho_b = \dfrac{0.85 f_{ck} \beta_1}{f_y} \times \dfrac{600}{600 + f_y} = \dfrac{0.85 \times 27 \times 0.8}{400} \times \dfrac{600}{600 + 400}$
$\fallingdotseq 0.0275$

2-8
$c = 0.85 f_{ck} \times b \times a$, $T = A_s \times f_y$
여기서, $c = T$일 경우 $0.85 f_{ck} \times b \times a = A_s \times f_y$이므로,
$\therefore A_s = \dfrac{0.85 f_{ck} \times b \times a}{f_y} = \dfrac{0.85 \times 24 \times 400 \times 100}{300} = 2,720 \text{mm}^2$
단면적에 대한 철근비를 구하면,
$\rho = \dfrac{A_s}{b \times d} = \dfrac{2,720}{400 \times 800} = 0.0085$

2-9
f_y가 400MPa일 때, $\rho_{\max} = 0.726 \rho_b = 0.726 \times 0.039 = 0.028314$

정답 2-7 ② 2-8 ③ 2-9 ④

(4) 단철근 T형 단면보의 해석

① T형 보의 판별

㉠ 중립축의 위치에 따라 달리 해석한다. 설계 가정에서 인장측 콘크리트 강도는 무시하므로 압축측 콘크리트 단면만 유효한 단면이다.

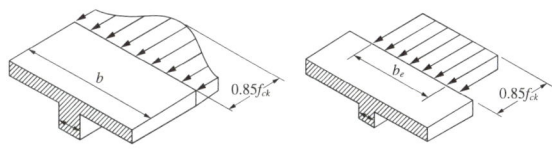

[실제 응력분포]　　[등가 응력분포]

㉡ 폭이 b인 단철근 직사각형 단면보의 등가응력 직사각형의 깊이로 해석하여 판별한다.
$a = \dfrac{A_s f_y}{0.85 f_{ck} b}$

- $a \leq t$: 폭이 b인 단철근 직사각형 보로 해석
- $a > t$: 폭이 b_w인 단철근 T형 단면보로 해석

② 플랜지의 유효폭

㉠ 슬래브와 일체로 친 T형 단면에서 슬래브 부분을 플랜지(Flange), 보의 부분을 복부(Web)라고 한다.

㉡ T형 보의 플랜지는 서로 직교하는 두 방향의 휨모멘트를 받는다. 따라서 복부로부터 멀어질수록 플랜지의 압축응력은 감소한다.

㉢ 콘크리트 구조 기준에 의한 플랜지의 유효폭(다음 중 작은 값으로 결정한다)

T형 보(대칭)	반T형 보(비대칭)
• $16 t_f + b_w$	• $6 t_f + b_w$
• 슬래브 중심간 거리	• $l_n \times \dfrac{1}{2} + b_w$
• $l \times \dfrac{1}{4}$	• $l \times \dfrac{1}{12} + b_w$

여기서, t_f : 슬래브 두께
　　　　b_w : 보의 폭
　　　　l_n : 인접 보와의 내측 거리
　　　　l : 경간

10년간 자주 출제된 문제

2-10. 보폭은 400mm, 한 쪽으로 내민 플랜지 두께는 150mm, 보의 경간은 9m, 인접 보와의 내측 거리 3m인 경우, 슬래브와 보가 일체로 타설된 반T형 보의 유효폭은?

① 1,000mm ② 1,150mm
③ 1,300mm ④ 1,900mm

2-11. 철근콘크리트 T형보의 유효폭 산정식에 관련된 사항과 거리가 먼 것은?

① 보의 폭
② 슬래브 중심 간 거리
③ 슬래브의 두께
④ 보의 춤

|해설|

2-10

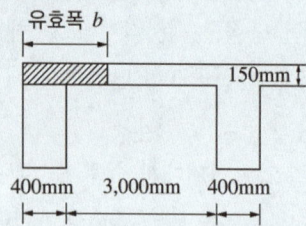

반T형 보의 유효 폭은, 다음의 각각을 구해서 가장 작은 값으로 한다.

- $6t_f + b_w = 6 \times 150 + 400 = 1,300\text{mm}$
  여기서, t_f : 슬래브 두께, b_w : 보의 폭
- $l_n \times \dfrac{1}{2} + b_w = 3,000 \times \dfrac{1}{2} + 400 = 1,900\text{mm}$
  여기서, l_n : 인접 보와의 내측 거리
- $l \times \dfrac{1}{12} + b_w = 9,000 \times \dfrac{1}{12} + 400 = 1,150\text{mm}$

따라서, 유효폭은 1,150mm이다.

2-11

대칭인 T형보의 유효폭 : 대칭 T형보의 플랜지 유효폭은 다음 세 값 중에서 가장 작은 값을 취한다(t_f : 슬래브 두께, b_w : 보의 폭).

- $16t_f + b_w$
- 양쪽 슬래브의 중심 간 거리
- 보의 경간 $\times \dfrac{1}{4}$

|정답| 2-10 ② 2-11 ④

핵심이론 03 | 보의 전단설계

(1) 보의 전단응력

① 보의 전단응력

㉠ 휨응력은 보의 지점부에서 0이고, 중앙 부근으로 갈수록 커지며, 보의 중립축에서는 0이고 상·하면으로 갈수록 커진다.

㉡ 전단응력은 보의 지점부에서 최대이고, 중앙 부근으로 갈수록 작아지며, 보의 중립축에서는 최대이고, 상·하면으로 갈수록 작아진다.

② 철근콘크리트(RC)보의 휨응력과 전단응력 분포

㉠ 인장측 콘크리트의 휨응력은 무시한다.
㉡ 전단응력은 평균 전단응력을 사용한다.
㉢ 철근콘크리트보의 전단응력은 중립축에서 최대이고, 중립축 이하에서는 최댓값이 계속된다.
㉣ 균질보

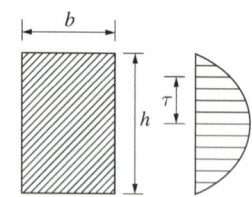

- 휨응력(σ) = $\dfrac{M}{I} y$
- 전단응력(τ) = $\dfrac{S}{A} = \dfrac{S \cdot G}{I \cdot b}$

㉤ RC보

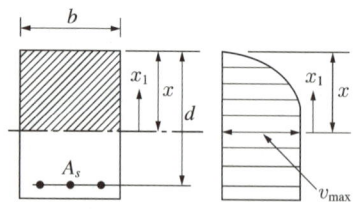

- 휨응력(f) = $\dfrac{M}{I} y$
- 전단응력(v) = $\dfrac{V}{bd} = \dfrac{V}{b_w d}$

여기서, V : 전단력
b : 단면폭(T형 또는 I형 단면에서는 복부의 폭(b_w))

10년간 자주 출제된 문제

3-1. 철근콘크리트의 보강철근에 관한 설명으로 옳지 않은 것은?

① 보강철근으로 보강하지 않은 콘크리트는 연성거동을 한다.
② 보강철근은 콘크리트의 크리프를 감소시키고 균열의 폭을 최소화시킨다.
③ 이형철근은 원형강봉의 표면에 돌기를 만들어 철근과 콘크리트의 부착력이 최대가 되도록 한 것이다.
④ 보강철근을 콘크리트 속에 매립함으로써 콘크리트의 휨강도를 증대시킨다.

3-2. 원형 단면에 전단력 $S=30\text{kN}$이 작용할 때 단면의 최대 전단응력도는?(단, 단면의 반경은 180mm이다)

① 0.19MPa
② 0.24MPa
③ 0.39MPa
④ 0.44MPa

|해설|

3-1
보강철근으로 보강하지 않은 콘크리트는 취성거동을 한다. 연성거동은 최대 철근비 이하로 보강철근이 배근된 경우에 발생하고 보강철근이 없는 콘크리트는 취성거동을 하게 되므로, 철근콘크리트는 취성거동을 지양하고 연성거동하도록 설계한다.

3-2
원형단면에서의 최대 전단응력도

$$\tau_{\max} = \frac{4}{3} \times \frac{S}{A} = \frac{4}{3} \times \frac{S}{\pi r^2}$$

위 식에 주어진 조건을 대입하면,

$$\therefore \tau_{\max} = \frac{4}{3} \times \frac{30\text{kN}}{\pi \times (180\text{mm})^2} = \frac{4}{3} \times \frac{30 \times 10^3 \text{N}}{\pi \times (180\text{mm})^2}$$

$$= \frac{4 \times 10^4 \text{N}}{\pi \times (180\text{mm})^2} \fallingdotseq 0.393 \text{N/mm}^2$$

$$\therefore \tau_{\max} = 0.393 \text{MPa}$$

최대 전단응력 $\tau_{\max} = k\dfrac{V}{A}$ 에서

k는 원형 단면일 때, $\dfrac{4}{3}$

k는 사각형 단면일 때, $\dfrac{3}{2}$

정답 3-1 ① 3-2 ③

(2) 보의 사인장균열

① 휨균열과 전단균열
  ㉠ 휨균열 : 보의 하단 중앙부에서 발생하는 균열
  ㉡ 전단균열 : 보의 중립축 근처의 지점부 발생 균열
② 복부전단균열
  ㉠ 휨응력은 작고 전단응력이 큰 지점부 가까이의 중립축 근처에서 발생하는 경사 균열
  ㉡ I형 단면과 같이 얇은 복부에서 발생

(3) 보의 전단철근(사인장철근)

① 보의 전단철근은 전단보강철근으로 복부철근 또는 사인장철근이라고도 하며, 전단력으로 인해 발생하는 사인장(경사)균열을 막기 위해 배치
② 전단철근의 종류
  ㉠ 굽힘철근(Bent-up Bar, 절곡철근) : 주철근을 30° (보통 45°) 이상의 각도로 구부려 올린 사인장철근
  ㉡ 수직 스터럽(Vertical Stirrup) : 주철근에 직각으로 배치된 전단철근
  ㉢ 경사 스터럽(Inclined Stirrup) : 주철근에 45° 이상의 각도로 설치되는 스터럽
  ㉣ 나선철근, 원형 띠철근 또는 후프철근 사용

10년간 자주 출제된 문제

3-3. 철근콘크리트 보에서 사인장균열이 발생하였을 경우 취약한 철근은?

① 평형 철근보의 철근
② 직사각형 보의 압축철근
③ 직사각형 보의 인장철근
④ 직사각형 보의 전단철근

|해설|

3-3
사인장균열은 복부전단균열로서 큰 전단력이 발생할 경우 전단철근인 늑근(Stirrup)이 부족하여 보의 단부 부근에서 보의 축방향에 대하여 45°의 방향으로 균열이 발생하므로, 전단력으로 인해 발생하는 경사균열(사인장균열)을 막기 위해 전단보강철근을 배치한다.

정답 ④

(4) 설계전단강도 및 전단철근 설계

① 설계전단강도

㉠ 콘크리트가 부담하는 전단강도
- $V_c = \dfrac{1}{6} \lambda \sqrt{f_{ck}}\, b_w d$

㉡ 전단철근이 부담하는 전단강도
- $V_s = \dfrac{A_v f_{yt} d}{s}$ (부재축에 직각인 전단철근 사용 시)

여기서, A_v : 간격(s) 내의 전단철근의 단면적
f_{yt} : 횡방향 철근의 설계기준항복강도, MPa
d : 인장철근 중심에서 압축콘크리트 연단까지 거리

- $V_s = \dfrac{2}{3} \lambda \sqrt{f_{ck}}\, b_w d$ 이하로 하여야 한다.

② 전단철근의 설계

㉠ 전단철근량 산정
- $A_{v,\min} = 0.625 \sqrt{f_{ck}}\, \dfrac{b_w s}{f_{yt}} \geq 0.35 \dfrac{b_w s}{f_{yt}}$

여기서, $A_{v,\min}$: 최소 전단철근량
s : 전단철근 간격(mm)
b_w : 복부 폭(mm)

㉡ 전단철근 간격 조건(스터럽의 간격)
- 수직 스터럽의 간격 : $0.5d$ 또는 60cm 이하로 한다(45° 방향으로 생긴 균열에 보강근이 1개 이상 걸치도록 배근간격 결정).

$s \leq \dfrac{d}{2},\ s \leq 600\text{mm}$

- 경사 전단보강근 간격 : 보의 중심 $d/2$로부터 인장철근까지 45° 경사선을 보의 지점방향으로 그었을 때 적어도 1개의 전단보강근이 경사선과 교차하도록 배근간격을 결정한다.

- 전단보강근의 전단강도가 $V_s \geq \dfrac{1}{3} \lambda \sqrt{f_{ck}}\, b_w d$ 인 부재의 경우, 위의 2가지에 해당하는 간격의 $\dfrac{1}{2}$ 이하

$s \leq \dfrac{d}{4},\ s \leq 300\text{mm}$

㉢ 전단마찰철근 설계기준 항복강도 : 500MPa 이하

③ 설계전단력

$\phi V_n = \phi(V_c + V_s)$

여기서, V_c : 콘크리트의 공칭전단강도
V_s : 전단보강근에 의한 공칭전단강도
ϕ : 전단력 강도감소계수 0.75

10년간 자주 출제된 문제

3-4. 강도설계법에 의한 철근콘크리트 보에서 콘크리트만의 설계전단강도는 얼마인가?(단, $f_{ck}=24$MPa, $\lambda=1$)

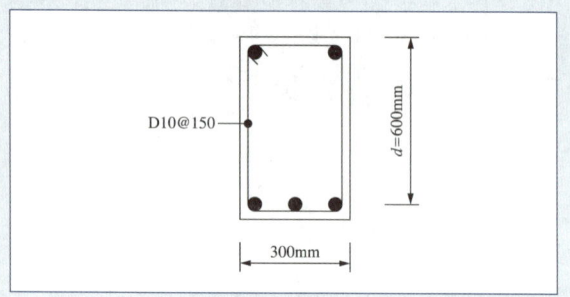

① 1.5kN ② 75.8kN
③ 110.2kN ④ 145.6kN

3-5. 보의 유효깊이 $d=550$mm, 보의 폭 $b_w=300$mm인 보에서 스터럽이 부담할 전단력 $V_s=200$kN일 경우 수직 스터럽의 간격으로 가장 타당한 것은?(단, $A_v=142$mm^2, $f_{yt}=400$MPa, $f_{ck}=24$MPa)

① 120mm ② 150mm
③ 180mm ④ 200mm

| 해설 |

3-4

설계전단강도 공식($\phi V_c = \phi \frac{1}{6}\lambda\sqrt{f_{ck}}\cdot b \cdot d$)을 사용한다.

(ϕ : 전단력과 비틀림모멘트가 적용되는 부재 강도감소계수는 0.75)

$\phi V_c = 0.75 \times \frac{1}{6} \times 1.0 \times \sqrt{24} \times 300 \times 600$

≒ 110,227N ≒ 110.2kN

3-5

- 스터럽의 간격(S)은 우선적으로 다음을 검토한다.

  $V_s \geq \frac{1}{3}\lambda\sqrt{f_{ck}}b_w d$인 경우를 검토

  $\frac{1}{3} \times 1.0 \times \sqrt{24} \times 300 \times 550 \times 10^{-3}$ ≒ 269.4kN

  ∴ $V_s(=200\text{kN}) < 269.4\text{kN}$

  $S_{(1)}, S_{(2)}$은 그대로 적용한다.

- 다음을 검토하여 최솟값 이하로 한다.

  - $S_{(1)} = \frac{d}{2} = \frac{550}{2} = 275\text{mm}$
  - $S_{(2)} = 600\text{mm}$
  - $S_{(3)}$은 스터럽 전단강도(V_s)에서 구한다.

  조건을 $V_s = A_v f_y \frac{d_b}{S}$, $S = A_v f_y \frac{d_b}{V_s}$ 식에 대입하면,

  $S_{(3)} = 142 \times 400 \times \frac{550}{200 \times 10^3} = 156.2\text{mm}$

  ∴ $S_{(2)} > S_{(1)} > S_{(3)}$이므로, $S = 156\text{mm}$ 이하이다.

정답 3-4 ③ 3-5 ②

(5) 깊은 보

① 보의 높이가 경간에 비하여 보통의 보보다 높은 보로서, 한 쪽 면이 하중을 받고 반대쪽 면이 지지되어 하중과 받침부 사이에 압축대가 형성되는 보

② 깊은 보의 강도는 전단에 지배된다.

③ 깊은 보의 공칭전단강도 : $V_n \leq \frac{5}{6}\lambda\sqrt{f_{ck}}b_w d$

④ 콘크리트구조기준에 의한 깊은 보

  ㉠ 순경간(l_n)이 부재 깊이의 4배 이하인 보 : $\frac{l_n}{d} \leq 4$

  ㉡ 하중이 받침부로부터 부재 깊이의 2배 거리 이내에 작용하는 보

(6) 철근의 순간격

① 동일 평면에서 평행하는 철근 사이의 수평 순간격(3가지 조건 중에서 가장 큰 값을 적용)

  ㉠ 25mm 이상

  ㉡ 철근의 공칭지름(D) 이상

  ㉢ 굵은 골재 최대 치수의 $\frac{4}{3}$ 이상

② 보의 최소 폭(다음의 두께를 고려하여 결정한다)

  ㉠ 피복두께 + 스터럽

  ㉡ 철근 직경

  ㉢ 순간격

(7) 연속보의 배근

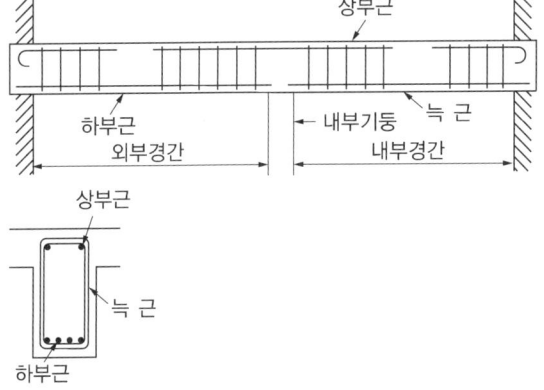

10년간 자주 출제된 문제

3-6. 강도설계법에서 깊은 보는 순경간 l_n이 부재 깊이의 몇 배 이하인 부재인가?

① 2배　　② 3배
③ 4배　　④ 5배

3-7. 강도설계법에서 그림과 같이 보의 이음이 없는 경우 요구되는 보의 최소 폭 b는 약 얼마인가?(단, 전단철근 구부림 내면 반지름은 고려하지 않고, 굵은 골재의 최대 치수는 25mm, 피복두께 40mm, 주철근 D22, 스터럽 D10mm)

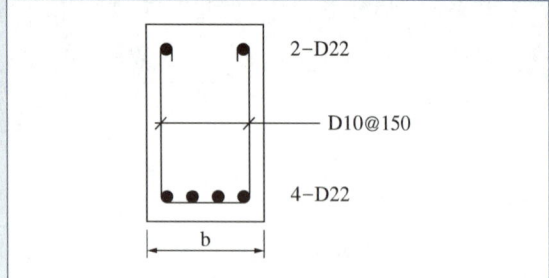

① 290mm　　② 330mm
③ 375mm　　④ 400mm

|해설|

3-6
깊은 보는 순경간(l_n) ≤ 4d인 경우이다. 따라서 4배 이하인 부재이다.

3-7
동일 평면에서 평행하는 철근 사이의 수평 순간격
- 25mm 이상 → 25mm 이상
- 철근의 공칭지름(D) 이상 → 22mm 이상
- 굵은 골재 최대 치수의 $\frac{4}{3}$ 이상 → $\frac{4}{3}$ × 25 ≒ 34mm 이상

모두 만족하는 34mm 이상이어야 한다.
보의 최소 폭(b) = (피복두께 + 스터럽) × 2 + 철근직경 × 4 + 순간격 × 3
= (40 + 10) × 2 + 22 × 4 + 34 × 3
= 290mm

정답 3-6 ③　3-7 ①

핵심이론 04 | 철근의 정착 및 이음

(1) 철근의 정착

① 인장 이형철근의 정착길이(l_d) : 다음의 2가지 방법 중 어느 하나를 선택하여 구하며, 항상 300mm 이상이어야 한다.

㉠ $l_d = l_{db}$(기본 정착길이) × 보정계수

- 기본 정착길이 : $l_{db} = \dfrac{0.6 d_b f_y}{\lambda \sqrt{f_{ck}}}$

㉡ $l_d = \dfrac{0.90 d_b f_y}{\lambda \sqrt{f_{ck}}} \times \dfrac{\alpha\beta\gamma}{\left(\dfrac{c + K_{tr}}{d_b}\right)}$

여기서,
d_b : 정착되는 철근 지름
λ : 경량콘크리트계수
α : 철근 배치 위치계수
β : 철근 도막계수
γ : 철근 크기에 따른 계수
c : 철근 간격 또는 피복두께에 관련된 치수
K_{tr} : 횡방향 철근지수

② 압축 이형철근의 정착길이 : 기본 정착길이에 보정계수를 곱하여 구한다.

㉠ 정착길이 l_d는 200mm 이상이어야 한다.

㉡ 기본 정착길이 : $l_{db} = \dfrac{0.25 d_b f_y}{\lambda \sqrt{f_{ck}}} \geq 0.043 d_b f_y$

㉢ 정착길이 : $l_d = l_{db}$ × 보정계수 ≥ 200mm

㉣ 보정계수 0.75인 경우 : 지름이 6mm 이상이고 나선 간격이 100mm 이하인 나선철근, 또는 중심간격이 100mm 이하이고 설계기준에 따라 배치된 D13 띠철근으로 둘러싸인 압축 이형철근

③ 표준갈고리를 가지는 인장철근의 정착길이

㉠ 표준갈고리를 갖는 인장 이형철근의 정착길이 l_{dh}는 기본 정착길이에 보정계수를 곱하여 구한다.

ⓒ 정착길이 l_{dh}는 $8d_b$ 이상, 150mm 이상이어야 한다.

- 기본 정착길이 : $l_{hb} = \dfrac{0.24\beta d_b f_y}{\lambda \sqrt{f_{ck}}}$

- 정착길이 : $l_{dh} = l_{hb} \times$ 보정계수 $\geq 8d_b$, 150mm 이상

- 보정계수 0.7인 경우 : D35 이하의 철근에서 갈고리 평면에 수직 방향인 측면 피복두께가 70mm 이상이고, 90° 갈고리의 경우, 갈고리를 넘어선 부분의 피복두께가 50mm 이상인 경우

- 갈고리는 압축을 받는 경우 정착에 유효하지 않다.

- 표준갈고리의 정착길이 l_{dh}는 위험단면에서부터 갈고리 외측까지의 거리이다.

10년간 자주 출제된 문제

4-1. 강도설계법에서 압축 이형철근 D22의 기본 정착길이는? (단, f_{ck} = 24MPa, f_y = 400MPa, 경량콘크리트계수 λ = 1)

① 400mm ② 450mm ③ 500mm ④ 550mm

4-2. 인장을 받는 이형철근의 정착길이(l_d)는 기본 정착길이(l_{db})에 보정계수를 곱하여 구한다. 이 보정계수에 대한 설명 중 옳지 않은 것은?(단, KCI(2012) 기준)

① 철근 배치 위치계수 α는 상부 철근일 경우 1.5이고, 기타 철근일 경우 1.0이다.
② 철근 크기계수 γ는 철근직경이 D22 이상인 경우 1.0이고, D19 이하일 경우 0.8이다.
③ 철근 도막계수 β는 도막되지 않은 철근일 경우 1.0이다.
④ 경량콘크리트계수 λ는 일반 콘크리트인 경우 1.0이다.

4-3. 압축을 받는 이형철근의 기본 정착길이(l_{db})가 420mm로 계산되었다. 해석 결과 요구되는 철근량보다 20%를 초과하여 배치한 경우 압축을 받는 이형철근의 정착길이(l_d)를 구하면?

① 320mm ② 350mm ③ 420mm ④ 504mm

|해설|

4-1

$l_{db} = \dfrac{0.25 \cdot d_b \cdot f_y}{\lambda \cdot \sqrt{f_{ck}}} = \dfrac{0.25 \times 22 \times 400}{1 \times \sqrt{24}} \fallingdotseq 450\text{mm}$

4-2
철근배치 위치계수는 상부 철근의 경우 1.3이고 기타 철근은 1.0이다.

보정된 정착길이, 보정계수

$l_d = K \dfrac{d_b \cdot f_y}{\lambda \sqrt{f_{ck}}} \times$ 보정계수

※ 보정계수 : $\alpha\beta\gamma \times \left(\dfrac{\text{소요철근}}{\text{배근철근}}\right)$

여기서, λ : 경량콘크리트계수
α : 위치계수(상부 철근은 1.3)
β : 철근 도막계수
γ : 철근 크기계수(철근 D19 이하 : 0.8)

4-3
20% 초과로써 120%를 정착하였고, 정착길이에 1.2를 나누어 준다.

∴ $\dfrac{420\text{mm}}{1.2} = 350\text{mm}$

정답 4-1 ② 4-2 ① 4-3 ②

(2) 표준갈고리

① 표준갈고리는 인장구역에 두며 압축구역에는 두지 않는다(원형철근은 반드시 갈고리를 둔다).

② 주철근의 180°와 90° 표준갈고리의 구부림 최소 내면 반지름

철근의 크기	최소 내면 반지름(r)	최소 외면 반지름
D10~D25	$3d_b$	$4d_b$
D29~D35	$4d_b$	$5d_b$
D38 이상	$5d_b$	$6d_b$

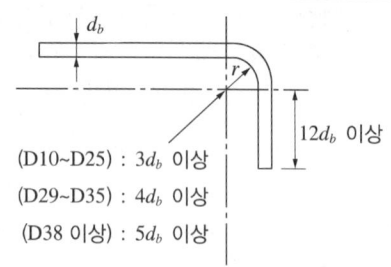

[90° 표준갈고리]

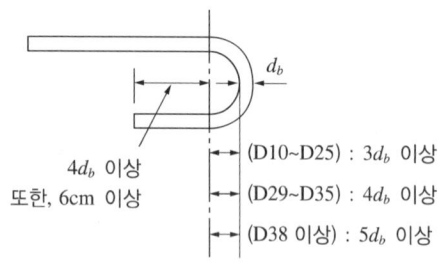

[180° 표준갈고리]

③ 주철근의 표준갈고리 가공
  ㉠ 180° 표준갈고리는 구부린 반원 끝에서 $4d_b$ 이상, 또한 60mm 이상 더 연장되어야 한다.
  ㉡ 90° 표준갈고리는 구부린 끝에서 $12d_b$ 이상 더 연장되어야 한다.

④ 스터럽과 띠철근의 표준갈고리 다공
  ㉠ 90° 표준갈고리
    • D16 이하의 철근은 구부린 끝에서 $6d_b$ 이상 더 연장하여야 한다.
    • D19, D22 및 D25 철근은 구부린 끝에서 $12d_b$ 이상 더 연장하여야 한다.
  ㉡ 135° 표준갈고리 : D25 이하의 철근은 구부린 끝에서 $6d_b$ 이상 더 연장하여야 한다.

10년간 자주 출제된 문제

4-4. 인장을 받는 이형철근의 직경이 D16(직경 15.9mm)이고, 콘크리트 강도가 30MPa인 표준갈고리의 기본 정착길이는?

① 238mm   ② 258mm
③ 279mm   ④ 312mm

4-5. 표준갈고리를 갖는 인장 이형철근(D13)의 기본 정착길이는?(단, D13의 공칭지름 : 12.7mm, $f_{ck}=27$MPa, $f_y=400$MPa, $\beta=1.0$, $m_c=2{,}300$kg/m³)

① 190mm   ② 205mm
③ 220mm   ④ 235mm

4-6. 주철근으로 사용된 D22 철근 180° 표준갈고리의 구부림 최소 내면 반지름(r)으로 옳은 것은?

① $r=1d_b$ ② $r=2d_b$
③ $r=2.5d_b$ ④ $r=3d_b$

|해설|

4-4

$$l_{hb}=\frac{0.24\beta d_b f_y}{\lambda\sqrt{f_{ck}}}$$

여기서, $\lambda=1.0$(보통 콘크리트의 $\lambda=1.0$)
  $\beta=1.0$(철근도막계수로서 도막되지 않은 경우 1.0이며, 조건에서 주어지지 않는 경우 $\beta=1.0$이 된다)

$$\therefore l_{hb}=\frac{0.24\times1.0\times15.9\times400}{1.0\times\sqrt{30}}$$

$\approx 278.68\text{mm} \approx 279\text{mm}$

4-5

표준갈고리에 유의하여 계수를 적용한다.
여기서, $\lambda=1.0(m_c=2{,}300\text{kg/m}^3 : $ 보통 콘크리트)

$$l_{hb}=\frac{0.24\beta d_b f_y}{\lambda\sqrt{f_{ck}}}=\frac{0.24\times1.0\times12.7\times400}{1.0\sqrt{27}}$$

$\approx 234.64 \approx 235\text{mm}$

4-6

180° 표준갈고리에서 D10~D25의 경우 $r=3d_b$ 이상이다.

정답 4-4 ③ 4-5 ④ 4-6 ④

| 핵심이론 05 | 처짐과 균열

(1) 처짐

① 최종 처짐 = 탄성처짐 + 장기 처짐
           = 탄성처짐 + λ × 탄성처짐

② 탄성처짐(순간 처짐, 즉시 처짐) : 하중이 실리자마자 발생되는 처짐

③ 장기 처짐
   ㉠ 크리프와 건조수축 등 지속 하중에 의한 변형으로 인하여 시간이 경과함에 따라 진행되는 장기 추가 처짐
   ㉡ 장기 처짐계수 : $\lambda = \dfrac{\xi}{1+50\rho'}$

   여기서, ξ : 시간경과계수(3개월 : 1.0, 6개월 : 1.2, 1년 : 1.4, 5년 후 : 2.0)

   $\rho' : \dfrac{A_s{'}}{bd}$ (압축철근비)

④ 처짐의 제한
   ㉠ 처짐을 계산하지 않는 경우, 보 또는 1방향 슬래브 최소 두께

부재(l : 지간 거리)	최소 두께(h)			
	캔틸레버	단순지지	1단연속	양단연속
• 보 • 리브가 있는 1방향 슬래브	$\dfrac{l}{8}$	$\dfrac{l}{16}$	$\dfrac{l}{18.5}$	$\dfrac{l}{21}$
1방향 슬래브	$\dfrac{l}{10}$	$\dfrac{l}{20}$	$\dfrac{l}{24}$	$\dfrac{l}{28}$

l : 경간 길이(단위 : cm)
f_y = 400MPa 철근을 사용한 경우의 값

㉡ 최대 허용 처짐

부재의 형태		고려해야 할 처짐	처짐 한계
손상여부	비구조 요소의 지지 or 부착		
○	지지/부착(×) : 지붕	l의 순간 처짐	$\dfrac{l}{180}$
○	지지/부착(×) : 바닥	l의 순간 처짐	$\dfrac{l}{360}$
○	지지/부착(○) : 지붕 or 바닥	전체 처짐	$\dfrac{l}{480}$
×	지지/부착(○) : 지붕 or 바닥	전체 처짐	$\dfrac{l}{240}$

10년간 자주 출제된 문제

5-1. 단근보에서 하중이 재하됨과 동시에 순간 처짐이 20mm가 발생되었다. 이 하중이 5년 이상 지속되는 경우 총 처짐량은 얼마인가?(단, $\lambda = \dfrac{\xi}{1+50\rho'}$ 이고 지속 하중에 의한 시간경과계수는 2이다)

① 30mm ② 40mm
③ 60mm ④ 80mm

5-2. 경간이 4m인 1방향 슬래브에서 양단 연속일 경우 처짐을 계산하지 않는 슬래브의 최소 두께는?

① 112mm ② 125mm
③ 143mm ④ 156mm

5-3. 과도한 처짐에 의해 손상되기 쉬운 비구조요소를 지지 또는 부착하지 않은 바닥구조의 활하중 l에 의한 순간 처짐의 한계는?

① $\dfrac{l}{180}$ ② $\dfrac{l}{240}$
③ $\dfrac{l}{360}$ ④ $\dfrac{l}{480}$

5-4. 강도설계법에서 처짐을 계산하지 않는 경우 스팬이 8.0m인 단순 지지된 보의 최소 두께로 옳은 것은?(단, 보통 중량콘크리트와 f_y = 400MPa 철근을 사용한 경우)

① 380mm ② 430mm
③ 500mm ④ 600mm

| 해설 |

5-1
$\delta = \delta_L + \delta_S$ 이고, $\delta_S = \lambda \times \delta_L$ 이다.
$\lambda = \dfrac{\xi}{1+50\rho'} = \dfrac{2}{1+50\times 0} = 2$
$\delta_S = \lambda \times \delta_L = 2 \times 20 = 40\text{mm}$
여기서, δ_L : 순간 처짐
δ_S : 장기 처짐
λ : 지속 하중에 대한 처짐계수
ρ' : 복근보의 압축철근계수(단근보=0)
∴ $\delta = \delta_L + \delta_S = 20 + 40 = 60\text{mm}$

5-2
$h \geq \dfrac{l}{28}$ 이므로, ∴ $\dfrac{l}{28} = \dfrac{4,000}{28} \fallingdotseq 143\text{mm}$

5-3
과도한 처짐에 의해 손상되기 쉬운 비구조요소를 지지 또는 부착하지 않은 바닥구조의 활하중에 의한 순간 처짐의 한계는 $\dfrac{l}{360}$ 이다.

5-4
단순지지보 = 경간 $\times \dfrac{1}{16}$
$= 8,000 \times \dfrac{1}{16} = 500\text{mm}$

정답 5-1 ③ 5-2 ③ 5-3 ③ 5-4 ③

(2) 균열

① 경화 전 균열
  ㉠ 소성수축균열
    • 비교적 조기에 응결·경화 과정에서 발생
    • 표면의 수분증발을 막음
  ㉡ 침하균열
    • 콘크리트 침강 수축과 구조적 이동에 의해 발생
    • 거푸집의 정확한 설계, 시공 시 충분한 다짐, 슬럼프 최소화

② 경화 후 균열
  ㉠ 건조수축으로 인한 균열
    • 콘크리트가 건조하기 시작하면 외부는 수축하면서 내부 구속을 받아 인장응력이 발생되어 균열 발생
    • 단위수량이 클수록 건조수축균열은 커진다.
    • 수축줄눈의 설치 및 적절한 철근 배치로 방지
  ㉡ 온도균열(열응력으로 인한 균열)
    • 콘크리트 수화작용으로 수화열이나 대기의 온도 변화로 인한 콘크리트의 부등 체적변화로 인해 발생
    • 내부 온도 증가를 억제함으로써 방지
  ㉢ 화학적 반응으로 인한 균열
    • 알칼리-실리카, 알칼리-탄소골재 반응으로 발생
    • 저알칼리 시멘트 및 포졸란을 사용함으로써 방지
  ㉣ 자연(기상작용)으로 인한 균열
    • 기온, 습도의 변화와 동결융해의 반복에 의해 발생
    • 화재표면가열
    • 구조물의 반복적인 건습

(3) 내구성 설계

① 콘크리트구조는 주변 환경조건에서 안전성, 사용성, 내구성, 미관을 갖도록 설계, 시공, 유지관리한다.

② 설계 착수 전에 구조물 발주자와 설계자는 구조물의 중요도, 환경조건, 구조거동, 유지관리방법 등을 고려한다.
③ 설계자는 구조물의 내구성을 확보할 수 있는 적절한 설계기법을 결정하여야 한다.
④ 해풍, 해수, 황산염 및 기타 유해물질에 노출된 콘크리트는 내구성 허용기준의 조건을 만족하는 콘크리트를 사용하여야 한다.

10년간 자주 출제된 문제

5-5. 그림과 같은 철근콘크리트보의 균열모멘트(M_{CR})값은? (단, 보통 중량콘크리트 사용, f_{ck} = 24MPa, f_y = 400MPa)

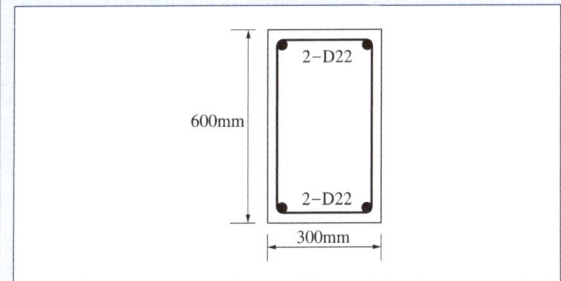

① 21.5kN·m
② 33.6kN·m
③ 42.8kN·m
④ 55.6kN·m

5-6. 철근콘크리트 구조물의 내구성 설계에 관한 설명으로 옳지 않은 것은?
① 설계기준강도가 35MPa을 초과하는 콘크리트는 동해저항 콘크리트에 대한 전체 공기량 기준에서 1% 감소시킬 수 있다.
② 동해저항콘크리트에 대한 전체 공기량 기준에서 굵은 골재의 최대 치수가 25mm인 경우 심한 노출에서의 공기량 기준은 6.0%이다.
③ 바닷물에 노출된 콘크리트의 철근 부식 방지를 위한 보통골재 콘크리트의 최대 물결합재비는 40%이다.
④ 철근의 부식 방지를 위하여 굳지 않은 콘크리트의 전체 염소이온량은 원칙적으로 0.9kg/m³ 이하로 하여야 한다.

|해설|

5-5
균열모멘트는 철근을 무시하고 콘크리트 단면으로 계산한다.
휨응력(σ) = $\dfrac{M}{I}y$에서, $M = \dfrac{\sigma \cdot I}{y}$이다.

M은 M_{CR}, σ는 f_r을 이용하면,

$$M_{CR} = f_r \dfrac{I}{y} = f_r \dfrac{\dfrac{bh^3}{12}}{\dfrac{h}{2}} = f_r \dfrac{bh^2}{6} = 0.63\lambda\sqrt{f_{ck}} \times \dfrac{1}{6}bh^2$$

여기서, λ : 1.0(경량콘크리트계수로서 보통 콘크리트는 1.0)
주어진 조건을 대입하면 다음과 같다.
$M_{CR} = 0.63\sqrt{24} \times \dfrac{1}{6} \times 300 \times 600^2 \times 10^{-6}$
≒ 55.6kN·m

5-6
철근의 부식 방지를 위해서 굳지 않은 콘크리트의 전체 염소이온량은 원칙적으로 0.30kg/m³ 이하로 하여야 한다(다만, 책임구조기술자의 승인을 받는 경우 0.60kg/m³까지 허용될 수 있다).

정답 5-5 ④ 5-6 ④

핵심이론 06 | 슬래브 설계

(1) 슬래브의 종류

① 1방향 슬래브 : $\dfrac{장변}{단변} > 2.0$

　㉠ 주철근을 1방향으로 배치한 슬래브로, 마주보는 두 변에 의하여 지지되는 슬래브

　㉡ 단변방향의 하중 분담률이 크기 때문에 주철근은 단변방향으로만 배치된다.

② 2방향 슬래브 : $1.0 \leq \dfrac{장변}{단변} \leq 2.0$

　㉠ 주철근을 2방향으로 배치한 슬래브로 네 변으로 지지되는 슬래브

　㉡ 서로 직교하는 두 방향으로 주철근이 배치된다.

③ 플랫 슬래브(Flat Slab)

　㉠ 보 없이 기둥만으로 지지된 슬래브

　㉡ 받침판(Drop Panel, 지판)과 기둥머리(Column Capital)가 있다.

　㉢ 기둥 주위의 전단력과 부휨모멘트에 의해 유발되는 큰 응력을 감소시키기 위해 설치한다.

④ 플랫 플레이트 슬래브(Flat Plate Slab, 평판 슬래브)

　㉠ 기둥만으로 지지된 슬래브

　㉡ 받침판(지판)과 기둥머리가 없다.

　㉢ 하중이 크지 않거나 경간이 짧은 경우에 사용된다.

⑤ 장선 슬래브 : 좁은 간격의 보(장선, Rib)와 슬래브가 강결되어 있는 슬래브

⑥ 와플 슬래브(격자 슬래브)

　㉠ 격자 모양의 작은 리브가 붙은 철근콘크리트 슬래브

　㉡ 슬래브의 자중을 줄이기 위해 사각형 모양의 빈 공간을 갖는 2방향 장선구조로 구성된다.

(2) 2방향 슬래브의 직접설계법 적용조건

① 각 방향으로 3경간 이상 연속되어야 한다.

② 슬래브 판들은 단변경간에 대한 장변경간의 비가 2 이하인 직사각형 단면이어야 한다.

③ 각 방향으로 연속한 받침부 중심간 경간 차이는 긴 경간의 1/3 이하이어야 한다.

④ 연속한 기둥 중심선을 기준으로 기둥의 어긋남은 그 방향 경간의 10% 이하이어야 한다.

⑤ 모든 하중은 슬래브판 전체에 걸쳐 등분포된 연직하중이어야 하며, 활하중은 고정하중의 2배 이하이어야 한다.

10년간 자주 출제된 문제

6-1. 보 또는 보의 역할을 하는 리브나 지판이 없어 기둥으로 하중을 전달하는 2방향으로 철근이 배치된 콘크리트 슬래브는?

① 와플 슬래브(Waffle Slab)
② 플랫 플레이트(Flat Plate)
③ 플랫 슬래브(Flat Slab)
④ 데크플레이트 슬래브(Deck Plate Slab)

6-2. 강도설계법에서 직접설계법을 이용한 콘크리트 슬래브 설계 시 적용조건으로 옳지 않은 것은?

① 각 방향으로 3경간 이상 연속되어야 한다.
② 슬래브 판들은 단변경간에 대한 장변경간의 비가 2 이하인 직사각형이어야 한다.
③ 각 방향으로 연속한 받침부 중심간 경간 차이는 긴 경간의 1/3 이하이어야 한다.
④ 모든 하중은 슬래브판의 특정지점에 작용하는 집중하중이어야 하며 활하중은 고정하중의 3배 이하이어야 한다.

|해설|

6-1
② 플랫 플레이트 슬래브(Flat Plate Slab) : 리브나 지판 없이 기둥으로 하중을 전달하는 슬래브
③ 플랫 슬래브(Flat Slab) : 리브나 지판(Drop Panel)이 있는 슬래브

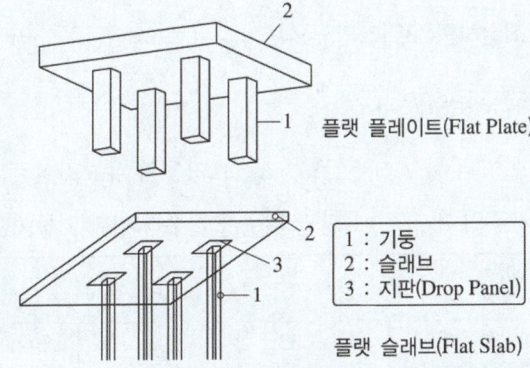

6-2
모든 하중은 슬래브판 전체에 걸쳐 연직의 등분포하중이어야 하며, 활하중은 고정하중의 2배 이하이어야 한다.

정답 6-1 ② 6-2 ④

핵심이론 07 | 압축재(기둥) 설계

(1) 축방향 철근(주근)

① 최소 철근비 : 1% 이상(발생 가능한 휨에 대한 저항, 크리프와 건조수축에 의한 영향 감소 때문에)
② 최대 철근비 : 8% 이하(경제성, 시공성 때문에)
③ 축방향 주철근비 : $\rho = \dfrac{\text{주철근 총 단면적}}{\text{기둥 총 단면적}} = \dfrac{A_{st}}{A_g}$

　㉠ $0.01 \leq 철근비(\rho) \leq 0.08$
　㉡ 축방향 주철근이 겹침이음인 경우에는 $\rho \leq 0.04$

④ 철근 지름 : D13(ϕ12) 이상
⑤ 최소 개수
　㉠ 사각형 또는 원형 띠철근 기둥 → 4개 이상
　㉡ 3각형 띠철근 기둥 → 3개 이상
　㉢ 나선철근 기둥 → 6개 이상

(2) 축방향 철근의 간격과 이음

① 띠철근 기둥의 축방향 철근은 띠철근을 따라 양쪽으로 순간격이 150mm 이하가 되도록 한다.
② 축방향 철근의 이음은 주로 겹침이음을 사용된다.
③ 축방향 철근의 겹침이음 길이는 다음의 어느 경우든 300mm 이상이어야 한다.
　㉠ $f_y \leq 400\text{MPa}$: $0.072 f_y d_b$ 이상
　㉡ $f_y > 400\text{MPa}$: $(0.013 f_y - 24) d_b$ 이상
④ 콘크리트의 설계강도가 $f_{ck} < 21\text{MPa}$이면 그 겹침이음 길이를 위의 값을 1/3만큼 더 증가시켜야 한다.

(3) 기둥에서 축하중과 모멘트 관계

① 축하중 : 기둥 중심축(도심축)에 따라 작용하는 압축하중
② 기둥은 대부분 편심하중을 받는다.
③ 압축부재는 축방향 압축, 휨을 동시에 받는 부재로 설계
④ 편심거리에 의한 모멘트 : $M = P \cdot e$
　편심거리$(e) = \dfrac{M}{P}$

(4) 띠철근 간격(최솟값으로 설계)

① 주철근 직경의 16배 이하
② 띠철근 직경의 48배 이하
③ 기둥 단면의 최소 폭 이하

(5) 단주의 설계(중심 축하중을 받는 단주)

① 띠철근 기둥의 축하중 강도($\phi=0.65$)

$$\phi P_n \Rightarrow \phi \alpha P_n$$

$$\therefore \phi P_n = \phi \alpha (0.85 f_{ck}(A_g - A_{st}) + (f_y \times A_{st}))$$

여기서, P_n : 축하중, α : 띠철근 계수(0.80)

② 나선철근 기둥의 축하중 강도($\phi=0.70$)

$$\phi P_n \Rightarrow \phi \alpha P_n$$

$$\therefore \phi P_n = \phi \alpha (0.85 f_{ck}(A_g - A_{st}) + (f_y \times A_{st}))$$

여기서, P_n : 축하중, α : 나선철근 계수(0.85)

(6) 장주의 설계

① 세장비 : 기둥의 유효길이와 최소 단면 2차 반지름의 비

$$세장비(\lambda) = \frac{Kl}{r} = \frac{유효\ 좌굴길이}{최소\ 단면\ 2차\ 반경}$$

$$\lambda = \frac{Kl}{r} = \frac{Kl}{\sqrt{\dfrac{I}{A}}}$$

여기서, K : 좌굴 유효길이 계수
　　　　l : 기둥의 지지길이
　　　　I : 단면 2차 모멘트, A : 단면적

② 좌굴하중(오일러의 공식)

$$좌굴하중(P_{cr}) = \frac{\pi^2 EI}{(Kl)^2}$$

여기서, EI : 휨강도, Kl : 기둥의 유효길이

③ 장주의 계수(K) : 단말 계수가 클수록 강한 기둥이다.

이동 조건	구 속			자 유	
회전 조건	양단 힌지	양단 구속	한단 힌지 타단 구속	양단 구속	한단 자유 타단 구속
좌굴 형태					
K	1.0	0.5	0.7	1.0	2.0

10년간 자주 출제된 문제

7-1. 단면이 400mm × 400mm인 콘크리트 기둥에 D22(a_1 = 387mm²) 철근을 사용하여 최소 철근비를 만족하도록 주철근을 배근하였다. 배근할 주철근의 최소 개수로 옳은 것은?

① 3개　　② 4개　　③ 5개　　④ 6개

7-2. 그림과 같은 장방형 기둥에서 사용되는 띠철근의 최소 간격은?(단, 주철근 = D19, 띠철근 = D10)

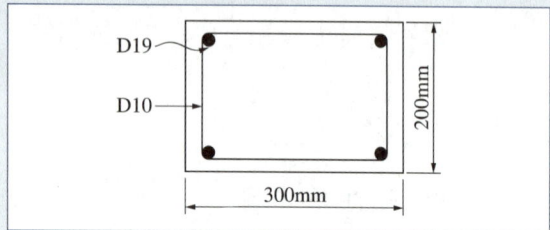

① 150mm　　② 200mm
③ 300mm　　④ 400mm

|해설|

7-1

압축부재의 축방향 철근의 철근비는 총 단면적의 최소 1% 이상, 최대 8% 이하이어야 한다(0.01배 이상 0.08배 이하).

축방향 주철근비(ρ) : $0.01 \leq \rho \leq 0.08$, $\rho = \dfrac{A_{st}}{A_g}$

∴ 최소 철근비량은 총 단면적의 1%이며,

$$0.01 = \frac{A_{st}}{400 \times 400}, \therefore A_{st} = 1,600\text{mm}^2$$

철근의 최소 개수는 D22의 단면이 387mm²이므로,

$$\therefore 최소\ 개수 = \frac{1,600\text{mm}^2}{387\text{mm}^2} ≒ 4.134이므로, 최소 5개가 필요하다.$$

7-2

기둥의 띠철근 최소 간격 조건

- 주철근 직경의 16배 이하 : 19 × 16 = 304mm 이하
- 띠철근 직경의 48배 이하 : 10 × 48 = 480mm 이하
- 기둥 단면의 최소 폭 이하 : 200mm 이하
- ∴ 띠철근의 최소 간격은 위의 3가지 중에서 가장 작은 치수인 200mm가 된다.

정답 7-1 ③　7-2 ②

10년간 자주 출제된 문제

7-3. 다음 그림과 같이 단면의 크기가 500mm×500mm인 띠철근 기둥이 저항할 수 있는 최대 설계축하중 ϕP_n은?(단, f_y = 400MPa, f_{ck} = 27MPa)

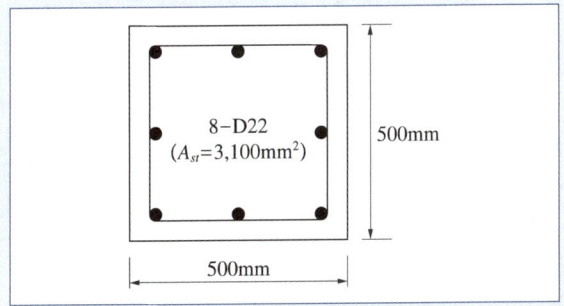

① 3,591kN ② 3,972kN
③ 4,170kN ④ 4,275kN

7-4. 단일 압축재에서 세장비를 구할 때 필요하지 않은 것은?
① 좌굴길이 ② 단면적
③ 단면 2차 모멘트 ④ 탄성계수

|해설|

7-3
$\phi P_n \Rightarrow \phi \alpha P_n$
여기서, P_n : 축하중, α : 띠철근 계수(0.8)
$\therefore \phi P_n = \phi \alpha (0.85 f_{ck}(A_g - A_{st}) + (f_y \times A_{st}))$
위의 식에서 주어진 조건을 대입하면,
$\phi P_n = 0.65 \times 0.8 \times (0.85 \times 27 \times (500^2 - 3,100) + (400 \times 3,100))$
   $= 0.65 \times 0.8 \times (5,666,355 + 1,240,000)$
   $= 0.65 \times 0.8 \times 6,906,355$
   $= 3,591,304.6$N
   $≒ 3,591$kN

7-4
탄성계수는 필요하지 않다.
• 세장비$(\lambda) = \dfrac{Kl}{r} = \dfrac{\text{유효 좌굴길이}}{\text{최소 단면 2차 반경}}$

$\lambda = \dfrac{Kl}{r} = \dfrac{Kl}{\sqrt{\dfrac{I}{A}}}$ 가 된다.

여기서, K : 좌굴 유효길이 계수, l : 기둥의 지지길이
I : 단면 2차 모멘트, A : 단면적

정답 7-3 ① 7-4 ④

핵심이론 08 | 기초, 벽 설계

(1) 기초의 종류

① 독립 기초 : 기둥을 단독으로 받치도록 설치된 기초
② 연속 기초 : 상부 하중을 확대 분포시켜 받는 기초(줄기초)
③ 복합 기초 : 2 이상 기둥을 1개 기초판에 받도록 만든 기초
④ 온통 기초 : 연약지반에 많이 설계되는 기초로서 모든 기둥을 하나의 연속된 기초판에서 지지하는 구조(매트기초)
⑤ 말뚝 기초 : 기둥하중을 말뚝에 의해 지반에 전달하는 기초

(2) 설계를 위한 기본 가정

① 기초판 저면의 압력 분포를 선형으로 가정한다.
② 기초판 저면과 기초 지반 사이에는 압축력만 작용한다.
③ 기초판은 하중을 기초 저면에 등분포시킴이 원칙이다.
④ 기초판에서는 휨모멘트의 일부 또는 전부를 연결보에 부담시키고, 기초판은 연직 하중만을 받는 것으로 한다.

(3) 기초판(확대기초)의 저면적(A_f)

① 기초판의 저면적 : $A_f \geq \dfrac{P}{q_a}$

② 기초판 지반의 극한지지력 : $q_u = \dfrac{P_u}{A}$

여기서, A_f : 확대기초 저면적(m²)
P : 사용하중(N)
P_u : 계수하중(N)
q_a : 지반 허용지지력(N/m²)
q_u : 지반의 극한지지력(N/m²)

(4) 벽체설계

① 수직, 수평 철근 간격 : 벽체 두께의 3배 이하, 또한 450mm 이하이어야 한다.

② 최소 수직 철근비
  ㉠ 설계기준 항복강도 400MPa 이상으로서 D16 이하의 이형철근 : 0.0012 이상
  ㉡ 기타 이형철근 : 0.0015 이상

③ 최소 수평 철근비
  ㉠ 설계기준 항복강도 400MPa 이상으로서 D16 이하의 이형철근 : 0.0020 이상
  ㉡ 기타 이형철근 : 0.0025 이상

10년간 자주 출제된 문제

8-1. 철근콘크리트 독립기초를 설계할 때 수직 압력만 받도록 하기 위한 방법으로 가장 효과적인 것은?

① 기초판의 크기를 증가시킨다.
② 기초판의 두께를 증가시킨다.
③ 기초 위 주각을 연결하는 지중보의 크기를 증가시킨다.
④ 기초 위의 기둥 단면의 크기를 증가시킨다.

8-2. 기초 설계 시 장기 150kN(자중 포함)의 하중을 받는 경우 장기 허용지내력도 20kN/m²의 지반에 필요한 기초판 크기는?

① 1.6m×1.6m   ② 2.0m×2.0m
③ 2.4m×2.4m   ④ 2.8m×2.8mm

8-3. 다음 조건을 만족하는 철근콘크리트 벽체의 최소 수직 철근량과 최소 수평 철근량은 얼마인가?(단, KCI(2012) 기준)

- 벽체 길이 : 3,000mm
- 벽체 높이 : 2,600mm
- 벽체 두께 : 200mm
- f_y = 400MPa, D16

① 최소 수직 철근량 : 720mm², 최소 수평 철근량 : 1,020mm²
② 최소 수직 철근량 : 730mm², 최소 수평 철근량 : 1,020mm²
③ 최소 수직 철근량 : 720mm², 최소 수평 철근량 : 1,040mm²
④ 최소 수직 철근량 : 730mm², 최소 수평 철근량 : 1,040mm²

|해설|

8-1
응력 증가를 위해 기초판의 크기(면적)을 증가시킬 수 있으며, 기초에서 발생하는 모멘트의 전달은 지중보의 크기를 증가시켜서 감소시킬 수 있으므로 수직 압력만 전달할 수 있다.

8-2
$20\text{kN/m}^2 \geq \dfrac{150\text{kN}}{A}$ 이어야 하며, $A \geq \dfrac{150}{20}\text{m}^2 = 7.5\text{m}^2$이다.

정사각형이므로, 한 변의 길이(b)는,
$b = \sqrt{7.5\text{m}^2} \fallingdotseq 2.74\text{m}$

∴ 기초판의 크기는 2.8m×2.8m가 적합하다.

8-3
최소 수직 철근량 = 벽 길이 × 벽 두께 × 최소 수직 철근비
∴ 3,000 × 200 × 0.0012 = 720mm²
최소 수평 철근량 = 벽 높이 × 벽 두께 × 최소 수평 철근비
∴ 2,600 × 200 × 0.002 = 1,040mm²

정답 8-1 ③ 8-2 ④ 8-3 ③

제4절 철골구조

핵심이론 01 | 총 론

(1) 철골구조(강구조) 장단점

① 강구조의 장점
  ㉠ 내구성 우수, 재료 균질, 단위 면적당 강도가 크다.
  ㉡ 철근콘크리트구조에 비해 경량, 구조 변경 용이하다.
  ㉢ 다양한 형상과 치수를 가진 구조로 만들 수 있다.
  ㉣ 사전 조립, 재사용 가능하다(장스팬, 고층 구조물에 적합).

② 강구조의 단점
  ㉠ 내화성 약하고, 부식 쉽고, 좌굴 위험성이 많다.
  ㉡ 접합부의 세밀한 설계와 용접부의 검사가 필요하다.
  ㉢ 처짐 및 진동을 고려해야 한다.
  ㉣ 단면에 비하여 부재의 길이가 비교적 길게 설계된다.

(2) 철골구조용 강재의 성질

① 수평력에 강하고 탄성적이며, 설계 가정에 근접 거동한다.
② 커다란 변형에 저항할 수 있는 연성을 가지고 있다.
③ 강재의 탄소량이 높을수록 용접성이 나빠진다.
④ 강재의 판 두께가 두꺼울수록 잔류응력 등으로 품질이 저하된다.
⑤ 고장력강일수록 연신율은 떨어진다.
⑥ 판폭, 두께비는 압축재의 국부좌굴에 영향을 미친다.
⑦ 반복 하중 피로 발생, 강도 감소 또는 파괴가 우려된다.

(3) 강재의 기계적 성질

① **항복비**(Yield Ratio) : 인장강도에 대한 항복강도의 비로서, 강재의 안전율의 한 척도가 된다.

$$R_y = \frac{F_y}{F_u}$$

② **연신율**(ε_f) : 시험 전의 표점 간 거리에 대한 인장시험편 파단 후 표점 간 거리(l)와 시험 전 표점 간 거리(l_0)의 차이의 백분율

$$\varepsilon_f = \frac{l - l_0}{l_0} \times 100 = \frac{\Delta l}{l_0} \times 100(\%)$$

③ **바우싱거 효과**(Baushinger's Effect) : 응력을 역방향으로 가할 때, 같은 변형률에 대하여 응력이 감소하는 현상으로 물체는 인장과 압축을 반복해서 받으면 낮은 하중에서도 영구적 변형이나 파괴가 될 수 있다.

10년간 자주 출제된 문제

1-1. 철골구조에 관한 설명으로 옳지 않은 것은?
① 수평 하중에 의한 접합부의 연성능력이 낮다.
② 철근콘크리트조에 비하여 넓은 전용면적을 얻을 수 있다.
③ 정밀한 시공을 요한다.
④ 장스팬 구조물에 적합하다.

1-2. 강구조에 관한 설명으로 옳지 않은 것은?
① 장스팬의 구조물이나 고층 구조물에 적합하다.
② 재료가 불에 타지 않기 때문에 내화성이 크다.
③ 강재는 다른 구조 재료에 비하여 균질도가 높다.
④ 단면에 비해 부재 길이가 길고 두께가 얇아 좌굴하기 쉽다.

1-3. 강재의 응력-변형도 시험에서 인장력을 가해 소성상태에 들어선 강재의 압축항복점이 소성상태에 들어서지 않은 강재의 압축항복점에 비해 낮다. 이러한 현상을 무엇이라 하는가?
① 루더 선(Luder's Line)
② 소성 흐름(Plastic Flow)
③ 바우싱거 효과(Baushinger's Effect)
④ 응력집중(Stress Concentration)

1-4. 다음 중 철골구조의 소성설계와 관계없는 것은?
① 형상계수(Form Factor)
② 소성힌지(Plastic Hinge)
③ 붕괴기구(Collapse Mechanism)
④ 잔류응력(Residual Stress)

|해설|

1-1
철골구조는 수평 하중에 의한 접합부의 연성능력이 높다.

1-2
강재는 화재로 인한 변형에 약하여 내화성이 작다.

1-4
잔류응력은 소성설계에는 관계없다. 잔류응력은 하중 제거 후 또는 내외 온도 차에 의한 열변형 등에 관계된다.

정답 1-1 ① 1-2 ② 1-3 ③ 1-4 ④

(4) 구조용 강재의 표시기호

```
SMA   420   B   W   N   ZC
 ①     ②    ③   ④   ⑤   ⑥
```

① 강재의 명칭(강종)
② 강재의 항복강도
  ㉠ 275 : 275MPa
  ㉡ 355 : 355MPa
  ㉢ 420 : 420MPa
  ㉣ 460 : 460MPa
③ 샤르피 흡수에너지 등급 : A, B, C
④ 내후성 등급
  ㉠ W : 녹안정화 처리(Weathering)
  ㉡ P : 도장처리(Painting)
⑤ 열처리 종류 : N, QT, TMC(열가공제어)
⑥ 내 라멜라티어 등급 : ZA, ZB, ZC

(5) 구조용 강재의 종류

① SS(Steel Structure) : 일반구조용 압연강재
② SN(Steel New Structure)
  ㉠ 고성능 건축구조용 압연강재
  ㉡ 일반구조용 강재(SS강재)와 용접구조용 강재(SM강재)의 성능을 향상시킨 강재로서 항복점의 하한치와 상한치를 제한하는 강재
③ SM(Steel for Marine) : 용접구조용 압연강재로 선박용 등으로 사용
④ SMA(Steel Marine Atmosphere) : 용접구조용 내후성 열간 압연강재
⑤ HPS(High Performance Steel) : 고성능강
⑥ TMCP(Thermo Mechanical Control Process)
  ㉠ 열간 압연공정에서 상온에서 강의 조직을 미세하게 하는 제어 압연공정과 열간압연 직후 상변태온도 이상에서 강판을 급속하게 냉각하는 공정으로 열가공 제어법으로 제작한 강재
  ㉡ 용접성과 내진성이 뛰어난 극후판 고강도 강재
  ㉢ 현장에서의 용접이음에 대한 대응이 우수하다.

⑦ SV(Steel Rivet) : 리벳용 압연강재
⑧ FR : 건축구조용 내화강재(Fire Resistance)

10년간 자주 출제된 문제

1-5. 다음 강종 표시기호에 관한 설명으로 옳지 않은 것은?(단, KS 강종기호 개정사항 반영)

SMA	355	B	W
|	|	|	|
(가)	(나)	(다)	(라)

① (가) : 용도에 따른 강재의 명칭 구분
② (나) : 강재의 인장강도 구분
③ (다) : 충격흡수에너지 등급 구분
④ (라) : 내후성 등급 구분

1-6. 건축구조용 압연강이라 하며, 건축물의 내진성능을 확보하기 위하여 항복점의 상한치 제한 등에 의한 품질의 편차를 줄이고, 용접성 및 냉간 가공성을 향상시킨 강재는?

① SM강재　　② TMCP강재
③ SS강재　　④ SN강재

1-7. 강구조에 사용하는 강재에 대한 설명으로 틀린 것은?

① SN재는 건축물의 내진성능을 확보하기 위하여 항복점의 상한치를 제한하는 강재이다.
② TMCP강재는 판 두께 증가에 따른 항복강도의 저감이 크게 나타난다.
③ SMA는 내후성을 높인 강재이다.
④ SM 490 B 강재의 기호 B는 충격흡수에너지를 제한하는 값에 대한 기호이다.

|해설|

1-5
(나)는 강재의 항복강도 구분이다.

1-6
④ SN : 건축구조용 압연강재
① SM : 용접구조용 압연강재
② TMCP : 열간제어 극후판 고강도 강재
③ SS : 일반구조용 압연강재

1-7
TMCP강재의 경우 두께가 40mm를 초과하더라도 구조설계 시의 기준이 되는 항복강도를 저감하지 않기 때문에 구조적으로 매우 유리하며, 그 적용 두께를 80mm 이하로 규정하고 있다.

정답 1-5 ② 1-6 ④ 1-7 ②

핵심이론 02 | 강구조 설계 및 하중

(1) 강구조 설계법

① 허용응력 설계법(ASD ; Allowable Stress Design)
  ㉠ 설계하중(사용하중) 하에서 재료가 허용응력 범위 내에 들도록 설계하는 것
  ㉡ 설계하중(사용하중) 범위 안에서는 재료가 탄성거동을 하는 것으로 볼 수 있기 때문에 탄성거동에 기초하여 부재를 설계한다.
  ㉢ 설계(사용) 하중을 사용하여 선형 탄성해석을 한다.
  ㉣ 부재의 파괴가 일어날 때까지 안전에 대한 여유치를 정확히 평가하기 어렵고, 부재 강도를 알 수 없다.
  ㉤ 안전계수(Safety Factor)를 사용하지만 각 하중이 미치는 서로 다른 영향을 구별해서 반영하기 어렵다.
  ㉥ 안전율은 허용응력 크기를 정한 근거가 약하며, 재료 성능개선 변화에 대처할 수 없는 단점이 있다.

  • 소요강도 $\leq \dfrac{공칭강도}{안전율}$ = 허용응력

② 한계상태 설계법(하중저항계수 설계법)
  ㉠ 부분안전계수를 사용하여 하중 및 각 재료에 대한 특성을 합리적으로 반영한다.
  ㉡ 하중의 불확실성을 하중계수로서 반영하고, 재료강도에 대한 불확실성은 강도감소계수를 반영한다.
  ㉢ 안정성은 극한한계상태를 검토하고, 사용성은 사용한계상태를 검토하여 확보한다.

  $R_u \leq \phi R_n$

  여기서, R_u : 소요강도(하중계수, 하중효과 반영)
  　　　　R_n : 공칭강도
  　　　　ϕR_n : 설계강도

③ 소성설계법(PD ; Plastic Design)
  ㉠ 구조물과 그 부재가 한계상태의 하중에 도달하면서 소성붕괴(Plastic Collapse)가 되며, 소성붕괴하중(Plastic Collapse Load)을 고려하여 설계
  ㉡ 강재의 인성 등을 효과적으로 이용하여 강재의 경제성을 높이기 위한 설계방법(계수하중을 사용)이다.
  ㉢ 탄성설계보다 강재를 절감할 수 있다.
  ㉣ 구조체가 지지할 수 있는 최대 하중과 구조체의 실제안전율을 더 정확하게 계산할 수 있다.

(2) 강도설계법 또는 한계상태 설계법의 하중조합(7가지)

- $U = 1.4(D+F)$
- $U = 1.2(D+F+T) + 1.6L + 0.5(Lr \text{ or } S \text{ or } R)$
- $U = 1.2D + 1.6(Lr \text{ or } S \text{ or } R) + (1.0L \text{ or } 0.65W)$
- $U = 1.2D + 1.3W + 1.0L + 0.5(Lr \text{ or } S \text{ or } R)$
- $U = 1.2D + 1.0E + 1.0L + 0.2S$
- $U = 0.9D + 1.3W$
- $U = 0.9D + 1.0E$

  여기서, D : 고정하중
  L : 활하중
  W : 풍하중
  Lr : 지붕활하중
  E : 지진하중
  S : 적설하중
  T : 온도하중
  F : 유체중량 및 압력에 의한 하중
  R : 강우하중

10년간 자주 출제된 문제

2-1. 다음 중 철골구조의 한계상태 설계법과 관련 없는 것은?
① 하중계수(Load Factor)
② 저항계수(Resistance Factor)
③ 설계강도(Design Factor)
④ 안전계수(Safety Factor)

2-2. 철골조의 소성설계와 관계없는 항목은?
① 소성힌지   ② 안전율
③ 붕괴기구   ④ 하중계수

2-3. 강도설계법에서 고정하중 40kN, 활하중 30kN이 작용할 때 계수하중은 몇 kN인가?
① 135   ② 124
③ 116   ④ 96

|해설|

2-1
안전계수는 허용응력 설계법에서 사용한다.

2-2
안전율은 허용응력 설계법에 관계된다. 안전율은 구조물의 탄성강도와 요소의 여러 가지 한계상태와의 관계를 대표하는 경험적으로 실무에 기초하여 결정되는 값이다.
※ 소성설계법의 하중계수는 구조물에 대해 소성붕괴하중과 사용하중과의 비율이다.

2-3
$U = 1.2D + 1.6L = 1.2 \times 40 + 1.6 \times 30 = 96\text{kN}$

정답 2-1 ④ 2-2 ② 2-3 ④

핵심이론 03 | 접합부 설계

(1) 볼트접합 용어

① 피치(Pitch) : 볼트 중심 사이의 간격
② 게이지(Gauge) : 게이지라인과 게이지라인과의 거리
③ 게이지라인(Gauge Line) : 볼트 중심을 연결하는 선
④ 측단거리 : 볼트 중심과 측단까지의 거리
⑤ 연단거리 : 볼트 중심과 연단까지의 거리

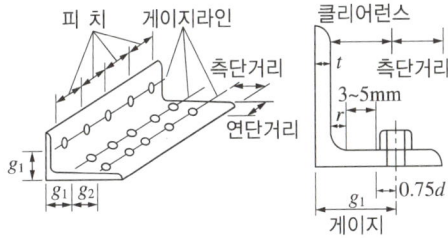

(2) 볼트 시공

① 부재 순단면을 계산하는 경우 볼트 구멍 크기
  ㉠ 표준 구멍(ϕ) < 24mm : 볼트 직경(d) + 2mm
  ㉡ 표준 구멍(ϕ) ≥ 24mm : 볼트 직경(d) + 3mm

고력볼트의 직경	표준구멍의 직경	대형구멍의 직경
M16	18	20
M20	22	24
M22	24	28
M24	27	30
M27	30	35
M30	33	38

② 볼트의 최소 중심 간격
  ㉠ M20 : 65mm, M22 : 75mm, M24 : 85mm
  ㉡ 최소 중심 간격은 부득이한 경우 볼트 지름의 3배까지 작게 할 수 있다.

③ 연단거리
  ㉠ 볼트 구멍의 중심에서 판의 연단까지의 거리
  ㉡ 최소 연단거리는 표면판 또는 형강 두께의 8배로 한다(단, 150mm 이하로 한다).

10년간 자주 출제된 문제

3-1. 강구조의 볼트접합에 관한 일반적인 설명으로 옳지 않은 것은?
① 볼트는 가공정밀도에 따라 상볼트, 중볼트, 흑볼트로 나뉜다.
② 볼트 중심 사이 간격을 게이지라인(Gauge Line)이라고 한다.
③ 게이지라인(Gauge Line)과 게이지라인과의 거리를 게이지(Gauge)라고 한다.
④ 배치방식은 정렬배치와 엇모배치가 있다.

3-2. 강구조에 사용되는 고력볼트 M24 표준 구멍의 직경으로 옳은 것은?
① 26mm ② 27mm
③ 28mm ④ 30mm

3-3. 하중저항계수 설계법에 따른 강구조 연결 설계기준을 근거로 할 때 고장력볼트의 직경이 M24라면 표준 구멍의 직경으로 옳은 것은?
① 26mm ② 27mm
③ 28mm ④ 30mm

|해설|

3-1
피치(Pitch) : 볼트 중심 사이의 간격
볼트의 가공정밀도
• 상 : 머리 측면 외의 모든 면 다듬질
• 중 : 머리 밑면과 축 부분 다듬질
• 흑 : 나사부만 다듬질

3-2
표준 구멍(ϕ) ≥ 24mm : 볼트 직경(d) + 3mm
∴ 24 + 3mm = 27mm

3-3
볼트 구멍은 M22 이하는 2mm, M24 이상은 3mm를 더한다. M24이므로 표준 구멍은 24 + 3mm = 27mm이다.

정답 3-1 ② 3-2 ② 3-3 ②

(3) 고력볼트 접합의 장점과 종류

① 고력(고장력)볼트 접합의 장점
   ㉠ 접합부 강성이 높아 접합부 변형이 거의 없다.
   ㉡ 유효면적에 대한 피로강도가 높다.
   ㉢ 응열방향이 바뀌어도 혼란이 일어나지 않는다.
   ㉣ 강한 조임력으로 너트의 풀림이 없다.
   ㉤ 연결부의 증설, 변경이 쉽고 불량 부위의 교체가 쉽다.

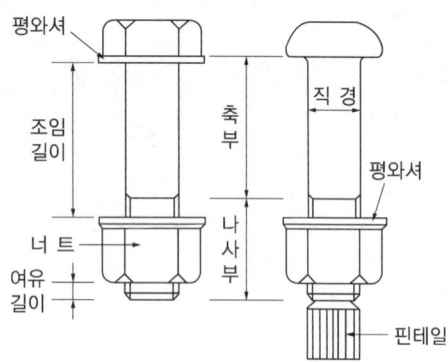

[고력볼트의 각부 명칭]

② 접합의 종류
   ㉠ 마찰접합 : 하중의 전달은 볼트의 체결에 의해서 발생하는 마찰에 의해서만 이루어진다.
   ㉡ 지압접합 : 하중의 전달이 연결 부재의 미끄러짐이 발생하여 연결 부재 간의 지압에 의해서 이루어진다.
   ㉢ 인장접합 : 볼트의 축방향력에 의해서 연결부의 하중이 전달된다.

(4) 고력볼트의 조임

① 고력볼트의 조임
   ㉠ 표준 볼트장력을 목표로 조인다.
   ㉡ 볼트군의 중앙에서 양측단 쪽으로 조여 나간다.
   ㉢ 고력볼트는 2회 조임하는 것으로 한다.
      • 1차 조임(토크값 조임) → 마킹 → 2차 조임(본조임)
   ㉣ 조임 시 너트, 볼트, 와셔와의 공회전을 확인한다.
   ㉤ 작업 온도에 따른 토크계수의 변화로 인하여 고력볼트장력의 크기가 달라지므로 온도 영향을 고려한다.

② 고력볼트의 조임력
   $T = k \cdot d_1 \cdot N$
   여기서, k : 토크계수(0.1~0.19)
   d_1 : 고력볼트 축부 공칭직경(mm)
   N : 고력볼트의 축력

10년간 자주 출제된 문제

3-4. 다음 그림은 고력볼트 체결부의 명칭을 나타낸 것이다. 명칭이 틀린 것은?

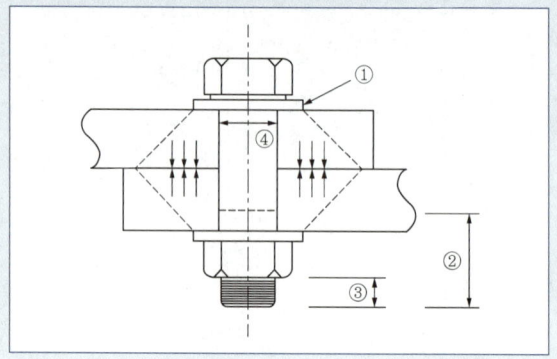

① 평와셔　② 축 부
③ 여유길이　④ 볼트직경

3-5. 고력볼트 F10T-M24의 현장시공을 위한 2차 조임 토크값은 얼마인가?(단, 토크계수는 0.13, F10T-M24 볼트의 설계 볼트장력은 233kN이며 표준 볼트장력은 설계 볼트장력에 10%를 할증한다)

① 568.57kN·mm
② 799.66kN·mm
③ 1,238.41kN·mm
④ 1,689.65kN·mm

|해설|

3-4
②는 나사부에 해당한다.

3-5
$T = k \cdot d_1 \cdot N$
여기서, k : 토크계수(0.1~0.19)
d_1 : 고력볼트 축부 공칭직경(mm)
N : 고력볼트의 축력
∴ $T = 0.13 \times 24 \times 233 \times 1.1 = 799.656$ kN·mm

정답 3-4 ② 3-5 ②

(5) 고력볼트의 설계 전단강도

① 공칭전단강도

$$R_n = F_{nv} A_b$$

여기서, F_{nv} : 공칭전단응력

② 설계 전단강도(ϕ = 0.75)

$$\phi R_n = \phi F_{nv} A_b$$
$$= 0.75 \times 0.5 F_u \times A_b \times N_b$$

여기서, A_b : 볼트 1개의 단면적

N_b : 볼트 개수

$$A_b = \frac{\pi \times d^2}{4} [\text{mm}^2]$$

(6) 용접접합의 종류와 장단점

① 용접의 종류 : 아크용접, 전기저항용접, 가스용접 등이 있으며, 아크용접이 많이 사용된다.

② 용접방법
  ㉠ 융접(Fusion) : 용접 상태에서 재료에 기계적 압력을 가하지 않고 용접
  ㉡ 압접 : 용접을 위한 재료에 기계적 압력을 가하는 용접방법

③ 용접의 적용
  ㉠ 응력을 전달하는 용접이음에는 전단면용입 홈용접, 부분용입 홈용접 또는 연속 필릿용접을 사용한다.
  ㉡ 용접선에 대해 직각 방향으로 인장응력을 받는 이음에는 완전용입 홈용접을 사용하는 것이 원칙이다.

④ 용접이음의 장단점
  ㉠ 소음이 적고 경비와 시간이 절약된다.
  ㉡ 단면 감소로 인한 강도 저하가 없다.
  ㉢ 응력집중현상이 발생하기 쉽다.
  ㉣ 용접부 내부의 검사가 쉽지 않다.
  ㉤ 부분적 가열로서 잔류응력이나 변형이 남는다.

10년간 자주 출제된 문제

3-6. 고력볼트 F10T(M20) 1면 전단일 때 볼트 1개당 설계 전단강도(ϕR_n)를 구하면?(단, 고력볼트의 F_u = 1,000MPa, ϕ = 0.75, F_{nv} = 0.5F_u임)

① 117.8kN ② 94.2kN
③ 58.8kN ④ 47.1kN

3-7. 철골공사에서 용접봉의 내밀기, 이동 등을 기계화한 것으로, 서브머지드 아크용접법에 쓰이며, 피복재 대신에 분말상의 플럭스를 쓰는 용접기기의 명칭으로 옳은 것은?

① 직류 아크용접기
② 교류 아크용접기
③ 자동용접기
④ 반자동용접기

|해설|

3-6
볼트의 전단강도를 구할 경우 직접 전단과 마찰 전단을 구분하여야 하며, 마찰계수가 제시되지 않았으므로 직접 전단에 의해 구한다.

$\phi R_n = 0.75 F_{nv} A_b = 0.75 \times 0.5 F_u \times A_b$

주어진 조건에서,

$F_u = 1,000\text{MPa}$, $A_b = \dfrac{\pi \times 20^2}{4}\text{mm}^2$이므로,

$\therefore \phi R_n = 0.75 \times 0.5 \times 1,000 \times \dfrac{\pi \times 20^2}{4}$
$\fallingdotseq 117,809.7\text{N} \fallingdotseq 117.8\text{kN}$

3-7
용접 방법에 의한 분류
- 수동용접 : 용접봉 용접
- 반자동용접 : CO_2 아크용접
- 자동용접 : 서브머지드 아크용접, 일렉트로 슬래그용접

정답 3-6 ① 3-7 ③

(7) 맞댄용접, 모살용접

① **맞댄용접(Butt Welding, 홈용접)** : 접합하는 두 부재를 맞대어 홈(앞벌림, Groove)을 만들고 그 사이에 용착금속으로 채워 용접하는 방법

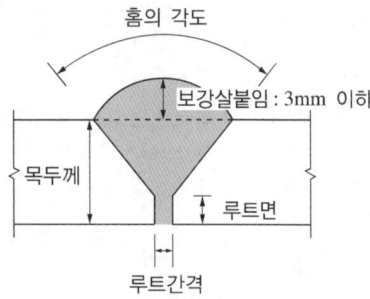

② **모살용접(필릿용접, Fillet Welding)** : 목두께의 방향이 모재의 면과 45° 또는 거의 45°의 각을 이루며 용접하는 방법으로 단속용접과 연속용접이 있다.

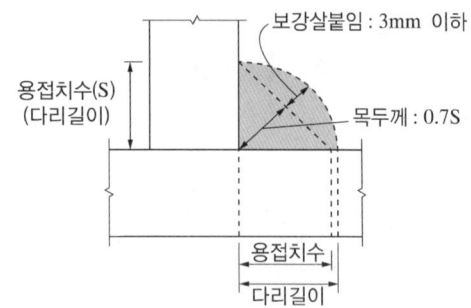

㉠ 필릿용접, T자형·+자형 필릿용접 등이 있다.
㉡ 용접선 종류에 따라 연속 필릿용접, 단속 필릿용접, 병렬용접, 엇모용접으로 구분한다.

(8) 용접접합 방법

① **스캘럽(Scallop)** : 이음 및 접합 부위의 용접선이 교차되어 재용접된 부위가 열영향을 받아 취약해지기 때문에 모재에 부채꼴 모양의 모따기를 한 것

② **메탈터치(Metal Touch)** : 철골 기둥의 이음부를 가공하여 상하부의 밀착을 좋게 하여 축력의 50%까지 하부 기둥 밀착면에 직접 전달시키는 이음

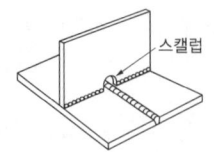
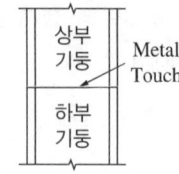

③ **엔드탭(End Tab)** : Blow Hole, Crater 등의 용접결함이 생기기 쉬운 용접 Bead의 시작과 끝지점에 용접을 하기 위해 용접 접합하는 모재의 양단에 부착하는 보조강판

④ **뒷댐재(Back Strip)** : 맞댄용접을 한 면으로만 실시하는 경우 충분한 용입을 확보하고, 용융금속의 용락 방지목적으로 동종 또는 이종의 금속판을 루트 뒷면에 받치는 것

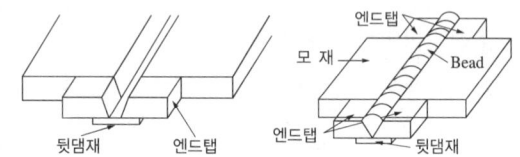

10년간 자주 출제된 문제

3-8. 철골부재 용접 시 겹침이음, T자이음 등에 사용되는 용접으로 목두께의 방향이 모재의 면과 45° 또는 거의 45°의 각을 이루는 것은?

① 완전용입 맞댐용접 ② 모살용접
③ 부분용입 맞댐용접 ④ 다층용접

3-9. 강구조에서 용접선 단부에 붙인 보조판으로 아크의 시작이나 종단부의 크레이터 등의 결함을 방지하기 위해 붙이는 판은?

① 스티프너 ② 엔드탭
③ 윙 플레이트 ④ 커버 플레이트

| 해설 |

3-8
모살용접 : 겹침이음, T자이음 등에 사용되는 용접으로 목두께의 방향이 모재의 면과 45° 또는 거의 45°의 각을 이루는 용접

맞댐용접 종류

완전용입 맞댐용접

부분용입 맞댐용접

다층용접

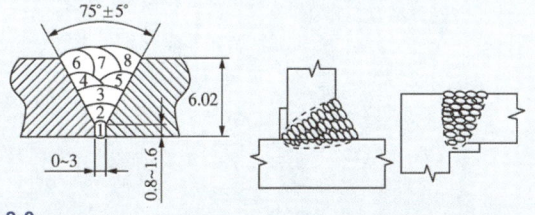

3-9
① 스티프너(Stiffener) : 복부판의 전단좌굴 방지용 보강재
③ 윙 플레이트(Wing Plate) : 철골조 주각에서의 보강재
④ 커버 플레이트(Cover Plate) : 강재보의 상하현재 플랜지 부분에 휨을 보강하는 판형상의 휨보강재

정답 3-8 ② 3-9 ②

(9) 용접이음 표시 및 기호

① 용접이음의 표시법
  ㉠ 용접할 곳이 앞쪽(전면)일 때
  ㉡ 용접할 곳이 뒤쪽(후면)일 때

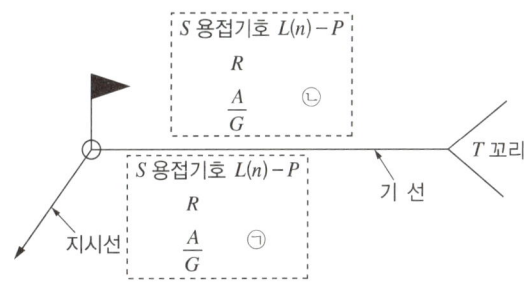

여기서,
S : 용접사이즈, L : 용접길이, P : 용접간격,
A : 개선각, $-$: 표면모양, G : 용접부 처리방법,
R : 루트간격, ▶ : 현장용접, T : 꼬리(특기사항),
○ : 온둘레(일주)용접

② 용접기호 예시
  ㉠ 모살용접 : 양쪽 다리길이가 다를 때

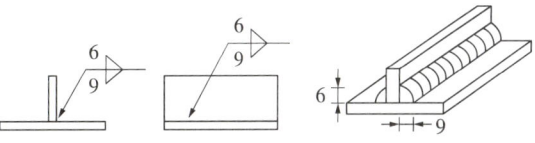

  ㉡ 모살용접 : 병렬용접, 용접길이 50mm, 피치 150mm

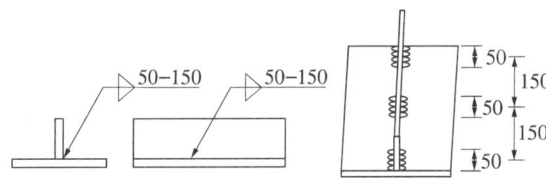

  ㉢ 엇모용접 : 전면 다리길이 6mm, 후면 다리길이 9mm, 용접길이 50mm, 피치 300mm

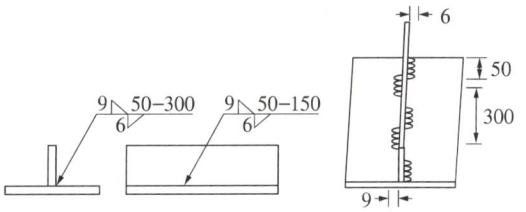

ⓓ V형 홈용접 : 판 두께 19mm, 홈 깊이 16mm, 홈 각도 60°, 루트 간격 2mm

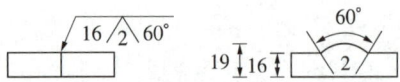

10년간 자주 출제된 문제

3-10. 다음 용접기호에 대한 설명으로 옳은 것은?

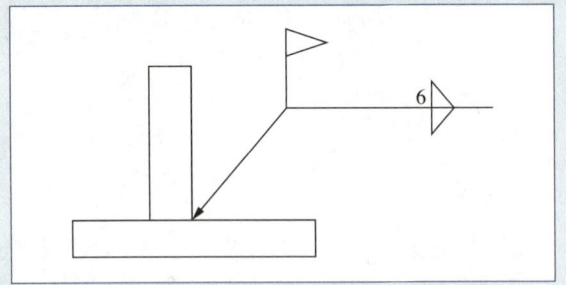

① 공장에서 용접치수 6mm로 양측에 모살용접한다.
② 현장에서 용접치수 6mm로 화살방향에 맞댐용접한다.
③ 공장에서 용접치수 6mm로 화살방향에 맞댐용접한다.
④ 현장에서 용접치수 6mm로 양측에 모살용접한다.

3-11. 다음 그림의 용접기호에 대한 설명으로 맞는 것은?

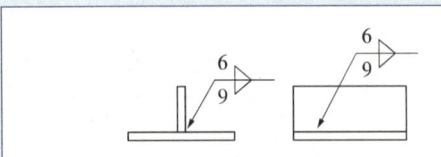

① 모살용접으로서 양쪽 다리길이를 각각 6mm, 9mm로 용접한다.
② 모살용접으로서 병렬용접하며, 용접길이 6mm, 피치 9mm로 용접한다.
③ 엇모용접으로서 전면은 다리길이 6mm, 후면은 다리길이 9mm로 용접한다.
④ V형 홈용접으로서 양쪽 다리길이가 각각 6mm, 9mm로 용접한다.

| 해설 |

3-10

현장에서 용접치수 6mm로 양측에 모살(필릿)용접한다.

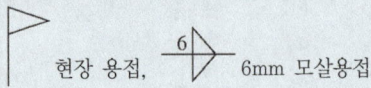

현장 용접, 6mm 모살용접

3-11

양쪽 다리길이가 다른 모살용접으로서 양쪽의 다리길이가 각각 6mm, 9mm로 용접한다.

정답 3-10 ④ 3-11 ①

(10) 용접부의 유효길이 및 용접면적

① 목두께(a)

  ㉠ 목두께 : 응력을 전달하는 용접부의 유효두께

  ㉡ 맞댄(홈)용접 : $a = t$

  ㉢ 필릿(모살)용접 : $a = \dfrac{1}{\sqrt{2}}S ≒ 0.7S$

  ㉣ 모재의 두께가 다를 경우 얇은 쪽

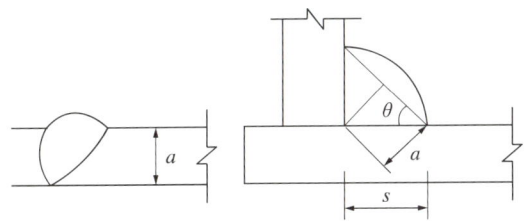

② 유효길이(l_e)

  ㉠ 응력의 직각 방향에 투영시킨 거리, 즉 재축에 직각인 접합부분의 폭을 말한다.

  ㉡ 맞댄용접 : 각도에 관계없이 수직 길이($l_e = l\sin\theta$)

  ㉢ 필릿용접 : 용접길이(l)에서 모살치수(S)의 2배를 공제($l_e = l - 2S$)

  ㉣ 필릿용접에서 끝돌림 용접부분은 유효길이에 포함시키지 않는다.

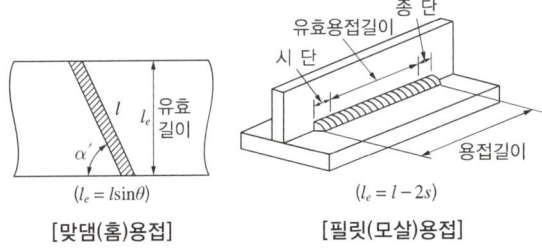

[맞댄(홈)용접]   [필릿(모살)용접]

③ 필릿(모살)용접의 유효용접면적(A_w)

  ㉠ 유효용접면적 : $A_w = a \cdot l_e$

  ㉡ 단면으로 용접할 경우 : $A_w = 0.7S \times (l - 2S)$

  ㉢ 양면으로 용접할 경우 : $A_w = 0.7S \times (l - 2S) \times 2$

10년간 자주 출제된 문제

3-12. 그림에서, 용접 목두께(a)를 구하는 식으로 옳은 것은?

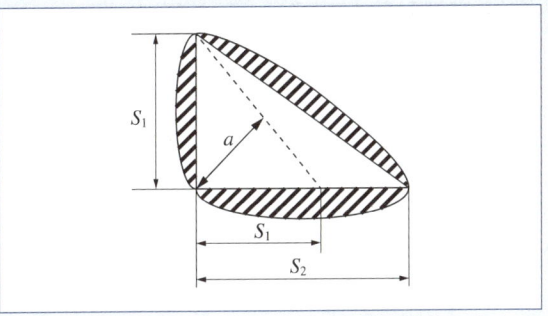

① $a = \sqrt{2}\,S_1$ ② $a = \sqrt{2}\,S_2$
③ $a = 0.7S_1$ ④ $a = 0.7S_2$

3-13. 모살치수 8mm, 용접길이 500mm인 양면 모살용접의 유효단면적은 약 얼마인가?

① $2,100\text{mm}^2$ ② $3,221\text{mm}^2$
③ $4,300\text{mm}^2$ ④ $5,421\text{mm}^2$

3-14. 다음 모살용접부의 유효 용접면적은?

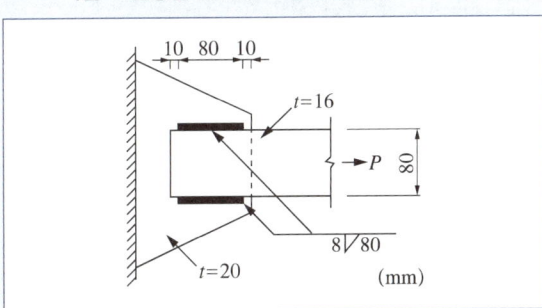

① 716.8mm^2 ② 614.4mm^2
③ 806.4mm^2 ④ 691.2mm^2

|해설|

3-13

$l_e = l - 2S,\ a = 0.7S$이며, 양면 모살용접이므로,

$\therefore A = a \cdot l_e \times 2 = 0.7S \times (l - 2S) \times 2$

$= (0.7 \times 8) \times (500 - 2 \times 8) \times 2 ≒ 5,421\text{mm}^2$

3-14

$l_e = l - 2S = 80 - 2 \times 8 = 64\text{mm}$

$A = a \cdot l_e$이며, 양면 모살용접이므로,

$\therefore A_w = a \cdot l_e \times 2 = (0.7 \times 8) \times 64 \times 2 = 716.8\text{mm}^2$

정답 3-12 ③ 3-13 ④ 3-14 ①

(11) 필릿(모살)용접 치수

① 모살용접의 최소, 최대 사이즈

접합부의 얇은 쪽 모재 두께(t)	모살용접의 최소 사이즈	모살용접 치수의 최대 사이즈
$t \leq 6$	3mm	$t < 6$mm일 때, $S = t$
$6 < t \leq 13$	5mm	
$13 < t \leq 19$	6mm	$t \geq 6$mm일 때, $S = t - 2$
$t > 19$	8mm	

② 응력을 전달하는 단속 모살용접부의 길이는 모살 치수의 10배 이상, 또한 30mm 이상을 원칙으로 한다.

③ 강도에 의해 지배되는 모살용접 설계의 경우 유효최소 길이는 용접 공칭사이즈의 4배 이상이 되어야 한다. 또는 용접 사이즈는 유효길이의 1/4 이하가 되어야 한다.

(12) 용접결함

① 오버랩(Over Lap) : 용접금속과 모재가 융합되지 않고 단순히 겹쳐지는 것
② 언더컷(Under Cut) : 과대 전류로 용접 상부에 모재가 녹아 용착금속이 채워지지 않고 홈으로 남게 된 부분
③ 피트(Pit) : 용접부 표면에 생기는 미세한 홈
④ 블로홀(Blow Hole, 기공) : 용융금속이 응고할 때 방출가스가 남아서 생긴 기포나 작은 공기 틈
⑤ 피시아이(Fish Eye) : 슬래그 혼입 및 블로홀 겹침 현상, 생선눈알 모양의 은색 반점이 나타남(은점)
⑥ 크랙(Crack) : 용접 후 냉각 시에 생기는 갈라짐
⑦ 크레이터(Crater) : 용접 시 길이방향 끝부분에 용착금속이 채워지지 않고 우묵하게 패진 부분
⑧ 슬래그(Slag) 감싸들기 : 용접봉의 피복재 용해물인 회분(Slag)이 용착금속 내에 혼합되어 섞인 것
⑨ 용입부족(불량) : 과소전류로 용착금속이 채워지지 않고 홈으로 남는 부분

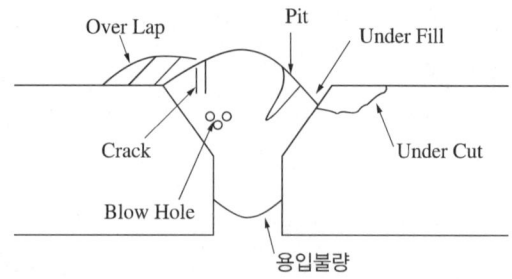

10년간 자주 출제된 문제

3-15. 필릿용접의 최소 사이즈에 관한 설명으로 옳지 않은 것은?(단, KBC 2016 기준)
① 접합부 얇은 쪽 모재 두께가 6mm 이하일 경우 3mm이다.
② 접합부 얇은 쪽 모재 두께가 6mm를 초과하고 13mm 이하일 경우 4mm이다.
③ 접합부 얇은 쪽 모재 두께가 13mm를 초과하고 19mm 이하일 경우 6mm이다.
④ 접합부 얇은 쪽 모재 두께가 19mm 초과할 경우 8mm이다.

3-16. 강구조 용접에서 용접결함에 속하지 않는 것은?
① 오버랩(Over Lap)
② 크랙(Crack)
③ 가우징(Gouging)
④ 언더컷(Under Cut)

|해설|

3-15
접합부 얇은 쪽 모재 두께가 6mm를 초과하고 13mm 이하일 경우에는 5mm이다.
필릿용접의 최소 사이즈
• $t \leq 6$인 경우 : 3mm
• $6 < t \leq 13$인 경우 : 5mm
• $13 < t \leq 19$인 경우 : 6mm
• $t > 19$인 경우 : 8mm

3-16
가우징(Gouging) : 강구조물 금속판의 뒷면 깎기로 용접결함부 제거를 위해 금속면에 공기로 불어내어 골을 파는 것

정답 3-15 ② 3-16 ③

(13) 접합부의 설계

① 강구조 접합의 종류
    ㉠ 동일 부재 간의 이음
    ㉡ 작은 보와 큰 보의 접합
    ㉢ 기둥-보 접합 : 전단(단순)접합, 반강접합, 강접합
    ㉣ 트러스 접합

② 접합부의 최소 설계강도
    ㉠ 접합부 설계강도는 45kN 이상 지지하도록 설계한다.
    ㉡ 연결재, 새그로드 또는 띠장은 제외한다.
    ㉢ 접합부의 설계강도 : $\phi R_n \geq S_u$
        여기서, ϕ : 강도감소계수
        R_n : 접합부 공칭강도
        S_u : 접합부 소요강도

③ 동일 부재 간의 이음
    ㉠ 보 이음 : 이음을 하지 않는 것이 원칙이다.
        • 기둥에 보의 일부를 공장에서 접합한 브래킷(Bracket) 형식의 경우 보의 단부로부터 1~2m 정도 위치에서 보의 중간 부분을 이음할 수 있다.
        • 보 이음 위치는 변곡점 근처에서 하는 것이 유리
    ㉡ 기둥 이음 : 이음이 없는 것이 원칙이다.
        • 이음을 할 경우에는 응력이 작은 곳에서 한다.
        • 이음 위치는 2~3층을 1단위로 하고, 이음 해당 바닥에서 1.0m 전후의 높이에서 한다.
        • 종류 : 고력볼트 접합, 고력볼트와 용접접합 혼용

④ 기둥과 보의 접합
    ㉠ 전단접합(단순접합) : 보의 단부가 회전 저항에 유연하여 모멘트가 전달되지 않는 접합부
        • 기둥에 전단력만 전달(휨모멘트는 전달 못함)
        • 접합이 간단하므로 시공비와 재료비가 절약된다.
    ㉡ 반강접합(부분강접합) : 부재 단부의 회전 저항에 따른 단부모멘트를 발생시킬 수 있는 접합부
        • 완전 강접합과 전단접합의 중간적 특성을 갖는다.
        • 모멘트 저항능력이 20~90% 정도의 접합부
    ㉢ 강접합(모멘트접합) : 보 단부에서 회전을 허용하지 않고 100%에 가까운 단부모멘트를 기둥 또는 이음부에 전달시키는 접합부
        • 휨모멘트와 전단력의 조합력에 따라 설계한다.
        • 시공이 복잡하고 재료 비용이 많이 든다.

⑤ 메탈터치(Metal Touch) : 기둥 상하부 부재 간의 접합으로서 기둥에 작용하는 압축력 및 휨모멘트를 기둥 부재간 접촉면을 통하여 직접 전달하게 하는 접합방법

10년간 자주 출제된 문제

3-17. 강구조에서 별도의 규정 설계 하중이 없는 경우 접합부의 최소 설계강도 기준은?(단, 연결재, 새그로드 또는 띠장 제외)
① 30kN 이상 ② 35kN 이상
③ 40kN 이상 ④ 45kN 이상

3-18. 다음 강구조 접합부 중 회전 저항에 유연해서 모멘트를 전달하지 않는 형태로 기둥에 보의 플랜지를 연결하지 않고 웨브만 접합한 형태는?
① 강접접합부 ② 스플릿 티 모멘트 접합부
③ 전단접합부 ④ 반강접접합부

3-19. 철골구조의 접합부에 관해 기술한 것 중 틀린 것은?
① 기둥의 이음 위치는 2~3개 층으로 한다.
② 접합부가 휨모멘트에 대한 저항능력이 없을 경우 강접합한다.
③ 접합부의 최소 설계강도는 45kN 이상이다.
④ 기둥-보의 강접합은 시공이 복잡하고 재료비가 많이 든다.

3-20. 철골조 기둥-보 접합부의 구성요소가 아닌 것은?
① 엔드플레이트(End Plate)
② 다이어프램(Diaphragm)
③ 스플릿티(Split Tee)
④ 메탈터치(Metal Touch)

|해설|

3-17
45kN 이상 지지하도록 설계

3-18
모멘트를 전달하지 않는 형태는 플랜지를 연결하지 않고 웨브를 접합하는 핀접합 형태로서 보의 단부가 회전 저항에 유연하여 모멘트가 전달되지 않는 전단접합(단순접합)의 형태이다.

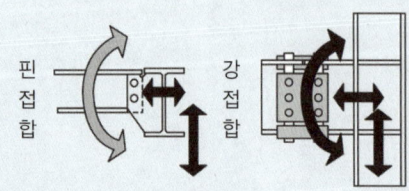

3-19
접합부가 보의 회전 저항력을 가지지 않으면 전단(단순)접합한다.

3-20
메탈터치(Metal Touch) : 기둥의 상하부 접촉면의 접합방법이다.

정답 3-17 ④ 3-18 ③ 3-19 ② 3-20 ④

(14) 철골 주각부

① 주각부
  ㉠ 기둥 하중과 모멘트를 기초를 통해 지지기반에 전달
  ㉡ 기초에 기둥의 축방향력을 전달하기 위해서는 베이스 플레이트와 기초면을 밀착시킨다.
  ㉢ 주각의 형태 : 고정주각, 핀주각, 반고정주각

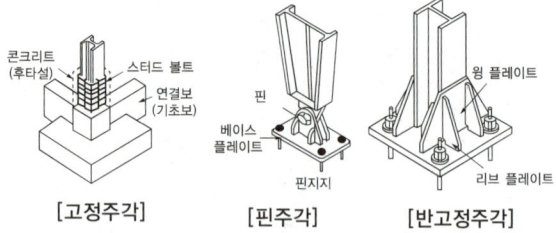

[고정주각] [핀주각] [반고정주각]

② 주각부 응력
  ㉠ 윙 플레이트, 접합앵글, 리브로 보강하여 응력 분산
  ㉡ 주각은 고정 또는 핀으로 가정하여 응력을 산정
  ㉢ 축방향력이나 휨모멘트는 베이스 플레이트 저면의 압축력이나 앵커볼트의 인장력에 의해 전달된다.

③ 주각의 구성
  ㉠ 베이스 플레이트(Base Plate) : 기초 콘크리트에 지압응력이 분포하게 만든 패드로서 주각을 고정시킨다.
  ㉡ 사이드 앵글(Side Angle) : 윙 플레이트와 베이스 플레이트를 연결하는 측면에 부착하는 앵글
  ㉢ 윙 플레이트(Wing Plate) : 사이드 앵글을 거쳐서 또는 직접 용접에 의해서 베이스 플레이트에 기둥으로부터의 응력을 전달한다.
  ㉣ 클립 앵글(Clip Angle) : 베이스 플레이트와 철골 기둥의 웨브 부분을 고정시키는 접합 앵글
  ㉤ 앵커 볼트(Anchor Bolt) : 기초 콘크리트에 매입되어 주각부의 이동을 방지하는 역할(철근은 16~32mm 사용, 정착길이는 볼트 직경의 40배 정도)

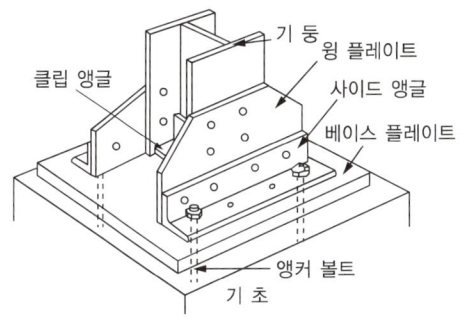

10년간 자주 출제된 문제

3-21. 강구조 기둥의 주각부에 관한 설명으로 옳지 않은 것은?
① 기둥의 응력이 크면 윙 플레이트, 접합앵글, 리브 등으로 보강하여 응력의 분산을 도모한다.
② 앵커 볼트는 기초 콘크리트에 매입되어 주각부의 이동을 방지하는 역할을 한다.
③ 주각은 조건에 관계없이 고정으로만 가정하여 응력을 산정한다.
④ 축방향력이나 휨모멘트는 베이스 플레이트 저면의 압축력이나 앵커 볼트의 인장력에 의해 전달된다.

3-22. 철골구조 주각부의 구성요소가 아닌 것은?
① 커버 플레이트 ② 앵커볼트
③ 베이스 모르타르 ④ 베이스 플레이트

3-23. 철골조 주각부에 사용하는 보강재에 해당되지 않는 것은?
① 윙 플레이트 ② 데크 플레이트
③ 사이드 앵글 ④ 클립 앵글

3-24. 철골 주각부에 부착하는 강판으로 사이드 앵글을 거쳐서 또는 직접 용접에 의해 기둥으로부터의 응력을 베이스 플레이트에 전달하기 위해 붙이는 판은?
① 스티프너 ② 커버 플레이트
③ 윙 플레이트 ④ 엔드탭

3-25. 강구조에서 기초 콘크리트에 매입되어 주각부의 이동을 방지하는 역할을 하는 것은?
① 턴 버클 ② 클립 앵글
③ 앵커 볼트 ④ 사이드 앵글

|해설|

3-21
주각은 핀 또는 고정으로 지지형식에 따라 주각의 성능에 영향을 주므로 조건에 따라 응력을 산정한다.

3-22
커버 플레이트는 플랜지 부분에 보강하는 판으로 휨 내력 보강에 사용

3-23
데크 플레이트(Deck Plate)는 동바리 없이 바닥 구조물에 사용하는 여러 가지 형상으로 만들어진 구조재이다.

정답 3-21 ③ 3-22 ① 3-23 ② 3-24 ③ 3-25 ③

핵심이론 04 | 인장재 및 압축재

(1) 인장재

① 인장재의 특징
  ㉠ 접합 연결 시 부재 구멍의 천공에 의해 단면적이 줄어들므로 단면 결손에 의한 영향을 고려하여야 한다.
  ㉡ 인장재는 총 단면에 대한 항복과 단면 결손 부분의 파단을 한계상태에 대해 검토해야 한다.

② 순단면적(A_n)의 산정
  ㉠ 연결재 구멍의 결손 부분을 고려한 순단면적 사용
  ㉡ 순단면적은 순폭에 부재의 두께를 곱하여 구한다.
  ㉢ 일렬 배치
  $A_n = A_g - ndt$
  여기서, A_g : 전체 단면적(높이 × 두께)
  n : 파단선상의 볼트 구멍수
  t : 두께
  d : 볼트 구멍의 지름(ϕ + 2mm 또는 3mm)
   (M24 미만 고력볼트 : +2mm,
   M24 이상 고력볼트 : +3mm)
  ㉣ 불규칙 배치(엇모, 지그재그 배치)
  $A_n = A_g - ndt + \sum \dfrac{P^2}{4g} t$
  여기서, t : 판의 두께, P : 피치, g : 게이지

③ 인장재의 설계
  ㉠ 설계인장강도가 소요인장강도보다 크게 설계한다.
  $\phi_t P_n \geq P_u$ (설계인장강도 ≥ 소요인장강도)
  ㉡ 설계인장강도 $\phi_t P_n$은 총 단면의 항복한계상태와 유효 순단면의 파단한계상태에 의해 산정된 값 중 작은 값으로 한다.
  ㉢ 총 단면의 항복에 의한 설계인장강도
  $\phi_t P_n = \phi_t F_y A_g,\ \phi_t = 0.90$
  ㉣ 유효 순단면의 파단에 의한 설계인장강도
  $\phi_t P_n = \phi_t F_u A_e,\ \phi_t = 0.75$
  여기서, P_n : 공칭인장강도(N)
  F_y : 항복강도(MPa, N/mm^2)
  F_u : 인장강도(MPa, N/mm^2)
  A_g : 부재의 총 단면적(mm^2)
  A_e : 유효 순단면적(mm^2)

④ 인장재의 세장비 제한 : $\dfrac{L}{r} \leq 300$

10년간 자주 출제된 문제

4-1. 그림에서 파단선 a-1-2-3-d 인장재의 순단면적은?(단, 판두께는 10mm, 볼트 구멍 지름은 22mm)

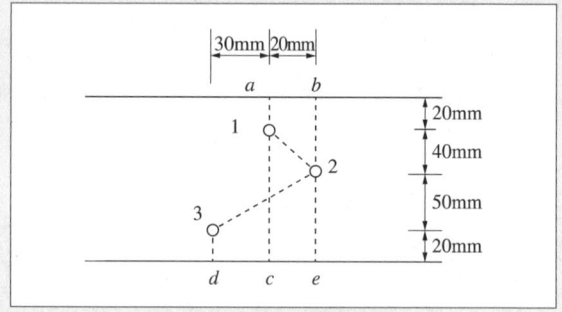

① 690mm^2 ② 790mm^2
③ 890mm^2 ④ 990mm^2

4-2. 다음 그림과 같은 구멍 2열에 대하여 파단선 A-B-C를 지나는 순단면적과 동일한 순단면적을 갖는 파단선 D-E-F-G의 피치(s)는?(단, 구멍은 여유폭을 포함하여 23mm임)

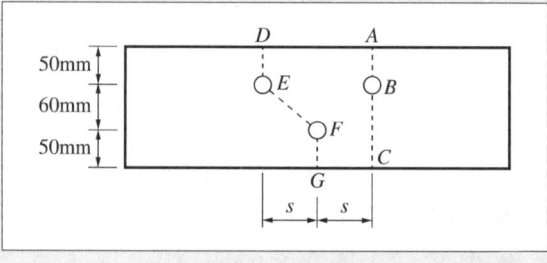

① 3.7cm ② 7.4cm
③ 11.1cm ④ 14.8cm

| 해설 |

4-1

순단면적 $(A_n) = A_g - ndt + \sum \dfrac{P^2}{4g}t$

$\therefore A_n = (130 \times 10) - (3 \times 22 \times 10) + \left(\dfrac{20^2}{4 \times 40} + \dfrac{50^2}{4 \times 50}\right) \times 10$

$\qquad = 790 \text{mm}$

4-2

- A-B-C와 D-E-F-G의 순단면적을 구한다.
  - $A_{nA-B-C} = 160 \times t - 23t = 137t \,(\text{mm}^2)$
  - $A_{nD-E-F-G} = 160 \times t - 2 \times 23t + \dfrac{s^2}{4 \times 60}t$

    $= 114t + \dfrac{s^2}{4 \times 60}t \,(\text{mm}^2)$

- $A_{nA-B-C} = A_{nD-E-F-G}$ 이므로, $137t = 114t + \dfrac{s^2}{4 \times 60}t$

  $\therefore s = \sqrt{(137-114) \times 4 \times 60} ≒ 74.3\text{mm} ≒ 7.43\text{cm}$

정답 4-1 ② 4-2 ②

(2) 압축재

① 압축재의 특징

  ㉠ 단면 형상에 따라 휨, 비틀림, 휨-비틀림 좌굴 발생

  ㉡ 휨 좌굴은 세장비가 큰 약축 방향의 휨에 의하여 발생

  ㉢ 비틀림 좌굴은 세장한 2축 대칭 단면의 압축재에 발생

  ㉣ 휨-비틀림 좌굴은 비대칭 단면의 압축재에서 발생

② 조립압축재의 유효 세장비(오일러 공식)

  ㉠ 좌굴하중 : $P_{cr} = \dfrac{\pi^2 EI}{(Kl)^2}$

  여기서, EI : 휨강도, Kl : 유효 좌굴길이
  E : 탄성계수, I : 단면 2차 모멘트
  K : 단부지지조건, l : 부재의 길이

  ㉡ 좌굴응력 : $F_{cr} = \dfrac{P_{cr}}{A} = \dfrac{\pi^2 EI}{\left(\dfrac{Kl}{r}\right)^2} = \dfrac{\pi^2 EI}{\lambda^2}$

  여기서, λ = 유효 세장비 $\left(\dfrac{Kl}{r}\right)$

③ 조립재의 단부에서 재료 상호 간의 접합

  ㉠ 용접접합 : 조립재 최대 폭 이상 길이로 연속 용접

  ㉡ 고력볼트접합 : 조립재 최대 폭의 1.5배 구간에 대해 길이 방향으로 볼트 지름의 4배 이하 간격으로 접합

  ㉢ 두 개 이상으로 구성된 압축재는 접합재 사이의 세장비가 조립 압축재 전체 세장비의 $\dfrac{3}{4}$배를 초과하지 않도록 한다.

④ 압축재의 세장비 제한 : $\dfrac{Kl}{r} \leq 200$

⑤ 래티스형식 조립압축재

  ㉠ 조립부재의 재축 방향의 접합 간격은 소재 세장비가 조립압축재의 최대 세장비를 초과하지 않도록 한다.

ⓒ 단일 래티스 부재 세장비 $\dfrac{l}{r}$은 140 이하, 복래티스의 경우에는 200 이하로 하며, 그 교차점을 접합한다.

ⓓ 부재축에 대한 단일 래티스 부재 기울기 : 60° 이상

ⓔ 부재축에 대한 복래티스 부재 기울기 : 45° 이상

ⓕ 조립부재의 재축 방향 용접 또는 파스너열 사이 거리가 400mm 초과 시 복래티스 또는 ㄱ형강을 사용한다.

⑥ 유공 커버 플레이트형식 조립압축재

ⓐ 응력방향의 구멍 길이는 구멍 폭의 2배 이하로 한다.

ⓑ 구멍 모서리는 곡률반경 40mm 이상으로 한다.

10년간 자주 출제된 문제

4-3. 철골 기둥의 좌굴하중 계산 시 직접적인 영향이 없는 것은?

① 재료의 항복강도 ② 재료의 탄성계수
③ 단면 2차 모멘트 ④ 유효 좌굴길이

4-4. 양단 힌지인 길이 6m의 H - 300 × 300 × 10 × 15의 기둥이 부재 중앙에서 약축 방향으로 가새를 통해 지지되어 있을 때 설계용 세장비는?(단, r_x = 131mm, r_y = 75.1mm)

① 39.9 ② 45.8
③ 58.2 ④ 66.3

4-5. 그림과 같은 단면을 가진 압축재에서 유효 좌굴 길이 250mm일 때 Euler의 좌굴하중값은?(단, E = 210,000MPa)

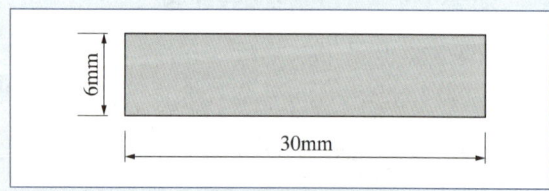

① 17.9kN ② 43.0kN
③ 52.9kN ④ 64.7kN

4-6. 래티스형식 조립압축재에 관한 설명으로 옳지 않은 것은?

① 단일 래티스 부재의 세장비는 140 이하로 한다.
② 단일 래티스의 부재축에 대한 기울기는 60° 이상으로 한다.
③ 복래티스 부재의 세장비는 180 이하로 한다.
④ 복래티스 부재의 부재축에 대한 기울기는 45° 이상으로 한다.

|해설|

4-3
좌굴은 재료의 강도에 직접적인 영향을 받지 않는다.

4-4

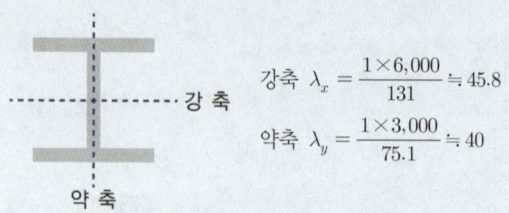

강축 $\lambda_x = \dfrac{1 \times 6,000}{131} ≒ 45.8$

약축 $\lambda_y = \dfrac{1 \times 3,000}{75.1} ≒ 40$

(여기서, 양단힌지 K = 1이며, 약축 방향 중간 횡지지 : $\dfrac{l}{2}$ 적용)

∴ 세장비는 큰 값으로 하며 45.8을 적용한다.

4-5

$$좌굴하중(P_{cr}) = \dfrac{\pi^2 EI}{(Kl)^2} = \dfrac{\pi^2 E}{(Kl)^2} \times \dfrac{bh^3}{12}$$

$$= \dfrac{\pi^2 \times 210,000 \times 30 \times 6^3}{250^2 \times 12} \times 10^{-3} ≒ 17.9\text{kN}$$

정답 4-3 ① 4-4 ② 4-5 ① 4-6 ③

핵심이론 05 | 휨 재

(1) 휨 재

① 휨재의 특징
  ㉠ 보는 휨과 전단에 의한 응력과 변형이 주로 발생하나 작용하중이 단면의 전단중심(비틀림이 없이 휨 모멘트만 발생되도록 하는 하중의 작용점)과 일치하지 않으면 비틀림이 발생한다.
  ㉡ 강재보의 응력분담은 플랜지(Flange)가 휨모멘트를 주로 부담한다.

② 휨재의 구성 재료
  ㉠ 커버 플레이트 : 플랜지의 단면이 부족하거나 보의 휨내력을 보강하기 위해 사용한다.
  ㉡ 웨브(Web) : 전단력을 주로 부담한다.
  ㉢ 스티프너(Stiffener) : 웨브의 단면이 부족하거나, 보 단부의 모멘트가 클 경우에는 기둥이 국부적으로 변형을 일으키며 파괴를 유발하게 되므로 스티프너를 설치하여 변형을 방지한다.
   • 하중점 스티프너 : 집중하중에 대한 보강
   • 중간(수직) 스티프너 : 보 재축에 직각 방향 보강함으로써 웨브 플레이트의 전단좌굴을 방지
   • 수평 스티프너 : 보의 재축 방향으로 웨브에 설치함으로써 웨브판을 보강하여 플레이트 거더에 작용하는 휨, 압축력에 의한 전단좌굴을 방지

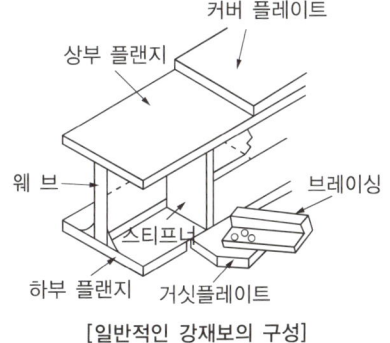

[일반적인 강재보의 구성]

10년간 자주 출제된 문제

5-1. 플랜지에 작용하는 전단력으로 인해 비틀림 모멘트가 생기게 되므로 부재가 비틀림 없이 휨을 받으려면, 하중의 작용선이 단면의 어느 특정 지점을 지나야 한다. 이 점을 무엇이라 하는가?
① 하중중심(Force Center)
② 비틀림중심(Torsion Center)
③ 무게중심(Gravity Center)
④ 전단중심(Shear Center)

5-2. H형강 플랜지에 커버 플레이트를 붙이는 주요한 목적은?
① 수평부재 간 접합 시 틈새를 메우기 위하여
② 슬래브와의 전단접합을 위하여
③ 웨브 플레이트의 전단내력 보강을 위하여
④ 휨내력의 보강을 위하여

5-3. 강구조 보에서 중간 스티프너를 사용하는 목적으로 옳은 것은?
① 커버 플레이트의 휨좌굴 방지
② 플랜지의 횡좌굴 방지
③ 보의 비틀림좌굴 방지
④ 웨브 플레이트의 좌굴 방지

5-4. 플레이트 거더에 작용하는 휨모멘트와 축력에 대한 전단좌굴 내성을 증가시키기 위하여 웨브에 설치하는 것은?
① 보강 리브   ② 중간 스티프너
③ 하중점 스티프너   ④ 수평 스티프너

|해설|

5-1
전단중심 : 구조 부재에 하중이 작용할 때 단면 내에 비틀림 모멘트는 유발시키지 않으면서 휨모멘트만 발생되도록 하는 하중의 작용점을 의미한다.

5-2
커버 플레이트는 보의 휨내력을 보강하기 위해 사용한다.

5-3
스티프너 : 웨브의 단면이 부족하거나, 보 단부의 모멘트가 클 경우 보가 파괴될 수 있으므로 스티프너를 설치함으로써 웨브의 전단응력, 휨응력 또는 지압응력에 의한 좌굴 변형을 방지한다.

5-4
수평 스티프너 : 휨모멘트, 축력에 대한 전단좌굴 내성을 위해 설치한다.

정답 5-1 ④ 5-2 ④ 5-3 ④ 5-4 ④

(2) 조립식 보의 종류

① 플레이트 거더 보(Plate Girder, 판보)
　㉠ 보의 깊이가 커서 모멘트와 전단력이 큰 곳에 사용
　㉡ 장스팬의 구조물이 요구될 때 많이 사용
　㉢ 플레이트 거더는 커버 플레이트, 웨브 플레이트, 플랜지앵글, 스티프너, 필러 등으로 구성된다.

② 합성보(Composite Beam)
　㉠ 콘크리트 슬래브와 강재보를 전단연결재(Shear Connector, 시어커넥터, 스터드커넥터)로 연결하여 외력에 대한 구조체의 거동을 일체화시킨 구조
　㉡ 장경간(Span)에 가장 유리

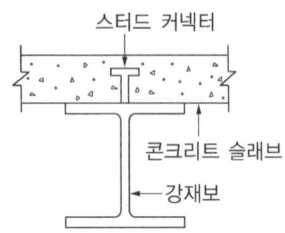

③ 트러스보(Truss Girder)
　㉠ 상하현재와 경사재에 의한 트러스 구조로 만든 보로써 판보로 조립할 경우 비경제적일 때 사용
　㉡ 장스팬, 큰 하중이 작용하는 구조물에 사용

④ 격자보(띠판보)
　㉠ 콘크리트의 피복을 필요로 하며, 가장 경미한 하중을 받는 곳에 주로 사용
　㉡ 래티스보와 같은 형식이나 웨브재를 90°로 댄 것

⑤ 래티스보
　㉠ 전단력에 약하므로 콘크리트에 피복하여 사용
　㉡ 상하 플랜지에 ㄱ형강을 쓰고 웨브재로 대철(평강)을 45°, 60° 등의 각도로 조립한 조립보

⑥ 허니컴보(Honey-comb Beam)
　㉠ 웨브에 구멍이 있는 보
　㉡ 바닥과 천장 사이에 덕트나 배관 등의 개소에 사용

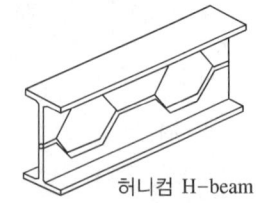

10년간 자주 출제된 문제

5-5. 바닥슬래브와 철골보 사이에 발생하는 전단력에 저항하기 위해 설치하는 것은?
① 커버 플레이트(Cover Plate)
② 스티프너(Stiffener)
③ 턴버클(Turn Buckle)
④ 시어커넥터(Shear Connector)

5-6. 강구조 보에서 일반적으로 콘크리트를 피복하여 사용하는 보는?
① 판 보　　② 래티스보
③ 격자보　　④ 트러스보

|해설|

5-5
시어커넥터(Shear Connector, 전단연결재, 스터드커넥터) : 전단연결철물로서 전단력에 저항하기 위해 설치하며, 하부슬래브 및 데크 플레이트 등에 사용한다.

5-6
격자보(띠판보) : 콘크리트의 피복을 필요로 하며, 가장 경미한 하중을 받는 곳에 주로 사용한다.

정답 5-5 ④　5-6 ③

(3) 휨재의 응력과 판폭두께비

① 휨응력

㉠ 항복모멘트(M_y) : 보 단면의 최외단이 강재의 항복강도에 도달할 때 단면이 저항하는 휨강도

$M_y = F_y \cdot Z$

여기서, Z : 강재 단면의 탄성단면계수(mm³)

㉡ 전소성모멘트(M_p) : 보 단면의 전부분이 항복강도에 도달하는 소성상태일 때 단면이 저항하는 휨강도

$M_p = F_y \cdot Z_p$

여기서, F_y : 강재의 항복강도(MPa)
  Z_p : 강재 단면의 소성단면계수(mm³)

㉢ 형상비(f) : $f = \dfrac{M_p}{M_y} = \dfrac{Z_p}{Z}$

② 전단응력

㉠ 평균 전단응력(τ)

$\tau = \dfrac{V}{A} = \dfrac{V}{t_w \cdot h}$

여기서, V : 전단력
  t_w : 웨브 두께
  h : 웨브 높이

㉡ 최대 전단응력($\tau_{\max}$) : 웨브의 중앙에서 발생

$\tau_{\max} = k\dfrac{V}{A}$

여기서, A : 단면적
  k : 형상비(k는 직사각형 : $\dfrac{3}{2}$,
  원형 : $\dfrac{4}{3}$, H형강 : 1.1~1.18)

③ 판폭두께비(압연 H형강)

㉠ 플랜지 : $\dfrac{b}{t_f} = \dfrac{b_f}{2t_f}$

㉡ 웨브 : $\dfrac{h}{t_w}$

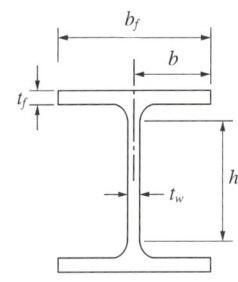

10년간 자주 출제된 문제

5-7. H-300×150×6.5×9인 형강보가 10kN의 전단력을 받을 때, 웨브에 생기는 전단응력도의 크기는 약 얼마인가?(단, 웨브전단면적 산정 시 플랜지 두께는 제외함)

① 3.46MPa　　② 4.46MPa
③ 5.46MPa　　④ 6.46MPa

5-8. 용접 H형강 H-450×450×20×28의 플랜지 및 웨브에 대한 판폭두께비를 구하면?

① 플랜지 : 16.07, 웨브 : 14.07
② 플랜지 : 16.07, 웨브 : 19.7
③ 플랜지 : 8.04, 웨브 : 14.07
④ 플랜지 : 8.04, 웨브 : 19.7

|해설|

5-7

$\tau_{\max} = \dfrac{V}{A} = \dfrac{10,000\text{N}}{(300-2\times 9)\text{mm}\times 6.5\text{mm}} \fallingdotseq 5.46\text{N/mm}^2$

5-8

• 용접 H형강 H-450×450×20×28이므로,

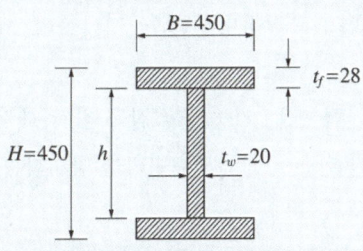

• 플랜지(Flange)의 판폭두께비

$\lambda_f = \dfrac{\left(\dfrac{B}{2}\right)}{t_f} = \dfrac{\left(\dfrac{450}{2}\right)}{28} = \dfrac{450}{2\times 28} \fallingdotseq 8.04$

• 웨브(Web)의 판폭두께비

$\lambda_w = \dfrac{h}{t_w} = \dfrac{450-(28\times 2)}{20} = \dfrac{394}{20} = 19.7$

정답 5-7 ③　5-8 ④

(4) 보의 사용성 확보를 위한 처짐 제한

① 일반적 보의 적정 높이

  ㉠ H형강 보 : $\dfrac{l}{18} \sim \dfrac{l}{20}$ 정도 사용

  ㉡ 단순보의 최대 스팬 : 18m 이하

② 일반적으로 최대 적재하중에 대해서 $\delta \leq \dfrac{l}{360}$ 을 충족해야 한다.

③ 철골보의 처짐 제한

보의 종류		처짐 한도(δ)
일반보	단순보	$\dfrac{l}{300}$ 이하
	캔틸레버보	$\dfrac{l}{250}$ 이하
크레인거더	수동크레인	$\dfrac{l}{500}$ 이하
	전동크레인	$\dfrac{l}{800} \sim \dfrac{l}{1,200}$ 이하

(5) 철골 트러스(Truss) 구조

① 트러스는 가늘고 긴 직선부재의 삼각형을 기본단위로 하여, 평면 또는 입체 형태로 조립한 것으로 절점은 핀접합으로 간주된다.

② 입체트러스는 비정형의 구조물에도 적용할 수 있으며, 장스팬 구조에 사용되는 경우가 많으나 구조해석이 어렵고 가공이 복잡하며 조립도 까다롭다.

③ 철골조의 가새

  ㉠ 트러스의 절점 또는 기둥의 절점을 각각 대각선 방향으로 연결하여 구조체의 변형을 방지하는 부재이다.

  ㉡ 풍하중 및 지진력과 같은 수평력에 저항하는 부재이고 인장응력 및 압축응력이 발생한다.

  ㉢ 보통 단일 형강재 또는 조립재를 쓰지만 응력이 작은 지붕가새에는 봉강을 사용한다.

  ㉣ 수평 가새는 지붕 트러스의 하현재면(평보면) 및 지붕면(경사면)에 설치한다.

10년간 자주 출제된 문제

5-9. 철골보의 처짐을 적게 하는 방법으로 가장 적절한 것은?
① 보의 길이를 길게 한다.
② 웨브의 단면적을 작게 한다.
③ 상부 플랜지의 두께를 줄인다.
④ 단면 2차 모멘트 값을 크게 한다.

5-10. 철골구조에서 일반보(단순보)의 처짐은 스팬 L 에 대하여 얼마 이하로 규정하고 있는가?
① $\dfrac{l}{250}$ 이하
② $\dfrac{l}{300}$ 이하
③ $\dfrac{l}{500}$ 이하
④ $\dfrac{l}{800}$ 이하

5-11. 철골트러스의 특성에 관한 설명으로 옳지 않은 것은?
① 직선 부재들이 삼각형의 형태로 구성되어 안정적인 거동을 한다.
② 트러스의 개방된 웨브공간으로 전기배선이나 덕트 등과 같은 설비배관의 통과가 가능하다.
③ 부정정 차수가 낮은 트러스의 경우에는 일부 부재나 접합부의 파괴가 트러스의 붕괴를 야기할 수 있다.
④ 직선 부재로만 구성되기 때문에 비정형 건축물의 구조체에는 적용되지 않는다.

|해설|

5-9

$\delta = K\dfrac{Pl^3}{EI}$ 에 따라서, 처짐은 단면 2차 모멘트(I)에 반비례하므로 단면 2차 모멘트 값을 크게 할수록 처짐은 줄어든다.

5-10

단순보의 처짐 제한 : $\dfrac{l}{300}$ 이하

캔틸레버보의 처짐 제한 : $\dfrac{l}{250}$ 이하

5-11

가늘고 긴 직선부재의 삼각형을 기본단위로 하여 외부 표면이나 구조를 비정형으로 구성할 수 있으므로 비정형 구조물에도 적용할 수 있다.

정답 5-9 ④ 5-10 ② 5-11 ④

CHAPTER 04 건축설비

제1절 급수설비

핵심이론 01 기초 사항

(1) 수 원

① 급수과정 : 채수 → 송수 → 정수 → 배수 → 급수
② 중수(재처리 수, 수자원 부족 해결)
　㉠ 1차 사용한 물을 모아 수처리 후 사용한다.
　㉡ 중수 용도 : 화장실, 세차, 청소, 화단용
　㉢ 중수 처리 시 검토사항 : 배관 부식 우려가 있으므로 용도를 적절하게 설정하고, 수질관리에 대한 고려가 필요하며, 종합 급배수 계통 및 경제성의 검토가 필요

(2) 급수 압력

① 압력(Pressure)의 단위
　㉠ 압력 : 유체에 대한 단위 면적당 작용하는 힘
　㉡ 표준기압(1atm) : 0℃ 표준 중력하(해면)에서 수은주 76cm를 밀어 올리는 압력
② 수압과 수두
　㉠ 액체의 압력은 액체 수면에 대하여 항상 수직으로 작용한다.
　㉡ 수압(P) = 압력, 수두(H) = 높이, 중량(W) = 물의 단위 체적당 중량
　　• $1kg/cm^2$: 면적 $1cm^2$에 압력 1kg이 작용
　　• $1kg/cm^2 = 9.8 \times 10^4 Pa(1Pa = 1N/m^2 = 1N/10^4 cm^2)$
　　• 수두(H)는 $1kg/cm^2$ 수압에서 10m가 된다.

(3) 베르누이의 법칙

① 유체가 흐르는 속도, 압력, 높이의 관계를 수량적으로 나타낸 법칙으로, '유체의 위치에너지와 운동에너지, 압력에너지의 합은 항상 어디서나 일정하다'는 법칙
② 유체의 속력이 증가하면 압력은 감소한다.

10년간 자주 출제된 문제

1-1. 건물·시설 등에서 발생하는 오수를 다시 처리하여 생활용수·공업용수 등으로 재이용하는 시설로 정의되는 것은?

① 중수도
② 하수관거
③ 배수설비
④ 개인하수도

1-2. 다음 그림과 같이 관경이 다른 관 내에 물이 흐를 경우에 관한 설명으로 옳은 것은?

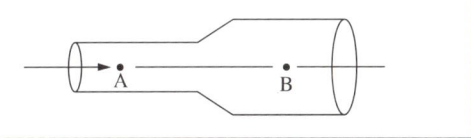

① 물의 속도는 A보다 B가 크며, 압력도 A보다 B가 크다.
② 물의 속도는 A보다 B가 크며, 압력은 B보다 A가 크다.
③ 물의 속도는 B보다 A가 크며, 압력은 A보다 B가 크다.
④ 물의 속도는 B보다 A가 크며, 압력도 B보다 A가 크다.

1-3. 직경 200mm의 배관을 통하여 물이 1.5m/s의 속도로 흐를 때 유량은?

① $2.83m^3/min$
② $3.2m^3/min$
③ $3.83m^3/min$
④ $6.0m^3/min$

| 해설 |

1-1
중수도 : 오수를 재이용함으로써 환경오염 줄일 수 있다.
하수관거 : 오수 + 우수를 하수처리장, 방류지역으로 운반하는 배수관로

1-2
물의 속도는 구경이 작은 A가 크며, 압력은 속력이 작은 B가 크다.
베르누이 정리 : 유체 속력이 증가하면 압력은 낮아지고, 속력이 감소하면 내부 압력은 높아진다.

1-3
유량(Q) = 관의 단면적(A) × 관내 유속(V)
$= \pi r^2 \times V$
$= 3.14 \times (0.1m)^2 \times 90m/min$
$= 0.0314m^2 \times 90m/min$
$= 2.826m^3/min$

여기서, 유속을 분(min) 단위로 환산하면 $1.5 \times 60 = 90m/min$

정답 1-1 ① 1-2 ③ 1-3 ①

(4) 급수량 산정 - 1일당 급수량(Q_d) 산정

① 건물 사용인원에 의한 방법

$Q_d = N \times q(L/d)$

여기서, Q_d : 1일당 급수량(L/d)
　　　　N : 급수 인원(인)
　　　　q : 건물별 1일 1인당 사용수량(L/d · 인)

② 건물 면적에 의한 방법

$Q_d = A \times k \times n \times q(L/d)$

여기서, 급수 인원(N) : $A \times k \times n$
　　　　A : 건물 연면적(m^2)
　　　　k : 연면적에 대한 유효면적 비(%)
　　　　n : 유효면적당 인원(인/m^2)

③ 사용기구에 의한 방법

$Q_d = Q_f \times F \times P(L/d)$

여기서, Q_f : 기구당 사용수량(L/d · 기구)
　　　　F : 기구수(개)
　　　　P : 기구 동시사용률(%)

(5) 급수설계와 급수 단위

① 급수설계 순서 : 급수량 산정 → 급수방식 결정 → 기기용량 결정 → 관경 결정 → 배관

② 급수 단위
　㉠ 1FU 단위로 각 기구의 단위를 산출하여 급수량을 정하는 방법
　㉡ 미국 위생 기준(National Plumbing Code)에서 정해진 급수 기구 단위(Fixture Unit)를 이용하여 세면기를 기준으로 산정
　㉢ 1FU = 30L/min

(6) 탄산칼슘 함유량에 따른 물의 분류

① 연수(Soft Water)
　㉠ 탄산칼슘($CaCO_3$)의 함유량이 90ppm 이하인 물
　㉡ 음료, 세탁, 염색, 표백, 보일러용에 적합

② 경수(Hard Water)
 ㉠ 탄산칼슘의 함유량이 110ppm 이상인 물
 ㉡ 음료, 세탁, 염색, 표백, 보일러용에 부적합

10년간 자주 출제된 문제

1-4. 1일당 급수량(Q_d) 산정 방법이 아닌 것은?
① 건물 사용인원에 의한 방법
② 건물 면적에 의한 방법
③ 사용기구에 의한 방법
④ 관경에 의한 방법

1-5. 세정밸브식 대변기의 최소 급수관경은?
① 15A ② 20A
③ 25A ④ 32A

1-6. 물의 경도에 관한 설명으로 옳지 않은 것은?
① 일반적으로 지표수는 연수, 지하수는 경수로 간주한다.
② 경도가 큰 물을 경수, 경도가 낮은 물을 연수라고 한다.
③ 경수를 보일러 용수로 사용하면 그 내면에 스케일이 생겨 전열효율이 감소된다.
④ 물의 경도는 물속에 녹아 있는 칼슘, 마그네슘 등의 염류의 양을 탄산마그네슘의 농도로 환산하여 나타낸 것이다.

|해설|

1-4
관경에 의한 방법은 관계없다.

1-5
급수관 직결로서 급수관은 25mm(25A)를 사용

1-6
물속에 녹아 있는 마그네슘(Mg)의 양을 탄산칼슘(CaCO₃)의 100만분율(PPM ; Parts Per Million)로 환산하여 표시

정답 1-4 ④ 1-5 ③ 1-6 ④

핵심이론 02 | 급수 방식

(1) 수도직결 방식

① 도로에 매설되어 있는 수도 본관에서 인입관을 이끌어 각 건물의 소요 급수 개소에 직접 급수하는 방식

② 장 점
 ㉠ 급수오염 가능성이 가장 작다.
 ㉡ 설비비가 저렴하고, 소규모 건물에 적합하다.
 ㉢ 정전 시에도 급수가 가능하다.

③ 단 점
 ㉠ 단수 시에는 급수가 불가능하다.
 ㉡ 규모가 크면 수압이 떨어진다.
 ㉢ 사용개소에서 수압의 변화가 크다.
 ㉣ 높은 곳은 급수가 곤란하다.

④ 수도 본관의 최저 필요압력(P)

$P \geq P_1 + P_2 + 0.01h\,(\mathrm{MPa})$ 또는,

$P \geq P_1 + P_2 + 10h\,(\mathrm{kPa})$

여기서, P : 최저 필요압력(1MPa = 1,000kPa)
 P_1 : 기구 최저 필요압력
 P_2 : 마찰손실수압
 h : 수도 본관에서 최고층 급수기구까지의 높이(m)

(2) 고가(옥상)탱크 방식

① 3층 이상의 고층 건물에서는 상수를 지하수조에 받아 놓고, 이 물을 펌프로 고가수조에 양수시켜 저유한 물을 필요 기구에 중력식으로 하향 급수하는 방식

② 장 점
 ㉠ 항상 일정한 수압으로 급수
 ㉡ 대규모 건물에 적합
 ㉢ 단수 시에도 일정 시간 급수 가능

③ 단 점
 ㉠ 급수오염 가능성이 가장 크다.
 ㉡ 물탱크 하중 때문에 구조에 유의한다.

ⓒ 배관 부속 중에 파손이 생길 수 있다(중간 물탱크 설치 시 배관 부속의 파손을 줄일 수 있다).
ⓔ 설비비가 증가한다.

④ 고가탱크 설치높이(H)

$H \geq H_1 + H_2 + H_3 \text{(m)}$

여기서, H_1 : 최고층 급수전 또는 기구에서의 소요압력에 상당하는 높이(m)
H_2 : 관내 마찰손실수두(m)
H_3 : 지상에서 최고층에 있는 수전까지의 높이(m)

10년간 자주 출제된 문제

2-1. 다음 설명에 알맞은 급수 방식은?

- 위생 측면에서 가장 바람직한 방식이다.
- 정전으로 인한 단수의 염려가 없다.

① 수도직결 방식　　② 고가수조 방식
③ 압력수조 방식　　④ 펌프직송 방식

2-2. 급수방식 중 고가수조 방식에 관한 설명으로 옳은 것은?

① 상향 급수 배관방식이 주로 사용된다.
② 3층 이상의 고층으로의 급수가 어렵다.
③ 압력수조 방식에 비해 급수압 변동이 크다.
④ 펌프직송 방식에 비해 수질오염 가능성이 크다.

2-3. 수도직결 방식의 급수 방식에서 수도 본관으로부터 8m 높이에 위치한 기구의 소요압이 70kPa이고 배관의 마찰손실이 20kPa인 경우 이 기구에 급수하기 위해 필요한 수도본관의 최소 압력은?

① 약 90kPa　　② 약 98kPa
③ 약 170kPa　　④ 약 210kPa

|해설|
2-2
① 하향 급수 배관방식이 주로 사용된다.
② 대규모, 고층 건축물에 하향으로 급수가 용이하다.
③ 일정한 급수압으로 공급이 가능하다.

2-3
$P = P_1 + P_2 + 0.01h \text{(MPa)}$
$\quad = P_1 + P_2 + 10h \text{(kPa)}$
$\quad = 70 + 20 + 80$
$\quad = 170 \text{kPa}$

정답 2-1 ①　2-2 ④　2-3 ③

(3) 압력탱크 방식

① 상수를 지하수조에 받아 놓은 물을 펌프로써 압력수조 내부에 압입하고, 이 물을 압축공기로써 압력을 가하여 급수하는 방식

② 장 점
  ㉠ 고가수조가 없어 미관상 좋다.
  ㉡ 국부적 고압이 필요할 때 적합하다.
  ㉢ 탱크가 없어 구조 강화의 필요성이 없다.

③ 단 점
  ㉠ 공기압축기가 필요, 사용개소에서의 수압차가 크다.
  ㉡ 저수량 적고 정전, 펌프 고장 시 급수가 불가능하다.
  ㉢ 탱크는 압력용기이므로 제작비가 비싸다.
  ㉣ 펌프의 양정이 길어야 하므로 전력소비가 커진다.

④ 압력탱크 최저 필요압력(P)

$$P = P_1 + P_2 + P_3 (\text{MPa})$$

여기서, P_1 : 기구별 소요압력
P_2 : 관내 마찰손실수두
P_3 : 압력탱크의 최고층 수전 수압

(4) 펌프직송 방식(탱크리스 부스터 방식)

① 수도 본관으로부터 저수탱크에 물을 받은 후, 여러 대의 자동 펌프(가압 펌프, 부스터 펌프)를 이용하여 급수

② 장 점
  ㉠ 사용개소의 수압이 일정하다.
  ㉡ 탱크가 필요 없다(구조상 유리).
  ㉢ 단수 시에도 일정량으로 급수가 가능하다.

③ 단 점
  ㉠ 정전, 펌프 고장 시 급수가 불가능하다.
  ㉡ 저수량 적고, 설비비가 고가이다.
  ㉢ 자동제어 시스템이므로 고장 시 수리가 어렵다.
  ㉣ 펌프가 계속 가동되므로 전력소비가 커진다.

10년간 자주 출제된 문제

2-4. 압력탱크 급수 방식에 관한 설명으로 옳지 않은 것은?

① 정전 시 급수가 곤란하다.
② 급수 압력을 일정하게 유지할 수 있다.
③ 단수 시 저수조의 물을 사용할 수 있다.
④ 탱크를 높은 곳에 설치하지 않아도 된다.

2-5. 압력탱크식 급수설비에서 탱크 내의 최고 압력이 350 kPa, 흡입양정이 5m인 경우, 압력탱크에 급수하기 위해 사용되는 급수펌프의 양정은?

① 약 3.5m   ② 약 8.5m
③ 약 35m   ④ 약 40m

2-6. 급수 방식 중 펌프직송 방식에 관한 설명으로 옳지 않은 것은?

① 전력 차단 시 급수가 불가능하다.
② 고가수조 방식에 비해 수질오염 가능성이 크다.
③ 건축적으로 건물의 외관 디자인이 용이해지고 구조적 부담이 경감된다.
④ 적정한 수압과 수량 확보를 위해서는 정교한 제어장치 및 내구성 있는 제품의 선정이 필요하다.

|해설|

2-4
압력탱크 방식 : 급수 압력을 일정하게 유지하기 어렵다.
고가수조 방식 : 급수 압력을 일정하게 유지할 수 있다.

2-5
급수펌프의 실양정(H) = 흡입양정 + 토출양정
최고 압력(토출양정)은 350kPa = 0.35MPa이므로, 수두는 35m가 된다.
∴ 급수펌프의 실양정(H) = 5m + 35m = 40m

2-6
펌프직송 방식(Tankless Booster Type)
• 지하수조에서 부스터 펌프에 의해 고가수조 없이 직송하는 방식
• 정전 시 급수가 불가능하고 설비비가 고가이다.
• 고가수조 방식에 비해 수질오염 가능성이 적다.

정답 2-4 ② 2-5 ④ 2-6 ②

핵심이론 03 | 급수관의 관경 결정법

(1) 관균등표에 의한 관경 결정 방법
① 옥내 급수관과 같은 간단한 배관의 관경 계산에 사용
② 균등표와 기구 동시사용률을 적용하여 계산하는 약산법

관지름 (mm)	10	15	20	25	32	40	50	65	80
10	1								
15	1.8	1							
20	3.6	2	1						
25	6.6	3.7	1.8	1					
32	13	7.2	3.6	2	1				
40	19	11	5.3	2.9	1.5	1			
50	36	20	10.0	5.5	2.8	1.9	1		
65	56	31	15.5	8.5	4.3	2.9	1.6	1	
80	97	54	27	15	7	5	2.7	1.7	1
90	139	78	38	21	11	7.2	3.9	2.5	1.4
100	191	107	53	29	15	9.9	5.3	3.4	2

기구수	동시사용률(%)
2	100
3	80
4	75
5	70
6	65
7	60
8	58
9	55
10	53
15	48
20	44
30	40
50	36
100	33
500	27
1,000	25

(2) 동시사용률(기구 연결관의 관경)에 의한 결정
① 접속되는 위생기구에 따라 단독 배관하는 급수관경을 결정하는 방법
② 각종 위생기구의 순간 최대 유량과 연결하는 급수관의 관경을 나타낸 표를 사용한다.

위생기구	1회 사용량	접속구경(mm)
세면기	10	15
소변기(탱크형)	4.5	15
대변기(탱크형)	15	15
소변기(플러시밸브)	5	20
대변기(플러시밸브)	15	25
욕 조	125	20
샤 워	24~60	15~20
비 데	-	15
싱크(13mm 수전)	15	15
싱크(15mm 수전)	25	20

(3) 마찰저항선도에 의한 방법
① 급수배관 내를 흐르는 수량과 허용마찰로 관경을 산정
② 수도직결 방식의 급수법에서는 구할 수 없는 대규모 건물의 급수배관, 취출관, 횡주관, 주관 등의 관경에 이용된다.
③ 마찰저항선도에 의한 관경 결정의 순서
   ㉠ 기구급수 부하단위를 계산하다.
   ㉡ 동시사용 유수량을 계산한다.
   ㉢ 허용마찰손실을 구한다.
   ㉣ 관경을 결정한다.

10년간 자주 출제된 문제

급수관의 관경 결정과 관계가 없는 것은?
① 관균등표
② 동시사용률
③ 마찰저항선도
④ 동적 부하해석법

|해설|
급수관 관경 결정 : 관균등표, 동시사용률, 마찰저항선도

정답 ④

| 핵심이론 04 | 급수펌프

(1) 펌프의 종류

① 원심(와권) 펌프(Centrifugal Pump, 터보형 펌프)
　㉠ 임펠러 회전으로 발생한 원심력을 이용해 액체 이송
　㉡ 고속 운전에 적합하며, 운전상의 성능이 우수하다.
　㉢ 진동이 적고, 장치가 간단하다.
　㉣ 양수량의 조절이 용이하고 송수압의 변동이 적다.
　㉤ 안내깃(Vane)의 유무에 따른 분류
　　• 벌류트 펌프(Volute Pump) : 안내깃 없음
　　• 터빈 펌프(Turbine Pump) : 안내깃 있음
　㉥ 보어홀 펌프 : 100m 이상 심정층(깊은 우물) 양수

② 왕복 펌프(용적형 펌프)
　㉠ 펌프 내부의 용적 변화를 이용하여 액체를 흡입, 토출
　㉡ 송수압 변동이 심하여, 토출구 근처에 공기실을 둔다.
　㉢ 양수량이 적고 양정이 클 때 적합하다.
　㉣ 종류 : 피스톤 펌프, 플런저 펌프, 다이어프램 펌프, 워싱턴 펌프

(2) 펌프의 축동력

$$축동력 = \frac{W \times Q \times H}{102 \times 60 \times E} = \frac{W \times Q \times H}{6,120 \times E} \text{(kW)}$$

여기서, 1kW = 102kg · m/sec = 6,120kg · m/min
　　　W : 비중량(kg/m³), 물의 비중량 = 1,000kg/m³
　　　Q : 양수량(m³/min)
　　　H : 전양정(m)
　　　E : 효율(%)
　　　여유율 : 1.1~1.2

(3) 펌프 설치 시 주의사항
① 펌프는 되도록 흡입양정을 낮추어 설치한다.
② 펌프와 전동기는 일직선상에 배치한다.
③ 흡입구는 수위면에서 관경의 2배 이상 잠기게 한다.

(4) 공동현상(Cavitation)
① 흡입양정이 높거나 포화 증기압 이하 부분의 압력이 상승하면서 기포 소멸과 함께 소음, 진동이 유발되는 현상으로 관이 부식되거나 펌프 및 모터가 손상된다.
② 방지 : 흡입양정과 유속 낮춤, 공기 유입 및 수온 상승 방지

10년간 자주 출제된 문제

4-1. 펌프의 양수량이 10m³/min, 전양정이 10m, 효율이 80%일 때, 이 펌프의 축동력은?

① 20.4kW ② 22.5kW
③ 26.5kW ④ 30.6kW

4-2. 수량 22.4m³/h를 양수하는데 필요한 터빈 펌프 구경으로 적당한 것은?(단, 터빈 펌프 내 유속은 2m/s)

① 65mm   ② 75mm
③ 100mm ④ 125mm

4-3. 펌프에서 발생하는 공동현상(Cavitation)의 방지 대책으로 가장 알맞은 것은?

① 펌프의 설치 위치를 높인다.
② 펌프의 흡입양정을 낮춘다.
③ 펌프의 토출양정을 높인다.
④ 펌프의 토출구경을 확대한다.

4-4. 양수량이 1m³/min, 전양정이 50m인 펌프에서 회전수를 1.2배 증가시켰을 때 양수량은?

① 1.2배 증가   ② 1.44배 증가
③ 1.73배 증가 ④ 2.4배 증가

|해설|

4-1

펌프의 축동력(kW) $= \dfrac{1{,}000 \times 10 \times 10}{6{,}120 \times 0.8} \fallingdotseq 20.42$kW

4-2

$Q = AV = \dfrac{\pi d^2}{4} V$ 이므로,

$d = \sqrt{\dfrac{4Q}{\pi V}} = \sqrt{\dfrac{4 \times 22.4}{3{,}600 \times \pi \times 2}} \fallingdotseq 0.063\text{m} \fallingdotseq 63\text{mm}$

∴ 65mm 구경이 적당하다.

4-3

흡입양정 및 흡입유속을 낮추고, 공기 유입 및 수온 상승을 방지한다.

4-4

펌프의 양수량은 임펠러 회전수의 비와 비례한다.

정답 4-1 ① 4-2 ① 4-3 ② 4-4 ①

핵심이론 05 | 급수설비 오염, 시공

(1) 오염의 원인

① 저수탱크에 유해물질 침입으로 발생 : 음료수 탱크 내에는 다른 목적의 배관을 하지 않는다.
② 배수의 역류 : 진공방지기 설치, 역류 방지기 설치
③ 크로스 커넥션(Cross Connection) : 급수계통(상수)과 이외의 배관이 교차·접속되어, 상수 수돗물과 상수 이외의 물질이 혼입되는 오염 현상
④ 배관의 부식 : 금속관의 경우에 심하다.

(2) 배관의 구배

① 표준구배(물매) : 최소 1/250 이상
② 수평 주관 : 앞내림(선하향) 구배
③ 각층 수평 주관 : 앞올림(선상향) 구배

(3) 배관 시공 시 주의사항

① 배관은 최단거리로 한다.
② 굴곡은 적게 한다.

(4) 배관 밸브 및 슬리브 배관

① 공기빼기 밸브(Air Vent Valve) : 굴곡 배관의 공기가 차는 부분에 설치 – 공기를 제거하면 물 흐름 원활
② 배니(찌꺼기 제거) 밸브 : 배관의 말단 부분인 청소구에 설치 – 침전 물질 등 부유물을 제거
③ 지수(止水) 밸브 : 체크 밸브로서, 국부적 단수로 급수계통의 수량 및 수압 조정을 위해 설치
④ 슬리브(Sleeve) 배관 : 관의 신축·팽창에 대비, 관의 수리·교체 용이

(5) 수격작용(Water Hammering) 원인 및 방지

① 밸브 급조작, 유속 급정지 – 밸브 작동을 서서히 한다.
② 관경이 작을 때 – 관경을 크게 한다.

③ 수압 과대, 유속이 클 때 - 적정 수압과 유속을 작게 한다.
④ 곡선 배관 - 가능한 직선 배관으로 한다.
⑤ 이상 압력 - 공기실(Air Chamber)을 설치한다.

10년간 자주 출제된 문제

5-1. 크로스 커넥션(Cross Connection)에 관한 설명으로 가장 알맞은 것은?
① 관로 내 유체의 유동이 급격히 변화하여 압력 변화를 일으키는 것
② 상수의 급수·급탕계통과 그 외의 계통배관이 장치를 통하여 직접 접속되는 것
③ 겨울철 난방을 하고 있는 실내에서 창을 타고 차가운 공기가 하부로 내려오는 현상
④ 급탕·반탕관의 순환거리를 각 계통에 있어서 거의 같게 하여 전 계통의 탕의 순환을 촉진하는 방식

5-2. 급수배관의 설계 및 시공상의 주의점에 관한 설명으로 옳지 않은 것은?
① 급수관의 기울기는 1/100을 표준으로 한다.
② 수평 배관에는 공기나 오물이 정체하지 않도록 한다.
③ 급수주관으로부터 분기하는 경우는 티(Tee)를 사용한다.
④ 음료용 급수관과 다른 용도의 배관을 크로스 커넥션하지 않도록 한다.

5-3. 다음 중 수격작용의 발생 원인과 가장 거리가 먼 것은?
① 밸브의 급폐쇄
② 감압밸브의 설치
③ 배관 방법의 불량
④ 수도본관의 고수압(高水壓)

5-4. 급수관에 워터 해머(Water Hammer)가 생기는 가장 주된 원인은?
① 배관의 부식
② 배관 지름의 확대
③ 수원(水原)의 고갈
④ 배관 내 유수(流水)의 급정지

|해설|

5-1
③ 콜드 드래프트(Cold Draft) : 겨울철 실내에 창을 타고 차가운 공기가 하부로 내려오는 현상
④ 리버스 리턴(Reverse-return, 역환수 방식) : 급탕·반탕관 순환거리를 각 계통에서 거의 같게 하여 전 계통의 순환을 촉진하는 방식

5-2
급수관 기울기는 1/250을 표준으로 상향 및 하향 기울기를 적용한다.

5-3
감압밸브는 유체 압력을 감소시키는 밸브이다.

5-4
급수관 내에서 물의 흐름이 갑자기 정지할 때 발생한다.

정답 5-1 ② 5-2 ① 5-3 ② 5-4 ④

제2절 급탕설비

핵심이론 01 | 기초 사항

(1) 물의 팽창과 수축

물은 온도 변화에 따라 그 부피가 팽창 또는 수축한다.
① 0℃ 물 → 0℃ 얼음 : 약 9% 체적 증가
② 4℃ 물 → 100℃ 물 : 약 4.3% 체적 증가
③ 100℃ 물 → 100℃ 증기 : 약 1,700배 체적 증가

(2) 급탕 목적

① 식수, 요리, 세척, 세탁, 목욕, 샤워, 세면, 비데, 소독, 청소, 보온 등
② 급탕 온도 : 60℃ 기준, 급탕부하 산정 시 60kcal/L
③ 용도별 급탕 온도

용 도	사용 온도(℃)
음료용	50~55
목욕용	성인 42~45, 소아 40~42
샤 워	43
수세용	세면용 40~42, 의료용 43
주방용	일반용 45, 접시 헹구기 70~80
세탁용(상업일반)	60
수영장용	21~27

(3) 열용량(Heat Capacity)

① 어떤 재료가 축적할 수 있는 열량
② 열용량 = 질량(kg) × 비열(kJ/kg·K)[kJ/K]

(4) 열량(Heat Quantity)

① 어떤 물질 1g의 온도를 1℃만큼 올리는 데 필요한 열량
② 질량이 m(g)인 물질이 Q(cal)만큼의 열량을 공급받을 때 ΔT(℃)만큼의 온도변화가 발생했다면, 이 물질의 비열(C)은 다음과 같다.

물질의 비열(C) = $\dfrac{Q}{m \times \Delta T}$ (cal/g·℃)

∴ $Q = C \times m \times \Delta T$

(5) 급탕부하

① 정의 : 시간당 필요한 온수를 얻기 위해 소요되는 열량 (kW, kJ/s)

급탕부하(Q)
= $\dfrac{\text{급탕량(kg/h)} \times \text{비열(kJ/kg·K)} \times \Delta T}{3,600\text{(s/h)}}$ (kW)

② 온도차(ΔT)는 경우에 따라 다르나, 보통 급탕온도를 70℃, 급수용 온도를 10℃로 보아서 60℃ 정도가 된다.

10년간 자주 출제된 문제

1-1. 0℃ 물이 0℃ 얼음으로 변화하면서 얼마만큼의 체적이 증가하는가?

① 1%   ② 4.3%
③ 9%   ④ 17%

1-2. 한 시간의 최대 급탕량이 5m³일 때, 급탕부하는 몇 kW인가?(단, 물의 비열 4.2kJ/kg·K, 급탕온도 70℃, 급수온도 10℃이다)

① 250kW   ② 350kW
③ 450kW   ④ 600kW

|해설|

1-1
0℃ 물이 0℃ 얼음으로 변화하면 약 9% 체적이 증가한다.

1-2
$Q = C \times m \times \Delta T \div 3,600$
여기서, 1kW = 3,600kJ/h
  1m³ = 1,000kg
$Q = 4.2 \times 5,000 \times (70 - 10) \div 3,600$
  = 21,000 × 60 ÷ 3,600
  = 1,260,000 ÷ 3,600
  = 350kW

정답 1-1 ③ 1-2 ②

핵심이론 02 | 급탕 방식

(1) 급탕 방식 분류

① 개별식(구조에 따라, 국소식)
  ㉠ 순간식 : 에너지 이용에 경제적 장점
  ㉡ 저탕식 : 대규모 건물의 급탕설비
  ㉢ 기수혼합식 : 증기를 열원으로

② 중앙식(열원에 따라)
  ㉠ 직접 가열장치 : 가스, 기름, 전기
  ㉡ 간접 가열장치 : 고온수, 증기

(2) 중앙식 급탕 - 직접 가열식

① 보일러 가열 온수를 지관으로써 기구에 급탕수 공급
② 보일러 내부에 스케일(물때)이 생겨서 수명이 단축된다.
③ 열효율에 있어 경제적이다.
④ 높이에 따른 강한 압력이 필요하므로 고압 보일러를 설치해야 한다.
⑤ 소규모 건축물에 사용 : 주택 등

(3) 중앙식 급탕 - 간접 가열식

① 저탕조 내 가열 코일을 설치하고, 증기나 열탕을 이용한 간접 가열 후 기구에 급탕수 공급
② 보일러 내부에 스케일이 없다.
③ 고압 보일러가 필요 없다.
④ 대규모 급탕설비에 사용
⑤ 대규모 건축물에 사용

[직접 가열식과 간접 가열식 급탕설비 비교]

구 분	직접 가열식	간접 가열식
가열장소	온수보일러	저탕조
보일러	급탕용 보일러 난방용 보일러	난방용 보일러로 급탕까지 가능
저탕조 내 가열코일	불필요	필 요
보일러 내의 스케일	많다.	적다.
보일러 내의 압력	고 압	저 압
열효율	유 리	불 리
규 모	중소규모 건물	대규모 건물

10년간 자주 출제된 문제

2-1. 간접 가열식 급탕설비에 관한 설명으로 옳지 않은 것은?
① 대규모 급탕설비에 적당하다.
② 비교적 안정된 급탕을 할 수 있다.
③ 보일러 내면에 스케일이 많이 생긴다.
④ 가열 보일러는 난방용 보일러와 겸용할 수 있다.

2-2. 간접 가열식 급탕법에 관한 설명으로 옳지 않은 것은?
① 대규모 급탕설비에 적합하다.
② 보일러 내부에 스케일의 발생 가능성이 높다.
③ 가열코일에 순환하는 증기는 저압으로도 된다.
④ 난방용 증기를 사용하면 별도의 보일러가 필요 없다.

2-3. 간접 가열식 급탕 방식에 관한 설명으로 옳지 않은 것은?
① 저압 보일러를 써도 되는 경우가 많다.
② 직접 가열식에 비해 소규모 급탕설비에 적합하다.
③ 급탕용 보일러는 난방용 보일러와 겸용할 수 있다.
④ 직접 가열식에 비해 보일러 내면에 스케일이 발생할 염려가 적다.

2-4. 중앙식 급탕법에 관한 설명으로 옳지 않은 것은?
① 배관 및 기기로부터의 열손실이 많다.
② 급탕개소마다 가열기의 설치 스페이스가 필요하다.
③ 일반적으로 열원장치는 공조설비와 겸용하여 설치된다.
④ 급탕기구의 동시사용률을 고려하기 때문에 가열장치의 전체 용량을 줄일 수 있다.

|해설|

2-1
간접 가열식은 직접 가열식에 비해 보일러 내면에 스케일이 적게 생긴다.

2-2
간접 가열식 : 보일러 내의 물은 항상 순환하는 열매이므로 온수 사용 시 보일러 내의 물이 소모되지 않으며 보일러 내부에 스케일이 거의 끼지 않는다.
직접 가열식 : 보일러 내부에 스케일의 발생 가능성이 높다.

2-3
간접 가열식 : 대규모 급탕설비에 적합
직접 가열식 : 소규모 급탕설비에 적합

2-4
중앙식 급탕법 : 급탕개소마다 가열기를 설치할 필요가 없는 대용량 방식

정답 2-1 ③ 2-2 ② 2-3 ② 2-4 ②

핵심이론 03 | 급탕 배관 시공

(1) 관경 결정 및 배관 구배
① 관경 결정
  ㉠ 급탕관 및 반탕관은 최소한 20mm(A) 이상
  ㉡ 급탕관 : 급수관보다 커야 한다(열에 의한 관 팽창).
  ㉢ 반탕관(순환관, 복귀관, 환탕관, 리턴관) : 급탕관보다 한 치수 작은 관경을 선택한다.
② 배관 구배
  ㉠ 온수의 순환을 원활하게 하기 위해 급구배로 시공
  ㉡ 중력순환식은 1/150, 강제순환식은 1/200 정도

(2) 배관 신축 이음
① 배관 신축 이음 설치
  ㉠ 온수의 흐름으로 관경이나, 길이의 신축이 가능
  ㉡ 강관 30m, 동관 20m, PVC 10m마다 1개씩 설치
② 배관 신축 이음 종류
  ㉠ 스위블 이음(Swivel Joint)
    • 엘보를 이용한 신축 흡수로서 누수가 우려됨
    • 저압 배관에 사용
  ㉡ 신축 곡관(Expansion Loop)
    • 고압 배관에 적합하고 점유 면적이 크다.
    • 누수, 고장이 적으며, 옥외배관, 공장 등에 사용
  ㉢ 슬리브형 : 슬리브 미끄럼에 의해 흡수
  ㉣ 밸로스형 : 온도에 따라 접어지면서 흡수

(3) 팽창관(도피관)
① 온수 순환배관에 이상 압력이 생겼을 때 그 압력을 흡수하는 도피관
② 급탕 수직관을 연장하여 팽창관으로 하고, 팽창탱크에 자유 개방하여, 증기나 공기를 배출한다.
③ 팽창관에는 절대로 밸브류를 달아서는 안 된다.

(4) 팽창탱크(중력탱크)
① 온수의 부피 팽창으로 인한 압력을 흡수하기 위해 설치
② 밀폐형 탱크 : 설치 위치에 제한 없다.
③ 개방형 탱크 : 탱크의 설치 높이는 배관계의 가장 높은 곳보다 1.2m 이상으로 한다.

(5) 배관의 수압 시험
① 배관을 보온 피복하기 전에 노출 상태로 시험
② 실제로 사용하는 최고 압력의 2배 이상으로 60분 이상 유지

10년간 자주 출제된 문제

3-1. 급탕 배관에 관한 설명으로 옳지 않은 것은?
① 관 신축을 고려해 굴곡부에는 스위블 이음으로 접합한다.
② 관 신축을 고려해 건물 벽 관통부에는 슬리브를 사용한다.
③ 역구배나 공기 정체가 일어나기 쉬운 배관 등 온수의 순환을 방해하는 것을 피한다.
④ 배관재로 동관을 사용하는 경우 관내 유속을 느리게 하면 부식되기 쉬우므로 2.5m/s 이상으로 하는 것이 바람직하다.

3-2. 급탕설비에서 배관을 이을 경우에 엘보를 이용하여 신축을 흡수하는 이음은?
① 스위블 이음 ② 신축 곡관 이음
③ 슬리브형 이음 ④ 밸로스형 이음

3-3. 급탕설비에 관한 설명으로 옳지 않은 것은?
① 냉수, 온수를 혼합 사용해도 압력차에 의한 온도변화가 없도록 한다.
② 배관은 적정한 압력손실 상태에서 피크 시를 충족시킬 수 있어야 한다.
③ 도피관에는 압력을 도피시킬 수 있도록 밸브를 설치하고 배수는 직접 배수로 한다.
④ 밀폐형 급탕시스템에는 온도 상승에 의한 압력을 도피시킬 수 있는 팽창탱크 등의 장치를 설치한다.

|해설|
3-1
관내 유속은 동관에서 0.4~1.5m/s 정도의 저속이 바람직하다.
3-3
도피관에는 밸브를 설치하지 않는다.

정답 3-1 ④ 3-2 ① 3-3 ③

제3절 배수 및 통기설비

핵심이론 01 | 배수의 종류

(1) 사용 목적에 의한 분류

① 오수배수
  ㉠ 인체 배설물에 관련된 모든 배수(정화처리해야 함)
  ㉡ 대변기, 소변기, 오물싱크, 비데, 변기소독 등의 배수

② 잡배수
  ㉠ 일반 구정물 배수로 합류처리 또는 하수도에 방류
  ㉡ 세면기, 싱크류, 욕조 등

③ 빗물배수(우수배수) : 그대로 방류

④ 특수 배수
  ㉠ 그대로 방류할 수 없고 유해성 확인 후 처리
  ㉡ 공장폐수 등의 유독, 유해한 물질을 함유, 방사능을 함유한 배수

(2) 배수 방식에 의한 분류

① 직접 배수 : 위생기구와 배수관이 연결된 일반 위생기구에서의 배수

② 간접 배수
  ㉠ 배수관 및 오버플로(Over Flow)관은 일반 배수계통에 연결하기 전에 물받이 기구에 배수한 후 일반 배수계통에 연결하는 배수
  ㉡ 냉장고, 주방용 기기, 탈수기, 음료용 기기, 의료용 기기, 수영장, 식품창고, 상수 및 각종 오버플로관의 배수

(3) 배수 방식에 의한 분류

① 분류배수
  ㉠ 오수와 잡배수 및 빗물배수를 분리배수
  ㉡ 오수는 정화조에서 처리한 후 하천으로 방류

② 합류배수
  ㉠ 오수와 잡배수를 한데 모아서 처리 후 하천에 방류
  ㉡ 합류배수관이 있는 지역, 오수, 잡배수 합류처리

10년간 자주 출제된 문제

배수에서 그대로 방류할 수 없고 유해성 확인 후 처리하며, 공장폐수 등의 유독, 유해한 물질을 함유, 방사능을 함유한 배수 방식은?

① 오수배수
② 잡배수
③ 우수배수
④ 특수 배수

|해설|

특수 배수 : 공장폐수 등의 유독, 유해한 물질을 함유, 방사능을 함유한 배수로서, 유해성 확인 후 배수 처리한다.

정답 ④

핵심이론 02 | 트랩(Trap)

(1) 트랩 설치 목적
① 트랩(Trap) : 봉수를 고이게 하는 기구
② 목적 : 배수관 속 악취, 유독가스 및 벌레의 침투 방지

(2) 트랩 설치 조건
① 구조가 간단하며, 평활한 내면
② 자체 유수로 배수로를 세정, 오수가 정체되지 않아야 함
③ 봉수가 없어지지 않고, 항상 유지해야 함
④ 내식성, 내구성 재료의 사용

(3) 트랩 내의 봉수(Seal Water)
① 봉수의 역할 : 트랩 안에 봉수를 유지하여 하수 가스, 벌레 등의 실내 침입을 방지
② 봉수의 깊이 : 5~10cm 정도가 적당

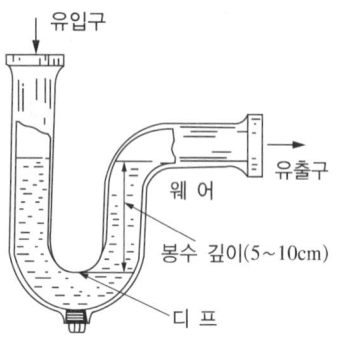

(4) 트랩의 분류
① 관형 트랩
　㉠ 소형으로 자체 세정하지만, 봉수가 파괴되기 쉽다.
　㉡ 사이펀식 트랩 : S트랩, P트랩, U트랩
　㉢ 비사이펀식 트랩 : 드럼트랩, 벨(Bell)트랩, 격벽트랩, 보틀트랩
② BOX형 트랩(저집기형 트랩)
　㉠ 트랩이 수조로 되어 있어 봉수파괴의 염려가 없다.
　㉡ 자체 세정 작용이 없어 침전물이 정체되기 쉽다.
　㉢ 종류 : 그리스트랩, 가솔린트랩, 샌드트랩, 헤어트랩, 플라스터트랩, 론드리트랩

10년간 자주 출제된 문제

2-1. 배수관의 트랩 설치 이유에 관한 설명 중 맞는 것은?
① 배수의 역류 방지
② 배수의 유속 조정
③ 청소를 쉽게 하기 위해서
④ 하수도로부터의 악취 방지

2-2. 트랩 설치 조건으로 옳지 못한 것은?
① 구조가 간단하며, 평활한 내면이어야 한다.
② 자체의 유수로 배수로를 세정, 오수가 정체되지 않아야 한다.
③ 봉수가 없어지지 않고, 항상 유지되어야 한다.
④ 트랩은 위생기구에서 가능한 한 멀리 설치하는 것이 좋다.

2-3. 다음 중 사이펀식 트랩에 속하지 않는 것은?
① P트랩　　　　② S트랩
③ U트랩　　　　④ 드럼트랩

2-4. 배수 트랩의 구비조건으로 옳지 않은 것은?
① 가동부분이 있을 것
② 자기세정 기능을 가지고 있을 것
③ 봉수 깊이는 50mm 이상 100mm 이하일 것
④ 오수에 포함된 오물 등이 부착 또는 침전하기 어려운 구조일 것

|해설|
2-1
배수관 속 악취, 유독가스 및 벌레의 침투 방지
2-2
트랩은 위생기구에 가능한 한 접근시켜 설치하는 것이 좋다.
2-3
사이펀식 트랩 : P트랩, S트랩, U트랩
비사이펀식 트랩 : 드럼트랩, 벨트랩, 격벽트랩, 보틀트랩
2-4
트랩은 자기세정 작용하므로, 별도의 가동부분이 필요 없다.

정답 2-1 ④　2-2 ④　2-3 ④　2-4 ①

(5) 트랩의 종류

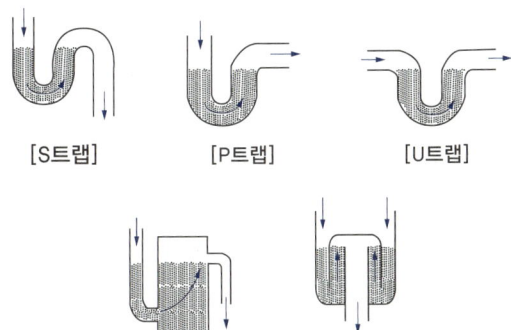

① S트랩, 3/4S트랩
  ㉠ 봉수가 잘 파괴된다. 엘보를 이용하여 신축흡수
  ㉡ 세면기, 소변기 대변기 등 가장 많이 사용
② P트랩
  ㉠ 봉수가 S트랩보다 안전하다.
  ㉡ 세면기, 소변기 등의 고압 배관에 사용
③ U트랩(가옥트랩, 메인트랩)
  ㉠ 수평 배관 도중이나 말단에 설치
  ㉡ 유수의 흐름을 저해
④ 드럼트랩
  ㉠ 주방용 싱크에 적합하며, 침전물의 청소가 가능
  ㉡ 다량의 봉수가 있으며, 봉수가 잘 파괴되지 않는다.
⑤ 벨(Bell)트랩(플로어트랩)
  ㉠ 벨이나 종 모양의 기구를 씌운 형태의 트랩
  ㉡ 욕실 등의 바닥면 배수 배관에 사용
⑥ 격벽트랩, 보틀트랩 : 사용을 권장하지 않는다.
⑦ 그리스트랩 : 기름기를 응결 및 분리 제거(호텔 주방 등)
⑧ 가솔린트랩(오일트랩) : 휘발 희석(차고, 주유소 등)
⑨ 샌드트랩 : 진흙, 모래 등을 침전 제거
⑩ 헤어트랩 : 머리카락 제거(이발소, 미용실 등)
⑪ 플라스터트랩 : 플라스터 제거(치과, 깁스실 등)
⑫ 론드리트랩 : 단추, 실 등 불순물 제거(세탁소에서 사용)

10년간 자주 출제된 문제

2-5. 배수 트랩에 관한 설명으로 옳지 않은 것은?
① 트랩은 이중으로 설치하면 효과적이다.
② 트랩의 봉수 깊이가 너무 깊으면 통수능력이 감소된다.
③ 트랩은 하수 가스의 실내 침입을 방지하는 역할을 한다.
④ 트랩은 위생기구에 가능한 한 접근시켜 설치하는 것이 좋다.

2-6. 트랩의 구비 조건으로 옳지 않은 것은?
① 봉수 깊이는 50mm 이상 100mm 이하일 것
② 오수에 포함된 오물 등이 부착 또는 침전하기 어려운 구조일 것
③ 봉수부에 이음을 사용하는 경우에는 금속제 이음을 사용하지 않을 것
④ 봉수부의 소제구는 나사식 플러그 및 적절한 개스킷을 이용한 구조일 것

2-7. 다음의 트랩 중에서 봉수의 파괴에 가장 안전한 것은?
① S트랩   ② P트랩
③ U트랩   ④ 드럼트랩

2-8. 일반적으로 사용이 금지되는 트랩에 속하지 않는 것은?
① 2중 트랩
② 격벽트랩
③ 수봉식 트랩
④ 가동부분이 있는 트랩

|해설|
2-5
트랩은 유수의 흐름을 원활히 하기 위해 이중으로 설치하지 않는다.
2-6
배수트랩은 일반적으로 P트랩을 설치하고 이음, 접속관 재질은 STS(스테인리스관) 등의 금속제를 사용한다.
2-7
P트랩이 봉수의 파괴에 가장 안전하다.
2-8
③ 수봉식 트랩 : 봉수를 담는 일반적인 트랩
2중 트랩, 가동부분이 있는 트랩, 격벽트랩, 보틀트랩은 봉수의 흐름이 원활하지 못하므로 사용을 금지한다.

정답 2-5 ① 2-6 ③ 2-7 ② 2-8 ③

(6) 봉수의 파괴 원인

① 자기 사이펀 작용
  ㉠ 액체가 일시로 위에서 아래로 흘러 봉수파괴
  ㉡ 가장 큰 파괴 요인
  ㉢ 방지법 : 통기관 설치

② 흡출 작용(감압 흡인 작용)
  ㉠ 순간적인 물의 흐름으로 진공이 생기고 봉수파괴
  ㉡ 유인 사이펀 현상으로 상층부에서 주로 발생
  ㉢ 방지법 : 통기관 설치

⑤ 증발 현상
  ㉠ 오래도록 사용치 않아서 증발
  ㉡ 방지법 : 기름을 소량 흘려보내서 유막을 형성하거나, 자주 사용

⑥ 관성에 의한 배출
  ㉠ 운동에 의한 관성으로 트랩 내의 봉수가 없어짐
  ㉡ 물을 갑자기 배수하는 경우나, 강풍 등으로 관성이 생겨 봉수 배출
  ㉢ 방지법 : 격자 석쇠 설치

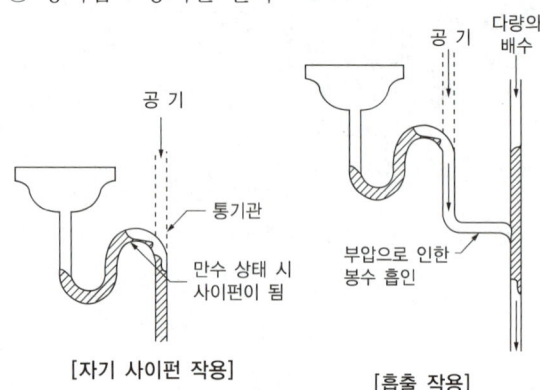

[자기 사이펀 작용]   [흡출 작용]

③ 토출 작용(역압 분출 작용)
  ㉠ 다량의 물의 공기압력에 의해 실내에 역류
  ㉡ 하층부 기구에서 자주 발생
  ㉢ 방지법 : 통기관 설치

④ 모세관 현상
  ㉠ 머리카락, 걸레 등이 걸린 부분을 타고 물이 흘러 내리는 현상
  ㉡ 내면을 미끄러운 재료로 하고, 이물질 제거
  ㉢ 방지법 : 거름망 설치로 이물질 투입 방지

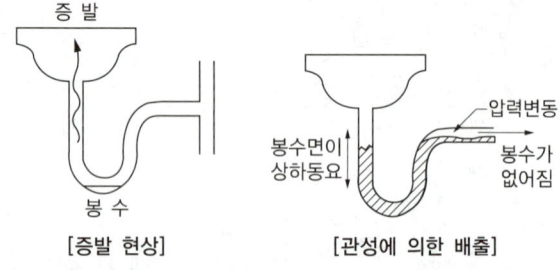

[증발 현상]   [관성에 의한 배출]

10년간 자주 출제된 문제

2-9. 트랩의 봉수파괴 현상이다. 잘못된 것은?
① 배수가 만수 상태로 흐르면 사이펀 작용으로 트랩의 봉수가 파괴된다.
② 감압에 의한 흡인 작용으로 압력을 감소시켜 봉수를 파괴한다.
③ 역압 봉수파괴 현상은 상층부 기구에서 자주 발생한다.
④ 모세관 작용은 헝겊 등에 의한 흡인식 사이펀으로 작용한다.

2-10. 배수 트랩의 봉수파괴 원인 중 통기관을 설치함으로써 봉수파괴를 방지할 수 있는 것이 아닌 것은?
① 분출 작용   ② 모세관 작용
③ 자기 사이펀 작용 ④ 유도 사이펀 작용

|해설|
2-9
역압에 의한 봉수파괴 현상은 하층부 기구에서 자주 발생한다.
2-10
모세관 작용 방지 : 거름망 설치

정답 2-9 ③ 2-10 ②

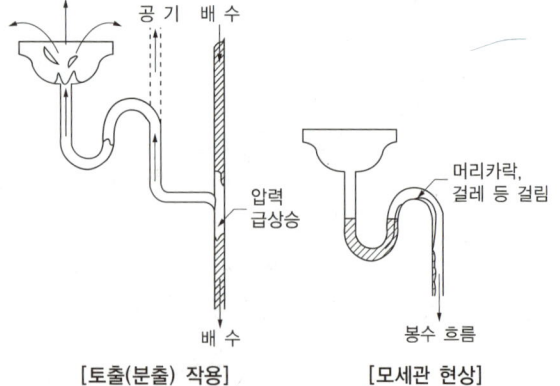

[토출(분출) 작용]   [모세관 현상]

핵심이론 03 | 통기관

(1) 통기관 설치 목적
① 트랩의 봉수 보호
② 배수관 내의 물의 흐름을 원활
③ 배수관 내에 신선한 공기 유통으로 환기, 청결 유지
④ 관 내의 기압을 일정하게 유지

(2) 통기관의 종류
① 각개 통기관
　㉠ 위생 기구 1개에 1개의 통기관 설치
　㉡ 시설비가 비싸다.

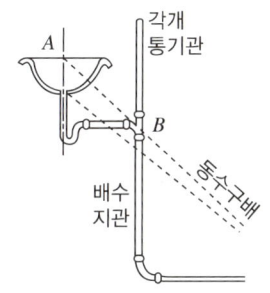

② 회로 통기관(환상, 루프 통기관)
　㉠ 최상류 바로 아래 설치
　㉡ 1개 통기관이 최고 8개까지 감당하며, 관경은 32mm 이상
③ 도피 통기관
　㉠ 루프 통기관의 능률을 촉진시키기 위해 설치
　㉡ 기구 수가 8개 이상일 경우 추가로 설치하는 통기관

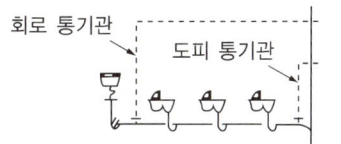

④ 습식 통기관 : 배수 수평 지관 최상류 기구에 설치하여 배수와 통기의 효과를 동시에 볼 수 있다.

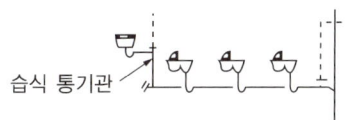

⑤ 신정 통기관
　㉠ 배수 수직관 상단 연장하고 대기 중에 개방하여 옥상에 돌출시킨다.
　㉡ 배관 길이에 비해 성능이 우수하다.
⑥ 결합 통기관
　㉠ 고층의 5개 층마다 통기 수직관과 배수 수직관을 연결
　㉡ 관경 50mm 이상 설치, 통기관 중 관경이 가장 굵다.

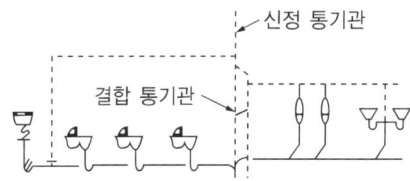

⑦ 통기 수직관, 수평관
　㉠ 통기 수직 주관 : 원활한 환기를 위해 설치한 수직관
　㉡ 통기 수평 지관 : 수평 지관 1개 이상의 각개 통기관을 합하여 통기 수직관, 신정 통기관으로 접속하는 수평 지관

10년간 자주 출제된 문제

3-1. 통기관의 설치 목적으로 옳지 않은 것은?
① 트랩의 봉수를 보호한다.
② 오수와 잡배수가 서로 혼합되지 않게 한다.
③ 배수계통 내의 배수 및 공기의 흐름을 원활히 한다.
④ 배수관 내에 환기를 도모하여 관 내를 청결하게 유지한다.

3-2. 배수 수직관 상단 연장하고 대기 중에 개방하여 옥상에 돌출시키며, 배관 길이에 비해 성능이 우수한 통기관은?
① 회로 통기관　② 도피 통기관
③ 습식 통기관　④ 신정 통기관

3-3. 통기관 중에서 관경이 가장 굵은 통기관은?
① 각개 통기관　② 도피 통기관
③ 습식 통기관　④ 결합 통기관

|해설|
3-1
오수와 잡배수가 서로 혼합되지 않게 함은 관계없다.

정답 3-1 ② 3-2 ④ 3-3 ④

핵심이론 04 | 배수 및 통기설비의 시공

(1) 옥내 배수관 설치
① 필요 이상의 경사일 경우 오히려 능률 저하
② **표준 경사** : 구경 100~200mm일 경우, 1/50~1/100
③ **유속** : 0.6~1.2m/s

(2) 옥내 배수관의 관경 결정
① 위생 기구류의 최대 배수 유량을 기준으로 결정
② 기구 배수 단위(1FU) = 세면기 배수량 30L/min
③ FU : 세면기(1) < 욕조(2~3) < 소변기(4) < 대변기(8)

(3) 옥내 배관 시 주의 사항
① 2중 트랩이 안 되도록 한다.
② 곡관부에 다른 배수지관 접속 금지
③ 청소구 개방 시, 하수 가스 누설치 말 것(드럼트랩에서)
④ 주방의 냉장, 음류 등의 배수는 역류에 의한 오염방지를 위하여 간접 배수로 한다.
⑤ 배수 배관에는 트랩의 봉수파괴 방지를 위해서 반드시 통기관을 설치해야 한다.
⑥ 피복 두께는 10mm 정도

(4) 통기관 배관 시 주의 사항
① 배수 수직관의 상단을 위생기구의 넘침관 이상까지 세운 후 신정 통기관으로 하여 대기 중에 개방한다.
② 통기 수직 주관 상단은 최상층 기구의 넘침관보다 150A 이상 높은 곳에서 신정 통기관과 접속한다.
③ 통기관의 설치 위치는 트랩의 하류에 연결하며, 통기관이 바닥 아래에서 배관되어서는 아니 된다.
④ 오수정화조와 일반 배수의 통기관과는 분리한다.
⑤ 통기관은 실내 환기용 덕트에 연결하지 않는다.
⑥ 통기 수직관은 우수 수직관에 연결하지 않는다.

(5) 청소구 설치 위치
① 굴곡부, 분기점에 설치
② 가옥 배수관과 대지 배수관이 접속하는 곳
③ 배수 수직 주관의 최하단부
④ 수평 지관의 최상단부
⑤ 배관이 45°로 휘는 곳
⑥ 관경 100mm 이하는 15m, 100mm 이상은 30m 이내마다 설치

10년간 자주 출제된 문제

4-1. 통기관 배관 시의 주의사항으로 옳지 않은 것은?
① 배수 수직관의 상단을 위생기구의 넘침관 이상까지 세운 후 신정 통기관으로 하여 대기 중에 개방한다.
② 통기관의 설치 위치는 트랩의 하류에 연결하며, 통기관이 바닥 아래에서 배관되어서는 아니 된다.
③ 실내 환기용 덕트에 연결하지 않는다.
④ 통기 수직관은 우수 수직관에 연결하여 통기 성능을 확보한다.

4-2. 배수 배관에서 청소구(Clean Out)의 일반적 설치 장소에 속하지 않는 것은?
① 배수 수직관의 최상부
② 배수 수평 지관의 기점
③ 배수 수평 주관의 기점
④ 배수관이 45°를 넘는 각도에서 방향을 전환하는 개소

4-3. 통기배관에 대한 설명 중 틀린 것은?
① 통기관과 실내 환기용 덕트와는 서로 연결해서는 안 된다.
② 오물정화조의 배기관은 단독으로 개구하는 것이 좋다.
③ 통기 수직관과 빗물 수직관은 겸용해서는 안 된다.
④ 통기관은 각 층의 일수면(물이 넘치는 면) 이하에서 입상시킨 다음 통기 수직관에 연결한다.

|해설|

4-1
통기 수직관은 우수 수직관에 연결하지 않는다.

4-2
배수 수직 주관의 최하단부에 설치한다.
청소구 설치 목적 : 배수관 내 이물질 유입으로 막힐 경우 이물질 제거를 위해 설치

4-3
통기관은 각 층의 일수면(물이 넘치는 면) 이상으로 입상시킨 다음 통기 수직관에 연결한다.

정답 4-1 ④ 4-2 ① 4-3 ④

제4절 배관용 재료

핵심이론 01 배관 재료의 특성 및 이음

(1) 배관 재료

① 주철관
  ㉠ 내식성, 내구성, 내압성이 우수하다.
  ㉡ 충격에 약하고 인장강도가 작다.

② 강 관
  ㉠ 가볍고 인장강도가 우수하여 가장 많이 사용한다.
  ㉡ 부식하기 쉬워 내구연한이 짧다.
  ㉢ 충격에 강하고 굴곡성이 좋다.

③ 연 관
  ㉠ 굴곡성이 크고 유연하여 시공하기 용이하다.
  ㉡ 산에는 강하나 알칼리에 약하여 콘크리트에 매입 시 주의를 요한다.
  ㉢ 용도 : 화학공업 배관, 급·배수용관, 가스관

④ 동 관
  ㉠ 열전도율이 크고 내식성이 강하여 난방이나 급탕에 사용된다.
  ㉡ 저온 취성에 강하여 냉동관 등에도 이용된다.

⑤ 황동관 : 동의 합금관으로 관의 내·외면에 주석도금을 한 것이다.

⑥ 경질 염화비닐관(PVC관)
  ㉠ 내화학적이다(내산, 내알칼리).
  ㉡ 열에 약하다(소화관 등에 부적합).
  ㉢ 마찰손실이 적다.

⑦ 콘크리트관, 도관 : 옥외배수, 상하수도 배관에 이용

(2) 배관 이음

① 배관을 휠 때 : 엘보(Elbow), 벤드(Bend)
② 분기관을 낼 때 : T(Tee), 크로스(Cross), Y
③ 배관의 직선 연결 : 소켓(Socket), 유니언(Union), 플랜지(Flange), 니플, 커플링

④ 서로 다른 구경의 관을 접합할 때 : 이경 소켓, 이경 엘보, 이경 T, 부싱(Bushing), 리듀서(Reducer)
⑤ 배관의 말단부 : 플러그(Plug), 캡(Cap)
⑥ 유니언, 플랜지 : 관의 교체나 펌프의 고장 수리 시 사용
  ㉠ 유니언(Union) : 50mm 이하의 관에 사용
  ㉡ 플랜지 : 50mm 이상의 관에 사용

10년간 자주 출제된 문제

1-1. 주철관(Castiron)을 설명한 것 중 옳은 것은?
① 굴곡성이 좋다.
② 충격에는 약하나 인장강도가 크다.
③ 고급 주철관일수록 선철의 함량이 많다.
④ 보통 강관에 비해서 염가이며 내구성도 있다.

1-2. 배관 재료에 관한 설명으로 옳지 않은 것은?
① 주철관은 오배수관이나 지중 매설 배관에 사용된다.
② 경질 염화비닐관은 내식성은 우수하나 충격에 약하다.
③ 연관은 내식성이 작아 배수용보다는 난방 배관에 주로 사용된다.
④ 동관은 전기 및 열전도율이 좋고 전성, 연성이 풍부하며 가공도 용이하다.

1-3. 배관 설비에서 관의 이음 또는 부속품의 사용 용도의 조합 중 관련성이 없는 것은?
① 구경이 다른 관의 접합 – Reducer
② 유체의 역류 방지 – Check Valve
③ 배관의 말단 부분 – Union
④ 분기관을 낼 때 – Tee

|해설|
1-1
① 주철관은 굴곡성이 좋지 않으며 연관의 경우에 굴곡성이 좋다.
② 충격에 약하고 인장강도가 작다.
③ 고급 주철관일수록 선철의 함량이 적다. 고급 주철관은 흑연의 함량을 적게 하고 점성과 강도를 증가시키기 위해 추가적인 열처리를 한다.

1-2
연관은 내식성이 커서 급수나 배수용 배관으로 사용된다.

1-3
• 배관의 말단 부분 : Cap, Plug
• 직선 배관 이음 : Union, Flange

정답 1-1 ④ 1-2 ③ 1-3 ③

핵심이론 02 | 밸브의 종류 및 특성

(1) 슬루스밸브(Sluice Valve, 게이트밸브)
① 개폐 기능에 적합, 마찰저항 손실이 적다.
② 배관 도중에 설치하며, 증기 배관에 주로 사용
③ 유량 조절 및 개폐 기능 : 버터플라이 밸브

(2) 글로브밸브(Glove Valve, 스톱밸브, 구형 밸브)
① 유로 폐쇄, 유량 조절에 적합하며, 마찰저항 손실이 크다.
② 배관 말단에 설치

(3) 앵글밸브(Angle Valve)
① 싱크, 변기 등 벽의 유체 흐름을 직각으로 바꾸는 역할
② 글로브밸브의 일종

(4) 체크밸브(Check Valve)
① 유체의 흐름이 한쪽 방향으로만 흐르게 한다.
② 역류를 방지하지만, 유량 조절이 불가능
③ 종류 : 스윙형(수직, 수평 배관), 리프트형(수평 배관)

(5) 콕밸브(Cock Valve), 볼밸브(Ball Valve)
90° 회전으로 유로를 급속히 개폐하는 밸브

(6) 플러시밸브(Flush Valve)
① 대변기, 소변기의 세정에 주로 사용
② 한 번 누르면 $0.7 kg/cm^2$의 수압으로 일정량의 물이 나온 다음 자동으로 잠긴다.

(7) 스트레이너(Strainer)
밸브류 앞에 설치하여 먼지, 흙 등의 오물을 제거하는 부속품

(8) 공기 빼기 밸브(Air Vent Valve)
① 배관 내 공기를 빼기 위해 설치
② 배관 굴곡부 상단, 보일러 최상부 등에 설치

(9) 감압 밸브(Reduction Valve)
① 고압 배관과 저압 배관 사이에 설치하여, 압력을 낮춰 일정한 압력으로 유지할 때 사용
② 초고층 건물 급수압 조절과 고압 증기 배관 등에 사용

(10) 안전 밸브(Safety Valve)
① 증기 보일러, 압축공기 탱크, 압력 탱크 등에 설치
② 일정 이상의 과잉압력 발생 시 자동적으로 압력을 방출

10년간 자주 출제된 문제

2-1. 배관에서 체크밸브(Check Valve)에 관한 사항이다. 옳지 않은 것은?
① 구조는 역류 방지형이다.
② 리프트(Lift)형과 스윙(Swing)형의 2종류가 있다.
③ 스윙형은 수직과 수평 배관 모두에 이용된다.
④ 리프트형은 수직 배관에만 이용된다.

2-2. 유체의 흐름을 한 방향으로만 흐르게 하고 반대방향으로는 흐르지 못하게 하는 밸브는?
① 콕
② 체크밸브
③ 게이트밸브
④ 글로브밸브

2-3. 다음 중 건물에서 Pipe Shaft 내의 배관에 백색 표시가 된 관은 어떤 종류의 물질을 나타내는가?
① 기 름
② 공 기
③ 냉 수
④ 가 스

|해설|

2-1
리프트형은 수평 배관에만 이용

2-2
체크밸브 : 유체 흐름을 한쪽 방향으로만 흐르게 함(역류 방지)

2-3
채색에 의한 식별

종 류	색 채	종 류	색 채
공 기	백 색	산, 알칼리	회자색
가 스	황 색	기 름	진한 황적색
증 기	진한 적색	전 기	엷은 황적색
물	청 색	-	-

정답 2-1 ④ 2-2 ② 2-3 ②

제5절 오수정화설비

핵심이론 01 | 기초 사항

(1) BOD(생물학적 산소 요구량)

① BOD(Biochemical Oxygen Demand)는 오수 중 유기물이 미생물에 의해 분해되어 안정화하는 과정에서 소비되는 수중에 녹아 있는 산소의 감소를 나타내는 값
② 수중에 녹아 있는 산소의 감소를 20℃, 5일간 시료를 방치해 측정한 값이며, 수중 물질의 지표이다.
③ 생활하수에 의한 물의 오염 정도를 측정한다.

(2) COD(화학적 산소 요구량)

① COD(Chemical Oxygen Demand)는 용존 유기물을 화학적으로 산화시키는 데 필요한 산소량이다.
② 공장 폐수에 의한 물의 오염 정도를 측정한다.

(3) DO(Dissolved Oxygen, 용존 산소량)

① 수중에 용해되어 있는 산소의 양을 ppm으로 나타낸 것으로, DO가 클수록 정화능력이 높은 수질이다.
② 오염도가 높은 물은 산소가 용존되어 있지 않다.

(4) SS(Suspended Solids, 부유 물질량)

① 탁도의 정도로 입경 2mm 이하의 불용성(不溶性)의 뜨는 물질을 ppm으로 표시한 것
② 장마철에 그 양이 급격히 늘어난다.

(5) BOD 제거율

① BOD 제거 : 활성 오니법 등의 하수처리를 하여 하수의 BOD값을 감소시키는 것(BOD 제거율을 높이는 것)을 말하며, 간접적으로는 유기물에 의한 오염량을 제거하는 것을 말한다.

② BOD 제거율
  ㉠ 정화조 성능을 나타내는 지표
  ㉡ BOD 제거율이 높을수록, 방류수의 BOD가 낮을수록 고성능 정화조

$$BOD\ 제거율 = \frac{유입수BOD - 유출수BOD}{유입수BOD} \times 100$$

10년간 자주 출제된 문제

1-1. 주택의 1인 1일 오수량이 0.05m³/인·일이고 오수의 BOD 농도가 260g/m³일 때 1인 1일당 BOD 부하량은?

① 5g/인·일 ② 13g/인·일
③ 26g/인·일 ④ 50g/인·일

1-2. 오물 정화조에 유입되는 오수의 BOD 농도는 150ppm이고, 방류수의 BOD의 농도는 60ppm일 때, 이 정화조의 BOD 제거율은?

① 40% ② 60%
③ 75% ④ 90%

|해설|

1-1
부하량 = 오수량 × 농도
∴ BOD 부하량 = 0.05m³/인·일 × 260g/m³
             = 13g/인·일

1-2
$$BOD\ 제거율 = \frac{150ppm - 60ppm}{150ppm} \times 100\% = 60\%$$

정답 1-1 ② 1-2 ②

| 핵심이론 02 | 정화조

(1) 정화 순서

부패조 → 여과조 → 산화조 → 소독조

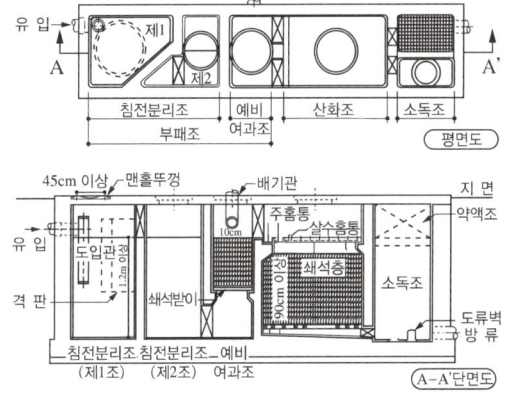

(2) 부패조

① 혐기성 균(온도 10~15℃에서 가장 활발)에 의해 분해시키며, 최소 2개 이상의 부패조와 예비 여과조로 구성
② 제1부패조 : 제2부패조 : 여과조의 체적비
  = 4 : 2 : 1 또는 4 : 2 : 2
③ 저유 깊이 : 1.2~3.0m
④ 부패조의 용량(m³, n은 처리대상 인원)

처리대상 인원	부패조의 용량(m³)
5인 미만	$V = 1.5$ 이상
5~500인 미만	$V = 1.5 + (n-5) \times 0.1$
500인 이상	$V = 51 + (n-500) \times 0.075$

(3) 여과조

① 오수를 하부에서 위로 보내어 부유물을 쇄석층에서 제거
② 쇄석층의 윗면은 오수면보다 10cm 정도 아래에 둔다.
③ 여과층은 수심의 1/3, 쇄석 크기는 5~7.5cm 정도

(4) 산화조

① 호기성 균에 의해 분해(산화)
② 쇄석층의 깊이 : 0.9~2.0m
③ 살수 홈통과 쇄석층 상부 : 10cm 이상 간격
④ 산화조 용량(V_1) : 부패조 용량(V)의 1/2배

(5) 소독조

① 차아염소산 소다[NaClO]와 차아염소산 칼슘[$Ca(ClO)_2$] 등의 소독제를 이용하여 세균을 소독하는 것
② 처리 대상인원 500명 초과 시 소독조는 반드시 설치한다.

10년간 자주 출제된 문제

2-1. 부패 탱크식 오물 정화조의 정화 순서가 올바른 것은?

A : 부패조	B : 여과조
C : 산화조	D : 소독조
E : 방 류	

① A-B-C-D-E
② B-C-D-A-E
③ A-C-B-D-E
④ B-A-C-D-E

2-2. 처리 대상 인원이 300명인 수세식 변소의 오물정화조의 부패조 용량은 최소 얼마 정도가 좋은가?

① $16m^3$
② $20m^3$
③ $26m^3$
④ $31m^3$

2-3. 오물 정화조에서 살수 홈통을 설치해야 하는 곳은?

① 제1부패조
② 여과조
③ 산화조
④ 소독조

2-4. 오물 정화조에 대한 다음의 기술에서 옳지 않은 것은?

① 부패조에는 공기의 공급을 충분히 한다.
② 산화조에서는 호기성 균으로서 산화시킨다.
③ 소독조에서는 약액을 넣어 살균한다.
④ 여과조에서는 쇄석층을 통하여 여과시켜 고형물을 없앤다.

|해설|

2-1
부패조(혐기성 균) → 여과조 → 산화조(호기성 균) → 소독조 → 방류

2-2
부패조 용량(V) = 1.5 + (n - 5) × 0.1
= 1.5 + (300 - 5) × 0.1 = $31m^3$

2-3
산화조 살수 홈통 : 살수로써 산소를 공급하여 호기성 균에 의해 산화처리

2-4
부패조 : 침전작용과 혐기성 균(공기로부터 밀폐)에 의한 분해작용

정답 2-1 ① 2-2 ④ 2-3 ③ 2-4 ①

제6절 난방설비

핵심이론 01 | 기초 사항

(1) 현열(Sensible)과 잠열(Latent Heat)

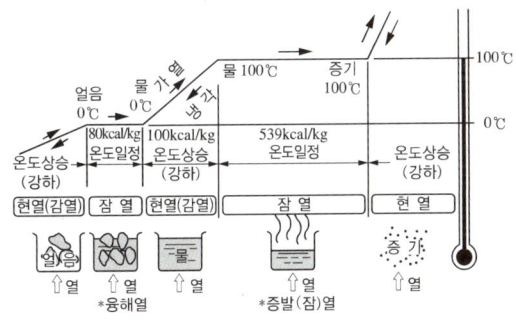

[물의 상태변화(현열 및 잠열)]

(2) 현열(감열, Sensible)

① 물체 온도 변화에 따라 출입하는 열(온수난방 이용열)
② 예로써 10℃ 물 → 가열(현열) → 50℃ 물이 된다.
③ 감열비(현열비, Sensible Heat Factor)

$$감열비(SHF) = \frac{현열}{전열} = \frac{현열}{현열 + 잠열}$$

(3) 잠열(Latent Heat)

① 온도 변화 없이 상태만 변화되는 열(증기난방 이용열)
② 예로써 100℃ 물 → 가열(잠열) → 100℃ 증기가 된다.
③ 물의 융해잠열(융해열)
  ㉠ 등압하에서 고체가 액체로 변할 때 필요한 열량
  ㉡ 융해잠열 : 79.67 ≒ 80kcal/kg
④ 물의 증발잠열(기화열)
  ㉠ 100℃ 물 1kg이 100℃ 증기 1kg으로 전환되는 데 필요한 열량
  ㉡ 증발잠열 : 539.67 ≒ 540kcal/kg
  ㉢ 1cal = 4.1868J이고 1kcal = 4.1868kJ이므로,
     540kcal/kg × 4.1868kJ/kcal ≒ 2,261kJ/kg

(4) 승화열

① 고체가 등압하에서 액체를 거치지 않고 기체로 변하는 데 필요한 열
② 나프탈렌, 이산화탄소 등은 상온 상압에서 승화한다.

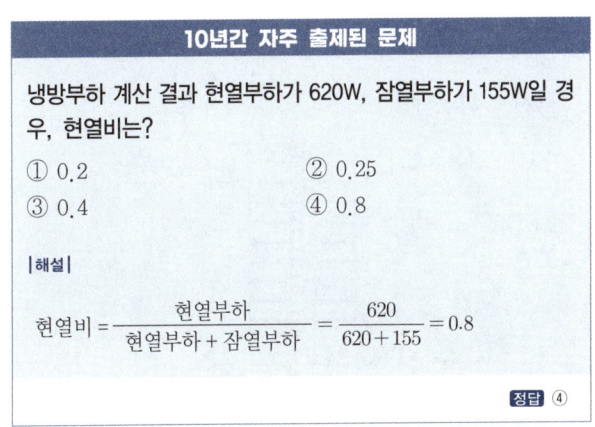

| 핵심이론 02 | 전열 이론

(1) 용어의 정의
① 전열 : 고온측(t_1)에서 저온측(t_0)으로 열의 이동
② 전도 : 고체, 정지 유체(물, 공기 등) 내의 열의 이동
③ 대류 : 유체(공기, 물 등) 내의 열이 이동
④ 복사 : 고온에서 저온으로의 전자파로써 열의 이동

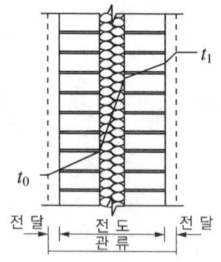

(2) 전열 과정
① 열전도율(λ, W/m·K, kcal/m·h·℃) : 두께 1m 재료에 대해 온도차 1℃일 때 단위시간 동안 흐르는 열량
  ㉠ 작은 공극이 많으면 열전도율이 작다.
  ㉡ 재료에 습기가 차면 열전도율이 커진다.
  ㉢ 같은 종류의 재료는 비중이 작으면 열전도율이 작다.
② 열전달률(α, W/m²·k, kcal/m²·h·℃) : 표면적 1m² 벽과 공기 온도차 1℃일 때 단위시간 동안 흐르는 열량
  ㉠ 벽 표면과 유체 간의 열의 이동 정도를 표시한다.
  ㉡ 풍속이 커지면 대류 열전달률이 커진다.
③ 열관류율(K, W/m²·k, kcal/m²·h·℃) : 벽 표면적 1m², 내외부 온도차 1℃일 때 단위시간 동안 흐르는 열량
  ㉠ 전달+전도+전달의 복합적인 열의 이동과정
  ㉡ K값을 낮추려면 열전도율이 작은 재료를 사용한다.
  ㉢ 열관류율의 역수$\left(\dfrac{1}{K}\right)$ = 열관류저항

$$K = \dfrac{1}{\dfrac{1}{\alpha_i} + \sum \dfrac{d}{\lambda} + \dfrac{1}{\alpha_0} + r_a}$$

여기서, α_i : 실내 열전달률
α_0 : 실외 열전달률
d : 벽체 두께(m)
λ : 벽체 열전도율
r_a : 공기층의 열저항

10년간 자주 출제된 문제

2-1. 용어와 단위가 잘못 짝지어진 것은?
① 열관류율 – W/m·K
② 수증기압 – kPa
③ 상대습도 – %
④ 비열 – kJ/kg·K

2-2. 열전도율에 관한 설명으로 옳지 않은 것은?
① 열전도율은 두께 1m 재료에 대해 온도차 1℃일 때 단위시간 동안 흐르는 열량을 말한다.
② 작은 공극이 많으면 열전도율이 작다.
③ 재료에 습기가 차면 열전도율이 커진다.
④ 같은 종류의 재료는 비중이 작으면 열전도율이 크다.

2-3. 벽체의 열관류율 계산에 고려되지 않는 것은?
① 실내 복사열   ② 재료의 두께
③ 공기층의 열저항   ④ 재료의 열전도율

2-4. 다음과 같은 벽체의 열관류율은?

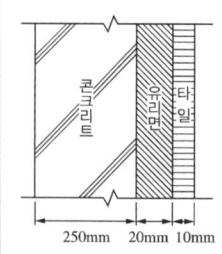

㉠ 표면 열전달률
  내표면 : 8W/m²·K
  외표면 : 20W/m²·K
㉡ 재료 열전도율
  콘크리트 : 1.2W/m·K
  유리면 : 0.036W/m·K
  타일 : 1.1W/m·K

① 0.92W/m²·K   ② 1.05W/m²·K
③ 1.22W/m²·K   ④ 2.25W/m²·K

| 해설 |

2-1
- 열전도율 : W/m·K
- 열전달률 및 열관류율 : W/m²·K

2-2
같은 종류의 재료는 비중이 작으면 열전도율이 작다.

2-3
벽체의 열관류율 계산에는 벽체의 물리적 성질이 관계되며, 열(공기, 관류, 전달)저항, 열전달률, 열전도율, 벽체 두께 등이 해당된다.

2-4
$$K = \dfrac{1}{\dfrac{1}{8} + \left(\dfrac{0.25}{1.2} + \dfrac{0.02}{0.036} + \dfrac{0.01}{1.1}\right) + \dfrac{1}{20}} \fallingdotseq 1.05\,\text{W/m}^2\cdot\text{K}$$

정답 2-1 ① 2-2 ④ 2-3 ① 2-4 ②

(3) 난방부하(HL ; Heating Load)

① 난방부하 영향 요인 : 전열손실, 극간풍, 외기취입 등
② 실내 발생열량에 따른 난방부하 계산 시 재실자, 전열기구 등으로 인해 발생된 열은 일반적으로 무시한다.
③ 환기에 의한 손실 열량(H_i(W))

$$H_i = 0.337 \times Q \times \Delta t\,(\text{W})$$
$$= 0.337 \times n \times V \times \Delta t\,(\text{W})$$

여기서, Q : 환기량(m³/h)
0.337 : 단위환산계수(W·h/m³·K)
n : 환기횟수(회/h)
V : 실의 체적(m³)
Δt : 실내외 온도차(℃)

(4) 난방도일(Heating Degree Days)

① 실내 평균기온과 실외 평균기온의 차를 일(Days)로 곱한 것

$$HDD = \sum \left(\text{난방설계 기준온도} - \dfrac{\text{일최고기온} + \text{일최저기온}}{2} \right) \times \text{day}$$

② 단위 : ℃·day
③ 어느 지방의 추위 정도와 연료소비량을 추정할 수 있다.

10년간 자주 출제된 문제

2-5. 겨울철 벽체를 통해 실내에서 실외로 빠져나가는 열손실량을 계산할 때 필요하지 않은 요소는?
① 외기 온도
② 실내 습도
③ 벽체의 두께
④ 벽체 재료의 열전도율

2-6. 난방부하 계산 시 일반적으로 고려하지 않아도 좋은 사항은?
① 인체의 발열량
② 유리창의 열관류율
③ 벽체의 열관류율
④ 도입 외기량

2-7. 환기 횟수가 1회/h인 8×10×3m인 강의실의 틈새바람에 의한 손실열량은?(단, 실내 온도는 20℃, 실외 온도는 -10℃이다)
① 2,426W
② 2,834W
③ 3,265W
④ 3,424W

2-8. 다음은 난방도일에 관한 설명이다. 옳지 않은 것은?
① 난방도일은 실내 온도만 같으면 외기 온도가 다르더라도 어느 지역에서나 그 값이 같다.
② 난방도일은 추운 정도를 나타내는 지표가 될 수 있다.
③ 난방도일이 크면 클수록 연료의 소비량이 많아진다.
④ 실내의 평균기온과 외기의 평균기온과의 차에 일(Days)을 곱한 것을 말한다.

|해설|

2-5
실내습도는 해당되지 않는다.
열관류율 : 벽체의 열관율을 계산하려면 열전도율, 열전달률(단위 시간당 흐르는 열량), 벽체 두께의 값이 필요하다.

2-6
재실자, 전열기구 등에서의 발생열은 무시한다.

2-7
$H_i = 0.337 \times n \times V \times \Delta t \text{(W)}$
$= 0.337 \times 1 \times (8 \times 10 \times 3) \times 30$
$≒ 2,426\text{W}$

2-8
지역에 따라 추운 정도가 다르며, 연료소비량도 크다.

정답 2-5 ② 2-6 ① 2-7 ① 2-8 ①

핵심이론 03 | 난방설비 기기 - 보일러

(1) 보일러의 종류 - 사용하는 재료에 따라
① 강철제 보일러 : 강철로 만든 보일러
② 주철제 보일러 : 주철로 만든 보일러(난방용 보일러)
  ㉠ 내식성이 우수하고 수명이 길다.
  ㉡ 니플, 볼트에 의한 조립식으로 분할 반입과 용량의 증감이 용이하다.
  ㉢ 내압, 충격에 약하고 구조가 복잡하다.
  ㉣ 대용량, 고압에 부적당하다.
  ㉤ 사용압력 : 증기용 1kg/cm^2 이하, 온수용 수두 50m 이하로 한다.
  ㉥ 용도 : 주택이나 소규모 건물 등

(2) 보일러의 종류 - 본체의 구조에 따라
① 원통식 보일러
  ㉠ 지름이 큰 몸체로써 내부에 노통, 화실, 연관 등 설치
  ㉡ 구조상 고압용으로 하는 것은 곤란하다.
  ㉢ 몸체 크기에 따라 전열 면적이 제한되어 용량이 큰 것은 적당치 않다.
  ㉣ 노통식 보일러 : 횡형(수평 구조의 원통형 동체), 직립형(수직 구조의 입형 동체)
  ㉤ 연관식 보일러 : 연소가스의 통로가 되는 다수의 연관을 설치하여 전열면을 증가시킨 보일러
  ㉥ 노통연관 보일러 : 노통 주위에 연관을 배치
② 수관식 보일러
  ㉠ 종류 : 자연순환식, 강제순환식, 관류보일러
  ㉡ 드럼 속의 관내에 물을 흐르게 하여 가열
  ㉢ 보유 수량이 적어 증기 발생이 빠르고 대용량이다.
  ㉣ 열효율이 좋으나 수명이 짧고 압력 변화가 심하다.
  ㉤ 고도의 수처리가 필요하다.
  ㉥ 용도 : 대규모 건물, 산업용 등
③ 특수형 보일러 : 폐열 보일러, 특수구조 보일러

(3) 보일러실의 조건

① 내화구조로 하고 천장 높이는 보일러 상부에서 1.2m 이상, 보일러실 외벽에서 벽까지의 거리는 0.45m 이상으로 한다.
② 난방부하의 중심에 둔다.
③ 2개 이상의 출입구를 두되 그 중 1개는 보일러의 반출입이 용이한 크기로 한다.
④ 굴뚝 위치는 보일러실에 가까이 둔다.

10년간 자주 출제된 문제

3-1. 주철제 보일러에 관한 설명으로 옳지 않은 것은?

① 재질이 약하여 고압으로는 사용이 곤란하다.
② 섹션(Section)으로 분할되므로 반입이 용이하다.
③ 재질이 주철이므로 내식성이 약하여 수명이 짧다.
④ 규모가 비교적 작은 건물의 난방용으로 사용된다.

3-2. 보일러 하부의 물드럼과 상부의 기수드럼을 연결하는 다수의 관을 연소실 주위에 배치한 구조로 상부 기수드럼 내의 증기를 사용하는 보일러는?

① 수관 보일러
② 관류 보일러
③ 주철제 보일러
④ 노통연관 보일러

3-3. 수관식 보일러에 관한 설명으로 옳지 않은 것은?

① 사용압력이 연관식보다 낮다.
② 설치 면적이 연관식보다 넓다.
③ 부하변동에 대한 추종성이 높다.
④ 대형 건물과 같이 고압증기를 다량 사용하는 곳이나 지역난방 등에 사용된다.

|해설|

3-1
주철제는 내식성이 강하고 수명이 길다.

3-2
수관식 : 드럼과 다수의 수관 구성으로 고압증기 발생 및 사용
관류 보일러 : 관내에 물이 통과하면서 가열(드럼이 없다)

3-3
사용압력이 연관식보다 높으며 고압에 사용한다.

수관식과 연관식 보일러의 특성

수관 보일러	노통연관 보일러
• 가동시간 짧고, 효율 좋음	• 가동시간이 깊
• 고가이고 수처리가 복잡	• 가격이 비쌈
• 고압증기 필요시에 사용	• 부하의 변동에 대해 안정성이 있음
• 지역난방에 사용	
• 사용압력이 높음	• 급수 조절이 쉬움

정답 3-1 ③ 3-2 ① 3-3 ①

핵심이론 04 | 난방설비 기기 – 방열기(Radiator)

(1) 방열기(Radiator) 조건
① 방열방식 : 대류, 복사
② 방열기 조건
  ㉠ 열효율이 높고 내구성이 뛰어난 재료로 제조
  ㉡ 열전도성이 뛰어난 금속이어야 한다.
  ㉢ 주철이나 강재를 주로 사용, 알루미늄(가정, 사무실 등)도 사용
③ 재료에 의한 분류

구 분	주철제	강판제
압 력	저 압	고 압
무 게	무겁다.	가볍다.
온수 온도	보통온수	고온수
내구성	강 함	약 함
건물 규모	소규모	대규모
특 징	조립해체 용이	완제품

(2) 방열기 설치 위치
① 창문 아래에 설치하여 대류 작용에 의해 실내 온도를 균일하게 한다.
② 벽과 50~60mm 정도 이격시킨다.
③ 콜드 드래프트(Cold Draft)
  ㉠ 겨울철에 실내에 저온의 기류가 흘러들거나 유리 등의 냉벽면에서 냉각된 냉풍이 하강하는 현상으로 온도차에 따라 일어나는 공기의 흐름을 말한다.
  ㉡ 이 현상을 방지하기 위해서는 외기에 의한 열손실이 가장 큰 곳에 방열기를 설치한다.

(3) 상당방열면적(EDR)
① 방열량 표시방법
  ㉠ 상당방열면적(m^2)
  ㉡ 시간당 방열량(kcal/h)

② 상당방열면적(EDR ; Equivalent Direct Radiation) : 필요한 방열량을 낼 수 있는 방열기의 면적을 말하며, 표준상태(실내온도 18.5℃, 열매온도 증기 102℃, 온수 80℃)에서 얻어지는 표준방열량으로 방열기의 전 방열량을 나눈 값이 된다.
  ㉠ 증기난방의 EDR
  $$EDR = \frac{\text{난방부하(kW)}}{\text{증기 표준방열량}} = \frac{\text{난방부하}}{650}(m^2)$$
  ㉡ 온수난방의 EDR
  $$EDR = \frac{\text{난방부하(kW)}}{\text{온수 표준방열량}} = \frac{\text{난방부하}}{450}(m^2)$$

③ 표준방열량 : 열매 온도와 실내 온도가 표준상태일 때 방열기 표면적 $1m^2$당 1시간 동안 나오는 방열량

열매 종류	표준방열량 (kcal/m^2h)	표준상태에서의 온도(℃)	
		열매 온도	실내 온도
증 기	650	102	18.5
온 수	450	80	18.5

④ 소요 방열기(Section 수) = EDR/절(섹션)당 방열면적
  ㉠ 증기난방의 경우
  $$\text{섹션수} = \frac{\text{난방부하}}{650 \times \text{절(섹션)당 방열면적}}$$
  ㉡ 온수난방의 경우
  $$\text{섹션수} = \frac{\text{난방부하}}{450 \times \text{절(섹션)당 방열면적}}$$

10년간 자주 출제된 문제

콜드 드래프트(Cold Draft)에 관한 설명으로 옳지 않은 것은?
① 겨울철에 실내에 저온의 기류가 흘러들거나, 또는 유리 등의 냉벽면에서 냉각된 냉풍이 하강하는 현상이 생길 수 있다.
② 온도차에 따라 일어나는 공기의 흐름을 말한다.
③ 방열기는 창문 아래에 설치하지 않으며 대류 작용에 의한 실내 온도에 변화를 주어야 한다.
④ 방열기 설치 시에는 콜드 드래프트에 유의하며 벽과는 50~60mm 정도 이격시킨다.

|해설|
방열기는 창문 아래에 설치하여 대류 작용에 의해 실내 온도를 균일하게 한다.

정답 ③

핵심이론 05 | 난방 방식

(1) 증기난방(Steam Heating)

① 장 점
  ㉠ 증발 잠열을 이용하므로 열의 운반 능력이 크다.
  ㉡ 예열시간이 짧고, 증기순환이 빠르다.
  ㉢ 설비비, 유지비가 싸다.
  ㉣ 방열기의 방열 면적을 작게 할 수 있다.
  ㉤ 방열 면적과 관경이 작아도 된다.
  ㉥ 한랭지에서 동결의 우려가 적다.

② 단 점
  ㉠ 부하변동에 따른 방열량 제어가 어렵다.
  ㉡ 난방 개시 때 소음(Steam Hammering)이 많이 난다.
  ㉢ 쾌감도가 나쁘며, 열손실이 크다.
  ㉣ 화상의 우려(102℃의 증기 사용)가 있다.
  ㉤ 배관 내 부식 우려가 크다.

③ 증기 압력에 의한 분류
  ㉠ 저압식 : 사용압력 0.015~0.035MPa(소규모에 적합)
  ㉡ 고압식 : 사용압력 0.1MPa 이상(대규모에 적합)

④ 증기난방 기기설비
  ㉠ 방열기 밸브(Radiator Valve) : 유량을 수동으로 조절하기 위해 방열기 입구측에 설치하는 밸브
  ㉡ 방열기 트랩(Radiator Trap, 증기 트랩) : 수증기 유출을 방지하고 배관 내 잡물을 제거하며, 보일러 내에서 응축수를 환수시키기 위해 설치
  ㉢ 감압 밸브 : 고압을 저압으로 감압시키고 저압측 압력을 항상 일정하게 유지

(2) 온수난방

① 장 점
  ㉠ 열용량이 커서 난방을 정지하여도 여열이 오래 간다.
  ㉡ 방열량 조절이 용이하고, 연속 난방에 유리하다.
  ㉢ 증기난방에 비해 쾌감도가 좋다.
  ㉣ 수격작용(Water Hammering)이 없어 소음이 없다.

② 단 점
  ㉠ 방열 면적과 관경이 커서 설비비가 비싸다.
  ㉡ 예열시간이 길며, 온수 순환시간이 길다.
  ㉢ 한랭지에서는 난방 정지 시 동결의 염려가 있다.

③ 온도에 의한 분류
  ㉠ 보통온수난방 : 100℃ 미만(80~90℃)의 온수 사용(건물 난방용으로 가장 널리 사용)
  ㉡ 고온수난방 : 100℃ 이상 온수 사용(지역난방에 적합)

10년간 자주 출제된 문제

5-1. 증기난방에 관한 설명으로 옳지 않은 것은?
① 온수난방에 비해 예열시간이 짧다.
② 온수난방에 비해 한랭지에서 동결의 우려가 적다.
③ 운전 시 증기해머로 인한 소음을 일으키기 쉽다.
④ 온수난방보다 부하변동에 따른 방열량의 제어가 용이하다.

5-2. 온수난방과 비교한 증기난방의 설명으로 옳은 것은?
① 예열시간이 길다.
② 한랭지에서 동결의 우려가 있다.
③ 부하변동에 따른 방열량 제어가 용이하다.
④ 열매 온도가 높으므로 방열기의 방열 면적이 작아진다.

5-3. 증기난방에 관한 설명으로 옳지 않은 것은?
① 계통별 용량제어가 곤란하다.
② 한랭지에서 동결의 우려가 적다.
③ 예열시간이 온수난방에 비하여 짧다.
④ 부하변동에 따른 실내 방열량의 제어가 용이하다.

5-4. 온수난방에 관한 설명으로 옳지 않은 것은?
① 증기난방에 비해 보일러의 취급이 비교적 쉽고 안전하다.
② 동일 방열량인 경우 증기난방보다 관지름을 작게 할 수 있다.
③ 증기난방보다 난방부하의 변동에 따른 온도 조절이 용이하다.
④ 보일러 정지 후에도 여열이 있어 난방이 어느 정도 지속된다.

|해설|

5-1
증기난방은 온수난방에 비해 부하변동에 따른 실내 방열량 제어가 어렵다.

5-2
증기난방은 열매의 온도가 높아 방열기의 방열 면적을 작게 할 수 있다.

5-3
온수난방에 비해, 부하변동에 따른 실내 방열량 제어가 어렵다.

5-4
온수의 흐름으로 인해 관지름이 커지며 방열기의 면적도 크다.

정답 5-1 ④ 5-2 ④ 5-3 ④ 5-4 ②

(3) 복사난방(Panel Heating)

① 장 점
  ㉠ 실내 온도 분포가 균등하여 쾌감도가 좋다.
  ㉡ 방을 개방하여도 난방효과가 좋다.
  ㉢ 바닥 이용도가 높고, 높은 천장의 실도 난방효과가 좋다.
  ㉣ 실온이 낮기 때문에 열손실이 적다.

② 단 점
  ㉠ 예열시간 길며, 신속한 방열량 조절이 곤란하다.
  ㉡ 시공이 어렵고 수리비, 설비비가 고가이다.
  ㉢ 누수 등의 고장 발견이 어렵고, 수리가 곤란하다.

③ 복사난방 시공 및 용어
  ㉠ 코일은 열손실이 많은 개구부 쪽부터 배관함이 좋다.
  ㉡ 코일 매설 깊이 : 코일 직경의 1.5~2.0배로 한다.
  ㉢ 코일 간격 : 관경이 25A일 때는 30cm, 20A일 때는 25cm 정도, 길이가 10m를 넘으면 분기 헤드를 둔다.

④ 평균복사온도(MRT ; Mean Radiant Temperature) : 실내 표면의 평균복사온도로 인체에 대한 쾌감 상태를 나타내는 기준이며, 기온(DBT)보다 2℃ 정도 높은 상태가 가장 쾌적한 상태이다.

(4) 온풍난방

① 예열시간이 짧고, 온습도 조정이 쉽다.
② 누수, 동결의 우려 적으며, 설비비가 저렴하다.
③ 온풍로를 이용하여 가열된 공기를 실내로 직접 공급하므로 쾌감도가 나쁘며, 소음이 많다.

(5) 지역난방

① 열병합발전소(전기와 열을 함께 생산하는 시설)에서 생산된 열(고온수, 고압증기)을 이용하여 지역 내의 아파트, 상가 등 건물에 공급하여 급탕, 난방하는 방식

② 장단점
- ㉠ 중앙공급식으로 개별 난방방식보다 저렴하고 쾌적한 환경 조성 가능
- ㉡ 에너지 절약, 환경공해 방지, 도시 매연을 경감한다.
- ㉢ 열효율이 좋고 연료비가 적게 들며, 인건비가 싸다.
- ㉣ 배관 도중 열손실이 크다.
- ㉤ 초기 시설비가 비싸다.

10년간 자주 출제된 문제

5-5. 바닥복사난방 방식에 관한 설명으로 옳지 않은 것은?
① 열용량이 커서 예열시간이 짧다.
② 방을 개방상태로 하여도 난방효과가 있다.
③ 다른 난방방식에 비교하여 쾌적감이 높다.
④ 실내에 방열기를 설치하지 않으므로 바닥이나 벽면을 유용하게 이용할 수 있다.

5-6. 구조체를 가열하는 복사난방의 설명으로 옳지 않은 것은?
① 복사열에 의하므로 쾌적성이 좋다.
② 바닥, 벽체, 천장 등을 방열면으로 할 수 있다.
③ 예열시간이 길고 일시적인 난방에는 바람직하지 않다.
④ 방열기의 설치로 인해 실의 바닥 면적의 이용도가 낮다.

5-7. 가로, 세로, 높이가 각각 4.5×4.5×3m인 실의 각 벽면 표면 온도가 18℃, 천장면 20℃, 바닥면 30℃일 때 평균복사온도(MRT)는?
① 15.2℃
② 18.0℃
③ 21.0℃
④ 27.2℃

5-8. 지역난방 방식에 관한 설명으로 옳지 않은 것은?
① 열원 설비의 집중화로 관리가 용이하다.
② 설비의 고도화로 대기오염 등 공해를 방지할 수 있다.
③ 각 건물의 이용시간차를 이용하면 보일러의 용량을 줄일 수 있다.
④ 고온수난방을 채용할 경우 감압장치가 필요하며 응축수 트랩이나 환수관이 복잡해진다.

| 해설 |

5-5
바닥복사난방은 열용량이 커서 예열시간이 길다. 또한 천장이 높은 실에도 난방효과가 좋다.

5-6
방열기 설치는 증기난방, 온수난방 등에 해당된다.

5-7
MRT
$$= \frac{(4개\ 벽면적 \times 온도) + (천장\ 면적 \times 온도) + (바닥\ 면적 \times 온도)}{4개\ 벽면적 + 천장\ 면적 + 바닥\ 면적}$$
$$= \frac{(4.5 \times 3 \times 4 \times 18) + (4.5 \times 4.5 \times 20) + (4.5 \times 4.5 \times 30)}{(4.5 \times 3 \times 4) + (4.5 \times 4.5) + (4.5 \times 4.5)}$$
$$= 21.0℃$$

5-8
감압장치나 응축수 트랩은 고압증기용 난방에 필요하다.

정답 5-5 ① 5-6 ④ 5-7 ③ 5-8 ④

제7절 냉방설비

핵심이론 01 | 냉방부하

(1) 냉방부하의 종류

부하구분		부하의 종류	현열(S), 잠열(L)
실부하	외피부하	벽체에서의 취득열량	현 열
		유리에 의한 취득열량	현열(*일사, 관류)
		극간풍에 의한 취득열량	현열, 잠열
	내부부하	인체 발생 열량	현열, 잠열
		가구, 열원기기 발생 열량	현열(*조명), 잠열
장치 부하		송풍기에 의한 취득열량	현 열
		덕트에 의한 취득열량	현 열
외기 부하		신선한 공기(환기) 부하	현열, 잠열

(2) 냉방부하 계산 시 조건

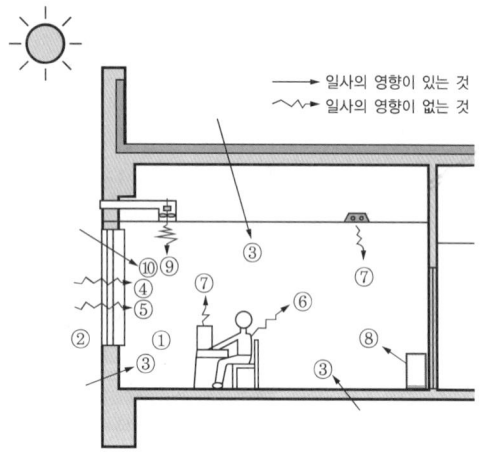

① 실내 조건
② 실외 조건
③ 천장, 벽체, 바닥 취득열량
④ 외기 부하(신선한 공기)
⑤ 극간풍에 의한 취득열량
⑥ 인체 발생 열량
⑦ 조명, 가구 발생 열량
⑧ 장치(송풍기, 덕트) 부하
⑨ 재열(Reheating) 부하
⑩ 유리를 통한 취득열량

10년간 자주 출제된 문제

1-1. 다음의 냉방부하 발생요인 중 현열부하만 발생시키는 것은?
① 인체의 발생열량
② 벽체로부터의 취득열량
③ 극간풍에 의한 취득열량
④ 외기의 도입으로 인한 취득열량

1-2. 냉방부하의 종류 중 현열만을 포함하고 있는 것은?
① 인체의 발생열량
② 유리로부터의 취득열량
③ 극간풍에 의한 취득열량
④ 외기의 도입으로 인한 취득열량

1-3. 냉난방부하에 관한 설명으로 옳지 않은 것은?
① 틈새바람부하에는 현열부하 요소와 잠열부하 요소가 있다.
② 최대 부하를 계산하는 것은 장치의 용량을 구하기 위한 것이다.
③ 냉방부하 중 실부하란 전열부하, 일사에 의한 부하 등을 말한다.
④ 인체 발생열과 조명기구 발생열은 난방부하를 증가시키므로 난방부하 계산에 포함시킨다.

| 해설 |

1-1
벽체에서의 취득열량은 현열부하만 발생시킨다.

1-2
유리로부터의 취득열량은 일사에 의한 현열만을 포함한다.

1-3
- 난방부하 계산 시에는 인체 발생열(재실자), 전열기구(조명기구 등) 등의 발열은 무시한다.
- 냉방부하 계산 시에는 인체 발생열(재실자), 전열기구(조명기구 등) 등의 발열은 포함한다.

정답 1-1 ② 1-2 ② 1-3 ④

| 핵심이론 02 | 냉동기

(1) 압축식 냉동기

① 순환 원리 : 압축 → 응축 → 팽창 → 증발(냉동, 냉각)

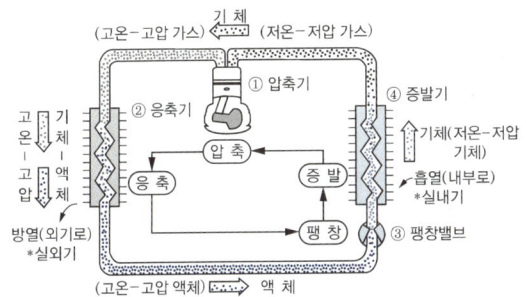

② 압축식 냉동기의 구성

　㉠ 압축기(Compressor) : 저온·저압의 냉매가스를 응축 액화하기 위해 압축하여 응축기로 보냄

　㉡ 응축기(Condenser) : 고온·고압의 냉매가스를 공기나 물을 접촉시켜 응축 액화시키는 역할

　㉢ 팽창 밸브(Expansion Valve) : 고온·고압 냉매액을 증발기에서 증발하기 쉽게 저온·저압액으로 팽창시킴

　㉣ 증발기(Evaporator) : 저온·저압의 액체냉매가 피냉각 물질로부터 열을 흡수하여 증발시킴

(2) 흡수식 냉동기

① 순환 원리 : 흡수 → 재생 → 응축 → 증발

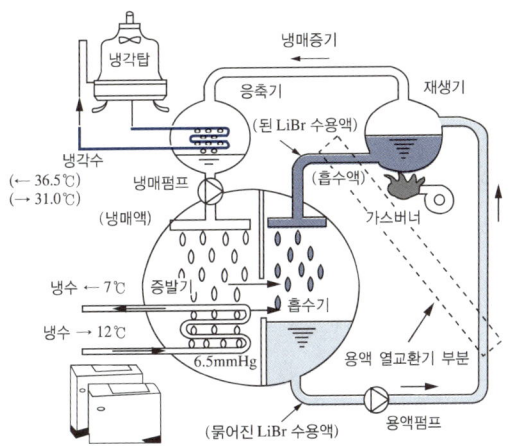

　㉠ 흡수기 : 수분을 흡수하여 온도를 떨어뜨리는 작용

　㉡ 재생기 : 묽은 용액을 온도를 높여 증발시키면 용액은 농축되고 물은 증발되어 리튬브로마이드(LiBr, 브롬화 리튬)를 재생하는 장치

　㉢ 응축기 : 냉매증기(수증기)를 냉각관 내(냉각수)로 통하여 냉각 응축시킴

　㉣ 증발기 : 냉각관 내를 흐르는 냉수로부터 열을 빼앗아 냉매(물)를 증발시킴

10년간 자주 출제된 문제

2-1. 압축식 냉동기의 냉동사이클로 옳은 것은?

① 압축 → 응축 → 팽창 → 증발
② 압축 → 팽창 → 응축 → 증발
③ 응축 → 증발 → 팽창 → 압축
④ 팽창 → 증발 → 압축 → 응축

2-2. 압축식 냉동기의 주요 구성요소가 아닌 것은?

① 재생기　　② 압축기
③ 증발기　　④ 응축기

2-3. 다음 설명에 알맞은 냉동기는?

- 기계적 에너지가 아닌 열에너지에 의해 냉동효과를 얻는다.
- 구조는 증발기, 흡수기, 재생기(발생기), 응축기 등으로 구성되어 있다.

① 터보식 냉동기
② 흡수식 냉동기
③ 스크루식 냉동기
④ 왕복동식 냉동기

|해설|

2-1
- 압축식 냉동기 : 압축 → 응축 → 팽창 → 증발
- 흡수식 냉동기 : 흡수 → 재생 → 응축 → 증발

2-2
재생기는 흡수식 냉동기의 주요 구성요소이다.

정답 2-1 ①　2-2 ①　2-3 ②

| 핵심이론 03 | 냉각탑, 냉동축열 시스템

(1) 냉각탑(冷却塔)

① 냉각탑의 역할 : 응축기용 냉각수의 재사용을 위해 대기와 접촉시켜서 물을 냉각하는 장치

② 열전달 방법에 따른 종류(공기와 물의 접촉 방식)
  ㉠ 개방식(습식) : 냉각수가 냉각탑 내에서 대기에 노출
  ㉡ 밀폐식 : 냉각수 배관이 밀폐되어 순환수의 오염을 방지하고, 연중 사용하는 운전(전산실 등)에 적합
  ㉢ 건식(공랭식, Dry Cooler) : 증발이 없는 감열냉각 형태
  ㉣ 습건식 : 백연(White Smoke) 방지형으로, 습식과 건식을 모두 이용한 형태

③ 물과 공기의 흐름방향에 따른 종류
  ㉠ 대향류식
    • 물과 공기의 흐름이 역방향
    • 열전달 우수
    • 설치 면적이 작고, 높이 제한이 있음
  ㉡ 직교류식
    • 물과 공기의 흐름이 직각으로 교차
    • 열전달 낮음
    • 높이를 줄일 수 있어서 높이 제한을 받는 곳에 유리

④ 냉각탑 설치 위치
  ㉠ 소음이 적고, 바람이 잘 통하는 옥상
  ㉡ 부식성 가스나 먼지의 유입이 안 되는 곳
  ㉢ 급·배수관과 가까운 장소

(2) 냉동축열 시스템

① 심야전력(22:00~08:00)을 이용하여 얼음 또는 찬 물의 형태로 저장했다가 주간에 건물의 냉방에 활용하는 시스템

② 심야의 값 싼 전력을 이용할 수 있고, 주야간의 전력 불균형을 해소할 수 있다.

③ 종류
  ㉠ 빙축열 시스템 : 얼음 형태로 축열하는 잠열 축열 시스템
  ㉡ 수축열 시스템 : 물의 온도변화를 이용한 현열 축열 시스템

10년간 자주 출제된 문제

3-1. 냉각탑에 대한 설명으로 옳은 것은?
① 고압의 액체냉매를 증발시켜 냉동효과를 얻게하는 설비이다.
② 증발기에서 나온 수증기를 냉각시켜 물이 되도록 하는 설비이다.
③ 대기 중에서 기체냉매를 냉각시켜 액체냉매로 응축하기 위한 설비이다.
④ 냉매를 응축시키는데 사용된 냉각수를 재사용하기 위하여 냉각시키는 설비이다.

3-2. 냉방설비의 냉각탑에 관한 설명으로 옳은 것은?
① 열에너지에 의해 냉동효과를 얻는 장치
② 냉동기의 냉각수를 재활용하기 위한 장치
③ 임펠러의 원심력에 의해 냉매가스를 압축하는 장치
④ 물과 브롬화리튬의 혼합용액으로부터 냉매인 수증기와 흡수제인 LiBr로 분리시키는 장치

|해설|

3-1
냉각탑 : 냉각수를 재사용하기 위하여 냉각시키는 장치

3-2
냉각탑은 응축기용 냉각수를 재사용하기 위해 대기와 접촉시켜서 물을 냉각하는 장치이다.
① : 냉동기, ③ : 압축기, ④ : 재생기

정답 3-1 ④ 3-2 ②

제8절 공기조화설비

핵심이론 01 | 기초 사항

(1) 공기조화(Air Conditioning)의 의미

주어진 실내의 온도, 습도, 환기, 청정 및 기류 등을 함께 조절하여 실내의 사용목적에 알맞은 상태를 유지시키는 것

(2) 습공기 구성요소

① 건구온도(DBT ; Dry Bulb Temperature, ℃)
② 습구온도(WBT ; Wet Bulb Temperature, ℃) : 온도계의 감온부를 젖은 헝겊으로 싸고 3m/sec 이상의 바람이 불 때 나타내지는 온도
③ 노점온도(DPT ; Dew Point Temperature, ℃)
　㉠ 습공기 냉각으로 이슬, 결로가 맺히기 시작하는 온도
　㉡ 노점온도의 습공기 상대습도는 100%인 포화상태
④ 상대습도(RH ; Relative Humidity, %) : 어떤 온도에서의 포화 수증기압에 대한 현재 수증기압의 백분율

$$상대습도 = \frac{현재\ 수증기압}{포화\ 수증기압} \times 100(\%)$$

⑤ 절대습도(AH ; Absolute Humidity)
　㉠ 질량 기준 표시(단위 : kg/kg′, kg/kg(DA), DA : 건공기) : 어떤 온도에서의 건공기 1kg 내에 포함된 수증기의 질량을 표시한 값

$$절대습도 = \frac{수증기\ 중량}{습한\ 공기\ 중의\ 건조\ 공기\ 중량}(kg/kg′)$$

　㉡ 부피 기준 표시 : 어떤 온도에서의 공기 $1m^3$ 속에 포함되어 있는 수증기의 양을 g수로 나타낸 것 (g/m^3)
⑥ 비중량, 비체적 : 표준상태에서의 공기 $1m^3$는 비중량 $1.2kg/m^3$, 비체적 $0.83m^3/kg$
⑦ 엔탈피(Enthalpy, kJ/kg(DA)) : 건공기와 수증기가 가지는 전열량(현열 + 잠열)
⑧ 현열비 : 전열(현열 + 잠열)에 대한 현열의 비
⑨ 수증기 분압(Vapor Pressure, mmHg) : 습공기 중 수증기가 차지하는 부분 압력

10년간 자주 출제된 문제

1-1. 습공기가 냉각되어 포함되어 있던 수증기가 응축되기 시작하는 온도를 의미하는 것은?

① 노점온도　　② 습구온도
③ 건구온도　　④ 절대온도

1-2. 공기조화 부하 계산 결과 현열부하가 400W, 잠열부하가 100W일 경우 현열비는?

① 0.1　　② 0.2
③ 0.4　　④ 0.8

1-3. 다음 중 상대습도(RH) 100%에서 그 값이 같지 않은 온도는?

① 건구온도　　② 효과온도
③ 습구온도　　④ 노점온도

|해설|

1-1
노점온도 : 이슬점 온도(상대습도 100%인 포화상태)

1-2
$$현열비 = \frac{현열부하}{현열부하 + 잠열부하} = \frac{400}{400+100} = 0.8$$

1-3
② 효과온도 : 기온, 기류, 주위벽 온도 종합(습도는 고려하지 않음)

상대습도(RH) 100%일 때 : 건구온도 = 습구온도 = 노점온도
상대습도가 100%인 경우
• 포화 상태일 때
• 포화 수증기량 곡선상에 놓여 있는 상태
• 현재 기온과 이슬점이 같을 때
• 현재 수증기량과 현재 기온의 포화 수증기량이 같을 때
• 건·습구 습도계에서 건구온도와 습구온도가 같을 때
• 습도 100%일 때 : 건구, 습구, 노점온도는 같다.

정답 1-1 ①　1-2 ④　1-3 ②

(3) 습공기 선도(Psychrometric Chart)

① 습공기의 상태를 나타낸 선도로서, 습공기 구성요소의 상호 관계를 나타낸 그림
② 습공기의 전압력이 일정한 경우, 그 상태량의 건·습구온도, 이슬점, 포화점, 엔탈피, 절대습도 중에서 2가지만 알면 다른 값들을 알 수 있다.

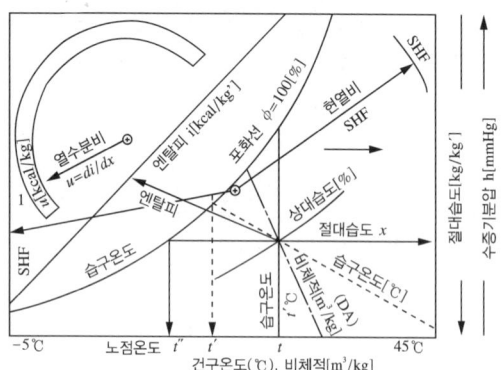

(4) 습공기 선도의 내용

① 습공기 선도를 구성하는 요소 : 건구온도, 습구온도, 노점온도, 절대습도, 상대습도, 수증기 분압, 비체적, 엔탈피, 현열비 등
② 공기를 냉각 가열하여도 절대습도는 변하지 않는다.
③ 공기를 냉각하면 상대습도는 높아지고 가열하면 상대습도는 낮아진다.
④ 습구온도와 건구온도가 같다는 것은 상대습도가 100%인 포화공기임을 뜻한다.
⑤ 습구온도가 건구온도보다 높을 수는 없다.

(5) 혼합공기의 온도계산

온도와 양이 서로 다른 공기를 혼합했을 때의 건구온도를 계산하며 공기, 물 모두 같은 방법으로 계산한다.

혼합공기 온도(℃) = $\dfrac{(Q_1 \times t_1) + (Q_2 \times t_2)}{Q_1 + Q_2}$

여기서, Q_1, Q_2 : 혼합 전 공기의 양
t_1, t_2 : 혼합 전 공기의 온도

10년간 자주 출제된 문제

1-4. 습공기를 가열하였을 때 증가하지 않는 상태량은?
① 엔탈피　　② 비체적
③ 상대습도　④ 습구온도

1-5. 습공기의 건구온도와 습구온도를 알 때 습공기 선도를 사용하여 구할 수 있는 상태값이 아닌 것은?
① 엔탈피　　② 비체적
③ 기류속도　④ 절대습도

1-6. 습공기를 가열하였을 경우 상태량이 변하지 않는 것은?
① 절대습도　② 상대습도
③ 건구온도　④ 습구온도

1-7. 습공기의 상태변화에 관한 설명으로 옳지 않은 것은?
① 가열하면 엔탈피는 증가한다.
② 냉각하면 비체적은 감소한다.
③ 가열하면 절대습도는 증가한다.
④ 냉각하면 습구온도는 감소한다.

1-8. 30℃의 공기 300m³와 10℃의 공기 200m³를 단열혼합하였을 경우 혼합공기의 온도는?
① 22℃　　② 23.5℃
③ 24℃　　④ 25.2℃

|해설|

1-4, 1-6, 1-7
습공기의 가열 또는 냉각에 따른 상태변화

구 분	t, t', H, V	ϕ	t'', X, P_W
가 열	증 가	감 소	변화 없다.
냉 각	감 소	증 가	변화 없다.

- t : 건구온도
- t' : 습구온도
- t'' : 노점온도
- ϕ : 상대습도
- X : 절대습도
- P_W : 수증기분압
- H : 엔탈피
- V : 비체적

1-8
혼합공기 온도(℃) = $\dfrac{(300 \times 30) + (200 \times 10)}{300 + 200} = 22℃$

정답 1-4 ③　1-5 ③　1-6 ①　1-7 ③　1-8 ①

(6) 결로(Condensation)

① 결로의 종류
  ㉠ 표면 결로 : 건물의 표면 온도가 접촉하고 있는 공기의 포화온도(노점온도)보다 낮을 때 재료 표면에 발생
  ㉡ 내부 결로 : 벽체 내부의 온도가 노점 이하로 되었을 때 벽체에 침투한 습한 공기로 인해 내부 결로가 발생한다.

② 결로의 원인
  ㉠ 실내와 실외의 온도차 : 실내의 단열성능이 가장 나쁜 곳이 표면 온도가 가장 낮아 결로가 쉽게 발생
  ㉡ 실내 습기의 과다 발생
  ㉢ 생활습관에 의한 환기 부족 : 환기 부족으로 인하여 결로가 발생
  ㉣ 구조재의 열적 특성 : 투습성이 높은 재료를 사용하거나 또는 단열을 연속할 수 없는 단열의 취약 부위에서 결로의 발생이 쉽다.
  ㉤ 시공불량 : 단열 취약 부위로써 결로가 생기기 쉽다.

③ 결로의 방지 대책
  ㉠ 실내 습기 방지책
    • 실내 수증기압을 포화 수증기압보다 작게 한다.
    • 환기계획을 잘 할 것
    • 부엌, 욕실 내의 수증기를 외부로 배출시킬 것
  ㉡ 벽체의 열관류 저항을 크게 할 것
  ㉢ 열교 현상이 일어나지 않도록 단열 처리 및 시공에 유의할 것
  ㉣ 실내측 벽의 표면 온도를 실내 공기의 노점온도보다 높게 설계할 것
  ㉤ 벽에 방습층을 둘 것(고온 측인 실내측에 가깝게 시공)

(7) 단 열

① 외피의 모서리 부분은 열교가 발생하지 않도록 단열재를 연속적으로 설치한다.
② 열손실이 많은 북측 거실의 창, 문의 면적은 최소화한다.
③ 외벽 부위는 외단열로 시공한다.
④ 발코니 확장을 하는 공동주택에는 단열성이 우수한 로이(Low-E) 복층창이나 삼중창 이상의 단열성능을 갖는 창을 설치한다.

10년간 자주 출제된 문제

1-9. 건구온도 30℃, 상대습도 60%인 공기를 냉수 코일에 통과시켰을 때 공기의 상태변화로 옳은 것은?(단, 코일 입구 수온 5℃, 코일 출구 수온 10℃)

① 건구온도는 낮아지고 절대습도는 높아진다.
② 건구온도는 높아지고 절대습도는 낮아진다.
③ 건구온도는 높아지고 상대습도는 높아진다.
④ 건구온도는 낮아지고 상대습도는 높아진다.

1-10. 겨울철 주택의 단열 및 결로에 관한 설명으로 옳지 않은 것은?

① 단층 유리보다 복층 유리의 사용이 단열에 유리하다.
② 벽체 내부로의 수증기 침입을 억제할 경우 내부 결로 방지에 효과적이다.
③ 단열이 잘된 벽체에서는 내부 결로는 발생하지 않으나 표면 결로는 발생하기 쉽다.
④ 실내측 벽 표면 온도가 실내 공기의 노점온도보다 높은 경우 표면 결로는 발생하지 않는다.

1-11. 건축물의 에너지절약설계기준에 따른 건축물의 단열을 위한 권장사항으로 옳지 않은 것은?

① 외벽 부위는 내단열로 시공한다.
② 열손실이 많은 북측 거실의 창 및 문의 면적은 최소화한다.
③ 외피의 모서리 부분은 열교가 발생하지 않도록 단열재를 연속적으로 설치한다.
④ 발코니 확장을 하는 공동주택에는 단열성이 우수한 로이(Low-E) 복층창이나 삼중창 이상의 단열성능을 갖는 창을 설치한다.

|해설|

1-9
냉각가습 : 온도 낮아지고, 상대습도 높아짐(습공기 선도 참조)

1-10
단열이 잘된 벽체는 열의 이동을 차단하는 성능이 좋으며 내부 결로 및 표면 결로가 잘 발생하지 않는다.

1-11
외벽 부위는 외단열로 시공하여 벽체의 온도를 높여 준다.

정답 1-9 ④ 1-10 ③ 1-11 ①

핵심이론 02 | 열환경

(1) 열환경 구성 4요소

인체의 온열감각에 영향을 미치는 요소는 다음과 같다.

① 기온(DBT)
② 습도(RH)
③ 기류(m/sec)
④ 주위 벽의 복사열

(2) 온 도

① 유효온도(ET ; Effective Temperature)
　㉠ 온도, 기류, 습도를 조합한 감각 지표로서 효과온도, 감각온도, 실효온도 또는 체감온도라고도 한다.
　㉡ Houghton과 Yaglou(1923, 미국)에 의해 창안되어 공기조화(덕트식 냉난방) 평가에 널리 사용되었다.

② 수정 유효온도(CET ; Corrected Effective Temperature)
　㉠ ET에 복사(열)의 영향을 고려하기 위해 고안되었다.
　㉡ Bedford에 의한 것으로 ET선도를 이용하여 건구온도 대신 글로브 온도계의 온도를 사용한다.

③ 신유효온도(New Effective Temperature : ET*) : 신유효온도는 생리적 긴장을 일정하게 보고, 50% 상대습도선과 건구온도의 교차로 표시된다.

④ 작용온도 : 기온·기류 및 주위 벽 방사온도의 종합에 의해서 체감도를 나타내는 온도이다.

⑤ 등온지수(等溫指數, Equivalent Warmth, 등가온도) : 기온, 기습, 기류에 복사열의 영향을 포함한 4요소의 종합효과를 나타내는 지수이다.

(3) MET, clo

① MET(Metabolic Equivalent of Task) : 주관적 온열요소 중 인체의 활동상태를 표시하는 단위로서, 1MET는 열적으로 쾌적한 상태에서 의자에 앉아서 안정을 취하고 있을 때의 대사량(1MET = 50kcal/m²h)

② clo : 의복의 열저항 단위로서, 1clo는 21℃, 상대습도 50%, 기류 0.1m/sec 조건의 실내에서 인체 표면으로부터의 방열량이 1MET의 활동량과 평형을 이루는 착의상태에서의 피부 표면으로부터 착의 표면까지의 열저항값

10년간 자주 출제된 문제

2-1. 불쾌지수의 결정 요소로만 구성된 것은?
① 기온, 습도
② 습도 기류
③ 기류, 복사열
④ 기온, 복사열

2-2. 기온, 습도, 기류의 3요소의 조합에 의한 실내 온열감각을 기온의 척도로 나타낸 것은?
① 작용온도
② 등가온도
③ 유효온도
④ 등온지수

2-3. 온열지표 중 기온, 습도, 기류, 주벽면 온도의 4요소를 조합하여 체감과의 관계를 나타낸 것은?
① 작용온도
② 불쾌지수
③ 등온지수
④ 유효온도

2-4. 실내 열환경 지표 중 공기의 습도가 고려되지 않는 것은?
① 작용온도
② 유효온도
③ 등온지수
④ 신유효온도

2-5. 주관적 온열요소 중 인체의 활동상태의 단위로 사용되는 것은?
① MET
② clo
③ lm
④ cd

|해설|

2-1
불쾌지수는 기온과 습도에 의해 결정된다.
불쾌지수(DI) = 0.72(건구온도 + 습구온도) + 40.6

2-2
유효온도(ET ; Effective Temperature) : 온도, 기류, 습도를 조합한 감각 지표로서 효과온도, 감각온도, 실효온도 또는 체감온도라고도 한다.

2-3
등온지수(等溫指數) : 기온·기습·기류에 복사열의 영향을 포함한 4요소의 종합효과를 나타내는 지수이다. 등가온도(等價溫度, Equivalent Warmth)라고도 한다.

2-4
작용온도는 습도의 영향을 고려하지 않음
작용온도(효과온도) : 기온·기류 및 주위 벽 온도의 종합에 의해서 체감도를 나타내는 척도

2-5
MET(Metabolic Equivalent of Task) : 주관적 온열요소 중 인체(신체)의 활동상태를 표시하는 단위이다.

정답 2-1 ① 2-2 ③ 2-3 ③ 2-4 ① 2-5 ①

핵심이론 03 | 환기설비

(1) 실내 공기 기준

[실내 공기질 유지기준(실내공기질 관리법 시행규칙 별표 2)]

오염물질 항목 다중이용시설	미세먼지 (PM-10) ($\mu g/m^3$)	미세먼지 (PM-2.5) ($\mu g/m^3$)	이산화탄소 (ppm)	폼알데하이드 ($\mu g/m^3$)	총부유세균 (CFU/m^3)	일산화탄소 (ppm)
지하역사, 지하도상가, 철도역사의 대합실, 여객자동차터미널의 대합실, 항만시설 중 대합실, 공항시설 중 여객터미널, 도서관·박물관 및 미술관, 대규모 점포, 장례식장, 영화상영관, 학원, 전시시설, 인터넷컴퓨터게임시설제공업의 영업시설, 목욕장업의 영업시설	100 이하	50 이하	1,000 이하	100 이하	–	10 이하
의료기관, 산후조리원, 노인요양시설, 어린이집, 실내어린이 놀이시설	75 이하	35 이하		80 이하	800 이하	
실내주차장	200 이하	–		100 이하	–	25 이하
실내 체육시설, 실내 공연장, 업무시설, 둘 이상의 용도에 사용되는 건축물	200 이하	–	–	–	–	–

(2) 환기 횟수

① 실내 공기 : 이산화탄소(CO_2) 농도를 기준으로 산출
  ㉠ 상대습도 : 40~70% 정도
  ㉡ 기류의 이동 속도 : 0.5m/sec 이하

② 환기 횟수
  ㉠ 환기 횟수 : 1시간에 방 공기를 외기와 교체하는 횟수
  ㉡ 환기의 정도를 나타내는 지표로 사용

$$N = \frac{Q}{V} (회)$$

여기서, N : 환기 횟수(회/h)
V : 실체적(m^3)
Q : 환기량(m^3/h)

10년간 자주 출제된 문제

3-1. 실내 공기 오염의 종합적 지표로서 사용되는 오염 물질은?
① 부유분진   ② 이산화탄소
③ 일산화탄소   ④ 이산화질소

3-2. 실내 공기 중에 부유하는 직경 $10\mu m$ 이하의 미세먼지를 의미하는 것은?
① VOC10   ② PMV10
③ PM10   ④ SS10

3-3. 이산화탄소의 실내 공기질 유지기준으로 옳은 것은?(단, 다중이용시설 중 실내주차장의 경우)
① 200ppm 이하   ② 500ppm 이하
③ 1,000ppm 이하   ④ 2,000ppm 이하

3-4. 다음의 조건에 있는 실의 틈새바람에 의한 현열부하는?

- 실의 체적 : 400m^3
- 환기 횟수 : 0.5회/h
- 실내 온도 : 20℃
- 외기 온도 : 0℃
- 공기의 밀도 : 1.2kg/m^3
- 공기의 정압비열 : 1.01kJ/kg·K

① 약 654W   ② 약 972W
③ 약 1,347W   ④ 약 1,654W

| 해설 |

3-1
이산화탄소(CO_2)를 기준으로 사용하는 이유는 실내가 밀폐되었을 경우 단위 체적당 거주하는 인원이 증가할 경우 지속적으로 CO_2 농도가 상승하여 호흡이 곤란해질 수 있기 때문이다.

3-2
미세먼지 : PM10(지름이 $10\mu m$ 이하)
초미세먼지 : PM2.5(지름이 $2.5\mu m$ 이하)

3-3
이산화탄소(CO_2) : 1,000ppm 이하
일산화탄소(CO) : 25ppm 이하

3-4
Q = 환기 횟수 × 실의 체적 = $0.5 \times 400 = 200(m^3/h)$
$H_i = 0.337 \times Q \times \Delta t$
     $= 0.337 \times 200 \times 20$
     $= 1,348W$

정답 3-1 ② 3-2 ③ 3-3 ③ 3-4 ③

(3) 자연환기

① 특 징
  ㉠ 실외 풍속이 클수록 환기량은 크다.
  ㉡ 실내외 온도차가 클수록 환기량은 크다.
  ㉢ 2개 창은 나란히 두는 것보다 상하로 두는 것이 좋다.
  ㉣ 같은 면적의 개구부일 때는 큰 것 하나보다 2개로 나누어 설치한다.
  ㉤ 마주보는 벽의 유입구, 유출구는 상호 어긋나게 한다.
  ㉥ 개구부에 돌출장치(Baffle)를 하면 바람이 경사지게 불 경우 실내 유속이 약 3배로 증가한다.

② 굴뚝효과(연돌효과)
  ㉠ 수직 파이프, 덕트에서 온도차에 의한 환기가 된다.
  ㉡ 공기 유동이 거의 없을 때에도 환기를 유발시킨다.

(4) 기계환기

① 기계에 의한 분류

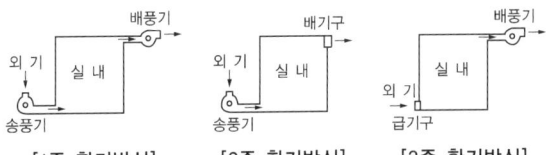

[1종 환기방식] [2종 환기방식] [3종 환기방식]

구 분	급 기	배 기	적 용
1종 병용식	기 계	기 계	• 공기조정설비 포함 • 밀폐공간, 수술실 등에 적합
2종 압입식	기 계	자 연	• 배기구 위치에 제약 • 청정실, 반도체실 등에 적합
3종 흡출식	자 연	기 계	• 급기구 위치에 제약 • 부엌, 욕실, 화장실, 오염실 등에 적합

② 흡·배기구 위치에 의한 분류
  ㉠ 상향 환기법 : 흡기구를 벽면 하부에 설치하고, 배기구는 천장이나 벽면 상부에 설치하여 아래에서 위로 환기하는 방식으로 취기발생 지역에 설치(식당 등)
  ㉡ 하향 환기법 : 흡기구를 천장 혹은 벽면 상부에 설치하고, 배기구는 마루 혹은 벽면 하부에 설치하여 위에서 아래로 환기하는 방식(넓은 공간, 실내 경기장, 병원, 학교, 공장 등)

10년간 자주 출제된 문제

3-5. 자연환기에 관한 설명으로 옳은 것은?
① 풍력환기에 의한 환기량은 풍속에 반비례한다.
② 풍력환기에 의한 환기량은 유량계수에 비례한다.
③ 중력환기에 의한 환기량은 공기의 입구와 출구가 되는 두 개구부의 수직 거리에 반비례한다.
④ 중력환기는 실내 온도가 외기 온도보다 높을 경우, 공기는 건물 상부의 개구부에서 들어와서 하부의 개구부로 나간다.

3-6. 환기에 관한 설명으로 옳지 않은 것은?
① 외부 풍속이 커지면 환기량은 많아진다.
② 실내외의 온도차가 크면 환기량은 작아진다.
③ 중성대란 중력환기에서 실내외의 압력이 같아지는 위치이다.
④ 자연환기량은 중성대로부터 공기 유입구 또는 유출구까지의 높이가 클수록 많아진다.

3-7. 환기에 관한 설명으로 옳지 않은 것은?
① 화장실은 송풍기(급기팬)와 배풍기(배기팬)를 설치하는 것이 일반적이다.
② 기밀성이 높은 주택의 경우 잦은 기계환기를 통해 실내 공기의 오염을 낮추는 것이 바람직하다.
③ 병원의 수술실은 오염공기가 실내로 들어오는 것을 방지하기 위해 실내 압력을 주변 공간보다 높게 설정한다.
④ 공기 오염농도가 높은 도로에 면해 있는 건물의 경우, 공기조화설비 계통의 외기 도입구를 가급적 높은 위치에 설치한다.

|해설|
3-5
② 풍력환기에 의한 환기량은 유량계수(실내외 온도차나 외부 바람에 의한 풍압)에 비례한다.
① 풍력환기에 의한 환기량은 풍속에 비례한다.
③ 중력환기에 의한 환기량은 두 개구부의 수직 거리에 비례한다.
④ 중력환기에서는 실내 온도가 외기 온도보다 높을 경우, 공기는 건물 하부의 개구부에서 들어와서 상부의 개구부로 나간다.

3-6
실내외의 온도차, 풍속차가 클수록 환기량은 커진다.

3-7
3종 환기 : 자연급기, 기계배기(부엌, 욕실, 화장실, 오염실 등)

정답 3-5 ② 3-6 ② 3-7 ①

핵심이론 04 | 공기조화 조닝

(1) 공조의 조닝(Zoning)
① 공조설비에 있어서 건물의 사용목적 또는 요구조건에 따라 건물을 몇 개의 구역으로 나누어 각각의 계통별로 구분하여 설치하는 것
② 초기 설비비는 상승하나 유지관리 차원에서 에너지는 절약된다.

(2) 존별 조닝
① 외부존 : 방위별 조닝, 층별 조닝
② 내부존 : 용도에 따른 조닝, 부하 특성별 조닝, 온·습도 설정별 조닝, 공기 청정도별 조닝, 개별실 제어 조닝, 내부 인원 및 부하밀도별 조닝, 사용 시간별 조닝

(3) 조닝의 효과
① 에너지 절약에 유리
② 부하변동에 쉽게 대응
③ 효율적인 운전 관리
④ 실내 열환경 조절에 유리

(4) 전열교환기(폐열회수형 환기장치)
① 실내에서 배기하는 열(온열·냉열)에 의하여 외기에서 들어오는 공기를 따뜻하거나 차갑게 해 주기 위한 열교환기로서, 현열과 잠열 양방의 열교환이 가능하다.
② 외기가 들어와서 급기되는 부분과 환기가 배기되는 부분으로 나누어진다.
③ 공기조화설비의 에너지 절약 : 전열교환기(폐열회수형 환기장치)를 통해 실내 열에너지를 회수하여 도입 외기공기에 공급함으로써 실내 온도와 가까운 온도의 바깥공기가 도입됨에 따라 에너지 손실을 크게 절감할 수 있다.
④ 보일러나 냉동기의 용량을 줄일 수 있다.
⑤ 회전식과 고정식이 있다.

10년간 자주 출제된 문제

4-1. 공기조화계획에서 내부존의 조닝 방법에 속하지 않는 것은?
① 방위별 조닝
② 부하 특성별 조닝
③ 온·습도 설정별 조닝
④ 용도에 따른 시간별 조닝

4-2. 공기조화설비의 에너지 절약방법 중 폐열을 회수하여 이용하는 방식은?
① 변유량 방식
② 외기냉방 방식
③ 전열교환 방식
④ 전력수요제어 방식

4-3. 공조시스템의 전열교환기에 관한 설명으로 옳지 않은 것은?
① 공기 대 공기의 열교환기로서 현열만 교환이 가능하다.
② 공조기는 물론 보일러나 냉동기의 용량을 줄일 수 있다.
③ 공기 방식의 중앙공조 시스템이나 공장 등의 환기에서의 에너지회수 방식으로 사용된다.
④ 전열교환기를 사용한 공조 시스템에서 중간기(봄, 가을)를 제외한 냉방기와 난방기의 열회수량은 실내·외의 온도차가 클수록 많다.

|해설|

4-1
방위별 조닝과 층별 조닝은 외부존 조닝에 속한다.
공조설비 조닝(Zoning) : 건물 또는 각 실 열부하 특성, 실내환경 조건, 사용시간에 따라서 공조 계통을 분리하여 구역별 공조

4-2
폐열회수형 환기장치(전열교환기)를 통해 실내 열에너지를 회수하여 도입 외기공기에 공급함으로써 실내 온도와 가까운 온도의 바깥공기가 도입됨에 따라 에너지 손실을 크게 절감할 수 있다.

4-3
공기 대 공기의 현열과 잠열을 동시에 교환하는 열교환기로서 배기와 도입 외기 사이에서 열회수하는 경우에 널리 쓰인다.

정답 4-1 ① 4-2 ③ 4-3 ①

핵심이론 05 | 공기조화 방식의 열매에 따른 분류

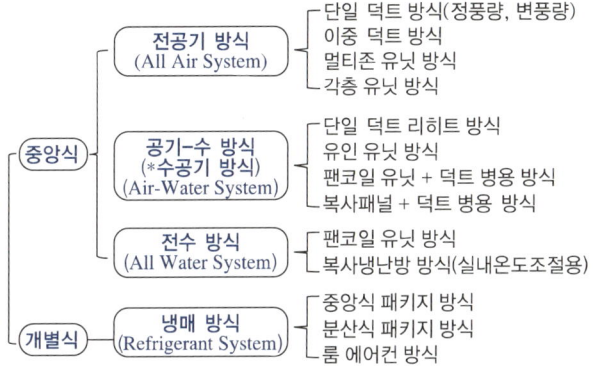

(1) 전공기 방식(All Air System)
① 운전 보수, 관리가 용이하다(중앙집중식).
② 겨울철 가습이 용이하다.
③ 덕트가 크므로 설치 공간이 커진다.
④ 송풍 동력이 크므로 반송 동력이 커진다.
⑤ 실내 공기오염이 적다.
⑥ 외기 냉방이 가능하다.
⑦ 실내 유효면적 증가

(2) 공기-수 방식(Air-Water System, 수공기 방식)
① 필터 보수, 기기 점검 등으로 관리비 증대
② 송풍량이 적어 고성능 필터 사용 불가능
③ 덕트 스페이스(면적)가 적다.
④ 반송 동력이 적다(전공기식에 비해 동력비 절감).
⑤ 유닛별로 제어하면 개별 제어가 가능하다(온도 제어가 쉽고, 존 구성이 쉽다).
⑥ 외기 냉방이 가능하다.
⑦ 누수의 우려가 있으며, 배관과 덕트가 복잡하다.
⑧ 유닛이 실내 공간을 차지하고, 소음이 발생한다.

(3) 전수 방식(All Water System)
① 덕트가 불필요하다.
② 외기를 도입하기 어렵다.

③ 개별 제어가 용이하다.
④ 공기오염이 크다.

(4) 냉매 방식(Refrigerant System, 개별식 공조)
① 부분운전이 가능하다.
② 온도 조절기 내장으로 개별 제어가 용이하다.
③ 장래의 부하변동에 대응하기 쉽다.

10년간 자주 출제된 문제

5-1. 다음 공기조화 방식 중 전공기 방식에 속하지 않는 것은?
① 단일 덕트 방식 ② 이중 덕트 방식
③ 멀티존 유닛 방식 ④ 팬코일 유닛 방식

5-2. 공기조화 방식 중 전공기 방식에 속하는 것은?
① 패키지 방식 ② 이중 덕트 방식
③ 유인 유닛 방식 ④ 팬코일 유닛 방식

5-3. 공기조화 방식 중 전공기 방식에 관한 설명으로 옳지 않은 것은?
① 중간기에 외기 냉방이 가능하다.
② 실의 유효 스페이스가 증대된다.
③ 실내 공기의 질을 높일 수 있는 가능성이 크다.
④ 수방식에 비해 열의 운송 동력이 적게 소요된다.

|해설|
5-1
공기식(전공기 방식) : 단일 덕트 방식, 이중 덕트 방식, 멀티존 방식, 각층 유닛 방식
수공기식 : 유인 유닛 방식
전수 방식 : 팬코일 유닛 방식, 복사냉난방 방식
냉매 방식 : 패키지 방식

5-2
② 이중덕트 방식 : 전공기 방식
① 패키지 방식 : 냉매 방식
③ 유인 유닛 방식 : 수공기 방식
④ 팬코일 유닛 방식 : 전수 방식

5-3
전공기 방식 : 공기에 의한 열 운송으로 동력이 많이 소요된다.

정답 5-1 ④ 5-2 ② 5-3 ④

핵심이론 06 | 공기조화 방식의 세부 분류

(1) 단일 덕트 방식(Single Duct System)
① 정풍량 방식(Constant Air Volume System)
  ㉠ 냉·온풍을 각 실로 보낼 때 송풍량은 항상 일정하며, 송풍 온·습도만을 변화시켜 실내의 온·습도를 조절하는 가장 기본적인 공조 방식
  ㉡ 장 점
    • 송풍량이 가장 많아 외기의 취입이나 중간기의 외기 환기에 적합
    • 운전관리 용이, 효율 좋은 필터를 설치하여 쾌적한 실내 환경 조성
  ㉢ 단 점
    • 큰 덕트가 필요하므로 천장 속에 충분한 덕트 공간이 요구된다.
    • 각 실별로 온도 조절이 곤란하다(개별 제어 곤란).
  ㉣ 용도 : 바닥면적이 크고 천장이 높은 곳에 적합(중·소 건물, 극장, 공장)

② 가변풍량 방식(Variable Air Volume System)
  ㉠ 덕트의 관말에 VAV 유닛을 설치하여 송풍 온도를 일정하게 하고, 송풍량을 실내 부하변동에 따라 변화시키는 방식(에너지 절약형 방식)
  ㉡ 장 점
    • 부하변동을 정확히 파악하여 실온을 유지하기 때문에 에너지 손실이 적다.
    • 저부하 시 풍량이 감소되어 동력을 절약할 수 있다.
    • 전폐형 유닛을 사용함으로써 사용하지 않는 실의 송풍 정지가 가능하다.
    • 개별 제어가 가능하다.
  ㉢ 단 점
    • 환기량 확보 문제로 실내 공기가 오염될 수 있다.
    • 가변풍량 유닛의 설비비가 고가이다.

ㄹ. 용도
- OA 사무소 건물에 적합
- 발열량 변화 심한 내부존 : 급기온도 일정한 방식
- 일사량 변화 심한 외부존 : 급기온도 가변 방식

10년간 자주 출제된 문제

6-1. 변풍량 단일 덕트 방식에서 송풍량 조절의 기준이 되는 것은?
① 실내 청정도 ② 실내 기류속도
③ 실내 현열부하 ④ 실내 잠열부하

6-2. 급기온도를 일정하게 하고 송풍량을 변화시켜서 실내 온도를 조절하는 공기조화 방식은?
① FCU 방식
② 이중 덕트 방식
③ 정풍량 단일 덕트 방식
④ 변풍량 단일 덕트 방식

6-3. 공기조화 방식 중 단일 덕트 방식에 관한 설명으로 옳지 않은 것은?
① 전공기 방식의 특성이 있다.
② 냉·온풍의 혼합손실이 없다.
③ 각 실이나 존의 부하변동에 즉시 대응할 수 있다.
④ 2중 덕트 방식에 비해 덕트 스페이스를 작게 차지한다.

|해설|

6-1
변풍량 단일 덕트 방식은 송풍량과 실내의 현열부하의 관계에 의해 표시된다.

6-2
변풍량 단일 덕트 방식 : 부하 변동에 따라 송풍량 변화(에너지 절약형)

6-3
단일 덕트 방식은 개별 제어가 어렵고, 각 실이나 존에서의 부하변동에 대한 신속한 온도 조절이 곤란하다.

이중 덕트 방식의 장점
- 부하변동에 따른 온도 조절이 우수하다.
- 개별 제어가 용이하다.
- 계절마다 냉·난방의 전환이 불필요하다.

정답 6-1 ③ 6-2 ④ 6-3 ③

(2) 이중 덕트 방식(Double Duct System)

① 냉풍과 온풍의 2개 덕트를 사용하여 송풍하고, 각 실의 혼합상자에서 적절한 공기를 만들어서 실내로 송풍하는 방식

② 장점
 ㄱ. 부하변동에 따른 온도 조절이 우수하다.
 ㄴ. 개별 제어가 용이하다.
 ㄷ. 계절마다 냉·난방의 전환이 불필요하다.

③ 단점
 ㄱ. 덕트 스페이스가 크다.
 ㄴ. 혼합손실이 발생되는 에너지 소비가 많은 형이다.
 ㄷ. 여름철에도 보일러 운전이 요구된다.
 ㄹ. 혼합상자를 설치해야 하며, 고속 덕트 도입으로 설비비와 운전비가 많이 든다.

④ 용도 : 고급 사무소 건물, 냉난방 부하 분포가 복잡한 건물

(3) 멀티존 유닛 방식(Multi Zone Unit System)

① 공조기 1대로 냉풍과 온풍을 적정비로 혼합(댐퍼모터)하여 각 존마다 공급하는 방식으로 공조기에서 각 실 또는 존으로 별개의 단일 덕트로 송풍 온도가 다른 공기를 공급하는 이중 덕트의 병용된 방식(이중 덕트 변형 방식)

② 장점
 ㄱ. 이중 덕트 방식보다 덕트 공간이 절약되고, 개별 제어가 가능
 ㄴ. 이중 덕트 방식과 비교할 때 초기 설비비가 저렴하다.

③ 단점
 ㄱ. 이중 덕트 방식과 마찬가지로 혼합손실이 있어 에너지 소비가 많다.
 ㄴ. 동일 존에서 내주부와 외주부의 부하변동이 거의 균일해야 한다.
 ㄷ. 정풍량 장치가 없으므로 각 실의 부하변동이 심하면 각 실에 대한 송풍량의 불균형을 가져온다.

④ 용도 : 중간 규모 이하의 건물

(4) 각 층 유닛 방식

① 외기용 공조기에서 1차 처리된 공기를 각 층 유닛에서 공기를 냉각하거나 가열하여 실내로 송풍하는 방식

② 특 징
  ㉠ 덕트를 사용하지 않거나 덕트가 작다.
  ㉡ 화재 발생 시에 유리하다.
  ㉢ 각 층마다 시간차 운전이 용이하다.
  ㉣ 각 층, 각 실을 구획하여 온도 조절이 용이하다.

③ 용도 : 각 층마다 열부하 특성이 크게 다른 건물(대규모 사무소, 백화점 등)

10년간 자주 출제된 문제

6-4. 공기조화 방식 중 냉풍과 온풍을 공급받아 각 실 또는 각 존의 혼합 유닛에서 혼합하여 공급하는 방식은?

① 단일 덕트 방식
② 이중 덕트 방식
③ 유인 유닛 방식
④ 팬코일 유닛 방식

6-5. 이중 덕트 방식에 관한 설명으로 옳은 것은?

① 부하감소에 따라 송풍량이 감소된다.
② 부하변동에 따른 적응속도가 느리다.
③ 혼합손실로 인한 에너지 소비량이 크다.
④ 부하특성이 다른 여러 실에 적용하기 곤란하다.

6-6. 다음 중 서로 상이한 실에 냉난방을 동시에 해야 하는 경우 가장 적절한 공조방식은?

① VAV 방식
② CAV 방식
③ 유인 유닛 방식
④ 멀티존 유닛 방식

|해설|

6-5
냉온풍 혼합에 따른 에너지 손실이 크고, 운전비가 많이 든다.
① 일정한 풍량으로 공급하므로 송풍 동력을 위한 운전비가 상승한다. 부하감소에 따라 송풍량이 감소되는 경우는 변풍량 단일 덕트 방식이다.
② 냉풍 및 온풍이 열매체이므로 실내 온도 변화에 적응속도가 빠르고 유연성이 있다.
④ 부하특성이 다른 여러 실의 개별 제어가 가능하다.

6-6
멀티존 유닛 방식 : 열부하 특성이 다른 공간별 공조에 유리

정답 6-4 ② 6-5 ③ 6-6 ④

---

(5) 유인 유닛 방식(Induction Unit System)

① 외기의 1차 공기를 실내 유닛에 공급하고, 1차 공기에 의해 유인된 2차 공기가 혼합되어 실내로 송풍되는 방식

② 특 징
  ㉠ 1차 공기가 고속이어서 소음이 크다.
  ㉡ 부하변동에 대응하기가 쉽다(개별 제어 용이).
  ㉢ 유닛에 동력장치가 불필요하다.

③ 용도 : 사무실, 호텔, 병원, 방이 많은 건물의 외부 존 등

(6) 팬코일 유닛 방식(Fancoil Unit System)

① 냉각 및 가열코일, 송풍팬이 내장된 유닛(FCU)에 중앙 기계실에서 보낸 냉·온수를 이용하여 실내의 공기를 조화하는 방식

② 장 점
  ㉠ 공기의 공급을 할 수 없어서 덕트가 불필요하다.
  ㉡ 실내 각 유닛마다 개별 조절이 용이하다.
  ㉢ 장래 부하변동 대응이 쉽고, 동력비가 적게 든다.

③ 단 점
  ㉠ 송풍량이 적어 고성능 필터(HEPA)의 사용이 어렵다.
  ㉡ 유닛은 개구부 아래에 설치하므로 실 이용률이 작다.
  ㉢ 설비비와 보수 관리비가 고가이다.
  ㉣ 고도의 공기 처리를 할 수 없다.

④ 용도 : 호텔의 객실, 아파트, 주택, 사무실에 적합하지만, 극장, 방송국의 스튜디오에는 부적합하다.

(7) 복사패널 + 덕트 방식(Panel Air System)

① 구조체(천장, 바닥, 벽체)에 코일을 매설하고 냉·온수를 공급하여 냉·난방을 하고, 공조기에서 덕트를 통해 공조하는 방식

② 장 점
  ㉠ 먼지의 이동이 적고, 쾌감도가 높다.
  ㉡ 바닥의 이용도가 높다.
  ㉢ 현열부하가 많은 경우에 적당하다.
  ㉣ 천장고가 높은 경우에도 적용이 가능하다.
③ 단 점
  ㉠ 설비비, 시공비가 많이 든다.
  ㉡ 누수의 위험이 있다.
④ 용도 : 고급 사무실(덕트를 병용하는 경우가 많다)

10년간 자주 출제된 문제

6-7. 공기조화 방식 중 팬코일 유닛 방식에 관한 설명으로 옳지 않은 것은?
① 각 실에 수배관으로 인한 누수의 우려가 있다.
② 덕트 샤프트나 스페이스가 필요 없거나 작아도 된다.
③ 각 실의 유닛은 수동으로도 제어할 수 있고, 개별 제어가 쉽다.
④ 유닛을 창문 밑에 설치하면 콜드 드래프트(Cold Draft)가 발생할 우려가 높다.

6-8. 공기조화 방식 중 전공기 방식에 속하지 않는 것은?
① 2중 덕트 방식
② 팬코일 유닛 방식
③ 멀티존 유닛 방식
④ 변풍량 단일 덕트 방식

6-9. 공기조화 방식 중 팬코일 유닛 방식에 관한 설명으로 옳지 않은 것은?
① 덕트 방식에 비해 유닛의 위치 변경이 용이하다.
② 유닛을 창문 밑에 설치하면 콜드 드래프트를 줄일 수 있다.
③ 전공기 방식으로 각 실에 수배관으로 인한 누수 염려가 없다.
④ 각 실 유닛은 수동으로도 제어할 수 있고, 개별 제어가 쉽다.

6-10. 공기조화 방식 중 팬코일 유닛 방식에 관한 설명으로 옳지 않은 것은?
① 전수 방식에 속한다.
② 덕트 샤프트와 스페이스가 반드시 필요하다.
③ 각 실에 수배관으로 인한 누수의 우려가 있다.
④ 각 실 유닛은 수동으로도 제어할 수 있고, 개별 제어가 쉽다.

|해설|

6-7
유닛은 개구부 아래에 설치해야 효과적이다.

6-8
팬코일 유닛 방식은 전수 방식(All Water System)에 속한다.

6-9
전수방식으로 각 실에 수(水)배관으로 인해 누수의 염려가 있다.

6-10
팬코일 유닛 방식 : 실내용 소형 유닛 공조기이며, 덕트는 없다.
덕트 방식 : 덕트 샤프트와 스페이스가 필요하다.

정답 6-7 ④ 6-8 ② 6-9 ③ 6-10 ②

핵심이론 07 | 공기조화용 설비 기기

(1) 공기조화기(Air Handling Unit) 구성요소

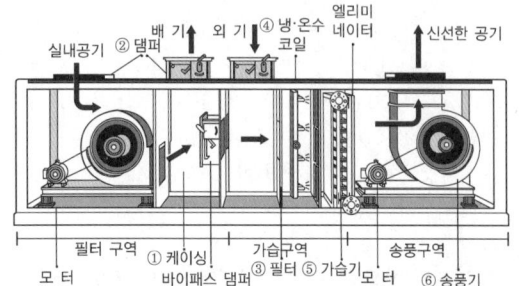

① 케이싱(Casing) : 내부 부품을 감싸고 있는 판넬
② 댐퍼(Damper)
  ㉠ 설계된 풍량을 모으고 통과될 수 있도록 하는 장치
  ㉡ 바이패스 댐퍼 : 균일한 기류 및 온도 분포, 냉난방 코일 효율 향상
  ㉢ 바이패스 팩터(Bypass Factor) : 코일과 접촉하지 않고 통과하는 공기의 비율
③ 필터(Filter) : 회수 공기와 외기의 먼지를 걸러주는 역할
④ 열교환기(DX Coil) : 실외기에서 공급된 냉매의 증발과 응축을 통해 냉방 및 난방 작용을 하는 부품(공기 가열기, 공기 냉각기)
⑤ 가습(Humidifier) 장치 : 겨울철 실내 습도를 유지
  ㉠ 공기 세정기(Air Washer, 수분무기) : 노즐로 분무수를 뿜어 공기에 접촉시켜서 물과 공기 사이의 열교환과 함께 수분교환이 일어나 가습과 먼지, 냄새제거
  ㉡ 엘리미네이터(Eliminator)
    • 수분무기(Air Washer)의 수분(응축수) 비산 방지
    • 수분이 급기 덕트 내에 침입하는 것을 방지
⑥ 송풍기(Fan & Motor) : 냉난방 공기의 실내 이송 장비

(2) 고속덕트

① 덕트 내의 공기속도가 고속인 덕트이다.
② 천장 내부가 좁은 경우에 덕트의 지름을 작게 만들어서 동일한 양의 공기를 보내기 위해 풍속을 높이는 방식
③ 덕트 내 풍속 20~25m/sec, 덕트 저항이 크고 압력이 높다.
④ 높은 압력으로 소음·진동이 생기므로 소음상자를 설치한다.
⑤ 대공간, 공장, 창고 등 소음이 문제되지 않고 환기가 필요한 장소에 사용한다.
⑥ 종류 : 원형 덕트, 스파이럴형 덕트

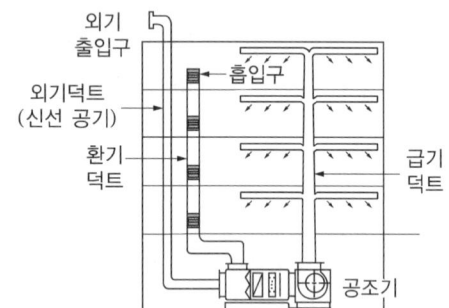

[공조흐름 : 공조기~덕트까지(입면)]

10년간 자주 출제된 문제

7-1. 공기조화기에서 바이패스 팩터(Bypass Factor)의 의미는?
① 급기팬을 통과하는 공기 중 건공기의 비율
② 공기조화기 도입 외기의 환기(Return Air) 비율
③ 실내 환기(Return Air) 중 공기조화기로 도입되는 공기의 비율
④ 냉온수 코일의 통과 공기 중 냉온수 코일과 접촉하지 않고 통과하는 공기의 비율

7-2. 고속덕트에 관한 설명으로 옳지 않은 것은?
① 원형 덕트의 사용이 불가능하다.
② 동일한 풍량을 송풍할 경우 저속덕트에 비해 송풍기 동력이 많이 든다.
③ 공장, 창고 등의 소음이 별로 문제가 되지 않는 곳에 사용된다.
④ 동일한 풍량을 송풍할 경우 저속덕트에 비해 덕트의 단면치수가 작아도 된다.

|해설|

7-1
- 바이패스 팩터 : 코일과 접촉하지 않고 통과하는 공기의 비율
- Contact Factor : 코일과 완전히 접촉하는 공기의 비율

7-2
원형 덕트가 유리하며, 소음이 문제되지 않는 공장 등에 사용된다.

정답 7-1 ④ 7-2 ①

(3) 덕트(Duct)의 형상과 구조
① 덕트용 재료 : 두께 1mm 내외의 아연 도금철판, 알루미늄판, 동판 등
② 덕트의 형상과 구조
  ㉠ 장방형 덕트 : 저속(풍속 10~15m/sec)에 사용되며, 천장 내 스페이스가 작은 곳에 적당
  ㉡ 원형 덕트 : 고속(풍속 20~25m/sec)에 사용되며, 천장 내 스페이스가 많이 필요하고, 마찰손실이 적어 공기 흐름이 원활하고 기밀성이 높아 에너지가 절감된다(강도가 약하다).
  ㉢ 스파이럴형 덕트 : 나선형 접합. 기밀성, 강도, 내구성 좋고, 시공 용이

(4) 덕트(Duct) 배치 방식
① 간선 덕트 방식
  ㉠ 가장 간단하다. 원거리에는 부적합하다.
  ㉡ 설비비가 싸고, 덕트 스페이스가 작다.

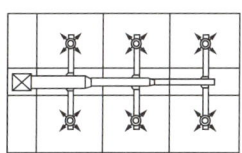

[천장 취출]

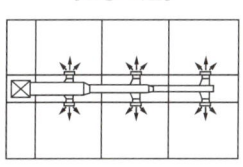

[벽 취출]

② 개별 덕트 방식
  ㉠ 취출구마다 덕트를 단독으로 설치하는 방식
  ㉡ 풍량 조절이 용이

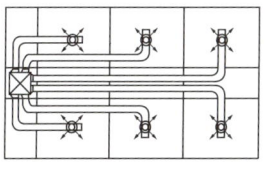

[천장 취출]

③ 환상 덕트 방식
  ㉠ 덕트를 연결하여 루프를 만드는 형식
  ㉡ 말단 취출구의 압력 조절이 용이

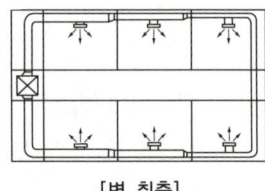

[벽 취출]

10년간 자주 출제된 문제

7-3. 공기조화 설비에서 사용되는 고속덕트에 관한 설명으로 옳은 것은?
① 소음 및 진동이 발생하지 않는다.
② 공기혼합상자를 설치하여야 한다.
③ 덕트 설치공간을 작게 할 수 있다.
④ 공장이나 창고에는 적용할 수 없다.

7-4. 덕트(Duct) 배치방식에서 취출구마다 덕트를 단독으로 설치하며 풍량 조절이 용이한 방식은?
① 단일 덕트 방식
② 간선 덕트 방식
③ 개별 덕트 방식
④ 환상 덕트 방식

|해설|

7-3
덕트 단면을 작게 하여 덕트 설치공간을 줄일 수 있다.
① 소음 및 진동이 발생한다.
② 소음상자를 설치한다.
④ 공장이나 창고에 적용할 수 있다.

7-4
취출구마다 덕트를 단독으로 설치하는 방식은 개별 덕트 방식이다.

정답 7-3 ③ 7-4 ③

(5) 댐퍼(Damper)

① 풍량 조절 댐퍼(Volume Damper)
  ㉠ 단익 댐퍼(버터플라이 댐퍼) : 소형 덕트, 기류 불안정
  ㉡ 다익 댐퍼(루버 댐퍼) : 대형 덕트, 기류 안정
  ㉢ 스플릿 댐퍼(Split Damper) : 분기점에서 풍량 조절

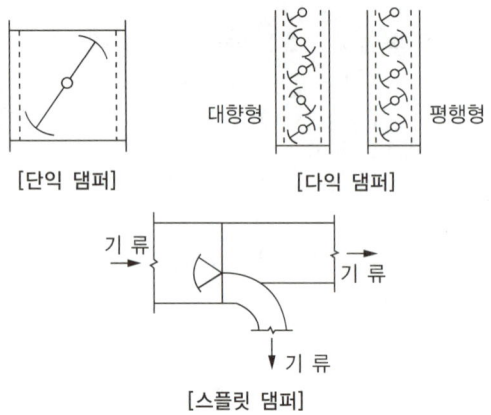

[단익 댐퍼] [다익 댐퍼]
[스플릿 댐퍼]

② 방화 댐퍼(Fire Damper)
  ㉠ 가용편(퓨즈)을 설치하여 덕트 내 온도가 72℃ 이상 올라갈 경우 자동으로 잠긴다.
  ㉡ 공조기, 송풍기, 방화구역통과 덕트에 사용

③ 방연 댐퍼(Smoke Damper)
  ㉠ 연기감지기로써 연기를 감지하면 자동적으로 폐쇄
  ㉡ 전동기에 의해 작동하므로 가격이 비싸다.

④ 가이드 베인(Guide Vane) : 덕트 내 기류를 안정시키기 위해 곡부의 내측에 안내날개를 조밀하게 붙이는 것

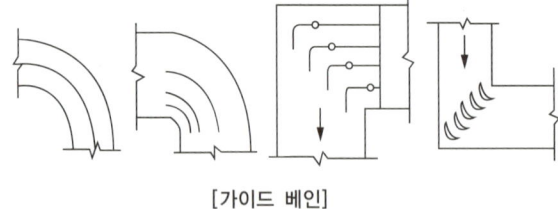

[가이드 베인]

(6) 덕트의 치수 결정 방법

① 등속법
② 등마찰법(정압법)

③ 정압재취득법
④ 개선등압법

(7) 덕트 내 소음 방지 장치
① 덕트의 도중에 흡음재를 부착
② 소음 체임버 : 소음 방지실로써 송풍기 출구 부근에 체임버를 설치한다.
③ 덕트의 적당한 장소에 소음을 위한 흡음장치(셀형·플레이트형)를 설치한다.
④ 댐퍼 취출구에 흡음재 부착

10년간 자주 출제된 문제

7-5. 덕트의 분기부에 설치하여 풍량 조절용으로 사용되는 댐퍼는?
① 스플릿 댐퍼
② 평행익형 댐퍼
③ 대향익형 댐퍼
④ 버터플라이 댐퍼

7-6. 덕트 내 기류를 안정시키기 위해 곡부의 내측에 안내날개를 조밀하게 붙이는 것은?
① 스플릿 댐퍼(Split Damper)
② 엘리미네이터(Eliminator)
③ 풍량 조절 댐퍼(Volume Damper)
④ 가이드 베인(Guide Vane)

7-7. 덕트의 치수 결정 방법에 속하지 않는 것은?
① 균등법
② 등속법
③ 등마찰법
④ 정압재취득법

|해설|
7-7
덕트의 치수 결정 방법
• 등속법
• 등마찰법(정압법)
• 정압재취득법
• 개선등압법

정답 7-5 ① 7-6 ④ 7-7 ①

제9절 강전설비

핵심이론 01 | 기초 사항

(1) 전기설비의 분류
① 강전설비 : 조명, 동력, 전원 등에 이용되는 전기설비
② 약전설비 : 전화, 인터폰, 전기시계, 안테나, 방송설비 등에 이용되는 전기설비
③ 방재설비 : 피뢰침 설비, 항공장애등 설비, 비상콘센트 설비, 소방전기설비 등에 이용되는 전기설비

(2) 전압, 전류, 저항
① 전압(V) : 전기량이 이동하여 일을 할 수 있는 전위 에너지 차(단위 : V, Volt)

구분 \ 종류	교류	직류
저압	1,000V 이하	1,500V 이하
고압(2종)	1,000 초과~7,000V 이하	1,500 초과~7,000V 이하
특고압(3종)	7,000V 초과	

② 전류(I) : 전기 도체의 단면을 단위 시간에 이동한 전기량(단위 : A, Ampare)

$$전류(I) = \frac{전압(V)}{저항(R)}$$

③ 저항(R)
㉠ 도체의 전기흐름을 방해하는 성질(단위 : Ω, Ohm)
㉡ 저항이 일정한 전기회로에서 전류는 전압에 비례

$$저항(R) = 비저항(\rho) \times \frac{길이(L)}{단면적(A)}$$

※ 비저항(단위 : Ωm, Rho) : 단위 단면적 또는 단위 길이당 저항

㉢ 전압이 일정한 경우 저항이 작을수록 큰 전류가 흐른다.
㉣ 저항은 길이에 비례하고 단면적에 반비례한다.
㉤ 전선의 전압 강하가 클 때, 전열기에 낮은 전압을 가하게 되어 비정상이 된다.

ⓗ 절연저항
  - 절연된 물체 사이의 저항
  - 절연저항이 저하하면 감전이나 과열에 의한 화재, 쇼크 등의 사고가 발생될 수 있다.
  - 절연저항값이 클수록 절연이 잘되어 안전하다.

10년간 자주 출제된 문제

1-1. 전기설비의 전압 구분에서 저압 기준으로 옳은 것은?
① 교류 300V 이하, 직류 600V 이하
② 교류 600V 이하, 직류 600V 이하
③ 교류 1,000V 이하, 직류 1,500V 이하
④ 교류 750V 이하, 직류 1,500V 이하

1-2. 전기설비의 전압 구분에서 고압의 범위 기준으로 옳은 것은?(단, 교류의 경우)
① 300V 이상
② 600V 이상
③ 1,000V 초과 7,000V 이하
④ 1,500V 초과 7,000V 이하

1-3. 전기에 관한 기초사항으로 옳지 않은 것은?
① 전류는 발열작용, 화학작용, 자기작용을 한다.
② 병렬회로에서는 각각의 저항에 흐르는 전류의 값이 같다.
③ 옴(Ohm)의 법칙은 전압, 전류, 저항 사이의 규칙적인 관계를 나타낸다.
④ 1W란 전압이 1V일 때, 1A의 전류가 1s 동안에 하는 일을 말한다.

1-4. 다음 중 그 값이 클수록 안전한 것은?
① 접지저항   ② 도체저항
③ 접촉저항   ④ 절연저항

|해설|

1-1
저압 : 교류 1,000V 이하, 직류 1,500V 이하

1-2
교류 고압 : 1,000~7,000V 이하

1-3
- 저항의 병렬연결은 전압은 같고, 전류가 나뉜다.
- 저항의 직렬연결은 전압은 나뉘고, 전류는 같다.
- 병렬회로 : 두 개 이상의 소자가 병렬로 연결된 회로이다.

1-4
절연저항은 전기가 통하지 못하게 하는 저항으로 절연저항이 저하하면 감전이나 과열에 의한 화재, 쇼크 등의 사고가 발생될 수 있다. 따라서, 절연저항의 값이 클수록 절연이 잘되어 안전하다.

정답 1-1 ③ 1-2 ③ 1-3 ② 1-4 ④

(3) 직류, 교류

① 직류 전류(DC ; Direct Current)
  ㉠ 전류가 항상 일정한 방향으로 일정량 흐름
  ㉡ 전화, 전기시계, 고급 엘리베이터 등의 전원에 사용

② 교류 전류(AC ; Alternating Current)
  ㉠ 전류가 순간순간 흐르는 방향과 흐르는 양이 변화
  ㉡ 전등, 전열, 동력 등 대부분의 전기설비
  ㉢ 역률(Power Factor, 力率) = $\dfrac{유효전력}{피상전력}$
  ㉣ 역률은 항상 1보다 작고, 값이 작을수록 나쁘며 역률 개선을 위해 콘덴서(Condenser)를 설치한다.

③ 교류 주파수(Frequency)
  ㉠ 교류에 있어 전류가 어떤 상태에서 출발하여 차츰 변화되어 최초의 상태로 돌아올 때까지의 행정을 사이클(Cycle)이라 한다(1초간 사이클 수 = 주파수).
  ㉡ 발전소의 발전주파수는 60이나 50(Hz)인데, 우리나라는 60(Hz)를 상용주파수로 사용하고 있다.
  ㉢ 상용주파수 : 전력회사로부터 공급되는 교류 주파수
  ㉣ 교류는 끊임없이 극성과 전압이 변화하며, 전압이 '0'이 되는 순간의 에너지는 '0'이 된다.

(4) 전력, 전력량

① 전력(P)
  ㉠ 전기가 단위시간 동안 하는 일의 양으로, 주로 전기·전자기기의 소비전력을 나타낼 때 사용
  ㉡ 단위는 와트(Watt)를 사용하고 [W]로 표시
  ㉢ 전력(P)은 전압(V)과 전류(I)의 곱으로 구한다.
  $$P = V \times I = I^2 \times R = \dfrac{V^2}{R} [\text{W}]$$
  ㉣ 단상 교류 : $P = V \times I \times 역률$
  ㉤ 3상 교류 : $P = V \times I \times \sqrt{3} \times 역률$

② 전력량(W)
  ㉠ 전기가 일정시간 동안 하는 일의 양으로, 주로 전기·전자기기의 소비전력량을 나타낼 때 사용
  ㉡ 와트시(Watt Hour)를 사용하고 [Wh]로 표시
  ㉢ 전력량(W)은 전력(P)과 시간(t)의 곱으로 구한다.
  $$W = P \times t [\text{Wh}]$$

10년간 자주 출제된 문제

1-5. 전압이 1V일 때 1A의 전류가 1s 동안 하는 일을 나타내는 것은?
① 1Ω ② 1J
③ 1dB ④ 1W

1-6. 100V, 500W의 전열기를 90V에서 사용할 경우 소비 전력은?
① 200W ② 310W
③ 405W ④ 420W

1-7. 변압기의 1차측 코일의 권수가 6,000, 2차측 코일의 권수가 200일 때 1차측 코일에 교류 전압 3,000V 인가 시 2차측 코일에 발생하는 교류 전압V은?
① 500 ② 200
③ 100 ④ 50

1-8. 3상 대칭 성형(Y)결선에서 상전압이 220V일 때 선간전압은 얼마인가?
① 110V ② 220V
③ 380V ④ 440V

|해설|

1-5
전력(P) : 전기가 단위시간 동안 하는 일의 양으로, 단위는 와트(Watt)를 사용
전력(P) = 전압(V) × 전류(I)

1-6
100V, 500W일 때 저항을 구하면,
$P = \dfrac{V^2}{R}$ 이므로, $500 = \dfrac{100^2}{R}$, ∴ $R = 20Ω$
90V, 20Ω일 때의 소비전력을 구하면,
소비전력(P) = $\dfrac{V^2}{R} = \dfrac{90^2}{20}$, ∴ $P = 405W$

1-7
$\dfrac{V_1}{V_2} = \dfrac{n_1}{n_2}$
(V_1 및 V_2 : 1차 및 2차 전압, n_1 및 n_1 : 1차 및 2차 권선수)
$\dfrac{3,000}{V_2} = \dfrac{6,000}{200}$ 이므로, ∴ $V_2 = 100V$

1-8
선간전압 = $\sqrt{3}$ 상전압, ∴ $\sqrt{3} \times 220 ≒ 380V$

정답 1-5 ④ 1-6 ③ 1-7 ③ 1-8 ③

핵심이론 02 | 수·변전설비

(1) 수·변전설비의 개념
① 수전설비 : 발전소에서 보낸 전기를 여러 단계의 변전소를 거쳐 고압으로 건축물에 인입하는 장치
② 변전설비 : 인입된 전기(수전 전압)을 수전반에서 수전하여 건축물에 사용하기 적당한 전압으로 낮추는 장치
③ 수·변전설비 설치 장소 : 전기실 또는 변전실, 수변전실
④ 변류기, 변압기, 차단기, 콘덴서 등의 많은 기기로 구성

(2) 수·변전설비 용량 산정
① 수·변전설비 용량 산출
부하설비용량(VA) = 부하밀도(VA/m²) × 연면적(m²)
② 수용률 : 일반건물은 보통 60~70% 정도
$$수용률 = \dfrac{최대\ 수용전력}{총\ 부하설비용량} \times 100(\%)$$
③ 부등률 : 1보다 크며, 1.1~1.5 정도
$$부등률 = \dfrac{각\ 부하의\ 최대\ 수용전력\ 합계}{합성\ 최대\ 수용전력} \times 100(\%)$$
④ 부하율 : 1보다 작으며, 0.25~0.6 정도
$$부하율 = \dfrac{평균전력}{최대\ 수용전력} \times 100(\%)$$

(3) 변전실 설계
① 위 치
  ㉠ 건물 전체의 부하 중심에 가까운 곳
  ㉡ 통풍 및 채광이 양호하며 습기가 적은 곳
  ㉢ 기기의 반출입과 전원 인입이 용이한 곳
② 변전실 바닥면적(m²) = $3.3\sqrt{전기설비\ 용량(kW)}$
③ 변전실 구조
  ㉠ 내화구조로 하고 출입문은 방화문으로 한다.
  ㉡ 천장 높이(보 아래에서)는 고압은 3.0m 이상, 특고압은 4.5m 이상이며, 바닥두께는 20~30cm 정도

④ 변전실 면적에 영향을 주는 요소
  ㉠ 수전전압 및 수전 방식
  ㉡ 변전설비 강압 방식, 변압 용량, 수량 및 형식
  ㉢ 설치 기기와 큐비클의 종류
  ㉣ 건물 구조적 여건, 기기 배치, 유지보수면적 고려

10년간 자주 출제된 문제

2-1. 최대 수용전력을 구하기 위한 것으로 총 부하설비 용량에 대한 최대 수용전력의 비율을 백분율로 나타낸 것은?
① 역률
② 수용률
③ 부등률
④ 부하율

2-2. 전력부하 산정에서 수용률 산정 방법으로 옳은 것은?
① (부등률/설비 용량)×100%
② (최대 수용전력/부등률)×100%
③ (최대 수용전력/설비 용량)×100%
④ (부하 각개의 최대 수용전력 합계/각 부하를 합한 최대 수용전력)×100%

2-3. 최대 수용전력이 500kW, 수용률이 80%일 때 부하설비 용량은?
① 400kW
② 625kW
③ 800kW
④ 1,250kW

2-4. 변전실 면적에 영향을 주는 요소와 가장 거리가 먼 것은?
① 발전기실의 면적
② 변전설비 변압 방식
③ 수전전압 및 수전 방식
④ 설치 기기와 큐비클의 종류

2-5. 변전실의 위치에 관한 설명으로 옳지 않은 것은?
① 습기와 먼지가 적은 곳일 것
② 전기기기의 반출·입이 용이한 곳일 것
③ 가능한 한 부하의 중심에서 먼 곳일 것
④ 외부로부터 전원의 인입이 쉬운 곳일 것

|해설|

2-3
수용률(수요율) = (최대 수용전력/부하설비 용량)×100(%)이므로,
80% = (500kW/부하설비 용량)×100%
∴ 부하설비 용량 = (500kW×100%)/80% = 625kW

2-4
발전기실의 면적은 관계없다.

2-5
가능한 한 부하의 중심에서 가까운 곳일 것

정답 2-1 ② 2-2 ③ 2-3 ② 2-4 ① 2-5 ③

(4) 수·변전설비용 기기

① 변압기
  ㉠ 전자유도 작용을 이용하여 전압을 변환한다.
  ㉡ 교류 전기에서 사용되며 높은 전압을 낮은 전압으로 또는 낮은 전압을 높은 전압으로 바꾸어 주는 기기

② 차단기
  ㉠ 자동으로 회로 이상 시 전로를 차단하여 기기를 보호
  ㉡ 유입 차단기(OCB ; Oil Circuit Breaker)
  ㉢ 공기 차단기(ACB ; Air Circuit Breaker)

③ 콘덴서(축전기) : 전압 저장 장치(동력 역률개선에 사용)

④ 단로기(DS ; Disconnecting Switch, 斷路器)
  ㉠ 차단기로 차단된 무부하 상태의 전로를 확실히 개방(OFF)하기 위하여 사용되는 개폐기(부하전류 제거 후 회로를 격리하는 장치)
  ㉡ 양측에서 회로가 기계적으로 구분되므로 점검·수리 등에 편리하고 차단기와는 달리 극히 적은 전류만 통제하므로 구조가 간단하다.

⑤ 보호장치
  ㉠ 보호계전기 : 전기회로에 이상이 발생했을 경우에 이를 측정하여 차단기를 작동시키거나 경보를 발생시키고 이상을 억제하는 장치
  ㉡ 검루기 : 송·배전용 전선 누전 측정(회로 지락 검출)
  ㉢ 피뢰기 : 낙뢰로부터 전기기기를 보호하는 장치

(5) 전기샤프트(ES ; Electric Shaft)

① 전기샤프트(ES)는 용도별로 전력용(EPS ; Electric Power Shaft)과 정보통신용(TPS ; Telecommunication Power Shaft)으로 구분하여 설치함이 원칙이다. 다만, 각 용도의 설치 장비 및 배선이 적은 경우는 공용으로 사용 가능하다.

② 전기샤프트는 각 층마다 같은 위치에 설치한다.

③ 전기샤프트는 연면적 3,000m² 이상 건축물의 경우, 1개 층을 기준하여 800m²마다 설치하며, 용도에 따라 면적을 달리할 수 있다.

④ 전기샤프트의 면적은 보, 기둥 부분을 제외하고 산정한다.

⑤ 전기샤프트 점검구는 유지보수 시 기기 반입 및 반출이 가능하도록 하며 문의 폭은 600mm 이상으로 한다.

10년간 자주 출제된 문제

2-6. 다음 중 최근 저압선로의 배선보호용 차단기로 가장 많이 사용되는 것은?

① ACB ② GCB
③ MCCB ④ ABCB

2-7. 전기샤프트(ES)에 관한 설명으로 옳지 않은 것은?

① 전기샤프트(ES)는 각 층마다 같은 위치에 설치한다.
② 전기샤프트(ES)의 면적은 보, 기둥 부분을 제외하고 산정한다.
③ 전기샤프트(ES)는 전력용(EPS)과 정보통신용(TPS)을 공용으로 설치하는 것이 원칙이다.
④ 전기샤프트(ES)의 점검구는 유지보수 시 기기의 반입 및 반출이 가능하도록 하여야 한다.

|해설|

2-6
③ 배선용 차단기(MCCB ; Molded Case Circuit Breaker) : 배선용 차단기는 NFB(No Fuse Breaker)로서 과부하(전류)와 단락전류로부터 2차측 선로를 보호하는 기능을 한다.
① ACB(Air Circuit Breaker), ④ ABCB(Air Blast Circuit Breaker) : 압축된 공기를 이용한 차단기
② GCB(Gas Circuit Breaker) : 가스차단기

2-7
전기샤프트(ES)는 전력용(EPS)과 정보통신용(TPS)을 구분하여 설치하는 것이 원칙이다.

정답 2-6 ③ 2-7 ③

핵심이론 03 | 예비전원, 전동기, 감시제어반

(1) 예비전원의 조건
① 축전지는 정전 후 30분 이상 방전할 수 있어야 한다.
② 자가발전설비는 정전 후 10초 이내에 가동하여 규정전압을 30분 이상 유지하여야 하며, 수전설비 용량의 10~30% 정도(승강기 포함)
③ 축전지와 자가발전설비를 병용할 경우 축전지는 충전 없이 20분 이상 방전이 가능해야 하고, 자가발전설비는 정전 후 45초 이내에 가동하여 30분 이상 공급이 가능해야 한다(방송실, 수술실, 전산실 등).

(2) 발전기실의 구조
① 내화구조, 방음과 방진구조이어야 한다.
② 바닥은 절연재료로 하여야 한다.
③ 주위 온도가 5℃ 이내로 내려가지 않아야 한다.
④ 기기의 반출입이 용이하고, 배기가 용이해야 한다.
⑤ 변전실에 가까워야 하며, 연료공급이 용이해야 한다.

(3) 전동기(Motor)
① 전동기는 전기에너지를 기계에너지로 변환시키는 회전동력 기계로서, 대부분 회전운동 동력을 만들지만, 직선운동 형식도 있다.
② **전원의 종별 구분** : 직류 전동기와 교류 전동기로 구분

구 분	종 류	세부 종류	
직 류		직권전동기, 복권전동기, 분권전동기	
교 류	단상 교류형	분상기동형, 반발기동형, 콘덴서형	
	3상 교류형	유도전동기	농형, 권선형
		동기전동기	
		정류자전동기	

③ 직류 전동기
　㉠ 속도 조절 간단, 시동 토크가 크므로 속도 제어가 요구되는 장소에 적당하다.
　㉡ 가격이 비싸며, 큰 시동 토크가 요구되는 엘리베이터, 전차 등에 사용된다.
④ 교류 전동기
　㉠ 직류 전동기에 비해 가격 저렴, 구조 간단

　㉡ 교류 전동기의 속도는 관계식에 따라 주로 교류 공급장치의 주파수와 고정자 권선의 전극 수가 결정한다.

$$N = \frac{120f}{P}$$

여기서, N : 동기속도, 분당 회전수
　　　　f : 교류 전원 주파수
　　　　P : 위상 권선당 전극 수

　㉢ 교류 전동기 주요 유형은 유도 또는 동기로 분류된다.
　㉣ 유도전동기(모터 또는 비동기) : 회전자 주위에 3상 전원을 인가하면 시계방향으로 회전자기장이 생기고, 회전자도 시계방향으로 회전한다.
　　• 구조와 취급이 간단하고 기계적으로 견고하다.
　　• 가격이 비교적 싸고 운전이 대체로 쉽다.
　　• 건축설비에서 널리 사용되고 있다.
　㉤ 동기전동기 : 동기속도로 회전하는 전동기이다.
　　• 정확하게 동기속도에서 정격 토크를 생성한다.
　　• 회전자가 장자석인 회전 장자석형을 일반적으로 사용하며, 유도전동기에 비해 효율이 좋다.

10년간 자주 출제된 문제

3-1. 다음 설명에 알맞은 전동기의 종류는?

• 회전자계를 만드는 여자전류가 전원 측으로부터 흐르는 관계로 역률이 나쁘다는 결점이 있다.
• 구조와 취급이 간단하여 건축설비에서 가장 널리 사용된다.

① 직권전동기　　② 분권전동기
③ 유도전동기　　④ 동기전동기

3-2. 다음 설명에 알맞은 전동기는?

• 구조와 취급이 간단하고 기계적으로 견고하다.
• 가격이 비교적 싸고 운전이 대체로 쉽다.
• 건축설비에서 가장 널리 사용되고 있다.

① 유도전동기　　② 동기전동기
③ 직류 전동기　　④ 정류자전동기

정답 3-1 ③　3-2 ①

핵심이론 04 | 배전 및 배선설비

(1) 전기 방식

① 단상 2선식
  ㉠ 소형 주택 등에 많이 사용
  ㉡ 110V와 220V 중 한 종류를 사용

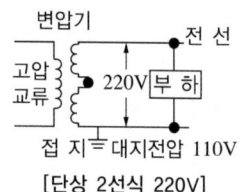

[단상 2선식 220V]

② 단상 3선식
  ㉠ 중심선(N)을 연결하여 110V와 220V를 동시 사용
  ㉡ 대규모 전등용, 아파트, 사무실, 학교 등에서 많이 사용

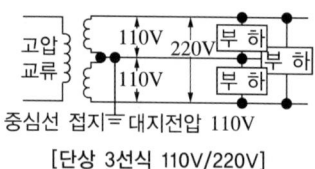

[단상 3선식 110V/220V]

③ 3상 3선식
  ㉠ R, S, T 전원 위상
  ㉡ 동력용으로 공장 등에서 많이 사용

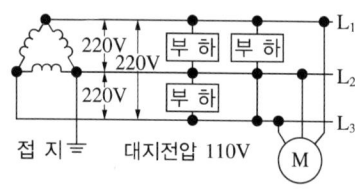

[3상 3선식 220V]

④ 3상 4선식
  ㉠ R, S, T + N 전원 위상
  ㉡ 동력과 전등 부하를 동시에 공급 가능하며, 대형 건물에 적합

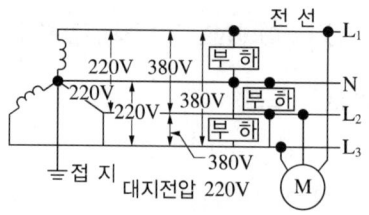

[3상 4선식 220V/380V]

(2) 간선의 설계순서

① 간선의 부하용량 산출
② 전기 방식과 배선 방식 결정
③ 배선 방법 결정
④ 전선의 굵기 결정

10년간 자주 출제된 문제

4-1. 3상 동력과 단상 전등, 전열부하를 동시에 사용 가능한 방식으로 사무소 건물 등 대규모 건물에 많이 사용되는 구내 배전방식은?

① 단상 2선식   ② 단상 3선식
③ 3상 3선식   ④ 3상 4선식

4-2. 다음 중 간선 및 배선설비 설계에서 일반적으로 가장 먼저 이루어지는 작업은?

① 부하 산정
② 보호 방식 결정
③ 간선의 배선 방식 결정
④ 배선의 부설 방식 결정

|해설|

4-1
전기 방식 중 3상 4선식은 동력과 부하를 동시에 공급할 수 있어 대규모 건물에 적합하다.

4-2
간선의 부하용량 산출을 우선한다.

정답 4-1 ④ 4-2 ①

(3) 간선 배선 방식(배전반에서 분전반까지 배선)

① 평행식(개별 방식)
  ㉠ 각 분전반에 단독으로 배선하는 방식
  ㉡ 전압이 일정(전압강하가 적다)
  ㉢ 화재 등 사고발생 시 영향이 적다.
  ㉣ 대규모 건물에 적합하다.
  ㉤ 설비비가 많이 소요된다.

② 나뭇가지식(수지상식)
  ㉠ 한 개의 간선이 각 분전반을 거쳐가며 공급하는 방식
  ㉡ 넓게 분산된 구역의 소규모 건물에 적합하다.

③ 병용식
  ㉠ 평행식과 수지상식을 병용한 방식
  ㉡ 일반적으로 가장 많이 사용된다.

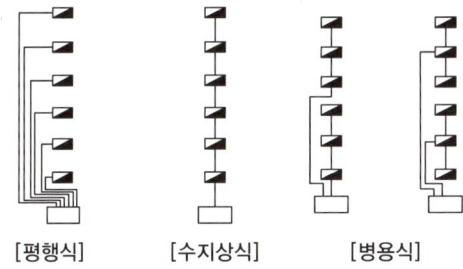

[평행식]   [수지상식]   [병용식]

(4) 분전반(말단부하에 배전하는 역할(배전반의 일종))

① 가능한 한 부하의 중심에 두어야 한다.
② 1개 층에 분전반 1개 이상씩 설치한다.
③ 분전반 한 개의 분기회로는 20회선, 예비회로 포함 시 40회선으로 한다.
④ 분전반 설치간격 : 분기회로 길이가 30m 이내가 되도록 설계한다.

10년간 자주 출제된 문제

4-3. 다음 그림과 같은 형태를 갖는 간선의 배선 방식은?

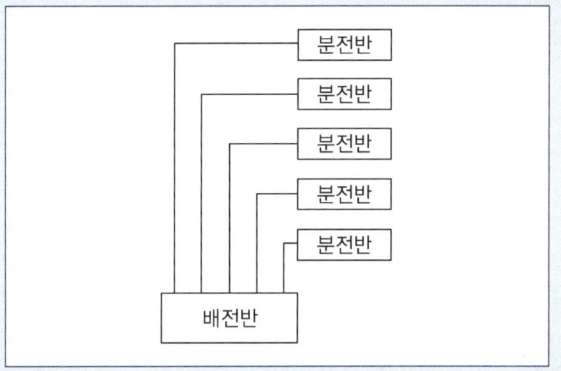

① 개별 방식   ② 루프 방식
③ 병용 방식   ④ 나뭇가지 방식

4-4. 다음의 간선 배전 방식 중 분전반에서 사고가 발생했을 때 그 파급 범위가 가장 좁은 것은?
① 평행식   ② 방사선식
③ 나뭇가지식   ④ 나뭇가지 평행식

4-5. 전면이나 후면 또는 양면에 개폐기, 과전류 차단장치 및 기타 보호장치, 모선 및 계측기 등이 부착되어 있는 하나의 대형 패널 또는 여러 개의 패널, 프레임 또는 패널 조립품은?
① 캐비닛   ② 차단기
③ 배전반   ④ 분전반

|해설|

4-3
개별 방식은 평행식으로 각 분전반에 단독으로 배선하는 방식

4-4
평행식은 배전반 → 분전반으로 개별적으로 배선하므로 사고의 영향을 최소화할 수 있다.

4-5
③ 배전반 : 공용 전기 배전망과 건물의 전기회로 접속점을 형성하는 장치(개폐기, 과전류 차단장치 등의 계기류가 부착)
② 차단기 : 회로 이상 시 전로를 자동적으로 개폐하여 기기 보호
④ 분전반 : 배전반에서 배선된 간선을 다시 분기 배선하는 장치로서 옥내 배선에서의 간선으로부터 각 분기회로로 갈라지는 곳에 설치하여 분기회로 과전류 차단기를 설치해 한 곳에 모아 놓는다.

정답 4-3 ① 4-4 ① 4-5 ③

(5) 배선 공사

① 애자 사용 공사
  ㉠ 전선로, 전기기기의 나선(裸線) 부분을 절연하고 기계적으로 유지 또는 지지하기 위하여 사용되는 절연체
  ㉡ 노출 공사와 은폐 공사가 있다.
  ㉢ 전선 상호 간의 간격 : 6cm 이상
  ㉣ 애자 상호 간의 간격 : 2m 이하

② 목재 몰드 공사
  ㉠ 목재의 홈에 전선을 넣고 뚜껑을 덮는 방식
  ㉡ 보통 300V 이하에서만 시공

③ 합성수지 몰드 공사 : 화학공장 등의 간단한 배선에 적합

④ 금속 몰드 공사 : 철근콘크리트 건물 증설 배관 시 용이하다.

⑤ 경질 비닐관 공사(합성수지관 공사)
  ㉠ 내식성, 내화학성, 절연성이 좋다.
  ㉡ 화학공장이나 연구소에 적당하지만, 열에 약하고 기계적 강도가 낮다.

⑥ 금속관 공사
  ㉠ 콘크리트 건물에 매립하여 배관하는 방식으로 접지가 필요하다.
  ㉡ 화재 위험이 적고, 인입 및 교체가 용이, 기계적 손상 적다.
  ㉢ 굴곡이 많은 곳에는 부적합하다.

⑦ 가요 전선관 공사(Flexible Conduit)
  ㉠ 굴곡이 많은 곳에서 이용하며 엘리베이터, 전동기, 기차 등의 배선에 적합하다.
  ㉡ 콘크리트에 매립해서는 안 된다.

⑧ 금속 덕트 공사
  ㉠ 천장이나 벽면에 노출하여 배선하는 것
  ㉡ 덕트 내의 전체 전선 단면적은 덕트 단면적의 20% 이하로 한다.

⑨ 버스 덕트 공사 : 비교적 큰 전류를 사용하는 공장, 빌딩 등에 적합하다.

⑩ 플로어 덕트 공사
  ㉠ 콘크리트 바닥에 덕트를 설치하여 전기 공급한다.
  ㉡ 넓은 사무실이나 백화점 등에 적합하다.

10년간 자주 출제된 문제

4-6. 다음의 저압 옥내 배선 방법 중 노출되고 습기가 많은 장소에 시설이 가능한 것은?(단, 400V 미만인 경우)
① 금속관 배선
② 금속 몰드 배선
③ 금속 덕트 배선
④ 플로어 덕트 배선

4-7. 경질 비닐관 공사에 관한 설명으로 옳은 것은?
① 절연성과 내식성이 강하다.
② 자성체이며 금속관보다 시공이 어렵다.
③ 온도 변화에 따라 기계적 강도가 변하지 않는다.
④ 부식성 가스가 발생하는 곳에는 사용할 수 없다.

4-8. 금속관 공사에 관한 설명으로 옳지 않은 것은?
① 고조파의 영향이 없다.
② 저압, 고압, 통신설비 등에 널리 사용된다.
③ 사용 목적과 상관없이 접지를 할 필요가 없다.
④ 은폐, 노출장소, 옥측, 옥외 등 광범위하게 사용가능하다.

|해설|
4-6
금속관 배선은 노출되고 습기가 많은 장소에 사용가능하다.
4-7
- 절연성, 내식성이 뛰어나며, 중량이 가볍고 시공이 용이
- 열에 약하고 기계적 강도가 낮다.

정답 4-6 ① 4-7 ① 4-8 ③

(6) 전선의 굵기 결정

① 전선의 허용전류, 전압강하, 기계적인 강도를 고려
② 기계적 강도 : 옥내 배선용은 1.6mm 이상의 연동선
③ 전선을 4본 이상 삽입해서 쓸 경우, 전선의 단면적은 전선관 단면적의 40% 이하이어야 한다.
④ 전선관 내에 배선할 수 있는 전선 수는 10본 이하이다.
　㉠ 전선관 설치 목적 : 전선을 수용하고 보호
　㉡ 허용전류 : 전류가 절연물을 손상시키지 않고 안전하게 흐를 수 있는 최대 전류값
⑤ 전선의 삽입, 교체가 용이한 안지름이 되어야 한다.

(7) 배선 기구

① 개폐기
　㉠ 나이프 스위치 : 분전반의 주개폐기용으로 사용하며 충전부가 노출되어 감전의 우려가 있다.
　㉡ 커버 나이프 스위치 : 충전부를 덮은 것으로 감전의 우려가 없다.
　㉢ 컷아웃 스위치
　　• 충전부를 덮은 것으로 감전의 우려가 없다.
　　• 스위치와 보안장치를 겸비한 것
　　• 안전기, 두꺼비집, 베이비 스위치라고도 한다.
② 과전류 보호기 : 과전류(정격전류의 120% 이상)가 흐르면 전로를 차단하는 것
　㉠ 퓨즈 : 과부하와 단락 시에 가용체를 이용하여 회로를 차단하는 것으로 회복이 불가능하다.
　㉡ 서킷 브레이커(Circuit Breaker)
　　• 과전류가 흐를 때 자동적으로 회로를 차단하고 원인 제거 시 다시 원상태로 복귀하여 재사용한다.
　　• 자동차단기, 노퓨즈 브레이커(No Fuse Breaker)
③ 접속기
　㉠ 로제트(Rosette) : 천장, 벽에 붙여 옥내 배선 및 전등코드와 접속
　㉡ 리셉터클(Receptacle) : 배선에 전등을 직접 접속
　㉢ 코드 커넥터(Code Connector) : 코드와 코드를 접속
　㉣ 아웃트렛(Outlet)과 플러그(Plug) : 보통 사무실에는 벽 길이 5m마다 한 개의 비율로 바닥에서 30cm 높이에 콘센트를 설치한다.

콘센트(노출형)　플러그　코드 커넥터　리셉터클　로켓

10년간 자주 출제된 문제

4-9. 옥내 배선의 전선 굵기 결정요소에 속하지 않는 것은?
① 허용전류　② 배선 방식
③ 전압강하　④ 기계적 강도

4-10. 과전류가 흐를 때 자동적으로 회로를 차단하고 원인 제거 시 다시 원상태로 복귀하여 재사용할 수 있는 것은 무엇인가?
① 나이프 스위치
② 컷아웃 스위치
③ 서킷 브레이커
④ 리셉터클(Receptacle)

|해설|
4-9
전선 굵기 결정요소 : 허용전류, 전압강하, 기계적 강도
4-10
서킷 브레이커(Circuit Breaker) : 과전류가 흐를 때 자동적으로 회로를 차단하고 원인 제거 시 다시 원상태로 복귀하여 재사용할 수 있는 것

정답 4-9 ② 4-10 ③

제10절 조명설비

핵심이론 01 | 기초 사항

(1) 광속(Luminous Flux, 光束, 기호 : F)

① 빛이 진행하는 방향에 수직인 단위 면적을 단위 시간에 지나가는 빛의 양

② 단위 : lm

(2) 조도(Illuminance, 照度, 기호 : E)

① 단위 면적당 입사 광속(光束)이며, 빛을 받는 면에 비춰지는 빛의 밝기로서 어느 면에 입사하는 빛의 양

② 거리의 역제곱의 법칙 : 점광원으로부터의 거리가 n배가 되면 그 값은 $\frac{1}{n^2}$배가 된다.

③ 단위 : $lx = lm/m^2$, $phot = ph = lm/cm^2$

(3) 광도(Luminous Intensity, 光度, 기호 : I)

① 점광원에서 어느 방향으로 나오는 빛의 세기이며, 빛의 진행방향에 수직한 면을 통과하는 빛의 양

② 단위 : cd

(4) 휘도(Luminance, 輝度, 기호 : L)

① 광원의 단위 면적당 밝기의 정도로서 일정한 범위를 가진 광도를 그 광원의 면적으로 나눈 양

② 눈부심의 정도 또는 어느 면에서 반사되는 빛의 양으로서 표면 밝기의 척도가 되며, 휘도가 높으면 눈부심이 크다.

③ 단위 : $nit = cd/m^2$, $stilb = cd/m^2$, asb(Apostilb)

(5) 광속발산도(Luminous Radiance, 光速發散度)

① 광원에서 단위 면적으로부터 발산하는 광속

② 단위 : $lm/m^2 = radlux$, $lm/cm^2 = Lambert$

10년간 자주 출제된 문제

1-1. 조명설비에서 눈부심에 관한 설명으로 옳지 않은 것은?

① 광원의 크기가 클수록 눈부심이 강하다.
② 광원의 휘도가 작을수록 눈부심이 강하다.
③ 광원이 시선에 가까울수록 눈부심이 강하다.
④ 배경이 어둡고 눈이 암순응될수록 눈부심이 강하다.

1-2. 점광원으로부터의 거리가 n배가 되면 그 값은 $1/n^2$배가 된다는 '거리의 역제곱의 법칙'이 적용되는 빛환경 지표는?

① 조 도 ② 광 도
③ 휘 도 ④ 복사속

1-3. 광속이 2,000lm인 백열전구로부터 2m 떨어진 책상에서 조도를 측정하였더니 200lx이었다. 이 책상을 백열전구로부터 4m 떨어진 곳에 놓고 측정하였을 때 조도는?

① 50lx ② 100lx
③ 150lx ④ 200lx

|해설|

1-1
광원의 휘도가 작을수록 눈부심은 적어지고, 광원의 휘도가 클수록 눈부심은 강하다.

1-2
조도는 거리의 제곱에 반비례$\left(\frac{1}{n^2}\right)$한다. 즉, n^2배 어두워진다.

1-3
• 광도를 구한다.
조도 = $\frac{광도}{거리^2}$ 이므로, $200lx = \frac{I cd}{2^2 m}$, $\therefore I = 800cd$

• 광도를 대입해서, 거리 4m 지점에서의 조도를 구한다.
$E(lx) = \frac{800cd}{4^2 m}$, $\therefore E = 50lx$

정답 1-1 ② 1-2 ① 1-3 ①

핵심이론 02 | 광원의 종류, 연색성

(1) 광원의 종류

① 백열등
  ㉠ 일반적으로 휘도가 높고, 열방사가 많다.
  ㉡ 광색에는 적색 부분이 많고 배광제어가 용이하다.
  ㉢ 스위치를 넣고 점등에 이르는 순응성이 크다.
  ㉣ 온도가 높을수록 주광색에 가깝다.

② 형광등
  ㉠ 저휘도이고, 광색의 조절은 비교적 용이하다.
  ㉡ 수명이 길며, 열방사가 적다.
  ㉢ 점등까지 시간이 걸린다.
  ㉣ 주위 온도 영향을 받는다(-10℃ 이하는 점등 불가).

③ 수은등
  ㉠ 초고압 수은등 : 영화 촬영, 영사
  ㉡ 백색광의 고휘도이고, 배광제어가 용이하다.
  ㉢ 완전 점등까지 약 10분이 걸린다.

④ 나트륨등
  ㉠ 황색의 단일광으로 명시효과가 크다.
  ㉡ 연색성이 매우 나쁘며, 차량용 도로에 사용한다.

(2) 연색성

① **연색성** : 스펙트럼에 모든 색이 고루 나타나는 성질
  ㉠ 연색성의 평가단위 : 연색평가수(Ra)
  ㉡ 평균 연색평가수(Ra)가 100에 가까울수록 연색성이 좋다.
  ㉢ 연색평가수 : 태양, 백열전구는 100, 고압 수은램프는 23~45

② **연색평가수**(Color Rendering Index, 연색지수)
  ㉠ 연색평가수 : 광원에 의해 조명되는 물체 색의 지각이, 규정 조건하에서 기준광원으로 조명했을 때의 지각과 합치되는 정도를 표시하는 수치
  ㉡ 평균 연색평가수(Ra) : 규정된 8종류 시험색을 기준광원으로 조명했을 때와 시료광원으로 조명했을 때 CIE-UES 색도 그림에 있어서의 색도 변화의 평균치
  ㉢ 나트륨등과 같은 순도 높은 유채색 광원에는 적용이 어렵다.
  ㉣ 특수 연색평가수 : 개별 시험색을 조명했을 때 UVW계에 있어서 좌표 변화로부터 구하는 연색평가수

[램프의 연색성과 용도와의 관계]

연색성 그룹	연색평가수 범위	광원색 느낌	사용 장소
1	Ra ≥ 85	서늘함	직물, 도장, 인쇄공장
		중 간	점포, 병원
		따뜻함	주택, 호텔, 레스토랑
2	70 ≤ Ra < 85	서늘함	학교, 백화점, 사무실
		중 간	따뜻한 기후에서 위의 용도
		따뜻함	추운 기후에서 위의 용도
3	Ra < 70		연색성이 중요하지 않은 곳
특 별	특별한 연색성		특별한 경우

10년간 자주 출제된 문제

2-1. 광원의 연색성에 관한 설명으로 옳지 않은 것은?
① 고압 수은램프의 평균 연색평가수(Ra)는 100이다.
② 연색성을 수치로 나타낸 것을 연색평가수라고 한다.
③ 평균 연색평가수(Ra)가 100에 가까울수록 연색성이 좋다.
④ 물체가 광원에 의하여 조명될 때, 그 물체의 색의 보임을 정하는 광원의 성질을 말한다.

2-2. 조명설비에서 연색성에 관한 설명으로 옳지 않은 것은?
① 평균 연색평가수(Ra)가 0에 가까울수록 연색성이 좋다.
② 일반적으로 할로겐전구가 고압 수은램프보다 연색성이 좋다.
③ 연색성이란 물체가 광원에 의하여 조명될 때 그 물체 색의 보임을 정하는 광원의 성질을 말한다.
④ 평균 연색평가수(Ra)란 많은 물체의 대표색으로서 8종류의 시험색을 사용하여 그 평균값으로부터 구한 것이다.

|해설|
2-1
연색성 : 태양과 같이 스펙트럼 분석에 모든 색이 고루 나타나는 성질
- 연색성의 평가단위 : 연색평가수(Ra)
- 평균 연색평가수(Ra)가 100에 가까울수록 연색성이 좋다.
- 연색평가수 : 태양, 백열전구는 100, 고압 수은램프는 23~45

2-2
연색평가수(Ra) 100은 그 광원의 연색성이 기준 광원과 동일함을 표시한다. 즉, 평균 연색평가수(Ra)가 100에 가까울수록 연색성이 좋다.

정답 2-1 ① 2-2 ①

핵심이론 03 | 조명 방식

(1) 기구배치에 의한 분류

① 전반조명
　㉠ 실 전체에 균등하게 조명을 설치하는 방식
　㉡ 일반적인 방법으로 실 전체가 균일한 조도 분포

② 국부조명
　㉠ 필요한 곳만을 집중적으로 강하게 조명하는 방식
　㉡ 원하는 정도의 밝기, 이동성, 방향 변경이 용이하다.

③ 전반국부 혼용조명(경제적 조명방법)
　㉠ 약한 전반조명(1/10 이상)과 국부조명 혼용 방법
　㉡ 정밀작업의 공장, 실험실, 설계실 등

(2) 배광에 의한 분류

① 직접조명
　㉠ 적은 전력으로 높은 조도를 얻을 수 있다.
　㉡ 방 전체의 균일한 조도를 얻기 어렵다.
　㉢ 음영 때문에 눈이 피로하다.

② 간접조명
　㉠ 조명능률은 떨어지지만 음영이 부드럽다.
　㉡ 균일한 조도 및 안정된 분위기를 유지할 수 있다.

③ 전반확산조명 : 직접조명과 간접조명의 장점을 혼용

[배광 분류에 따른 광속 분포(%)]

구 분	설치 방식	상향광속	하향광속
직접조명		0~10	90~100
반직접조명		10~40	60~90
전반확산조명		40~60	40~60
반간접조명		60~90	10~40
간접조명		90~100	0~10

10년간 자주 출제된 문제

3-1. 직접조명 방식에 관한 설명으로 옳지 않은 것은?
① 조명률이 크다.
② 실내면 반사율의 영향이 적다.
③ 상반부 광속은 보통 0~10% 정도이다.
④ 분위기를 중요시하는 조명에 적합하다.

3-2. 간접조명 기구에 관한 설명으로 옳지 않은 것은?
① 직사 눈부심이 없다.
② 매우 넓은 면적이 광원으로서의 역할을 한다.
③ 일반적으로 발산광속 중 상향광속이 90~100% 정도이다.
④ 천장, 벽면 등은 빛이 잘 흡수되는 색과 재료를 사용하여야 한다.

3-3. 반직접조명의 상향광속과 하향광속의 비율은?
① 상향광속 0~10%, 하향광속 90~100%
② 상향광속 10~40%, 하향광속 60~90%
③ 상향광속 60~90%, 하향광속 10~40%
④ 상향광속 90~100%, 하향광속 0~10%

|해설|
3-1
간접조명 : 분위기를 중요시하는 조명에 적합하다.
3-2
천장, 벽면 등은 빛이 잘 반사되는 색과 재료를 사용하여야 한다.

직접조명과 간접조명 비교

구 분	장 점	단 점
직접조명	• 조명률이 좋다. • 먼지에 의한 감광이 적다. • 설비비가 저렴하다.	• 지저분할 수 있다. • 눈부심이 많다. • 소요전력이 크다.
간접조명	• 조도가 균일하다. • 음영이 적다.	• 조명률이 나쁘다. • 먼지 감이 많다. • 천장의 영향을 많이 받는다. • 입체감이 줄어든다.

정답 3-1 ④ 3-2 ④ 3-3 ②

(3) TAL조명 방식
① TAL조명 방식(Task & Ambient Lighting) : 작업구역(Task)에는 전용의 국부조명 방식으로 조명하고, 기타 주변(Ambient) 환경에 대하여는 간접조명과 같은 낮은 조도레벨로 조명하는 방식을 말한다.
② 작업의 집중력을 높이고, 주변의 간접조명으로 안정감을 줄 수 있다.

(4) 건축화 조명의 특징
① 건축물 구조체(찬장, 벽, 기둥 등)의 일부분에 광원을 일체화로 만들어 실내를 조명하는 방식
② 눈부심이 적다.
③ 명랑한 느낌을 주어 현대적인 감각을 느끼게 한다.
④ 비용이 많이 든다.
⑤ 조명 효율이 떨어진다.

(5) 건축화 조명의 종류
① 천장 매입형 조명
  ㉠ 다운라이트 : 천장에 매입한 점형의 전등조명 방식
  ㉡ 라인라이트 : 천장에 매입한 선형의 전등조명 방식
  ㉢ 코퍼조명 : 천장면을 파내고 사각형이나 원형의 조명기구를 매립하여 배치하는 하향조명 방식

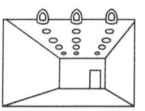 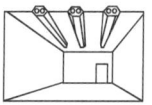 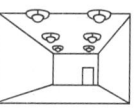

[다운라이트]   [라인라이트]   [코퍼라이트]

② 천장면 조명
  ㉠ 광천장조명 : 반투명의 확산 조명을 위해 천장면 내부 전체에 조명기구를 배치하는 방식
  ㉡ 루버조명 : 천장면에 루버판을 설치하고 루버 내부에 조명을 설치하는 방식
  ㉢ 코브조명 : 천장면 조명을 감출 수 있도록 공간을 만들어 조명을 설치하는 간접조명 방식

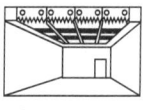 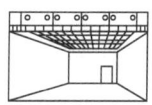 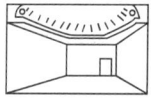

[광천장조명]   [루버조명]   [코브조명]

③ 벽면 조명
  ㉠ 코니스조명 : 벽 상단의 모서리를 이용한 하향조명 방식
  ㉡ 밸런스조명 : 벽면의 일부를 이용한 간접조명 방식
  ㉢ 라이트윈도 : 벽면 전체에 조명을 매입하는 조명 방식

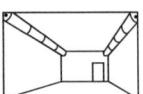
[코니스(코너) 조명]
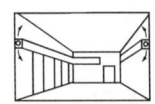
[밸런스조명]

[광창조명]

10년간 자주 출제된 문제

3-4. 작업구역에는 전용의 국부조명 방식으로 조명하고, 기타 주변 환경에 대하여는 간접조명과 같은 낮은 조도레벨로 조명하는 방식은?
① TAL조명 방식
② 반직접조명 방식
③ 반간접조명 방식
④ 전반확산조명 방식

3-5. 건축화 조명 중 천장 전면에 광원 또는 조명기구를 배치하고, 발광면을 확산투과성 플라스틱 판이나 루버 등으로 전면을 가리는 조명방법은?
① 밸런스조명
② 광천장조명
③ 코니스조명
④ 다운라이트조명

| 해설 |

3-4
TAL조명 방식(Task & Ambient Lighting)은 작업의 집중력을 높이고, 주변의 간접조명으로 안정감을 줄 수 있다.

3-5
② 광천장조명 : 천장면 전체에 광원 또는 조명기구를 배치하는 방식
① 밸런스조명 : 벽면의 일부를 이용한 간접조명 방식
③ 코니스조명 : 벽 모서리를 이용한 하향조명 방식
④ 다운라이트조명 : 천장에 매입한 조명 방식

정답 3-4 ① 3-5 ②

핵심이론 04 | 조명 설계 순서

(1) 좋은 조명의 조건
① 적당한 조도 및 조명 효율이 좋을 것
② 눈부시지 않도록 적당한 휘도 대비를 유지할 것
③ 빛의 확산을 적절히 하며, 의장적으로 건축과 조화될 것

(2) 조명 설계 순서
① 소요조도 결정 : 바닥으로부터 85cm 높이에서 측정
② 광원 선택 : 용도, 연색성, 효율 등을 고려하여 광원 결정
③ 조명 방식 결정 : 실내 벽체마감(반사율) 고려
④ 조명기구 결정
⑤ 광속의 계산 : 광속법에 의한 조명 설계식 계산

$$F(\text{lm}) = \frac{A \cdot E \cdot D}{N \cdot U} = \frac{A \cdot E}{N \cdot U \cdot M}$$

여기서,
F : 사용광원 1개의 광속(lm)
A : 방의 면적(m^2)
E : 작업면의 평균조도(lx)
N : 전등 수
D : 감광보상률(직접조명 1.3~2.0, 간접조명 1.5~2.0)
U : 조명률(발광 빛의 작업면에 도달 비율, 0~1의 값)
M : 보수율(유지율, 감광보상률의 역수)

⑥ 조명기구 배치 결정(광원 간격 S, 벽과 광원의 간격 S_W)
  ㉠ $S \leq 1.5H$
  ㉡ $S_W \leq H/2$(벽 가까이에서 작업하지 않을 경우)
  ㉢ $S_W \leq H/3$(벽 가까이에서 작업할 경우)

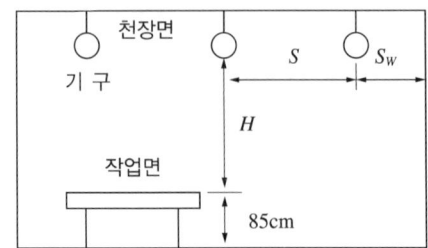

⑦ 광속발산도(실지수) 계산
  ㉠ 조명률(U) = 작업면의 광속/광원의 광속
    - 램프에서 나오는 광속 중, 작업면 도달 광속 비율
    - 영향 요소 : 조명기구의 배광 형태, 천장·벽·바닥의 반사율, 방의 형태 및 크기, 조명기구의 높이 등
  ㉡ 실지수(K)
    - 조명률 영향요소 중 위치에 관한 요소를 지수화함
    - 실 형태에 따라 흡수율, 광속 이용률이 달라진다.
    - 바닥면적, 천장면적, 실 길이와 폭 등을 실지수 K로 정의하여 조명률 계산을 쉽게 한다.

    $$K = \frac{(\text{천장면적} + \text{바닥면적})}{\text{작업면에서 광원까지 벽면적}}$$

    - 실의 천장이 낮을수록 흡수율 감소 → 실지수 증가
    - 실의 형태가 정사각형에 가까울수록 흡수율 감소 → 실지수 증가

10년간 자주 출제된 문제

4-1. 다음과 같은 조건에서 사무실의 평균 조도를 800lx로 설계하고자 할 경우, 광원의 필요수량은?

- 광원 1개 광속 : 2,000lm
- 실의 면적 : 10m²
- 감광보상률 : 1.5
- 조명률 : 0.6

① 3개 ② 5개
③ 8개 ④ 10개

4-2. 조명기구를 사용하는 도중에 광원의 능률 저하나 기구의 오염, 손상 등으로 조도가 점차 저하되는데, 인공조명 설계 시 이를 고려하여 반영하는 계수는?

① 광 도 ② 조명률
③ 실지수 ④ 감광보상률

|해설|
4-1
$$N = \frac{A \cdot E \cdot D}{F \cdot U} = \frac{10 \times 800 \times 1.5}{2,000 \times 0.6} = 10$$

4-2
감광보상률 : 광원 능률 저하로 인해 광원을 갈아 끼우거나 기구를 청소할 때까지 필요한 조도를 유지할 수 있도록 여유를 두는 비율

정답 4-1 ④ 4-2 ④

제11절 약전설비, 방재설비

핵심이론 01 약전설비

(1) 전화설비
① 국선 : 통신회사에서 교환기실의 PBX(구내교환설비)까지의 인입 회선
② 내선 : 구내교환기(Private Branch Exchange)의 내선회로부터 내선전화기까지의 전화 회선

(2) 인터폰설비
① 설치 위치 및 방법
  ㉠ 설치 높이는 바닥면상 1.5m로 한다.
  ㉡ 전원장치는 보수가 용이하고, 안전한 장소에 시설한다.
  ㉢ 전화 배선과는 별도 계통으로 한다.
② 작동 원리에 따른 분류
  ㉠ 프레스토크(Press Talk)식 : 상대편의 통신을 받고 있는 동안은 누름 버튼을 누르지 않고, 상대에게 통신을 보낼 때 그 버튼을 눌러야 하는 것과 같이, 버튼으로 송수신을 전환시켜 교대로 통화를 하는 방식
  ㉡ 동시 통화 방식 : 버튼 누름 없이 통화(도어 폰)
③ 인터폰설비의 접속 방식에 따른 분류
  ㉠ 모자식(친자식) : 한 대의 모기에 여러 대 자기 접속
  ㉡ 상호식 : 어느 기계에서나 임의로 통화가 가능한 방식
  ㉢ 복합식 : 모자식과 상호식을 조합한 방식

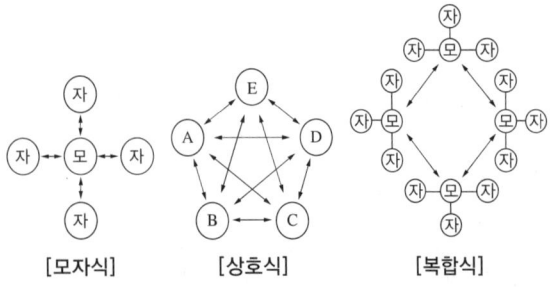

[모자식] [상호식] [복합식]

(3) 안테나(공동수신)설비
① 안테나는 풍속 40m/sec 정도에 견뎌야 하고, 피뢰침 보호각 내에 있어야 하며, 강전류선으로부터 3m 이상 띄운다.
② TV 공청설비의 주요 구성기기
  ㉠ 안테나 : 수신대상 TV전파에 대응해야 한다.
  ㉡ 혼합기(Mixer) : 다른 안테나로 수신되거나 방향이 다른 전파를 간섭 없이 한 개의 전송선으로 모으는 장치로서 보통 U-V믹서를 사용한다.
  ㉢ 컨버터 : 극초단파(UHF), 초고주파(SHF)를 상호 변환하고자 할 때 사용한다.
  ㉣ 증폭기(Booster) : 수신점 전계강도가 낮은 경우 설치
  ㉤ 선로기기(분기기, 분배기, 정합기, 분파기) 등

10년간 자주 출제된 문제

1-1. 다음 중 약전설비에 속하는 것은?
① 변전설비 ② 전화설비
③ 축전지설비 ④ 자가발전설비

1-2. 다음 중 약전설비(소세력 전기설비)에 속하지 않는 것은?
① 조명설비 ② 전기음향설비
③ 감시제어설비 ④ 주차관제설비

1-3. 인터폰설비의 통화망 구성 방식에 속하지 않는 것은?
① 모자식 ② 상호식
③ 복합식 ④ 프레스토크식

1-4. TV 공청설비의 주요 구성기기에 속하지 않는 것은?
① 증폭기 ② 월패드
③ 컨버터 ④ 혼합기

|해설|

1-1
약전설비 : 전화, 인터폰, 전기시계, 안테나, 방범 및 화재경보설비

1-2
조명설비는 강전설비에 해당된다.

1-3
작동 원리에 따른 분류 : 프레스토크식, 동시 통화 방식

1-4
월패드 : 비디오 도어폰 기능뿐 아니라 조명·보일러·가전제품 등 가정 내 각종 기기를 제어할 수 있는 홈 네트워크의 기능을 가진 단말기

정답 1-1 ② 1-2 ① 1-3 ④ 1-4 ②

핵심이론 02 | 방재설비

(1) 항공장애 표시등의 설치

① 설치기준(공항시설법 제36조 관련) : 장애물 제한표면에서 수직으로 지상까지 투영한 구역에 있는 구조물로서 국토교통부령으로 정하는 구조물에는 항공장애 표시등 및 항공장애 주간(晝間)표지의 설치 위치 및 방법 등에 따라 표시등 및 표지를 설치하여야 한다.

  ㉠ 장애물이 다른 고정 장애물 또는 자연 장애물의 장애물 차폐면보다 낮은 구조물
  ㉡ 장애물이 주간에 중광도 A 형태의 표시등을 설치하여 운영되는 구조물 중 그 높이가 지표 또는 수면으로부터 150m 초과하는 구조물
  ㉢ 장애물이 등대(Lighthouse)인 경우에는 표시등의 설치를 생략할 수 있다.
  ㉣ 강·계곡(가공선 또는 케이블 등의 높이가 지표 또는 수면으로부터 90m 미만인 경우에는 제외) 또는 고속도로를 횡단하는 가공선·케이블·현수선 등은 표지를 해야 하며, 지방항공청장이 항공기의 항행안전을 해칠 가능성이 있다고 인정하는 가공선·케이블·현수선 등은 그 가공선·케이블·현수선 등을 지지하는 탑에 표시등 및 표지를 설치해야 한다.
  ㉤ 장애물 제한표면에서 수직으로 지상까지 투영한 구역에서 높이가 지표 또는 수면으로부터 60m 이상인 물체 및 구조물에는 표시등 및 표지를 설치해야 한다.

② 종 류 : 저광도 표시등, 중광도 표시등, 고광도 표시등

(2) 피뢰설비

① 설치규정(건축물의 설비기준 등에 관한 규칙 제20조)
  ㉠ 대상 : 낙뢰 우려가 있는 건축물, 높이 20m 이상의 건축물 또는 공작물

ⓒ 피뢰설비는 한국산업표준이 정하는 피뢰레벨 등급(Ⅰ~Ⅳ까지 4등급)에 적합해야 한다.
ⓒ 위험물저장 및 처리시설의 피뢰설비는 한국산업표준이 정하는 피뢰시스템레벨 Ⅱ 이상이어야 한다.
② 돌침 : 건축물의 맨 윗부분으로부터 25cm 이상 돌출시켜 설치
② 피뢰설비 재료 최소 단면적 : 피복이 없는 동선 기준으로 수뢰부, 인하도선 및 접지극은 50mm² 이상이거나 이와 동등 이상의 성능을 갖출 것

② 측면 낙뢰 방지를 위한 수뢰부 설치 위치
㉠ 높이 60m 초과하는 건축물 등 : 건축물 높이의 4/5 지점부터 최상단 사이 측면
㉡ 높이 150m 초과하는 건축물 : 120m 지점부터 최상단 사이 측면

10년간 자주 출제된 문제

2-1. 건축물 등에서 항공기의 추돌을 방지하기 위하여 설치하는 각종의 안전등화를 무엇이라 하는가?
① 선회등
② 유도로등
③ 항공등화
④ 항공장애 표시등

2-2. 피뢰시스템에 관한 설명으로 옳지 않은 것은?
① 피뢰시스템은 보호성능 정도에 따라 등급을 구분한다.
② 피뢰시스템의 등급은 Ⅰ, Ⅱ, Ⅲ의 3등급으로 구분된다.
③ 수뢰부시스템은 보호범위 산정방식(보호각법, 회전구체법, 메시법)에 따라 설치한다.
④ 피보호건축물에 적용하는 피뢰시스템의 등급 및 보호에 관한 사항은 한국산업표준의 낙뢰 리스트평가에 의한다.

|해설|

2-1
항공장애 표시등 : 항공기의 추돌을 방지하기 위하여 설치하는 각종의 안전등화

2-2
피뢰시스템의 등급은 Ⅰ~Ⅳ까지 4등급으로 구분된다.

정답 2-1 ④ 2-2 ②

(3) 자동화재탐지설비

① 열 감지기
㉠ 정온식
- 국부적인 온도가 일정한 온도를 넘으면 작동
- 화기 및 열원기기를 취급하는 보일러실, 주방 등에 이용(금속 팽창형)

㉡ 차동식
- 주위 온도가 일정 온도 상승률 이상일 때 작동
- 일반 사무실 등에 많이 사용된다(공기 팽창형).

㉢ 보상식
- 정온식과 차동식을 복합한 것
- 온도가 일정한 값 이상으로 오르거나 온도 상승률이 일정한 값을 초과할 경우 작동

② 스포트형 열 감지기 설치기준
- 축적 기능이 없는 것으로 설치
- 실내로의 공기 유입구로부터 1.5m 이상의 위치에 설치
- 천장 또는 반자의 옥내에 면하는 부분에 설치
- 45° 이상 경사되지 않도록 부착(스포트형 감지기)
- 정온식 감지기 : 주방·보일러실 등으로서 다량의 화기를 취급하는 장소에 설치하되, 공칭 작동온도가 최고 주위 온도보다 20℃ 이상 높은 것으로 설치
- 보상식 스포트형 감지기 : 정온점이 감지기 주위의 평상시 최고 온도보다 20℃ 이상 높은 것으로 설치

② 연기 감지기 : 천장이 높은 장소로서 강당, 복도, 계단 등에 적당
㉠ 광전식 : 연기 입자로 광전 소자에 대한 입사광량이 변화하는 것을 이용
㉡ 이온화식 : 연기 입자 때문에 이온 전류가 변화하는 것을 이용

(4) 비상콘센트설비

① 설치대상(가스시설 또는 지하구는 제외)
  ㉠ 층수가 11층 이상인 특정소방대상물은 11층 이상
  ㉡ 지하 : 층수 3층 이상, 바닥면적 합계 1,000m² 이상 모든 층
  ㉢ 길이 500m 이상인 지하가 중 터널

② 전 원
  ㉠ 비상전원 설치대상
    • 연면적 2,000m² 이상인 7층 이상(지하층 제외)
    • 바닥면적 합계 3,000m² 이상인 지하층
  ㉡ 비상전원 종류 : 자가발전기설비, 비상전원수전설비 또는 전기장치

10년간 자주 출제된 문제

2-4. 자동화재탐지설비의 열 감지기 중 주위온도가 일정온도 이상일 때 작동하는 것은?
① 차동식   ② 정온식
③ 광전식   ④ 이온화식

2-5. 자동화재탐지설비의 열 감지기 중 주위의 온도 상승률이 일정한 값을 초과하는 경우 동작하는 것은?
① 차동식   ② 정온식
③ 광전식   ④ 이온화식

2-6. 자동화재탐지설비의 감지기에 관한 설명으로 옳지 않은 것은?
① 스포트형 감지기는 45° 이상 경사되지 않도록 부착한다.
② 감지기는 천장 또는 반자의 옥내에 면하는 부분에 설치한다.
③ 정온식 감지기는 주방·보일러실 등으로서 다량의 화기를 취급하는 장소에 설치한다.
④ 보상식 스포트형 감지기는 정온점이 감지기 주위의 평상시 최고 온도보다 10℃ 이상 높은 것으로 설치한다.

2-7. 비상콘센트설비에 관한 설명으로 옳지 않은 것은?
① 층수가 6층 이상인 특정소방대상물의 전 층에 설치해야 한다.
② 전원회로는 각 층에 있어서 2 이상이 되도록 설치하는 것을 원칙으로 한다.
③ 비상콘센트는 바닥으로부터 높이 0.8m 이상 1.5m 이하의 위치에 설치한다.
④ 소방시설 중 화재를 진압하거나 인명구조활동을 위하여 사용하는 소화활동설비에 속한다.

|해설|

2-6
보상식 스포트형 감지기 : 최고 온도보다 20℃ 이상 높은 것으로 설치

2-7
비상콘센트설비는 층수가 11층 이상인 특정소방대상물은 11층 이상의 층에 설치하여야 한다.

정답 2-4 ② 2-5 ① 2-6 ④ 2-7 ①

제12절 운송설비

핵심이론 01 | 엘리베이터

(1) 엘리베이터의 구동 방식에 의한 분류

교류 엘리베이터	직류 엘리베이터
• 기동토크가 작다.	• 기동토크가 크다.
• 속도 제어가 불가능하다.	• 속도의 임의제어가 가능하다.
• 승강 기분이 나쁘다.	• 승강 기분이 좋다.
• 가격이 저렴하다.	• 가격이 비싸다.
• 속도 : 30, 45, 60m/min	• 속도 : 90m/min 이상

(2) 엘리베이터 구조

① 승강기
  ㉠ 출입문 : 미닫이 또는 쌍미닫이의 60분 + 방화문 또는 60분 방화문
  ㉡ 출입구 너비 : 0.8m, 높이 : 2.1m
  ㉢ 승강기의 케이지 문과 승차장 문은 리타이어링 캠(Retiring Cam, 닫힘 및 잠금장치)에 의하여 개폐한다.

② 기계실
  ㉠ 권상기 : 전동기로 카를 오르내리게 하는 기계
  ㉡ 전동기 : 모터
  ㉢ 제동기
  ㉣ 감속기
  ㉤ 견인구차(도르래) : 권상기의 부하를 줄이기 위해 사용
  ㉥ 균형추(카운터 웨이트, Counter Weight) : 권상기의 부하를 작게 하여 에너지를 절약하고자 하는 균형추

③ 안전장치
  ㉠ 완충기(Buffer) : 승강로 하부에서 충돌 방지
  ㉡ 조속기 : 정격속도의 120%를 초과할 때 과속 스위치를 작동시키고 권상기의 전자 브레이크 동력전원을 끊음으로써 정지시키는 장치
  ㉢ 비상정지장치 : 카의 속도가 계속 증대하여 정격속도의 130%를 초과할 때 조속기 로프를 잡아 카를 비상 정지시키는 장치
  ㉣ 종점 스위치(Terminal Switch) : 종단층에서 카 정지 스위치를 잊은 경우 자동 정지시키는 장치
  ㉤ 리밋 스위치(Limit Switch) : 위치 이동의 한계 스위치

10년간 자주 출제된 문제

1-1. 직류 엘리베이터에 관한 설명으로 옳지 않은 것은?
① 임의의 기동 토크를 얻을 수 있다.
② 고속 엘리베이터용으로 사용이 가능하다.
③ 원활한 가감속이 가능하여 승차감이 좋다.
④ 교류 엘리베이터에 비하여 가격이 저렴하다.

1-2. 엘리베이터 기계실의 주요설비에 속하지 않는 것은?
① 조속기　　　　② 권상기
③ 완충기　　　　④ 전자 브레이크

1-3. 다음 중 엘리베이터의 안전장치와 가장 관계가 먼 것은?
① 조속기　　　　② 핸드 레일
③ 종점 스위치　　④ 전자 브레이크

1-4. 엘리베이터의 안전장치 중 일정 이상의 속도가 되었을 때 브레이크 등을 작동시키는 기능을 하는 것은?
① 조속기　　　　② 권상기
③ 완충기　　　　④ 가이드 슈

1-5. 엘리베이터의 안전장치 중에서 카가 최상층이나 최하층에서 정상 운행위치를 벗어나 그 이상으로 운행하는 것을 방지하는 것은?
① 완충기(Buffer)
② 조속기(Governor)
③ 리밋 스위치(Limit Switch)
④ 카운터 웨이트(Counter Weight)

|해설|

1-1
직류 엘리베이터는 가격을 제외한 모든 면에서 교류 엘리베이터보다 우수하다.

1-2
완충기(Buffer) : 승강로 하부에 위치하는 충돌 방지 안전장치

1-3
핸드 레일 : 에스컬레이터 손잡이 부분

1-4
조속기 : 정격속도 120% 초과 시 권상기 전원을 끊고, 정지시키는 장치

1-5
리밋 스위치(Limit Switch) : 위치 이동의 한계 스위치

정답 1-1 ④　1-2 ③　1-3 ②　1-4 ①　1-5 ③

(3) 엘리베이터 조작방식

① 승합 전자동 방식 : 승객 스스로 운전하는 전자동 엘리베이터로 카 버튼이나 승강장의 호출신호로 기동, 정지를 이루는 엘리베이터 조작 방식
② 카 스위치 방식 : 운전원이 조작반의 핸들로 시동을 조작하는 방식
③ 시그널 컨트롤(신호 운전) 방식 : 기동은 운전원의 버튼 조작으로 하며, 정지는 목적층 단추를 누르는 것과 승강장의 호출 신호로 순서대로 자동 정지하는 방식
④ 기록 운전 방식 : 운전원이 승객의 목적층과 승강장의 호출 신호를 보고 조작반의 단추를 누르면 목적층 순서대로 자동 정지하는 방식

(4) 유압식 엘리베이터

① 윤활유 속에 잠긴 모터펌프의 가동으로 작동이 부드럽고 저속으로 작동하며, 기계적 마모가 적다.
② 기계실 위치 : 지하 또는 상부 등 여건에 맞게 설치하므로 기계실의 위치가 자유롭다.
③ 기계실이 별도로 있어 엘리베이터에서의 소음이 적다.
④ 유지 보수가 용이(로프식보다 적은 구성품 설치)하다.
⑤ 중력(자중)에 의해 하강하므로 경제적이고 전동기의 출력이 크다.
⑥ 무거운 중량물에 매우 효율적(짧은 승강행정에도 유리)이지만, 기계실의 발열량이 크다.
⑦ 유압식은 건물 기초에 의지하여 운행되므로 지진에 안전하다.
⑧ 화재발생으로 스프링 클러, 호스 등의 물 분사 시 덜 민감하게 반응한다.

10년간 자주 출제된 문제

1-6. 승객 스스로 운전하는 전자동 엘리베이터로 카 버튼이나 승강장의 호출신호로 기동, 정지를 이루는 엘리베이터 조작방식은?
① 승합 전자동식
② 카 스위치 방식
③ 시그널 컨트롤 방식
④ 레코드 컨트롤 방식

1-7. 기동은 운전원의 버튼 조작으로 하며, 정지는 목적층 단추를 누르는 것과 승강장의 호출 신호로 순서대로 자동 정지하는 방식은?
① 승합 전자동식
② 카 스위치 방식
③ 시그널 컨트롤 방식
④ 레코드 컨트롤 방식

1-8. 유압식 엘리베이터에 대한 설명 중 옳지 않은 것은?
① 오버헤드가 작다.
② 기계실의 위치가 자유롭다.
③ 큰 적재량으로 승강행정이 짧은 경우에는 적용할 수 없다.
④ 지하주차장 엘리베이터와 같이 지하층에만 운전하는 경우 적용할 수 있다.

1-9. 로프식 엘리베이터와 비교한 유압식 엘리베이터의 특징 설명으로 옳은 것은?
① 전동기의 출력이 작다.
② 속도의 범위가 자유롭다.
③ 기계실의 발열량이 작다.
④ 기계실의 위치가 자유롭다.

|해설|

1-8
유압식 엘리베이터는 하중을 샤프트 바닥면으로 받으면서 들어 올리게 되며, 큰 적재량으로 승강행정이 짧은 경우에도 적용할 수 있다.

1-9
유압식 엘리베이터
- 지하 또는 상부 등 여건에 맞게 설치하므로 기계실 위치가 자유롭다.
- 오일을 사용하며, 승강 시의 쾌적성을 유지한다.
- 지하구멍파기 및 옥상기계실이 필요 없다.
- 엘리베이터 샤프트 바닥면에서 하중을 받는다.

정답 1-6 ① 1-7 ③ 1-8 ③ 1-9 ④

핵심이론 02 | 에스컬레이터

(1) 에스컬레이터 구조
① 경사도에 따른 공칭속도
  ㉠ 경사도 30° 이하 : 0.75m/sec 이하
  ㉡ 경사도 30° 초과 35° 이하 : 0.5m/sec 이하
② 스텝의 양쪽에는 난간을 설치하고, 난간은 핸드레일을 지지하여야 한다.
③ 전동기 : 10~15HP(7.5~11kW)의 권선형 또는 농형 3상 유도전동기 사용

(2) 에스컬레이터 수송능력
① 엘리베이터의 10배 이상 수송능력
② 연속 운행으로써 짧은 거리의 다량 수송용으로 적당하다.
③ 형식은 800형, 1,200형으로 구분할 수 있다.

[에스컬레이터 수송능력상의 종류]

형 식	유효폭	계단너비	경사각	속 도	공칭 수송능력
800형	0.8m	600mm	30°	30m/분	6,000인/h
1,200형	1.2m	1,000mm			9,000인/h

(3) 에스컬레이터의 배열 방식

배열방법		장 점	단 점
직렬형		승객 시야가 넓다.	점유면적이 크다.
병렬형	병렬 단속	승객 시야가 좋다.	• 서비스가 나쁘다. • 혼잡할 수 있다.
	병렬 연속	• 승객 시야가 좋다. • 교통이 연속된다. • 교통 혼잡이 적다.	
교차형		• 교통이 연속된다. • 교통 혼잡이 적다. • 점유면적이 적다.	• 승객 시야가 나쁘다. • 위치표시가 어렵다.

(4) 수평 보행기(이동식 보도, Moving Walk)
① 이동거리가 긴 경우 수평으로 이동시키는 반송설비
② 경사도는 12° 이하로 설계한다.
③ 공칭 속도는 0.75m/sec 이하
④ 수송능력은 최고 1,500명/h
⑤ 주로 역, 공항에 설치한다.

10년간 자주 출제된 문제

2-1. 에스컬레이터 경사도는 (㉠)를 초과하지 않아야 한다. 다만, 층고가 6m 이하, 공칭 속도가 0.5m/s 이하인 경우 경사도를 (㉡)까지 증가시킬 수 있다. ( ) 안에 알맞은 것은?
① ㉠ 25°, ㉡ 30°
② ㉠ 25°, ㉡ 35°
③ ㉠ 30°, ㉡ 35°
④ ㉠ 30°, ㉡ 40°

2-2. 에스컬레이터의 경사도는 최대 얼마 이하로 하여야 하는가?(단, 공칭 속도 0.5m/s 초과하는 경우이며 기타 조건은 무시)
① 25°
② 30°
③ 35°
④ 40°

2-3. 에스컬레이터에 관한 설명으로 옳지 않은 것은?
① 수송량에 비해 점유면적이 작다.
② 수송능력이 엘리베이터보다 작다.
③ 대기시간이 없고 연속적인 수송설비이다.
④ 연속운전되므로 전원설비에 부담이 적다.

2-4. 1,200형 에스컬레이터의 공칭 수송능력은?
① 4,800인/h
② 6,000인/h
③ 7,200인/h
④ 9,000인/h

2-5. 이동식 보도에 관한 설명으로 옳지 않은 것은?
① 속도는 60~70m/min이다.
② 주로 역이나 공항 등에 이용된다.
③ 승객을 수평으로 수송하는 데 사용된다.
④ 경사도는 12° 이하로 설계한다.

|해설|

2-1
㉠ 30°, ㉡ 35°
승강기안전부품 안전기준 및 승강기 안전기준 별표 24 에스컬레이터 안전기준에서 정하고 있다.

2-2
에스컬레이터의 경사도 : 30° 이하

2-3
수송능력이 엘리베이터보다 10배 이상 크다.

2-4
1,200형의 공칭 수송능력 : 시간당 9,000명
800형의 공칭 수송능력 : 시간당 6,000명

2-5
이동식 보도의 속도 : 0.75m/sec

정답 2-1 ③ 2-2 ② 2-3 ② 2-4 ④ 2-5 ①

제13절 가스설비, 소화설비

핵심이론 01 | 가스설비

(1) LPG(액화석유가스, Liquefied Petroleum Gas)
① 무색・무취, 중독성이 있으며, 연소범위가 좁다.
② 발열량이 높다.
③ 공기보다 무겁다(경보기는 바닥에서 30cm 이내 설치).
④ 압축, 냉각하여 액화하면 체적이 1/250로 된다.
⑤ 금속에 대해 부식성이 작다.
⑥ 단위 : kg/h(용기, 즉 봄베로 이동)
⑦ 주성분 : 프로판(C_4H_{10}), 부탄(C_3H_8)

(2) LNG(액화천연가스, Liquefied Natural Gas)
① 도시가스 중앙공급원에서 도관을 따라 수요자에게 공급한다.
② 발열량이 낮다.
③ 공기보다 가볍기 때문에 누설 되어도 공기 중에 흡수되어 안정성이 높다(경보기는 천장에서 30cm 이내 설치).
④ 1기압하 −162℃에서 액화하면 체적이 1/580로 감소한다.
⑤ 건물 내의 배관은 매립과 은폐 배관을 겸해서 설치한다.
⑥ 단위 : m^3/h(배관으로 이동)
⑦ 주성분 : 메탄(CH_4)

(3) 도시가스 공급 압력(도시가스 사업자 기준)
① 저압 : 0.1MPa 미만
② 중압 : 0.1MPa 이상 ~ 1MPa 미만
③ 고압 : 1MPa 이상

(4) 배관설비 배치기준(도시가스사업법 시행규칙 별표 7)
① 가스계량기 설치기준
  ㉠ 가스계량기와 화기 사이의 유지 거리 : 2m 이상
  ㉡ 설치금지 장소 : 공동주택 대피공간, 방, 거실, 주방
  ㉢ 설치높이 : 바닥으로부터 1.6m 이상 2m 이내
② 가스계량기와 전기기기 이격거리
  ㉠ 전기 계량기, 전기 개폐기 : 60cm 이상
  ㉡ 굴뚝, 전기콘센트(접속기, 점멸기) : 30cm 이상
  ㉢ 절연조치를 하지 아니한 전선과의 거리 : 15cm 이상
③ 입상관과 화기 사이 : 우회거리 2m 이상

10년간 자주 출제된 문제

1-1. LPG에 관한 설명으로 옳지 않은 것은?
① 비중이 공기보다 작다.
② 액화석유가스를 말한다.
③ 액화하면 그 체적은 약 1/250로 된다.
④ 상압에서는 기체이지만 압력을 가하면 액화된다.

1-2. 액화천연가스(LNG)에 관한 설명으로 옳지 않은 것은?
① 공기보다 가볍다.
② 무공해, 무독성이다.
③ 프로필렌, 부탄, 에탄이 주성분이다.
④ 대형 저장시설이 필요하며, 배관으로 공급된다.

1-3. 압력에 따른 도시가스의 분류에서 고압의 기준은?
① 0.1MPa 이상 ② 1MPa 이상
③ 10MPa 이상 ④ 100MPa 이상

1-4. 도시가스 배관 시공에 관한 설명으로 옳지 않은 것은?
① 건물 내에서는 반드시 은폐배관으로 한다.
② 배관 도중에 신축 흡수를 위한 이음을 한다.
③ 건물의 주요구조부를 관통하지 않도록 한다.
④ 건물의 규모가 크고 배관 연장이 길 경우는 계통을 나누어 배관한다.

1-5. 가스의 연소성을 나타내는 것은?
① 비열비 ② 거버너
③ 웨버지수 ④ 단열지수

|해설|
1-4
건물 내에 설치할 경우에는 매립과 은폐 배관을 겸해서 설치한다.

1-5
웨버지수 : 가스 호환성 지표로서 가스 연료의 단위 시간당 방출 에너지를 정의하기 위한 변수(가스 호환성의 지표 : 단위는 $kcal/Nm^3$)
가스 호환성 : 주어진 연소기에서 다른 종류의 연료를 공급했을 때 기하학적 형상이나 운전조건을 변화시키지 않고 그대로 사용할 수 있는 대체 가능성

정답 1-1 ① 1-2 ③ 1-3 ② 1-4 ① 1-5 ③

핵심이론 02 | 소화설비

(1) 화재의 분류
① 일반화재(A급 화재 : 백색) : 목재, 종이, 직물 등 일반 가연물 화재로 물의 냉각 작용으로 소화되는 화재
② 유류, 가스화재(B급 화재 : 황색) : 석유, 가연성 액체 등의 화재로 공기 차단으로 소화되는 화재
③ 전기화재(C급 화재 : 청색) : 전기시설 등 감전의 우려가 있는 화재

(2) 소화활동설비(소방시설법 시행령 별표 1)
① 화재를 진압하거나 인명구조활동을 위하여 사용하는 설비
② 종류 : 제연설비, 연결살수설비, 연결송수관설비, 비상콘센트설비, 무선통신보조설비, 연소방지설비

(3) 특정소방대상물의 규모 등에 따른 소방시설(소방시설법 시행령 별표 4)
① 화재안전기준에 따른 소화기구 설치 특정소방대상물
  ㉠ 연면적 $33m^2$ 이상인 것
  ㉡ 위에 해당하지 않는 시설로 지정문화재 및 가스시설
  ㉢ 터널
  ㉣ 지하구
② 주거용 주방의 자동소화설비 설치 : 아파트 등 및 오피스텔의 모든 층

(4) 옥내소화전(화재안전기술기준)
① 수원의 수량 : $2.6m^3$ × 소화전 최다 설치 층 설치 개수 (2개 이상 설치된 경우에는 2개)
② 방수 압력 : 0.17MPa 이상
③ 방수량 : 130L/min 이상(1개당, 20분 이상 방수)
④ 설치 간격 : 수평 거리 25m 이하
⑤ 소화전 높이(개폐밸브) : 바닥에서 1.5m 이하
⑥ 호스구경 : 40mm 이상

(5) 옥외소화전(화재안전기술기준)

① 수원의 수량 : $7.0m^3$ × 소화전 설치 개수(최대 2개)
② 방수 압력 : 0.25~0.7MPa
③ 방수량 : 350L/min 이상(1개당, 20분 이상 방수)
④ 설치 간격 : 수평 거리는 40m 이내
⑤ 소화전 높이 : 호스 집결구는 지면에서 0.5~1m 이하
⑥ 호스구경 : 65mm

10년간 자주 출제된 문제

2-1. 전류가 흐르고 있는 전자기기, 배선에 관련된 화재는?
① A급 화재 ② B급 화재
③ C급 화재 ④ K급 화재

2-2. 소방시설은 소화, 경보, 피난구조, 소화용수비, 소화활동설비로 구분하는데, 다음 중 소화활동설비 속하는 것은?
① 제연설비 ② 비상방송설비
③ 스프링클러설비 ④ 자동화재탐지설비

2-3. 화재안전기준에 따라 소화기구를 설치하여야 하는 특정소방대상물의 연면적 기준은?
① $10m^2$ 이상 ② $25m^2$ 이상
③ $33m^2$ 이상 ④ $50m^2$ 이상

2-4. 옥내소화전설비의 설치 대상 건축물로서 옥내소화전의 설치 개수가 가장 많은 층의 설치 개수가 6개인 경우, 옥내소화전설비 수원의 유효 저수량은 최소 얼마 이상이 되어야 하는가?
① $7.8m^3$ ② $10.4m^3$
③ $5.2m^3$ ④ $15.6m^3$

2-5. 옥내소화전설비의 설치기준으로 옳지 않은 것은?
① 방수구는 바닥으로부터 높이가 1.5m 이하가 되도록 한다.
② 연결송수관설비의 배관과 겸용할 경우의 주배관은 구경 100mm 이상으로 한다.
③ 특정소방대상물의 각 부분으로부터 하나의 옥내소화전방수구까지의 수평거리가 30m 이하가 되도록 한다.
④ 방수량은 130L/min 이상이다.

|해설|

2-4
옥내소화전 수원의 수량 $(Q) = 2.6 × N$
∴ 수량 $(Q) = 2.6 × 2 = 5.2m^3$

2-5
각 층 각 부분에서 소화전까지의 수평 거리는 25m 이내로 한다.

정답 2-1 ③ 2-2 ① 2-3 ③ 2-4 ③ 2-5 ③

(6) 스프링클러(Sprinkler)설비
① 초기 화재의 소화율이 높고, 경보의 기능을 가진다.
② 소화 후 제어밸브를 잠그며, 소화 후 복구가 용이하다.
③ 가용편의 용융 온도는 72℃ 이상이다.
④ 고층 건물과 지하층, 무창층 등에 적당하다.
⑤ 헤드구성 : 프레임, 가용편, 디플렉터(Deflector, 물세분)

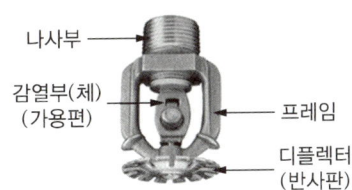

[스프링클러 헤드 구조]

⑥ 수원의 수량 : 스프링클러 헤드에 따라 구분
　㉠ 폐쇄형 : $1.6m^3$ × 최다 설치층 설치 개수
　㉡ 개방형 : $1.6m^3$ × 스프링클러 설치 개수(30개 이하)
⑦ 헤드 방수압력 : 1개 헤드에 0.1MPa 이상 1.2MPa 이하
⑧ 표준 방수량 : 0.1MPa 방수압력 기준으로 80L/min 이상
⑨ 헤드 1개의 소화 면적 : $10m^2$
⑩ 한 쪽(1개)의 가지배관에 설치되는 헤드 개수 : 8개 이하
⑫ 가지배열의 배관은 토너먼트 방식이 아닐 것
⑬ 폐쇄형 헤드 사용 시 설치 장소별 기준 개수
　㉠ 아파트 : 10개
　㉡ 판매시설, 복합상가, 11층 이상 대상물 : 30개

(7) 연결송수관설비, 연결살수설비
① 화재 시 소화 활동을 하는 소방대 전용 소화전
　㉠ 소방차가 쉽게 접근 가능한 노출 장소에 설치
　㉡ 지면에서 높이는 0.5m 이상 1.0m 이하 위치에 설치
② 연결송수관설비의 방수구는 전용방수구 또는 옥내소화전 방수구로서 구경 65mm의 것으로 설치할 것
③ 연결살수설비에서 개방형 헤드를 사용하는 경우 하나의 송수구역에 설치하는 살수헤드의 수는 10개 이하가 되도록 한다.

(8) 드렌처(Drencher)설비(방화설비)
① 인접 건물 화재 시 방수로 인해 수막을 형성하여 화재를 방지하는 설비
② 건물의 창, 외벽, 지붕 등에 설치한다.

10년간 자주 출제된 문제

2-6. 스프링클러설비의 화재안전기준에서 (　)에 알맞은 것은?

> 전동기에 따른 펌프를 이용하는 가압송수장치의 송수량은 0.1MPa의 방수압력 기준으로 (　) 이상의 방수성능을 가진 기준 개수의 모든 헤드로부터의 방수량을 충족시킬 수 있는 양 이상으로 할 것

① 80L/min　② 90L/min
③ 110L/min　④ 130L/min

2-7. 스프링클러설비 설치 장소가 아파트인 경우, 스프링클러 헤드 기준 개수는?(단, 폐쇄형 스프링클러 헤드를 사용하는 경우)
① 10개　② 20개
③ 30개　④ 40개

2-8. 개방형 헤드를 사용하는 연결살수설비에 있어서 하나의 송수구역에 설치하는 살수헤드의 수는 최대 얼마 이하가 되도록 하여야 하는가?
① 10개　② 20개
③ 30개　④ 40개

2-9. 연결송수관설비의 방수구에 관한 설명으로 틀린 것은?
① 방수구의 위치표시는 표시등 또는 축광식 표지로 한다.
② 호스 접결구는 바닥으로부터 0.5m 이상 1m 이하의 위치에 설치한다.
③ 개폐기능을 가진 것으로 설치하여야 하며, 평상시 닫힌 상태를 유지하도록 한다.
④ 연결송수관설비의 전용 방수구 또는 옥내소화전 방수구로서 구경 50mm의 것으로 설치한다.

| 해설 |

2-6
방수압력 0.1MPa 기준으로 방수량 80L/min을 표준으로 함

2-7
- 아파트 : 10개
- 판매시설, 복합상가, 11층 이상의 소방대상물 : 30개

2-8
개방형 헤드를 사용하는 연결살수설비의 경우는 1개의 송수구역에 설치하는 살수헤드는 10개 이하여야 한다.

2-9
연결송수관 방수구 : 구경 65mm

정답 2-6 ① 2-7 ① 2-8 ① 2-9 ④

제14절 기타의 내용

(1) 건축물의 에너지절약설계기준(기계부문)

① 설계용 실내온도 조건 : 난방 20℃, 냉방 28℃ 기준

② 열원설비 : 부분부하, 전부하 운전효율이 좋은 것을 선정
  ㉠ 난방·냉방기, 냉동기, 송풍기, 펌프는 부하조건에 따라 최고 성능 유지를 위한 대수분할, 비례제어 운전
  ㉡ 보일러 배출수·폐열·응축수 및 공조기 폐열, 생활배수 등의 폐열 회수를 위해 열회수 설비를 설치한다(중간기를 대비한 바이패스(By-pass)설비 설치).

③ 공조설비
  ㉠ 중간기 등에 외기 도입에 의하여 냉방부하를 감소시키는 경우에는 외기냉방시스템을 적용
  ㉡ 공조기 팬은 부하에 따른 풍량제어가 가능해야 함

④ 환기 및 제어설비 : 지하주차장 환기팬은 대수제어 또는 풍량조절(가변익, 가변속도), CO의 농도에 의한 자동(On-off)제어 등의 에너지절약적 제어방식을 도입한다.

⑤ 위생설비 등 : 급탕용 저탕조 설계온도는 55℃ 이하로 하고, 필요시 부스터 히터 등으로 승온하여 사용한다.

(2) 음의 크기, 잔향

① 음의 크기의 단위
  ㉠ sone : 음의 감각적인 크기를 나타내는 척도
  ㉡ dB : 소음의 크기를 음의 수준(Level)으로 나타내는 단위
  ㉢ Hz : 진동수의 단위

② Sabine의 잔향 이론
  잔향시간(T) = KV/A
  여기서, K (비례상수) : 0.162
  V : 실용적
  A : 흡음력(평균 흡음률(α) × 실내 표면적)

(3) 축열벽, 흡음재 및 차음재

① 축열벽 : 일사열을 주간에 모았다가 야간에 이용하는 간접획득 난방 방식의 열을 축적할 수 있는 벽
② 흡음재 : 음을 흡수하는 다공질재, 직물, 코르크 등의 가볍고 부드러운 재료
③ 차음재 : 음을 차단하는 돌, 콘크리트 등의 무겁고 단단하며 치밀한 재료

10년간 자주 출제된 문제

1-1. 건축물의 에너지절약을 위한 기계부분의 권장사항으로 옳지 않은 것은?

① 냉방기기는 전력피크부하를 줄일 수 있도록 한다.
② 난방순환수 펌프는 가능한 한 대수제어 또는 가변속제어 방식을 채택한다.
③ 폐열회수를 위한 열회수설비를 설치할 때에는 중간기에 대비한 바이패스(By-pass)설비를 설치한다.
④ 위생설비 급탕용 저탕조의 설계온도는 65℃ 이하로 하고 필요한 경우에는 부스터 히터 등으로 승온하여 사용한다.

1-2. 건축물 실내공간의 잔향시간에 가장 큰 영향을 주는 것은?

① 실의 용적　　② 음원의 위치
③ 벽체의 두께　　④ 음원의 음압

1-3. 여름철 실내 최고 온도는 외기온도가 가장 높은 시각 이후에 나타나는 것이 일반적이다. 이와 같은 현상은 벽체를 구성하고 있는 재료의 어떤 성능 때문인가?

① 축열성능　　② 단열성능
③ 일사반사성능　　④ 일사투과성능

1-4. 음의 대소를 나타내는 감각량을 음의 크기라고 하는데, 음의 크기의 단위는?

① dB　　② cd
③ Hz　　④ sone

1-5. 흡음 및 차음에 관한 설명으로 옳지 않은 것은?

① 벽의 차음성능은 투과손실이 클수록 높다.
② 차음성능이 높은 재료는 대부분 흡음성능도 높다.
③ 벽의 차음성능은 사용 재료의 면밀도에 크게 영향을 받는다.
④ 벽의 차음성능은 동일 재료에서도 두께와 시공법에 따라 다르다.

|해설|

1-1
위생설비 급탕용 저탕조의 설계온도는 55℃ 이하로 한다.

1-5
콘크리트 등 육중한(무거운) 재료는 차음성이 높고, 흡음성은 낮다.

정답 1-1 ④　1-2 ①　1-3 ①　1-4 ④　1-5 ②

CHAPTER 05 건축관계법규

제1절 건축법

핵심이론 01 | 총 칙

(1) 건축법의 목적

건축법은 건축물의 대지·구조·설비기준 및 용도 등을 정하여 건축물의 안전·기능·환경 및 미관을 향상시킴으로써 공공복리의 증진에 이바지하는 것을 목적으로 한다.

(2) 용어의 정의 : 대지 및 건축물

① 건축물 : 토지에 정착하는 다음의 공작물
  ㉠ 지붕과 기둥 또는 벽이 있는 것
  ㉡ 위에 부수되는 시설물(대문, 담장 등)
  ㉢ 지하나 고가(高架)의 공작물에 설치하는 사무소·공연장·점포·차고·창고 등

② 일정 규모가 넘는 신고대상 공작물
  ㉠ 높이 6m를 넘는 굴뚝
  ㉡ 높이 4m를 넘는 장식탑, 기념탑, 광고탑, 광고판, 철탑
  ㉢ 높이 8m를 넘는 고가수조
  ㉣ 높이 2m를 넘는 옹벽 또는 담장
  ㉤ 바닥면적 30m²를 넘는 지하대피호
  ㉥ 높이 6m를 넘는 골프연습장 등의 운동시설을 위한 철탑, 주거지역·상업지역에 설치하는 통신용 철탑
  ㉦ 높이 8m 이하의 기계식 주차장 및 철골 조립식 주차장으로서 외벽이 없는 것

(3) 용어의 정의 : 건축물의 용도

① 단독주택
  ㉠ 단독주택
  ㉡ 다중주택
    - 학생 또는 직장인 등 여러 사람이 장기간 거주할 수 있는 구조로 되어 있는 것
    - 독립된 주거의 형태를 갖추지 않은 것(각 실별로 욕실은 설치할 수 있으나, 취사시설은 설치하지 않은 것을 말한다)
    - 1개 동의 주택 바닥면적(부설주차장 면적은 제외)의 합계가 660m² 이하이고, 층수(지하층은 제외)가 3개 층 이하일 것(1층 또는 일부를 필로티 구조로, 주차장으로 사용하고 나머지 부분을 주택 외의 용도로 쓰는 경우 해당 층을 주택 층수에서 제외)
  ㉢ 다가구주택
    - 주택으로 쓰는 층수(지하층은 제외)가 3개 층 이하일 것(1층 전부 또는 일부를 필로티 구조로, 주차장으로 사용하고 나머지 부분을 주택 외의 용도로 쓰는 경우 해당 층을 주택 층수에서 제외)
    - 1개 동의 주택으로 쓰이는 바닥면적의 합계가 660m² 이하일 것
    - 19세대 이하가 거주할 수 있을 것
  ㉣ 공관(公館)

10년간 자주 출제된 문제

1-1. 공작물을 축조할 때 특별자치시장·특별자치도지사 또는 시장·군수·구청장에게 신고를 하여야 하는 대상 공작물 기준으로 옳지 않은 것은?

① 높이 2m를 넘는 담장
② 높이 6m를 넘는 굴뚝
③ 높이 4m를 넘는 광고탑
④ 높이 6m를 넘는 장식탑

1-2. 건축법령상 공동주택에 속하지 않는 것은?

① 기숙사
② 연립주택
③ 다가구주택
④ 다세대주택

|해설|

1-1
굴뚝은 6m, 장식탑은 4m를 넘는 경우에 해당된다.

1-2
다가구주택은 단독주택에 속한다.

정답 1-1 ④ 1-2 ③

---

② 공동주택

　㉠ 아파트 : 주택으로 쓰는 층수가 5개층 이상인 주택

　㉡ 연립주택 : 주택으로 쓰는 1개 동의 바닥면적 합계가 660m² 를 초과하고, 층수가 4개 층 이하인 주택

　㉢ 다세대주택 : 주택으로 쓰는 1개 동의 바닥면적 합계가 660m² 이하이고, 층수가 4개 층 이하인 주택

　㉣ 일반기숙사 : 학교 또는 공장 등의 학생 또는 종업원 등을 위하여 사용하는 것으로서 해당 기숙사의 공동취사시설 이용 세대 수가 전체 세대 수의 50% 이상인 것

　㉤ 임대형 기숙사 : 공공주택사업자 또는 임대사업자가 임대사업에 사용하는 것으로서 임대 목적으로 제공하는 실이 20실 이상이고 해당 기숙사의 공동취사시설 이용 세대 수가 전체 세대 수의 50% 이상인 것

③ 제1종 근린생활시설(바닥면적 합계)

　㉠ 30m² 미만 : 금융업소, 사무소, 부동산중개사무소, 결혼상담소 등 소개업소, 출판사 등 일반업무시설

　㉡ 300m² 미만 : 휴게음식점, 제과점, 동물병원, 동물미용실

　㉢ 500m² 미만 : 탁구장, 체육도장

　㉣ 1,000m² 미만 : 식품·의류·서적 등 일용품 판매 소매점, 지역자치센터, 파출소, 소방서, 우체국, 방송국, 보건소, 공공도서관, 공공업무시설, 통신시설, 전기자동차 충전소

　㉤ 면적 제한 없음 : 이용원, 목욕장, 세탁소, 의원, 한의원, 마을회관, 공중화장실, 변전소 등

④ 제2종 근린생활시설(바닥면적 합계)

　㉠ 150m² 미만 : 단란주점

　㉡ 300m² 이상 : 휴게음식점, 제과점

ⓒ 500m² 미만 : 공연장, 종교집회장, 청소년게임 제공업소, 학원·교습소(자동차학원, 무도학원 제외), 직업훈련소(운전·정비 관련 제외), 테니스장, 체력단련장, 실내낚시터, 골프연습장, 금융업소, 사무소 등 일반업무시설, 다중생활시설, 제조업소, 수리점 등

ⓔ 1,000m² 미만 : 자동차영업소

ⓜ 면적 제한 없음 : 일반음식점, 서점(제1종 근린생활시설 제외), 총포판매소, 사진관, 표구점, 장의사, 동물병원, 독서실, 기원, 안마시술소, 노래연습장

⑤ 문화 및 집회시설

ⓐ 공연장으로서 제2종 근린생활시설이 아닌 것

ⓑ 관람석 1,000m² 이상 : 관람장(체육관 및 운동장 등)

ⓒ 전시장(박물관, 미술관, 과학관, 문화관, 체험관, 기념관, 산업전시장, 박람회장 등)

ⓓ 동·식물원(동물원, 식물원, 수족관 등)

10년간 자주 출제된 문제

1-3. 건축물의 용도에서 주택으로 쓰는 1개 동의 바닥면적 합계가 660m² 이하이고, 층수가 4개 층 이하인 주택은?

① 다중주택 ② 다가구주택
③ 연립주택 ④ 다세대주택

1-4. 건축법령상 아파트의 정의로 옳은 것은?

① 주택으로 쓰는 층수가 3개 층 이상인 주택
② 주택으로 쓰는 층수가 4개 층 이상인 주택
③ 주택으로 쓰는 층수가 5개 층 이상인 주택
④ 주택으로 쓰는 층수가 6개 층 이상인 주택

1-5. 용도별 건축물의 종류가 옳지 않은 것은?

① 판매시설 : 소매시장
② 의료시설 : 치과병원
③ 문화 및 집회시설 : 수족관
④ 제1종 근린생활시설 : 동물병원

1-6. 건축물과 해당 건축물의 용도가 옳게 연결된 것은?

① 의원 - 의료시설
② 도매시장 - 판매시설
③ 유스호스텔 - 숙박시설
④ 장례식장 - 묘지 관련 시설

1-7. 건축법령에 따른 건축물의 용도 구분에 속하지 않는 것은?

① 영업시설 ② 교정시설
③ 자원순환 관련 시설 ④ 동물 및 식물 관련 시설

|해설|

1-5
장의사, 동물병원, 동물미용실 등 : 제2종 근린생활시설

1-6
- 의원 : 제1종 근린생활시설
- 유스호스텔 : 수련시설
- 장례식장 : 장례시설

1-7
영업시설은 용도분류에 없다.

정답 1-3 ④ 1-4 ③ 1-5 ④ 1-6 ② 1-7 ①

⑥ 종교시설
　㉠ 종교집회장으로서 제2종 근린생활시설이 아닌 것
　㉡ 종교집회장에 설치하는 봉안당(奉安堂)
⑦ 판매시설
　㉠ 도매시장
　㉡ 소매시장
　㉢ 상 점
⑧ 운수시설
　㉠ 여객자동차터미널
　㉡ 철도시설
　㉢ 공항시설
　㉣ 항만시설
⑨ 의료시설
　㉠ 병원(종합병원, 병원, 치과병원, 한방병원, 정신병원 및 요양병원)
　㉡ 격리병원(전염병원, 마약진료소 등)
⑩ 교육연구시설
　㉠ 학교(유치원, 초등학교 등)
　㉡ 교육원(연수원 등)
　㉢ 직업훈련소(운전 및 정비 관련 직업훈련소 제외)
　㉣ 학원(자동차학원, 무도학원 및 정보통신기술을 활용하여 원격으로 교습하는 것은 제외)
　㉤ 연구소(시험소, 계측계량소 포함)
　㉥ 도서관
⑪ 노유자시설
　㉠ 아동 관련 시설(어린이집, 아동복지시설 등)
　㉡ 노인복지시설(단독주택과 공동주택에 해당하지 않는 것)
　㉢ 그 밖의 사회복지시설 및 근로복지시설
⑫ 수련시설
　㉠ 생활권 수련시설(청소년 수련관, 청소년 문화의 집)
　㉡ 자연권 수련시설(청소년 수련원, 청소년 야영장 등)
　㉢ 유스호스텔

⑬ 묘지 관련 시설
　㉠ 화장시설
　㉡ 봉안당(종교시설 제외)
　㉢ 묘지와 자연장지에 부수되는 건축물
　㉣ 동물화장시설, 동물건조장시설 및 동물 전용의 납골시설
⑭ 자동차 관련 시설
　㉠ 주차장
　㉡ 세차장
　㉢ 폐차장
　㉣ 검사장
　㉤ 매매장
　㉥ 정비공장
　㉦ 운전학원 및 정비학원
　㉧ 차고 및 주기장
　㉨ 전기자동차 충전소

10년간 자주 출제된 문제

1-8. 용도에 따른 건축물의 종류가 옳지 않은 것은?
① 교육연구시설 - 유치원
② 묘지 관련 시설 - 장례식장
③ 관광 휴게시설 - 어린이회관
④ 문화 및 집회시설 - 수족관

1-9. 건축법령상 제2종 근린생활시설에 속하는 것은?
① 무도장   ② 한의원
③ 도서관   ④ 일반음식점

1-10. 용도별 건축물의 종류가 옳지 않은 것은?
① 판매시설 - 소매시장
② 의료시설 - 치과병원
③ 문화 및 집회시설 - 수족관
④ 제1종 근린생활시설 - 동물병원

1-11. 건축법령상 의료시설에 속하지 않는 것은?
① 치과의원   ② 한방병원
③ 요양병원   ④ 마약진료소

|해설|

1-8
장례시설 : 장례식장, 동물 전용의 장례식장

1-9
- 위락시설 : 유흥주점, 무도장, 무도학원, 카지노영업소
- 제1종 근린생활시설 : 의원, 한의원, 이용원, 목욕장 등
- 교육연구시설 : 학교(유치원, 초등학교 등), 교육원(연수원 등), 직업훈련소(운전 및 정비 관련 직업훈련소 제외), 학원(자동차학원, 무도학원 제외), 연구소(시험소, 계측계량소 포함), 도서관

1-10
동물병원은 규모에 관계없이 제2종 근린생활시설이다.

1-11
의원(소아과의원, 치과의원, 한의원 등)은 제1종 근린생활시설에 포함된다.

정답 1-8 ② 1-9 ④ 1-10 ④ 1-11 ①

---

(4) 용어의 정의 : 건축설비

① 건축물에 설치하는 다음의 설비를 말한다.
  ㉠ 전기·전화설비, 초고속 정보통신설비, 지능형 홈 네트워크 설비
  ㉡ 가스·급수·배수(配水)·배수(排水)·환기·난방·냉방·소화(消火)·배연(排煙) 및 오물처리의 설비
  ㉢ 굴뚝, 승강기, 피뢰침, 국기 게양대, 공동시청 안테나, 유선방송 수신시설, 우편함, 저수조(貯水槽), 방범시설
② 셔터, 차양 등은 건축설비가 아니다.

(5) 용어의 정의 : 지하층, 거실, 주요구조부

① 지하층
  ㉠ 정의 : 해당 층 바닥으로부터 지표면까지의 평균 높이가 해당 층 높이의 1/2 이상인 층을 말한다.

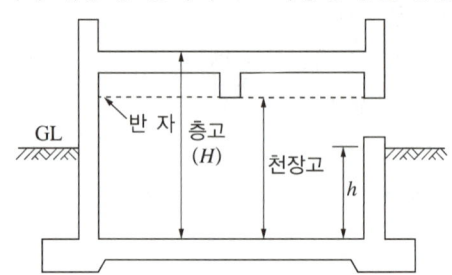

  ㉡ 지표면의 산정 : 건축물 주위에 접하는 각 지표면 부분의 높이를 당해 지표면 부분의 수평거리에 따라 가중 평균한 높이의 수평면을 지표면으로 산정한다.

$$\text{가중 평균면} = \frac{\text{흙에 접한 건축물 벽면적}}{\text{건축물 둘레 길이}}$$

② 거 실
  ㉠ 거실(거주 및 생활공간) : 거주, 집무, 작업, 집회, 오락, 이와 유사한 목적을 위하여 사용되는 방
  ㉡ 거실이 아닌 경우 : 서비스로 제공되는 공간으로 현관, 복도, 계단실, 변소, 욕실, 창고, 기계실 등의 공간

③ 주요구조부
  ㉠ 내력벽(耐力壁), 기둥, 바닥, 보, 지붕틀, 주계단 등
  ㉡ 사잇기둥, 최하층 바닥, 작은 보, 차양, 옥외계단, 기타 이와 유사한 것으로 건축물의 구조상 중요하지 아니한 부분은 제외한다.

10년간 자주 출제된 문제

1-12. 다음은 건축법령상 지하층의 정의 내용이다. ( ) 안에 알맞은 것은?

> '지하층'이란 건축물의 바닥이 지표면 아래에 있는 층으로서 바닥에서 지표면까지 평균 높이가 해당 층 높이의 ( ) 이상인 것을 말한다.

① 2분의 1
② 3분의 1
③ 3분의 2
④ 4분의 1

1-13. 다음 중 건축법령상 용어의 정의에 관한 설명으로 옳지 않은 것은?

① 건축설비에는 굴뚝, 승강기, 피뢰침, 국기 게양대, 공동시청 안테나 등은 해당되지만 셔터, 차양 등은 건축설비가 아니다.
② 지하층의 지표면 기준은 건축물 주위에 접하는 각 지표면 부분 높이를 당해 지표면 부분의 수평거리에 따라 가중 평균한 높이의 수평면을 지표면으로 한다.
③ 거실은 거주 및 생활공간으로서 거주, 집무, 작업, 집회, 오락, 그 밖에 이와 유사한 목적을 위하여 사용되는 방을 말한다.
④ 주요구조부는 최상층 바닥, 작은 보, 차양, 옥외계단, 기타 이와 유사한 것으로 건축물의 구조상 중요하지 아니한 부분은 제외한다.

1-14. 다음 중 건축법령상 주요구조부에 해당되지 않는 것은?

① 기 초
② 기 둥
③ 내력벽(耐力壁)
④ 바 닥

1-15. 건축법령상 주요구조부에 속하는 것은?

① 지붕틀
② 작은 보
③ 사잇기둥
④ 최하층 바닥

|해설|
1-12
해당 층 높이의 1/2 이상
1-13
내력벽(耐力壁), 기둥, 바닥, 보, 지붕틀 및 주계단 등이 주요구조부에 해당한다.
1-14
기초는 주요구조부가 아니다.
1-15
지붕틀은 주요구조부이다.

정답 1-12 ① 1-13 ④ 1-14 ① 1-15 ①

(6) 용어의 정의 : 건축 행위

① 신 축
  ㉠ 건축물이 없는 대지에 새로 건축물 축조
  ㉡ 기존 건축물이 해체되거나 멸실된 후 종전 규모보다 크게 건축물 축조
  ㉢ 부속건물만 있는 대지에 새로이 주된 건축물 축조

② 증 축
  ㉠ 기존 건축물이 있는 대지에서 건축물의 건축면적, 연면적, 층수 또는 높이를 늘리는 것
  ㉡ 주된 건축물이 있는 대지에 새로이 부속건축물 축조

③ 개 축
  ㉠ 기존 건축물의 전부 또는 일부를 해체하고 그 대지에 종전과 같은 규모의 범위에서 건축물을 다시 축조하는 것
  ㉡ 일부 해체
    • 내력벽·기둥·보·지붕틀 중 셋 이상이 포함되는 경우
    • 한옥의 경우에는 지붕틀의 범위에서 서까래는 제외

④ 재 축
  ㉠ 천재지변, 그 밖의 재해(災害)로 멸실된 경우, 그 대지에 다음의 요건을 모두 갖추어 다시 축조하는 것
    • 연면적 합계는 종전 규모 이하로 할 것
    • 동(棟)수, 층수, 높이는 다음의 어느 하나에 해당할 것
      - 동수, 층수 및 높이가 모두 종전 규모 이하일 것
      - 동수, 층수, 높이의 어느 하나가 종전 규모를 초과하는 경우 건축법, 시행령 또는 건축조례에 모두 적합할 것

⑤ 이전 : 건축물의 주요구조부를 해체하지 아니하고 같은 대지의 다른 위치로 옮기는 것

10년간 자주 출제된 문제

1-16. 다음 중 건축에 속하지 않는 것은?
① 이 전　　　　② 증 축
③ 개 축　　　　④ 대수선

1-17. 건축행위에 관한 설명으로 옳지 않은 것은?
① 기존 건축물이 해체되거나 멸실된 후 종전 규모보다 크게 건축물 축조하는 행위는 신축에 해당된다.
② 주된 건축물이 있는 대지에 새로이 부속건축물 축조하는 행위는 증축에 해당된다.
③ 기존 건축물의 전부 또는 일부를 해체하고 그 대지에 종전과 같은 규모의 범위에서 건축물을 다시 축조하는 행위는 재축에 해당된다.
④ 이전은 건축물의 주요구조부를 해체하지 아니하고 같은 대지의 다른 위치로 옮기는 것을 말한다.

1-18. 건축물의 주요구조부를 해체하지 아니하고 같은 대지의 다른 위치로 옮기는 것을 의미하는 용어는?
① 증 축　　　　② 이 전
③ 개 축　　　　④ 재 축

1-19. 다음 중 증축에 속하지 않는 것은?
① 기존 건축물이 있는 대지에서 건축물의 높이를 늘리는 것
② 기존 건축물이 있는 대지에서 건축물의 연면적을 늘리는 것
③ 기존 건축물이 있는 대지에서 건축물의 건축면적을 늘리는 것
④ 기존 건축물이 있는 대지에서 건축물의 개구부 숫자를 늘리는 것

|해설|
1-16
건축 : 건축물을 신축·증축·개축·재축(再築)하거나 건축물을 이전하는 것을 말한다.
1-17
③은 개축에 해당된다.
1-18
이전 : 주요구조부를 해체하지 아니하고 같은 대지의 다른 위치로 옮기는 것을 말한다.
1-19
건축물의 개구부 숫자를 늘리는 것은 증축에 해당되지 않는다.

정답 1-16 ④　1-17 ③　1-18 ②　1-19 ④

(7) 용어의 정의 : 대수선 행위

① 대수선 정의 : 건축물의 기둥, 보, 내력벽, 주계단 등의 구조나 외부 형태를 수선·변경하거나 증설하는 것
② 대수선 행위
  ㉠ 증축·개축, 재축에 해당하지 아니하는 것을 말한다.
  ㉡ 대수선에 해당하는 행위
   • 내력벽 증설 또는 해체하거나 그 벽면적을 $30m^2$ 이상 수선 또는 변경하는 것
   • 기둥을 증설, 해체하거나 세 개 이상 수선 또는 변경하는 것
   • 보를 증설, 해체하거나 세 개 이상 수선 또는 변경하는 것
   • 지붕틀(한옥은 지붕틀 범위에서 서까래는 제외)을 증설, 해체하거나 세 개 이상 수선 또는 변경하는 것
   • 방화벽 또는 방화구획을 위한 바닥 또는 벽을 증설 또는 해체하거나 수선 또는 변경하는 것
   • 주계단·피난계단 또는 특별피난계단을 증설 또는 해체하거나 수선 또는 변경하는 것
   • 다가구주택의 가구 간 경계벽 또는 다세대주택의 세대 간 경계벽을 증설, 해체하거나 수선 또는 변경하는 것
   • 건축물의 외벽에 사용하는 마감재료(법 제52조 제2항에 따른 마감재료를 말한다)를 증설 또는 해체하거나 벽면적 $30m^2$ 이상 수선 또는 변경하는 것

10년간 자주 출제된 문제

1-20. 대수선 행위 기준에 대한 설명으로 옳지 않은 것은?
① 내력벽 증설 또는 해체하거나 그 벽면적을 $30m^2$ 이상 수선 또는 변경하는 것
② 기둥을 증설, 해체하거나 세 개 이상 수선 또는 변경하는 것
③ 보를 증설, 해체하거나 두 개 이상 수선 또는 변경하는 것
④ 지붕틀(한옥은 지붕틀 범위에서 서까래는 제외)을 증설, 해체하거나 세 개 이상 수선 또는 변경하는 것

1-21. 다음 중 대수선에 속하지 않는 것은?
① 내력벽 증설 또는 해체하거나 그 벽면적을 $30m^2$ 이상 수선 또는 변경하는 것
② 방화구획을 위한 벽을 수선 또는 변경하는 것
③ 다세대주택의 세대 간 경계벽을 수선 또는 변경하는 것
④ 기존 건축물의 내력벽, 기둥, 보를 일시에 철거하고 그 대지에 종전과 같은 규모의 범위에서 건축물을 다시 축조하는 것

1-22. 다음 중 대수선의 범위에 속하지 않는 것은?
① 기둥을 증설, 해체하거나 세 개 이상 수선 또는 변경하는 것
② 다세대주택의 세대 내 칸막이벽을 해체하는 것
③ 주계단·피난계단 또는 특별피난계단을 증설하는 것
④ 방화벽 또는 방화구획을 위한 바닥 또는 벽을 수선 또는 변경하는 것

|해설|

1-20
보를 증설, 해체하거나 세 개 이상 수선 또는 변경하는 것

1-21
④는 건축 행위 중 개축에 해당된다.

1-22
세대 내의 칸막이벽 해체는 대수선에 해당되지 않으며, 세대 간 경계벽을 증설, 해체하거나 수선 또는 변경하는 것에 해당된다.

정답 1-20 ③ 1-21 ④ 1-22 ②

(8) 용어의 정의 : 도로, 방화구조, 대피공간

① 도 로

㉠ 보행과 자동차 통행이 가능한 너비 4m 이상의 도로

㉡ 막다른 도로의 구조와 너비

막다른 도로의 길이	도로 너비
10m 미만	2m
10m 이상 35m 미만	3m
35m 이상	6m (도시지역이 아닌 읍·면지역 : 4m)

② 방화구조(防火構造)

구조 부분	방화구조의 기준
철망 모르타르 바르기	바름 두께 : 2cm 이상
석고판 위에 시멘트 모르타르 또는 회반죽을 바른 것	두께 합계 : 2.5cm 이상
시멘트 모르타르 위에 타일을 붙인 것	
심벽에 흙으로 맞벽치기를 한 것	두께에 관계없이 인정
산업표준화법에 따른 한국산업표준이 정하는 바에 따라 시험한 결과	방화 2급 이상인 것

③ 발코니 대피공간의 설치 기준

공동주택 중 아파트로서 4층 이상인 층의 각 세대가 2개 이상의 직통계단을 사용할 수 없는 경우

㉠ 대피공간은 바깥의 공기와 접할 것

㉡ 대피공간은 실내 다른 부분과 방화구획으로 구획될 것

㉢ 대피공간 바닥면적
- 인접 세대와 공동 설치하는 경우 : $3m^2$ 이상
- 각 세대별로 설치하는 경우 : $2m^2$ 이상

㉣ 대피공간으로 통하는 출입문은 60분+방화문으로 설치할 것

(9) 용어의 정의 : 건축 관계자

① 건축주 : 건축물의 건축·대수선·용도변경, 건축설비의 설치 또는 공작물의 축조에 관한 공사를 발주하거나, 현장 관리인을 두어 스스로 그 공사를 하는 자

② 설계자 : 자기의 책임(보조자 도움을 받는 경우 포함)으로 설계도서를 작성하고 그 설계도서에서 의도하는 바를 해설하며, 지도하고 자문에 응하는 자

③ 공사감리자 : 자기의 책임(보조자 도움을 받는 경우 포함)으로 건축물, 건축설비, 공작물이 설계도서의 내용대로 시공되는지를 확인하고, 품질관리·공사관리·안전관리 등에 대하여 지도·감독하는 자

④ 공사시공자 : 건설공사를 하는 자

10년간 자주 출제된 문제

1-23. 막다른 도로의 길이가 20m인 경우, 이 도로가 건축법령상 도로이기 위한 최소 너비는?

① 2m ② 3m
③ 4m ④ 6m

1-24. 다음 중 두께에 관계없이 방화구조에 해당되는 것은?

① 심벽에 흙으로 맞벽치기한 것
② 석고판 위에 회반죽을 바른 것
③ 시멘트 모르타르 위에 타일을 붙인 것
④ 석고판 위에 시멘트 모르타르를 바른 것

1-25. 건축물의 건축·대수선·용도변경, 건축설비의 설치 또는 공작물의 축조에 관한 공사를 발주하거나 현장 관리인을 두어 스스로 그 공사를 하는 자는?

① 건축주
② 건축사
③ 설계자
④ 공사시공자

|해설|

1-23
10m 이상 35m 미만은 최소 폭이 3m 이상

1-24
- 심벽에 흙으로 맞벽치기를 한 것 : 두께에 관계없이 인정
- 석고판 위에 시멘트 모르타르 또는 회반죽을 바른 것으로서, 시멘트 모르타르 위에 타일을 붙인 것 : 두께의 합계가 2.5cm 이상

1-25
건축주 : 건축물의 건축·대수선·용도변경, 건축설비의 설치 또는 공작물의 축조에 관한 공사를 발주하거나, 현장 관리인을 두어 스스로 그 공사를 하는 자

정답 1-23 ② 1-24 ① 1-25 ①

(10) 건축물의 층수별 분류

① 고층 건축물 : 층수 30층 이상이거나 높이 120m 이상인 건축물
② 초고층 건축물 : 층수 50층 이상이거나 높이 200m 이상인 건축물
③ 준초고층 건축물 : 고층 건축물 중 초고층 건축물이 아닌 것

(11) 다중이용 건축물

① 바닥면적 합계가 5,000m² 이상인 다음의 용도
  ㉠ 문화 및 집회시설(동물원 및 식물원 제외)
  ㉡ 종교시설
  ㉢ 판매시설
  ㉣ 운수시설 중 여객용 시설
  ㉤ 의료시설 중 종합병원
  ㉥ 숙박시설 중 관광숙박시설
② 16층 이상인 건축물

(12) 리모델링

① 정의 : 건축물의 노후화 억제 또는 기능 향상 등을 위하여 대수선 또는 일부 증축 또는 개축하는 행위
② 리모델링에 대비한 특례 : 리모델링이 쉬운 구조의 공동주택은 용적률, 건축물의 높이 제한, 일조 등의 확보를 위한 건축물의 높이 제한 기준을 120/100의 범위에서 대통령령으로 정하는 비율로 완화해 적용할 수 있다.
③ 리모델링이 쉬운 구조
  ㉠ 각 세대는 인접한 세대와 수직 또는 수평 방향으로 통합하거나 분할할 수 있을 것
  ㉡ 구조체에서 건축설비, 내부 마감재료 및 외부 마감재료를 분리할 수 있을 것
  ㉢ 개별 세대 안에서 구획된 실(室)의 크기, 개수 또는 위치 등을 변경할 수 있을 것

10년간 자주 출제된 문제

1-26. 건축법령상 고층 건축물의 정의로 옳은 것은?
① 층수가 30층 이상이거나 높이가 90m 이상인 건축물
② 층수가 30층 이상이거나 높이가 120m 이상인 건축물
③ 층수가 50층 이상이거나 높이가 150m 이상인 건축물
④ 층수가 50층 이상이거나 높이가 200m 이상인 건축물

1-27. 리모델링이 쉬운 구조의 공동주택은 용적률, 건축물의 높이제한, 일조 등의 확보를 위한 건축물의 높이제한에 대해 일정 범위에서 기준을 완화 받을 수 있다. 그 완화의 범위는?
① 100분의 110
② 100분의 120
③ 100분의 130
④ 100분의 140

1-28. 건축법령에 따른 리모델링이 쉬운 구조에 속하지 않는 것은?
① 구조체가 철골구조로 구성되어 있을 것
② 구조체에서 건축설비, 내부 마감재료 및 외부 마감재료를 분리할 수 있을 것
③ 개별 세대 안에서 구획된 실의 크기, 개수 또는 위치 등을 변경할 수 있을 것
④ 각 세대는 인접한 세대와 수직 또는 수평방향으로 통합하거나 분할할 수 있을 것

|해설|

1-26
고층 건축물 : 층수가 30층 이상이거나 높이가 120m 이상인 건축물

1-27
120/100의 범위에서 완화하여 적용할 수 있다.

1-28
구조 방식 자체는 리모델링이 쉬운 구조에 해당되지 않는다.

정답 1-26 ② 1-27 ② 1-28 ①

(13) 특별건축구역

① 정의 : 조화롭고 창의적인 건축물의 건축을 통하여 도시 경관의 창출, 건설 기술의 수준 향상 및 건축 관련 제도 개선을 도모하기 위하여 일부 규정을 적용하지 아니하거나 완화 또는 통합 적용할 수 있도록 특별히 지정하는 구역

② 특별건축구역 지정 불가 구역
- ㉠ 개발제한구역의 지정 및 관리에 관한 특별조치법에 따른 개발제한구역
- ㉡ 자연공원법에 따른 자연공원
- ㉢ 도로법에 따른 접도구역
- ㉣ 산지관리법에 따른 보전산지

(14) 실내건축

건축물의 실내를 안전하고 쾌적하며 효율적으로 사용하기 위하여 내부 공간을 칸막이로 구획하거나 벽지, 천장재, 바닥재, 유리 등 대통령령으로 정하는 재료 또는 장식물을 설치하는 것을 말한다.

(15) 건축법을 적용하지 않는 건축물

① 문화재보호법에 의한 지정·임시지정문화재 또는 자연유산의 보존 및 활용에 관한 법률에 따라 지정된 명승이나 임시지정명승
② 철도나 궤도의 선로 부지에 있는 다음의 시설
- ㉠ 운전보안시설
- ㉡ 철도 선로의 위나 아래를 가로지르는 보행시설
- ㉢ 플랫폼
- ㉣ 해당 철도 또는 궤도사업용 급수·급탄 및 급유시설

③ 고속도로 통행료 징수시설
④ 컨테이너를 이용한 간이창고(공장의 용도로만 사용되는 건축물의 대지에 설치하는 것으로서 이동이 쉬운 것만 해당된다)
⑤ 하천법에 따른 하천구역 내의 수문조작실

(16) 중앙건축위원회의 심의사항

① 표준설계도서 인정
② 각종 분쟁의 조정 또는 재정에 관한 사항
③ 법령의 제정·개정 및 시행에 관한 중요 사항
④ 위원회 심의사항

(17) 지방건축위원회의 심의사항

① 건축선(建築線)의 지정
② 법령에 따른 조례(지방자치단체의 장이 발의하는 조례)의 제정·개정·시행
③ 다중이용·특수구조 건축물의 구조 안전에 관한 사항
④ 위원회 심의사항

10년간 자주 출제된 문제

1-29. 다음 중 특별건축구역으로 지정할 수 없는 구역은?
① 도로법에 따른 접도구역
② 택지개발촉진법에 따른 택지개발사업구역 지역의 사업구역
③ 국가가 국제행사 등을 개최하는 도시 또는 지역의 사업구역
④ 지방자치단체가 국제행사 등을 개최하는 도시 또는 지역의 사업구역

1-30. 다음 중 건축법이 적용되는 건축물은?
① 역사(驛舍)
② 고속도로 통행료 징수시설
③ 철도의 선로 부지에 있는 플랫폼
④ 문화재보호법에 따른 임시지정문화재

1-31. 지방건축위원회의 심의사항에 속하지 않는 것은?
① 건축선의 지정에 관한 사항
② 다중이용건축물의 구조안전에 관한 사항
③ 특수구조건축물의 구조안전에 관한 사항
④ 경관지구 내의 건축물의 건축에 관한 사항

|해설|

1-29
접도구역은 특별건축구역으로 지정 불가

1-30
역사(驛舍)는 건축법이 적용된다.

1-31
경관지구 내의 건축물의 건축에 관한 사항은 해당되지 않는다.

정답 1-29 ① 1-30 ① 1-31 ④

핵심이론 02 | 건축물의 건축

(1) 건축허가 신청 서류

① 허가 신청서
② 건축할 대지의 범위, 대지 소유 또는 사용에 관한 권리 증명 서류
③ 기본설계도서
  ㉠ 제출 도서 : 건축계획서, 배치도, 평·입·단면도, 구조도, 구조계산서, 소방설비도
  ㉡ 표준설계도서는 건축계획서·배치도에 한하여 제출
④ 허가 등을 받거나 신고를 위한 신청서 및 구비서류
⑤ 사전결정서(사전결정서를 받은 경우만 해당)
⑥ 결합건축협정서(해당 사항이 있는 경우로 한정)

[건축허가 신청에 필요한 설계도서]

종류	표시하여야 할 사항
건축계획서	• 개요(위치·대지면적 등) • 지역·지구 및 도시계획사항 • 건축물 규모(건축면적·연면적·높이·층수) • 건축물의 용도별 면적, 주차장 규모 • 에너지절약계획서(해당 건축물에 한함) • 노인 및 장애인 등 편의시설 설치계획서
배치도	• 축척 및 방위 • 대지에 접한 도로의 길이 및 너비 • 대지의 종·횡단면도 • 건축선, 대지경계선으로부터 건축물까지 거리 • 주차동선 및 옥외주차계획 • 공개공지 및 조경계획
평면도	• 1층 및 기준층 평면도 • 기둥·벽·창문 등의 위치 • 방화구획, 방화문, 복도, 계단, 승강기의 위치
입면도	• 2면 이상의 입면계획 • 외부 마감재료 • 간판 및 건물번호판의 설치계획(크기·위치)
단면도	• 종·횡단면도 • 건축물의 높이, 각층의 높이 및 반자 높이
구조도	• 구조내력상 주요한 부분의 평면 및 단면 • 주요부분의 상세도면 • 구조안전확인서
구조 계산서	• 구조계산서 목록표(총괄표, 구조계획서, 설계하중, 주요구조, 배근도 등) • 구조내력상 주요부분 응력, 단면산정 과정 • 내진설계의 내용
소방설비도	해당 건축물의 해당 소방 관련 설비

10년간 자주 출제된 문제

2-1. 건축허가 신청에 필요한 기본설계도서 중 건축계획서에 표시하여야 할 사항으로 옳지 않은 것은?

① 주차장 규모
② 공개공지 및 조경계획
③ 건축물의 용도별 면적
④ 지역·지구 및 도시계획사항

2-2. 건축허가 신청에 필요한 설계도서 중 건축계획서에 표시하여야 할 사항에 속하지 않는 것은?

① 주차장 규모
② 건축물의 층수
③ 건축물의 용도별 면적
④ 공개공지 및 조경계획

2-3. 건축허가 신청에 필요한 설계도서에 속하지 않는 것은?

① 조감도
② 배치도
③ 건축계획서
④ 소방설비도

2-4. 건축허가 신청 시 건축계획서에 표시할 사항이 아닌 것은?

① 주차장 규모
② 대지의 종·횡 단면도
③ 건축물의 용도별 면적
④ 지역·지구 및 도시계획사항

2-5. 건축허가 신청 시 평면도에 표시할 사항이 아닌 것은?

① 주차장 규모
② 승강기의 위치
③ 기둥·벽·창문 등의 위치
④ 방화구획 및 방화문의 위치

|해설|

2-1, 2-2
공개공지 및 조경계획은 배치도에 표시하여야 할 사항이다.

2-3
조감도는 포함되지 않는다.

2-4
대지의 종·횡단면도는 대지에 관련되므로 배치도에 표시한다.

2-5
주차장 규모는 건축계획서에 표시(대수, 면적 등)

정답 2-1 ② 2-2 ④ 2-3 ① 2-4 ② 2-5 ①

(2) 허가권자의 건축허가, 도지사의 사전승인

① 특별시장, 광역시장의 허가 대상
  ㉠ 21층 이상인 건축물의 건축
  ㉡ 연면적 합계 100,000㎡ 이상 건축(공장·창고 제외)
  ㉢ 연면적의 3/10 이상 증축으로 인해 21층 이상이 되거나 연면적 100,000㎡ 이상(공장·창고 제외) 이 되는 경우
  ㉣ 제외 대상
    • 공장, 창고
    • 지방건축위원회의 심의를 거친 건축물(초고층 건축물 제외)

② 도지사의 사전승인
  ㉠ 특별시장, 광역시장의 허가 대상
  ㉡ 자연환경 또는 수질 보호를 위한 도지사 지정·공고 구역 : 3층 이상 또는 연면적 합계 1,000㎡ 이상인 공동주택, 일반음식점, 일반업무시설, 위락시설, 숙박시설
  ㉢ 주거환경, 교육환경 등 주변 환경의 보호가 필요하여 도지사가 지정·공고하는 구역 : 위락시설, 숙박시설

(3) 대형 건축물의 건축허가 사전승인 신청서 중 설계설명서에 표시하여야 할 사항

① 공사 개요 : 위치, 대지면적, 공사 기간, 공사금액 등
② 사전 조사 사항 : 지반고, 기후, 동결심도, 수용인원, 상하수와 주변지역을 포함한 지질, 지형, 인구, 교통, 지역, 지구, 토지 이용 현황, 시설물 현황 등
③ 건축계획 : 배치, 평면, 입면계획, 동선계획, 개략조경계획, 주차계획 및 교통처리계획 등
④ 시공 방법
⑤ 개략공정계획
⑥ 주요설비계획
⑦ 주요자재 사용계획 및 기타 필요한 사항

(4) 건축허가의 취소

① 허가 후 2년 이내에 공사에 착수하지 아니한 경우
② 공사 착수 후, 공사 완료가 불가능하다고 인정한 경우
③ 착공신고 전에 경매 또는 공매 등으로 건축주가 대지의 소유권을 상실한 때부터 6개월이 경과한 이후 공사의 착수가 불가능하다고 판단되는 경우
④ 허가권자는 정당한 이유가 있다고 인정하는 경우에는 1년의 범위 안에서 그 공사의 착수기간을 연장할 수 있다.

10년간 자주 출제된 문제

2-6. 다음 중 특별시나 광역시에 건축할 경우, 특별시장이나 광역시장의 허가를 받아야 하는 대상 건축물은?
① 층수가 20층인 호텔
② 층수가 25층인 사무소
③ 연면적이 120,000㎡인 공장
④ 연면적이 50,000㎡인 창고

2-7. 특별시나 광역시에 건축하려고 하는 경우, 특별시장이나 광역시장의 허가를 받아야 하는 대상 건축물의 연면적 기준은?
① 연면적의 합계가 10,000㎡ 이상인 건축물
② 연면적의 합계가 50,000㎡ 이상인 건축물
③ 연면적의 합계가 100,000㎡ 이상인 건축물
④ 연면적의 합계가 200,000㎡ 이상인 건축물

2-8. 특별시나 광역시에 건축할 경우, 특별시장이나 광역시장의 허가를 받아야 하는 건축물의 층수 기준은?
① 6층 ② 11층
③ 21층 ④ 31층

2-9. 대형 건축물의 건축허가 사전승인 신청서 제출도서 중 설계설명서에 표시하여야 할 사항에 속하지 않는 것은?
① 시공방법 ② 동선계획
③ 개략공정계획 ④ 각부 구조계획

|해설|
2-6
층수가 25층인 사무소는 21층 이상 건축이므로 특별시장이나 광역시장의 허가대상이 된다.
2-7, 2-8
21층 이상이거나 연면적 합계 100,000㎡ 이상 건축물
2-9
설계설명서에는 설계에 대한 내용이 표시되며, 각부 구조계획은 해당되지 않는다.

정답 2-6 ② 2-7 ③ 2-8 ③ 2-9 ④

(5) 건축허가를 제한할 경우 제한 방법

① 제한 목적을 상세히 할 것
② 제한 기간을 2년 이내로 하되, 제한 기간 연장은 1회에 한하여 1년 이내로 할 것(착공을 제한하는 경우, 착공을 제한한 날로부터 2년)
③ 대상 구역 위치, 면적, 경계 등을 상세하게 할 것
④ 대상 건축물의 용도를 상세하게 할 것

(6) 건축신고

① 건축신고 대상

신고사항	신고대상
증축·개축·재축	• 바닥면적 합계가 85m² 이내 • 3층 이상 건축물인 경우에는 바닥면적의 합계가 건축물 연면적의 10분의 1 이내인 경우로 한정한다.
대수선	연면적 200m² 미만이고, 3층 미만인 건축물의 대수선(주요구조부 해체하지 않음)
건축	관리지역, 농림지역, 자연환경보전지역에서 연면적 200m² 미만이고 3층 미만인 건축물(지구단위계획구역, 방재지구, 붕괴위험지역 제외)
소규모 건축물	• 연면적 합계 100m² 이하 • 건축물 높이 3m 이하의 증축 • 표준설계도서에 의하여 건축하는 건축물로서 용도 및 규모가 미관상 지장이 없다고 건축조례로 정하는 건축물
공업지역, 산업단지	2층 이하 연면적 500m² 이하인 공장(제조업소 등 물품의 제조·가공을 위한 시설 포함)
농업, 수산업 경영 읍·면지역	• 연면적 200m² 이하 창고 • 연면적 400m² 이하 축사, 작물재배사, 종묘배양시설, 온실

② 특별자치시장·특별자치도지사 또는 시장·군수·구청장은 신고를 받은 날부터 5일 이내에 신고수리 여부 또는 처리기간 연장 여부를 신고인에게 통지하여야 한다.
③ 건축신고를 한 자가 신고일부터 1년 이내에 공사에 착수하지 아니하면 그 신고의 효력은 없어진다. 다만, 건축주의 요청에 따라 허가권자가 정당한 사유가 있다고 인정하면 1년의 범위에서 착수기한을 연장할 수 있다.
④ 신고 대상 가설건축물의 존치기간 : 3년 이내(공사용 가설건축물 및 공작물의 경우 해당 공사 완료일까지)

10년간 자주 출제된 문제

2-10. 허가대상 건축물이라 하더라도 미리 특별자치시장·특별자치도지사 또는 시장·군수·구청장에게 국토교통부령으로 정하는 바에 따라 신고를 하면 건축허가를 받은 것으로 보는 경우에 속하지 않는 것은?(단, 층수가 2층인 건축물의 경우)
① 바닥면적의 합계가 85m² 이내의 신축
② 바닥면적의 합계가 85m² 이내의 증축
③ 바닥면적의 합계가 85m² 이내의 개축
④ 연면적이 200m² 미만인 건축물의 대수선

2-11. 다음 중 허가 대상 건축물이라 하더라도 건축신고를 하면 건축허가를 받는 것으로 보는 경우에 속하지 않는 것은?
① 건축물의 높이를 4m 증축하는 건축물
② 연면적의 합계가 80m²인 건축물의 건축
③ 연면적이 150m²이고 2층인 건물의 대수선
④ 2층 건축물로서 바닥면적의 합계 80m²를 증축하는 건축물

2-12. 건축물의 건축 시 허가 대상 건축물이라 하더라도 미리 특별자치시장·특별자치도지사 또는 시장·군수·구청장에게 국토교통부령으로 정하는 바에 따라 신고를 하면 건축허가를 받은 것으로 보는 소규모 건축물의 연면적 기준은?
① 연면적의 합계가 100m² 이하인 경우
② 연면적의 합계가 150m² 이하인 경우
③ 연면적의 합계가 200m² 이하인 경우
④ 연면적의 합계가 300m² 이하인 경우

|해설|

2-10
신축은 해당되지 않는다.

2-11
변경되는 부분의 높이가 1m 이하이거나 전체 높이의 10분의 1 이하일 것

2-12
신고대상 - 소규모 건축물
• 연면적 합계 100m² 이하
• 건축물 높이 3m 이하 범위 안에서 증축
• 표준설계도서에 의하여 건축하는 건축물로서 용도 미관상 지장이 없다고 건축조례로 정하는 건축물

정답 2-10 ① 2-11 ① 2-12 ①

(7) 착공신고

① 대 상
   ㉠ 건축허가를 받거나 신고를 한 건축물
   ㉡ 가설건축물 축조허가 대상
② 건축주는 공사 착수 전 공사계획을 허가권자에게 신고
③ 착공 신고 시 첨부서류
   ㉠ 건축관계자(건축주, 설계자, 공사시공자, 공사감리자) 상호 간의 계약서 사본
   ㉡ 설계도서(건축허가 대상)
   ㉢ 감리 계약서(해당 사항이 있는 경우로 한정)
   ㉣ 건축사에게 제출받은 보험증서 또는 공제증서의 사본

(8) 건축시공 및 공사감리

① 건축시공자의 상세시공도면 작성
   ㉠ 공사시공자가 공사에 필요하다고 인정하는 경우
   ㉡ 공사감리자(연면적 합계가 5,000m² 이상인 건축공사)로부터 상세시공도면의 요청을 받은 경우
② 공사감리
   ㉠ 감리중간보고서의 제출 시기

건축물의 구조	공정에 따른 제출시기
철근콘크리트조, 철골철근콘크리트조, 조적조, 보강콘크리트블록조	기초공사 시 철근배치를 완료한 때
	지붕슬래브 배근을 완료한 때
	지상 5개 층마다 상부 슬래브 배근을 완료한 때
철골조	지붕철골 조립을 완료한 때
	지상 3개 층마다 또는 높이 20m마다 주요구조부의 조립을 완료한 때
기타 구조	기초공사 시, 거푸집 또는 주춧돌 설치를 완료한 때
3층 이상의 필로티형식 건축물	기초공사 시 철근배치를 완료한 때
	상층부의 하중이 상층부와 다른 구조형식의 하층부로 전달되는 다음 부재의 철근배치를 완료한 경우 • 기둥 또는 벽체 중 하나 • 보 또는 슬래브 중 하나

   ㉡ 감리보고서 : 감리중간보고서 및 감리완료보고서를 건축주에게 제출

10년간 자주 출제된 문제

2-13. 공사감리자는 국토교통부령으로 정하는 바에 따라 감리일지를 기록·유지해야 하고, 공사의 공정(工程)이 대통령령으로 정하는 진도에 다다른 경우에는 감리중간보고서를 작성하여 건축주에게 제출하여야 하는데, 이에 대해 옳지 않은 것은?(단, 건축물의 구조가 철근콘크리트조인 경우)

① 지붕슬래브 배근을 완료한 경우
② 기초공사 시 철근배치를 완료한 경우
③ 기초공사에서 주춧돌의 설치를 완료한 경우
④ 지상 5개 층마다 상부 슬래브 배근을 완료한 경우

2-14. 건축법령상 공사감리자가 수행하여야 하는 감리업무에 속하지 않는 것은?

① 공정표의 검토
② 상세시공도면의 작성 및 확인
③ 공사현장에서의 안전관리의 지도
④ 설계변경의 적정여부의 검토 및 확인

|해설|

2-13
철근콘크리트조인 경우는 해당되지 않는다.

2-14
상세시공도면은 시공자가 작성한다.

정답 2-13 ③ 2-14 ②

(9) 허용오차

① 대지 측량이나 건축물의 건축 과정에서 부득이하게 발생하는 오차는 이 법을 적용할 때 국토교통부령으로 정하는 범위에서 허용한다.

② 대지 관련 건축기준의 허용오차

항 목	허용되는 오차의 범위
건축선의 후퇴거리	3% 이내
인접 대지 경계선과의 거리	3% 이내
인접 건축물과의 거리	3% 이내
건폐율	0.5% 이내 (건축면적 5m²를 초과할 수 없다)
용적률	1% 이내 (연면적 30m²를 초과할 수 없다)

③ 건축물 관련 건축기준의 허용오차

항 목	허용되는 오차의 범위
건축물 높이	2% 이내(1m를 초과할 수 없다)
평면 길이	2% 이내 (건축물 길이는 1m를 초과할 수 없고, 벽으로 구획된 각 실은 10cm를 초과할 수 없다)
출구 너비	2% 이내
반자 높이	2% 이내
벽체 두께	3% 이내
바닥판 두께	3% 이내

10년간 자주 출제된 문제

2-15. 다음 중 건축물 관련 건축기준의 허용되는 오차의 범위(%)가 가장 큰 것은?
① 평면 길이
② 출구 너비
③ 반자 높이
④ 바닥판 두께

2-16. 건축물 관련 건축기준의 허용오차 범위로 옳지 않은 것은?
① 출구 너비 : 3% 이내
② 반자 너비 : 2% 이내
③ 벽체 두께 : 3% 이내
④ 바닥판 두께 : 3% 이내

|해설|

2-15
- 건축물의 높이, 평면 길이, 출구 너비, 반자 높이 : 2% 이내
- 벽체 및 바닥판 두께 : 3% 이내

2-16
높이, 길이, 너비 관련 : 2% 이내

정답 2-15 ④ 2-16 ①

(10) 용도변경

① 허가 대상 : 상위군(오름차순)에 해당하는 용도로 변경하는 행위
② 신고 대상 : 하위군(내림차순)에 해당하는 용도로 변경하는 행위
③ 건축물대장상의 기재 변경 신청 : 동일 시설군 내에서 용도 변경하는 행위

시설군	세부용도	구 분
자동차 관련 시설군	자동차 관련 시설	허가 대상 ↑
산업 등의 시설군	• 운수시설 • 공 장 • 창고시설 • 위험물 저장 및 처리시설 • 자원순환 관련 시설 • 묘지 관련 시설 • 장례시설	
전기통신시설군	• 방송통신시설 • 발전시설	
문화 및 집회시설군	• 문화 및 집회시설 • 종교시설 • 위락시설 • 관광휴게시설	
영업시설군	• 판매시설 • 운동시설 • 숙박시설 • 제2종 근린생활시설 중 다중생활시설	
교육 및 복지시설군	• 의료시설 • 교육연구시설 • 노유자시설 • 수련시설 • 야영장시설	
근린생활시설군	• 제1종 근린생활시설 • 제2종 근린생활시설(다중생활시설 제외)	
주거업무시설군	• 단독주택 및 공동주택 • 업무시설 • 교정시설 • 국방·군사시설	↓ 신고 대상
그 밖의 시설군	동물 및 식물 관련 시설	

10년간 자주 출제된 문제

2-17. 다음 중 신고대상에 속하는 용도변경은?
① 영업시설군에서 문화 및 집회시설군으로 용도변경
② 근린생활시설군에서 주거업무시설군으로 용도변경
③ 산업 등의 시설군에서 자동차 관련 시설군으로 용도변경
④ 교육 및 복지시설군에서 전기통신시설군으로 용도변경

2-18. 용도변경과 관련된 시설군 중 교육 및 복지시설군에 속하지 않는 것은?
① 의료시설 ② 수련시설
③ 종교시설 ④ 노유자시설

2-19. 건축물의 용도변경과 관련된 시설군 중 산업 등 시설군에 속하는 건축물의 용도가 아닌 것은?
① 장례식장 ② 발전시설
③ 창고시설 ④ 자원순환 관련 시설

2-20. 다음 중 허가대상에 속하는 용도변경은?
① 숙박시설에서 의료시설로의 용도변경
② 판매시설에서 문화 및 집회시설로의 용도변경
③ 제1종 근린생활시설에서 업무시설로의 용도변경
④ 제1종 근린생활시설에서 공동주택으로의 용도변경

|해설|

2-17
근린생활시설군에서 주거업무시설군으로 용도변경 : 상위군에서 하위군으로 용도변경하므로 신고대상이 된다.
①, ③, ④는 하위군에서 상위군으로 용도변경하므로 허가대상이 된다.

2-18
교육 및 복지시설군 : 의료시설, 교육연구시설, 노유자시설, 수련시설, 야영장시설

2-19
발전시설, 방송통신시설 : 전기통신시설군

2-20
판매시설에서 문화 및 집회시설군으로 용도변경 : 하위군에서 상위군으로 용도변경하므로 허가대상이 된다.
①, ③, ④는 상위군에서 하위군으로 용도변경하므로 신고대상이 된다.

정답 2-17 ② 2-18 ③ 2-19 ② 2-20 ②

핵심이론 03 | 건축물의 유지·관리

(1) 건축지도원

① 특별자치시장·특별자치도지사 또는 시장·군수·구청장은 건축법 또는 건축법에 따른 명령이나 처분에 위반되는 건축물의 발생을 예방하고 건축물을 적법하게 유지·관리하도록 지도하기 위하여 대통령령으로 정하는 바에 따라 건축지도원을 지정할 수 있다.

② 건축지도원의 업무
  ㉠ 건축신고를 하고 건축 중에 있는 건축물의 시공 지도와 위법 시공 여부의 확인·지도 및 단속
  ㉡ 건축물의 대지, 높이 및 형태, 구조 안전 및 화재 안전, 건축설비 등이 법령 등에 적합하게 유지·관리되고 있는지의 확인·지도 및 단속
  ㉢ 허가를 받지 아니하거나 신고를 하지 아니하고 건축하거나 용도 변경한 건축물의 단속

③ 건축지도원은 업무를 수행할 때에는 권한을 나타내는 증표를 지니고 관계인에게 내보여야 한다.

(2) 지역건축안전센터 설립

① 지방자치단체의 장은 다음의 업무를 수행하기 위하여 관할 구역에 지역건축안전센터를 설치할 수 있다.
  ㉠ 착공신고, 사용승인, 현장조사·검사 및 확인업무의 대행 및 보고와 검사 등에 따른 기술적인 사항에 대한 보고·확인·검토·심사 및 점검
  ㉡ 건축허가, 건축신고 및 허가와 신고사항의 변경에 따른 허가 또는 신고에 관한 업무
  ㉢ 건축물의 공사감리에 대한 관리·감독
  ㉣ 그 밖에 대통령령으로 정하는 사항

② ①에도 불구하고 다음의 어느 하나에 해당하는 지방자치단체의 장은 관할 구역에 지역건축안전센터를 설치하여야 한다.
  ㉠ 시·도
  ㉡ 인구 50만명 이상 시·군·구
  ㉢ 국토교통부령으로 정하는 바에 따라 산정한 건축허가 면적(직전 5년 동안의 연평균 건축허가 면적을 말한다) 또는 노후건축물 비율이 전국 지방자치단체 중 상위 30% 이내에 해당하는 인구 50만명 미만 시·군·구

③ 체계적이고 전문적인 업무 수행을 위하여 지역건축안전센터에 건축사법에 따라 신고한 건축사 또는 기술사법에 따라 등록한 기술사 등 전문인력을 배치하여야 한다.

10년간 자주 출제된 문제

다음 중 건축지도원에 관한 내용으로 옳지 않은 것은?
① 건축신고를 하고 건축 중에 있는 건축물의 시공 지도
② 건축신고를 하고 건축 중에 있는 건축물의 위법 시공 여부의 확인·지도 및 단속
③ 건축물의 대지, 높이 및 형태, 구조 안전 및 화재 안전, 건축설비 등이 법령 등에 적합하게 유지·관리되고 있는지의 확인·지도 및 단속
④ 허가를 받거나 신고를 하고 건축 중이거나 용도 변경하는 건축물의 시공 지도 및 확인

|해설|
허가를 받지 아니하거나 신고를 하지 아니하고 건축하거나 용도 변경한 건축물의 단속

정답 ④

핵심이론 04 | 대지 및 도로

(1) 대지조성 시 안전 조치

① 손궤의 우려가 있는 대지조성 시 안전 조치(옹벽 설치)
  ㉠ 성토 또는 절토하는 부분의 경사도가 1 : 1.5 이상으로서 높이가 1m 이상인 부분에는 옹벽을 설치한다.
  ㉡ 옹벽 높이가 2m 이상인 경우 콘크리트 구조로 한다.
  ㉢ 옹벽의 외벽면에는 이의 지지 또는 배수를 위한 시설 외의 구조물이 밖으로 튀어나오지 않도록 한다.
  ㉣ 옹벽에는 3m²마다 하나 이상의 배수구멍을 설치한다.
  ㉤ 옹벽의 윗가장자리로부터 안쪽으로 2m 이내에 묻는 배수관은 주철관, 강관 또는 흡관으로 하고, 이음 부분은 물이 새지 않도록 하여야 한다.

② 토지굴착 부분에 대한 조치 등
  ㉠ 토지를 깊이 1.5m 이상 굴착하는 경우에는 그 경사도가 토질에 따른 경사도에 의한 비율 이하이거나 주변상황에 비추어 위해방지에 지장이 없다고 인정되는 경우를 제외하고는 토압에 대하여 안전한 구조의 흙막이를 설치할 것
  ㉡ 높이가 3m를 넘는 경우에는 높이 3m 이내마다 비탈면의 1/5 이상 단을 설치

(2) 대지 안의 조경

① 조경 대상 : 대지면적 200m² 이상에 건축을 하는 경우
② 조경 대상 예외
  ㉠ 녹지지역에 건축하는 건축물
  ㉡ 면적 5,000m² 미만인 대지에 건축하는 공장
  ㉢ 연면적 합계가 1,500m² 미만인 공장
  ㉣ 산업단지의 공장, 염분이 함유되어 있는 대지
  ㉤ 축사, 가설건축물
  ㉥ 연면적 합계가 1,500m² 미만인 물류시설(예외 : 주거지역 또는 상업지역에 건축하는 것)

③ 옥상조경 : 인공지반조경 중 지표면에서 높이가 2m 이상인 곳에 설치한 조경을 말한다. 다만, 발코니에 설치하는 화훼시설은 제외

구 분	옥상조경 인정 기준
건축물의 옥상에 조경을 한 경우	옥상조경면적의 2/3를 대지 안의 조경면적으로 산정할 수 있다.
대지 안의 조경면적으로 산정하는 옥상조경면적	전체 조경면적의 50/100을 초과할 수 없다.

10년간 자주 출제된 문제

4-1. 손궤의 우려가 있는 토지에 대지를 조성하는 경우 설치하는 옹벽에 관한 기준 내용으로 옳지 않은 것은?
① 옹벽에는 3m²마다 하나 이상의 배수구멍을 설치하여야 한다.
② 옹벽의 높이가 2m 이상인 경우에는 이를 콘크리트 구조로 하는 것이 원칙이다.
③ 옹벽의 외벽면에 설치하는 배수를 위한 시설은 밖으로 튀어 나오지 않도록 하여야 한다.
④ 옹벽의 윗가장자리로부터 안쪽으로 2m 이내에 묻는 배수관은 주철관, 강관 또는 흡관으로 하고, 이음부분은 물이 새지 않도록 하여야 한다.

4-2. 건축법령상 건축을 하는 경우 조경 등의 조치를 하지 아니할 수 있는 건축물 기준으로 옳지 않은 것은?(단, 면적이 200m² 이상인 대지에 건축을 하는 경우)
① 축사
② 녹지지역에 건축하는 건축물
③ 연면적의 합계가 2,000m² 미만인 공장
④ 면적 2,000m² 미만인 대지에 건축하는 공장

4-3. 면적이 ( ) 이상인 대지에는 조경이나 그 밖에 필요한 조치를 하여야 하는가?
① 100m²
② 150m²
③ 180m²
④ 200m²

4-4. 대지면적이 600m²인 건축물의 옥상에 조경면적을 60m² 설치한 경우, 대지에 설치하여야 하는 최소 조경면적은?(단, 조경 설치 기준은 대지면적의 10%)
① 10m²
② 20m²
③ 30m²
④ 40m²

| 해설 |

4-1
배수를 위한 시설 외의 구조물이 밖으로 튀어나오지 않게 해야 한다.

4-2
연면적 합계가 1,500m² 미만인 공장

4-3
대지면적 200m² 이상에 건축을 하는 경우

4-4
- 옥상조경면적의 2/3에 해당하는 면적을 대지 안에 조경면적으로 산정 가능하고, 조경면적의 50/100을 초과할 수 없다.
- 60m²의 50%는 30m²이므로, 30m²를 초과해서 합산하여 인정받을 수 없다.

정답 4-1 ③ 4-2 ③ 4-3 ④ 4-4 ③

(3) 공개공지 등의 확보

① 공개공지 확보 대상

㉠ 대상 지역 : 지역의 환경을 쾌적하게 조성하기 위하여 법률이 정하는 바에 따라 소규모 휴식시설 등의 공개공지 또는 공개공간을 설치해야 한다.
- 일반주거지역, 준주거지역
- 상업지역
- 준공업지역
- 도시화의 가능성이 크거나 노후 산업단지의 정비가 필요하다고 인정하여 지정·공고하는 지역

㉡ 대상 건축물(바닥면적 합계 5,000m² 이상)
- 문화 및 집회시설
- 종교시설
- 판매시설(농수산물 유통시설 제외)
- 운수시설(여객용 시설만 해당)
- 업무시설
- 숙박시설

② 공개공지 확보면적

㉠ 대지면적의 10%의 범위 안에서 건축조례로 정한다.

㉡ 공개공지 등을 설치할 때에는 모든 사람들이 환경친화적으로 편리하게 이용할 수 있도록 긴 의자 또는 조경시설 등 건축조례로 정하는 시설을 설치해야 한다.

③ 공개공지 설치 시 건축규제 완화 : 다음의 범위에서 대지면적에 대한 공개공지 등 면적 비율에 따라 법 제56조 및 제60조를 완화하여 적용한다.

㉠ 제56조(건축물의 용적률) : 용적률은 해당 지역에 적용하는 용적률의 1.2배 이하

㉡ 제60조(건축물의 높이 제한) : 높이 제한은 해당 건축물에 적용하는 높이 기준의 1.2배 이하

(4) 대지 안의 공지

건축물을 건축하는 경우에는 국토의 계획 및 이용에 관한 법률에 따른 용도지역·용도지구, 건축물의 용도 및 규모 등에 따라 건축선 및 인접대지 경계선으로부터 6m 이내의 범위에서 대통령령으로 정하는 바에 따라 해당 지방자치단체의 조례로 정하는 거리 이상을 띄워야 한다.

10년간 자주 출제된 문제

4-5. 건축법령상 건축물의 대지에 공개공지 또는 공개공간을 확보하여야 하는 대상 건축물에 속하지 않는 것은?(단, 해당 용도로 쓰는 바닥면적의 합계가 5,000m²인 건축물의 경우)

① 종교시설 ② 업무시설
③ 숙박시설 ④ 교육연구시설

4-6. 대통령령으로 정하는 용도와 규모의 건축물에 대해 일반이 사용할 수 있도록 소규모 휴식시설 등의 공개공지 또는 공개공간을 설치하여야 하는 대상 지역에 속하지 않는 것은?

① 준주거지역 ② 준공업지역
③ 일반주거지역 ④ 전용주거지역

4-7. 건축법령상 대지에 공개공지 또는 공개공간을 확보하여야 하는 대상 건축물에 속하지 않는 것은?(단, 건축 조례로 정하는 건축물 제외)

① 숙박시설로서 해당 용도로 쓰는 바닥면적의 합계가 5,000m² 이상인 건축물
② 의료시설로서 해당 용도로 쓰는 바닥면적의 합계가 5,000m² 이상인 건축물
③ 업무시설로서 해당 용도로 쓰는 바닥면적의 합계가 5,000m² 이상인 건축물
④ 종교시설로서 해당 용도로 쓰는 바닥면적의 합계가 5,000m² 이상인 건축물

|해설|

4-5
교육연구시설은 해당되지 않는다.

4-6
전용주거지역은 해당되지 않는다.
공개공지 또는 공개공간 설치 대상 지역
• 일반주거지역, 준주거지역
• 상업지역
• 준공업지역

4-7
의료시설은 해당되지 않는다.

정답 4-5 ④ 4-6 ④ 4-7 ②

(5) 대지가 도로에 접해야 하는 길이

① 건축물의 대지는 2m 이상이 도로에 접하여야 한다(자동차만의 통행에 사용되는 도로는 제외한다). 다만, 다음의 어느 하나에 해당하면 그러하지 아니하다.
   ㉠ 해당 건축물의 출입에 지장이 없다고 인정되는 경우
   ㉡ 건축물의 주변에 광장, 공원, 유원지 등 건축이 금지되고 공중의 통행에 지장이 없는 공지가 있는 경우
   ㉢ 농지법에 따른 농막을 건축하는 경우
② 연면적 합계가 2,000m² (공장은 3,000m²) 이상인 건축물의 대지는 너비 6m 이상의 도로에 4m 이상 접하여야 한다.

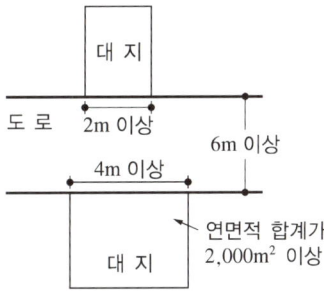

(6) 건축선에 따른 건축제한

① 건축물 및 담장은 건축선의 수직면을 넘어서는 아니 된다. 다만, 지표 아래 부분은 그러하지 아니하다.
② 도로면으로부터 높이 4.5m 이하에 있는 출입구·창문 등의 구조물은 열고 닫을 때 건축선의 수직면을 넘지 아니하는 구조로 하여야 한다.

10년간 자주 출제된 문제

4-8. 건축물의 대지는 원칙적으로 최소 얼마 이상이 도로에 접하여야 하는가?(단, 자동차만의 통행에 사용되는 도로는 제외)

① 1m   ② 2m
③ 3m   ④ 4m

4-9. 다음은 대지와 도로의 관계에 관한 기준 내용이다. ( ) 안에 알맞은 것은?(단, 축사, 작물 재배사, 그 밖에 건축조례로 정하는 규모의 건축물 제외)

> 연면적의 합계가 2,000m² (공장인 경우 3,000m²) 이상인 건축물의 대지는 너비 (㉠) 이상의 도로에 (㉡) 이상 접하여야 한다.

① ㉠ 2m, ㉡ 4m
② ㉠ 4m, ㉡ 2m
③ ㉠ 4m, ㉡ 6m
④ ㉠ 6m, ㉡ 4m

4-10. 다음은 건축선에 따른 건축제한에 관한 기준 내용이다. ( ) 안에 알맞은 것은?

> 도로면으로부터 높이 ( ) 이하에 있는 출입구, 창문, 그 밖에 이와 유사한 구조물은 열고 닫을 때 건축선의 수직면을 넘지 아니하는 구조로 하여야 한다.

① 4m   ② 4.5m
③ 5m   ④ 6m

|해설|

4-8
원칙 : 도로에 2m 이상(자동차만 통행되는 것 제외)

4-9
너비 6m 이상의 도로에 4m 이상 접하여야 한다.

4-10
도로면으로부터 높이 4.5m 이하에 있는 출입구·창문 등의 구조물은 열고 닫을 때 건축선의 수직면을 넘지 아니하는 구조로 하여야 한다.

정답 4-8 ② 4-9 ④ 4-10 ②

핵심이론 05 | 구조 및 재료

(1) 구조 안전의 확인 및 서류제출, 내진능력 공개

다음의 어느 하나에 해당하는 경우, 착공신고 시 확인 서류를 제출한다(표준설계도서 건축물 제외).

① 층수 : 2층 이상인 건축물(목구조 건축물 3층 이상)
② 연면적
  ㉠ 200m² 이상인 건축물(목구조인 경우 500m² 이상)
  ㉡ 창고, 축사, 작물재배사는 제외
③ 높이 : 13m 이상인 건축물
④ 처마높이 : 9m 이상인 건축물
⑤ 기둥과 기둥 사이의 거리(경간) : 10m 이상인 건축물
⑥ 중요도 특 또는 중요도 1에 해당하는 건축물 : 용도 및 규모 고려
⑦ 국가적 문화유산으로 보존할 가치가 있는 박물관·기념관 등 연면적 합계 5,000m² 이상
⑧ 특수구조 건축물 중에서 한쪽 끝은 고정되고 다른 끝은 지지(支持)되지 아니한 구조로 된 보·차양 등이 외벽(외벽이 없는 경우에는 외곽 기둥)의 중심선으로부터 3m 이상 돌출된 건축물
⑨ 특수구조 건축물 중에서 특수한 설계·시공·공법 등이 필요한 건축물로서 국토교통부장관이 정하여 고시하는 구조로 된 건축물
⑩ 단독주택 및 공동주택

(2) 건축물 안전영향평가

① 허가권자는 건축허가를 하기 전에 건축물의 구조안전과 인접 대지의 안전에 미치는 영향 등을 평가하는 건축물 안전영향평가를 안전영향평가기관에 의뢰하여 실시하여야 한다.
② 안전영향평가 대상 건축물
  ㉠ 초고층 건축물
  ㉡ 다음의 요건을 모두 충족하는 건축물
    • 연면적(하나의 대지에 둘 이상의 건축물을 건축하는 경우에는 각각의 건축물의 연면적을 말함)이 100,000m² 이상일 것
    • 16층 이상일 것

10년간 자주 출제된 문제

5-1. 건축물의 건축주가 착공신고를 할 때, 해당 건축물의 설계자로부터 받은 구조안전의 확인서류를 허가권자에게 제출하여야 하는 대상 건축물 기준으로 옳지 않은 것은?(단, 허가대상 건축물인 경우)

① 높이가 11m 이상인 건축물
② 처마높이가 9m 이상인 건축물
③ 국토교통부령으로 정하는 지진구역 안의 건축물
④ 기둥과 기둥 사이의 거리가 10m 이상인 건축물

5-2. 건축허가를 하기 전에 건축물의 구조안전과 인접 대지의 안전에 미치는 영향 등을 평가하는 건축물 안전영향평가를 실시하여야 하는 대상 건축물 기준으로 옳은 것은?

① 층수가 6층 이상으로 연면적 10,000m² 이상인 건축물
② 층수가 6층 이상으로 연면적 100,000m² 이상인 건축물
③ 층수가 16층 이상으로 연면적 10,000m² 이상인 건축물
④ 층수가 16층 이상으로 연면적 100,000m² 이상인 건축물

|해설|
5-1
높이가 13m 이상인 건축물

5-2
• 층수가 50층 이상이거나 높이가 200m 이상인 초고층 건축물
• 층수가 16층 이상이면서 연면적 100,000m² 이상인 건축물

정답 5-1 ① 5-2 ④

(3) 직통계단의 설치

① 피난층 외의 층에서의 보행거리

구 분	보행거리
원 칙	30m 이하
주요구조부가 내화구조 또는 불연재료 건축물	• 50m 이하(지하층 바닥면적 300m² 이상 공연장·집회장·관람장, 전시장 제외) • 16층 이상 공동주택의 16층 이상인 층에 대해서는 40m 이하
자동화 생산시설에 스프링클러 등 자동식 소화 설비를 설치한 공장	반도체 및 디스플레이 패널 제조공장 75m 이하(무인화 공장 – 100m 이하)

② 피난층에서 건축물의 바깥쪽으로의 출구에 이르는 보행거리

구 분	원 칙	주요구조부가 내화구조, 불연재료일 경우
계단으로부터 옥외로의 출구까지	30m 이하	50m 이하 (16층 이상 공동주택의 16층 이상인 층 : 40m)
거실로부터 옥외로의 출구까지	60m 이하	100m 이하 (16층 이상 공동주택의 16층 이상인 층 : 80m)

③ 직통계단을 2개소 이상 설치해야 하는 건축물

건축물의 용도	해당 부분	면 적
• 문화 및 집회시설(전시장 및 동·식물원 제외) • 장례시설 • 위락시설 중 주점영업 • 제2종 근린생활시설 중 공연장, 종교집회장 • 종교시설	그 층에서 해당 용도로 쓰는 바닥면적 합계(제2종 근린생활시설 중 공연장, 종교집회장은 각각 300m²)	200m² 이상
• 다중·다가구주택, 학원, 독서실 • 정신과의원(입원실 있음) • 의료시설(입원실이 없는 치과병원은 제외) • 판매시설 • 운수시설(여객용에 해당) • 교육연구시설 중 학원 • 아동·노인복지·장애인 거주 및 의료재활 시설 • 수련시설 중 유스호스텔 • 숙박시설	• 3층 이상의 층으로서 그 층의 해당 용도로 쓰이는 거실의 바닥면적 합계 • 제2종 근린생활시설 중 인터넷컴퓨터게임시설 제공업소(해당 용도로 쓰는 바닥면적 합계가 300m² 이상인 경우만 해당)	200m² 이상
• 공동주택(층당 4세대 이하인 것 제외) • 업무시설 중 오피스텔	그 층의 해당 용도에 쓰이는 거실 바닥면적	300m² 이상
위에 규정된 용도에 해당하지 않는 용도	3층 이상의 층으로 그 층 거실 바닥면적	400m² 이상
지하층	그 층의 거실 바닥면적 합계	200m² 이상

10년간 자주 출제된 문제

5-3. 주요구조부가 내화구조 또는 불연재료로 된 층수가 16층 이상인 공동주택의 16층 이상인 층의 경우, 피난층 외의 층에서 피난층 또는 지상으로 통하는 직통계단을 거실의 각 부분으로부터 보행거리가 최대 얼마 이하가 되도록 설치하여야 하는가?(단, 계단은 거실로부터 가장 가까운 거리에 있는 계단을 말한다)

① 30m
② 40m
③ 50m
④ 75m

5-4. 피난층 이외 층으로서 피난층 또는 지상으로 통하는 직통계단을 2개소 이상 설치하여야 하는 대상기준으로 옳지 않은 것은?

① 지하층으로서 그 층 거실의 바닥면적의 합계가 200m² 이상인 것
② 종교시설의 용도로 쓰는 층으로서 그 층에서 해당 용도로 쓰는 바닥면적의 합계가 200m² 이상인 것
③ 판매시설의 용도로 쓰는 3층 이상의 층으로서 그 층의 해당 용도로 쓰는 거실의 바닥면적의 합계가 200m² 이상인 것
④ 업무시설 중 오피스텔의 용도로 쓰는 층으로서 그 층의 해당 용도로 쓰는 거실의 바닥면적의 합계가 200m² 이상인 것

|해설|

5-3
• 주요구조부가 내화구조, 불연재료일 경우 : 50m 이하
• 16층 이상 공동주택의 16층 이상인 층 : 40m 이하

5-4
공동주택(층당 4세대 이하인 것 제외) 또는 업무시설 중 오피스텔의 용도로 쓰는 층으로서 그 층의 해당 용도로 쓰는 거실의 바닥면적의 합계가 300m² 이상인 것

정답 5-3 ② 5-4 ④

(4) 피난안전구역의 설치

① 피난안전구역 설치 대상
   ㉠ 피난층 또는 지상으로 통하는 직통계단과 직접 연결
   ㉡ 설치 대상

구 분	설치 기준
초고층 건축물	지상층으로부터 최대 30개 층마다 1개소 이상 설치
준초고층 건축물	전체 층수의 1/2에 해당하는 층으로부터 상하 5개 층 이내에 1개소 이상 설치

② 피난안전구역 설치 기준
   ㉠ 해당 건축물의 1개 층을 대피공간으로 하며, 대피에 장애가 되지 아니하는 범위에서 기계실, 보일러실, 전기실 등 건축설비를 설치하기 위한 공간과 같은 층에 설치할 수 있다.
   ㉡ 이 경우, 피난안전구역은 건축설비가 설치되는 공간과 내화구조로 구획하여야 한다.
   ㉢ 피난안전구역에 연결되는 특별피난계단은 피난안전구역을 거쳐서 상하층으로 갈 수 있는 구조로 설치하여야 한다.

③ 피난안전구역 구조 및 설비 기준
   ㉠ 내부 마감재료는 불연재료로 설치할 것
   ㉡ 건축물 내부에서 피난안전구역으로 통하는 계단은 특별피난계단의 구조로 설치
   ㉢ 비상용 승강기는 피난안전구역에서 승하차할 수 있는 구조로 할 것
   ㉣ 피난안전구역에는 식수 공급을 위한 급수전을 1개소 이상 설치할 것
   ㉤ 예비전원에 의한 조명설비를 설치할 것
   ㉥ 관리사무소, 방재센터 등과 긴급 연락 가능한 경보 및 통신시설 설치할 것
   ㉦ 피난안전구역의 높이는 2.1m 이상일 것
   ㉧ 피난안전구역의 면적은 다음 산식에 따라 산정한 면적 이상일 것
      (피난안전구역 위층의 재실자 수×0.5)×0.28m²
   ㉨ 건축물의 설비기준 등에 관한 규칙 제14조에 따른 배연설비를 설치할 것

10년간 자주 출제된 문제

5-5. 다음 설명에서 ( ) 안에 알맞은 것은?

> 초고층 건축물에는 피난층 또는 지상으로 통하는 직통계단과 직접 연결되는 피난안전구역을 지상층으로부터 최대 ( ) 층마다 1개소 이상 설치하여야 한다.

① 10개 ② 20개 ③ 30개 ④ 40개

5-6. 건축물의 피난·안전을 위하여 건축물 중간층에 설치하는 대피공간인 피난안전구역의 면적 산정식으로 옳은 것은?

① (피난안전구역 위층의 재실자 수×0.5)×0.12m²
② (피난안전구역 위층의 재실자 수×0.5)×0.28m²
③ (피난안전구역 위층의 재실자 수×0.5)×0.33m²
④ (피난안전구역 위층의 재실자 수×0.5)×0.45m²

5-7. 피난안전구역(건축물의 피난·안전을 위하여 건축물 중간층에 설치하는 대피공간)의 구조 및 설비에 관한 기준 내용으로 옳지 않은 것은?

① 피난안전구역의 높이는 2.1m 이상일 것
② 비상용 승강기는 피난안전구역에서 승하차할 수 있는 구조로 설치할 것
③ 건축물의 내부에서 피난안전구역으로 통하는 계단은 피난계단의 구조로 설치할 것
④ 피난안전구역에는 식수 공급을 위한 급수전을 1개소 이상 설치하고 예비전원에 의한 조명설비를 설치할 것

5-8. 건축물에 설치하는 피난안전구역의 구조 및 설비에 관한 기준 내용으로 옳지 않은 것은?

① 피난안전구역의 높이는 1.8m 이상일 것
② 피난안전구역의 내부 마감재료는 불연재료로 설치할 것
③ 비상용 승강기는 피난안전구역에서 승하차할 수 있는 구조로 설치할 것
④ 건축물의 내부에서 피난안전구역으로 통하는 계단은 특별피난계단의 구조로 설치할 것

|해설|

5-5
최대 30개 층마다 설치하여야 한다.

5-7
특별피난계단의 구조로 설치할 것

5-8
피난안전구역의 높이는 2.1m 이상일 것

정답 5-5 ③ 5-6 ② 5-7 ③ 5-8 ①

(5) 피난계단 및 특별피난계단의 설치

① 5층 이상 또는 지하 2층 이하인 층에 설치하는 직통계단은 피난계단 또는 특별피난계단으로 설치하여야 한다.

② 판매시설의 용도로 쓰는 층으로부터의 직통계단은 그 중 1개소 이상을 특별피난계단으로 설치하여야 한다.

③ 건축물(갓복도식 공동주택은 제외)의 11층(공동주택의 경우에는 16층) 이상인 층(바닥면적이 400m² 미만인 층은 제외) 또는 지하 3층 이하인 층(바닥면적이 400m² 미만인 층은 제외)으로부터 피난층 또는 지상으로 통하는 직통계단은 특별피난계단으로 설치하여야 한다.

④ 옥내 피난계단(내부에 설치하는 피난계단) 설치 기준

구 분	옥내 피난계단 설치 기준
㉠ 내화구조	창문 등 외에는 내화구조의 벽으로 구획
㉡ 내부마감	불연재료
㉢ 조 명	계단실은 예비전원에 의한 조명설비
㉣ 옥외 창문 등	다른 외벽 창문 등과 2m 이상 이격
㉤ 옥내 창문 등	출입구 이외의 창문 등은 망입유리 붙박이창으로서 각각 1m² 이하
㉥ 출입구	• 출입구 유효너비는 0.9m 이상 • 60+방화문 또는 60분 방화문 설치(피난방향으로 열 수 있고, 언제나 닫혀 있거나 연기·불꽃 또는 온도 감지에 의해 자동으로 닫힐 것)
㉦ 계단구조	내화구조로 피난층 또는 지상까지 직접 연결할 것(돌음계단 불가)

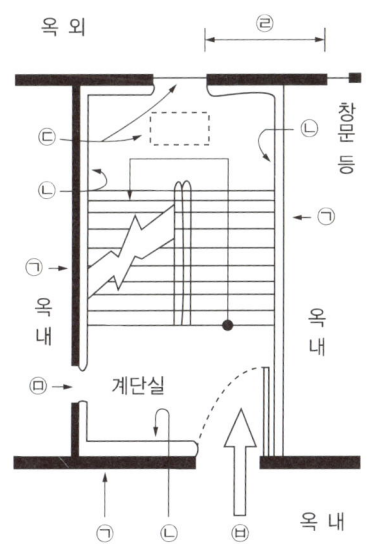

⑤ 옥외 피난계단(바깥쪽에 설치하는 피난계단) 설치 기준
  ㉠ 출입구 : 60+방화문 또는 60분 방화문 설치(유효너비는 규정에 없음)
  ㉡ 계단 유효너비는 0.9m 이상

10년간 자주 출제된 문제

5-9. 다음의 피난계단 설치 기준에서 (   ) 안에 알맞은 것은?

> 5층 이상 또는 지하 2층 이하인 층에 설치하는 직통계단은 피난계단 또는 특별피난계단으로 설치하여야 하는데, (   )의 용도로 쓰는 층으로부터의 직통계단은 그 중 1개소 이상을 특별피난계단으로 설치해야 한다.

① 의료시설 ② 숙박시설
③ 판매시설 ④ 교육연구시설

5-10. 옥내 피난계단 구조에 관한 기준으로 옳지 않은 것은?
① 내화구조로써 피난층 또는 지상까지 직접 연결되도록 할 것
② 계단실 실내에 접하는 부분은 불연 또는 준불연재료로 할 것
③ 계단실로 통하는 출입구 유효너비는 0.9m 이상으로 할 것
④ 계단실은 창문·출입구 기타 개구부를 제외한 해당 건축물의 다른 부분과 내화구조의 벽으로 구획할 것

5-11. 건축물의 내부에 설치하는 피난계단의 구조에 관한 기준 내용으로 옳지 않은 것은?
① 계단의 유효너비는 0.9m 이상으로 할 것
② 계단실의 실내에 접하는 부분의 마감은 불연재료로 할 것
③ 계단은 내화구조로 하고 피난층 또는 지상까지 직접 연결되도록 할 것
④ 건축물의 내부에서 계단실로 통하는 출입구의 유효너비는 0.9m 이상으로 할 것

5-12. 건물의 바깥쪽에 설치하는 피난계단의 구조에 관한 기준 내용으로 옳지 않은 것은?
① 계단의 유효너비는 0.9m 이상으로 할 것
② 계단은 내화구조로 하고 지상까지 직접 연결되도록 할 것
③ 내부에서 계단으로 통하는 출입구는 60+방화문 또는 60분 방화문을 설치할 것
④ 건축물의 내부에서 계단실로 통하는 출입구의 유효너비는 0.9m 이상으로 할 것

| 해설 |

5-10
계단실 실내에 접하는 부분의 마감은 불연재료로 해야 한다.

5-11
옥내 피난계단 기준에서 계단 유효너비는 규정하고 있지 않음

5-12
옥외 피난계단 기준에서 출입구의 유효너비는 규정하고 있지 않음

정답 5-9 ③ 5-10 ② 5-11 ① 5-12 ④

⑥ 특별피난계단 설치 기준

구 분	특별피난계단 설치 기준
㉠ 옥내와 계단실 연결	노대 또는 외부를 향하여 열 수 있는 창문 또는 부속실을 통하여 연결
㉡ 계단실, 노대 및 부속실의 경계	창문 등을 제외하고는 내화구조의 벽으로 각각 구획할 것
㉢ 내부 마감	불연재료
㉣ 계단실 조명	예비전원에 의한 조명설비
㉤ 계단실, 노대 또는 부속실 옥외 창문 등	당해 건축물의 다른 외벽 창문 등과 2m 이상 이격
㉥ 계단실 옥내 창문 등	노대 및 부속실 외의 옥내에 면하는 창문 등을 설치하지 않을 것
㉦ 계단실의 노대, 부속실 창문 등	출입구 이외의 창문 등은 망입유리 붙박이창으로서 각각 $1m^2$ 이하
㉧ 노대, 부속실 옥내 창문 등	계단실 외의 옥내에 면하는 창문 등을 설치하지 않을 것
㉨ 노대, 부속실의 옥내 및 계단실 출입구	• 내부에서 노대 또는 부속실로의 출입구는 60+방화문 또는 60분 방화문 설치 • 노대 또는 부속실에서 계단실로 통하는 출입구는 60+방화문, 60분 방화문 또는 30분 방화문 설치
㉩ 계단의 구조	내화구조로 하고, 피난층 또는 지상까지 직접 연결할 것(돌음계단 불가)
㉪ 출입구	유효폭 0.9m 이상

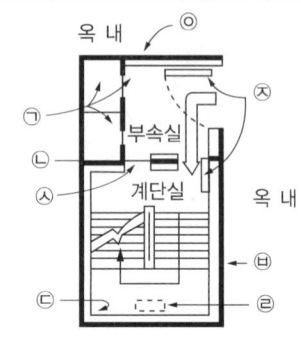

[부속실 설치]

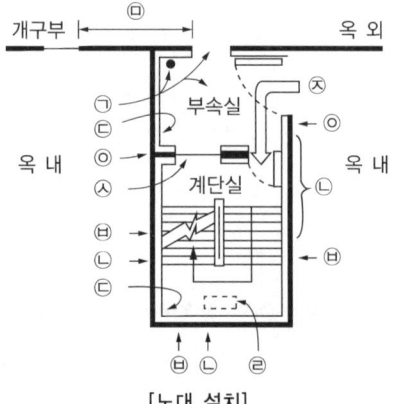

[노대 설치]

10년간 자주 출제된 문제

5-13. 특별피난계단의 구조 기준의 내용으로 옳지 않은 것은?
① 계단은 내화구조로 하되, 피난층 또는 지상까지 직접 연결되도록 한다.
② 계단실 및 부속실의 실내에 접하는 부분의 마감은 불연재료로 한다.
③ 출입구의 유효너비는 0.9m 이상으로 하고 피난의 방향으로 열 수 있도록 한다.
④ 건축물의 내부에서 노대 또는 부속실로 통하는 출입구에는 60 + 방화문, 60분 방화문 또는 30분 방화문을 설치하고, 노대 또는 부속실로부터 계단실로 통하는 출입구에는 60 + 방화문 또는 60분 방화문을 설치하도록 한다.

5-14. 특별피난계단의 구조 기준의 내용으로 옳지 않은 것은?
① 계단실에는 예비전원에 의한 조명설비를 할 것
② 계단은 내화구조로 하되, 피난층 또는 지상까지 직접 연결되도록 할 것
③ 출입구의 유효너비는 0.9m 이상으로 하고 피난의 방향으로 열 수 있을 것
④ 계단실의 노대 또는 부속실에 접하는 창문은 그 면적을 각각 3m² 이하로 할 것

5-15. 특별피난계단의 구조에 관한 기준으로 옳지 않은 것은?
① 출입구는 피난의 방향으로 열 수 있을 것
② 출입구의 유효너비는 0.9m 이상으로 할 것
③ 계단은 내화구조로 하되, 피난층 또는 지상까지 직접 연결되도록 할 것
④ 노대 및 부속실에는 계단실의 내부와 접하는 창문 등을 설치하지 아니할 것

| 해설 |

5-13
- 옥내와 노대 또는 부속실 사이 : 60 + 방화문 또는 60분 방화문
- 노대 또는 부속실과 계단실 사이 : 60 + 방화문, 60분 방화문 또는 30분 방화문

5-14, 5-15
계단실의 노대 또는 부속실에 접하는 창문은 망입유리의 붙박이 창으로써 그 면적이 각각 1m² 이하일 것

정답 5-13 ④ 5-14 ④ 5-15 ④

(6) 지하층 개방공간

① 설치 대상 : 바닥면적 합계가 3,000m² 이상인 공연장·집회장·관람장 또는 전시장을 지하층에 설치하는 경우
② 설치 목적 : 재실자가 지하층 각 층에서 건축물 밖으로 피난하여 옥외 계단 또는 경사로 등을 이용하여 피난층으로 대피할 수 있도록 천장이 개방된 외부 공간을 설치하여야 한다.

(7) 관람실 등으로부터의 출구의 설치 기준

① 다음에 해당하는 건축물에는 기준에 따라 관람실 또는 집회실로부터의 출구를 설치한다.
  ㉠ 제2종 근린생활시설 중 공연장·종교집회장(바닥면적 합계 각각 300m² 이상인 경우만 해당)
  ㉡ 문화 및 집회시설(전시장 및 동·식물원은 제외)
  ㉢ 종교시설
  ㉣ 위락시설
  ㉤ 장례시설
  ※ 관람실 또는 집회실로부터 바깥쪽으로의 출구로 쓰이는 문은 안여닫이로 해서는 안 된다.
② 문화 및 집회시설 중 공연장의 개별 관람실(바닥면적 합계 300m² 이상인 경우만 해당)의 출구는 다음 기준에 적합하게 설치한다.
  ㉠ 관람실별로 2개소 이상 설치할 것
  ㉡ 각 출구의 유효너비는 1.5m 이상일 것
  ㉢ 개별 관람실 출구의 유효너비의 합계는 개별 관람실의 바닥면적 100m²마다 0.6m의 비율로 산정한 너비 이상으로 할 것

10년간 자주 출제된 문제

5-16. 다음은 지하층과 피난층 사이의 개방공간 설치에 관한 기준 내용이다. ( ) 안에 알맞은 것은?

> 바닥면적 합계가 ( ) 이상인 공연장·집회장·관람장 또는 전시장을 지하층에 설치하는 경우 지하층 각 층에서 건축물 밖으로 피난하여 옥외 계단 또는 경사로 등을 이용하여 피난층으로 대피할 수 있도록 천장이 개방된 외부 공간을 설치해야 한다.

① 1,000m² ② 2,000m²
③ 3,000m² ④ 4,000m²

5-17. 문화 및 집회시설 중 공연장의 개별 관람실의 출구에 관한 설명으로 옳지 않은 것은?(단, 개별 관람실의 바닥면적은 500m²인 경우)
① 각 출구의 유효너비는 0.9m 이상으로 한다.
② 출구는 관람실별로 2개소 이상 설치하여야 한다.
③ 개별 관람실 출구 유효너비 합계는 3.0m 이상이다.
④ 바깥쪽으로의 출구로 쓰이는 문은 안여닫이로 하여서는 아니 된다.

5-18. 문화 및 집회시설 중 공연장의 개별 관람실의 출구를 다음과 같이 설치하였을 경우, 옳지 않은 것은?(단, 개별 관람실의 바닥면적이 800m²인 경우)
① 출구는 모두 바깥여닫이로 하였다.
② 관람실별로 2개소 이상 설치하였다.
③ 각 출구의 유효너비를 1.6m로 하였다.
④ 각 출구의 유효너비의 합계를 4.5m로 하였다.

|해설|

5-16
바닥면적의 합계가 3,000m² 이상인 경우에 해당

5-17
각 출구의 유효너비는 1.5m 이상

5-18
100m²마다 0.6m 가산한 너비이어야 한다.
따라서 8×0.6m = 4.8m이므로 4.8m 이상이어야 한다.

정답 5-16 ③ 5-17 ① 5-18 ④

(8) 건축물 바깥쪽으로의 출구 설치

① 대상 건축물

대 상
• 제2종 근린생활시설 중 공연장·종교집회장·인터넷컴퓨터게임시설제공업소(바닥면적 합계 각각 300m² 이상인 경우만 해당)
• 문화 및 집회시설(전시장 및 동·식물원은 제외)*
• 종교시설*
• 판매시설
• 업무시설 중 국가 또는 지방자치단체의 청사
• 위락시설*
• 연면적이 5,000m² 이상인 창고시설
• 교육연구시설 중 학교
• 장례시설*
• 승강기를 설치하여야 하는 건축물

※ *의 용도에 쓰이는 건축물의 바깥쪽으로의 출구로 쓰이는 문은 안여닫이로 하여서는 아니 된다.

② 보조출구 또는 비상구의 설치

대 상	설치 기준
관람실 바닥면적 합계가 300m² 이상인 집회장 또는 공연장	주된 출구 외에 보조출구 또는 비상구를 2개소 이상 설치해야 한다.

(9) 회전문의 설치 기준

① 계단, 에스컬레이터로부터 2m 이상의 거리를 둘 것
② 회전문과 문틀 및 바닥 사이는 다음의 간격을 확보한다.
  ㉠ 회전문과 문틀 사이는 5cm 이상
  ㉡ 회전문과 바닥 사이는 3cm 이하
③ 출입에 지장이 없도록 일정 방향으로 회전하는 구조일 것
④ 회전문의 중심축에서 회전문과 문틀 사이의 간격을 포함한 회전문날개 끝부분까지의 길이는 140cm 이상이 되도록 할 것
⑤ 회전문 회전속도 : 분당 회전수가 8회를 넘지 아니하도록 할 것

(10) 옥상 광장 설치

① 옥상 난간 설치
  ㉠ 옥상 광장, 2층 이상 층에 있는 노대 등의 주위에는 높이 1.2m 이상 난간을 설치해야 한다.
  ㉡ 예외 : 해당 노대 등에 출입할 수 없는 구조 제외

② 옥상 광장 설치 : 5층 이상 층이 다음의 용도일 경우 피난의 용도에 쓸 수 있는 옥상 광장을 설치한다.
  ㉠ 제2종 근린생활시설 중 공연장, 종교집회장, 인터넷컴퓨터게임시설 제공업소(바닥면적 합계가 각각 300m² 이상인 경우 해당)
  ㉡ 문화 및 집회시설(전시장, 동식물원은 제외)
  ㉢ 종교시설, 판매시설, 장례시설, 주점영업

10년간 자주 출제된 문제

5-19. 건축물로부터 바깥쪽으로 나가는 출구를 국토교통부령으로 정하는 기준에 따라 설치하여야 하는 대상 건축물에 속하지 않는 것은?
① 종교시설
② 의료시설 중 종합병원
③ 교육연구시설 중 학교
④ 문화 및 집회시설 중 관람장

5-20. 건축물의 출입구에 설치하는 회전문은 계단이나 에스컬레이터로부터 최소 얼마 이상의 거리를 두어야 하는가?
① 1m
② 1.5m
③ 2m
④ 2.5m

5-21. 옥상광장 또는 2층 이상인 층에 있는 노대나 그 밖에 이와 비슷한 것의 주위에는 높이 몇 m 이상의 난간을 설치하는가?
① 0.9m
② 1.0m
③ 1.2m
④ 1.5m

5-22. 피난 용도로 쓸 수 있는 광장을 옥상에 설치하여야 하는 대상에 속하지 않는 것은?(5층 이상의 층에 해당하는 경우)
① 종교시설의 용도로 쓰이는 경우
② 판매시설의 용도로 쓰이는 경우
③ 장례식장의 용도로 쓰이는 경우
④ 문화 및 집회시설 중 전시장의 용도로 쓰이는 경우

|해설|

5-19
종합병원은 해당되지 않는다.

5-20
회전문은 계단이나 에스컬레이터로부터 2m 이상 거리를 둘 것

5-21
1.2m 이상 난간을 설치해야 한다.

5-22
전시장의 용도로 쓰이는 경우는 해당되지 않는다.

정답 5-19 ② 5-20 ③ 5-21 ③ 5-22 ④

(11) 대피공간 설치

① 설치 대상 : 층수가 11층 이상인 건축물로서 11층 이상인 층의 바닥면적의 합계가 10,000m² 이상인 건축물의 옥상

② 다음의 구분에 따른 공간을 확보하여야 한다.
   ㉠ 지붕을 평지붕으로 하는 경우 : 헬리포트를 설치하거나 헬리콥터를 통하여 인명 등을 구조할 수 있는 공간
   ㉡ 지붕을 경사지붕으로 하는 경우 : 경사지붕 아래에 설치하는 대피공간

③ 대피공간 설치 기준
   ㉠ 대피공간 면적 : 지붕 수평투영면적의 1/10 이상
   ㉡ 특별피난계단 또는 피난계단과 연결되도록 할 것
   ㉢ 출입구·창문을 제외한 부분은 해당 건축물의 다른 부분과 내화구조의 바닥 및 벽으로 구획할 것
   ㉣ 출입구는 유효너비 0.9m 이상으로 하고, 그 출입구에는 60분 + 방화문 또는 60분 방화문을 설치할 것(방화문에 비상문자동개폐장치를 설치할 것)
   ㉤ 내부 마감재료는 불연재료로 할 것
   ㉥ 예비전원으로 작동하는 조명설비를 설치할 것
   ㉦ 관리사무소 등과 긴급 연락 가능한 통신시설 설치

(12) 대지 안의 피난 및 소화에 필요한 통로 설치

① 설치 기준 : 건축물 바깥쪽으로 통하는 주된 출구와 지상으로 통하는 피난계단 및 특별피난계단으로부터 도로 또는 공지로 통하는 통로를 설치해야 한다.

② 통로의 너비
   ㉠ 유효너비 0.9m 이상 : 단독주택
   ㉡ 유효너비 3m 이상 : 바닥면적 합계가 500m² 이상인 문화 및 집회시설, 종교시설, 의료시설, 위락시설 또는 장례시설
   ㉢ 유효너비 1.5m 이상 : 그 밖의 용도로 쓰는 건축물

③ 필로티 내 통로 길이가 2m 이상인 경우에는 피난 및 소화활동에 장애가 발생하지 아니하도록 자동차 진입 억제용 말뚝 등 통로 보호시설을 설치하거나 통로에 단차(段差)를 둘 것

10년간 자주 출제된 문제

5-23. 건축법령에 따라 건축물의 경사지붕 아래에 설치하는 대피공간에 관한 기준 내용으로 옳지 않은 것은?

① 특별피난계단 또는 피난계단과 연결되도록 할 것
② 관리사무소 등과 긴급 연락이 가능한 통신시설을 설치할 것
③ 대피공간의 면적은 지붕 수평투영면적의 20분의 1 이상일 것
④ 출입구는 유효너비 0.9m 이상으로 하고, 그 출입구에는 60분+방화문 또는 60분 방화문을 설치할 것

5-24. 대지 안의 피난 및 소화에 필요한 통로 설치에 관한 기준으로 옳지 않은 것은?

① 건축물 바깥쪽으로 통하는 주된 출구와 지상으로 통하는 피난계단 및 특별피난계단으로부터 도로 또는 공지로 통하는 통로를 설치해야 한다.
② 통로의 너비는 단독주택은 유효너비 0.9m 이상으로 해야 한다.
③ 통로의 너비는 바닥면적 합계가 500m² 이상인 종교시설은 유효너비 1.5m 이상으로 해야 한다.
④ 필로티 내 통로 길이가 2m 이상인 경우에는 피난 및 소화활동에 장애가 발생하지 아니하도록 자동차 진입 억제용 말뚝 등 통로 보호시설을 설치해야 한다.

|해설|

5-23
대피공간의 면적은 지붕 수평투영면적의 10분의 1 이상일 것

5-24
통로의 너비는 바닥면적 합계가 500m² 이상인 종교시설은 유효너비 3.0m 이상으로 해야 한다.

정답 5-23 ③ 5-24 ③

(13) 방화구획 등의 설치

① 방화구획 설치 대상

　㉠ 설치 대상 : 주요구조부가 내화구조 또는 불연재료로 된 연면적이 1,000m²를 넘는 건축물

　㉡ 방화구획의 구조
- 내화구조로 된 바닥·벽
- 60분 + 방화문, 60분 방화문 또는 자동방화셔터

② 방화구획 구획 기준

구획의 종류	구획의 기준
매 층마다 구획할 것(지하 1층에서 지상으로 직접 연결하는 경사로 부위는 제외)	
10층 이하의 층	바닥면적 1,000m²(* 3,000m²) 이내마다 구획
11층 이상의 층 — 실내 마감재가 불연재료인 경우	바닥면적 500m² (* 1,500m²) 이내마다 구획
11층 이상의 층 — 실내 마감재가 불연재료가 아닌 경우	200m²(* 600m²) 이내마다 구획
필로티 등의 구조 부분을 주차장으로 사용하는 경우 그 부분은 건축물의 다른 부분과 구획할 것	

※ (*)의 면적은 스프링클러 등의 자동식 소화설비를 설치한 경우

③ 방화구획의 설치 기준

　㉠ 60분 + 방화문 또는 60분 방화문은 언제나 닫힌 상태를 유지하거나 화재로 인한 연기 또는 불꽃을 감지하여 자동적으로 닫히는 구조로 할 것. 다만, 연기 또는 불꽃을 감지하여 자동적으로 닫히는 구조로 할 수 없는 경우에는 온도를 감지하여 자동적으로 닫히는 구조로 할 수 있다.

　㉡ 급수관, 배전관, 그 밖의 관이 방화구획으로 되어 있는 부분을 관통하는 경우 그로 인하여 방화구획에 틈이 생긴 때에는 그 틈을 내화시간 이상 견딜 수 있는 내화채움성능을 인정한 구조로 메울 것

　㉢ 환기, 난방, 냉방시설 풍도가 방화구획을 관통하는 경우, 관통 또는 근접 부분에는 댐퍼를 설치할 것

　㉣ 방화문 또는 방화셔터, 건축물과 복도 또는 통로의 연결부분에 자동방화셔터 또는 방화문을 설치할 경우 다음의 요건을 모두 갖추어야 한다.
- 피난이 가능한 60분 + 방화문 또는 60분 방화문으로부터 3m 이내에 별도로 설치할 것
- 전동방식이나 수동방식으로 개폐할 수 있을 것
- 불꽃감지기 또는 연기감지기 중 하나와 열감지기를 설치할 것
- 불꽃이나 연기를 감지한 경우 일부 폐쇄되는 구조일 것
- 열을 감지한 경우 완전 폐쇄되는 구조일 것

④ 아파트 대피공간의 설치

　㉠ 4층 이상인 층의 각 세대가 2개 이상 직통계단을 사용할 수 없는 경우, 발코니에 설치 기준 요건을 모두 갖춘 대피공간을 하나 이상 설치하여야 한다.

　㉡ 발코니 대피공간의 설치 기준

　　공동주택 중 아파트로서 4층 이상인 층의 각 세대가 2개 이상의 직통계단을 사용할 수 없는 경우
- 대피공간은 바깥의 공기와 접할 것
- 대피공간은 실내 다른 부분과 방화구획으로 할 것

　㉢ 대피공간 바닥면적
- 인접 세대와 공동 설치하는 경우 : 3m² 이상
- 각 세대별로 설치하는 경우 : 2m² 이상

　㉣ 대피공간으로 통하는 출입문에는 60분 + 방화문을 설치할 것

10년간 자주 출제된 문제

5-25. 방화구획 설치에 관한 기준으로 옳지 않은 것은?
① 주요구조부가 내화구조 또는 불연재료로 된 건축물로서 연면적이 1,000m²를 넘을 경우 방화구획을 해야 한다.
② 방화구획은 내화구조로 된 바닥·벽이어야 한다.
③ 지하층은 층마다 구획함을 원칙으로 하며, 지하 1층에서 지상으로 직접 연결하는 경사로 부위는 제외한다.
④ 11층 이상의 층은 실내 마감재가 불연재료인 경우 200m² 이내마다 구획해야 한다.

5-26. 아파트 대피공간의 설치에 관한 기준으로 옳지 않은 것은?
① 공동주택 중 아파트로서 4층 이상인 층의 각 세대가 2개 이상 직통계단을 사용할 수 없는 경우 설치한다.
② 발코니에 인접 세대와 공동으로 또는 각 세대별로 설치 기준 요건을 모두 갖춘 대피공간을 하나 이상 설치하여야 한다.
③ 대피공간은 바깥의 공기와 접하지 않도록 하며, 실내 다른 부분과 방화구획으로 할 것
④ 발코니 대피공간의 바닥면적은 인접 세대와 공동 설치하는 경우 3m² 이상, 각 세대별로 설치하는 경우 2m² 이상이 되게 설치한다.

|해설|

5-25
11층 이상의 층은 실내 마감재가 불연재료인 경우 500m² 이내마다 구획해야 하며, 스프링클러 등의 자동식 소화설비를 설치한 경우 1,500m² 이내마다 구획한다.

5-26
대피공간은 바깥의 공기와 접해야 하며, 실내 다른 부분과 방화구획으로 할 것

정답 5-25 ④ 5-26 ③

(14) 방화에 장애가 되는 용도의 제한

① 제한 원칙 : 같은 건축물 안에는 다음 "1"란의 용도와 "2"란의 용도를 함께 설치할 수 없다.

"1" 공동주택 등	"2" 위락시설 등
• 의료시설 • 노유자시설(아동 관련 시설 및 노인복지시설만 해당) • 공동주택 • 장례시설 • 제1종 근린생활시설(산후조리원만 해당)	• 위락시설 • 위험물 저장 및 처리시설 • 공 장 • 자동차 관련 시설(정비공장에 한함)

② 복합용도 제한 예외 : 다음의 경우에는 같은 건축물에 함께 설치할 수 있다.
㉠ 공동주택(기숙사만 해당)과 공장이 같은 건축물에 있는 경우
㉡ 중심상업지역·일반상업지역 또는 근린상업지역에서 재개발사업을 시행하는 경우
㉢ 공동주택과 위락시설이 같은 초고층 건축물에 있는 경우
㉣ 지식산업센터와 직장어린이집이 같은 건축물에 있는 경우

③ 복합건축물의 피난시설 : 복합용도 제한의 예외를 위한 조건으로서 같은 건축물 안에 하나 이상을 함께 설치하고자 하는 경우에는 다음의 기준에 적합하여야 한다.

대 상	"공동주택 등"과 "위락시설 등" 간의 설치 기준
출입구	서로 그 보행거리가 30m 이상이 되도록 할 것
벽, 바닥, 통로	내화구조로 된 바닥 및 벽으로 구획하여 서로 차단할 것
배 치	서로 이웃하지 아니하도록 배치할 것
주요구조부	내화구조로 할 것
실내 마감재료	거실의 벽, 반자가 실내에 면하는 부분의 마감은 불연재료·준불연재료, 난연재료
	거실로부터 지상으로 통하는 주된 복도·계단, 통로의 벽 및 반자가 실내에 면하는 부분의 마감은 불연 또는 준불연재료

10년간 자주 출제된 문제

5-27. 같은 건축물 안에 공동주택과 위락시설을 함께 설치하고자 하는 경우에 관한 기준 내용으로 옳지 않은 것은?
① 건축물의 주요구조부를 내화구조로 할 것
② 공동주택과 위락시설은 서로 이웃하도록 배치할 것
③ 공동주택과 위락시설은 내화구조로 된 바닥 및 벽으로 구획하여 서로 차단할 것
④ 공동주택의 출입구와 위락시설의 출입구는 서로 그 보행거리가 30m 이상이 되도록 설치할 것

5-28. 같은 건축물 안에 공동주택과 위락시설을 함께 설치하고자 하는 경우, 공동주택의 출입구와 위락시설의 출입구는 서로 그 보행거리가 최소 얼마 이상이 되도록 설치하여야 하는가?
① 10m   ② 20m
③ 30m   ④ 50m

|해설|

5-27
공동주택 등과 위락시설 등은 서로 이웃하지 아니하도록 배치할 것

5-28
공동주택 등의 출입구와 위락시설 등의 출입구는 서로 그 보행거리가 30m 이상이 되도록 설치할 것

정답 5-27 ② 5-28 ③

(15) 계단·복도 및 출입구의 설치

① 계단의 설치 기준 : 연면적 $200m^2$를 초과하는 건축물에 설치하는 계단 및 복도는 다음 기준에 적합하여야 한다.

설 치	설치 기준
계단참	높이 3m를 넘는 경우, 3m 이내마다 너비 1.2m 이상
난 간	높이 1m를 넘는 경우, 양옆에 난간 설치
중간 난간	너비 3m를 넘는 경우, 중간에 너비 3m 이내마다 설치 (예외 : 단높이 15cm 이하, 단너비 30cm 이상은 제외)
유효 높이	2.1m 이상(계단의 바닥 마감면부터 상부 구조체의 하부 마감면까지의 연직방향 높이)

② 계단 및 계단참, 단높이, 단너비의 치수(cm)

계단의 용도	계단 및 계단참의 유효너비	단높이	단너비
초등학교 계단	150 이상	16 이하	26 이상
중·고등학교 계단	150 이상	18 이하	26 이상
문화 및 집회시설(공연장, 집회장, 관람장) 및 판매시설	120 이상	–	–
해당 층의 위층부터 최상층까지의 거실 바닥면적 합계가 $200m^2$ 이상 또는 지하층 거실 바닥면적 합계가 $100m^2$ 이상인 경우			
기타의 계단	60 이상	–	–

③ 난간·벽 등의 손잡이와 바닥마감 기준

구 분	설치 기준
구 조	최대 지름 3.2~3.8cm(원형 또는 타원형 단면)
벽과의 거리	벽 등과 5cm 이상
설치 높이	계단으로부터 85cm
계단 끝 연장	계단이 끝나는 수평부분에서의 손잡이는 30cm 이상 밖으로 나오도록 설치할 것

④ 계단에 대체하여 설치하는 경사로의 경사도는 1:8을 넘지 아니할 것

⑤ 피난층 또는 지상으로 통하는 직통계단을 설치하는 경우 계단 및 계단참의 유효너비
㉠ 공동주택 : 1.2m 이상
㉡ 공동주택이 아닌 건축물 : 1.5m 이상

⑥ 복도의 너비 기준

대 상	양옆 거실이 있는 복도	기타의 복도
유치원, 초·중·고등학교	2.4m 이상	1.8m 이상
공동주택, 오피스텔	1.8m 이상	1.2m 이상
해당 층 거실 바닥면적 합계가 200m² 이상	1.5m 이상(의료시설의 복도 1.8m 이상)	1.2m 이상

10년간 자주 출제된 문제

5-29. 계단·복도 및 출입구의 설치에 관한 기준으로 옳지 않은 것은?

① 높이 3m를 넘는 계단의 계단참은 높이 3m 이내마다 너비 1.2m 이상으로 해야 한다.
② 초등학교 계단 및 계단참의 너비는 150cm 이상으로 한다.
③ 난간·벽 등의 손잡이 설치 시에 계단이 끝나는 수평부분에서의 손잡이는 10cm 이상 밖으로 나오도록 설치해야 한다.
④ 발코니 대피공간의 바닥면적은 인접 세대와 공동 설치하는 경우 3m² 이상, 각 세대별로 설치하는 경우 2m² 이상이 되게 설치한다.

5-30. 복도의 너비 기준에 관한 설명으로 옳지 않은 것은?

① 유치원, 초등학교, 중학교, 고등학교 등은 양옆 거실이 있는 경우 복도의 폭은 2.1m 이상으로 해야 한다.
② 공동주택, 오피스텔 등은 양옆 거실이 있는 경우 복도의 폭은 1.8m 이상으로 해야 한다.
③ 의료시설 양옆 거실이 있는 경우 복도의 폭은 1.8m 이상으로 해야 한다.
④ 문화 및 집회시설 중 공연장에 설치하는 복도는 바닥면적 300m² 이상일 경우 관람석 양쪽 및 뒤쪽에 각각 복도를 설치해야 한다.

5-31. 연면적 200m²를 초과하는 건축물에 설치하는 계단에 관한 기준 내용으로 옳지 않은 것은?

① 높이가 1m를 넘는 계단 및 계단참의 양옆에는 난간을 설치할 것
② 너비가 4m를 넘는 계단에는 계단의 중간에 너비 4m 이내마다 난간을 설치할 것
③ 높이가 3m를 넘는 계단에는 높이 3m 이내마다 유효너비 120cm 이상의 계단참을 설치할 것
④ 계단의 유효높이(계단의 바닥 마감면부터 상부 구조체의 하부 마감면까지의 연직방향의 높이)는 2.1m 이상으로 할 것

|해설|

5-29
30cm 이상 밖으로 나오도록 설치해야 한다.

5-30
복도의 폭은 2.4m 이상으로 해야 한다.

5-31
너비가 3m를 넘는 계단에는 3m 이내마다 중간 난간을 설치할 것

정답 5-29 ③ 5-30 ① 5-31 ②

(16) 건축물의 거실

① 거실의 반자 설치 높이

거실의 용도		반자 높이
모든 건축물(예외 : 공장, 창고시설, 위험물저장 및 처리시설, 동물 및 식물 관련 시설, 자원순환 시설, 묘지 관련 시설)		2.1m 이상
• 문화 및 집회시설(전시장, 동식물원 제외) • 종교시설 • 장례식장 • 위락시설 중 유흥주점	관람실 또는 집회실 바닥면적이 200m² 이상(예외 : 기계환기장치를 설치한 경우)	4.0m 이상
		노대 아랫부분 2.7m 이상

② 배연설비 설치 대상

6층 이상 건축물로서 다음의 용도	다음의 용도
• 제2종 근린생활시설 중 공연장, 종교집회장, 인터넷컴퓨터게임시설 제공업소(해당 용도로 쓰는 바닥면적의 합계가 각각 300m² 이상인 경우만 해당) • 제2종 근린생활시설 중 다중생활시설 • 문화 및 집회시설, 종교시설, 판매시설 • 운수시설, 의료시설(요양, 정신병원 제외) • 교육연구시설 중 연구소, 업무시설 • 노유자시설 중 아동 관련 시설, 노인복지시설 (노인요양시설 제외) • 수련시설 중 유스호스텔, 숙박시설 • 운동시설, 위락시설, 관광휴게시설, 장례시설	• 의료시설 중 - 요양병원 - 정신병원 • 노유자시설 중 - 노인요양시설 - 장애인 거주시설 - 장애인 의료재활시설 • 제1종 근린생활시설 중 산후조리원

③ 거실의 방습 조치
  ㉠ 방습 조치 : 최하층에 있는 바닥이 목조인 거실의 경우 거실 바닥 높이는 지표면으로부터 45cm 이상 (예외, 지표면에 콘크리트 바닥 설치 시 제외)
  ㉡ 내수재료 마감 : 다음에 해당하는 용도의 욕실 또는 조리장의 바닥과 그 바닥에서 높이 1m까지의 안벽의 마감은 내수재료로 하여야 한다.
    • 제1종 근린생활시설 중 목욕장의 욕실과 휴게음식점의 조리장
    • 제2종 근린생활시설 중 일반·휴게음식점 조리장, 숙박시설의 욕실

④ 창문 등의 차면시설 : 인접 대지 경계선으로부터 직선거리 2m 이내에 이웃 주택의 내부가 보이는 창문 등을 설치하는 경우에는 차면시설을 설치하여야 한다.

10년간 자주 출제된 문제

5-32. 거실의 반자 설치 높이에 관한 기준으로 옳지 않은 것은?
① 원칙적으로 모든 건축물은 2.1m 이상으로 해야 한다.
② 장례식장은 해당 바닥면적이 200m² 이상인 경우 4.0m 이상이어야 한다.
③ 위락시설 중 주점용도인 경우에는 노대 아랫부분의 높이는 3.0m 이상이어야 한다.
④ 문화 및 집회시설 중 전시장, 동물원, 식물원은 기준에서 제외된다.

5-33. 건축물의 거실에 국토교통부령으로 정하는 기준에 따라 배연설비를 하여야 하는 대상 건축물에 속하지 않는 것은?(단, 피난층의 거실은 제외하며, 6층 이상인 건축물의 경우)
① 종교시설 ② 판매시설
③ 위락시설 ④ 방송통신시설

5-34. 바닥으로부터 높이 1m까지의 안벽의 마감을 내수재료로 하지 않아도 되는 것은?
① 아파트의 욕실
② 숙박시설의 욕실
③ 제1종 근린생활시설 중 휴게음식점의 조리장
④ 제2종 근린생활시설 중 일반음식점의 조리장

5-35. 인접 대지 경계선으로부터 일정한 거리 이내에 이웃 주택의 내부가 보이는 창문 등을 설치하는 경우에는 차면시설을 설치하여야 한다. 그 거리는?
① 직선거리 1m 이내
② 직선거리 2m 이내
③ 직선거리 3m 이내
④ 직선거리 4m 이내

|해설|

5-32
위락시설 중 주점용도인 경우에는 노대 아랫부분의 높이는 2.7m 이상이어야 한다.

5-33
방송통신시설은 해당되지 않는다.

5-34
아파트의 욕실은 해당되지 않는다.

정답 5-32 ③ 5-33 ④ 5-34 ① 5-35 ②

(17) 건축물의 내화구조

다음 건축물의 주요구조부와 지붕은 내화구조로 하여야 한다. 다만, 연면적이 $50m^2$ 이하인 단층 부속건축물로서 외벽, 처마 밑면을 방화구조로 한 것과 무대의 바닥은 그렇지 않다.

바닥면적 합계	건축물의 용도
$200m^2$ 이상 (옥외관람석 $1,000m^2$)	• 제2종 근린생활시설 중 공연장·종교집회장(바닥면적 합계 각각 $300m^2$ 이상 해당) • 문화 및 집회시설(전시장, 동·식물원 제외) • 종교시설, 장례시설 • 위락시설 중 주점영업
$500m^2$ 이상	• 문화 및 집회시설 중 전시장, 동·식물원 • 판매시설, 운수시설 • 교육연구시설에 설치하는 체육관·강당 • 수련시설, 운동시설 중 체육관·운동장 • 위락시설(주점영업 용도 제외) • 창고시설, 위험물 저장 및 처리시설 • 자동차 관련 시설 • 방송통신시설 중 방송국·전신전화국·촬영소 • 묘지 관련 시설 중 화장시설·동물 화장시설 • 관광휴게시설
$2,000m^2$ 이상	공장(화재의 위험이 적은 공장으로서 국토교통부령으로 정하는 공장은 제외)
$400m^2$ 이상	• 2층이 단독주택 중 다중주택 및 다가구주택 • 공동주택 • 제1종 근린생활시설(의료의 용도만 해당) • 제2종 근린생활시설 중 다중생활시설 • 의료시설, 노유자시설 중 아동 관련 시설 및 노인복지시설 • 숙박시설, 수련시설 중 유스호스텔 • 업무시설 중 오피스텔 • 장례시설
모든 건축물 (면적기준 없음)	• 3층 이상 건축물 및 지하층이 있는 건축물 • 2층 이하인 건축물은 지하층 부분만 해당 다만, 다음의 용도는 제외한다. • 단독주택(다중주택, 다가구주택 제외) • 동물 및 식물 관련 시설 • 발전시설(발전소 부속용도 시설은 제외) • 교도소·소년원 • 묘지 관련 시설(화장시설, 동물 화장시설 제외) • 철강 관련 업종 공장 중 제어실 사용을 위한 연면적 $50m^2$ 이하 증축 부분

10년간 자주 출제된 문제

5-36. 주요구조부를 내화구조로 해야 하는 대상 건축물 기준으로 옳은 것은?

① 장례시설의 용도로 쓰는 건축물로서 집회실의 바닥면적의 합계가 $150m^2$ 이상인 건축물
② 판매시설의 용도로 쓰는 건축물로서 그 용도로 쓰는 바닥면적의 합계가 $300m^2$ 이상인 건축물
③ 운수시설의 용도로 쓰는 건축물로서 그 용도로 쓰는 바닥면적의 합계가 $400m^2$ 이상인 건축물
④ 문화 및 집회시설 중 전시장의 용도로 쓰는 건축물로서 그 용도로 쓰는 바닥면적의 합계가 $500m^2$ 이상인 건축물

5-37. 건축물의 주요구조부를 내화구조로 하여야 하는 대상 건축물에 속하지 않는 것은?

① 공장의 용도로 쓰는 건축물로서 그 용도로 쓰는 바닥면적 합계가 $500m^2$인 건축물
② 판매시설의 용도로 쓰는 건축물로서 그 용도로 쓰는 바닥면적 합계가 $500m^2$인 건축물
③ 창고시설의 용도로 쓰는 건축물로서 그 용도로 쓰는 바닥면적 합계가 $500m^2$인 건축물
④ 문화 및 집회시설 중 전시장의 용도로 쓰는 건축물로서 그 용도로 쓰는 바닥면적 합계가 $500m^2$인 건축물

5-38. 주요구조부를 내화구조로 하여야 하는 대상 건축물 기준으로 옳은 것은?(단, 판매시설의 용도로 쓰는 건축물의 경우)

① 해당 용도로 쓰는 바닥면적의 합계가 $200m^2$ 이상인 건축물
② 해당 용도로 쓰는 바닥면적의 합계가 $500m^2$ 이상인 건축물
③ 해당 용도로 쓰는 바닥면적의 합계가 $1,000m^2$ 이상인 건축물
④ 해당 용도로 쓰는 바닥면적의 합계가 $2,000m^2$ 이상인 건축물

|해설|

5-36
- 장례시설의 용도로 쓰는 건축물로서 집회실의 바닥면적 : $200m^2$ 이상
- 문화 및 집회시설 중 전시장, 판매시설, 운수시설의 용도 : $500m^2$ 이상

5-37
공장(화재의 위험이 적은 공장으로서 국토교통부령이 정하는 공장은 제외)은 $2,000m^2$ 이상

5-38
판매시설, 운수시설은 바닥면적 합계 $500m^2$ 이상일 경우 내화구조로 하여야 한다.

정답 5-36 ④ 5-37 ① 5-38 ②

(18) 대규모 건축물의 방화벽

① 대상 : 연면적 $1,000m^2$ 이상 건축물은 바닥면적의 합계 $1,000m^2$ 미만마다 방화벽으로 구획해야 한다.
② 내화구조로서 홀로 설 수 있는 구조일 것(자립구조)
③ 방화벽의 양쪽 끝과 위쪽 끝을 건축물의 외벽면 및 지붕면으로부터 0.5m 이상 튀어나오게 할 것
④ 출입문 : 너비 및 높이는 각각 2.5m 이하, 60 + 방화문 또는 60분 방화문 설치
⑤ 목조 건축물은 외벽, 처마 밑의 연소 우려가 있는 부분은 방화구조로 한다.
⑥ 목조 건축물의 지붕은 불연재료로 한다.

(19) 지하층의 구조

① 지하층의 설치 기준

지하층 규모	설치 기준
(거실의 바닥면적이) $50m^2$ 이상인 층	직통계단 외에 비상탈출구 및 환기통 설치 (직통계단이 2개소 이상인 경우는 제외)
(바닥면적이) $1,000m^2$ 이상인 층	방화구획으로 구획하는 각 부분마다 1개소 이상의 피난 또는 특별피난계단 설치
(거실의 바닥면적의 합계가) $1,000m^2$ 이상인 층	환기설비 설치
(지하층의 바닥면적이) $300m^2$ 이상인 층	식수 공급을 위한 급수전 1개소 이상 설치

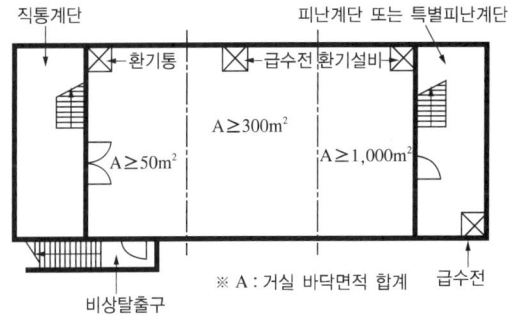

② 비상탈출구의 구조(주택 제외)
  ㉠ 크기 : 유효폭 0.75m 이상, 유효높이 1.5m 이상
  ㉡ 구조 : 피난방향으로 열리도록 하고(항상 열 수 있는 구조), 내외부에 비상탈출구 표시를 할 것
  ㉢ 출구 위치 : 출입구로부터 3m 이상 떨어진 곳에 설치

ⓓ 사다리의 설치 : 바닥과 비상탈출구의 높이 차이가 1.2m 이상의 경우 발판의 너비가 20cm 이상인 사다리를 설치
ⓔ 피난통로 유효너비 : 0.75m 이상(마감은 불연재료)

10년간 자주 출제된 문제

5-39. 다음의 대규모 건축물의 방화벽에 관한 기준 내용 중 ( ) 안에 공통으로 들어갈 내용은?

> 연면적 ( ) 이상인 건축물은 방화벽으로 구획하되, 각 구획된 바닥면적의 합계는 ( ) 미만이어야 한다.

① 500m^2
② 1,000m^2
③ 1,500m^2
④ 3,000m^2

5-40. 건축물에 설치하는 지하층의 구조 및 설비에 관한 기준 내용으로 옳지 않은 것은?

① 거실의 바닥면적의 합계가 1,000m^2 이상인 층에는 환기설비를 설치할 것
② 거실의 바닥면적이 30m^2 이상인 층에는 피난층으로 통하는 비상탈출구를 설치할 것
③ 지하층의 바닥면적이 300m^2 이상인 층에는 식수공급을 위한 급수전을 1개소 이상 설치할 것
④ 문화 및 집회시설 중 공연장의 용도에 쓰이는 층으로서 그 층 거실 바닥면적의 합계가 50m^2 이상인 건축물에는 직통계단을 2개소 이상 설치할 것

5-41. 건축물의 지하층에 비상탈출구를 설치하여야 하는 경우, 설치되는 비상탈출구에 관한 기준내용으로 옳지 않은 것은? (단, 주택이 아닌 경우)

① 비상탈출구의 유효너비는 0.75m 이상으로 할 것
② 비상탈출구의 유효높이는 1.5m 이상으로 할 것
③ 비상탈출구는 출입구로부터 3m 이상 떨어진 곳에 설치할 것
④ 비상탈출구의 문은 피난방향으로 열리도록 하고, 실내에서 비상시에만 열 수 있는 구조로 할 것

|해설|

5-39
바닥면적 1,000m^2 미만마다 방화벽으로 구획한다.

5-40
지하층 거실의 바닥면적이 50m^2 이상인 층에는 피난층으로 통하는 비상탈출구를 설치할 것

5-41
비상탈출구의 문은 피난방향으로 열리도록 하고(항상 열 수 있는 구조), 내외부에 비상탈출구 표시를 할 것

정답 5-39 ② 5-40 ② 5-41 ④

핵심이론 06 | 지역 및 지구의 건축물

(1) 건축물의 면적 산정 – 대지면적

① 원칙 : 대지의 수평투영면적으로 한다.

② 대지면적 제외 부분

　㉠ 대지에 건축선이 정해진 경우 : 그 건축선과 도로 사이의 대지면적

　㉡ 대지에 도시·군계획시설인 도로·공원 등이 있는 경우 : 그 도시·군계획시설에 포함되는 대지면적

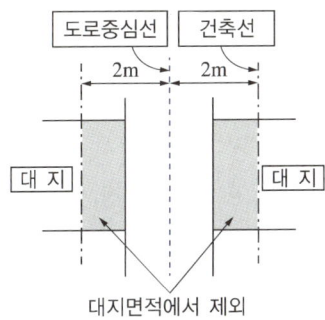

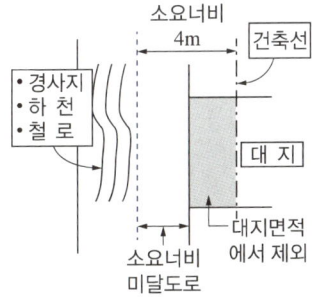

　㉢ 너비 8m 미만인 도로 모퉁이에 위치한 대지의 가각전제(街角剪除) 부분

도로의 교차각	해당 도로의 너비(m)		교차되는 도로의 너비(m)
	6m 이상 8m 미만	4m 이상 6m 미만	
90° 미만	4	3	6 이상 8 미만
	3	2	4 이상 6 미만
90° 이상 120° 미만	3	2	6 이상 8 미만
	2	2	4 이상 6 미만

10년간 자주 출제된 문제

6-1. 너비 8m 미만인 도로의 모퉁이에 위치한 대지의 도로 모퉁이 부분의 건축선은 그 대지에 접한 도로경계선의 교차점으로부터 도로경계선에 따라 다음의 표에 따른 거리를 각각 후퇴한 두 점을 연결한 선으로 한다. (　) 안의 숫자로 옳은 것은?(단, 도로의 교차각 90° 미만인 경우)

해당 도로의 너비	교차되는 도로의 너비
6m 이상 ~ 8m 미만	
(㉠)m	6m 이상 ~ 8m 미만
(㉡)m	4m 이상 ~ 6m 미만

① ㉠ 2, ㉡ 2　　② ㉠ 3, ㉡ 2
③ ㉠ 3, ㉡ 3　　④ ㉠ 4, ㉡ 3

6-2. 다음과 같은 대지의 대지면적은?

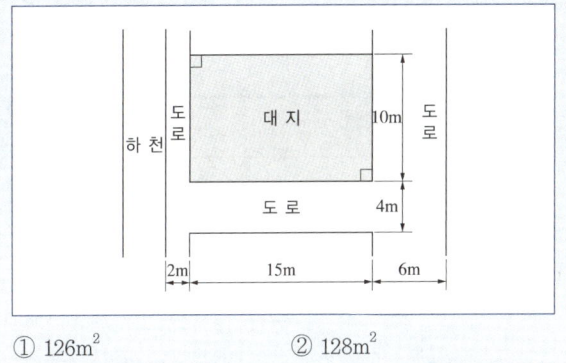

① 126m²　　② 128m²
③ 130m²　　④ 138m²

| 해설 |

6-2
- 소요너비 미달도로(2m 도로부분)에서 2m 후퇴한 건축선 지정 (A부분)
- 당해 도로의 너비 4m일 경우에 소요너비 미달 도로의 4m 부분 (B부분), 교차되는 도로의 너비 6m(C부분)의 대지 모서리 부분은 각각 2m씩 후퇴한 지점을 연결하여 가각전제 한 면적은 대지면적에서 제외된다.
- 위의 2가지 부분에 대하여 대지면적에서 제외된다.
  따라서, 본래의 대지면적 – 도로 확보 면적 – 가각전제 면적
  $= (10 \times 15) - (10 \times 2) - [(2 \times 2 \times \frac{1}{2}) \times 2]$
  $= 150 - 20 - 4 = 126 m^2$

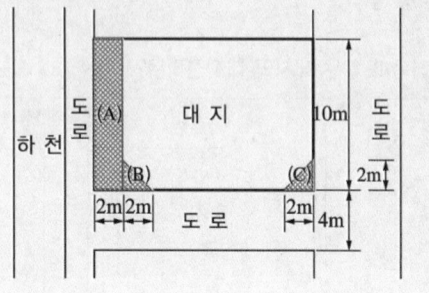

정답 6-1 ④ 6-2 ①

(2) 건축물의 면적 산정 – 건축면적

① 원 칙
  ㉠ 건축물의 외벽(외벽이 없는 경우에는 외곽 부분의 기둥)의 중심선으로 둘러싸인 부분의 수평투영면적
  ㉡ 단, 태양열을 주된 에너지원으로 이용하는 주택의 건축면적은 건축물의 외벽 중 내측 내력벽의 중심선을 기준으로 한다.

② 예외 : 건축면적에 포함되지 않는 경우
  ㉠ 지표면으로부터 1m 이하에 있는 부분(창고 중 물품 입출고를 위한 차량 접안 부분의 경우 지표면으로부터 1.5m 이하에 있는 부분)
  ㉡ 건축물 지상층에 일반인이나 차량이 통행할 수 있도록 설치한 보행통로나 차량통로
  ㉢ 지하주차장의 경사로, 건축물 지하층의 출입구 상부
  ㉣ 처마·차양·부연 등의 해당 외벽의 중심선으로부터 수평거리 1m 이상 돌출된 부분이 있는 경우에는 그 끝부분으로부터 1m(축사 3m, 공동주택·한옥 2m, 전통 사찰 4m 이하의 범위에서 외벽 중심선까지의 거리)를 후퇴한 선의 옥외쪽 부분

(3) 건축물의 면적 산정 – 연면적

① 원 칙
  ㉠ 하나의 건축물의 각 층 바닥면적의 합계
  ㉡ 동일 대지 안에 2동 이상의 건축물이 있는 경우에는 그 연면적의 합계로 한다.

② 예외 : 용적률 산정 시 제외되는 부분
  ㉠ 지하층 면적
  ㉡ 지상층의 주차장으로 사용되는 면적(단, 해당 건축물의 부속 용도에 한함)
  ㉢ 초고층 건축물과 준초고층 건축물에 설치하는 피난안전구역 면적
  ㉣ 건축물의 경사지붕 아래에 설치하는 대피공간의 면적

10년간 자주 출제된 문제

6-3. 태양열을 주된 에너지원으로 이용하는 주택의 건축면적 산정 시 기준이 되는 것은?

① 건축물 외벽의 외곽선
② 건축물의 외벽 중 내측 내력벽의 중심선
③ 건축물의 외벽 중 외측 비내력벽의 중심선
④ 건축물 외벽의 내력벽과 비내력벽의 경계선

6-4. 다음은 건축면적에 산입하지 아니하는 경우에 관한 기준 내용이다. ( ) 안에 알맞은 것은?

> 다음의 경우에는 건축면적에 산입하지 아니한다.
> • 지표면으로부터 (㉠) 이하에 있는 부분(창고 중 물품을 입출고하기 위하여 차량을 접안시키는 부분의 경우에는 지표면으로부터 (㉡) 이하에 있는 부분)

① ㉠ 1m, ㉡ 1.5m
② ㉠ 1m, ㉡ 2m
③ ㉠ 1.2m, ㉡ 1.5m
④ ㉠ 1.2m, ㉡ 2m

6-5. 면적 등의 산정방법에 대한 기본 원칙으로 옳지 않은 것은?

① 대지면적은 대지의 수평투영면적으로 한다.
② 건축면적은 건축물의 외벽의 중심선으로 둘러싸인 부분의 수평투영면적으로 한다.
③ 바닥면적은 건축물의 각 층 또는 그 일부로서 벽, 기둥, 그 밖에 이와 비슷한 구획의 중심선으로 둘러싸인 부분의 수평투영면적으로 한다.
④ 용적률 산정 시 적용하는 연면적은 지하층을 포함하여 하나의 건축물 각 층의 바닥면적의 합계로 한다.

|해설|

6-3
태양열을 주된 에너지원으로 이용하는 주택의 건축면적은 건축물의 외벽 중 내측 내력벽의 중심선을 기준으로 한다.

6-4
㉠ 1m, ㉡ 1.5m

6-5
용적률 산정 시에는 지하층 면적을 제외한다.

정답 6-3 ② 6-4 ① 6-5 ④

(4) 건축물의 면적 산정 – 바닥면적

① 원칙 : 건축물의 각 층 또는 그 일부로서 벽·기둥 등의 구획의 중심선으로 둘러싸인 부분의 수평투영면적

② 바닥면적 산정 별도 기준
  ㉠ 벽·기둥의 구획이 없는 건축물에 있어서, 그 지붕 끝부분으로부터 수평거리 1m를 후퇴한 선으로 둘러싸인 수평투영면적으로 한다.
  ㉡ 건축물의 노대 등의 바닥은 난간 등의 설치 여부에 관계없이 노대 등의 면적에서 노대 등이 접한 가장 긴 외벽에 접한 길이에 1.5m를 곱한 값을 공제한 면적을 바닥면적에 산입한다.
  ㉢ 단열공법 건축물은 단열재가 설치된 외벽 중 내측 내력벽의 중심선을 기준으로 산정한 면적을 바닥면적으로 한다.

③ 예외 : 바닥면적에 포함되지 않는 경우
  ㉠ 필로티 등의 구조 부분이 다음과 같이 사용될 경우
    • 공중의 통행에 전용되는 경우
    • 차량의 통행·주차에 전용되는 경우
    • 공동주택의 경우
  ㉡ 승강기탑, 계단탑, 장식탑, 층고 1.5m 이하인 다락(경사진 형태의 지붕인 경우에는 1.8m)
  ㉢ 건축물의 내부에 설치하는 냉방설비 배기장치 전용 설치공간
  ㉣ 건축물 외부 또는 내부에 설치하는 굴뚝, 더스트 슈트, 설비 덕트 등
  ㉤ 옥상·옥외·지하 물탱크, 기름탱크, 냉각탑, 정화조
  ㉥ 공동주택 지상층에 설치한 기계실, 전기실, 어린이 놀이터, 조경시설, 생활폐기물 보관함

(5) 대지의 분할 규모

① 건축물이 있는 대지는 다음의 범위 안에서 해당 지방자치단체의 조례가 정하는 면적에 미달되게 분할할 수 없다.

용도지역	분할규모	대지의 분할제한
주거지역	60m²	• 대지와 도로와의 관계 • 건폐율 • 용적률 • 대지 안의 공지 • 건축물의 높이 제한 • 일조 등의 확보를 위한 건축물의 높이 제한
상업지역	150m²	
공업지역		
녹지지역	200m²	
기타 지역	60m²	

② 예외 : 건축협정이 인가된 경우 그 건축협정의 대상이 되는 대지는 분할할 수 있다.

10년간 자주 출제된 문제

6-6. 건축물 면적, 높이 및 층수 산정 원칙으로 옳지 않은 것은?

① 대지면적은 대지의 수평투영면적으로 한다.
② 연면적은 하나의 건축물 각 층의 거실면적의 합계로 한다.
③ 건축면적은 건축물의 외벽(외벽이 없는 경우 외곽 부분 기둥)의 중심선으로 둘러싸인 부분의 수평투영면적으로 한다.
④ 바닥면적은 건축물의 각 층 또는 그 일부로서 벽, 기둥 기타 이와 유사한 구획의 중심선으로 둘러싸인 부분의 수평투영면적으로 한다.

6-7. 건축물의 필로티 부분을 건축법령상의 바닥면적에 산입하는 경우에 속하는 것은?

① 공중의 통행에 전용되는 경우
② 차량의 주차에 전용되는 경우
③ 업무시설의 휴식공간으로 전용되는 경우
④ 공동주택의 놀이공간으로 전용되는 경우

6-8. 다음 중 바닥면적에 산입되는 것은?

① 층고가 1.5m인 다락방
② 다세대주택의 편복도
③ 공동주택의 필로티 부분
④ 공동주택의 지상층에 설치한 기계실

6-9. 다음은 건축물이 있는 대지의 분할 제한 기준 내용이다. 밑줄 친 대통령령으로 정하는 범위 내용으로 옳지 않은 것은?

> 건축물이 있는 대지는 <u>대통령령으로 정하는 범위</u>에서 해당 지방자치단체의 조례로 정하는 면적에 못 미치게 분할할 수 없다.

① 주거지역 : 50m² 이상
② 상업지역 : 150m² 이상
③ 공업지역 : 150m² 이상
④ 녹지지역 : 200m² 이상

|해설|

6-6
연면적 : 하나의 건축물의 각 층 바닥면적 합계

6-7
업무시설의 휴식공간으로 전용되는 경우는 산입된다.

6-8
다세대주택의 편복도는 바닥면적에 산입된다.

6-9
주거지역 : 60m² 이상

정답 6-6 ② 6-7 ③ 6-8 ② 6-9 ①

(6) 건폐율

① 건폐율 : 대지면적에 대한 건축면적(대지에 2 이상의 건축물이 있는 경우에는 이들 건축면적의 합계)의 비율

$$건폐율 = \frac{건축면적}{대지면적} \times 100(\%)$$

② 건폐율 한도

구 분	지 역	최대 한도	지역 세분	건폐율 한도
도시 지역	주거 지역	70%	제1종, 2종 전용주거지역	50% 이하
			제1종, 2종 일반주거지역	60% 이하
			제3종 일반주거지역	50% 이하
			준주거지역	70% 이하
	상업 지역	90%	근린상업지역	70% 이하
			일반상업지역	80% 이하
			유통상업지역	80% 이하
			중심상업지역	90% 이하
	공업 지역	70%	전용공업지역	70% 이하
			일반공업지역	
			준공업지역	
	녹지 지역	20%	보전녹지지역	20% 이하
			생산녹지지역	
			자연녹지지역	
관리지역			보전관리지역	20% 이하
			생산관리지역	
			계획관리지역	40% 이하
농림지역			–	20% 이하
자연환경보전지역			–	20% 이하

10년간 자주 출제된 문제

6-10. 용도지역에 따른 건폐율의 최대 한도가 옳지 않은 것은?(단, 도시지역의 경우)
① 녹지지역 – 30% 이하
② 주거지역 – 70% 이하
③ 공업지역 – 70% 이하
④ 상업지역 – 90% 이하

6-11. 다음 중 국토의 계획 및 이용에 관한 법령에 따라 건폐율의 최대 한도가 가장 높은 지역은?
① 준주거지역　② 중심상업지역
③ 일반상업지역　④ 유통상업지역

6-12. 건축법령상 대지면적에 대한 건축면적의 비율은 무엇인가?
① 용적률　② 건폐율
③ 수용률　④ 대지율

6-13. 국토의 계획 및 이용에 관한 법률 시행령에 규정되어 있는 용도지역 안에서의 건폐율 기준으로 옳은 것은?
① 제1종 전용주거지역 – 50% 이하
② 제2종 전용주거지역 – 60% 이하
③ 제1종 일반주거지역 – 50% 이하
④ 제3종 일반주거지역 – 60% 이하

|해설|

6-10
녹지지역 건폐율의 최대 한도 : 20% 이하

6-11
② 중심상업지역 : 90%
① 준주거지역 : 70%
③ 일반상업지역 : 80%
④ 유통상업지역 : 80%

6-13
② 제2종 전용주거지역 : 50% 이하
③ 제1종 일반주거지역 : 60% 이하
④ 제3종 일반주거지역 : 50% 이하

정답 6-10 ①　6-11 ②　6-12 ②　6-13 ①

(7) 용적률

① 용적률 : 대지면적에 대한 지상층 연면적(대지에 2 이상의 건축물이 있는 경우 지상층 연면적의 합계)의 비율

$$용적률 = \frac{연면적}{대지면적} \times 100(\%)$$

② 용적률 한도

구 분	지 역	지역의 세분	용적률 기준
도시지역	주거지역 (500% 이하)	제1종 전용주거지역	50~100% 이하
		제2종 전용주거지역	50~150% 이하
		제1종 일반주거지역	100~200% 이하
		제2종 일반주거지역	100~250% 이하
		제3종 일반주거지역	100~300% 이하
		준주거지역	200~500% 이하
	상업지역 (1,500% 이하)	근린상업지역	200~900% 이하
		일반상업지역	200~1,300% 이하
		유통상업지역	200~1,100% 이하
		중심상업지역	200~1,500% 이하
	공업지역 (400% 이하)	전용공업지역	150~300% 이하
		일반공업지역	150~350% 이하
		준공업지역	150~400% 이하
	녹지지역 (100% 이하)	보전녹지지역	50~80% 이하
		생산녹지지역	50~100% 이하
		자연녹지지역	
관리지역		보전관리지역 (80% 이하)	50~80% 이하
		생산관리지역 (80% 이하)	
		계획관리지역 (100% 이하)	50~100% 이하
농림지역 (80% 이하)		-	50~80% 이하
자연환경보전지역 (80% 이하)		-	50~80% 이하

※ ( )는 최대 한도 기준

10년간 자주 출제된 문제

6-14. 국토의 계획 및 이용에 관한 법률에 따른 용도지역에서의 용적률 최대 한도 기준이 옳지 않은 것은?(단, 도시지역의 경우)

① 주거지역 : 500% 이하
② 녹지지역 : 100% 이하
③ 공업지역 : 400% 이하
④ 상업지역 : 1,000% 이하

6-15. 국토의 계획 및 이용에 관한 법률상 용도지역에서의 용적률 기준이 옳지 않은 것은?(단, 도시지역의 경우)

① 주거지역 : 500% 이하
② 상업지역 : 1,200% 이하
③ 공업지역 : 400% 이하
④ 녹지지역 : 100% 이하

6-16. 건축법령상 용적률의 정의로 가장 알맞은 것은?

① 대지면적에 대한 연면적의 비율
② 연면적에 대한 건축면적의 비율
③ 대지면적에 대한 건축면적의 비율
④ 연면적에 대한 지상층 바닥면적의 비율

|해설|
6-14, 6-15
상업지역은 최대 1,500% 이하

정답 6-14 ④ 6-15 ② 6-16 ①

(8) 건축물의 높이 산정

① 일반적인 높이 산정 기준
  ㉠ 원칙 : 지표면으로부터 건축물 상단까지의 높이
  ㉡ 건축물 1층 전체가 필로티인 경우(경비실, 계단실, 승강기실 등 포함) 건축물의 높이 제한 및 공동주택의 높이 제한의 규정을 적용함에 있어서 필로티의 층고를 제외한 높이로 한다.

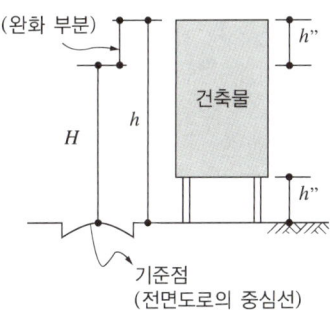

H : 최고높이 h'' : 필로티 높이
h : 실제허용높이($H+h''$)
[일반적인 높이 산정 기준]

② 지표면에 고저차가 있는 경우 높이 산정 기준
  ㉠ 경사지의 지표면에서 높이 산정 : 그 지표면의 평균 수평면을 지표면으로 본다.
  ㉡ 단차이가 있는 지표면에서 높이 산정 : 그 고저차의 1/2의 높이만큼 올라온 위치를 가상 지표면으로 한다.

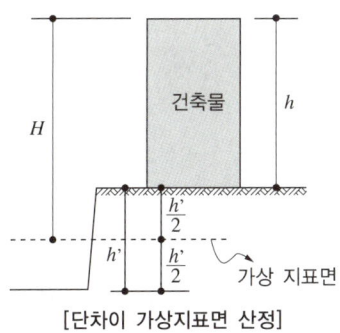

[단차이 가상지표면 산정]

③ 건축물의 대지에 접하는 전면도로 노면에 고저차가 있는 경우
  ㉠ 전면도로가 경사도로일 경우 높이 산정 기준 : 건축물이 접하는 범위의 전면도로 부분의 수평거리에 따라 가중 평균한 높이의 수평면을 전면도로면으로 한다.
  ㉡ 대지가 도로면보다 낮은 경우 : 해당 전면도로 중심선의 수평면으로부터 건축물 상단까지의 높이로 한다.
  ㉢ 대지가 도로면보다 높은 경우 : 전면도로의 중심면과 지표면의 고저차 1/2의 높이만큼 올라온 위치를 도로의 중심면으로 하여 건축물 상단까지의 높이로 한다.

④ 최고 높이를 지정·공고 할 때 고려하는 사항
  ㉠ 도시·군관리계획 등의 토지이용계획
  ㉡ 해당 가로구역이 접하는 도로의 너비
  ㉢ 해당 가로구역의 상하수도 등 간선시설의 수용 능력
  ㉣ 도시미관 및 경관계획
  ㉤ 해당 도시의 장래발전계획

10년간 자주 출제된 문제

6-17. 건축법령상 다음과 같은 건축물의 높이는?(단, 가로구역에서의 건축물의 높이 제한과 관련된 건축물의 높이)

① 6m
② 9m
③ 9.5m
④ 13.5m

|해설|

6-17
- 전면도로의 중심면과 지표면의 고저차 1/2의 높이만큼 올라온 위치를 도로의 중심면으로 하여 건축물 상단까지의 높이로 한다.
- 6m + (7m × 1/2) = 9.5m

정답 ③

(9) 일조 확보를 위한 건축물의 높이 제한이 있는 경우의 높이 산정을 위한 지표면 기준
① 건축물 대지의 지표면과 인접 대지의 지표면 간에 고저차가 있는 경우는 그 지표면의 평균 수평면을 지표면으로 본다.
② 공동주택을 다른 용도와 복합하여 건축하는 경우
　㉠ 일반상업지역과 중심상업지역이 아닌 지역에서 공동주택을 다른 용도와 복합하는 경우 공동주택의 가장 낮은 부분을 그 건축물의 지표면으로 본다.
　㉡ 공동주택으로서 복합 건축물인 경우에는 공동주택 부분에 대하여 일조 확보를 위한 높이를 산정한다.

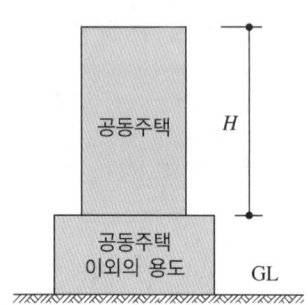

※ H : 공동주택 부분의 높이를 기준

(10) 건축물의 옥상 부분의 높이 산정
① 원칙 : 옥상에 설치되는 승강기탑(옥상 출입용 승강장을 포함), 계단탑, 망루, 장식탑, 옥탑 등으로서 그 수평투영면적의 합계가 해당 건축물 건축면적의 1/8 이하인 경우로서 그 부분의 높이가 12m를 넘는 경우에는 그 넘는 부분만 해당 건축물의 높이에 산입한다.
② 예외 : 지붕마루 장식, 굴뚝, 방화벽의 옥상돌출부나 그 밖에 옥상 돌출물과 난간벽(그 벽면적의 1/2 이상이 공간으로 되어 있는 것에 한함)은 그 건축물의 높이에 산입하지 아니한다.

10년간 자주 출제된 문제

6-18. 건축법 제61조 제2항에 따른 높이를 산정할 때, 공동주택을 다른 용도와 복합하여 건축하는 경우 건축물의 높이 산정을 위한 지표면 기준은?

> 건축법 제61조(일조 등의 확보를 위한 건축물의 높이 제한)
> ② 다음 각 호의 어느 하나에 해당하는 공동주택(일반상업지역과 중심상업지역에 건축하는 것은 제외한다)은 채광(採光) 등의 확보를 위하여 대통령령으로 정하는 높이 이하로 하여야 한다.
> 　1. 인접 대지경계선 등의 방향으로 채광을 위한 창문 등을 두는 경우
> 　2. 하나의 대지에 두 동(棟) 이상을 건축하는 경우

① 전면도로의 중심선
② 인접 대지의 지표면
③ 공동주택의 가장 낮은 부분
④ 다른 용도의 가장 낮은 부분

6-19. 가로구역별 건축물의 높이 제한과 관련하여 다음과 같은 건축물의 높이는?(단, 망루부분의 수평투영면적은 해당 건축물 건축 면적의 1/10이다)

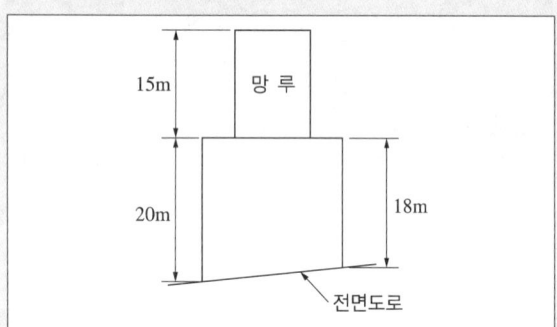

① 19m
② 20m
③ 22m
④ 35m

|해설|

6-18
공동주택의 가장 낮은 부분을 지표면으로 본다.

6-19
$H_1 = \dfrac{20+18}{2} = 19$, $H_2 = 15 - 12 = 3$

여기서, H_1 : 대지의 높이 차이가 있을 경우 가상 지표면으로 산정
　　　H_2 : 옥상 부분의 높이 산정

∴ $H_1 + H_2 = 19 + 3 = 22\text{m}$

정답 6-18 ③　6-19 ③

(11) 건축물의 부위별 높이 산정, 층수의 산정

① 처마 높이 : 지표면으로부터 건축물의 지붕틀 또는 이와 유사한 수평재를 지지하는 벽·깔도리 또는 기둥의 상단까지 높이로 한다.

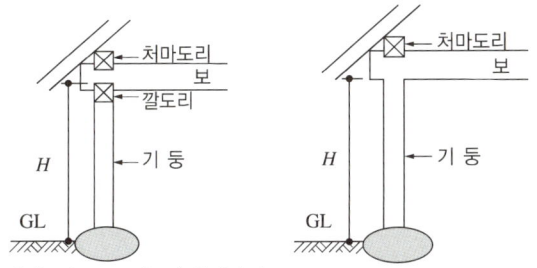

※ 처마높이 : H = 깔도리 상단까지　　※ 처마높이 : H = 기둥 상단까지

② 반자 높이
  ㉠ 방의 바닥면으로부터 반자까지의 높이로 한다.
  ㉡ 높이가 다른 경우 그 각 부분의 반자 면적에 따라 가중 평균한 높이로 한다.

$$반자\ 높이 = \frac{방의\ 부피}{방의\ 면적}$$

③ 층 고
  ㉠ 방 바닥구조체 윗면으로부터 위층 바닥구조체의 윗면까지의 높이
  ㉡ 동일한 방에서 층의 높이가 다른 부분이 있는 경우에는 그 각 부분의 높이에 따른 면적에 따라 가중 평균한 높이로 한다.

④ 층 수
  ㉠ 승강기탑·계단탑·망루·장식탑·옥탑 등 건축물의 옥상 부분으로서 그 수평투영면적의 합계가 해당 건축물 건축면적의 1/8 이하인 것과 지하층은 건축물의 층수에 산입하지 않는다.
  ㉡ 층의 구분이 명확하지 않은 건축물에 있어서는 해당 건축물의 높이 4m마다 하나의 층으로 산정한다.
  ㉢ 건축물의 부분에 따라 그 층수가 다른 경우에는 그 중 가장 많은 층수를 그 건축물의 층수로 본다.

10년간 자주 출제된 문제

6-20. 건축물의 층수 산정에 관한 기준 내용으로 옳지 않은 것은?
① 지하층은 건축물의 층수에 산입하지 아니한다.
② 층의 구분이 명확하지 아니한 건축물은 그 건축물의 높이 4m마다 하나의 층으로 보고 그 층수를 산정한다.
③ 건축물이 부분에 따라 그 층수가 다른 경우에는 바닥면적에 따라 가중 평균한 층수를 그 건축물의 층수로 본다.
④ 계단탑으로서 그 수평투영면적의 합계가 해당 건축물 건축면적의 8분의 1 이하인 것은 건축물의 층수에 산입하지 아니한다.

6-21. 한 방에서 층의 높이가 다른 부분이 있는 경우 층고 산정방법으로 옳은 것은?
① 가장 낮은 높이로 한다.
② 가장 높은 높이로 한다.
③ 각 부분 높이에 따른 면적에 따라 가중 평균한 높이로 한다.
④ 가장 낮은 높이와 가장 높은 높이의 산술 평균한 높이로 한다.

6-22. 다음은 건축물의 층수 산정 방법에 관한 기준 내용이다. ( ) 안에 알맞은 것은?

> 층의 구분이 명확하지 아니한 건축물은 그 건축물의 높이 ( )마다 하나의 층으로 보고 그 층수를 산정한다.

① 2m　　② 3m
③ 4m　　④ 5m

6-23. 지표면으로부터 건축물의 지붕틀 또는 이와 비슷한 수평재를 지지하는 벽·깔도리 또는 기둥의 상단까지의 높이로 산정하는 것은?
① 층 고　　② 처마 높이
③ 반자 높이　　④ 바닥 높이

|해설|

6-20
건축물의 부분에 따라 그 층수를 달리한 경우에는 그 중 가장 많은 층수를 그 건축물의 층수로 본다.

6-23
처마 높이 : 지표면으로부터 건축물의 지붕틀 또는 이와 비슷한 수평재를 지지하는 벽·깔도리 또는 기둥의 상단까지의 높이

정답 6-20 ③　6-21 ③　6-22 ③　6-23 ②

(12) 일조 등의 확보를 위한 건축물의 높이 제한

① 대상 지역 : 전용주거지역과 일반주거지역 안에서 건축하는 건축물의 높이 제한
② 높이 제한 기준
　㉠ 정북방향(正北方向)으로의 일조 등을 위한 높이 제한

높 이	이격거리
10m 이하인 부분	1.5m 이상
10m 초과인 부분	해당 건축물 각 부분의 높이의 1/2 이상

※ 예 외
- 다음 어느 하나에 해당하는 구역 안의 대지 상호 간에 건축하는 건축물로서 해당 대지가 너비 20m 이상의 도로에 접한 경우
  - 지구단위계획구역, 경관지구
  - 중점경관관리구역
  - 특별가로구역
  - 도시 미관 향상을 위해 지정·공고한 구역
- 건축협정구역 안에서 대지 상호간 건축
- 정북방향의 인접 대지가 전용, 일반주거지역이 아닌 용도지역에 해당하는 경우

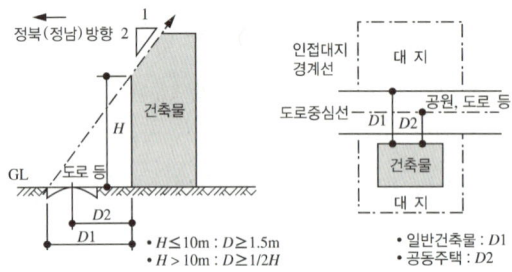

㉡ 정남(正南)방향으로의 일조 등을 위한 높이 제한 : 별도로 지정한 경우에는 일조 등을 위한 건축물의 높이를 정남(正南)방향의 인접 대지경계선으로부터의 거리에 따라 앞의 ㉠에서 정하는 높이 이하로 할 수 있다.

10년간 자주 출제된 문제

6-24. 다음은 일조 등의 확보를 위한 건축물의 높이 제한과 관련된 기준 내용이다. ( ) 안에 알맞은 것은?

> ( ) 안에서 건축하는 건축물의 높이는 일조 등의 확보를 위하여 정북방향(正北方向)의 인접 대지 경계선으로부터의 거리에 따라 대통령령으로 정하는 높이 이하로 하여야 한다.

① 전용주거지역과 준주거지역
② 일반주거지역과 준주거지역
③ 일반상업지역과 준주거지역
④ 전용주거지역과 일반주거지역

6-25. 전용주거지역이나 일반주거지역에서 건축물을 건축하는 경우, 건축물의 높이 10m 이하의 부분은 정북(正北)방향으로의 인접 대지경계선으로부터 원칙적으로 최소 얼마 이상의 거리를 띄어야 하는가?

① 1m
② 1.5m
③ 2m
④ 3m

6-26. 전용주거지역 또는 일반주거지역 안에서 높이 8m로 2층 건축물을 건축하는 경우, 건축물의 각 부분은 일조 등의 확보를 위하여 정북방향으로의 인접 대지경계선으로부터 최소 얼마 이상 띄어 건축하여야 하는가?

① 1m
② 1.5m
③ 2m
④ 3m

|해설|

6-24
준주거지역, 상업지역 등은 해당되지 않는다.

6-25
- 높이 10m 이하 부분 : 인접 대지경계선으로부터 1.5m 이상
- 높이 10m 초과하는 부분 : 인접 대지경계선으로부터 해당 건축물 각 부분 높이의 2분의 1 이상

6-26
높이 10m 이하인 부분은 인접 대지경계선으로부터 1.5m 이상 띄어야 하며, 건물의 높이가 8m이므로 1.5m 이상 이격해야 한다.

정답 6-24 ④ 6-25 ② 6-26 ②

| 핵심이론 07 | 건축설비

(1) 승용 승강기

① 원칙 : 건축주는 6층 이상으로서 연면적이 2,000m² 이상인 건축물을 건축하려면 승강기를 설치하여야 한다.

② 설치 제외 대상 : 층수가 6층인 건축물로서 각 층 거실의 바닥면적 300m² 이내마다 1개소 이상의 직통계단을 설치한 건축물

③ 승강기의 설치 대수

건축물의 용도 \ 6층 이상의 거실면적의 합계	3,000m² 이하	3,000m² 초과

• 문화 및 집회시설 중
  – 공연장
  – 집회장
  – 관람장
• 판매시설
• 의료시설
	2대	2대에 3,000m²를 초과하는 2,000m² 이내마다 1대를 더한 대수
		〈계산식〉
		$2대 + \dfrac{초과\ 면적 - 3,000m^2}{2,000m^2}$(대)

• 문화 및 집회시설 중
  – 전시장
  – 동, 식물원
• 업무시설
• 숙박시설
• 위락시설
	1대	1대에 3,000m²를 초과하는 2,000m² 이내마다 1대를 더한 대수
		〈계산식〉
		$1대 + \dfrac{초과\ 면적 - 3,000m^2}{2,000m^2}$(대)

• 공동주택 • 교육연구시설 • 노유자시설 • 그 밖의 시설	1대	1대에 3,000m²를 초과하는 3,000m² 이내마다 1대를 더한 대수 〈계산식〉 $1대 + \dfrac{초과\ 면적 - 3,000m^2}{3,000m^2}$(대)

④ 승강기의 대수 계산 인정
  ㉠ 8인승 이상 15인승 이하 : 1대
  ㉡ 16인승 이상 : 2대

⑤ 승강기의 구조 : 건축물에 설치하는 승강기, 에스컬레이터 및 비상용 승강기의 구조는 승강기시설 안전관리법에 따른다.

10년간 자주 출제된 문제

7-1. 각 층의 거실면적이 1,000m²이며, 층수가 15층인 다음 건축물 중 설치하여야 하는 승용 승강기의 최소 대수가 가장 많은 것은?(단, 8인승 승용 승강기인 경우)

① 위락시설
② 업무시설
③ 교육연구시설
④ 문화 및 집회시설 중 집회장

7-2. 6층 이상의 거실면적의 합계가 3,000m²인 경우, 건축물의 용도별 설치하여야 하는 승용 승강기의 최소 대수가 옳은 것은?(단, 15인승 승강기의 경우)

① 업무시설 – 2대
② 의료시설 – 2대
③ 숙박시설 – 2대
④ 위락시설 – 2대

7-3. 업무시설로서 6층 이상의 거실면적의 합계가 10,000m²인 경우, 설치하여야 하는 승용 승강기의 최소 대수는?(단, 8인승 승용 승강기를 사용하는 경우)

① 3대   ② 4대
③ 5대   ④ 6대

|해설|

7-1
문화 및 집회시설 중 집회장 > 위락시설, 업무시설 > 교육연구시설

7-2
• 의료시설 : 2대
• 업무시설, 숙박시설, 위락시설 : 1대

7-3
• 업무시설은 1대에 3,000m²를 초과하는 2,000m² 이내마다 1대의 비율로 산정한다.
• 6층 이상인 거실면적 합계는 10,000m²이므로,
$1대 + \dfrac{10,000 - 3,000m^2}{2,000m^2}$ 대 = 4.5대
∴ 최소 설치 대수는 5대이다.

정답 7-1 ④ 7-2 ② 7-3 ③

(2) 비상용 승강기

① 원칙 : 높이 31m를 초과하는 건축물에는 승강기뿐만 아니라 비상용 승강기를 추가로 설치하여야 한다.
② 2대 이상의 비상용 승강기를 설치하는 경우에는 화재가 났을 때 소화에 지장이 없도록 일정한 간격을 두고 설치하여야 한다.
③ 비상용 승강기 설치 제외대상 건축물
  ㉠ 높이 31m를 넘는 각 층을 거실 외의 용도로 쓰는 경우
  ㉡ 높이 31m를 넘는 각 층의 바닥면적의 합계가 500m² 이하인 건축물
  ㉢ 높이 31m를 넘는 층수가 4개층 이하로서 당해 각 층의 바닥면적의 합계 200m²(벽 및 반자가 실내에 접하는 부분의 마감을 불연재료로 한 경우에는 500m²) 이내마다 방화구획으로 구획된 건축물
④ 비상용 승강기의 설치 대수

높이 31m를 넘는 각 층의 바닥면적 중 최대 바닥면적(m²)	설치 대수
1,500m² 이하	1대 이상
1,500m² 초과	1대에 1,500m²를 넘는 매 3,000m² 이내마다 1대씩 더한 대수 이상

〈계산식〉

$$1대 + \frac{31m를\ 넘는\ 층의\ 최대\ 바닥면적 - 1,500m^2}{3,000m^2}(대)$$

⑤ 비상용 승강기의 승강장의 구조
  ㉠ 승강장은 건축물의 다른 부분과 내화구조의 바닥·벽으로 구획할 것(창문·출입구·개구부 제외)
  ㉡ 승강장 출입구 : 60 + 방화문 또는 60분 방화문 설치
  ㉢ 노대, 외부를 향해 열 수 있는 창문 및 배연설비 설치
  ㉣ 벽 및 반자가 실내에 접하는 부분 : 불연재료
  ㉤ 채광이 되는 창문이 있거나 예비전원에 의한 조명설비를 할 것
  ㉥ 승강장 바닥면적은 비상용 승강기 1대에 대하여 6m² 이상으로 할 것(옥외에 승강장을 설치 시 예외)
  ㉦ 피난층이 있는 승강장의 출입구(승강장이 없는 경우에는 승강로의 출입구)로부터 도로 또는 공지에 이르는 거리가 30m 이하일 것

10년간 자주 출제된 문제

7-4. 높이 31m를 넘는 각 층의 바닥면적 중 최대 바닥면적이 3,500m²인 종합병원에 설치해야 할 비상용 승강기 최소 대수는?

① 1대　② 2대　③ 3대　④ 4대

7-5. 비상용 승강기 승강장의 구조에 관한 기준 내용으로 옳지 않은 것은?

① 승강장은 각층의 내부와 연결될 수 있도록 할 것
② 벽 및 반자가 실내에 접하는 부분의 마감재료는 불연재료로 할 것
③ 옥내 승강장의 바닥면적은 비상용 승강기 1대에 대하여 5m² 이상으로 할 것
④ 피난층이 있는 승강장의 출입구로부터 도로 또는 공지에 이르는 거리가 30m 이하일 것

7-6. 비상용 승강기의 승강장 및 승강로의 구조에 관한 기준 내용으로 옳지 않은 것은?

① 승강장은 각 층의 내부와 연결될 수 있도록 할 것
② 각 층으로부터 피난층까지 이르는 승강로는 단일구조로 연결하여 설치할 것
③ 옥내 승강장의 바닥면적은 비상용 승강기 1대에 대하여 6m² 이상으로 할 것
④ 피난층이 있는 승강장의 출입구로부터 도로 또는 공지에 이르는 거리가 50m 이하일 것

|해설|

7-4
높이 31m를 넘는 각 층의 바닥면적 중 최대 바닥면적(A)이 3,500m²이므로,

$$1대 + \frac{3,500 - 1,500m^2}{3,000m^2} 대 ≒ 1.67대$$

∴ 최소 설치 대수는 2대이다.

7-5
비상용 승강기 옥내승강장의 바닥면적은 1대에 대하여 6m² 이상으로 할 것

7-6
승강장 출입구로부터 도로, 공지에 이르는 거리가 30m 이하

정답 7-4 ②　7-5 ③　7-6 ④

(3) 관계 전문기술자와의 협력

① 구조 분야 : 설계자가 건축물에 대한 구조의 안전을 확인하는 경우 건축구조기술사의 협력을 받아야 하는 대상 건축물
  ㉠ 6층 이상인 건축물
  ㉡ 특수 구조 건축물
  ㉢ 다중이용 건축물
  ㉣ 준다중이용 건축물
  ㉤ 3층 이상의 필로티 형식 건축물
  ㉥ 지진구역 Ⅰ의 지역에 건축하는 건축물로서 건축물의 구조기준 등에 관한 규칙 별표 11에 따른 중요도가 특에 해당하는 건축물

② 토목 분야 : 깊이 10m 이상 토지 굴착공사 또는 높이 5m 이상 옹벽 등의 공사를 수반하는 건축물(토목 분야 기술사 또는 국토개발 분야 지질 및 기반 기술사의 협력)

③ 설비 분야 : 연면적 10,000m² 이상인 건축물(창고시설 제외) 또는 에너지를 대량으로 소비하는 건축물로서 국토교통부령으로 정하는 아래에 해당되는 건축물에 건축설비를 설치하는 경우에는 해당 설비 관계 전문기술자(건축기계설비기술사 또는 공조냉동기계기술사, 건축전기설비기술사 또는 발송배전기술사, 가스기술사)의 협력을 받아야 한다.

바닥면적 합계	건축물의 용도
500m² 이상	냉동냉장시설, 항온항습시설 또는 특수청정시설
모든 규모	아파트 및 연립주택
500m² 이상	• 목욕장(제1종 근린생활시설) • 실내물놀이형 시설 • 실내수영장
2,000m² 이상	• 숙박시설 • 기숙사 • 의료시설 • 유스호스텔
3,000m² 이상	• 업무시설 • 연구소 • 판매시설
10,000m² 이상	• 문화 및 집회시설(공연장, 집회장, 관람장 및 전시장) • 교육연구시설(연구소 제외) • 종교시설 • 장례식장

10년간 자주 출제된 문제

7-7. 건축물의 건축 시 설계자가 건축물에 대한 구조의 안전을 확인하는 경우 건축구조기술사의 협력을 받아야 하는 대상 건축물에 속하지 않는 것은?

① 특수 구조 건축물
② 다중이용 건축물
③ 준다중이용 건축물
④ 층수가 5층인 건축물

7-8. 건축물에 가스, 급수, 배수, 환기설비를 설치하는 경우 건축기계설비기술사 또는 공조냉동기계기술사의 협력을 받아야 하는 대상 건축물에 속하지 않는 것은?

① 기숙사로서 해당 용도에 사용되는 바닥면적의 합계가 2,000m²인 건축물
② 판매시설로서 해당 용도에 사용되는 바닥면적의 합계가 2,000m²인 건축물
③ 의료시설로서 해당 용도에 사용되는 바닥면적의 합계가 2,000m²인 건축물
④ 숙박시설로서 해당 용도에 사용되는 바닥면적의 합계가 2,000m²인 건축물

7-9. 급수, 배수, 환기, 난방설비를 건축물에 설치하는 경우, 건축기계설비기술사 또는 공조냉동기계기술사의 협력을 받아야 하는 대상 건축물에 속하지 않는 것은?

① 아파트
② 연립주택
③ 기숙사로서 해당 용도에 사용되는 바닥면적의 합계가 2,000m²인 건축물
④ 업무시설로서 해당 용도에 사용되는 바닥면적의 합계가 2,000m²인 건축물

|해설|

7-7
6층 이상인 건축물

7-8, 7-9
업무시설, 연구소, 판매시설 : 바닥면적 합계 3,000m² 이상인 경우에 해당

정답 7-7 ④ 7-8 ② 7-9 ④

(4) 공동주택 및 다중이용시설의 환기설비 기준

① 신축 또는 리모델링하는 다음의 어느 하나에 해당하는 주택 또는 건축물은 시간당 0.5회 이상의 환기가 이루어질 수 있도록 자연환기설비 또는 기계환기설비를 설치하여야 한다.
  ㉠ 30세대 이상의 공동주택
  ㉡ 주택을 주택 외의 시설과 동일 건축물로 건축하는 경우로서 주택이 30세대 이상인 건축물
② 신축 공동주택 등의 자연환기설비 설치 기준(일부 내용) : 자연환기설비는 설치되는 실의 바닥부터 수직으로 1.2m 이상의 높이에 설치하여야 하며, 2개 이상의 자연환기설비를 상하로 설치하는 경우 1m 이상의 수직 간격을 확보하여야 한다.
③ 다중이용시설의 기계환기설비 용량기준은 시설이용 인원당 환기량을 원칙으로 산정한다.
④ 환기구의 안전 기준 : 환기구는 보행자 및 건축물 이용자의 안전이 확보되도록 바닥으로부터 2m 이상의 높이에 설치하여야 한다.

(5) 공동주택과 오피스텔의 개별 난방설비

① 공동주택과 오피스텔의 난방설비를 개별 난방방식으로 하는 경우 다음 기준에 적합하여야 한다.

구 분	설치 기준
보일러의 설치	• 거실 외의 곳에 설치 • 보일러실과 거실 사이 경계벽은 내화구조(출입구는 제외)
보일러실의 환기	• 윗부분에 면적 0.5m² 이상의 환기창 설치 • 윗부분, 아랫부분에 지름 10cm 이상 공기흡입구, 배기구를 항상 개방된 상태로 외기와 접하도록 설치(전기보일러 제외)
보일러실과 거실 사이의 출입구	출입구가 닫힌 경우에는 보일러 가스가 거실에 들어갈 수 없는 구조
기름저장소	보일러실 외의 다른 곳에 설치할 것(기름보일러를 설치하는 경우)
오피스텔 난방구획	난방구획을 방화구획으로 할 것
보일러실 연도	내화구조로서 공동연도로 설치

② 허가권자는 개별 보일러를 설치하는 건축물의 경우 소방청장이 정하여 고시하는 기준에 따라 일산화탄소 경보기를 설치하도록 권장할 수 있다.

10년간 자주 출제된 문제

7-10. 신축 또는 리모델링하는 주택 또는 건축물은 시간당 몇 회 이상의 환기가 이루어질 수 있도록 자연환기설비 또는 기계환기설비를 설치하여야 하는가?

① 0.5회　　　　② 1회
③ 1.5회　　　　④ 2회

7-11. 주거지역에서 건축물에 설치하는 냉방시설의 배기구는 도로면으로부터 최소 얼마 이상의 높이에 설치하여야 하는가?

① 1m　　　　② 1.8m
③ 2m　　　　④ 2.4m

7-12. 공동주택의 난방설비를 개별 난방방식으로 하는 경우에 관한 기준 내용으로 옳지 않은 것은?

① 보일러의 연도는 내화구조로서 공동연도로 설치할 것
② 보일러실 윗부분에는 그 면적이 최소 1.0m² 이상인 환기창을 설치할 것
③ 기름보일러를 설치하는 경우에는 기름저장소를 보일러실 외의 다른 곳에 설치할 것
④ 보일러를 설치하는 곳과 거실 사이의 경계벽은 출입구를 제외하고는 내화구조의 벽으로 구획할 것

7-13. 공통주택과 오피스텔의 난방설비를 개별 난방방식으로 하는 경우에 관한 기준 내용으로 옳은 것은?

① 보일러의 연도는 내화구조로서 공동연도로 설치할 것
② 보일러실의 윗부분에서는 그 면적이 1m² 이상인 환기창을 설치할 것
③ 기름보일러를 설치하는 경우에는 기름저장소를 보일러실에 설치할 것
④ 공동주택의 경우에는 난방구획을 방화구획으로 구획할 것

| 해설 |

7-12
윗부분에 면적 0.5m² 이상의 환기창을 설치할 것

7-13
② 윗부분에 면적 0.5m² 이상의 환기창을 설치할 것
③ 기름보일러의 기름저장소는 보일러실 외의 곳에 설치할 것
④ 공동주택은 해당되지 않는다. 오피스텔의 경우에는 난방구획을 방화구획으로 구획하여야 한다.

정답 7-10 ① 7-11 ③ 7-12 ② 7-13 ①

(6) 배연설비

① **배연설비 설치 대상** : 다음의 용도에 따른 건축물의 거실에는 배연설비를 설치한다(피난층의 거실은 제외).

규 모	건축물 용도
6층 이상 건축물	• 제2종 근린생활시설 중 공연장, 종교집회장, 인터넷컴퓨터게임시설 제공업소(각각 300m² 이상만 해당) 및 다중생활시설 • 문화 및 집회시설, 판매시설, 종교시설 • 교육연구시설 중 연구소 • 노유자시설 중 아동 관련 시설 및 노인복지시설(노인요양시설 제외) • 수련시설 중 유스호스텔 • 운동시설, 업무시설, 숙박시설, 장례시설 • 의료시설, 위락시설, 관광휴게시설, 운수시설
해당 용도로 쓰는 건축물	• 의료시설 중 요양병원 및 정신병원 • 노유자시설 중 노인요양시설, 장애인 거주시설 및 장애인 의료재활시설 • 제1종 근린생활시설 중 산후조리원

② **배연설비 구조 기준**

㉠ 방화구획마다 1개소 이상의 배연창 설치

㉡ 배연창 상변과 천장 또는 반자로부터 수직거리가 0.9m 이내일 것(예외 : 반자 높이가 3m 이상인 경우 배연창 하변이 바닥부터 2.1m 이상 위치에 놓이도록 설치하여야 한다)

㉢ 배연창 유효면적은 기준에 의해 산정된 면적이 1m² 이상으로서 해당 건축물 바닥면적의 1/100 이상(이 경우 거실 바닥면적의 1/20 이상 환기창을 설치한 거실면적 제외)

㉣ 배연구는 연기감지기 또는 열감지기에 의해 자동으로 열 수 있는 구조로 할 것(손으로도 개폐)

㉤ 배연구는 예비전원에 의하여 열 수 있도록 할 것

③ **특별피난계단 및 비상용 승강기의 승강장에 설치하는 배연설비의 구조**

㉠ 배연구 및 배연풍도는 불연재료로 하고, 화재가 발생한 경우 원활하게 배연시킬 수 있는 규모로서 외기 또는 평상시에 사용하지 아니하는 굴뚝에 연결할 것

ⓒ 배연구에 설치하는 수동 개방장치 또는 자동 개방장치(열감지기 또는 연기감지기에 의한 것을 말한다)는 손으로도 열고 닫을 수 있도록 할 것
ⓓ 배연구는 평상시는 닫힌 상태를 유지하고, 연 경우에는 배연에 의한 기류로 인하여 닫히지 아니하도록 할 것
ⓔ 배연구가 외기에 접하지 않을 경우 배연기를 설치할 것
ⓕ 배연기는 배연구의 열림에 따라 자동적으로 작동하고, 충분한 공기배출 또는 가압능력이 있을 것
ⓖ 배연기에는 예비전원을 설치할 것

10년간 자주 출제된 문제

7-14. 국토교통부령으로 정하는 기준에 따라 거실에 배연설비를 설치하여야 하는 대상 건축물에 속하지 않는 것은?(단, 6층 이상의 건축물)
① 의료시설
② 위락시설
③ 수련시설 중 유스호스텔
④ 교육연구시설 중 대학교

7-15. 건축물의 거실(피난층의 거실 제외)에 국토교통부령으로 정하는 기준에 따라 배연설비를 하여야 하는 대상 건축물의 용도에 속하지 않는 것은?(단, 6층 이상인 건축물의 경우)
① 공동주택
② 판매시설
③ 숙박시설
④ 위락시설

7-16. 배연설비의 설치에 관한 기준 내용으로 옳지 않은 것은?
① 배연창의 유효면적 최소 2m² 이상으로 할 것
② 배연구는 예비전원에 의하여 열 수 있도록 할 것
③ 관련 규정에 의하여 건축물에 방화구획이 설치된 경우에는 그 구획마다 1개소 이상의 배연창을 설치할 것
④ 배연구는 연기감지기 또는 열감지기에 의하여 자동으로 열 수 있는 구조로 하되, 손으로도 열고 닫을 수 있도록 할 것

7-17. 특별피난계단에 설치하는 배연설비의 구조에 관한 기준 내용으로 옳지 않은 것은?
① 배연구는 평상시에는 닫힌 상태를 유지할 것
② 배연구 및 배연풍도는 평상시에 사용하는 굴뚝에 연결할 것
③ 배연구에 설치하는 수동 개방장치 또는 자동 개방장치는 손으로도 열고 닫을 수 있도록 할 것
④ 배연기는 배연구의 열림에 따라 자동적으로 작동하고, 충분한 공기배출 또는 가압능력이 있을 것

|해설|

7-16
배연창의 유효면적은 별도의 기준에 의하여 산정된 면적이 1m² 이상으로서 바닥면적의 1/100 이상이어야 한다.

7-17
외기 또는 평상시에 사용하지 아니하는 굴뚝에 연결할 것

정답 7-14 ④ 7-15 ① 7-16 ① 7-17 ②

(7) 기타 건축설비 기준

① 방송 공동수신설비 설치 대상
  ㉠ 공동주택
  ㉡ 바닥면적의 합계가 5,000m² 이상으로서 업무시설이나 숙박시설의 용도로 쓰는 건축물

② 전기설비 설치공간 확보 기준(연면적 500m² 이상 건축물의 대지)

수전전압	전력수전 용량	확보 면적
특고압 또는 고압	100kW 이상	가로 2.8m, 세로 2.8m
저 압	75kW 이상 150kW 미만	가로 2.5m, 세로 2.8m
	150kW 이상 200kW 미만	가로 2.8m, 세로 2.8m
	200kW 이상 300kW 미만	가로 2.8m, 세로 4.6m
	300kW 이상	가로 2.8m 이상, 세로 4.6m 이상

③ 물막이설비
  ㉠ 다음의 지역에는 빗물 등의 유입으로 건축물이 침수되지 않도록 건축물의 지하층 및 1층의 출입구(주차장 출입구 포함)에 물막이판 등 해당 건축물의 침수를 방지할 수 있는 물막이설비를 설치해야 한다.
    • 방재지구
    • 자연재해위험개선지구 중 침수위험지구 및 해일위험지구
    • 과거 5년 이내 1회 이상 침수가 되었던 지역 중 동일한 피해가 예상되는 지구

④ 피뢰설비 설치 기준
  ㉠ 설치 대상 : 낙뢰의 우려가 있는 건축물, 높이 20m 이상 건축물 또는 높이 20m 이상의 공작물
  ㉡ 한국산업표준이 정하는 피뢰 레벨 등급에 적합한 피뢰설비일 것. 다만, 위험물저장 및 처리시설에 설치하는 피뢰설비는 한국산업표준이 정하는 피뢰시스템 레벨 Ⅱ 이상이어야 한다.

10년간 자주 출제된 문제

7-18. 방송 공동수신설비를 설치하여야 하는 대상 건축물에 속하지 않는 것은?
① 다가구주택
② 다세대주택
③ 바닥면적의 합계가 5,000m²로 업무시설의 용도로 쓰는 건축물
④ 바닥면적의 합계가 5,000m²로 숙박시설의 용도로 쓰는 건축물

7-19. 다음과 같은 경우 연면적 1,000m²인 건축물의 대지에 확보하여야 하는 전기설비 설치공간의 면적 기준은?

  ㉠ 수전전압 : 저압
  ㉡ 전력수전 용량 : 200kW

① 가로 2.5m, 세로 2.8m
② 가로 2.5m, 세로 4.6m
③ 가로 2.8m, 세로 2.8m
④ 가로 2.8m, 세로 4.6m

7-20. 피뢰설비를 설치하여야 하는 대상 건축물의 높이 기준은?
① 10m 이상 ② 15m 이상
③ 20m 이상 ④ 30m 이상

|해설|
7-18
다가구주택은 다세대주택과 다르게 공동주택에 해당되지 않는다.

정답 7-18 ①　7-19 ④　7-20 ③

제2절 주차장법

핵심이론 01 | 총 칙

(1) 주차장법의 목적

주차장의 설치·정비 및 관리에 관하여 필요한 사항을 규정함으로써 자동차 교통을 원활하게 하여 공중의 편의와 안전을 도모함을 목적으로 한다.

(2) 주차장의 수급 실태 조사

① 사각형 또는 삼각형 형태로 조사구역을 설정
② 조사구역 바깥 경계선의 최대 거리를 300m 이내로 한다.
③ 조사구역은 건축법에 따른 도로를 경계로 구분한다.
④ 실태조사의 주기는 3년으로 한다.
⑤ 아파트단지와 단독주택단지가 섞여 있는 지역 또는 주거기능과 상업·업무기능이 섞여 있는 지역의 경우에는 주차시설 수급의 적정성, 지역적 특성 등을 고려하여 같은 특성을 가진 지역별로 조사구역을 설정한다.

(3) 주차장, 주차전용 건축물

① 주차장

종 류	설치 장소
노상주차장	도로의 노면 또는 교통광장 중 교차점 광장의 일정한 구역에 설치된 주차장
노외주차장	도로의 노면 또는 교통광장 중 교차점 광장 외의 장소에 설치된 주차장
부설주차장	건축물, 골프연습장, 기타 수요를 유발하는 시설에 부대하여 설치되는 주차장

② 주차전용 건축물 : 연면적 중 일정 비율 이상이 주차장으로 사용되는 건축물

주차장 사용 비율	건축물의 용도
95% 이상	아래 이외의 용도
70% 이상	단독주택, 공동주택, 제1종·제2종 근린생활시설, 문화 및 집회시설, 종교시설, 판매시설, 운수시설, 운동시설, 업무시설, 창고시설, 자동차 관련 시설 ※ 단, 주차환경개선지구 내에 위치한 건축물의 경우 : 60%

10년간 자주 출제된 문제

1-1. 주차장의 수급 실태조사에 관한 설명으로 옳지 않은 것은?
① 조사구역은 원형 형태로 설정한다.
② 실태조사의 주기는 3년으로 한다.
③ 조사구역 바깥 경계선의 최대 거리가 300m를 넘지 않도록 한다.
④ 각 조사구역은 도로를 경계로 구분한다.

1-2. 도로의 노면 또는 교통광장(교차점 광장만 해당)의 일정한 구역에 설치된 주차장으로서 일반(一般)의 이용에 제공되는 것은?
① 노외주차장
② 노상주차장
③ 부설주차장
④ 기계식주차장

1-3. 주차전용 건축물이란 건축물의 연면적 중 주차장으로 사용되는 부분의 비율이 최소 얼마 이상인 건축물을 말하는가? (단, 주차장 외의 용도가 자동차 관련 시설인 경우)
① 70%
② 80%
③ 90%
④ 95%

1-4. 건축물의 연면적 중 주차장으로 사용되는 비율이 70%인 경우, 주차전용 건축물로 볼 수 있는 주차장 외의 용도에 속하지 않는 것은?
① 의료시설
② 운동시설
③ 업무시설
④ 제2종 근린생활시설

1-5. 주차장 외의 용도로 사용되는 부분이 판매시설인 경우, 이 건축물이 주차전용 건축물이기 위해서는 주차장으로 사용되는 부분의 연면적 비율이 최소 얼마 이상이어야 하는가?
① 50%
② 70%
③ 85%
④ 95%

|해설|

1-1
사각형 또는 삼각형 형태로 조사구역을 설정한다.

1-3
주차장 외의 용도가 자동차 관련 시설인 경우 : 70% 이상

1-4
의료시설은 해당하지 않는다.

1-5
판매시설인 경우 70% 이상을 주차장으로 사용해야 한다.

정답 1-1 ① 1-2 ② 1-3 ① 1-4 ① 1-5 ②

(4) 주차장 형태 및 구획

① 주차장의 형태

구 분	형 식	종 류
자주식 주차장	운전자가 직접 운전하여 주차장으로 들어가는 형식	• 지하식 • 지평식 • 건축물식(공작물식 포함)
기계식 주차장	기계식 주차 장치를 설치한 노외주차장 및 부설주차장	• 지하식 • 건축물식(공작물식 포함)

② 주차장의 주차구획 크기 등

㉠ 평행주차 형식의 경우

구 분	너비 × 길이
경 형	1.7m × 4.5m 이상
일반형	2.0m × 6.0m 이상
보도와 차도의 구분이 없는 주거지역의 도로	2.0m × 5.0m 이상
이륜자동차 전용	1.0m × 2.3m 이상

㉡ 평행주차 형식 외의 경우

구 분	너비 × 길이
경 형	2.0m × 3.6m 이상
일반형	2.5m × 5.0m 이상
확장형	2.6m × 5.2m 이상
장애인 전용	3.3m × 5.0m 이상
이륜자동차 전용	1.0m × 2.3m 이상

10년간 자주 출제된 문제

1-6. 기계식 주차장의 세분에 속하지 않는 것은?
① 지하식 ② 지평식
③ 건축물식 ④ 공작물식

1-7. 다음 중 일반형 자동차의 주차장의 주차단위 구획의 기준으로 옳은 것은?(단, 평행주차 형식의 경우)
① 너비 1.0m 이상, 길이 2.3m 이상
② 너비 1.7m 이상, 길이 4.5m 이상
③ 너비 2.0m 이상, 길이 6.0m 이상
④ 너비 2.3m 이상, 길이 5.0m 이상

1-8. 다음 중 경형 자동차용 주차단위 구획의 최소 크기는? (단, 평행주차 형식 외의 경우)
① 너비 1.7m, 길이 4.5m
② 너비 2.0m, 길이 5.0m
③ 너비 2.0m, 길이 3.6m
④ 너비 2.5m, 길이 5.0m

1-9. 주차장의 장애인전용 주차단위 구획 기준으로 옳은 것은?(단, 평행주차 형식 외의 경우)
① 너비 2.3m 이상, 길이 5m 이상
② 너비 2.3m 이상, 길이 6m 이상
③ 너비 3.3m 이상, 길이 5m 이상
④ 너비 3.3m 이상, 길이 6m 이상

1-10. 주차장 주차단위 구획의 최소 크기로 옳지 않은 것은? (단, 평행주차 형식 외의 경우)
① 경형 : 너비 2.0m, 길이 3.6m
② 일반형 : 너비 2.0m, 길이 6.0m
③ 확장형 : 너비 2.6m, 길이 5.2m
④ 장애인 전용 : 너비 3.3m, 길이 5.0m

|해설|

1-6
법령상에서 지평식 주차는 기계식 주차장에 명시되어 있지 않다.

1-8
• 평행주차 형식 외의 경우 : 너비 2.0m, 길이 3.6m 이상
• 평행주차 형식의 경우 : 너비 1.7m, 길이 4.5m 이상

1-10
평행주차 형식 외의 일반형은 너비 2.5m 이상, 길이 5.0m 이상

정답 1-6 ② 1-7 ③ 1-8 ③ 1-9 ③ 1-10 ②

| 핵심이론 02 | 노상주차장 |

(1) 노상주차장의 설치금지 장소

설치금지 장소	예 외
주간선도로	분리대 기타 도로의 부분으로서 도로교통에 지장을 초래하지 않는 부분은 예외
너비 6m 미만 도로	보행자의 통행이나 연도(沿道 : 옆길)의 이용에 지장이 없는 경우로써 지방자치단체의 조례로 따로 정한 경우 예외
종단경사도 4% 초과하는 도로	• 종단경사도 6% 이하로서 보도와 차도가 구별되어 있고 차도의 너비가 13m 이상인 도로에 설치하는 경우 • 종단경사도 6% 이하인 도로로서 해당 시장·군수·구청장이 안전에 지장이 없다고 인정하는 도로에 노상주차장을 설치하는 경우
고속도로, 자동차전용도로, 고가도로	
도로교통법상 주정차 금지구역(제32, 33조)에 해당하는 도로 부분	

(2) 장애인전용주차구획 설치

① 주차대수 20대 이상 50대 미만인 경우 : 한 면 이상
② 주차대수 규모가 50대 이상인 경우 : 주차대수의 2~4%까지의 범위에서 장애인의 주차 수요를 고려하여 조례로 정하는 비율 이상

10년간 자주 출제된 문제

2-1. 주차법령상 다음과 같이 정의되는 주차장의 종류는?

> 도로의 노면 또는 교통광장(교차점 광장만 해당)의 일정한 구역에 설치된 주차장으로서 일반(一般)의 이용에 제공되는 것

① 노외주차장
② 노상주차장
③ 부설주차장
④ 공영주차장

2-2. 노상주차장의 구조 및 설비에 관한 기준 내용으로 옳은 것은?

① 너비 6m 이상의 도로에 설치하여서는 아니 된다.
② 종단경사도가 3%를 초과하는 도로는 설치하여서는 아니 된다.
③ 고속도로, 자동차 전용도로 또는 고가도로에 설치하여서는 아니 된다.
④ 주차대수 규모가 20대인 경우, 장애인전용주차구획을 최소 2면 이상 설치하여야 한다.

|해설|
2-2
① 너비 6m 미만의 도로에는 설치하여서는 아니 된다.
② 종단경사도가 4%를 초과하는 도로에는 설치하여서는 아니 된다.
④ 주차대수 20대인 경우 장애인전용주차구획을 최소 1면 이상 설치해야 한다.

정답 2-1 ② 2-2 ③

핵심이론 03 | 노외주차장

(1) 노외주차장인 주차전용 건축물에 대한 특례

노외주차장인 주차전용 건축물의 건폐율, 용적률, 대지면적의 최소한도 및 높이 제한 등에 대하여는 다음 기준에 따른다.

제한규정	완화 적용기준
건폐율	90/100 이하
용적률	1,500% 이하
최소 대지면적	대지면적의 최소 한도 : 45m² 이상
높이 제한	대지가 너비 12m 미만 도로에 접하는 경우 : 건축물의 각 부분 높이는 그 부분으로부터 대지에 접한 도로(대지가 둘 이상의 도로에 접하는 경우에는 가장 넓은 도로)의 반대쪽 경계선까지의 수평 거리의 3배 이하
	대지가 너비 12m 이상 도로에 접하는 경우 : 건축물의 각 부분 높이는 그 부분으로부터 대지에 접한 도로의 반대쪽 경계선까지 수평 거리의 $\frac{36}{도로의 너비(m)}$ 배 이하(다만, 배율이 1.8배 미만인 경우 1.8배)

(2) 노외주차장 의무 설치

① 단지조성사업 등에 따른 노외주차장
  ㉠ 경형 자동차를 위한 전용주차구획과 환경친화적 자동차를 위한 전용주차구획을 합한 주차구획 : 총 주차대수의 10% 이상
  ㉡ 환경친화적 자동차를 위한 전용주차구획 : 총 주차대수의 5% 이상

② 노외주차장의 장애인전용주차구획 설치 : 주차대수 50대 이상인 경우, 주차대수의 2~4%까지 범위에서 장애인 주차 수요를 고려하여 조례로 정하는 비율 이상을 설치한다.

(3) 노외주차장의 설치 가능한 지역

① 노외주차장은 녹지지역이 아닌 지역이어야 한다.
② 자연녹지지역으로서 다음의 경우에는 설치 가능
  ㉠ 하천구역 및 공유수면으로서 주차장 설치로 인해 하천 및 공유수면의 관리에 지장을 주지 아니하는 지역
  ㉡ 토지의 형질 변경 없이 주차장의 설치가 가능한 지역
  ㉢ 주차장의 설치를 목적으로 토지의 형질 변경 허가를 받은 지역
  ㉣ 시장(특별시장 및 광역시장 포함)·군수·구청장이 특히 주차장의 설치가 필요하다고 인정하는 지역

10년간 자주 출제된 문제

3-1. 노외주차장인 주차전용 건축물의 건폐율, 용적률, 대지면적의 최소 한도 및 높이 제한 기준 내용으로 옳지 않은 것은?

① 건폐율 : 100분의 90 이하
② 용적률 : 1,500% 이하
③ 대지면적의 최소 한도 : 45m² 이상
④ 높이 제한(대지가 너비 12m 미만의 도로에 접하는 경우) : 건축물의 각 부분의 높이는 그 부분으로부터 대지에 접한 도로의 반대쪽 경계선까지의 수평 거리의 4배

3-2. 다음의 노외주차장 설치에 관한 기준 내용에서 ( ) 안에 알맞은 것은?

> 노외주차장의 주차대수 규모가 (㉠) 이상인 경우에는 주차대수의 (㉡)의 범위에서 장애인의 주차 수요를 고려하여 지방자치단체의 조례로 정하는 비율 이상의 장애인전용주차구획을 설치하여야 한다.

① ㉠ 50대, ㉡ 1%부터 3%까지
② ㉠ 50대, ㉡ 2%부터 4%까지
③ ㉠ 100대, ㉡ 1%부터 3%까지
④ ㉠ 100대, ㉡ 2%부터 4%까지

3-3. 단지조성사업에 따른 노외주차장 설치 시 경형자동차를 위한 전용주차구획과 환경친화적 자동차를 위한 전용주차구획을 합한 주차구획을 총 주차대수의 몇 % 이상으로 설치해야 하는가?

① 3% ② 5%
③ 10% ④ 15%

10년간 자주 출제된 문제

3-4. 자연녹지지역으로서 노외주차장을 설치할 수 있는 지역에 속하지 않는 것은?
① 토지의 형질 변경 없이 주차장의 설치가 가능한 지역
② 주차장 설치를 목적으로 토지의 형질 변경 허가를 받은 지역
③ 택지개발사업 등의 단지조성사업 등에 따라 주차 수요가 많은 지역
④ 하천구역 및 공유수면으로서 주차장이 설치되어도 해당 하천 및 공유수면의 관리에 지장을 주지 아니하는 지역

|해설|

3-1
수평 거리의 3배 이하

3-4
③은 자연녹지지역에 설치 가능한 경우에 속하지 않는다.

정답 3-1 ④ 3-2 ② 3-3 ③ 3-4 ③

(4) 노외주차장 출입구의 설치금지 장소

① 도로교통법에 의하여 정차·주차가 금지되는 도로 부분
② 횡단보도(육교 및 지하횡단보도를 포함)로 부터 5m 이내에 있는 도로의 부분

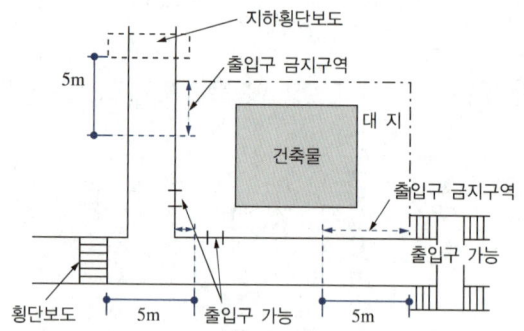

③ 너비 4m 미만의 도로(주차대수 200대 이상인 경우에는 너비 6m 미만의 도로)

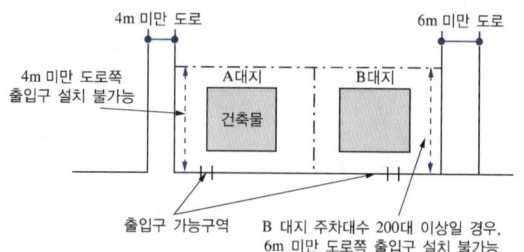

④ 종단 기울기 10%를 초과하는 도로

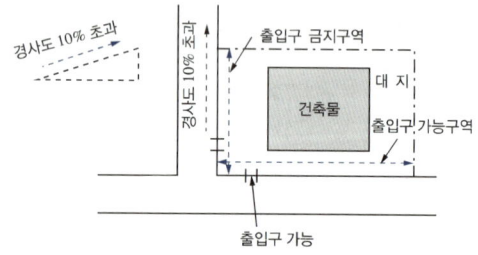

⑤ 유아원, 유치원, 초등학교, 특수학교, 노인복지시설, 장애인복지시설 및 아동전용시설 등의 출입구로부터 20m 이내에 있는 도로의 부분

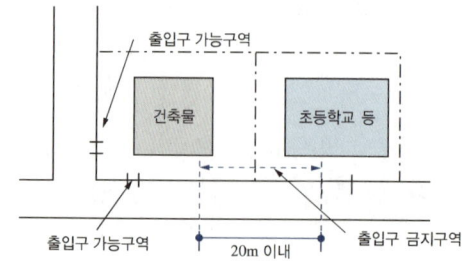

10년간 자주 출제된 문제

3-5. 다음 중 노외주차장의 출구 및 입구를 설치할 수 있는 장소는?

① 육교로부터 4m 거리에 있는 도로의 부분
② 지하횡단보도에서 10m 거리에 있는 도로의 부분
③ 초등학교 출입구로부터 15m 거리에 있는 도로의 부분
④ 장애인복지시설 출입구로부터 15m 거리에 있는 도로의 부분

3-6. 다음 중 노외주차장의 출구 및 입구를 설치할 수 있는 장소는?

① 너비가 3m인 도로
② 종단 구배가 12%인 도로
③ 횡단보도로부터 6m 거리에 있는 도로의 부분
④ 초등학교 출입구로부터 15m 거리에 있는 도로의 부분

3-7. 노외주차장의 출구와 입구(노외주차장의 차로의 노면이 도로의 노면에 접하는 부분)를 설치하여서는 안 되는 도로의 종단 기울기의 기준은?

① 종단 기울기가 3%를 초과하는 도로
② 종단 기울기가 5%를 초과하는 도로
③ 종단 기울기가 7%를 초과하는 도로
④ 종단 기울기가 10%를 초과하는 도로

|해설|

3-5
횡단보도(육교 및 지하횡단보도를 포함)에서 5m 이내의 도로 부분에는 노외주차장 출입구를 설치할 수 없으므로, 지하횡단보도에서 10m 거리에 있는 도로의 부분에는 설치할 수 있다.

3-6
횡단보도(육교 및 지하횡단보도를 포함)에서 5m 이내의 도로 부분에 대해 금지한다. 따라서, 횡단보도로부터 6m 거리에 있는 도로의 부분에는 설치가 가능하다.

3-7
종단 기울기가 10%를 초과하는 도로는 노외주차장 출입구의 설치 금지 장소이다.

정답 3-5 ② 3-6 ③ 3-7 ④

(5) 노외주차장의 출입구 설치 기준

① 출구 및 입구의 설치 위치 : 노외주차장과 연결되는 도로가 둘 이상인 경우에는 자동차 교통에 미치는 지장이 적은 도로에 노외주차장의 출구와 입구를 설치하여야 한다(단, 보행자의 교통에 지장을 가져올 우려가 있거나 기타 특별한 이유가 있는 경우 제외).

② 출구와 입구의 분리 설치 : 주차대수 400대를 초과하는 규모의 노외주차장의 경우 노외주차장 출구와 입구는 각각 따로 설치하여야 한다.

(6) 노외주차장의 출입구 구조

① 노외주차장의 출구와 입구에서 자동차의 회전을 쉽게 하기 위하여 필요한 경우에는 차로와 도로가 접하는 부분을 곡선형으로 하여야 한다.

② 출구 부근 시야확보 : 출구로부터 2m(이륜자동차 전용 출구 1.3m)를 후퇴한 노외주차장 차로 중심선상 1.4m 높이에서 도로 중심선에 직각으로 향한 좌우측 각각 60°의 범위에서 도로의 통행자를 확인할 수 있어야 한다.

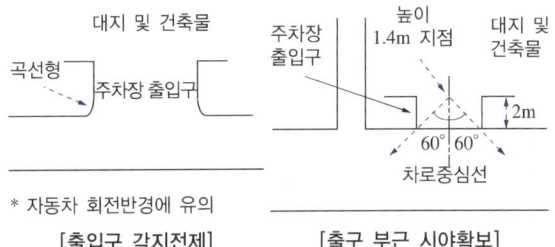

* 자동차 회전반경에 유의
[출입구 각지전제] [출구 부근 시야확보]

③ 출입구 너비 : 3.5m 이상

④ 주차대수 규모가 50대 이상인 경우 : 출구와 입구를 분리하거나 너비 5.5m 이상의 출입구를 설치한다.

⑤ 출입구 수에 따른 차로의 폭

주차형식	차로의 폭	
	출입구가 2개 이상인 경우	출입구가 1개인 경우
평행주차	3.3m	5.0m
45° 대향주차	3.5m	5.0m
교차주차		
60° 대향주차	4.5m	5.5m
직각주차	6.0m	6.0m

10년간 자주 출제된 문제

3-8. 노외주차장의 구조·설비에 관한 기준 내용으로 옳지 않은 것은?

① 출입구의 너비는 3.0m 이상으로 하여야 한다.
② 주차구획선의 긴 변과 짧은 변 중 한 변 이상이 차로에 접하여야 한다.
③ 지하식인 경우 차로의 높이는 주차바닥면으로부터 2.3m 이상으로 하여야 한다.
④ 주차에 사용되는 부분의 높이는 주차바닥면으로부터 2.1m 이상으로 하여야 한다.

3-9. 주차대수 규모가 50대 이상인 노외주차장 출입구의 최소 너비는?(단, 출구와 입구를 분리하지 않은 경우)

① 3.3m ② 3.5m
③ 4.5m ④ 5.5m

3-10. 노외주차장의 출입구가 2개인 경우 주차형식에 따른 차로의 최소 너비가 옳지 않은 것은?(단, 이륜자동차전용 외의 노외주차장의 경우)

① 직각주차 : 6.0m ② 평행주차 : 3.3m
③ 45° 대향주차 : 3.5m ④ 60° 대향주차 : 5.0m

3-11. 출입구의 개소에 관계없이 노외주차장의 차로의 너비를 최소 6m 이상으로 하여야 하는 주차형식은?(단, 이륜자동차전용 외의 노외주차장의 경우)

① 평행주차 ② 직각주차
③ 교차주차 ④ 45° 대향주차

|해설|

3-8
노외주차장의 출입구 너비는 3.5m 이상으로 하여야 한다.

3-9
노외주차장 출입구 너비는 3.5m 이상으로 하여야 하며, 주차대수 규모가 50대 이상인 경우에는 출구와 입구를 분리하거나 너비 5.5m 이상의 출입구를 설치하여야 한다.

3-10
④ 60° 대향주차 : 4.5m

3-11
직각주차는 출입구 수에 관계없이 차로 너비가 최소 6m 이상이다.

정답 3-8 ① 3-9 ④ 3-10 ④ 3-11 ②

(7) 지하식 또는 건축물식 노외주차장의 차로 기준

① 차로의 높이 : 주차 바닥면으로부터 2.3m 이상
② 곡선 부분 내변반경
  ㉠ 원칙 : 6m 이상의 내변반경으로 회전이 가능하도록 할 것
  ㉡ 총 주차대수 50대 이하인 경우 : 5m 이상
  ㉢ 이륜자동차 전용의 경우 : 3m 이상
③ 경사로의 차로 너비 및 종단 경사도

구 분	차로 너비		종단 경사도
	1차로	2차로	
직선형	3.3m 이상	6.0m 이상	17% 이하
곡선형	3.6m 이상	6.5m 이상	14% 이하

④ 차로의 분리 : 주차대수 50대 이상인 경우 경사로는 너비 6m 이상인 2차로를 확보하거나 진입차로와 진출차로를 분리한다.
⑤ 경보장치 : 자동차의 출입 또는 도로교통의 안전을 확보하기 위하여 설치한다.

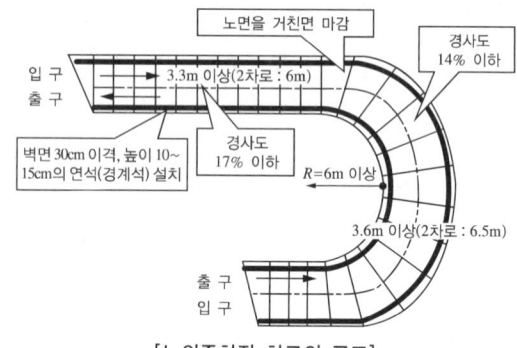

[노외주차장 차로의 구조]

10년간 자주 출제된 문제

3-12. 지하식 또는 건축물식 노외주차장에서 경사로가 직선형인 경우, 경사로의 차로 너비는 최소 얼마 이상으로 하여야 하는가?(단, 2차로인 경우)

① 5m ② 6m
③ 7m ④ 8m

3-13. 지하식 또는 건축물식 노외주차장의 차로에 관한 기준 내용으로 옳지 않은 것은?(단, 이륜자동차전용 노외주차장이 아닌 경우)

① 높이는 주차 바닥면으로부터 2.3m 이상으로 하여야 한다.
② 경사로의 종단 경사도는 직선 부분에서는 17%를 초과하여서는 아니 된다.
③ 곡선 부분은 자동차가 4m 이상의 내변반경으로 회전할 수 있도록 하여야 한다.
④ 주차대수 규모가 50대 이상인 경우의 경사로는 너비 6m 이상인 2차로를 확보하거나 진입차로와 진출차로를 분리하여야 한다.

3-14. 지하식 또는 건축물식 노외주차장의 차로에 관한 기준 내용으로 옳지 않은 것은?

① 높이는 주차 바닥면으로부터 2.3m 이상으로 하여야 한다.
② 경사로의 차로 너비는 직선형인 경우 3.0m 이상으로 한다.
③ 경사로의 종단 경사도는 곡선 부분에서는 14%를 초과하여서는 아니 된다.
④ 경사로의 종단 경사도는 직선 부분에서는 17%를 초과하여서는 아니 된다.

|해설|

3-12
직선형인 경우 1차로는 3.3m 이상, 2차로는 6m 이상

3-13
원칙 : 곡선 부분 내변반경은 6m 이상

3-14
경사로의 차로 너비는 직선형의 1차로인 경우 3.3m 이상으로 한다.

정답 3-12 ② 3-13 ③ 3-14 ②

(8) 노외주차장의 주차 부분 기준

① 주차 부분의 높이 : 바닥면으로부터 2.1m 이상
② 일산화탄소 농도
  ⊙ 주차장을 이용하는 차량이 가장 빈번한 시각의 앞뒤 8시간 평균치가 50ppm 이하로 유지되어야 한다.
  ⓒ 다중이용시설 등의 실내공기질관리법에 따라 실내주차장은 25ppm 이하로 유지되어야 한다.
③ 조명장치(자주식 주차장으로서 지하식 또는 건축물식 노외주차장)
  ⊙ 주차구획 및 차로 : 최소 조도 10lx 이상, 최대 조도는 최소 조도의 10배 이내
  ⓒ 주차장 출구 및 입구 : 최소 조도는 300lx 이상이며, 최대 조도 기준은 없다.
  ⓒ 사람이 출입하는 통로 : 최소 조도는 50lx 이상이며, 최대 조도 기준은 없다.
④ 방범설비
  ⊙ 주차대수 30대 초과하는 규모의 자주식 주차장에 설치
  ⓒ 촬영 자료는 1개월 이상 보관하여야 한다.
⑤ 자동차용 승강기 설치 : 자동차용 승강기로 운반하여 자주식 주차하는 노외주차장은 주차대수 30대마다 1대를 설치한다.

(9) 노외주차장에 설치할 수 있는 부대시설

① 전기자동차 충전시설을 제외한 부대시설의 총 면적은 주차장 총 시설면적의 20%를 초과해서는 안 된다.
② 설치 가능한 부대시설
  ⊙ 관리사무소, 휴게소 및 공중화장실 등
  ⓒ 간이매점, 자동차 장식품 판매점 및 전기자동차 충전시설, 태양광발전시설, 집배송시설
  ⓒ 석유 및 석유대체연료 사업법 시행령에 따른 주유소(특별시장·광역시장·시장·군수 또는 구청장이 설치한 노외주차장만 해당)

㉣ 노외주차장의 관리·운영상 필요한 편의시설
㉤ 특별자치도·시·군 또는 자치구의 조례로 정하는 이용자 편의시설

10년간 자주 출제된 문제

3-15. 노외주차장 내부공간의 일산화탄소 농도는 주차장을 이용하는 차량의 가장 빈번한 시각의 앞뒤 8시간의 평균치가 최대 얼마 이하로 유지되어야 하는가?(단, 다중이용시설 등의 실내공기질관리법에 따른 실내주차장이 아닌 경우)

① 30ppm ② 40ppm
③ 50ppm ④ 60ppm

3-16. 다음은 노외주차장의 구조·설비기준 내용이다. ( ) 안에 알맞은 것은?

> 노외주차장에 설치하는 부대시설(전기자동차 충전시설 제외)의 총 면적은 주차장 총 시설면적(주차장으로 사용되는 면적과 주차장 외의 용도로 사용되는 면적을 합한 면적)의 ( )를 초과하여서는 아니 된다.

① 5%   ② 10%
③ 15% ④ 20%

|해설|

3-15
주차장을 이용하는 차량이 가장 빈번한 시각의 앞뒤 8시간 평균치가 50ppm 이하로 유지되어야 한다.

3-16
전기자동차 충전시설을 제외한 부대시설의 총 면적은 주차장 총 시설면적의 20%를 초과해서는 안 된다.

정답 3-15 ③ 3-16 ④

핵심이론 04 | 부설주차장

(1) 부설주차장 설치 기준

① 대상 용도별 설치 기준

용도	설치 기준
위락시설	시설면적 100m²당 1대
문화 및 집회시설(관람장은 제외), 종교시설, 판매시설, 운수시설, 의료시설(정신병원, 요양병원, 격리병원 제외), 운동시설(골프장, 골프연습장, 옥외수영장 제외), 업무시설(외국공관, 오피스텔 제외), 방송국, 장례식장	시설면적 150m²당 1대
제1, 2종 근린생활시설, 숙박시설	시설면적 200m²당 1대
단독주택(다가구주택 제외)	• 시설면적 50m² 초과 150m² 이하 : 1대 • 시설면적 150m² 초과 : 1대에 150m²를 초과하는 100m²당 1대를 더한 대수
다가구주택, 공동주택(기숙사 제외), 업무시설 중 오피스텔	주택건설기준 등에 관한 규정에 따라 산정된 주차대수의 경우 다가구주택 및 오피스텔의 전용면적은 공동주택의 전용면적 산정방법을 따른다.
골프장	1홀당 10대
골프연습장	1타석당 1대
옥외수영장	정원 15인당 1대
관람장	정원 100인당 1대
공장(아파트형 제외), 발전시설, 수련시설	시설면적 350m²당 1대
창고시설	시설면적 400m²당 1대
학생용 기숙사	시설면적 400m²당 1대
방송통신시설 중 데이터센터	시설면적 400m²당 1대
그 밖의 건축물	시설면적 300m²당 1대

② 건축물의 용도를 변경하는 경우, 부설주차장을 추가로 확보하지 아니하고 용도를 변경할 수 있는 대상
㉠ 사용승인 후 5년이 지난 연면적 1,000m² 미만의 용도를 변경하는 경우(공연장·집회장·관람장, 위락시설, 다세대·다가구주택 용도로 변경하는 경우 제외)
㉡ 해당 건축물 안에서 용도 상호 간의 변경을 하는 경우(다만, 부설주차장 설치 기준이 높은 용도의 면적이 증가하는 경우 제외)

10년간 자주 출제된 문제

4-1. 부설주차장 설치 대상 시설물로서 시설면적이 1,400m²인 제2종 근린생활시설에 설치하여야 하는 부설주차장의 최소 대수는?

① 7대 ② 9대
③ 10대 ④ 14대

4-2. 부설주차장 설치 대상 시설물이 문화 및 집회시설 중 예식장으로서 시설면적이 1,200m²인 경우, 설치하여야 하는 부설주차장의 최소 대수는?

① 8대 ② 10대
③ 15대 ④ 20대

4-3. 부설주차장의 설치 대상 시설물의 종류에 따른 설치 기준이 옳지 않은 것은?

① 골프장 – 1홀당 10대
② 위락시설 – 시설면적 150m²당 1대
③ 판매시설 – 시설면적 150m²당 1대
④ 숙박시설 – 시설면적 200m²당 1대

4-4. 사용승인 후 5년이 지난 연면적 1,000m² 미만의 건축물의 용도를 변경하는 경우 부설주차장을 추가로 확보하지 아니하고 건축물의 용도를 변경할 수 있는 것은?(단, 변경 후 용도의 주차대수가 많은 경우)

① 업무시설의 용도로 변경하는 경우
② 위락시설의 용도로 변경하는 경우
③ 문화 및 집회시설 중 공연장의 용도로 변경하는 경우
④ 문화 및 집결시설 중 관람장의 용도로 변경하는 경우

|해설|

4-1
2종 근린생활시설 부설주차장 설치 기준 : 200m²당 1대
따라서, 1,400m² ÷ 200m² = 7대

4-2
문화 및 집회시설은 시설면적 150m²당 1대를 설치해야 한다.
따라서, 1,200m² ÷ 150m² = 8대

4-3
위락시설 : 100m²당 1대

정답 4-1 ① 4-2 ① 4-3 ② 4-4 ①

(2) 부설주차장의 인근 설치

① 인근 설치 대상
　㉠ 부설주차장이 주차대수 300대의 규모 이하인 경우
　㉡ 시설 부지 인근에 단독 또는 공동으로 설치할 수 있다.

② 부지 인근의 범위
　㉠ 해당 부지의 경계선으로부터 부설주차장의 경계선까지의 직선거리 300m 이내 또는 도보거리 600m 이내
　㉡ 해당 시설물이 소재하는 동·리(행정 동·리를 말함)
　㉢ 해당 시설물과의 통행 여건이 편리하다고 인정되는 인접 동·리

(3) 부설주차장 설치 의무 면제

① 설치 의무가 면제되는 시설물의 위치
　㉠ 차량통행의 금지 또는 주변의 토지이용 상황으로 인하여 부설주차장의 설치가 곤란하다고 특별자치도지사·시장·군수 또는 자치구의 구청장이 인정하는 장소
　㉡ 부설주차장의 출입구가 도심지 등의 간선도로변에 위치하게 되어 자동차교통의 혼잡을 가중시킬 우려가 있다고 시장·군수 또는 구청장이 인정하는 장소

② 설치 의무가 면제되는 시설물의 용도 및 규모
연면적 10,000m² 이상의 판매시설 및 운수시설에 해당하지 아니하거나 연면적 15,000m² 이상의 문화 및 집회시설(공연장·집회장 및 관람장만을 말함), 위락시설, 숙박시설 또는 업무시설에 해당하지 아니하는 시설물

③ 설치 의무가 면제되는 부설주차장의 규모
주차대수가 300대 이하의 규모인 경우

10년간 자주 출제된 문제

4-5. 부설주차장은 부지 인근에 단독 또는 공동으로 부설주차장을 설치할 수 있다. 이 경우 주차대수 규모는?

① 주차대수 100대의 규모
② 주차대수 200대의 규모
③ 주차대수 300대의 규모
④ 주차대수 400대의 규모

4-6. 부설주차장의 인근 설치 규정에서 300대 이하인 경우에 시설물의 부지 인근의 범위(해당 부지의 경계선으로부터 부설주차장의 경계선까지의 거리)기준으로 옳은 것은?

① 직선거리 : 100m 이내, 도보거리 : 500m 이내
② 직선거리 : 100m 이내, 도보거리 : 600m 이내
③ 직선거리 : 300m 이내, 도보거리 : 500m 이내
④ 직선거리 : 300m 이내, 도보거리 : 600m 이내

4-7. 부설주차장의 설치 의무를 면제받을 수 있는 최대 주차대수는?(단, 도로교통법에 따라 차량통행이 금지된 장소가 아닌 경우)

① 100대 이하
② 200대 이하
③ 300대 이하
④ 400대 이하

|해설|

4-5
인근 설치 대상 : 부설주차장이 주차대수 300대의 규모 이하인 경우

4-6
④ 직선거리 : 300m 이내, 도보거리 : 600m 이내

4-7
설치 의무가 면제되는 부설주차장의 규모
주차대수 300대 이하의 규모(도로교통법 제6조에 따라 차량통행이 금지된 장소의 경우에는 별표 1의 부설주차장 설치 기준에 따라 산정한 주차대수에 상당하는 규모를 말한다)

정답 4-5 ③ 4-6 ④ 4-7 ③

(4) 자주식 부설주차장의 별도 기준

① 대상 : 8대 이하 자주식 주차장(지평식)에 한함
② 차로의 너비는 2.5m 이상으로 하되, 주차단위 구획과 접하여 있는 차로의 너비는 다음과 같다.

주차형식	차로의 너비
평행주차	3.0m 이상
45° 대향주차	3.5m 이상
교차주차	
60° 대향주차	4.0m 이상
직각주차	6.0m 이상

③ 보도와 차도의 구분이 없는 너비 12m 미만인 도로에 접한 부설주차장은 그 도로를 차로로 하여 주차단위 구획을 배치할 수 있다.
  ㉠ 차로의 너비(도로를 포함) : 6m 이상(평행주차인 경우 4m 이상)
  ㉡ 도로의 포함 범위 : 중앙선까지(중앙선이 없는 경우 반대측 경계선까지)
④ 보도와 차도 구분이 있는 너비 12m 이상 도로에 접하여 있고 주차대수가 5대 이하인 경우 그 도로를 차로로 하여 직각주차 형식으로 주차단위 구획을 배치할 수 있다.
⑤ 기타 기준
  ㉠ 5대 이하의 주차단위 구획은 차로를 기준으로 하여 세로로 2대까지 접하여 배치할 수 있다.
  ㉡ 출입구의 너비는 3m 이상으로 한다(막다른 도로에 접한 경우에는 2.5m 이상으로 할 수 있다).
  ㉢ 도로를 차로로 하여 설치한 부설주차장의 경우 도로와 주차구획선 사이에는 담장 등 주차장의 이용을 곤란하게 하는 장애물을 설치할 수 없다.
  ㉣ 보행인의 통행로가 필요한 경우에는 시설물과 주차단위 구획 사이에 0.5m 이상의 거리를 두어야 한다.

10년간 자주 출제된 문제

4-8. 부설주차장의 총 주차대수 규모가 8대 이하인 자주식 주차장의 구조 및 설비에 관한 기준 내용으로 옳지 않은 것은?

① 차로의 너비는 2.5m 이상으로 한다.
② 출입구의 너비는 3m 이상으로 하는 것이 원칙이다.
③ 주차대수 6대 이하의 주차단위 구획은 차로를 기준으로 하여 세로로 2대까지 접하여 배치할 수 있다.
④ 보행인의 통행로가 필요한 경우에는 시설물과 주차단위 구획 사이에 0.5m 이상의 거리를 두어야 한다.

|해설|
4-8
5대 이하까지 세로로 2대까지 접하여 배치할 수 있다.

정답 ③

핵심이론 05 | 기계식 주차장

(1) 기계식 주차장의 설치 기준

① 차량 크기에 따른 기계식 주차장 분류

종류	차량 크기(단위 : m 이하)			무게
	길이	너비	높이	
중형 주차장	5.05	1.9	1.55	1,850kg 이하
대형 주차장	5.75	2.15	1.85	2,200kg 이하

② 출입구의 전면공지 또는 방향전환장치

종류	전면공지(너비×길이)	방향전환장치
중형 기계식 주차장	8.1m×9.5m 이상	지름 4m 이상 및 이에 접한 너비 1m 이상의 여유 공지
대형 기계식 주차장	10m×11m 이상	지름 4.5m 이상 및 이에 접한 너비 1m 이상의 여유 공지

③ 정류장 설치
  ㉠ 설치 기준 : 주차대수 20대를 초과하는 매 20대마다 1대분 확보
  ㉡ 설치 규모
    • 중형 기계식 주차장 : 5.05m(길이)×1.9m(너비) 이상
    • 대형 기계식 주차장 : 5.3m(길이)×2.15m(너비) 이상
  ㉢ 완화 규정 : 주차장 출구와 입구가 따로 설치되어 있거나, 진입로의 너비가 6m 이상인 경우에는 종단 경사도가 6% 이하인 진입로의 길이 6m마다 1대분의 정류장을 확보하는 것으로 본다.

④ 기계식 주차장치 조도(벽면 50cm 이내를 제외한 바닥면 최소 조도)
  ㉠ 주차구획 : 최소 조도는 50lx 이상
  ㉡ 출입구 : 최소 조도는 150lx 이상

(2) 기계식 주차장의 사용검사

구분	검사 내용	유효기간
사용검사	설치를 마치고 이를 사용하기 전에 실시	3년
정기검사	사용검사의 유효기간이 지난 후 주기적으로 실시하는 검사	2년

10년간 자주 출제된 문제

5-1. 기계식 주차장에 설치하여야 하는 정류장의 확보기준으로 옳은 것은?

① 주차대수 20대를 초과하는 매 20대마다 1대분
② 주차대수 20대를 초과하는 매 30대마다 1대분
③ 주차대수 30대를 초과하는 매 20대마다 1대분
④ 주차대수 30대를 초과하는 매 30대마다 1대분

5-2. 주차대수가 300대인 기계식주차장의 진입로 또는 전면공지와 접하는 장소에 확보하여야 하는 정류장의 최소 규모는?

① 12대　　② 13대
③ 14대　　④ 15대

|해설|

5-1
20대 초과하는 매 20대마다 1대분의 정류장을 확보하여야 한다.

5-2
300대에서 20대를 초과하는 주차대수는 280대
∴ 280 ÷ 20 = 14대

정답 5-1 ①　5-2 ③

제3절 국토의 계획 및 이용에 관한 법률

핵심이론 01 총 칙

(1) 용어의 정의 – 도시계획

① 광역도시계획

광역계획권 지정에 의해 지정된 광역계획권의 장기발전 방향을 제시하는 계획을 말한다.

② 도시·군계획

특별시·광역시·특별자치시·특별자치도·시 또는 군(광역시 관할 구역의 군은 제외)의 관할 구역에 대해 수립하는 공간 구조와 발전 방향에 대한 계획

　㉠ 도시·군기본계획 : 특별시·광역시·특별자치시·특별자치도·시 또는 군의 관할 구역에 대해 기본적인 공간 구조와 장기발전 방향을 제시하는 종합계획으로 도시·군관리계획 수립의 지침이 되는 계획

　㉡ 도시·군관리계획 : 특별시·광역시·특별자치시·특별자치도·시 또는 군의 개발·정비 및 보전을 위해 수립하는 토지 이용, 교통, 환경, 경관, 안전, 산업, 정보통신, 보건, 복지, 안보, 문화 등에 관한 계획

③ 지구단위계획

도시·군계획 수립 대상지역 일부에 대해 토지 이용을 합리화하고 기능을 증진시키며 미관을 개선하고 양호한 환경을 확보하며, 그 지역을 체계적·계획적으로 관리하기 위하여 수립하는 도시·군관리계획

④ 입지규제 최소 구역계획

입지규제 최소 구역에서의 토지의 이용 및 건축물의 용도·건폐율·용적률·높이 등의 제한에 관한 사항 등 입지규제 최소 구역의 관리에 필요한 사항을 정하기 위하여 수립하는 도시·군관리계획

10년간 자주 출제된 문제

1-1. 도시·군계획 수립 대상지역의 일부에 대하여 토지 이용을 합리화하고 그 기능을 증진시키며 미관을 개선하고 양호한 환경을 확보하며, 그 지역을 체계적·계획적으로 관리하기 위하여 수립하는 도시·군관리계획은?

① 광역도시계획
② 지구단위계획
③ 지구경관계획
④ 택지개발계획

1-2. 국토의 계획 및 이용에 관한 법률상 다음과 같이 정의되는 것은?

> 도시·군계획 수립 대상 지역의 일부에 대하여 토지 이용을 합리화하고 그 기능을 증진시키며 미관을 개선하고 양호한 환경을 확보하며, 그 지역을 체계적·계획적으로 관리하기 위하여 수립하는 도시·군관리계획

① 광역도시계획
② 지구단위계획
③ 도시·군기본계획
④ 입지규제최소구역계획

|해설|

1-1, 1-2
지구단위계획 : 도시·군계획 수립 대상 지역의 일부에 대하여 토지 이용을 합리화하고 그 기능을 증진시키며 미관을 개선하고 양호한 환경을 확보하며, 그 지역을 체계적·계획적으로 관리하기 위하여 수립하는 도시·군관리계획을 말한다.

정답 1-1 ② 1-2 ②

(2) 용어의 정의 – 기반시설

① 기반시설 분류

㉠ 기반시설의 종류

기반시설	도시관리계획시설 종류
교통시설	도로·철도·항만·공항·주차장·자동차정류장·궤도·차량 검사 및 면허시설
공간시설	광장·공원·녹지·유원지·공공공지
유통·공급 시설	유통업무설비, 수도·전기·가스·열공급설비, 방송·통신시설, 공동구·시장, 유류저장 및 송유설비
공공·문화 체육시설	학교·공공청사·문화시설·공공필요성이 인정되는 체육시설·연구시설·사회복지시설·공공직업훈련시설·청소년수련시설
방재시설	하천·유수지·저수지·방화설비·방풍설비·방수설비·사방설비·방조설비
보건위생 시설	장사시설·도축장·종합의료시설
환경기초 시설	하수도·폐기물처리 및 재활용시설·빗물저장 및 이용시설·수질오염방지시설·폐차장

㉡ 기반시설 중 도로·자동차정류장 및 광장의 세분

기반시설	세분류
도 로	일반도로, 자동차전용도로, 자전거전용도로, 보행자전용도로, 보행자우선도로, 고가도로, 지하도로
자동차 정류장	여객자동차터미널, 물류터미널, 공영차고지, 공동차고지, 화물자동차 휴게소, 복합환승센터, 환승센터
광 장	교통광장, 일반광장, 경관광장, 지하광장, 건축물부설광장

② **공동구** : 지하매설물(전기·가스·수도 등의 공급설비, 통신시설, 하수도시설 등)을 공동 수용함으로써 미관의 개선, 도로 구조의 보전 및 교통의 원활한 소통을 위하여 지하에 설치하는 시설물

③ **공공시설** : 도로, 공원, 철도, 수도 등의 공공용 시설

기반시설	도시관리계획시설
공공용 시설	항만·공항·광장·녹지·공공공지·공동구·하천·유수지·방화설비·방풍설비·방수설비·사방설비·방조설비·하수도·구거(도랑)
행정청이 설치하는 시설	주차장, 저수지 및 그 밖에 국토교통부령으로 정하는 시설

10년간 자주 출제된 문제

1-3. 국토의 계획 및 이용에 관한 법령상 광장·공원·녹지·유원지·공공공지가 속하는 기반시설은?
① 교통시설　　② 공간시설
③ 환경기초시설　④ 보건위생시설

1-4. 국토의 계획 및 이용에 관한 법령에 따른 기반시설 중 공간시설에 속하지 않는 것은?
① 광장　　② 유원지
③ 유수지　④ 공공공지

1-5. 국토의 계획 및 이용에 관한 법령상 기반시설 중 도로의 세분에 속하지 않는 것은?
① 고가도로　　② 보행자우선도로
③ 자전거우선도로　④ 자동차전용도로

1-6. 국토의 계획 및 이용에 관한 법령에 따른 기반시설 중 자동차 정류장의 세분에 속하지 않는 것은?
① 고속터미널　　② 물류터미널
③ 공영차고지　　④ 여객자동차터미널

1-7. 국토의 계획 및 이용에 관한 법령상 기반시설 중 광장의 세분에 해당하지 않는 것은?
① 옥상광장　　② 일반광장
③ 지하광장　　④ 건축물부설광장

|해설|

1-3
광장, 공원, 녹지, 유원지, 공공공지는 공간시설에 속한다.

1-4
유수지는 방재시설에 속한다.

1-5
자전거전용도로가 도로의 세분에 속하며, 자전거우선도로는 이에 해당하지 않는다.

1-6
고속터미널은 해당되지 않는다.

1-7
옥상광장은 포함되지 않는다.

정답 1-3 ②　1-4 ③　1-5 ③　1-6 ①　1-7 ①

핵심이론 02 | 도시계획의 종류

(1) 광역도시계획의 내용

① 광역계획권의 공간 구조와 기능 분담에 관한 사항
② 광역계획권의 녹지 관리 체계와 환경 보전에 관한 사항
③ 광역시설의 배치·규모·설치에 관한 사항
④ 경관계획에 관한 사항
⑤ 그 밖에 광역계획권에 속하는 특별시·광역시·특별자치시·특별자치도·시 또는 군 상호 간의 기능 연계에 관한 사항으로서 다음에 정하는 사항
　㉠ 광역계획권의 교통 및 물류유통 체계에 관한 사항
　㉡ 광역계획권의 문화·여가공간 및 방재에 관한 사항

(2) 도시·군기본계획의 내용

① 지역적 특성 및 계획의 방향·목표에 관한 사항
② 공간구조, 생활권의 설정 및 인구의 배분에 관한 사항
③ 토지의 이용 및 개발에 관한 사항
④ 토지의 용도별 수요 및 공급에 관한 사항
⑤ 환경의 보전 및 관리에 관한 사항
⑥ 기반시설에 관한 사항
⑦ 공원·녹지에 관한 사항
⑧ 경관에 관한 사항
⑨ 기후변화 대응 및 에너지절약에 관한 사항
⑩ 방재·방범 등 안전에 관한 사항
⑪ ②~⑩에 규정된 사항의 단계별 추진에 관한 사항
⑫ 그 밖에 대통령령으로 정하는 사항
⑬ 도시·군 기본계획의 정비(타당성 검토) : 특별시장·광역시장·특별자치시장·특별자치도지사·시장 또는 군수는 5년마다 관할 구역의 도시·군기본계획에 대하여 타당성을 전반적으로 재검토하여 정비하여야 한다.

(3) 도시·군관리계획의 내용

① 용도지역·용도지구의 지정 또는 변경에 관한 계획
② 개발제한구역, 도시자연공원구역, 시가화조정구역, 수산자원보호구역의 지정 또는 변경에 관한 계획
③ 기반시설의 설치·정비 또는 개량에 관한 계획
④ 도시개발사업이나 정비사업에 관한 계획
⑤ 지구단위계획구역의 지정 또는 변경에 관한 계획과 지구단위계획
⑥ 입지규제최소구역의 지정 또는 변경에 관한 계획과 입지규제최소구역계획
⑦ 도시·군관리계획 도서 중 계획도는 축척 1,000분의 1 또는 축척 5,000분의 1의 지형도에 도시·군관리계획 사항을 명시한 도면으로 작성하여야 한다.
⑧ 도시·군 관리계획의 정비(타당성 검토) : 특별시장·광역시장·특별자치시장·특별자치도지사·시장 또는 군수는 5년마다 관할 구역의 도시·군관리계획에 대하여 타당성을 전반적으로 재검토하여 정비하여야 한다.

10년간 자주 출제된 문제

2-1. 국토의 계획 및 이용에 관한 법률에 따른 도시·군관리계획의 내용에 속하지 않는 것은?
① 광역계획권의 장기 발전방향에 관한 계획
② 도시개발사업이나 정비사업에 관한 계획
③ 기반시설의 설치·정비 또는 개량에 관한 계획
④ 용도지역·용도지구의 지정 또는 변경에 관한 계획

2-2. 다음은 도시·군관리계획 도서 중 계획도에 관한 기준 내용이다. ( ) 안에 알맞은 것은?(단, 모든 축척의 지형도가 간행되어 있는 경우)

> 도시·군관리계획 도서 중 계획도는 (   )의 지형도에 도시·군관리계획 사항을 명시한 도면으로 작성하여야 한다.

① 축척 100분의 1 또는 축척 500분의 1
② 축척 500분의 1 또는 축척 2,000분의 1
③ 축척 1천분의 1 또는 축척 5,000분의 1
④ 축척 3천분의 1 또는 축척 10,000분의 1

|해설|
2-1
광역계획권의 장기 발전방향을 제시하는 계획은 광역도시계획에 속한다.
2-2
축척 1,000분의 1 또는 축척 5,000분의 1

정답 2-1 ① 2-2 ③

핵심이론 03 | 용도지역, 용도지구, 용도구역

(1) 용도지역, 지구, 구역의 의의

① 용도지역
  ㉠ 토지의 이용 및 건축물의 용도·건폐율·용적률·높이 등을 제한함으로써 토지를 경제적·효율적으로 이용하고 공공복리 증진을 도모하기 위하여 서로 중복되지 아니하게 도시·군관리계획으로 결정하는 지역
  ㉡ 전 국토는 도시지역, 관리지역, 농림지역, 자연환경보전지역으로 구분된다.
  ㉢ 도시지역은 주거, 상업, 공업, 녹지지역으로 구분
  ㉣ 관리지역은 보전관리, 생산관리, 계획관리지역으로 구분

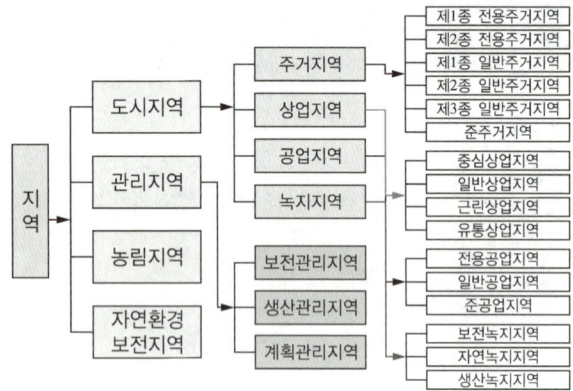

② 용도지구
  토지 이용 및 건축물 용도·건폐율·용적률·높이 등에 대한 용도지역의 제한 강화 또는 완화하여 적용함으로써 용도지역 기능을 증진시키고 경관·안전 등을 도모하기 위해 도시·군관리계획으로 결정하는 지역

③ 용도구역
  토지의 이용 및 건축물의 용도·건폐율·용적률·높이 등에 대한 용도지역 및 용도지구의 제한을 강화하거나 완화하여 따로 정함으로써 시가지의 무질서한 확산 방지, 계획적·단계적인 토지 이용 도모, 토지 이용의 종합적 조정·관리 등을 위하여 도시·군관리계획으로 결정하는 지역

10년간 자주 출제된 문제

3-1. 시가지의 무질서한 확산 방지, 계획적·단계적인 토지 이용 도모, 토지 이용의 종합적 조정·관리 등을 위하여 도시·군관리계획으로 결정하는 지역은?

① 용도지역
② 용도지구
③ 용도구역
④ 지구단위계획구역

|해설|

3-1
용도구역 : 시가지의 무질서한 확산 방지, 계획적·단계적인 토지 이용 도모, 토지 이용의 종합적 조정·관리 등을 위하여 도시·군관리계획으로 결정하는 지역

정답 ③

(2) 용도지역의 세분

① 도시지역 : 인구와 산업이 밀집되어 있거나 밀집이 예상되어 그 지역에 대하여 체계적인 개발·정비·관리·보전 등이 필요한 지역

㉠ 주거지역

지 역	지정 목적
전용주거지역	양호한 주거환경을 보호하기 위해 필요한 지역
	제1종 전용주거지역 : 단독주택 중심
	제2종 전용주거지역 : 공동주택 중심
일반주거지역	편리한 주거환경을 조성하기 위해 필요한 지역
	제1종 일반주거지역 : 저층주택 중심
	제2종 일반주거지역 : 중층주택 중심
	제3종 일반주거지역 : 중고층주택 중심
준주거지역	주거기능 위주로 이를 지원하는 일부 상업 및 업무기능을 보완하기 위해 필요한 지역

㉡ 상업지역

지 역	지정 목적
중심상업지역	도심·부도심의 상업기능 및 업무기능의 확충을 위하여 필요한 지역
일반상업지역	일반적인 상업기능 및 업무기능을 담당하게 하기 위하여 필요한 지역
근린상업지역	근린지역에서의 일용품 및 서비스의 공급을 위하여 필요한 지역
유통상업지역	도시 내 및 지역간 유통기능의 증진을 위하여 필요한 지역

㉢ 공업지역

지 역	지정 목적
전용공업지역	주로 중화학공업, 공해성 공업 등을 수용하기 위하여 필요한 지역
일반공업지역	환경을 저해하지 아니하는 공업의 배치를 위하여 필요한 지역
준공업지역	경공업 그 밖의 공업을 수용하되, 주거·상업 및 업무기능 보완이 필요한 지역

㉣ 녹지지역

지 역	지정 목적
보전녹지지역	도시의 자연환경·경관·산림 및 녹지공간을 보전할 필요가 있는 지역
생산녹지지역	주로 농업적 생산을 위하여 개발을 유보할 필요가 있는 지역
자연녹지지역	도시의 녹지공간의 확보, 도시확산의 방지, 장래 도시 용지의 공급 등을 위하여 보전할 필요가 있는 지역으로서 불가피한 경우에 한하여 제한적인 개발이 허용되는 지역

10년간 자주 출제된 문제

3-2. 공동주택 중심의 양호한 주거환경을 보호하기 위하여 주거지역을 세분하여 지정하는 지역은?

① 제1종 전용주거지역
② 제2종 전용주거지역
③ 제1종 일반주거지역
④ 제2종 일반주거지역

3-3. 주거지역의 세분 중 중층주택을 중심으로 편리한 주거환경을 조성하기 위하여 필요한 지역은?

① 제1종 일반주거지역
② 제2종 일반주거지역
③ 제1종 전용주거지역
④ 제2종 전용주거지역

3-4. 주거기능을 위주로 이를 지원하는 일부 상업기능 및 업무기능을 보완하기 위하여 지정하는 주거지역의 세분은?

① 준주거지역
② 제1종 전용주거지역
③ 제1종 일반주거지역
④ 제2종 일반주거지역

3-5. 다음의 용도지역의 세분에 관한 설명 중 옳지 않은 것은?

① 근린상업지역 : 근린지역에서의 일용품 및 서비스의 공급을 위하여 필요한 지역
② 중심상업지역 : 도심·부도심의 상업기능 및 업무기능의 확충을 위하여 필요한 지역
③ 제1종 일반주거지역 : 단독주택을 중심으로 양호한 주거환경을 조성하기 위하여 필요한 지역
④ 준주거지역 : 주거기능을 위주로 이를 지원하는 일부 상업기능 및 업무기능을 보완하기 위하여 필요한 지역

3-6. 상업지역의 세분에 속하지 않는 것은?

① 중심상업지역
② 근린상업지역
③ 유통상업지역
④ 전용상업지역

|해설|

3-5
제1종 일반주거지역 : 저층주택 중심의 편리한 주거환경을 조성하기 위해 필요한 지역

정답 3-2 ② 3-3 ② 3-4 ① 3-5 ③ 3-6 ④

② 관리지역 : 도시지역 인구와 산업을 수용하기 위해 도시지역에 준하여 체계적으로 관리하거나 농림업 진흥, 자연환경 또는 산림 보전을 위하여 농림지역 또는 자연환경보전지역에 준하여 관리가 필요한 지역

지 역	지정 목적
보전 관리지역	자연환경 및 산림보호, 수질오염방지, 녹지공간 확보 및 생태계 보전 등을 위하여 보전이 필요하나, 주변 용도지역과의 관계를 고려할 때 자연환경보전지역으로 지정하여 관리하기가 곤란한 지역
생산 관리지역	농업·임업·어업 생산 등을 위하여 관리가 필요하나, 주변 용도지역과의 관계 등을 고려할 때 농림지역으로 지정하여 관리하기가 곤란한 지역
계획 관리지역	도시지역으로의 편입이 예상되는 지역 또는 자연환경을 고려하여 제한적인 이용·개발을 하려는 지역으로서 계획적·체계적인 관리가 필요한 지역

③ 농림지역 : 도시지역에 속하지 아니하는 농지법에 따른 농업진흥지역 또는 산지관리법에 의한 보전산지 등으로서 농림업을 진흥시키고 산림을 보전하기 위하여 필요한 지역

④ 자연환경보전지역 : 자연환경·수자원·해안·생태계·상수원 및 국가유산기본법에 따른 국가유산의 보전과 수산자원의 보호·육성 등을 위하여 필요한 지역

(3) 용도지구의 분류

① 경관지구 : 경관 보전·관리, 형성을 위하여 필요한 지구

지 역	지정 목적
자연 경관지구	산지·구릉지 등 자연경관을 보호하거나 유지하기 위하여 필요한 지구
시가지 경관지구	지역 내 주거지, 중심지 등 시가지의 경관을 보호 또는 유지하거나 형성하기 위하여 필요한 지구
특화 경관지구	지역 내 주요 수계의 수변 또는 문화적 보존가치가 큰 건축물 주변의 경관 등 특별한 경관을 보호 또는 유지하거나 형성하기 위하여 필요한 지구

② 고도지구

③ 방화지구

④ 방재지구 : 풍수해, 산사태, 지반의 붕괴, 그 밖의 재해를 예방하기 위하여 필요한 지구

지 역	지정 목적
시가지 방재지구	건축물·인구가 밀집되어 있는 지역으로서 시설 개선 등을 통하여 재해 예방이 필요한 지구
자연 방재지구	토지 이용도가 낮은 해안변, 하천변, 급경사지 주변 등의 지역으로서 건축 제한 등을 통하여 재해 예방이 필요한 지구

10년간 자주 출제된 문제

3-7. 도시지역으로의 편입이 예상되는 지역 또는 자연환경을 고려하여 제한적인 이용·개발을 하려는 지역으로서 계획적·체계적인 관리가 필요한 지역은?

① 보전관리지역　　② 생산관리지역
③ 계획관리지역　　④ 자연환경보전지역

3-8. 다음 설명에 알맞은 용도지구의 세분은?

> 산지·구릉지 등 자연경관을 보호하거나 유지하기 위하여 필요한 지구

① 자연경관지구　　② 자연방재지구
③ 특화경관지구　　④ 생태계보호지구

3-9. 국토의 계획 및 이용에 관한 법령에 따른 경관지구에 속하지 않는 것은?

① 자연경관지구　　② 시가지경관지구
③ 특화경관지구　　④ 역사문화경관지구

3-10. 지역 내 주요 수계의 수변 또는 문화적 보존가치가 큰 건축물 주변의 경관 등 특별한 경관을 보호 또는 유지하거나 형성하기 위하여 필요한 지구?

① 자연경관지구　　② 시가지경관지구
③ 특화경관지구　　④ 역사문화미관지구

3-11. 용도지구의 세분에서 건축물·인구가 밀집되어 있는 지역으로서 시설 개선 등을 통하여 재해 예방이 필요하여 지정되는 지구는?

① 시가지방재지구　　② 특정개발진흥지구
③ 복합개발진흥지구　　④ 중요시설물보호지구

|해설|

3-9
역사문화경관지구는 지구의 종류에 없다.

정답 3-7 ③　3-8 ①　3-9 ④　3-10 ③　3-11 ①

⑤ 보호지구 : 국가유산기본법에 따른 국가유산, 중요 시설물(항만, 공항 등 대통령령으로 정하는 시설물을 말한다) 및 문화적·생태적으로 보존가치가 큰 지역의 보호와 보존을 위하여 필요한 지구

지 역	지정 목적
역사문화환경 보호지구	문화재·전통사찰 등 역사·문화적으로 보존가치가 큰 시설 및 지역의 보호와 보존을 위하여 필요한 지구
중요시설물 보호지구	중요시설물의 보호와 기능의 유지 및 증진 등을 위하여 필요한 지구
생태계 보호지구	야생동식물서식처 등 생태적으로 보존가치가 큰 지역의 보호, 보존을 위해 필요한 지구

⑥ 취락지구 : 녹지지역·관리지역·농림지역·자연환경보전지역·개발제한구역 또는 도시자연공원구역의 취락을 정비하기 위한 지구

지 역	지정 목적
자연취락지구	녹지지역·관리지역·농림지역 또는 자연환경보전지역 안의 취락을 정비하기 위하여 필요한 지구
집단취락지구	개발제한구역 안의 취락을 정비하기 위하여 필요한 지구

⑦ 개발진흥지구 : 주거기능·상업기능·공업기능·유통물류기능·관광기능·휴양기능 등을 집중적으로 개발·정비할 필요가 있는 지구

지 역	지정 목적
주거 개발진흥지구	주거기능을 중심으로 개발·정비할 필요가 있는 지구
산업·유통 개발진흥지구	공업기능 및 유통·물류기능을 중심으로 개발·정비할 필요가 있는 지구
관광·휴양 개발진흥지구	관광·휴양기능을 중심으로 개발·정비할 필요가 있는 지구
복합 개발진흥지구	주거기능, 공업기능, 유통·물류기능 및 관광·휴양기능 중 2 이상의 기능을 중심으로 개발·정비할 필요가 있는 지구
특정 개발진흥지구	주거 및 공업기능, 유통·물류기능 및 관광·휴양기능 외의 기능을 중심으로 특정 목적을 위해 개발·정비할 필요가 있는 지구

⑧ 특정용도제한지구

⑨ 복합용도지구

10년간 자주 출제된 문제

3-12. 다음 설명에 알맞은 용도지구의 세분은?

> 주거기능, 공업기능, 유통·물류기능 및 관광·휴양기능 외의 기능을 중심으로 특정한 목적을 위하여 개발·정비할 필요가 있는 지구

① 주거개발진흥지구
② 관광휴양개발진흥지구
③ 특정개발진흥지구
④ 복합개발진흥지구

3-13. 다음 중 보호지구의 지정 목적으로 가장 알맞은 것은?

① 경관을 보호·형성하기 위하여
② 국가유산기본법에 따른 국가유산, 중요 시설물 및 문화적·생태적으로 보존가치가 큰 지역의 보호와 보존을 위하여
③ 학교시설·공용시설·항만 또는 공항의 보호, 업무기능의 효율화, 항공기의 안전운항 등을 위하여
④ 주거기능 보호나 청소년 보호 등의 목적으로 청소년 유해시설 등 특정시설의 입지를 제한하기 위하여

|해설|

3-13

보호지구 : 국가유산기본법에 따른 국가유산, 중요 시설물(항만, 공항 등 대통령령으로 정하는 시설물을 말한다) 및 문화적·생태적으로 보존가치가 큰 지역의 보호와 보존을 위하여 필요한 지구

정답 3-12 ③ 3-13 ②

(4) 용도구역의 지정

① **개발제한구역**

　도시의 무질서한 확산을 방지하고 도시 주변의 자연환경을 보전하여 도시민의 건전한 생활환경을 확보하기 위하여 도시의 개발을 제한할 필요가 있거나 국방부장관의 요청이 있어 보안상 도시의 개발을 제한할 필요가 있다고 인정되면 도시·군관리계획으로 결정

② **도시자연공원구역**

　도시의 자연환경 및 경관을 보호하고 도시민에게 건전한 여가·휴식공간 제공을 위해 도시지역 안에서 식생(植生)이 양호한 산지의 개발을 제한할 필요가 있다고 인정되면 도시·군관리계획으로 결정

③ **시가화조정구역**

　시·도지사는 직접 또는 관계 행정기관장의 요청을 받아 도시지역과 그 주변지역의 무질서한 시가화를 방지하고 계획적·단계적인 개발을 도모하기 위하여 5년 이상 20년 이내의 기간 동안 시가화를 유보할 필요가 있다고 인정되면 도시·군관리계획으로 결정

④ **수산자원보호구역**

　해양수산부장관은 직접 또는 관계 행정기관의 장의 요청을 받아 수산자원을 보호·육성하기 위하여 필요한 공유수면이나 그에 인접한 토지에 대해 도시·군관리계획으로 결정

⑤ **개발밀도관리구역**

　개발로 인해 기반시설이 부족할 것이 예상되나 기반시설 설치가 곤란한 지역을 대상으로 건폐율 또는 용적률을 강화하여 적용하기 위하여 지정하는 구역

⑥ **기반시설부담구역**

　개발밀도관리구역 외의 지역으로서 개발로 인하여 기반시설의 설치가 필요한 지역을 대상으로 기반시설을 설치하거나 그에 필요한 용지를 확보하게 하기 위하여 지정하는 구역

⑦ **도시혁신구역**

　도심·부도심 또는 생활권의 중심지역

⑧ **복합용도구역**

　복합적 토지이용이 필요한 지역 및 단계적 정비가 필요한 지역

⑨ **도시·군계획시설입체복합구역**

　준공 후 10년이 경과한 경우로서 해당 시설의 개량 또는 정비가 필요하거나, 기반시설의 복합적 이용이 필요한 경우

10년간 자주 출제된 문제

3-14. 시가화조정구역 지정과 관련된 기준 내용 중 밑줄 친 '기간'으로 옳은 것은?

> 도시지역과 그 주변지역의 무질서한 시가화를 방지하고 계획적·단계적인 개발을 도모하기 위하여 <u>대통령령으로 정하는 기간</u> 동안 시가화를 유보할 필요가 있다고 인정되면 시가화조정구역의 지정 또는 변경을 도시·군관리계획으로 결정할 수 있다.

① 5년 이상 10년 이내의 기간
② 5년 이상 20년 이내의 기간
③ 7년 이상 10년 이내의 기간
④ 7년 이상 20년 이내의 기간

3-15. 개발로 인하여 기반시설이 부족할 것으로 예상되나 기반시설을 설치하기 곤란한 지역을 대상으로 건폐율이나 용적률을 강화하여 적용하기 위하여 지정하는 구역은?

① 시가화조정구역
② 개발밀도관리구역
③ 기반시설부담구역
④ 지구단위계획구역

|해설|

3-14
5년 이상 20년 이내의 기간 동안 시가화를 유보할 필요가 있다고 인정되면 시가화조정구역의 지정 또는 변경을 도시·군관리계획으로 결정할 수 있다.

정답 3-14 ② 3-15 ②

| 핵심이론 04 | 용도지역 안에서의 행위제한

(1) 전용주거지역 안에서 건축할 수 있는 건축물

① 제1종 전용주거지역 안에서 건축할 수 있는 건축물
  ㉠ 건축할 수 있는 건축물
    - 단독주택(다가구주택 제외)
    - 제1종 근린생활시설로서 해당 용도에 쓰이는 바닥면적의 합계가 1,000m² 미만인 것
  ㉡ 도시·군계획조례가 정하는 바에 의하여 건축할 수 있는 건축물
    - 단독주택 중 다가구주택
    - 공동주택 중 연립주택 및 다세대주택
    - 제1종 근린생활시설로서 해당 용도에 쓰이는 바닥면적의 합계가 1,000m² 미만인 것
    - 제2종 근린생활시설 중 종교집회장
    - 문화 및 집회시설 중 박물관, 미술관, 체험관(한옥), 기념관 용도의 바닥면적 합계가 1,000m² 미만인 것
    - 종교시설로서 바닥면적 합계가 1,000m² 미만인 것
    - 교육연구시설 중 유치원, 초·중·고등학교
    - 노유자시설
    - 자동차 관련 시설 중 주차장

② 제2종 전용주거지역 안에서 건축할 수 있는 건축물
  ㉠ 건축할 수 있는 건축물
    - 단독주택
    - 공동주택
    - 제1종 근린생활시설로서 해당 용도에 쓰이는 바닥면적 합계 1,000m² 미만인 것
  ㉡ 도시·군계획조례에서 정하는 건축물
    - 제2종 근린생활시설 중 종교집회장
    - 문화 및 집회시설 중 박물관, 미술관, 체험관(한옥), 기념관 용도의 바닥면적 합계가 1,000m² 미만인 것
    - 종교시설로서 바닥면적 합계가 1,000m² 미만인 것
    - 교육연구시설 중 유치원, 초·중·고등학교
    - 노유자시설
    - 자동차 관련 시설 중 주차장

10년간 자주 출제된 문제

4-1. 다음 중 제1종 전용주거지역 안에서 건축할 수 있는 건축물에 속하지 않는 것은?(단, 도시·군계획 조례가 정하는 바에 의하여 건축할 수 있는 건축물 포함)

① 노유자시설
② 공동주택 중 아파트
③ 교육연구시설 중 고등학교
④ 제2종 근린생활시설 중 종교집회장

4-2. 국토의 계획 및 이용에 관한 법령상 제2종 전용주거지역 안에서 건축할 수 있는 건축물에 속하지 않는 것은?

① 공동주택
② 판매시설
③ 노유자시설
④ 교육연구시설 중 고등학교

4-3. 국토의 계획 및 이용에 관한 법령상 아파트를 건축할 수 있는 지역은?

① 자연녹지지역
② 제1종 전용주거지역
③ 제2종 전용주거지역
④ 제1종 일반주거지역

|해설|

4-1
단독주택 중심의 제1종 전용주거지역 안에는 공동주택인 아파트를 건축할 수 없다.

4-2
판매시설은 제2종 전용주거지역 안에서 건축할 수 없다.

4-3
제2종 전용주거지역 : 공동주택 중심의 양호한 주거환경을 보호하기 위하여 필요한 지역

정답 4-1 ② 4-2 ② 4-3 ③

(2) 일반주거지역 안에서 건축할 수 있는 건축물

① 제1종 일반주거지역 안에서 건축할 수 있는 건축물(4층 이하의 건축물만 해당)
 ㉠ 단독주택, 공동주택(아파트 제외)
 ㉡ 제1종 근린생활시설
 ㉢ 교육연구시설 중 유치원, 초·중·고등학교
 ㉣ 노유자시설

② 제2종 일반주거지역 안에서 건축할 수 있는 건축물
 ㉠ 단독주택, 공동주택
 ㉡ 제1종 근린생활시설
 ㉢ 종교시설
 ㉣ 교육연구시설 중 유치원, 초·중·고등학교
 ㉤ 노유자시설

(3) 준주거지역 안에서 건축할 수 없는 건축물

① 제2종 근린생활시설 중 단란주점
② 판매시설 중 일반게임제공업의 시설
③ 의료시설 중 격리병원
④ 위락시설, 숙박시설(일부 제외)
⑤ 공장, 위험물 저장 및 처리 시설 중 시내버스차고지 외의 지역에 설치하는 액화석유가스 충전소 및 고압가스 충전소·저장소
⑥ 자동차 관련 시설 중 폐차장
⑦ 동물 및 식물 관련 시설 중 축사·도축장·도계장 및 이와 비슷한 시설(동·식물원 제외)
⑧ 자원순환 관련 시설, 묘지 관련 시설

(4) 일반상업지역 안에서 건축할 수 없는 건축물

① 숙박시설 중 일반 및 생활숙박시설(일부 제외)
② 위락시설
③ 공장, 위험물 저장 및 처리 시설 중 시내버스차고지 외의 지역에 설치하는 액화석유가스 충전소 및 고압가스 충전소·저장소
④ 자동차 관련 시설 중 폐차장
⑤ 동물 및 식물 관련 시설 중 축사, 가축시설, 도축장, 도계장 및 이와 비슷한 시설(동·식물원 제외)
⑥ 자원순환 관련 시설, 묘지 관련 시설

10년간 자주 출제된 문제

4-4. 다음 중 아파트를 건축할 수 없는 용도지역은?
① 준주거지역
② 제1종 일반주거지역
③ 제2종 전용주거지역
④ 제3종 전용주거지역

4-5. 제2종 일반주거지역 안에서 건축할 수 있는 건축물에 속하지 않는 것은?
① 종교시설
② 숙박시설
③ 노유자시설
④ 제1종 근린생활시설

4-6. 제2종 일반주거지역 안에서 건축할 수 있는 건축물에 속하지 않는 것은?
① 단독주택
② 운수시설
③ 노유자시설
④ 공동주택

4-7. 준주거지역 안에서 건축할 수 없는 건축물에 속하지 않는 것은?
① 위락시설
② 자원순환 관련 시설
③ 의료시설 중 격리병원
④ 문화 및 집회시설 중 공연장

4-8. 국토의 계획 및 이용에 관한 법령상 일반상업지역 안에서 건축할 수 있는 건축물은?
① 묘지 관련 시설
② 자원순환 관련 시설
③ 의료시설 중 요양병원
④ 자동차 관련 시설 중 폐차장

| 해설 |

4-4
제1종 일반주거지역(저층주택 중심)은 아파트를 건축할 수 없다.

4-5
숙박시설은 주거지역 안에서 건축할 수 없다.

4-6
제2종 일반주거지역 안에서 운수시설은 건축할 수 없다.

4-7
문화 및 집회시설 중 공연장은 준주거지역 안에 건축할 수 있다.

4-8
요양병원은 일반상업지역 안에서 건축할 수 있다.

정답 4-4 ② 4-5 ② 4-6 ② 4-7 ② 4-8 ③

핵심이론 05 | 지구단위계획

(1) 지구단위계획 수립 시 고려할 사항

① 도시의 정비·관리·보전·개발 등 지구단위계획구역의 지정 목적
② 주거·산업·유통·관광휴양·복합 등 지구단위계획구역의 중심 기능
③ 해당 용도지역의 특성
④ 지역 공동체의 활성화
⑤ 안전하고 지속 가능한 생활권의 조성
⑥ 해당 지역 및 인근 지역의 토지 이용을 고려한 토지 이용계획과 건축계획의 조화

(2) 지구단위계획의 내용

지구단위계획에는 다음 사항 중 ③과 ⑤의 사항을 포함한 둘 이상의 사항이 포함되어야 한다. 다만, ②를 내용으로 하는 지구단위계획의 경우에는 그러하지 아니하다.

① 용도지역 또는 용도지구를 대통령령으로 정하는 범위에서 세분하거나 변경하는 사항
② 기존의 용도지구를 폐지하고 그 용도지구에서의 건축물이나 그 밖의 시설의 용도·종류 및 규모 등의 제한을 대체하는 사항
③ 대통령령으로 정하는 기반시설의 배치와 규모
④ 도로로 둘러싸인 일단의 지역 또는 계획적인 개발·정비를 위하여 구획된 일단의 토지의 규모와 조성계획
⑤ 건축물의 용도제한, 건축물의 건폐율 또는 용적률, 건축물 높이의 최고 한도 또는 최저 한도
⑥ 건축물의 배치·형태·색채 또는 건축선에 관한 계획
⑦ 환경관리계획 또는 경관계획
⑧ 보행안전 등을 고려한 교통처리계획
⑨ 그 밖에 토지 이용의 합리화, 도시 또는 농·산·어촌 기능 증진 등에 필요한 사항으로 대통령령이 정하는 사항

(3) 도시지역 내 지구단위계획구역에서의 완화적용

① 지구단위계획구역에서 건축물을 건축하려는 자가 그 대지의 일부를 공공시설 등의 부지로 제공하거나 공공시설 등을 설치하여 제공하는 경우에는 지구단위계획의 내용에 따라 그 건축물에 대하여 건폐율·용적률 및 높이제한을 완화하여 적용할 수 있다.

② 이 경우 제공받은 공공시설 등은 국유재산 또는 공유재산으로 관리한다.

(4) 지구단위계획의 경미한 변경

지구단위계획 중 관계 행정기관의 장과의 협의, 국토교통부장관과의 협의 및 중앙도시계획위원회·지방도시계획위원회 또는 공동위원회의 심의를 거치지 아니하고 변경할 수 있는 사항은 다음과 같다.

① 건축선 1m 이내 변경
② 획지면적의 30% 이내의 변경
③ 가구면적의 10% 이내 변경
④ 건축물 높이의 20% 이내의 변경(층수 변경 포함)
⑤ 건축물의 배치·형태 또는 색채 변경

10년간 자주 출제된 문제

5-1. 도시지역에 지정된 지구단위계획구역 내에서 건축물을 건축하려는 자가 그 대지의 일부를 공공시설 부지로 제공하는 경우 그 건축물에 대하여 완화하여 적용할 수 있는 항목이 아닌 것은?

① 건축선
② 건폐율
③ 용적률
④ 건축물의 높이

5-2. 지구단위계획 중 관계 행정기관의 장과의 협의, 국토교통부장관과의 협의 및 중앙도시계획위원회·지방도시계획위원회 또는 공동위원회의 심의를 거치지 아니하고 변경할 수 있는 사항에 관한 기준 내용으로 옳은 것은?

① 건축선의 2m 이내의 변경인 경우
② 획지면적의 20% 이내의 변경인 경우
③ 가구면적의 20% 이내의 변경인 경우
④ 건축물 높이의 20% 이내의 변경인 경우

|해설|

5-1
지구단위계획구역에서 건축물을 건축하려는 자가 그 대지의 일부를 공공시설 또는 기반시설 중 학교와 해당 시·도 또는 대도시의 도시·군계획조례로 정하는 기반시설의 부지로 제공하거나 공공시설 등을 설치하여 제공하는 경우 그 건축물에 대하여 지구단위계획으로 건폐율·용적률 및 높이제한을 완화하여 적용할 수 있다.

5-2
① 건축선 1m 이내 변경
② 획지면적의 30% 이내의 변경
③ 가구면적의 10% 이내 변경

정답 5-1 ① 5-2 ④

제4절 기타 법령 및 기준

핵심이론 01 범죄예방 건축기준 고시

(1) 목 적

이 기준은 건축법 제53조의2(건축물의 범죄예방) 및 건축법 시행령 제63조의7(건축물의 범죄예방)에 따라 범죄를 예방하고 안전한 생활환경을 조성하기 위하여 건축물, 건축설비 및 대지에 대한 범죄예방 기준을 정함을 목적으로 한다.

(2) 용어의 정의

① 자연적 감시 : 도로 등 공공 공간에 대하여 시각적인 접근과 노출이 최대화되도록 건축물의 배치, 조경, 조명 등을 통하여 감시를 강화하는 것
② 접근통제 : 출입문, 담장, 울타리, 조경, 안내판, 방범시설 등을 설치하여 외부인의 진·출입을 통제하는 것
③ 영역성 확보 : 공간배치와 시설물 설치를 통해 공적 공간과 사적 공간의 소유권 및 관리와 책임 범위를 명확히 하는 것
④ 활동의 활성화 : 일정한 지역에 대한 자연적 감시를 강화하기 위하여 대상 공간 이용을 활성화시킬 수 있는 시설물 및 공간 계획을 하는 것

(3) 범죄예방 기준에 따라 건축해야 하는 대상 건축물

① 다가구주택, 아파트, 연립주택 및 다세대주택
② 제1종 근린생활시설 중 일용품을 판매하는 소매점
③ 제2종 근린생활시설 중 다중생활시설
④ 문화 및 집회시설(동·식물원은 제외)
⑤ 교육연구시설(연구소 및 도서관은 제외)
⑥ 노유자시설
⑦ 수련시설
⑧ 업무시설 중 오피스텔
⑨ 숙박시설 중 다중생활시설

10년간 자주 출제된 문제

1-1. 범죄예방 기준에 따라 건축하여야 하는 대상 건축물에 속하지 않는 것은?

① 수련시설
② 업무시설 중 오피스텔
③ 숙박시설 중 일반숙박시설
④ 노유자시설

1-2. 국토교통부장관이 정한 범죄예방 기준에 따라 건축하여야 하는 대상 건축물에 속하지 않는 것은?

① 연립주택
② 다중주택
③ 노유자시설
④ 숙박시설 중 다중생활시설

|해설|

1-1, 1-2
범죄예방 기준에 따라 건축해야 하는 대상 건축물(건축법 시행령 제63조의7)
• 다가구주택, 아파트, 연립주택 및 다세대주택
• 제1종 근린생활시설 중 일용품을 판매하는 소매점
• 제2종 근린생활시설 중 다중생활시설
• 문화 및 집회시설(동·식물원은 제외한다)
• 교육연구시설(연구소 및 도서관은 제외한다)
• 노유자시설
• 수련시설
• 업무시설 중 오피스텔
• 숙박시설 중 다중생활시설

정답 1-1 ③ 1-2 ②

2018~2022년	과년도 기출문제	✅ 회독 CHECK 1 2 3
2023년	과년도 기출복원문제	✅ 회독 CHECK 1 2 3
2024년	최근 기출복원문제	✅ 회독 CHECK 1 2 3

PART 02

과년도 + 최근 기출복원문제

#기출유형 확인 #상세한 해설 #최종점검 테스트

2018년 제1회 과년도 기출문제

제1과목 건축계획

01 상점 정면(Facade)구성에 요구되는 5가지 광고 요소(AIDMA 법칙)에 속하지 않는 것은?

① Attention(주의) ② Identity(개성)
③ Desire(욕구) ④ Memory(기억)

해설
상점 광고 5요소(AIDMA 법칙)
- Attention(주의)
- Interest(흥미, 주목)
- Desire(욕망, 공감, 욕구)
- Memory(기억, 인상)
- Action(행동, 출입)

02 공장 건축의 레이아웃 계획에 관한 설명으로 옳지 않은 것은?

① 플랜트 레이아웃은 공장 건축의 기본설계와 병행하여 이루어진다.
② 고정식 레이아웃은 조선소와 같이 제품이 크고 수량이 적을 경우에 적용된다.
③ 다품종 소량생산이나 주문생산 위주의 공장에는 공정 중심의 레이아웃이 적합하다.
④ 레이아웃 계획은 작업장 내의 기계설비 배치에 관한 것으로 공장규모 변화에 따른 융통성은 고려대상이 아니다.

해설
레이아웃(Layout) 계획은 작업장 내의 기계설비 배치에 관한 것으로 공장규모 변화에 따른 융통성을 고려해야 한다.
공장은 장래 운영 및 확장 계획을 충분히 고려하며, 전체에 대해 종합계획을 하고 그 일부로서 단위 건물을 계획한다.

03 쇼핑센터의 몰(Mall)의 계획에 관한 설명으로 옳지 않은 것은?

① 전문점들과 중심상점의 주출입구는 몰에 면하도록 한다.
② 몰에는 자연광을 끌어들여 외부공간과 같은 성격을 갖게 하는 것이 좋다.
③ 다층으로 계획할 경우 시야의 개방감을 적극적으로 고려하는 것이 좋다.
④ 중심상점들 사이의 몰의 길이는 150m를 초과하지 않아야 하며, 길이 40~50m마다 변화를 주는 것이 바람직하다.

해설
중심상점들 사이의 몰의 길이는 240m를 초과하지 않아야 하며, 길이 20~30m마다 변화를 주는 것이 바람직하다.

04 다음과 같은 특징을 갖는 부엌의 평면형은?

- 작업 시 몸을 앞뒤로 바꾸어야 하는 불편이 있다.
- 식당과 부엌이 개방되지 않고 외부로 통하는 출입구가 필요한 경우에 많이 쓰인다.

① 일렬형
② ㄱ자형
③ 병렬형
④ ㄷ자형

해설
병렬형은 앞뒤로 부엌가구가 배치되어 있는 형식으로 작업 시 몸을 앞뒤로 바꾸어야 하는 불편이 있다.

정답 1② 2④ 3④ 4③

05 다음 중 일반적으로 연면적에 대한 숙박 관계 부분의 비율이 가장 큰 호텔은?

① 해변 호텔
② 리조트 호텔
③ 커머셜 호텔
④ 레지덴셜 호텔

해설
커머셜 호텔은 교통이 편리한 도심지에 건립되며, 다른 호텔에 비해 숙박 관계 부분의 비율이 가장 크다.
호텔 부분별 면적비 비교
- 숙박 면적비 : 시티(커머셜)호텔 > 리조트 > 아파트먼트
- 공용 면적비 : 아파트먼트 > 리조트 > 시티(커머셜) 호텔
- 객실 1개 면적 : 아파트먼트 > 리조트 > 시티(커머셜) 호텔

06 건축양식의 시대적 순서가 가장 올바르게 나열된 것은?

> ㉠ 로마네스크
> ㉡ 바로크
> ㉢ 고딕
> ㉣ 르네상스
> ㉤ 비잔틴

① ㉠ → ㉢ → ㉣ → ㉡ → ㉤
② ㉠ → ㉢ → ㉣ → ㉤ → ㉡
③ ㉤ → ㉣ → ㉢ → ㉠ → ㉡
④ ㉤ → ㉠ → ㉢ → ㉣ → ㉡

해설
이집트 → 그리스 → 로마 → 초기기독교 → 비잔틴 → 사라센 → 로마네스크 → 고딕 → 르네상스 → 바로크 → 로코코

07 고대 로마 건축에 관한 설명으로 옳지 않은 것은?

① 인슐라(Insula)는 다층의 집합주거 건물이다.
② 콜로세움의 1층에는 도릭 오더가 사용되었다.
③ 바실리카 울피아는 황제를 위한 신전으로 배럴 볼트가 사용되었다.
④ 판테온은 거대한 돔을 얹은 로툰다와 대형 열주 현관이라는 두 주된 구성 요소로 이루어진다.

해설
바실리카 울피아는 재판과 집회 및 상업거래를 위하여 사용된 건물로 박공형 지붕구조이다.
바실리카 울피아(Basilica Ulpia)
- 로마 시대의 재판과 집회 및 상업거래를 위하여 사용된 건물
- 후에 초기 기독교 교회당 건축의 규준이 되었다.
- 일반적으로 장방형의 평면을 가졌고, 그 길이는 폭의 2~3배로 내부에는 2줄 혹은 3줄의 열주가 서 있으며, 내부 공간이 네이브(Nave)와 아일(Aisle)로 구분되어 있다.

08 아파트의 평면형식에 관한 설명으로 옳지 않은 것은?

① 중복도형은 모든 세대의 향을 동일하게 할 수 없다.
② 편복도형은 각 세대의 거주성이 균일한 배치 구성이 가능하다.
③ 홀형은 각 세대가 양쪽으로 개구부를 계획할 수 있는 관계로 일조와 통풍이 양호하다.
④ 집중형은 공용 부분이 오픈되어 있으므로, 공용 부분에 별도의 기계적 설비계획이 필요 없다.

해설
집중형은 공용 부분이 폐쇄되어 외기와 접해 있지 않으므로, 공용 부분에 별도의 기계적 설비계획이 필요하다.

정답 5 ③ 6 ④ 7 ③ 8 ④

09 다음 중 사무소 건축에서 기둥간격(Span)의 결정 요소와 가장 관계가 먼 것은?

① 건물의 외관
② 주차배치의 단위
③ 책상배치의 단위
④ 채광상 층고에 의한 안깊이

해설
건물의 외관과는 직접적인 연관이 없다.
기둥간격 결정 요인
- 공간의 기능 : 책상단위 배치, 사무기기 배치 등
- 채광상 층고에 의한 안깊이
- 코어의 크기, 위치 등
- 지상부 주차배치단위, 지하주차장 주차구획

10 연극을 감상하는 경우 배우의 표정이나 동작을 상세히 감상할 수 있는 시각 한계는?

① 3m   ② 5m
③ 10m   ④ 15m

해설
객석의 가시거리 한계
- 생리적 한도(15m까지) : 연기자의 자세한 표정, 몸놀림을 볼 수 있는 시각 한계
- 제1차 허용 한도(22m까지)
- 제2차 허용 한도(35m까지) : 연기자의 일반적인 몸동작을 알 수 있는 한계

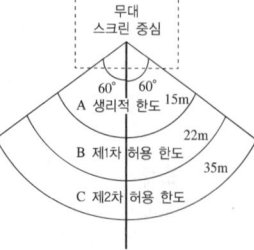

11 종합병원의 건축계획에 관한 설명으로 옳지 않은 것은?

① 부속진료부는 외래환자 및 입원환자 모두가 이용하는 곳이다.
② 간호사 대기소는 각 간호단위 또는 각 층 및 동별로 설치한다.
③ 집중식 병원건축에서 부속진료부와 외래부는 주로 건물의 저층부에 구성된다.
④ 외래진료부의 운영방식에 있어서 미국의 경우는 대개 클로즈드 시스템인데 비하여, 우리나라는 오픈 시스템이다.

해설
외래진료부의 운영방식에 있어서 미국의 경우는 대개 오픈 시스템인데 비하여, 우리나라는 클로즈드 시스템이다.

12 다음 중 단독주택의 부엌 크기 결정 요소로 볼 수 없는 것은?

① 작업대의 면적
② 주택의 연면적
③ 주부의 동작에 필요한 공간
④ 후드(Hood)의 설치에 의한 공간

해설
후드(Hood)는 부엌 작업대 위에 설치하는 환기장치이며, 후드의 설치에 의한 공간은 부엌 크기와 관계없다.

13 다음 중 다포양식의 건축물이 아닌 것은?

① 내소사 대웅전   ② 경복궁 근정전
③ 전등사 대웅전   ④ 무위사 극락전

해설
무위사 극락전은 주심포식이다.
무위사 극락전 : 전라남도 강진군 성전면 월하리에 있는 사찰로서, 조선 초기 세종 12년(1430)에 건립된 주심포식의 대표적인 불전으로 맞배지붕 형식을 갖추고 있으며, 정면 3칸, 측면 3칸으로 구성되어 있다.

14 단독주택계획에 관한 설명으로 옳지 않은 것은?

① 건물이 대지의 남측에 배치되도록 한다.
② 건물은 가능한 한 동서로 긴 형태가 좋다.
③ 동지 때 최소한 4시간 이상의 햇빛이 들어오도록 한다.
④ 인접 대지에 기존 건물이 없더라도 개발 가능성을 고려하도록 한다.

[해설]
건물은 대지의 북측으로 배치하고 남측에는 정원(마당)이 배치되도록 한다.

15 현장감을 가장 실감나게 표현하는 방법으로 하나의 사실 또는 주제의 시간 상황을 고정시켜 연출하는 것으로 현장에 임한 느낌을 주는 특수전시기법은?

① 디오라마 전시
② 파노라마 전시
③ 하모니카 전시
④ 아일랜드 전시

[해설]
디오라마 전시는 현장감을 가장 실감나게 표현하는 방법으로 하나의 사실 또는 주제의 시간 상황을 고정시켜 연출하는 전시 기법

16 학교의 강당계획에 관한 설명으로 옳지 않은 것은?

① 체육관의 크기는 배구코트의 크기를 표준으로 한다.
② 강당은 반드시 전교생을 수용할 수 있도록 크기를 결정하지는 않는다.
③ 강당 및 체육관으로 겸용하게 될 경우 체육관 목적으로 치중하는 것이 좋다.
④ 강당 겸 체육관은 커뮤니티의 시설로서 이용될 수 있도록 고려하여야 한다.

[해설]
체육관의 크기는 농구코트의 크기를 표준으로 한다.

17 사무소 건축의 엘리베이터 설치 계획에 관한 설명으로 옳지 않은 것은?

① 군 관리운전의 경우 동일 군내의 서비스 층은 같게 한다.
② 승객의 층별 대기시간은 평균 운전간격 이상이 되게 한다.
③ 서비스를 균일하게 할 수 있도록 건축물 중심부에 설치하는 것이 좋다.
④ 건축물의 출입층이 2개 층이 되는 경우는 각각의 교통수요량 이상이 되도록 한다.

[해설]
승객의 층별 대기시간은 평균 운전간격(허용값) 이하가 되게 하여 기다리는 시간을 줄여주어야 한다.

18 다음 중 모듈 시스템의 적용이 가장 부적절한 것은?

① 극 장
② 학 교
③ 도서관
④ 사무소

해설
극장은 평면이나 단면, 형태 계획에 있어 객석의 배치 및 음향 등을 우선 고려하여야 하지만, 모듈에 의한 내부 공간의 융통성이나 확장성을 고려하여 계획하기에는 무리가 있다.

19 도서관의 출납 시스템 유형 중 이용자가 자유롭게 도서를 꺼낼 수 있으나 열람석으로 가기 전에 관원의 검열을 받는 형식은?

① 폐가식
② 반개가식
③ 자유개가식
④ 안전개가식

해설
안전개가식 : 이용자는 서고에 들어가서 책을 선택하여 사서의 검열을 받고 열람한다(자유개가식과 반개가식의 혼용).

20 극장의 평면형식 중 프로시니엄형에 관한 설명으로 옳지 않은 것은?

① 픽쳐 프레임 스테이지형이라고도 한다.
② 배경은 한 폭의 그림과 같은 느낌을 준다.
③ 연기자가 제한된 방향으로만 관객을 대하게 된다.
④ 가까운 거리에서 관람하면서 가장 많은 관객을 수용할 수 있다.

해설
가까운 거리에서 관람하면서 가장 많은 관객을 수용할 수 있는 형식은 아레나 형식이다.
아레나 형식(Arena Stage, Center Stage)
• 중앙에 무대가 있고 사방이 객석으로 둘러쌓인 형식이다.
• 가까운 거리에서 가장 많은 관객을 수용한다.
• 무대 배경은 주로 낮은 가구로 구성되어 경제적이다.
• 연기 도중 다른 연기자를 가리는 결점이 있다.

제2과목 건축시공

21 아스팔트 방수층, 개량 아스팔트 시트 방수층, 합성고분자계 시트 방수층 및 도막 방수층 등 불투수성 피막을 형성하여 방수하는 공사를 총칭하는 용어로 옳은 것은?

① 실링 방수
② 멤브레인 방수
③ 구체침투 방수
④ 벤토나이트 방수

해설
멤브레인(Membrane) 방수 : 불투성 피막을 형성하여 방수하는 공사를 총칭하며 아스팔트, 개량 아스팔트 시트, 합성고분자계 시트 및 도막 등의 피막 형성 방수층 공사에 사용한다.

22 공사금액의 결정방법에 따른 도급방식이 아닌 것은?

① 정액 도급
② 공종별 도급
③ 단가 도급
④ 실비청산 보수가산 도급

해설
공종별 도급은 분할도급으로서 공사실시방식에 따른 도급계약 방식이다.
건축공사방식 : 직영공사, 도급공사
공사실시방식 : 일식도급, 분할도급, 공동도급
공사비지불방식 : 정액도급, 단가도급, 실비청산 보수가산도급

23 철근콘크리트 PC 기둥을 8ton 트럭으로 운반하고자 한다. 차량 1대에 최대로 적재 가능한 PC 기둥의 수는?(단, PC 기둥의 단면크기는 30cm × 60cm, 길이는 3m임)

① 1개　　② 2개
③ 4개　　④ 6개

해설
PC 기둥 1개의 중량은 기둥 체적 × 단위중량이고,
철근콘크리트의 중량은 2.4ton/m³이므로,
PC 기둥 1개의 중량 = (0.3m × 0.6m × 3m) × 2.4ton/m³
　　　　　　　　　　= 1.296ton
8ton/1.296ton ≒ 6.17이므로,
따라서 트럭 1대는 6개의 PC 기둥을 실어서 운반할 수 있다.

24 린 건설(Lean Construction)에서의 관리방법으로 옳지 않은 것은?

① 변이관리　　② 당김생산
③ 흐름생산　　④ 대량생산

해설
대량생산할 경우 재고가 발생할 우려가 있다.
린건설은 낭비를 최소화하는 효율적인 생산시스템을 말하며 가치요소, 비가치요소(불리한 요소이며, 최소화하여 효율적으로 공사)로 구분하며, 시스템을 통해 최소 비용과 최소의 기간으로 결함이나 재고와 낭비가 없는 생산을 목표로 한다.

25 건축물 높낮이의 기준이 되는 벤치마크(Bench Mark)에 관한 설명으로 옳지 않은 것은?

① 이동 또는 소멸우려가 없는 장소에 설치한다.
② 수직규준틀이라고도 한다.
③ 이동 등 훼손될 것을 고려하여 2개소 이상 설치한다.
④ 공사가 완료된 뒤라도 건축물의 침하, 경사 등의 확인을 위해 사용되기도 한다.

해설
벤치마크(Bench Mark, 수준점) : 수준점은 기준면으로부터 표고를 정확하게 측정하여 표시해 둔 점으로 높이 측량의 기준이 된다. 수준 측량에 있어 지형의 고저를 측정하여 공사계획을 세우고 절토, 성토의 계산을 하여 토목공사의 기초를 제공할 때 수행한다.
수직규준틀 : 세로규준틀로서 조적공사 시 고저(높낮이) 및 수직면의 위치에 대한 기준이다.

26 건축마감공사로서 단열공사에 관한 설명으로 옳지 않은 것은?

① 단열시공바탕은 단열재 또는 방습재 설치에 못, 철선, 모르타르 등의 돌출물이 도움이 되므로 제거하지 않아도 된다.
② 설치위치에 따른 단열공법 중 내단열공법은 단열성능이 적고 내부 결로가 발생할 우려가 있다.
③ 단열재를 접착제로 바탕에 붙이고자 할 때에는 바탕면을 평탄하게 한 후 밀착하여 시공하되 초기 박리를 방지하기 위해 압착상태를 유지시킨다.
④ 단열재료에 따른 공법은 성형판단열재 공법, 현장발포재 공법, 뿜칠단열재 공법 등으로 분류할 수 있다.

해설
못, 철선, 모르타르 등의 이물질이나 돌출물은 제거하여야 한다.

27 목재를 천연건조시킬 때의 장점에 해당되지 않는 것은?

① 비교적 균일한 건조가 가능하다.
② 시설투자 비용 및 작업 비용이 적다.
③ 건조 소요시간이 짧은 편이다.
④ 타 건조방식에 비해 건조에 의한 결함이 비교적 적은 편이다.

해설
목재의 자연건조법
- 목재는 건조시간이 길고, 변형이 생기기 쉽다.
- 목재는 비교적 균일한 건조가 가능하고 건조비는 적게 들며, 재질의 변질이 적다.

28 와이어 로프로 매단 비계 권상기에 의해 상하로 이동시킬 수 있는 공사용 비계의 명칭은?

① 시스템비계
② 틀비계
③ 달비계
④ 쌍줄비계

해설
달비계 : 와이어 로프로 매단 비계 권상기에 의해 상하로 이동시킬 수 있는 공사용 비계이다.
비계의 종류
- 시스템비계 : 규격화된 부재들을 연결하여 흔들림이나 이탈이 없고, 작업발판 및 안전난간을 함께 설치하므로 작업이 쉽고 빠르며 안전한 첨단 가설재이다.
- 틀비계 : 강관틀비계로서 공사용 통로나 작업용 발판을 위해서 구조의 이부에 조립, 설치되는 비계이다.
- 달비계 : 외벽작업을 위한 이동설치가 가능하도록 달아매는 비계시스템으로 고층 건물에 활용하고, 외부마감이나 청소 등에도 활용한다.
- 외줄비계 : 한쪽 면을 벽체에 걸치고 기둥에 띠장, 장선 발판을 매어 달은 비계로서 경미한 공사에 사용한다.
- 쌍줄비계 : 2줄의 비계. 본비계라고도 하며 고층 건물에 사용. 일반 비계는 강관비계로 쌍줄비계가 원칙이다. 쌍줄겹비계는 중량물공사에 사용한다.

29 철골공사에 관한 설명으로 옳지 않은 것은?

① 볼트접합부는 부식하기 쉬우므로 방청도장을 하여야 한다.
② 볼트조임에는 임팩트렌치, 토크렌치 등을 사용한다.
③ 철골조는 화재에 의한 강성저하가 심하므로 내화피복을 하여야 한다.
④ 용접부 비파괴검사에는 침투탐상법, 초음파탐상법 등이 있다.

해설
볼트접합부는 마찰력에 의한 지지와 고정이 되므로 도장을 하지 않는다.
방청도장을 하지 않는 장소 : 볼트접합부, 콘크리트에 묻히는 부분, 현장용접부에서 100mm 이내, 철골조립에 의해 맞닿는 부분, 밀폐되는 내면 등이 있다.
철골공사
- 볼트접합부는 붉은 녹 상태유지, 거친면으로 한다.
- 볼트조임에는 임팩츠렌치, 토크렌치를 사용한다.
- 용접부 비파괴검사 : 외관 검사, 방사선 투과 검사, 초음파탐상법, 자기분말탐상법, 침투탐상법

30 보통 포틀랜드시멘트 경화체의 성질에 관한 설명으로 옳지 않은 것은?

① 응결과 경화는 수화반응에 의해 진행된다.
② 경화체의 모세관수가 소실되면 모세관 장력이 작용하여 건조수축을 일으킨다.
③ 모세관 공극은 물시멘트비가 커지면 감소한다.
④ 모세관 공극에 있는 수분은 동결하면 팽창되고 이에 의해 내부압이 발생하여 경화체의 파괴를 초래한다.

해설
모세관 공극은 물시멘트비가 커지면 증가한다.
경화체의 성질
- 콘크리트 강도는 전체 용적에 대한 공극 부분 용적이나, 고체 부분의 용적의 함수비로 나타낼 수 있고, 공극량이 크면 강도는 감소하게 된다.
- 물시멘트비가 커지면 콘크리트 내의 공극의 증가에 따라 강도가 감소하게 된다.

31 보강 콘크리트 블록조의 내력벽에 관한 설명으로 옳지 않은 것은?

① 사춤은 3켜 이내마다 한다.
② 통줄눈은 될 수 있는 한 피한다.
③ 사춤은 철근이 이동하지 않게 한다.
④ 벽량이 많아야 구조상 유리하다.

해설
보강 콘크리트 블록조는 통줄눈으로 한다.
블록쌓기 일반사항
- 살두께 : 두꺼운 쪽이 위로 가게 쌓는다.
- 줄눈 : 일반블록조는 막힌줄눈, 보강블록조는 통줄눈
- 1일 쌓기 단수 : 1.2~1.5m 이내(6~7켜)
- 와이어 메시 3단마다 보강
- 사춤은 3켜 이내마다 한다.

32 조적조에 발생하는 백화현상을 방지하기 위하여 취하는 조치로서 효과가 없는 것은?

① 줄눈부분을 방수처리하여 빗물을 막는다.
② 잘 구워진 벽돌을 사용한다.
③ 줄눈 모르타르에 방수제를 넣는다.
④ 석회를 혼합하여 줄눈 모르타르를 바른다.

해설
석회를 혼합하면 백화가 발생하므로 줄눈 모르타르에는 석회를 혼합하지 않는다.
백화현상 방지법
- 잘 구워진 벽돌(양질의 벽돌)을 사용한다.
- 줄눈부분을 방수제로 방수처리하여 빗물 침투를 막는다.
- 조립률이 큰 모래, 분말도가 큰 시멘트 사용한다.
- 차양, 루버, 돌림띠 등의 비막이를 설치한다.
- 표면에 파라핀 도료나 실리콘 뿜칠을 한다.
- 우중시공을 철저히 금지시키며 석회가 혼합되지 않도록 한다.

33 QC(Quality Control) 활동의 도구와 거리가 먼 것은?

① 기능계통도 ② 산점도
③ 히스토그램 ④ 특성요인도

해설
기능계통도(Function Analysis System Technique)는 VE의 수행 시 기능을 분석하는 대표적인 분석방법이다.
QC(Quality Control) 활동의 7도구
- 히스토그램
- 파레토표(Pareto Diagram)
- 특성요인도(Cause and Effect Diagram)
- 체크시트(Check Sheet)
- 각종 그래프 및 관리도
- 산점도(Scatter Diagram)
- 층별(Stratification)

34 다음 설명이 의미하는 공법으로 옳은 것은?

> 미리 공장 생산한 기둥이나 보, 바닥판, 외벽, 내벽 등을 한 층씩 쌓아 올라가는 조립식으로 구체를 구축하고 이어서 마감 및 설비공사까지 포함하여 차례로 한 층씩 완성해 가는 공법

① 하프 PC합성바닥판공법
② 역타공법
③ 적층공법
④ 지하연속벽공법

해설
적층공법 : 공장 생산한 건축 부재(기둥, 보, 바닥판, 외벽, 내벽 등)을 층단위로 적층해 나가면서(한 층씩 쌓아 올라가면서) 조립식으로 구체를 구축하며, 동시에 마감 및 설비공사까지 포함하여 한 층씩 완성해간다.

정답 31 ② 32 ④ 33 ① 34 ③

35 시멘트 분말도 시험방법이 아닌 것은?

① 플로 시험법
② 체분석법
③ 피크노메타법
④ 브레인법

해설
플로(Flow) 시험은 유동성 시험으로서 비빔콘크리트 또는 모르타르의 반죽질기를 측정한다.
시멘트 분말도 시험
- 체분석법(체가증법)
- 브레인법(브레인 공기투과장치)
- 피크노메타법

36 프리패브 콘크리트(Prefab Concrete)에 관한 설명으로 옳지 않은 것은?

① 제품의 품질을 균일화 및 고품질화할 수 있다.
② 작업의 기계화로 노무 절약을 기대할 수 있다.
③ 공장생산으로 기계화하여 부재의 규격을 쉽게 변경할 수 있다.
④ 자재를 규격화하여 표준화 및 대량생산을 할 수 있다.

해설
표준화, 대량생산 등을 목표로 하므로 부재의 규격은 쉽게 변경하지 않는다.
프리패브 콘크리트
- 부재를 공장에서 생산하고 현장에서는 조립이나 부착하는 공법으로 건식구조에 적합하다.
- 현장의 생산성 향상, 품질의 균일성, 품질의 향상을 목표로 한다.
- 표준화, 대량생산 등을 목표로 하므로 부재의 규격은 쉽게 변경하지 않는다.

37 경량골재콘크리트와 관련된 기준으로 옳지 않은 것은?

① 단위시멘트량의 최솟값 : 400kg/m^3
② 물결합재비의 최댓값 : 60%
③ 기건단위질량(경량골재콘크리트 1종) : 1,700~2,000kg/m^3
④ 굵은 골재의 최대 치수 : 20mm

해설
경량골재콘크리트
- 단위시멘트량의 최솟값 : 300kg/m^3 이상
- 물결합재비 : 60% 이하
- 기건단위질량 : 1,700~2,000kg/m^3
- 굵은 골재의 최대 치수 : 20mm

38 파이프구조에 관한 설명으로 옳지 않은 것은?

① 파이프구조는 경량이며, 외관이 경쾌하다.
② 파이프구조는 대규모의 공장, 창고, 체육관, 동·식물원 등에 이용된다.
③ 접합부의 절단가공이 어렵다.
④ 파이프의 부재 형상이 복잡하여 공사비가 증대된다.

해설
파이프의 부재 형상이 간단하고 공사비가 저렴하다.

39 바닥판과 보 밑 거푸집 설계 시 고려해야 하는 하중을 옳게 짝지은 것은?

① 굳지 않은 콘크리트 중량, 충격하중
② 굳지 않은 콘크리트 중량, 측압
③ 작업하중, 풍하중
④ 충격하중, 풍하중

해설
바닥판과 보 밑 거푸집은 수직하중에 대한 고려를 해야 하며, 굳지 않은 콘크리트 중량, 작업하중, 충격하중 등은 수직하중으로 작용한다.
수평하중(횡하중)인 측압, 풍하중은 해당되지 않는다.
거푸집의 고려하중
- 수평거푸집 설계 시 고려하중 : 굳지 않은 콘크리트 중량, 충격하중, 작업하중
- 수직거푸집 설계 시 고려하중 : 굳지 않은 콘크리트 중량, 굳지 않은 콘크리트 측압

40 미장공사에서 나타나는 결함의 유형과 가장 거리가 먼 것은?

① 균열
② 부식
③ 탈락
④ 백화

해설
부식은 철재에서 일어나는 결함이다.
미장공사의 결함에는 균열, 탈락(박락), 백화, 들뜸, 오염 등이 있다.

제3과목 건축구조

41 모살치수 8mm, 용접길이 500mm인 양면 모살용접의 유효 단면적은 약 얼마인가?

① 2,100mm²
② 3,221mm²
③ 4,300mm²
④ 5,421mm²

해설
$l_e = l - 2S$, $a = 0.7S$이며, 양면 모살용접이다.
∴ $A = a \times l_e \times 2$
$= 0.7S \times (l - 2S) \times 2$
$= (0.7 \times 8) \times (500 - 2 \times 8) \times 2$
$= 5,420.8 \text{mm}^2$

42 주철근으로 사용된 D22 철근 180° 표준갈고리의 구부림 최소 내면 반지름(r)으로 옳은 것은?

① $r = 1d_b$
② $r = 2d_b$
③ $r = 2.5d_b$
④ $r = 3d_b$

해설
구부림 최소 반지름

철근의 크기	최소 내면 반지름(r)	최소 외면 반지름
D10~D25	$3d_b$	$4d_b$
D29~D35	$4d_b$	$5d_b$
D38 이상	$5d_b$	$6d_b$

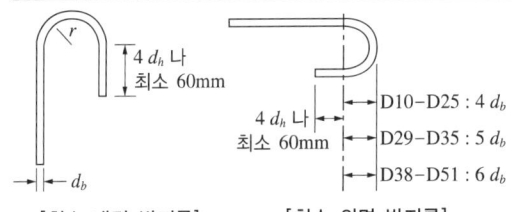

[최소 내면 반지름]   [최소 외면 반지름]

43 그림과 같은 단면을 가진 압축재에서 유효좌굴길이 $KL=250mm$일 때 Euler의 좌굴하중 값은?(단, $E=210,000MPa$이다)

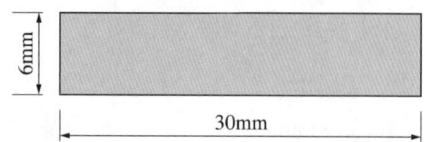

① 17.9kN
② 43.0kN
③ 52.9kN
④ 64.7kN

해설

좌굴하중(P_{cr})

$$P_{cr}=\frac{\pi^2 EI}{(KL)^2}$$

여기서, EI : 휨강도
KL : 기둥의 유효길이

사각형 단면 2차 모멘트 $I=\frac{bh^3}{12}$

$$\therefore P_{cr}=\frac{\pi^2 EI}{(KL)^2}=\frac{\pi^2 \times 210,000 \times \frac{30\times 6^3}{12}}{250^2}$$
$$\fallingdotseq 17,907.4N \fallingdotseq 17.9kN$$

44 그림과 같은 교차보(Cross Beam) A, B부재의 최대 휨모멘트의 비로서 옳은 것은?(단, 각 부재의 EI는 일정함)

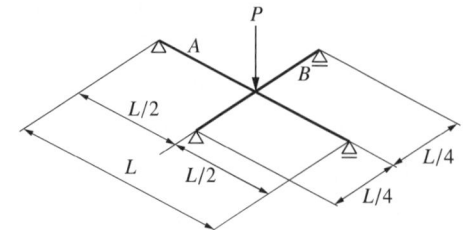

① 1:2
② 1:3
③ 1:4
④ 1:8

해설

부정정 구조물로서 다음 3가지 조건을 만족해야 한다.

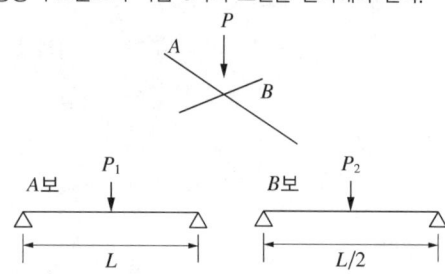

- 평형방정식 : $P=P_1+P_2$
- 구성방정식(힘과 변위의 관계) :

$$\delta_A=\frac{P_1 L^3}{48EI}, \delta_B=\frac{P_2\left(\frac{L}{2}\right)^3}{48EI}$$

- 적합방정식(변위일체) : $\delta_A=\delta_B$

위의 방정식에서 P_1과 P_2를 구할 수 있다.

$\delta_A=\delta_B$에서, $\frac{P_1 L^3}{48EI}=\frac{P_2\left(\frac{L}{2}\right)^3}{48EI}$이며,

$\therefore P_1=P_2\times\frac{1}{8}$

$P=P_1+P_2$에 대입하면,

$\therefore P=\frac{P_2}{8}+P_2=\frac{9}{8}P_2$

P_1과 P_2는 다음과 같다.

$P_1=\frac{1}{9}P, P_2=\frac{8}{9}P$

따라서,

$$M_A=\frac{\left(\frac{1}{9}P\right)\times L}{4}=\frac{PL}{36}$$

$$M_B=\frac{\left(\frac{8}{9}P\right)\times\left(\frac{L}{2}\right)}{4}=\frac{4PL}{36}$$

$\therefore M_A:M_B=\frac{PL}{36}:\frac{4PL}{36}=1:4$

45 다음 그림과 같은 부정정보를 정정보로 만들기 위해 필요한 내부 힌지의 최소 개수는?

① 1개 ② 2개
③ 3개 ④ 4개

해설

부정정 차수만큼 힌지를 추가하면 된다.
판별식으로 구하면,
$N = m + r + k - 2j$
$= 3 + 5 + 2 - 2 \times 4$
$= 2$
여기서, m : 부재(Member)수
r : 지점반력(Reaction)수
k : 강절점수
j : 절점(Joint)수
∴ 2차 부정정이므로, 힌지를 2개 추가해야 한다.

46 강도설계법에서 처짐을 계산하지 않는 경우 철근콘크리트보의 최소 두께 규정으로 옳지 않은 것은?(단, 보통콘크리트와 설계기준 항복강도 400MPa 철근을 사용한 부재임)

① 단순지지 : $\dfrac{l}{16}$

② 1단연속 : $\dfrac{l}{18.5}$

③ 양단연속 : $\dfrac{l}{12}$

④ 캔틸레버 : $\dfrac{l}{8}$

해설

양단연속인 보 : $\dfrac{l}{21}$

처짐을 계산하지 않는 경우, 보 또는 1방향 슬래브 최소 두께

부재(l : 지간 거리)	최소 두께(h)			
	캔틸레버	단순지지	1단연속	양단연속
l : 경간 길이(단위 : cm) f_y = 400MPa 철근을 사용한 경우의 값				
보	$\dfrac{l}{8}$	$\dfrac{l}{16}$	$\dfrac{l}{18.5}$	$\dfrac{l}{21}$
1방향 슬래브	$\dfrac{l}{10}$	$\dfrac{l}{20}$	$\dfrac{l}{24}$	$\dfrac{l}{28}$

47 프리스트레스하지 않는 부재의 현장치기 콘크리트에서 흙에 접하여 콘크리트를 친 후 영구히 흙에 묻혀 있는 콘크리트 부재의 최소 피복두께로 옳은 것은?

① 40mm ② 50mm
③ 60mm ④ 80mm

해설

※ 출제 시 정답은 ④였으나 콘크리트구조 철근상세 설계기준(KDS 14 20 50) 개정(21.2.18)으로 정답 없음
콘크리트를 친 후 영구히 흙에 묻혀 있는 콘크리트 부재의 최소 피복두께는 75mm이다(개정 전 : 80mm).

정답 45 ② 46 ③ 47 정답 없음

48 그림과 같은 옹벽에 토압 10kN이 가해지는 경우 이 옹벽이 전도되지 않기 위해서는 어느 정도의 자중(自重)을 필요로 하는가?

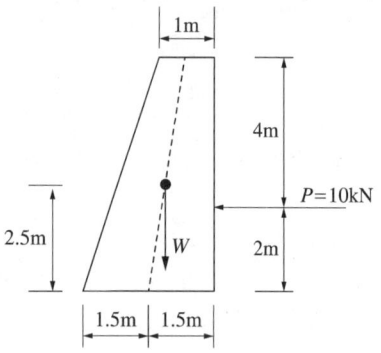

① 12.71kN
② 11.71kN
③ 10.44kN
④ 9.71kN

해설
$M_o = P \times 2 = 20\text{kN} \cdot \text{m}$ 이다.
저항하는 힘은 삼각형(A)와 사각형(B)로 나누어 단면적에 따른 비율로 구할 수 있다. 이때, 삼각형(A)와 사각형(B)의 면적은 동일하다.

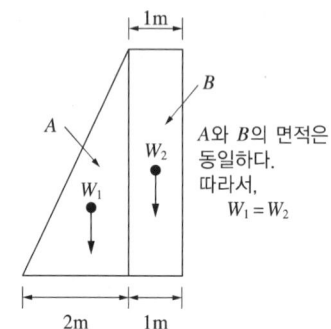

A와 B의 면적은 동일하다.
따라서, $W_1 = W_2$

자중에 의한 모멘트(M_r)를 구한다.
$M_r = \left(W_1 \times 2 \times \frac{2}{3}\right) + (W_2 \times 2.5)$
$W_1 = W_2$이고, $W = W_1 + W_2$이므로,
$W_1 = W_2 = \frac{1}{2}W$이다.
$\therefore M_r = \frac{2}{3}W + \frac{5}{4}W = \frac{23}{12}W$
따라서, $M_o < M_r$을 만족해야 하므로,
$20 < \frac{23}{12}W, \therefore W > 10.435\text{kN}$

49 지진력저항시스템의 분류 중 이중골조시스템에 관한 설명으로 옳지 않은 것은?

① 모멘트골조가 최소한 설계지진력의 75%를 부담한다.
② 모멘트골조와 전단벽 또는 가새골조로 이루어져 있다.
③ 전체 지진력은 각 골조의 횡강성비에 비례하여 분배한다.
④ 일정 이상의 변형능력을 갖도록 연성상세설계가 되어야 한다.

해설
이중골조방식(Dual System)은 횡력의 25% 이상을 부담한다.

50 그림과 같은 부정정 라멘의 BMD에서 P값을 구하면?

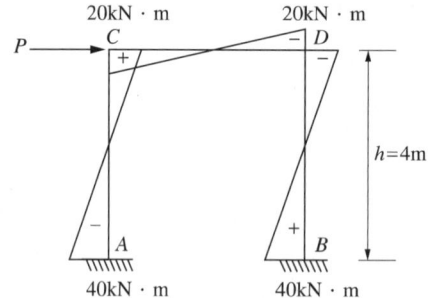

① 20kN
② 30kN
③ 50kN
④ 60kN

해설

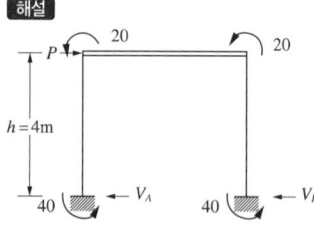

층방정식에 의해서 구하는 방법
$P \times 층고(h) = 모멘트의 합$
$\therefore P = \dfrac{재단모멘트의 합}{층고}$
$= \dfrac{M_{AC} + M_{CA} + M_{BD} + M_{DB}}{층고}$
$= \dfrac{20 + 40 + 20 + 40}{4}$
$= 30\text{kN}$

51 그림과 같은 부정정 라멘에서 CD기둥의 전단력 값은?

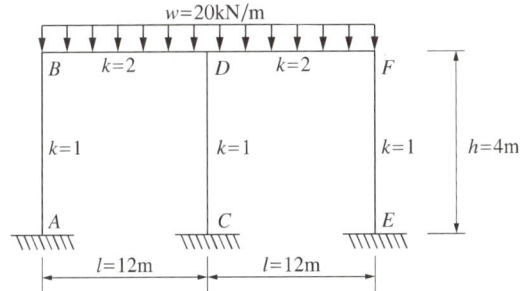

① 0
② 10kN
③ 20kN
④ 30kN

해설
절점 D를 기준으로 좌우대칭의 하중이므로 $M_{DB} = M_{DF}$이다. 절점 D에서 $M_{DB} + M_{DC} + M_{DF} = 0$이므로 $M_{DC} = 0$이다. 따라서, CD부재의 층방정식으로부터 전단력(S_{DC}) = 0이 된다.
※ 참조

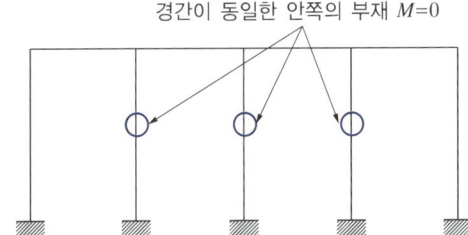
경간이 동일한 안쪽의 부재 $M = 0$

52 강도설계법에 따른 철근콘크리트 부재의 휨에 관한 일반사항으로 옳지 않은 것은?

① 콘크리트의 인장강도는 철근콘크리트 부재 단면의 축강도와 휨강도 계산에서 무시할 수 있다.
② 휨모멘트 또는 휨모멘트와 축력을 동시에 받는 부재의 콘크리트 압축연단의 극한변형률은 0.003으로 가정한다.
③ 휨부재의 최소 철근량은 $A_{s,min} = \dfrac{0.25\sqrt{f_{ck}}}{f_y}b_w d$ 또는 $A_{s,min} = \dfrac{1.4}{f_y}b_w d$ 중 큰 값 이상이어야 한다.
④ 강도설계법에서 연성파괴보다는 취성파괴를 유도하도록 설계의 초점을 맞추고 있다.

해설
※ 출제 시 정답은 ④였으나 콘크리트구조 철근상세 설계기준(KDS 14 20 20) 개정(22.1.1)으로 ②, ④ 정답
휨모멘트 또는 휨모멘트와 축력을 동시에 받는 부재의 콘크리트 압축연단의 극한변형률은 콘크리트의 설계기준압축강도가 40MPa 이하인 경우에는 0.0033(개정 전 0.003)으로 가정하며, 40MPa을 초과할 경우에는 매 10MPa의 강도 증가에 대하여 0.0001씩 감소시킨다.
강도설계법에서는 취성(급격하게 파괴되는 성질)파괴는 피하며, 연성(늘어나는 성질)파괴로 유도함을 목표로 한다.

53 직경 2.2cm, 길이 50cm의 강봉에 축방향 인장력을 작용시켰더니 길이는 0.04cm 늘어났고 직경은 0.0006cm 줄었다. 이 재료의 푸아송수는?

① 0.015
② 0.34
③ 2.93
④ 66.67

해설
푸아송비(ν) = $\dfrac{\text{압축 변형률}}{\text{인장 변형률}} = \dfrac{1}{\text{푸아송수}(m)}$

∴ 푸아송수(m) = $\dfrac{\text{인장 변형률}}{\text{압축 변형률}} = \dfrac{\varepsilon'}{\varepsilon}$

$\varepsilon' = \dfrac{\Delta L}{L}$, $\varepsilon = \dfrac{\Delta d}{d}$ 이므로,

∴ 푸아송수(m) = $\dfrac{\frac{0.04}{50}}{\frac{0.0006}{2.2}} = \dfrac{0.088}{0.03} ≒ 2.93$

54 기초 설계 시 인접대지를 고려하여 편심기초를 만들고자 한다. 이때 편심기초의 지내력이 균등하도록 하기 위하여 어떤 방법을 이용함이 가장 타당한가?

① 지중보를 설치한다.
② 기초 면적을 넓힌다.
③ 기둥의 단면적을 크게 한다.
④ 기초 두께를 두껍게 한다.

[해설]
지중보를 설치하여 지내력을 균등하게 한다.

55 강도설계법에 의해서 전단보강 철근을 사용하지 않고 계수하중에 의한 전단력 V_u = 50kN을 지지하기 위한 직사각형 단면보의 최소 유효깊이 d는?(단, 보통중량콘크리트 사용, f_{ck} = 28MPa, b_w = 300mm)

① 405mm
② 444mm
③ 504mm
④ 605mm

[해설]
$V_u \leq \frac{1}{2}\phi V_n$이고, $V_n = V_c + V_s$이다.

여기서, V_c : 콘크리트가 부담하는 전단강도 $V_c = \frac{1}{6}\lambda\sqrt{f_{ck}}b_w d$

V_s : 전단철근이 부담하는 전단강도 $V_s = \frac{2}{3}\lambda\sqrt{f_{ck}}b_w d$
(철근전단보강하지 않을 경우 = 0)

$V_u = \frac{1}{2} \times \phi \frac{1}{6}\lambda\sqrt{f_{ck}} \times b_w \times d$

$\therefore d = \frac{2 \times 6 \times V_u}{\phi\lambda\sqrt{f_{ck}} \times b_w} = \frac{2 \times 6 \times 50,000}{0.75 \times 1.0\sqrt{28} \times 300}$

≒ 504mm

56 H형강의 플랜지에 커버 플레이트를 붙이는 주목적으로 옳은 것은?

① 수평부재 간 접합 시 틈새를 메우기 위하여
② 슬래브와의 전단접합을 위하여
③ 웨브 플레이트의 전단내력 보강을 위하여
④ 휨내력의 보강을 위하여

[해설]
커버 플레이트는 보의 휨내력을 보강하기 위해 사용한다.

57 1변의 길이가 각각 50mm(A), 100mm(B)인 두 개의 정사각형 단면에 동일한 압축하중 P가 작용할 때 압축응력도의 비($A : B$)는?

① 2 : 1
② 4 : 1
③ 8 : 1
④ 16 : 1

[해설]
$\sigma = \frac{P}{A}$ 이므로 면적에 반비례한다.

$\sigma_A = \frac{P}{A} = \frac{P}{50 \times 50} = \frac{P}{2,500}$

$\sigma_B = \frac{P}{A} = \frac{P}{100 \times 100} = \frac{P}{10,000}$

$\therefore \sigma_A : \sigma_B = \frac{P}{2,500} : \frac{P}{10,000} = 4 : 1$

58 그림과 같은 내민보에서 A 지점의 반력값은?

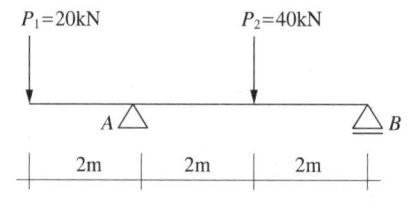

① 20kN
② 30kN
③ 40kN
④ 50kN

[해설]
B점 기준의 모멘트 합을 구하면,
$\Sigma M_B = 0 ; (-20 \times 6) + (V_A \times 4) - (40 \times 2) = 0$
$\therefore V_A = 50$kN

59 다음 그림과 같은 캔틸레버보에서 B점의 처짐각 (θ_B)은?(단, EI는 일정함)

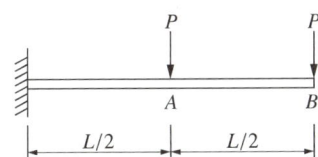

① $-\dfrac{PL^2}{2EI}$ ② $-\dfrac{PL^2}{8EI}$

③ $-\dfrac{5PL^2}{8EI}$ ④ $-\dfrac{2PL^2}{3EI}$

해설
A점 하중에 의한 B점의 처짐각(θ_1), B점 하중에 의한 B점의 처짐각(θ_2)
$\theta_1 = \dfrac{PL^2}{8EI}$, $\theta_2 = \dfrac{PL^2}{2EI}$
B점의 처짐각(θ_B)은 $\theta_1 + \theta_2$가 된다.
$\theta_B = \theta_1 + \theta_2 = \dfrac{PL^2}{8EI} + \dfrac{PL^2}{2EI} = \dfrac{5PL^2}{8EI}$ (시계방향)

60 강구조에서 용접선 단부에 붙인 보조판으로 아크의 시작이나 종단부의 크레이터 등의 결함을 방지하기 위해 붙이는 판은?

① 스티프너   ② 엔드탭
③ 윙 플레이트   ④ 커버 플레이트

해설
② 엔드탭(End Tap) : 용접 Bead의 시작점과 끝지점에 용접을 하기 위해 용접 접합하는 모재의 양단에 임시로 부착하는 보조강판
① 스티프너(Stiffener) : 복부판의 전단좌굴 방지용 보강재
③ 윙 플레이트(Wing Plate) : 철골조 주각에서의 보강재
④ 커버 플레이트(Cover Plate) : 강재보의 상하현재 플랜지 부분에 휨을 보강하는 판형상의 휨보강재

제4과목 건축설비

61 직류 엘리베이터에 관한 설명으로 옳지 않은 것은?

① 임의의 기동 토크를 얻을 수 있다.
② 고속 엘리베이터용으로 사용이 가능하다.
③ 원활한 가감속이 가능하여 승차감이 좋다.
④ 교류 엘리베이터에 비하여 가격이 저렴하다.

해설
직류 엘리베이터는 가격을 제외한 모든 면에서 교류 엘리베이터보다 우수하다.
엘리베이터의 구동 방식에 의한 분류
• 교류 엘리베이터
 - 기동토크가 작다.
 - 속도 제어가 불가능하다.
 - 승강 기분이 나쁘다.
 - 가격이 저렴하다.
 - 속도 : 30, 45, 60m/min
• 직류 엘리베이터
 - 기동토크가 크다.
 - 속도의 임의제어가 가능하다.
 - 승강 기분이 좋다.
 - 가격이 비싸다.
 - 속도 : 90m/min 이상

62 다음의 어떤 수조면의 일사량을 나타낸 값 중 그 값이 가장 큰 것은?

① 전천일사량
② 확산일사량
③ 천공일사량
④ 반사일사량

해설
전천일사량 : 어떤 시각에 태양과 하늘에서 각각 수평면에 도달한 직접 전달 및 산란 일사량의 합을 의미하며, 수조면의 일사량 값 중 가장 크다.

63 다음은 옥내소화전설비에서 전동기에 따른 펌프를 이용하는 가압송수장치에 관한 설명이다. ( ) 안에 알맞은 것은?

> 특정소방대상물의 어느 층에 있어서도 해당 층의 옥내소화전(5개 이상 설치된 경우에는 5개의 옥내소화전)을 동시에 사용할 경우 각 소화전의 노즐 선단에서의 방수압력이 (㉠) 이상이고, 방수량이 (㉡) 이상이 되는 성능의 것으로 할 것

① ㉠ 0.17MPa, ㉡ 130L/min
② ㉠ 0.17MPa, ㉡ 250L/min
③ ㉠ 0.34MPa, ㉡ 130L/min
④ ㉠ 0.34MPa, ㉡ 250L/min

해설
※ 옥내소화전설비의 화재안전기준 개정(21.12.16)으로 보기의 내용이 다음과 같이 변경되었습니다.
해당 층의 옥내소화전(2개 이상 설치된 경우에는 2개의 옥내소화전)
표준방수압력 : 0.17MPa 이상
표준방수량 : 130L/min 이상
설치간격 : 25m 이내

64 공기조화방식 중 팬코일 유닛 방식에 관한 설명으로 옳지 않은 것은?

① 덕트 방식에 비해 유닛의 위치 변경이 용이하다.
② 유닛을 창문 밑에 설치하면 콜드 드래프트를 줄일 수 있다.
③ 전공기 방식으로 각 실에 수배관으로 인한 누수의 염려가 없다.
④ 각 실의 유닛은 수동으로도 제어할 수 있고, 개별 제어가 용이하다.

해설
전수방식으로 각 실 수(水)배관으로 인해 누수의 염려가 있다.

65 냉난방부하에 관한 설명으로 옳지 않은 것은?

① 틈새바람부하에는 현열부하 요소와 잠열부하 요소가 있다.
② 최대 부하를 계산하는 것은 장치의 용량을 구하기 위한 것이다.
③ 냉방부하 중 실부하란 전열부하, 일사에 의한 부하 등을 말한다.
④ 인체 발생열과 조명기구 발생열은 난방부하를 증가시키므로 난방부하 계산에 포함시킨다.

해설
• 난방부하 계산 시에는 인체 발생열(재실자), 전열기구(조명기구 등) 등의 발열은 무시한다.
• 냉방부하 계산 시에는 인체 발생열(재실자), 전열기구(조명기구 등) 등의 발열은 포함한다.

66 광원의 연색성에 관한 설명으로 옳지 않은 것은?

① 고압수은램프의 평균 연색평가수(Ra)는 100이다.
② 연색성을 수치로 나타낸 것을 연색평가수라고 한다.
③ 평균 연색평가수(Ra)가 100에 가까울수록 연색성이 좋다.
④ 물체가 광원에 의하여 조명될 때, 그 물체의 색의 보임을 정하는 광원의 성질을 말한다.

해설
연색성 : 태양과 같이 스펙트럼 분석에 모든 색이 고루 나타나는 성질
• 연색성의 평가단위 : 연색평가수(Ra)
• 평균 연색평가수(Ra)가 100에 가까울수록 연색성이 좋다.
• 연색 평가 수 : 태양과 백열전구는 100, 고압수은램프는 23~45

정답 63 ① 64 ③ 65 ④ 66 ①

67 900명을 수용하고 있는 극장에서 실내 CO_2 농도를 0.1%로 유지하기 위해 필요한 환기량은?(단, 외기 CO_2 농도는 0.04%, 1인당 CO_2 배출량은 18L/h이다)

① 27,000m³/h
② 30,000m³/h
③ 60,000m³/h
④ 66,000m³/h

해설
CO_2 농도에 의한 환기량(Q)
• 실내 CO_2 발생량을 구한다.
 - 900명 × 18L/h = 16,200L/h
 - 1L = 0.001m³이므로 환산하면, 16.2m³/h
• 환기량을 구한다.
환기량 = $\dfrac{실내\ CO_2\ 발생량}{실내\ CO_2\ 농도 - 외기\ CO_2\ 농도}$ (m³/h)

∴ $Q = \dfrac{16.2}{0.001 - 0.0004} = 27,000$m³/h

68 압력탱크식 급수설비에서 탱크 내의 최고 압력이 350kPa, 흡입양정이 5m인 경우, 압력탱크에 급수하기 위해 사용되는 급수펌프의 양정은?

① 약 3.5m
② 약 8.5m
③ 약 35m
④ 약 40m

해설
급수펌프의 실양정(H) = 흡입양정 + 토출양정
최고 압력(토출양정)은 350kPa = 0.35MPa이므로, 수두는 35m가 된다.
∴ 급수펌프의 실양정(H) = 5m + 35m = 40m

69 간접가열식 급탕법에 관한 설명으로 옳지 않은 것은?

① 대규모 급탕설비에 적합하다.
② 보일러 내부에 스케일의 발생 가능성이 높다.
③ 가열코일에 순환하는 증기는 저압으로도 된다.
④ 난방용 증기를 사용하면 별도의 보일러가 필요 없다.

해설
간접가열식 : 보일러 내의 물은 항상 순환하는 열매이므로 온수 사용 시 보일러 내의 물이 소모되지 않으며 보일러 내부에 스케일이 거의 끼지 않는다.
직접가열식 : 보일러 내부에 스케일의 발생 가능성이 높다.

70 전기설비의 전압구분에서 저압 기준으로 옳은 것은?

① 교류 300V 이하, 직류 600V 이하
② 교류 600V 이하, 직류 600V 이하
③ 교류 600V 이하, 직류 750V 이하
④ 교류 750V 이하, 직류 750V 이하

해설
※ 출제 시 정답은 ③이었으나 법령 개정(21.1.1)으로 정답 없음
전압의 종류(한국전기설비규정(KEC))

구분 \ 종류	교류	직류
저압	1,000V 이하	1,500V 이하
고압(2종)	1,000 초과~ 7,000V 이하	1,500 초과~ 7,000V 이하
특고압(3종)	7,000V 초과	

정답 67 ① 68 ④ 69 ② 70 정답 없음

71 다음 중 약전 설비(소세력 전기설비)에 속하지 않는 것은?

① 조명설비
② 전기음향설비
③ 감시제어설비
④ 주차관제설비

해설
조명설비는 강전설비에 해당된다.
약전설비 : 건축전기설비 중 전화설비, 확성설비, 인터폰설비, 표시설비, 방범설비, 화재경보설비 등으로 약전류 신호를 취급

72 벌류트 펌프의 토출구를 지나는 유체의 유속이 2.5m/s, 유량이 1m³/min일 경우, 토출구의 구경은?

① 75mm
② 82mm
③ 92mm
④ 105mm

해설
유량(Q) = 관의 단면적(A) × 관내 유속(V)이므로,
$Q = \left(\dfrac{\pi d^2}{4} \times V\right)$

구경(d) = $\sqrt{\dfrac{4Q}{\pi V}}$

$= \sqrt{\dfrac{4 \times 1\text{m}^3/\text{min}}{\pi \times 2.5\text{m/sec}}}$

$= \sqrt{\dfrac{4 \times 1\text{m}^3/\text{sec}}{\pi \times 60 \times 2.5\text{m/sec}}}$

≒ 0.092m = 92mm

∴ 지름 92mm의 토출 구경이 적절하다.

73 겨울철 벽체를 통해 실내에서 실외로 빠져나가는 열손실량을 계산할 때 필요하지 않은 요소는?

① 외기온도
② 실내습도
③ 벽체의 두께
④ 벽체 재료의 열전도율

해설
실내습도는 해당되지 않는다.
열관류율 : 벽체의 열관율을 계산하려면 열전도율, 열전달률(단위 시간당 흐르는 열량), 외기온도, 벽체 두께의 값이 필요하다.

74 금속관 공사에 관한 설명으로 옳지 않은 것은?

① 고조파의 영향이 없다.
② 저압, 고압, 통신설비 등에 널리 사용된다.
③ 사용목적과 상관없이 접지를 할 필요가 없다.
④ 사용장소로는 은폐장소, 노출장소, 옥측, 옥외 등 광범위하게 사용할 수 있다.

해설
금속관 공사는 가장 널리 사용된다. 금속성이므로 사용목적과 사용전압 등에 따라 적절한 접지가 필요하다.

75 급수관의 관경 결정과 관계가 없는 것은?

① 관균등표
② 동시사용률
③ 마찰저항선도
④ 동적부하해석법

해설
급수관 관경 결정 : 관균등표, 동시사용률, 마찰저항선도
급수관의 관경 결정 방법
- 기구 연결관의 관경에 의한 결정
  - 접속되는 위생기구에 따라 단독 배관하는 급수관경 결정
  - 각종 위생기구의 순간 최대 유량과 연결하는 급수관의 관경을 나타낸 표를 사용한다.
- 균등표에 의한 약산법
  - 옥내 급수관과 같은 간단한 배관의 관경 계산에 사용
  - 균등표와 기구의 동시사용률을 적용하여 계산하는 약산법
- 마찰저항선도에 의한 방법
  - 급수 배관 내를 흐르는 수량과 허용마찰로 관경을 산정
  - 수도직결방식의 급수법에서는 구할 수 없는 대규모 건물의 급수배관, 취출관, 횡주관, 주관 등의 관경에 이용된다.

76 3상 동력과 단상 전등, 전열부하를 동시에 사용 가능한 방식으로 사무소 건물 등 대규모 건물에 많이 사용되는 구내 배전방식은?

① 단상 2선식
② 단상 3선식
③ 3상 3선식
④ 3상 4선식

해설
전기방식 중 3상 4선식은 동력과 부하를 동시에 공급할 수 있어 대규모 건물에 적합하다.
전기 방식
- 단상 2선식
  - 소형주택 등에 많이 사용
  - 110V와 220V 중 한 종류를 사용
- 단상 3선식
  - 중심선(N)을 연결하여 110V와 220V를 동시 사용
  - 대규모 전등용, 아파트, 사무실, 학교 등에서 많이 사용
- 3상 3선식
  - R, S, T 전원 위상
  - 동력용으로 공장 등에서 많이 사용
- 3상 4선식
  - R, S, T +N 전원 위상
  - 동력과 전등 부하를 동시에 공급 가능하며, 대형 건물에 적합

77 다음과 같은 조건에서 실의 현열부하가 7,000W인 경우 실내 취출풍량은?

| 조건 |
- 실내 온도 : 22℃
- 취출공기 온도 : 12℃
- 공기의 비열 : 1.01kJ/kg·K
- 공기의 밀도 : 1.2kg/m³

① 1,042m³/h
② 2,079m³/h
③ 3,472m³/h
④ 6,944m³/h

해설
취출풍량은 손실열량을 구하는 공식에서 환기량으로 대체해서 구할 수 있으며, 공기의 비열과 밀도에 대한 단위환산계수를 이용하여 구한다.
현열 부하량, 환기에 의한 손실 열량 H_i(W)
$$H_i = 0.337 \times Q \times \Delta T \text{(W)}$$
$$\therefore Q = \frac{H_i}{0.337 \times \Delta T}$$
$$= \frac{7,000}{0.337 \times 10} ≒ 2,077 \text{m}^3/\text{h}$$
여기서, 0.337 : 단위환산계수(W·h/m³·K)
Q : 환기량, 취출량(m³/h)
H_i : 현열부하
ΔT : 실내외 온도차(℃)

78 주관적 온열요소 중 인체의 활동상태의 단위로 사용되는 것은?

① MET
② clo
③ lm
④ cd

해설
MET(Metabolic Equivalent of Task) : 주관적 온열요소 중 인체(신체)의 활동상태를 표시하는 단위이다.
- 1MET : 열적으로 쾌적한 상태에서 의자에 앉아서 안정을 취하고 있을 때의 대사량
  1MET = 58.2W/m² = 50kcal/m²h
- clo : 착의상태로 의복의 열절연성의 단위이다.
- 1clo : 21℃, 상대습도 50%, 기류 0.1m/sec 이하에서 인체의 표면적으로부터 방열량이 1MET의 활동량과 평형하는 착의상태에서의 피부표면으로부터의 열저항값을 말한다.

정답 75 ④ 76 ④ 77 ② 78 ①

79 도시가스 배관 시공에 관한 설명으로 옳지 않은 것은?

① 건물 내에서는 반드시 은폐배관으로 한다.
② 배관 도중에 신축 흡수를 위한 이음을 한다.
③ 건물의 주요구조부를 관통하지 않도록 한다.
④ 건물의 규모가 크고 배관 연장이 길 경우는 계통을 나누어 배관한다.

해설
도시가스 배관은 건물 내에 설치할 경우에는 매립과 은폐 배관을 겸해서 설치한다.
매립배관과 은폐배관
- 매립배관 : 건축물의 천장, 벽, 바닥 속에 설치되는 배관
- 은폐배관 : 건축물 내 천장, 벽체, 바닥 등의 공간에 외부에서 배관이 보이지 않게 설치된 배관(배관의 점검·교체 등이 가능한 배관)

80 구조체를 가열하는 복사난방에 관한 설명으로 옳지 않은 것은?

① 복사열에 의하므로 쾌적성이 좋다.
② 바닥, 벽체, 천장 등을 방열면으로 할 수 있다.
③ 예열시간이 길고 일시적인 난방에는 바람직하지 않다.
④ 방열기의 설치로 인해 실의 바닥면적의 이용도가 낮다.

해설
방열기 설치는 증기난방, 온수난방 등에 해당된다.
복사난방
- 실내 온도 분포가 균등하여 쾌감도가 좋다.
- 방을 개방하여도 난방효과가 좋다.
- 천장이 높은 실에서 난방효과가 좋다.
- 바닥복사난방으로 할 경우 바닥의 이용도가 높다.

제5과목 건축관계법규

81 다음 중 건축물의 용도분류상 문화 및 집회시설에 속하는 것은?

① 야외극장
② 산업전시장
③ 어린이회관
④ 청소년 수련원

해설
② 산업전시장 : 문화 및 집회시설
① 야외극장, ③ 어린이회관 : 관광휴게시설
④ 청소년 수련원 : 수련시설
문화 및 집회시설(건축법 시행령 별표 1)
- 공연장(제2종 근린생활시설에 해당하지 아니하는 것)
- 집회장(예식장, 공회당, 회의장 등)으로서 제2종 근린생활시설에 해당하지 아니하는 것
- 관람장(경마장, 경륜장, 경정장, 자동차 경기장 등, 체육관 및 운동장으로서 관람석의 바닥면적의 합계가 1,000m² 이상인 것)
- 전시장(박물관, 미술관, 과학관, 문화관, 체험관, 기념관, 산업전시장, 박람회장 등)
- 동·식물원(동물원, 식물원, 수족관 등)

82 다음은 건축법령상 직통계단의 설치에 관한 기준 내용이다. ( ) 안에 알맞은 것은?

> 초고층 건축물에는 피난층 또는 지상으로 통하는 직통계단과 직접 연결되는 피난안전구역(건축물의 피난·안전을 위하여 건축물 중간층에 설치하는 대피공간)을 지상층으로부터 최대 ( ) 층마다 1개소 이상 설치하여야 한다.

① 10개
② 20개
③ 30개
④ 40개

해설
초고층 건축물에는 피난안전구역을 지상층으로부터 최대 30개 층마다 1개소 이상 설치하여야 한다(건축법 시행령 제34조 제3항).

83 자연녹지지역으로서 노외주차장을 설치할 수 있는 지역에 속하지 않는 것은?

① 토지의 형질변경 없이 주차장의 설치가 가능한 지역
② 주차장 설치를 목적으로 토지의 형질변경 허가를 받은 지역
③ 택지개발사업 등의 단지조성사업 등에 따라 주차 수요가 많은 지역
④ 하천구역 및 공유수면으로서 주차장이 설치되어도 해당 하천 및 공유수면의 관리에 지장을 주지 아니하는 지역

해설
노외주차장의 설치 가능한 지역(주차장법 시행규칙 제5조 제3호)
- 노외주차장을 설치하는 지역은 녹지지역이 아닌 지역이어야 한다.
- 자연녹지지역으로서 다음의 경우에는 제외한다.
  - 하천구역 및 공유수면으로서 주차장이 설치되어도 해당 하천 및 공유수면의 관리에 지장을 주지 아니하는 지역
  - 토지의 형질변경 없이 주차장의 설치가 가능한 지역
  - 주차장의 설치를 목적으로 토지의 형질변경 허가를 받은 지역
  - 시장(특별시장 및 광역시장 포함)·군수·구청장이 특히 주차장의 설치가 필요하다고 인정하는 지역

84 대통령령으로 정하는 용도와 규모의 건축물에 대해 일반이 사용할 수 있도록 소규모 휴식시설 등의 공개공지 또는 공개공간을 설치하여야 하는 대상 지역에 속하지 않는 것은?

① 준주거지역
② 준공업지역
③ 일반주거지역
④ 전용주거지역

해설
전용주거지역은 해당 없음
공개공지 또는 공개공간 설치대상 지역(건축법 제43조 제1항)
일반주거지역, 준주거지역, 상업지역, 준공업지역

85 다음의 각종 용도지역의 세분에 관한 설명 중 옳지 않은 것은?

① 근린상업지역 : 근린지역에서의 일용품 및 서비스의 공급을 위하여 필요한 지역
② 중심상업지역 : 도심·부도심의 상업기능 및 업무기능의 확충을 위하여 필요한 지역
③ 제1종일반주거지역 : 단독주택을 중심으로 양호한 주거환경을 조성하기 위하여 필요한 지역
④ 준주거지역 : 주거기능을 위주로 이를 지원하는 일부 상업기능 및 업무기능을 보완하기 위하여 필요한 지역

해설
주거지역 세분(국토의 계획 및 이용에 관한 법률 시행령 제30조 제1항)

전용주거지역	제1종 전용주거지역	단독주택 중심의 양호한 주거환경을 보호하기 위하여 필요한 지역
	제2종 전용주거지역	공동주택 중심의 양호한 주거환경을 보호하기 위하여 필요한 지역
일반주거지역	제1종 일반주거지역	저층주택을 중심으로 편리한 주거환경을 조성하기 위하여 필요한 지역
	제2종 일반주거지역	중층주택을 중심으로 편리한 주거환경을 조성하기 위하여 필요한 지역
	제3종 일반주거지역	중고층주택을 중심으로 편리한 주거환경을 조성하기 위하여 필요한 지역
준주거지역		주거기능을 위주로 이를 지원하는 일부 상업기능 및 업무기능을 보완하기 위하여 필요한 지역

정답 83 ③ 84 ④ 85 ③

86 6층 이상의 거실면적의 합계가 3,000m²인 경우, 건축물의 용도별 설치하여야 하는 승용승강기의 최소 대수가 옳은 것은?(단, 15인승 승강기의 경우)

① 업무시설 – 2대
② 의료시설 – 2대
③ 숙박시설 – 2대
④ 위락시설 – 2대

해설
6층 이상의 거실면적의 합계가 3,000m² 이하인 경우 승용승강기의 설치기준(건축물의 설비기준 등에 관한 규칙 별표 1의2)
• 의료시설 : 2대
• 업무시설, 숙박시설, 위락시설 : 1대
※ 8인승 이상 15인승 이하의 승강기의 경우임

87 건축물의 층수 산정에 관한 기준 내용으로 옳지 않은 것은?

① 지하층은 건축물의 층수에 산입하지 아니한다.
② 층의 구분이 명확하지 아니한 건축물은 그 건축물의 높이 4m마다 하나의 층으로 보고 그 층수를 산정한다.
③ 건축물이 부분에 따라 그 층수가 다른 경우에는 바닥면적에 따라 가중평균한 층수를 그 건축물의 층수로 본다.
④ 계단탑으로서 그 수평투영면적의 합계가 해당 건축물 건축면적의 8분의 1 이하인 것은 건축물의 층수에 산입하지 아니한다.

해설
건축물의 부분에 따라 그 층수를 달리한 경우에는 그 중 가장 많은 층수를 그 건축물의 층수로 본다(건축법 시행령 제119조 제1항 제9호).

88 다음은 지하층과 피난층 사이의 개방공간 설치에 관한 기준 내용이다. ( ) 안에 알맞은 것은?

바닥면적의 합계가 ( ) 이상인 공연장·집회장·관람장 또는 전시장을 지하층에 설치하는 경우에는 각 실에 있는 자가 지하층 각 층에서 건축물 밖으로 피난하여 옥외계단 또는 경사로 등을 이용하여 피난층으로 대피할 수 있도록 천장이 개방된 외부공간을 설치해야 한다.

① 1,000m² ② 2,000m²
③ 3,000m² ④ 4,000m²

해설
바닥면적의 합계가 3,000m² 이상인 경우에 해당(건축법 시행령 제37조)

89 공작물을 축조할 때 특별자치시장·특별자치도지사 또는 시장·군수·구청장에게 신고를 하여야 하는 대상 공작물에 속하지 않는 것은?(단, 건축물과 분리하여 축조하는 경우)

① 높이 3m인 담장   ② 높이 5m인 굴뚝
③ 높이 5m인 광고탑 ④ 높이 5m인 광고판

해설
건축법 시행령 제118조 제1항
굴뚝은 높이 6m를 넘는 경우에 신고대상이 된다.
일정 규모가 넘는 공작물 – 신고대상
• 높이 6m를 넘는 굴뚝
• 높이 4m를 넘는 장식탑, 기념탑, 광고탑, 광고판, 그 밖에 이와 비슷한 것
• 높이 8m를 넘는 고가수조나 그 밖에 이와 비슷한 것
• 높이 2m를 넘는 옹벽 또는 담장
• 바닥면적 30m²를 넘는 지하대피호
• 높이 6m를 넘는 골프연습장 등의 운동시설을 위한 철탑, 주거지역·상업지역에 설치하는 통신용 철탑, 그 밖에 이와 비슷한 것
• 높이 8m 이하의 기계식 주차장 및 철골 조립식 주차장으로서 외벽이 없는 것
• 건축조례로 정하는 제조시설, 저장시설(시멘트사일로를 포함), 유희시설, 그 밖에 이와 비슷한 것
• 건축물의 구조에 심대한 영향을 줄 수 있는 중량물로서 건축조례로 정하는 것
• 높이 5m를 넘는 태양에너지를 이용하는 발전설비와 그 밖에 이와 비슷한 것

90 다음 중 두께에 관계없이 방화구조에 해당되는 것은?

① 심벽에 흙으로 맞벽치기한 것
② 석고판 위에 회반죽을 바른 것
③ 시멘트모르타르 위에 타일을 붙인 것
④ 석고판 위에 시멘트모르타르를 바른 것

해설
방화구조(건축물의 피난·방화구조 등의 기준에 관한 규칙 제4조)
- 철망모르타르로서 그 바름두께가 2cm 이상인 것
- 석고판 위에 시멘트모르타르 또는 회반죽을 바른 것으로서 그 두께의 합계가 2.5cm 이상인 것
- 시멘트모르타르 위에 타일을 붙인 것으로서 그 두께의 합계가 2.5cm 이상인 것
- 심벽에 흙으로 맞벽치기한 것
- 한국산업표준이 정하는 바에 따라 시험한 결과 방화 2급 이상에 해당하는 것

91 피난안전구역(건축물의 피난·안전을 위하여 건축물 중간층에 설치하는 대피공간)의 구조 및 설비에 관한 기준 내용으로 옳지 않은 것은?

① 피난안전구역의 높이는 2.1m 이상일 것
② 비상용 승강기는 피난안전구역에서 승하차할 수 있는 구조로 설치할 것
③ 건축물의 내부에서 피난안전구역으로 통하는 계단은 피난계단의 구조로 설치할 것
④ 피난안전구역에는 식수공급을 위한 급수전을 1개소 이상 설치하고 예비전원에 의한 조명설비를 설치할 것

해설
건축물의 내부에서 피난안전구역으로 통하는 계단은 특별피난계단의 구조로 설치할 것(건축물의 피난·방화구조 등의 기준에 관한 규칙 제8조의2 제3항)

92 국토의 계획 및 이용에 관한 법령상 기반시설 중 도로의 세분에 속하지 않는 것은?

① 고가도로
② 보행자우선도로
③ 자전거우선도로
④ 자동차전용도로

해설
도로의 세분(국토의 계획 및 이용에 관한 법률 시행령 제2조 제2항)
일반도로, 자동차전용도로, 보행자전용도로, 보행자우선도로, 자전거전용도로, 고가도로, 지하도로

93 건축법령상 연립주택의 정의로 알맞은 것은?

① 주택으로 쓰는 층수가 5개 층 이상인 주택
② 주택으로 쓰는 1개 동의 바닥면적 합계가 $660m^2$ 이하이고, 층수가 4개 층 이하인 주택
③ 주택으로 쓰는 1개 동의 바닥면적 합계가 $660m^2$를 초과하고, 층수가 4개 층 이하인 주택
④ 1개 동의 주택으로 쓰이는 바닥면적의 합계가 $330m^2$ 이하이고 주택으로 쓰는 층수가 3개 층 이하인 주택

해설
③ 연립주택 : 주택으로 쓰는 1개 동의 바닥면적(2개 이상의 동을 지하주차장으로 연결하는 경우에는 각각의 동으로 본다) 합계가 $660m^2$를 초과하고, 층수가 4개 층 이하인 주택
① 아파트 : 주택으로 쓰는 층수가 5개 층 이상인 주택
② 다세대주택 : 주택으로 쓰는 1개 동의 바닥면적 합계가 $660m^2$ 이하이고, 층수가 4개 층 이하인 주택
④ 다중주택 : 1개 동의 주택으로 쓰이는 바닥면적의 합계가 $330m^2$ 이하이고 주택으로 쓰는 층수가 3개 층 이하인 주택

94 제1종 일반주거지역 안에서 건축할 수 있는 건축물에 속하지 않는 것은?

① 아파트
② 단독주택
③ 노유자시설
④ 교육 연구시설 중·고등학교

해설
제1종 일반주거지역 안에서 건축할 수 있는 건축물(국토의 계획 및 이용에 관한 법률 시행령 별표 4)
- 단독주택
- 공동주택(아파트를 제외)
- 제1종 근린생활시설
- 교육연구시설 중 유치원·초등학교·중학교 및 고등학교
- 노유자시설

95 주차장 주차단위구획의 최소 크기로 옳지 않은 것은?(단, 평행주차형식 외의 경우)

① 경형 : 너비 2.0m, 길이 3.6m
② 일반형 : 너비 2.0m, 길이 6.0m
③ 확장형 : 너비 2.6m, 길이 5.2m
④ 장애인전용 : 너비 3.3m, 길이 5.0m

해설
주차장의 주차구획 – 평행주차형식 외의 경우(주차장법 시행규칙 제3조)

구 분	너 비	길 이
경 형	2.0m 이상	3.6m 이상
일반형	2.5m 이상	5.0m 이상
확장형	2.6m 이상	5.2m 이상
장애인전용	3.3m 이상	5.0m 이상
이륜자동차전용	1.0m 이상	2.3m 이상

96 국토의 계획 및 이용에 관한 법령상 다음과 같이 정의되는 용어는?

> 개발로 인하여 기반시설이 부족할 것으로 예상되나 기반시설을 설치하기 곤란한 지역을 대상으로 건폐율이나 용적률을 강화하여 적용하기 위하여 지정하는 구역

① 개발제한구역
② 시가화조정구역
③ 입지규제최소구역
④ 개발밀도관리구역

해설
개발밀도관리구역에 대한 설명이다.

97 급수·배수(配水)·배수(排水)·환기·난방 등의 건축설비를 건축물에 설치하는 경우, 건축기계설비기술사 또는 공조냉동기계기술사의 협력을 받아야 하는 대상 건축물에 속하지 않는 것은?

① 의료시설로서 해당 용도에 사용되는 바닥면적의 합계가 2,000m²인 건축물
② 업무시설로서 해당 용도에 사용되는 바닥면적의 합계가 2,000m²인 건축물
③ 숙박시설로서 해당 용도에 사용되는 바닥면적의 합계가 2,000m²인 건축물
④ 유스호스텔로서 해당 용도에 사용되는 바닥면적의 합계가 2,000m²인 건축물

해설
관계전문기술자의 협력을 받아야 하는 건축물(건축물의 설비기준 등에 관한 규칙 제2조)
- 판매시설, 연구소, 업무시설 : 해당 용도에 사용되는 바닥면적의 합계 3,000m² 이상
- 기숙사, 의료시설, 유스호스텔, 숙박시설 : 해당 용도에 사용되는 바닥면적의 합계 2,000m² 이상

98 건축물의 건축 시 허가 대상 건축물이라 하더라도 미리 특별 자치시장·특별 자치도지사 또는 시장·군수·구청장에게 국토교통부령으로 정하는 바에 따라 신고를 하면 건축허가를 받은 것으로 보는 소규모 건축물의 연면적 기준은?

① 연면적의 합계가 100m² 이하인 경우
② 연면적의 합계가 150m² 이하인 경우
③ 연면적의 합계가 200m² 이하인 경우
④ 연면적의 합계가 300m² 이하인 경우

해설
건축신고 – 소규모 건축물(건축법 시행령 제11조 제3항)
- 연면적 합계 100m² 이하
- 건축물 높이 3m 이하 범위 안에서 증축
- 표준설계도서에 따라 건축하는 건축물로서 그 용도 및 규모가 주위환경이나 미관에 지장이 없다고 건축조례로 정하는 건축물

99 다음은 공사감리에 관한 기준 내용이다. 밑줄 친 "공사의 공정이 대통령령으로 정하는 진도에 다다른 경우"에 속하지 않는 것은?(단, 건축물의 구조가 철근콘크리트조인 경우)

> 공사감리자는 국토교통부령으로 정하는 바에 따라 감리일지를 기록·유지하여야 하고, <u>공사의 공정(工程)이 대통령령으로 정하는 진도에 다다른 경우</u>에는 감리중간보고서를 작성하여 건축주에게 제출하여야 한다.

① 지붕슬래브배근을 완료한 경우
② 기초공사 시 철근배치를 완료한 경우
③ 기초공사에서 주춧돌의 설치를 완료한 경우
④ 지상 5개 층마다 상부 슬래브배근을 완료한 경우

해설
중간감리보고서의 제출 시기(건축법 시행령 제19조 제3항)

건축물의 구조	공정에 따른 제출시기
철근콘크리트조, 조적조, 철골철근콘크리트조, 보강콘크리트블록조	기초공사 시 철근배치를 완료한 때
	지붕슬래브배근을 완료한 때
	지상 5개 층마다 상부 슬래브배근을 완료한 때

100 부설주차장 설치대상 시설물이 문화 및 집회시설 중 예식장으로서 시설면적이 1,200m²인 경우, 설치하여야 하는 부설주차장의 최소 대수는?

① 8대 ② 10대
③ 15대 ④ 20대

해설
부설주차장의 설치기준(주차장법 시행령 별표 1)
문화 및 집회시설(예식장 포함) : 시설면적 150m²당 1대
1,200m²/150m² = 8대

2018년 제2회 과년도 기출문제

제1과목 건축계획

01 사방에서 감상해야 할 필요가 있는 조각물이나 모형을 전시하기 위해 벽면에서 띄어놓아 전시하는 특수전시기법은?

① 아일랜드 전시
② 디오라마 전시
③ 파노라마 전시
④ 하모니카 전시

해설
아일랜드 전시 : 벽이나 천장을 직접 이용하지 않고 전시물 또는 전시 장치를 배치함으로써 전시 공간을 만들어 내는 전시 기법이다. 사방에서 감상하는 조각물이나 모형의 전시에 효과적이다.

02 은행건축계획에 관한 설명으로 옳지 않은 것은?

① 은행원과 고객의 출입구는 별도로 설치하는 것이 좋다.
② 영업실의 면적은 은행원이 1인당 $1.2m^2$를 기준으로 한다.
③ 대규모의 은행일 경우 고객의 출입구는 되도록 1개소로 하는 것이 좋다.
④ 주출입구에 이중문을 설치할 경우, 바깥문은 바깥여닫이 또는 자재문으로 할 수 있다.

해설
영업실 면적은 행원수 × ($4\sim5m^2$) 정도이다.
은행건축 면적의 산정
• 연면적 산정
 – 연면적 = 행원수 × ($16\sim26m^2$)
 – 연면적 = 은행실 면적 × ($1.5\sim3$)
• 영업장 및 객장 면적
 – 영업장 면적 = 행원수 × ($4\sim5m^2$)
 – 고객용 로비 면적 = 1일 평균 고객수 × ($0.13\sim0.2m^2$)
• 은행실(영업장 + 객장) 면적 : 행원수 × $10m^2$

03 극장 무대 주위의 벽에 6~9m 높이로 설치되는 좁은 통로로, 그리드 아이언에 올라가는 계단과 연결되는 것은?

① 그린 룸
② 록 레일
③ 플라이 갤러리
④ 슬라이딩 스테이지

해설
③ 플라이 갤러리 : 극장 무대 주위의 벽에 6~9m 높이로 설치되는 좁은 통로
① 그린 룸 : 출연자 대기실
② 록 레일 : 와이어 로프를 모아두는 곳
④ 슬라이딩 스테이지 : 이동활주무대

04 병원건축의 형식 중 분관식에 관한 설명으로 옳지 않은 것은?

① 동선이 길어진다.
② 채광 및 통풍이 좋다.
③ 대지면적에 제약이 있는 경우에 주로 적용된다.
④ 환자는 주로 경사로를 이용한 보행 또는 들 것으로 운반된다.

해설
분관식은 넓은 대지를 확보할 수 있는 경우에 적용된다.
집중식은 대지면적에 제약이 있는 경우에 주로 적용된다.

05 다음 중 도서관에서 장서가 60만권일 경우 능률적인 작업용량으로서 가장 적정한 서고의 면적은?

① 3,000m² ② 4,500m²
③ 5,000m² ④ 6,000m²

해설
600,000 ÷ 200 = 3,000m²
서고의 크기(수용능력)
- 서고 1m²당 : 150~250권(평균 200권)
- 서가 1단 1m당 : 20~30권(평균 25권)
- 서고 공간 1m³당 : 평균 66권 정도

06 다음 중 백화점의 기둥간격 결정요소와 가장 거리가 먼 것은?

① 화장실의 크기
② 에스컬레이터의 배치방법
③ 매장 진열장의 치수와 배치방법
④ 지하주차장의 주차방식과 주차폭

해설
화장실은 코어계획에 관계되며, 기둥간격 결정요소에 해당되지 않는다.

07 건축계획에서 말하는 미의 특성 중 변화 혹은 다양성을 얻는 방식과 가장 거리가 먼 것은?

① 억양(Accent)
② 대비(Contrast)
③ 균제(Proportion)
④ 대칭(Symmetry)

해설
대칭(Symmetry)은 정적인 특성을 가지고 있고 통일과 대칭을 이룰 수는 있으나, 변화성을 얻기는 어렵다.

08 주택단지 안의 건축물에 설치하는 계단의 유효 폭은 최소 얼마 이상으로 하여야 하는가?(단, 공동으로 사용하는 계단의 경우)

① 0.9m ② 1.2m
③ 1.5m ④ 1.8m

해설
주택단지 안의 건축물에 설치하는 계단의 유효폭
- 공동으로 사용하는 계단 유효폭 : 최소 120cm 이상
- 세대 내 계단, 옥외계단 유효폭 : 최소 90cm 이상

09 사무소 건축의 코어 형식에 관한 설명으로 옳은 것은?

① 편심코어형은 각 층의 바닥면적이 큰 경우 적합하다.
② 양단코어형은 코어가 분산되어 있어 피난상 불리하다.
③ 중심코어형은 구조적으로 바람직한 형식으로 유효율이 높은 계획이 가능하다.
④ 외코어형은 설비 덕트나 배관을 코어로부터 사무실 공간으로 연결하는데 제약이 없다.

해설
① 편심코어형은 각 층의 바닥면적이 작은 경우 적합하다.
② 양단코어형은 코어가 분산되어 있어 피난상 유리하다.
④ 외코어형은 설비 덕트나 배관을 코어로부터 사무실 공간으로 연결하는데 길어지고 제약이 많다.

10 학교 건축계획에서 그림과 같은 평면 유형을 갖는 학교운영방식은?

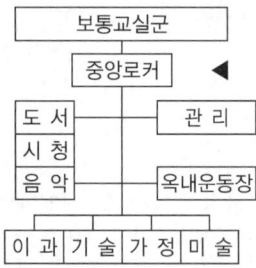

① 달톤형　　　② 플래툰형
③ 교과교실형　④ 종합교실형

해설
전 학급을 2분단으로 나누어 일반교실 수업과 교과교실 수업을 운영하는 플래툰형으로서 교과 담임제와 학급 담임제를 병용할 수 있는 형식이다.

11 공장건축의 지붕형에 관한 설명으로 옳지 않은 것은?

① 솟을지붕은 채광, 환기에 적합한 방법이다.
② 샤렌지붕은 기둥이 많이 소요되는 단점이 있다.
③ 뾰족지붕은 직사광선을 어느 정도 허용하는 결점이 있다.
④ 톱날지붕은 북향의 채광창으로 일정한 조도를 유지할 수 있다.

해설
샤렌지붕은 톱날지붕의 기둥이 많이 소요되는 결점을 보완하기 위하여 지붕을 곡선형으로 만든 형태로서 기둥이 적게 소요되는 장점이 있다.

12 다음 중 학교건축계획에 요구되는 융통성과 가장 거리가 먼 것은?

① 지역사회의 이용에 의한 융통성
② 학교운영방식의 변화에 대응하는 융통성
③ 광범위한 교과내용의 변화에 대응하는 융통성
④ 한계 이상의 학생수의 증가에 대응하는 융통성

해설
한계 이내의 학생수의 증가에 대응하는 융통성

13 극장의 평면형식 중 아레나(Arena)형에 관한 설명으로 옳지 않은 것은?

① 무대의 배경을 만들지 않으므로 경제성이 있다.
② 무대의 장치나 소품은 주로 낮은 기구들로 구성한다.
③ 가까운 거리에서 관람하면서 많은 관객을 수용할 수 있다.
④ 연기자가 일정한 방향으로만 관객을 대하므로 강연, 콘서트, 독주, 연극 공연에 가장 좋은 형식이다.

해설
④는 프로시니엄형식에 대한 설명이다.

14 사무소 건축의 실단위 계획에 있어서 개방식 배치(Open Plan)에 관한 설명으로 옳지 않은 것은?

① 독립성과 쾌적감 확보에 유리하다.
② 공사비가 개실시스템보다 저렴하다.
③ 방의 길이나 깊이에 변화를 줄 수 있다.
④ 전면적을 유효하게 이용할 수 있어 공간 절약상 유리하다.

해설
독립성과 쾌적감 확보에 유리한 것은 개실형 배치이다.

15 주택 부엌에서 작업 삼각형(Work Triangle)의 구성 요소에 속하지 않는 것은?

① 개수대   ② 배선대
③ 가열대   ④ 냉장고

해설
부엌의 작업 3각형 : 냉장고 + 개수대 + 가열대 연결

16 다음 중 건축가와 그의 작품의 연결이 옳지 않은 것은?

① Marcel Breuer – 파리 유네스코본부
② Le Corbusier – 동경 국립서양미술관
③ Antonio Gaudi – 시드니 오페라하우스
④ Frank Lloyd Wright – 뉴욕 구겐하임 미술관

해설
시드니 오페라하우스 – 예른 웃손(Jørn Utzon)

17 다음의 한국 근대건축 중 르네상스 양식을 취하고 있는 것은?

① 명동성당
② 한국은행
③ 덕수궁 정관헌
④ 서울 성공회성당

해설
② 한국은행 : 르네상스 양식
① 명동성당 : 고딕 양식
③ 덕수궁 정관헌 : 한식과 서양식(로마네스크)이 혼합된 양식
④ 서울 성공회성당 : 로마네스크 양식
르네상스 양식
• 한국은행(구 조선은행)
• 서울역 구역사(구 경성역사)
• 구 조선 총독부 청사
• 제일은행 본점

18 다포식(多包式) 건축양식에 관한 설명으로 옳지 않은 것은?

① 기둥 상부에만 공포를 배열한 건축양식이다.
② 주로 궁궐이나 사찰 등의 주요 정전에 사용되었다.
③ 주심포형식에 비해서 지붕하중을 등분포로 전달할 수 있는 합리적 구조법이다.
④ 간포를 받치기 위해 창방 외에 평방이라는 부재가 추가되었으며 주로 팔작지붕이 많다.

해설
주심포식 : 기둥 상부에만 공포를 배열한 건축양식
다포식(多包式) : 주간에도 공포를 얹는 방식

19 아파트의 평면형식에 관한 설명으로 옳지 않은 것은?

① 집중형은 기후조건에 따라 기계적 환경조절이 필요하다.
② 편복도형은 공용복도에 있어서 프라이버시가 침해되기 쉽다.
③ 홀형은 승강기를 설치할 경우 1대당 이용률이 복도형에 비해 적다.
④ 편복도형은 단위면적당 가장 많은 주호를 집결시킬 수 있는 형식이다.

해설
편복도형은 중복도형에 비해 단위면적당 주호의 집결이 적다.

20 근린생활권에 관한 설명으로 옳지 않은 것은?

① 인보구는 가장 작은 생활권 단위이다.
② 인보구 내에는 어린이 놀이터 등이 포함된다.
③ 근린주구는 초등학교를 중심으로 한 단위이다.
④ 근린분구는 주간선도로 또는 국지도로에 의해 구분된다.

해설
근린주구는 주간선도로 또는 국지도로에 의해 구분된다.

제2과목 건축시공

21 지반조사 중 보링에 관한 설명으로 옳지 않은 것은?

① 보링의 깊이는 일반적인 건물의 경우 대략 지지 지층 이상으로 한다.
② 채취시료는 충분히 햇빛에 건조시키는 것이 좋다.
③ 부지 내에서 3개소 이상 행하는 것이 바람직하다.
④ 보링 구멍은 수직으로 파는 것이 중요하다.

해설
채취시료는 토질시험을 위해 건조시키지 않은 자연상태로 시험 및 보관한다.
보링(Boring) : 지반을 천공하고 토질의 시료를 채취하여 지층상황을 판단하는 방법이다.
보링(Boring)의 종류
• 오거 보링(Auger Boring) : 오거(Auger)의 회전으로 시료를 채취하며, 얕은 지반에 적합하다.
• 수세식 보링 : 연약한 토사에 수압을 이용하여 탐사한다.
• 충격식 보링 : 경질층의 깊은 굴삭에 사용한다.
• 회전식 보링 : 지층의 변화를 연속적으로 비교적 정확히 알 수 있다.

22 콘크리트 블록벽체 $2m^2$를 쌓는데 소요되는 콘크리트 블록 장수로 옳은 것은?(단, 블록은 기본형이며, 할증은 고려하지 않음)

① 26장 ② 30장
③ 34장 ④ 38장

해설
콘크리트 블록쌓기는 $1m^2$당 기본형 13개이다.
따라서, $2m^2 \times 13장/m^2 = 26장$

23 콘크리트용 재료 중 시멘트에 관한 설명으로 옳지 않은 것은?

① 중용열 포틀랜드 시멘트는 수화작용에 따르는 발열이 적기 때문에 매스콘크리트에 적당하다.
② 조강 포틀랜드 시멘트는 조기강도가 크기 때문에 한중콘크리트공사에 주로 쓰인다.
③ 알칼리 골재반응을 억제하기 위한 방법으로써 내황산염 포틀랜드 시멘트를 사용한다.
④ 조강 포틀랜드 시멘트를 사용한 콘크리트의 7일 강도는 보통 포틀랜드 시멘트를 사용한 콘크리트의 28일 강도와 거의 비슷하다.

해설
내황산염 포틀랜드 시멘트는 황산염의 화학적 침식에 저항성을 크게 하기 위해 사용되며, 알칼리 골재반응은 관계없다.

24 도장공사에서의 뿜칠에 관한 설명으로 옳지 않은 것은?

① 큰 면적을 균등하게 도장할 수 있다.
② 스프레이건과 뿜칠면 사이의 거리는 30cm를 표준으로 한다.
③ 뿜칠은 도막두께를 일정하게 유지하기 위해 겹치지 않게 순차적으로 이행한다.
④ 뿜칠 공기압은 2~4kg/cm^{2}를 표준으로 한다.

해설
뿜칠은 한 줄마다 너비의 1/3이 겹치게 도장한다.
뿜칠 도장 요령
- 1/3정도 겹쳐 칠한다
- 칠면과의 뿜칠거리 : 30cm
- 뿜칠 압력 : 3.5kgf/cm^2 정도
- 뿜칠 방향은 위에서 밑으로, 왼편에서 오른편으로, 재의 길이(직각) 방향으로 한다.
- 칠 횟수를 구분하기 위해 색을 다르게 칠한다.
- 바람이 강하면 뿜칠이 비산되므로 작업을 중단한다.
- 온도 5℃ 이하, 35℃ 이상, 습도가 85% 이상 시에 작업을 중단한다.

25 타일공사에서 시공 후 타일 접착력 시험에 관한 설명으로 옳지 않은 것은?

① 타일의 접착력 시험은 600m^{2}당 한 장씩 시험한다.
② 시험할 타일은 먼저 줄눈 부분을 콘크리트면까지 절단하여 주위의 타일과 분리시킨다.
③ 시험은 타일 시공 후 4주 이상일 때 행한다.
④ 시험결과의 판정은 타일 인장 부착강도가 10MPa 이상이어야 한다.

해설
시험결과 판정은 타일 인장 부착강도가 0.39MPa 이상이어야 한다.

26 다음 중 무기질 단열재료가 아닌 것은?

① 셀룰로오스 섬유판
② 세라믹 섬유
③ 펄라이트 판
④ ALC 패널

해설
단열재료
- 유기질 재료 : 셀룰로오스 섬유판, 연질 섬유판, 폴리스티렌 폼, 경질 우레탄 폼
- 무기질 재료 : 세라믹 섬유, 펄라이트 판, ALC 패널, 유리면, 암면, 규산 칼슘판
- 반사성 재료 : 다층 알미늄박 방수지, 알미늄박 및 아스팔트 펠트
- 다포질 재료 : 단열 모르타르, 기포 콘크리트, 경량골재기포유리, 기포 Plastic

27 CM(Construction Management)의 주요업무가 아닌 것은?

① 설계부터 공사관리까지 전반적인 지도, 조언, 관리업무
② 입찰 및 계약 관리업무와 원가관리업무
③ 현장 조직관리업무와 공정관리업무
④ 자재조달업무와 시공도 작업업무

[해설]
자재조달업무와 시공도 작성업무는 시공자의 업무이다.
CM의 업무
- 건설공사의 기본구상 및 타당성 조사관리
- 계약관리, 설계관리, 사업비관리
- 공정관리, 품질관리, 안전관리, 환경관리
- 사업정보관리, 준공 후 사후관리

28 용접작업 시 용착금속 단면에 생기는 작은 은색의 점을 무엇이라 하는가?

① 피시 아이(Fish Eye)
② 블로 홀(Blow Hole)
③ 슬래그 함입(Slag Inclusion)
④ 크레이터(Crater)

[해설]
피시 아이(Fish Eye) : 슬래그 혼입 및 블로 홀 겹침 현상으로 용착금속 단면에 생기는 생선 눈알 모양의 은색 반점(은점)

29 한중(寒中) 콘크리트의 양생에 관한 설명으로 옳지 않은 것은?

① 보온 양생 또는 급열 양생을 끝마친 후에는 콘크리트의 온도를 급격히 저하시켜 양생을 마무리 하여야 한다.
② 초기양생에서 소요 압축강도가 얻어질 때까지 콘크리트의 온도를 5℃ 이상으로 유지하여야 한다.
③ 초기양생에서 구조물의 모서리나 가장자리의 부분은 보온하기 어려운 곳이어서 초기동해를 받기 쉬우므로 초기양생에 주의하여야 한다.
④ 한중 콘크리트의 보온 양생 방법은 급열 양생, 단열 양생, 피복양생 및 이들을 복합한 방법 중 한 가지 방법을 선택하여야 한다.

[해설]
보온 양생 또는 급열 양생을 끝마친 후에도 온도를 서서히 저하시킨다.
한중 콘크리트
- 동결피해 예방을 위해 물시멘트비는 60% 이하로 작게 하고, AE제나 감수제 중 하나는 반드시 사용한다.
- 초기양생이 중요하며, 초기강도 5MPa 이상될 때까지 5℃ 이상 유지하여 양생한다.
- 가열보온 양생, 단열보온 양생, 피복양생 중 한 가지 이상의 방법으로 양생한다.
- 부어넣기 온도 : 5℃ 이상 20℃ 미만

27 ④ 28 ① 29 ①

30 실링공사의 재료에 관한 설명으로 옳지 않은 것은?

① 가스켓은 콘크리트의 균열부위를 충전하기 위하여 사용하는 부정형 재료이다.
② 프라이머는 접착면과 실링재와의 접착성을 좋게 하기 위하여 도포하는 바탕처리 재료이다.
③ 백업재는 소정의 줄눈깊이를 확보하기 위하여 줄눈 속을 채우는 재료이다.
④ 마스킹 테이프는 시공 중에 실링재 충전개소 이외의 오염방지와 줄눈선을 깨끗이 마무리하기 위한 보호 테이프이다.

해설
가스켓(Gasket) : 정형적인 타입으로 유리 등에 삽입하는 실링재이다. 두 개의 면 사이에 장착되는 것으로 연결 면에 대한 기밀을 유지하고 조립부위를 통해 외부의 오염된 물질의 유입을 방지하는 고정형 타입 실을 말한다.

31 도막방수 시공 시 유의사항으로 옳지 않은 것은?

① 도막방수재는 혼합에 따라 재료 물성이 크게 달라지므로 반드시 혼합비를 준수한다.
② 용제형의 프라이머를 사용할 경우에는 화기에 주의하고, 특히 실내 작업의 경우 환기장치를 사용하여 인화나 유기용제 중독을 미연에 예방하여야 한다.
③ 코너부위, 드레인 주변은 보강이 필요하다.
④ 도막방수 공사는 바탕면 시공과 관통공사가 종결되지 않더라도 할 수 있다.

해설
도막방수 공사는 바탕면 시공과 관통공사까지의 모든 공사가 완료된 후에 시공한다.

32 지반조사시험에서 서로 관련 있는 항목끼리 옳게 연결된 것은?

① 지내력 – 정량분석시험
② 연한 점토 – 표준관입시험
③ 진흙의 점착력 – 베인 시험(Vane Test)
④ 염분 – 신 월 샘플링(Thin Wall Sampling)

해설
지내력 : 정성적 분석시험으로 평판재하 시험, 보링 테스트 등이 있다.
연한 점토(진흙)의 점착력 : 베인 시험(Vane Test)
연약 점토지반의 시료채취 : 신 월 샘플링(Thin Wall Sampling)

33 공사 착공시점의 인허가항목이 아닌 것은?

① 비산먼지 발생사업 신고
② 오수처리시설 설치신고
③ 특정공사 사전신고
④ 가설건축물 축조신고

해설
오수처리시설 설치신고는 공사 착공 전에 한다.
공사 착공시점 인허가항목
• 비산먼지 발생사업 신고 : 사업시행 3일 전
• 가설건축물 축조신고 : 착공 5일 전
• 특정공사 사전신고 : 공사개시 10일 전

34 콘크리트 공사 중 적산온도와 가장 관계 깊은 것은?

① 매스(Mass)콘크리트 공사
② 수밀(水密)콘크리트 공사
③ 한중(寒中)콘크리트 공사
④ AE콘크리트 공사

해설
적산온도 : 시간에 따른 누적 온도를 추적하여 강도를 추정하는 방법으로 한중기에는 초기강도가 늦어지므로 적산온도를 이용하여 거푸집의 해체시기, 양생기간 등을 검토하며, 한중(寒中)콘크리트 공사에 적용한다.

정답 30 ① 31 ④ 32 ③ 33 ② 34 ③

35 조적벽 40m²를 쌓는데 필요한 벽돌량은?(단, 표준형 벽돌 0.5B 쌓기, 할증은 고려하지 않음)

① 2,850장 ② 3,000장
③ 3,150장 ④ 3,500장

해설
벽돌 0.5B 쌓기는 1m²당 75장이며,
따라서, 40m² × 75장/m² = 3,000장
조적벽 적산 – 1m²당 벽돌 수
- 0.5B : 75장
- 1.0B : 149장
- 1.5B : 224장

36 고력볼트 접합에 관한 설명으로 옳지 않은 것은?

① 현대건축물의 고층화, 대형화 추세에 따라 소음이 심한 리벳은 현재 거의 사용하지 않고 볼트접합과 용접접합이 대부분을 차지하고 있다.
② 토크셰어형 고력볼트는 조여서 소정의 축력이 얻어지면 자동적으로 핀테일이 파단되는 구조로 되어 있다.
③ 고력볼트의 조임기구는 토크렌치와 임팩트렌치 등이 있다.
④ 고력볼트의 접합형태는 모두 마찰접합이며, 마찰접합은 하중이나 응력을 볼트가 직접 부담하는 방식이다.

해설
하중이나 응력을 볼트가 직접 부담하는 방식은 인장접합이다.
고력볼트 접합방식 : 마찰접합, 인장접합, 지압접합
고력볼트 접합
- 고력볼트 접합방법
  - 마찰접합(90%), 인장접합, 지압접합
  - 1차 조임에서는 80%, 2차 조임에서는 고력볼트의 표준장력을 얻는다.
  - 중앙에서 단부로 조인다.
- 고력볼트의 장점
  - 접합부의 강성, 피로강도가 높다.
  - 노동력이 절약되고, 공기가 단축된다.
  - 소음이 없으며. 현장시공이 간단하다.
  - 너트가 풀리지 않으며, 불량부분 수정이 쉽다.
  - 화재, 재해의 위험이 적다.

37 기본공정표와 상세공정표에 표시된 대로 공사를 진행시키기 위해 재료, 노력, 원척도 등이 필요한 기일까지 반입, 동원될 수 있도록 작성한 공정표는?

① 횡선식 공정표
② 열기식 공정표
③ 사선 그래프식 공정표
④ 일순식 공정표

해설
열기식 공정표 : 재료, 노력, 원척도 등이 필요한 기일까지 반입, 동원될 수 있도록 글자로 열거해서 작성한 공정표

38 유리섬유, 합성섬유 등의 망상포를 적층하여 도포하는 도막방수 공법은?

① 시멘트 액체방수 공법
② 라이닝 공법
③ 스터코 마감 공법
④ 루핑 공법

해설
라이닝 공법 : 유리섬유, 합성섬유 등의 망상포를 적층하여 도포하는 도막방수 공법
시멘트 액체방수 공법 : 방수제를 물·모래 등과 함께 섞어 반죽한 뒤 콘크리트 구조체의 바탕 표면에 발라 방수층을 만드는 공법으로 욕실 및 화장실·베란다·발코니·다용도실·지하실 등에 많이 사용된다.
스터코(Stucco) 마감 공법 : 대리석 등과 같은 석재와 유사한 표면 마무리를 하기 위하여 기본 돌가루에 착색을 한 것으로 프라이머칠 후 중도를 마감 색상과 동일하게 칠한 후 재료를 뿜칠 또는 롤러로 마감하는 공법

39 강제말뚝의 부식에 대한 대책과 가장 거리가 먼 것은?

① 부식을 고려하여 두께를 두껍게 한다.
② 에폭시 등의 도막을 설치한다.
③ 부마찰력에 대한 대책을 수립한다.
④ 콘크리트로 피복한다.

해설
부마찰력은 말뚝의 지지력에 관계된다.
부마찰력 : 연약점토층이나 성토, 매립층에 시공한 말뚝은 말뚝 주변의 지반이 말뚝보다 많이 침하하면서 말뚝 주면에 발생하는 전단응력은 하향으로 작용하며 이를 부(-)마찰력이라 한다. 이러한 경우 말뚝지지력 감소, 지반침하, 구조물 균열 등이 우려되며 부마찰력에 대한 대책을 수립해야 한다.

40 콘크리트 중 공기량의 변화에 관한 설명으로 옳은 것은?

① AE제의 혼입량이 증가하면 연행공기량도 증가한다.
② 시멘트 분말도 및 단위시멘트량이 증가하면 공기량은 증가한다.
③ 잔골재 중의 0.15~0.3mm의 골재가 많으면 공기량은 감소한다.
④ 슬럼프가 커지면 공기량은 감소한다.

해설
② 시멘트 분말도 및 단위시멘트량이 증가하면 공기량은 감소한다.
③ 잔골재가 많으면 미세한 공극이 많아져서 공기량은 증가한다.
④ 슬럼프가 커지면 공기량은 증가한다.
콘크리트 중의 공기량의 변화
• 일반적으로 슬럼프가 커지면 공기량은 증가하지만, 슬럼프(Slump)가 약 17~18cm 이상으로 커지면서 묽은 비빔일수록 공기량은 감소한다.
• 공기량 1% 증가 시에 슬럼프치는 2cm 증가하고, 압축강도는 4~6% 감소한다.
• 잔골재 많을 시 공기량 증가한다.
• 비빔시간이 오래되면 공기량이 감소한다.
• AE제를 많이 넣을수록 연행공기량이 증가한다.
• 온도가 높으면 감소하고, 온도가 낮으면 증가한다.

제3과목 건축구조

41 강구조 용접에서 용접결함에 속하지 않는 것은?

① 오버랩(Overlap)
② 크랙(Crack)
③ 가우징(Gouging)
④ 언더컷(Under Cut)

해설
가우징(Gouging) : 강구조물 금속판의 뒷면 깎기로 용접결합부의 제거 등을 위해 금속면에 공기로 불어내어 골을 파는 것

42 그림과 같은 구조물의 부정정 차수는?

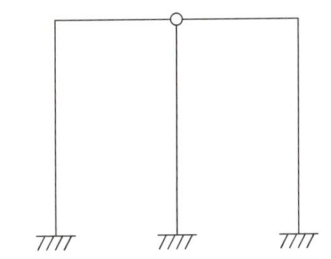

① 1차 부정정   ② 2차 부정정
③ 3차 부정정   ④ 4차 부정정

해설
$N = m + r + k - 2j$
$ = 5 + 9 + 2 - 2 \times 6$
$ = 4 (4차 부정정)$
여기서, m : 부재(Member)수
r : 지점반력(Reaction)수
k : 강절점수
j : 절점(Joint)수

43 동일 단면, 동일 재료를 사용한 캔틸레버보 끝단에 집중하중이 작용하였다. P_1이 작용한 부재의 최대 처짐량이 P_2가 작용한 부재의 최대 처짐량의 2배일 경우 $P_1 : P_2$는?

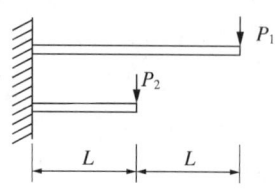

① 1 : 4
② 1 : 8
③ 4 : 1
④ 8 : 1

해설

캔틸레버의 처짐 기본공식 : $\delta = \dfrac{PL^3}{3EI}$

$\delta_1 = \dfrac{P_1(2L)^3}{3EI}$, $\delta_2 = \dfrac{P_2 L^3}{3EI}$

주어진 조건에서 $\delta_1 = 2 \times \delta_2$ 이므로,

$\dfrac{2\delta_2}{\delta_2} = \dfrac{\dfrac{P_2(2L)^3}{3EI}}{\dfrac{P_1 L^3}{3EI}}$, $2 = \dfrac{8P_1}{P_2}$ 이다.

$\therefore \dfrac{1}{4} = \dfrac{P_1}{P_2}$ 이므로 $P_1 : P_2 = 1 : 4$

44 그림과 같은 단순보의 일부 구간으로부터 떼어낸 자유물체도에서 각 좌우측면(가, 나면)에 작용하는 전단력의 방향과 그 값으로 옳은 것은?

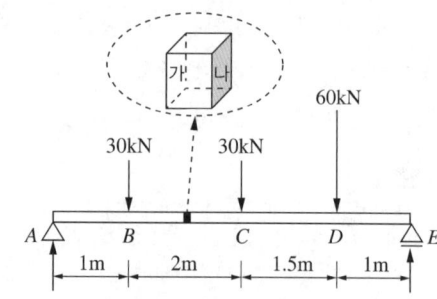

① 가 : 19.1kN(↑), 나 : 19.1kN(↓)
② 가 : 19.1kN(↓), 나 : 19.1kN(↑)
③ 가 : 16.1kN(↑), 나 : 16.1kN(↓)
④ 가 : 16.1kN(↓), 나 : 16.1kN(↑)

해설

$\Sigma M_E = 0$ 으로부터

$R_A \times 5.5 - 30 \times 4.5 - 30 \times 2.5 - 60 \times 1 = 0$

$R_A = \dfrac{270}{5.5} \fallingdotseq 49.1 \text{kN}$

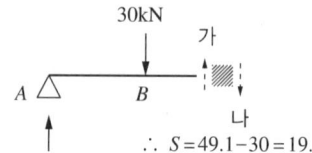

$\therefore S = 49.1 - 30 = 19.1$

$V_A = 49.1 \text{kN}$

$\therefore S_{BC} = 49.09 - 30 = 19.09 \text{kN}$

따라서, 가면은 19.1kN(↑), 나면은 19.1kN(↓)

45 그림과 같이 수평하중을 받는 라멘에서 휨모멘트의 값이 가장 큰 위치는?

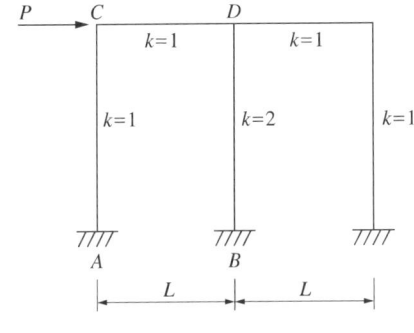

① A
② B
③ C
④ D

해설
강비(k), 즉 상대강도가 클수록 휨강성이 크다.
따라서, DB부재의 강비(k)가 가장 크므로 B점 휨모멘트가 가장 크다.

46 그림과 같은 단순보에서 A점 및 B점에서의 반력을 각각 R_A, R_B라 할 때 반력의 크기로 옳은 것은?

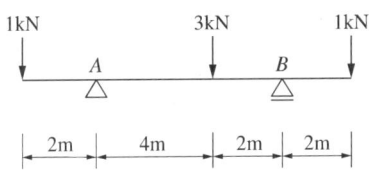

① $R_A = 3\text{kN}, \ R_B = 2\text{kN}$
② $R_A = 2\text{kN}, \ R_B = 3\text{kN}$
③ $R_A = 2.5\text{kN}, \ R_B = 2.5\text{kN}$
④ $R_A = 4\text{kN}, \ R_B = 1\text{kN}$

해설
$\Sigma M_B = 0$으로부터
$R_A \times 6 - 1 \times 8 - 3 \times 2 + 1 \times 2 = 0$
$R_A = \dfrac{12}{6} = 2\text{kN}(\uparrow)$
$\Sigma V = 0$으로부터
$R_A + R_B = 1 + 3 + 1$
$R_B = 5 - 2 = 3\text{kN}(\uparrow)$

47 필릿용접의 최소 사이즈에 관한 설명으로 옳지 않은 것은?(단, KBC 2016 기준)

① 접합부 얇은 쪽 모재 두께가 6mm 이하일 경우 3mm이다.
② 접합부 얇은 쪽 모재 두께가 6mm를 초과하고 13mm 이하일 경우 4mm이다.
③ 접합부 얇은 쪽 모재 두께가 13mm를 초과하고 19mm 이하일 경우 6mm이다.
④ 접합부 얇은 쪽 모재 두께가 19mm 초과할 경우 8mm이다.

해설
필릿용접의 최소 사이즈
• $t \le 6$인 경우 : 3mm
• $6 < t \le 13$인 경우 : 5mm
• $13 < t \le 19$인 경우 : 6mm
• $t > 19$인 경우 : 8mm

48 다음 각 구조시스템에 관한 정의로 옳지 않은 것은?

① 모멘트골조방식 : 수직 하중과 횡력을 보와 기둥으로 구성된 라멘골조가 저항하는 구조방식
② 연성 모멘트골조방식 : 횡력에 대한 저항능력을 증가시키기 위하여 부재와 접합부의 연성을 증가시킨 모멘트골조방식
③ 이중골조방식 : 횡력의 25% 이상을 부담하는 전단벽이 연성 모멘트골조와 조합되어 있는 구조방식
④ 건물골조방식 : 수직 하중은 입체골조가 저항하고 지진하중은 전단벽이나 가새골조가 저항하는 구조방식

해설
이중골조방식 : 횡력의 25% 이상을 부담하는 연성 모멘트골조(강성골조)가 전단벽이나 가새골조와 조합되어 있는 구조방식

49 그림과 같은 H형강 H-300×150×6.5×9의 $x-x$ 축에 대한 단면계수 값으로 옳은 것은?(단, $I_x = 5,080,000\text{mm}^4$이다)

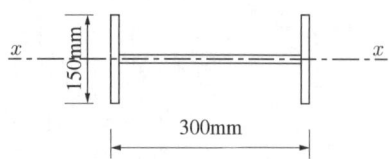

① $58,539\text{mm}^3$
② $60,568\text{mm}^3$
③ $67,733\text{mm}^3$
④ $71,384\text{mm}^3$

해설

$$Z_x = \frac{I_x}{y} = \frac{5,080,000}{\frac{150}{2}} ≒ 67,733\text{mm}^3$$

50 다음 부정정 구조물에서 B점의 반력을 구하면?

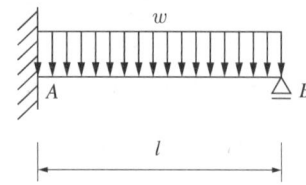

① $\frac{1}{8}wl$ ② $\frac{3}{8}wl$
③ $\frac{5}{8}wl$ ④ $\frac{7}{8}wl$

해설

$R_B = \frac{3}{8}wl$

$M_A = -\frac{wl^2}{8}$

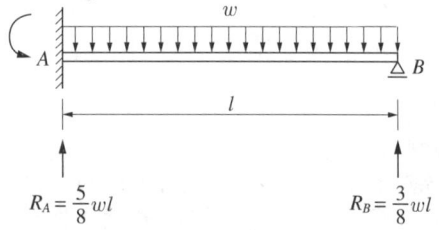

51 인장을 받는 이형철근의 직경이 D16(직경 15.9mm)이고, 콘크리트 강도가 30MPa인 표준갈고리의 기본정착길이는?(단, $f_y = 400\text{MPa}$, $\beta = 1.0$, $m_c = 2,300\text{kg/m}^3$)

① 238mm   ② 258mm
③ 279mm   ④ 312mm

해설

$$l_{hb} = \frac{0.24\beta d_b f_y}{\lambda \sqrt{f_{ck}}}$$

여기서, $\lambda = 1.0 (m_c = 2,300\text{kg/m}^3$: 보통콘크리트)

$\therefore l_{hb} = \frac{0.24 \times 1.0 \times 15.9 \times 400}{1.0 \times \sqrt{30}}$
$≒ 278.68\text{mm} ≒ 279\text{mm}$

52 양단 힌지인 길이 6m의 H-300×300×10×15의 기둥이 부재 중앙에서 약축 방향으로 가새를 통해 지지되어 있을 때 설계용 세장비는?(단, $r_x = 131\text{mm}$, $r_y = 75.1\text{mm}$)

① 39.9   ② 45.8
③ 58.2   ④ 66.3

해설

세장비(λ) = $\frac{\text{유효 좌굴길이}}{\text{최소 단면 2차 반경}} = \frac{KL}{r} = \frac{KL}{\sqrt{\frac{I}{A}}}$

여기서, K : 좌굴 유효길이 계수
 L : 기둥의 지지길이
 I : 단면 2차 모멘트
 A : 단면적

강축 방향 세장비(λ_x) = $\frac{KL}{r_x} = \frac{1 \times 6,000}{131} ≒ 45.8$

약축 방향 세장비(λ_y) = $\frac{KL}{r_y} = \frac{1 \times 3,000}{75.1} ≒ 39.9$

(여기서, 양단 힌지이므로 $K = 1$이며, 약축 방향은 중간에 횡지지가 되어 있어 $\frac{L}{2}$을 적용)

따라서, 세장비는 큰 값으로 하며 45.8을 적용한다.
H형강의 강축과 약축

53 그림과 같은 이동하중이 스팬 10m의 단순보 위를 지날 때 절대 최대 휨모멘트를 구하면?

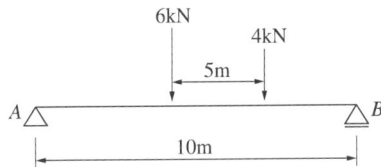

① 16kN·m
② 18kN·m
③ 25kN·m
④ 30kN·m

해설

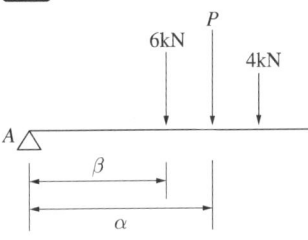

A점으로부터 P(두 하중의 합력 = 10kN)까지의 거리를 α, A점으로부터 6kN 하중까지의 거리를 β라고 할 때,
$P \times \alpha = 6 \times \beta + 4 \times (\beta + 5)$이다.
$10\alpha = 10\beta + 20$
$\alpha = \beta + 2$
6kN과 P의 중심($\beta+1$)을 보의 중앙부와 일치시킬 때, 최대 휨모멘트가 발생한다.
$\beta + 1 = 5$
$\therefore \beta = 4$
반력을 구하면,
$\Sigma M_A = 0 \; ; \; 6 \times 4 + 4 \times 9 - R_B \times 10 = 0$
$R_B = 6\text{kN}$
$\Sigma F_y = 0 \; ; \; 6 + 4 - 6 - R_A = 0$
$R_A = 4\text{kN}$
D점에서의 최대 휨모멘트는,
$M_{\max} = M_D$이며,
$\therefore M_D = 4 \times 4 = 16\text{kN}\cdot\text{m}$

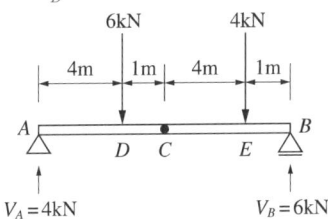

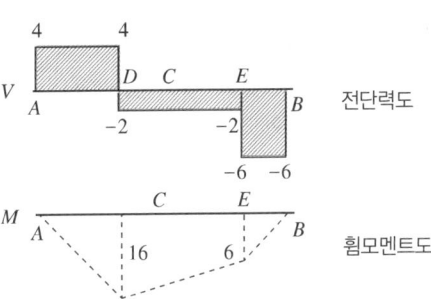

54 그림과 같은 구조물에서 B단에 발생하는 휨모멘트 값으로 옳은 것은?

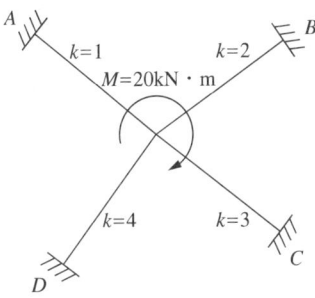

① 2kN·m
② 3kN·m
③ 4kN·m
④ 6kN·m

해설
모멘트분배법
$M_{BO} = \dfrac{1}{2} M_{OB} = \dfrac{1}{2} \times \left(20 \times \dfrac{2}{1+2+3+4}\right)$
$= \dfrac{1}{2} \times 20 \times \dfrac{2}{10} = 2\text{kN}\cdot\text{m}$

55 등분포하중을 받는 두 스팬 연속보인 B_1 RC보부재에서 Ⓐ, Ⓑ, Ⓒ 지점의 보 배근에 관한 설명으로 옳지 않은 것은?

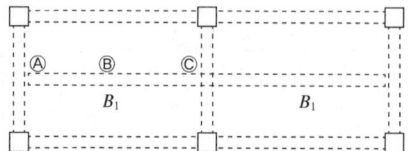

① Ⓐ단면에서는 하부근이 주근이다.
② Ⓑ단면에서는 하부근이 주근이다.
③ Ⓐ단면에서의 스터럽 배치간격은 Ⓑ단면에서의 경우보다 촘촘하다.
④ Ⓒ단면에서는 하부근이 주근이다.

해설

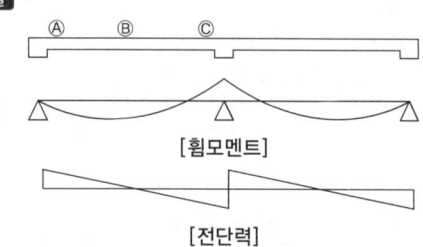

④ Ⓒ단면에서는 부모멘트 발생으로 상부근이 주근이다.
① Ⓐ단면에서는 정모멘트 발생으로 하부근이 주근이다.
② Ⓑ단면에서는 정모멘트 발생으로 하부근이 주근이다.
③ Ⓐ단면에서는 전단력이 크므로 스터럽 배치간격이 촘촘하다.

56 그림과 같은 독립기초에 $N=480\text{kN}$, $M=96\text{kN}\cdot\text{m}$가 작용할 때 기초저면에 발생하는 최대 지반반력은?

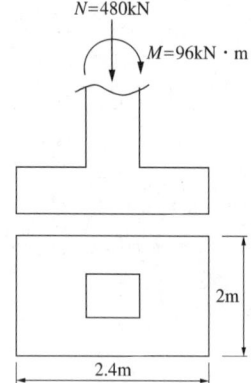

① 15kN/m^2
② 150kN/m^2
③ 20kN/m^2
④ 200kN/m^2

해설

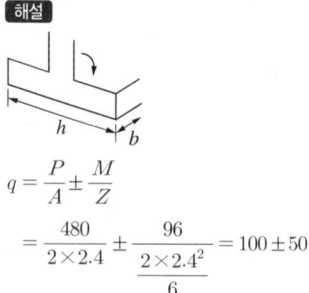

$$q = \frac{P}{A} \pm \frac{M}{Z}$$

$$= \frac{480}{2\times 2.4} \pm \frac{96}{\frac{2\times 2.4^2}{6}} = 100 \pm 50$$

∴ 반력은 최소 50kN/m^2, 최대 150kN/m^2

57 철골보의 처짐을 적게 하는 방법으로 가장 적절한 것은?

① 보의 길이를 길게 한다.
② 웨브의 단면적을 작게 한다.
③ 상부플랜지의 두께를 줄인다.
④ 단면 2차 모멘트 값을 크게 한다.

해설
$\delta = K\dfrac{PL^3}{EI}$ 에 따라서, 처짐은 단면 2차 모멘트(I)에 반비례하므로 단면 2차 모멘트 값을 크게 할수록 처짐은 줄어든다.

58 강도설계법에서 직접설계법을 이용한 콘크리트 슬래브 설계 시 적용조건으로 옳지 않은 것은?

① 각 방향으로 3경간 이상 연속되어야 한다.
② 슬래브 판들은 단변경간에 대한 장변경간의 비가 2 이하인 직사각형이어야 한다.
③ 각 방향으로 연속한 받침부 중심간 경간 차이는 긴 경간의 1/3 이하이어야 한다.
④ 모든 하중은 슬래브판의 특정지점에 작용하는 집중하중이어야 하며 활하중은 고정하중의 3배 이하이어야 한다.

해설
모든 하중은 슬래브판 전체에 걸쳐 연직의 등분포하중이어야 하며, 활하중은 고정하중의 2배 이하이어야 한다.

59 연약지반에 기초구조를 적용할 때 부동침하를 감소시키기 위한 상부구조의 대책으로 옳지 않은 것은?

① 폭이 일정할 경우 건물의 길이를 길게 할 것
② 건물을 경량화할 것
③ 강성을 크게 할 것
④ 부분 증축을 가급적 피할 것

해설
부동침하에 대한 상부구조의 대책
• 건물의 경량화
• 강성을 높일 것
• 건물의 중량 분배를 고려할 것
• 건물의 평면길이를 짧게 할 것
• 인접 건물과의 거리를 멀게 할 것

60 등가정적해석법에 따른 지진응답계수의 산정식과 가장 거리가 먼 것은?

① 가스트영향계수
② 반응수정계수
③ 주기 1초에서의 설계스펙트럼 가속도
④ 건축물의 고유주기

해설
가스트영향계수는 관계가 없다.
가스트영향계수: 풍하중에 관계되며, 건축물의 동적 거동에 의한 하중효과로서 바람의 난류로 인해 발생되는 구조물의 동적 거동 성분

제4과목 건축설비

61 배수 배관에서 청소구(Clean Out)의 일반적 설치 장소에 속하지 않는 것은?

① 배수수직관의 최상부
② 배수수평지관의 기점
③ 배수수평주관의 기점
④ 배수관이 45°를 넘는 각도에서 방향을 전환하는 개소

해설
청소구 설치 위치
- 가옥 배수관과 부지 하수관이 접속되는 곳
- 배수수직관의 최하단부
- 수평지관의 최상단부
- 가옥 배수수평주관의 기점
- 45° 이상 굴곡부

62 다음과 같은 조건에서 사무실의 평균조도를 800lx로 설계하고자 할 경우, 광원의 필요수량은?

┤조건├
- 광원 1개의 광속 : 2,000lm
- 실의 면적 : 10m²
- 감광 보상률 : 1.5
- 조명률 : 0.6

① 3개 ② 5개
③ 8개 ④ 10개

해설
광속법에 의한 조명설계식
$$F(\text{lm}) = \frac{A \times E \times D}{N \times U} = \frac{A \times E}{N \times U \times M}$$
$$\therefore N = \frac{A \times E \times D}{F \times U} = \frac{10 \times 800 \times 1.5}{2,000 \times 0.6} = 10개$$

여기서, F : 사용광원 1개의 광속(lm)
N : 전등 수
E : 작업면의 평균조도(lx)
A : 방의 면적(m²)
D : 감광 보상률
M : 보수율
U : 조명률

63 최대 수용전력이 500kW, 수용률이 80%일 때 부하 설비 용량은?

① 400kW ② 625kW
③ 800kW ④ 1,250kW

해설
수용률(수요율) = (최대 수용전력/부하 설비 용량) × 100%
80% = (500kW/부하 설비 용량) × 100%
∴ 부하 설비 용량 = (500kW × 100%)/80%
= 625kW

64 이동식 보도에 관한 설명으로 옳지 않은 것은?

① 속도는 60~70m/min이다.
② 주로 역이나 공항 등에 이용된다.
③ 승객을 수평으로 수송하는데 사용된다.
④ 수평으로부터 10° 이내의 경사로 되어 있다.

해설
수평보행기(이동식 보도)
- 보행이동이 많으며, 이동거리가 긴 수평을 연결하여 보행자를 수평으로 이동시키는 반송설비
- 수평으로부터 10° 이내의 경사도
- 속도는 40~50m/min
- 수송능력은 최고 1,500명/h
- 주로 역, 공항에 설치한다.

65 급수관에 워터해머(Water Hammer)가 생기는 가장 주된 원인은?

① 배관의 부식
② 배관 지름의 확대
③ 수원(水原)의 고갈
④ 배관 내 유수(流水)의 급정지

해설
수격작용(워터해머)의 발생 원인
- 급수관 내에서 물의 흐름이 갑자기 정지할 때
- 급수관경이 작을 때
- 유속이 빠를 때
- 굴곡배관인 경우 굴곡부위에서

66 압력에 따른 도시가스의 분류에서 고압의 기준으로 옳은 것은?

① 0.1MPa 이상
② 1MPa 이상
③ 10MPa 이상
④ 100MPa 이상

해설
압력에 따른 도시가스의 분류(도시가스사업법 시행규칙 제2조)
- 저압 : 0.1MPa 미만
- 중압 : 0.1MPa 이상 ~ 1MPa 미만
- 고압 : 1MPa 이상

67 압축식 냉동기의 주요 구성요소가 아닌 것은?

① 재생기 ② 압축기
③ 증발기 ④ 응축기

해설
재생기는 흡수식 냉동기의 주요 구성요소이다.
압축식 냉동기의 냉동사이클 : 압축기 → 응축기 → 팽창밸브 → 증발기로 계속 순환시키며, 증발기에서 냉동이 이루어진다.

68 옥내소화전설비의 설치 대상 건축물로서 옥내소화전의 설치 개수가 가장 많은 층의 설치 개수가 6개인 경우, 옥내소화전설비 수원의 유효 저수량은 최소 얼마 이상이 되어야 하는가?

① 7.8m³ ② 10.4m³
③ 13.0m³ ④ 15.6m³

해설
※ 출제 시 정답은 ③이었으나 옥내소화전설비의 화재안전기준 개정(21.12.16)으로 정답 없음(개정 전 : 최다 설치 층 설치 개수는 5개 이상 설치된 경우 5개로 산정함)
옥내소화전 수원의 수량(Q) $= 2.6 \times N$
여기서, N : 소화전 개수(가장 많이 설치된 층을 기준으로 최대 2개소 산정한다)
∴ 수량(Q) $= 2.6 \times 2 = 5.2\text{m}^3$

69 변풍량 단일덕트방식에서 송풍량 조절의 기준이 되는 것은?

① 실내 청정도
② 실내 기류속도
③ 실내 현열부하
④ 실내 잠열부하

해설
변풍량 단일덕트방식은 송풍량과 실내의 현열부하의 관계에 의해 표시된다.

70 증기난방에 관한 설명으로 옳지 않은 것은?

① 온수난방에 비해 예열시간이 짧다.
② 운전 중 증기해머로 인한 소음발생의 우려가 있다.
③ 온수난방에 비해 한랭지에서 동결의 우려가 적다.
④ 온수난방에 비해 부하변동에 따른 실내 방열량 제어가 용이하다.

해설
증기난방의 특징
- 증발잠열을 이용하므로 열의 운반능력이 크다.
- 예열시간이 짧고 증기순환이 빠르다
- 열매온도가 높아 방열기의 방열면적이 작다.
- 실내 방열량 제어가 어렵다.

71 피뢰시스템에 관한 설명으로 옳지 않은 것은?

① 피뢰시스템은 보호성능 정도에 따라 등급을 구분한다.
② 피뢰시스템의 등급은 Ⅰ, Ⅱ, Ⅲ의 3등급으로 구분된다.
③ 수뢰부시스템은 보호범위 산정방식(보호각, 회전구체법, 메시법)에 따라 설치한다.
④ 피보호건축물에 적용하는 피뢰시스템의 등급 및 보호에 관한 사항은 한국산업표준의 낙뢰 리스트 평가에 의한다.

해설
피뢰시스템의 등급은 Ⅰ~Ⅳ까지 4등급으로 구분된다.

72 다음의 공기조화방식 중 전공기 방식에 속하지 않는 것은?

① 단일덕트방식
② 이중덕트방식
③ 멀티존 유닛방식
④ 팬코일 유닛방식

해설
공조방식의 분류
- 공기식(전공기방식) : 단일덕트방식, 이중덕트방식, 멀티존방식, 각층유닛방식
- 수공기식 : 유인유닛방식
- 전수방식 : 팬코일유닛방식, 복사냉난방식
- 냉매방식 : 패키지방식

73 다음과 같은 조건에서 바닥면적 300m², 천장고 2.7m인 실의 난방부하 산정 시 틈새바람에 의한 외기부하는?

┌ 조건 ┐
- 실내 건구온도 : 20℃
- 외기 온도 : −10℃
- 환기 횟수 : 0.5회/h
- 공기의 밀도 : 1.2kg/m³
- 공기의 비열 : 1.01kJ/kg·K

① 3.4kW
② 4.1kW
③ 4.7kW
④ 5.2kW

해설
현열 부하량, 환기에 의한 손실 열량 H_i(W)
$$H_i = 0.337 \times Q \times \Delta t \text{ (W)}$$
$$= 0.337 \times n \times V \times \Delta t$$
$$= 0.337 \times 0.5 \times (300 \times 2.7) \times 30$$
$$≒ 4,095W$$
$$≒ 4.1kW$$

여기서, 0.337 : 단위환산계수(W·h/m³·K)
Q : 환기량(m³/h)
n : 환기 횟수(회/h)
V : 실의 체적(m³)
Δt : 실내외 온도차(℃)

74 다음 중 사이펀식 트랩에 속하지 않는 것은?

① P트랩 ② S트랩
③ U트랩 ④ 드럼트랩

해설
사이펀식 트랩 : P트랩, S트랩, U트랩
비사이펀식 트랩 : 드럼트랩, 벨트랩, 격벽트랩, 보틀트랩

75 일사에 관한 설명으로 옳지 않은 것은?

① 일사에 의한 건물의 수열은 방위에 따라 차이가 있다.
② 추녀와 차양은 창면에서의 일사조절 방법으로 사용된다.
③ 블라인드, 루버, 롤스크린은 계절이나 시간, 실내의 사용상황에 따라 일사를 조절할 수 있다.
④ 일사조절의 목적은 일사에 의한 건물의 수열이나 흡열을 작게 하여 동계의 실내기후의 악화를 방지하는데 있다.

해설
일사조절의 목적은 건물의 열 획득을 감소시킴으로써 여름철 냉방부하를 저감하는 동시에 자연채광 및 자연환기를 유지하는 것이다. 겨울철 일사량을 증가시키면 난방부하가 저감된다.

76 급수방식 중 펌프직송방식에 관한 설명으로 옳지 않은 것은?

① 전력 차단 시 급수가 불가능하다.
② 고가수조방식에 비해 수질오염 가능성이 크다.
③ 건축적으로 건물의 외관 디자인이 용이해지고 구조적 부담이 경감된다.
④ 적정한 수압과 수량 확보를 위해서는 정교한 제어장치 및 내구성 있는 제품의 선정이 필요하다.

해설
펌프직송방식(Tankless Booster Type)
• 지하수조에서 부스터 펌프에 의해 고가수조 없이 직송하는 방식
• 정전 시 급수가 불가능하고 설비비가 고가이다.
• 고가수조방식에 비해 수질오염 가능성이 적다.

77 실내공기 중에 부유하는 직경 $10\mu m$ 이하의 미세먼지를 의미하는 것은?

① VOC10 ② PMV10
③ PM10   ④ SS10

해설
실내 먼지 종류
• 미세먼지 : PM10(지름이 $10\mu m$ 이하)
• 초미세먼지 : PM2.5(지름이 $2.5\mu m$ 이하)

정답 74 ④ 75 ④ 76 ② 77 ③

78 축전지의 충전 방식 중 필요할 때마다 표준 시간율로 소정의 충전을 하는 방식은?

① 급속충전 ② 보통충전
③ 부동충전 ④ 세류충전

해설
보통충전방식은 필요할 때마다 표준시간율로 소정의 충전을 하는 방식이다.

79 경질 비닐관 공사에 관한 설명으로 옳은 것은?

① 절연성과 내식성이 강하다.
② 자성체이며 금속관보다 시공이 어렵다.
③ 온도 변화에 따라 기계적 강도가 변하지 않는다.
④ 부식성 가스가 발생하는 곳에는 사용할 수 없다.

해설
경질 비닐관 공사
• 절연성, 내식성이 뛰어나다.
• 중량이 가볍고 시공이 용이하다.
• 열에 약하고 기계적 강도가 낮다.
• 화학공장, 연구실 배선에 적합하다.

80 여름철 실내 최고 온도는 외기온도가 가장 높은 시각 이후에 나타나는 것이 일반적이다. 이와 같은 현상은 벽체를 구성하고 있는 재료의 어떤 성능 때문인가?

① 축열성능
② 단열성능
③ 일사반사성능
④ 일사투과성능

해설
① 축열성능 : 열을 축적할 수 있는 성능
※ 축열벽 : 일사열을 주간에 모았다가 야간에 이용하는 간접획득 난방방식의 열을 축적할 수 있는 벽

제5과목 건축관계법규

81 다음 설명에 알맞은 용도지구의 세분은?

> 건축물·인구가 밀집되어 있는 지역으로서 시설개선 등을 통하여 재해 예방이 필요한 지구

① 일반방재지구
② 시가지방재지구
③ 중요시설물보호지구
④ 역사문화환경보호지구

해설
방재지구 세분(국토의 계획 및 이용에 관한 법률 시행령 제31조)
• 시가지방재지구 : 건축물·인구가 밀집되어 있는 지역으로서 시설 개선 등을 통하여 재해 예방이 필요한 지구
• 자연방재지구 : 토지의 이용도가 낮은 해안변, 하천변, 급경사지 주변 등의 지역으로서 건축제한 등을 통하여 재해 예방이 필요한 지구

82 바닥으로부터 높이 1m까지의 안벽의 마감을 내수재료로 하지 않아도 되는 것은?

① 아파트의 욕실
② 숙박시설의 욕실
③ 제1종 근린생활시설 중 휴게음식점의 조리장
④ 제2종 근린생활시설 중 일반음식점의 조리장

해설
아파트의 욕실은 해당되지 않는다.
거실 등의 방습(건축물의 피난·방화구조 등의 기준에 관한 규칙 제18조)

대 상	조 치
건축물의 최하층에 있는 거실(바닥이 목조인 경우만 해당한다)	거실바닥의 높이는 지표면으로부터 45cm 이상으로 하여야 한다(지표면을 콘크리트바닥으로 설치하는 등 방습을 위한 조치를 하는 경우는 제외).
제1종 근린생활시설 중 목욕장의 욕실과 휴게음식점의 조리장 제2종 근린생활시설 중 일반음식점 및 휴게음식점의 조리장과 숙박시설의 욕실	바닥과 그 바닥으로부터 높이 1m까지의 안벽의 마감은 이를 내수재료로 하여야 한다.

83 대지면적이 1,000m²인 건축물의 옥상에 조경 면적을 90m² 설치한 경우, 대지에 설치하여야 하는 최소 조경 면적은?(단, 조경설치기준은 대지면적의 10%)

① 10m² ② 40m²
③ 50m² ④ 100m²

해설
대지면적이 1,000m²이고 조경설치기준이 대지면적의 10%일 경우, 100m²의 조경면적이 필요하다.
지면에 최소 50%를 조경하고 나머지는 옥상조경면적으로 산정할 수 있다. 따라서 최소 50m² 지면에 조경해야 한다.
옥상조경의 기준(건축법 시행령 제27조 제3항)
• 옥상 부분의 조경면적의 2/3에 해당하는 면적을 대지 안에 조경 면적으로 산정 가능
• 이 경우 조경면적의 50/100을 초과할 수 없다.

84 다음은 주차장 수급 실태 조사의 조사구역에 관한 설명이다. ( ) 안에 알맞은 것은?

> 사각형 또는 삼각형 형태로 조사구역을 설정하되 조사구역 바깥 경계선의 최대거리가 ( )를 넘지 아니하도록 한다.

① 100m ② 200m
③ 300m ④ 400m

해설
주차장법 시행규칙 제1조의2
사각형 또는 삼각형 형태로 조사구역을 설정하되 조사구역 바깥 경계선의 최대거리가 300m를 넘지 아니하도록 한다.

85 도시·군계획 수립 대상지역의 일부에 대하여 토지 이용을 합리화하고 그 기능을 증진시키며 미관을 개선하고 양호한 환경을 확보하며, 그 지역을 체계적·계획적으로 관리하기 위하여 수립하는 도시·군 관리계획은?

① 광역도시계획 ② 지구단위계획
③ 지구경관계획 ④ 택지개발계획

해설
지구단위계획(국토의 계획 및 이용에 관한 법률 제2조)
도시·군계획 수립 대상지역의 일부에 대하여 토지 이용을 합리화하고 그 기능을 증진시키며 미관을 개선하고 양호한 환경을 확보하며, 그 지역을 체계적·계획적으로 관리하기 위하여 수립하는 도시·군관리계획을 말한다.

86 다음 중 허가대상에 속하는 용도변경은?

① 영업시설군에서 근린생활시설군으로의 용도 변경
② 교육 및 복지시설군에서 영업시설군으로의 용도 변경
③ 근린생활시설군에서 주거업무시설군으로의 용도변경
④ 산업 등의 시설군에서 전기통신시설군으로의 용도변경

해설
교육 및 복지시설군에서 영업시설군으로 용도변경 : 하위군에서 상위군으로 용도변경하므로 허가대상이 된다.
①, ③, ④는 상위군에서 하위군으로 용도변경하므로 신고대상이 된다.
용도변경을 위한 시설군(건축법 제19조 제4항)
※ 작은 번호가 상위군
1. 자동차 관련 시설군
2. 산업 등의 시설군
3. 전기통신 시설군
4. 문화 및 집회시설군
5. 영업시설군
6. 교육 및 복지시설군
7. 근린생활시설군
8. 주거업무시설군
9. 그 밖의 시설군

정답 83 ③ 84 ③ 85 ② 86 ②

87 일반상업지역에 건축할 수 없는 건축물에 속하지 않는 것은?

① 묘지 관련 시설
② 자원순환 관련 시설
③ 운수시설 중 철도시설
④ 자동차 관련 시설 중 폐차장

> **해설**
> 철도시설은 건축이 가능하다.
> **일반상업지역 안에서 건축할 수 없는 건축물(국토의 계획 및 이용에 관한 법률 시행령 별표 9)**
> • 숙박시설 중 일반 및 생활숙박시설
> • 위락시설
> • 공장
> • 위험물 저장 및 처리 시설 중 시내버스차고지 외의 지역에 설치하는 액화석유가스 충전소 및 고압가스 충전소·저장소
> • 자동차 관련 시설 중 폐차장
> • 동물 및 식물 관련 시설 중 축사, 가축시설, 도축장, 도계장 및 이와 비슷한 시설(동·식물원 제외)
> • 자원순환 관련 시설
> • 묘지 관련 시설

88 건축법령상 건축물의 대지에 공개공지 또는 공개공간을 확보하여야 하는 대상 건축물에 속하지 않는 것은?(단, 해당 용도로 쓰는 바닥면적의 합계가 5,000m²인 건축물의 경우)

① 종교시설   ② 의료시설
③ 업무시설   ④ 숙박시설

> **해설**
> 의료시설은 해당 없다.
> **공개공지 등의 확보 대상 건축물(건축법 시행령 제27조의2 제1항)**
> 바닥면적 합계 5,000m² 이상인 다음의 용도
> • 문화 및 집회시설
> • 종교시설
> • 판매시설(농수산물 유통시설 제외)
> • 운수시설(여객용 시설)
> • 업무시설
> • 숙박시설

89 시설물의 부지 인근에 부설주차장을 설치하는 경우, 해당 부지의 경계선으로부터 부설주차장의 경계선까지의 거리 기준으로 옳은 것은?

① 직선거리 300m 이내
② 도보거리 800m 이내
③ 직선거리 500m 이내
④ 도보거리 1,000m 이내

> **해설**
> **시설물의 부지 인근의 범위(주차장법 시행령 제7조 제2항)**
> 해당 부지의 경계선으로부터 부설주차장의 경계선까지의 직선거리 300m 이내 또는 도보거리 600m 이내

90 다중이용 건축물에 속하지 않는 것은?(단, 층수가 10층이며, 해당 용도로 쓰는 바닥면적의 합계가 5,000m²인 건축물의 경우)

① 업무시설
② 종교시설
③ 판매시설
④ 숙박시설 중 관광숙박시설

> **해설**
> 업무시설은 포함되지 않는다.
> **다중이용 건축물(건축법 시행령 제2조 제17호)**
> • 다음의 어느 하나에 해당하는 용도로 쓰는 바닥면적 합계가 5,000m² 이상인 건축물
>   – 문화 및 집회시설(동물원 및 식물원은 제외)
>   – 종교시설
>   – 판매시설
>   – 운수시설 중 여객용 시설
>   – 의료시설 중 종합병원
>   – 숙박시설 중 관광숙박시설
> • 16층 이상인 건축물

91 다음의 옥상광장 등의 설치에 관한 기준 내용 중 ( ) 안에 알맞은 것은?

> 옥상광장 또는 2층 이상인 층에 있는 노대나 그 밖에 이와 비슷한 것의 주위에는 높이 ( ) 이상의 난간을 설치하여야 한다. 다만, 그 노대 등에 출입할 수 없는 구조인 경우에는 그러하지 아니하다.

① 1.0m
② 1.2m
③ 1.5m
④ 1.8m

해설
옥상광장 등의 설치(건축법 시행령 제40조 제1항)
옥상, 노대 등에 설치하는 난간 높이 : 1.2m 이상

92 도시지역에 지정된 지구단위계획구역 내에서 건축물을 건축하려는 자가 그 대지의 일부를 공공시설 부지로 제공하는 경우 그 건축물에 대하여 완화하여 적용할 수 있는 항목이 아닌 것은?

① 건축선
② 건폐율
③ 용적률
④ 건축물의 높이

해설
국토의 계획 및 이용에 관한 법률 시행령 제46조
지구단위계획구역에서 건축물을 건축하려는 자가 그 대지의 일부를 공공시설 등의 부지로 제공하거나 공공시설 등을 설치하여 제공하는 경우 그 건축물에 대하여 지구단위계획으로 건폐율·용적률 및 높이제한을 완화하여 적용할 수 있다.

93 건축물의 거실(피난층의 거실 제외)에 국토교통부령으로 정하는 기준에 따라 배연설비를 설치하여야 하는 대상 건축물에 속하지 않는 것은?

① 6층 이상인 건축물로서 종교시설의 용도로 쓰는 건축물
② 6층 이상인 건축물로서 판매시설의 용도로 쓰는 건축물
③ 6층 이상인 건축물로서 방송통신시설 중 방송국의 용도로 쓰는 건축물
④ 6층 이상인 건축물로서 교육연구시설 중 연구소의 용도로 쓰는 건축물

해설
방송통신시설은 해당 없음
배연설비 설치 대상(건축법 시행령 제51조 제2항)
※ 6층 이상인 건축물인 경우
• 문화 및 집회시설
• 종교시설
• 판매시설
• 운수시설
• 의료시설(요양 및 정신병원 제외)
• 연구소
• 아동 관련 시설, 노인복지시설(노인요양시설 제외)
• 유스호스텔
• 운동시설
• 업무시설
• 숙박시설
• 위락시설
• 관광휴게시설
• 장례시설
• 제2종 근린생활시설 중 공연장, 종교집회장, 인터넷컴퓨터게임시설제공업소 및 다중생활시설(공연장, 종교집회장 및 인터넷컴퓨터게임시설제공업소는 해당 용도로 쓰는 바닥면적의 합계가 각각 300m² 이상인 경우)

정답 91 ② 92 ① 93 ③

94 태양열을 주된 에너지원으로 이용하는 주택의 건축면적 산정의 기준이 되는 것은?

① 외벽 중 내측 내력벽의 중심선
② 외벽 중 외측 비내력벽의 중심선
③ 외벽 중 내측 내력벽의 외측 외곽선
④ 외벽 중 외측 비내력벽의 외측 외곽선

해설
태양열을 이용하는 주택 등의 건축면적 산정방법 등(건축법 시행규칙 제43조 제1항)
태양열을 주된 에너지원으로 이용하는 주택의 건축면적과 단열재를 구조체의 외기측에 설치하는 단열공법으로 건축된 건축물의 건축면적은 건축물의 외벽 중 내측 내력벽의 중심선을 기준으로 한다.

95 다음은 건축법령상 리모델링에 대비한 특혜 등에 관한 기준 내용이다. ( ) 안에 알맞은 것은?

리모델링이 쉬운 구조의 공동주택의 건축을 촉진하기 위하여 공동주택을 대통령령으로 정하는 구조로 하여 건축허가를 신청하면 제56조(건축물의 용적률), 제60조(건축물의 높이 제한) 및 제61조(일조 등의 확보를 위한 건축물의 높이 제한)에 따른 기준을 ( )의 범위에서 대통령령으로 정하는 비율로 완화하여 적용할 수 있다.

① 100분의 110
② 100분의 120
③ 100분의 130
④ 100분의 140

해설
리모델링에 대비한 특례(건축법 제8조)
120/100의 범위에서 완화 적용

96 층수가 12층이고 6층 이상의 거실면적의 합계가 12,000m²인 교육연구시설에 설치하여야 하는 8인승 승용승강기의 최소 대수는?

① 2대 ② 3대
③ 4대 ④ 5대

해설
건축물의 설비기준 등에 관한 규칙 별표 1의2
교육연구시설 : 1대에 3,000m²를 초과하는 3,000m² 이내마다 1대를 더한 대수 이상 승강기를 설치해야 한다.
6층 이상인 거실부분(A)이 12,000m²일 경우,

1대 + $\dfrac{A - 3{,}000\text{m}^2}{3{,}000\text{m}^2}$ 대

∴ 1대 + $\dfrac{12{,}000\text{m}^2 - 3{,}000\text{m}^2}{3{,}000\text{m}^2}$ 대 = 4대

97 건축물의 출입구에 설치하는 회전문은 계단이나 에스컬레이터로부터 최소 얼마 이상의 거리를 두어야 하는가?

① 1m ② 1.5m
③ 2m ④ 3m

해설
회전문의 설치기준(건축물의 피난·방화구조 등의 기준에 관한 규칙 제12조)
건축물의 출입구에 설치하는 회전문은 계단이나 에스컬레이터로부터 2m 이상의 거리를 둘 것

98 주요구조부를 내화구조로 해야 하는 대상 건축물 기준으로 옳은 것은?

① 장례시설의 용도로 쓰는 건축물로서 집회실의 바닥면적의 합계가 150m² 이상인 건축물
② 판매시설의 용도로 쓰는 건축물로서 그 용도로 쓰는 바닥면적의 합계가 300m² 이상인 건축물
③ 운수시설의 용도로 쓰는 건축물로서 그 용도로 쓰는 바닥면적의 합계가 400m² 이상인 건축물
④ 문화 및 집회시설 중 전시장의 용도로 쓰는 건축물로서 그 용도로 쓰는 바닥면적의 합계가 500m² 이상인 건축물

해설
건축물의 내화구조(건축법 시행령 제56조 제1항)
- 장례식장의 용도로 쓰는 건축물로서 집회실의 바닥면적 : 200m² 이상
- 문화 및 집회시설 중 전시장, 판매시설, 운수시설의 용도 : 500m² 이상

99 건축물의 면적, 높이 및 층수 산정의 기본 원칙으로 옳지 않은 것은?

① 대지면적은 대지의 수평투영면적으로 한다.
② 연면적은 하나의 건축물 각 층의 거실면적의 합계로 한다.
③ 건축면적은 건축물의 외벽(외벽이 없는 경우에는 외곽 부분의 기둥)의 중심선으로 둘러싸인 부분의 수평투영면적으로 한다.
④ 바닥면적은 건축물의 각 층 또는 그 일부로서 벽, 기둥, 그 밖에 이와 비슷한 구획의 중심선으로 둘러싸인 부분의 수평투영면적으로 한다.

해설
연면적(건축법 시행령 제119조 제1항)
하나의 건축물의 각 층 바닥면적 합계로 한다.

100 부설주차장 설치대상 시설물이 판매시설인 경우 부설주차장 설치기준으로 옳은 것은?

① 시설면적 100m²당 1대
② 시설면적 150m²당 1대
③ 시설면적 200m²당 1대
④ 시설면적 400m²당 1대

해설
주차장법 시행령 제6조 제1항 별표 1
판매시설 : 시설면적 150m²당 1대
부설주차장 설치대상 시설물 종류 및 설치기준

시설물	설치기준
위락시설	• 시설면적 100m²당 1대
문화 및 집회시설(관람장 제외), 종교시설, 판매시설, 운수시설, 의료시설(정신병원, 요양병원, 격리병원 제외), 운동시설(골프장, 골프연습장, 옥외수영장 제외), 업무시설(외국공관, 오피스텔 제외), 방송통신시설 중 방송국, 장례식장	• 시설면적 150m²당 1대
제1종, 제2종 근린생활시설, 숙박시설	• 시설면적 200m²당 1대
골프장	• 1홀당 10대
골프연습장	• 1타석당 1대
옥외수영장	• 정원 15명당 1대
관람장	• 정원 100명당 1대
공장(아파트형 제외), 발전시설, 수련시설	• 시설면적 350m²당 1대
창고시설, 학생용 기숙사, 방송통신시설 중 데이터센터	• 시설면적 400m²당 1대
그 밖의 건축물	• 시설면적 300m²당 1대

2018년 제4회 과년도 기출문제

제1과목 건축계획

01 한국건축의 가구법과 관련하여 칠량가에 속하지 않는 것은?

① 무위사 극락전
② 수덕사 대웅전
③ 금산사 대적광전
④ 지림사 대적광전

해설
수덕사 대웅전
- 고려 후기 주심포 양식의 목조건물
- 맞배 지붕, 배흘림 기둥, 9량가

7량가와 9량가
- 칠(7)량가 : 종도리, 상중도리, 하중도리, 주심도리로 구성되며, 도리가 7개로 구성
- 구(9)량가 : 종도리, 상중도리, 중중도리, 하중도리, 주심도리로 구성되며, 도리가 9개로 구성

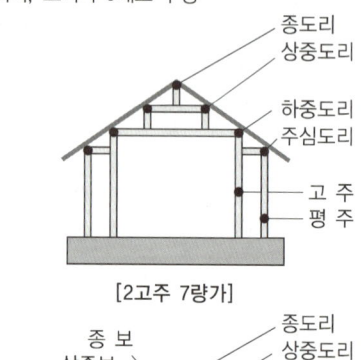
[2고주 7량가]

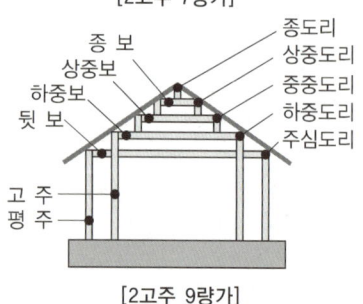
[2고주 9량가]

02 타운 하우스에 관한 설명으로 옳지 않은 것은?

① 각 세대마다 주차가 용이하다.
② 프라이버시 확보를 위한 경계벽 설치가 가능하다.
③ 단독주택의 장점을 고려한 형식으로 토지 이용의 효율성이 높다.
④ 일반적으로 1층은 침실 등 개인공간, 2층은 거실 등 생활공간으로 구성한다.

해설
일반적으로 1층은 거실 등 생활공간, 2층은 침실 등 개인공간으로 구성한다.

03 다음 중 사무소 건축의 기준층 층고의 결정요소와 가장 거리가 먼 것은?

① 채광률
② 사용목적
③ 계단의 형태
④ 공조시스템의 유형

해설
계단의 형태는 기준층 층고의 결정요소와 관계가 없다.
층고 결정요소
- 사무실의 층고와 깊이는 사용목적, 채광, 공사비 등에 의해 결정된다.
- 구조적 요인 : 보의 춤
- 설비적 요인 : 냉·난방설비(파이프, 덕트 등), 공조시스템, 소방설비(스프링클러 등), 전기설비(조명 등)
- 생리적 요인 : 소요 기적량, 사무실의 깊이 결정요소(채광, 창 크기 등)

04 주택의 식당에 관한 설명으로 옳지 않은 것은?

① 독립형은 쾌적한 식당 구성이 가능하다.
② 리빙 다이닝 키친은 공간의 이용률이 높다.
③ 리빙 키친은 거실의 분위기에서 식사 분위기가 연출된다.
④ 다이닝 키친은 주부 동선이 길고 복잡하다는 단점이 있다.

해설
다이닝 키친은 부엌과 식사실을 하나의 공간으로 구성하는 형태이며, 주부 동선이 짧고 단순하다는 장점이 있다.

05 주택법상 주택단지의 복리시설에 속하지 않는 것은?

① 경로당
② 관리사무소
③ 어린이 놀이터
④ 주민운동시설

해설
관리사무소는 부대시설에 속한다.
주택법상 주택단지의 복리시설
- 복리시설 : 어린이 놀이터, 주민운동시설, 근린생활시설, 경로당, 유치원 등
- 부대시설 : 주차장, 관리사무소, 담장, 주택단지 안의 도로 등

06 도서관 건축 계획에서 장래에 증축을 반드시 고려해야 할 부분은?

① 서 고
② 대출실
③ 사무실
④ 휴게실

해설
서고는 시간이 지날수록 도서 및 자료의 증가를 수용할 수 있도록 증축을 고려하며, 모듈에 의한 공간계획도 요구된다.

07 미술관의 전시실 순회형식에 관한 설명으로 옳지 않은 것은?

① 갤러리 및 코리더 형식에서는 복도 자체도 전시공간으로 이용이 가능하다.
② 중앙홀 형식에서 중앙홀이 크면 동선의 혼란은 많으나 장래의 확장에는 유리하다.
③ 연속순회 형식은 전시 중에 하나의 실을 폐쇄하면 동선이 단절된다는 단점이 있다.
④ 갤러리 및 코리더 형식은 복도에서 각 전시실에 직접 출입할 수 있으며 필요시에 자유로이 독립적으로 폐쇄할 수가 있다.

해설
중앙홀 형식에서 중앙홀이 크면 동선의 혼란은 줄어들지만, 장래의 확장에는 무리가 있다.

08 사무소 건물의 엘리베이터 배치 시 고려사항으로 옳지 않은 것은?

① 교통동선의 중심에 설치하여 보행거리가 짧도록 배치한다.
② 대면배치의 경우, 대면거리는 동일 군 관리의 경우 3.5~4.5m로 한다.
③ 여러 대의 엘리베이터를 설치하는 경우, 그룹별 배치와 군 관리 운전방식으로 한다.
④ 일렬 배치는 6대를 한도로 하고, 엘리베이터 중심 간 거리는 10m 이하가 되도록 한다.

해설
일렬 배치는 4대를 한도로 하고, 엘리베이터 중심 간 거리는 8m 이하가 되도록 한다.
사무소 건물의 엘리베이터 배치계획
- 일렬(직렬) 배치는 4대를 한도로 하며, 엘리베이터 중심 간 거리는 8m 이하가 되도록 한다.
- 5대 이상일 경우 알코브형 배치하며, 대향 거리는 3.5~4.5m 정도로 한다.
- 6~8대 정도로 1개소에 집중하여 배치한다.

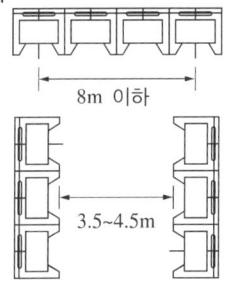

09 주당 평균 40시간을 수업하는 어느 학교에서 음악실에서의 수업이 총 20시간이며 이 중 15시간은 음악시간으로 나머지 5시간은 학급 토론시간으로 사용되었다면, 이 음악실의 이용률과 순수율은?

① 이용률 37.5%, 순수율 75%
② 이용률 50%, 순수율 75%
③ 이용률 75%, 순수율 37.5%
④ 이용률 75%, 순수율 50%

해설

이용률 = $\dfrac{\text{실제 이용시간}}{\text{평균 수업시간}} \times 100(\%)$

∴ 이용률 = $\dfrac{20\text{시간}}{40\text{시간}} \times 100(\%) = 50\%$

순수율 = $\dfrac{\text{해당 교과목 수업시간}}{\text{실제 교실 이용시간}} \times 100(\%)$

∴ 순수율 = $\dfrac{20\text{시간} - 5\text{시간}}{20\text{시간}} \times 100(\%) = 75\%$

10 종합병원계획에 관한 설명으로 옳지 않은 것은?

① 수술부는 타 부분의 통과교통이 없는 장소에 배치한다.
② 전체적으로 바닥의 단차이를 가능한 줄이는 것이 좋다.
③ 외래 진료부의 구성단위는 간호단위를 기본단위로 한다.
④ 내과는 진료검사에 시간이 걸리므로, 소진료실을 다수 설치한다.

해설
병동부의 구성단위는 간호단위를 기본단위로 한다.

11 탑상형 공동주택에 관한 설명으로 옳지 않은 것은?

① 건축물 외면의 입면성을 강조한 유형이다.
② 각 세대에 시각적인 개방감을 줄 수 있다.
③ 각 세대의 채광, 통풍 등 자연조건이 동일하다.
④ 도시의 랜드마크(Landmark)적인 역할이 가능하다.

해설
탑상형은 각 세대의 채광, 통풍 등 자연조건이 동일하지 못하다.
공동주택 주거동의 형태상 분류
- 판상형
  - 각 세대의 환경이 균등하다.
  - 뒤쪽의 주동은 경관, 조망이 불리하다.
  - 주동의 그림자(음영) 분포가 크다.
- 탑상형
  - 조망이 우수하고 시각적 개방감이 높다.
  - 고층화가 가능하고 옥외 환경이 풍부하다.
  - 경관, 랜드마크적 역할을 할 수 있다.
  - 주동의 음영 분포가 적다.
  - 각 세대의 환경이 불균등하다.

[판상형]

[탑상형]

12 백화점 매장에 에스컬레이터를 설치할 경우, 설치위치로 가장 알맞은 곳은?

① 매장의 한 쪽 측면
② 매장의 가장 깊은 곳
③ 백화점의 계단실 근처
④ 백화점의 주출입구와 엘리베이터 존의 중간

해설
백화점에서 에스컬레이터는 상하로 이동하는 주된 이동수단이며, 평면상에서 중간의 위치로서 주출입구와 엘리베이터 존의 중간이 좋다.

13 아파트의 단면형식 중 메조넷형(Maisonette Type)에 관한 설명으로 옳지 않은 것은?

① 다양한 평면구성이 가능하다.
② 거주성, 특히 프라이버시의 확보가 용이하다.
③ 통로가 없는 층은 채광 및 통풍 확보가 용이하다.
④ 공용 및 서비스 면적이 증가하여 유효면적이 감소된다.

해설
메조넷형(Maisonette Type)은 복층형으로 단층형에 비해서 공용 및 서비스 면적이 감소하고 유효면적이 증가된다.

14 다음 설명에 알맞은 공장건축의 레이아웃(Layout) 형식은?

- 생산에 필요한 모든 공정, 기계·기구를 제품의 흐름에 따라 배치한다.
- 대량생산에 유리하며 생산성이 높다.

① 혼성식 레이아웃
② 고정식 레이아웃
③ 제품중심의 레이아웃
④ 공정중심의 레이아웃

해설
제품중심의 레이아웃은 생산에 필요한 모든 공정, 기계·기구를 제품의 흐름에 따라 배치하는 형식이다.

15 극장건축에서 그린 룸(Green Room)의 역할로 가장 알맞은 것은?

① 의상실
② 배경제작실
③ 관리관계실
④ 출연대기실

해설
그린 룸(Green Room)은 출연대기실을 말한다.

16 쇼핑센터의 공간구성에서 고객을 각 상점에 유도하는 주요 보행자 동선인 동시에 고객의 휴식처로서의 기능을 갖고 있는 곳은?

① 몰(Mall)
② 허브(Hub)
③ 코드(Court)
④ 핵상점(Magnet Store)

해설
몰(Mall)은 쇼핑센터의 공간구성에서 고객을 각 상점에 유도하는 주요 보행자 동선인 동시에 고객의 휴식처로서의 기능을 한다.
몰(Mall) 계획 시 고려할 사항
- 몰(Mall)은 고객의 주요동선(쇼핑거리)이면서 휴식처 역할을 한다.
- 몰(Mall)의 폭 : 6~12m가 일반적이다.
- 몰(Mall)의 길이 : 240m를 한계로 하며 길이 20~30m마다 변화를 주어 단조롭지 않도록 한다.

17 다음 중 터미널 호텔의 종류에 속하지 않는 것은?

① 해변 호텔
② 부두 호텔
③ 공항 호텔
④ 철도역 호텔

해설
해변 호텔은 리조트 호텔(Resort Hotel)에 속한다.
터미널 호텔(Terminal Hotel)
- 시티호텔(City Hotel)의 일종으로, 여행자를 위한 호텔로서 교통기관의 발착 지점이나 근처에 위치하는 호텔이다.
- 가까운 관광지까지 교통이 편리한 것을 이용하여 리조트 호텔의 형태를 취하는 것도 있다.
- 교통수단별로 철도역 호텔(Station Hotel), 부두 호텔(Harbor Hotel), 공항 호텔(Airport Hotel) 등이 있다.

리조트 호텔(Resort Hotel)
피서 및 휴양을 위주로 하여 관광객, 휴양객이 이용하는 호텔
- 해변 호텔(Beach Hotel)
- 산장 호텔(Mountain Hotel)
- 온천 호텔(Hot Spring Hotel)
- 스키 호텔(Ski Hotel)

18 전시공간의 특수전시기법에 관한 설명으로 옳지 않은 것은?

① 파노라마 전시는 전체의 맥락이 중요하다고 생각될 때 사용된다.
② 하모니카 전시는 동일 종류의 전시물을 반복하여 전시할 경우에 유리하다.
③ 디오라마 전시는 하나의 사실 또는 주제의 시간 상황을 고정시켜 연출하는 기법이다.
④ 아일랜드 전시는 벽면 전시 기법으로 전체 벽면의 일부만을 사용하며 그림과 같은 미술품 전시에 주로 사용된다.

해설
아일랜드 전시 : 벽이나 천장을 직접 이용하지 않고 전시물 또는 전시 장치를 바닥에 배치함으로써 전시 공간을 만들어 내는 전시기법이다.

19 18세기에서 19세기 초에 있었던 신고전주의 건축의 특징으로 옳은 것은?

① 장대하고 허식적인 벽면 장식
② 고딕건축의 정열적인 예술창조 운동
③ 각 시대의 건축양식의 자유로운 선택
④ 고대 로마와 그리스 건축의 우수성에 대한 모방

해설
신고전주의 건축은 18세기 전반기에는 고대 유적에 대한 발굴과 고고학적 연구가 활발해지고 고전 건축에 대한 관심이 증가하면서, 고대 로마와 그리스 건축의 우수성을 모방하려 하였다.

20 다음과 같은 특징을 갖는 그리스 건축의 오더는?

- 주두는 에키누스와 아바쿠스로 구성된다.
- 육중하고 엄정한 모습을 지니는 남성적인 오더이다.

① 코린트 오더
② 도리스 오더
③ 이오니아 오더
④ 콤퍼짓 오더

해설
도리스(도릭, 도리아식) 오더 : 육중하고 엄정한 모습을 지니는 남성적인 오더이다.
이오니아 오더 : 소용돌이 형상의 주두가 특징이며, 우아하고 유연감을 주며 곡선적이이어서 여성적인 오더이다.
코린트 오더 : 주두를 아칸더스 나무잎 형상으로 장식하여 주범양식 중 가장 장식적이고 화려한 느낌을 준다.

제2과목 건축시공

21 압연강재가 냉각될 때 표면에 생기는 산화철 표피를 무엇이라 하는가?

① 스패터 ② 밀 스케일
③ 슬래그 ④ 비드

해설
② 밀 스케일(Mill Scale) : 금속을 800℃ 이상으로 가열, 가공하였을 때 냉각되면서 표면에 생성되는 표피 산화물 피막
① 스패터(Spatter) : 아크용접과 가스용접에서 용접 중 불꽃이 사방으로 비산하면서 튀어나오는 슬래그 또는 금속입자
③ 슬래그(Slag) : 광물을 고로에서 제련할 때 광석에서 금속을 빼내고 남은 찌꺼기
④ 비드(Bead) : 용접할 때 녹아 붙어 만들어지는 가늘고 긴 띠모양의 쇠붙이

22 콘크리트 이어치기에 관한 설명으로 옳지 않은 것은?

① 보의 이어치기는 전단력이 가장 적은 스팬의 중앙부에서 수직으로 한다.
② 슬래브(Slab)의 이어치기는 가장자리에서 한다.
③ 아치의 이어치기는 아치축에 직각으로 한다.
④ 기둥의 이어치기는 바닥판 윗면에서 수평으로 한다.

해설
슬래브(Slab)의 이어치기는 전단력이 가장 작은 스팬(Span)의 1/2부근에서 한다.
콘크리트 이어치기 원칙
• 이어치는 이음부 길이는 짧게 한다.
• 이어치기 부위는 전단력이 적은 곳에서 한다.
• 이음 위치는 단면이 적은 곳에 두고 응력에 직각 방향의 수직, 수평으로 한다.

콘크리트의 이어치기 위치

부재	이어붓기 위치
기둥	• 보, 바닥판 또는 기초의 윗면에서 수평
보 슬래브	• 전단력이 가장 작은 Span의 1/2부근에서 수직 • 작은보가 있는 바닥판은 너비의 2배 떨어진 위치에서 수직
아치	• 아치축에 직각
벽	• 문틀, 끊기 좋고 이음자리 막이를 떼어내기 쉬운 곳에서 수직, 수평
캔틸레버	• 이어붓기를 하지 않는 것이 원칙

철근의 이음 위치

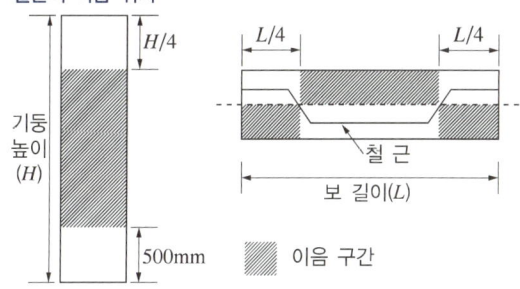

23 시멘트의 액체방수에 관한 설명으로 옳지 않은 것은?

① 값이 저렴하고 시공 및 보수가 용이한 편이다.
② 바탕의 상태가 습하거나 수분이 함유되어 있더라도 시공할 수 있다.
③ 옥상 등 실외에서 효력의 지속성을 기대할 수 없다.
④ 바탕콘크리트의 침하, 경화 후의 건조수축, 균열 등 구조적 변형이 심한 부분에서도 사용할 수 있다.

해설
시멘트 액체방수는 콘크리트의 건조수축, 균열 등의 구조적 결함 부위에는 사용하지 않는다.
시멘트 액체방수 : 방수제를 물에 타서 충분히 섞은 후에 콘크리트 또는 모르타르를 섞어 방수층을 시공하는 공법
시멘트 액체방수의 장단점
• 보호누름이 불필요하고 시공이 용이하다.
• 공사비가 싸고 보수가 쉽다.
• 외기의 영향이 크고, 신축성이 작다.
• 건조수축 등에 의한 균열이 잘 발생한다.

24 다음 중 건설사업관리(CM)의 주요 업무로 옳지 않은 것은?

① 입찰 및 계약관리 업무
② 건축물의 조사 또는 감정 업무
③ 제네콘(Genecon)관리 업무
④ 현장조직관리 업무

해설
CM의 주요 업무 : 공정관리, 품질관리, 안전관리, 원가관리
CM의 업무
- 건설공사의 기본구상 및 타당성 조사관리
- 계약관리, 설계관리, 사업비관리
- 공정관리, 품질관리, 안전관리, 환경관리
- 사업정보관리, 준공 후 사후관리

25 발주자가 시공자에게 공사를 발주하는 경우 계약방식에 의한 시공방식으로 옳지 않은 것은?

① 보증방식
② 직영방식
③ 실비정산방식
④ 단가도급방식

해설
보증방식은 공사 완료 시 위험에 대한 보증을 해지하는 방식으로 볼 수 있으며, 계약방식은 아니다.
공사 발주 계약방식
- 건축공사 방식 : 직영공사, 도급공사
- 공사 실시 방식 : 일식도급, 분할도급, 공동도급
- 공사비 지불 방식 : 정액도급, 단가도급, 실비정산 보수가산도급

26 다음 중 회전문(Revolving Door)에 관한 설명으로 옳지 않은 것은?

① 큰 개구부나 칸막이를 가변성이 있게 한 장치의 문이다.
② 회전날개 140cm, 1분 10회 회전하는 것이 보통이다.
③ 원통형의 중심축에 돌개철물을 대어 자유롭게 회전시키는 문이다.
④ 사람의 출입을 조절하고 외기의 유입과 실내공기의 유출을 막을 수 있다.

해설
회전문(Revolving Door) : 4매의 문짝을 십자 모양으로 세우고 이것을 중심의 수직축에 설치한 문
- 회전날개는 140cm, 1분 8회 회전하는 것이 보통이다.

27 얇은 강판에 동일한 간격으로 펀칭하고 잡아 늘려 그물처럼 만든 것으로 천장, 벽, 처마둘레 등의 미장바탕에 사용하는 재료로 옳은 것은?

① 와이어 라스(Wire Lath)
② 메탈 라스(Metal Lath)
③ 와이어 메시(Wire Mesh)
④ 펀칭 메탈(Punching Metal)

해설
메탈 라스 : 얇은 강판에 동일한 간격으로 펀칭하고 라스 시켜서(잡아 늘려서) 그물처럼 만든 것으로 천장, 벽, 처마둘레 등의 미장바탕에 사용하는 재료

24 ② 25 ① 26 ①, ② 27 ②

28 다음 중 도장공사를 위한 목부 바탕 만들기 공정으로 옳지 않은 것은?

① 오염, 부착물의 제거
② 송진의 처리
③ 옹이땜
④ 바니시칠

해설
바니시칠 : 도장을 다하고 마무리 코팅하는 마감처리 작업
목부 바탕 처리법
• 오염, 부착물 제거
• 송진처리(긁어내기, 인두 지짐, 휘발유 닦기)
• 연마지 닦기(대팻자국 제거 등)
• 옹이땜(셀락 니스칠)
• 구멍땜(퍼티 먹임) 및 눈 메움

29 다음 중 미장재료 중 기경성 재료로만 구성된 것은?

① 회반죽, 석고 플라스터, 돌로마이트 플라스터
② 시멘트 모르타르, 석고 플라스터, 회반죽
③ 석고 플라스터, 돌로마이트 플라스터, 진흙
④ 진흙, 회반죽, 돌로마이트 플라스터

해설
기경성 재료 : 진흙, 회반죽, 돌로마이트 플라스터
수경성 재료(석고, 시멘트 등에 해당) : 순석고 플라스터, 혼합석고 플라스터, 경석고 플라스터, 무수석고 플라스터, 시멘트 모르타르

30 건물의 중앙부만 남겨두고, 주위부분에 먼저 흙막이를 설치하고 굴착하여 기초부와 주위벽체, 바닥판 등을 구축하고 난 다음 중앙부를 시공하는 터파기 공법은?

① 복수공법
② 지멘스 웰 공법
③ 트렌치 컷 공법
④ 아일랜드 컷 공법

해설
③ 트렌치 컷 공법 : 주변부 굴착 → 기초 축조 → 중앙부 굴착
① 복수공법 : 지하수를 이용하여 지하수위를 유지하는 공법으로 주수공법과 담수공법이 있다.
② 지멘스 웰(Siemens Well) 공법 : 지하수 처리를 위한 배수공법으로서, 지름 20cm의 관을 박고 그 선단에는 웰 포인트 장치를 설치하고 진공 흡인하여 지하수를 모아 펌프로 배수하는 공법
④ 아일랜드 컷 공법 : 중앙부 터파기 → 기초 축조 → 주변부 굴착

31 다음 중 벽체구조에 관한 설명으로 옳지 않은 것은?

① 목조 벽체를 수평력에 견디게 하고 안정한 구조로 하기 위해 귀잡이를 설치한다.
② 벽돌구조에서 각 층의 대린벽으로 구획된 각 벽에 있어서 개구부의 폭의 합계는 그 벽의 길이의 2분의 1 이하로 하여야 한다.
③ 목조 벽체에서 샛기둥은 본기둥 사이에 벽체를 이루는 것으로서 가새의 옆 휨을 막는데 유효하다.
④ 너비 180cm가 넘는 문꼴의 상부에는 철근콘크리트 인방보를 설치하고, 벽돌벽면에서 내미는 창 또는 툇마루 등은 철골 또는 철근콘크리트로 보강한다.

해설
귀잡이 : 사각(네모)구조의 구석(모서리)을 보강하기 위해 귀 부분에 45° 수평방향으로 보강하는 것이며, 수평간에 있는 부재 중에서 직교하는 부재의 변형을 방지한다.

32 다음 조건에 따라 바닥재로 화강석을 사용할 경우 소요되는 화강석의 재료량(할증률 고려)으로 옳은 것은?

- 바닥면적 : 300m²
- 화강석판의 두께 : 40mm
- 정형돌
- 습식공법

① 315m² ② 321m²
③ 330m² ④ 345m²

[해설]
석재의 할증률 : 정형돌은 10%, 부정형돌은 30%
정형돌인 경우 10%를 적용하며,
따라서, 300m² × 1.1 = 330m²

재료별 할증률

할증률(%)	건축자재
1	레미콘, 철골구조물, 유리
2	시멘트, 도료, 아스팔트 콘크리트
3	고력볼트, 붉은벽돌, 타일(모자이크, 도기, 자기, 클링커), 이형철근, 슬레이트, 조립식 구조물
4	블록, 콘크리트 포장 혼합물의 포설
5	시멘트벽돌, 목재(각재), 원형철근, 형강(강관, 봉강), 각파이프, 타일(아스팔트, 리노륨, 비닐, 비닐덱스), 텍스, 콘크리트판, 기와, 석고보드(못붙임용)
7	대형 형강
8	시스관, 석고판(본드붙임용)
10	단열재, 강판, 목재(판재), 석재(정형), 수목, 잔디
30	석재(부정형), 원석(마름돌용)

33 콘크리트 펌프 사용에 관한 설명으로 옳지 않은 것은?

① 콘크리트 펌프를 사용하여 시공하는 콘크리트 소요의 워커빌리티를 가지며, 시공 시 및 경화 후에 소정의 품질을 갖는 것이어야 한다.
② 압송관의 지름 및 배관의 경로는 콘크리트의 종류 및 품질, 굵은 골재의 최대치수, 콘크리트 펌프의 기종, 압송조건, 압송 작업의 용이성, 안전성 등을 고려하여 정하여야 한다.
③ 콘크리트 펌프의 형식은 피스톤식이 적당하고 스퀴즈식은 적용이 불가하다.
④ 압송은 계획에 따라 연속적으로 실시하며, 되도록 중단되지 않도록 하여야 한다.

[해설]
콘크리트 펌프의 형식은 피스톤식, 스퀴즈식 적용이 가능하다.
콘크리트 펌프 형식 : 압축공기식, 피스톤 압송식, 스퀴즈식

34 PERT-CPM 공정표 작성 시에 EST와 EFT의 계산 방법 중 옳지 않은 것은?

① 작업의 흐름에 따라 전진 계산한다.
② 선행작업이 없는 첫 작업의 EST는 프로젝트의 개시시간과 동일하다.
③ 어느 작업의 EFT는 그 작업의 EST에는 소요일수를 더하여 구한다.
④ 복수의 작업에 종속되는 작업의 EST는 선행작업 중 EFT의 최솟값으로 한다.

[해설]
복수의 작업에 종속되는 작업의 EST는 선행작업 중 EFT의 최댓값으로 한다.
EST, EFT : 최댓값으로
LST, LFT : 최솟값으로

35 웰 포인트(Well Point)공법에 관한 설명으로 옳지 않은 것은?

① 인접 대지에서 지하수위 저하로 우물 고갈의 우려가 있다.
② 투수성이 비교적 낮은 사질실트층까지도 강제배수가 가능하다.
③ 압밀침하가 발생하지 않아 주변 대지, 도로 등의 균열발생 위험이 없다.
④ 지반의 안전성을 대폭 향상시킨다.

해설
웰 포인트(Well Point)공법은 강제배수공법으로서 압밀침하가 발생하며 주변 대지, 도로 등의 균열발생 위험이 있다.

36 서중 콘크리트에 관한 설명으로 옳은 것은?

① 동일 슬럼프를 얻기 위한 단위수량이 많아진다.
② 장기강도의 증진이 크다.
③ 콜드 조인트가 쉽게 발생하지 않는다.
④ 워커빌리티가 일정하게 유지된다.

해설
② 초기 강도는 증가하고, 장기강도는 저하된다.
③ 초기 발열 증대로 온도균열이 발생되고 콜드 조인트(Cold Joint)가 발생된다.
④ 워커빌리티(Workability)가 감소된다.

서중 콘크리트(Hot Weather Concrete)
• 기온이 높은 조건에서는 콘크리트의 온도가 높아져 수화반응이 빨라지므로 이상 응결이 발생되기 쉽다.
• 워커빌리티(Workability)가 감소되어 작업성이 떨어진다.
• 운반 중의 슬럼프(Slump)가 저하되고, 연행공기량이 감소된다.
• 표면 수분의 급격한 증발에 의한 균열의 발생되고, 콜드 조인트(Cold Joint)가 발생된다.

37 다음 그림과 같은 건물에서 G_1과 같은 보가 8개 있다고 할 때 보의 총 콘크리트량을 구하면?(단, 보의 단면상 슬래브와 겹치는 부분은 제외하며, 철근량은 고려하지 않는다)

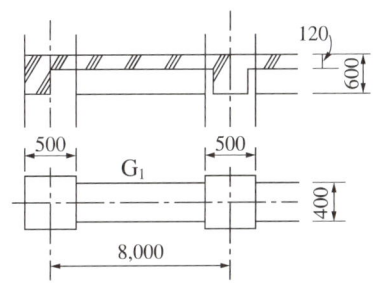

① $11.52m^3$
② $12.23m^3$
③ $13.44m^3$
④ $15.36m^3$

해설
보의 총 콘크리트량 = 보 너비 × (보 춤 − 슬래브 두께) × 보 안목 길이 × 보 개수

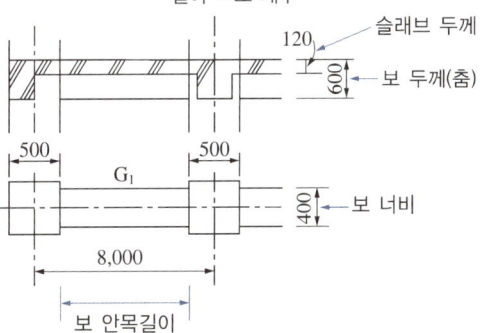

따라서, $0.4m \times (0.6m - 0.12m) \times (8m - 0.5m) \times 8 = 11.52m^3$

38 철골의 구멍뚫기에서 이형철근 D22의 관통구멍의 구멍직경으로 옳은 것은?

① 24mm ② 28mm
③ 31mm ④ 35mm

해설
D22의 관통구멍 직경 : 35mm
철골공사 구멍뚫기에서 철근 관통구멍의 지름 크기
• 원형철근 : 철근지름+10mm
• 이형철근

규 격	+치수	지 름	규 격	+치수	지 름
D10	11	21mm	D22	13	35mm
D13		24mm	D25		38mm
D16	12	28mm	D29	14	43mm
D19		31mm	D32		46mm

39 도장공사 시 희석제 및 용제로 활용되지 않는 것은?

① 테레빈유 ② 벤젠
③ 티탄백   ④ 나프타

해설
티탄백(타이타늄 백, Titanium White) : 산화티탄으로 된 도료용 백색 안료로서 자기원료, 연마제 등에 이용된다.
희석제
• 농도를 낮추거나 또는 기타 성질을 개량하기 위해 일반적으로 접착제에 첨가하는 휘발성 액체
• 휘발유, 석유, 테레빈유, 벤젠, 알코올, 아세톤, 나프타
용 제
• 고체 용질을 용액으로 녹이는 데 사용하는 액체성분
• 건성유 : 아마인유, 동유, 임유, 마실유
• 반건성유 : 대두유, 채종유, 어유

40 건축공사의 원가계산상 현장의 공사용수설비는 어느 항목에 포함되는가?

① 재료비   ② 외주비
③ 가설공사비 ④ 콘크리트 공사비

해설
공통가설공사 항목
• 운영, 관리상 필요한 가설시설
• 가설울타리
• 통신설비, 공사용수비 등

제3과목 건축구조

41 그림과 같은 구조물에 있어 AB 부재의 재단모멘트 M_{AB}는?

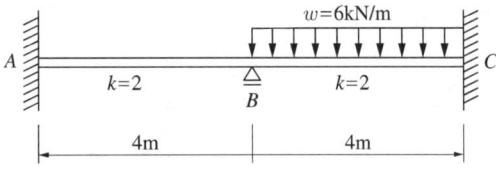

① $0.5 \text{kN} \cdot \text{m}$
② $1 \text{kN} \cdot \text{m}$
③ $1.5 \text{kN} \cdot \text{m}$
④ $2 \text{kN} \cdot \text{m}$

해설
• B점의 모멘트

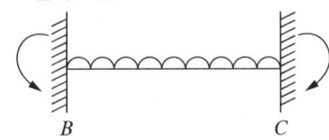

$$M = \frac{wL^2}{12} = \frac{6 \times 4^2}{12} = 8 \text{kN} \cdot \text{m}$$

• 분배율 $(DF_{BA}) = \dfrac{k}{\sum k} = \dfrac{2}{2+2} = \dfrac{1}{2}$

• 분배모멘트 $(M_{BA}) = \dfrac{1}{2} \times 8 = 4 \text{kN} \cdot \text{m}$

• 전달(재단)모멘트 $(M_{AB}) = \dfrac{1}{2} \times M_{BA} = \dfrac{1}{2} \times 4 = 2 \text{kN} \cdot \text{m}$

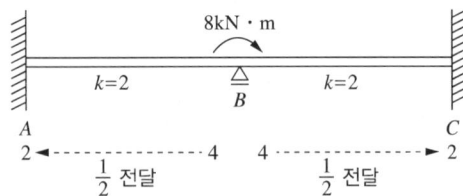

42 고력볼트 1개의 인장파단 한계상태에 대한 설계인장강도는?(단, 볼트의 등급 및 호칭은 F10T, M24, $\phi = 0.75$)

① 254kN ② 284kN
③ 304kN ④ 324kN

해설
설계인장강도
$\phi R_n = \phi F_{nt} A_b$
여기서, ϕ : 0.75
F_{nt} : 인장강도일 경우는 $0.75 \times F_u$
F_u : F10T일 경우는 $1kN/mm^2$
A_b : 볼트의 단면적 = $\frac{\pi}{4}d^2 \times$ 개수

∴ $\phi R_n = 0.75 \times (0.75 \times 1) \times \left(\frac{\pi}{4} \times 24^2\right)$
≒ 254kN

볼트의 등급 표시
- F는 마찰접합(Friction Grip Joint)을 나타내며 $10T = 10tf/cm^2$
  $= 100kN/cm^2 = \frac{100kN}{100mm^2} = 1kN/mm^2$ (∵ 1tf = 10kN)의 인장
  강도(F_u)를 의미함
  F10T → $F_u = 1kN/mm^2$
  F8T → $F_u = 0.8kN/mm^2$
  F13T → $F_u = 1.3kN/mm^2$

43 철골조 주각 부분에 사용하는 보강재에 해당되지 않는 것은?

① 윙 플레이트
② 데크 플레이트
③ 사이드 앵글
④ 클립 앵글

해설
데크 플레이트(Deck Plate) : 동바리 없이 바닥구조물에 사용하는 여러 가지 형상으로 만들어진 구조재. 구조물의 바닥재나 거푸집 대용으로 사용되는 철강 판넬이다. 종류에는 거푸집 용도로 사용되는 거푸집용 데크 플레이트(Form Deck Plate)와 구조적 기능을 발휘하는 구조용(합성) 데크 플레이트(Composite Deck Plate) 등이 있다.

44 다음 그림과 같은 단순 인장접합부의 강도한계 상태에 따른 고력볼트의 설계전단강도를 구하면?(단, 강재의 재질은 SS400이며, 고력볼트는 M22(F10T), 공칭전단강도 $F_{nv} = 500MPa$, $\phi = 0.75$)

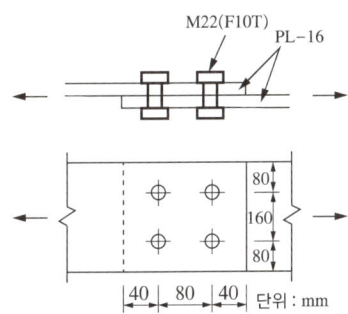

① 500kN ② 530kN
③ 550kN ④ 570kN

해설
설계전단강도
$\phi R_n = \phi F_{nv} A_b$
여기서, ϕ : 0.75
F_{nv} : 전단강도
A_b : 볼트의 단면적 = $\frac{\pi}{4}d^2 \times$ 개수

∴ $\phi R_n = 0.75 \times 500 \times \left(\frac{\pi}{4} \times 22^2 \times 4\right)$
≒ 570,199N
≒ 570kN

45 철근의 부착성능에 영향을 주는 요인에 관한 설명으로 옳지 않은 것은?

① 이형철근이 원형철근보다 부착강도가 크다.
② 블리딩의 영향으로 수직철근이 수평철근보다 부착강도가 작다.
③ 보통의 단위중량을 갖는 콘크리트의 부착강도는 콘크리트의 압축강도, 즉 $\sqrt{f_{ck}}$에 비례한다.
④ 피복두께가 크면 부착강도가 크다.

해설
블리딩(Bleeding) : 재료가 분리되는 현상으로 수평철근에 영향을 주며, 블리딩으로 인해 수평철근이 수직철근보다 부착강도가 작아진다.

46 다음 트러스 구조물에서 부재력이 '0'이 되는 부재의 개수는?

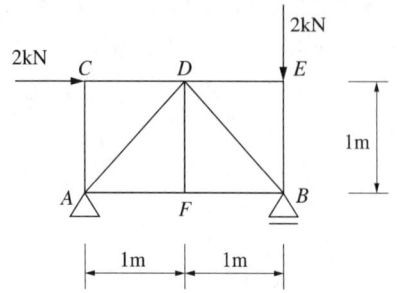

① 1개 ② 2개
③ 3개 ④ 4개

해설
영(0) 부재는 3개이다.

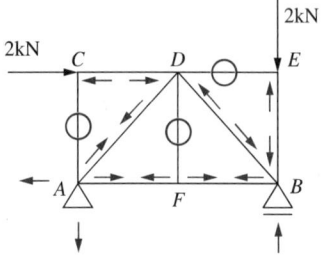

47 강도설계법에서 그림과 같이 보의 이음이 없는 경우 요구되는 보의 최소폭 b는 약 얼마인가?(단, 전단철근의 구부림 내면반지름은 고려하지 않으며, 굵은 골재의 최대치수는 25mm, 피복두께 40mm, 주철근 D22, 스터럽 D10)

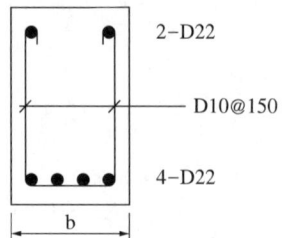

① 290mm ② 330mm
③ 375mm ④ 400mm

해설
동일 평면에서 평행하는 철근 사이의 수평 순간격
- 25mm 이상 → 25mm 이상
- 철근의 공칭지름(D) 이상 → 22mm 이상
- 굵은 골재 최대치수의 4/3 이상 → 약 33.3mm 이상
  따라서, 모두 만족하는 34mm 이상이어야 한다.
- 보의 최소폭(b) = (피복두께 + 스터럽) × 2 + 철근직경 × 4 + 순간격 × 3
  = (40 + 10) × 2 + 22 × 4 + 34 × 3
  = 290mm

48 그림과 같은 직각삼각형인 구조물에서 AC부재가 받는 힘은?

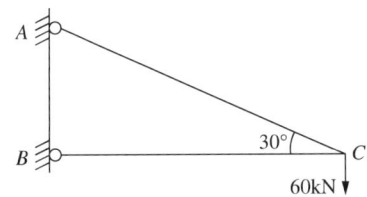

① 30kN ② $30\sqrt{3}$ kN
③ $60\sqrt{3}$ kN ④ 120kN

해설

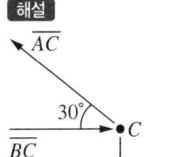

C점에서 힘의 평형을 고려하면,
$N_{AC} \times \sin 30° = 60$kN
∴ $N_{AC} = 120$kN

49 그림과 같은 캔틸레버보 자유단(B점)에서의 처짐각은?

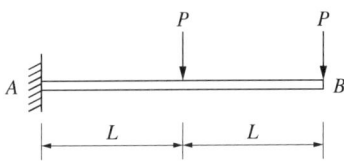

① $\dfrac{PL^2}{2EI}$ ② PL^2

③ $2PL^2$ ④ $\dfrac{5PL^2}{2EI}$

해설
집중하중이 작용하는 위치의 처짐각을 구한다.

(1) 처짐각(θ_1)
$\theta_1 = \dfrac{P(2L)^2}{2EI}$

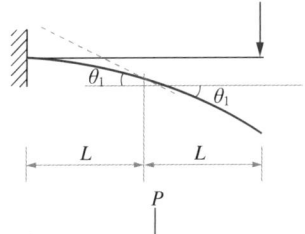

(2) 처짐각(θ_2)
$\theta_2 = \dfrac{PL^2}{2EI}$

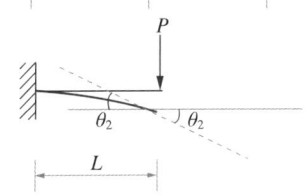

따라서, $\theta = \theta_1 + \theta_2 = \dfrac{P(2L)^2}{2EI} + \dfrac{PL^2}{2EI}$
$= \dfrac{4PL^2}{2EI} + \dfrac{PL^2}{2EI}$
$= \dfrac{5PL^2}{2EI}$

50 직경 24mm의 봉강에 65kN의 인장력이 작용할 때 인장응력은 약 얼마인가?

① 128MPa ② 136MPa
③ 144MPa ④ 150MPa

해설

$\sigma = \dfrac{P}{A}$ 이며, $A = \dfrac{\pi}{4}d^2$ 이므로,

$\therefore \sigma = \dfrac{P}{\dfrac{\pi}{4}d^2} = \dfrac{4P}{\pi d^2}$

조건에 따라 식에 대입하면,

$\sigma = \dfrac{4 \times 65 \times 10^3}{\pi \times 24^2} ≒ 143.7\,\text{N/mm}^2 ≒ 144\,\text{MPa}$

51 과도한 처짐에 의해 손상되기 쉬운 비구조요소를 지지 또는 부착하지 않은 바닥구조의 활하중 L에 의한 순간처짐의 한계는?

① $\dfrac{L}{180}$ ② $\dfrac{L}{240}$
③ $\dfrac{L}{360}$ ④ $\dfrac{L}{480}$

해설

과도한 처짐에 의해 손상되기 쉬운 비구조요소를 지지 또는 부착하지 않은 바닥구조의 활하중에 의한 순간처짐의 한계는 순간처짐의 한계는 $\dfrac{L}{360}$ 이다.

최대 허용 처짐

손상여부	부재의 형태 비구조 요소의 지지 or 부착	고려해야 할 처짐	처짐 한계
○	지지/부착(×) : 지붕	L의 순간처짐	$\dfrac{L}{180}$
○	지지/부착(×) : 바닥	L의 순간처짐	$\dfrac{L}{360}$
○	지지/부착(○) : 지붕 or 바닥	전체 처짐	$\dfrac{L}{480}$
×	지지/부착(○) : 지붕 or 바닥	전체 처짐	$\dfrac{L}{240}$

52 다음 그림과 같은 두 개의 단순보에 크기가 같은($P = wL$) 하중이 작용할 때 A점에서 발생하는 처짐각의 비율(가 : 나)은?(단, 부재의 EI는 일정하다)

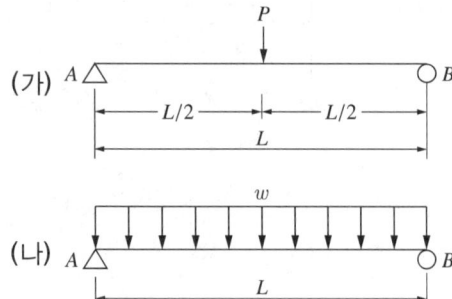

① 1 : 1.5 ② 1.5 : 1
③ 1 : 0.67 ④ 0.67 : 1

해설

공액보법으로 계산한다.

집중하중처짐각(θ_{AP})

$\theta_{AP} = \dfrac{1}{2} \times \dfrac{PL}{4EI} \times \dfrac{L}{2}$

$= \dfrac{PL^2}{16EI}$

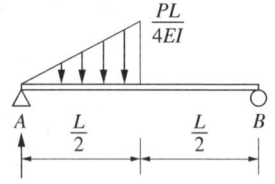

등분포하중처짐각(θ_{Aw})

$\theta_{Aw} = \dfrac{2}{3} \times \dfrac{wL^2}{8EI} \times \dfrac{L}{2}$

$= \dfrac{wL^3}{24EI}$

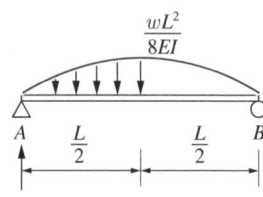

조건에서 $P = wL$이며,

$\theta_{A가} = \dfrac{PL^2}{16EI} = \dfrac{\omega L^3}{16EI}$, $\theta_{A나} = \dfrac{\omega L^3}{24EI}$ 이므로,

$\therefore \theta_{A가} : \theta_{A나} = \dfrac{\omega L^3}{16EI} : \dfrac{\omega L^3}{24EI}$

$= \dfrac{1}{16} : \dfrac{1}{24} = 3 : 2 (= 1.5 : 1 = 1 : 0.67)$

53 그림과 같은 3회전단의 포물선 아치가 등분포하중을 받을 때 아치부재의 단면력에 관한 설명으로 옳은 것은?

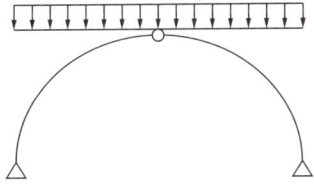

① 축방향력만 존재한다.
② 축방향력과 휨모멘트가 존재한다.
③ 전단력과 축방향력이 존재한다.
④ 축방향력, 전단력, 휨모멘트가 모두 존재한다.

해설
3활절 포물선 아치에서 등분포하중이 만재된 경우에는 축방향력(압축력)만 작용한다.

54 말뚝기초에 관한 설명으로 옳지 않은 것은?

① 사질토(砂質土)에는 마찰말뚝의 적용이 불가하다.
② 말뚝 내력(耐力)의 결정방법은 재하시험이 정확하다.
③ 철근콘크리트 말뚝은 현장에서 제작 양생하여 시공할 수도 있다.
④ 마찰말뚝은 한 곳에 집중하여 시공하지 않는 것이 좋다.

해설
마찰말뚝은 사질토(砂質土) 지반에 적용이 가능하다.
마찰말뚝 : 연약한 지반의 지층이 너무 깊어 파일의 선단이 지지할 수 있는 굳은 지층에 도달할 수 없는 경우 말뚝 전 길이의 주변 마찰력에 의해서 지지하는 말뚝

55 폭 250mm, f_{ck} = 30MPa인 철근콘크리트 보부재의 압축변형률이 ε_c = 0.003일 경우 인장철근의 변형률은?(단, d = 440mm, A_s = 1,520.1mm², f_y = 400MPa)

① 0.00197 ② 0.00368
③ 0.00523 ④ 0.00857

해설
※ 출제시 정답은 ④였으나 콘크리트구조 철근상세 설계기준(KDS 14 20 20) 개정으로 정답 없음

• 등가블록깊이 a공식
$$a = \frac{A_s f_y}{0.85 f_{ck} b} = \frac{1520.1 \times 400}{0.85 \times 30 \times 250} \fallingdotseq 95.38$$
$f_{ck} \leq 40$MPa이므로 $\beta_1 = 0.8$이 된다.

• 중립축의 위치공식
$$c = \frac{a}{\beta_1} = \frac{95.38}{0.8} = 119.225\text{mm}$$

• 비례식에 의해 변형률을 구한다(여기서, $f_{ck} \leq 30$MPa일 때 $\varepsilon_c = 0.0033$).
$c : \varepsilon_c = (d-c) : \varepsilon_y$이므로
$$\varepsilon_y = \frac{\varepsilon_c(d-c)}{c} = \frac{0.0033(440-119.225)}{119.225}$$
$$\fallingdotseq 8.87 \times 10^{-3} = 0.00887$$

56 강도설계법에 의한 띠철근을 가진 철근콘크리트의 기둥설계에서 단주의 최대 설계축하중은 약 얼마인가?(단, 기둥의 크기는 400×400mm, f_{ck} = 24MPa, f_y = 400MPa, 12-D22(A_s = 4,644mm²), ϕ = 0.65)

① 2,452kN ② 2,525kN
③ 2,614kN ④ 3,234kN

해설
$\phi P_n \Rightarrow \phi \alpha P_n$
여기서, P_n : 축하중, α : 띠철근 계수 0.8
(하중이 편심될 경우 편심모멘트 고려)
∴ $\phi P_n = \phi \alpha (0.85 f_{ck}(A_g - A_{st}) + (f_y \times A_{st}))$
위의 식에 주어진 조건을 대입하면,
$\phi P_n = 0.65 \times 0.8 \times (0.85 \times 24(400^2 - 4,644) + (400 \times 4,644))$
= 2,613,968.448N ≒ 2,614kN

57 다음 부정정 구조물에서 A단에 도달하는 모멘트의 크기는 얼마인가?

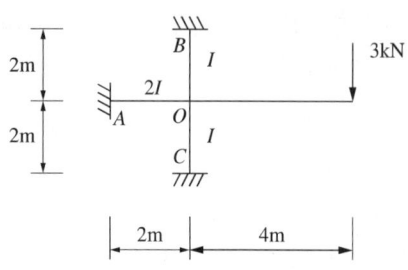

① 1.5kN·m　　② 2.0kN·m
③ 2.5kN·m　　④ 3.0kN·m

해설
$M_O = 3 \times 4 = 12 \text{kN} \cdot \text{m}$

유효강비
강비의 합 $= k_{OA} + k_{OB} + k_{OC} = 2I + I + I$
부재별 강비는, $k_{OA} : k_{OB} : k_{OC} = 2 : 1 : 1$

분배모멘트
$DF_{OA} = \dfrac{k_{OA}}{\sum k} = \dfrac{2}{4} = \dfrac{1}{2}$

$\therefore DM_{OA} = M_O \times DF_{OA} = 12 \times \dfrac{1}{2} = 6 \text{kN} \cdot \text{m}$

도달모멘트는 분배모멘트의 $\dfrac{1}{2}$만 전달

$\therefore DM_{OA} \times \dfrac{1}{2} = 6 \times \dfrac{1}{2} = 3 \text{kN} \cdot \text{m}$

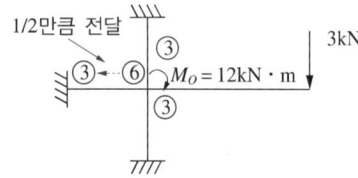

58 그림과 같은 단순보에서 최대 처짐은?(단, 보의 단면 $b \times h = 200\text{mm} \times 300\text{mm}$, $E = 200,000\text{MPa}$)

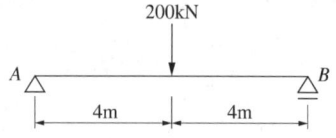

① 13.6mm　　② 18.1mm
③ 23.7mm　　④ 27.1mm

해설
단순보의 처짐 : $\delta_{\max} = \dfrac{PL^3}{48EI}$

조건에서, $I = \dfrac{bh^3}{12} = \dfrac{200 \times 300^3}{12}$

$\therefore \delta_{\max} = \dfrac{PL^3}{48EI}$

$= \dfrac{12 \times 200,000 \times 8,000^3}{48 \times 200,000 \times 200 \times 300^3} ≒ 23.7\text{mm}$

59 고층 건물의 구조형식 중에서 건물의 중간층에 대형 수평부재를 설치하여 횡력을 외곽기둥이 분담할 수 있도록 한 형식은?

① 트러스 구조
② 튜브 구조
③ 골조 아웃리거 구조
④ 스페이스 프레임 구조

해설
아웃리거 구조 시스템은 중앙의 코어, 외주부의 기둥, 이 둘을 연결시키는 아웃리거로 구성된다. 아웃리거는 코어의 휨강성과 외부 기둥의 축방향 강성을 서로 연결함으로써 전체 수평 강성을 증가시키게 된다.

60 강구조에 관한 설명으로 옳지 않은 것은?

① 장스팬의 구조물이나 고층 구조물에 적합하다.
② 재료가 불에 타지 않기 때문에 내화성이 크다.
③ 강재는 다른 구조재료에 비하여 균질도가 높다.
④ 단면에 비하여 부재길이가 비교적 길고 두께가 얇아 좌굴하기 쉽다.

해설
강재는 화재에 대한 변형이 약하여 내화성이 작다.

제4과목 건축설비

61 에스컬레이터의 경사도는 최대 얼마 이하로 하여야 하는가?(단, 공칭속도가 0.5m/s를 초과하는 경우이며 기타 조건은 무시)

① 25° ② 30°
③ 35° ④ 40°

해설
경사도에 따른 공칭속도
- 경사도 30° 이하 : 0.75m/sec 이하
- 경사도 30° 초과 35° 이하 : 0.5m/sec 이하

62 다음과 같은 조건에 있는 실의 틈새바람에 의한 현열부하는?

조건
• 실의 체적 : 400m³
• 환기 횟수 : 0.5회/h
• 실내 온도 : 20℃
• 외기 온도 : 0℃
• 공기의 밀도 : 1.2kg/m³
• 공기의 정압비열 : 1.01kJ/kg·K

① 약 654W ② 약 972W
③ 약 1,347W ④ 약 1,654W

해설
$H_i = 0.337 \times Q \times \Delta t = 0.337 \times n \times V \times \Delta t$ (W)
현열 부하량, 환기에 의한 손실 열량 H_i(W)
Q = 환기횟수 × 실의 체적 = 0.5 × 400 = 200m³/h
$H_i = 0.337 \times Q \times \Delta t$
　 = 0.337 × 200 × 20
　 = 1,348W
여기서, 0.337 : 단위환산계수(W·h/m³·K)
　　　　Q : 환기량(m³/h)
　　　　n : 환기횟수(회/h)
　　　　V : 실의 체적(m³)
　　　　Δt : 실내외 온도차(℃)

63 각각의 최대 수용 전력의 합이 1,200kW, 부등률이 1.2일 때 합성 최대 수용 전력은?

① 800kW ② 1,000kW
③ 1,200kW ④ 1,440kW

해설
부등률 = (각 부하 최대 수용 전력 합계/최대 수용 전력)×100(%)
∴ 최대 수용 전력 = $\dfrac{1{,}200\text{kW}}{1.2}$ = 1,000kW

64 다음 중 건축물 실내공간의 잔향시간에 가장 큰 영향을 주는 것은?

① 실의 용적 ② 음원의 위치
③ 벽체의 두께 ④ 음원의 음압

해설
실의 용적에 가장 큰 영향을 받는다.
Sabine의 잔향 이론
잔향시간(T) = KV/A
여기서, K(비례상수) : 0.162
　　　　V : 실용적
　　　　A : 흡음력[평균 흡음률(α)×실내 표면적]

65 다음 설명에 알맞은 급수 방식은?

• 위생성 측면에서 가장 바람직한 방식이다.
• 정전으로 인한 단수의 염려가 없다.

① 수도직결방식
② 고가수조방식
③ 압력수조방식
④ 펌프직송방식

해설
수도직결방식
- 급수오염이 가장 적다.
- 소규모 건물에 적합하며, 정전 시 급수가 가능하다.
- 단수 시 급수가 불가능하다.

66 자동화재탐지설비의 감지기 중 주위의 온도상승률이 일정한 값을 초과하는 경우 동작하는 것은?

① 차동식 ② 정온식
③ 광전식 ④ 이온화식

해설
차동식 : 일정 온도 상승률 이상일 때 작동(사무실 등 – 공기 팽창형)
정온식 : 일정 온도 넘으면 작동(보일러실, 주방 등 – 금속 팽창형)
보상식 : 차동식과 정온식을 복합한 것

67 습공기를 가열하였을 경우 상태량이 변하지 않는 것은?

① 절대습도 ② 상대습도
③ 건구온도 ④ 습구온도

해설
절대습도는 공기를 가열하거나 냉각해도 변화가 없다.

68 대기압 하에서 0℃의 물이 0℃의 얼음으로 될 경우의 체적 변화에 관한 설명으로 옳은 것은?

① 체적이 4% 팽창한다.
② 체적이 4% 감소한다.
③ 체적이 9% 팽창한다.
④ 체적이 9% 감소한다.

해설
대기압 하에서 0℃의 물이 0℃의 얼음이 될 경우 체적이 9% 팽창(증가)한다.

69 급수배관의 설계 및 시공상의 주의점에 관한 설명으로 옳지 않은 것은?

① 급수관의 기울기는 1/100을 표준으로 한다.
② 수평배관에는 공기나 오물이 정체하지 않도록 한다.
③ 급수주관으로부터 분기하는 경우는 티(Tee)를 사용한다.
④ 음료용 급수관과 다른 용도의 배관을 크로스 커넥션하지 않도록 한다.

해설
급수관의 모든 기울기는 1/250을 표준으로 상향 및 하향 기울기를 적용한다.

70 환기에 관한 설명으로 옳지 않은 것은?

① 화장실은 송풍기(급기팬)와 배풍기(배기팬)를 설치하는 것이 일반적이다.
② 기밀성이 높은 주택의 경우 잦은 기계 환기를 통해 실내 공기의 오염을 낮추는 것이 바람직하다.
③ 병원의 수술실은 오염공기가 실내로 들어오는 것을 방지하기 위해 실내 압력을 주변공간보다 높게 설정한다.
④ 공기의 오염농도가 높은 도로에 면해 있는 건물의 경우, 공기조화설비 계통의 외기도입구를 가급적 높은 위치에 설치한다.

해설
3종 환기 : 자연급기, 기계배기(부엌, 욕실, 화장실, 오염실 등)
기계환기의 분류

구분	급기	배기	적용
1종	기계	기계	• 공기조정설비 포함 • 밀폐공간, 수술실 등에 적합
2종	기계	자연	• 배기구 위치에 제약 • 청정실, 반도체실 등에 적합
3종	자연	기계	• 급기구 위치에 제약 • 부엌, 욕실, 화장실, 오염실에 적합

66 ① 67 ① 68 ③ 69 ① 70 ①

71 방열기의 입구 수온이 90℃이고 출구 수온이 80℃이다. 난방부하가 3,000W인 방을 온수난방할 경우 방열기의 온수순환량은?(단, 물의 비열은 4.2 kJ/kg·K로 한다)

① 143kg/h ② 257kg/h
③ 368kg/h ④ 455kg/h

해설
급탕부하량, 난방부하, 현열량(Q)
$Q = m \times c \times \Delta t$
$\therefore m = \dfrac{Q(\text{kW})}{c(\text{kJ/kg·K}) \times \Delta t(℃)}$
$= \dfrac{3 \times 3,600(\text{kJ/h})}{4.2(\text{kJ/kg·K}) \times (90-80)}$
$= \dfrac{10,800(\text{kJ/h})}{4.2(\text{kJ/kg·K}) \times (90-80)}$
$\fallingdotseq 257\text{kg/h}$

여기서, m : 급탕량 or 온수순환량 or 송풍량
c : 비열
Δt : 온도차
1kW = 3,600kJ/h

72 다음 중 최근 저압선로의 배선보호용 차단기로 가장 많이 사용되는 것?

① ACB ② GCB
③ MCCB ④ ABCB

해설
배선용 차단기(MCCB, Molded-Case Circuit Breaker) : 배선용 차단기는 NFB(No Fuse Breaker)로서 과부하(전류)와 단락전류로부터 2차측 선로를 보호하는 기능을 한다.
① ACB(Air Circuit Breaker), ④ ABCB(Air Blast Circuit Breaker) : 압축된 공기를 이용한 차단기
② GCB(Gas Circuit Breaker) : 가스차단기

73 어떤 사무실의 취득 현열량이 15,000W일 때 실내 온도를 26℃로 유지하기 위하여 16℃의 외기를 도입할 경우, 실내에 공급하는 송풍량은 얼마로 해야 하는가?(단, 공기의 정압비열은 1.01kJ/kg·K, 밀도는 1.2kg/m³이다)

① 2,455m³/h ② 4,455m³/h
③ 6,455m³/h ④ 8,455m³/h

해설
급탕부하량, 난방부하, 현열량(Q)
$Q = m \times c \times \Delta t$
$\therefore m = \dfrac{Q(\text{kW})}{c(\text{kJ/kg·K}) \times \Delta t(℃)}$
$= \dfrac{15 \times 3,600(\text{kJ/h})}{1.01(\text{kJ/kg·K}) \times 1.2(\text{kg/m}^3) \times 10}$
$= \dfrac{54,000}{12.12} \fallingdotseq 4,455\text{m}^3/\text{h}$

여기서, m : 송풍량
c : 비열
Δt : 온도차
1kW = 3,600kJ/h, 15,000W = 15kW

74 공기조화방식 중 냉풍과 온풍을 공급받아 각 실 또는 각 존의 혼합유닛에서 혼합하여 공급하는 방식은?

① 단일덕트방식
② 이중덕트방식
③ 유인유닛방식
④ 팬코일유닛방식

해설
이중덕트방식
• 냉온풍 혼합에 따른 에너지 손실이 크고, 운전비가 많이 든다.
• 덕트설치 공간이 많이 들고, 고속덕트방식이 사용된다.
• 혼합상자에서 소음과 진동이 생긴다.
• 덕트 스페이스가 크며, 설비비가 많이 든다.

75 지역난방 방식에 관한 설명으로 옳지 않은 것은?

① 열원설비의 집중화로 관리가 용이하다.
② 설비의 고도화로 대기오염 등 공해를 방지할 수 있다.
③ 각 건물의 이용시간차를 이용하면 보일러의 용량을 줄일 수 있다.
④ 고온수난방을 채용할 경우 감압장치가 필요하며 응축수 트랩이나 환수관이 복잡해진다.

해설
감압장치나 응축수 트랩은 고압증기용 난방에 필요하다.
지역난방 개념
- 열병합발전소(전기와 열을 함께 생산하는 시설)에서 생산된 열(고온수, 고압증기)을 이용하여 지역 내의 아파트, 상가, 각종 건물에 공급하여 급탕열로 이용하거나 난방하는 방식
- 장단점
  - 중앙공급식, 개별 난방방식보다 저렴하고 쾌적한 환경을 조성 가능
  - 에너지 절약과 환경공해 방지, 도시의 매연을 경감한다.
  - 열효율이 좋고 연료비가 적게 들며, 인건비가 싸다.
  - 배관도중 열손실이 크다.
  - 초기 시설비가 비싸다.

76 개방형 헤드를 사용하는 연결살수설비에 있어서 하나의 송수구역에 설치하는 살수헤드의 수는 최대 얼마 이하가 되도록 하여야 하는가?

① 10개   ② 20개
③ 30개   ④ 40개

해설
개방형 헤드를 사용하는 연결살수설비의 경우는 1개의 송수구역에 설치하는 살수헤드는 10개 이하여야 한다.

77 배수트랩의 봉수파괴 원인 중 통기관을 설치함으로써 봉수파괴를 방지할 수 있는 것이 아닌 것은?

① 분출 작용
② 모세관 작용
③ 자기사이펀 작용
④ 유도사이펀 작용

해설
모세관 작용 방지 : 거름망 설치
봉수파괴방지 방법
- 자기사이펀 작용, 유도사이펀 작용(흡출 작용, 감압 흡인 작용), 토출 작용(역압 분출 작용) : 통기관 설치
- 증발 현상 : 기름을 흘려보내서 유막 형성, 자주 사용
- 관성에 의한 파괴 : 격자 석쇠 설치

78 다음의 간선 배전방식 중 분전반에서 사고가 발생했을 때 그 파급 범위가 가장 좁은 것은?

① 평행식
② 방사선식
③ 나뭇가지식
④ 나뭇가지 평행식

해설
평행식은 배전반 → 분전반으로 개별적으로 배선하므로 사고의 영향을 최소화할 수 있다.
간선의 배선 방식(배전반에서 분전반까지 배선)
- 평행식(개별방식)
  - 각 분전반에 단독으로 배선하는 방식
  - 전압이 일정하다(전압강하가 적음).
  - 화재 등 사고발생 시 영향이 적다.
  - 대규모 건물에 적합하다.
  - 설비비가 많이 소요된다.
- 나뭇가지식(수지상식)
  - 한 개의 간선이 각 분전반을 거쳐가며 공급하는 방식
  - 넓게 분산된 구역의 소규모 건물에 적합하다.
- 병용식
  - 평행식과 수지상식을 병용한 방식
  - 일반적으로 가장 많이 사용된다.

79 조명기구를 사용하는 도중에 광원의 능률저하나 기구의 오염, 손상 등으로 조도가 점차 저하되는데, 인공조명 설계 시 이를 고려하여 반영하는 계수는?

① 광 도
② 조명률
③ 실지수
④ 감광 보상률

해설
감광 보상률 : 광원 능률저하로 인해 광원을 갈아 끼우거나 기구를 청소할 때까지 필요한 조도를 유지할 수 있도록 여유를 두는 비율

80 일반적으로 가스사용시설의 지상배관 표면 색상은 어떤 색상으로 도색하는가?

① 백 색
② 황 색
③ 청 색
④ 적 색

해설
지상배관 : 황색
매설배관 : 저압 배관 – 황색, 중압 배관 – 적색

제5과목 건축관계법규

81 건축법령상 공사감리자가 수행하여야 하는 감리업무에 속하지 않는 것은?

① 공정표의 작성
② 상세시공도면의 검토·확인
③ 공사현장에서의 안전관리의 지도
④ 설계변경의 적정여부의 검토·확인

해설
시공자는 공정표를 작성하며, 공사감리자는 공정표를 검토한다.

82 다음은 대지와 도로의 관계에 관한 기준 내용이다. ( ) 안에 알맞은 것은?(단, 축사, 작물 재배사, 그 밖에 이와 비슷한 건축물로서 건축조례로 정하는 규모의 건축물은 제외)

연면적의 합계가 2,000m² (공장인 경우 3,000m²) 이상인 건축물의 대지는 너비 (㉠) 이상의 도로에 (㉡) 이상 접하여야 한다.

① ㉠ 2m, ㉡ 4m
② ㉠ 4m, ㉡ 2m
③ ㉠ 4m, ㉡ 6m
④ ㉠ 6m, ㉡ 4m

해설
대지와 도로의 관계(건축법 시행령 제28조 제2항)
너비 6m 이상의 도로에 4m 이상 접하여야 한다.

정답 79 ④ 80 ② 81 ① 82 ④

83 다음 중 제2종 일반주거지역 안에서 건축할 수 있는 건축물에 속하지 않는 것은?

① 종교시설
② 운수시설
③ 노유자시설
④ 제1종 근린생활시설

해설
제2종 일반주거지역에서 운수시설은 건축할 수 없다.
제2종 일반주거지역 안에서 건축할 수 있는 건축물(국토의 계획 및 이용에 관한 법률 시행령 별표 5)
- 단독주택
- 공동주택
- 제1종 근린생활시설
- 종교시설
- 교육연구시설 중 유치원·초등학교·중학교 및 고등학교
- 노유자시설

84 피난층 이외 층으로서 피난층 또는 지상으로 통하는 직통계단을 2개소 이상 설치하여야 하는 대상기준으로 옳지 않은 것은?

① 지하층으로서 그 층 거실의 바닥면적의 합계가 200m² 이상인 것
② 종교시설의 용도로 쓰는 층으로서 그 층에서 해당 용도로 쓰는 바닥면적의 합계가 200m² 이상인 것
③ 판매시설의 용도로 쓰는 3층 이상의 층으로서 그 층의 해당 용도로 쓰는 거실의 바닥면적의 합계가 200m² 이상인 것
④ 업무시설 중 오피스텔의 용도로 쓰는 층으로서 그 층의 해당 용도로 쓰는 거실의 바닥면적의 합계가 200m² 이상인 것

해설
공동주택(층당 4세대 이하인 것 제외) 또는 업무시설 중 오피스텔의 용도로 쓰는 층으로서 그 층의 해당 용도로 쓰는 거실의 바닥면적의 합계가 300m² 이상인 것(건축법 시행령 제34조 제2항 제3호)

85 국토의 계획 및 이용에 관한 법률에 따른 용도 지역에서의 용적률 최대한도 기준이 옳지 않은 것은? (단, 도시지역의 경우)

① 주거지역 : 500% 이하
② 녹지지역 : 100% 이하
③ 공업지역 : 400% 이하
④ 상업지역 : 1,000% 이하

해설
용도지역에서의 용적률(국토의 계획 및 이용에 관한 법률 제78조)
• 도시지역
 – 주거지역 : 500% 이하
 – 상업지역 : 1,500% 이하
 – 공업지역 : 400% 이하
 – 녹지지역 : 100% 이하

86 다음 중 도시·군관리계획에 포함되지 않는 것은?

① 도시개발사업이나 정비사업에 관한 계획
② 광역계획권의 장기발전방향을 제시하는 계획
③ 기반시설의 설치·정비 또는 개량에 관한 계획
④ 용도지역·용도지구의 지정 또는 변경에 관한 계획

해설
②는 광역도시계획에 대한 설명이다.

87 다음 중 허가 대상 건축물이라 하더라도 건축신고를 하면 건축허가를 받은 것으로 보는 경우에 속하지 않는 것은?

① 건축물의 높이를 4m 증축하는 건축물
② 연면적의 합계가 80m²인 건축물의 건축
③ 연면적이 150m²이고 2층인 건물의 대수선
④ 2층 건축물로서 바닥면적의 합계 80m²를 증축하는 건축물

해설
① 건축물의 높이를 3m 이하의 범위에서 증축하는 건축물

건축신고(건축법 제14조 제1항)
허가 대상 건축물이라 하더라도 다음의 어느 하나에 해당하는 경우에는 미리 특별자치시장·특별자치도지사 또는 시장·군수·구청장에게 국토교통부령으로 정하는 바에 따라 신고를 하면 건축허가를 받은 것으로 본다.
- 바닥면적의 합계가 85m² 이내의 증축·개축 또는 재축. 다만, 3층 이상 건축물인 경우에는 증축·개축 또는 재축하려는 부분의 바닥면적의 합계가 건축물 연면적의 10분의 1 이내인 경우로 한정
- 관리지역, 농림지역 또는 자연환경보전지역에서 연면적이 200m² 미만이고 3층 미만인 건축물의 건축
- 연면적이 200m² 미만이고 3층 미만인 건축물의 대수선
- 주요구조부의 해체가 없는 등 대통령령으로 정하는 대수선
- 그 밖에 소규모 건축물로서 대통령령으로 정하는 건축물의 건축
  - 연면적의 합계가 100m² 이하인 건축물
  - 건축물의 높이를 3m 이하의 범위에서 증축하는 건축물

88 부설주차장 설치대상 시설물이 종교시설인 경우, 부설주차장 설치기준으로 옳은 것은?

① 시설면적 50m²당 1대
② 시설면적 100m²당 1대
③ 시설면적 150m²당 1대
④ 시설면적 200m²당 1대

해설
종교시설의 경우 설치기준은 시설면적 150m²당 1대(주차장법 시행령 제7조 별표 1)

89 건축물에 설치하는 지하층의 구조에 관한 기준 내용으로 옳지 않은 것은?

① 지하층에 설치하는 비상탈출구의 유효너비는 0.75m 이상으로 할 것
② 거실의 바닥면적의 합계가 1,000m² 이상인 층에는 환기설비를 설치할 것
③ 지하층의 바닥면적이 300m² 이상인 층에는 식수공급을 위한 급수전을 1개소 이상 설치할 것
④ 거실의 바닥면적이 33m² 이상인 층에는 직통계단 외에 피난층 또는 지상으로 통하는 비상탈출구를 설치할 것

해설
거실의 바닥면적이 50m² 이상인 층에는 직통계단 외에 피난층 또는 지상으로 통하는 비상탈출구 및 환기통을 설치할 것. 다만, 직통계단이 2개소 이상 설치되어 있는 경우에는 그러하지 아니하다(건축물의 피난·방화구조 등의 기준에 관한 규칙 제25조).

90 비상용승강기 승강장의 구조에 관한 기준 내용으로 옳지 않은 것은?

① 승강장은 각 층의 내부와 연결될 수 있도록 할 것
② 벽 및 반자가 실내에 접하는 부분의 마감재료는 준불연재료로 할 것
③ 옥내에 설치하는 승강장의 바닥면적은 비상용승강기 1대에 대하여 6m² 이상으로 할 것
④ 피난층이 있는 승강장의 출입구로부터 도로 또는 공지에 이르는 거리가 30m 이하일 것

해설
벽 및 반자가 실내에 접하는 부분의 마감재료(마감을 위한 바탕을 포함한다)는 불연재료로 할 것(건축물의 설비기준 등에 관한 규칙 제10조)

정답 87 ① 88 ③ 89 ④ 90 ②

91 다음은 건축법령상 다세대주택의 정의이다. ( ) 안에 알맞은 것은?

> 주택으로 쓰는 1개 동의 바닥면적 합계가 (㉠) 이하이고, 층수가 (㉡) 이하인 주택(2개 이상의 동을 지하주차장으로 연결하는 경우에는 각각의 동으로 본다)

① ㉠ 330m², ㉡ 3개 층
② ㉠ 330m², ㉡ 4개 층
③ ㉠ 660m², ㉡ 3개 층
④ ㉠ 660m², ㉡ 4개 층

해설
다세대주택(건축법 시행령 별표 1)
주택으로 쓰는 1개 동의 바닥면적 합계가 660m² 이하이고, 층수가 4개 층 이하인 주택(2개 이상의 동을 지하주차장으로 연결하는 경우에는 각각의 동으로 본다)

92 공작물을 축조할 때 특별자치시장·특별자치도지사 또는 시장·군수·구청장에게 신고를 하여야 하는 대상 공작물 기준으로 옳지 않은 것은?(단, 건축물과 분리하여 축조하는 경우)

① 높이 6m를 넘는 굴뚝
② 높이 4m를 넘는 광고탑
③ 높이 4m를 넘는 장식탑
④ 높이 2m를 넘는 옹벽 또는 담장

해설
※ 출제 시 정답은 ③이었으나 법령 개정(20.12.16)으로 정답 없음
신고를 해야 하는 공작물(건축법 시행령 제118조 제1항)
높이 4m를 넘는 장식탑, 기념탑, 첨탑, 광고탑, 광고판, 첨탑(개정 전 : 높이 6m를 넘는 장식탑, 기념탑)

93 건축물을 신축하는 경우 옥상에 조경을 150m² 시공했다. 이 경우 대지의 조경면적은 최소 얼마 이상으로 하여야 하는가?(단, 대지면적은 1,500m²이고, 조경설치 기준은 대지면적의 10%이다)

① 25m²
② 50m²
③ 75m²
④ 100m²

해설
문제의 조경설치 기준(10%)에 의해 전체 조경면적은 1,500m² × 0.1 = 150m²이고, 대지의 조경면적으로 산정할 수 있는 옥상 조경면적은 150m² × $\frac{2}{3}$ = 100m²이지만 전체 조경면적(150m²)의 100분의 50을 초과할 수 없으므로 75m²이고, 따라서 대지의 최소 조경면적은 75m²이다.
대지의 조경(건축법 시행령 제27조 제3항)
건축물의 옥상에 조경이나 그 밖에 필요한 조치를 하는 경우에는 옥상 부분 조경면적의 3분의 2에 해당하는 면적을 대지의 조경면적으로 산정할 수 있다. 이 경우 조경면적으로 산정하는 면적은 법에 따른 조경면적의 100분의 50을 초과할 수 없다.

94 높이 31m를 넘는 각 층의 바닥면적 중 최대 바닥면적이 5,000m²인 업무시설에 원칙적으로 설치하여야 하는 비상용 승강기의 최소 대수는?

① 1대
② 2대
③ 3대
④ 4대

해설
1대 + $\frac{5,000-1,500}{3,000}$ 대 ≒ 2.17대
∴ 3대이다.
비상용 승강기의 설치(건축법 시행령 제90조)
높이 31m를 넘는 각 층의 바닥면적 중 최대 바닥면적이 1,500m²를 넘는 건축물 : 1대에 1,500m²를 넘는 3,000m² 이내마다 1대씩 더한 대수 이상

95 건축물의 거실에 국토교통부령으로 정하는 기준에 따라 배연설비를 하여야 하는 대상 건축물에 속하지 않는 것은?(단, 피난층의 거실은 제외하며, 6층 이상인 건축물의 경우)

① 종교시설
② 판매시설
③ 위락시설
④ 방송통신시설

해설
건축물의 거실에 배연설비를 해야 하는 경우(건축법 시행령 제51조)
• 6층 이상인 건축물의 경우(피난층의 거실 제외)
 – 제2종 근린생활시설 중 공연장, 종교집회장, 인터넷컴퓨터게임시설제공업소 및 다중생활시설(공연장, 종교집회장 및 인터넷컴퓨터게임시설 제공업소는 해당 용도로 쓰는 바닥면적의 합계가 각각 300m² 이상인 경우)
 – 문화 및 집회시설
 – 종교시설
 – 판매시설
 – 운수시설
 – 의료시설(요양병원 및 정신병원은 제외)
 – 교육연구시설 중 연구소
 – 노유자시설 중 아동 관련 시설, 노인복지시설(노인요양시설은 제외)
 – 수련시설 중 유스호스텔
 – 운동시설
 – 업무시설
 – 숙박시설
 – 위락시설
 – 관광휴게시설
 – 장례시설

96 일반주거지역에서 건축물을 건축하는 경우 건축물의 높이 5m인 부분은 정북 방향의 인접 대지 경계선으로부터 원칙적으로 최소 얼마 이상을 띄어 건축하여야 하는가?

① 1.0m
② 1.5m
③ 2.0m
④ 3.0m

해설
높이 10m 이하인 부분은 인접 대지 경계선으로부터 1.5m 이상 띄어야 한다(건축법 시행령 제86조 제1항).

97 지하식 또는 건축물식 노외주차장의 차로에 관한 기준 내용으로 옳지 않은 것은?(단, 이륜자동차전용 노외주차장이 아닌 경우)

① 높이는 주차바닥면으로부터 2.3m 이상으로 하여야 한다.
② 경사로의 종단경사도는 직선 부분에서는 17%를 초과하여서는 아니 된다.
③ 곡선 부분은 자동차가 4m 이상의 내변반경으로 회전할 수 있도록 하여야 한다.
④ 주차대수 규모가 50대 이상인 경우의 경사로는 너비 6m 이상인 2차로를 확보하거나 진입차로와 진출차로를 분리하여야 한다.

해설
곡선 부분은 자동차가 6m(같은 경사로를 이용하는 주차장의 총 주차대수가 50대 이하인 경우에는 5m, 이륜자동차전용 노외주차장의 경우에는 3m) 이상의 내변반경으로 회전할 수 있도록 하여야 한다(주차장법 시행규칙 제6조 제1항 제5호 나목).

98 용도지역의 세분에 있어 주거기능을 위주로 이를 지원하는 일부 상업기능 및 업무기능을 보완하기 위하여 필요한 지역은?

① 준주거지역
② 전용주거지역
③ 일반주거지역
④ 유통상업지역

해설
준주거지역에 대한 설명이다.

99 주차장 수급 실태 조사의 조사구역 설정에 관한 기준 내용으로 옳지 않은 것은?

① 실태조사의 주기는 3년으로 한다.
② 사각형 또는 삼각형 형태로 조사구역을 설정한다.
③ 각 조사 구역은 건축법에 따른 도로를 경계로 구분한다.
④ 조사구역 바깥 경계선의 최대거리가 500m를 넘지 않도록 한다.

해설
사각형 또는 삼각형 형태로 조사구역을 설정하되 조사구역 바깥 경계선의 최대거리가 300m를 넘지 않도록 한다(주차장법 시행규칙 제1조의2).

100 태양열을 주된 에너지원으로 이용하는 주택의 건축면적 산정 시 기준이 되는 것은?

① 외벽의 외곽선
② 외벽의 내측 벽면선
③ 외벽 중 내측 내력벽의 중심선
④ 외벽 중 외측 비내력벽의 중심선

해설
태양열을 주된 에너지원으로 이용하는 주택의 건축면적은 건축물의 외벽 중 내측 내력벽의 중심선을 기준으로 한다(건축법 시행규칙 제43조 제1항).

정답 99 ④ 100 ③

2019년 제1회 과년도 기출문제

제1과목 건축계획

01 사무소 건축의 실단위 계획 중 개방식 배치에 관한 설명으로 옳지 않은 것은?

① 공사비를 줄일 수 있다.
② 실의 깊이나 길이에 변화를 줄 수 없다.
③ 시각차단이 없으므로 독립성이 적어진다.
④ 경영자의 입장에서는 전체를 통제하기가 쉽다.

해설
개방식 배치는 실의 깊이나 길이에 변화를 줄 수 있다.
개실형 배치는 실의 길이에는 변화를 줄 수 있으나 깊이에는 변화를 줄 수 없다.

02 다음 설명에 알맞은 공장건축의 레이아웃 형식은?

- 동종의 공정, 동일한 기계 설비 또는 기능이 유사한 것을 하나의 그룹으로 집합시키는 방식
- 다종 소량생산의 경우, 예상 생산이 불가능한 경우, 표준화가 이루어지기 어려운 경우에 채용

① 고정식 레이아웃
② 혼성식 레이아웃
③ 공정중심의 레이아웃
④ 제품중심의 레이아웃

해설
공정중심의 레이아웃은 동종의 공정, 동일한 기계 설비 또는 유사한 것을 하나의 그룹으로 집합시키는 형식이다.

03 다음 설명에 알맞은 백화점 진열장 배치방법은?

- Main 통로를 직각 배치하며, Sub 통로를 45° 정도 경사지게 배치하는 유형이다.
- 많은 고객이 매장공간의 코너까지 접근하기 용이하지만, 이형의 진열장이 많이 필요하다.

① 직각배치
② 방사배치
③ 사행배치
④ 자유유선배치

해설
사행배치(사교법)는 주통로를 직각으로 배치하고, 부통로를 주통로에 45° 경사지게 배치하는 방법이다.

백화점 매장 배치 형식
- 직각배치(직교법)
  - 가장 간단한 배치 방법으로, 가구와 가구 사이를 직교하여 배치함으로써 직각의 통로가 나오게 하는 배치 방법
  - 경제적이고 판매장 면적을 최대한 이용할 수 있다.
  - 단조롭고 고객 통행량에 따른 통로폭의 변화가 어렵다.
- 사행배치(사교법)
  - 주통로를 직각으로 배치하고, 부통로를 주통로에 45° 경사지게 배치하는 방법
  - 매장의 구석까지 가기 쉽다.
  - 이형의 판매대가 많이 필요하다.
- 방사형 배치(방사법)
  - 수직 동선을 중심으로 판매장의 통로를 방사형이 되도록 배치하는 방법
  - 진열장에 의한 고객과 종업원 간의 거리감을 감소 가능
- 자유유선형 배치(자유유동법)
  - 고객 유동 방향에 따라 곡선으로 통로를 배치하는 방법
  - 매장의 변경 및 이동이 곤란하다.
  - 특수한 형태의 판매대가 필요하므로 시설비가 많이 든다.

정답 1 ② 2 ③ 3 ③

04 로마시대의 것으로 그리스의 아고라(Agora)와 유사한 기능을 갖는 것은?

① 포럼(Forum) ② 인슐라(Insula)
③ 도무스(Domus) ④ 판테온(Pantheon)

해설
① 포럼(Forum) : 그리스의 아고라와 유사한 공공광장
② 인슐라(Insula) : 평민, 노예들을 위한 다층의 집합주택
③ 도무스(Domus) : 개인주택
④ 판테온(Pantheon) : 내부는 드럼(Drum)과 돔(Dome)으로 구성되고, 반구형 돔 하부의 드럼 부분은 상부의 깊은 7개의 벽감(Niche)으로 구성된 신전

포럼(Forum)
- 그리스의 아고라와 동일한 기능을 지니는 공공광장
- 도시구조의 중심으로서 정치, 산업, 사교, 교통 등이 집약
- 광장 주위에 바실리카, 신전 등의 공공건축물과 개선문, 기념주 등의 기념건축물이 위치

05 숑바르 드 로브(Chombard de Lawve)가 제시하는 1인당 주거 면적의 병리기준은?

① $6m^2$ ② $8m^2$
③ $10m^2$ ④ $12m^2$

해설
숑바르 드 로브(Chombard de Lawve)의 기준
- 병리기준 : $8m^2$/인 이상
- 한계기준 : $14m^2$/인 이상
- 표준기준 : $16m^2$/인 정도

06 극장의 평면형식 중 관객이 연기자를 사면에서 둘러싸고 관람하는 형식으로 가장 많은 관객을 수용할 수 있는 형식은?

① 아레나(Arena)형
② 가변형(Adaptable Stage)
③ 프로시니엄(Proscenium)형
④ 오픈 스테이지(Open Stage)형

해설
아레나 형식(Arena Stage, Center Stage)
- 중앙에 무대가 있고 사방이 객석으로 둘러싸인 형식이다.
- 가까운 거리에서 가장 많은 관객을 수용한다.
- 무대 배경은 주로 낮은 가구로 구성되어 경제적이다.
- 연기 도중 다른 연기자를 가리는 결점이 있다.

07 POE(Post-Occupancy Evaluation)의 의미로 가장 알맞은 것은?

① 건축물 사용자를 찾는 것이다.
② 건축물을 사용해 본 후에 평가하는 것이다.
③ 건축물의 사용을 염두에 두고 계획하는 것이다.
④ 건축물 모형을 만들어 설계의 적정성을 평가하는 것이다.

해설
POE는 거주 후 평가로서 건축물을 사용해 본 후에 평가한다.
거주 후 평가(POE ; Post-Occupancy Evaluation)
- 자료수집 단계에서 거주 후 사용자의 경험과 반응을 연구
- 만족도, 요구, 가치 등을 평가하여 장래에 유사한 건축계획에 필요한 정보추출하고 제공하기 위함
- 평가과정 : 건축물선정 → 인터뷰, 답사, 관찰 → 반응연구 → 지침설정
- 평가요소 : 환경장치, 사용자, 디자인
- 거주 후 평가 유형
  - 기술적 평가 : 건물에 대한 평가
  - 기능적 평가 : 서비스에 대한 평가
  - 행태적 평가 : 환경 심리에 대한 평가

08 학교 운영방식에 관한 설명으로 옳지 않은 것은?

① 교과교실형은 교실의 순수율은 높으나 학생의 이동이 심하다.
② 종합교실형은 학생의 이동이 없고 초등학교 저학년에 적합하다.
③ 일반교실, 특별교실형은 각 학급마다 일반교실을 하나씩 배당하고 그 외에 특별교실을 갖는다.
④ 플래툰(Platoon)형은 학급과 학년을 없애고 학생들은 각자의 능력에 따라서 교과를 선택하는 방식이다.

해설
플래툰(Platoon)형: 각 학급을 2분단으로 나누어 한쪽이 일반교실을 사용할 때, 다른 한쪽은 특별교실을 사용하는 방식이다.
달톤형: 학급과 학년을 없애고 학생들은 각자의 능력에 따라서 교과를 선택하는 방식이다.

09 이슬람교의 영향을 받은 건축물에서 볼 수 있는 연속적인 기하학적 문양, 식물문양, 당초문양 등을 이르는 용어는?

① 스퀸치
② 펜던티브
③ 모자이크
④ 아라베스크

해설
아라베스크는 이슬람교의 영향을 받은 건축물에서 볼 수 있는 연속적인 기하학적 문양, 식물문양, 당초문양 등을 말한다.

10 공포형식 중 다포식에 관한 설명으로 옳지 않은 것은?

① 다포식 건축물로는 서울 숭례문(남대문) 등이 있다.
② 기둥 상부 이외에 기둥 사이에도 공포를 배열한 형식이다.
③ 규모가 커지면서 내부 출목보다는 외부 출목이 점차 많아졌다.
④ 주심포식에 비해서 지붕하중을 등분포로 전달할 수 있는 합리적인 구조법이다.

해설
다포 형식은 건물 내부에도 출목장여를 두고, 외부출목도 2출목 이상으로 할 때가 많으며, 일반적으로 내출목이 더 많다.
주심포 형식은 대부분 내출목은 없으며, 외1출목인 3포집이다.
다포계 양식의 특성
• 창방 위에 평방을 놓고, 주간에도 공포를 배치한다.
• 소로는 상하 일치하는 선상에 배치하고, 통장여를 사용한다.
• 건물 내부에도 출목장여를 두고, 외부출목도 2출목 이상으로 할 때가 많으며, 일반적으로 내출목이 더 많다.
• 주두나 소로의 굽은 평굽으로 되고 굽받침은 없다.
• 우물천장 구성으로 동자주, 대공 등의 천장구조는 단순하다.

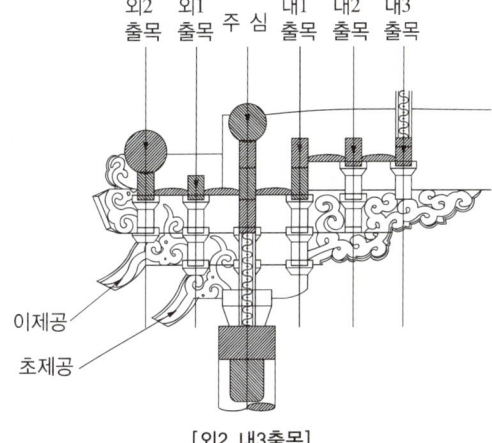

[외2 내3출목]

11
공동주택을 건설하는 주택단지는 기간도로와 접하거나 기간도로로부터 당해 단지에 이르는 진입도로가 있어야 한다. 주택단지의 총세대수가 400세대인 경우 기간도로와 접하는 폭 또는 진입도로의 폭은 최소 얼마 이상이어야 하는가?(단, 진입도로가 1개이며, 원룸형 주택이 아닌 경우)

① 4m ② 6m
③ 8m ④ 12m

해설
400세대일 경우 8m 이상이 필요하다.
공동주택 단지 도로폭

주택단지의 총 세대 수	기간도로와 접하는 폭 또는 진입도로의 폭
300세대 미만	6m 이상
300세대 이상~500세대 미만	8m 이상
500세대 이상~1,000세대 미만	12m 이상
1,000세대 이상~2,000세대 미만	15m 이상
2,000세대 이상	20m 이상

12
한식주택과 양식주택에 관한 설명으로 옳지 않은 것은?

① 양식주택은 입식생활이며, 한식주택은 좌식생활이다.
② 양식주택의 실은 단일용도이며, 한식주택의 실은 혼용도이다.
③ 양식주택은 실의 위치별 분화이며, 한식주택은 실의 기능별 분화이다.
④ 양식주택의 가구는 주요한 내용물이며, 한식주택의 가구는 부차적 존재이다.

해설
한식주택은 실의 위치별 분화이며, 양식주택은 실의 기능별 분화이다.

13
사무소 건축의 코어 유형에 관한 설명으로 옳지 않은 것은?

① 중심코어형은 유효율이 높은 계획이 가능하다.
② 양단코어형은 2방향 피난에 이상적이며 방재상 유리하다.
③ 편심코어형은 각 층 바닥면적이 소규모인 경우에 적합하다.
④ 독립코어형은 구조적으로 가장 바람직한 유형으로, 고층, 초고층 사무소 건축에 주로 사용된다.

해설
독립코어형은 구조적으로 불리한 유형으로, 소규모 사무소 건축에 주로 사용된다.
중심코어형은 구조적으로 가장 바람직한 유형으로, 고층, 초고층 사무소 건축에 주로 사용된다.

14
도서관의 출납시스템 중 열람자는 직접 서가에 면하여 책의 체제나 표지 정도는 볼 수 있으나 내용을 보려면 관원에게 요구하여 대출 기록을 남긴 후 열람하는 형식은?

① 폐가식 ② 반개가식
③ 안전개가식 ④ 자유개가식

해설
반개가식의 설명이다.

15 아파트에 의무적으로 설치하여야 하는 장애인·노인·임산부 등의 편의시설에 속하지 않는 것은?

① 점자블록
② 장애인전용 주차구역
③ 높이 차이가 제거된 건축물 출입구
④ 장애인 등의 통행이 가능한 접근로

해설
아파트에 설치해야 하는 편의시설은 의무와 권장으로 구분되며, 점자블록은 의무사항이 아니다. 시각장애인 보행편의를 위하여 설치하는 블록이며, 감지용 점형블록과 유도용 선형블록을 사용한다.

16 백화점의 에스컬레이터 배치에 관한 설명으로 옳지 않은 것은?

① 교차식 배치는 점유면적이 작다.
② 직렬식 배치는 점유면적이 크나 승객의 시야가 좋다.
③ 병렬식 배치는 백화점 매장 내부에 대한 시계가 양호하다.
④ 병렬 연속식 배치는 연속적으로 승강할 수 없다는 단점이 있다.

해설
병렬 연속식 배치는 연속적으로 승강할 수 있다.
에스컬레이터 배치 형식
• 직렬식 배치
 - 승객의 시야가 좋은 형식
 - 점유 면적은 크다.
• 병렬식 배치
 - 백화점 내부를 내려다보기가 용이한 시야가 좋은 형식
 - 병렬 단속식 배치 : 오르기와 내리기를 단속적으로 하는 형식으로 서비스가 나쁘고, 혼잡할 수 있다.
 - 병렬 연속식 배치 : 오르기와 내리기를 연속적으로 하는 형식으로 교통이 연속되어 혼잡이 적다.
• 교차식 배치
 - 점유 면적이 가장 적은 형식
 - 교통이 연속되어 혼잡이 적다.
 - 에스컬레이터 측면이 매장의 전망을 나쁘게 한다.

17 미술관의 전시 기법 중 전시평면이 동일한 공간으로 연속되어 배치되는 전시기법으로 동일 종류의 전시물을 반복 전시할 경우에 유리한 방식은?

① 디오라마 전시
② 파노라마 전시
③ 하모니카 전시
④ 아일랜드 전시

해설
① 디오라마 전시 : 하나의 사실 또는 주제의 시간 상황을 고정시켜 연출하는 것으로 현장에 임한 느낌을 주는 기법이다.
② 파노라마 전시 : 연속적인 주제를 선(線)적으로 관계성 깊게 표현하기 위하여 전경(全景)으로 펼치도록 연출하는 것으로 맥락이 중요시될 때 사용되는 특수전시기법이다.
④ 아일랜드 전시 : 벽이나 천장을 직접 이용하지 않고 전시물 또는 전시 장치를 바닥에 배치함으로써 전시 공간을 만들어 내는 전시기법이다.

18 페리(C.A. Perry)의 근린주구(Neighborhood Unit) 이론의 내용으로 옳지 않은 것은?

① 초등학교 학구를 기본단위로 한다.
② 중학교와 의료시설을 반드시 갖추어야 한다.
③ 지구 내 가로망은 통과교통에 사용되지 않도록 한다.
④ 주민에게 적절한 서비스를 제공하는 1~2개소 이상의 상점가를 주요도로의 결절점에 배치한다.

해설
초등학교와 의료시설을 반드시 갖추어야 한다.

19 종합병원 건축계획에 관한 설명으로 옳지 않은 것은?

① 간호사 대기실은 각 간호단위 또는 층별, 동별로 설치한다.
② 수술실의 바닥마감은 전기도체성 마감을 사용하는 것이 좋다.
③ 병실의 창문은 환자가 병상에서 외부를 전망할 수 있게 하는 것이 좋다.
④ 우리나라의 일반적인 외래진료방식은 오픈 시스템이며 대규모의 각종 과를 필요로 한다.

해설
우리나라의 일반적인 외래진료방식은 클로즈드 시스템(Closed System)이며 대규모의 각종 과를 필요로 한다.
오픈 시스템(Open System)은 외국의 경우에 많이 채택한다.

20 극장의 무대에 관한 설명으로 옳지 않은 것은?

① 프로시니엄 아치는 일반적으로 장방형이며, 종횡의 비율은 황금비가 많다.
② 프로시니엄 아치의 바로 뒤에는 막이 쳐지는데, 이 막의 위치를 커튼 라인이라고 한다.
③ 무대의 폭은 적어도 프로시니엄 아치 폭의 2배, 깊이는 프로시니엄 아치 폭 이상으로 한다.
④ 플라이 갤러리는 배경이나 조명기구, 연기자 또는 음향반사판 등을 매달 수 있도록 무대 천장 밑에 철골로 설치한 것이다.

해설
그리드 아이언 : 배경이나 조명기구, 연기자 또는 음향반사판 등을 매달 수 있도록 무대 천장 밑에 철골로 설치한 것
플라이 갤러리 : 그리드 아이언에 올라가는 계단과 연결되게 무대 후면의 벽에 6~9m 높이로 설치되는 좁은 통로

제2과목 건축시공

21 다음 중 멤브레인 방수공사에 해당되지 않는 것은?

① 아스팔트방수공사
② 실링방수공사
③ 시트방수공사
④ 도막방수공사

해설
멤브레인(Membrane) 방수 : 불투성 피막을 형성하여 방수하는 공사로서 아스팔트, 개량 아스팔트 시트, 합성고분자계 시트 및 도막 등의 피막 형성 방수공사이다.
실링공사 : 건축물의 부재와 부재 접합부분의 줄눈에 건(Gun) 등으로 실링재를 충전하는 공사이다.

22 용접결합에 관한 설명으로 옳지 않은 것은?

① 슬래그 함입 - 용융금속이 급속하게 냉각되면 슬래그의 일부분이 달아나지 못하고 용착금속 내에 혼입되는 것
② 오버랩 - 용접금속과 모재가 융합되지 않고 겹쳐지는 것
③ 블로 홀 - 용융금속이 응고할 때 방출되어야 할 가스가 잔류한 것
④ 크레이터 - 용접전류가 과소하여 발생

해설
크레이터(Crater) : 용접길이 끝부분에 우묵하게 따진 부분
용입부족 : 용접전류가 과소하여 발생
언더 컷(Under Cut) : 용접전류가 과대하여 발생

23 사질 지반 굴착 시 벽체 배면의 토사가 흙막이 틈새 또는 구멍으로 누수가 되어 흙막이벽 배면에 공극이 발생하여 물의 흐름이 점차로 커져 결국에는 주변 지반을 함몰시키는 현상은?

① 보일링 현상
② 히빙 현상
③ 액상화 현상
④ 파이핑 현상

해설
파이핑 현상에 대한 설명이다.

24 방수공사에 관한 설명으로 옳은 것은?

① 보통 수압이 적고 얕은 지하실에는 바깥방수법, 수압이 크고 깊은 지하실에는 안방수법이 유리하다.
② 지하실에 안방수법을 채택하는 경우, 지하실 내부에 설치하는 칸막이벽, 창문틀 등은 방수층 시공 전 먼저 시공하는 것이 유리하다.
③ 바깥방수법은 안방수법에 비하여 하자보수가 곤란하다.
④ 바깥방수법은 보호 누름이 필요하지만, 안방수법은 없어도 무방하다.

해설
바깥방수법은 벽체 외부의 지중에 닿는 부분의 방수공사로서 안방수법에 비하여 하자보수가 어렵다.

25 건축공사에서 공사원가를 구성하는 직접공사비에 포함되는 항목을 옳게 나열한 것은?

① 자재비, 노무비, 이윤, 일반관리비
② 자재비, 노무비, 이윤, 경비
③ 자재비, 노무비, 외주비, 경비
④ 자재비, 노무비, 외주비, 일반관리비

해설
직접공사비 = 자재비 + 노무비 + 외주비 + 경비

26 무지보공 거푸집에 관한 설명으로 옳지 않은 것은?

① 하부공간을 넓게 하여 작업공간으로 활용할 수 있다.
② 슬래브(Slab) 동바리의 감소 또는 생략이 가능하다.
③ 트러스 형태의 빔(Beam)을 보거푸집 또는 벽체 거푸집에 걸쳐 놓고 바닥판 거푸집을 시공한다.
④ 층고가 높을 경우 적용이 불리하다.

해설
무지보공 거푸집: 서포트 없이 바닥 거푸집을 시공하기 위한 거푸집으로 트러스 형태의 빔을 보 거푸집 또는 벽체 거푸집에 걸쳐놓고 바닥판 거푸집 시공하며, 층고가 높을 경우 유리하다.

27 그림과 같은 네트워크 공정표에서 주공정선(Critical Path)은?

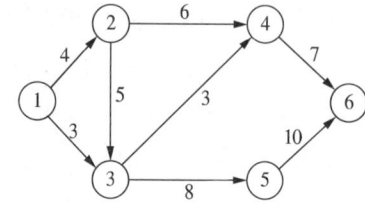

① ① → ③ → ⑤ → ⑥
② ① → ② → ④ → ⑥
③ ① → ② → ③ → ④ → ⑥
④ ① → ② → ③ → ⑤ → ⑥

해설
① → ② → ③ → ⑤ → ⑥
주공정선(Critical Path) : 공정표상의 개시 결합점에서 종료 결합점에 이르는 가장 긴 패스

28 다음 중 공사감리업무와 가장 거리가 먼 항목은?

① 설계도서의 적정성 검토
② 시공상의 안전관리지도
③ 공사 실행예산의 편성
④ 사용자재와 설계도서와의 일치여부 검토

해설
공사 실행예산의 편성은 시공자의 업무이다.

29 QC(Quality Control) 활동의 도구가 아닌 것은?

① 기능계통도
② 산점도
③ 히스토그램
④ 특성요인도

해설
기능계통도(Function Analysis System Technique)는 VE의 수행 시 기능을 분석하는 대표적인 분석방법이다.
QC(Quality Control) 활동의 도구
• 히스토그램
• 파레토표(Pareto Diagram)
• 특성요인도(Cause and Effect Diagram)
• 체크시트(Check Sheet)
• 각종 그래프 및 관리도
• 산점도(Scatter Diagram)
• 층별(Stratification)

30 지반조사 시 실시하는 평판재하시험에 관한 설명으로 옳지 않은 것은?

① 시험은 예정 기초면보다 높은 위치에서 실시해야 하기 때문에 일부 성토작업이 필요하다.
② 시험재하판은 실제 구조물의 기초면적에 비해 매우 작으므로 재하판 크기의 영향, 즉 스케일 이펙트(Scale Effect)를 고려한다.
③ 하중시험용 재하판은 정방형 또는 원형의 판을 사용한다.
④ 침하량을 측정하기 위해 다이얼게이지 지지대를 고정하고 좌우측에 2개의 다이얼게이지를 설치한다.

해설
직접기초가 놓일 위치에 시험한다.

31 철근콘크리트 슬래브와 철골보가 일체로 되는 합성구조에 관한 설명으로 옳지 않은 것은?

① 셰어커넥터가 필요하다.
② 바닥판의 강성을 증가시키는 효과가 크다.
③ 자재를 절감하므로 경제적이다.
④ 경간이 작은 경우에 주로 적용한다.

해설
합성구조는 경간이 긴 경우에 주로 적용한다.

32 돌로마이트 플라스터 바름에 관한 설명으로 옳지 않은 것은?

① 실내온도가 5℃ 이하일 때는 공사를 중단하거나 난방하여 5℃ 이상으로 유지한다.
② 정벌바름용 반죽은 물과 혼합한 후 4시간 정도 지난 다음 사용하는 것이 바람직하다.
③ 초벌바름에 균열이 없을 때에는 고름질한 후 7일 이상 두어 고름질면의 건조를 기다린 후 균열이 발생하지 아니함을 확인한 다음 재벌바름을 실시한다.
④ 재벌바름이 지나치게 건조한 때는 적당히 물을 뿌리고 정벌바름한다.

해설
정벌바름용 반죽은 물과 혼합한 후 12시간 정도 지난 다음 사용하는 것이 바람직하다.
시멘트 혼합 시 2시간 이상 경과한 것은 사용할 수 없다.

33 수밀콘크리트에 관한 설명으로 옳지 않은 것은?

① 콘크리트의 소요 슬럼프는 되도록 작게 하여 180mm를 넘지 않도록 한다.
② 콘크리트의 워커빌리티를 개선시키기 위해 공기연행제, 공기연행감수제 또는 고성능 공기연행감수제를 사용하는 경우라도 공기량은 2% 이하가 되게 한다.
③ 물결합재비는 50% 이하를 표준으로 한다.
④ 콘크리트 타설 시 다짐을 충분히 하여, 가급적 이어붓기를 하지 않아야 한다.

해설
워커빌리티 개선을 위해 공기량은 4% 이하로 한다.

34 건설공사의 일반적인 특징으로 옳은 것은?

① 공사비, 공사기일 등의 제약을 받지 않는다.
② 주로 도급식 또는 직영식으로 이루어진다.
③ 육체노동이 주가 되므로 대량생산이 가능하다.
④ 건설 생산물의 품질이 일정하다.

해설
① 공사비, 공사기일 등의 제약을 받는다.
③ 육체노동이 주가 되므로 대량생산이 불가능하다.
④ 건설 생산물은 품질이 일정하지 않다.

정답 31 ④ 32 ② 33 ② 34 ②

35 건축공사에서 활용되는 견적방법 중 가장 상세한 공사비의 산출이 가능한 견적방법은?

① 명세견적
② 개산견적
③ 입찰견적
④ 실행견적

해설
명세견적 : 완성된 설계도서에 의해 명확하고 상세한 수량을 산출 집계한 후에 건설공사의 실제 상황에 맞도록 단가를 정밀하게 산출하는 견적
개산견적 : 공사실적, 통계자료, 물가지수 등을 바탕으로 공사의 예산수립에 필요한 수준의 비용정보를 제공하는 견적
실행견적 : 시공자가 공사수량을 정밀하게 계산하고 실시가격을 기입한 실행 예산서 견적

36 건설현장에서 굳지 않은 콘크리트에 대해 실시하는 시험으로 옳지 않은 것은?

① 슬럼프(Slump) 시험
② 코어(Core) 시험
③ 염화물 시험
④ 공기량 시험

해설
코어(Core) 시험은 콘크리트 강도 시험 방법이다. 콘크리트 강도는 비파괴(반발경도법, 초음파법, 조합법) 시험과 코어채취 시험으로 한다.
굳지 않은 콘크리트의 시험
• 슬럼프 시험
• 단위 용적 질량 및 공기량 시험
• 반죽질기의 시험
• 모르타르와 굵은 골재량의 변화율 시험
• 염화물 시험

37 도장 공사 시 주의사항으로 옳지 않은 것은?

① 바탕의 건조가 불충분하거나 공기의 습도가 높을 때에는 시공하지 않는다.
② 불투명한 도장일 때에는 초벌부터 정벌까지 같은 색으로 시공해야 한다.
③ 야간에는 색을 잘못 도장할 염려가 있으므로 시공하지 않는다.
④ 직사광선은 가급적 피하고 도막이 손상될 우려가 있을 때에는 도장하지 않는다.

해설
칠(도장) 횟수를 구분하기 위해 색을 다르게 칠한다.

38 철근콘크리트 공사 중 거푸집이 벌어지지 않게 하는 긴장재는?

① 세퍼레이터(Separator)
② 스페이서(Spacer)
③ 폼 타이(Form Tie)
④ 인서트(Insert)

해설
폼 타이(Form Tie, 긴결재) : 거푸집 간격을 유지하는 긴장재로서 거푸집이 밖으로 벌어짐을 방지한다.

39 목공사에 사용되는 철물에 관한 설명으로 옳지 않은 것은?

① 감잡이쇠는 큰 보에 걸쳐 작은 보를 받게 하고, 안장쇠는 평보를 대공에 달아매는 경우 또는 평보와 ㅅ자보의 밑에 쓰인다.
② 못의 길이는 박아대는 재두께의 2.5배 이상이며, 마구리 등에 박는 것은 3.0배 이상으로 한다.
③ 볼트 구멍은 볼트지름보다 3mm 이상 커서는 안 된다.
④ 듀벨은 볼트와 같이 사용하여 듀벨에는 전단력, 볼트에는 인장력을 분담시킨다.

해설
감잡이쇠는 띠쇠를 ㄷ자형으로 꺾어 만든 보강 철물로서 평보를 대공에 달아매는 경우 또는 평보와 ㅅ자보의 밑에 쓰이며, 안장쇠는 큰 보에 걸쳐 작은 보를 받게 하는 철물이다.

40 합성수지에 관한 설명으로 옳지 않은 것은?

① 에폭시 수지는 접착제, 프린트 배선판 등에 사용된다.
② 염화비닐수지는 내후성이 있고, 수도관 등에 사용된다.
③ 아크릴 수지는 내약품성이 있고, 조명기구커버 등에 사용된다.
④ 페놀수지는 알칼리에 매우 강하고, 천장 채광판 등에 주로 사용된다.

해설
페놀수지는 전기절연성, 내수성이 있고 기름에 강하며 내약품성도 크지만, 알칼리에 약하며, 투명한 재료에는 사용하지 않는다. 전기절연재료, 통신 기자재로 많이 사용한다.

제3과목 건축구조

41 철골구조에 관한 설명으로 옳지 않은 것은?

① 수평하중에 의한 접합부의 연성능력이 낮다.
② 철근콘크리트조에 비하여 넓은 전용면적을 얻을 수 있다.
③ 정밀한 시공을 요한다.
④ 장스팬 구조물에 적합하다.

해설
철골구조는 수평하중에 의한 접합부의 연성능력이 높다. 조적조는 수평하중과 진동에 약하다.

42 강도설계법에서 D22 압축이형철근의 기본정착길이 l_{db}는?(단, 경량콘크리트계수 $\lambda = 1.0$, $f_{ck} = 27MPa$, $f_y = 400MPa$)

① 200.5mm
② 378.4mm
③ 423.4mm
④ 604.6mm

해설
$$l_{db} = \frac{0.25 d_b f_y}{\lambda \sqrt{f_{ck}}}$$
여기서, $\lambda = 1.0 (m_c = 2,300 kg/m^3$: 보통콘크리트)
$$\therefore l_{db} = \frac{0.25 \times 22 \times 400}{1.0 \times \sqrt{27}}$$
$$\fallingdotseq 423.4mm$$

43 등분포하중을 받는 다음 그림과 같은 3회전단 아치에서 C점의 전단력을 구하면?

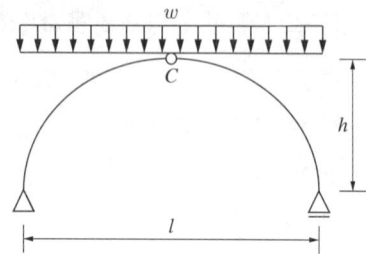

① 0
② $\dfrac{wl}{2}$
③ $\dfrac{wh}{4}$
④ $\dfrac{wl}{8}$

해설
3활절 포물선 아치에서 등분포하중이 만재된 경우에는 축방향력(압축력)만 작용하며, 좌우 대칭인 C점에서는 전단력이 0이 된다. 아치는 직각으로 작용하는 수직하중들을 축방향력으로 변환하게 되며, 등분포하중이 작용하면 보에서는 휨모멘트$\left(M=\dfrac{wl^2}{8}\right)$가 발생하지만, 아치에서는 전단력과 휨모멘트가 거의 발생되지 않는다.

44 다음 그림과 같이 수평하중 30kN이 작용하는 라멘 구조에서 E점에서의 휨모멘트값(절댓값)은?

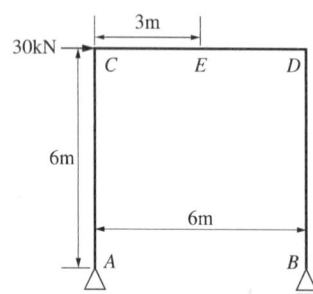

① 40kN·m
② 45kN·m
③ 60kN·m
④ 90kN·m

해설
반력의 산정
$\sum M_A = 0 \;;\; 30 \times 6 - R_B \times 6 = 0$
$\therefore R_B = 30\text{kN}$
E점의 휨모멘트(절댓값)
$M_E = 30 \times (6-3)$
$\therefore M_E = 90\text{kN·m}$

45 다음 그림과 같은 H형강(H - 440 × 300 × 10 × 20) 단면의 전소성모멘트(M_p)는 얼마인가?(단, F_y = 400MPa)

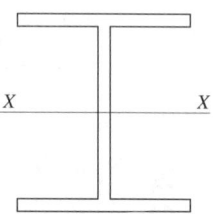

① 963kN·m
② 1,168kN·m
③ 1,363kN·m
④ 1,568kN·m

해설
소성단면계수
$Z_{x-x} = 2 \times (300 \times 20 \times 210) + 2 \times (10 \times 200 \times 100)$
$\qquad = 2,920 \times 10^3 \text{mm}$
전소성모멘트
$M_p = F_y \times Z_{x-x}$
$\quad = 400(\text{N/mm}^2) \times 2,920 \times 10^3(\text{mm}^3)$
$\quad = 1,168 \times 10^6 \text{N·mm}$
$\quad = 1,168 \text{kN·m}$

46 다음 그림과 같은 중공형 단면에 대한 단면 2차 반경 r_x는?

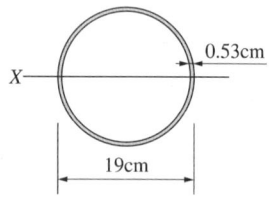

① 3.21cm
② 4.62cm
③ 6.53cm
④ 7.34cm

해설
외면과 내면 I_x, A의 차를 구한다.
원형단면 : $I_o = \dfrac{\pi d^4}{64}$, $A = \dfrac{\pi d^2}{4}$ 이므로,
• $I_x = \dfrac{\pi}{64}(19^4 - (19 - 0.53 \times 2)^4) \fallingdotseq 1,312.48\text{cm}^4$
• $A = \dfrac{\pi}{4}(19^2 - (19 - 0.53 \times 2)^2) \fallingdotseq 30.75\text{cm}^2$
단면 2차 반경을 구한다.
$r_x = \sqrt{\dfrac{I_x}{A}} = \sqrt{\dfrac{1,312.48}{30.75}} \fallingdotseq 6.53\text{cm}$

47 부하면적 36m²인 콘크리트 기둥의 영향면적에 따른 활하중저감계수(C)로 옳은 것은?(단, $C = 0.3 + \dfrac{4.2}{\sqrt{A}}$, A는 영향면적)

① 0.25
② 0.45
③ 0.65
④ 1

해설
기둥의 영향면적은 부하면적의 4배이다.
∴ $A = 36m^2 \times 4 = 144m^2$

활하중저감계수
$C = 0.3 + \dfrac{4.2}{\sqrt{A}} = 0.3 + \dfrac{4.2}{\sqrt{144}} = 0.65$

영향면적
- 기둥 및 기초 : 부하면적의 4배
- 보 : 2배
- 슬래브 : 부하면적 적용
- 부하면적 중 캔틸레버 부분은 영향면적에 단순 합산

48 다음 그림과 같은 구조물의 부정정 차수는?

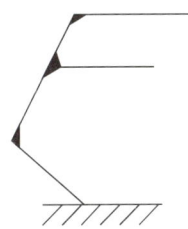

① 불안정 ② 1차 부정정
③ 3차 부정정 ④ 정 정

해설

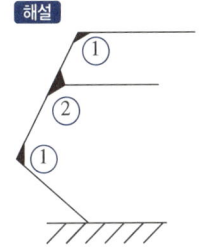

절점(j)=6
부재(m)=5
반력(r)=3
강절점(k)=4

$N = m + r + k - 2j$
$= 5 + 3 + 4 - 2 \times 6$
$= 0$

여기서, m : 부재(Member)수
r : 지점반력(Reaction)수
k : 강절점수
j : 절점(Joint)수

∴ $N = 0$이므로, 정정 구조물이다.

49 양단 힌지인 길이 6m의 H-300×300×10×15의 기둥이 약축방향으로 부재 중앙이 가새로 지지되어 있을 때 이 부재의 세장비는?(단, 단면2차반경 $\gamma_x=13.1cm$, $\gamma_y=7.51cm$)

① 40.0 ② 45.8
③ 58.2 ④ 66.3

해설

양단 힌지 : 좌굴길이계수(K) = 1.0

약축방향 중간 횡지지 : $\dfrac{L}{2}$ 적용

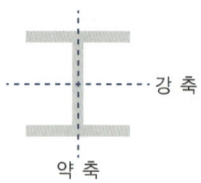

강축 : $L=6m$

$\lambda_x = \dfrac{KL}{\gamma_x} = \dfrac{1.0 \times 600cm}{13.1cm} ≒ 45.8$

약축 : $L=3m$

$\lambda_y = \dfrac{KL}{\gamma_y} = \dfrac{1.0 \times 300cm}{7.51cm} ≒ 39.9$

∴ 부재의 세장비는 큰 값으로 $\lambda_x = 45.8$

50 각 지반의 허용지내력의 크기가 큰 것부터 순서대로 올바르게 나열된 것은?

| A. 자 갈 | B. 모 래 |
| C. 연암반 | D. 경암반 |

① B > A > C > D
② A > B > C > D
③ D > C > A > B
④ D > C > B > A

해설

경암반 > 연암반 > 자갈 > 모래

각 지반의 장기 허용지내력
- 경암반 : $4,000kN/m^2$
- 연암반 : $2,000kN/m^2$
- 자갈 : $300kN/m^2$
- 모래 : $100kN/m^2$

51 연약지반에서 부동침하를 줄이기 위한 가장 효과적인 기초의 종류는?

① 독립기초
② 복합기초
③ 연속기초
④ 온통기초

해설

연약지반에서 부동침하를 줄이기 위해서는 온통기초(매트기초)가 유리하다.

52 다음 그림과 같이 단면의 크기가 500mm×500mm인 띠철근 기둥이 저항할 수 있는 최대 설계축하중 ϕP_n은?(단, f_y = 400MPa, f_{ck} = 27MPa)

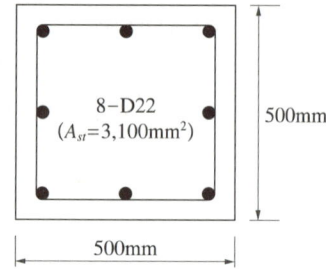

① 3,591kN
② 3,972kN
③ 4,170kN
④ 4,275kN

해설

$\phi P_n \Rightarrow \phi \alpha P_n$

여기서, P_n : 축하중
ϕ : 띠철근 기둥, 0.65
α : 띠철근 계수, 0.8

∴ $\phi P_n = \phi \alpha (0.85 f_{ck}(A_g - A_{st}) + (f_y \times A_{st}))$

위의 식에 주어진 조건을 대입하면,

$\phi P_n = 0.65 \times 0.8 \times (0.85 \times 27 \times (500^2 - 3,100) + (400 \times 3,100))$
= 3,591,304.6N

∴ $\phi P_n ≒ 3,591kN$

53 다음 그림과 같은 단순보의 중앙점에서 보의 최대 처짐은?(단, 부재의 EI는 일정하다)

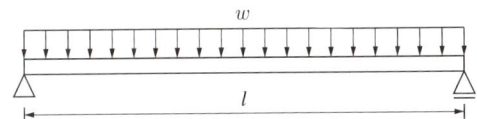

① $\dfrac{wL^3}{24EI}$ ② $\dfrac{wL^3}{48EI}$

③ $\dfrac{wL^4}{384EI}$ ④ $\dfrac{5wL^4}{384EI}$

해설
단순보의 등분포하중에서 최대 처짐

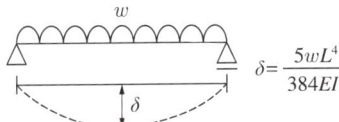 $\delta = \dfrac{5wL^4}{384EI}$

54 다음 그림과 같은 하중을 받는 단순보에서 단면에 생기는 최대 휨응력도는?(단, 목재는 결함이 없는 균질한 단면이다)

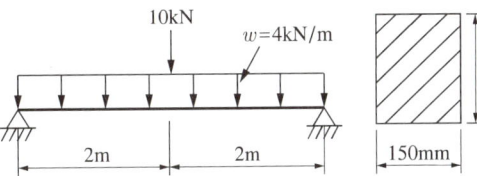

① 8MPa ② 10MPa
③ 12MPa ④ 15MPa

해설
최대 모멘트
$$M_{\max} = \dfrac{wL^2}{8} + \dfrac{PL}{4} = \dfrac{4 \times 4^2}{8} + \dfrac{10 \times 4}{4} = 18\text{kN} \cdot \text{m}$$

최대 휨응력도
$$\sigma_{\max} = \dfrac{M}{I}y = \dfrac{M}{Z}$$

$\left(\text{직사각형 보의 단면계수} : Z = \dfrac{bh^2}{6}\right)$

조건에 대해 식에 대입하면,
$$\sigma_{\max} = \dfrac{M}{Z} = \dfrac{M}{\dfrac{bh^2}{6}} = \dfrac{M \times 6}{bh^2}$$

$\therefore \sigma_{\max} = \dfrac{18 \times 10^6 \times 6}{150 \times 300^2} = 8\text{N}/\text{mm}^2 = 8\text{MPa}$

55 독립기초(자중 포함)가 축방향력 650kN, 휨모멘트 130kN·m를 받을 때 기초 저면의 편심거리는?

① 0.2m ② 0.3m
③ 0.4m ④ 0.6m

해설
$M = P \times e$
$\therefore e = \dfrac{M}{P} = \dfrac{130\text{kN} \cdot \text{m}}{650\text{kN}} = 0.2\text{m}$

56 보의 유효깊이 $d = 550\text{mm}$, 보의 폭 $b_w = 300\text{mm}$인 보에서 스터럽이 부담할 전단력 $V_s = 200\text{kN}$일 경우, 수직 스터럽의 간격으로 가장 타당한 것은? (단, $A_v = 142\text{mm}^2$, $f_{yt} = 400\text{MPa}$, $f_{ck} = 24\text{MPa}$)

① 120mm ② 150mm
③ 180mm ④ 200mm

해설
스터럽의 간격(S)
다음을 검토한다.
$V_s \geq \frac{1}{3}\lambda\sqrt{f_{ck}}\,b_w d$ 인 경우 검토
$\frac{1}{3} \times 1.0 \times \sqrt{24} \times 300 \times 550 \times 10^{-3} \fallingdotseq 269.4\text{kN}$
∴ $V_s(=200\text{kN}) < 269.4\text{kN}$
아래의 $S_{(1)}$, $S_{(2)}$은 그대로 적용한다.
다음을 검토하여 최솟값 이하로 한다.
(1) $S_{(1)} = \frac{d}{2} = \frac{550}{2} = 275\text{mm}$
(2) $S_{(2)} = 600\text{mm}$
(3) $S_{(3)}$은 스터럽 전단강도(V_s)에서 구한다.
※ $V_s = A_v f_y \frac{d_b}{S}$, ∴ $S = A_v f_y \frac{d_b}{V_s}$
조건에 대해 식에 대입한다.
∴ $S_{(3)} = 142 \times 400 \times \frac{550}{200 \times 10^3} = 156.2\text{mm}$
$S_{(2)} > S_{(1)} > S_{(3)}$이므로, $S = 156.2\text{mm}$ 이하여야 한다.
전단철근의 설계-스터럽의 간격
㉠ 수직 스터럽의 간격: $0.5d$ 또는 60cm 이하로 하여 45° 방향으로 생긴 균열에 보강근이 1개 이상 걸치도록 배근간격 결정
㉡ 경사 전단보강근 간격: 보의 중심 $d/2$로부터 인장철근까지 45° 경사선을 보의 지점 방향으로 그었을 때 적어도 1개의 전단보강근이 경사선과 교차하도록 배근간격 결정
㉢ 전단보강근의 전단강도 $V_s \geq \frac{1}{3}\lambda\sqrt{f_{ck}}\,b_w d$인 부재인 경우
㉠, ㉡ 간격의 1/2 이하

57 다음 그림의 모살용접부의 유효목두께는?

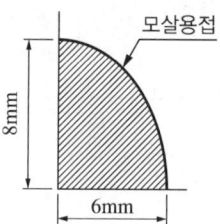

① 4.0mm ② 4.2mm
③ 4.8mm ④ 5.6mm

해설
유효목두께(a) $= 0.7 \times S$
여기서, S: 용접치수(작은 치수로 한다)
∴ $a = 0.7 \times 6\text{mm} = 4.2\text{mm}$

58 지진하중 설계 시 밑면의 전단력과 관계없는 것은?

① 유효건물중량
② 중요도계수
③ 지반증폭계수
④ 가스트계수

해설
가스트영향계수는 관계가 없다.
가스트영향계수: 풍하중에 관계되며, 건축물의 동적 거동에 의한 하중효과로서 바람의 난류로 인해 발생되는 구조물의 동적 거동 성분을 나타낸다.
밑면전단력(V) $= C_s W = \dfrac{S_{D1}}{\left(\dfrac{R}{I_E}\right)T}W$
여기서, C_s: 지진응답계수
W: 유효건물중량(고정하중 포함)
I_E: 건축물의 중요도계수
R: 반응수정계수
S_{D1}: 주기 1초에서의 설계스펙트럼 가속도
T: 건축물의 고유주기(초)

정답 56 ② 57 ② 58 ④

59 다음 그림과 같은 연속보에 있어 절점 B의 회전을 저지시키기 위해 필요한 모멘트의 절댓값은?

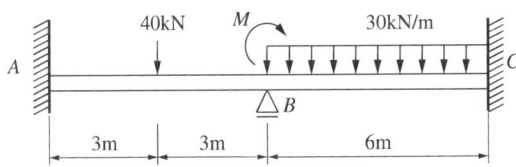

① 30kN·m
② 60kN·m
③ 90kN·m
④ 120kN·m

해설

$M_{BA} = \dfrac{PL}{8} = \dfrac{40 \times 6}{8} = 30 \text{kN} \cdot \text{m}$

$M_{BC} = \dfrac{wL^2}{12} = \dfrac{30 \times 6^2}{12} = 90 \text{kN} \cdot \text{m}$

$\therefore M_{BA} - M_{BC} = 30 - 90 = -60 \text{kN} \cdot \text{m}$

60 철근콘크리트 구조물의 내구성 설계에 관한 설명으로 옳지 않은 것은?

① 설계기준강도가 35MPa을 초과하는 콘크리트는 동해저항 콘크리트에 대한 전체 공기량 기준에서 1% 감소시킬 수 있다.
② 동해저항 콘크리트에 대한 전체 공기량 기준에서 굵은 골재의 최대 치수가 25mm인 경우 심한 노출에서의 공기량 기준은 6.0%이다.
③ 바닷물에 노출된 콘크리트의 철근부식 방지를 위한 보통골재콘크리트의 최대 물결합재비는 40%이다.
④ 철근의 부식 방지를 위하여 굳지 않은 콘크리트의 전체 염소이온량은 원칙적으로 0.9kg/m^3 이하로 하여야 한다.

해설
철근의 부식 방지를 위해서 굳지 않은 콘크리트의 전체 염소이온량은 원칙적으로 0.30kg/m^3 이하로 하여야 한다(다만, 책임구조기술자의 승인을 받는 경우 0.60kg/m^3까지 허용될 수 있다).

제4과목 건축설비

61 간접조명기구에 관한 설명으로 옳지 않은 것은?

① 직사 눈부심이 없다.
② 매우 넓은 면적이 광원으로서의 역할을 한다.
③ 일반적으로 발산광속 중 상향광속이 90~100% 정도이다.
④ 천장, 벽면 등은 빛이 잘 흡수되는 색과 재료를 사용하여야 한다.

해설
천장, 벽면 등은 빛이 잘 반사되는 색과 재료를 사용하여야 한다.
간접조명
• 조명(광원)의 천장이나 벽면에 의한 반사에 유의한다.
• 상향광속이 90% 이상, 하향광속이 10% 이하
• 벽이나 천장 재료는 빛의 반사에 의한 영향을 주며 흡수되지 않도록 한다.
• 조도분포가 균일하고 차분한 분위기를 얻을 수 있다.
• 조명효율은 낮고 입체감이 약하다.

62 음의 대소를 나타내는 감각량을 음의 크기라고 하는데, 음의 크기의 단위는?

① dB
② cd
③ Hz
④ sone

해설
④ sone : 음의 감각적인 크기를 나타내는 척도
① dB : 소음의 크기를 음의 수준(Level)으로 나타내는 단위
② cd : 광도의 단위
③ Hz : 진동수의 단위

63 전기설비에서 다음과 같이 정의되는 것은?

> 전면이나 후면 또는 양면에 개폐기, 과전류 차단장치 및 기타 보호장치, 모선 및 계측기 등이 부착되어 있는 하나의 대형 패널 또는 여러 개의 패널, 프레임 또는 패널 조립품으로서, 전면과 후면에서 접근할 수 있는 것

① 캐비닛 ② 차단기
③ 배전반 ④ 분전반

해설
배전반 : 공용 전기 배전망과 건물의 전기회로 접속점을 형성하는 장치로서 각종 개폐기, 과전류 차단장치 등의 계기류가 부착된다.
차단기 : 회로의 이상이 생길 경우 전로를 자동적으로 개폐하여 기기를 보호한다.
분전반 : 배전반에서 배선된 간선을 다시 분기 배선하는 장치로서 옥내 배선에서의 간선으로부터 각 분기회로로 갈라지는 곳에 설치하여 분기회로의 과전류 차단기를 설치해 한 곳에 모아 놓는다.

64 온수난방에 관한 설명으로 옳지 않은 것은?

① 증기난방에 비해 보일러의 취급이 비교적 쉽고 안전하다.
② 동일 방열량인 경우 증기난방보다 관지름을 작게 할 수 있다.
③ 증기난방에 비해 난방부하의 변동에 따른 온도 조절이 용이하다.
④ 보일러 정지 후에도 여열이 남아 있어 실내 난방이 어느 정도 지속된다.

해설
증기난방에 비해 온수의 흐름으로 인해 관지름이 커지며 방열기의 면적도 크다.
온수난방
현열을 이용한 난방, 보일러에서 가열된 온수를 배관을 통하여 방열기에 공급하여 난방

장 점	단 점
• 온도조절이 쉽다.	• 설비비가 비싸다.
• 쾌감도가 높고 냄새가 적다.	• 예열시간이 길다.
• 보일러 취급이 용이, 안전하다.	• 운전 정지 시 동파 우려가 있다.

65 공조시스템의 전열교환기에 관한 설명으로 옳지 않은 것은?

① 공기 대 공기의 열교환기로서 현열만 교환이 가능하다.
② 공조기는 물론 보일러나 냉동기의 용량을 줄일 수 있다.
③ 공기방식의 중앙공조시스템이나 공장 등에서 환기에서의 에너지 회수방식으로 사용된다.
④ 전열교환기를 사용한 공조시스템에서 중간기(봄, 가을)를 제외한 냉방기와 난방기의 열회수량은 실내·외의 온도차가 클수록 많다.

해설
공기 대 공기의 현열과 잠열을 동시에 교환하는 열교환기로서 배기와 도입 외기 사이에서 열회수하는 경우에 널리 쓰인다.
전열교환기
• 실내에서 배기하는 열(온열·냉열)에 의하여 외기에서 들어오는 공기를 따뜻하거나 차갑게 해 주기 위한 열교환기로서, 현열과 잠열 양방의 열교환이 가능하다.
• 외기가 들어와서 급기되는 부분과 환기가 배기되는 부분으로 나누어진다.
• 보일러나 냉동기의 용량을 줄일 수 있다.
• 회전식과 고정식이 있다.

66 다음 중 수격작용의 발생 원인과 가장 거리가 먼 것은?

① 밸브의 급폐쇄
② 감압밸브의 설치
③ 배관방법의 불량
④ 수도본관의 고수압(高水壓)

해설
감압밸브는 유체의 압력을 감소시키는 밸브이며, 증기 압력을 감압할 때 사용된다.
수격작용(Water Hammering)
• 원 인
 - 유속의 급정지 시 충격
 - 관경이 작을 때
 - 수압 과대, 유속이 클 때
 - 밸브를 급조작할 때
• 수격작용의 방지법
 - 밸브 작동을 서서히 한다.
 - 관경을 크게 하며, 가능한 직선 배관으로 한다.
 - 유속을 작게 한다.
 - 공기실(Air Chamber)을 설치한다.

67 다음 중 그 값이 클수록 안전한 것은?

① 접지저항
② 도체저항
③ 접촉저항
④ 절연저항

해설
절연저항은 전기가 통하지 못하게 하는 저항으로 절연저항이 저하하면 감전이나 과열에 의한 화재, 쇼크 등의 사고가 발생될 수 있다. 따라서, 절연저항의 값이 클수록 절연이 잘 되어 안전하다.

68 전기설비가 어느 정도 유효하게 사용되는가를 나타내며, 다음과 같은 식으로 산정되는 것은?

$$\frac{부하의\ 평균\ 전력}{최대\ 수용전력} \times 100\%$$

① 역 률
② 부등률
③ 부하율
④ 수용률

해설
부하율 : 최대 수용전력에 대한 부하의 평균 수용전력의 비를 말한다.
부하율 = (부하의 평균 수용전력/최대 수용전력) × 100(%)
(부하율은 1보다 작으며, 0.25~0.6 정도)

수·변전설비 용량 산정
• 수·변전설비 용량 산출
  부하설비 용량(VA) = 부하밀도(VA/m²) × 연면적(m²)
• 수·변전설비 용량 결정
  – 수용률 = (최대 수용전력/총 부하설비용량) × 100%
    (일반건물은 보통 60~70%)
  – 부등률 = (각 부하 최대 수용전력 합계/합성 최대 수용전력) × 100%(부등률은 1보다 크며, 1.1~1.5 정도)
  – 부하율 = (평균 전력/최대 수용전력) × 100%
    (부하율은 1보다 작으며, 0.25~0.6 정도)

69 겨울철 주택의 단열 및 결로에 관한 설명으로 옳지 않은 것은?

① 단층 유리보다 복층 유리의 사용이 단열에 유리하다.
② 벽체 내부로 수증기 침입을 억제할 경우 내부결로 방지에 효과적이다.
③ 단열이 잘 된 벽체에서는 내부결로는 발생하지 않으나 표면결로는 발생하기 쉽다.
④ 실내측 벽 표면온도가 실내공기의 노점온도보다 높은 경우 표면결로는 발생하지 않는다.

해설
단열이 잘 된 벽체는 열의 이동을 차단하는 성능이 좋으며 내부결로 및 표면결로가 잘 발생하지 않는다.

70 통기관의 설치 목적으로 옳지 않은 것은?

① 트랩의 봉수를 보호한다.
② 오수와 잡배수가 서로 혼합되지 않게 한다.
③ 배수계통 내의 배수 및 공기의 흐름을 원활히 한다.
④ 배수관 내에 환기를 도모하여 관 내를 청결하게 유지한다.

해설
통기관은 트랩의 봉수를 보호하고 배수의 흐름을 원활하게 하는 역할을 한다. 또한 신선한 공기를 유통시켜 관내 청결을 유지한다.

71 전압이 1V일 때 1A의 전류가 1s 동안 하는 일을 나타내는 것은?

① 1Ω ② 1J
③ 1dB ④ 1W

해설
전력(P) : 전기가 단위시간 동안 하는 일의 양으로 단위는 W(Watt)이며, 전력(P) = 전압(V) × 전류(I)가 된다.

72 승객 스스로 운전하는 전자동 엘리베이터로 카 버튼이나 승강장의 호출신호로 기동, 정지를 이루는 엘리베이터 조작방식은?

① 승합전자동 방식
② 카 스위치 방식
③ 시그널 컨트롤 방식
④ 레코드 컨트롤 방식

해설
승합전자동 방식 : 승객 스스로 운전하는 전자동 엘리베이터로 카 버튼이나 승강장의 호출신호로 기동, 정지를 이루는 엘리베이터 조작 방식
시그널 컨트롤 방식 : 기동은 운전원의 버튼 조작으로 하며, 정지는 목적층 단추를 누르는 것과 승강장의 호출 신호로 순서대로 자동 정지하는 방식

73 가로, 세로, 높이가 각각 4.5×4.5×3m인 실의 각 벽면 표면온도가 18℃, 천장면 20℃, 바닥면 30℃일 때 평균복사온도(MRT)는?

① 15.2℃ ② 18.0℃
③ 21.0℃ ④ 27.2℃

해설
4면의 벽면적과 천장, 바닥면적을 구하고 각각의 온도를 대입하여 계산한다.
4면의 벽면적 = 4.5×3×4 = 54, 천장면적 = 4.5×4.5 = 20.25, 바닥면적 = 4.5×4.5 = 20.25

$$MRT = \frac{(벽면적 \times 온도) + (천장면적 \times 온도) + (바닥면적 \times 온도)}{벽면적 + 천장면적 + 바닥면적}$$

$$= \frac{(54 \times 18) + (20.25 \times 20) + (20.25 \times 30)}{54 + 20.25 + 20.25}$$

$$= \frac{972 + 405 + 607.5}{54 + 20.25 + 20.25}$$

$$= \frac{1,984.5}{94.5} = 21℃$$

평균복사온도(MRT)
인체와 열교환을 행하는 실내 각 부분의 면적을 고려한 평균표면온도로 평균복사온도(MRT)가 기온(DBT)보다 2℃ 정도 높은 상태가 가장 쾌적한 상태이다.

$$평균복사온도(MRT) = \frac{(A_1 \times T_1) + (A_2 \times T_2) + (A_3 \times T_3) + \cdots}{A_1 + A_2 + A_3 + \cdots}$$

여기서, $A_1, A_2, A_3, \cdots$: 실내의 각 부분 표면적
$T_1, T_2, T_3, \cdots$: 실내의 각 부분 표면 온도

74 냉방부하 계산 결과 현열부하가 620W, 잠열부하가 155W일 경우, 현열비는?

① 0.2
② 0.25
③ 0.4
④ 0.8

해설
현열비 = 현열부하/(현열부하 + 잠열부하)

$$현열비 = \frac{현열부하}{현열부하 + 잠열부하}$$

$$= \frac{620}{620 + 155}$$

$$= \frac{620}{775} = 0.8$$

75 간접 가열식 급탕설비에 관한 설명으로 옳지 않은 것은?

① 대규모 급탕설비에 적당하다.
② 비교적 안정된 급탕을 할 수 있다.
③ 보일러 내면에 스케일이 많이 생긴다.
④ 가열 보일러는 난방용 보일러와 겸용할 수 있다.

해설
간접 가열식은 직접 가열식에 비해 보일러 내면에 스케일이 적게 생긴다.

직접 가열식과 간접 가열식 급탕설비 비교

구 분	직접가열식	간접가열식
가열장소	온수보일러	저탕조
보일러	급탕용 보일러 난방용 보일러	난방용 보일러로 급탕까지 가능
저탕조 내의 가열코일	불필요	필 요
보일러 내의 스케일	많다.	적다.
보일러 내의 압력	고 압	저 압
열효율	유 리	불 리
규 모	중소규모 건물	대규모 건물

77 고속덕트에 관한 설명으로 옳지 않은 것은?

① 원형덕트의 사용이 불가능하다.
② 동일한 풍량을 송풍할 경우 저속덕트에 비해 송풍기 동력이 많이 든다.
③ 공장이나 창고 등과 같이 소음이 별로 문제가 되지 않는 곳에 사용된다.
④ 동일한 풍량을 송풍할 경우 저속덕트에 비해 덕트의 단면치수가 작아도 된다.

해설
원형덕트가 유리하며, 소음이 문제되지 않는 공장 등에 사용된다.

76 수관식 보일러에 관한 설명으로 옳지 않은 것은?

① 사용압력이 연관식보다 낮다.
② 설치면적이 연관식보다 넓다.
③ 부하변동에 대한 추종성이 높다.
④ 대형 건물과 같이 고압증기를 다량 사용하는 곳이나 지역난방 등에 사용된다.

해설
사용압력이 연관식보다 높으며 고압에 사용한다.

수관식과 연관식 보일러 특성

수관 보일러	노통연관 보일러
• 가동시간 짧고, 효율 좋음 • 고가이고 수처리가 복잡 • 고압증기 필요시에 사용 • 지역난방에 사용 • 사용압력이 높음	• 기동시간이 긺 • 가격이 비쌈 • 부하의 변동에 대해 안정성이 있음 • 급수 조절이 쉬움

78 수도직결방식의 급수방식에서 수도 본관으로부터 8m 높이에 위치한 기구의 소요압이 70kPa이고 배관의 마찰손실이 20kPa인 경우 이 기구에 급수하기 위해 필요한 수도본관의 최소 압력은?

① 약 90kPa
② 약 98kPa
③ 약 170kPa
④ 약 210kPa

해설
수도본관 압력
$P = P_1 + P_2 + 0.01h \text{(MPa)}$
$= P_1 + P_2 + 10h \text{(kPa)}$
$= 70 + 20 + 80$
$= 170\text{kPa}$

여기서, P : 수도본관의 최저 필요압력(1MPa = 1,000kPa)
P_1 : 기구 최저 필요압력
P_2 : 마찰손실수압
h : 수도본관에서 최고층 급수기구까지의 높이(m)

정답 75 ③ 76 ① 77 ① 78 ③

79 도시가스에서 중압의 가스압력은?(단, 액화가스가 기화되고 다른 물질과 혼합되지 아니한 경우 제외)

① 0.05MPa 이상, 0.1MPa 미만
② 0.01MPa 이상, 0.1MPa 미만
③ 0.1MPa 이상, 1MPa 미만
④ 1MPa 이상, 10MPa 미만

해설
도시가스 가스압력
저압 : 0.1MPa 미만
중압 : 0.1MPa 이상 ~ 1MPa 미만
고압 : 1MPa 이상

80 스프링클러설비 설치장소가 아파트인 경우, 스프링클러 헤드의 기준 개수는?(단, 폐쇄형 스프링클러 헤드를 사용하는 경우)

① 10개   ② 20개
③ 30개   ④ 40개

해설
폐쇄형 헤드 사용 시 설치장소별 기준 개수
• 아파트 : 10개
• 판매시설, 복합상가, 11층 이상의 소방대상물 : 30개

제5과목 건축관계법규

81 다음과 같은 경우 연면적 1,000m²인 건축물의 대지에 확보하여야 하는 전기설비 설치공간의 면적 기준은?

• 수전전압 : 저압
• 전력수전 용량 : 200kW

① 가로 2.5m, 세로 2.8m
② 가로 2.5m, 세로 4.6m
③ 가로 2.8m, 세로 2.8m
④ 가로 2.8m, 세로 4.6m

해설
전기설비 설치공간 확보기준(건축물의 설비기준 등에 관한 규칙 별표 3의3)

수전전압	전력수전 용량	확보면적
특고압 또는 고압	100kW 이상	가로 2.8m, 세로 2.8m
저압	75kW 이상 150kW 미만	가로 2.5m, 세로 2.8m
	150kW 이상 200kW 미만	가로 2.8m, 세로 2.8m
	200kW 이상 300kW 미만	가로 2.8m, 세로 4.6m
	300kW 이상	가로 2.8m 이상, 세로 4.6m 이상

정답 79 ③ 80 ① 81 ④

82 건축법 제61조 제2항에 따른 높이를 산정할 때, 공동주택을 다른 용도와 복합하여 건축하는 경우 건축물의 높이 산정을 위한 지표면 기준은?

> 건축법 제61조(일조 등의 확보를 위한 건축물의 높이 제한)
> ② 다음 각 호의 어느 하나에 해당하는 공동주택(일반상업지역과 중심상업지역에 건축하는 것은 제외한다)은 채광(採光) 등의 확보를 위하여 대통령령으로 정하는 높이 이하로 하여야 한다.
>   1. 인접 대지경계선 등의 방향으로 채광을 위한 창문 등을 두는 경우
>   2. 하나의 대지에 두 동(棟) 이상을 건축하는 경우

① 전면도로의 중심선
② 인접 대지의 지표면
③ 공동주택의 가장 낮은 부분
④ 다른 용도의 가장 낮은 부분

해설
공동주택을 다른 용도와 복합하여 건축하는 경우에는 공동주택의 가장 낮은 부분을 그 건축물의 지표면으로 본다(건축법 시행령 제119조 제1항 제5호 나목).

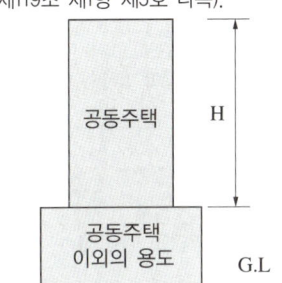

※ H : 공동주택 부분의 높이를 기준

83 국토의 계획 및 이용에 관한 법령에 따른 도시·군관리계획의 내용에 속하지 않는 것은?

① 광역계획권의 장기발전방향에 관한 계획
② 도시개발사업이나 정비사업에 관한 계획
③ 기반시설의 설치·정비 또는 개량에 관한 계획
④ 용도지역·용도지구의 지정 또는 변경에 관한 계획

해설
①은 광역도시계획(광역계획권의 장기발전 방향을 제시하는 계획)에 대한 설명이다.

도시·군관리계획
- 정의 : 특별시·광역시·특별자치시·특별자치도·시 또는 군의 개발·정비 및 보전을 위하여 수립하는 토지 이용, 교통, 환경, 경관, 안전, 산업, 정보통신, 보건, 복지, 안보, 문화 등에 관해 규정한 계획
- 도시·군관리계획의 내용
  - 용도지역, 용도지구의 지정 또는 변경에 관한 계획
  - 개발제한구역, 도시자연공원구역, 시가화조정구역, 수산자원보호구역의 지정 또는 변경에 관한 계획
  - 기반시설의 설치·정비 또는 개량에 관한 계획
  - 도시개발사업이나 정비사업에 관한 계획
  - 지구단위계획구역의 지정 또는 변경에 관한 계획과 지구단위계획
  - 입지규제최소구역의 지정 또는 변경에 관한 계획과 입지규제최소구역계획

84 다음 중 노외주차장의 출구 및 입구를 설치할 수 있는 장소는?

① 육교로부터 4m 거리에 있는 도로의 부분
② 지하횡단보도에서 10m 거리에 있는 도로의 부분
③ 초등학교 출입구로부터 15m 거리에 있는 도로의 부분
④ 장애인 복지시설 출입구로부터 15m 거리에 있는 도로의 부분

해설

횡단보도(육교 및 지하 횡단보도를 포함)에서 5m 이내의 도로 부분에는 노외주차장 출입구를 설치할 수 없으며, 지하횡단보도에서 10m 거리에 있는 도로의 부분은 설치할 수 있다.

노외주차장 출입구의 설치 금지 장소(주차장법 시행규칙 제5조)
- 도로교통법에 의하여 정차·주차가 금지되는 도로의 부분
- 횡단보도(육교 및 지하 횡단보도를 포함)에서 5m 이내의 도로 부분
- 너비 4m 미만의 도로(예외 : 주차대수 200대 이상인 경우에는 너비 6m 미만의 도로에는 설치할 수 없다)
- 종단 기울기 10%를 초과하는 도로
- 유아원, 유치원, 초등학교, 특수학교, 노인복지시설, 장애인 복지시설 및 아동전용시설 등의 출입구로부터 20m 이내의 도로 부분

85 건축물에 설치하는 지하층의 구조 및 설비에 관한 기준 내용으로 옳지 않은 것은?

① 거실의 바닥면적의 합계가 1,000m² 이상인 층에는 환기설비를 설치할 것
② 거실의 바닥면적이 30m² 이상인 층에는 피난층으로 통하는 비상탈출구를 설치할 것
③ 지하층의 바닥면적이 300m² 이상인 층에는 식수 공급을 위한 급수전을 1개소 이상 설치할 것
④ 문화 및 집회시설 중 공연장의 용도에 쓰이는 층으로서 그 층의 거실의 바닥면적의 합계가 50m² 이상인 건축물에는 직통계단을 2개소 이상 설치할 것

해설

지하층 거실의 바닥면적이 50m² 이상인 층에는 직통계단 외에 피난층 또는 지상으로 통하는 비상탈출구 또는 환기통을 설치할 것
지하층의 구조 및 설비 기준(건축물의 피난·방화구조 등의 기준에 관한 규칙 제25조 제1항)

지하층 규모	설치 기준
(거실의 바닥면적이) 50m² 이상인 층	직통계단 외에 비상탈출구 및 환기통 설치(직통계단이 2개소 이상인 경우는 제외)
(바닥면적이)1,000m² 이상인 층	방화구획으로 구획하는 각 부분마다 1개소 이상의 피난 또는 특별피난계단 설치
(거실의 바닥면적의 합계가)1,000m² 이상인 층	환기설비 설치
(지하층의 바닥면적이)300m² 이상인 층	식수 공급을 위한 급수전 1개소 이상 설치

86 주차장의 수급 실태조사에 관한 설명으로 옳지 않은 것은?

① 실태조사의 주기는 5년으로 한다.
② 조사구역은 사각형 또는 삼각형 형태로 설정한다.
③ 조사구역 바깥 경계선의 최대 거리가 300m를 넘지 않도록 한다.
④ 각 조사구역은 건축법에 따른 도로를 경계로 구분한다.

해설
실태조사의 주기는 3년으로 한다.
주차장의 수급(需給) 실태조사 방법(주차장법 시행규칙 제1조의2)
• 사각형 또는 삼각형 형태로 조사구역을 설정
• 조사구역 바깥 경계선의 최대 거리가 300m를 넘지 않도록 할 것
• 각 조사구역은 건축법에 따른 도로를 경계로 구분할 것
• 수급 실태조사의 주기는 3년으로 한다.

87 다음 중 건축법이 적용되는 건축물은?

① 역사(驛舍)
② 고속도로 통행료 징수시설
③ 철도의 선로 부지에 있는 플랫폼
④ 문화재보호법에 따른 임시지정 문화재

해설
역사(驛舍)는 건축법을 적용하지 않는 건축물에 해당되지 않으므로, 건축법이 적용된다.
건축법을 적용하지 않는 건축물(건축법 제3조 제1항)
• 문화재보호법에 의한 지정·임시지정문화재 또는 자연유산의 보존 및 활용에 관한 법률에 따라 지정된 명승이나 임시지정명승
• 철도나 궤도의 선로 부지에 있는 다음의 시설
 – 운전보안시설
 – 철도 선로의 위나 아래를 가로지르는 보행시설
 – 플랫폼
 – 해당 철도 또는 궤도사업용 급수·급탄 및 급유시설
• 컨테이너를 이용한 간이창고(공장의 용도로만 사용되는 건축물의 대지에 설치하는 것으로서 이동이 쉬운 것만 해당)
• 하천법에 따른 하천구역 내의 수문조작실

88 다음 중 아파트를 건축할 수 없는 용도지역은?

① 준주거지역
② 제1종 일반주거지역
③ 제2종 전용주거지역
④ 제3종 일반주거지역

해설
제1종 일반주거지역은 저층주택 중심이므로 아파트를 건축할 수 없다.
주거지역 세분(국토의 계획 및 이용에 관한 법률 시행령 제30조 제1항)

전용 주거 지역	제1종 전용주거지역	단독주택 중심의 양호한 주거환경을 보호하기 위하여 필요한 지역
	제2종 전용주거지역	공동주택 중심의 양호한 주거환경을 보호하기 위하여 필요한 지역
일반 주거 지역	제1종 일반주거지역	저층주택을 중심으로 편리한 주거환경을 조성하기 위하여 필요한 지역
	제2종 일반주거지역	중층주택을 중심으로 편리한 주거환경을 조성하기 위하여 필요한 지역
	제3종 일반주거지역	중고층주택을 중심으로 편리한 주거환경을 조성하기 위하여 필요한 지역
준주거지역		주거기능을 위주로 이를 지원하는 일부 상업기능 및 업무기능을 보완하기 위하여 필요한 지역

89 다음은 공동주택의 환기설비에 관한 기준 내용이다. ( ) 안에 알맞은 것은?

> 신축 또는 리모델링하는 30세대 이상의 공동주택에는 시간당 ( ) 이상의 환기가 이루어질 수 있도록 자연환기설비 또는 기계환기설비를 설치하여야 한다.

① 0.5회 ② 1회
③ 1.5회 ④ 2회

해설
공동주택 및 다중이용시설의 환기설비기준(건축물의 설비기준 등에 관한 규칙 제11조 제1항)
• 신축 또는 리모델링하는 다음의 어느 하나에 해당하는 주택 또는 건축물은 시간당 0.5회 이상의 환기가 이루어질 수 있도록 자연환기설비 또는 기계환기설비를 설치하여야 한다.
 – 30세대 이상의 공동주택
 – 주택을 주택 외의 시설과 동일건축물로 건축하는 경우로서 주택이 30세대 이상인 건축물

90 다음 중 부설주차장 설치대상 시설물의 종류와 설치기준의 연결이 옳지 않은 것은?

① 골프장 – 1홀당 10대
② 숙박시설 – 시설면적 200m²당 1대
③ 위락시설 – 시설면적 150m²당 1대
④ 문화 및 집회시설 중 관람장 – 정원 100명당 1대

해설
위락시설 – 시설면적 100m²당 1대
부설주차장 설치대상 시설물 종류 및 설치기준(주차장법 시행령 별표 1)

시설물	설치기준
위락시설	• 시설면적 100m²당 1대
문화 및 집회시설, 종교시설, 판매시설, 의료시설, 운동시설, 업무시설(오피스텔 제외), 방송국, 장례식장, 운수시설	• 시설면적 150m²당 1대
제1종, 제2종 근린생활시설, 숙박시설	• 시설면적 200m²당 1대
골프장	• 1홀당 10대
골프연습장	• 1타석당 1대
옥외수영장	• 정원 15인당 1대
관람장	• 정원 100인당 1대
공장(아파트형 제외), 발전시설, 수련시설	• 시설면적 350m²당 1대
창고시설, 학생용 기숙사, 방송통신시설 중 데이터센터	• 시설면적 400m²당 1대

91 국토의 계획 및 이용에 관한 법률상 다음과 같이 정의되는 것은?

> 도시·군계획 수립 대상지역의 일부에 대하여 토지이용을 합리화하고 그 기능을 증진시키며 미관을 개선하고 양호한 환경을 확보하며, 그 지역을 체계적·계획적으로 관리하기 위하여 수립하는 도시·군관리계획

① 광역도시계획
② 지구단위계획
③ 도시·군기본계획
④ 입지규제최소구역계획

해설
지구단위계획에 대한 설명이다.

92 다음 중 건축에 속하지 않는 것은?

① 이 전
② 증 축
③ 개 축
④ 대수선

해설
대수선은 건축물의 기둥, 보, 내력벽, 주계단 등의 구조나 외부 형태를 수선·변경하거나 증설하는 것으로서 대통령령으로 정하는 것을 말한다.
건축(건축법 제2조 제1항 제8호)
건축물을 신축·증축·개축·재축(再築)하거나 건축물을 이전하는 것을 말한다.

93 건축물의 내부에 설치하는 피난계단의 구조에 관한 기준 내용으로 옳지 않은 것은?

① 계단의 유효너비는 0.9m 이상으로 할 것
② 계단실의 실내에 접하는 부분의 마감은 불연재료로 할 것
③ 계단은 내화구조로 하고 피난층 또는 지상까지 직접 연결되도록 할 것
④ 건축물의 내부에서 계단실로 통하는 출입구의 유효너비는 0.9m 이상으로 할 것

해설
계단 유효너비는 규정에 없음
옥내 피난계단 설치기준(건축물의 피난·방화구조 등의 기준에 관한 규칙 제9조 제2항)

구 분	옥내피난계단 설치기준
계단실	개구부 외에는 내화구조의 벽으로 구획
내부마감	불연재료
옥외개구부	다른 외벽 개구부와 2m 이상 이격
옥내개구부	출입구 이외의 개구부는 망입유리의 붙박이창으로서 각각 1m² 이하
출입구	• 출입구 유효너비는 0.9m 이상 • 60 + 방화문 또는 60분 방화문 설치(피난방향으로 열 수 있고, 언제나 닫혀있거나 연기·불꽃 또는 온도 감지에 의해 자동으로 닫힐 것)
계단구조	내화구조로 피난층 또는 지상까지 직접 연결할 것(돌음계단 불가) ※ 계단 유효너비는 규정에 없음

94 그림과 같은 대지의 도로 모퉁이 부분의 건축선으로서 도로 경계선의 교차점에서의 거리 "A"로 옳은 것은?

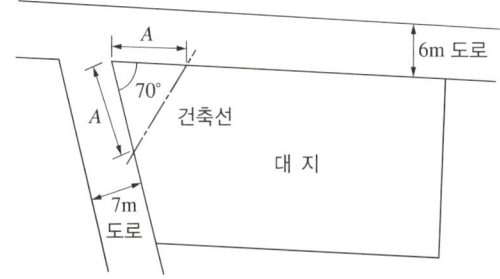

① 1m ② 2m
③ 3m ④ 4m

해설
도로의 교차각 90° 미만, 해당 도로의 너비 6m, 교차되는 도로의 너비 7m이므로, 4m가 된다.
도로 모퉁이 부분의 건축선(건축법 시행령 제31조 제1항)

도로의 교차각	해당 도로의 너비(m)		교차되는 도로의 너비
	6m 이상 ~8m 미만	4m 이상 ~6m 미만	
90° 미만	4	3	6m 이상~8m 미만
	3	2	4m 이상~6m 미만
90° 이상 ~120° 미만	3	2	6m 이상~8m 미만
	2	2	4m 이상~6m 미만

정답 93 ① 94 ④

95 다음 중 허가대상에 속하는 용도변경은?

① 숙박시설에서 의료시설로의 용도변경
② 판매시설에서 문화 및 집회시설로의 용도변경
③ 제1종 근린생활시설에서 업무시설로의 용도변경
④ 제1종 근린생활시설에서 공동주택으로의 용도변경

해설
② 판매시설(영업시설군)에서 문화집회시설군으로 용도변경은 하위군에서 상위군으로 용도변경하므로 허가대상이 된다.
①, ③, ④는 상위군에서 하위군으로 용도변경하므로 신고대상이 된다.
용도변경을 위한 시설군(작은 번호가 상위군, 건축법 제19조 제4항)
1. 자동차 관련 시설군
2. 산업 등의 시설군
3. 전기통신시설군
4. 문화 및 집회시설군
5. 영업시설군
6. 교육 및 복지시설군
7. 근린생활시설군
8. 주거업무시설군
9. 그 밖의 시설군

96 전용주거지역 또는 일반주거지역 안에서 높이 8m의 2층 건축물을 건축하는 경우, 건축물의 각 부분은 일조 등의 확보를 위하여 정북방향으로의 인접 대지경계선으로부터 최소 얼마 이상 띄어 건축하여야 하는가?

① 1m ② 1.5m
③ 2m ④ 3m

해설
높이 10m 이하인 부분은 인접 대지 경계선으로부터 1.5m 이상 띄어야 한다(건축법 시행령 제86조 제1항).

97 다음 중 건축물의 대지에 공개공지 또는 공개공간을 확보하여야 하는 대상 건축물에 속하는 것은? (단, 일반주거지역의 경우)

① 업무시설로서 해당 용도로 쓰는 바닥면적의 합계가 3,000m²인 건축물
② 숙박시설로서 해당 용도로 쓰는 바닥면적의 합계가 4,000m²인 건축물
③ 종교시설로서 해당 용도로 쓰는 바닥면적의 합계가 5,000m²인 건축물
④ 문화 및 집회시설로서 해당 용도로 쓰는 바닥면적의 합계가 4,000m²인 건축물

해설
바닥면적 5,000m²인 종교시설은 해당 된다.
공개공지 등의 확보 대상 건축물(건축법 시행령 제27조의2 제1항)
바닥면적 합계 5,000m² 이상인 다음의 용도
- 문화 및 집회시설
- 종교시설
- 판매시설(농수산물 유통시설 제외)
- 운수시설(여객용 시설)
- 업무시설
- 숙박시설

98 다음 설명에 알맞은 용도지구의 세분은?

산지·구릉지 등 자연경관을 보호하거나 유지하기 위하여 필요한 지구

① 자연경관지구 ② 자연방재지구
③ 특화경관지구 ④ 생태계보호지구

해설
용도지구의 지정(국토의 계획 및 이용에 관한 법률 시행령 제31조 제2항)
- 자연경관지구 : 산지·구릉지 등 자연경관을 보호하거나 유지하기 위하여 필요한 지구
- 자연방재지구 : 토지의 이용도가 낮은 해안변, 하천변, 급경사지 주변 등의 지역으로서 건축 제한 등을 통하여 재해 예방이 필요한 지구
- 특화경관지구 : 지역 내 주요 수계의 수변 또는 문화적 보존가치가 큰 건축물 주변의 경관 등 특별한 경관을 보호 또는 유지하거나 형성하기 위하여 필요한 지구
- 생태계보호지구 : 야생동식물서식처 등 생태적으로 보존가치가 큰 지역의 보호와 보존을 위하여 필요한 지구

99 한 방에서 층의 높이가 다른 부분이 있는 경우 층고 산정방법으로 옳은 것은?

① 가장 낮은 높이로 한다.
② 가장 높은 높이로 한다.
③ 각 부분 높이에 따른 면적에 따라 가중평균한 높이로 한다.
④ 가장 낮은 높이와 가장 높은 높이의 산술평균한 높이로 한다.

해설
한 방에서 층의 높이가 다른 부분이 있는 층고 산정은 각 부분 높이에 따른 면적에 따라 가중평균한 높이로 한다(건축법 시행령 제119조 제1항 제8호).

100 다음의 대규모 건축물의 방화벽에 관한 기준 내용 중 ( ) 안에 공통으로 들어갈 내용은?

> 연면적 ( ) 이상인 건축물은 방화벽으로 구획하되, 각 구획된 바닥면적의 합계는 ( ) 미만이어야 한다.

① 500m^2
② 1,000m^2
③ 1,500m^2
④ 3,000m^2

해설
대규모 건축물의 방화벽 등(건축법 시행령 제57조)
연면적 1,000m^2 이상인 건축물은 방화벽으로 구획하되, 각 구획된 바닥면적의 합계는 1,000m^2 미만이어야 한다.

2019년 제2회 과년도 기출문제

제1과목 건축계획

01 도서관의 출납시스템 중 폐가식에 관한 설명으로 옳지 않은 것은?

① 서고와 열람실이 분리되어 있다.
② 도서의 유지 관리가 좋아 책의 망실이 적다.
③ 대출절차가 간단하여 관원의 작업량이 적다.
④ 규모가 큰 도서관의 독립된 서고의 경우에 많이 채용된다.

해설
대출절차가 복잡하고, 관원의 작업량이 가장 많다.

02 다음 중 르 코르뷔지에가 제시한 근대건축의 5원칙에 속하는 것은?

① 옥상정원
② 유기적 건축
③ 노출 콘크리트
④ 유니버셜 스페이스

해설
르 코르뷔지에(Le Corbusier)의 근대건축 5원칙
- 필로티 : 지면으로부터 일정 높이가 띄어져서 구조물 지지
- 연속된 수평창 : 수평 띠창으로 골조와 벽이 독립
- 자유로운 평면 : 기능에 따라 자유로이 내부 공간 구성
- 자유로운 입면 : 자유로운 외관 구성
- 옥상정원 : 평지붕으로 정원 구성

03 다음 중 전시공간의 융통성을 주요 건축개념으로 한 것은?

① 퐁피두 센터
② 루브르 박물관
③ 구겐하임 미술관
④ 슈투트가르트 미술관

해설
퐁피두 센터(Pompidou Center)
- 리차드 로저스, 렌조 피아노, 구조기술자 피터 라이스가 설계
- 정식 명칭 : 조르주 퐁피두 국립 예술문화 센터
- 오락이나 대중성 등과 변화감을 강조하고, 융통성을 부여

04 미술관 전시공간의 순회형식 중 갤러리 및 코리더 형식에 관한 설명으로 옳은 것은?

① 복도의 일부를 전시장으로 사용할 수 있다.
② 전시실 중 하나의 실을 폐쇄하면 동선이 단절된다는 단점이 있다.
③ 중앙에 커다란 홀을 계획하고 그 홀에 접하여 전시실을 배치한 형식이다.
④ 이 형식을 채용한 대표적인 건축물로는 뉴욕 근대 미술관과 프랭크 로이드 라이트의 구겐하임 미술관이 있다.

해설
갤러리(Gallery) 및 코리더(Corridor) 형식은 연속된 전시실의 한쪽 복도에 의해 각 실을 배치한 형식으로, 복도의 일부를 전시장으로 사용할 수 있다.
② : 연속순회 형식
③ · ④ : 중앙홀 형식

정답 1 ③ 2 ① 3 ① 4 ①

05 다음 중 구조코어로서 가장 바람직한 코어형식으로, 바닥면적이 큰 고층, 초고층 사무소에 적합한 것은?

① 중심코어형 ② 편심코어형
③ 독립코어형 ④ 양단코어형

해설
중심(중앙)코어형은 바닥면적이 클 경우에 유리하고, 고층 및 초고층에 적합하다.

06 아파트의 평면형식에 관한 설명으로 옳지 않은 것은?

① 중복도형은 부지의 이용률이 적다.
② 홀형(계단실형)은 독립성(Privacy)이 우수하다.
③ 집중형은 복도부분 자연환기, 채광이 극히 나쁘다.
④ 편복도형은 복도를 외기에 터놓으면 통풍, 채광이 중복도형보다 양호하다.

해설
중복도형
- 대지에 비해 건물 이용도가 높다.
- 채광, 통풍 조건을 양호하게 할 수 없다.
- 프라이버시(Privacy)가 좋지 않으며 시끄럽다.

07 상점의 판매방식에 관한 설명으로 옳지 않은 것은?

① 측면판매방식은 직원 동선의 이동성이 많다.
② 대면판매방식은 측면판매방식에 비해 상품진열 면적이 넓어진다.
③ 측면판매방식은 고객이 직접 진열된 상품을 접촉할 수 있는 관계로 선택이 용이하다.
④ 대면판매방식은 쇼케이스를 중심으로 판매원이 고정된 자리나 위치를 확보하는 것이 용이하다.

해설
대면판매방식은 쇼케이스(Showcase, 진열장) 내 상품 전시로써 진열면적이 감소된다.

08 사무소 건축의 실 단위 계획에 관한 설명으로 옳지 않은 것은?

① 개실 시스템은 독립성과 쾌적감의 이점이 있다.
② 개방식 배치는 전면적을 유용하게 사용할 수 있다.
③ 개방식 배치는 개실 시스템보다 공사비가 저렴하다.
④ 오피스 랜드스케이프(Office Landscape)는 개실 시스템을 위한 실 단위 계획이다.

해설
오피스 랜드스케이프(Office Landscape) : 사무공간의 작업 패턴(흐름) 관계를 고려하여 획일성을 없애고 업무의 융통성과 능률을 높이고자 하는 방식으로 개방식 배치의 변형된 방식이다.

09 주택 단지 내 도로의 형태 중 쿨데삭(Cul-de-sac) 형에 관한 설명으로 옳지 않은 것은?

① 통과교통이 방지된다.
② 우회도로가 없기 때문에 방재·방범상으로는 불리하다.
③ 주거환경의 쾌적성과 안전성 확보가 용이하다.
④ 대규모 주택 단지에 주로 사용되며, 도로의 최대 길이는 1km 이하로 한다.

해설
쿨데삭(Cul-de-sac)의 적정길이는 150m 정도이며, 120m에서 300m까지로 한다.

10 학교의 배치형식 중 분산병렬형에 관한 설명으로 옳지 않은 것은?

① 일종의 핑거 플랜이다.
② 구조계획이 간단하고 시공이 용이하다.
③ 부지의 크기에 상관없이 적용이 용이하다.
④ 일조·통풍 등 교실의 환경조건을 균등하게 할 수 있다.

해설
분산병렬형은 넓은 부지가 필요하다.

11 상점의 매장 및 정면 구성에서 요구되는 AIDMA 법칙의 내용으로 옳지 않은 것은?

① Memory
② Interest
③ Attention
④ Attraction

해설
상점 광고 5요소(AIDMA법칙)
• Attention(주의)
• Interest(흥미, 주목)
• Desire(욕망, 공감, 욕구)
• Memory(기억, 인상)
• Action(행동, 출입)

12 테라스 하우스에 관한 설명으로 옳지 않은 것은?

① 경사가 심할수록 밀도가 높아진다.
② 각 세대의 깊이는 7.5m 이상으로 하여야 한다.
③ 평지보다 더 많은 인구를 수용할 수 있어 경제적이다.
④ 시각적인 인공테라스형은 위층으로 갈수록 건물의 내부 면적이 작아지는 형태이다.

해설
테라스 하우스는 후면에 창이 없기 때문에 각 세대 깊이가 6~7.5m 이상 되어서는 안 된다.

13 극장건축에서 무대의 제일 뒤에 설치되는 무대 배경용의 벽을 의미하는 것은?

① 사이클로라마
② 플라이 로프트
③ 플라이 갤러리
④ 그리드 아이언

해설
① 사이클로라마 : 무대의 제일 뒤에 설치되는 무대 배경용의 벽
② 플라이 로프트 : 무대 상부공간
③ 플라이 갤러리 : 그리드 아이언에 올라가는 계단과 연결되게 무대 후면의 벽에 6~9m 높이로 설치되는 좁은 통로
④ 그리드 아이언 : 배경이나 조명기구, 연기자 또는 음향반사판 등을 매달 수 있도록 무대 천장 밑에 철골로 설치한 것

14 다음의 호텔 중 연면적에 대한 숙박면적의 비가 일반적으로 가장 큰 것은?

① 커머셜 호텔
② 클럽 하우스
③ 리조트 호텔
④ 아파트먼트 호텔

해설
커머셜 호텔은 교통이 편리한 도심지에 건립되며, 다른 호텔에 비해 숙박 관계 부분의 비율이 가장 크다.
호텔 부분별 면적비 비교
• 숙박 면적비 : 시티(커머셜) > 리조트 > 아파트먼트
• 공용 면적비 : 아파트먼트 > 리조트 > 시티(커머셜)
• 객실 1개 면적 : 아파트먼트 > 리조트 > 시티(커머셜)

15 다음 중 건축가와 작품의 연결이 옳지 않은 것은?

① 르 코르뷔지에 – 사보아 주택
② 오스카 니마이어 – 브라질 국회의사당
③ 미스 반데어로에 – 뉴욕 레버하우스
④ 프랭크 로이드 라이트 – 뉴욕 구겐하임 미술관

해설
뉴욕 레버하우스(Lever House)는 미스 반데어로에의 작품이 아니다. 미국 건축설계사무소 SOM에서 설계하였다.

16 주택의 부엌 계획에 관한 설명으로 옳지 않은 것은?

① 일사가 긴 서쪽은 음식물이 부패하기 쉬우므로 피하도록 한다.
② 작업 삼각형은 냉장고와 개수대 그리고 배선대를 잇는 삼각형이다.
③ 부엌가구의 배치유형 중 ㄱ자형은 부엌과 식당을 겸할 경우 많이 활용되는 형식이다.
④ 부엌가구의 배치유형 중 일렬형은 면적이 좁은 경우 이용에 효과적이므로 소규모 부엌에 주로 활용된다.

해설
부엌 작업 3각형 : 냉장고, 개수대, 가열대를 연결한 삼각형

17 종합병원계획에 관한 설명으로 옳지 않은 것은?

① 수술부는 타 부분의 통과교통이 없는 장소에 배치한다.
② 수술실의 바닥은 전기도체성 마감을 사용하는 것이 좋다.
③ 간호사 대기실은 각 간호단위 또는 층별, 동별로 설치한다.
④ 평면계획 시 모듈을 적용하여 각 병실을 모두 동일한 크기로 하는 것이 좋다.

해설
병실은 총실(다인실)과 개실의 그룹별로 층을 구성한다.

18 공장 건축계획에 관한 설명으로 옳지 않은 것은?

① 기능식 레이아웃은 소종 다량생산이나 표준화가 쉬운 경우에 주로 적용된다.
② 공장의 지붕형식 중 톱날지붕은 균일한 조도를 얻을 수 있다는 장점이 있다.
③ 평면계획 시 관리부분과 생산공정부분을 구분하고 동선이 혼란되지 않게 한다.
④ 공장건축의 형식에서 집중식(Block Type)은 건축비가 저렴하고, 공간효율도 좋다.

해설
기능식 레이아웃은 공정 중심의 레이아웃(기계설비 중심)을 말하며, 다종 소량생산에 적합하고, 표준화가 행해지기 어려운 경우에 채용한다.

19 척도 조정(MC)에 관한 설명으로 옳지 않은 것은?

① 설계작업이 단순해지고 간편해진다.
② 현장작업이 단순해지고 공기가 단축된다.
③ 건축물 형태의 다양성 및 창조성 확보가 용이하다.
④ 구성재의 상호조합에 의한 호환성을 확보할 수 있다.

해설
척도 조정(MC)의 단점으로 건축형태의 창조성과 인간성이 상실될 수 있으며, 건축물이 획일적으로 배치될 수 있는 우려가 있기 때문에 배색에 신중을 기해야 한다.

20 봉정사 극락전에 관한 설명으로 옳지 않은 것은?

① 지붕은 팔작지붕의 형태를 띠고 있다.
② 공포를 주상에만 짜놓은 주심포 양식의 건축물이다.
③ 우리나라에 현존하는 목조 건축물 중 가장 오래된 것이다.
④ 정면 3칸에 측면 4칸의 규모이며 서남향으로 배치되어 있다.

해설
봉정사 극락전은 정면 3칸, 측면 4칸의 단층형태로 주심포(柱心包) 양식이며, 지붕은 맞배지붕의 형태를 띠고 있다.

제2과목 건축시공

21 금속 커튼월의 Mock Up Test에 있어 기본성능 시험의 항목에 해당되지 않는 것은?

① 정압수밀시험　② 방재시험
③ 구조시험　　　④ 기밀시험

해설
커튼월의 Mock Up Test 시험(실물대 모형시험)
• 예비시험　　　　• 기밀시험
• 정압수밀시험　　• 동압수밀시험
• 구조응력시험　　• 영구변형시험

22 표준시방서에 따른 시스템비계에 관한 기준으로 옳지 않은 것은?

① 수직재와 수직재의 연결은 전용의 연결조인트를 사용하여 견고하게 연결하고, 연결 부위가 탈락 또는 꺾어지지 않도록 하여야 한다.
② 수평재는 수직재에 연결핀 등의 결합 방법에 의해 견고하게 결합되어 흔들리거나 이탈되지 않도록 하여야 한다.
③ 대각으로 설치하는 가새는 비계의 외면으로 수평면에 대해 40~60° 방향으로 설치하며 수평재 및 수직재에 결속한다.
④ 시스템 비계 최하부에 설치하는 수직재는 받침 철물의 조절너트와 밀착되도록 설치하여야 하며, 수직과 수평을 유지하여야 한다. 이때, 수직재와 받침 철물의 겹침길이는 받침 철물 전체 길이의 5분의 1 이상이 되도록 하여야 한다.

해설
비계 밑단의 수직재와 받침철물은 밀착되도록 설치하고, 수직재와 받침철물의 연결부의 겹침길이는 받침철물 전체 길이의 3분의 1 이상이 되도록 해야 한다.

23 다음 중 열가소성 수지에 해당하는 것은?

① 페놀수지
② 염화비닐수지
③ 요소수지
④ 멜라민수지

해설
염화비닐수지는 열가소성 수지이다.
열가소성과 열경화성 수지 종류

열경화성수지	열가소성수지
• 페놀수지 • 요소수지 • 멜라민수지 • 폴리에스테르수지 • 에폭시수지 • 실리콘수지 • 알키드수지 • 우레탄수지	• 염화비닐수지 • 초산비닐수지 • 폴리아미드수지 • 폴리스틸렌수지 • 폴리에틸렌수지 • 폴리프로필렌수지 • 아크릴수지

24 콘크리트 균열의 발생 시기에 따라 구분할 때 콘크리트의 경화 전 균열의 원인이 아닌 것은?

① 크리프 수축
② 거푸집의 변형
③ 침 하
④ 소성수축

해설
크리프(Creep) 수축은 콘크리트가 경화된 후에 일정한 하중이 작용하면서 시간이 경과함에 따라 발생하는 소성 변형을 말한다.

25 프리스트레스트 콘크리트(Prestressed Concrete)에 관한 설명으로 옳지 않은 것은?

① 포스트텐션(Post-tension)공법은 콘크리트의 강도가 발현된 후에 프리스트레스를 도입하는 현장형 공법이다.
② 구조물의 자중을 경감할 수 있으며, 부재단면을 줄일 수 있다.
③ 화재에 강하며, 내화피복이 불필요하다.
④ 고강도이면서 수축 또는 크리프 등의 변형이 적은 균일한 품질의 콘크리트가 요구된다.

해설
프리스트레스트 콘크리트(Prestressed Concrete)는 PC강선을 사용하기 때문에 화재(열)에 약하며, 염화물에 의한 부식이 우려되기 때문에 내화피복이 필요하다.
프리스트레스 콘크리트 특성
• 구조물의 자중 경감, 부재 단면을 줄일 수 있다.
• 내구성, 복원성이 크고 공기단축이 가능하다.
• 항복점 이상에서 진동, 충격에 약하다.
• 공정이 복잡하고 고도의 품질관리가 요구된다.
• 열과 화재에 약하며, 내화피복(5cm 이상)이 필요하다.

26 고강도 콘크리트의 배합에 대한 기준으로 옳지 않은 것은?

① 단위수량은 소요의 워커빌리티를 얻을 수 있는 범위 내에서 가능한 작게 하여야 한다.
② 잔골재율은 소요의 워커빌리티를 얻도록 시험에 의하여 결정하여야 하며, 가능한 작게 하도록 한다.
③ 고성능 감수제의 단위량은 소요 강도 및 작업에 적합한 워커빌리티를 얻도록 시험에 의해서 결정하여야 한다.
④ 기상의 변화 등에 관계없이 공기연행제를 사용하는 것을 원칙으로 한다.

해설
기상의 변화가 심하거나 동결융해에 대한 대책이 필요한 경우를 제외하고는 공기연행제를 사용하지 않는 것을 원칙으로 한다.
고강도 콘크리트 : 설계기준 압축강도가 보통(중량) 콘크리트에서 40MPa 이상, 경량골재 콘크리트에서 27MPa 이상인 경우의 콘크리트

27 철골공사의 접합에 관한 설명으로 옳지 않은 것은?

① 고력볼트접합의 종류에는 마찰접합, 지압접합이 있다.
② 녹막이도장은 작업장소 주위의 기온이 5℃ 미만이거나 상대습도가 85%를 초과할 때는 작업을 중지한다.
③ 철골이 콘크리트에 묻히는 부분은 특히 녹막이 칠을 잘해야 한다.
④ 용접 접합에 대한 비파괴시험의 종류에는 자분탐상시험, 초음파탐상시험 등이 있다.

> **해설**
> 철골이 콘크리트에 묻히는 부분은 콘크리트와의 일체화를 위해서 녹막이 칠을 하지 않는다.
> **철골공사의 접합에서 녹막이 칠을 하지 않는 부분**
> • 콘크리트에 매입되는 부분
> • 조립에 의하여 맞닿는 면
> • 현장 용접하는 부분
> • 초음파탐상검사에 영향을 주는 범위
> • 고력볼트 마찰접합부의 마찰면
> **용접 접합에 대한 비파괴시험의 종류**
> • 자분탐상검사
> • 초음파탐상검사
> • 침투탐상검사
> • 방사선투과검사
> • 외관검사

28 건설현장에서 공사감리자로 근무하고 있는 A씨가 하는 업무로 옳지 않은 것은?

① 상세시공도면의 작성
② 공사시공자가 사용하는 건축자재가 관계법령에 의한 기준에 적합한 건축자재인지 여부의 확인
③ 공사현장에서의 안전관리지도
④ 품질시험의 실시여부 및 시험성과의 검토, 확인

> **해설**
> 상세시공도면의 작성은 시공자의 업무이다.

29 다음 중 가설비용의 종류로 볼 수 없는 것은?

① 가설건물비
② 바탕처리비
③ 동력, 전등설비
④ 용수설비

> **해설**
> 바탕처리비는 본공사용 비용이다.
> **가설비용** : 동력 및 전등설비, 용수설비, 수송설비, 양중설비 등

30 다음과 같은 철근콘크리트조 건축물에서 외줄 비계 면적으로 옳은 것은?(단, 비계 높이는 건축물의 높이로 함)

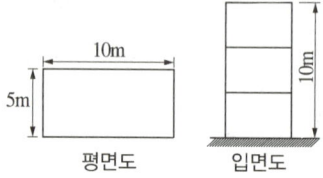

① 300m²
② 336m²
③ 372m²
④ 400m²

> **해설**
> 외줄 비계이므로 0.45m 이격하여 설치한다.
> 외부 벽 길이 = (10m + 5m) × 2 = 30m이므로,
> 외줄 비계면적 = (외부 벽 길이 + 0.45 × 8) × 높이
> = (30 + 0.45 × 8) × 10
> = (30 + 3.6) × 10
> = 336m²
> **비계설치를 위한 건물의 이격거리**
> • 외줄 비계 : 0.45m 이격
> • 쌍줄 비계 : 0.9m 이격

31 보통 콘크리트용 부순 골재의 원석으로서 가장 적합하지 않은 것은?

① 현무암
② 응회암
③ 안산암
④ 화강암

> **해설**
> 응회암, 화산자갈, 용암 등은 천연경량골재로서 부순 골재의 원석으로 적합하지 않다.
> **양질의 골재** : 현무암, 안산암, 화강암, 석회암, 경질사암
> **골재의 원석** : 화성암, 수성암, 변성암

32 조적식 구조의 기초에 관한 설명으로 옳지 않은 것은?

① 내력벽의 기초는 연속 기초로 한다.
② 기초판은 철근콘크리트 구조로 할 수 있다.
③ 기초판은 무근콘크리트 구조로 할 수 있다.
④ 기초벽의 두께는 최하층의 벽체 두께와 같게 하되, 250mm 이하로 하여야 한다.

해설
250mm 이상으로 하여야 한다.

33 건축공사 스프레이 도장 방법에 관한 설명으로 옳지 않은 것은?

① 도장거리는 스프레이 도장면에서 300mm를 표준으로 한다.
② 매 회에 에어스프레이는 붓도장과 동등한 정도의 두께로 하고, 2회분의 도막 두께를 한 번에 도장하지 않는다.
③ 각 회의 스프레이 방향은 전회의 방향에 평행으로 진행한다.
④ 스프레이할 때는 항상 평행이동하면서 운행의 한 줄마다 스프레이 너비의 1/3 정도를 겹쳐 뿜는다.

해설
각 회의 스프레이 방향은 전회의 방향에 직각으로 진행한다.
스프레이 도장 방법
• 스프레이 너비의 1/3 정도는 겹쳐 칠한다.
• 칠면과의 뿜칠 거리는 30cm를 표준으로 한다.
• 스프레이 방향은 전회의 방향에 직각으로 진행한다.
• 위에서 밑으로, 왼편에서 오른편으로, 재의 길이방향으로 한다.
• 칠 횟수를 구분하기 위해 색을 다르게 칠한다.
• 온도 5℃ 이하, 35℃ 이상, 습도 85% 이상 시 작업을 중단한다.

34 시멘트 광물질의 조성 중에서 발열량이 높고 응결시간이 가장 빠른 것은?

① 알루민산 삼석회
② 규산삼석회
③ 규산이석회
④ 알루민산철 사석회

해설
알루민산 삼석회(알루미네이트)는 발열량이 높고 응결시간이 가장 빠르다.
시멘트 광물질의 수화작용 순서(발열량이 크다)
알루민산 3석회 > 규산 3석회 > 알루민산철 4석회 > 규산 2석회

35 공사장 부지 경계선으로부터 50m 이내에 주거 · 상가건물이 있는 경우에 공사현장 주위에 가설울타리는 최소 얼마 이상의 높이로 설치하여야 하는가?

① 1.5m
② 1.8m
③ 2m
④ 3m

해설
공사현장 주위 50m 이내에 주거, 상가 건물이 있는 경우에는 높이 3m 이상으로 설치하며, 이외에는 1.8m 이상으로 설치한다.

36 다음 중 조적벽 치장줄눈의 종류로 옳지 않은 것은?

① 오목줄눈 ② 빗줄눈
③ 통줄눈 ④ 실줄눈

해설
통줄눈, 막힌줄눈은 구조적 줄눈이다.
치장줄눈의 종류 : 평줄눈, 민줄눈, 볼록줄눈, 오목줄눈, 엇빗줄눈, 내민줄눈, 빗줄눈, 둥근줄눈, 실줄눈

정답 32 ④ 33 ③ 34 ① 35 ④ 36 ③

37 열적외선을 반사하는 은소재 도막으로 코팅하여 방사율과 열관류율을 낮추고 가시광선 투과율을 높인 유리는?

① 스팬드럴유리
② 접합유리
③ 배강도유리
④ 로이유리

해설
④ 로이유리 : 열적외선 반사율이 높은 금속(은소재)으로 도막 코팅한 것으로 열선 반사유리이다.
① 스팬드럴유리 : 플로트 판유리의 한쪽 면에 세라믹질의 도료를 코팅한 다음 고온에서 융착 및 반강화시킨 불투명의 유리로서 서랭유리에 비하여 2배의 강도를 갖고 있으며 열충격에 대한 저항도 큰 열강화 유리이다.
② 접합유리 : 2장 이상의 판유리 사이에 필름막을 넣고 150℃ 고열로 강하게 접합하여 파손 시 파편이 안떨어지게 만든 유리이다.
③ 배강도유리 : 일반 서랭유리를 다시 연화점 이하로 가열하였다가 급속히 냉각하여 만든 강화유리로서 일반유리보다 파괴강도를 증대시키고, 파손 시 재료인 판유리와 유사하게 깨지도록 만든 유리이다.

38 타격에 의한 말뚝박기공법을 대체하는 저소음, 저진동의 말뚝공법에 해당되지 않는 것은?

① 압입 공법
② 사수(Water Jetting) 공법
③ 프리보링 공법
④ 바이브로 콤포저 공법

해설
저소음, 저진동의 말뚝공법 : 압입 공법, 사수(Water Jetting) 공법, 프리보링(Pre-boring) 공법, 중공굴착 공법 등
바이브로 콤포저 공법 : 사질지반 개량공법으로, 지반에 특수파이프를 넣어 모래를 투입하고 이 모래를 진동하여 다짐으로써 샌드파일을 형성하는 공법

39 공정관리에서의 네트워크(Network)에 관한 용어와 관계없는 것은?

① 커넥터(Connector)
② 크리티컬 패스(Critical Path)
③ 더미(Dummy)
④ 플로트(Float)

해설
① 커넥터(Connector) : 목재, 거푸집 등의 부재간 연결재
② 크리티컬 패스(Critical Path) : 개시결합점으로부터 종료결합점에 이르는 가장 긴 패스인 주공정선
③ 더미(Dummy) : 네트워크에서 작업 상호관계를 나타내는 점선으로 표시하는 화살선
④ 플로트(Float) : 각 작업에 허용되는 시간적인 여유

40 다음 각 유리의 관한 설명으로 옳지 않은 것은?

① 망입유리는 파손되더라도 파편이 튀지 않으므로 진동에 의해 파손되기 쉬운 곳에 사용된다.
② 복층유리는 단열 및 차음성이 좋지 않아 주로 선박의 창 등에 이용된다.
③ 강화유리는 압축강도를 한층 강화한 유리로 현장 가공 및 절단이 되지 않는다.
④ 자외선 투과유리는 병원이나 온실 등에 이용된다.

해설
복층유리는 단열, 방음, 결로 방지용으로 우수하다.

제3과목 건축구조

41 H – 300 × 150 × 6.5 × 9인 형강보가 10kN의 전단력을 받을 때 웨브에 생기는 전단응력도의 크기는 약 얼마인가?(단, 웨브전단면적 산정 시 플랜지 두께는 제외함)

① 3.46MPa
② 4.46MPa
③ 5.46MPa
④ 6.46MPa

해설
플랜지 두께를 제외한 웨브부분의 전단면적으로 계산

전단응력도(τ) = $\dfrac{V}{A_w}$

웨브의 단면적(A_w) = $(300 - 2 \times 9) \times 6.5$mm

∴ $\tau = \dfrac{V}{A_w} = \dfrac{10,000\text{N}}{(300-2\times 9)\text{mm} \times 6.5\text{mm}}$

≒ 5.46N/mm²

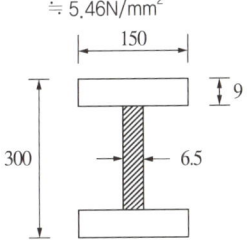

▨ 플랜지 두께를 제외한 웨브 부분

42 다음 강종 표시기호에 관한 설명으로 옳지 않은 것은?(단, KS 강종기호 개정사항 반영)

```
SMA    355    B    W
 |      |     |    |
(가)   (나)  (다) (라)
```

① (가) : 용도에 따른 강재의 명칭 구분
② (나) : 강재의 인장강도 구분
③ (다) : 충격흡수에너지 등급 구분
④ (라) : 내후성 등급 구분

해설
(나)는 강재의 항복강도 구분이다.

```
SMA     355     B        W
 |       |      |        |
강재    항복  충격흡수  내후성
명칭    강도  에너지 등급  등급
```

43 각종 단면의 주축(主軸)을 표시한 것으로 옳지 않은 것은?

①
②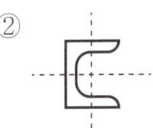
③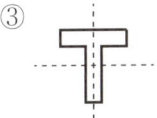
④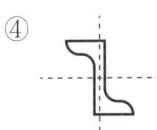

해설
Z형강 단면의 주축은 사선방향이 된다.

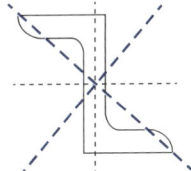

44 그림과 같은 라멘의 AB재에 휨모멘트가 발생하지 않게 하려면 P는 얼마가 되어야 하는가?

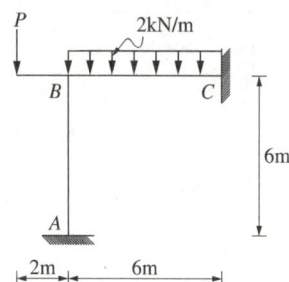

① 3kN   ② 4kN
③ 5kN   ④ 6kN

해설
B점에서 좌우의 모멘트가 같아야 한다.

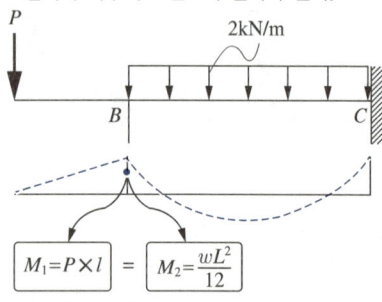

$M_1 = P \times l = P \times 2$

$M_2 = \dfrac{wL^2}{12} = \dfrac{2 \times 6^2}{12} = 6\text{kN} \cdot \text{m}$

$M_1 = M_2$ 이어야 하므로,
$P \times 2 = 6\text{kN} \cdot \text{m}$
$\therefore P = 3\text{kN} \cdot \text{m}$

45 그림과 같은 단순보에서 A점과 B점에 발생하는 반력으로 옳은 것은?

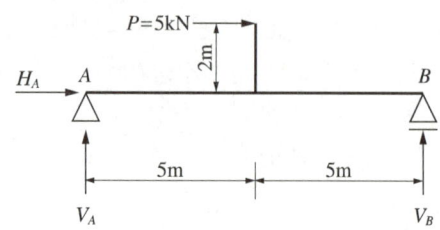

① $H_A = +5\text{kN},\ V_A = +1\text{kN},\ V_B = +1\text{kN}$
② $H_A = -5\text{kN},\ V_A = -1\text{kN},\ V_B = +1\text{kN}$
③ $H_A = +5\text{kN},\ V_A = +1\text{kN},\ V_B = -1\text{kN}$
④ $H_A = -5\text{kN},\ V_A = +1\text{kN},\ V_B = +1\text{kN}$

해설
$\Sigma M_A = 0\ ;\ 5 \times 2 - V_B \times 10 = 0$
$\therefore V_B = 1\text{kN}$
$\Sigma F_y = 0\ ;\ V_A + V_B = 0$
$\therefore V_A = -1\text{kN}$
$\Sigma F_x = 0\ ;\ H_A + 5 = 0$
$\therefore H_A = -5\text{kN}$

46 다음과 같은 단순보의 최대 처짐량(δ_{max})이 30mm 이하가 되기 위하여 보의 단면 2차 모멘트는 최소 얼마 이상이 되어야 하는가?(단, 보의 탄성계수는 $E = 1.25 \times 10^4 \text{N/mm}^2$)

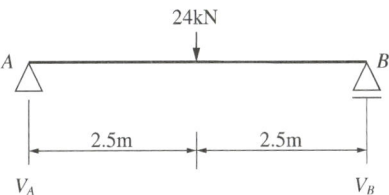

① $15,000 \text{cm}^4$
② $16,700 \text{cm}^4$
③ $20,000 \text{cm}^4$
④ $25,000 \text{cm}^4$

해설

단순보의 처짐 : $\delta_{max} = \dfrac{PL^3}{48EI}$

$\therefore I = \dfrac{PL^3}{48E \times \delta_{max}}$ 이다.

조건에 따라 $\delta_{max} = 30\text{mm}$이고,
단위에 적합하도록 식에 대입하면,

$\therefore I = \dfrac{24,000\text{N} \times (5,000\text{mm})^3}{48 \times (1.25 \times 10^4 \text{N/mm}^2) \times 30\text{mm}}$

$\fallingdotseq 166.7 \times 10^6 \text{mm}^4$
$= 166.7 \times 10^2 \text{cm}^4$
$= 16,670 \text{cm}^4$

47 횡력의 25% 이상을 부담하는 연성모멘트골조가 전단벽이나 가새골조와 조합되어 있는 구조방식을 무엇이라 하는가?

① 제진시스템방식
② 면진시스템방식
③ 이중골조방식
④ 메가칼럼-전단벽 구조방식

해설

이중골조방식 : 횡력의 25% 이상을 부담하는 연성모멘트골조가 전단벽 또는 가새골조와 조합되어 있는 구조방식
건물골조방식 : 전단벽 또는 가새골조가 횡력의 100%를 부담하는 골조방식

48 구조물의 내진보강 대책으로 적합하지 않은 것은?

① 구조물의 강도를 증가시킨다.
② 구조물의 연성을 증가시킨다.
③ 구조물의 중량을 증가시킨다.
④ 구조물의 감쇠를 증가시킨다.

해설

지진하중은 중량에 비례하여 증가하기 때문에, 구조물의 중량을 증가시키면 밑면전단력이 증가되어 지진에 불리하다.

49 폭 $b = 250\text{mm}$, 높이 $h = 500\text{mm}$인 직사각형 콘크리트 보 부재의 균열모멘트 M_{cr}은?(단, 경량콘크리트계수 $\lambda = 1$, $f_{ck} = 24\text{MPa}$)

① $8.3 \text{kN} \cdot \text{m}$
② $16.4 \text{kN} \cdot \text{m}$
③ $24.5 \text{kN} \cdot \text{m}$
④ $32.2 \text{kN} \cdot \text{m}$

해설

$M_{cr} = \dfrac{f_r \times I_y}{y}$

여기서, $f_r = 0.63\lambda\sqrt{f_{ck}}$ (콘크리트의 인장균열강도)

$I_y = \dfrac{bh^3}{12}$ (사각형의 단면 2차 모멘트)

$y = \dfrac{h}{2}$ (중립축까지의 거리)

위 식에 대입하면,

$M_{cr} = \dfrac{0.63\lambda\sqrt{f_{ck}} \times \dfrac{bh^3}{12}}{\dfrac{h}{2}} = \dfrac{0.63\lambda\sqrt{f_{ck}} \times bh^2}{6}$

$= \dfrac{0.63 \times 1.0 \times \sqrt{24} \times 250 \times 500^2}{6}$

$\fallingdotseq 32.15 \times 10^6 \text{N} \cdot \text{mm}$

$\therefore 32.15 \text{kN} \cdot \text{m}$

※ $\delta = \dfrac{M \times y}{I}$, $M = \dfrac{\delta \times I}{y}$ 에 비교하여 풀 수 있다.

정답 46 ② 47 ③ 48 ③ 49 ④

50 철근콘크리트 T형보의 유효폭 산정식에 관련된 사항과 거리가 먼 것은?

① 보의 폭
② 슬래브 중심 간 거리
③ 슬래브의 두께
④ 보의 춤

해설

대칭인 T형보의 유효폭 산정
대칭 T형보의 플랜지 유효폭은 다음 세 값 중에서 가장 작은 값을 취한다.
- $16t_f + b_w$
  여기서, t_f : 슬래브 두께
  b_w : 보의 폭
- 양쪽의 슬래브의 중심 간 거리
- 보의 경간 $\times \dfrac{1}{4}$

반T형보(비대칭 T형보)의 유효폭 산정
비대칭 T형보의 플랜지 유효폭은 다음 세 값 중에서 가장 작은 값을 취한다.
- $6t_f + b_w$
- $\left(\text{보의 경간} \times \dfrac{1}{12}\right) + b_w$
- $\left(\text{인접보와의 내측거리} \times \dfrac{1}{2}\right) + b_w$

51 하중저항계수설계법에 따른 강구조 연결 설계기준을 근거로 할 때 고장력볼트의 직경이 M24라면 표준구멍의 직경으로 옳은 것은?

① 26mm
② 27mm
③ 28mm
④ 30mm

해설
볼트 구멍은 M22 이하는 2mm, M24 이상은 3mm를 더한다.
M24이므로 표준구멍은 24 + 3mm = 27mm이다.

52 강도설계법에서 처짐을 계산하지 않는 경우 스팬이 8.0m인 단순지지된 보의 최소 두께로 옳은 것은?(단, 보통중량콘크리트와 f_y = 400MPa 철근을 사용한 경우)

① 380mm
② 430mm
③ 500mm
④ 600mm

해설
$$\text{단순지지보의 최소 두께} = \text{경간} \times \dfrac{1}{16}$$
$$= 8,000 \times \dfrac{1}{16}$$
$$= 500\text{mm}$$

53 그림과 같은 도형의 $X-X$축에 대한 단면 2차 모멘트는?

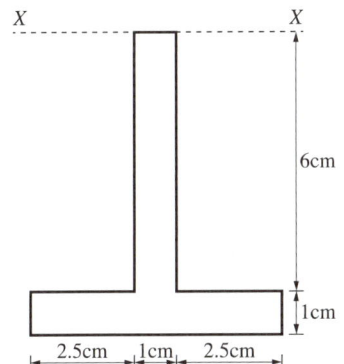

① $326cm^4$
② $278cm^4$
③ $215cm^4$
④ $188cm^4$

해설
단면 2차 모멘트 산정
㉠ 도심이 중립축일 경우
$$I = \frac{1}{12}bh^3$$
㉡ 도심이 중립축에서 축이 y만큼 이동할 경우
$$I' = I + A \times y^2$$
따라서, $I_{X-X} = I + I'$
다음과 같이 1과 2로 분리하여 단면 2차 모멘트 산정 후 합산

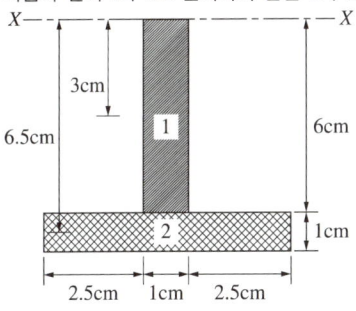

$I_1 = \frac{1 \times 6^3}{12} + (1 \times 6) \times 3^2 = 18 + 54 = 72cm^4$

$I_2 = \frac{6 \times 1^3}{12} + (1 \times 6) \times 6.5^2 = 0.5 + 253.5 = 254cm^4$

$\therefore I_1 + I_2 = 326cm^4$

54 그림과 같은 트러스(Truss)에서 T부재에 발생하는 부재력으로 옳은 것은?

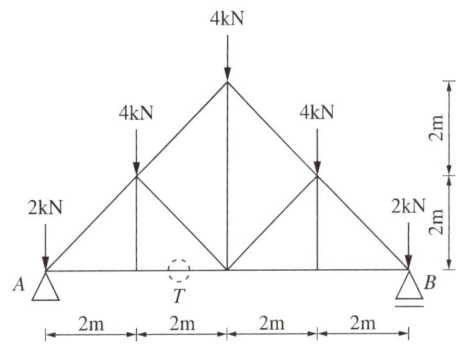

① 4kN
② 6kN
③ 8kN
④ 16kN

해설
단면(절단)법에 의해서 산정할 수 있다.
좌우대칭이므로 $R_A = 8kN(\uparrow)$

$\sum M_C = 0$;
$8 \times 2 - 2 \times 2 - T \times 2 = 0$
$\therefore T = 6kN$

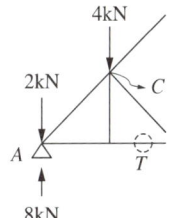

55 저층 강구조 장스팬 건물의 구조계획에서 고려해야 할 사항과 가장 관계가 적은 것은?

① 층고, 지붕형태 등 건물의 형상 산정
② 적절한 골조 간격의 선정
③ 강절점, 활절점에 대한 부재의 접합방법 선정
④ 풍하중에 의한 횡변위 제어방법

해설
풍하중의 경우 고층 건물의 구조계획에 중요한 요소이지만, 저층 강구조 건물은 풍하중에 의한 횡방향 변위가 크지 않으므로 크게 고려하지 않는다.

56 보 또는 보의 역할을 하는 리브나 지판이 없이 기둥으로 하중을 전달하는 2방향으로 철근이 배치된 콘크리트 슬래브는?

① 와플 슬래브(Waffle Slab)
② 플랫 플레이트(Flat Plate)
③ 플랫 슬래브(Flat Slab)
④ 데크 플레이트 슬래브(Deck Plate Slab)

해설
플랫 플레이트 슬래브(Flat Plate Slab) : 리브나 지판 없이 기둥으로 하중을 전달하는 슬래브
플랫 슬래브(Flat Slab) : 리브나 지판(Drop Panel)이 있는 슬래브

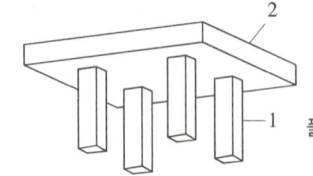
플랫 플레이트(Flat Plate)

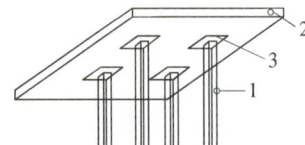
1 : 기둥
2 : 슬래브
3 : 지판(Drop Panel)

플랫 슬래브(Flat Slab)

57 그림과 같은 ㄷ형강(Channel)에서 전단중심(剪斷中心)의 대략적인 위치는?

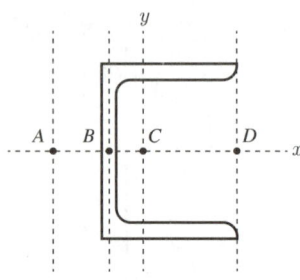

① A점
② B점
③ C점
④ D점

해설
ㄷ형강에서 전단중심(S)은 A점이고, 도심(G)은 C점이다.
ㄷ형강(Channel)의 전단중심(S)에 전단력이 작용할 경우 비틀림이 발생하지 않는다.

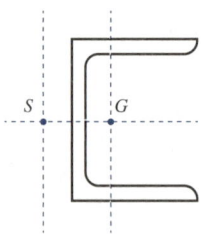

58 인장이형철근의 정착길이를 산정할 때 적용되는 보정계수에 해당되지 않는 것은?

① 철근 배근 위치계수
② 철근 도막계수
③ 크리프계수
④ 경량콘크리트계수

해설
크리프(Creep)계수는 탄성변형에 대한 크리프 변형의 비를 말한다.
인장이형철근의 정착길이
정착길이(l_d) = $\dfrac{0.9 d_b f_y}{\lambda \sqrt{f_{ck}}} \times \dfrac{\alpha \times \beta \times \gamma}{\left(\dfrac{c + K_{tr}}{d_b}\right)}$

여기서, λ : 경량콘크리트계수
　　　　α : 철근 배치 위치계수
　　　　β : 철근 도막계수
　　　　γ : 철근 크기계수
　　　　c : 덮개(피복) 또는 철근 간격
　　　　K_{tr} : 횡방향 철근지수

정답 56 ② 57 ① 58 ③

59 철근콘크리트 단근보에서 균형철근비를 계산한 결과 $\rho_b = 0.039$이었다. 최대 철근비는?(단, $E = 200,000$ MPa, $f_y = 400$MPa, $f_{ck} = 24$MPa임)

① 0.01863 ② 0.02256
③ 0.02607 ④ 0.02785

해설
※ 출제 시 정답은 ④였으나 콘크리트구조 철근상세 설계기준(KDS 14 20 20) 개정(22.1.1)으로 정답 없음(개정 전 : 최대 철근비 $0.714\rho_b$)
최대 철근비(ρ_{max})는 기준표에 의해 산정한다.
$f_y = 400$MPa일 경우, $\rho_{max} = 0.726\rho_b$
∴ $\rho_{max} = 0.726 \times 0.039 = 0.028314$

휨부재의 최소 허용변형률 및 최대 철근비

철근의 설계기준 항복강도(f_y)	휨부재 허용값	
	최소 허용변형률 ($\varepsilon_{t,\,min}$)	해당 철근비 (ρ_{max})
300MPa	0.004	$0.658\rho_b$
350MPa	0.004	$0.692\rho_b$
400MPa	0.004	$0.726\rho_b$
500MPa	$0.005(2\varepsilon_y)$	$0.699\rho_b$
600MPa	$0.006(2\varepsilon_y)$	$0.677\rho_b$

60 다음 중 압축재의 좌굴하중 산정 시 직접적인 관계가 없는 것은?

① 부재의 푸아송비
② 부재의 단면 2차 모멘트
③ 부재의 탄성계수
④ 부재의 지지조건

해설
부재의 푸아송비는 관계없다.
좌굴하중(P_{cr}) = $\dfrac{\pi^2 EI}{(KL)^2}$

여기서, EI : 휨강도
KL : 기둥의 유효길이
E : 탄성계수
I : 단면 2차 모멘트
K : 단부지지조건
L : 부재의 길이

※ 푸아송비(ν) = $\dfrac{\text{압축변형률}(\varepsilon)}{\text{인장변형률}(\varepsilon')} = \dfrac{1}{\text{푸아송수}(m)}$

제4과목 건축설비

61 다음의 냉방부하 발생요인 중 현열부하만 발생시키는 것은?

① 인체의 발생열량
② 벽체로부터의 취득열량
③ 극간풍에 의한 취득열량
④ 외기의 도입으로 인한 취득열량

해설
벽체에서의 취득열량은 현열부하만 발생시킨다.

62 온열지표 중 기온, 습도, 기류, 주벽면 온도의 4요소를 조합하여 체감과의 관계를 나타낸 것은?

① 작용온도
② 불쾌지수
③ 등온지수
④ 유효온도

해설
등온지수(等溫指數) : 기온·기습·기류에 복사열의 영향을 포함한 4요소의 종합효과를 나타내는 지수이다. 등가온도(等價溫度, Equivalent Warmth)라고도 한다.
• 작용온도 : 기온, 기류, 주위 벽 방사온도 조합
• 유효온도 : 온도, 기류, 습도 조합

63 직경 200mm의 배관을 통하여 물이 1.5m/s의 속도로 흐를 때 유량은?

① 2.83m³/min
② 3.2m³/min
③ 3.83m³/min
④ 6.0m³/min

해설
유량(Q) = 관의 단면적(A) × 관내 유속(V)
∴ $Q = \pi r^2 \times V$
  $= \pi \times (0.1m^2) \times 90m/min$
  $\fallingdotseq 2.827 m^3/min$
여기서, 유속을 분(min) 단위로 환산하면, 1.5 × 60 = 90m/min
단면적은 직경 200mm이므로, 반지름은 0.1m

64 건구온도 26℃인 실내공기 8,000m³/h와 건구온도 32℃인 외부공기 2,000m³/h를 단열혼합하였을 때 혼합공기의 건구온도는?

① 27.2℃   ② 27.6℃
③ 28.0℃   ④ 29.0℃

해설
혼합공기의 온도
$t_3 = \dfrac{(Q_1 \times t_1) + (Q_2 \times t_2)}{Q_1 + Q_2}$ (℃)
$= \dfrac{(8,000 \times 26) + (2,000 \times 32)}{8,000 + 2,000}$
$= \dfrac{208,000 + 64,000}{10,000} = 27.2℃$

여기서, Q_1, Q_2 : 혼합 전 공기의 양
      t_1, t_2 : 혼합 전 공기의 온도
      t_3 : 혼합 후 공기의 온도

65 바닥복사 난방방식에 관한 설명으로 옳지 않은 것은?

① 열용량이 커서 예열시간이 짧다.
② 방을 개방상태로 하여도 난방효과가 있다.
③ 다른 난방방식에 비교하여 쾌적감이 높다.
④ 실내에 방열기를 설치하지 않으므로 바닥이나 벽면을 유용하게 이용할 수 있다.

해설
열용량이 커서 예열시간이 길다.
바닥복사난방
• 보유수량이 많다.
• 열용량이 크고, 예열시간이 길다.
• 실을 개방상태로 하여도 난방효과가 있다.
• 바닥이나 벽면을 유용하게 이용할 수 있다.
• 바닥배관인 경우 누수사고에 대처하기 어렵다.
• 가열코일 매설 등으로 대류난방에 비해 설비비가 비싸다.

66 점광원으로부터의 거리가 n배가 되면 그 값은 $1/n^2$배가 된다는 '거리의 역제곱의 법칙'이 적용되는 빛환경 지표는?

① 조 도
② 광 도
③ 휘 도
④ 복사속

해설
조도는 거리의 제곱에 반비례한다.

67 가스사용시설의 가스계량기에 관한 설명으로 옳지 않은 것은?

① 가스계량기와 전기점멸기와의 거리는 30cm 이상 유지하여야 한다.
② 가스계량기와 전기계량기와의 거리는 60cm 이상 유지하여야 한다.
③ 가스계량기와 전기개폐기와의 거리는 60cm 이상 유지하여야 한다.
④ 공동주택의 경우 가스계량기는 일반적으로 대피공간이나 주방에 설치한다.

해설
배관 및 배관설비 배치기준(도시가스사업법 시행규칙 별표 7)
• 가스계량기 설치기준
　– 가스계량기와 화기 사이의 유지 거리 : 2m 이상
　– 설치금지 장소 : 공동주택의 대피공간, 방·거실 및 주방 등
　– 설치높이 : 바닥으로부터 1.6m 이상 2m 이내
• 가스계량기와 전기기기 이격거리
　– 전기계량기, 전기개폐기 : 60cm 이상
　– 굴뚝, 전기콘센트(접속기, 점멸기) : 30cm 이상
　– 절연조치를 하지 아니한 전선과의 거리 : 15cm 이상
• 입상관과 화기(자체화기 제외) 사이 : 우회거리 2m 이상
가스계량기 설치 위치
• 화기, 습기로 부터 멀리해야 한다.
• 햇빛·비바람이 직접 닿지 않는 곳에 설치한다.
• 검침, 검사, 교환에 지장이 없는 곳에 설치한다.
• 보일러실, 대피공간 안에는 설치하지 않는다.
• 진동이 없는 장소에 설치한다.

68 트랩의 구비 조건으로 옳지 않은 것은?

① 봉수깊이는 50mm 이상 100mm 이하일 것
② 오수에 포함된 오물 등이 부착 또는 침전하기 어려운 구조일 것
③ 봉수부에 이음을 사용하는 경우에는 금속제 이음을 사용하지 않을 것
④ 봉수부의 소제구는 나사식 플러그 및 적절한 가스켓을 이용한 구조일 것

해설
배수트랩은 일반적으로 P트랩을 설치하고 이음, 접속관 재질은 STS(스테인레스관) 등의 금속제를 사용한다.

69 크로스 커넥션(Cross Connection)에 관한 설명으로 가장 알맞은 것은?

① 관로 내의 유체의 유동이 급격히 변화하여 압력 변화를 일으키는 것
② 상수의 급수·급탕계통과 그 외의 계통배관이 장치를 통하여 직접 접속되는 것
③ 겨울철 난방을 하고 있는 실내에서 창을 타고 차가운 공기가 하부로 내려오는 현상
④ 급탕·반탕관의 순환거리를 각 계통에 있어서 거의 같게 하여 전 계통의 탕의 순환을 촉진하는 방식

해설
크로스 커넥션(Cross Connection) : 급수계통(상수)과 급수계통 이외의 배관이 교차, 접속되어, 상수 수도물과 상수 이외 물질이 혼입되는 오염 현상
콜드 드래프트(Cold Draft) : 겨울철 실내에 창을 타고 차가운 공기가 하부로 내려오는 현상
리버스 리턴(Reverse-return, 역환수 방식) : 급탕·반탕관의 순환거리를 각 계통에 있어서 거의 같게 하여 전 계통의 탕의 순환을 촉진하는 방식

70 습공기의 상태변화에 관한 설명으로 옳지 않은 것은?

① 가열하면 엔탈피는 증가한다.
② 냉각하면 비체적은 감소한다.
③ 가열하면 절대습도는 증가한다.
④ 냉각하면 습구온도는 감소한다.

해설
습공기를 가열 또는 냉각하여도 절대습도는 변화하지 않는다.
습공기의 가열 또는 냉각에 따른 상태변화

구 분	t, t', H, V	ϕ	t'', X, Pw
가 열	증 가	감 소	변화 없다.
냉 각	감 소	증 가	변화 없다.

여기서, t : 건구온도　　t' : 습구온도
　　　　t'' : 노점온도　　ϕ : 상대습도
　　　　X : 절대습도　　Pw : 수증기분압
　　　　H : 엔탈피　　　V : 비체적

정답 67 ④　68 ③　69 ②　70 ③

71 TV 공청설비의 주요 구성기기에 속하지 않는 것은?

① 증폭기 ② 월패드
③ 컨버터 ④ 혼합기

해설
월패드 : 비디오 도어폰 기능뿐 아니라 조명·보일러·가전제품 등 가정 내 각종 기기를 제어할 수 있는 홈 네트워크의 기능을 가진 단말기
TV 공청설비의 주요 구성기기
- 안테나 : 수신대상 TV전파에 대응하는 안테나로 하여야 한다.
- 혼합기(Mixer) : 다른 안테나로 수신되거나 방향이 다른 전파를 간섭 없이 한 개의 전송선으로 모으는 장치로서 보통 U-V믹서를 사용한다.
- 컨버터 : 극초단파(UHF), 초고주파(SHF)를 상호 변환하고자 할 때 사용한다.
- 증폭기(Booster) : 수신점의 전계강도가 낮은 경우에 설치하고 배선, 분기기, 분배기, 직렬유닛에서의 감쇄신호레벨을 보상한다.
- 이외에 선로기기(분기기, 분배기, 정합기, 분파기), 전송선 등

72 다음의 저압 옥내배선방법 중 노출되고 습기가 많은 장소에 시설이 가능한 것은?(단, 400V 미만인 경우)

① 금속관 배선
② 금속몰드 배선
③ 금속덕트 배선
④ 플로어덕트 배선

해설
금속관 배선은 노출되고 습기가 많은 장소에 사용 가능하다.
금속몰드공사, 덕트(금속덕트, 버스덕트, 라이팅덕트, 플로어덕트 등)의 공사 배선은 습기가 없는 장소에 시공할 수 있다.

73 100V, 500W 의 전열기를 90V에서 사용할 경우 소비 전력은?

① 200W ② 310W
③ 405W ④ 420W

해설
전력(P) = 전압 × 전류
= 전류$(I)^2$/저항(R)
= 전압$(V)^2$/저항(R)
위 식을 이용하여 저항값을 구하면,
$500 = 100^2$/저항(R), $R = 20\Omega$
따라서, 소비전력 = 전압$(V)^2$/저항(R)
= $90^2/20$
= 405W

74 급탕설비에 관한 설명으로 옳지 않은 것은?

① 냉수, 온수를 혼합 사용해도 압력차에 의한 온도 변화가 없도록 한다.
② 배관은 적정한 압력손실 상태에서 피크시를 충족시킬 수 있어야 한다.
③ 도피관에는 압력을 도피시킬 수 있도록 밸브를 설치하고 배수는 직접배수로 한다.
④ 밀폐형 급탕시스템에는 온도상승에 의한 압력을 도피시킬 수 있는 팽창탱크 등의 장치를 설치한다.

해설
도피관에는 밸브를 설치하지 않는다.
도피관(팽창관, Expansion Pipe) : 급탕계통 내 체적팽창을 도피시키고 배관 내의 공기, 증기를 배출시키는 관

75 다음의 에스컬레이터의 경사도에 관한 설명 중 ( ) 안에 알맞은 것은?

> 에스컬레이터의 경사도는 (㉠)를 초과하지 않아야 한다. 다만, 높이가 6m 이하이고 공칭속도가 0.5m/s 이하인 경우에는 경사도를 (㉡)까지 증가시킬 수 있다.

① ㉠ 25°, ㉡ 30°
② ㉠ 25°, ㉡ 35°
③ ㉠ 30°, ㉡ 35°
④ ㉠ 30°, ㉡ 40°

해설
㉠ 30°, ㉡ 35°
승강기안전부품 안전기준 및 승강기 안전기준 별표 24 에스컬레이터 안전기준에서 정하고 있다.

76 소방시설은 소화설비, 경보설비, 피난구조설비, 소화용수설비, 소화활동설비로 구분할 수 있다. 다음 중 소화활동설비 속하는 것은?

① 제연설비
② 비상방송설비
③ 스프링클러설비
④ 자동화재탐지설비

해설
소화활동설비
- 화재를 진압하거나 인명구조활동을 위하여 사용하는 설비
- 종류 : 제연설비, 연결살수설비, 연결송수관설비, 비상콘센트설비, 무선통신보조설비, 연소방지설비

77 작업구역에는 전용의 국부조명방식으로 조명하고, 기타 주변 환경에 대하여는 간접조명과 같은 낮은 조도레벨로 조명하는 방식은?

① TAL 조명방식
② 반직접 조명방식
③ 반간접 조명방식
④ 전반확산 조명방식

해설
TAL 조명방식(Task & Ambient Lighting) : 작업구역(Task)에는 전용의 국부조명방식으로 조명하고, 기타 주변(Ambient) 환경에 대하여는 간접조명과 같은 낮은 조도레벨로 조명하는 방식을 말한다.

78 다음 중 습공기를 가열하였을 때 증가하지 않는 상태량은?

① 엔탈피
② 비체적
③ 상대습도
④ 습구온도

해설
습공기를 가열하면 엔탈피, 비체적, 습구온도는 증가하고, 상대습도는 감소하며, 절대습도는 변함이 없다.

79 냉방설비의 냉각탑에 관한 설명으로 옳은 것은?

① 열에너지에 의해 냉동효과를 얻는 장치
② 냉동기의 냉각수를 재활용하기 위한 장치
③ 임펠러의 원심력에 의해 냉매가스를 압축하는 장치
④ 물과 브롬화리튬 혼합용액으로부터 냉매인 수증기와 흡수제인 LiBr로 분리시키는 장치

해설
① : 냉동기, ③ : 압축기, ④ : 재생기
냉각탑 : 응축기용 냉각수를 재사용하기 위해 대기와 접촉시켜서 물을 냉각하는 장치이다.

80 전력부하 산정에서 수용률 산정 방법으로 옳은 것은?

① (부등률/설비용량)×100%
② (최대 수용전력/부등률)×100%
③ (최대 수용전력/설비용량)×100%
④ (부하 각개의 최대 수용전력 합계/각 부하를 합한 최대 수용전력)×100%

해설
수용률(수요율) : 최대 수용전력과 수용설비용량의 비를 말한다.
수용률 = (최대 수용전력/설비용량)×100%
수·변전설비용량 산정
• 수·변전설비용량 산출
  부하설비용량(VA) = 부하밀도(VA/m²)×연면적(m²)
• 수·변전설비용량 결정
  – 수용률 = (최대 수용전력/총 부하설비용량)×100%
    (일반건물은 보통 60~70%)
  – 부등률 = (각 부하 최대 수용전력 합계/합성 최대 수용전력)
    ×100%(부등률은 1보다 크며, 1.1~1.5 정도)
  – 부하율 = (평균 전력/최대 수용전력)×100%
    (부하율은 1보다 작으며, 0.25~0.6 정도)

제5과목 건축관계법규

81 다음 설명에 알맞은 용도지구의 세분은?

> 건축물·인구가 밀집되어 있는 지역으로서 시설 개선 등을 통하여 재해 예방이 필요한 지구

① 시가지방재지구
② 특정개발진흥지구
③ 복합개발진흥지구
④ 중요시설물보호지구

해설
시가지방재지구(국토의 계획 및 이용에 관한 법률 시행령 제31조 제2항)
건축물·인구가 밀집되어 있는 지역으로서 시설 개선 등을 통하여 재해 예방이 필요한 지구이다.

82 건축허가를 하기 전에 건축물의 구조안전과 인접 대지의 안전에 미치는 영향 등을 평가하는 건축물 안전영향평가를 실시하여야 하는 대상 건축물 기준으로 옳은 것은?

① 층수가 6층 이상으로 연면적 1만m² 이상인 건축물
② 층수가 6층 이상으로 연면적 10만m² 이상인 건축물
③ 층수가 16층 이상으로 연면적 1만m² 이상인 건축물
④ 층수가 16층 이상으로 연면적 10만m² 이상인 건축물

해설
안전영향평가 대상 건축물(건축법 시행령 제10조의3 제1항)
• 초고층 건축물
• 다음의 요건을 모두 충족하는 건축물
  – 연면적이 10만m² 이상
  – 16층 이상

정답 79 ② 80 ③ 81 ① 82 ④

83 6층 이상의 거실면적의 합계가 12,000m²인 문화 및 집회시설 중 전시장에 설치하여야 하는 승용승강기의 최소 대수는?(단, 8인승 승강기 기준)

① 4대　　② 5대
③ 6대　　④ 7대

해설
승용승강기의 설치기준(건축물의 설비기준 등에 관한 규칙 별표 1의2)
문화 및 집회시설 중 전시장은 3,000m² 초과하는 부분에 대하여 1대에 3,000m²를 초과하는 2,000m² 이내마다 1대의 비율로 산정한다.
$1 + ((12,000 - 3,000)/2,000) = 1 + (9,000/2,000) = 5.5$대
∴ 6대

84 다음은 건축선에 따른 건축제한에 관한 기준 내용이다. ( ) 안에 알맞은 것은?

> 도로면으로부터 높이 ( ) 이하에 있는 출입구, 창문, 그 밖에 이와 유사한 구조물은 열고 닫을 때 건축선의 수직면을 넘지 아니하는 구조로 하여야 한다.

① 3m　　② 4.5m
③ 6m　　④ 10m

해설
도로면으로부터 높이 4.5m 이하에 있는 출입구·창문 등의 구조물은 열고 닫을 때 건축선의 수직면을 넘지 아니하는 구조로 하여야 한다(건축법 제47조 제2항).

85 부설주차장의 설치대상 시설물 종류와 설치기준의 연결이 옳지 않은 것은?

① 위락시설 - 시설면적 150m²당 1대
② 종교시설 - 시설면적 150m²당 1대
③ 판매시설 - 시설면적 150m²당 1대
④ 수련시설 - 시설면적 350m²당 1대

해설
위락시설은 시설면적 100m²당 1대 이상을 설치하여야 한다(주차장법 시행령 별표 1).

86 평행주차형식으로 일반형인 경우 주차장의 주차단위구획의 크기 기준으로 옳은 것은?

① 너비 1.7m 이상, 길이 5.0m 이상
② 너비 1.7m 이상, 길이 6.0m 이상
③ 너비 2.0m 이상, 길이 5.0m 이상
④ 너비 2.0m 이상, 길이 6.0m 이상

해설
평행주차형식의 경우 일반형 주차단위구획은 너비 2.0m 이상, 길이 6.0m 이상이다(주차장법 시행규칙 제3조).

87 용도지역의 건폐율 기준으로 옳지 않은 것은?

① 주거지역 : 70% 이하
② 상업지역 : 90% 이하
③ 공업지역 : 70% 이하
④ 녹지지역 : 30% 이하

해설
용도지역의 건폐율(국토의 계획 및 이용에 관한 법률 제77조)
녹지지역 : 20% 이하

88 국토의 계획 및 이용에 관한 법령상 아파트를 건축할 수 있는 지역은?

① 자연녹지지역
② 제1종 전용주거지역
③ 제2종 전용주거지역
④ 제1종 일반주거지역

해설
용도지역의 세분(국토의 계획 및 이용에 관한 법률 시행령 제30조)
제2종 전용주거지역 : 공동주택 중심의 양호한 주거환경을 보호하기 위하여 필요한 지역

89 다음은 대피공간의 설치에 관한 기준 내용이다. 밑줄 친 요건 내용으로 옳지 않은 것은?

> 공동주택 중 아파트로서 4층 이상인 층의 각 세대가 2개 이상의 직통계단을 사용할 수 없는 경우에는 발코니에 인접 세대와 공동으로 또는 각 세대 별로 다음 각 호의 요건을 모두 갖춘 대피공간을 하나 이상 설치하여야 한다.

① 대피공간은 바깥의 공기와 접하지 않을 것
② 대피공간은 실내의 다른 부분과 방화구획으로 구획될 것
③ 대피공간의 바닥면적은 각 세대별로 설치하는 경우에는 $2m^2$ 이상일 것
④ 대피공간의 바닥면적은 인접 세대와 공동으로 설치하는 경우에는 $3m^2$ 이상일 것

해설
대피공간은 바깥의 공기와 접할 것(건축법 시행령 제46조 제4항)

90 국토의 계획 및 이용에 관한 법령상 광장 · 공원 · 녹지 · 유원지 · 공공공지가 속하는 기반 시설은?

① 교통시설
② 공간시설
③ 환경기초시설
④ 공공 · 문화체육시설

해설
기반시설(국토의 계획 및 이용에 관한 법률 시행령 제2조)

교통시설	도로 · 철도 · 항만 · 공항 · 주차장 · 자동차정류장 · 궤도 · 차량 검사 및 면허시설
공간시설	광장 · 공원 · 녹지 · 유원지 · 공공공지
유통 · 공급 시설	유통업무설비, 수도 · 전기 · 가스 · 열공급설비, 방송 · 통신시설, 공동구 · 시장, 유류저장 및 송유설비
공공 · 문화 체육시설	학교 · 공공청사 · 문화시설 · 공공필요성이 인정되는 체육시설 · 연구시설 · 사회복지시설 · 공공직업훈련시설 · 청소년수련시설
방재시설	하천 · 유수지 · 저수지 · 방화설비 · 방풍설비 · 방수설비 · 사방설비 · 방조설비
보건위생 시설	장사시설 · 도축장 · 종합의료시설
환경기초 시설	하수도 · 폐기물처리 및 재활용시설 · 빗물저장 및 이용시설 · 수질오염방지시설 · 폐차장

91 용적률 산정에 사용되는 연면적에 포함되는 것은?

① 지하층의 면적
② 층고가 2.1m인 다락의 면적
③ 준초고층 건축물에 설치하는 피난안전구역의 면적
④ 건축물의 경사지붕 아래에 설치하는 대피공간의 면적

해설
연면적 산정(건축법 시행령 제119조 제1항 제4호)
하나의 건축물 각 층의 바닥면적의 합계로 하되, 용적률을 산정할 때에는 다음에 해당하는 면적은 제외한다.
• 지하층의 면적
• 지상층의 주차용으로 쓰는 면적
• 초고층 건축물과 준초고층 건축물에 설치하는 피난안전구역의 면적
• 건축물의 경사지붕 아래에 설치하는 대피공간의 면적

92 건축물과 해당 건축물의 용도의 연결이 옳지 않은 것은?

① 주유소 – 자동차 관련 시설
② 야외음악당 – 관광 휴게시설
③ 치과의원 – 제1종 근린생활시설
④ 일반음식점 – 제2종 근린생활시설

해설
주유소(기계식 세차설비 포함) 및 석유 판매소는 위험물 저장 및 처리시설에 속한다.
자동차 관련 시설(건축법 시행령 별표 1)
• 주차장   • 세차장
• 폐차장   • 검사장
• 매매장   • 정비공장
• 운전학원 및 정비학원   • 차고 및 주기장
• 전기자동차 충전소

93 피난용승강기의 설치에 관한 기준 내용으로 옳지 않은 것은?

① 예비전원으로 작동하는 조명설비를 설치할 것
② 승강장의 바닥면적은 승강기 1대당 5m² 이상으로 할 것
③ 각 층으로부터 피난층까지 이르는 승강로를 단일구조로 연결하여 설치할 것
④ 승강장의 출입구 부근의 잘 보이는 곳에 해당 승강기가 피난용승강기임을 알리는 표지를 설치할 것

해설
피난용승강기 승강장의 바닥면적은 승강기 1대당 6m² 이상으로 할 것(건축법 시행령 제91조)

94 노외주차장의 구조·설비에 관한 기준 내용으로 옳지 않은 것은?

① 출입구의 너비는 3.0m 이상으로 하여야 한다.
② 주차구획선의 긴 변과 짧은 변 중 한 변 이상이 차로에 접하여야 한다.
③ 지하식인 경우 차로의 높이는 주차바닥면으로부터 2.3m 이상으로 하여야 한다.
④ 주차에 사용되는 부분의 높이는 주차바닥면으로부터 2.1m 이상으로 하여야 한다.

해설
노외주차장의 출입구 너비는 3.5m 이상으로 하여야 하며, 주차대수 규모가 50대 이상인 경우에는 출구와 입구를 분리하거나 너비 5.5m 이상의 출입구를 설치하여 소통이 원활하도록 하여야 한다(주차장법 시행규칙 제6조).

95 다음 중 특별건축구역으로 지정할 수 없는 구역은?

① 도로법에 따른 접도구역
② 택지개발촉진법에 따른 택지개발사업구역
③ 국가가 국제행사 등을 개최하는 도시 또는 지역의 사업구역
④ 지방자치단체가 국제행사 등을 개최하는 도시 또는 지역의 사업구역

해설
특별건축구역 지정 불가 구역(건축법 제69조 제2항)
- 개발제한구역의 지정 및 관리에 관한 특별조치법에 따른 개발제한구역
- 자연공원법에 따른 자연공원
- 도로법에 따른 접도구역
- 산지관리법에 따른 보전산지

96 지하층에 설치하는 비상탈출구의 유효너비 및 유효높이 기준으로 옳은 것은?(단, 주택이 아닌 경우)

① 유효너비 0.5m 이상, 유효높이 1.0m 이상
② 유효너비 0.5m 이상, 유효높이 1.5m 이상
③ 유효너비 0.75m 이상, 유효높이 1.0m 이상
④ 유효너비 0.75m 이상, 유효높이 1.5m 이상

해설
비상탈출구의 유효너비는 0.75m 이상으로 하고, 유효높이는 1.5m 이상으로 할 것(건축물의 피난·방화구조 등의 기준에 관한 규칙 제25조 제2항)

97 다음은 대지의 조경에 관한 기준 내용이다. ( ) 안에 알맞은 것은?

> 면적이 ( ) 이상인 대지에 건축을 하는 건축주는 용도지역 및 건축물의 규모에 따라 해당 지방자치단체의 조례로 정하는 기준에 따라 대지에 조경이나 그 밖에 필요한 조치를 하여야 한다.

① $100m^2$ ② $150m^2$
③ $200m^2$ ④ $300m^2$

해설
조경 대상(건축법 제42조) : 대지면적 $200m^2$ 이상에 건축을 하는 경우

98 같은 건축물 안에 공동주택과 위락시설을 함께 설치하고자 하는 경우에 관한 기준 내용으로 옳지 않은 것은?

① 건축물의 주요구조부를 내화구조로 할 것
② 공동주택과 위락시설은 서로 이웃하도록 배치할 것
③ 공동주택과 위락시설은 내화구조로 된 바닥 및 벽으로 구획하여 서로 차단할 것
④ 공동주택의 출입구와 위락시설의 출입구는 서로 그 보행거리가 30m 이상이 되도록 설치할 것

해설
방화에 장애가 되는 용도의 제한(건축법 시행령 제47조)
같은 건축물 안에는 다음 ㉠란의 용도와 ㉡란의 용도를 함께 설치할 수 없다.

㉠ 공동주택 등	㉡ 위락시설 등
• 의료시설 • 노유자시설(아동 관련 시설 및 노인복지시설만 해당) • 공동주택 • 장례시설 • 제1종 근린생활시설(산후조리원만 해당)	• 위락시설 • 위험물 저장 및 처리시설 • 공 장 • 자동차 관련 시설(정비공장만 해당)

99 건축법령상 다음과 같이 정의되는 용어는?

> 건축물의 건축·대수선·용도변경, 건축설비의 설치 또는 공작물의 축조에 관한 공사를 발주하거나 현장 관리인을 두어 스스로 그 공사를 하는 자

① 건축주
② 건축사
③ 설계자
④ 공사시공자

해설
건축주에 대한 설명이다.

100 건축물에 설치하는 피난안전구역의 구조 및 설비에 관한 기준 내용으로 옳지 않은 것은?

① 피난안전구역의 높이는 1.8m 이상일 것
② 피난안전구역의 내부마감재료는 불연재료로 설치할 것
③ 비상용승강기는 피난안전구역에서 승하차할 수 있는 구조로 설치할 것
④ 건축물의 내부에서 피난안전구역으로 통하는 계단은 특별피난계단의 구조로 설치할 것

해설
피난안전구역의 높이는 2.1m 이상일 것(건축물의 피난·방화구조 등의 기준에 관한 규칙 제8조의2)

2019년 제4회 과년도 기출문제

제1과목 건축계획

01 상점계획에 관한 설명으로 옳지 않은 것은?

① 고객의 동선은 일반적으로 짧을수록 좋다.
② 점원의 동선과 고객의 동선은 서로 교차되지 않는 것이 바람직하다.
③ 대면판매형식은 일반적으로 시계, 귀금속, 의약품 상점 등에서 쓰여진다.
④ 쇼케이스 배치 유형 중 직렬형은 다른 유형에 비하여 상품의 전달 및 고객의 동선상 흐름이 빠르다.

해설
고객의 동선은 길수록 좋고, 점원의 동선은 짧을수록 좋다.

02 상점 매장의 가구배치에 따른 평면 유형에 관한 설명으로 옳지 않은 것은?

① 직렬형은 부분별로 상품 진열이 용이하다.
② 굴절형은 대면판매 방식만 가능한 유형이다.
③ 환상형은 대면판매와 측면판매 방식을 병행할 수 있다.
④ 복합형은 서점, 패션점, 악세사리점 등의 상점에 적용이 가능하다.

해설
굴절형은 진열 케이스 배치와 고객 동선의 굴절 또는 곡선으로 구성된 스타일의 상점으로 사용되며, 대면판매와 측면판매 방식을 병용할 수 있다.

03 다음의 공동주택 평면형식 중 각 주호의 프라이버시와 거주성이 가장 양호한 것은?

① 계단실형
② 중복도형
③ 편복도형
④ 집중형

해설
계단실형은 계단실 또는 홀에서 각 주호로 진입하는 형식으로 복도를 계획하지 않으므로 각 주호의 프라이버시와 거주성이 가장 양호하다.

04 장애인·노인·임산부 등의 편의증진 보장에 관한 법령에 따른 편의시설 중 매개시설에 속하지 않는 것은?

① 주출입구 접근로
② 유도 및 안내설비
③ 장애인전용주차구역
④ 주출입구 높이차이 제거

해설
유도 및 안내설비는 안내시설에 속한다.
편의시설의 종류
• 매개시설 : 장애인 등의 통행이 가능한 접근로(주출입구 접근로), 장애인전용주차구역, 주출입구 높이차이 제거
• 내부시설 : 출입구(문), 복도, 계단, 승강기
• 안내시설 : 유도 및 안내설비, 점자블록, 경보 및 피난설비
• 위생시설 : 대변기, 소변기, 세면대, 욕실, 샤워 및 탈의실
• 그 밖의 시설 : 객실, 침실, 관람석, 열람석, 접수대, 작업대, 매표소, 판매기, 음료대, 임산부 등을 위한 휴게시설 등

정답 1 ① 2 ② 3 ① 4 ②

05 다음은 극장의 가시거리에 관한 설명이다. ( ) 안에 알맞은 것은?

> 연극 등을 감상하는 경우 연기자의 표정을 읽을 수 있는 가시거리 한계는 (㉠)m 정도이다. 그러나 실제적으로 극장에서는 잘 보여야 되는 동시에 많은 관객을 수용해야 하므로 (㉡)m까지를 1차 허용한도로 한다.

① ㉠ 15, ㉡ 22
② ㉠ 20, ㉡ 35
③ ㉠ 22, ㉡ 35
④ ㉠ 22, ㉡ 38

해설
객석의 가시거리 한계
- 생리적 한도(15m까지) : 연기자의 자세한 표정, 몸놀림을 볼 수 있는 시각 한계
- 제1차 허용 한도(22m까지)
- 제2차 허용 한도(35m까지) : 연기자의 일반적인 몸동작을 알 수 있는 한계

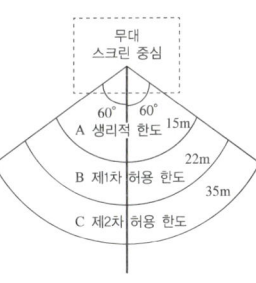

06 한국 고대 사찰배치 중 1탑 3금당 배치에 속하는 것은?

① 미륵사지
② 불국사지
③ 정림사지
④ 청암리사지

해설
청암리 사지(淸岩里 寺址)
- 평양에 위치한 사찰터로 고구려 불사건축이다.
- 전체의 건축물 배치가 중심축을 기준으로 대칭으로 놓여 있고, 남으로부터 중문·탑·금당이 놓여 있다.
- 1탑 3금당 배치 : 탑의 좌우에는 동·서금당을 배치하였으며 북금당 뒤쪽에는 강당터가 있다.

07 사무소 건축의 코어 계획에 관한 설명으로 옳지 않은 것은?

① 코어부분에는 계단실도 포함시킨다.
② 코어 내의 각 공간은 각 층마다 공통의 위치에 두도록 한다.
③ 코어 내의 화장실은 외부 방문객이 잘 알 수 없는 곳에 배치한다.
④ 엘리베이터 홀은 출입구문에 근접시키지 않고 일정한 거리를 유지하도록 한다.

해설
코어 평면은 위치관계를 명확히 하여 계획하며, 코어 내의 화장실은 외래자에게도 알려질 수 있는 곳에 위치시킨다.

08 주택의 부엌가구 배치 유형에 관한 설명으로 옳지 않은 것은?

① L자형은 부엌과 식당을 겸할 경우 많이 활용된다.
② ㄷ자형은 작업공간이 좁기 때문에 작업효율이 나쁘다.
③ 일(-)자형은 좁은 면적 이용에 효과적이므로 소규모 부엌에 주로 사용된다.
④ 병렬형은 작업 동선은 줄일 수 있지만 작업 시 몸을 앞뒤로 바꿔야 하므로 불편하다.

해설
ㄷ자형은 작업공간이 넓기 때문에 작업효율이 좋다.

정답 5 ① 6 ④ 7 ③ 8 ②

09 다음은 주택의 기준척도에 관한 설명이다. (   ) 안에 알맞은 것은?

> 거실 및 침실의 평면 각 변의 길이는 (   )를 단위로 한 것을 기준척도로 할 것

① 5cm
② 10cm
③ 15cm
④ 30cm

해설
거실 및 침실의 평면 각 변의 길이는 5cm를 단위로 한 것을 기준척도로 한다.
주택의 평면과 각 부위의 치수 및 기준척도
- 치수 및 기준척도는 안목치수를 원칙으로 한다.
- 거실 및 침실의 평면 각 변의 길이는 5cm를 단위로 한 것을 기준척도로 할 것
- 부엌, 식당, 욕실, 화장실, 복도, 계단 및 계단참 등의 평면 각 변의 길이 또는 너비는 5cm를 단위로 한 것을 기준척도로 할 것
- 거실 및 침실의 반자높이(반자를 설치하는 경우만 해당한다)는 2.2m 이상으로 하고 층 높이는 2.4m 이상으로 하되, 각각 5cm를 단위로 한 것을 기준척도로 할 것

10 그리스 아테네의 아크로폴리스에 관한 설명으로 옳지 않은 것은?

① 프로필리어는 아크로폴리스로 들어가는 입구 건물이다.
② 에레크테이온 신전은 이오닉 양식의 대표적인 신전으로 부정형 평면으로 구성되어 있다.
③ 니케 신전은 순수한 코린트식 양식으로서 페르시아와의 전쟁의 승리기념으로 세워졌다.
④ 파르테논 신전은 도릭 양식의 대표적인 신전으로서 그리스 고전 건축을 대표하는 건물이다.

해설
니케 신전: 그리스 아테네의 아크로폴리스에 세워진 이오니아식(이오닉 양식) 신전이다.
파르테논 신전: 아테나 여신을 모시기 위해 지어진 신전으로, 페리클레스가 페르시아 전쟁에서 승리한 것을 기념하기 위해 건축가 익티누스에 의해 BC 432년에 완공하였다.

11 사무소 건축에서 엘리베이터 계획 시 고려되는 승객 집중시간은?

① 출근 시 상승
② 출근 시 하강
③ 퇴근 시 상승
④ 퇴근 시 하강

해설
설치대수 산정 시, 아침 출근시간 직전 5분간으로 출근을 위해 올라가는(상승) 기준으로 한다.
5분 동안의 집중률
- 기준 : 아침 출근시간 직전 5분
- 아침 출근 시 5분 간은 1일 전체 이용자의 1/10~1/3 정도 추정
- 피크타임을 적용하는 경우에는 점심(12시경)시간을 기준으로 한다.

12 메조넷형 아파트에 관한 설명으로 옳지 않은 것은?

① 다양한 평면구성이 가능하다.
② 소규모 주택에서는 비경제적이다.
③ 편복도형일 경우 프라이버시가 양호하다.
④ 복도와 엘리베이터홀은 각 층마다 계획된다.

해설
메조넷형은 복층으로서 엘리베이터는 격층으로 운행한다.
복층형은 복도와 엘리베이터홀이 없는 층에서 주택 전용의 공간으로 사용되어 유효면적이 증가한다.

13 다음 중 건축가와 작품의 연결이 옳지 않은 것은?

① 르 코르뷔지에(Le Corbusier) - 롱샹 교회
② 발터(월터) 그로피우스(Walter Gropius) - 아테네 미국대사관
③ 프랭크 로이드 라이트(Frank Lloyd Wright) - 구겐하임 미술관
④ 미스 반데어로에(Mies Van der Rohe) - M.I.T 공대 기숙사

해설
M.I.T 공대 기숙사는 스티븐 홀이 설계하였다.
미스 반데어로에(Mies Van der Rohe) 작품
- 바르셀로나 파빌리온
- 투겐하트 주택, 판즈워스 하우스
- IIT 대학 마스터 플랜, 크라운 홀
- 시그램 빌딩
- 베를린 국립박물관

14 주거단지의 각 도로에 관한 설명으로 옳지 않은 것은?

① 격자형 도로는 교통을 균등 분산시키고 넓은 지역을 서비스할 수 있다.
② 선형 도로는 폭이 넓은 단지에 유리하고 한쪽 측면의 단지만을 서비스할 수 있다.
③ 루프(Loop)형은 우회도로가 없는 쿨데삭(Cul-de-sac)형의 결점을 개량하여 만든 유형이다.
④ 쿨데삭(Cul-de-sac)형은 통과교통을 방지함으로써 주거환경의 쾌적성과 안정성을 모두 확보할 수 있다.

해설
선형 도로는 폭이 좁은 단지에 유리하며, 양쪽이나 한쪽 모두 서비스할 수 있다.

15 극장의 평면형식에 관한 설명으로 옳지 않은 것은?

① 오픈 스테이지형은 무대장치를 꾸미는 데 어려움이 있다.
② 프로시니엄형은 객석 수용 능력에 있어서 제한을 받는다.
③ 가변형 무대는 필요에 따라서 무대와 객석을 변화시킬 수 있다.
④ 아레나형은 무대 배경설치 비용이 많이 소요된다는 단점이 있다.

해설
아레나형은 무대 배경을 만들지 않으므로 설치 비용이 적게 소요된다.

16 학교 건축에서 단층 교사에 관한 설명으로 옳지 않은 것은?

① 내진·내풍구조가 용이하다.
② 학습 활동을 실외로 연장할 수 있다.
③ 계단이 필요 없으므로 재해 시 피난이 용이하다.
④ 설비 등을 집약할 수 있어서 치밀한 평면계획이 용이하다.

해설
단층(單層) 교사는 1개 층으로 여러 개의 교사동으로 계획하므로 설비가 분산된다.
단층(單層) 교사
- 학습활동을 실외에 연장시킬 수 있다.
- 계단을 오르내릴 필요가 없으므로 재해발생 시 피난상 유리하다.
- 각 교실에서 밖으로 직접 출입 가능하므로 복도가 혼잡하지 않다.
- 채광 및 환기가 유리하다.
- 소음이 큰 작업, 화학약품의 악취 등을 격리시키기 좋다.
- 내진이나 내풍구조가 용이하다.
다층(多層) 교사
- 전기, 급배수, 난방 등의 배선 및 배관을 집약할 수 있다.
- 치밀한 평면계획을 할 수가 있다.
- 부지의 이용률이 높다.

정답 13 ④ 14 ② 15 ④ 16 ④

17 1주간의 평균 수업시간이 30시간인 어느 학교에서 설계제도교실이 사용되는 시간은 24시간이다. 그 중 6시간은 다른 과목을 위해 사용된다고 할 때, 설계제도교실의 이용률과 순수율은?

① 이용률 80%, 순수율 25%
② 이용률 80%, 순수율 75%
③ 이용률 60%, 순수율 25%
④ 이용률 60%, 순수율 75%

해설

이용률 = $\dfrac{\text{실제 이용시간}}{\text{평균 수업시간}} \times 100(\%)$

∴ 이용률 = $\dfrac{24\text{시간}}{30\text{시간}} \times 100(\%) = 80\%$

순수율 = $\dfrac{\text{해당 교과목 수업시간}}{\text{실제 교실 이용시간}} \times 100(\%)$

∴ 순수율 = $\dfrac{24\text{시간} - 6\text{시간}}{24\text{시간}} \times 100(\%) = 75\%$

18 미술관의 전시실 순회형식 중 많은 실을 순서별로 통해야 하고, 1실을 폐쇄할 경우 전체 동선이 막히게 되는 것은?

① 중앙홀 형식
② 연속순회형식
③ 갤러리(Gallery) 형식
④ 코리더(Corridor) 형식

해설

연속순회형식의 설명이다.

19 도서관 출납시스템에 관한 설명으로 옳지 않은 것은?

① 폐가식은 서고와 열람실이 분리되어 있다.
② 반개가식은 새로 출간된 신간 서적 안내에 채용된다.
③ 안전개가식은 서가 열람이 가능하여 도서를 직접 뽑을 수 있다.
④ 자유개가식은 이용자가 자유롭게 도서를 꺼낼 수 있으나 열람석으로 가기 전에 관원에게 체크를 받는 형식이다.

해설

안전개가식 : 이용자가 자유롭게 도서를 꺼낼 수 있으나 열람석으로 가기 전에 관원에게 체크를 받는 형식
자유개가식
• 열람자가 서가에서 직접 책을 고르고 열람하는 방식
• 보통 1실형이고, 10,000권 이하의 서적 보관, 열람에 적당하다.
• 아동열람실, 정기간행물실, 참고열람실 등에 적용한다.
• 책의 선택이 자유롭고, 대출수속 없이 열람한다.
• 책의 마모, 망실이 우려되며, 서가의 정리가 안 되면 혼란스러울 수 있다.

20 공장의 레이아웃 형식 중 생산에 필요한 모든 공정과 기계류를 제품의 흐름에 따라 배치하는 형식은?

① 고정식 레이아웃
② 혼성식 레이아웃
③ 제품 중심의 레이아웃
④ 공정 중심의 레이아웃

해설

제품 중심의 레이아웃의 설명이다.
제품 중심 레이아웃
• 생산에 필요한 모든 공정, 기계 기구를 제품의 흐름에 따라 배치하는 방식
• 대량생산에 유리하고, 생산성이 높다.
• 장치 공업(석유, 시멘트), 가전제품 조립공장 등에 유리하다.
• 공정 간의 시간적, 수량적 균형을 이룰 수 있고, 상품의 연속성이 유지된다.

제2과목 건축시공

21 건설 프로세스의 효율적인 운영을 위해 형성된 개념으로 건설생산에 초점을 맞추고 이에 관련된 계획, 관리, 엔지니어링, 설계, 구매, 계약, 시공, 유지 및 보수 등의 요소들을 주요 대상으로 하는 것은?

① CIC(Computer Integrated Construction)
② MIS(Management Information System)
③ CIM(Computer Integrated Manufacturing)
④ CAM(Computer Aided Manufacturing)

해설
CIC(Computer Integrated Construction) : 건설 프로세스의 효율적인 운영을 위한 건설산업 정보통합화 생산시스템

22 평판재하시험에 관한 설명으로 옳지 않은 것은?

① 재하판의 크기는 45cm 각을 사용한다.
② 침하의 증가가 2시간에 0.1mm 이하가 되면 정지한 것으로 판정한다.
③ 시험할 장소에서의 즉시침하를 방지하기 위하여 다짐을 실시한 후 시작한다.
④ 지반의 허용지지력을 구하는 것이 목적이다.

해설
시험 장소에서 다짐을 하지 않은 자연상태로 실시한다.

23 석재의 표면 마무리의 갈기 및 광내기에 사용하는 재료가 아닌 것은?

① 금강사   ② 황 산
③ 숫 돌   ④ 산화주석

해설
황산은 관계없다.

24 건축주가 시공회사의 신용, 자산, 공사경력, 보유기자재 등을 고려하여 그 공사에 적격한 하나의 업체를 지명하여 입찰시키는 방법은?

① 공개경쟁입찰
② 제한경쟁입찰
③ 지명경쟁입찰
④ 특명입찰

해설
특명입찰 : 적격한 하나의 업체를 지명하여 입찰

25 다음과 같은 원인으로 인하여 발생하는 용접 결함의 종류는?

> 원인 : 도료, 녹, 밀, 스케일, 모재의 수분

① 피 트   ② 언더컷
③ 오버랩 ④ 엔드탭

해설
용접결함 - 피트(Pit)
• 용융금속이 튀거나 블로홀 현상이 발생한 결과로 용접부 표면에 나타나는 작고 오목한 구멍으로 미세한 흠이 생긴 부분
• 원인은 모재에 탄소, 망간 등 합금원소가 많을 경우나, 이음부에 도료, 유지, 페인트, 녹, 모재의 수분 등이 있을 경우에 발생한다.

정답 21 ① 22 ③ 23 ② 24 ④ 25 ①

26 실의 크기 조절이 필요한 경우 칸막이 기능을 하기 위해 만든 병풍 모양의 문은?

① 여닫이문
② 자재문
③ 미서기문
④ 홀딩(폴딩) 도어

해설
홀딩(폴딩) 도어(Folding Door, 접이문) : 아코디언 주름과 같이 겹쳐서 여닫게 하는 문으로서, 문을 폴딩(접이)하여 나누어진 실을 하나로 사용하는 칸막이 기능을 한다.

27 도막방수에 관한 설명으로 옳지 않은 것은?

① 복잡한 형상에 대한 시공성이 우수하다.
② 용제형 도막방수는 시공이 어려우나 충격에 매우 강하다.
③ 에폭시계 도막방수는 접착성, 내열성, 내마모성, 내약품성이 우수하다.
④ 셀프레벨링공법은 방수 바닥에서 도료상태의 도막재를 바닥에 부어 도포한다.

해설
용제형 도막방수는 시공이 쉽지만 외부 충격에 약하다.

28 수장공사 적산 시 유의사항에 관한 설명으로 옳지 않은 것은?

① 수장공사는 각종 마감재를 사용하여 바닥-벽-천장을 치장하므로 도면을 잘 이해하여야 한다.
② 최종 마감재만 포함하므로 설계도서를 기준으로 각종 부속공사는 제외하여야 한다.
③ 마무리 공사로서 자재의 종류가 다양하게 포함되므로 자재별로 잘 구분하여 시공 및 관리하여야 한다.
④ 공사범위에 따라서 주자재, 부자재, 운반 등을 포함하고 있는지 파악하여야 한다.

해설
설계도서를 기준으로 바닥, 벽, 천장으로 나누어 재료, 규격, 시공방법으로 구분하여 정미면적을 산출한다.

29 경량기포콘크리트(ALC)에 관한 설명으로 옳지 않은 것은?

① 기건 비중은 보통 콘크리트의 약 1/4 정도로 경량이다.
② 열전도율은 보통 콘크리트의 약 1/10 정도로서 단열성이 우수하다.
③ 유기질 소재를 주원료로 사용하여 내화성능이 매우 낮다.
④ 흡음성과 차음성이 우수하다.

해설
경량기포 콘크리트(ALC)는 발포제에 의하여 콘크리트 내부에 무수한 기포를 독립적으로 분산시켜 중량을 가볍게 한 기포콘크리트로서 내화성능이 높다.

26 ④ 27 ② 28 ② 29 ③

30 일반경쟁입찰의 업무순서에 따라 보기의 항목을 옳게 나열한 것은?

> A. 입찰공고 B. 입찰등록
> C. 견 적   D. 참가등록
> E. 입 찰   F. 현장설명
> G. 개찰 및 낙찰 H. 계 약

① A → B → F → D → C → E → G → H
② A → D → F → C → B → E → G → H
③ A → B → C → F → D → G → E → H
④ A → D → C → F → E → G → B → H

해설
일반경쟁입찰 순서 : 입찰공고 → 참가등록 → 설계도서교부 및 열람 → 현장설명 및 질의응답 → 견적기간 → 입찰등록 → 입찰 → 개찰 → 낙찰 → 계약

31 타일 108mm 각으로, 줄눈을 5mm로 벽면 6m²를 붙일 때 필요한 타일의 장수는?(단, 정미량으로 계산)

① 350장   ② 400장
③ 470장   ④ 520장

해설
붙임매수 = $\dfrac{6m^2}{0.113m \times 0.113m}$ = $\dfrac{6m^2}{0.012769m^2}$ ≒ 469.89장

따라서, 470장이 필요하다.

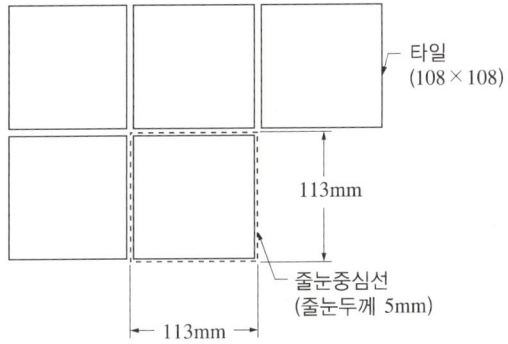

32 서로 다른 종류의 금속재가 접촉하는 경우 부식이 일어나는 경우가 있는데 부식성이 큰 금속순으로 옳게 나열된 것은?

① 알루미늄 > 철 > 주석 > 구리
② 주석 > 철 > 알루미늄 > 구리
③ 철 > 주석 > 구리 > 알루미늄
④ 구리 > 철 > 알루미늄 > 주석

해설
알루미늄 > 철 > 주석 > 구리

33 창호철물 중 여닫이문에 사용하지 않는 것은?

① 도어 행거(Door Hanger)
② 도어 체크(Door Check)
③ 실린더 록(Cylinder Lock)
④ 플로어 힌지(Floor Hinge)

해설
도어 행거(Door Hanger)는 미닫이문 또는 미서기문을 매달아서 열고 닫을 수 있도록 하는 장치

34 스프레이 도장방법에 관한 설명으로 옳지 않은 것은?

① 도장거리는 스프레이 도장면에서 150mm를 표준으로 하고 압력에 따라 가감한다.
② 스프레이 할 때에는 매끈한 평면을 얻을 수 있도록 하고, 항상 평행이동하면서 운행의 한 줄마다 스프레이 너비의 1/3 정도를 겹쳐 뿜는다.
③ 각 회의 스프레이 방향은 전회의 방향에 직각으로 한다.
④ 에어레스 스프레이 도장은 1회 도장에 두꺼운 도막을 얻을 수 있고 짧은 시간에 넓은 면적을 도장할 수 있다.

해설
도장거리는 스프레이 도장면에서 300mm를 표준으로 한다.

35 터파기 공사 시 지하수위가 높으면 지하수에 의한 피해가 우려되므로 차수공사를 실시하며, 이 방법만으로 부족할 때에는 강제배수를 실시하게 되는데 이때 나타나는 현상으로 옳지 않은 것은?

① 점성토의 압밀
② 주변 침하
③ 흙막이 벽의 토압 감소
④ 주변 우물의 고갈

해설
강제배수를 실시하게 되면 지하수가 빠져나가면서 흙막이 벽의 토압은 증가한다.

36 거푸집에 작용하는 콘크리트의 측압에 끼치는 영향요인과 가장 거리가 먼 것은?

① 거푸집의 강성
② 콘크리트 타설 속도
③ 기 온
④ 콘크리트의 강도

해설
콘크리트의 강도 자체는 거푸집에 작용하는 측압에 직접적인 영향을 주지 않는다.

37 TQC를 위한 7가지 도구 중 다음 설명에 해당하는 것은?

> 모집단에 대한 품질특성을 알기 위하여 모집단의 분포상태, 분포의 중심위치, 분포의 산포 등을 쉽게 파악할 수 있도록 막대 그래프 형식으로 작성한 도수분포도를 말한다.

① 히스토그램
② 특성요인도
③ 파레토도
④ 체크시트

해설
히스토그램 : 데이터가 어떤 분포를 하고 있는지 알기 위해 기둥 그래프와 같은 형태로 만든 도표

38 경량형 강재의 특징에 관한 설명으로 옳지 않은 것은?

① 경량형 강재는 중량에 대한 단면 계수, 단면 2차 반경이 큰 것이 특징이다.
② 경량형 강재는 일반구조용 열간 압연한 일반형 강재에 비하여 단면형이 크다.
③ 경량형 강재는 판두께가 얇지만 판의 국부 좌굴이나 국부 변형이 생기지 않아 유리하다.
④ 일반구조용 열간 압연한 일반형 강재에 비하여 판두께가 얇고 강재량이 적으면서 휨강도는 크고 좌굴 강도도 유리하다.

해설
경량형 강재는 판두께가 얇아서 판의 국부 좌굴이나 국부 변형이 생기기 쉽다.

39 아스팔트 방수공사에 관한 설명으로 옳지 않은 것은?

① 아스팔트 프라이머는 건조하고 깨끗한 바탕면에 솔, 롤러, 뿜칠기 등을 이용하여 규정량을 균일하게 도포한다.
② 용융 아스팔트는 운반용 기구로 시공 장소까지 운반하여 방수 바탕과 시트재 사이에 롤러, 주걱 등으로 뿌리면서 시트재를 깔아 나간다.
③ 옥상에서의 아스팔트 방수 시공 시 평탄부에서의 방수 시트깔기 작업 후 특수부위에 대한 보강붙이기를 시행한다.
④ 평탄부에서는 프라이머의 적절한 건조상태를 확인하여 시트를 깐다.

해설
일반 평탄부의 루핑깔기는 특수부의 보강붙이기가 끝난 후 프라이머의 적절한 건조상태를 확인하여 루핑 시트를 깐다.

40 콘크리트의 균열을 발생시기에 따라 구분할 때 경화 후 균열의 원인에 해당되지 않는 것은?

① 알칼리 골재 반응
② 동결융해
③ 탄산화
④ 재료분리

해설
콘크리트 경화 후 균열원인
- 탄성화에 의한 균열
- 건조수축에 의한 균열(크리프(Creep) 수축)
- 화학 반응에 의한 균열(알칼리 골재반응, 황산염에 의한 팽창반응)
- 열응력(온도변화)에 의한 균열
- 동해(동결융해) 및 제설제 사용에 따른 균열
- 철근부식에 의한 균열

콘크리트 경화 전 균열원인
- 재료분리, 침하에 의한 균열
- 거푸집 변형에 의한 균열
- 진동 및 경미한 재하에 따른 균열
- 소성수축 균열(Plastic Shrinkage Crack)

제3과목 건축구조

41 다음 그림과 같은 보에서 중앙점(C점)의 휨모멘트(M_c)를 구하면?

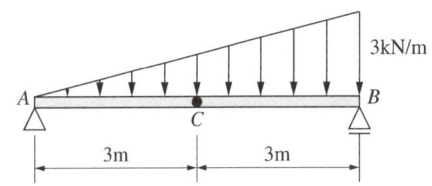

① 4.50kN·m
② 6.75kN·m
③ 8.00kN·m
④ 10.50kN·m

해설
반력의 산정

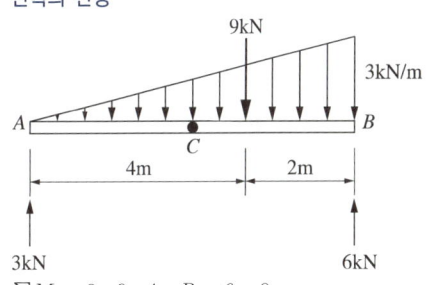

$\sum M_A = 0 \ ; \ 9 \times 4 - R_B \times 6 = 0$
$\therefore R_B = 6\text{kN}$
$\sum F_y = 0 \ ; \ R_A - 9 + 6 = 0$
$\therefore R_A = 3\text{kN}$

C점의 모멘트

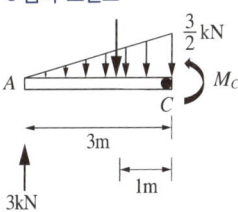

$\sum M_C = 0 \ ; \ 3 \times 3 - \frac{1}{2} \times \frac{3}{2} \times 3 \times 1 - M_C = 0$
$\therefore M_C = 6.75\text{kN} \cdot \text{m}$

42 1단은 고정, 1단은 자유인 길이 10m인 철골기둥에서 오일러의 좌굴하중은?(단, $A=6,000mm^2$, $I_x=4,000cm^4$, $I_y=2,000cm^4$, $E=205,000MPa$)

① 101.2kN ② 168.4kN
③ 195.7kN ④ 202.4kN

해설

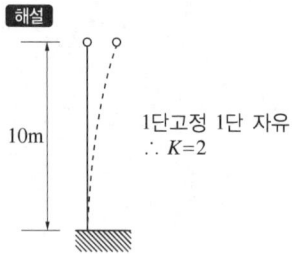

좌굴하중 $(P_{cr}) = \dfrac{\pi^2 EI}{(KL)^2}$

여기서, E : 탄성계수
I : 단면 2차 모멘트
K : 좌굴계수
L : 부재의 길이
(좌굴은 I값이 작은 쪽인 I_y에 생긴다)

$\therefore P_{cr} = \dfrac{\pi^2 EI_y}{(KL)^2} = \dfrac{\pi^2 \times 205,000MPa \times 2,000 \times (10mm)^4}{(2 \times 10,000mm)^2}$

≒ 101,163.4N
≒ 101.2kN

43 철골트러스의 특성에 관한 설명으로 옳지 않은 것은?

① 직선 부재들이 삼각형의 형태로 구성되어 안정적인 거동을 한다.
② 트러스의 개방된 웨브공간으로 전기배선이나 덕트 등과 같은 설비배관의 통과가 가능하다.
③ 부정정 차수가 낮은 트러스의 경우에는 일부 부재나 접합부의 파괴가 트러스의 붕괴를 야기할 수 있다.
④ 직선 부재로만 구성되기 때문에 비정형 건축물의 구조체에는 적용되지 않는다.

해설
비정형 구조물에도 적용할 수 있다.

44 철골구조 주각부의 구성요소가 아닌 것은?

① 커버 플레이트
② 앵커볼트
③ 베이스 모르타르
④ 베이스 플레이트

해설
커버 플레이트는 플랜지 부분에 보강하는 판으로서 휨 내력의 보강을 위해 사용한다.

45 다음 그림과 같은 단면에서 $x-x$축에 대한 단면 2차 반경으로 옳은 것은?

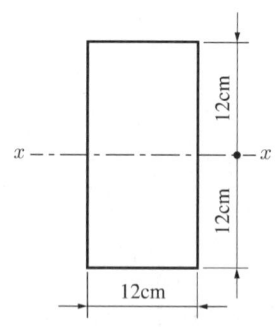

① 5.5cm ② 6.9cm
③ 7.7cm ④ 8.1cm

해설
$r = \sqrt{\dfrac{I}{A}}$, $I = \dfrac{bh^3}{12}$ 이므로,

$\therefore r = \sqrt{\dfrac{12 \times 24^3}{12 \times 24 \times 12}} ≒ 6.93cm$

46 철근의 정착길이에 관한 사항으로 옳지 않은 것은?

① 인장이형철근 및 이형철선의 정착길이 l_d는 항상 300mm 이상이어야 한다.
② 압축이형철근의 정착길이 l_d는 항상 150mm 이상이어야 한다.
③ 인장 또는 압축을 받는 하나의 다발철근 내에 있는 개개 철근의 정착길이 l_d는 다발철근이 아닌 경우의 각 철근의 정착길이보다 3개의 철근으로 구성된 다발철근에 대해서 20% 증가시켜야 한다.
④ 단부에 표준갈고리를 갖는 인장이형철근의 정착길이 l_{dh}는 항상 $8d_b$ 이상 또한 150mm 이상이어야 한다.

해설
압축이형철근의 정착길이 l_d는 항상 200mm 이상이어야 한다.

47 강도설계법에 의한 철근콘크리트보 설계에서 양단연속인 경우 처짐을 계산하지 않아도 되는 보의 최소 두께로 옳은 것은?(단, 보통콘크리트 w_c = 2,300kg/m³와 설계기준항복강도 400MPa 철근을 사용)

① $l/16$ ② $l/21$
③ $l/24$ ④ $l/28$

해설
양단연속인 보 : $\dfrac{l}{21}$

처짐을 계산하지 않는 경우, 보 또는 1방향 슬래브 최소 두께

부재(l : 지간 거리)	최소 두께(h)			
	캔틸레버	단순지지	1단연속	양단연속
보	$\dfrac{l}{8}$	$\dfrac{l}{16}$	$\dfrac{l}{18.5}$	$\dfrac{l}{21}$
1방향 슬래브	$\dfrac{l}{10}$	$\dfrac{l}{20}$	$\dfrac{l}{24}$	$\dfrac{l}{28}$

l : 경간 길이(단위 : cm)
f_y = 400MPa 철근을 사용한 경우의 값

48 바닥슬래브와 철골보 사이에 발생하는 전단력에 저항하기 위해 설치하는 것은?

① 커버 플레이트(Cover Plate)
② 스티프너(Stiffener)
③ 턴 버클(Turn Buckle)
④ 시어 커넥터(Shear Connector)

해설
시어 커넥터(Shear Connector) : 전단연결철물로서 전단력에 저항하기 위해 설치하며, 하부슬래브 및 데크 플레이트 등에 사용한다.

49 다음 그림과 같은 부정정보에서 고정단모멘트 M_{AB} (C_{AB})의 절댓값은?

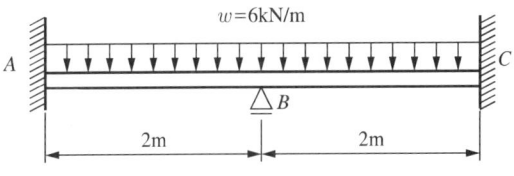

① 2kN·m   ② 3kN·m
③ 4kN·m   ④ 5kN·m

해설
$M_A = \dfrac{wL^2}{12}$
$= \dfrac{6 \times 2^2}{12} = 2\text{kN} \cdot \text{m}$

50 다음 그림과 같은 구조에서 B단에 발생하는 모멘트는?

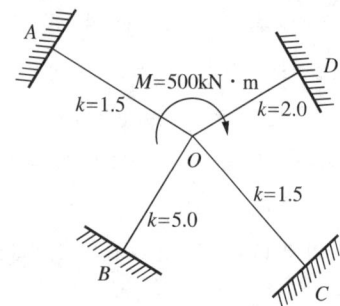

① 125kN·m ② 188kN·m
③ 250kN·m ④ 300kN·m

해설
분배모멘트
$$DF_{OB} = \frac{k_{OB}}{\sum k} = \frac{5}{1.5+5+1.5+2} = \frac{1}{2}$$
$$\therefore DM_{OB} = M_O \times DF_{OB} = 500 \times \frac{1}{2} = 250\text{kN}\cdot\text{m}$$
도달모멘트는 분배모멘트의 $\frac{1}{2}$만 전달
$$\therefore DM_{OB} \times \frac{1}{2} = 250 \times \frac{1}{2} = 125\text{kN}\cdot\text{m}$$

51 다음 단면을 가진 철근콘크리트 기둥의 최대 설계축하중(ϕP_n)은?(단, f_{ck} = 30MPa, f_y = 400MPa)

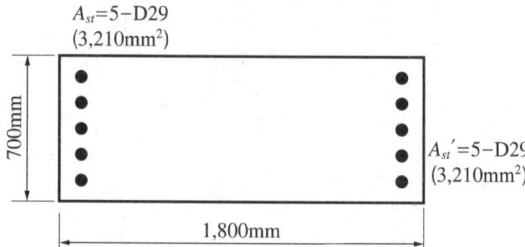

① 12,958kN ② 15,425kN
③ 17,958kN ④ 21,425kN

해설
$\phi P_n \Rightarrow \phi \alpha P_n$
여기서, P_n : 축하중
 ϕ : 띠철근 기둥, 0.65
 α : 띠철근계수, 0.8
$\therefore \phi P_n = \phi\alpha(0.85f_{ck}(A_g - A_{st}) + (f_y \times A_{st}))$
위의 식에 주어진 조건을 대입하면,
$\phi P_n = 0.65 \times 0.8 \times (0.85 \times 30 \times (700 \times 1,800 - 3,210 \times 2)$
 $+ (400 \times 3,210 \times 2))$
 $\fallingdotseq 17,957,831\text{N}$
$\therefore \phi P_n \fallingdotseq 17,958\text{kN}$

52 스팬이 l이고 양단이 고정인 보의 전체에 등분포하중 w가 작용할 때 중앙부의 최대 처짐은?

① $\dfrac{wl^4}{48EI}$ ② $\dfrac{5wl^4}{48EI}$

③ $\dfrac{wl^4}{384EI}$ ④ $\dfrac{5wl^4}{384EI}$

해설
양단고정보에 등분포하중 작용 시 중앙부 처짐

$\delta = \dfrac{wl^4}{384EI}$

단순보에 등분포하중 작용 시 중앙부 처짐

$\delta = \dfrac{5wl^4}{384EI}$

53 다음 그림과 같은 구멍 2열에 대하여 파단선 $A-B-C$를 지나는 순단면적과 동일한 순단면적을 갖는 파단선 $D-E-F-G$의 피치(s)는?(단, 구멍은 여유폭을 포함하여 23mm임)

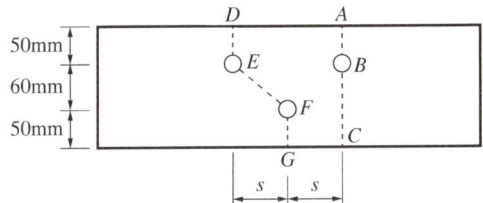

① 3.7cm ② 7.4cm
③ 11.1cm ④ 14.8cm

해설
- $A-B-C$와 $D-E-F-G$ 순단면적을 구한다.
  - $A_{n\,A-B-C} = 160 \times t - 23t = 137t\,(\text{mm}^2)$
  - $A_{n\,D-E-F-G} = 160 \times t - 2 \times 23t + \dfrac{S^2}{4 \times 60}t$
    $= 114t + \dfrac{S^2}{4 \times 60}t\,(\text{mm}^2)$
- $A_{n\,A-B-C} = A_{n\,D-E-F-G}$ 이므로,
  $137t = 114t + \dfrac{S^2}{4 \times 60}t$
  $\therefore S = \sqrt{(137-114) \times 4 \times 60} = \sqrt{5,520}$
  $\fallingdotseq 74.2967\text{mm} \fallingdotseq 7.43\text{cm}$

54 말뚝기초에 관한 설명으로 옳지 않은 것은?

① 말뚝기초는 지반이 연약하고 기초상부의 하중을 지지하지 못할 때 보강공법으로 쓰인다.
② 지지말뚝은 굳은 지반까지 말뚝을 박아 하중을 직접 지반에 전달하며 주위 흙과의 마찰력은 고려하지 않는다.
③ 마찰말뚝은 주위 흙과의 마찰력으로 지지되며 n개를 박았을 때 그 지지력은 n배가 된다.
④ 동일 건물에서는 서로 다른 종류의 말뚝을 혼용하지 않는다.

해설
과도한 개수를 박을 경우 간격이 좁아지게 되면서 지지력이 저하된다.
마찰 말뚝(Friction Pile) : 연약한 지반의 지층이 너무 깊어 파일의 선단이 지지할 수 있는 굳은 지층에 도달할 수 없는 경우 말뚝과 지반의 마찰력에 의해서 지지하는 말뚝을 말한다.

55 철근콘크리트의 보강철근에 관한 설명으로 옳지 않은 것은?

① 보강철근으로 보강하지 않은 콘크리트는 연성거동을 한다.
② 보강철근은 콘크리트의 크리프를 감소시키고 균열의 폭을 최소화시킨다.
③ 이형철근은 원형강봉의 표면에 돌기를 만들어 철근과 콘크리트의 부착력을 최대가 되도록 한 것이다.
④ 보강철근을 콘크리트 속에 매립함으로써 콘크리트의 휨강도를 증대시킨다.

해설
보강철근으로 보강하지 않은 콘크리트는 취성거동을 한다. 연성거동은 최대 철근비 이하로 보강철근이 배근된 경우에 발생하고 보강철근이 없는 콘크리트는 취성거동을 하게 되므로, 철근콘크리트는 취성거동을 지양하고 연성거동하도록 설계한다.

56 내진설계에 있어서 밑면전단력 산정인자가 아닌 것은?

① 건물의 중요도계수 ② 반응수정계수
③ 진도계수   ④ 유효건물중량

해설
진도계수(내진설계에 필요한 지진 시의 수평 하중을 구하기 위해 지진의 최대 가속도를 중력 가속도로 나눈 값)는 관계없다.

밑면전단력 $(V) = C_s W = \dfrac{S_{D1}}{\left(\dfrac{R}{I_E}\right)T} W$

여기서, C_s : 지진응답계수
W : 유효건물중량(고정하중 포함)
I_E : 건축물의 중요도계수
R : 반응수정계수
S_{D1} : 주기 1초에서의 설계스펙트럼 가속도
T : 건축물의 고유주기(초)

57 강도설계법 적용 시 다음 그림과 같은 단철근 직사각형 보 단면의 공칭휨강도 M_n은?(단, f_{ck} = 21 MPa, f_y = 400MPa, A_s = 1,200mm²)

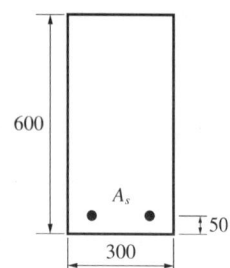

① 162kN·m   ② 182kN·m
③ 202kN·m   ④ 242kN·m

해설
• 중립축의 위치를 구한다.
힘의 평형에 의해 $0.85 f_{ck} \times b \times a = A_s \times f_y$ 이며,
$a = \dfrac{A_s f_y}{0.85 f_{ck} \times b}$ 가 된다.
위 식에 주어진 조건을 대입하면,
$a = \dfrac{1,200 \times 400}{0.85 \times 21 \times 300} ≒ 89.63585 ≒ 90 \text{mm}$

• 공칭휨강도 공식에 대입한다.
$M_n = A_s f_y \left(d - \dfrac{a}{2}\right) = 1,200 \times 400 \times \left(550 - \dfrac{90}{2}\right)$
 $= 242,400,000 \text{N·mm}$
∴ $M_n = 242.4 \text{kN·m}$

58 원형 단면에 전단력 S = 30kN이 작용할 때 단면의 최대 전단응력도는?(단, 단면의 반경은 180mm이다)

① 0.19MPa   ② 0.24MPa
③ 0.39MPa   ④ 0.44MPa

해설
원형단면에서의 최대 전단응력도
$\tau_{max} = \dfrac{4}{3} \times \dfrac{S}{A} = \dfrac{4}{3} \times \dfrac{S}{\pi r^2}$

위 식에 주어진 조건을 대입하면,
$\tau_{max} = \dfrac{4}{3} \times \dfrac{30 \text{kN}}{\pi \times (180\text{mm})^2} = \dfrac{4}{3} \times \dfrac{30 \times 10^3 \text{N}}{\pi \times (180\text{mm})^2}$
$= \dfrac{4 \times 10^4 \text{N}}{\pi \times (180\text{mm})^2} ≒ 0.393 \text{N/mm}^2$
∴ $\tau_{max} = 0.393 \text{MPa}$

59 다음 그림과 같은 보의 C점에서의 최대 처짐은?

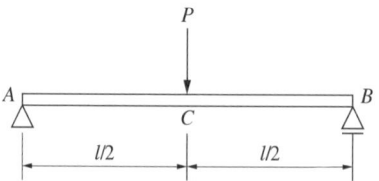

① $\dfrac{PL^3}{2EI}$ ② $\dfrac{PL^3}{48EI}$
③ $\dfrac{PL^3}{384EI}$ ④ $\dfrac{5PL^3}{384EI}$

해설
단순보에 집중하중 작용 시 처짐
$\delta = \dfrac{PL^3}{48EI}$
단순보에 등분포하중 작용 시 처짐
$\delta = \dfrac{5wL^4}{384EI}$

56 ③ 57 ④ 58 ③ 59 ②

60 다음 그림과 같은 라멘의 부정정 차수는?

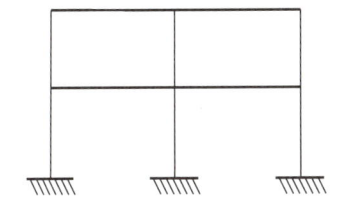

① 6차 부정정
② 8차 부정정
③ 10차 부정정
④ 12차 부정정

해설

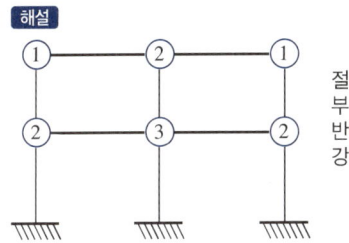

절점(j)=9
부재(m)=10
반력(r)=9
강절점(k)=⑪

- $N = m + r + k - 2j$
  $= 10 + 9 + 11 - 2 \times 9$
  $= 12$

여기서, m : 부재(Member)수
r : 지점반력(Reaction)수
k : 강절점수
j : 절점(Joint)수

∴ $N = 12$이므로, 12차 부정정 구조물이다.

제4과목 건축설비

61 전류가 흐르고 있는 전기기기, 배선과 관련된 화재를 의미하는 것은?

① A급 화재
② B급 화재
③ C급 화재
④ K급 화재

해설
전기화재 : C급 화재
화재의 분류
- 일반화재(A급 화재 : 백색) : 목재, 종이, 직물 등 일반 가연물 화재로서, 물에 의한 냉각 작용으로 소화될 수 있는 보통 가연물의 화재
- 유류, 가스화재(B급 화재 : 황색) : 석유, 가연성 액체 등 화재로서, 공기를 차단시킴으로써 소화효과를 가져오는 화재
- 전기화재(C급 화재 : 청색) : 전기시설 등 감전의 우려가 있는 화재

62 배수트랩에 관한 설명으로 옳지 않은 것은?

① 트랩은 이중으로 설치하면 효과적이다.
② 트랩의 봉수깊이가 너무 깊으면 통수능력이 감소된다.
③ 트랩은 하수가스의 실내 침입을 방지하는 역할을 한다.
④ 트랩은 위생기구에 가능한 한 접근시켜 설치하는 것이 좋다.

해설
트랩은 유수의 흐름을 원활히 하기 위해 이중으로 설치하지 않는다.

63 다음 그림과 같은 형태를 갖는 간선의 배선 방식은?

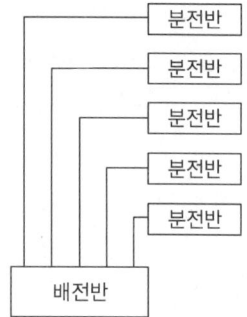

① 개별 방식
② 루프 방식
③ 병용 방식
④ 나뭇가지 방식

해설
개별 방식은 평행식으로 각 분전반에 단독으로 배선하는 방식
간선의 배선 방식(배전반에서 분전반까지 배선)
- 평행식(개별 방식)
  - 각 분전반에 단독으로 배선하는 방식
  - 전압이 일정하다(전압강하가 적음).
  - 화재 등 사고발생 시 영향이 적다.
  - 대규모 건물에 적합하다.
  - 설비비가 많이 소요된다.
- 나뭇가지식(수지상식)
  - 한 개의 간선이 각 분전반을 거쳐가며 공급하는 방식
  - 넓게 분산된 구역의 소규모 건물에 적합하다.
- 병용식
  - 평행식과 수지상식을 병용한 방식
  - 일반적으로 가장 많이 사용된다.

64 기온, 습도, 기류의 3요소의 조합에 의한 실내 온열감각을 기온의 척도로 나타낸 것은?

① 작용온도
② 등가온도
③ 유효온도
④ 등온지수

해설
유효온도(ET ; Effective Temperature) : 온도, 기류, 습도를 조합한 감각 지표로서 효과온도, 감각온도, 실효온도 또는 체감온도라고도 한다.

65 수량 22.4m³/h를 양수하는데 필요한 터빈 펌프의 구경으로 적당한 것은?(단, 터빈 펌프 내의 유속은 2m/s로 한다)

① 65mm
② 75mm
③ 100mm
④ 125mm

해설
유량(Q) = 관의 단면적(A) × 관내 유속(V)이므로,
$Q = \dfrac{\pi d^2}{4} \times V$

구경(d) = $\sqrt{\dfrac{4Q}{\pi V}}$

$= \sqrt{\dfrac{4 \times 22.4 \text{m}^3/\text{h}}{\pi \times 2\text{m/sec}}}$

$= \sqrt{\dfrac{4 \times 22.4 \text{m}^3/\text{sec}}{\pi \times 60 \times 60 \times 2\text{m/sec}}}$

$\fallingdotseq 0.0629\text{m} \fallingdotseq 63\text{mm}$

∴ 지름 65mm의 구경이면 적절하다.

66 실내의 탄산가스 허용농도가 1,000ppm, 외기의 탄산가스 농도가 400ppm일 때, 실내 1인당 필요한 환기량은?(단, 실내 1인당 탄산가스 배출량은 15L/h이다)

① 15m³/h
② 20m³/h
③ 25m³/h
④ 30m³/h

해설
1ppm = 1ml/L이므로 1,000ppm = 1,000ml/L이며 환산하면 0.001m³이다. 15L = 0.015m³이므로, 다음 식에 대입할 수 있다.

환기량 = $\dfrac{\text{실내 CO}_2 \text{ 발생량}}{\text{실내 CO}_2 \text{ 농도} - \text{외기 CO}_2 \text{ 농도}}$ (m³/h)

∴ $Q = \dfrac{0.015}{0.001 - 0.0004} = 25\text{m}^3/\text{h}$

67 공기조화방식 중 팬코일 유닛방식에 관한 설명으로 옳지 않은 것은?

① 각 실에 수배관으로 인한 누수의 우려가 있다.
② 덕트 샤프트나 스페이스가 필요 없거나 작아도 된다.
③ 각 실의 유닛은 수동으로도 제어할 수 있고, 개별 제어가 쉽다.
④ 유닛을 창문 밑에 설치하면 콜드 드래프트(Cold Draft)가 발생할 우려가 높다.

해설
유닛은 개구부 아래에 설치해야 효과적이다.
팬코일 유닛 방식(Fancoil Unit System)
• 장 점
  - 공기의 공급을 할 수 없어서 덕트가 불필요하다.
  - 실내 각 유닛마다 개별조절이 용이하다.
  - 장래의 부하변동에 대응하기 쉽다.
  - 동력비가 적게 든다.
• 단 점
  - 송풍량이 적어 고성능 필터(HEPA)를 사용하기 어렵다.
  - 유닛은 개구부 아래에 설치해야 하므로 실의 이용률이 적다.
  - 설비비와 보수 관리비가 고가이다.
  - 고도의 공기 처리를 할 수 없다.
• 용 도
  - 호텔의 객실, 아파트, 주택, 사무실에 적합하다.
  - 극장, 방송국의 스튜디오에는 부적합하다.

68 전기 샤프트(ES)에 관한 설명으로 옳지 않은 것은?

① 전기 샤프트(ES)는 각 층마다 같은 위치에 설치한다.
② 전기 샤프트(ES)의 면적은 보, 기둥부분을 제외하고 산정한다.
③ 전기 샤프트(ES)는 전력용(EPS)과 정보통신용(TPS)을 공용으로 설치하는 것이 원칙이다.
④ 전기 샤프트(ES)의 점검구는 유지보수 시 기기의 반입 및 반출이 가능하도록 하여야 한다.

해설
전기 샤프트(ES)는 전력용(EPS)과 정보통신용(TPS)을 구분하여 설치하는 것이 원칙이다.
전기 샤프트(ES ; Electric Shaft)
• 전기 샤프트(ES)는 용도별로 전력용(EPS ; Electric Power Shaft)과 정보통신용(TPS ; Telecommuication Power Shaft)으로 구분하여 설치함이 원칙이다. 다만, 각 용도의 설치 장비 및 배선이 적은 경우는 공용으로 사용 가능하다.
• 전기 샤프트는 각 층마다 같은 위치에 설치한다.
• 전기 샤프트는 연면적 3,000m^2 이상 건축물의 경우, 1개 층을 기준하여 800m^2마다 설치하며, 용도에 따라 면적을 달리할 수 있다.
• 전기 샤프트의 면적은 보, 기둥 부분을 제외하고 산정한다.
• 전기 샤프트의 점검구는 유지보수 시 기기의 반입 및 반출이 가능하도록 하여야 하며 문의 폭은 600mm 이상으로 한다.

69 최대 수요전력을 구하기 위한 것으로 총 부하설비 용량에 대한 최대 수요전력의 비율을 백분율로 나타낸 것은?

① 역 률
② 수용률
③ 부등률
④ 부하율

해설
수용률(수요율) : 최대 수용전력과 수용설비용량의 비
수・변전설비용량 산정
• 수용률 = (최대 수용전력/총 부하설비용량) × 100%
• 부등률 = (각 부하 최대 수용전력 합계/합성 최대 수용전력) × 100%
• 부하율 = (평균전력/최대 수용전력) × 100%

정답 67 ④ 68 ③ 69 ②

70 증기난방에 관한 설명으로 옳지 않은 것은?

① 온수난방에 비해 예열시간이 짧다.
② 온수난방에 비해 한랭지에서 동결의 우려가 적다.
③ 운전 시 증기해머로 인한 소음을 일으키기 쉽다.
④ 온수난방에 비해 부하변동에 따른 실내방열량의 제어가 용이하다.

해설
증기난방은 온수난방에 비해 부하변동에 따른 실내방열량의 제어가 어렵다.

71 다음 중 엘리베이터의 안전장치와 가장 관계가 먼 것은?

① 조속기   ② 핸드 레일
③ 종점 스위치   ④ 전자 브레이크

해설
핸드 레일은 에스컬레이터의 손잡이 부분이다.
엘리베이터의 안전장치
• 완충기(Buffer) : 승강로 하부에서 충돌 방지
• 조속기 : 정격속도가 120%를 초과할 때 과속 스위치를 작동시키고 권상기의 전자브레이크 동력전원을 끊음으로써 정지시키는 장치
• 비상정지장치 : 카의 속도가 계속 증대하여 정격속도의 130%를 초과할 때 조속기 로프를 잡아 카를 비상 정지시키는 장치
• 종점 스위치(Terminal Switch) : 종단층에서 카 정지 스위치를 잊은 경우 자동 정지시키는 장치
• 리밋 스위치(Limit Switch) : 위치 이동의 한계 스위치

72 펌프의 양수량이 10m³/min, 전양정이 10m, 효율이 80%일 때, 이 펌프의 축동력은?

① 20.4kW   ② 22.5kW
③ 26.5kW   ④ 30.6kW

해설
펌프의 축동력(kW) $= \dfrac{W \times Q \times H}{6,120 \times E}$
$= \dfrac{1,000 \times 10 \times 10}{6,120 \times 0.8}$
$= \dfrac{100,000}{4,896} ≒ 20.42\text{kW}$

여기서, W : 비중량(kg/m³), 물의 비중량 = 1,000kg/m³
Q : 양수량(m³/min)
H : 전양정(m)
E : 효율(%)
1kW = 102kg · m/sec = 6,120kg · m/min

73 실내공기오염의 종합적 지표로서 사용되는 오염물질은?

① 부유분진   ② 이산화탄소
③ 일산화탄소   ④ 이산화질소

해설
실내공기오염의 지표 : 이산화탄소(CO_2)
이산화탄소(CO_2)의 농도를 이용해서 실내환기횟수를 산출한다. 이산화탄소(CO_2)를 기준으로 사용하는 이유는 실내가 밀폐되었을 경우 단위 체적당 거주하는 인원이 증가할 경우 지속적으로 CO_2 농도가 상승하여 호흡이 곤란해질 수 있기 때문이다.

70 ④ 71 ② 72 ① 73 ②

74 조명설비에서 눈부심에 관한 설명으로 옳지 않은 것은?

① 광원의 크기가 클수록 눈부심이 강하다.
② 광원의 휘도가 작을수록 눈부심이 강하다.
③ 광원이 시선에 가까울수록 눈부심이 강하다.
④ 배경이 어둡고 눈이 암순응될수록 눈부심이 강하다.

해설
광원의 휘도가 작을수록 눈부심은 적어지고, 광원의 휘도가 클수록 눈부심은 강하다.

75 건축물의 에너지절약설계기준에 따른 건축물의 단열을 위한 권장사항으로 옳지 않은 것은?

① 외벽 부위는 내단열로 시공한다.
② 열손실이 많은 북측 거실의 창 및 문의 면적은 최소화한다.
③ 외피의 모서리 부분은 열교가 발생하지 않도록 단열재를 연속적으로 설치한다.
④ 발코니 확장을 하는 공동주택에는 단열성이 우수한 로이(Low-E) 복층창이나 삼중창 이상의 단열성능을 갖는 창을 설치한다.

해설
외벽 부위는 외단열로 시공하여 벽체의 온도를 높여 준다.

76 액화천연가스(LNG)에 관한 설명으로 옳지 않은 것은?

① 공기보다 가볍다.
② 무공해, 무독성이다.
③ 프로필렌, 부탄, 에탄이 주성분이다.
④ 대규모의 저장시설을 필요로 하며, 공급은 배관을 통하여 이루어진다.

해설
LNG(액화천연가스) : 메탄
LPG(액화석유가스) : 프로필렌, 부탄, 에탄

77 다음 설명에 알맞은 냉동기는?

- 기계적 에너지가 아닌 열에너지에 의해 냉동효과를 얻는다.
- 구조는 증발기, 흡수기, 재생기(발생기), 응축기 등으로 구성되어 있다.

① 터보식 냉동기
② 흡수식 냉동기
③ 스크루식 냉동기
④ 왕복동식 냉동기

해설
흡수식 냉동기에 대한 설명이다.

78 주철제 보일러에 관한 설명으로 옳지 않은 것은?

① 재질이 약하여 고압으로는 사용이 곤란하다.
② 섹션(Section)으로 분할되므로 반입이 용이하다.
③ 재질이 주철이므로 내식성이 약하여 수명이 짧다.
④ 규모가 비교적 작은 건물의 난방용으로 사용된다.

해설
주철제는 내식성이 강하고 수명이 길다.
주철제 보일러
- 내식성이 우수하고 수명이 길다.
- 니플, 볼트에 의한 조립식으로 분할 반입과 용량의 증감이 용이하다.
- 내압, 충격에 약하고 구조가 복잡하다.
- 대용량, 고압에 부적당하다.
- 사용압력 : 증기용 1kg/cm² 이하, 온수용 수두 50m 이하로 제한한다.
- 소규모 건물의 난방용 보일러로 사용

정답 74 ② 75 ① 76 ③ 77 ② 78 ③

79 배관재료에 관한 설명으로 옳지 않은 것은?

① 주철관은 오배수관이나 지중 매설 배관에 사용된다.
② 경질염화비닐관은 내식성은 우수하나 충격에 약하다.
③ 연관은 내식성이 작아 배수용보다는 난방배관에 주로 사용된다.
④ 동관은 전기 및 열전도율이 좋고 전성·연성이 풍부하며 가공도 용이하다.

해설
연관은 내식성이 커서 급수나 배수용 배관으로 사용된다.
연 관
- 굴곡성이 크고 유연하여 시공하기 용이하다.
- 산에는 강하나 알칼리에 약하여 콘크리트에 매입 시 주의를 요한다.
- 용도 : 화학공업 배관, 급·배수용관, 가스관

80 다음 중 변전실 면적에 영향을 주는 요소와 가장 거리가 먼 것은?

① 발전기실의 면적
② 변전설비 변압방식
③ 수전전압 및 수전방식
④ 설치 기기와 큐비클의 종류

해설
발전기실의 면적은 관계없다.
변전실 면적에 영향을 주는 요소
- 수전전압 및 수전방식
- 변전설비 강압방식, 변압 용량, 수량 및 형식
- 설치 기기와 큐비클의 종류
- 기기 배치방법, 유지보수 필요 면적
- 건물의 구조적 여건

제5과목 건축관계법규

81 막다른 도로의 길이가 20m인 경우, 이 도로가 건축법령상 도로이기 위한 최소 너비는?

① 2m ② 3m
③ 4m ④ 6m

해설
10m 이상 35m 미만은 최소 폭이 3m 이상
막다른 도로(건축법 시행령 제3조의3)

도로 길이	도로 너비
10m 미만	2m
10m 이상~35m 미만	3m
35m 이상	6m(도시지역이 아닌 읍·면지역 : 4m)

82 문화 및 집회시설 중 공연장의 개별 관람실을 다음과 같이 계획하였을 경우, 옳지 않은 것은?(단, 개별 관람실의 바닥면적은 1,000m²이다)

① 각 출구의 유효너비는 1.5m 이상으로 하였다.
② 관람실로부터 바깥쪽으로의 출구로 쓰이는 문을 밖여닫이로 하였다.
③ 개별 관람실의 바깥쪽에는 그 양쪽 및 뒤쪽에 각각 복도를 설치하였다.
④ 개별 관람실의 출구는 3개소 설치하였으며 출구의 유효너비의 합계는 4.5m로 하였다.

해설
④ 출구의 유효너비의 합계 = $\dfrac{1,000\text{m}^2}{100\text{m}^2} \times 0.6\text{m} = 6\text{m}$ 이다.

개별 관람실 출구의 유효너비의 합계는 개별 관람실의 바닥면적 100m²마다 0.6m의 비율로 산정한 너비 이상으로 할 것(건축물의 피난·방화구조 등의 기준에 관한 규칙 제10조)

83 특별피난계단의 구조에 관한 기준 내용으로 옳지 않은 것은?

① 계단실에는 예비전원에 의한 조명설비를 할 것
② 계단은 내화구조로 하되, 피난층 또는 지상까지 직접 연결되도록 할 것
③ 출입구의 유효너비는 0.9m 이상으로 하고 피난의 방향으로 열 수 있을 것
④ 계단실의 노대 또는 부속실에 접하는 창문은 그 면적을 각각 $3m^2$ 이하로 할 것

해설
계단실의 노대 또는 부속실에 접하는 창문 등(출입구를 제외)은 망이 들어 있는 유리의 붙박이창으로서 그 면적을 각각 $1m^2$ 이하로 할 것(건축물의 피난·방화구조 등의 기준에 관한 규칙 제9조 제2항 제3호)

84 국토의 계획 및 이용에 관한 법령상 기반시설 중 광장의 세분에 해당하지 않는 것은?

① 옥상광장
② 일반광장
③ 지하광장
④ 건축물부설광장

해설
옥상광장은 포함되지 않는다.
기반시설중 도로·자동차정류장 및 광장의 세분(국토의 계획 및 이용에 관한 법률 시행령 제2조 제2항)
• 도 로
  – 일반도로   – 자동차전용도로
  – 보행자전용도로   – 보행자우선도로
  – 자전거전용도로   – 고가도로
  – 지하도로
• 자동차정류장
  – 여객자동차터미널   – 물류터미널
  – 공영차고지   – 공동차고지
  – 화물자동차 휴게소 – 복합환승센터
  – 환승센터
• 광 장
  – 교통광장   – 일반광장
  – 경관광장   – 지하광장
  – 건축물부설광장

85 그림과 같은 일반 건축물의 건축면적은?(단, 평면도 건물 치수는 두께 300mm인 외벽의 중심치수이고, 지붕선 치수는 지붕외곽선 치수임)

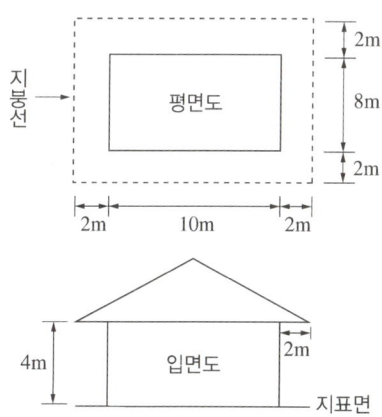

① $80m^2$
② $100m^2$
③ $120m^2$
④ $168m^2$

해설
처마 끝부분으로부터 1m를 후퇴한 연결선(그림에서 빗금 친 부분)으로 면적을 산정한다.
따라서, $12m \times 10m = 120m^2$

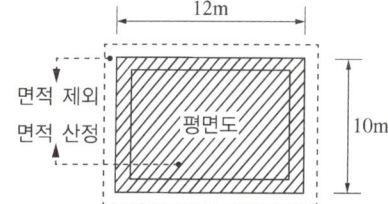

건축면적에 포함되지 않는 경우(건축법 시행령 제119조 제1항)
처마·차양·부연 등의 해당 외벽의 중심선으로부터 수평거리 1m(축사·창고는 3m, 한옥은 2m, 전통 사찰은 4m 이하의 범위에서 외벽 중심선까지의 거리) 이상 돌출된 부분이 있는 경우에는 그 끝부분으로부터 1m(축사·창고는 3m, 한옥은 2m, 전통 사찰은 4m 이하의 범위에서 외벽 중심선까지의 거리)를 후퇴한 선의 옥외쪽 부분

86 건축물의 거실에 건축물의 설비기준 등에 관한 규칙에 따라 배연설비를 설치하여야 하는 대상 건축물에 속하지 않는 것은?(단, 피난층의 거실은 제외)

① 6층 이상인 건축물로서 창고시설의 용도로 쓰는 건축물
② 6층 이상인 건축물로서 운수시설의 용도로 쓰는 건축물
③ 6층 이상인 건축물로서 위락시설의 용도로 쓰는 건축물
④ 6층 이상인 건축물로서 종교시설의 용도로 쓰는 건축물

해설
창고시설은 해당 없음
배연설비 설치 대상 - 6층 이상인 건축물인 경우(건축법 시행령 제51조 제2항)
- 제2종 근린생활시설 중 공연장, 종교집회장, 인터넷컴퓨터게임시설 제공업소 및 다중생활시설(공연장, 종교집회장 및 인터넷컴퓨터게임시설 제공업소는 해당 용도로 쓰는 바닥면적의 합계가 각각 300m² 이상인 경우만 해당)
- 문화 및 집회시설
- 종교시설
- 판매시설
- 운수시설
- 의료시설(요양 및 정신병원 제외)
- 연구소
- 아동 관련 시설, 노인복지시설(노인요양시설 제외)
- 유스호스텔
- 운동시설
- 업무시설
- 숙박시설
- 위락시설
- 관광휴게시설
- 장례시설

87 다음 중 제1종 전용주거지역 안에서 건축할 수 있는 건축물에 속하지 않는 것은?(단, 도시·군계획조례가 정하는 바에 의하여 건축할 수 있는 건축물 포함)

① 노유자시설
② 공동주택 중 아파트
③ 교육연구시설 중 고등학교
④ 제2종 근린생활시설 중 종교집회장

해설
단독주택 중심의 제1종 전용주거지역 안에는 아파트를 건축할 수 없다.
제1종 전용주거지역 안에서 건축할 수 있는 건축물(국토의 계획 및 이용에 관한 법률 시행령 별표 2)
- 건축할 수 있는 건축물
  - 단독주택(다가구주택을 제외한다)
  - 제1종 근린생활시설로 쓰이는 바닥면적 합계가 1,000m² 미만인 것
- 도시·군계획조례가 정하는 바에 의하여 건축할 수 있는 건축물
  - 단독주택 중 다가구주택
  - 공동주택 중 연립주택 및 다세대주택
  - 제1종 근린생활시설로서 해당 용도에 쓰이는 바닥면적의 합계가 1,000m² 미만인 것
  - 제2종 근린생활시설 중 종교집회장
  - 문화 및 집회시설 중 박물관, 미술관, 체험관(한옥) 및 기념관 용도의 바닥면적 합계가 1,000m² 미만인 것
  - 종교시설로서 바닥면적 합계가 1,000m² 미만인 것
  - 교육연구시설 중 유치원·초등학교·중학교 및 고등학교
  - 노유자시설
  - 자동차 관련 시설 중 주차장

88 다음은 대지의 조경에 관한 기준 내용이다. ( ) 안에 알맞은 것은?

> 면적이 ( ) 이상인 대지에 건축을 하는 건축주는 용도지역 및 건축물의 규모에 따라 해당 지방자치단체의 조례로 정하는 기준에 따라 대지에 조경이나 그 밖에 필요한 조치를 하여야 한다.

① 100m²   ② 200m²
③ 300m²   ④ 500m²

해설
조경 설치 기준(건축법 제42조 제1항)
대지면적 200m² 이상인 경우에 해당

89 건축물의 주요구조부를 내화구조로 해야 하는 대상 건축물에 속하지 않는 것은?

① 공장의 용도로 쓰는 건축물로서 그 용도로 쓰는 바닥면적의 합계가 500m²인 건축물
② 판매시설의 용도로 쓰는 건축물로서 그 용도로 쓰는 바닥면적의 합계가 500m²인 건축물
③ 창고시설의 용도로 쓰는 건축물로서 그 용도로 쓰는 바닥면적의 합계가 500m²인 건축물
④ 문화 및 집회시설 중 전시장의 용도로 쓰는 건축물로서 그 용도로 쓰는 바닥면적의 합계가 500m²인 건축물

해설
① 공장의 용도로 쓰는 건축물은 그 용도로 쓰는 바닥면적의 합계가 2,000m² 이상인 경우 내화구조로 해야 한다.
②, ③, ④ : 해당 용도로 쓰는 바닥면적의 합계가 500m² 이상인 경우 내화구조로 해야 한다.

바닥면적 합계	건축물의 용도
200m² 이상 (옥외관람석 1,000m²)	• 제2종 근린생활시설 중 공연장·종교집회장 (바닥면적 합계 각각 300m² 이상 해당) • 문화 및 집회시설(전시장, 동·식물원 제외) • 종교시설, 장례시설 • 위락시설 중 주점영업
500m² 이상	• 문화 및 집회시설 중 전시장, 동·식물원 • 판매시설, 운수시설 • 교육연구시설에 설치하는 체육관·강당 • 수련시설, 운동시설 중 체육관·운동장 • 위락시설(주점영업 용도 제외) • 창고시설, 위험물 저장 및 처리시설 • 자동차 관련 시설 • 방송통신시설 중 방송국·전신전화국·촬영소 • 묘지 관련 시설 중 화장시설·동물 화장시설 • 관광휴게시설
2,000m² 이상	공장(화재의 위험이 적은 공장으로서 국토교통부령으로 정하는 공장은 제외)
400m² 이상	• 2층이 단독주택 중 다중주택 및 다가구주택 • 공동주택 • 제1종 근린생활시설(의료의 용도만 해당) • 제2종 근린생활시설 중 다중생활시설 • 의료시설, 노유자시설 중 아동 관련 시설 및 노인복지시설 • 숙박시설, 수련시설 중 유스호스텔 • 업무시설 중 오피스텔 • 장례시설
모든 건축물 (면적기준 없음)	• 3층 이상 건축물 및 지하층이 있는 건축물 • 2층 이하인 건축물은 지하층 부분만 해당 다만, 다음의 용도는 제외한다. • 단독주택(다중주택, 다가구주택 제외) • 동물 및 식물 관련 시설 • 발전시설(발전소 부속용도 시설은 제외) • 교도소·소년원 • 묘지 관련 시설(화장시설, 동물 화장시설 제외) • 철강 관련 업종 공장 중 제어실 사용을 위한 연면적 50m² 이하 증축 부분

90 다음은 차수설비의 설치에 관한 기준 내용이다. ( ) 안에 알맞은 것은?

「국토의 계획 및 이용에 관한 법률」에 따른 방재지구에서 연면적 ( ) 이상의 건축물을 건축하려는 자는 빗물 등의 유입으로 건축물이 침수되지 아니하도록 해당 건축물의 지하층 및 1층의 출입구(주차장의 출입구를 포함한다)에 차수설비를 설치하여야 한다. 다만, 법 제5조 제1항에 따른 허가권자가 침수의 우려가 없다고 인정하는 경우에는 그러하지 아니하다.

① 3,000m² ② 5,000m²
③ 10,000m² ④ 20,000m²

해설
※ 출제 시 정답은 ③이었으나 건축물설비기준규칙(제17조의2) 개정(24.3.21)으로 내용이 변경되어 정답 없음

정답 89 ① 90 정답 없음

91 건축법령상 초고층 건축물의 정의로 옳은 것은?

① 층수가 30층 이상이거나 높이나 90m 이상인 건축물
② 층수가 30층 이상이거나 높이가 120m 이상인 건축물
③ 층수가 50층 이상이거나 높이가 150m 이상인 건축물
④ 층수가 50층 이상이거나 높이가 200m 이상인 건축물

해설
초고층 건축물(건축법 시행령 제2조) : 층수가 50층 이상이거나 높이가 200m 이상
고층 건축물(건축법 제2조) : 층수가 30층 이상이거나 높이가 120m 이상

92 층수가 15층이며, 6층 이상의 거실면적의 합계가 15,000m²인 종합병원에 설치하여야 하는 승용승강기의 최소 대수는?(단, 8인승 승용승강기의 경우)

① 6대　② 7대
③ 8대　④ 9대

해설
6층 이상인 거실면적 합계(A)는 15,000m²이므로,

2대 + $\dfrac{A - 3,000\text{m}^2}{2,000\text{m}^2}$ 대

∴ 2대 + $\dfrac{15,000\text{m}^2 - 3,000\text{m}^2}{2,000\text{m}^2}$ 대 = 8대

건축물의 설비기준 등에 관한 규칙 별표 1의2
문화 및 집회시설, 판매시설, 의료시설 : 2대에 3,000m²를 초과하는 2,000m² 이내마다 1대를 더한 대수 이상 승강기를 설치해야 한다.

93 건축법령상 아파트의 정의로 가장 알맞은 것은?

① 주택으로 쓰는 층수가 3개 층 이상인 주택
② 주택으로 쓰는 층수가 5개 층 이상인 주택
③ 주택으로 쓰는 층수가 7개 층 이상인 주택
④ 주택으로 쓰는 층수가 10개 층 이상인 주택

해설
아파트(건축법 시행령 별표 1)
주택으로 쓰는 층수가 5개 층 이상인 주택

94 부설주차장의 설치대상 시설물이 업무시설인 경우 설치기준으로 옳은 것은?(단, 외국공관 및 오피스텔은 제외)

① 시설면적 100m²당 1대
② 시설면적 150m²당 1대
③ 시설면적 200m²당 1대
④ 시설면적 350m²당 1대

해설
업무시설 부설주차장 설치기준(주차장법 시행령 별표 1)
시설면적 150m²당 1대

95 어느 건축물에서 주차장 외의 용도로 사용되는 부분이 판매시설인 경우, 이 건축물이 주차전용 건축물이기 위해서는 주차장으로 사용되는 부분의 연면적 비율이 최소 얼마 이상이어야 하는가?

① 50% ② 70%
③ 85% ④ 95%

해설
판매시설인 경우 70% 이상을 주차장으로 사용해야 한다.
주차전용 건축물(주차장법 시행령 제1조의2)
- 원칙(주차장 용도) : 95% 이상
- 70% 이상 : 단독, 공동주택, 제1종 근린생활시설, 제2종 근린생활시설, 문화 및 집회시설, 종교시설, 판매시설, 운수시설, 운동시설, 업무시설, 창고시설 또는 자동차 관련 시설

96 용도지역의 세분 중 도심·부도심의 상업기능 및 업무기능의 확충을 위하여 필요한 지역은?

① 유통상업지역
② 근린상업지역
③ 일반상업지역
④ 중심상업지역

해설
상업지역의 세분(국토의 계획 및 이용에 관한 법률 시행령 제30조)
- 중심상업지역 : 도심·부도심의 상업기능 및 업무기능의 확충을 위하여 필요한 지역
- 일반상업지역 : 일반적인 상업기능 및 업무기능을 담당하게 하기 위하여 필요한 지역
- 근린상업지역 : 근린지역에서의 일용품 및 서비스의 공급을 위하여 필요한 지역
- 유통상업지역 : 도시 내 및 지역 간 유통기능의 증진을 위하여 필요한 지역

97 건축법령상 건축허가신청에 필요한 설계도서에 속하지 않는 것은?

① 조감도
② 배치도
③ 건축계획서
④ 실내마감도

해설
※ 출제 시 정답은 ①이었으나 법령 개정(21.6.25)으로 '실내마감도'가 삭제되어 정답 ①, ④
조감도와 실내마감도는 포함되지 않는다.
건축허가신청에 필요한 설계도서(건축법 시행규칙 별표 2)
- 건축계획서
- 배치도
- 평면도
- 입면도
- 단면도
- 구조도(구조안전 확인 또는 내진설계 대상 건축물)
- 구조계산서(구조안전 확인 또는 내진설계 대상 건축물)
- 소방설비도

98 도시지역에서 복합적인 토지이용을 증진시켜 도시정비를 촉진하고 지역 거점을 육성할 필요가 있다고 인정되는 지역을 대상으로 지정하는 구역은?

① 개발제한구역
② 시가화조정구역
③ 입지규제최소구역
④ 도시자연공원구역

해설
입지규제최소구역에 대한 설명이다.

정답 95 ② 96 ④ 97 ①, ④ 98 ③

99 비상용 승강기의 승강장의 구조에 관한 기준 내용으로 옳지 않은 것은?

① 채광이 되는 창문이 있거나 예비전원에 의한 조명설비를 할 것
② 벽 및 반자가 실내에 접하는 부분의 마감 재료는 불연재료로 할 것
③ 피난층이 있는 승강장의 출입구로부터 도로 또는 공지에 이르는 거리가 50m 이하일 것
④ 옥내에 승강장을 설치하는 경우 승강장의 바닥면적은 비상용 승강기 1대에 대하여 6m² 이상으로 할 것

해설
피난층이 있는 승강장의 출입구로부터 도로 또는 공지에 이르는 거리가 30m 이하일 것

비상용 승강기의 승강장 구조(건축물의 설비기준 등에 관한 규칙 제10조)
- 승강장은 건축물의 다른 부분과 내화구조의 바닥·벽으로 구획할 것(창문·출입구·개구부 제외)
- 승강장은 피난층을 제외한 각 층의 내부와 연결될 수 있도록 하되, 그 출입구(승강로의 출입구 제외)에는 60+ 방화문 또는 60분 방화문을 설치할 것
- 노대 또는 외부를 향하여 열 수 있는 창문이나 배연설비를 설치할 것
- 벽 및 반자가 실내에 접하는 부분의 마감재료는 불연재료로 할 것
- 채광이 되는 창문이 있거나 예비전원에 의한 조명설비를 할 것
- 승강장의 바닥면적은 비상용 승강기 1대에 대하여 6m² 이상으로 할 것(다만, 옥외에 승강장을 설치하는 경우에는 그러하지 아니하다)
- 피난층이 있는 승강장의 출입구(승강장이 없는 경우에는 승강로의 출입구)로부터 도로 또는 공지에 이르는 거리가 30m 이하일 것
- 승강장 출입구 부근의 잘 보이는 곳에 당해 승강기가 비상용 승강기임을 알 수 있는 표지를 할 것

100 노외주차장의 출입구가 2개인 경우 주차형식에 따른 차로의 최소 너비가 옳지 않은 것은?(단, 이륜자동차전용 외의 노외주차장의 경우)

① 직각주차 : 6.0m
② 평행주차 : 3.3m
③ 45° 대향주차 : 3.5m
④ 60° 대향주차 : 5.0m

해설
출입구 수에 따른 차로의 폭-이륜자동차전용 외의 노외주차장의 경우(주차장법 시행규칙 제6조 제1항)

주차형식	차로의 폭	
	출입구가 2개 이상인 경우	출입구가 1개인 경우
평행주차	3.3m	5.0m
45° 대향주차 교차주차	3.5m	5.0m
60° 대향주차	4.5m	5.5m
직각주차	6.0m	6.0m

2020년 제1·2회 통합 과년도 기출문제

제1과목 건축계획

01 건축물의 에너지절약을 위한 계획 내용으로 옳지 않은 것은?

① 공동주택은 인동간격을 넓게 하여 저층부의 일사 수열량을 증대시킨다.
② 건축물의 체적에 대한 외피면적의 비 또는 연면적에 대한 외피면적의 비는 가능한 크게 한다.
③ 건축물은 대지의 향, 일조 및 주풍향 등을 고려하여 배치하며, 남향 또는 남동향 배치를 한다.
④ 거실의 층고 및 반자 높이는 실의 용도와 기능에 지장을 주지 않는 범위 내에서 가능한 낮게 한다.

해설
건축물의 체적에 대한 외피면적의 비 또는 연면적에 대한 외피면적의 비는 가능한 작게 하여 외기에 덜 접하게 한다.

02 다음 설명에 알맞은 국지도로의 유형은?

> 불필요한 차량 진입이 배제되는 이점을 살리면서 우회도로가 없는 Cul-de-sac형의 결점을 개량하여 만든 패턴으로서 보행자의 안전성 확보가 가능하다.

① Loop형
② 격자형
③ T자형
④ 간선분리형

해설
루프형(Loop Type, 환상형) 순환도로 : 단지의 가장자리를 커다란 루프(Loop)로 둘러싸서 내부의 세대와 연결시키는 형식으로 통과 교통을 차단하여 안정된 도로공간이 조성된다.

03 주거단지 내의 공동시설에 관한 설명으로 옳지 않은 것은?

① 중심을 형성할 수 있는 곳에 설치한다.
② 이용 빈도가 높은 건물은 이용거리를 길게 한다.
③ 확장 또는 증설을 위한 용지를 확보하는 것이 좋다.
④ 이용성, 기능상의 인접성, 토지 이용의 효율성에 따라 인접하여 배치한다.

해설
이용 빈도가 높은 건물은 이용거리를 짧게 한다.

04 다음 설명에 알맞은 도서관의 자료 출납시스템 유형은?

> 이용자가 직접 서고 내의 서가에서 도서자료의 제목 정도는 볼 수 있지만 내용을 열람하고자 할 경우 관원에게 대출을 요구해야 하는 형식

① 폐가식
② 반개가식
③ 자유개가식
④ 안전개가식

해설
반개가식에 대한 설명이다.

05 다음 중 연면적에 대한 숙박부분의 비율이 가장 높은 호텔은?

① 커머셜 호텔
② 리조트 호텔
③ 클럽 하우스
④ 아파트먼트 호텔

해설
숙박 면적비 : 시티(커머셜) 호텔 > 리조트 호텔 > 아파트먼트 호텔

정답 1 ② 2 ① 3 ② 4 ② 5 ①

06 사무실 내의 책상배치의 유형 중 좌우대향형에 관한 설명으로 옳은 것은?

① 대향형과 동향형의 양쪽 특성을 절충한 형태로 커뮤니케이션의 형성에 불리하다.
② 4개의 책상이 맞물려 십자를 이루도록 배치하는 형식으로 그룹작업을 요하는 업무에 적합하다.
③ 책상이 서로 마주보도록 하는 배치로 면적효율은 좋으나 대면 시선에 의해 프라이버시가 침해당하기 쉽다.
④ 낮은 칸막이로 한사람의 작업활동을 위한 공간이 주어지는 형태로 독립성을 요하는 전문직에 적합한 배치이다.

해설
좌우대향 시 칸막이가 있을 경우 커뮤니케이션 형성에 불리하다.

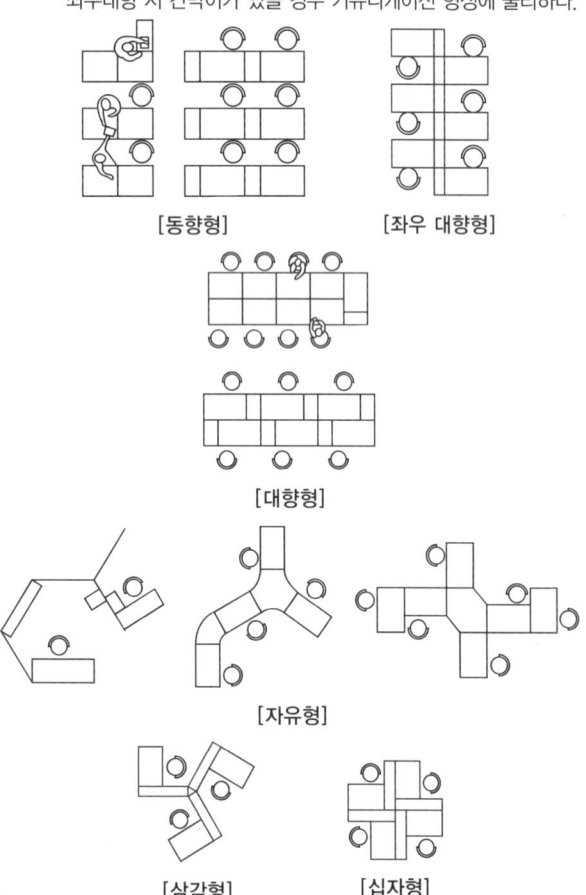

07 교학건축인 성균관의 구성에 속하지 않는 것은?

① 동 재   ② 존경각
③ 천추전   ④ 명륜당

해설
천추전(千秋殿) : 경복궁 사정전(思政殿) 서쪽에 있는 건물

08 극장의 평면형식 중 아레나(Arena)형에 관한 설명으로 옳지 않은 것은?

① 관객이 무대를 360°로 둘러싼 형식이다.
② 무대의 장치나 소품은 주로 낮은 기구들로 구성된다.
③ 픽쳐 프레임 스테이지(Picture Frame Stage) 형이라고도 한다.
④ 가까운 거리에서 관람하면서 많은 관객을 수용할 수 있다.

해설
아레나(Arena)형은 중심무대(Central Stage)형이라고도 한다.

09 각 사찰에 관한 설명으로 옳지 않은 것은?

① 부석사의 가람배치는 누하진입 형식을 취하고 있다.
② 화엄사는 경사된 지형을 수단(數段)으로 나누어서 정지(整地)하여 건물을 적절히 배치하였다.
③ 통도사는 산지에 위치하나 산지가람처럼 건물들을 불규칙하게 배치하지 않고 직교식으로 배치하였다.
④ 봉정사 가람배치는 대지가 3단으로 나누어져 있으며 상단부분에 대웅전과 극락전 등 중요한 건물들이 배치되어 있다.

해설
통도사는 앞뒤 폭이 좁고 중앙이 집중된 형태이며, 산과 계곡 사이의 좁고 긴 부지 때문에 전형적 배치를 적용할 수 없었으므로 남북의 축을 유지하면서 동서로 길게 확장된 특이한 가람배치를 취하고 있다.

10 극장 무대에서 그리드 아이언(Grid Iron)이란 무엇인가?

① 조명 조작 등을 위해 무대 주위 벽에 6~9m의 높이로 설치되는 좁은 통로
② 조명 기구, 연기자 또는 음향 반사판을 매달기 위해 무대 천장 밑에 설치되는 시설
③ 하늘이나 구름 등 자연 현상을 나타내기 위한 무대 배경용 벽
④ 무대와 객석의 경계를 이루는 곳으로 액자와 같은 시각적 효과를 갖게 하는 시설

해설
② 그리드 아이언(Grid Iron)
① 플라이 갤러리(Fly Gallery)
③ 사이클로라마(Cyclorama)
④ 프로시니엄 아치(Proscenium Arch)

11 공장 건축의 레이아웃 계획에 관한 설명으로 옳지 않은 것은?

① 플랜트 레이아웃은 공장건축의 기본설계와 병행하여 이루어진다.
② 고정식 레이아웃은 조선소와 같이 제품이 크고 수량이 적을 경우에 적용된다.
③ 다품종 소량생산이나 주문생산 위주의 공장에는 공정 중심의 레이아웃이 적합하다.
④ 레이아웃 계획은 작업장 내의 기계설비 배치에 관한 것으로 공장규모변화에 따른 융통성은 고려 대상이 아니다.

해설
레이아웃(Layout)은 공장의 기계설비, 작업자의 작업구역, 재료 및 제품을 보관하는 장소 등 상호 위치관계를 말한다. 레이아웃(Layout) 계획은 공장 규모 변화에 따른 융통성을 고려해야 한다.

12 한국 전통건축의 지붕양식에 관한 설명으로 옳은 것은?

① 팔작지붕은 원초적인 지붕형태로 원시움집에서부터 사용되었다.
② 모임지붕은 용마루와 내림마루가 있고 추녀마루만 없는 형태이다.
③ 맞배지붕은 용마루와 추녀마루로만 구성된 지붕으로 주로 다포식 건물에 사용되었다.
④ 우진각지붕은 네 면에 모두 지붕면이 있으며 전후 지붕면은 사다리꼴이고 양측 지붕면은 삼각형이다.

해설
① 팔작지붕 : 대규모 건축
② 모임지붕 : 추녀마루 있음
③ 맞배지붕 : 추녀마루 없음

13 사무소 건축의 중심코어 형식에 관한 설명으로 옳은 것은?

① 구조코어로서 바람직한 형태이다.
② 유효율이 낮아 임대 사무소 건축에는 부적합하다.
③ 일반적으로 기준층 바닥면적이 작은 경우에 주로 사용된다.
④ 2방향 피난에는 이상적인 관계로 방재/피난상 가장 유리한 형식이다.

해설
② 유효율이 높아 임대 사무소 건축에 적합하다.
③ 일반적으로 기준층 바닥면적이 큰 경우에 주로 사용된다.
④ 양단코어 형식에 대한 설명이다.

14 백화점의 에스컬레이터 배치형식에 관한 설명으로 옳은 것은?

① 직렬식 배치는 승객의 시야도 좋고 점유면적도 작다.
② 병렬연속식 배치는 연속적으로 승강할 수 없다는 단점이 있다.
③ 교차식 배치는 점유면적이 작으며 연속 승강이 가능하다는 장점이 있다.
④ 병렬단속식 배치는 승객의 시야는 안 좋으나 점유면적이 작아 고층 백화점에 주로 사용된다.

해설
① 직렬식 배치는 승객의 시야가 좋고 점유면적이 크다.
② 병렬연속식 배치는 연속적으로 승강할 수 있다는 장점이 있다.
④ 병렬단속식 배치는 승객의 시야가 좋다.

15 다음 중 상점계획에서 파사드 구성에 요구되는 소비자 구매심리 5단계(AIDMA 법칙)에 속하지 않는 것은?

① 흥미(Interest)   ② 욕망(Desire)
③ 기억(Memory)   ④ 유인(Attraction)

해설
AIDMA 법칙
• Attention(주의) : 사람의 눈을 끌 수 있게 충분한 매력이 있는가?
• Interest(흥미, 주목) : 공감을 줄 수 있는가?
• Desire(욕망, 공감, 욕구) : 친근감과 자극을 주는가?
• Memory(기억, 인상) : 인상적인 변화가 있는가?
• Action(행동, 출입) : 구매의 동기를 만들어 줄 수 있는가?

16 전시공간의 특수전시기법에 관한 설명으로 옳지 않은 것은?

① 파노라마 전시는 전체의 맥락이 중요하다고 생각될 때 사용된다.
② 하모니카 전시는 동일 종류의 전시물을 반복하여 전시할 경우에 유리하다.
③ 디오라마 전시는 하나의 사실 또는 주제의 시간 상황을 고정시켜 연출하는 기법이다.
④ 아일랜드 전시는 벽면 전시 기법으로 전체 벽면의 일부만을 사용하며 그림과 같은 미술품 전시에 주로 사용된다.

해설
아일랜드 전시 : 벽이나 천장을 직접 이용하지 않고 전시물 또는 전시 장치를 바닥에 배치함으로써 전시 공간을 만들어 내는 전시 기법

17 바실리카식 교회당의 각부 명칭과 관계없는 것은?

① 아일(Aisle)
② 파일론(Pylon)
③ 나르텍스(Narthex)
④ 트란셉트(Transept)

해설
파일론(Pylon) : 신전건축에서 볼 수 있으며, 벽면이 아래로 갈수록 두꺼워지는 육중한 탑문(신전 정문)으로서 상부와 양 측면은 몰딩처리가 되어 있다.

18 동일한 대지조건, 동일한 단위주호 면적을 가진 편복도형 아파트가 홀형 아파트에 비해 유리한 점은?

① 피난에 유리하다.
② 공용면적이 작다.
③ 엘리베이터 이용효율이 높다.
④ 채광, 통풍을 위한 개구부가 넓다.

해설
편복도형은 1개 엘리베이터를 다수의 주호가 사용하므로 엘리베이터의 이용효율이 높다.

19 학교 건축에서 단층교사에 관한 설명으로 옳지 않은 것은?

① 재해 시 피난이 유리하다.
② 학습활동을 실외에 연장할 수 있다.
③ 부지의 이용률이 높으며 설비의 배선, 배관을 집약할 수 있다.
④ 개개의 교실에서 밖으로 직접 출입할 수 있으므로 복도가 혼잡하지 않다.

해설
단층교사 : 부지의 이용률이 낮으며 설비 배선 및 배관이 길어진다.
다층교사 : 부지 이용률이 높고, 설비 배선 및 배관을 집약할 수 있다.

20 종합병원의 건축형식 중 분관식(Pavilion Type)에 관한 설명으로 옳지 않은 것은?

① 평면 분산식이다.
② 채광 및 통풍 조건이 좋다.
③ 일반적으로 3층 이하의 저층 건물로 구성된다.
④ 재난 시 환자의 피난이 어려우며 공사비가 높다.

해설
재난 시 환자의 피난에 유리하며 공사비가 낮다.

제2과목 건축시공

21 콘크리트의 크리프에 관한 설명으로 옳지 않은 것은?

① 습도가 높을수록 크리프는 크다.
② 물시멘트비가 클수록 크리프는 크다.
③ 콘크리트의 배합과 골재의 종류는 크리프에 영향을 끼친다.
④ 하중이 제거되면 크리프 변형은 일부 회복된다.

해설
습도가 높을수록 크리프는 작다.
크리프(Creep) : 콘크리트 구조물에 하중이 가해지면 즉시 탄성변형이 일어나며, 하중 증가 없이도 시간의 경과에 따라 구조물의 변형이 계속해서 증가되는 현상

22 웰 포인트 공법에 관한 설명으로 옳지 않은 것은?

① 흙파기 밑면의 토질 약화를 예방한다.
② 진공펌프를 사용하여 토중의 지하수를 강제적으로 집수한다.
③ 지하수 저하에 따른 인접지반과 공동매설물 침하에 주의가 필요하다.
④ 사질지반보다 점토층 지반에서 효과적이다.

해설
웰 포인트(Well Point) 공법 : 집수장치를 붙인 파이프를 지중에 박아 이것을 지상의 집수관에 연결하여 펌프로 지중의 물을 배수하는 공법으로 사질 지반에 효과적이다.

23 목재의 무늬나 바탕의 재질을 잘 보이게 하는 도장 방법은?

① 유성 페인트 도장
② 에나멜 페인트 도장
③ 합성수지 페인트 도장
④ 클리어 래커 도장

해설
클리어 래커 도장 : 투명 래커이며 내수성 및 내후성이 부족하여 실내용 도장에 사용된다.

24 콘크리트 블록(Block)벽체의 크기가 3×5m일 때 쌓기 모르타르의 소요량으로 옳은 것은?(단, 블록의 치수는 390×190×190mm, 재료량은 할증이 포함되었으며, 모르타르 배합비는 1:3)

① 0.10m³
② 0.12m³
③ 0.15m³
④ 0.18m³

해설
모르타르의 소요량은 벽체 면적에 대하여 단위 m²당 0.01의 모르타르량(m³)이 필요하다. 따라서, 3m×5m=15m²이므로, 15m²×0.01m³/m² = 0.15m³가 필요하다.

모르타르, 시멘트 및 모래 산출

종류	규격	단위	모르타르	시멘트	모래
시멘트벽돌	옆세워쌓기	천매	0.18	91.8	0.198
시멘트벽돌	0.5B	천매	0.25	127.5	0.275
시멘트벽돌	1.0B	천매	0.33	168.3	0.363
시멘트벽돌	1.5B	천매	0.35	178.5	0.385
블록	150×190×390	m²	0.009	4.59	0.01
블록	190×190×390	m²	0.010	5.10	0.011
블록	210×190×390	m²	0.0105	5.36	0.012

25 건설공사현장에서 보통 콘크리트를 KS규격품인 레미콘으로 주문할 때의 요구항목이 아닌 것은?

① 잔골재의 조립률
② 굵은 골재의 최대 치수
③ 호칭강도
④ 슬럼프

해설
레디믹스트 콘크리트 호칭규격

Remicon(25-24-150)
㉠ 25 : 굵은 골재 최대치수(mm)
㉡ 24 : 호칭강도(MPa)
㉢ 150 : 슬럼프값(mm)

26 공사 진행의 일반적인 순서로 가장 알맞은 것은?

① 가설공사 → 공사 착공 준비 → 토공사 → 구조체 공사 → 지정 및 기초공사
② 공사 착공 준비 → 가설공사 → 토공사 → 지정 및 기초공사 → 구조체 공사
③ 공사 착공 준비 → 토공사 → 가설공사 → 구조체 공사 → 지정 및 기초공사
④ 공사 착공 준비 → 지정 및 기초공사 → 토공사 → 가설공사 → 구조체 공사

해설
공사 착공 준비 → 가설공사 → 토공사 → 지정 및 기초공사 → 구조체 공사

23 ④ 24 ③ 25 ① 26 ②

27 공사관리방법 중 CM계약방식에 관한 설명으로 옳지 않은 것은?

① 대리인형 CM(CM for Fee)인 경우 공사품질에 책임을 지며, 품질 문제 발생 시 책임소재가 명확하다.
② 프로젝트의 전 과정에 걸쳐 공사비, 공기 및 시공성에 대한 종합적인 평가 및 설계변경에 대한 효율적인 평가가 가능하여 발주자의 의사결정에 도움이 된다.
③ 설계과정에서 설계가 시공에 미치는 영향을 예측할 수 있어 설계도서의 현실성을 향상시킬 수 있다.
④ 단계적 발주 및 시공의 적용이 가능하다.

해설
공사품질에 책임을 지며 품질 문제 발생 시 책임소재가 명확한 방식은 CM at Risk 방식으로서 공사 결과에 대한 Risk를 부담하는 방식을 말한다.

28 건축재료별 수량 산출 시 적용하는 할증률로 옳지 않은 것은?

① 유리 : 1%
② 단열재 : 5%
③ 붉은벽돌 : 3%
④ 이형철근 : 3%

해설
② 단열재 : 10%

29 ALC 패널의 설치공법이 아닌 것은?

① 수직철근 공법
② 슬라이드 공법
③ 커버 플레이트 공법
④ 피치 공법

해설
ALC 패널의 설치공법
• 수직철근 공법
• 슬라이드 공법
• 커버 플레이트 공법
• 볼트 조임 공법

30 다음에서 설명하고 있는 도장결함은?

도료를 겹칠하였을 때 하도의 색이 상도막 표면에 떠올라 상도의 색이 변하는 현상

① 번 짐
② 색 분리
③ 주 름
④ 핀 홀

해설
도장의 결함 중 번짐(브리트)은 도료를 겹칠하였을 때, 하도의 색이 상도 도막 표면에 떠올라 상도의 색이 변하는 현상을 말한다.

31 유동화콘크리트에 관한 설명으로 옳지 않은 것은?

① 높은 유동성을 가지면서도 단위수량은 보통콘크리트보다 적다.
② 일반적으로 유동성을 높이기 위하여 화학혼화제를 사용한다.
③ 동일한 단위시멘트량을 갖는 보통콘크리트에 비하여 압축강도가 매우 높다.
④ 일반적으로 건조수축은 묽은 비빔 콘크리트보다 작다.

> **해설**
> 유동화 콘크리트는 유동화제(고성능 감수제) 첨가로 유동성을 크게 한 콘크리트로서 품질에 영향을 주지 않고 작업성만 개선한다. 유동화 콘크리트의 배합강도는 유동화 전인 베이스 콘크리트의 압축강도에 따라 정할 수 있으며, 유동화 콘크리트의 압축강도는 보통콘크리트와 거의 동일하다.

32 계약 방식 중 단가계약 제도에 관한 설명으로 옳지 않은 것은?

① 실시수량의 확정에 따라서 차후 정산하는 방식이다.
② 긴급공사 시 또는 수량이 불명확할 때 간단히 계약할 수 있다.
③ 설계변경에 의한 수량의 증감이 용이하다.
④ 공사비를 절감할 수 있으며, 복잡한 공사에 적용하는 것이 좋다.

> **해설**
> 자재, 노무비를 절감하려는 의욕의 저하되므로 공사비를 절감이 어렵고, 복잡한 공사에 불리하다.

33 콘크리트용 골재의 품질에 관한 설명으로 옳지 않은 것은?

① 골재는 청정, 견경하고 유해량의 먼지, 유기불순물이 포함되지 않아야 한다.
② 골재의 입형은 콘크리트의 유동성을 갖도록 한다.
③ 골재는 예각으로 된 것을 사용하도록 한다.
④ 골재의 강도는 콘크리트 내 경화한 시멘트 페이스트의 강도보다 커야 한다.

> **해설**
> 골재는 구형으로, 표면이 거친 것이 마찰력을 증가시키므로 좋다.

34 창호철물과 창호의 연결로 옳지 않은 것은?

① 도어체크(Door Check) – 미닫이문
② 플로어 힌지(Floor Hinge) – 자재 여닫이문
③ 크리센트(Crescent) – 오르내리창
④ 레일(Rail) – 미서기창

> **해설**
> ① 도어체크(Door Check) – 여닫이문

35 목구조 재료로 사용되는 침엽수의 특징에 해당하지 않는 것은?

① 직선부재의 대량생산이 가능하다.
② 단단하고 가공이 어려우나 미관이 좋다.
③ 병·충해에 약하여 방부 및 방충처리를 하여야 한다.
④ 수고(樹高)가 높으며 통직하다.

해설
②는 활엽수에 대한 설명이다.
침엽수 : 나무결이 곧고 연하며 탄력이 있으며 가공이 쉽고 가격이 저렴하다.
활엽수 : 재질이 치밀하며 단단하고 가공이 어려우나 미관이 좋다.

36 대안입찰제도의 특징에 관한 설명으로 옳지 않은 것은?

① 공사비를 절감할 수 있다.
② 설계상 문제점의 보완이 가능하다.
③ 신기술의 개발 및 축적을 기대할 수 있다.
④ 입찰기간이 단축된다.

해설
설계 내용에 대해 발주청의 의견을 반영하기가 어렵고, 설계비용 등 입찰비용이 과다하여 중소업체의 참여가 제한되고, 발주가 복잡하여 입찰기간이 길어지는 단점이 있다.
대안입찰 : 원안입찰과 함께 따로 입찰자의 의사에 따라 대안이 허용된 공사의 입찰을 말한다. 원안의 가격보다 낮고 공사기간이 지방자치단체가 작성한 설계서상의 기간을 초과하지 않는 공법으로 시공할 수 있는 설계를 의미하며, 민간의 기술력을 활용한다는 측면에서 일괄입찰(턴키) 방식과 유사하다.

37 잔류유(찌꺼기)를 저온으로 장시간 증류한 것으로 응집력이 크고 온도에 의한 변화가 적으며 연화점이 높고 안전하여 방수공사에 많이 사용되는 것은?

① 아스팔트 펠트
② 블론 아스팔트
③ 아스팔타이트
④ 레이크 아스팔트

해설
블론 아스팔트에 대한 설명이다.

38 지표 재하 하중으로 흙막이 저면 흙이 붕괴되고 바깥에 있는 흙이 안으로 밀려 볼록하게 되어 파괴되는 현상은?

① 히빙(Heaving)파괴
② 보일링(Boiling)파괴
③ 수동토압(Passive Earth Pressure)파괴
④ 전단(Shearing)파괴

해설
히빙(Heaving)파괴에 대한 설명이다.

정답 35 ② 36 ④ 37 ② 38 ①

39 블록조 벽체에 와이어메시를 가로줄눈에 묻어 쌓기도 하는데 이에 관한 설명으로 옳지 않은 것은?

① 전단작용에 대한 보강이다.
② 수직하중을 분산시키는데 유리하다.
③ 블록과 모르타르의 부착성능의 증진을 위한 것이다.
④ 교차부의 균열을 방지하는데 유리하다.

해설
블록과 모르타르의 부착성능의 증진에는 관계없다.
블록조 벽체에 와이어메시를 가로줄눈에 설치하는 목적
• 전단 보강
• 수직하중 분산
• 교차부의 균열 방지

40 건축물 외부에 설치하는 커튼월에 관한 설명으로 옳지 않은 것은?

① 커튼월이란 외벽을 구성하는 비내력벽 구조이다.
② 커튼월의 조립은 대부분 외부에 대형 발판이 필요하므로 비계공사가 필수적이다.
③ 공장에서 생산하여 반입하는 프리패브 제품이다.
④ 일반적으로 콘크리트나 벽돌 등의 외장재에 비하여 경량이어서 건물의 전체 무게를 줄이는 역할을 한다.

해설
커튼월의 조립은 각 구성부재(Sash, Spandrel)를 공장에서 유니트로 조립제작 및 운반하여 현장에서 조립하고 양중기에 의해 설치하는 방식이다. 녹다운(Knock-down)이나 유니트 월 방식(Unit Wall Method)이 있다.

제3과목 건축구조

41 그림과 같은 정정 구조의 CD부재에서 C, D점의 휨모멘트 값 중 옳은 것은?

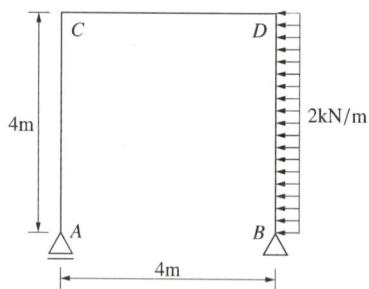

① C점 : 0, D점 : 16kN·m
② C점 : 16kN·m, D점 : 16kN·m
③ C점 : 0, D점 : 32kN·m
④ C점 : 32kN·m, D점 : 32kN·m

해설
• 반력을 구한다.

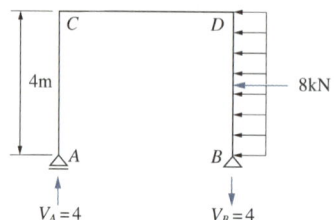

반력이 많은 B점 기준의 모멘트 합을 구하면,
$\sum M_B = 0$; $(V_A \times 4) - (8 \times 2) = 0$, ∴ $V_A = 4kN$
$\sum F_y = 0$; $V_A + V_B = 0$, ∴ $V_B = -4kN$

• C점과 D점의 모멘트 값을 구한다.

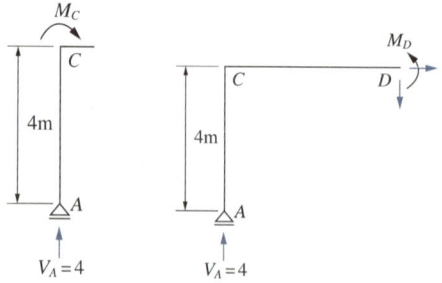

C점 기준의 모멘트 합을 구하면,
$\sum M_C = 0$; $M_C = 0$, C점은 모멘트가 0이다.
D점 기준의 모멘트 합을 구하면,
$\sum M_D = 0$; $(V_A \times l) - M_D = 0$
$(4 \times 4) - M_D = 0$, ∴ $M_D = 16kN \cdot m$

42 그림과 같은 단면에 전단력 50kN이 가해진 경우 중립축에서 상방향으로 100mm 떨어진 지점의 전단응력은?(단, 전체 단면의 크기는 200 × 300mm임)

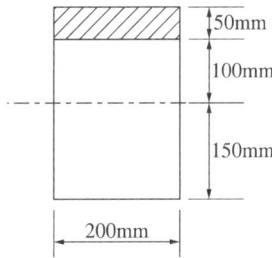

① 0.85MPa ② 0.79MPa
③ 0.73MPa ④ 0.69MPa

해설

단면 2차 모멘트 $I = \dfrac{bh^3}{12} = \dfrac{200 \times 300^3}{12} = 450 \times 10^6 \text{mm}^4$

전단력 $V = 50\text{kN} = 50 \times 10^3 \text{N}$

단면 1차 모멘트 $Q = (200 \times 50) \times (100 + 50 \div 2)$
$= 1.25 \times 10^6 \text{mm}^3$

∴ 전단응력 $\tau = \dfrac{VQ}{Ib} = \dfrac{(50 \times 10^3) \times (1.25 \times 10^6)}{(450 \times 10^6) \times 200}$
$\fallingdotseq 0.694\text{MPa}$

43 등가정적해석법에 의한 건축물의 내진설계 시 고려해야 할 사항이 아닌 것은?

① 지역계수 ② 노풍도계수
③ 지반종류 ④ 반응수정계수

해설

풍하중 산정에 필요한 각종 계수로는 기본풍속, 노풍도, 중요도계수 등이 있다.

※ 참 고
지진하중: 내진설계를 하는 건축물은 지진하중에 의한 밑면전단력, 층지진하중, 층전단력, 수평비틀림모멘트, 전도모멘트 등에 저항할 수 있도록 설계해야 한다. 지진에 대한 구조물의 해석법으로는 등가정적해석법과 동적해석법이 있으며, 지진하중 산정을 위한 계수로는 지역구역계수, 지반계수, 중요도계수, 반응수정계수, 시스템초과강도계수, 변위증폭계수 등이 있다.
적설하중: 기본 지붕 적설하중계수, 노출계수, 온도계수, 중요도계수 및 지붕의 형상계수와 기타 재하분포상태 등을 고려하여 산정한다.

44 다음 두 보의 최대 처짐량이 같기 위한 등분포하중의 비로 옳은 것은?(단, 부재의 재질과 단면은 동일하며 A부재의 길이는 B부재 길이의 2배임)

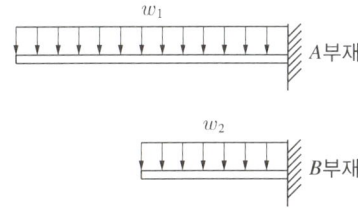

① $w_2 = 2w_1$ ② $w_2 = 4w_1$
③ $w_2 = 8w_1$ ④ $w_2 = 16w_1$

해설

등분포하중 시, 캔틸레버의 처짐 기본공식은 $\delta = \dfrac{wl^4}{8EI}$ 이므로,

$\delta_A = \dfrac{w_1(2l)^4}{8EI}$, $\delta_B = \dfrac{w_2 l^4}{8EI}$

문제에서 최대 처짐량이 같아야 하므로, $\delta_A = \delta_B$

$\dfrac{w_1(2l)^4}{8EI} = \dfrac{w_2 l^4}{8EI}$ 이므로,

∴ $16w_1 = w_2$

45 그림과 같은 트러스에서 '가' 및 '나' 부재의 부재력을 옳게 구한 것은?(단, −는 압축력, +는 인장력을 의미한다)

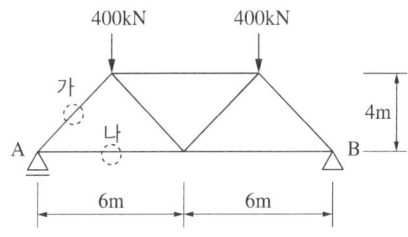

① 가 = −500kN, 나 = 300kN
② 가 = −500kN, 나 = 400kN
③ 가 = −400kN, 나 = 300kN
④ 가 = −400kN, 나 = 400kN

해설

좌우대칭이므로, $R_A = 400\text{kN}$ 이고,
직삼각형을 이용한 비례식에 의하여,
$4 : 5 = 400\text{kN} : F_가$, ∴ $F_가 = -500\text{kN}$(압축)
$4 : 3 = 400\text{kN} : F_나$, ∴ $F_나 = +300\text{kN}$(인장)

46 철근콘크리트 구조설계 시 고려하는 강도설계법에 관한 설명으로 옳지 않은 것은?

① 보의 압축측의 응력분포는 사다리꼴, 포물선 등의 형태로 본다.
② 규정된 허용하중이 초과될지도 모를 가능성을 예측하여 하중계수를 사용한다.
③ 재료의 변화, 시공오차 등의 기술적인 면을 고려하여 강도감소계수를 사용한다.
④ 이 설계방법은 탄성이론하에서 이루어진 설계법이다.

해설
탄성이론에 의해서 이루어진 설계법은 사용성을 중시하는 허용응력설계법이다.

47 일반 또는 경량콘크리트 휨부재의 크리프와 건조수축에 의한 추가 장기처짐 산정과 관련하여 5년 이상일 때, 지속하중에 대한 시간경과계수 ξ는 얼마인가?

① 2.4   ② 2.2
③ 2.0   ④ 1.4

해설
ξ : 지속하중에 대한 시간경과계수
• 3개월 : 1.0   • 6개월 : 1.2
• 1년 : 1.4   • 5년 : 2.0

48 그림과 같은 앵글(Angle)의 유효 단면적으로 옳은 것은?(단, Ls-50×50×6 사용, $A = 5.644cm^2$, $d = 1.7cm$)

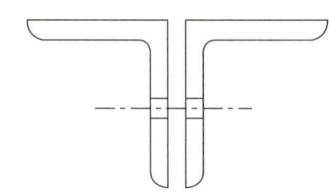

① $8.0cm^2$ ② $8.5cm^2$
③ $9.0cm^2$ ④ $9.25cm^2$

해설
$$A_n = A_g - ndt$$
$$= (5.644 \times 2) - 2 \times 1.7 \times 0.6 = 9.248cm^2$$

49 3회전단 포물선 아치에 그림과 같이 등분포하중이 가해졌을 경우 단면상에 나타나는 부재력의 종류는?

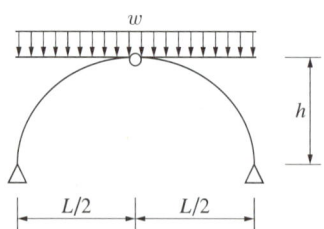

① 전단력, 휨모멘트
② 축방향력, 전단력, 휨모멘트
③ 축방향력, 전단력
④ 축방향력

해설
3활절 포물선 아치에서 등분포하중이 만재된 경우에는 축방향력(압축력)만 작용한다.

50 강재의 응력-변형도 시험에서 인장력을 가해 소성 상태에 들어선 강재를 다시 반대 방향으로 압축력을 작용하였을 때의 압축항복점이 소성상태에 들어서지 않은 강재의 압축항복점에 비해 낮은 것을 볼 수 있는데 이러한 현상을 무엇이라 하는가?

① 뤼더선(Luder's Line)
② 소성흐름(Plastic Flow)
③ 바우싱거 효과(Baushinger's Effect)
④ 응력집중(Stress Concentration)

해설
바우싱거 효과(Bauschinger's Effect)
응력을 역방향으로 가할 때, 같은 변형률에 대하여 응력이 감소하는 현상으로 물체는 인장과 압축을 반복해서 받게 되면 보다 낮은 하중에서도 영구적인 변형을 일으킬뿐더러 쉽게 파괴될 수 있다.

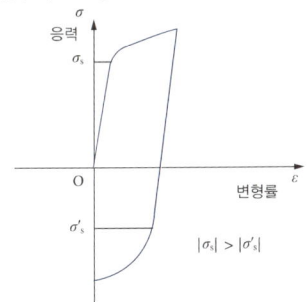

$|\sigma_s| > |\sigma'_s|$

51 그림과 같은 압축재에 $V-V$축의 세장비 값으로 옳은 것은?(단, $A = 10\text{cm}^2$, $I_V = 36\text{cm}^4$)

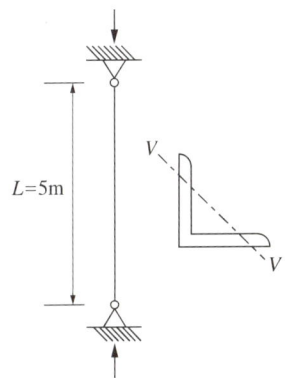

① 270.3 ② 263.1
③ 254.8 ④ 236.4

해설
$$\text{세장비}(\lambda) = \frac{KL}{r} = \frac{KL}{\sqrt{\dfrac{I}{A}}}$$
$$= \frac{1.0 \times 500}{\sqrt{\dfrac{36}{10}}} \fallingdotseq 263.5$$

※ 양단힌지이므로, $K = 1.0$

52 강도설계법에 의한 철근콘크리트 보에서 콘크리트만의 설계전단강도는 얼마인가?(단, f_{ck} = 24MPa, $\lambda = 1$)

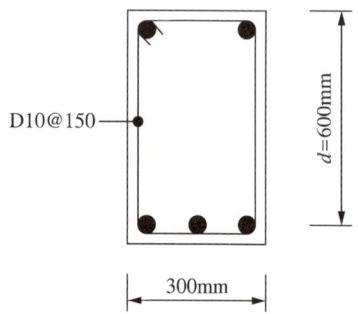

① 31.5kN ② 75.8kN
③ 110.2kN ④ 145.6kN

해설

설계전단강도 공식($\phi V_c = \phi \frac{1}{6} \lambda \sqrt{f_{ck}} \cdot b \cdot d$)을 사용한다.
(ϕ : 전단력과 비틀림모멘트가 적용되는 부재 강도감소계수는 0.75)

$\phi V_c = 0.75 \times \frac{1}{6} \times 1.0 \times \sqrt{24} \times 300 \times 600$
≒ 110,227N ≒ 110.2kN

53 스터럽으로 보강된 휨 부재의 최외단 인장철근의 순인장 변형률 ε_t 가 0.004일 경우 강도감소계수 ϕ로 옳은 것은?(단, f_y = 400MPa)

① 0.65 ② 0.717
③ 0.783 ④ 0.817

해설

순인장 변형률 ε_t 가 0.004일 경우 강도감소계수(ϕ)는 0.780이다.
순인장 변형률에 따른 강도감소계수의 변화

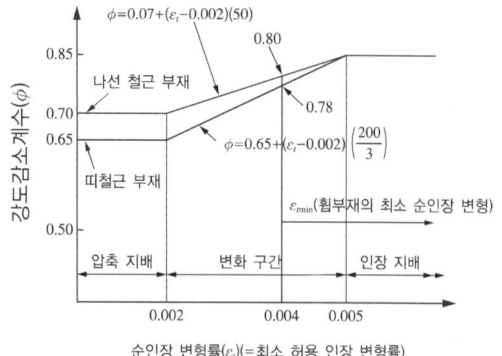

54 다음 용어 중 서로 관련이 가장 적은 것은?

① 기둥 - 메탈터치(Metal Touch)
② 인장가새 - 턴버클(Turn Buckle)
③ 주각부 - 거싯 플레이트(Gusset Plate)
④ 중도리 - 새그로드(Sag Rod)

해설

거싯 플레이트(Gusset Plate) : 강구조 부재의 접합용 강판으로 트러스의 절점이나 기둥과 보 등의 접합부에 사용되어 부재 상호간 힘을 전달하는 부재

55 건축물의 기초구조 설계 시 말뚝재료별 구조세칙으로 옳지 않은 것은?

① 나무말뚝을 타설할 때 그 중심간격은 말뚝머리지름의 2.5배 이상 또한 600mm 이상으로 한다.
② 기성콘크리트말뚝을 타설할 때 그 중심간격은 말뚝머리지름의 2.5배 이상 또한 1,100mm 이상으로 한다.
③ 강재말뚝을 타설할 때 그 중심간격은 말뚝머리의 지름 또는 폭의 2.0배 이상(다만, 폐단강관 말뚝에 있어서 2.5배) 또한 750mm 이상으로 한다.
④ 현장타설콘크리트말뚝을 배치할 때 그 중심간격은 말뚝머리지름의 2.0배 이상 또한 말뚝머리지름에 1,000mm를 더한 값 이상으로 한다.

해설

말뚝의 종류별 간격(D : 말뚝머리지름)

말뚝의 종류	말뚝의 중심 간격
나무말뚝	$2.5D$ 이상 또한 600mm 이상
기성콘크리트말뚝	$2.5D$ 이상 또한 750mm 이상
강재말뚝	D 또는 폭의 2.0배 이상 또한 750mm 이상
매입말뚝	$2D$ 이상
현장타설콘크리트 말뚝	$2D$ 이상 또한 D+1,000mm 이상

56 다음 중 한계상태설계법에서 강도 한계상태를 구성하는 요소가 아닌 것은?

① 바닥재의 진동
② 기둥의 좌굴
③ 골조의 불안정성
④ 취성파괴

해설
바닥재의 진동은 사용 한계상태이다.
강도 한계상태 : 구조체가 기능을 발휘 못하는 상태(불안정, 파괴 등)로서 하중지지능력을 상실하는 상태(기둥의 좌굴, 골조의 불안정성, 취성파괴 등)
사용 한계상태 : 구조 기능 저하로 사용상 부적합한 상태(균열, 처짐, 진동 등)가 되는 사용상 한계상태(바닥재의 진동, 구조체의 균열 및 처짐 등)

57 볼트의 기계적 등급을 나타내기 위해 표시하는 F8T, F10T, F11T에서 가운데 숫자는 무엇을 의미하는가?

① 휨강도
② 인장강도
③ 압축강도
④ 전단강도

해설
인장강도를 나타낸다.

58 그림에서 절점 D는 이동을 하지 않으며, A, B, C는 고정단일 때 C단의 모멘트는?(단, k는 부재의 강비임)

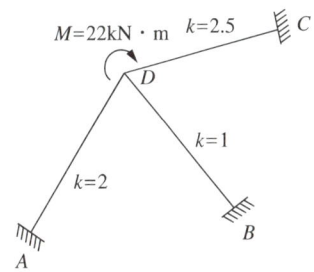

① $4.0\text{kN}\cdot\text{m}$
② $4.5\text{kN}\cdot\text{m}$
③ $5.0\text{kN}\cdot\text{m}$
④ $5.5\text{kN}\cdot\text{m}$

해설
• 분배 모멘트
$$DF_{DC} = \frac{k_{DC}}{\sum k} = \frac{2.5}{2+1+2.5} = \frac{2.5}{5.5}$$
$$DM_{DC} = M_D \times DF_{DC} = 22 \times \frac{2.5}{5.5} = 10\text{kN}\cdot\text{m}$$
• 도달 모멘트는 분배 모멘트의 $\frac{1}{2}$만 전달된다.
$$\therefore DM_{DC} \times \frac{1}{2} = 10 \times \frac{1}{2} = 5\text{kN}\cdot\text{m}$$

59 콘크리트 구조 설계 시 철근간격제한에 관한 내용으로 옳지 않은 것은?

① 벽체 또는 슬래브에서 휨 주철근의 간격은 벽체나 슬래브 두께의 3배 이하로 하여야 하고, 또한 450mm 이하로 하여야 한다.
② 상단과 하단에 2단 이상으로 배치된 경우 상하 철근은 동일 연직면 내에 배치되어야 하고, 이때 상하 철근의 순간격은 25mm 이상으로 하여야 한다.
③ 나선철근 또는 띠철근이 배근된 압축부재에서 축방향 철근의 순간격은 25mm 이상, 또한 철근 공칭 지름의 2.5배 이상으로 하여야 한다.
④ 2개 이상의 철근을 묶어서 사용하는 다발철근은 이형철근으로, 그 개수는 4개 이하이어야 하며, 이들은 스터럽이나 띠철근으로 둘러싸여져야 한다.

해설
나선철근 또는 띠철근이 배근된 압축부재에서 축방향 철근의 순간격은 40mm 이상, 또한 철근 공칭 지름의 1.5배 이상으로 하여야 한다(콘크리트구조 철근상세 설계기준).

60 단면의 지름이 150mm, 재축방향 길이가 300mm인 원형 강봉의 윗면에 300kN의 힘이 작용하여 재축방향 길이가 0.16mm 줄어들었고, 단면의 지름이 0.02mm 늘어났다면 이 강봉의 탄성계수 E와 푸아송비는?

① 31,830MPa, 0.25
② 31,830MPa, 0.125
③ 39,630MPa, 0.25
④ 39,630MPa, 0.125

해설
탄성계수$(E) = \dfrac{P \times L}{A \times \Delta L}$

$= \dfrac{300 \times 10^3 \times 300}{\dfrac{\pi \times 150^2}{4} \times 0.16}$

$\fallingdotseq 31,831 \text{N/mm}^2$

$= 31,831 \text{MPa}$

푸아송비$(\nu) = \dfrac{\text{압축변형률}}{\text{인장변형률}}$

$= \dfrac{L \times \Delta D}{D \times \Delta L}$

$= \dfrac{300 \times 0.02}{150 \times 0.16}$

$= 0.25$

정답 59 ③ 60 ①

제4과목 건축설비

61 다음 중 변전실 면적 결정 시 영향을 주는 요소와 가장 거리가 먼 것은?

① 수전전압
② 수전방식
③ 발전기 용량
④ 큐비클의 종류

해설
변전실 면적에 영향을 주는 요소
- 수전전압 및 수전방식
- 변전설비 강압방식, 변압 용량, 수량 및 형식
- 설치 기기와 큐비클의 종류
- 기기 배치방법, 유지보수 필요 면적
- 건물의 구조적 여건

62 가스사용시설에서 가스계량기의 설치에 관한 설명으로 옳지 않은 것은?

① 전기접속기와의 거리가 최소 30cm 이상이 되도록 한다.
② 전기점멸기와의 거리가 최소 60cm 이상이 되도록 한다.
③ 전기개폐기와의 거리가 최소 60cm 이상이 되도록 한다.
④ 전기계량기와의 거리가 최소 60cm 이상이 되도록 한다.

해설
가스계량기와 전기점멸기와의 거리는 30cm 이상 유지하여야 한다.

63 엘리베이터의 안전장치 중 일정 이상의 속도가 되었을 때 브레이크 등을 작동시키는 기능을 하는 것은?

① 조속기
② 권상기
③ 완충기
④ 가이드 슈

해설
① 조속기 : 정격속도 120% 초과 시 권상기 전원을 off 하는 장치
② 권상기 : 전동기로 카를 오르내리게 하는 기계
③ 완충기(Buffer) : 승강로 하부에서 충돌 방지
④ 가이드 슈 : 엘리베이터의 승강기틀이나 균형추틀의 위쪽 끝 및 아래쪽 끝에 설치하는 것으로, 가이드 레일면과 접촉되고 연동하면서 승강기와 추를 가이드하는 장치

64 흡음 및 차음에 관한 설명으로 옳지 않은 것은?

① 벽의 차음성능은 투과손실이 클수록 높다.
② 차음성능이 높은 재료는 흡음성능도 높다.
③ 벽의 차음성능은 사용재료의 면밀도에 크게 영향을 받는다.
④ 벽의 차음성능은 동일 재료에서도 두께와 시공법에 따라 다르다.

해설
콘크리트 등 육중한(무거운) 재료는 차음성이 높고, 흡음성은 낮다.

정답 61 ③ 62 ② 63 ① 64 ②

65 다음 설명에 알맞은 화재의 종류는?

> 나무, 섬유, 종이, 고무, 플라스틱류와 같은 일반 가연물이 타고 나서 재가 남는 화재

① A급 화재
② B급 화재
③ C급 화재
④ K급 화재

해설
① A급 화재 : 일반화재로서 목재, 종이, 직물 등의 일반 가연물 화재로서, 물의 냉각 작용으로 소화되는 화재
② B급 화재 : 유류, 가스화재로서 석유, 가연성 액체 등의 화재로서, 공기 차단으로 소화하는 화재
③ C급 화재 : 전기화재로서 전기시설 등 감전의 우려가 있는 화재
④ K급 화재 : 주방화재로서 주방의 식물성, 동물성 기름에서 발생하는 화재

66 전기설비에서 다음과 같이 정의되는 장치는?

> 지락전류를 영상변류기로 검출하는 전류 동작형으로 지락전류가 미리 정해 놓은 값을 초과할 경우, 설정된 시간 내에 회로나 회로의 일부의 전원을 자동으로 차단하는 장치

① 퓨 즈
② 누전차단기
③ 단로스위치
④ 절환스위치

해설
누전차단기 : 자동적으로 회로의 이상이 생길 경우 전로를 차단하여 기기를 보호하는 장치

67 급수방식 중 고가수조방식에 관한 설명으로 옳은 것은?

① 급수압력이 일정하다.
② 2층 정도의 건물에만 적용이 가능하다.
③ 위생성 측면에서 가장 바람직한 방식이다.
④ 저수조가 없으므로 단수 시에 급수가 불가능하다.

해설
② 고층 건물에 적용한다.
③ 저수조(탱크) 설치로서 위생성 측면에서 불리하다.
④ 저수조가 있으며, 단수 시에도 일정량의 급수가 가능하다.

68 실내 CO_2 발생량이 17L/h, 실내 CO_2 허용농도가 0.1%, 외기의 CO_2 농도가 0.04%일 경우 필요 환기량은?

① 약 $28.3\text{m}^3/\text{h}$
② 약 $35.0\text{m}^3/\text{h}$
③ 약 $40.3\text{m}^3/\text{h}$
④ 약 $42.5\text{m}^3/\text{h}$

해설
17L = 0.017m³이므로,

$$환기량(Q) = \frac{실내\ CO_2\ 발생량}{실내\ CO_2\ 농도 - 외기\ CO_2\ 농도}$$

$$= \frac{0.017\text{m}^3/\text{h}}{0.001 - 0.0004} ≒ 28.3\text{m}^3/\text{h}$$

69 급수설비에서 펌프의 실양정이 의미하는 것은? (단, 물을 높은 곳으로 보내는 경우)

① 배관계의 마찰손실에 해당하는 높이
② 흡수면에서 토출수면까지의 수직거리
③ 흡수면에서 펌프축 중심까지의 수직거리
④ 펌프축 중심에서 토출수면까지의 수직거리

해설
펌프의 실양정 : 흡수면에서 토출수면까지의 수직거리

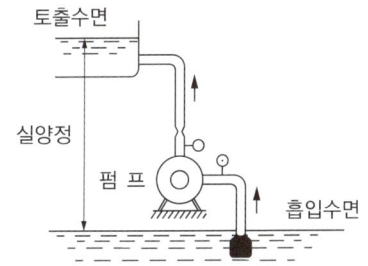

70 다음과 같은 조건에 있는 양수펌프의 축동력은?

┌─조건─
- 양수량 : 490L/min
- 전양정 : 30m
- 펌프의 효율 : 60%

① 약 3kW
② 약 4kW
③ 약 5kW
④ 약 6kW

해설
펌프의 축동력 $= \dfrac{W \times Q \times H}{6{,}120 \times E}$

$= \dfrac{1{,}000 \times 0.49 \times 30}{6{,}120 \times 0.6} ≒ 4\text{kW}$

여기서, Q : 양수량(m³/min, 1L = 0.001m³)
　　　　H : 전양정(m)
　　　　E : 효율(%)
　　　　W : 비중량(kg/m³), 물의 비중량 = 1,000kg/m³

71 다음 중 실내를 부압으로 유지하며 실내의 냄새나 유해물질을 다른 실로 흘려 보내지 않으므로 욕실, 화장실 등에 사용되는 환기 방식은?

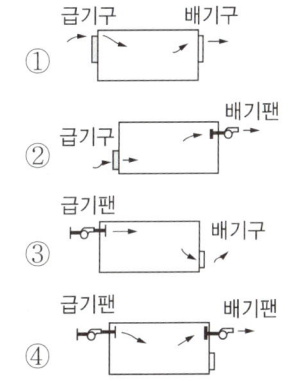

해설
제3종 환기방식 : 자연급기, 기계배기(부엌, 욕실, 화장실, 오염실 등)

72 자연환기에 관한 설명으로 옳지 않은 것은?

① 외부 풍속이 커지면 환기량은 많아진다.
② 실내외의 온도차가 크면 환기량은 작아진다.
③ 중력환기는 실내외의 온도차에 의한 공기의 밀도차가 원동력이 된다.
④ 자연환기량은 중성대로부터 공기유입구 또는 유출구까지의 높이가 클수록 많아진다.

해설
실내외의 온도차가 크면 환기량은 커진다.

73 고온수 난방방식에 관한 설명으로 옳지 않은 것은?

① 장치의 열용량이 크므로 예열시간이 길게 된다.
② 공급과 환수의 온도차를 크게 할 수 있으므로 열수송량이 크다.
③ 공업용과 같이 고압증기를 다량으로 필요로 할 경우에는 부적당하다.
④ 지역난방에는 이용할 수 없으며 높이가 높고 건축면적이 넓은 단일 건물에 주로 이용된다.

해설
고온수 난방 : 100℃ 이상의 온수를 사용(지역난방에 적합)

74 국소식 급탕방식에 관한 설명으로 옳지 않은 것은?

① 배관의 열손실이 적다.
② 급탕개소와 급탕량이 많은 경우에 유리하다.
③ 급탕개소마다 가열기의 설치 스페이스가 필요하다.
④ 건물 완공 후에도 급탕개소의 증설이 비교적 쉽다.

해설
국소식 급탕방식은 개별식으로 급탕개소와 급탕량이 많은 경우에 급탕용 보일러 등의 장치가 많아지므로 불리하다.

75 어떤 상태의 습공기를 절대습도의 변화없이 건구온도만 상승시킬 때, 습공기의 상태변화로 옳은 것은?

① 엔탈피는 증가한다.
② 비체적은 감소한다.
③ 노점온도는 낮아진다.
④ 상대습도는 증가한다.

해설
① 엔탈피 : 증가
② 비체적 : 증가
③ 노점온도 : 일정
④ 상대습도 : 감소

76 다음 중 옥내의 노출된 건조한 장소에 시설할 수 없는 배선 방법은?(단, 사용전압이 400V 미만인 경우)

① 금속관 배선
② 버스덕트 배선
③ 가요전선관 배선
④ 플로어덕트 배선

해설
콘크리트 등의 바닥에 덕트를 설치하여 전기 공급(넓은 사무실, 백화점 등)

77 다음과 같은 조건에서 실내에 500W의 열을 발산하는 기기가 있을 때, 이 열을 제거하기 위한 필요 환기량은?

조건
• 실내온도 : 20℃
• 환기온도 : 10℃
• 공기의 정압비열 : 1.01kJ/kg·K
• 공기의 밀도 : 1.2kg/m³

① 41.3m³/h
② 148.5m³/h
③ 413m³/h
④ 1,485m³/h

해설
환기에 의한 손실 열량(H_l) = 0.337 × Q × Δt (W)
여기서, Q : 환기량(m³/h)
　　　　0.337 : 단위환산계수(W·h/m³·K)
　　　　Δt : 실내외 온도차(℃)
500 = 0.337 × Q × (20−10)
∴ Q = 500 ÷ 3.37 ≒ 148.4m³/h

정답 73 ④ 74 ② 75 ① 76 ④ 77 ②

78 전기샤프트(ES)에 관한 설명으로 옳지 않은 것은?

① 각 층마다 같은 위치에 설치한다.
② 전력용과 정보통신용은 공용으로 사용해서는 안 된다.
③ 전기샤프트의 면적은 보, 기둥 부분을 제외하고 산정한다.
④ 현재 장비 이외에 장래의 배선 등에 대한 여유성을 고려한 크기로 한다.

해설
전기샤프트(ES)는 전력용(EPS)과 정보통신용(TPS)을 구분하여 설치하는 것이 원칙이다. 다만, 각 용도의 설치 장비 및 배선이 적은 경우는 공용으로 사용 가능하다.

79 조명설비의 광원 중 할로겐 램프에 관한 설명으로 옳지 않은 것은?

① 휘도가 낮다.
② 백열전구에 비해 수명이 길다.
③ 연색성이 좋고 설치가 용이하다.
④ 흑화가 거의 일어나지 않고 광속이나 색온도의 저하가 극히 적다.

해설
할로겐 램프는 휘도가 높다.

80 다음 중 냉방부하 계산 시 현열만을 고려하는 것은?

① 인체의 발생열량
② 벽체로부터의 취득열량
③ 극간풍에 의한 취득열량
④ 외기의 도입으로 인한 취득열량

해설
벽체로부터의 취득열량은 현열만 고려하며, 습공기를 포함하지 않는다.

제5과목 건축관계법규

81 다음의 피난계단의 설치에 관한 기준 내용 중 ( ) 안에 들어갈 내용으로 옳은 것은?

> 5층 이상 또는 지하 2층 이하인 층에 설치하는 직통계단은 피난계단 또는 특별피난계단으로 설치하여야 하는데, ( )의 용도로 쓰는 층으로부터의 직통계단은 그 중 1개소 이상을 특별피난계단으로 설치하여야 한다.

① 의료시설   ② 숙박시설
③ 판매시설   ④ 교육연구시설

해설
피난계단의 설치(건축법 시행령 제35조 제3항)
판매시설의 용도로 쓰는 층으로부터의 직통계단은 그 중 1개소 이상을 특별피난계단으로 설치하여야 한다.

82 200m²인 대지에 10m²의 조경을 설치하고 나머지는 건축물의 옥상에 설치하고자 할 때 옥상에 설치하여야 하는 최소 조경면적은?

① 10m²   ② 15m²
③ 20m²   ④ 30m²

해설
지표면에 최소 50%를 조경을 해야 하며, 대지면적 10% 기준일 경우 20m² 이상 설치하여야 한다.
따라서, 지표면 10m²와 옥상 15m²(= 10m² × 3/2)이어야 한다.
조경 면적기준(건축법 시행령 제27조 제2항 제4호)
면적 200m² 이상 300m² 미만인 대지에 건축하는 건축물 : 대지면적의 10% 이상
옥상조경의 기준(건축법 시행령 제27조 제3항)
- 옥상 부분의 조경면적의 2/3에 해당하는 면적을 대지 안에 조경면적으로 산정 가능
- 이 경우 조경면적의 50/100을 초과할 수 없다.

정답 78 ② 79 ① 80 ② 81 ③ 82 ②

83 공동주택을 리모델링이 쉬운 구조로 하여 건축허가를 신청할 경우 100분의 120의 범위에서 완화하여 적용받을 수 없는 것은?

① 대지의 분할 제한
② 건축물의 용적률
③ 건축물의 높이 제한
④ 일조 등의 확보를 위한 건축물의 높이 제한

해설
대지의 분할 제한은 적용되지 않는다.
리모델링에 대비한 특례(건축법 제8조)
리모델링이 쉬운 구조의 공동주택의 건축을 촉진하기 위하여 공동주택을 대통령령으로 정하는 구조로 하여 건축허가를 신청하면 제56조(건축물의 용적률), 제60조(건축물의 높이 제한) 및 제61조(일조 등의 확보를 위한 건축물의 높이 제한)에 따른 기준을 100분의 120의 범위에서 대통령령으로 정하는 비율로 완화하여 적용할 수 있다.

84 방화와 관련하여 같은 건축물에 함께 설치할 수 없는 것은?

① 의료시설과 업무시설 중 오피스텔
② 위험물 저장 및 처리시설과 공장
③ 위락시설과 문화 및 집회시설 중 공연장
④ 공동주택과 제2종 근린생활시설 중 다중생활시설

해설
방화에 장애가 되는 용도의 제한(건축법 시행령 제47조 제2항)
다음에 해당하는 용도의 시설은 같은 건축물에 함께 설치할 수 없다.
• 노유자시설 중 아동 관련 시설 또는 노인복지시설과 판매시설 중 도매시장 또는 소매시장
• 단독주택(다중주택, 다가구주택에 한정), 공동주택, 제1종 근린생활시설 중 조산원 또는 산후조리원과 제2종 근린생활시설 중 다중생활시설

85 노외주차장 내부 공간의 일산화탄소 농도는 주차장을 이용하는 차량이 가장 빈번한 시각의 앞뒤 8시간의 평균치가 몇 ppm 이하로 유지되어야 하는가?

① 80ppm ② 70ppm
③ 60ppm ④ 50ppm

해설
노외주차장 내부 공간의 일산화탄소 농도는 주차장을 이용하는 차량이 가장 빈번한 시각의 앞뒤 8시간의 평균치가 50ppm 이하로 유지되어야 한다(주차장법 시행규칙 제6조 제1항 제8호).

86 두 도로의 너비가 각각 6m이고 교차각이 90°인 도로의 모퉁이에 위치한 대지의 도로 모퉁이 부분의 건축선은 그 대지에 접한 도로 경계선의 교차점으로부터 도로경계선에 따라 각각 얼마를 후퇴한 두 점을 연결한 선으로 하는가?

① 후퇴하지 아니한다. ② 2m
③ 3m ④ 4m

해설

도로의 교차각	해당 도로의 너비(m)		교차되는 도로의 너비
	6m 이상~8m 미만	4m 이상~6m 미만	
90° 이상~120° 미만	3	2	6m 이상~8m 미만
	2	2	4m 이상~6m 미만

87 문화재·전통사찰 등 역사·문화적으로 보존가치가 큰 시설 및 지역의 보호와 보존을 위하여 필요한 지구는?

① 생태계보존지구
② 역사문화미관지구
③ 중요시설물보존지구
④ 역사문화환경보호지구

해설
역사문화환경보호지구에 대한 설명이다.

88 건축물의 바깥쪽에 설치하는 피난계단의 구조에서 피난층으로 통하는 직통계단의 최소 유효너비 기준이 옳은 것은?

① 0.7m 이상
② 0.8m 이상
③ 0.9m 이상
④ 1.0m 이상

해설
건축물의 바깥쪽에 설치하는 피난계단의 구조(건축물의 피난·방화구조 등의 기준에 관한 규칙 제9조 제2항 제2호)
• 계단은 그 계단으로 통하는 출입구 외의 창문 등(망이 들어 있는 유리의 붙박이창으로서 그 면적이 각각 1m² 이하인 것을 제외한다)으로부터 2m 이상의 거리를 두고 설치할 것
• 건축물의 내부에서 계단으로 통하는 출입구에는 60분+방화문 또는 60분 방화문을 설치할 것
• 계단의 유효너비는 0.9m 이상으로 할 것
• 계단은 내화구조로 하고 지상까지 직접 연결되도록 할 것

89 상업지역 및 주거지역에서 건축물에 설치하는 냉방시설 및 환기시설의 배기구를 설치하는 높이 기준으로 옳은 것은?

① 도로면으로부터 1.5m 이상
② 도로면으로부터 2.0m 이상
③ 건축물 1층 바닥에서 1.5m 이상
④ 건축물 1층 바닥에서 2.0m 이상

해설
냉방시설 및 환기시설의 배기구 설치 높이(건축물의 설비기준 등에 관한 규칙 제23조 제3항)
도로면으로부터 2.0m 이상

90 국토의 계획 및 이용에 관한 법령에 따른 기반시설 중 공간시설에 속하지 않는 것은?

① 녹지
② 유원지
③ 유수지
④ 공공공지

해설
기반시설(국토의 계획 및 이용에 관한 법률 시행령 제2조)
• 공간시설 : 광장, 공원, 녹지, 유원지, 공공공지
• 방재시설 : 하천, 유수지, 저수지, 방화설비, 방풍설비, 방수설비, 사방설비, 방조설비

91 태양열을 주된 에너지원으로 이용하는 주택의 건축면적 산정의 기준이 되는 것은?

① 외벽 중 내측 내력벽의 중심선
② 외벽 중 외측 비내력벽의 중심선
③ 외벽 중 내측 내력벽의 외측 외곽선
④ 외벽 중 외측 비내력벽의 외측 외곽선

해설
건축법 시행규칙 제43조 제1항
태양열을 주된 에너지원으로 이용하는 주택의 건축면적은 건축물의 외벽 중 내측 내력벽의 중심선을 기준으로 한다.

92 건축법령상 건축물과 해당 건축물의 용도가 옳게 연결된 것은?

① 의원 – 의료시설
② 도매시장 – 판매시설
③ 유스호스텔 – 숙박시설
④ 장례식장 – 묘지 관련 시설

[해설]
① 의원 : 제1종 근린생활시설
③ 유스호스텔 : 수련시설
④ 장례식장 : 장례시설

93 건축물의 면적·높이 및 층수 등의 산정 기준으로 틀린 것은?

① 대지면적은 대지의 수평투영면적으로 한다.
② 건축면적은 건축물의 외벽의 중심선으로 둘러싸인 부분의 수평투영면적으로 한다.
③ 바닥면적은 건축물의 각 층 또는 그 일부로서 벽, 기둥, 그 밖에 이와 비슷한 구획의 중심선으로 둘러싸인 부분의 수평투영면적으로 한다.
④ 연면적은 하나의 건축물 각 층의 거실면적의 합계로 한다.

[해설]
연면적(건축법 시행령 제119조 제1항 제4호)
하나의 건축물 각 층의 바닥면적의 합계

94 건축물의 출입구에 설치하는 회전문의 설치 기준으로 틀린 것은?

① 계단이나 에스컬레이터로부터 2m 이상의 거리를 둘 것
② 회전문의 회전속도는 분당회전수가 15회를 넘지 아니하도록 할 것
③ 출입에 지장이 없도록 일정한 방향으로 회전하는 구조로 할 것
④ 회전문의 중심축에서 회전문과 문틀 사이의 간격을 포함한 회전문 날개 끝부분까지의 길이는 140cm 이상이 되도록 할 것

[해설]
회전문의 회전속도(건축물의 피난·방화구조 등의 기준에 관한 규칙 제12조 제5호)
분당회전수가 8회를 넘지 아니하도록 할 것

95 국토의 계획 및 이용에 관한 법령상 개발행위 허가를 받지 아니하여도 되는 경미한 행위 기준으로 틀린 것은?

① 지구단위계획구역에서 무게 100t 이하, 부피 50m³ 이하, 수평투영면적 25m² 이하인 공작물의 설치
② 조성이 완료된 기존 대지에 건축물이나 그 밖의 공작물을 설치하기 위한 토지의 형질 변경(절토 및 성토 제외)
③ 지구단위계획구역에서 채취면적이 25m² 이하인 토지에서의 부피 50m³ 이하의 토석 채취
④ 녹지지역에서 물건을 쌓아놓는 면적이 25m² 이하인 토지에 전체무게 50t 이하, 전체부피 50m³ 이하로 물건을 쌓아놓는 행위

[해설]
허가를 받지 아니하여도 되는 경미한 행위(국토의 계획 및 이용에 관한 법률 시행령 제53조)
도시지역 또는 지구단위계획구역에서 무게가 50t 이하, 부피 50m³ 이하, 수평투영면적이 50m² 이하인 공작물의 설치

정답 92 ② 93 ④ 94 ② 95 ①

96 특별건축구역의 지정과 관련한 아래의 내용에서 밑줄 친 부분에 해당하지 않는 것은?

> 국토교통부장관 또는 시·도지사는 다음 각 호의 구분에 따라 도시나 지역의 일부가 특별건축구역으로 특례 적용이 필요하다고 인정하는 경우에는 특별건축구역을 지정할 수 있다.
> 1. 국토교통부장관이 지정하는 경우
>   가. 국가가 국제행사 등을 개최하는 도시 또는 지역의 사업구역
>   나. <u>관계법령에 따른 국가정책사업으로서 대통령령으로 정하는 사업구역</u>

① 도로법에 따른 접도구역
② 도시개발법에 따른 도시개발구역
③ 택지개발촉진법에 따른 택지개발사업구역
④ 혁신도시 조성 및 발전에 관한 특별법에 따른 혁신도시의 사업구역

해설

특별건축구역의 지정(건축법 시행령 제105조 제1항)
- 신행정수도 후속대책을 위한 연기·공주지역 행정중심복합도시 건설을 위한 특별법에 따른 행정중심복합도시의 사업구역
- 혁신도시 조성 및 발전에 관한 특별법에 따른 혁신도시의 사업구역
- 경제자유구역의 지정 및 운영에 관한 특별법에 따라 지정된 경제자유구역
- 택지개발촉진법에 따른 택지개발사업구역
- 공공주택 특별법에 따른 공공주택지구
- 도시개발법에 따른 도시개발구역
- 아시아문화중심도시 조성에 관한 특별법에 따른 국립아시아문화전당 건설사업구역
- 국토의 계획 및 이용에 관한 법률에 따른 지구단위계획구역 중 현상설계(懸賞設計) 등에 따른 창의적 개발을 위한 특별계획구역

특별건축구역의 지정(건축법 제69조 제2항)
다음의 어느 하나에 해당하는 지역·구역 등에 대하여는 특별건축구역으로 지정할 수 없다.
- 개발제한구역의 지정 및 관리에 관한 특별조치법에 따른 개발제한구역
- 자연공원법에 따른 자연공원
- 도로법에 따른 접도구역
- 산지관리법에 따른 보전산지

97 주거용 건축물 급수관의 지름 산정에 관한 기준 내용으로 틀린 것은?

① 가구 또는 세대수가 1일 때 급수관 지름의 최소 기준은 15mm이다.
② 가구 또는 세대수가 7일 때 급수관 지름의 최소 기준은 25mm이다.
③ 가구 또는 세대수가 18일 때 급수관 지름의 최소 기준은 50mm이다.
④ 가구 또는 세대의 구분이 불분명한 건축물에 있어서는 주거에 쓰이는 바닥면적의 합계가 85m^2 초과 150m^2 이하인 경우는 3가구로 산정한다.

해설

주거용 건축물 급수관의 지름(건축물의 설비기준 등에 관한 규칙 별표 3)

가구, 세대수	1	2~3	4~5	6~8	9~16	17 이상
급수관 지름 최소 기준(mm)	15	20	25	32	40	50

가구 또는 세대의 구분이 불분명한 건축물에 있어서는 주거에 쓰이는 바닥 면적의 합계에 따라 다음과 같이 가구수를 산정한다.
- 85m^2 이하 : 1가구
- 85m^2 초과~150m^2 이하 : 3가구
- 150m^2 초과~300m^2 이하 : 5가구
- 300m^2 초과~500m^2 이하 : 16가구
- 500m^2 초과 : 17가구

98 국토의 계획 및 이용에 관한 법령상 일반상업지역 안에서 건축할 수 있는 건축물은?

① 묘지 관련 시설
② 자원순환 관련 시설
③ 의료시설 중 요양병원
④ 자동차 관련 시설 중 폐차장

해설
일반상업지역 안에서 건축할 수 없는 건축물(국토의 계획 및 이용에 관한 법률 시행령 별표 9)
- 숙박시설 중 일반 및 생활숙박시설
- 위락시설
- 공장
- 위험물 저장 및 처리 시설 중 시내버스차고지 외의 지역에 설치하는 액화석유가스 충전소 및 고압가스 충전소·저장소
- 자동차 관련 시설 중 폐차장
- 동물 및 식물 관련 시설 중 축사, 가축시설, 도축장, 도계장 및 이와 비슷한 시설(동·식물원 제외)
- 자원순환 관련 시설
- 묘지 관련 시설

99 비상용 승강기 승강장의 구조 기준에 관한 내용으로 틀린 것은?

① 승강장은 각 층의 내부와 연결될 수 있도록 한다.
② 벽 및 반자가 실내에 접하는 부분의 마감재료는 불연재료로 하여야 한다.
③ 피난층에 있는 승강장의 경우 내부와 연결되는 출입구에는 갑종방화문을 반드시 설치하여야 한다.
④ 옥내에 설치하는 승강장의 바닥면적은 비상용 승강기 1대에 대하여 6m² 이상으로 하여야 한다.

해설
※ 관련 법령 개정(21.8.7)으로 용어가 다음과 같이 변경되었습니다.
갑종방화문 → 60분+방화문 또는 60분 방화문
승강장은 각 층의 내부와 연결될 수 있도록 하되, 그 출입구(승강로의 출입구를 제외)에는 60＋방화문 또는 60분 방화문을 설치할 것. 다만, 피난층에는 60＋방화문 또는 60분 방화문을 설치하지 아니할 수 있다(건축물의 설비기준 등에 관한 규칙 제10조 제2호).

100 부설주차장의 설치대상 시설물 종류에 따른 설치기준이 틀린 것은?

① 골프장 – 1홀당 10대
② 위락시설 – 시설면적 80m²당 1대
③ 판매시설 – 시설면적 150m²당 1대
④ 숙박시설 – 시설면적 200m²당 1대

해설
위락시설 – 시설면적 100m²당 1대

2020년 제3회 과년도 기출문제

제1과목 건축계획

01 탑상형 공동주택에 관한 설명으로 옳지 않은 것은?

① 각 세대에 시각적인 개방감을 준다.
② 각 세대의 거주 조건 및 환경이 균등하다.
③ 도심지 내의 랜드마크적인 역할이 가능하다.
④ 건축물 외면의 4개의 입면성을 강조한 유형이다.

해설
판상형 : 각 세대의 거주 조건 및 환경이 균등하다.
탑상형 : 각 세대의 거주 조건 및 환경이 균등하지 못하다.

02 공포형식 중 다포형식에 관한 설명으로 옳지 않은 것은?

① 출목은 2출목 이상으로 전개된다.
② 수덕사 대웅전이 대표적인 건물이다.
③ 내부 천장구조는 대부분 우물천장이다.
④ 기둥 상부 이외에 기둥 사이에도 공포를 배열한 형식이다.

해설
정면 3칸, 측면 4칸의 단층 맞배지붕 주심포(柱心包) 양식이며, 가구수법(架構手法)이 부석사 무량수전과 유사하다.

03 숑바르 드 로브의 주거면적기준으로 옳은 것은?

① 병리기준 : $6m^2$, 한계기준 : $12m^2$
② 병리기준 : $6m^2$, 한계기준 : $14m^2$
③ 병리기준 : $8m^2$, 한계기준 : $12m^2$
④ 병리기준 : $8m^2$, 한계기준 : $14m^2$

해설
병리기준 : $8m^2$, 한계기준 : $14m^2$

04 다음 중 건축요소와 해당 건축요소가 사용된 건축양식의 연결이 옳지 않은 것은?

① 장미창(Rose Window) - 고딕
② 러스티케이션(Rustication) - 르네상스
③ 첨두아치(Pointed Arch) - 로마네스크
④ 펜덴티브 돔(Pendentive Dome) - 비잔틴

해설
첨두아치(Pointed Arch) - 고딕건축

정답 1 ② 2 ② 3 ④ 4 ③

05 도서관 건축에 관한 설명으로 옳지 않은 것은?

① 캐럴(Carrel)은 서고 내에 설치된 소연구실이다.
② 서고의 내부는 자연채광을 하지 않고 인공조명을 사용한다.
③ 일반 열람실의 면적은 0.25~0.5m^2/인 정도의 규모로 계획한다.
④ 서고면적 1m^2당 150~250권 정도의 수장능력을 갖도록 계획한다.

해설
일반 열람실의 면적
- 1.5~2.0m^2/인 정도
- 통로 포함 시 2.4m^2/인 정도의 규모로 계획

06 극장 건축과 관련된 용어 설명으로 옳지 않은 것은?

① 플라이 갤러리(Fly Gallery) : 무대 주위의 벽에 설치되는 좁은 통로이다.
② 사이클로라마(Cyclorama) : 무대의 제일 뒤에 설치되는 무대 배경용 벽이다.
③ 그린 룸(Green Room) : 연기자가 분장 또는 화장을 하고 의상을 갈아입는 곳이다.
④ 그리드 아이언(Grid Iron) : 무대 천장 밑에 설치한 것으로 배경이나 조명 기구 등이 매달린다.

해설
그린 룸(Green Room) : 무대 뒤 공간의 휴게실로, 공연 중 연기자들이 대기하는 장소
무대 의상실(舞臺 衣裳室) : 배우들이 옷을 두거나 갈아입는 방

07 학교의 운영방식에 관한 설명으로 옳지 않은 것은?

① 플래툰형은 교과교실형보다 학생의 이동이 많다.
② 종합교실형은 초등학교 저학년에 가장 권장할 만한 형식이다.
③ 달톤형은 규모 및 시설이 다른 다양한 형태의 교실이 요구된다.
④ 일반 및 특별교실형은 우리나라 중학교에서 일반적으로 사용되는 방식이다.

해설
교과교실형은 다른 학교운영방식보다 학생의 이동이 많다.

08 은행건축계획에 관한 설명으로 옳지 않은 것은?

① 고객과 직원과의 동선이 중복되지 않도록 계획한다.
② 대규모 은행일 경우 고객의 출입구는 되도록 1개소로 계획한다.
③ 이중문을 설치할 경우 바깥문은 바깥 여닫이 또는 자재문으로 계획한다.
④ 어린이의 출입이 많은 경우에는 주출입구에 회전문을 설치하는 것이 좋다.

해설
어린이의 출입이 많은 경우에는 안전에 유의하며 주출입구에 회전문을 설치하지 않는다.

09 엘리베이터의 설계 시 고려사항으로 옳지 않은 것은?

① 군 관리운전의 경우 동일 군내의 서비스 층은 같게 한다.
② 승객의 층별 대기시간은 평균 운전간격 이하가 되게 한다.
③ 건축물의 출입층이 2개 층이 되는 경우는 각각의 교통수요량 이상이 되도록 한다.
④ 백화점과 같은 대규모 매장에는 일반적으로 승객 수송의 70~80%를 분담하도록 계획한다.

[해설]
일반적으로 에스컬레이터가 승객수송의 70~80%를 분담하도록 계획한다.

10 주택의 평면과 각 부위의 치수 및 기준척도에 관한 설명으로 옳지 않은 것은?

① 치수 및 기준척도는 안목치수를 원칙으로 한다.
② 거실 및 침실의 평면 각 변의 길이는 10cm를 단위로 한 것을 기준척도로 한다.
③ 거실 및 침실의 층높이는 2.4m 이상으로 하되, 5cm를 단위로 한 것을 기준척도로 한다.
④ 계단 및 계단참의 평면 각 변의 길이 또는 너비는 5cm를 단위로 한 것을 기준척도로 한다.

[해설]
거실 및 침실의 평면 각 변의 길이는 5cm를 단위로 한 것을 기준척도로 한다.

11 사무소 건축에서 오피스 랜드스케이핑(Office Landscaping)에 관한 설명으로 옳지 않은 것은?

① 프라이버시 확보가 용이하여 업무의 효율성이 증대된다.
② 커뮤니케이션의 융통성이 있고 장애요인이 거의 없다.
③ 실내에 고정된 칸막이를 설치하지 않으며 공간을 절약할 수 있다.
④ 변화하는 작업의 패턴에 따라 조절이 가능하며 신속하고 경제적으로 대처할 수 있다.

[해설]
프라이버시 확보가 어렵지만 업무의 효율성이 증대된다.

12 공장의 지붕형태에 관한 설명으로 옳은 것은?

① 솟음지붕은 채광 및 환기에 적합한 방법이다.
② 샤렌구조는 기둥이 많이 소요된다는 단점이 있다.
③ 뾰족지붕은 직사광선이 완전히 차단된다는 장점이 있다.
④ 톱날지붕은 남향으로 할 경우 하루 종일 변함없는 조도를 가진 약광선을 받아들일 수 있다.

[해설]
② 샤렌구조는 기둥이 적게 소요된다.
③ 뾰족지붕은 직사광선이 어느 정도 허용된다.
④ 톱날지붕은 북향으로 할 경우 하루 종일 변함없는 조도를 가진다.

정답 9 ④ 10 ② 11 ① 12 ①

13 경복궁의 궁궐 배치는 전조공간과 후침공간으로 이루어져 있다. 다음 중 전조공간의 구성에 속하지 않는 것은?

① 근정전　② 만춘전
③ 천추전　④ 강녕전

해설
전조공간(나랏일을 보는 정무 공간)
• 근정전 : 국가의 중대한 의식을 거행
• 중심 편전인 사정전의 좌우에 보조 편전인 만춘전과 천추전
후침공간(생활 공간)
• 강녕전 : 경복궁의 내전(內殿)이고 왕이 일상을 보내는 거처로서 침전으로 사용한 전각(殿閣)

14 호텔건축에 관한 설명으로 옳지 않은 것은?

① 커머셜 호텔은 가급적 저층으로 한다.
② 아파트먼트 호텔은 장기 체류용 호텔이다.
③ 리조트 호텔은 자연 경관이 좋은 곳을 선택한다.
④ 터미널 호텔은 교통기관의 발착지점에 위치한다.

해설
커머셜 호텔은 가급적 고층으로 한다.

15 종합병원의 외래진료부를 클로즈드 시스템(Closed System)으로 계획할 경우 고려할 사항으로 가장 부적절한 것은?

① 1층에 두는 것이 좋다.
② 부속 진료시설을 인접하게 한다.
③ 약국, 회계 등은 정면출입구 근처에 설치한다.
④ 외과계통은 소진료실을 다수 설치하도록 한다.

해설
외과계통은 대진료실을 설치한다.

16 극장의 평면형식에 관한 설명으로 옳지 않은 것은?

① 아레나형에서 무대 배경은 주로 낮은 가구로 구성된다.
② 프로시니엄형은 픽쳐 프레임 스테이지형이라고도 불리운다.
③ 오픈 스테이지형은 관객석이 무대의 대부분을 둘러싸고 있는 형식이다.
④ 프로시니엄형은 가까운 거리에서 관람하게 되며, 가장 많은 관객을 수용할 수 있다.

해설
아레나형은 가까운 거리에서 관람하게 되며, 가장 많은 관객을 수용할 수 있다.

17 미술관 전시실의 순회형식에 관한 설명으로 옳지 않은 것은?

① 연속순회형식은 전시 벽면이 최대화되고 공간절약 효과가 있다.
② 연속순회형식은 한 실을 폐쇄하면 다음 실로의 이동이 불가능하다.
③ 갤러리 및 복도형식은 관람자가 전시실을 자유롭게 선택하여 관람할 수 있다.
④ 중앙홀 형식에서 중앙홀이 크면 장래의 확장에는 용이하나 동선의 혼잡이 심해진다.

해설
중앙홀 형식에서 중앙홀이 크면 동선의 혼란이 적지만, 장래의 확장에는 어려움이 있다.

13 ④　14 ①　15 ④　16 ④　17 ④

18 다음 중 백화점 기둥간격의 결정요소와 가장 거리가 먼 것은?

① 지하 주차장의 주차방법
② 진열대의 치수와 배열법
③ 엘리베이터의 배치 방법
④ 각 층별 매장의 상품구성

해설
각 층별 매장의 상품구성은 기둥간격 결정요소와는 거리가 멀다.

19 래드번(Radburn) 주택단지계획에 관한 설명으로 옳지 않은 것은?

① 중앙에는 대공원 설치를 계획하였다.
② 주거구는 슈퍼블록 단위로 계획하였다.
③ 보행자의 보도와 차도를 분리하여 계획하였다.
④ 주거지 내의 통과교통으로 간선도로를 계획하였다.

해설
주거지 내의 간선도로에 의한 통과교통이 없도록 하였다.

20 공동주택 단위주거의 단면구성 형태에 관한 설명으로 옳지 않은 것은?

① 플랫형은 주거단위가 동일층에 한하여 구성되는 형식이다.
② 스킵 플로어형은 통로 및 공용면적이 적은 반면에 전체적으로 유효면적이 높다.
③ 복층형(메조네트형)은 플랫형에 비해 엘리베이터의 정지 층수를 적게 할 수 있다.
④ 트리플렉스형은 듀플렉스형보다 프라이버시의 확보율이 낮고 통로면적이 많이 필요하다.

해설
트리플렉스형은 듀플렉스형보다 프라이버시의 확보율이 높고 통로면적이 줄어든다.

제2과목 건축시공

21 한중콘크리트에 관한 설명으로 옳은 것은?

① 한중콘크리트는 공기연행콘크리트를 사용하는 것을 원칙으로 한다.
② 타설할 때의 콘크리트 온도는 구조물의 단면 치수, 기상 조건 등을 고려하여 최소 25℃ 이상으로 한다.
③ 물결합재비는 50% 이하로 하고, 단위수량은 소요의 워커빌리티를 유지할 수 있는 범위 내에서 되도록 크게 정하여야 한다.
④ 콘크리트를 타설한 직후에 찬바람이 콘크리트 표면에 닿도록 하여 초기양생을 실시한다.

해설
② 부어넣는(타설할 때) 콘크리트 온도는 5~20℃ 정도로 한다.
③ 물시멘트비는 60% 이하로 하고, 단위수량은 소요의 워커빌리티를 유지할 수 있는 범위 내에서 되도록 작게 한다.
④ 동결되지 않도록 찬바람이 콘크리트 표면에 닿지 않게 한다.

22 토공사에 쓰이는 굴착용 기계 중 기계가 서있는 지반면보다 위에 있는 흙의 굴착에 적합한 장비는?

① 파워 셔블(Power Shovel)
② 드래그 라인(Drag Line)
③ 드래그 셔블(Drag Shovel)
④ 클램셸(Clamshell)

해설
파워 셔블(Power Shovel) : 버킷이 외측으로 움직여 기계 위치보다 높은 지반이나 굳은 지반의 굴착에 사용되는 굴착용 장비이다.

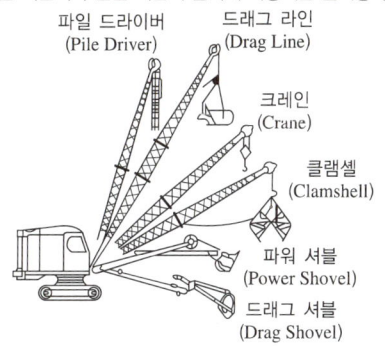

23 네트워크(Network) 공정표의 장점으로 볼 수 없는 것은?

① 작업 상호 간의 관련성을 알기 쉽다.
② 공정 계획의 초기 작성 시간이 단축된다.
③ 공사의 진척 관리를 정확히 할 수 있다.
④ 공기 단축 가능 요소의 발견이 용이하다.

해설
공정표 작성이 익숙할 때까지 초기에는 시간이 요구되며, 작성 및 검사에 특별한 기술이 필요하다.

24 일반 콘크리트의 내구성에 관한 설명으로 옳지 않은 것은?

① 콘크리트에 사용하는 재료는 콘크리트의 소요 내구성을 손상시키지 않는 것이어야 한다.
② 굳지 않은 콘크리트 중의 전 염소이온량은 원칙적으로 $0.3 kg/m^3$ 이하로 하여야 한다.
③ 콘크리트는 원칙적으로 공기연행콘크리트로 하여야 한다.
④ 콘크리트의 물결합재비는 원칙적으로 50% 이하이어야 한다.

해설
콘크리트의 물결합재비는 내구성 기준으로는 원칙적으로 60% 이하이어야 하며, 수밀성 기준으로는 50% 이하이어야 한다.

25 다음 중 유리의 주성분으로 옳은 것은?

① Na_2O ② CaO
③ SiO_2 ④ K_2O

해설
유리의 주성분은 이산화규소(SiO_2)이며 석영이나 규사가 사용된다.

26 도장공사에 필요한 가연성 도료를 보관하는 창고에 관한 설명으로 옳지 않은 것은?

① 독립한 단층건물로서 주위 건물에서 1.5m 이상 떨어져 있게 한다.
② 건물 내의 일부를 도료의 저장장소로 이용할 때는 내화구조 또는 방화구조로 구획된 장소를 선택한다.
③ 바닥에는 침투성이 없는 재료를 깐다.
④ 지붕은 불연재로 하고, 적정한 높이의 천장을 설치한다.

해설
지붕은 불연재로 하고, 천장을 설치하지 않는다.

가연성 도료의 보관 및 장소
- 독립한 단층건물로서 주위 건물에서 1.5m 이상 떨어져 있게 한다.
- 건물 내의 일부를 도료의 저장장소로 이용할 때는 내화구조 또는 방화구조로 된 구획된 장소를 선택한다.
- 지붕은 불연재로 하고, 천장을 설치하지 않는다.
- 바닥에는 침투성이 없는 재료를 깐다.
- 희석제를 보관할 때에는 위험물 취급에 관한 법규에 준하고, 소화기 및 소화용 모래 등을 비치한다.
- 가연성 도료는 전용 창고에 보관하는 것을 원칙으로 하며, 적절한 보관온도를 유지하도록 한다.

27 건설사업자원 통합 전산망으로 건설 생산활동 전 과정에서 건설 관련 주체가 전산망을 통해 신속히 교환·공유할 수 있도록 지원하는 통합 정보시스템을 지칭하는 용어는?

① 건설 CIC(Computer Integrated Construction)
② 건설 CALS(Continuous Acquisition & Life Cycle Support)
③ 건설 EC(Engineering Construction)
④ 건설 EVMS(Earned Value Management System)

해설
건설 CALS에 대한 설명이다.

28 콘크리트에 사용되는 혼화재 중 플라이 애시의 사용에 따른 이점으로 볼 수 없는 것은?

① 유동성의 개선
② 수화열의 감소
③ 수밀성의 향상
④ 초기강도의 증진

해설
플라이 애시 혼화재는 콘크리트의 워커빌리티가 커지게 되고 수밀성이 좋으며 수화열과 건조수축이 작다. 화학적 저항성이 크며, 초기강도가 작고 장기강도는 큰 특성을 가진다.
플라이 애시(Fly Ash) : 석탄이나 중유를 보일러 연료로 사용하는 화력발전소에서 연료의 연소과정에서 발생되는 회분을 굴뚝에서 전기 집진기로 포집한 연소재이다.

29 철근콘크리트 구조물에서 철근 조립순서로 옳은 것은?

① 기초철근 → 기둥철근 → 보철근 → 슬래브철근 → 계단철근 → 벽철근
② 기초철근 → 기둥철근 → 벽철근 → 보철근 → 슬래브철근 → 계단철근
③ 기초철근 → 벽철근 → 기둥철근 → 보철근 → 슬래브철근 → 계단철근
④ 기초철근 → 벽철근 → 보철근 → 기둥철근 → 슬래브철근 → 계단철근

해설
기초철근 → 기둥철근 → 벽철근 → 보철근 → 슬래브철근 → 계단철근

30 MCX(Minimum Cost Expediting)기법에 의한 공기단축에서 아무리 비용을 투자해도 그 이상 공기를 단축할 수 없는 한계점을 무엇이라 하는가?

① 표준점
② 포화점
③ 경제 속도점
④ 특급점

해설
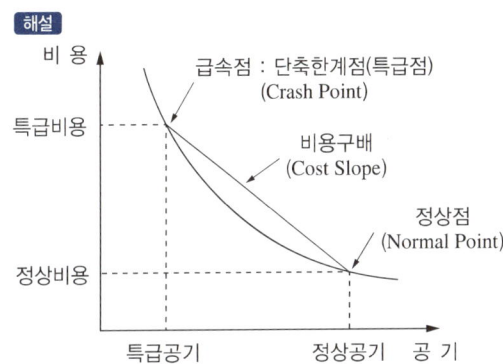
• 급속점 : 소요공기를 더 이상 단축할 수 없는 단축 한계점
• 비용구배 : 공기를 1일 단축하는데 추가되는 비용

31 철근콘크리트 공사에서 철근조립에 관한 설명으로 옳지 않은 것은?

① 황갈색의 녹이 발생한 철근은 그 상태가 경미하다 하더라도 사용이 불가하다.
② 철근의 피복두께를 정확하게 확보하기 위해 적절한 간격으로 고임재 및 간격재를 배치하여야 한다.
③ 거푸집에 접하는 고임재 및 간격재는 콘크리트 제품 또는 모르타르 제품을 사용하여야 한다.
④ 철근을 조립한 다음 장기간 경과한 경우에는 콘크리트 타설 전에 다시 조립검사를 하고 청소하여야 한다.

해설
경미한 황갈색의 녹이 발생한 철근은 일반적으로 콘크리트와의 부착을 해치지 않으므로 사용해도 좋다.

32 타일의 흡수율 크기의 대소관계로 옳은 것은?

① 석기질 > 도기질 > 자기질
② 도기질 > 석기질 > 자기질
③ 자기질 > 석기질 > 도기질
④ 석기질 > 자기질 > 도기질

해설
타일의 흡수율 크기
도기질 > 석기질 > 자기질

33 다음 중 통계적 품질관리 기법의 종류에 해당되지 않는 것은?

① 히스토그램
② 특성요인도
③ 브레인스토밍
④ 파레토도

해설
품질관리(QC)를 위한 7가지 도구
히스토그램, 파레토그램, 특성요인도, 체크시트(Check Sheet), 각종 그래프 및 관리도, 산점도(Scatter Diagram), 층별(Stratification)

34 방수공사용 아스팔트의 종류 중 표준 용융온도가 가장 낮은 것은?

① 1종   ② 2종
③ 3종   ④ 4종

해설
방수공사용 아스팔트의 종별 용융온도

종 류	온도(℃)
1종	220~230
2종	240~250
3종	260~270
4종	260~270

35 칠공사에 사용되는 희석제의 분류가 잘못 연결된 것은?

① 송진건류품 – 테레빈유
② 석유건류품 – 휘발유, 석유
③ 콜타르 증류품 – 미네랄, 스피리트
④ 송근건류품 – 송근유

해설
콜타르 증류품 – 벤졸

36 다음 중 공사시방서에 기재하지 않아도 되는 사항은?

① 건물 전체의 개요
② 공사비 지급방법
③ 시공방법
④ 사용재료

해설
공사비 지급방법은 기재하지 않는다.
시방서의 기재 사항
• 사용재료, 장비의 종류 및 시험검사방법
• 시공방법의 일반사항 및 주의사항, 시공정밀도(허용오차)
• 성능의 규정 및 지시, 시방서의 적용범위
• 시공오차의 허용값, 표준규격(코드) 요건
• 대안의 선택 기타 도면표기 어려운 보충사항이나 특기사항
• 건물 전체의 개요

32 ② 33 ③ 34 ① 35 ③ 36 ②

37 바깥방수와 비교한 안방수의 특징에 관한 설명으로 옳지 않은 것은?

① 공사가 간단하다.
② 공사비가 비교적 싸다.
③ 보호누름이 없어도 무방하다.
④ 수압이 작은 곳에 이용된다.

해설
안방수는 보호누름이 필요하다.

38 아래 그림의 형태를 가진 흙막이의 명칭은?

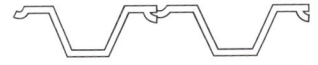

① H-말뚝 토류판
② 슬러리 월
③ 소일콘크리트 말뚝
④ 시트파일

해설
시트파일(Steel Sheet Pile)
물막이·흙막이 등을 위해 박는 강판으로 된 강재말뚝으로서, 시공이 빠르고 간단하며, 공사비용도 적게 들고, 약한 지반에도 적용할 수 있으며, 내진구조(耐震構造)로 할 수도 있다.

39 8개월간 공사하는 현장에 필요한 시멘트량이 2,397포이다. 이 공사 현장에 필요한 시멘트 창고 필요면적으로 적당한 것은?(단, 쌓기단수는 13단)

① $24.6m^2$
② $54.2m^2$
③ $73.8m^2$
④ $98.5m^2$

해설

시멘트 창고의 면적 $= 0.4 \times \dfrac{2,397 \times \dfrac{1}{3}}{13} \fallingdotseq 24.58m^2$

시멘트 창고의 필요면적(A)
$A = 0.4 \times \dfrac{N}{n}$

여기서, N : 시멘트 포대수
       n : 쌓기 단수(최대 13단)
• 600포 미만 : N = 쌓기 포대수 전량
• 600포 이상~1,800포 이하 : N = 600포
• 1,800포 초과 : N = 1/3만 적용

40 외부 조적벽의 방습, 방열, 방한, 방서 등을 위해서 설치하는 쌓기법은?

① 내쌓기
② 기초쌓기
③ 공간쌓기
④ 엇모쌓기

해설
공간쌓기는 방습, 방열, 방한, 방서에 유리하다.

정답 37 ③ 38 ④ 39 ① 40 ③

제3과목 건축구조

41 압축이형철근의 정착길이에 관한 기준으로 옳지 않은 것은?

① 계산된 정착길이는 항상 200mm 이상이어야 한다.
② 기본정착길이는 최소 $0.043d_b f_y$ 이상이어야 한다.
③ 해석결과 요구되는 철근량을 초과하여 배치한 경우 $\left(\dfrac{\text{소요철근량}}{\text{배근철근량}}\right)$을 곱하여 보정한다.
④ 전경량콘크리트를 사용한 경우 기본정착길이에 0.85배하여 정착길이를 산정한다.

해설
경량콘크리트계수(λ)
- 전경량콘크리트, $\lambda = 0.75$
- 모래경량콘크리트, $\lambda = 0.85$

42 다음과 같은 볼트군의 x_0부터의 도심위치 x를 구하면?(단, 그림의 단위는 mm)

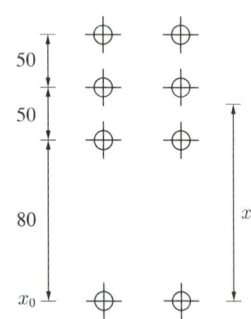

① 80mm ② 89.5mm
③ 90mm ④ 97.5mm

해설
볼트 1개의 면적을 1mm² 로 가정하여,
$$x = \dfrac{\sum A_n \times x_n}{\sum A_n}$$
$$= \dfrac{2\times(80+50+50)+2\times(80+50)+2\times(80)+2\times(0)}{2+2+2+2}$$
$$= 97.5\text{mm}$$

43 그림과 같은 모살용접의 유효용접길이는?(단, 유효용접길이는 1면에 대해서만 산정)

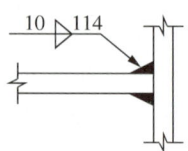

① 10mm
② 94mm
③ 107mm
④ 114mm

해설
$l_e = l - 2S$
$= 114 - 2 \times 10 = 94\text{mm}$

44 그림과 같은 단면에서 x축에 대한 단면2차모멘트는?

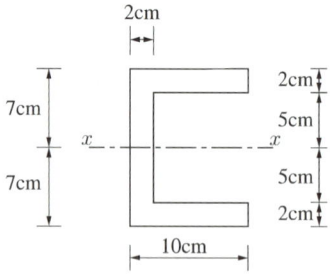

① 1,420cm⁴ ② 1,520cm⁴
③ 1,620cm⁴ ④ 1,720cm⁴

해설
큰 직사각형의 단면2차모멘트에서 작은 직사각형의 단면2차모멘트를 뺀다.
사각형 단면의 단면2차모멘트 $I_x = \dfrac{bh^3}{12}$ 이므로,
$$I_x = \dfrac{10 \times 14^3}{12} - \dfrac{8 \times 10^3}{12} = 1{,}620\text{cm}^4$$

45 다음 중 지진에 의하여 발생되는 현상이 아닌 것은?

① 동상현상
② 해 일
③ 지반의 액상화
④ 단층의 이동

해설
동상현상 : 기온이 0℃ 이하일 때 발생

46 그림과 같은 캔틸레버 보에서 B점의 처짐을 구하면?

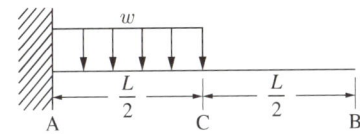

① $\dfrac{wL^4}{128EI}$ ② $\dfrac{3wL^4}{128EI}$

③ $\dfrac{3wL^4}{384EI}$ ④ $\dfrac{7wL^4}{384EI}$

해설
$\delta_B = \delta_C + \theta_C \times \dfrac{L}{2}$

$\delta_C = \dfrac{w\left(\dfrac{L}{2}\right)^4}{8EI} = \dfrac{wL^4}{128EI}$ 이고,

$\theta_C = \dfrac{w\left(\dfrac{L}{2}\right)^3}{6EI} = \dfrac{wL^3}{48EI}$ 이므로,

$\delta_B = \dfrac{wL^4}{128EI} + \dfrac{wL^3}{48EI} \times \dfrac{L}{2} = \dfrac{wL^4}{128EI} + \dfrac{wL^4}{96EI}$

$= \dfrac{3wL^4 + 4wL^4}{384EI} = \dfrac{7wL^4}{384EI}$

47 다음 그림과 같은 구조물의 부정정 차수로 옳은 것은?

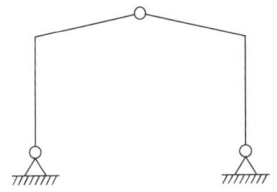

① 정 정
② 1차 부정정
③ 2차 부정정
④ 3차 부정정

해설
$N = m + r + k - 2j$
$= 4 + 4 + 2 - 2 \times 5 = 0$(정정)

여기서, m : 부재(Member)수
r : 지점반력(Reaction)수
k : 강절점(Kinetic)수
j : 절점(Joint)수

48 그림과 같은 구조물에서 기둥에 발생하는 휨모멘트가 0이 되려면 등분포하중 w는?

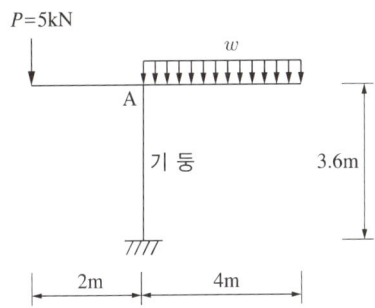

① 2.5kN/m ② 0.8kN/m
③ 1.25kN/m ④ 1.75kN/m

해설
A점에서 좌우의 모멘트가 같아야 한다.
$M_1 = M_2$
$M_1 = P \times L = 5 \times 2 = 10$
$M_2 = 4w \times \left(\dfrac{4}{2}\right) = 8w$
$8w = 10$이므로, ∴ $w = 1.25$kN/m

49 철근콘크리트 보의 사인장 균열에 관한 설명으로 옳지 않은 것은?

① 전단력 및 비틀림에 의하여 발생한다.
② 보의 축과 약 45°의 각도를 이룬다.
③ 주인장응력도의 방향과 사인장 균열의 방향은 일치한다.
④ 보의 단부에 주로 발생한다.

해설
주인장응력의 방향과 사인장균열의 방향은 항상 직교

50 연약한 지반에 대한 대책 중 상부구조의 조치사항으로 옳지 않은 것은?

① 건물의 수평길이를 길게 한다.
② 건물을 경량화한다.
③ 건물의 강성을 높여준다.
④ 건물의 인동간격을 멀리한다.

해설
연약지반의 부동침하 방지대책
- 상부구조에 대한 대책
  - 건물의 경량화, 강성을 높일 것
  - 건물의 중량 분배를 고려할 것
  - 건물의 평면길이를 짧게 할 것
  - 인접 건물과의 거리를 멀게 할 것
- 하부구조에 대한 대책
  - 경질지반에 지지하고, 마찰말뚝 사용
  - 지하실 설치
  - 온통기초(Mat Foundation) 시공
  - 독립기초의 지중보(Underground-beam)로 연결
  - 지반개량공법으로 지반의 지지력 증대

51 강구조에서 하중점과 볼트, 접합된 부재의 반력 사이에서 지렛대와 같은 거동에 의해 볼트에 작용하는 인장력이 증폭되는 현상을 무엇이라 하는가?

① Slip-critical Action
② Bearing Action
③ Prying Action
④ Buckling Action

해설
③ Prying Action : 지레작용
① Slip-critical Action : 마찰작용
② Bearing Action : 지압작용
④ Buckling Action : 좌굴작용

52 강도설계법에서 휨 또는 휨과 축력을 동시에 받는 부재의 콘크리트 압축연단에서 극한변형률은 얼마로 가정하는가?

① 0.002
② 0.003
③ 0.005
④ 0.007

해설
※ 출제 시 정답은 ②였으나 콘크리트구조 철근상세 설계기준(KDS 14 20 20) 개정(22.1.1)으로 정답 없음
휨모멘트 또는 휨모멘트와 축력을 동시에 받는 부재의 콘크리트 압축연단의 극한변형률은 콘크리트의 설계기준압축강도가 40MPa 이하인 경우에는 0.0033으로 가정하며, 40MPa을 초과할 경우에는 매 10MPa의 강도 증가에 대하여 0.0001씩 감소시킨다.

53 그림과 같이 양단이 고정된 강재 부재에 온도가 $\Delta T = 30°C$ 증가될 때 이 부재에 발생되는 압축응력은 얼마인가?(단, 강재의 탄성계수 $E_s = 2.0 \times 10^5 \text{MPa}$, 부재 단면적은 $5,000 \text{mm}^2$, 선팽창계수 $\alpha = 1.2 \times 10^{-5}/°C$ 이다)

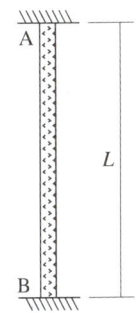

① 25MPa　② 48MPa
③ 64MPa　④ 72MPa

해설

$\sigma = E \times \alpha \times \Delta T = 2.0 \times 10^5 \times 1.2 \times 10^{-5} \times 30 = 72\text{MPa}$

열응력(Thermal Stress)
- 물체가 고정되어진 상태에서 온도가 변화에 의해서 재료의 늘어남(인장) 혹은 수축(압축)이 일어날 때 그 크기에 대응하여 재료에 생기는 저항력을 말한다.
- 온도가 상승한 경우 압축응력이 발생하고, 온도가 하강한 경우 인장응력이 발생한다.
- 열응력, $\sigma = E\alpha(t_2 - t_1) = E\alpha\Delta t$
  여기서, E : 세로탄성계수(종탄성계수, Young계수)
  　　　　α : 선팽창계수
  　　　　Δt : 온도의 변화량

54 철근콘크리트 보에서 콘크리트를 이어붓기 할 때 그 이음의 위치로 가장 적당한 곳은?

① 전단력이 최소인 부분
② 휨모멘트가 최소인 부분
③ 큰보와 작은보가 접합되는 단면이 변화되는 부분
④ 보의 단부

해설

전단력이 최소인 부분에 콘크리트를 이어붓기를 한다.

55 다음 그림과 같은 띠철근 기둥의 설계 축하중(ϕP_n)값으로 옳은 것은?(단, $f_{ck} = 24\text{MPa}$, $f_y = 400\text{MPa}$, 주근단면적(A_{st}) : 3,000mm²)

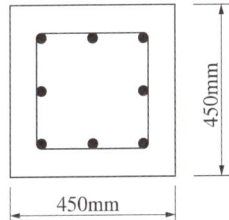

① 2,740kN　② 2,952kN
③ 3,335kN　④ 3,359kN

해설

$\phi P_n \Rightarrow \phi \alpha P_n$
여기서, P_n : 축하중
　　　　ϕ : 0.65(띠철근 기둥)
　　　　α : 띠철근 계수(0.8)
$\phi P_n = \phi\alpha(0.85f_{ck}(A_g - A_{st}) + (f_y \times A_{st}))$
주어진 조건을 대입하면,
$\phi P_n = 0.65 \times 0.8 \times (0.85 \times 24 \times (450^2 - 3,000) + (400 \times 3,000))$
　　　$= 2,740,296\text{N} \fallingdotseq 2,740\text{kN}$

56 다음 그림과 같은 보에서 고정단에 생기는 휨모멘트는?

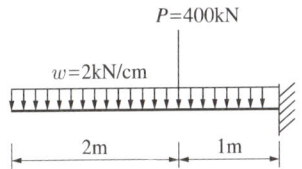

① 500kN·m　② 900kN·m
③ 1,300kN·m　④ 1,500kN·m

해설

$M = M_1 + M_2$
$M_1 = (2\text{kN/cm}) \times (300\text{cm}) \times (150\text{cm})$
　　$= 90,000\text{kN·cm} = 900\text{kN·m}$
$M_2 = (400\text{kN}) \times (1\text{m}) = 400\text{kN·m}$
$\therefore M = 900 + 400 = 1,300\text{kN·m}$

57 다음 그림과 같은 압축재 H-200×200×8×12가 부재의 중앙지점에서 약축에 대해 휨변형이 구속되어 있다. 이 부재의 탄성좌굴응력도를 구하면? (단, 단면적 $A = 63.53 \times 10^2 \text{mm}^2$, $I_x = 4.72 \times 10^7 \text{mm}^4$, $I_y = 1.60 \times 10^7 \text{mm}^4$, $E = 205,000 \text{MPa}$)

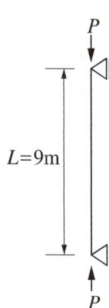

① 252N/mm^2 ② 186N/mm^2
③ 132N/mm^2 ④ 108N/mm^2

해설

좌굴하중(P_{cr}) = $\dfrac{\pi^2 EI}{(KL)^2}$

- $P_{crx} = \dfrac{\pi^2 EI_x}{(KL_x)^2} = \dfrac{\pi^2 \times 205,000 \times (4.72 \times 10^7)}{(1.0 \times 9,000)^2}$
  ≒ 1,178,991.3N

- $P_{cry} = \dfrac{\pi^2 EI_y}{(KL_y)^2} = \dfrac{\pi^2 \times 205,000 \times (1.60 \times 10^7)}{(1.0 \times 4,500)^2}$
  ≒ 1,598,632.2N

작은 값인 1,178,991.3N이 탄성좌굴하중이다.

좌굴응력(σ_{cr}) = $\dfrac{P_{cr}}{A}$ 이므로,

$\sigma_{cr} = \dfrac{1,178,991.3}{63.53 \times 10^2}$ ≒ 185.58N/mm^2

58 절점 B에 외력 $M = 200\text{kN}\cdot\text{m}$가 작용하고 각 부재의 강비가 그림과 같을 경우 M_{AB}는?

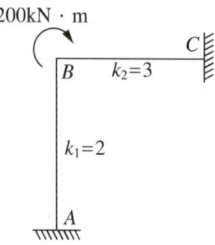

① $20\text{kN}\cdot\text{m}$ ② $40\text{kN}\cdot\text{m}$
③ $60\text{kN}\cdot\text{m}$ ④ $80\text{kN}\cdot\text{m}$

해설

- 분배 모멘트

$DF_{BA} = \dfrac{k_{BA}}{\sum k} = \dfrac{2}{2+3} = \dfrac{2}{5}$

∴ $DM_{BA} = M_B \times DF_{BA} = 200 \times \dfrac{2}{5} = 80\text{kN}\cdot\text{m}$

- 도달 모멘트는 분배 모멘트의 $\dfrac{1}{2}$만 전달된다.

∴ $DM_{BA} \times \dfrac{1}{2} = 80 \times \dfrac{1}{2} = 40\text{kN}\cdot\text{m}$

59 철골조의 가새에 관한 설명으로 옳지 않은 것은?

① 트러스의 절점 또는 기둥의 절점을 각각 대각선 방향으로 연결하여 구조체의 변형을 방지하는 부재이다.
② 풍하중, 지진력 등의 수평하중에 저항하는 것으로 부재에는 인장응력만 발생한다.
③ 보통 단일형강재 또는 조립재를 쓰지만 응력이 작은 지붕가새에는 봉강을 사용한다.
④ 수평가새는 지붕트러스의 지붕면(경사면)에 설치한다.

해설
가새의 위치에 따라 압축 또는 인장 응력이 발생한다.

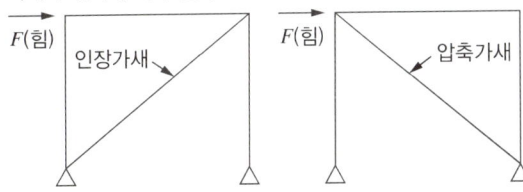

60 철근콘크리트 보의 장기처짐을 구할 때 적용되는 5년 이상 지속하중에 대한 시간경과계수 ξ의 값은?

① 2.4   ② 2.0
③ 1.2   ④ 1.0

해설
ξ : 지속하중에 대한 시간경과계수
- 3개월 : 1.0
- 6개월 : 1.2
- 1년 : 1.4
- 5년 : 2.0

제4과목 건축설비

61 다음 중 건물 실내에 표면결로 현상이 발생하는 원인과 가장 거리가 먼 것은?

① 실내외 온도차
② 구조재의 열적 특성
③ 실내 수증기 발생량 억제
④ 생활 습관에 의한 환기 부족

해설
실내 수증기 발생량이 억제되면 표면결로 및 내부결로가 감소된다.

62 다음과 같은 조건에 있는 실의 틈새바람에 의한 현열 부하량은?

┌ 조건 ┐
- 실의 체적 : 400m³
- 환기횟수 : 0.5회/h
- 실내공기 건구온도 : 20℃
- 외기 건구온도 : 0℃
- 공기의 밀도 : 1.2kg/m³
- 공기의 비열 : 1.01kJ/kg·K

① 986W
② 1,124W
③ 1,347W
④ 1,542W

해설
$H_i = 0.337 \times Q \times \Delta t$ (W) $= 0.337 \times n \times V \times \Delta t$ (W)
$= 0.337 \times 0.5 \times 400 \times (20 - 0)$
$= 1,348$W

여기서, 0.337 : 단위환산계수(W·h/m³·K)
Q : 환기량(m³/h)
n : 환기횟수(회/h)
V : 실의 체적(m³)
Δt : 실내외 온도차(℃)

63 난방방식에 관한 설명으로 옳지 않은 것은?

① 증기난방은 잠열을 이용한 난방이다.
② 온수난방은 온수의 현열을 이용한 난방이다.
③ 온풍난방은 온습도 조절이 가능한 난방이다.
④ 복사난방은 열용량이 작으므로 간헐난방에 적합하다.

해설
복사난방은 열용량이 크므로 지속적인 난방에 적합하다.

64 자동화재탐지설비의 감지기 중 감지기 주위의 온도가 일정한 온도 이상이 되었을 때 작동하는 것은?

① 차동식 감지기
② 정온식 감지기
③ 광전식 감지기
④ 이온화식 감지기

해설
정온식 감지기 : 일정한 온도 이상이 되었을 때 작동
차동식 감지기 : 일정 비율 이상 온도가 상승할 때 작동

65 높이 30m의 고가수조에 매분 1m³의 물을 보내려고 할 때 필요한 펌프의 축동력은?(단, 마찰손실수두 6m, 흡입양정 1.5m, 펌프효율 50%인 경우)

① 약 2.5kW   ② 약 9.8kW
③ 약 12.3kW   ④ 약 16.7kW

해설
축동력 $= \dfrac{W \times Q \times H}{6{,}120 \times E}$

$= \dfrac{1{,}000 \times 1 \times (30+6+1.5)}{6{,}120 \times 0.5} ≒ 12.25\text{kW}$

여기서, Q : 양수량(m³/min)
H : 전양정(m)
E : 효율(%)
W : 비중량(kg/m³), 물의 비중량 = 1,000kg/m³

66 공기조화방식 중 전수방식에 관한 설명으로 옳지 않은 것은?

① 각 실의 제어가 용이하다.
② 실내 배관에 의한 누수의 우려가 있다.
③ 극장의 관객석과 같이 많은 풍량을 필요로 하는 곳에 주로 사용된다.
④ 열매체가 증기 또는 냉·온수이므로 열의 운송동력이 공기에 비해 적게 소요된다.

해설
극장의 관객석과 같이 많은 풍량을 필요로 하는 곳에는 전공기방식(All Air System)이 적합하다.
전수 방식(All Water System)
• 덕트가 불필요하다.
• 외기를 도입하기 어렵다.
• 개별 제어가 용이하다.
• 공기오염이 크다.

67 어느 점광원에서 1m 떨어진 곳의 직각면 조도가 200lx일 때, 이 광원에서 2m 떨어진 곳의 직각면 조도는?

① 25lx
② 50lx
③ 100lx
④ 200lx

해설
조도는 거리의 제곱에 반비례 : $E = I/d^2 =$ 광도/(거리)²
즉, 조도는 거리의 제곱에 반비례하는 만큼 낮아진다.
• 광도를 구한다.
조도(E) = 광도(I) ÷ 거리의 제곱(d^2)
$200 = I ÷ 1^2$
∴ $I = 200\text{cd}$
• 광도를 대입해서, 거리 2m 지점에서의 조도를 구한다.
$E = 200\text{cd} ÷ 2^2\text{m}^2$
∴ $E = 50\text{lx}$

68 터보 냉동기에 관한 설명으로 옳지 않은 것은?

① 왕복동식에 비하여 진동이 적다.
② 흡수식에 비해 소음 및 진동이 심하다.
③ 임펠러 회전에 의한 원심력으로 냉매가스를 압축한다.
④ 일반적으로 대용량에는 부적합하며 비례제어가 불가능하다.

해설
고속 회전하는 날개차의 원심력으로 냉매 가스를 압축하는 냉동방식이다. 대용량 공조에 적합하고, 용량 제어 폭이 넓고, 무단계 비례제어가 가능하다.

69 양수량이 1m³/min, 전양정이 50m인 펌프에서 회전수를 1.2배 증가시켰을 때 양수량은?

① 1.2배 증가
② 1.44배 증가
③ 1.73배 증가
④ 2.4배 증가

해설
펌프의 양수량은 임펠러 회전수의 비와 비례하므로, 1.2배 증가

70 전기설비가 어느 정도 유효하게 사용되는가를 나타내며, 최대수용전력에 대한 부하의 평균 전력의 비로 표현되는 것은?

① 부하율
② 부등률
③ 수용률
④ 유효율

해설
부하율=(평균 전력/최대 수용전력)×100(%)
※ 부하율은 1보다 작다(0.25~0.6).

71 통기방식에 관한 설명으로 옳지 않은 것은?

① 신정통기방식에서는 통기수직관을 설치하지 않는다.
② 루프통기방식은 각 기구의 트랩마다 통기관을 설치하고 각각을 통기 수평지관에 연결하는 방식이다.
③ 신정통기방식은 배수수직관의 상부를 연장하여 신정통기관으로 사용하는 방식으로, 대기 중에 개구한다.
④ 각개통기방식은 트랩마다 통기되기 때문에 가장 안정도가 높은 방식으로, 자기사이펀 작용의 방지에도 효과가 있다.

해설
각개통기방식 : 각 기구의 트랩마다 통기관을 설치
루프통기방식 : 최상류 바로 아래 설치하여 1개 통기관이 8개까지 감당

72 사무소 건물에서 다음과 같이 위생기구를 배치하였을 때 이들 위생기구 전체로부터 배수를 받아들이는 배수수평지관의 관경으로 가장 알맞은 것은?

기구종류	바닥배수	소변기	대변기
배수부하단위	2	4	8
기구수	2	8	2

관경(mm)	배수수평지관의 배수부하단위
75	14
100	96
125	216
150	372

① 75mm
② 100mm
③ 125mm
④ 150mm

해설
$\sum fuD = (2 \times 2) + (4 \times 8) + (8 \times 2) = 52$
∴ 100mm
※ 배수수평지관 관경은 접속되는 기구배수관 중 최대 관경 이상으로 해야 함

정답 68 ④ 69 ① 70 ① 71 ② 72 ②

73 다음과 같은 특징을 갖는 배선 방법은?

> • 열적영향이나 기계적 외상을 받기 쉬운 곳이 아니면 금속관 배선과 같이 광범위하게 사용 가능하다.
> • 관자체가 절연체이므로 감전의 우려가 없으며 시공이 용이하다.

① 금속덕트 배선
② 버스덕트 배선
③ 플로어덕트 배선
④ 합성수지관 배선

해설
합성수지관 배선은 관자체가 절연체이므로 감전의 우려가 없으며 시공이 용이하다.

74 급탕설비에 관한 설명으로 옳은 것은?

① 팽창탱크는 반드시 개방식으로 해야 한다.
② 리버스 리턴(Reverse-return) 방식은 전 계통의 탕의 순환을 촉진하는 방식이다.
③ 직접가열식 중앙급탕법은 보일러 안에 스케일 부착이 없어 내부에 방식처리가 불필요하다.
④ 간접가열식 중앙급탕법은 저탕조와 보일러를 직결하여 순환가열하는 것으로 고압용 보일러가 주로 사용된다.

해설
① 팽창탱크는 개방형, 밀폐형이 있다.
③ 간접가열식 중앙급탕법은 보일러 안에 스케일 부착이 없어 내부에 방식처리가 불필요하다.
④ 직접가열식 중앙급탕법은 저탕조와 보일러를 직결하여 순환가열하는 것으로 고압용 보일러가 주로 사용된다.

75 가스배관 경로 선정 시 주의하여야 할 사항으로 옳지 않은 것은?

① 장래의 증설 및 이설 등을 고려한다.
② 주요구조부를 관통하지 않도록 한다.
③ 옥내배관은 매립하는 것을 원칙으로 한다.
④ 손상이나 부식 및 전식을 받지 않도록 한다.

해설
가스 배관은 옥내에 설치 시 매립과 은폐 배관을 겸해서 설치한다.

76 알칼리 축전지에 관한 설명으로 옳지 않은 것은?

① 고율방전특성이 좋다.
② 공칭전압은 2V/cell이다.
③ 기대수명이 10년 이상이다.
④ 부식성의 가스가 발생하지 않는다.

해설
알칼리 축전지의 공칭전압 : 1.2V/cell
연 축전지의 공칭전압 : 2.0V/cell
※ 고율방전 : 전압을 유지하면서 고출력의 전류를 방전

정답 73 ④ 74 ② 75 ③ 76 ②

77 엘리베이터의 일주시간 구성 요소에 속하지 않는 것은?

① 주행시간
② 도어개폐시간
③ 승객출입시간
④ 승객대기시간

해설
승객대기시간은 관계없다.
일주시간(RTT ; Round Trip Time) : 엘리베이터가 출발 기준층에서 승객을 싣고 출발하여 각 층에 서비스 한 후 출발 기준층으로 되돌아 다음 서비스를 위해 대기하는 데까지의 총시간
• 일주시간 = 주행시간 + 일주 중 도어개폐시간 + 일주 중 승객출입시간 + 일주 중 손실시간

78 습공기를 가열하였을 경우 상태량이 변하지 않는 것은?

① 엔탈피
② 비체적
③ 절대습도
④ 상대습도

해설
습공기를 가열 또는 냉각하여도 절대습도는 변하지 않는다.

79 각 층마다 옥내소화전이 3개씩 설치되어 있는 건물에서 옥내소화전설비의 수원의 저수량은 최소 얼마 이상이 되도록 하여야 하는가?

① $6.9m^3$
② $7.2m^3$
③ $7.5m^3$
④ $7.8m^3$

해설
※ 출제 시 정답은 ④였으나 옥내소화전설비의 화재안전기준 개정(21.12.16)으로 정답 없음(개정 전 : 최다 설치 층 설치 개수는 5개 이상 설치된 경우 5개로 산정함)
옥내소화전 수원 수량(Q) = 2.6(m^3) × N
∴ 수량(Q) = 2.6 × 2 = 5.2m^3
여기서, N : 소화전 개수(가장 많이 설치된 층을 기준으로 최대 2개소로 산정)

80 덕트 설비에 관한 설명으로 옳은 것은?

① 고속덕트에는 소음상자를 사용하지 않는 것이 원칙이다.
② 고속덕트는 관마찰저항을 줄이기 위하여 일반적으로 장방형 덕트를 사용한다.
③ 등마찰손실법은 덕트 내의 풍속을 일정하게 유지할 수 있도록 덕트 치수를 결정하는 방법이다.
④ 같은 양의 공기가 덕트를 통해 송풍될 때 풍속을 높게 하면 덕트의 단면치수를 작게 할 수 있다.

해설
① 고속덕트는 소음상자를 사용한다.
② 고속덕트는 관마찰저항 감소를 위해 일반적으로 원형 덕트를 사용한다.
③ 등속법은 덕트 내의 풍속을 일정하게 유지할 수 있도록 덕트 치수를 결정하는 방법이다.
등마찰손실법 : 덕트 1m당 마찰손실을 일정하게 유지할 수 있도록 덕트 치수를 결정하는 방법이다.

제5과목 건축관계법규

81 부설주차장의 설치대상 시설물 종류와 설치기준의 연결이 옳은 것은?

① 판매시설 – 시설면적 100m²당 1대
② 위락시설 – 시설면적 150m²당 1대
③ 종교시설 – 시설면적 200m²당 1대
④ 숙박시설 – 시설면적 200m²당 1대

[해설]
① 판매시설 – 시설면적 150m²당 1대
② 위락시설 – 시설면적 100m²당 1대
③ 종교시설 – 시설면적 150m²당 1대

82 주차전용건축물이란 건축물의 연면적 중 주차장으로 사용되는 부분의 비율이 최소 얼마 이상인 건축물을 말하는가?(단, 주차장 외의 용도로 사용되는 부분이 자동차 관련 시설인 건축물의 경우)

① 70%　　② 80%
③ 90%　　④ 95%

[해설]
자동차 관련 시설인 건축물인 경우 70% 이상으로 주차장으로 사용해야 한다.
주차전용 건축물(주차장법 시행령 제1조의2)
• 원칙(주차장 용도) : 95% 이상
• 70% 이상 : 단독, 공동주택, 제1종 근린생활시설, 제2종 근린생활시설, 문화 및 집회시설, 종교시설, 판매시설, 운수시설, 운동시설, 업무시설, 창고시설 또는 자동차 관련 시설

83 다음 중 국토의 계획 및 이용에 관한 법령상 공공(公共)시설에 속하지 않는 것은?

① 광 장　　② 공동구
③ 유원지　　④ 사방설비

[해설]
유원지는 공간시설(공간시설 : 광장, 공원, 녹지, 유원지, 공공공지 등)
공공시설
• 항만·공항·광장·녹지·공공공지·공동구·하천·유수지·방화설비·방풍설비·방수설비·사방설비·방조설비·하수도·구거
• 행정청이 설치하는 시설로서 주차장, 저수지 등의 시설
• 스마트도시 조성 및 산업진흥 등에 관한 법률 제2조 제3호 다목에 스마트도시 통합운영센터 등의 시설

84 다음 중 건축물의 용도 분류가 옳은 것은?

① 식물원 – 동물 및 식물 관련 시설
② 동물병원 – 의료시설
③ 유스호스텔 – 수련시설
④ 장례식장 – 묘지 관련 시설

[해설]
① 식물원 – 문화 및 집회시설
② 동물병원 – 제2종 근린생활시설
④ 장례식장 – 장례시설

정답 81 ④　82 ①　83 ③　84 ③

85. 국토의 계획 및 이용에 관한 법령상 다음과 같이 정의되는 용어는?

> 개발로 인하여 기반시설이 부족할 것으로 예상되나 기반시설을 설치하기 곤란한 지역을 대상으로 건폐율이나 용적률을 강화하여 적용하기 위하여 지정하는 구역

① 시가화조정구역
② 개발밀도관리구역
③ 기반시설부담구역
④ 지구단위계획구역

해설
개발밀도관리구역에 대한 설명이다.

86. 광역도시계획에 관한 내용으로 틀린 것은?

① 인접한 둘 이상의 특별시·광역시·특별자치시·특별자치도·시 또는 군의 관할 구역 전부 또는 일부를 광역계획권으로 지정할 수 있다.
② 군수가 광역도시계획을 수립하는 경우 도지사의 승인을 생략한다.
③ 광역계획권의 공간 구조와 기능 분담에 관한 정책 방향이 포함되어야 한다.
④ 광역도시계획을 공동으로 수립하는 시·도지사는 그 내용에 관하여 서로 협의가 되지 아니하면 공동이나 단독으로 국토교통부장관에게 조정을 신청할 수 있다.

해설
시장 또는 군수는 광역도시계획을 수립하거나 변경하려면 도지사의 승인을 받아야 한다(국토의 계획 및 이용에 관한 법률 제16조 제5항).

87. 주요구조부가 내화구조 또는 불연재료로 된 층수가 16층 이상인 공동주택의 경우, 피난층 외의 층에서는 피난층 또는 지상으로 통하는 직통 계단을 거실의 각 부분으로부터 계단에 이르는 보행 거리가 최대 얼마 이하가 되도록 설치하여야 하는가?(단, 계단은 거실로부터 가장 가까운 거리에 있는 1개소의 계단을 말한다)

① 30m
② 40m
③ 50m
④ 75m

해설
직통계단의 설치(건축법 시행령 제34조 제1항)
주요구조부가 내화구조 또는 불연재료일 경우 : 50m 이하(16층 이상인 공동주택의 경우 16층 이상인 층 : 40m 이하)

88. 다음 중 방화구조의 기준으로 틀린 것은?

① 시멘트모르타르 위에 타일을 붙인 것으로서 그 두께의 합계가 2.5cm 이상인 것
② 석고판 위에 회반죽을 바른 것으로서 그 두께의 합계가 2.5cm 이상인 것
③ 철망모르타르로서 그 바름두께가 1.5cm 이상인 것
④ 심벽에 흙으로 맞벽치기한 것

해설
방화구조(건축물의 피난·방화구조 등의 기준에 관한 규칙 제4조)
- 철망모르타르로서 그 바름두께가 2cm 이상인 것
- 석고판 위에 시멘트모르타르 또는 회반죽을 바른 것으로서 그 두께의 합계가 2.5cm 이상인 것
- 시멘트모르타르 위에 타일을 붙인 것으로서 그 두께의 합계가 2.5cm 이상인 것
- 심벽에 흙으로 맞벽치기한 것
- 한국산업표준이 정하는 바에 따라 시험한 결과 방화 2급 이상에 해당하는 것

정답 85 ② 86 ② 87 ② 88 ③

89 시장·군수·구청장이 국토의 계획 및 이용에 관한 법률에 따른 도시지역에서 건축선을 따로 지정할 수 있는 최대 범위는?

① 2m
② 3m
③ 4m
④ 6m

해설
건축선(건축법 시행령 제31조 제2항)
특별자치시장·특별자치도지사 또는 시장·군수·구청장은 국토의 계획 및 이용에 관한 법률에 따른 도시지역에는 4m 이하의 범위에서 건축선을 따로 지정할 수 있다.

90 건축물의 면적, 높이 및 층수 등의 산정방법에 관한 설명으로 옳은 것은?

① 건축물의 높이 산정 시 건축물의 대지에 접하는 전면 도로의 노면에 고저차가 있는 경우에는 그 건축물이 접하는 범위의 전면 도로부분의 수평거리에 따라 가중평균 한 높이의 수평면을 전면도로면으로 본다.
② 용적률 산정 시 연면적에는 지하층의 면적과 지상층의 주차용으로 쓰는 면적을 포함시킨다.
③ 건축면적은 건축물의 내벽의 중심선으로 둘러싸인 부분의 수평투영면적으로 한다.
④ 건축물의 층수는 지하층을 포함하여 산정하는 것이 원칙이다.

해설
② 용적률 산정 시 연면적에는 지하층의 면적과 지상층의 주차용으로 쓰는 면적을 제외시킨다.
③ 건축면적은 건축물의 외벽중심선으로 둘러싸인 부분의 수평투영면적으로 한다.
④ 건축물의 층수는 지하층을 제외하여 산정하는 것이 원칙이다.

91 다음은 건축법령상 지하층의 정의 내용이다. ( ) 안에 알맞은 것은?

"지하층"이란 건축물의 바닥이 지표면 아래에 있는 층으로서 바닥에서 지표면까지 평균 높이가 해당 층 높이의 ( ) 이상인 것을 말한다.

① 2분의 1
② 3분의 1
③ 3분의 2
④ 4분의 3

해설
해당 층 높이의 2분의 1 이상(건축법 제2조 제1항)

92 오피스텔이 설치하는 복도의 유효너비는 최소 얼마 이상이어야 하는가?(단, 건축물의 연면적은 300m² 이며, 양옆에 거실이 있는 복도의 경우이다)

① 1.2m   ② 1.8m
③ 2.4m   ④ 2.7m

해설
복도의 유효너비(건축물의 피난·방화구조 등의 기준에 관한 규칙 제15조의2)

대 상	양옆 거실이 있는 복도	기타의 복도
유치원, 초·중·고등학교	2.4m 이상	1.8m 이상
공동주택, 오피스텔	1.8m 이상	1.2m 이상
해당 층 거실 바닥면적 합계가 200m² 이상인 경우	1.5m 이상 (의료시설 1.8m 이상)	1.2m 이상

93 다음 방화구획의 설치에 관한 기준을 적용하지 아니하거나 그 사용에 지장이 없는 범위에서 완화하여 적용할 수 있는 건축물의 부분에 해당되지 않는 것은?

> 주요구조부가 내화구조 또는 불연재료로 된 건축물로서 연면적이 1,000m²를 넘는 것은 내화구조로 된 바닥·벽 및 갑종방화문으로 구획하여야 한다.

① 복층형 공동주택의 세대별 층간 바닥 부분
② 주요구조부가 내화구조 또는 불연재료로 된 주차장
③ 계단실 부분·복도 또는 승강기의 승강로 부분으로서 그 건축물의 다른 부분과 방화구획으로 구획된 부분
④ 문화 및 집회시설 중 동물원의 용도로 쓰는 거실로서 시선 및 활동공간의 확보를 위하여 불가피한 부분

해설
※ 관련 법령 개정(21.8.7)으로 용어가 다음과 같이 변경되었습니다.
갑종방화문 → 60분+방화문 또는 60분 방화문
방화구획을 적용하지 않거나 완화하여 적용할 수 있는 건축물(건축법 시행령 제46조 제2항)
- 문화 및 집회시설(동·식물원 제외), 종교시설, 운동시설 또는 장례시설의 용도로 쓰는 거실로서 시선 및 활동공간의 확보를 위하여 불가피한 부분
- 물품의 제조·가공·보관 및 운반 등에 필요한 고정식 대형 기기 설비의 설치를 위하여 불가피한 부분
- 계단실·복도 또는 승강기의 승강장 및 승강로로서 그 건축물의 다른 부분과 방화구획으로 구획된 부분
- 건축물의 최상층 또는 피난층으로서 대규모 회의장·강당·스카이라운지·로비 또는 피난안전구역 등의 용도로 쓰는 부분으로서 그 용도로 사용하기 위하여 불가피한 부분
- 복층형 공동주택의 세대별 층간 바닥 부분
- 주요구조부가 내화구조 또는 불연재료로 된 주차장
- 단독주택, 동물 및 식물 관련 시설 또는 국방·군사시설 중 군사시설(집회, 체육, 창고 등의 용도로 사용되는 시설만 해당)로 쓰는 건축물
- 건축물의 1층과 2층의 일부를 동일한 용도로 사용하며 그 건축물의 다른 부분과 방화구획으로 구획된 부분(바닥면적의 합계가 500m² 이하인 경우로 한정)

94 태양열을 주된 에너지원으로 이용하는 주택의 건축면적 산정 시 이용하는 중심선의 기준으로 옳은 것은?

① 건축물의 외벽 경계선
② 건축물의 기둥 사이의 중심선
③ 건축물의 외벽 중 내측 내력벽의 중심선
④ 건축물의 외벽 중 외측 내력벽의 중심선

해설
건축법 시행규칙 제43조 제1항
건축물의 외벽 중 내측 내력벽의 중심선을 기준으로 한다.

95 오피스텔의 난방설비를 개별난방방식으로 하는 경우에 관한 기준 내용으로 틀린 것은?

① 보일러의 연도는 내화구조로서 공동연도로 설치할 것
② 보일러는 거실 외의 곳에 설치할 것
③ 보일러실의 윗부분에는 그 면적이 0.5m² 이상인 환기창을 설치할 것
④ 기름보일러를 설치하는 경우에는 기름저장소를 보일러실에 설치할 것

해설
기름저장소는 보일러실 외의 다른 곳에 설치할 것(건축물의 설비기준 등에 관한 규칙 제13조 제1항 제5호)

정답 93 ④ 94 ③ 95 ④

96 대형 건축물의 건축허가 사전승인신청 시 제출도서 중 설계설명서에 표시하여야 할 사항에 속하지 않는 것은?

① 시공방법
② 동선계획
③ 개략공정계획
④ 각부 구조계획

해설
각부 구조계획은 구조계획서에 표시하여야 할 사항에 속한다.
설계설명서에 표시하여야 할 사항(건축법 시행규칙 별표 3)
공사 개요, 사전 조사 사항, 건축계획, 시공 방법, 개략공정계획, 주요설비계획, 주요자재 사용계획, 기타 필요한 사항

97 다음의 대지와 도로의 관계에 관한 기준 내용 중 ( ) 안에 알맞은 것은?

> 연면적의 합계가 2,000m²(공장인 경우에는 3,000m²) 이상인 건축물(축사, 작물 재배사, 그 밖에 이와 비슷한 건축물로서 건축조례로 정하는 규모의 건축물은 제외한다)의 대지는 너비 (㉠) 이상의 도로에 (㉡) 이상 접하여야 한다.

① ㉠ : 4m, ㉡ : 2m
② ㉠ : 6m, ㉡ : 4m
③ ㉠ : 8m, ㉡ : 6m
④ ㉠ : 8m, ㉡ : 4m

해설
너비 6m 이상의 도로에 4m 이상 접하여야 한다.
대지와 도로의 관계(건축법 시행령 제28조 제2항)
연면적의 합계가 2,000m²(공장인 경우에는 3,000m²) 이상인 건축물(축사, 작물 재배사, 그 밖에 이와 비슷한 건축물로서 건축조례로 정하는 규모의 건축물은 제외)의 대지는 너비 6m 이상의 도로에 4m 이상 접하여야 한다.

98 지구단위계획구역의 지정목적을 이루기 위하여 지구단위계획에 포함될 수 있는 내용이 아닌 것은?

① 용도지역이나 용도지구를 대통령령으로 정하는 범위에서 세분하거나 변경하는 사항
② 건축물 높이의 최고 한도 또는 최저 한도
③ 도시·군관리계획 중 정비사업에 관한 계획
④ 대통령령으로 정하는 기반시설의 배치와 규모

해설
지구단위계획의 내용(국토의 계획 및 이용에 관한 법률 제52조)
• 용도지역이나 용도지구를 대통령령으로 정하는 범위에서 세분하거나 변경하는 사항
• 기존의 용도지구를 폐지하고 그 용도지구에서의 건축물이나 그 밖의 시설의 용도·종류 및 규모 등의 제한을 대체하는 사항
• 대통령령으로 정하는 기반시설의 배치와 규모
• 도로로 둘러싸인 일단의 지역 또는 계획적인 개발·정비를 위하여 구획된 일단의 토지의 규모와 조성계획
• 건축물의 용도제한, 건축물의 건폐율 또는 용적률, 건축물 높이의 최고 한도 또는 최저 한도
• 건축물의 배치·형태·색채 또는 건축선에 관한 계획
• 환경관리계획 또는 경관계획
• 보행안전 등을 고려한 교통처리계획
• 그 밖에 토지 이용의 합리화, 도시나 농·산·어촌의 기능 증진 등에 필요한 사항으로서 대통령령으로 정하는 사항

정답 96 ④ 97 ② 98 ③

99 건축물을 건축하는 경우 해당 건축물의 설계자가 국토교통부령으로 정하는 구조기준 등에 따라 그 구조의 안전을 확인할 때, 건축구조기술사의 협력을 받아야 하는 대상 건축물 기준으로 틀린 것은?

① 다중이용 건축물
② 6층 이상인 건축물
③ 3층 이상의 필로티형식 건축물
④ 기둥과 기둥 사이의 거리가 20m 이상인 건축물

해설

※ 가답안에서 ④번을 정답처리 하였으나, 문제 오류로 확정답안 발표 시 전항 정답으로 발표

해당 보기 모두 건축구조기술사의 협력을 받아야 한다.

건축구조기술사의 협력을 받아야 하는 대상 건축물(건축법 시행령 제91조의3 제1항)
- 6층 이상인 건축물
- 특수구조 건축물
- 다중이용 건축물
- 준다중이용 건축물
- 3층 이상의 필로티형식 건축물
- 건축물의 용도 및 규모를 고려한 중요도가 높은 건축물

구조 안전의 확인 서류를 받아 착공신고 시 제출해야 하는 건축물 (건축법 시행령 제32조 제2항) → 건축구조기술사 등의 협력 필요
- 층수가 2층 이상인 건축물
- 연면적이 200m² 이상인 건축물(창고, 축사, 작물 재배사 제외)
- 높이가 13m 이상인 건축물
- 처마높이가 9m 이상인 건축물
- 기둥과 기둥 사이의 거리가 10m 이상인 건축물
- 건축물의 용도 및 규모를 고려한 중요도가 높은 건축물로서 국토교통부령으로 정하는 건축물
- 국가적 문화유산으로 보존할 가치가 있는 건축물로서 국토교통부령으로 정하는 것
- 한쪽 끝은 고정되고 다른 끝은 지지되지 아니한 구조로 된 보·차양 등이 외벽의 중심선으로부터 3m 이상 돌출된 건축물, 특수한 설계·시공·공법 등이 필요한 건축물로서 국토교통부장관이 정하여 고시하는 구조로 된 건축물
- 단독주택 및 공동주택

100 비상용 승강기의 승강장 및 승강로 구조에 관한 기준 내용으로 틀린 것은?

① 옥내 승강장의 바닥면적은 비상용 승강기 1대에 대하여 6m² 이상으로 한다.
② 각 층으로부터 피난층까지 이르는 승강로를 단일구조로 연결하여 설치하여야 한다.
③ 피난층이 있는 승강장의 출입구로부터 도로 또는 공지에 이르는 거리는 30m 이하로 한다.
④ 승강장에는 배연설비를 설치하여야 하며, 외부를 향하여 열 수 있는 창문 등을 설치하여서는 안 된다.

해설

노대 또는 외부를 향하여 열 수 있는 창문이나 배연설비를 설치할 것

비상용승강기의 승강장 및 승강로의 구조(건축물의 설비기준 등에 관한 규칙 제10조)
- 비상용 승강기 승강장의 구조
  - 승강장의 창문·출입구 기타 개구부를 제외한 부분은 당해 건축물의 다른 부분과 내화구조의 바닥 및 벽으로 구획할 것
  - 승강장은 각 층의 내부와 연결될 수 있도록 하되, 그 출입구(승강로의 출입구 제외)에는 60+방화문 또는 60분 방화문을 설치할 것. 다만, 피난층에는 60+방화문 또는 60분 방화문을 설치하지 아니할 수 있다.
  - 노대 또는 외부를 향하여 열 수 있는 창문이나 배연설비를 설치할 것
  - 벽 및 반자가 실내에 접하는 부분의 마감재료는 불연재료로 할 것
  - 채광이 되는 창문이 있거나 예비전원에 의한 조명설비를 할 것
  - 승강장의 바닥면적은 비상용 승강기 1대에 대하여 6m² 이상으로 할 것(다만, 옥외에 승강장을 설치하는 경우에는 그러하지 아니하다)
  - 피난층이 있는 승강장의 출입구(승강장이 없는 경우에는 승강로의 출입구)로부터 도로 또는 공지에 이르는 거리가 30m 이하일 것
  - 승강장 출입구 부근의 잘 보이는 곳에 당해 승강기가 비상용 승강기임을 알 수 있는 표지를 할 것
- 비상용 승강기 승강로의 구조
  - 승강로는 당해 건축물의 다른 부분과 내화구조로 구획할 것
  - 각 층으로부터 피난층까지 이르는 승강로를 단일구조로 연결하여 설치할 것

2020년 제4회 과년도 기출문제

제1과목 건축계획

01 기업체가 자사제품의 홍보, 판매 촉진 등을 위해 제품 및 기업에 관한 자료를 소비자들에게 직접 호소하여 제품의 우위성을 인식시키는 전시공간은?

① 쇼 룸
② 런드리
③ 프로시니엄
④ 인포메이션

해설
쇼룸(Showroom) : 제품을 전시 공개하는 장소를 뜻하며, 자사제품의 제조 및 공정에 대한 설명이나 제품 상담, 클레임 처리 등을 수행할 수 있는 장소로서 기업측에서의 PR을 목적으로 만든다.

02 사무소 건축의 실단위 계획 중 개실 시스템에 관한 설명으로 옳지 않은 것은?

① 공사비가 저렴하다.
② 독립성과 쾌적감이 높다.
③ 방길이에 변화를 줄 수 있다.
④ 방깊이에 변화를 줄 수 없다.

해설
개방식에 비해서 공사비가 증가된다.

03 주택단지계획에서 보차분리의 형태 중 평면분리에 해당하지 않는 것은?

① T자형
② 루프(Loop)
③ 쿨데삭(Cul-de-sac)
④ 오버브리지(Over Bridge)

해설
오버브리지(Over Bridge)는 입체적 분리 방법이다.
입체적 분리 방법 : 오버브리지(Over Bridge), 언더패스(Under Path), 지상인공지반, 지하가, 다층구조지반

04 도서관의 출납 시스템 유형 중 이용자가 자유롭게 도서를 꺼낼 수 있으나 열람석으로 가기 전에 관원의 검열을 받는 형식은?

① 폐가식
② 반개가식
③ 자유개가식
④ 안전개가식

해설
안전개가식에 대한 설명이다.

05 단독주택에서 다음과 같은 실들을 각각 직상층 및 직하층에 배치할 경우 가장 바람직하지 않은 것은?

① 상층 : 침실, 하층 : 침실
② 상층 : 부엌, 하층 : 욕실
③ 상층 : 욕실, 하층 : 침실
④ 상층 : 욕실, 하층 : 부엌

해설
상층은 침실로, 하층은 욕실로 계획하는 것이 좋다.

정답 1 ① 2 ① 3 ④ 4 ④ 5 ③

06 다음 중 백화점 매장의 기둥간격 결정 요소와 가장 거리가 먼 것은?

① 엘리베이터의 배치방법
② 진열장의 치수와 배치방법
③ 지하주차장 주차방식과 주차 폭
④ 층별 매장 구성과 예상 이용 인원

해설
층별 매장 구성과 예상 이용 인원은 관계가 적다.

07 학교 운영방식에 관한 설명으로 옳지 않은 것은?

① 종합교실형은 초등학교 저학년에 권장되는 방식이다.
② 교과교실형은 교실의 이용률은 높으나 순수율은 낮다.
③ 달톤형은 학급과 학년을 없애고 각자의 능력에 따라 교과를 선택하는 방식이다.
④ 플라툰형은 전 학급을 2분단으로 나누어 한쪽이 일반 교실을 사용할 때, 다른 쪽은 특별교실을 사용한다.

해설
교과교실형은 교실의 순수율은 높다.

08 종합병원에서 클로즈드 시스템(Closed System)의 외래진료부에 관한 설명으로 옳지 않은 것은?

① 내과는 소규모 진료실을 다수 설치하도록 한다.
② 환자의 이용이 편리하도록 1층 또는 2층 이하에 둔다.
③ 중앙주사실, 회계, 약국 등은 정면출입구 근처에 설치한다.
④ 전체 병원에 대한 외래진료부의 면적비율은 40~45% 정도로 한다.

해설
전체 병원에 대한 외래진료부의 면적비율은 8~10% 정도로 한다.

09 공장건축의 레이아웃(Layout)에 관한 설명으로 옳지 않은 것은?

① 제품중심의 레이아웃은 대량생산에 유리하며 생산성이 높다.
② 레이아웃은 장래 공장규모의 변화에 대응한 융통성이 있어야 한다.
③ 공정중심의 레이아웃은 다품종 소량생산이나 주문생산에 적합한 형식이다.
④ 고정식 레이아웃은 기능이 동일하거나 유사한 공정, 기계를 접합하여 배치하는 방식이다.

해설
기능이 동일하거나 유사한 공정, 기계를 접합하여 배치하는 방식은 공정중심의 레이아웃이다.

10 극장건축의 관련 제실에 관한 설명으로 옳지 않은 것은?

① 앤티 룸(Anti Room)은 출연자들이 출연 바로 직전에 기다리는 공간이다.
② 그린 룸(Green Room)은 출연자 대기실을 말하며 주로 무대 가까운 곳에 배치한다.
③ 배경제작실의 위치는 무대에 가까울수록 편리하며, 제작 중의 소음을 고려하여 차음 설비가 요구된다.
④ 의상실은 실의 크기가 1인당 최소 8m²가 필요하며, 그린 룸이 있는 경우 무대와 동일한 층에 배치하여야 한다.

해설
의상실은 실의 크기가 1인당 최소 4~5m² 정도가 필요하며, 위치는 가능한 무대 근처가 좋고 같은 층에 있는 것이 이상적이며, 그린 룸(Green Room) 등이 있으면 반드시 같은 층에 있을 필요는 없다.

11 상점의 동선계획에 관한 설명으로 옳지 않은 것은?

① 고객동선은 가능한 길게 한다.
② 직원동선은 가능한 짧게 한다.
③ 상품동선과 직원동선은 동일하게 처리한다.
④ 고객 출입구와 상품 반입·출 출입구는 분리하는 것이 좋다.

해설
상품동선과 직원동선은 분리한다.

12 건축공간의 치수계획에서 "압박감을 느끼지 않을 만큼의 천장 높이 결정"은 다음 중 어디에 해당하는가?

① 물리적 스케일
② 생리적 스케일
③ 심리적 스케일
④ 입면적 스케일

해설
심리적 스케일에 대한 설명이다.

13 고대 로마 건축물 중 판테온(Pantheon)에 관한 설명으로 옳지 않은 것은?

① 로툰다 내부는 드럼과 돔 두 부분으로 구성된다.
② 직사각형의 입구 공간은 외부와 내부 사이의 전이공간으로 사용된다.
③ 드럼 하부는 깊은 니치와 독립된 도리아식 기둥들로 동적인 공간을 구현한다.
④ 거대한 돔을 얹은 로툰다와 대형 열주 현관이라는 2가지 주된 구성 요소로 이루어진다.

해설
코린트식 주범으로 구성하였다.

14 극장의 평면형식 중 오픈 스테이지(Open Stage)형에 관한 설명으로 옳은 것은?

① 연기자가 남측 방향으로만 관객을 대하게 된다.
② 강연, 음악회, 독주, 연극 공연에 가장 적합한 형식이다.
③ 가장 일반적인 극장의 형식으로 어떠한 배경이라도 창출이 가능하다.
④ 무대와 객석이 동일공간에 있는 것으로 관객석이 무대의 대부분을 둘러싸고 있다.

[해설]
오픈 스테이지(Open Stage)형 : 무대와 객석이 동일공간에 있는 것으로 관객석이 무대의 대부분을 둘러싸고 있는 형식이다.

15 다음 설명에 알맞은 사무소 건축의 코어 유형은?

- 코어와 일체로 한 내진구조가 가능한 유형이다.
- 유효율이 높으며, 임대 사무소로서 경제적인 계획이 가능하다.

① 편심형　　② 독립형
③ 분리형　　④ 중심형

[해설]
중심(중앙)코어형에 대한 설명이다.

16 조선시대에 田자형 주택으로 대별되는 서민주택의 지방 유형은?

① 서울지방형
② 남부지방형
③ 중부지방형
④ 함경도지방형

[해설]
함경도지방형으로서 북부지방은 주로 田자형 주택으로 계획하였다.

17 메조넷형(Maisonette Type) 아파트에 관한 설명으로 옳지 않은 것은?

① 설비, 구조적인 해결이 유리하며 경제적이다.
② 통로가 없는 층의 평면은 프라이버시 확보에 유리하다.
③ 통로가 없는 층의 평면은 화재 발생 시 대피상 문제점이 발생할 수 있다.
④ 엘리베이터 정지층 및 통로 면적의 감소로 전용 면적의 극대화를 도모할 수 있다.

[해설]
복층 구성으로 구조, 설비 계획이 어렵다.

18 고딕 성당에 관한 설명으로 옳지 않은 것은?

① 중앙집중식 배치를 지배적으로 사용하였다.
② 건축 형태에서 수직성을 강하게 강조하였다.
③ 고딕 성당으로는 랭스 성당, 아미앵 성당 등이 있다.
④ 수평 방향으로 통일되고 연속적인 공간을 만들었다.

[해설]
고딕 건축은 장축형 배치를 주로 사용하였으며, 중앙집중식 배치를 지배적으로 사용한 시대적 양식은 비잔틴 건축이다.

정답　14 ④　15 ④　16 ④　17 ①　18 ①

19 단독주택의 평면계획에 관한 설명으로 옳지 않은 것은?

① 거실은 평면계획상 통로나 홀로 사용하지 않는 것이 좋다.
② 현관의 위치는 대지의 형태, 도로와의 관계 등에 의하여 결정된다.
③ 부엌은 주택의 서측이나 동측이 좋으며 남향은 피하는 것이 좋다.
④ 노인침실은 일조가 충분하고 전망이 좋은 조용한 곳에 면하게 하고 식당, 욕실 등에 근접시킨다.

해설
부엌은 주택의 서측을 피한다.

20 다음 중 호텔의 성격상 연면적에 대한 숙박 면적의 비가 가장 큰 것은?

① 리조트 호텔
② 커머셜 호텔
③ 클럽 하우스
④ 레지덴셜 호텔

해설
커머셜 호텔이 숙박 면적의 비가 가장 크다.

제2과목 건축시공

21 벽두께 1.0B, 벽면적 30m² 쌓기에 소요되는 벽돌의 정미량은?(단, 벽돌은 표준형을 사용한다)

① 3,900매
② 4,095매
③ 4,470매
④ 4,604매

해설
정미량(벽돌 매수(장)) = 벽면적 × 단위수량
∴ 30m² × 149장/m² = 4,470매

벽 두께별 단위수량(단위 : 장/m²)

벽돌형 \ 벽두께	0.5B	1.0B	1.5B	2.0B	비 고
표준형 벽돌 (190×90×57)	75	149	224	298	• 표준형과 기존형 벽돌의 줄눈은 10mm를 기준으로 한다. • 할증률 – 붉은벽돌, 내화벽돌 : 3% – 시멘트벽돌 : 5%
기존형 벽돌 (210×100×60)	65	130	195	260	
내화 벽돌 (줄눈 6mm)	59	118	177	236	

22 석재의 일반적 성질에 관한 설명으로 옳지 않은 것은?

① 석재의 비중은 조암광물의 성질·비율·공극의 정도 등에 따라 달라진다.
② 석재의 강도에서 인장강도는 압축강도에 비해 매우 작다.
③ 석재의 공극률이 클수록 흡수율이 크고 동결융해 저항성은 떨어진다.
④ 석재의 강도는 조성결정형이 클수록 크다.

해설
석재의 공극률이 클수록 내화성은 크고, 조성결정형이 클수록 내화성은 작아지므로 화기로 인한 강도는 작아진다.
결정형(Crystal Form) : 결정의 외형을 이루고 있는 결정면들의 집합체를 말한다.
석재의 특성
• 장 점
 - 불연성이고 압축강도가 크다.
 - 내수성, 내구성, 내화학성, 내마모성이 크다.
 - 외관이 장중하고 갈면 광택이 난다.
 - 다양한 종류의 외관 및 색조를 나타낸다.
 - 매장량이 풍부하고 구입이 쉽다.
• 단 점
 - 비중이 크고 가공이 어렵다.
 - 길고 큰 재료를 얻기 힘들다.
 - 인장강도가 약하다.
 - 화기에 약하여 손상이 쉽다.

23 Power Shovel의 1시간당 추정 굴착 작업량을 다음 조건에 따라 구하면?

조건
$Q = 1.2 m^3$, $f = 1.28$, $E = 0.9$, $K = 0.9$, $C_m = 60$초

① $67.2 m^3/h$ ② $74.7 m^3/h$
③ $82.2 m^3/h$ ④ $89.6 m^3/h$

해설
$$Q_h = \frac{3{,}600 \times q \times f \times E \times K}{C_m}$$
$$= \frac{3{,}600 \times 1.2 \times 1.28 \times 0.9 \times 0.9}{60}$$
$$\fallingdotseq 74.65 m^3/h$$

여기서, Q_h : 시간당 작업량(m^3/h)
 q : 버킷의 용량(m^3)
 f : 토량환산계수
 K : 버킷계수
 E : 작업효율
 C_m : 1회 사이클 타임(Cycle Time, sec)

24 도장작업 시 주의사항으로 옳지 않은 것은?

① 도료의 적부를 검토하여 양질의 도료를 선택한다.
② 도료량을 표준량보다 두껍게 바르는 것이 좋다.
③ 저온 다습 시에는 작업을 피한다.
④ 피막은 각 층마다 충분히 건조 경화한 후 다음 층을 바른다.

해설
도료량은 표준량 이상으로 두껍게 바르지 않는다.
도장작업의 주의사항
• 도료량은 표준량 이상으로 두껍게 바르지 않는다.
• 양질의 도료를 선택하고 사용법을 정확하게 한다.
• 도막은 각 층마다 충분히 건조 경화한 다음 바른다.
• 도료의 성상에 맞는 도장용구를 사용한다.
• 직사광선은 가능한 피한다.
• 인화물질에 의한 화재예방에 주의한다.
• 저온다습 시의 작업을 피한다.
• 작업장 내는 청결하게 하고 먼지가 없도록 한다.

25 콘크리트의 내화, 내열성에 관한 설명으로 옳지 않은 것은?

① 콘크리트의 내화, 내열성은 사용한 골재의 품질에 크게 영향을 받는다.
② 콘크리트는 내화성이 우수해서 600℃ 정도의 화열을 장시간 받아도 압축강도는 거의 저하하지 않는다.
③ 철근콘크리트 부재의 내화성을 높이기 위해서는 철근의 피복두께를 충분히 하면 좋다.
④ 화재를 입은 콘크리트의 탄산화 속도는 그렇지 않은 것에 비하여 크다.

해설
콘크리트는 구성재료(골재, 시멘트풀) 사이의 팽창계수 차이로 인해 화열을 받을 경우 콘크리트 내부응력이 발생하고 균열이 생겨 강도가 감소한다. 또한, 500~700℃에서는 골재 및 시멘트풀이 동시에 팽창하므로 재료분리현상이 생기고, 화강암질 골재의 경우 500~600℃ 사이에서 급속히 팽창하여 내화성 저하된다.
화재온도에 따른 콘크리트의 손상
- 200~400℃에서 모세관수 및 겔수의 증발로 인한 강한 흡열피크가 발생
- 600℃에서는 $Ca(OH)_2$의 분해로 인한 강한 흡열피크 발생
- 800℃에서는 $CaCO_3$의 분해로 인한 흡열피크 발생

26 아스팔트 방수공사에서 아스팔트 프라이머를 사용하는 가장 중요한 이유는?

① 콘크리트 면의 습기 제거
② 방수층의 습기 침입 방지
③ 콘크리트면과 아스팔트 방수층의 접착
④ 콘크리트 밑바닥의 균열방지

해설
아스팔트 프라이머 : 아스팔트와 용제의 혼합제품으로 하층에 피막을 형성되면서 콘크리트면과 아스팔트 방수층의 접착력을 높이기 위해 사용되며, 이외에 시공성 및 방수성 강화에도 효과적이다.

27 콘크리트 배합에 직접적으로 영향을 주는 요소가 아닌 것은?

① 단위수량　② 물결합재비
③ 철근의 품질　④ 골재의 입도

해설
단위수량, 물결합재비, 골재의 입도 등은 콘크리트 배합에 직접적으로 영향을 준다.

28 철근, 볼트 등 건축용 강재의 재료시험 항목에서 일반적으로 제외되는 항목은?

① 압축강도시험　② 인장강도시험
③ 굽힘시험　④ 연신율시험

해설
압축강도시험은 제외된다.
강재시험 항목 : 인장시험, 굴곡시험, 인장크리프시험, 충격시험, 성분시험, 연신율 측정시험, 변형률 측정시험 등

29 발주자에 의한 현장관리로 볼 수 없는 것은?

① 착공신고　② 하도급계약
③ 현장회의 운영　④ 클레임 관리

해설
하도급계약은 원도급자가 관리한다.
발주자에 의한 현장관리
- 착공신고 : 공사 수급자는 기술자의 현장배치 확인, 전체 공사계획 확인, 공사예정 공정표, 현장기술자 확인, 하수급 시행계획서, 자재조달계획, 시험계획표 등을 착공신고서와 함께 발주자에게 제출하여야 한다.
- 현장회의 운영 : 현장회의는 발주자, 원수급자, 시공과정에서 각 공종별 하수급과 연계 작업에 관련된 당사자들 간에 의사소통과 시공계획의 확정을 위하여 개최한다.
- 중간관리일(Milestone) 관리 : 공사의 원활한 진행을 위하여 중요하게 관리되어야 할 주요 공사에 대한 완료 및 착수 일정을 말한다.
- 클레임 관리 : 클레임 접수 및 처리내용을 클레임 관리대장에 작성 및 보관한다.

정답 25 ② 26 ③ 27 ③ 28 ① 29 ②

30 어스앵커 공법에 관한 설명으로 옳지 않은 것은?

① 버팀대가 없어 굴착공간을 넓게 활용할 수 있다.
② 인접한 구조물의 기초나 매설물이 있는 경우 효과가 크다.
③ 대형 기계의 반입이 용이하다.
④ 시공 후 검사가 어렵다.

해설
인접 구조물의 기초나 매설물이 있는 경우 부적합하다.

31 단순조적 블록쌓기에 관한 설명으로 옳지 않은 것은?

① 살두께가 큰 편을 아래로 하여 쌓는다.
② 특별한 지정이 없으면 줄눈을 10mm가 되게 한다.
③ 하루의 쌓기 높이는 1.5 이내를 표준으로 한다.
④ 줄눈 모르타르는 쌓은 후 줄눈누르기 및 줄눈파기를 한다.

해설
살두께가 큰 편을 위로 하여 쌓는다.

32 다음 중 QC 활동의 도구가 아닌 것은?

① 특성요인도
② 파레토그램
③ 층 별
④ 기능계통도

해설
품질관리(QC)를 위한 7가지 도구
히스토그램, 파레토그램, 특성요인도, 체크시트(Check Sheet), 각종 그래프 및 관리도, 산점도(Scatter Diagram), 층별(Stratification)

33 철근의 가스압접에 관한 설명으로 옳지 않은 것은?

① 이음공법 중 접합강도가 극히 크고 성분원소의 조직변화가 적다.
② 압접공은 작업 대상과 압접 장치에 관하여 충분한 경험과 지식을 가진 자로 책임기술자 승인을 받아야 한다.
③ 가스압접할 부분은 직각으로 자르고 절단면을 깨끗하게 한다.
④ 접합되는 철근의 항복점 또는 강도가 다른 경우에 주로 사용한다.

해설
접합되는 철근의 항복점 또는 강도가 다른 경우에 사용하지 않는다.

34 용제형(Solvent) 고무계 도막방수 공법에 관한 설명으로 옳지 않은 것은?

① 용제는 인화성이 강하므로 부근의 화기는 엄금한다.
② 한 층의 시공이 완료되면 1.5~2시간 경과 후 다음 층의 작업을 시작하여야 한다.
③ 완성된 도막은 외상(外傷)에 매우 강하다.
④ 합성고무를 휘발성 용제에 녹인 일종의 고무도료를 칠하여 두께 0.5~0.8mm의 방수피막을 형상하는 것이다.

해설
도막 방수는 충격에 약하며 외상(外傷)에 의해 파손되기 쉽다.

35 공사계약제도 중 공사관리방식(CM)의 단계별 업무내용 중 비용의 분석 및 VE기법의 도입 시 가장 효과적인 단계는?

① Pre-Design 단계
② Design 단계
③ Pre-Construction 단계
④ Construction 단계

해설
비용의 분석 및 VE기법은 Design 단계(설계단계)에서 수행하는 것이 가장 효과적이다.

36 커튼월(Curtain Wall)의 외관 형태별 분류에 해당하지 않는 방식은?

① Unit 방식
② Mullion 방식
③ Spandrel 방식
④ Sheath 방식

해설
유닛 월(Unit System) 방식, 스틱 월(Stick System) 방식, Window Wall 방식은 조립 방식별 분류에 해당한다.

37 고층 건축물 공사의 반복작업에서 각 작업조의 생산성을 기울기로 하는 직선으로 각 반복작업의 진행을 표시하여 전체 공사를 도식화하는 기법은?

① CPM
② PERT
③ PDM
④ LOB

해설
LOB(Linear of Balance) 기법 : 아파트 또는 초고층 빌딩처럼 반복작업하는 경우 각 작업조의 생산성을 유지시키면서, 그 생산성을 기울기로 하는 직선으로 각 반복작업의 진행을 표시하여 전체 공사를 도식화하는 기법으로 LSM(Learning Management System)기법이라고도 한다.

38 수밀콘크리트의 시공에 관한 설명으로 옳지 않은 것은?

① 수밀콘크리트는 누수 원인이 되는 건조수축균열의 발생이 없도록 시공하여야 하며, 0.1mm 이상의 균열 발생이 예상되는 경우 누수를 방지하기 위한 방수를 검토하여야 한다.
② 거푸집의 긴결재로 사용한 볼트, 강봉, 세퍼레이터 등의 아래쪽에는 블리딩 수가 고여서 콘크리트가 경화한 후 물의 통로를 만들어 누수를 일으킬 수 있으므로 누수에 대하여 나쁜 영향이 없는 재질의 것을 사용하여야 한다.
③ 소요 품질을 갖는 수밀콘크리트를 얻기 위해서는 전체 구조부가 시공이음 없이 설계되어야 한다.
④ 수밀성의 향상을 위한 방수제를 사용하고자 할 때에는 방수제의 사용 방법에 따라 배처플랜트에서 충분히 혼합하여 현장으로 반입시키는 것을 원칙으로 한다.

해설
수밀콘크리트는 가급적 이어붓기로 인한 시공이음을 하지 않는 것이 원칙이며, 시공이음을 둘 경우 전단력이 작은 곳에 시공이음을 설계한다.

39 철골공사 접합 중 용접에 관한 주의사항으로 옳지 않은 것은?

① 현장용접을 하는 부재는 그 용접 부위에 얇은 에나멜 페인트를 칠하되, 이밖에 다른 칠을 해서는 안 된다.
② 용접봉의 교환 또는 다층용접일 때에는 먼저 슬래그를 제거하고 청소한 후 용접한다.
③ 용접할 소재는 용접에 의한 수축변형이 생기고, 또 마무리 작업도 고려해야 하므로 치수에 여분을 두어야 한다.
④ 용접이 완료되면 슬래그 및 스패터를 제거하고 청소한다.

해설
현장용접을 하는 부재는 그 용접 부위 또는 인접한 부위는 녹막이 칠을 하지 않는다.

40 기성 말뚝 세우기 공사 시 말뚝의 연직도나 경사도는 얼마 이내로 하여야 하는가?

① 1/50
② 1/75
③ 1/80
④ 1/100

해설
기성 말뚝 시공 시 말뚝 세우기
• 시공기계는 견고한 지반 위의 정확한 말뚝 설치 위치에 설치하여야 한다.
• 규준틀을 설치하고 중심선 표시를 하며, 말뚝을 세운 후 검측은 직교하는 2방향으로부터 하여야 한다.
• 말뚝의 연직도나 경사도는 1/100 이내로 하고, 말뚝박기 후 평면상의 위치가 설계도면의 위치로부터 $D/4$(D는 말뚝의 바깥 지름)와 100mm 중 큰 값 이상으로 벗어나지 않아야 한다.

제3과목 건축구조

41 강도설계법에 따른 철근콘크리트 단근보에서 f_{ck} = 27MPa, f_y = 400MPa, 균형철근비(ρ_b) = 0.0293일 때 최대 철근비는?

① 0.0258
② 0.0220
③ 0.0209
④ 0.0188

해설
※ 출제 시 정답은 ③이었으나 콘크리트구조 철근상세 설계기준(KD S 14 20 20) 개정(22.1.1)으로 정답 없음(개정 전 : 최대 철근비 $0.714\rho_b$)
f_y가 400MPa일 때,
$\rho_{\max} = 0.726 \times \rho_b = 0.726 \times 0.0293 = 0.0212718$

42 그림과 같은 구조물에서 C점에 발생되는 모멘트는?

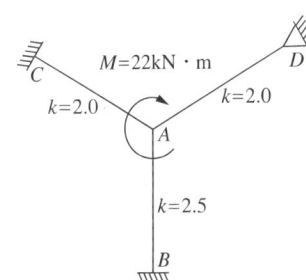

① 4.0kN·m
② 3.5kN·m
③ 3.0kN·m
④ 2.5kN·m

해설
• 강비(k) : 타단고정일 경우 k, 타단힌지일 경우 $\frac{3}{4}k = 0.75k$
• 분배 모멘트
$$DF_{AC} = \frac{k_{AC}}{\sum k} = \frac{2}{(2.0+2.5)+(0.75\times 2.0)} = \frac{2}{6.0}$$
$$\therefore DM_{AC} = M_A \times DF_{AC} = 24 \times \frac{2}{6.0} = 8.0\text{kN}\cdot\text{m}$$
• 도달 모멘트는 분배 모멘트의 $\frac{1}{2}$만 전달된다.
$$\therefore DM_{AC} \times \frac{1}{2} = 8.0 \times \frac{1}{2} = 4.0\text{kN}\cdot$$

43 온통기초에 관한 설명으로 옳지 않은 것은?

① 연약지반에 주로 사용된다.
② 독립기초에 비하여 구조해석 및 설계가 매우 단순하다.
③ 부동침하에 대하여 유리하다.
④ 지하수가 높은 지반에서도 유효한 기초방식이다.

해설
독립기초에 비하여 구조해석 및 설계가 복잡하다.

44 1방향 철근콘크리트 슬래브에서 철근의 설계기준 항복강도가 500MPa인 경우 콘크리트 전체 단면적에 대한 수축·온도 철근비는 최소 얼마 이상이어야 하는가?(단, KDS 기준, 이형철근 사용)

① 0.0015
② 0.0016
③ 0.0018
④ 0.0020

해설
수축·온도철근비 $= 0.0020 \times \dfrac{400}{f_y} = 0.0020 \times \dfrac{400}{500} = 0.0016$

1방향 철근콘크리트 슬래브 수축·온도철근비
- 수축·온도철근으로 배치되는 이형철근 및 용접철망은 다음의 철근비 이상으로 하여야 하나, 어떤 경우에도 0.0014 이상이어야 한다. 여기서, 수축·온도철근비는 콘크리트 전체 단면적에 대한 수축·온도철근 단면적의 비로 한다.
  - 설계기준 항복강도가 400MPa 이하인 이형철근을 사용한 슬래브 : 0.0020
  - 설계기준 항복강도가 400MPa을 초과하는 이형철근 또는 용접철망을 사용한 슬래브 : $0.0020 \times \dfrac{400}{f_y}$
- 수축·온도철근의 간격은 슬래브 두께의 5배 이하, 또한 450mm 이하로 하여야 한다.
- 수축·온도철근은 설계기준 항복강도(f_y)를 발휘할 수 있도록 정착되어야 한다.

45 길이 8m의 단순보가 100kN/m의 등분포 활하중을 받을 때 위험단면에서 전단철근이 부담해야 하는 공칭전단력(V_s)은 얼마인가?(단, 구조물 자중에 의한 $w_D = 6.72$kN/m, $f_{ck} = 24$MPa, $f_y = 300$MPa, $\lambda = 1$, $b_w = 400$mm, $d = 600$mm, $h = 700$mm)

① 424.43kN
② 530.53kN
③ 565.91kN
④ 571.40kN

해설
$V_{u,d} = \phi(V_c + V_s)$
$V_s = \dfrac{V_{u,d}}{\phi} - V_c$
$w_u = 1.2w_D + 1.6w_L = 1.2 \times 6.72 + 1.6 \times 100 = 168.064$kN/m
$V_u = w_u \times \dfrac{L}{2} = 168.064 \times \dfrac{8}{2} = 672.256$kN (8m 보 양쪽 위험단면에서 부담)
$V_{u,d} = V_u - w_u \times d = 672.256 - 168.064 \times 0.6 ≒ 571.42$kN
∴
$V_s = \dfrac{571.42}{0.75} - \dfrac{1}{6} \times 1 \times \sqrt{24} \times 400 \times 600 \times 10^{-3} ≒ 565.93$kN

46 다음 그림과 같은 보에서 A점의 수직반력을 구하면?

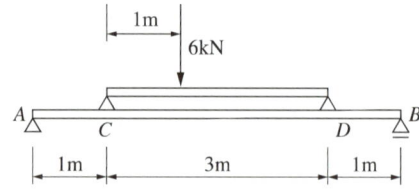

① 2.4kN ② 3.6kN
③ 4.8kN ④ 6.0kN

해설
상부 보에서,
$\Sigma M_D = 0$; $V_C \times 3 - 6 \times 2 = 0$, ∴ $V_C = 4$kN
$\Sigma V = 0$; $V_C + V_D - 6 = 0$, ∴ $V_D = 2$kN
하부 보에서,
$\Sigma M_B = 0$; $V_A \times 5 - 4 \times 4 - 2 \times 1 = 0$, ∴ $V_A = 3.6$kN

47 단일 압축재에서 세장비를 구할 때 필요하지 않은 것은?

① 유효좌굴길이　② 단면적
③ 탄성계수　④ 단면 2차 모멘트

해설
탄성계수는 필요하지 않다.
세장비(λ) $= \dfrac{KL}{r} = \dfrac{\text{유효 좌굴길이}}{\text{최소 단면 2차 반경}}$

$\lambda = \dfrac{KL}{r} = \dfrac{KL}{\sqrt{\dfrac{I}{A}}}$ 가 된다.

여기서, K : 좌굴 유효길이 계수
　　　　L : 기둥의 지지길이
　　　　I : 단면 2차 모멘트
　　　　A : 단면적

48 모살치수 8mm, 용접길이 550mm인 양면모살용접 전체의 유효 단면적은 약 얼마인가?

① 2,100mm²　② 3,221mm²
③ 4,300mm²　④ 5,421mm²

해설
$l_e = l - 2S$, $a = 0.7S$이며, 양면 모살용접이므로,
∴ $A = a \times l_e \times 2$
　　$= 0.7S \times (l - 2S) \times 2$
　　$= (0.7 \times 8) \times (500 - 2 \times 8) \times 2$
　　$= 5,420.8 \text{mm}^2$

49 압축이형철근(D19)의 기본 정착길이를 구하면? (단, 보통콘크리트 사용, D19의 단면적 : 287mm², f_{ck} = 21MPa, f_y = 400MPa)

① 674mm　② 570mm
③ 482mm　④ 415mm

해설
압축 이형철근의 기본 정착길이
$l_{db} = \dfrac{0.25 d_b f_y}{\lambda \sqrt{f_{ck}}} \geq 0.043 d_b f_y$

$l_{db} = \dfrac{0.25 \times 19 \times 400}{1.0 \times \sqrt{21}} \fallingdotseq 414.614 \text{mm}$

($\geq 0.043 \times 19 \times 400 = 326.8 \text{mm}$)

50 기초 설계 시 인접대지를 고려하여 편심기초를 만들고자 한다. 이때 편심기초의 지내력이 균등해지도록 하기 위한 가장 타당한 방법은?

① 지중보를 설치한다.
② 기초 면적을 넓힌다.
③ 기둥의 단면적을 크게 한다.
④ 기초 두께를 두껍게 한다.

해설
편심기초는 기둥과 기초판의 중심이 일치하지 않아 편심모멘트가 발생하여 기초판이 전도될수 있으며, 지내력이 균등해지도록 인접한 기초판과 지중보, 푸팅거더 등의 연결보를 설치한다.

51 바람의 난류로 인해 발생되는 구조물의 동적거동 성분을 나타내는 것으로 평균 변위에 대한 최대 변위의 비를 통계적인 값으로 나타낸 계수는?

① 활하중저감계수
② 중요도계수
③ 가스트 영향계수
④ 지역계수

해설
가스트 영향계수에 대한 설명이다.

정답　47 ③　48 ④　49 ④　50 ①　51 ③

52 독립기초에 $N = 20\text{kN}$, $M = 10\text{kN} \cdot \text{m}$가 작용할 때 접지압이 압축력만 발생하도록 하기 위한 기초 저면의 최소 길이는?

① 2m ② 3m
③ 4m ④ 5m

해설

$e = \dfrac{M}{N} = \dfrac{10}{20} = 0.5\text{m}$

$e(=0.5\text{m}) \leq \dfrac{L}{6}$

$L \geq 3\text{m}$

53 다음 그림과 같은 내민보에서 휨모멘트가 0이 되는 두 개의 반곡점 위치를 구하면?(단, 반곡점 위치는 A점으로부터의 거리임)

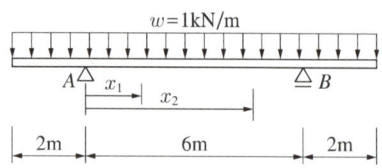

① $x_1 = 0.765\text{m}$, $x_2 = 5.235\text{m}$
② $x_1 = 0.785\text{m}$, $x_2 = 5.215\text{m}$
③ $x_1 = 0.805\text{m}$, $x_2 = 5.195\text{m}$
④ $x_1 = 0.825\text{m}$, $x_2 = 5.175\text{m}$

해설

$V_A = \dfrac{1 \times (2+6+2)}{2} = 5\text{kN}$

$M_x = (5 \times x) - \left(1 \times (2+x) \times \dfrac{2+x}{2}\right) = -\dfrac{x^2}{2} + 3x - 2 = 0$

근의 공식에서 $x = \dfrac{-b \pm \sqrt{b^2 - 4ac}}{2a}$ 이므로,

$x = \dfrac{-3 \pm \sqrt{9 - 4 \times \left(-\dfrac{1}{2}\right) \times (-2)}}{2 \times \left(-\dfrac{1}{2}\right)} = 3 \mp \sqrt{5}$

∴ $x ≒ 0.764\text{m}, 5.236\text{m}$

54 다음 그림과 같은 철근콘크리트보의 균열모멘트 (M_{cr})값은?(단, 보통중량 콘크리트 사용, $f_{ck} = 24\text{MPa}$, $f_y = 400\text{MPa}$)

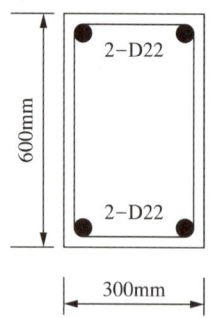

① 21.5kN·m ② 33.6kN·m
③ 42.8kN·m ④ 55.6kN·m

해설

균열모멘트는 철근은 무시하고 콘크리트 단면으로 계산한다.

휨응력(σ) = $\dfrac{M}{I}y$에서, $M = \dfrac{\sigma \cdot I}{y}$이다.

M은 M_{cr}, σ는 f_r을 이용하면,

$M_{cr} = f_r \dfrac{I}{y} = f_r \dfrac{\frac{bh^3}{12}}{\frac{h}{2}} = f_r \dfrac{bh^2}{6} = 0.63\lambda\sqrt{f_{ck}} \times \dfrac{1}{6}bh^2$

여기서, λ : 1.0(경량콘크리트계수로서 보통 콘크리트는 1.0)
주어진 조건을 대입하면 다음과 같다.

$M_{cr} = 0.63\sqrt{24} \times \dfrac{1}{6} \times 300 \times 600^2 \times 10^{-6}$

≒ 55.55kN·m

55
강구조에서 용접선 단부에 붙인 보조판으로 아크의 시작이나 종단부의 크레이터 등의 결함을 방지하기 위해 붙이는 판은?

① 엔드탭
② 스티프너
③ 윙 플레이트
④ 커버 플레이트

해설
② 스티프너(Stiffener) : 복부판의 전단좌굴 방지용 보강재
③ 윙 플레이트(Wing Plate) : 철골조 주각에서의 보강재
④ 커버 플레이트(Cover Plate) : 강재보의 상하현재 플랜지 부분에 휨을 보강하는 판형상의 휨보강재

56
강구조의 소성설계와 관계없는 항목은?

① 소성힌지
② 안전율
③ 붕괴기구
④ 하중계수

해설
안전율은 허용응력 설계법에서 사용한다.
안전율 : 허용응력에 대한 인장응력의 비율을 말한다. 허용응력은 변형이 일어나지 않는 수준까지의 응력이며, 인장응력은 재료가 파단이 일어날 때까지의 응력이고, 구조재료가 그 사용에 대해서 안전하려면, 발생되는 응력의 크기는 최대 응력 이하이어야 한다.
소성설계(Plastic Design) : 극한설계(Limit Design) 또는 붕괴설계(Collapse Design)로서, 연속보나 골조 등 부정정 구조물에서 최대 응력을 받는 지점이 항복점에 이르러서도 강재의 연성에 의한 소성힌지(Plastic Hinge) 개념을 도입하여 붕괴기구가 형성되어 최종적인 구조물 붕괴가 일어나기까지 구조효율을 최대한으로 반영시키는 설계방법이다. 극한하중을 사용하며, 극한하중을 받는 부재력과 모멘트는 부재의 비선형작용을 포함하여 구조체의 실제 붕괴거동에 의하여 계산된다.

57
다음 캔틸레버보의 자유단의 처짐각은?(단, 탄성계수 E, 단면 2차 모멘트 I)

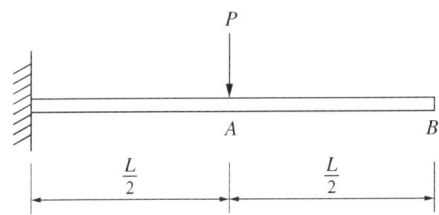

① $\dfrac{PL^2}{2EI}$
② $\dfrac{PL^2}{3EI}$
③ $\dfrac{PL^2}{6EI}$
④ $\dfrac{PL^2}{8EI}$

해설
집중하중이 작용하는 위치의 처짐각을 구한다.

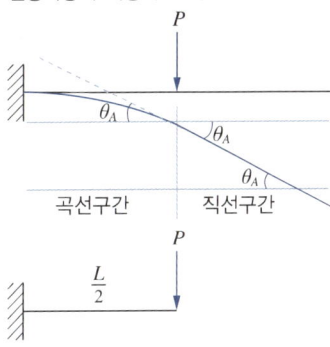

처짐각(θ) = $\dfrac{PL^2}{2EI}$ 이므로,
집중하중점 기준의 처짐각(θ_A)은

$$\theta_A = \dfrac{P \times \left(\dfrac{L}{2}\right)^2}{2EI} = \dfrac{PL^2}{8EI}$$

정답 55 ① 56 ② 57 ④

58 다음 그림과 같은 구조물의 부정정 차수는?

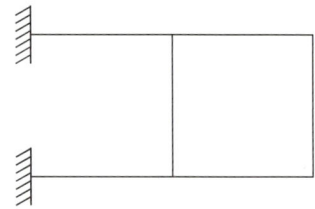

① 3차 부정정 ② 4차 부정정
③ 5차 부정정 ④ 6차 부정정

해설
$N = m + r + k - 2j$
$= 6 + 6 + 6 - 2 \times 6 = 18 - 12 = 6$

여기서, m : 부재(Member)수
r : 지점반력(Reaction)수
k : 강절점수
j : 절점(Joint)수

∴ $N = 6$이므로, 6차 부정정 구조물이다.

해설

P_1, P_1 하중이 작용하는 단순보 A-C-Z-D-B (각 구간 2m), 중앙에 P_2

BMD: 중앙 $-8 kN \cdot m$, C와 D에서 $+4 kN \cdot m$

- P_1 산정
$M_C = R_A \times 2 = 4$, $R_A = 2kN(\uparrow)$
$M_D = R_B \times 2 = 4$, $R_B = 2kN(\uparrow)$
$M_Z = 2 \times 4 - P_1 \times 2 = -8$
∴ $P_1 = 8kN(\downarrow)$

- P_2 산정
$\Sigma V = 0$
$-2 + 8 - P_2 + 8 - 2 = 0$
∴ $P_2 = 12kN(\uparrow)$

59 다음 그림은 각 구간에서 직선적으로 변화하는 단순보의 모멘트도이다. C점과 D점에 동일한 힘 P_1이 작용하고 보의 중앙점 E에 P_2가 작용할 때 P_1과 P_2의 절댓값은?

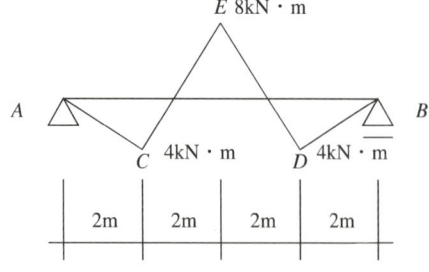

① $P_1 = 4kN$, $P_2 = 6kN$
② $P_1 = 4kN$, $P_2 = 8kN$
③ $P_1 = 8kN$, $P_2 = 10kN$
④ $P_1 = 8kN$, $P_2 = 12kN$

60 한계상태설계법에 따라 강구조물을 설계할 때 고려되는 강도한계상태가 아닌 것은?

① 기둥의 좌굴
② 접합부 파괴
③ 바닥재의 진동
④ 피로 파괴

해설
바닥재의 진동은 사용 한계상태이다.
강도 한계상태 : 구조체가 기능을 발휘 못하는 상태(불안정, 파괴 등)로서 하중지능력을 상실하는 상태(기둥의 좌굴, 골조의 불안정성, 취성파괴 등)
사용 한계상태 : 구조 기능 저하로 사용상 부적합한 상태(균열, 처짐, 진동 등)가 되는 사용상 한계상태(바닥재의 진동, 구조체의 균열 및 처짐 등)

정답 58 ④ 59 ④ 60 ③

제4과목 건축설비

61 다음 중 겨울철 실내 유리창 표면에 발생하기 쉬운 결로의 방지 방법과 가장 거리가 먼 것은?

① 실내공기의 움직임을 억제한다.
② 실내에서 발생하는 수증기를 억제한다.
③ 이중유리로 하여 유리창의 단열성능을 높인다.
④ 난방기기를 이용하여 유리창 표면온도를 높인다.

해설
실내공기의 움직임을 억제할 경우 환기 부족으로 인해 결로가 발생한다.

62 엘리베이터의 안전장치 중에서 카가 최상층이나 최하층에서 정상 운행위치를 벗어나 그 이상으로 운행하는 것을 방지하는 것은?

① 완충기(Buffer)
② 조속기(Governor)
③ 리밋 스위치(Limit Switch)
④ 카운터 웨이트(Counter Weight)

해설
리밋 스위치(Limit Switch) : 위치 이동의 한계 스위치로, 엘리베이터가 정상 운행위치를 벗어나 그 이상으로 운행하는 것을 방지하는 역할을 한다.

63 도시가스 설비에서 도시가스 압력을 사용처에 맞게 낮추는 감압 기능을 갖는 기기는?

① 기화기
② 정압기
③ 압송기
④ 가스홀더

해설
정압기 : 사용기기에 적합한 압력으로 감압하는 기기이다.

64 다음의 공기조화방식 중 전수방식에 속하는 것은?

① 단일 덕트 방식
② 2중 덕트 방식
③ 멀티존 유닛 방식
④ 팬 코일 유닛 방식

해설
팬 코일 유닛 방식은 물 또는 수증기를 이용한 전수방식의 공기조화 방법이다.

65 몰드 변압기에 관한 설명으로 옳지 않은 것은?

① 내진성이 우수하다.
② 내습성이 우수하다.
③ 반입, 반출이 용이하다.
④ 옥외 설치 및 대용량 제작이 용이하다.

해설
몰드 변압기 : 권선 부분을 수지 속에 매입하여 굳힌 건식 변압기로서 습기나 진동에 의한 변압기의 열화나 고장 발생을 방지하는 목적으로 활용되며, 유지보수가 용이하고 난연성이 우수하다. 가격은 비싸며 외함이 없는 상태로 옥외에 설치하는 것이 불가능하고 대형으로 제작하기가 어렵다.

정답 61 ① 62 ③ 63 ② 64 ④ 65 ④

66 간선의 배선 방식 중 평행식에 관한 설명으로 옳은 것은?

① 설비비가 가장 저렴하다.
② 배선자재의 소요가 가장 적다.
③ 사고의 영향을 최소화할 수 있다.
④ 전압이 안정되나 부하의 증가에 적응할 수 없다.

> **해설**
> ① 설비비가 많이 소요되며, 대규모 건물에 적합하다.
> ② 배선자재의 소요가 많으며, 배선이 복잡하다.
> ④ 전압이 안정되고, 큰 용량의 부하 및 분산부하에 적응할 수 있다.

67 다음 설명에 알맞은 유체역학의 기본 원리는?

> 에너지 보존의 법칙을 유체의 흐름에 적용한 것으로서 유체가 갖고 있는 운동에너지, 중력에 의한 위치에너지 및 압력에너지의 총합은 흐름 내 어디에서나 일정하다.

① 사이펀 작용
② 파스칼의 원리
③ 뉴턴의 점성법칙
④ 베르누이의 정리

> **해설**
> 베르누이의 정리에 대한 설명이다.

68 전기설비용 시설공간(실)의 계획에 관한 설명으로 옳지 않은 것은?

① 변전실은 부하의 중심에 설치한다.
② 변전실은 외부로부터 전력의 수전이 용이해야 한다.
③ 중앙감시실은 일반적으로 방재센터와 겸하도록 한다.
④ 발전기실은 변전실에서 최소 10m 이상 떨어진 위치에 배치한다.

> **해설**
> 발전기실은 변전실에 인접한 위치에 배치한다.

69 급수 및 급탕설비에 사용되는 슬리브(Sleeve)에 관한 설명으로 옳은 것은?

① 사이펀 작용에 의한 트랩의 봉수 파괴 방지를 위해 사용한다.
② 스케일 부착 및 이물질 투입에 의한 관 폐쇄를 방지하기 위해 사용한다.
③ 가열장치 내의 압력이 설정압력을 넘는 경우에 압력을 도피시키기 위해 사용한다.
④ 배관 시 차후의 교체, 수리를 편리하게 하고 관의 신축에 무리가 생기지 않도록 하기 위해 사용한다.

> **해설**
> 슬리브(Sleeve)는 배관의 교체·수리를 편리하게 하고 관의 신축에 무리가 생기지 않도록 하기 위해 사용한다.

정답 66 ③ 67 ④ 68 ④ 69 ④

70 아파트의 각 세대에 스프링클러 헤드를 30개 설치한 경우, 스프링클러설비의 수원의 저수량은 최소 얼마 이상이 되도록 하여야 하는가?(단, 폐쇄형 스프링클러 헤드를 사용한 경우)

① $12m^3$
② $24m^3$
③ $36m^3$
④ $48m^3$

해설
폐쇄형 스프링클러설비 수원의 저수량 = $1.6m^3$ × 스프링클러 헤드수(설치된 스프링클러 헤드수는 30개이나 아파트의 경우 기준개수가 10개) = $1.6m^3 × 10 = 16m^3$

수원 – 폐쇄형 스프링클러 헤드를 사용하는 경우(스프링클러설비의 화재안전성능기준(NFPC 103) 제4조 제1항 제1호)
폐쇄형 스프링클러 헤드를 사용하는 경우에는 다음 표의 스프링클러설비 설치장소별 스프링클러 헤드의 기준개수(스프링클러 헤드의 설치개수가 가장 많은 층(아파트의 경우에는 설치개수가 가장 많은 세대)에 설치된 스프링클러 헤드의 개수가 기준개수보다 작은 경우에는 그 설치개수를 말한다)에 $1.6m^3$를 곱한 양 이상이 되도록 할 것

스프링클러설비 설치장소			기준개수
지하층을 제외한 층수가 10층 이하인 소방대상물	공장 또는 창고 (랙크식 창고를 포함)	특수가연물을 저장·취급하는 것	30
		그 밖의 것	20
	근린생활시설·판매시설·운수시설 또는 복합건축물	판매시설 또는 복합건축물(판매시설이 설치되는 복합건축물)	30
		그 밖의 것	20
	그 밖의 것	헤드의 부착높이가 8m 이상인 것	20
		헤드의 부착높이가 8m 미만인 것	10
아파트			10
지하층을 제외한 층수가 11층 이상인 소방대상물 (아파트 제외)·지하가 또는 지하역사			30

비고 : 하나의 소방대상물이 2 이상의 '스프링클러 헤드의 기준개수'란에 해당하는 때에는 기준개수가 많은 난을 기준으로 한다. 다만, 각 기준개수에 해당하는 수원을 별도로 설치하는 경우에는 그러하지 아니하다.

71 평균 BOD 150ppm인 가정오수 $1,000m^3/d$가 유입되는 오수정화조의 1일 유입 BOD량은?

① 150kg/d
② 300kg/d
③ 45,000kg/d
④ 150,000kg/d

해설
유입 BOD량(부하량) = 농도 × 오수량
= $150 × 10^{-6}kg/kg × 1,000 × 10^3 kg/d$
= $150kg/d$

여기서, 1ppm = 1mg/kg = $10^{-6}kg/kg$
$1m^3$ = 1,000kg

72 습공기를 가열할 경우 감소하는 상태값은?

① 엔탈피
② 비체적
③ 상대습도
④ 건구온도

해설
• 습공기를 가열할 경우 건구온도, 습구온도, 엔탈피, 비체적은 증가한다.
• 습공기를 가열할 경우 상대습도는 감소한다.
• 습공기를 가열할 경우 노점온도, 절대습도, 수증기분압은 변화가 없다.

73 냉각탑에 관한 설명으로 옳은 것은?

① 고압의 액체냉매를 증발시켜 냉동효과를 얻게 하는 설비이다.
② 증발기에서 나온 수증기를 냉각시켜 물이 되도록 하는 설비이다.
③ 대기 중에서 기체냉매를 냉각시켜 액체냉매로 응축하기 위한 설비이다.
④ 냉매를 응축시키는데 사용된 냉각수를 재사용하기 위하여 냉각시키는 설비이다.

해설
냉각탑 : 냉매를 응축시키는데 사용된 냉각수를 재사용하기 위하여 냉각시키는 설비이다.

74 온수난방의 일반적인 특징에 관한 설명으로 옳지 않은 것은?

① 한랭지에서는 운전정지 중에 동결의 위험이 있다.
② 난방을 정지하여도 난방 효과가 어느 정도 지속된다.
③ 증기난방에 비하여 난방부하 변동에 따른 온도조절이 용이하다.
④ 증기난방에 비하여 소요방열면적과 배관경이 작게 되므로 설비비가 적게 든다.

해설
증기난방에 비하여 소요방열면적과 배관경이 커지므로 설비비가 많이 든다.

75 다음 중 냉방부하 계산 시 현열과 잠열 모두 고려하여야 하는 요소는?

① 덕트로부터의 취득열량
② 유리로부터의 취득열량
③ 벽체로부터의 취득열량
④ 극간풍에 의한 취득열량

해설
- 극간풍에 의한 취득열량과 인체 발생 열량은 현열과 잠열을 모두 고려한다.
- 덕트, 유리, 벽체로부터의 취득열량은 현열만을 고려한다.

76 면적이 100m²인 어느 강당의 야간 소요 평균 조도가 300lx이다. 1개당 광속이 2,000lm인 형광등을 사용할 경우 소요 형광등 수는?(단, 조명률은 60%이고 감광 보상률은 1.5이다)

① 25개   ② 29개
③ 34개   ④ 38개

해설
$$N = \frac{A \cdot E \cdot D}{F \cdot U} = \frac{100 \times 300 \times 1.5}{2,000 \times 0.6} = 37.5개$$

여기서, N : 전등 수
 A : 방의 면적(m²)
 E : 작업면의 평균조도(lx)
 D : 감광 보상률
 F : 사용광원 1개의 광속(lm)
 U : 조명률

77 다음 중 방송공동수신 설비의 구성 기기에 속하지 않는 것은?

① 혼합기   ② 모시계
③ 컨버터   ④ 증폭기

해설
방송공동수신 설비 구성요소 : 안테나, 혼합기(Mixer), 컨버터, 선로기기(분기장치, 분배기, 정합기, 분파기), 증폭기(Booster), 전송선

78 급수방식 중 고가수조방식에 관한 설명으로 옳은 것은?

① 대규모의 급수 수요에 쉽게 대응할 수 있다.
② 저수조가 없으므로 단수 시에 급수할 수 없다.
③ 수도 본관의 영향을 그대로 받아 수압 변화가 심하다.
④ 위생 및 유지·관리 측면에서 가장 바람직한 방식이다.

해설
②, ③, ④는 수도직결식의 특성이다.

79 습공기의 건구온도와 습구온도를 알 때 습공기 선도에서 구할 수 있는 상태값이 아닌 것은?

① 엔탈피
② 비체적
③ 기류속도
④ 절대습도

해설
습공기 선도를 구성하는 요소들 중 2가지만 알면 나머지 모든 요소들을 알아낼 수 있다.
습공기 선도 구성요소 : 건구온도, 습구온도, 노점온도, 절대습도, 상대습도, 수증기 분압, 비체적, 엔탈피, 현열비 등

80 변풍량 단일덕트 방식에서 송풍량 조절의 기준이 되는 것은?

① 실내 청정도
② 실내 기류속도
③ 실내 현열부하
④ 실내 잠열부하

해설
변풍량 단일덕트 방식은 송풍량과 실내의 현열부하의 관계에 의해 표시된다.

제5과목 건축관계법규

81 건축물의 대지 및 도로에 관한 설명으로 틀린 것은?

① 손궤의 우려가 있는 토지에 대지를 조성하고자 할 때 옹벽의 높이가 2m 이상인 경우에는 이를 콘크리트구조로 하여야 한다.
② 면적이 100m² 이상인 대지에 건축을 하는 건축주는 대지에 조경이나 그 밖에 필요한 조치를 하여야 한다.
③ 연면적의 합계가 2,000m²(공장인 경우 3,000m²) 이상인 건축물(축사, 작물 재배사, 그 밖에 이와 비슷한 건축물로서 건축조례로 정하는 규모의 건축물은 제외)의 대지는 너비 6m 이상의 도로에 4m 이상 접하여야 한다.
④ 도로면으로부터 높이가 4.5m 이하에 있는 창문은 열고 닫을 때 건축선의 수직면을 넘지 아니하는 구조로 하여야 한다.

해설
대지면적이 200m² 이상인 경우에는 대지에 조경이나 그 밖에 필요한 조치를 하여야 한다(건축법 제42조).

82 건축허가신청에 필요한 설계도서에 해당하지 않는 것은?

① 배치도
② 투시도
③ 건축계획서
④ 실내마감도

해설
※ 출제 시 정답은 ②었으나 법령 개정(21.6.25)으로 '실내마감도'가 삭제되어 정답 ②, ④
투시도와 실내마감도는 해당되지 않는다.
건축허가신청에 필요한 설계도서(건축법 시행규칙 별표 2)
건축계획서, 배치도, 평면도, 입면도, 단면도, 구조도(구조안전 확인 또는 내진설계 대상 건축물), 구조계산서(구조안전 확인 또는 내진설계 대상 건축물), 소방설비도

정답 79 ③ 80 ③ 81 ② 82 ②, ④

83 직통계단의 설치에 관한 기준 내용 중 밑줄 친 "다음 각 호의 어느 하나에 해당하는 용도 및 규모의 건축물"의 기준 내용으로 틀린 것은?

> 법 제49조 제1항에 따라 피난층 외의 층이 <u>다음 각 호의 어느 하나에 해당하는 용도 및 규모의 건축물</u>에는 국토교통부령으로 정하는 기준에 따라 피난층 또는 지상으로 통하는 직통계단을 2개소 이상 설치하여야 한다.

① 지하층으로서 그 층 거실의 바닥면적의 합계가 200m² 이상인 것
② 종교시설의 용도로 쓰는 층으로서 그 층에서 해당 용도로 쓰는 바닥면적의 합계가 200m² 이상인 것
③ 숙박시설의 용도로 쓰는 3층 이상의 층으로서 그 층의 해당 용도로 쓰는 거실의 바닥면적의 합계가 200m² 이상인 것
④ 업무시설 중 오피스텔의 용도로 쓰는 층으로서 그 층의 해당 용도로 쓰는 거실의 바닥면적의 합계가 200m² 이상인 것

해설
직통계단의 설치(건축법 시행령 제34조 제2항 제3호)
공동주택(층당 4세대 이하인 것은 제외) 또는 업무시설 중 오피스텔의 용도로 쓰는 층으로서 그 층의 해당 용도로 쓰는 거실의 바닥면적의 합계가 300m² 이상인 것

84 거실의 채광 및 환기에 관한 규정으로 옳은 것은?

① 교육연구시설 중 학교의 교실에는 채광 및 환기를 위한 창문 등이나 설비를 설치하여야 한다.
② 채광을 위하여 거실에 설치하는 창문 등의 면적은 그 거실의 바닥면적의 20분의 1 이상이어야 한다.
③ 환기를 위하여 거실에 설치하는 창문 등의 면적은 그 거실의 바닥면적의 10분의 1 이상이어야 한다.
④ 채광 및 환기를 위한 창문 등의 면적에 관한 규정을 적용함에 있어서 수시로 개방할 수 있는 미닫이로 구획된 2개의 거실은 이를 2개의 거실로 본다.

해설
② 10분의 1 이상
③ 20분의 1 이상
④ 1개의 거실로 본다.
거실의 채광 등(건축법 시행령 제51조 제1항)
단독주택 및 공동주택의 거실, 교육연구시설 중 학교의 교실, 의료시설의 병실 및 숙박시설의 객실에는 국토교통부령으로 정하는 기준에 따라 채광 및 환기를 위한 창문 등이나 설비를 설치하여야 한다.
채광 및 환기를 위한 창문 등(건축물의 피난·방화구조 등의 기준에 관한 규칙 제17조)
㉠ 채광을 위하여 거실에 설치하는 창문 등의 면적은 그 거실의 바닥면적의 10분의 1 이상
㉡ 환기를 위하여 거실에 설치하는 창문 등의 면적은 그 거실의 바닥면적의 20분의 1 이상
㉢ ㉠ 및 ㉡의 규정을 적용함에 있어서 수시로 개방할 수 있는 미닫이로 구획된 2개의 거실은 이를 1개의 거실로 본다.

85 다음 중 건축면적에 산입하지 않는 대상 기준으로 틀린 것은?

① 지하주차장의 경사로
② 지표면으로부터 1.8m 이하에 있는 부분
③ 건축물 지상층에 일반인이 통행할 수 있도록 설치한 보행통로
④ 건축물 지상층에 차량이 통행할 수 있도록 설치한 차량통로

해설
지표면으로부터 1m 이하에 있는 부분(창고 중 물품을 입출고하기 위하여 차량을 접안시키는 부분의 경우에는 지표면으로부터 1.5m 이하에 있는 부분)은 건축면적에 산입하지 않는다(건축법 시행령 제119조 제1항 제2호 다목).

86 시가화조정구역의 지정과 관련된 기준 내용 중 밑줄 친 "대통령령으로 정하는 기간"으로 옳은 것은?

> 시·도지사는 직접 또는 관계 행정기관의 장의 요청을 받아 도시지역과 그 주변 지역의 무질서한 시가화를 방지하고 계획적·단계적인 개발을 도모하기 위하여 대통령령으로 정하는 기간 동안 시가화를 유보할 필요가 있다고 인정되면 시가화조정구역의 지정 또는 변경을 도시·군관리계획으로 결정할 수 있다.

① 5년 이상 10년 이내의 기간
② 5년 이상 20년 이내의 기간
③ 7년 이상 10년 이내의 기간
④ 7년 이상 20년 이내의 기간

해설
시가화조정구역의 지정(국토의 계획 및 이용에 관한 법률 시행령 제32조 제1항)
5년 이상 20년 이내의 기간

87 지방건축위원회의가 심의 등을 하는 사항에 속하지 않는 것은?

① 건축선의 지정에 관한 사항
② 다중이용 건축물의 구조안전에 관한 사항
③ 특수구조 건축물의 구조안전에 관한 사항
④ 경관지구 내의 건축물의 건축에 관한 사항

해설
지방건축위원회의 심의사항(건축법 시행령 제5조의5 제1항)
- 건축선(建築線)의 지정
- 지자체 조례의 제정·개정 및 시행에 관한 중요 사항
- 다중이용 건축물 및 특수구조 건축물의 구조안전에 관한 사항
- 다른 법령에서 지방건축위원회의 심의를 받도록 한 경우 해당 법령에서 규정한 심의사항
- 건축조례로 정하는 건축물의 건축 등에 관한 것으로서 특별시장·광역시장·특별자치시장·도지사 또는 특별자치도지사 및 시장·군수·구청장이 지방건축위원회의 심의가 필요하다고 인정한 사항

88 위락시설의 시설면적이 1,000m²일 때 주차장법령에 따라 설치해야 하는 부설주차장의 설치 기준은?

① 10대　　② 13대
③ 15대　　④ 20대

해설
위락시설은 시설면적 100m²당 1대를 설치한다.
따라서, 1,000 ÷ 100 = 10대

정답 85 ②　86 ②　87 ④　88 ①

89 공동주택과 오피스텔의 난방설비를 개별 난방방식으로 하는 경우에 관한 기준 내용으로 틀린 것은?

① 보일러는 거실 외의 곳에 설치할 것
② 보일러실의 윗부분에는 그 면적이 $0.5m^2$ 이상인 환기창을 설치할 것
③ 보일러실과 거실 사이의 출입구는 그 출입구가 닫힌 경우에는 보일러 가스가 거실에 들어갈 수 없는 구조로 할 것
④ 보일러의 연도는 내화구조로서 개별연도로 설치할 것

해설
보일러의 연도는 내화구조로서 공동연도로 설치할 것(건축물의 설비기준 등에 관한 규칙 제13조 제1항 제7호)

90 다음 중 국토의 계획 및 이용에 관한 법령상 공공시설에 속하지 않는 것은?

① 공동구   ② 방풍설비
③ 사방설비   ④ 쓰레기 처리장

해설
공공시설(국토의 계획 및 이용에 관한 법률 시행령 제4조)
• 항만·공항·광장·녹지·공공공지·공동구·하천·유수지·방화설비·방풍설비·방수설비·사방설비·방조설비·하수도·구거
• 행정청이 설치하는 시설로서 주차장, 저수지 등의 시설
• 스마트도시 조성 및 산업진흥 등에 관한 법률 제2조 제3호 다목에 스마트도시 통합운영센터 등의 시설

91 6층 이상의 거실면적의 합계가 $5,000m^2$인 경우, 다음 중 승용승강기를 가장 많이 설치해야 하는 것은?(단, 8인승 승용승강기를 설치하는 경우)

① 위락시설
② 숙박시설
③ 판매시설
④ 업무시설

해설
③ 판매시설 : 2 + ((5,000 − 3,000) ÷ 2,000) = 3대
① 위락시설 : 1 + ((5,000 − 3,000) ÷ 2,000) = 2대
② 숙박시설 : 1 + ((5,000 − 3,000) ÷ 2,000) = 2대
④ 업무시설 : 1 + ((5,000 − 3,000) ÷ 2,000) = 2대

승용승강기 설치 대수(건축물의 설비기준 등에 관한 규칙 별표 1의2)
• 6층 이상의 거실면적 합계가 $3,000m^2$ 초과하는 문화 및 집회시설(공연장, 집회장, 관람장), 판매시설, 의료시설 : 2대에 $3,000m^2$를 초과하는 $2,000m^2$ 이내마다 1대를 더한 대수 이상을 설치한다.
• 6층 이상의 거실면적 합계가 $3,000m^2$ 초과하는 문화 및 집회시설(전시장, 동물원 및 식물원), 업무시설, 숙박시설, 위락시설 : 1대에 $3,000m^2$를 초과하는 $2,000m^2$ 이내마다 1대를 더한 대수 이상을 설치한다.

92 지하식 또는 건축물식 노외주차장의 차로에 관한 기준 내용으로 틀린 것은?

① 경사로의 노면은 거친 면으로 하여야 한다.
② 높이는 주차바닥면으로부터 2.3m 이상으로 하여야 한다.
③ 경사로의 종단경사도는 직선 부분에서는 14%를 초과하여서는 아니 된다.
④ 주차대수 규모가 50대 이상인 경우의 경사로는 너비 6m 이상인 2차로를 확보하거나 진입차로와 진출차로를 분리하여야 한다.

해설
노외주차장 경사로의 종단경사도는 직선 부분에서는 17%, 곡선 부분에서는 14%를 초과하여서는 아니 된다(주차장법 시행규칙 제6조 제1항 제5호 라목).

93 다음은 건축물의 사용승인에 관한 기준 내용이다. ( ) 안에 알맞은 것은?

> 건축주가 허가를 받았거나 신고를 한 건축물의 건축공사를 완료한 후 그 건축물을 사용하려면 공사감리자가 작성한 (㉠)와 국토교통부령으로 정하는 (㉡)를 첨부하여 허가권자에게 사용승인을 신청하여야 한다.

① ㉠ 설계도서, ㉡ 시방서
② ㉠ 시방서, ㉡ 설계도서
③ ㉠ 감리완료보고서, ㉡ 공사완료도서
④ ㉠ 공사완료도서, ㉡ 감리완료보고서

해설
건축물의 사용승인(건축법 제22조 제1항)에 대한 내용이다.
㉠ 감리완료보고서, ㉡ 공사완료도서

94 공사감리자의 업무에 속하지 않는 것은?

① 시공계획 및 공사관리의 적정여부의 확인
② 상세 시공도면의 검토·확인
③ 설계변경의 적정여부의 검토·확인
④ 공정표 및 현장설계도면 작성

해설
공정표 및 현장설계도면 작성은 공사시공자의 업무이다.

95 제2종 일반주거지역 안에서 건축할 수 있는 건축물에 속하지 않는 것은?

① 아파트
② 노유자시설
③ 종교시설
④ 문화 및 집회시설 중 관람장

해설
제2종 일반주거지역 안에서는 문화 및 집회시설 중 관람장은 건축할 수 없다.
제2종 일반주거지역 안에서 건축할 수 있는 건축물(국토의 계획 및 이용에 관한 법률 시행령 별표 5)
단독주택, 공동주택(아파트 포함), 제1종 근린생활시설, 종교시설, 교육연구시설 중 유치원·초등학교·중학교 및 고등학교, 노유자시설

96 주거기능을 위주로 이를 지원하는 일부 상업기능 및 업무기능을 보완하기 위하여 지정하는 주거지역의 세분은?

① 준주거지역
② 제1종 전용주거지역
③ 제1종 일반주거지역
④ 제2종 일반주거지역

해설
준주거지역에 대한 설명이다.

정답 93 ③ 94 ④ 95 ④ 96 ①

97 다음 중 피난층이 아닌 거실에 배연설비를 설치하여야 하는 대상 건축물에 속하지 않는 것은?(단, 6층 이상인 건축물의 경우)

① 판매시설
② 종교시설
③ 교육연구시설 중 학교
④ 운수시설

해설
교육연구시설 중 학교는 배연설비 설치대상 건축물에 속하지 않는다.
배연설비 설치 대상 – 6층 이상인 건축물인 경우(건축법 시행령 제51조 제2항)
- 제2종 근린생활시설 중 공연장, 종교집회장, 인터넷컴퓨터게임시설제공업소 및 다중생활시설(공연장, 종교집회장 및 인터넷컴퓨터게임시설 제공업소는 해당 용도로 쓰는 바닥면적의 합계가 각각 300m² 이상인 경우)
- 문화 및 집회시설, 종교시설, 판매시설, 운수시설, 의료시설(요양 및 정신병원 제외), 교육연구시설 중 연구소, 아동 관련 시설·노인복지시설(노인요양시설 제외), 유스호스텔, 운동시설, 업무시설, 숙박시설, 위락시설, 관광휴게시설, 장례시설

98 다음 거실의 반자높이와 관련된 기준 내용 중 ( ) 안에 해당되지 않는 건축물의 용도는?

> ( )의 용도에 쓰이는 건축물의 관람실 또는 집회실로서 그 바닥면적이 200m² 이상인 것의 반자의 높이는 4m(노대의 아랫부분의 높이는 2.7m) 이상이어야 한다. 다만, 기계환기장치를 설치하는 경우에는 그렇지 않다.

① 문화 및 집회시설 중 동·식물원
② 장례식장
③ 위락시설 중 유흥주점
④ 종교시설

해설
거실의 반자높이(건축물의 피난·방화구조 등의 기준에 관한 규칙 제16조 제2항)
문화 및 집회시설(전시장 및 동·식물원은 제외), 종교시설, 장례식장 또는 위락시설 중 유흥주점의 용도에 쓰이는 건축물의 관람실 또는 집회실로서 그 바닥면적이 200m² 이상인 것의 반자의 높이는 4m(노대의 아랫부분의 높이는 2.7m) 이상이어야 한다. 다만, 기계환기장치를 설치하는 경우에는 그렇지 않다.

99 대통령령으로 정하는 용도와 규모의 건축물이 소규모 휴식시설 등의 공개공지 또는 공개공간을 설치하여야 하는 대상 지역에 해당되지 않는 곳은?

① 준공업지역
② 일반공업지역
③ 일반주거지역
④ 준주거지역

해설
일반공업지역은 해당 없음
공개공지 또는 공개공간 설치대상 지역(건축법 제43조 제1항)
일반주거지역, 준주거지역, 상업지역, 준공업지역

100 주요구조부가 내화구조 또는 불연재료로 된 건축물로서 국토교통부령으로 정하는 기준에 따라 내화구조로 된 바닥·벽 및 갑종방화문으로 구획하여야 하는 연면적 기준은?

① 400m² 초과
② 500m² 초과
③ 1,000m² 초과
④ 1,500m² 초과

해설
※ 관련 법령 개정(21.8.7)으로 용어가 다음과 같이 변경되었습니다.
갑종방화문 → 60분+방화문 또는 60분 방화문
방화구획 등의 설치(건축법 시행령 제46조 제1항)
주요구조부가 내화구조 또는 불연재료로 된 건축물로서 연면적이 1,000m²를 넘는 것은 국토교통부령으로 정하는 기준에 따라 내화구조로 된 바닥·벽 및 60+방화문 또는 60분 방화문으로 구획하여야 한다.

97 ③ 98 ① 99 ② 100 ③

2021년 제1회 과년도 기출문제

제1과목 건축계획

01 쇼핑센터의 몰(Mall)의 계획에 관한 설명으로 옳지 않은 것은?

① 전문점들과 중심 상점의 주출입구는 몰에 면하도록 한다.
② 몰에는 자연광을 끌어들여 외부공간과 같은 성격을 갖게 하는 것이 좋다.
③ 다층으로 계획할 경우, 시야의 개방감을 적극적으로 고려하는 것이 좋다.
④ 중심 상점들 사이의 몰의 길이는 100m를 초과하지 않아야 하며, 길이 40~50m마다 변화를 주는 것이 바람직하다.

해설
중심 상점들 사이의 몰의 길이는 240m를 초과하지 않아야 하며, 길이 20~30m마다 변화를 주는 것이 바람직하다.

02 연속적인 주제를 선(線)적으로 관계성 깊게 표현하기 위하여 전경(全景)으로 펼치도록 연출하는 것으로 맥락이 중요시될 때 사용되는 특수전시기법은?

① 아일랜드 전시
② 파노라마 전시
③ 하모니카 전시
④ 디오라마 전시

해설
① 아일랜드 전시 : 벽이나 천장을 직접 이용하지 않고 전시물 또는 전시장치를 배치함으로써 전시 공간을 만들어 내는 전시기법이다.
③ 하모니카 전시 : 동일 종류의 전시물을 동일한 공간으로 연속 배치하는 전시 기법이다.
④ 디오라마 전시 : 하나의 사실 또는 주제의 시간 상황을 고정시켜 연출하는 것으로 현장에 임한 느낌을 주는 기법이다.

03 다음 설명에 알맞은 극장 건축의 평면 형식은?

- 가까운 거리에서 관람하면서 가장 많은 관객을 수용할 수 있다.
- 객석과 무대가 하나의 공간에 있으므로 양자의 일체감이 높다.
- 무대의 배경을 만들지 않으므로 경제성이 있다.

① 애리너(Arena)형
② 가변형(Adaptable Stage)
③ 프로시니엄(Proscenium)형
④ 오픈 스테이지(Open Stage)형

해설
애리너(Arena)형은 무대를 중심으로 3면 이상이 객석과 접하여 구성되는 형식으로, 가까운 거리에서 가장 많은 관객을 수용할 수 있다.

04 아파트 형식에 관한 설명으로 옳지 않은 것은?

① 계단실형은 거주의 프라이버시가 높다.
② 편복도형은 복도에서 각 세대로 진입하는 형식이다.
③ 메조넷형은 평면구성의 제약이 적어 소규모 주택에 주로 이용된다.
④ 플랫형은 각 세대의 주거단위가 동일한 층에 배치 구성된 형식이다.

해설
- 메조넷형은 복층형으로서 하층부는 거실 등의 공간, 상층부는 침실 등의 개인 생활공간으로 배치함으로써 평면구성의 제약이 많으며, 대규모 주택에 주로 이용된다.
- 플랫형은 단층형으로서 평면구성의 제약이 적어 소규모 주택에 주로 이용된다.

정답 1 ④ 2 ② 3 ① 4 ③

05 학교 운영방식에 관한 설명으로 옳지 않은 것은?

① 종합교실형은 각 학급마다 가정적인 분위기를 만들 수 있다.
② 교과교실형은 초등학교 저학년에 대해 가장 권장되는 방식이다.
③ 플래툰형은 미국의 초등학교에서 과밀을 해소하기 위해 실시한 것이다.
④ 달톤형은 학급, 학년 구분을 없애고 학생들은 각자의 능력에 따라 교과를 선택하고 일정한 교과를 끝내면 졸업하는 방식이다.

해설
교과교실형은 초등학교 고학년 이상에서 가장 권장되는 방식이며, 종합교실형은 초등학교 저학년에 대해 가장 권장되는 방식이다.

06 다음 중 단독주택의 현관 위치 결정에 가장 주된 영향을 끼치는 것은?

① 방위
② 주택의 층수
③ 거실의 위치
④ 도로와의 관계

해설
단독주택의 현관 위치 결정은 도로와의 관계가 가장 영향을 많이 준다.

07 도서관의 열람실 및 서고 계획에 관한 설명으로 옳지 않은 것은?

① 서고 안에 캐럴(Carrel)을 둘 수도 있다.
② 서고면적 1m²당 150~250권의 수장능력으로 계획한다.
③ 열람실은 성인 1인당 3.0~3.5m²의 면적으로 계획한다.
④ 서고실은 모듈러 플래닝(Modular Planning)이 가능하다.

해설
열람실은 성인 1인당 1.5~2.0m²의 면적으로 계획한다.
도서관 열람실 계획
• 일반 열람실
  - 일반인과 학생들의 이용률은 7:3 정도이고 일반인과 학생용 열람실을 분리한다.
  - 성인 1인당 1.5~2m²의 면적이 필요하고, 통로를 포함했을 경우 2.5m²의 면적이 필요하다.
• 아동 열람실
  - 성인과 구별하여 열람실을 설치하며 1층에 두고 별도의 출입구를 설치한다.
  - 열람실은 자유롭게 열람할 수 있는 자유개가식으로 하고, 면적은 1.2~1.5m²/1석 정도로 한다.

08 다음 중 건축 계획에서 말하는 미의 특성 중 변화 또는 다양성을 얻는 방식과 가장 거리가 먼 것은?

① 억양(Accent)
② 대비(Contrast)
③ 균제(Proportion)
④ 대칭(Symmetry)

해설
대칭(Symmetry)이나 통일성 등은 변화 또는 다양성을 얻기가 어렵다.

09 공장 건축의 레이아웃(Layout)에 관한 설명으로 옳지 않은 것은?

① 제품 중심의 레이아웃은 대량생산에 유리하며 생산성이 높다.
② 레이아웃이란 생산품의 특성에 따른 공장의 건축면적 결정방식을 말한다.
③ 공정 중심의 레이아웃은 다종 소량생산으로 표준화가 행해지기 어려운 경우에 적합하다.
④ 고정식 레이아웃은 조선소와 같이 조립부품이 고정된 장소에 있고 사람과 기계를 이동시키며 작업을 행하는 방식이다.

해설
공장 건축의 레이아웃(Layout)
- 공장의 기계설비, 작업자의 작업구역, 재료 및 제품을 보관하는 장소 등 상호 위치관계를 말한다.
- 레이아웃을 통해 생산성을 향상시키도록 한다.
- 장래 공장 규모의 변화에 대응한 융통성이 있어야 한다.
- 생산, 관리, 연구, 후생 등의 블록은 각각 분리하여 그 기능을 최대한 유지하여야 한다.

11 사무소 건축의 실단위 계획에 관한 설명으로 옳지 않은 것은?

① 개실 시스템은 독립성과 쾌적감의 이점이 있다.
② 개방식 배치는 전면적을 유용하게 이용할 수 있다.
③ 개방식 배치는 개실 시스템보다 공사비가 저렴하다.
④ 개실 시스템은 연속된 긴 복도로 인해 방 깊이에 변화를 주기가 용이하다.

해설
개실 시스템은 연속된 긴 복도로 인해 방 길이에 변화를 주기가 용이하지만, 방 깊이에 변화를 주기는 어렵다.

10 주택단지 도로의 유형 중 쿨데삭(Cul-de-sac)형에 관한 설명으로 옳은 것은?

① 단지 내 통과교통의 배제가 불가능하다.
② 교차로가 +자형이므로 자동차의 교통처리에 유리하다.
③ 우회도로가 없기 때문에 방재상 불리하다는 단점이 있다.
④ 주행속도 감소를 위해 도로의 교차방식을 주로 T자 교차로 한 형태이다.

해설
쿨데삭(Cul-de-sac, 막다른 도로 형식)
- 막다른 도로 형식으로서 차량통행로 계획으로 통과교통 배제가 가능하고, 자동차 진입을 최소화함으로써 보행자 위주의 계획하는 방법이다.
- 우회도로가 없어서 방재, 방범상 불리하다.

12 미술관 전시실의 순회 형식 중 연속 순회 형식에 관한 설명으로 옳은 것은?

① 각 전시실에 바로 들어갈 수 있다는 장점이 있다.
② 연속된 전시실의 한 쪽 복도에 의해서 각 실을 배치한 형식이다.
③ 중심부에 하나의 큰 홀을 두고 그 주위에 각 전시실을 배치한 형식이다.
④ 전시실을 순서별로 통해야 하고, 한 실을 폐쇄하면 전체 동선이 막히게 된다.

해설
① 중앙 홀(Hall) 형식이다.
② 갤러리(Gallery) 및 코리더(Corridor) 형식이다.
③ 중앙 홀(Hall) 형식이다.

13 사무소 건축의 코어 유형에 관한 설명으로 옳지 않은 것은?

① 편심코어형은 기준층 바닥면적이 작은 경우에 적합하다.
② 독립코어형은 코어가 업무공간에서 별도로 분리시킨 형식이다.
③ 중심코어형은 코어가 중앙에 위치한 유형으로 유효율이 높은 계획이 가능하다.
④ 양단코어형은 수직동선이 양 측면에 위치한 관계로 피난에 불리하다는 단점이 있다.

> 해설
> 양단코어형은 수직동선이 양 측면에 위치함으로써 피난에 유리하다는 장점이 있으며, 중앙부에 대공간 계획이 가능하다.

14 비잔틴 건축에 관한 설명으로 옳지 않은 것은?

① 사라센 문화의 영향을 받았다.
② 도세렛(Dosseret)이 사용되었다.
③ 펜덴티브 돔(Pendentive Dome)이 사용되었다.
④ 평면은 주로 장축형 평면(라틴 십자가)이 사용되었다.

> 해설
> 비잔틴 건축의 평면은 주로 단축형 평면(그리스형 십자가)이 사용되었다.

15 다음과 같은 특징을 갖는 에스컬레이터 배치 유형은?

> • 점유면적이 다른 유형에 비해 작다.
> • 연속적으로 승강이 가능하다.
> • 승객의 시야가 좋지 않다.

① 교차식 배치
② 직렬식 배치
③ 병렬 단속식 배치
④ 병렬 연속식 배치

> 해설
> 교차식 배치는 점유면적이 가장 적은 형식으로서 교통이 연속되어 혼잡이 적지만, 승객의 시야가 좋지 않다.

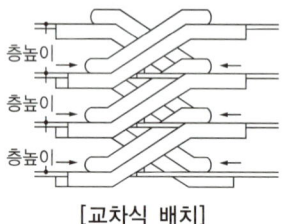

[교차식 배치]

16 클로즈드 시스템(Closed System)의 종합병원에서 외래진료부 계획에 관한 설명으로 옳지 않은 것은?

① 환자의 이용이 편리하도록 2층 이하에 두도록 한다.
② 부속 진료시설을 인접하게 하여 이용이 편리하게 한다.
③ 중앙주사실, 약국은 정면 출입구에서 멀리 떨어진 곳에 둔다.
④ 외과 계통 각 과는 1실에서 여러 환자를 볼 수 있도록 대실로 한다.

> 해설
> 중앙주사실, 약국은 정면 출입구에서 가까운 곳에 둔다.

17 다음 중 다포식(多包式) 건축으로 가장 오래된 것은?

① 창경궁 명정전 ② 전등사 대웅전
③ 불국사 극락전 ④ 심원사 보광전

[해설]
④ 심원사 보광전 : 고려 후기
① 창경궁 명정전 : 조선 중기
② 전등사 대웅전 : 조선 중기
③ 불국사 극락전 : 조선 후기

18 다음 중 시티 호텔에 속하지 않는 것은?

① 비치 호텔 ② 터미널 호텔
③ 커머셜 호텔 ④ 아파트먼트 호텔

[해설]
- 시티 호텔(City Hotel)의 종류
  - 커머셜 호텔(Commercial Hotel)
  - 레지덴셜 호텔(Residential Hotel)
  - 아파트먼트 호텔(Apartment Hotel)
  - 터미널 호텔(Terminal Hotel)
- 리조트 호텔(Resort Hotel)의 종류
  - 해변 호텔(Beach Hotel)
  - 산장 호텔(Mountain Hotel)
  - 온천 호텔(Hot Spring Hotel)
  - 스키 호텔(Ski Hotel)
  - 클럽 하우스(Club House)

19 고대 그리스의 기둥 양식에 속하지 않는 것은?

① 도리아식 ② 코린트식
③ 콤퍼짓식 ④ 이오니아식

[해설]
그리스의 기둥 양식
- 도리아식
- 이오니아식
- 코린트식

로마의 기둥 양식
- 그리스 건축의 3가지 주범(도리아식, 이오니아식, 코린트식)을 사용하였고, 이외에 터스칸식 주범과 복합식 주범 등으로 5주범 사용
- 터스칸(Tuscan)식 주범 : 그리스 도리아식 주범 단순화
- 복합(Composite)식 주범 : 이오니아식과 코린트식 복합

20 주택의 동선 계획에 관한 설명으로 옳지 않은 것은?

① 동선은 가능한 굵고 짧게 계획하는 것이 바람직하다.
② 동선의 3요소 중 속도는 동선의 공간적 두께를 의미한다.
③ 개인, 사회, 가사노동권의 3개 동선은 상호간 분리하는 것이 좋다.
④ 화장실, 현관 등과 같이 사용빈도가 높은 공간은 동선을 짧게 처리하는 것이 중요하다.

[해설]
동선의 3요소 중 빈도는 동선의 공간적 두께를 의미한다.

제2과목 건축시공

21 수직굴삭, 수중굴삭 등에 사용되는 깊은 흙파기용 기계이며, 연약지반에 사용하기에 적당한 기계는?

① 드래그 셔블
② 클램셸
③ 모터 그레이더
④ 파워 셔블

해설
클램셸 : 그래브 버킷이라고도 하며, 붐(사주)의 선단에 버킷을 매달아 연질 토사에 깊은 구멍을 파는 작업이며 수직굴삭, 수중굴삭에 사용하는 굴착기이다.

22 철근의 가공 및 조립에 관한 설명으로 옳지 않은 것은?

① 철근의 가공은 철근상세도에 표시된 형상과 치수가 일치하고 재질을 해치지 않는 방법으로 이루어져야 한다.
② 철근상세도에 철근의 구부리는 내면 반지름이 표시되어 있지 않은 때에는 KDS에 규정된 구부림의 최소 내면 반지름 이상으로 철근을 구부려야 한다.
③ 경미한 녹이 발생한 철근이라 하더라도 일반적으로 콘크리트와의 부착성능을 매우 저하시키므로 사용이 불가하다.
④ 철근은 상온에서 가공하는 것을 원칙으로 한다.

해설
경미한 녹이 발생하더라도 철근과 콘크리트의 부착성능에 저하가 거의 없다.

23 건축주 자신이 특정의 단일 상태를 선정하여 발주하는 방식으로서, 특수공사나 기밀보장이 필요한 경우, 또 긴급을 요하는 공사에서 주로 채택되는 것은?

① 공개경쟁입찰
② 제한경쟁입찰
③ 지명경쟁입찰
④ 특명입찰

해설
특명 입찰(수의계약)은 가장 적격한 1명을 지명하여 입찰시키는 방법으로, 입찰 수속이 간단하며 공사기밀을 유지할 수 있고, 긴급을 요하는 공사에 채택될 수 있으며 우량시공이 기대된다.

24 문 윗틀과 문짝에 설치하여 문이 자동적으로 닫혀지게 하며, 개폐압력을 조절할 수 있는 장치는?

① 도어 체크(Door Check)
② 도어 홀더(Door Holder)
③ 피벗 힌지(Pivot Hinge)
④ 도어 체인(Door Chain)

해설
② 도어 홀더(Door Holder) : 열린 문을 고정하는 장치
③ 피벗 힌지(Pivot Hinge) : 방화문이나 현관문 등의 무거운 중량문에 힌지를 사용하는 경첩
④ 도어 체인(Door Chain) : 현관문 등에 설치하는 체인형의 안전고리

정답 21 ② 22 ③ 23 ④ 24 ①

25 건축 석공사에 관한 설명으로 옳지 않은 것은?

① 건식쌓기 공법의 경우 시공이 불량하면 백화현상 등의 원인이 된다.
② 석재 물갈기 마감 공정의 종류는 거친갈기, 물갈기, 본갈기, 정갈기가 있다.
③ 시공 전에 설계도에 따라 돌나누기 상세도, 원척도를 만들고 석재의 치수, 형상, 마감방법 및 철물 등에 의한 고정방법을 정한다.
④ 마감면에 오염의 우려가 있는 경우에는 폴리에틸렌 시트 등으로 보양한다.

해설
습식쌓기 공법에서 시공이 불량하면 백화현상 등의 원인이 된다.

27 방부력이 약하고 도포용으로만 쓰이며, 상온에서 침투가 잘 되지 않고 흑색이므로 사용 장소가 제한되는 유성 방부제는?

① 캐로신
② PCP
③ 염화아연 4% 용액
④ 콜타르

해설
콜타르는 석탄의 고온건류(석탄건류) 시 부산물로 얻어지는 흑갈색 점조(粘稠)의 방부·방수·방식용의 액체(도료)이다. 비중은 1.1~1.3으로 물보다 약간 무겁고, 방부력이 약하여 도포용으로 쓰인다.

26 벤치마크(Bench Mark)에 관한 설명으로 옳지 않은 것은?

① 적어도 2개소 이상 설치하도록 한다.
② 이동 또는 소멸 우려가 없는 곳에 설치한다.
③ 건축물 기초의 너비 또는 길이 등을 표시하기 위한 것이다.
④ 공사 완료 시까지 존치시켜야 한다.

해설
벤치마크(Bench Mark)는 건물의 위치 및 높이 기준이 되는 표식으로 기준면으로부터 표고를 정확하게 측정하여 표시해 둔 점으로 높이 측량의 기준이 된다.

28 시멘트 600포대를 저장할 수 있는 시멘트 창고의 최소 필요면적으로 옳은 것은?(단, 시멘트 600포대 전량을 저장할 수 있는 면적으로 산정)

① 18.46m²
② 21.64m²
③ 23.25m²
④ 25.84m²

해설
시멘트 창고면적 = $0.4 \times \dfrac{N}{n} = 0.4 \times \dfrac{600}{13} ≒ 18.462$

여기서, N : 시멘트 포대 수
n : 쌓기 단수(최대 13단)
• 600포 미만 : N = 쌓기포대 수 전량
• 600포 이상~1,800포 이하 : N = 600포
• 1,800포 초과 : N = 1/3만 적용

29 시멘트, 모래, 잔자갈, 안료 등을 섞어 이긴 것을 바탕마름이 마르기 전에 뿌려 붙이거나 또는 바르는 것으로 일종의 인조석바름으로 볼 수 있는 것은?

① 회반죽
② 경석고 플라스터
③ 혼합석고 플라스터
④ 라프 코트

> **해설**
> 라프 코트(Rough Coat) : 송진류를 휘발성 용제에 녹인 투명도료의 일종으로 시멘트와 모래, 자갈, 안료 등을 섞어서 뿌려 붙이거나 바르는 것으로 표면을 거칠게 마감한다.

30 용접작업 시 용착금속 단면에 생기는 작은 은색의 점을 무엇이라 하는가?

① 피시 아이(Fish Eye)
② 블로 홀(Blow Hole)
③ 슬래그 함입(Slag Inclusion)
④ 크레이터(Crater)

> **해설**
> 피시 아이(Fish Eye, 은점) : 슬래그 혼입 및 블로 홀 겹침 현상으로, 용접작업 시 용착금속 단면에 생기는 생선 눈알 모양의 은색 반점이다.

31 달성가치(Earned Value)를 기준으로 원가관리를 시행할 때, 실제투입원가와 계획된 일정에 근거한 진행성과의 차이를 의미하는 용어는?

① CV(Cost Variance)
② SV(Schedule Variance)
③ CPI(Cost Performance Index)
④ SPI(Schedule Performance Index)

> **해설**
> CV(Cost Variance)는 원가 차이 또는 비용 편차를 말하며, 달성가치(Earned Value)를 기준으로 원가관리를 시행할 때, 실제투입원가와 계획된 일정에 근거한 진행성과의 차이를 의미한다.

32 시멘트 200포를 사용하여 배합비가 1 : 3 : 6의 콘크리트를 비벼 냈을 때의 전체 콘크리트량은?(단, 물 시멘트비는 60%이고 시멘트 1포대는 40kg이다)

① $25.25m^3$
② $36.36m^3$
③ $39.39m^3$
④ $44.44m^3$

> **해설**
> 배합비가 1 : 3 : 6이면 시멘트 : 모래 : 자갈 = 220kg : 0.47m^3 : 0.94m^3이다(1m^3당 1 : 3 : 6이면 220kg의 시멘트, 1 : 2 : 4이면 320kg의 시멘트가 소요된다).
> 따라서, $\frac{220kg/m^3}{40kg/포대} = 5.5포대/m^3$이며,
> 시멘트 200포대를 사용할 경우 $\frac{200포대}{5.5포대/m^3} = 36.36m^3$이다.

33 타일공사에서 시공 후 타일접착력 시험에 관한 설명으로 옳지 않은 것은?

① 타일의 접착력 시험은 600m²당 한 장씩 시험한다.
② 시험할 타일은 먼저 줄눈 부분을 콘크리트면까지 절단하여 주위의 타일과 분리시킨다.
③ 시험은 타일 시공 후 4주 이상일 때 행한다.
④ 시험결과의 판정은 타일 인장 부착강도가 10MPa 이상이어야 한다.

해설
시험결과의 판정은 타일 인장 부착강도가 0.39MPa 이상이어야 한다.

34 창면적이 클 때에는 스틸바(Steel Bar)만으로는 부족하고, 또한 여닫을 때의 진동으로 유리가 파손될 우려가 있으므로 이것을 보강하고 외관을 꾸미기 위하여 강판을 중공형으로 접어 가로 또는 세로로 대는 것을 무엇이라 하는가?

① Mullion   ② Ventilator
③ Gallery   ④ Pivot

해설
멀리온(Mullion) : 패널을 나누는 수직부재 또는 패널 공간을 세로로 세분하는 중간선틀을 뜻한다. 창면적이 클 경우 스틸바(Steel Bar)만으로는 취약할 수 있고, 문을 여닫을 때의 진동으로 유리가 파손될 우려가 있으므로 보강하고 외관을 꾸미기 위하여 강판을 중공형(中空形)으로 접어 가로나 세로로 대는 것을 말하며, 멀리온 루버(Mullion Louver)라고도 한다.

35 벽돌조 건물에서 벽량이란 해당 층의 바닥면적에 대한 무엇의 비를 말하는가?

① 벽면적의 총 합계
② 내력벽 길이의 총 합계
③ 높이
④ 벽두께

해설
• 조적조(組積造), 벽식 구조 등에서 어떤 방향의 벽 길이의 합계를 바닥면적으로 나눈 값으로 단위 바닥면적에 대한 그 면적 내에 있는 벽 길이의 비를 말한다.

$$벽량 = \frac{내력벽\ 길이의\ 총\ 합계}{그\ 층의\ 바닥면적}$$

• 내력벽의 양이 많을수록 횡력에 대항하는 힘이 커지므로 큰 건물일수록 벽량을 증가할 필요가 있다.

36 PMIS(프로젝트 관리 정보시스템)의 특징에 관한 설명으로 옳지 않은 것은?

① 합리적인 의사결정을 위한 프로젝트용 정보관리 시스템이다.
② 협업관리체계를 지원하며 정보의 공유와 축적을 지원한다.
③ 공정 진척도는 구체적으로 측정할 수 없으므로 별도 관리한다.
④ 조직 및 월간업무 현황 등을 등록하고 관리한다.

해설
PMIS는 공정 진척도도 관리할 수 있다.
PMIS(Project Management Information System)
• 현장 단위의 관리시스템으로 개개의 건설사업에 대해 적용되는 솔루션이며, 여러 현장을 개별적 및 통합적으로 관리할 수 있는 시스템인 동시에 각각의 현장 단위에서는 당해 현장에 참여하는 발주자, 설계자, 감리자, 외주업체 등과 연동하여 현장의 각종 정보와 기능을 관리할 수 있는 시스템이다.
• PMIS는 사업현황관리, 공정관리, 공사비관리, 품질관리, 설계관리, 구매관리, 시공관리, 안전 및 환경관리, 문서관리, 시스템관리 등이 가능하다.

37 콘크리트 거푸집용 박리제 사용 시 주의사항으로 옳지 않은 것은?

① 거푸집 종류에 상응하는 박리제를 선택·사용한다.
② 박리제 도포 전에 거푸집면의 청소를 철저히 한다.
③ 거푸집뿐만 아니라 철근에도 도포하도록 한다.
④ 콘크리트 색조에 영향이 없는지를 시험한다.

해설
박리제(Form Oil) : 거푸집의 박리를 용이하게 하는 약제로서 거푸집의 탈형과 청소를 용이하게 하기 위해 거푸집 표면에 바른다. 다만, 철근에는 부착력이 약해지지 않도록 하기 위해 도포하지 않는다.

38 다음 중 도장공사를 위한 목부 바탕만들기 공정으로 옳지 않은 것은?

① 오염, 부착물의 제거
② 송진의 처리
③ 옹이땜
④ 바니시칠

해설
바니시칠은 바탕만들기 공정 이후의 작업이다.
바탕만들기 공정
• 오염, 부착물 제거
• 송진처리(긁어내기, 인두 지짐, 휘발유 닦기)
• 연마지 닦기(대팻자국 제거)
• 옹이땜(셀락 니스칠)
• 구멍땜(퍼티 먹임) 및 눈 메움

39 건축용 목재의 일반적인 성질에 관한 설명으로 옳지 않은 것은?

① 섬유포화점 이하에서는 목재의 함수율이 증가함에 따라 강도는 감소한다.
② 기건상태의 목재의 함수율은 15% 정도이다.
③ 목재의 심재는 변재보다 건조에 의한 수축이 적다.
④ 섬유포화점 이상에서는 목재의 함수율이 증가함에 따라 강도는 증가한다.

해설
섬유포화점 이상에서는 목재의 함수율이 증가하여도 강도는 증가는 거의 없다. 그러나 섬유포화점 이하에서는 목재의 함수율이 증가하게 되면 강도는 감소한다.

40 건축공사에서 VE(Value Engineering)의 사고방식으로 옳지 않은 것은?

① 기능 분석
② 제품 위주의 사고
③ 비용 절감
④ 조직적 노력

해설
VE(Value Engineering)의 사고방식
• 고정관념의 제거
• 발주자 중심의 사고
• 기능 중심의 접근
• 조직적 접근(Team Design)

제3과목 건축구조

41 철근콘크리트 압축부재의 철근량 제한 조건에 따라 사각형이나 원형 띠철근으로 둘러싸인 경우 압축부재의 축방향 주철근의 최소 개수는 얼마인가?

① 2개
② 3개
③ 4개
④ 6개

해설
사각형 또는 원형 띠철근 기둥 → 4개 이상
축방향 철근(주근) 최소 개수
• 사각형 또는 원형 띠철근 기둥 → 4개 이상
• 3각형 띠철근 기둥 → 3개 이상
• 나선철근 기둥 → 6개 이상

42 다음 각 구조시스템에 관한 정의로 옳지 않은 것은?

① 모멘트골조방식 : 수직하중과 횡력을 보와 기둥으로 구성된 라멘골조가 저항하는 구조방식
② 연성모멘트골조방식 : 횡력에 대한 저항능력을 증가시키기 위하여 부재와 접합부의 연성을 증가시킨 모멘트골조방식
③ 이중골조방식 : 횡력의 25% 이상을 부담하는 전단벽이 연성모멘트골조와 조합되어 있는 구조방식
④ 건물골조방식 : 수직하중은 입체골조가 저항하고 지진하중은 전단벽이나 가새골조가 저항하는 구조방식

해설
이중골조방식 : 횡력의 25% 이상을 부담하는 모멘트연성골조가 전단벽이나 가새골조와 조합되어 있는 골조방식이다.

43 지진계에 기록된 진폭을 진원의 깊이와 진앙까지의 거리 등을 고려하여 지수로 나타낸 것으로 장소에 관계없는 절대적 개념의 지진 크기를 말하는 것은?

① 규 모
② 진 도
③ 진원 시
④ 지진동

해설
① 규모 : 지진계에 기록된 진폭을 진원의 깊이와 진앙까지의 거리 등을 고려하여 지수로 나타낸 것으로 장소에 관계가 없는 절대적 개념의 지진 크기이며, 발신된 에너지량을 말한다. 지진이 발생하면 규모는 하나의 값만 존재하지만, 진도는 측정 지점에 따라 달라진다.
② 진도 : 수신된 에너지량으로서 상대적 개념의 지진 크기이며, 각 지역에서 땅이 얼마나 흔들렸는지를 나타내기 위한 지표이다.
③ 진원 시 : 어느 장소에서 지진동을 감지할 경우 이러한 지진파가 최초로 발생한 시각을 말한다.
④ 지진동 : 지진파가 지표면에 도달하면서 관측되는 진동을 말하며, 지진동의 세기는 지진계로 측정한다.

44 그림과 같은 원통단면의 핵반경은?

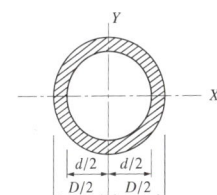

① $\dfrac{D+d}{6}$
② $\dfrac{D}{8}$
③ $\dfrac{D+d}{8}$
④ $\dfrac{D^2+d^2}{8D}$

해설
$$I = \frac{\pi(D^4-d^4)}{64} = \frac{\pi(D^2-d^2)(D^2+d^2)}{64}$$

$$Z = \frac{I}{y} = \frac{\frac{\pi(D^2-d^2)(D^2+d^2)}{64}}{\frac{D}{2}} = \frac{\pi(D^2-d^2)(D^2+d^2)}{32D}$$

$$e = \frac{Z}{A} = \frac{\frac{\pi(D^2-d^2)(D^2+d^2)}{32D}}{\frac{\pi(D^2-d^2)}{4}} = \frac{D^2+d^2}{8D}$$

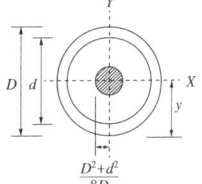

45 철근 콘크리트 단순보에서 순간탄성처짐이 0.9mm 이었다면 1년 뒤 이 부재의 총 처짐량을 구하면?(단, 시간경과계수 ξ = 1.4, 압축철근비 ρ' = 0.01071)

① 1.52mm ② 1.72mm
③ 1.92mm ④ 2.12mm

해설

최종처짐 = 순간탄성처짐 + 장기처짐
      = 순간탄성처짐 + (λ × 탄성처짐)

즉, $\delta = \delta_L + \delta_S$이고, $\delta_S = \lambda \times \delta_L$이다.

$\triangle \lambda = \dfrac{\xi}{1+50\rho'} = \dfrac{1.4}{1+50 \times 0.01071} \fallingdotseq 0.91176$

$\delta_S = \triangle \lambda \times \delta_L = 0.91175 \times 0.9 \fallingdotseq 0.82$mm

여기서, δ_L : 순간처짐
    δ_S : 장기처짐
    λ : 지속하중에 대한 처짐계수
    ρ : 복근보의 압축철근계수(단근보=0)

∴ $\delta = \delta_L + \delta_S = 0.9 + 0.82 = 1.72$mm

46 연약한 지반에서 기초의 부동침하를 감소시키기 위한 상부구조에 대한 대책으로 옳지 않은 것은?

① 건물을 경량화할 것
② 강성을 크게 할 것
③ 이웃 건물과의 거리를 멀게 할 것
④ 폭이 일정한 경우 건물의 길이를 길게 할 것

해설

폭이 일정한 경우 건물의 길이를 짧게 할 것
연약지반에서 상부구조에 대한 부동침하 방지 대책
• 건물을 경량화할 것
• 강성을 높일 것
• 건물의 중량 분배를 고려할 것
• 건물의 평면길이를 짧게 할 것
• 인접 건물과의 거리를 멀게 할 것

47 그림과 같은 라멘 구조물의 판별은?

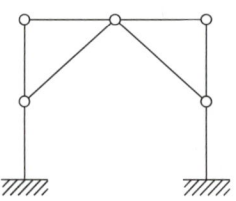

① 불안정구조물
② 안정이며, 정정 구조물
③ 안정이며, 1차 부정정 구조물
④ 안정이며, 2차 부정정 구조물

해설

판별식으로 구하면,
$N = m + r + k - 2j$
 $= 8 + 6 + 0 - 2 \times 7 = 0$

여기서, m : 부재(Member)수
    r : 지점반력(Reaction)수
    k : 강절점수
    j : 절점(Joint)수

∴ N은 0이므로 정정 구조물이다.

48 그림과 같은 트러스에서 a부재의 부재력은 얼마인가?

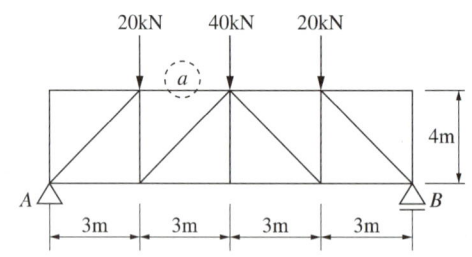

① 20kN(인장) ② 30kN(압축)
③ 40kN(인장) ④ 60kN(압축)

해설

절단법으로 구한다.

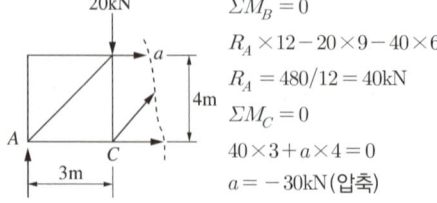

$\Sigma M_B = 0$
$R_A \times 12 - 20 \times 9 - 40 \times 6 - 20 \times 3 = 0$
$R_A = 480/12 = 40$kN
$\Sigma M_C = 0$
$40 \times 3 + a \times 4 = 0$
$a = -30$kN(압축)

49 다음 그림에서 파단선 $A-B-F-C-D$의 인장재 순단면적은?(단, 볼트구멍지름 d : 22mm, 인장재 두께는 6mm)

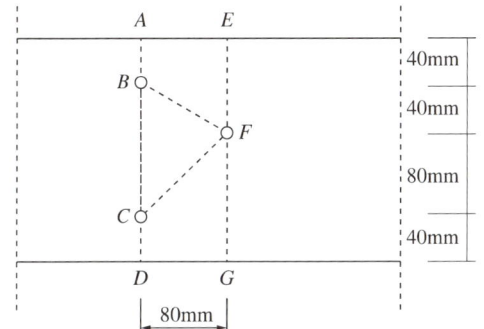

① 1,164mm²
② 1,364mm²
③ 1,564mm²
④ 1,764mm²

해설
순단면적은 볼트의 엇모배치에 유의하여 계산한다.
$$A_n = A_g - ndt + \Sigma \frac{P^2}{4g} t$$
$$= (200 \times 6) - (3 \times 22 \times 6) + \left(\frac{80^2}{4 \times 40} + \frac{80^2}{4 \times 80}\right) \times 6$$
$$= 1,164 \text{mm}^2$$

50 그림과 같이 양단이 회전단인 부재의 좌굴축에 대한 세장비는?

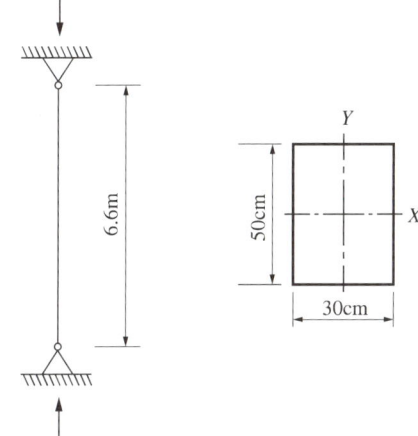

① 76.21
② 84.28
③ 96.64
④ 103.77

해설
세장비(λ) = $\dfrac{\text{유효 좌굴길이}}{\text{최소 단면 2차 반경}}$ = $\dfrac{Kl}{r}$ = $\dfrac{Kl}{\sqrt{\dfrac{I}{A}}}$

여기서, K : 좌굴 유효길이 계수
　　　　l : 기둥의 지지길이
　　　　I : 단면 2차 모멘트
　　　　A : 단면적
주어진 조건에서 세장비를 구하면,
$K = 1$(양단 힌지이므로)
$l = 6.6\text{m} = 660\text{cm}$
$I = \dfrac{bh^3}{12} = \dfrac{50\text{cm} \times (30\text{cm})^3}{12} = 112,500\text{cm}^4$
$A = 50\text{cm} \times 30\text{cm} = 1,500\text{cm}^2$
$\therefore \lambda = \dfrac{Kl}{\sqrt{\dfrac{I}{A}}} = \dfrac{1 \times 660}{\sqrt{\dfrac{112,500}{1,500}}} ≒ \dfrac{660\text{cm}}{8.66\text{cm}} ≒ 76.212$

51 다음 그림과 같은 필릿용접부의 유효 면적은?

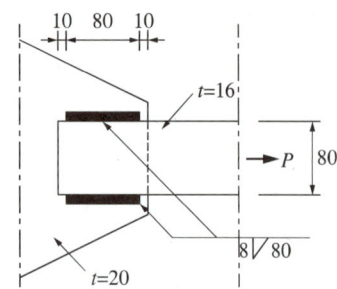

① 614.4mm²
② 691.2mm²
③ 716.8mm²
④ 806.4mm²

해설

$l_e = l - 2S = 80 - 2 \times 8 = 64mm$

$A = a \cdot l_e$ 이며, 양면 모살용접이므로,

$\therefore A_w = a \cdot l_e \times 2$
$= (0.7 \times 8) \times 64 \times 2$
$= 716.8mm^2$

52 그림과 같은 등변분포하중이 작용하는 단순보의 최대 휨모멘트 M_{max}는?

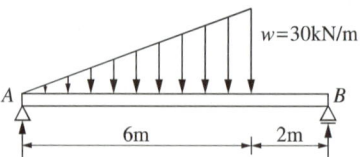

① $25\sqrt{3}$ kN·m
② $25\sqrt{2}$ kN·m
③ $90\sqrt{3}$ kN·m
④ $90\sqrt{2}$ kN·m

해설

• 등변분포하중을 집중하중 형태로 가정한다.

$P = 30 \times 6 \times \dfrac{1}{2} = 90kN$

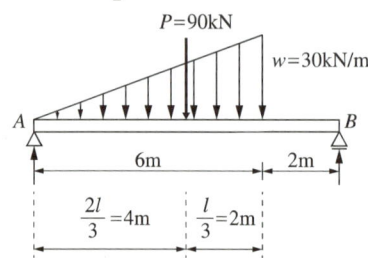

• 반력을 구한다.

$\sum M_A = 0$; $90 \times 4 - R_B \times 8$, $R_B = 45kN$

$\sum F_B = 0$; $R_A + R_B = 90$, $R_A = 45kN$

• 전단력이 0인 지점(R_A로부터 x만큼 떨어진 위치)을 찾는다.

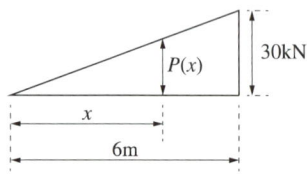

$P(x) : 30 = x : 6$

$6P(x) = 30x$

$\therefore P(x) = 5x$

등변분포 하중 작용 시, R_A로부터 x만큼 떨어진 위치의 전단력이 0인 지점 휨모멘트가 최대이며, 비례식에 의해 거리 x를 구할 수 있다.

$45 - \left(\dfrac{1}{2} \times x \times 5x\right) = 0$ 이므로

$\therefore x = \sqrt{18} = 3\sqrt{2}$

• 최대 휨모멘트를 구한다.

$M_{max} = 45x - \left(\dfrac{1}{2} \times x \times 5x \times \dfrac{x}{3}\right) = 45x - \dfrac{5}{6}x^3$

$= (45 \times 3\sqrt{2}) - \dfrac{5}{6} \times (3\sqrt{2})^3$

$= 135\sqrt{2} - 45\sqrt{2}$

$= 90\sqrt{2}$ kN·m

53 그림과 같은 독립기초에 $N=480kN$, $M=96kN\cdot m$가 작용할 때 기초저면에 발생하는 최대 지반반력은?

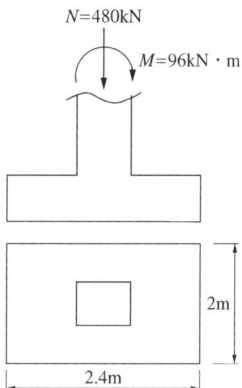

① $15kN/m^2$
② $150kN/m^2$
③ $20kN/m^2$
④ $200kN/m^2$

해설

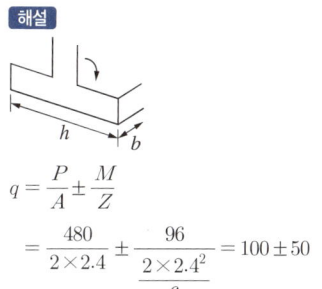

$q = \dfrac{P}{A} \pm \dfrac{M}{Z}$

$= \dfrac{480}{2\times 2.4} \pm \dfrac{96}{\dfrac{2\times 2.4^2}{6}} = 100 \pm 50$

∴ 반력은 최소 50kN/m², 최대 150kN/m²

54 강도설계법에서 철근콘크리트 부재 중 콘크리트의 공칭전단강도(V_c)가 40kN, 전단철근에 의한 공칭전단강도(V_s)가 20kN일 때, 이 부재의 설계전단강도(ϕV_n)는?(단, 강도감소계수는 0.75 적용)

① 60kN
② 58kN
③ 52kN
④ 45kN

해설
설계전단강도(ϕV_n) $= \phi(V_c + V_s)$이며,
∴ $\phi V_n = 0.75 \times (40+20) = 45kN$

55 강구조 용접에서 용접 개시점과 종료점에 용착금속 속에 결함이 없도록 임시로 부착하는 것은?

① 엔드탭(End Tap)
② 오버랩(Overlap)
③ 뒷댐재(Backing Strip)
④ 언더컷(Under Cut)

해설
엔드탭(End Tap) : 용접 결함이 생기기 쉬운 용접 비드(Bead)의 시작과 끝지점에 용접 결함이 없도록 하기 위해 접합하는 모재의 양단에 부착하는 보조강판이다.

56 다음 그림과 같이 D16철근이 90° 표준갈고리로 정착되었다면 이 갈고리의 소요정착길이(l_{hb})는 약 얼마인가?

┤조건├
- $l_{hb} = \dfrac{0.24\beta d_b f_y}{\lambda\sqrt{f_{ck}}}$
- 철근도막계수 : 1
- 경량콘크리트 계수 : 1
- D16의 공칭지름 : 15.9mm
- f_{ck} : 21MPa
- f_y : 400MPa

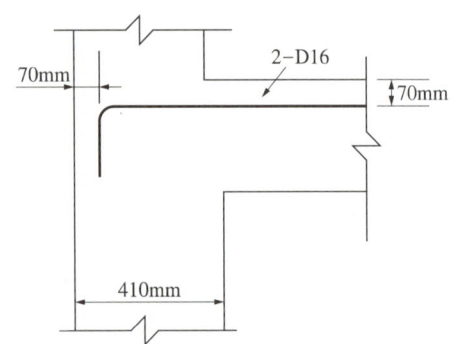

① 233mm ② 243mm
③ 253mm ④ 263mm

해설
정착길이=(l_d) 기본정착길이(l_{hb})×보정계수이며,
기본정착길이(l_{hb}) = $\dfrac{0.24\beta d_b f_y}{\lambda\sqrt{f_{ck}}} = \dfrac{0.24\times1.0\times15.9\times400}{1.0\times\sqrt{21}}$
∴ $l_{hb} ≒ 333.09\text{mm}$
보정계수는 피복두께 70mm이므로 0.7을 대입하면,
갈고리의 정착길이(l_d)=333.09×0.7=233.163mm이다.

57 그림과 같이 O점에 모멘트가 작용할 때 OB부재와 OC부재에 분배되는 모멘트가 같게 하려면 OC부재의 길이를 얼마로 해야 하는가?

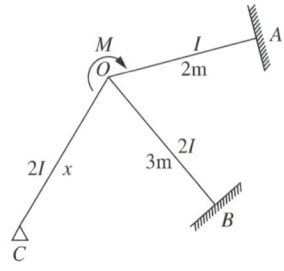

① 2/3m ② 3/2m
③ 9/4m ④ 3m

해설
- 모멘트 분배법에서 강도계수(K) = $\dfrac{\text{단면 2차 모멘트}(I)}{\text{부재의 길이}(l)}$
- 강도계수

부재 종류	유효강비
양단 고정(또는 탄성고정)의 부재	$1k$
일단 고정 타단 활절(pin)의 부재	$\dfrac{3}{4}k$

- 분배되는 모멘트가 같으려면 OB부재와 OC부재의 수정강도계수도 같다는 조건으로 OC부재의 길이를 구한다.
$K_{OB} = 1\times\dfrac{2I}{3}$, $K_{OC} = \dfrac{3}{4}\times\dfrac{2I}{l_{OC}}$
$K_{OB} = K_{OC}$에서,
$\dfrac{2I}{3} = \dfrac{3}{4}\times\dfrac{2I}{l_{OC}}$ 이므로,
∴ $l_{OC} = \dfrac{9}{4}$m

58 보의 재질과 단면의 크기가 같을 때 (A)보의 최대 처짐은 (B)보의 몇 배인가?

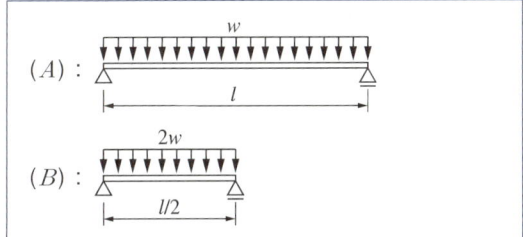

① 2배 ② 4배
③ 8배 ④ 16배

해설

• 단순보 등분포하중의 최대 처짐 : $\delta_{max} = \dfrac{5wl^4}{384EI}$

• (A)와 (B)의 최대 처짐

$\delta_{(A)max} = \dfrac{5wl^4}{384EI} = \dfrac{5}{384EI} \times wl^4$

$\delta_{(B)max} = \dfrac{5}{384EI} \times 2w\left(\dfrac{l}{2}\right)^4 = \dfrac{5}{384EI} \times \dfrac{wl^4}{8}$

$\delta_{(A)max} : \delta_{(B)max} = \dfrac{5}{384EI} \times wl^4 : \dfrac{5}{384EI} \times w\dfrac{l^4}{8}$

$\therefore \delta_{(A)max} : \delta_{(B)max} = 1 : \dfrac{1}{8}$

59 그림과 같은 단면에 전단력 40kN이 작용할 때 A점에서의 전단응력은?

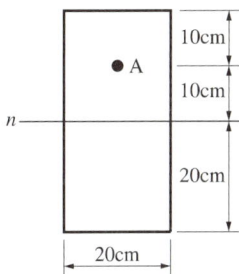

① 0.28MPa ② 0.56MPa
③ 0.84MPa ④ 1.12MPa

해설

전단응력$(\tau) = \dfrac{V \cdot G}{I \cdot b}$

여기서, V : 전단력
G : 단면 1차 모멘트
I : 중립축 단면 2차 모멘트 $\left(I = \dfrac{bh^3}{12}\right)$
b : 보의 폭

조건에서,
$V = 40\text{kN} = 40 \times 10^3 \text{N}$
$G = (200 \times 100 \times 150)\text{mm}^3$ (중립축까지 거리 : 150mm)
$I = \dfrac{bh^3}{12} = \left(\dfrac{200 \times 400^3}{12}\right)\text{mm}^3$

$\therefore \tau = \dfrac{(40 \times 10^3) \times (200 \times 100 \times 150)}{\left(\dfrac{200 \times 400^3}{12}\right) \times 200} \fallingdotseq 0.563\text{MPa}$

60 그림과 같은 콘크리트 슬래브에서 합성보 A의 슬래브 유효폭 b_e를 구하면?(단, 그림의 단위는 mm이다)

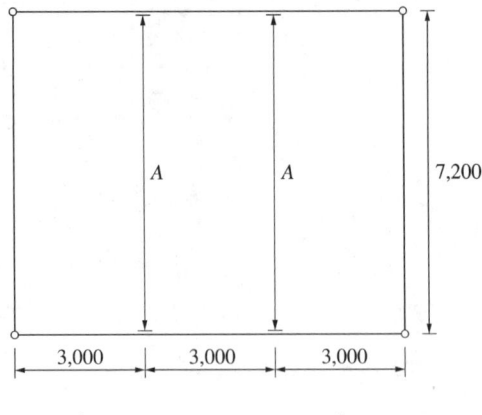

① 1,500mm   ② 1,800mm
③ 2,000mm   ④ 2,250mm

해설
합성보의 유효폭은 아래의 2개 중 작은 값으로 결정한다.
(1) 슬래브 양측 중심 간 거리 : 3,000mm
(2) 보경 간의 $\frac{1}{4}$: $\frac{7,200}{4}$ = 1,800mm

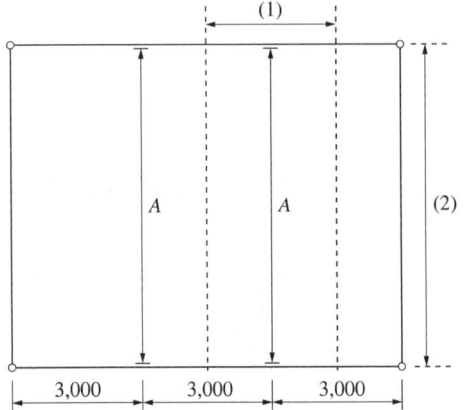

따라서, 유효폭은 작은 값인 (2)의 1,800mm가 된다.

제4과목 건축설비

61 다음과 같은 조건에서 2,000명을 수용하는 극장의 실온을 20℃로 유지하기 위한 필요 환기량은?

┤조건├
- 외기온도 : 10℃
- 1인당 발열량(현열) : 60W
- 공기의 정압비열 : 1.01kJ/kg·K
- 공기의 밀도 : 1.2kg/m³
- 전등 및 기타 부하는 무시한다.

① 11,110m³/h
② 21,222m³/h
③ 30,444m³/h
④ 35,644m³/h

해설
$$Q = \frac{3,600 \times H_i}{\rho \times C \times \Delta T} = \frac{3,600 \times 2,000 \times 0.06}{1.2 \times 1.01 \times (20-10)} \fallingdotseq 35,644\text{m}^3/\text{h}$$

여기서, Q : 환기량
  H_i : 발열량
  ρ : 공기의 밀도
  C : 비열
  ΔT : 온도차

약산식
$H_i = 0.337 \times Q \times \Delta T$에서,
$$Q = \frac{H_i}{0.337 \times \Delta T} = \frac{2,000 \times 60}{0.337 \times (20-10)} \fallingdotseq 35,608\text{m}^3/\text{h}$$

여기서, 0.337 : 단위환산계수(W·h/m³·K)
  Q : 환기량, 취출량(m³/h)
  H_i : 현열부하
  ΔT : 실내외 온도차(℃)

62 광원으로부터 일정거리 떨어진 수조면의 조도에 관한 설명으로 옳지 않은 것은?

① 광원의 광도에 비례한다.
② $\cos\theta$ (입사각)에 비례한다.
③ 거리의 제곱에 반비례한다.
④ 측정점의 반사율에 반비례한다.

해설
반사율이란 평면에서 반사되는 밝기(조도에 대한 휘도의 비)로서, 조도의 재료의 표면(측정점)의 반사율에 비례하게 된다.

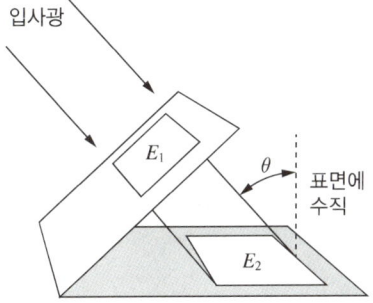

조도의 코사인 법칙(Lambert의 코사인 법칙)

$$조도(E) = \frac{I}{d^2} \cos\theta$$

여기서, E : 조도
I : 광도
d : 거리
θ : 입사각

임의의 면에서 한 점의 조도는 광원의 광도 및 입사각(θ)의 cos에 비례하고 거리의 제곱에 반비례한다.

63 화재안전기준에 따라 소화기구를 설치하여야 하는 특정소방대상물의 연면적 기준은?

① $10m^2$ 이상
② $25m^2$ 이상
③ $33m^2$ 이상
④ $50m^2$ 이상

해설
소화기구를 설치하여야 하는 특정소방대상물의 연면적 기준은 $33m^2$ 이상이다.

특정소방대상물 규모 등에 따른 소방시설
• 소화기구를 설치하여야 하는 특정소방대상물(화재안전기준에 따라 소화기구를 설치해야 한다)
 − 연면적 $33m^2$ 이상인 것
 − 위에 해당하지 않는 시설로 지정문화재 및 가스시설
 − 터널
 − 지하구
• 자동소화장치를 설치하여야 하는 특정소방대상물
 − 주거용 주방의 자동소화장치 설치 : 아파트, 30층 이상 오피스텔의 모든 층

64 다음과 같은 공식을 통해 산출되는 값으로 전기 설비가 어느 정도 유효하게 사용되는가를 나타내는 것은?

$$\frac{부하의\ 평균전력}{최대\ 수용전력} \times 100\%$$

① 부하율
② 보상률
③ 부등률
④ 수용률

해설
부하율 = $\dfrac{평균수용전력(부하의\ 평균전력)}{최대\ 수용전력} \times 100\%$

65 음의 세기가 10^{-9}W/m²일 때 음의 세기 레벨은? (단, 기준음의 세기 $I_0=10^{-12}$W/m²이다)

① 3dB　　② 30dB
③ 0.3dB　　④ 0.03dB

해설
음의 세기 레벨(SIL)
$$SIL = 10\log\left(\frac{I}{I_0}\right) = 10\log\left(\frac{10^{-9}}{10^{-12}}\right) = 10\log 10^3$$
∴ $SIL = 10 \times 3 = 30$dB
여기서, I : 어떤 음의 세기(W/m²)
　　　　I_0 : 기준음(표준음)의 세기(W/m²)(정상인 최소 가청음 세기, 10^{-12}W/m²)
※ $\log 1 = 0$, $\log 10 = 1$, $\log 100 = \log 10^2 = 2$, $\log 10^3 = 3$

66 급탕설비 중 개별식 급탕 방식에 관한 설명으로 옳지 않은 것은?

① 배관길이가 길어 배관 중의 열손실이 크다.
② 건물 완공 후에도 급탕 개소의 증설이 비교적 쉽다.
③ 급탕 개소마다 가열기의 설치 스페이스가 필요하다.
④ 용도에 따라 필요한 개소에서 필요한 온도의 탕을 비교적 간단하게 얻을 수 있다.

해설
개별식 급탕 방식은 배관길이를 짧게 할 수 있으므로 배관 중의 열손실이 작으며, 중앙식 급탕 방식은 배관길이가 길어 배관 중의 열손실이 크다.

67 플러시 밸브식 대변기에 관한 설명으로 옳은 것은?

① 대변기의 연속 사용이 가능하다.
② 급수관경과 급수압력에 제한이 없다.
③ 우리나라에서는 일반 주택을 중심으로 널리 채용되고 있다.
④ 탱크에 저장된 물의 낙차에 의한 수압으로 대변기를 세척하는 방식이다.

해설
플러시 밸브식(세정 밸브식)
• 핸들 작동 시 일정량의 물로 세정하는 방식으로 대변기의 연속 사용이 가능하다.
• 급수관경은 25A 이상, 급수압력은 0.7kg/cm² 이상의 수압이 필요하다.
• 학교, 호텔, 사무실 등에 주로 채용된다.

68 공기조화 방식 중 2중 덕트 방식에 관한 설명으로 옳지 않은 것은?

① 전공기 방식에 속한다.
② 냉·온풍의 혼합으로 인한 혼합손실이 있어 에너지 소비량이 많다.
③ 단일 덕트 방식에 비해 덕트 샤프트 및 덕트 스페이스를 크게 차지한다.
④ 부하특성이 다른 여러 개의 실이나 존이 있는 건물에는 적용할 수 없다.

해설
2중 덕트 방식의 특성
• 장 점
　- 부하변동에 따른 온도 조절이 우수하다.
　- 개별 제어가 용이하며, 부하특성이 다른 여러 개의 실이나 존이 있는 건물에 적용이 가능하다.
　- 계절마다 냉·난방의 전환이 불필요하다.
• 단 점
　- 덕트 스페이스가 크다.
　- 혼합손실이 발생되는 에너지의 소비가 많은 형이다.
　- 여름철에도 보일러 운전이 요구된다.
　- 혼합상자 설치, 고속덕트 도입으로 설비비와 운전비가 많이 든다.

69 다음과 같은 특징을 갖는 간선 배선 방식은?

> • 사고발생 때 타 부하에 파급효과를 최소한으로 억제할 수 있어 다른 부하에 영향을 미치지 않는다.
> • 경제적이지 못하다.

① 평행식
② 나뭇가지식
③ 네트워크식
④ 나뭇가지 평행 병용식

해설
평행식 간선의 배선 방식
• 각 분전반에 단독으로 배선하는 방식이다.
• 전압이 일정하고 전압강하가 적다.
• 화재 등 사고발생 시 영향이 적다.
• 설비비가 많이 소요되므로 경제적이지 못하다.
• 대규모 건물에 적합하다.

70 압축식 냉동기의 냉동 사이클로 옳은 것은?

① 압축 → 응축 → 팽창 → 증발
② 압축 → 팽창 → 응축 → 증발
③ 응축 → 증발 → 팽창 → 압축
④ 팽창 → 증발 → 응축 → 압축

해설
압축식 냉동 사이클(순환) : 압축 → 응축 → 팽창 → 증발
압축식 냉동기
• 압축기 : 냉매가스 압축
• 응축기 : 냉매가스를 응축하여 액화
• 팽창밸브 : 냉매액을 팽창
• 증발기 : 액체 냉매를 증발

71 온수난방과 비교한 증기난방의 설명으로 옳은 것은?

① 예열시간이 길다.
② 한랭지에서 동결의 우려가 있다.
③ 부하변동에 따른 방열량 제어가 용이하다.
④ 열매온도가 높으므로 방열기의 방열면적이 작아진다.

해설
① 온수난방은 예열시간이 길지만, 증기난방의 예열시간이 짧다.
② 한랭지에서 온수난방은 난방 정지 시에는 관내의 온수가 동결의 우려가 있지만, 증기난방은 동결의 우려가 없다.
③ 온수난방은 부하변동에 따른 방열량 제어가 용이하지만, 증기난방은 부하변동에 따른 방열량 제어가 어렵다.

72 바닥면적이 50m²인 사무실이 있다. 32W 형광등 20개를 균등하게 배치할 때 사무실의 평균 조도는? (단, 형광등 1개의 광속은 3,300lm, 조명률은 0.5, 보수율 0.76이다)

① 약 350lx
② 약 400lx
③ 약 450lx
④ 약 500lx

해설
광속법에 의한 조명설계식에서,
$$E = \frac{N \times F \times U \times M}{A} = \frac{20 \times 3,300 \times 0.5 \times 0.76}{50} ≒ 501.6 lx$$
여기서, E : 작업면의 평균조도(lx)
N : 조명 개수
F : 사용 광원 1개의 광속(1m)
M : 보수율(유지율, 감광 보상률의 역수)
U : 조명률
A : 방의 면적(m²)

정답 69 ① 70 ① 71 ④ 72 ④

73 배수트랩에서 봉수 깊이에 관한 설명으로 옳지 않은 것은?

① 봉수 깊이는 50~100mm로 하는 것이 보통이다.
② 봉수 깊이가 너무 낮으면 봉수를 손실하기 쉽다.
③ 봉수 깊이를 너무 깊게 하면 통수능력이 감소된다.
④ 봉수 깊이를 너무 깊게 하면 유수의 저항이 감소된다.

해설
봉수 깊이를 너무 깊게 하면 유수의 저항이 증가되어 관내의 물의 흐름이 원활하지 못하게 된다.

74 카(Car)가 최상층이나 최하층에서 정상 운행 위치를 벗어나 그 이상으로 운행하는 것을 방지하는 엘리베이터 안전장치는?

① 완충기   ② 가이드 레일
③ 리밋 스위치 ④ 카운터 웨이트

해설
① 완충기 : 승강로 하부에 위치하는 충돌 방지 안전장치이다.
② 가이드 레일 : 카(Car)의 움직이는 경로를 제공한다.
④ 카운터 웨이트 : 권상기의 부하를 작게 하여 에너지를 절약하고자 하는 균형추이다.

75 전기설비에서 경질 비닐관 공사에 관한 설명으로 옳은 것은?

① 절연성과 내식성이 강하다.
② 자성체이며 금속관보다 시공이 어렵다.
③ 온도 변화에 따라 기계적 강도가 변하지 않는다.
④ 부식성 가스가 발생하는 곳에는 사용할 수 없다.

해설
② 자성을 갖지 않으며 금속관보다 시공이 용이하다.
③ 온도 변화에 따라 기계적 강도가 변한다.
④ 부식성 가스가 발생하는 곳에 사용이 가능하며 내화학성, 절연성이 좋아 화학공장이나 연구소에 적당하다.

76 변전실에 관한 설명으로 옳지 않은 것은?

① 부하의 중심에 설치한다.
② 외부로부터 전력의 수전이 용이해야 한다.
③ 발전기실과 가능한 한 거리를 두고 설치한다.
④ 간선의 배선과 점검·유지보수가 용이한 장소에 설치한다.

해설
변전실은 발전기실과 가능한 한 가까운 거리에 설치한다.

77 환기에 관한 설명으로 옳지 않은 것은?

① 화장실은 송풍기(급기팬)와 배풍기(배기팬)를 설치하는 것이 일반적이다.
② 기밀성이 높은 주택의 경우 잦은 기계환기를 통해 실내공기의 오염을 낮추는 것이 바람직하다.
③ 병원의 수술실은 오염공기가 실내로 들어오는 것을 방지하기 위해 실내압력을 주변공간보다 높게 설정한다.
④ 공기의 오염농도가 높은 도로에 면해 있는 건물의 경우, 공기조화설비 계통의 외기도입구를 가급적 높은 위치에 설치한다.

해설
화장실은 개구부에 의한 자연급기와 배풍기(배기팬)에 의한 인공배기로 하는 것이 일반적이다.
송풍방식에 의한 분류

구분	급기	배기	적용
1종	기계	기계	• 공기조정설비 포함 • 밀폐공간, 수술실 등에 적합
2종	기계	자연	• 배기구 위치에 제약 • 청정실, 반도체실 등에 적합
3종	자연	기계	• 급기구 위치에 제약 • 부엌, 욕실, 화장실, 오염실에 적합

정답 73 ④ 74 ③ 75 ① 76 ③ 77 ①

78 액화천연가스(LNG)에 관한 설명으로 옳지 않은 것은?

① 메탄이 주성분이다.
② 무공해, 무독성이다.
③ 비중이 공기보다 크다.
④ 일반적으로 배관을 통해 공급한다.

해설
액화천연가스(LNG)
- 도시의 중앙공급원에서 도관을 따라 각 수요자에게 보내는 연료가스이다.
- 발열량이 낮다.
- 비중이 공기보다 작으므로(공기보다 가볍기 때문에) 누설이 되어도 공기 중에 흡수되어 안정성이 높다.
- 경보기는 천장에서 30cm 이내에 설치한다.
- 주성분 : 메탄(CH_4)

79 다음 중 지역난방에 적용하기에 가장 적합한 보일러는?

① 수관보일러
② 관류보일러
③ 입형보일러
④ 주철제보일러

해설
수관보일러는 지역난방에 적용하기에 가장 적합하다.
수관식 보일러
- 종류 : 자연순환식, 강제순환식, 관류보일러
- 드럼 속의 관내에 물을 흐르게 하여 가열
- 보유 수량이 적어 증기 발생이 빠르고 대용량이다.
- 열효율이 좋으나 수명이 짧고 압력 변화가 심하다.
- 고도의 수처리가 필요하다.
- 용도 : 대규모 건물, 산업용 등

80 다음 중 급탕설비에서 온수 순환 펌프로 주로 이용되는 것은?

① 사류 펌프
② 원심식 펌프
③ 왕복식 펌프
④ 회전식 펌프

해설
급탕설비에서 온수 순환 펌프는 주로 원심식 펌프를 사용한다.
펌프의 분류

형 식	작동방식	종 류
터보형 펌프	원심력식	원심식 펌프, 축류 펌프, 사류 펌프, 마찰 펌프
	왕복동식	피스톤 펌프, 플런저 펌프, 다이어프램 펌프
	회전식	기어 펌프, 나사 펌프, 루츠 펌프, 베인 펌프, 캠 펌프
특수형 펌프		기포 펌프, 제트 펌프, 수격 펌프, 와류 펌프, 진공 펌프, 점성 펌프, 전자 펌프

원심력식 펌프의 종류
- 원심식 펌프(Centrifugal Pump) : 유체가 축과 직각방향으로 된 임펠러로부터 흘러나와 스파이럴 케이싱에 모아져서 토출구로 이끌리는 펌프로서, 와권 펌프라고도 한다. 급수용, 온수 순환 펌프에 많이 사용된다.
- 축류 펌프(Axial Flow Pump) : 임펠러가 프로펠러형이고 유체의 흐름이 축방향인 펌프로서, 저양정(보통 10m 이하) 대유량에 사용하며 농업용 양수 펌프, 배수 펌프, 상·하수도용 펌프에 사용된다.
- 사류 펌프(Mixed Flow Pump) : 축류 펌프와 구조가 유사하지만 임펠러의 모양이 유체가 축과 경사방향으로 흐르도록 되어 있으며 저양정 대유량에 사용된다.
- 마찰 펌프(Friction Pump) : 둘레에 많은 홈을 가진 임펠러를 고속으로 회전시켜 케이싱 벽과의 마찰에너지에 의해 압력이 생겨 송수하는 펌프로서 와류 펌프(Vortex Pump)가 있으며, 구조가 간단하고 구경에 비해 고양정이나, 토출량이 적고 효율이 낮다. 운전 및 보수가 쉬워 주택의 소형 우물용 펌프, 보일러의 급수 펌프에 적합하다.

제5과목 건축관계법규

81 건축물의 관람실 또는 집회실로부터 바깥쪽으로의 출구로 쓰이는 문을 안여닫이로 해서는 안 되는 건축물은?

① 위락시설
② 수련시설
③ 문화 및 집회시설 중 전시장
④ 문화 및 집회시설 중 동·식물원

해설
관람실 등으로부터의 출구의 설치기준(건축물의 피난·방화구조 등의 기준에 관한 규칙 제10조 제1항)
위락시설, 종교시설, 장례시설, 문화 및 집회시설(전시장, 동·식물원은 제외)의 용도로 사용되는 건축물의 관람실 또는 집회실로부터 바깥쪽으로의 출구로 쓰이는 문을 안여닫이로 해서는 안 된다.

82 다음은 대지의 조경에 관한 기준 내용이다. ( ) 안에 알맞은 것은?

> 면적이 ( ) 이상인 대지에 건축을 하는 건축주는 용도지역 및 건축물의 규모에 따라 해당 지방자치단체의 조례로 정하는 기준에 따라 대지에 조경이나 그 밖에 필요한 조치를 하여야 한다.

① 100m²
② 200m²
③ 300m²
④ 500m²

해설
조경 대상 기준 : 대지면적 200m² 이상인 대지에 건축을 하는 경우

83 노외주차장에 설치하는 부대시설의 총 면적은 주차장 총 시설면적의 최대 얼마를 초과하여서는 아니 되는가?

① 5%
② 10%
③ 20%
④ 30%

해설
노외주차장에 설치하는 부대시설(전기자동차 충전시설 제외)의 총 면적은 주차장 총 시설면적의 20%를 초과하여서는 안 된다.

84 노외주차장에 설치하여야 하는 차로의 최소 너비가 가장 작은 주차형식은?(단, 출입구가 2개 이상이며, 이륜자동차전용 외의 노외주차장의 경우)

① 평행주차
② 교차주차
③ 직각주차
④ 45° 대향주차

해설
출입구 수에 따른 차로의 폭

주차형식	차로의 폭	
	출입구가 2개 이상인 경우	출입구가 1개인 경우
평행주차	3.3m	5.0m
45° 대향주차	3.5m	5.0m
교차주차		
60° 대향주차	4.5m	5.5m
직각주차	6.0m	6.0m

정답 81 ① 82 ② 83 ③ 84 ①

85 국토교통부령으로 정하는 바에 따라 방화구조로 하거나 불연재료로 하여야 하는 목조 건축물의 최소 연면적 기준은?

① 500m² 이상   ② 1,000m² 이상
③ 1,500m² 이상   ④ 2,000m² 이상

해설
연면적 1,000m² 이상인 목조 건축물은 그 외벽 및 처마 밑의 연소할 우려가 있는 부분을 방화구조로 하되, 그 지붕은 불연재료로 하여야 한다.

86 거실의 반자설치와 관련된 기준 내용 중 ( ) 안에 들어갈 수 있는 건축물의 용도는?

> ( )의 용도에 쓰이는 건축물의 관람실 또는 집회실로서 그 바닥면적이 200m² 이상인 것의 반자의 높이는 4m(노대의 아랫부분의 높이는 2.7m) 이상이어야 한다. 다만, 기계환기장치를 설치하는 경우에는 그렇지 않다.

① 장례식장
② 교육 및 연구시설
③ 문화 및 집회시설 중 동물원
④ 문화 및 집회시설 중 전시장

해설
교육 및 연구시설, 문화 및 집회시설 중 동물원, 문화 및 집회시설 중 전시장은 해당되지 않는다.

거실의 반자 설치 높이

거실의 용도		반자높이
거실 반자 설치 높이 원칙 (예외 : 공장, 창고시설, 위험물저장 및 처리시설, 동물 및 식물 관련시설, 자원순환시설, 묘지 관련시설)		2.1m 이상
1. 문화 및 집회시설 (전시장, 동·식물원 제외) 2. 종교시설 3. 장례식장 4. 위락시설 중 유흥주점	해당 바닥면적이 200m² 이상 (예외 : 기계환기장치를 설한 경우)	4.0m 이상
		노대 아랫 부분 2.7m 이상

87 건축물의 건축 시 허가 대상 건축물이라 하더라도 미리 특별자치시장·특별자치도지사 또는 시장·군수·구청장에게 국토교통부령으로 정하는 바에 따라 신고를 하면 건축허가를 받은 것으로 보는 소규모 건축물의 연면적 기준은?

① 연면적의 합계가 100m² 이하인 건축물
② 연면적의 합계가 150m² 이하인 건축물
③ 연면적의 합계가 200m² 이하인 건축물
④ 연면적의 합계가 300m² 이하인 건축물

해설
연면적의 합계가 100m² 이하인 건축물은 소규모 건축물로서 건축신고를 하면 건축허가를 받은 것으로 본다.

88 광역도시계획의 수립권자 기준에 대한 내용으로 틀린 것은?

① 광역계획권이 같은 도의 관할 구역에 속하여 있는 경우, 관할 시장 또는 군수가 공동으로 수립한다.
② 국가계획과 관련된 광역도시계획의 수립이 필요한 경우 국토교통부장관이 수립한다.
③ 광역계획권을 지정한 날부터 2년이 지날 때까지 관할 시장 또는 군수로부터 광역도시계획의 승인 신청이 없는 경우 국토교통부장관이 수립한다.
④ 광역계획권이 둘 이상의 시·도의 관할 구역에 걸쳐 있는 경우, 관할 시·도지사가 공동으로 수립한다.

해설
광역계획권을 지정한 날부터 3년이 지날 때까지 관할 시장 또는 군수로부터 광역도시계획의 승인 신청이 없는 경우 국토교통부장관이 수립한다.

89 지구단위계획 중 관계 행정기관의 장과의 협의, 국토교통부장관과의 협의 및 중앙도시계획위원회·지방도시계획위원회 또는 공동위원회의 심의를 거치지 않고 변경할 수 있는 사항에 관한 기준 내용으로 옳은 것은?

① 건축선의 2m 이내의 변경인 경우
② 획지면적의 30% 이내의 변경인 경우
③ 가구면적의 20% 이내의 변경인 경우
④ 건축물 높이의 30% 이내의 변경인 경우

해설
획지면적의 30% 이내의 변경인 경우에는 지구단위계획 심의를 거치지 않고 변경할 수 있다.
지구단위계획의 경미한 변경: 지구단위계획 중 관계 행정기관의 장과의 협의, 국토교통부장관의 협의 및 중앙도시계획위원회·지방도시계획위원회 또는 공동위원회의 심의를 거치지 아니하고 변경할 수 있는 사항은 다음과 같다.
• 건축선 1m 이내 변경
• 획지면적의 30% 이내의 변경
• 가구면적 10% 이내 변경
• 건축물 높이 20% 이내의 변경(층수 변경이 수반되는 경우 포함)

90 공동주택과 오피스텔 난방설비를 개별 난방 방식으로 하는 경우에 관한 기준 내용으로 틀린 것은?

① 보일러의 연도는 내화구조로서 공동연도로 설치할 것
② 보일러실의 윗부분에는 그 면적이 0.5m² 이상인 환기창을 설치할 것
③ 오피스텔의 경우에는 난방구획을 방화구획으로 구획할 것
④ 보일러는 거실 외의 곳에 설치하되, 보일러를 설치하는 곳과 거실 사이의 경계벽은 출입구를 제외하고는 방화구조의 벽으로 구획할 것

해설
보일러는 거실 외의 곳에 설치하되, 보일러를 설치하는 곳과 거실 사이의 경계벽은 출입구를 제외하고는 내화구조의 벽으로 구획할 것

91 대형 건축물의 건축허가 사전승인신청 시 제출 도서의 종류 중 설계설명서에 표시하여야 할 사항이 아닌 것은?

① 공사금액
② 개략공정계획
③ 교통처리계획
④ 각부 구조계획

해설
각부 구조계획은 구조계획서에 표시할 사항이다.

92 주거에 쓰이는 바닥면적의 합계가 200m²인 주거용 건축물에 설치하는 음용수용 급수관의 최소 지름 기준은?

① 25mm   ② 32mm
③ 40mm   ④ 50mm

해설
바닥면적 합계가 200m²인 주거용 건축물은 5가구로 산정하므로 최소 25mm 이상이어야 한다.
주거용 건축물 급수관의 지름(건축물의 설비기준 등에 관한 규칙 별표 3)

가구 또는 세대수	1	2~3	4~5	6~8	9~16	17 이상
최소 기준(mm)	15	20	25	32	40	50

• 가구 또는 세대의 구분이 불분명한 건축물에 있어서는 주거에 쓰이는 바닥면적의 합계에 따라 다음과 같이 가구수를 산정한다.
 – 바닥면적 85m² 이하 : 1가구
 – 바닥면적 85m² 초과 150m² 이하 : 3가구
 – 바닥면적 150m² 초과 300m² 이하 : 5가구
 – 바닥면적 300m² 초과 500m² 이하 : 16가구
 – 바닥면적 500m² 초과 : 17가구
• 가압설비 등을 설치하여 급수되는 각 가구에서의 압력이 1cm당 0.7kg 이상인 경우에는 위 표의 기준을 적용하지 아니할 수 있다.

93 건축법령상 건축물의 대지에 공개공지 또는 공개공간을 확보하여야 하는 대상 건축물에 해당하지 않는 것은?(단, 해당 용도로 쓰는 바닥면적의 합계가 5,000m²인 건축물의 경우로, 건축조례로 정하는 다중이 이용하는 시설의 경우는 고려하지 않는다)

① 종교시설
② 업무시설
③ 숙박시설
④ 교육연구시설

해설
교육연구시설은 해당하지 않는다.
공개공지 확보 대상
- 대상 지역 : 지역의 환경을 쾌적하게 조성하기 위하여 법률이 정하는 바에 따라, 소규모 휴식시설 등의 공개공지 또는 공개공간을 설치해야 한다.
  - 일반주거지역
  - 준주거지역
  - 상업지역
  - 준공업지역
  - 도시화 가능성이 크다고 인정한 지정·공고 지역
- 대상 건축물(바닥면적 합계 5,000m² 이상)
  - 문화 및 집회시설
  - 종교시설
  - 판매시설(농수산물 유통시설 제외)
  - 운수시설(여객용 시설)
  - 업무시설
  - 숙박시설

94 국토의 계획 및 이용에 관한 법령상 건폐율의 최대한도가 가장 높은 용도지역은?

① 준주거지역
② 생산관리지역
③ 중심상업지역
④ 전용공업지역

해설
중심상업지역은 건폐율 한도가 90% 이하이다.
건폐율 한도

구 분	지 역	최대한도	지역 세분	건폐율 한도
도시지역	주거지역	70%	제1종, 2종 전용주거지역	50% 이하
			제1종, 2종 일반주거지역	60% 이하
			제3종 일반주거지역	50% 이하
			준주거지역	70% 이하
	상업지역	90%	근린상업지역	70% 이하
			일반상업지역	80% 이하
			유통상업지역	80% 이하
			중심상업지역	90% 이하
	공업지역	70%	전용공업지역	70% 이하
			일반공업지역	
			준공업지역	
	녹지지역	20%	보전녹지지역	20% 이하
			생산녹지지역	
			자연녹지지역	
관리지역			보전관리지역	20% 이하
			생산관리지역	
			계획관리지역	40% 이하
농림지역			–	20%
자연환경보전지역			–	20%

95 중고층주택을 중심으로 편리한 주거환경을 조성하기 위하여 지정하는 용도지역은?

① 제1종 일반주거지역
② 제2종 일반주거지역
③ 제3종 일반주거지역
④ 제4종 일반주거지역

해설
제3종 일반주거지역은 중고층주택을 중심으로 편리한 주거환경을 조성하기 위하여 지정하는 용도지역이다.

주거지역

지 역	지정 목적	
전용주거 지역	양호한 주거환경을 보호하기 위해 필요한 지역	
	제1종 전용주거지역	단독주택 중심
	제2종 전용주거지역	공동주택 중심
일반주거 지역	편리한 주거환경을 조성하기 위해 필요한 지역	
	제1종 일반주거지역	저층주택 중심
	제2종 일반주거지역	중층주택 중심
	제3종 일반주거지역	중고층주택 중심
준주거 지역	주거기능 위주로 이를 지원하는 일부 상업 및 업무 기능을 보완하기 위해 필요한 지역	

96 대지의 분할 제한과 관련한 아래 내용에서, 밑줄 친 부분에 해당하는 규모 기준이 틀린 것은?

> 건축물이 있는 대지는 대통령령으로 정하는 범위에서 해당 지방자치단체의 조례로 정하는 면적에 못 미치게 분할할 수 없다.

① 주거지역 : 60m² 이상
② 상업지역 : 100m² 이상
③ 공업지역 : 150m² 이상
④ 녹지지역 : 200m² 이상

해설
상업지역 : 150m² 이상
대지의 분할 규모
건축물이 있는 대지는 다음의 범위 안에서 당해 지방자치단체의 조례가 정하는 면적에 미달되게 분할할 수 없다.

용도지역	분할규모	대지의 분할제한
주거지역	60m²	• 대지와 도로와의 관계
상업지역	150m²	• 건폐율
공업지역		• 용적률
녹지지역	200m²	• 대지 안의 공지
		• 건축물의 높이 제한
기타 지역	60m²	• 일조 등의 확보를 위한 건축물의 높이 제한

97 일조 등의 확보를 위한 건축물의 높이 제한 기준 중 ㉠과 ㉡에 해당하는 내용이 옳은 것은?

> 전용주거지역이나 일반주거지역에서 건축물을 건축하는 경우에는 건축물의 각 부분을 정북(正北)방향으로의 인접 대지경계선으로부터 다음 각 호의 범위에서 건축조례로 정하는 거리 이상을 띄어 건축하여야 한다.
> 1. 높이 9m 이하인 부분 : 인접 대지경계선으로부터 (㉠) 이상
> 2. 높이 9m를 초과하는 부분 : 인접 대지경계선으로부터 해당 건축물 각 부분 높이의 (㉡) 이상

① ㉠ 1m
② ㉠ 1.5m
③ ㉡ 3분의 1
④ ㉡ 3분의 2

해설
※ 관련 법령 개정으로 문제의 기준이 다음과 같이 변경되었습니다.
　높이 9m → 높이 10m
높이 10m 이하인 부분은 인접대지 경계선으로부터 1.5m 이상 띄어야 한다.
일조 등의 확보를 위한 건축물의 높이 제한(건축법 시행령 제85조 제1항)

높 이	이격거리
10m 이하인 부분	1.5m 이상
10m 초과인 부분	해당 건축물 각 부분의 높이의 1/2 이상

98 건축물 관련 건축기준의 허용오차 범위 기준이 2% 이내가 아닌 것은?

① 출구 너비
② 반자 높이
③ 평면 길이
④ 벽체 두께

해설
벽체 두께의 허용오차 범위는 3% 이내이다.
건축물 관련 건축기준의 허용오차

항 목	허용되는 오차의 범위
건축물 높이	2% 이내(1m를 초과할 수 없다)
평면 길이	2% 이내 (건축물 길이는 1m를 초과할 수 없고, 벽으로 구획된 각 실은 10cm를 초과할 수 없다)
출구 너비	2% 이내
반자 높이	2% 이내
벽체 두께	3% 이내
바닥판 두께	3% 이내

99 다음 중 승용승강기를 가장 많이 설치해야 하는 건축물의 용도는?(단, 6층 이상의 거실면적의 합계가 10,000m²이며, 8인승 승강기를 설치하는 경우)

① 의료시설
② 위락시설
③ 숙박시설
④ 공동주택

해설
① 의료시설 : 6대
② 위락시설, ③ 숙박시설 : 5대
④ 공동주택 : 4대
승강기의 설치 대수 산정
• 의료시설 : 2대에 3,000m²를 초과하는 경우에는 그 초과하는 매 2,000m² 이내마다 1의 비율로 가산한 수
• 업무시설, 숙박시설, 위락시설 : 1대에 3,000m²를 초과하는 경우에는 그 초과하는 매 2,000m² 이내마다 1의 비율로 가산한 수
• 공동주택 : 1대에 3,000m²를 초과하는 경우에는 그 초과하는 매 3,000m² 이내마다 1의 비율로 가산한 수

100 비상용 승강기 승강장의 바닥면적은 비상용 승강기 1대에 대하여 최소 얼마 이상으로 하여야 하는가?(단, 옥내 승강장인 경우)

① 3m²
② 4m²
③ 5m²
④ 6m²

해설
승강장의 바닥면적은 비상용 승강기 1대에 대하여 6m² 이상으로 할 것(다만, 옥외에 승강장을 설치하는 경우에는 그러하지 아니하다)

2021년 제2회 과년도 기출문제

제1과목 건축계획

01 다음 중 백화점의 기둥간격 결정 요소와 가장 거리가 먼 것은?

① 매장의 연면적
② 진열장의 배치방법
③ 지하주차장의 주차방식
④ 에스컬레이터의 배치방법

해설
매장의 연면적은 기둥간격 결정 요소와 관계없다.

02 주심포 형식에 관한 설명으로 옳지 않은 것은?

① 공포를 기둥 위에만 배열한 형식이다.
② 장혀는 긴 것을 사용하고 평방이 사용된다.
③ 봉정사 극락전, 수덕사 대웅전 등에서 볼 수 있다.
④ 맞배지붕이 대부분이며 천장을 특별히 가설하지 않아 서까래가 노출되어 보인다.

해설
- 주심포 형식에서는 단장혀를 사용하며 평방은 두지 않는다.
- 다포 형식은 장혀는 긴 것을 사용하고 평방을 두어 주간포를 얹는다.

03 페리(C. A. Perry)의 근린주구에 관한 설명으로 옳지 않은 것은?

① 경계 : 4면의 간선도로에 의해 구획
② 공공시설 용지 : 지구 전체에 분산하여 배치
③ 오픈 스페이스 : 주민의 일상생활 요구를 충족시키기 위한 소공원과 위락공간체계
④ 지구 내 가로체계 : 내부 가로망은 단지 내의 교통량을 원활히 처리하고 통과교통을 방지

해설
공공시설 용지는 소공원이나 레크리에이션 용지로서 주구의 중심 부근에 집중적으로 배치한다.

04 사무소 건축의 실단위 계획에 있어서 개방식 배치에 관한 설명으로 옳지 않은 것은?

① 독립성과 쾌적감 확보에 유리하다.
② 공사비가 개실 시스템보다 저렴하다.
③ 방의 길이나 깊이에 변화를 줄 수 있다.
④ 전면적을 유효하게 이용할 수 있어 공간 절약상 유리하다.

해설
개방식 배치는 독립성과 쾌적감 확보에 불리하며, 개실형 배치는 독립성과 쾌적감 확보에 유리하다.

정답 1① 2② 3② 4①

05 도서관 건축 계획에서 장래에 증축을 반드시 고려해야 할 부분은?

① 서 고
② 대출실
③ 사무실
④ 휴게실

해설
서고는 신간 서적 유입을 고려하여 증축을 고려한다.

06 건축 계획단계에서의 조사방법에 관한 설명으로 옳지 않은 것은?

① 설문조사를 통하여 생활과 공간 간의 대응관계를 규명하는 것은 생활행동 행위의 관찰에 해당된다.
② 이용 상황이 명확하게 기록되어 있는 시설의 자료 등을 활용하는 것은 기존자료를 통한 조사에 해당된다.
③ 건물의 이용자를 대상으로 설문을 작성하여 조사하는 방식은 생활과 공간의 대응관계 분석에 유효하다.
④ 주거단지에서 어린이들의 행동특성을 조사하기 위해서는 생활행동 행위 관찰 방식이 일반적으로 적절하다.

해설
설문조사를 통하여 생활과 공간 간의 대응관계를 규명하는 것은 설문지법이다.

07 다음 설명에 알맞은 공장 건축의 레이아웃(Layout) 형식은?

- 생산에 필요한 모든 공정, 기계·기구를 제품의 흐름에 따라 배치한다.
- 대량생산에 유리하며 생산성이 높다.

① 혼성식 레이아웃
② 고정식 레이아웃
③ 제품 중심의 레이아웃
④ 공정 중심의 레이아웃

해설
③ 제품 중심의 레이아웃 : 생산에 필요한 모든 공정, 기계·기구를 제품의 흐름에 따라 배치하는 방식
① 혼성식 레이아웃 : 제품 중심, 공정 중심, 고정식 레이아웃을 혼합한 방식
② 고정식 레이아웃 : 주가 되는 재료나 조립부품이 고정되어 있고 사람이나 기계가 이동해 가면서 작업이 행해지는 방식
④ 공정 중심의 레이아웃(기계설비 중심) : 기능식 레이아웃으로서 동일 종류의 공정이나 기계, 기능이 동일하거나 유사한 것을 하나의 그룹으로 집합시켜 작업하는 방식

08 주택의 부엌 작업대 배치 유형 중 ㄷ자형에 관한 설명으로 옳은 것은?

① 두 벽면을 따라 작업이 전개되는 전통적인 형태이다.
② 평면계획상 외부로 통하는 출입구의 설치가 곤란하다.
③ 작업동선이 길고 조리면적은 좁지만 다수의 인원이 함께 작업할 수 있다.
④ 가장 간결하고 기본적인 설계형태로 길이가 4.5m 이상이 되면 동선이 비효율적이다.

해설
ㄷ자형은 세 벽면이 부엌 작업대로 둘러싸여 외부로 통하는 출입구의 설치가 곤란하다.
① : 병렬형
③, ④ : 직선(-자)형

09 고딕 양식의 건축물에 속하지 않는 것은?

① 아미앵 성당
② 노트르담 성당
③ 샤르트르 성당
④ 성 베드로 성당

해설
- 고딕 양식 : 아미앵 성당, 노트르담 성당, 샤르트르 성당
- 르네상스 양식 : 성 베드로 성당

10 아파트의 평면 형식 중 계단실형에 관한 설명으로 옳은 것은?

① 대지에 대한 이용률이 가장 높은 유형이다.
② 통행을 위한 공용면적이 크므로 건물의 이용도가 낮다.
③ 각 세대가 양쪽으로 개구부를 계획할 수 있는 관계로 통풍이 양호하다.
④ 엘리베이터를 공용으로 사용하는 세대수가 많으므로 엘리베이터의 효율이 높다.

해설
③ 계단실형은 각 세대가 양쪽으로 개구부를 계획할 수 있는 관계로 통풍이 양호하다.
① 대지에 관한 이용률이 가장 높은 유형은 중복도형이다.
② 계단실형은 통행을 위한 공용면적이 작으므로 건물의 이용도가 높다.
④ 계단실형은 엘리베이터를 공용으로 사용하는 세대가 적으므로 엘리베이터의 효율이 낮다.

11 호텔에 관한 설명으로 옳지 않은 것은?

① 커머셜 호텔은 일반적으로 고밀도의 고층형이다.
② 터미널 호텔에는 공항 호텔, 부두 호텔, 철도역 호텔 등이 있다.
③ 리조트 호텔의 건축 형식은 주변 조건에 따라 자유롭게 이루어진다.
④ 레지던셜 호텔은 여행자의 장기간 체재에 적합한 호텔로서, 각 객실에는 주방 설비를 갖추고 있다.

해설
여행자의 장기간 체재에 적합한 호텔로서, 각 객실에는 주방 설비를 갖추고 있는 유형은 아파트먼트 호텔이다.

12 병원 건축 형식 중 분관식(Pavillion Type)에 관한 설명으로 옳은 것은?

① 대지가 협소할 경우 주로 적용된다.
② 보행길이가 짧아져 관리가 용이하다.
③ 각 병실의 일조, 통풍 환경을 균일하게 할 수 있다.
④ 급수, 난방 등의 배관 길이가 짧아져 설비비가 적게 된다.

해설
③ 분관식(Pavillion Type)은 병실을 남향으로 배치하여 일조 및 통풍 환경을 균일하게 할 수 있다.
① 대지를 넓게 확보할 수 있을 경우 주로 적용된다.
② 보행길이가 길어지고 관리가 어렵다.
④ 급수, 난방 등의 배관 길이가 길어지므로 설비비가 많이 든다.

13 학교 운영방식에 관한 설명으로 옳지 않은 것은?

① 종합교실형은 교실의 이용률이 높지만 순수율은 낮다.
② 일반교실 및 특별교실형은 우리나라 중학교에서 주로 사용되는 방식이다.
③ 교과교실형에서는 모든 교실이 특정교과를 위해 만들어지고, 일반교실이 없다.
④ 플래툰형은 학년과 학급을 없애고 학생들은 각자의 능력에 따라 교과를 선택하고 일정한 교과가 끝나면 졸업을 한다.

해설
- 플래툰형 : 전 학급을 2분단으로 나누고, 한쪽이 일반교실을 사용할 때 다른 쪽은 특별교실을 이용하는 운영방식이다.
- 달톤형 : 학년과 학급을 없애 학생들이 각자의 능력에 따라 교과를 선택하고 일정한 교과가 끝나면 졸업을 하게 되는 방식이다.

14 미술관 전시실의 전시기법에 관한 설명으로 옳지 않은 것은?

① 하모니카 전시는 동일 종류의 전시물을 반복하여 전시할 경우에 유리하다.
② 아일랜드 전시는 실물을 직접 전시할 수 없는 경우 영상매체를 사용하여 전시하는 방법이다.
③ 파노라마 전시는 연속적인 주제를 연관성 있게 표현하기 위해 선형의 파노라마로 연출하는 전시기법이다.
④ 디오라마 전시는 하나의 사실 또는 주제의 시간 상황을 고정시켜 연출하는 것으로 현장에 임한 느낌을 주는 기법이다.

해설
- 아일랜드(Island) 전시 : 벽이나 천장을 직접 이용하지 않고 전시물 또는 전시장치를 배치함으로써 전시공간을 만들어 내는 전시기법이다.
- 영상 전시기법 : 실물을 직접 전시할 수 없는 경우 영상매체를 사용하여 전시하는 방법이다.

15 쇼핑센터의 몰(Mall)에 관한 설명으로 옳은 것은?

① 전문점과 핵상점의 주출입구는 몰에 면하도록 한다.
② 쇼핑체류시간을 늘릴 수 있도록 방향성이 복잡하게 계획한다.
③ 몰은 고객의 통과동선으로서 부속시설과 서비스 기능의 출입이 이루어지는 곳이다.
④ 일반적으로 공기조화에 의해 쾌적한 실내 기후를 유지할 수 있는 오픈 몰(Open Mall)이 선호된다.

해설
① 고객의 주보행동선으로서 전문점과 핵상점의 주출입구는 몰에 면하도록 한다.
② 쇼핑체류시간을 늘릴 수 있도록 하되, 명확한 방향성과 식별성을 갖도록 계획한다.
③ 몰은 고객의 주보행동선으로서 전문점(상점)으로 직접 출입할 수 있도록 한다.
④ 일반적으로 공기조화에 의해 쾌적한 실내 기후를 유지할 수 있는 엔클로즈드 몰(Enclosed Mall)이 선호된다.

16 극장 건축에서 무대의 제일 뒤에 설치되는 무대 배경용의 벽을 나타내는 용어는?

① 프로시니엄
② 사이클로라마
③ 플라이 로프트
④ 그리드 아이언

해설
① 프로시니엄 : 객석에서 무대의 공연을 보는 무대 경계면
③ 플라이 로프트 : 무대 상부 공간
④ 그리드 아이언 : 무대의 가장 상부에 격자형으로 설치되어 무대 기계 장비를 지탱해 주는 고정 철물 부분

정답 13 ④ 14 ② 15 ① 16 ②

17 미술관의 전시실 순회 형식에 관한 설명으로 옳지 않은 것은?

① 갤러리 및 코리더 형식에서는 복도 자체도 전시공간으로 이용이 가능하다.
② 중앙홀 형식에서 중앙홀이 크면 동선의 혼란은 많으나 장래의 확장에는 유리하다.
③ 연속순회 형식은 전시 중에 하나의 실을 폐쇄하면 동선이 단절된다는 단점이 있다.
④ 갤러리 및 코리더 형식은 복도에서 각 전시실에 직접 출입할 수 있으며 필요시에 자유로이 독립적으로 폐쇄할 수가 있다.

해설
중앙홀 형식에서 중앙홀이 크면 동선의 혼란은 없으나, 장래의 확장에는 무리가 있다.

18 다음 설명에 알맞은 사무소 건축의 코어 유형은?

- 코어를 업무공간에서 분리시킨 관계로 업무공간의 융통성이 높은 유형이다.
- 설비 덕트나 배관을 코어로부터 업무공간으로 연결하는 데 제약이 많다.

① 외코어형 ② 편단코어형
③ 양단코어형 ④ 중앙코어형

해설
외코어형(독립코어형) : 코어를 업무공간에서 분리시킨 관계로 업무공간의 융통성이 높은 유형이다.

19 르네상스 건축에 관한 설명으로 옳은 것은?

① 건축 비례와 미적 대칭 등을 중시하였다.
② 첨탑과 플라잉 버트레스가 처음 도입되었다.
③ 펜덴티브 돔이 창안되어 실내 공간의 자유도가 높아졌다.
④ 강렬한 극적효과를 추구하며 관찰자의 주관적 감흥을 중시하였다.

해설
① 르네상스 건축은 구성요소의 비례와 조화를 이루는 형태를 추구한다.
② 첨탑과 플라잉 버트레스 : 고딕 건축
③ 펜덴티브 돔이 창안되어 실내 공간의 자유도가 높아짐 : 비잔틴 건축
④ 강렬한 극적효과를 추구하며 관찰자의 주관적 감흥을 중시 : 바로크 건축

20 단독주택의 리빙 다이닝 키친에 관한 설명으로 옳지 않은 것은?

① 공간의 이용률이 높다.
② 소규모 주택에 주로 사용된다.
③ 주부의 동선이 짧아 노동력이 절감된다.
④ 거실과 식당이 분리되어 각 실의 분위기 조성이 용이하다.

해설
리빙 다이닝 키친 : 거실, 식사실, 부엌을 하나의 공간으로 구성하는 형식으로 주부의 동선이 짧아 노동력이 절감된다는 장점이 있으며, 소규모 주택에 적용한다.

정답 17 ② 18 ① 19 ① 20 ④

제2과목 건축시공

21 공동도급방식(Joint Venture)에 관한 설명으로 옳은 것은?

① 2명 이상의 수급자가 어느 특정 공사에 대하여 협동으로 공사계약을 체결하는 방식이다.
② 발주자, 설계자, 공사관리자의 세 전문집단에 의하여 공사를 수행하는 방식이다.
③ 발주자와 수급자가 상호신뢰를 바탕으로 팀을 구성하여 공동으로 공사를 수행하는 방식이다.
④ 공사수행방식에 따라 설계/시공(D/B)방식과 설계/관리(D/M)방식으로 구분한다.

해설
공동도급방식은 2명 이상의 수급자가 어느 특정공사에 대하여 협동으로 공사계약을 체결하는 방식이다.

22 다음 설명에서 의미하는 공법은?

> 구조물 하중보다 더 큰 하중을 연약지반(점성토) 표면에 프리로딩하여 압밀침하를 촉진시킨 뒤 하중을 제거하여 지반의 전단강도를 증대하는 공법

① 고결안전공법   ② 치환공법
③ 재하공법   ④ 탈수공법

해설
① 고결안전공법(약액주입법) : 흙입자 사이의 공극에 고결재를 주입시키고 흙의 화학적인 고결 작용을 통해 지반의 강도를 증진시키는 공법이다.
② 치환공법 : 흙을 양호한 흙으로 전체적으로 바꾸어서 지반을 개량하는 공법이다.
④ 탈수공법 : 지반 내의 물을 탈수하는 공법으로 샌드 드레인(Sand Drain) 공법, 웰포인트(Well Point) 공법 등이 있다.

23 보강 블록공사에 관한 설명으로 옳지 않은 것은?

① 벽의 세로근은 구부리지 않고 설치한다.
② 벽의 세로근은 밑창 콘크리트 윗면에 철근을 배근하기 위한 먹매김을 하여 기초판 철근 위의 정확한 위치에 고정시켜 배근한다.
③ 벽 가로근 배근 시 창 및 출입구 등의 모서리 부분에 가로근의 단부를 수평방향으로 정착할 여유가 없을 때에는 갈구리로 하여 단부 세로근에 걸고 결속선을 결속한다.
④ 보강 블록조와 라멘구조가 접하는 부분은 라멘구조를 먼저 시공하고 보강 블록조를 나중에 쌓는 것이 원칙이다.

해설
보강 블록공사 : 보강 블록조와 라멘구조가 접하는 부분에 있어 블록을 먼저 시공하고 라멘구조를 나중에 시공하며, 철근과 콘크리트로 보강하여 내력벽을 구축하는 공법이다.

24 기술제안입찰제도의 특징에 관한 설명으로 옳지 않은 것은?

① 공사비 절감방안의 제안은 불가하다.
② 기술제안서 작성에 추가비용이 발생된다.
③ 제안된 기술의 지적재산권 인정이 미흡하다.
④ 원안 설계에 대한 공법, 품질 확보 등이 핵심 제안 요소이다.

해설
기술제안입찰제도 : 발주처에서 설계한 뒤 업체에서 공기 단축, 공사비 절감 등을 위한 기술제안서를 제출하도록 하는 제도이다.

25 계측관리 항목 및 기기에 관한 설명으로 옳지 않은 것은?

① 흙막이벽의 응력은 변형계(Strain Gauge)를 이용한다.
② 주변 건물의 경사는 건물경사계(Tiltmeter)를 이용한다.
③ 지하수의 간극수압은 지하수위계(Water Level Meter)를 이용한다.
④ 버팀보, 앵커 등의 축하중 변화 상태의 측정은 하중계(Load Cell)를 이용한다.

해설
• 간극수압계(Piezo Meter) : 지하수의 간극수압 측정
• 지하수위계(Water Level Meter) : 지하수위의 변화를 측정

26 철근의 정착 위치에 관한 설명으로 옳지 않은 것은?

① 지중보의 주근은 기초 또는 기둥에 정착한다.
② 기둥 철근은 큰 보 혹은 작은 보에 정착한다.
③ 큰 보의 주근은 기둥에 정착한다.
④ 작은 보의 주근은 큰 보에 정착한다.

해설
기둥 철근은 기초에 정착한다.
철근의 정착 위치
• 기둥의 주근은 기초에 정착한다.
• 보의 주근은 기둥에 정착한다.
• 작은 보의 주근은 큰 보에 정착한다.
• 직교하는 단부 보의 밑에 기둥이 없을 때는 상호 간에 정착한다.
• 벽 철근은 기둥, 보, 바닥판에 정착한다.
• 바닥 철근은 보 또는 벽체에 정착한다.
• 지중보의 주근은 기초 또는 기둥에 정착한다.

27 목재의 접착제로 활용되는 수지와 가장 거리가 먼 것은?

① 요소수지
② 멜라민수지
③ 폴리스티렌수지
④ 페놀수지

해설
폴리스티렌수지는 열가소성 수지이다.
폴리스티렌수지 : 무색, 무취하여 선명한 착색을 자유롭게 할 수 있고, 열에 안정적이며 유동성이 양호하여 플라스틱 파이프, 일용잡화에 주로 사용된다.

28 칠공사에 관한 설명으로 옳지 않은 것은?

① 한랭 시나 습기를 가진 면은 작업을 하지 않는다.
② 초벌부터 정벌까지 같은 색으로 도장해야 한다.
③ 강한 바람이 불 때는 먼지가 묻게 되므로 외부 공사를 하지 않는다.
④ 야간은 색을 잘못 칠할 염려가 있으므로 작업을 하지 않는 것이 좋다.

해설
도장 공사 시 칠하는 횟수를 구분하기 위해 초벌부터 정벌까지 다른 색으로 도장해야 한다.

29. 석재에 관한 설명으로 옳은 것은?

① 인장강도는 압축강도에 비하여 10배 정도 크다.
② 석재는 불연성이긴 하나 화열에 닿으면 화강암과 같이 균열이 생기거나 파괴되는 경우도 있다.
③ 장대재를 얻기에 용이하다.
④ 조직이 치밀하여 가공성이 매우 뛰어나다.

해설
② 석재는 불연성이지만, 화열에 닿으면 화강암과 같이 균열이 생기거나 파괴되는 경우도 있다.
① 인장강도는 압축강도의 1/40~1/20 정도이며, 가구재로 사용하기 곤란하다.
③ 길고 큰 재료를 얻기 힘들다.
④ 비중이 크므로 가공이 어렵다.

30. 아파트 온돌바닥 미장용 콘크리트로서 고층 적용 실적이 많고 배합을 조닝별로 다르게 하며 타설 바탕면에 따라 배합비 조정이 필요한 것은?

① 경량기포 콘크리트
② 중량 콘크리트
③ 수밀 콘크리트
④ 유동화 콘크리트

해설
경량기포 콘크리트(ALC)
- 아파트 온돌바닥 미장용으로 사용하기 위해서는 고층 적용 실적이 많고 배합을 조닝별로 다르게 하며, 타설 바탕면에 따라 배합비 조정이 필요하다.
- 고온, 고압의 증기를 양생하며 가볍고 단열과 보온성능이 있다.

31. 토공사에 적용되는 체적환산계수 L의 정의로 옳은 것은?

① $\dfrac{\text{흐트러진 상태의 체적}(m^3)}{\text{자연상태의 체적}(m^3)}$

② $\dfrac{\text{자연상태의 체적}(m^3)}{\text{흐트러진 상태의 체적}(m^3)}$

③ $\dfrac{\text{다져진 상태의 체적}(m^3)}{\text{자연상태의 체적}(m^3)}$

④ $\dfrac{\text{자연상태의 체적}(m^3)}{\text{다져진 상태의 체적}(m^3)}$

해설
- 체적환산계수 L값: 자연지반 상태의 체적에 대한 굴착 시 흐트러진 상태의 지반 팽창비율

$$L = \dfrac{\text{흐트러진 상태의 체적}(m^3)}{\text{자연상태의 체적}(m^3)}$$

- 체적환산계수 C값: 자연지반 상태의 체적에 대한 다짐한 상태의 지반 수축비율

$$C = \dfrac{\text{다져진 상태의 체적}(m^3)}{\text{자연상태의 체적}(m^3)}$$

32. 백화 현상에 관한 설명으로 옳지 않은 것은?

① 시멘트는 수산화칼슘의 주성분인 생석회(CaO)의 다량 공급원으로서 백화의 주된 요인이다.
② 백화 현상은 미장 표면뿐만 아니라 벽돌벽체, 타일 및 착색 시멘트 제품 등의 표면에도 발생한다.
③ 겨울철보다 여름철의 높은 온도에서 백화 발생 빈도가 높다.
④ 배합수 중에 용해되는 가용 성분이 시멘트 경화체의 표면건조 후 나타나는 현상이다.

해설
백화현상은 여름철보다 겨울철에 발생빈도가 높으며 온도가 낮거나 그늘진 곳, 습도가 높거나 수분이 많은 곳에서 잘 발생한다.

정답 29 ② 30 ① 31 ① 32 ③

33 돌로마이트 플라스터 바름에 관한 설명으로 옳지 않은 것은?

① 정벌바름용 반죽은 물과 혼합한 후 12시간 정도 지난 다음 사용하는 것이 바람직하다.
② 바름두께가 균일하지 못하면 균열이 발생하기 쉽다.
③ 돌로마이트 플라스터는 수경성이므로 해초풀을 적당한 비율로 배합해서 사용해야 한다.
④ 시멘트와 혼합하여 2시간 이상 경과한 것은 사용할 수 없다.

해설
돌로마이트 플라스터는 기경성이며, 교착력이 우수하여 해초풀이 없이 바를 수 있다.
돌로마이트 플라스터
- 돌로마이트 석회에 모래, 여물, 물을 혼합하여 사용한다.
- 경화가 늦고, 건조수축으로 인한 균열이 크다.
- 주로 내벽에 사용하나 습기가 많은 지하실 등에는 부적당하다.
- 점성이 커서 해초풀을 사용하지 않으며, 시공이 용이하고 가격이 저렴하다.

34 철골부재의 용접 시 이음 및 접합부위의 용접선의 교차로 재 용접된 부위가 열 영향을 받아 취약해짐을 방지하기 위하여 모재에 부채꼴 모양으로 모따기를 한 것은?

① Blow Hole   ② Scallop
③ End Tap   ④ Crater

해설
② 스캘럽(Scallop) : 철골부재의 용접 시 재용접된 부위가 열의 영향을 받아 취약해지는 것을 방지하기 위해 부채꼴 모양으로 모따기를 한 것이다.
① 블로 홀(Blow Hole) : 용융금속 응고 시 방출가스가 남아서 생긴 기포나 공기의 작은 틈을 말한다.
③ 엔드탭(End Tab) : 용접결함이 생기기 쉬운 용접 비드(Bead)의 시작과 끝 지점에 용접을 정확히 하기 위하여 모재의 양단에 부착하는 보조 강판이다.
④ 크레이터(Crater) : 용접 시 비드(Bead) 끝에 항아리 모양처럼 오목하게 파이는 현상이다.

35 재료별 할증률을 표기한 것으로 옳은 것은?

① 시멘트벽돌 : 3%
② 강관 : 7%
③ 단열재 : 7%
④ 봉강 : 5%

해설
④ 봉강 : 5%
① 시멘트벽돌 : 5%
② 강관 : 5%
③ 단열재 : 10%

36 사질토의 상대밀도를 측정하는 방법으로 가장 적합한 것은?

① 표준관입시험(Standard Penetration Test)
② 베인 테스트(Vane Test)
③ 깊은 우물(Deep Well) 공법
④ 아일랜드 공법

해설
① 표준관입시험 : 사질토(모래지반)의 경연 및 조밀한 정도의 상대치를 알기 위한 N치를 구하여 상대밀도를 측정하는 토질시험으로서, 63.5kg의 추를 76cm 높이에서 자유낙하시켜 로드선단 샘플러를 지반에 30cm 박아 넣는데 필요한 타격 횟수(N값)로 해석한다.
② 베인 테스트(Vane Test) : 현장에서 점토의 비배수 전단강도를 측정하기 위해 실시하는 시험으로서, +자형 날개의 베인 테스터를 지반에 때려 박고 회전시킬 때의 회전력으로 점토의 점착력을 판별한다.
③ 깊은 우물(Deep Well) 공법 : 우물을 파서 지하수위를 강하시키는 배수공법이다.
④ 아일랜드 컷 공법(Island Cut Method) : 중앙부를 먼저 굴토하여 기초 또는 지하 구조물을 형성하고, 구조물에 버팀대를 지지시킨 후에 주변을 굴착하는 토지 굴착공법이다.

37 녹막이 칠에 사용하는 도료와 가장 거리가 먼 것은?

① 광명단
② 크레오소트유
③ 아연분말 도료
④ 역청질 도료

해설
- 크레오소트유는 목재의 방부재로 사용된다.
- 녹막이 칠 방청도료 : 광명단, 아연분말 도료, 역청질 도료

38 석고 플라스터 바름에 관한 설명으로 옳지 않은 것은?

① 보드용 플라스터는 초벌바름, 재벌바름의 경우 물을 가한 후 2시간 이상 경과한 것은 사용할 수 없다.
② 실내온도가 0℃ 이하일 때는 공사를 중단하거나 난방하여 10℃ 이상으로 유지한다.
③ 바름작업 중에는 될 수 있는 한 통풍을 방지한다.
④ 바름작업이 끝난 후 실내를 밀폐하지 않고 가열과 동시에 환기하여 바름면이 서서히 건조되도록 한다.

해설
석고 플라스터 바름 시공은 온도가 2℃ 이하일 때에는 공사를 중지하고, 보온장치를 설치하여 5℃ 이상으로 유지하도록 해야 한다.

39 공급망관리(Supply Chain Management)의 필요성이 상대적으로 가장 적은 공종은?

① PC(Precast Concrete) 공사
② 콘크리트 공사
③ 커튼 월 공사
④ 방수 공사

해설
방수 공사 등과 같은 전문공종은 공급망관리의 필요성이 적다.
공급망관리(Supply Chain Management) : 부품 제공업자로부터 생산자, 배포자, 재고관리, 고객에 이르는 물류 흐름을 파악해 필요한 정보가 원활히 흐르도록 지원하는 시스템이다.

40 멤브레인 방수에 속하지 않는 방수공법은?

① 시멘트 액체 방수
② 합성고분자 시트 방수
③ 도막 방수
④ 아스팔트 방수

해설
- 멤브레인(Membrane) 방수 : 불투성 피막을 형성하여 방수하는 공법으로 아스팔트 방수층, 개량 아스팔트 시트 방수층, 합성고분자계 시트 방수, 도막 방수 등이 있다.
- 시멘트 액체 방수는 방수제를 모르타르와 혼합하여 구조체에 여러 번 도포하여 방수 성능을 갖게 한 공법이다.

제3과목 건축구조

41 그림과 같은 부정정 라멘의 BMD에서 P값을 구하면?

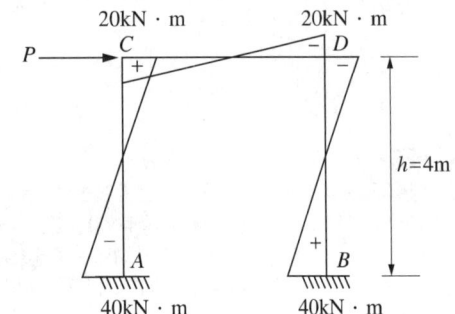

① 20kN ② 30kN
③ 50kN ④ 60kN

해설
반력의 합으로 구할 수 있다.

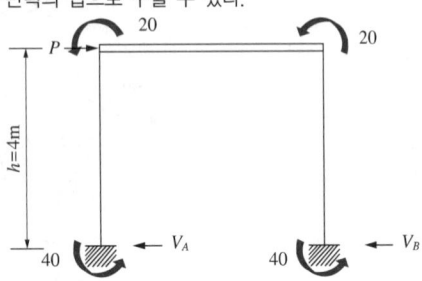

A점을 기준으로 모멘트 합을 구하면,
$\sum M = 0$; $40 + 20 - V_A \times 4 = 0$
$\therefore V_A = 15\text{kN}$
또한, 반력 $V_B = 15\text{kN}$이므로,
$\therefore V_A + V_B = 30\text{kN}$

층방정식에 의해서 구하는 방법
$P \times$ 층고$(h) =$ 모멘트의 합
$\therefore P = \dfrac{\text{재단 모멘트의 합}}{\text{층고}}$
$= \dfrac{M_{AC} + M_{CA} + M_{BD} + M_{DB}}{\text{층고}}$
$= \dfrac{20 + 40 + 20 + 40}{4}$
$= 30\text{kN}$

42 그림과 같은 단순보에서 반력 R_A의 값은?

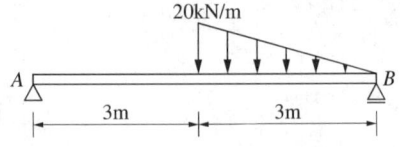

① 5kN ② 10kN
③ 20kN ④ 25kN

해설
등변분포하중을 집중하중 형태로 가정한다.

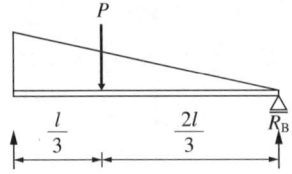

따라서, $P = 20 \times 3 \times \dfrac{1}{2} = 30\text{kN}$

반력을 구한다.

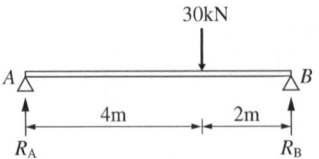

$\sum M_A = 0$; $30 \times 4 - R_B \times 6$, $R_B = 20\text{kN}$
$\sum F_B = 0$; $R_A + R_B = 30$, $R_A = 10\text{kN}$
따라서, $R_A = 10\text{kN}$이다.

43 다음과 같은 구조물의 판별로 옳은 것은?(단, 그림의 하부지점은 고정단임)

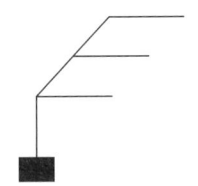

① 불안정
② 정 정
③ 1차 부정정
④ 2차 부정정

해설
캔틸레버 구조이므로 정정 구조물이다.
판별식으로 확인하면,

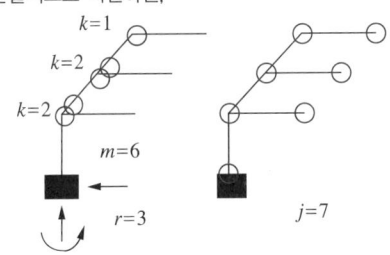

$N = m + r + k - 2j$
$= 6 + 3 + 5 - 2 \times 7 = 0$

여기서, m : 부재(Member)수
r : 지점반력(Reaction)수
k : 강절점수
j : 절점(Joint)수

∴ N은 0이므로 정정 구조물이다.

44 인장이형철근 및 압축이형철근의 정착길이(l_d)에 관한 기준으로 옳지 않은 것은?(단, KDS 기준)

① 계산에 의하여 산정한 인장이형철근의 정착길이는 항상 200mm 이상이어야 한다.
② 계산에 의하여 산정한 압축이형철근의 정착길이는 항상 200mm 이상이어야 한다.
③ 인장 또는 압축을 받는 하나의 다발철근 내에 있는 개개 철근의 정착길이 l_d는 다발철근이 아닌 경우의 각 철근의 정착길이보다 3개의 철근으로 구성된 다발철근에 대해서는 20%를 증가시켜야 한다.
④ 단부에 표준갈고리가 있는 인장이형철근의 정착길이는 항상 $8d_b$ 이상, 또한 150mm 이상이어야 한다.

해설
계산에 의하여 산정한 인장이형철근의 정착길이는 항상 300mm 이상이어야 한다.
인장 이형철근의 정착(묻힘길이에 의한 정착)
• 인장력을 받는 이형철근의 정착길이(l_d)는 기본정착길이(l_{db})에 보정계수를 곱하여 구한다(단, 정착길이(l_d)는 300mm 이상되어야 하며, 기본정착길이는 $\sqrt{f_{ck}}$ 값이 8.4MPa 이하의 콘크리트에서만 적용이 가능하다).
정착길이(l_d) = 기본정착길이(l_{db}) × 보정계수

• 기본정착길이(l_{db}) = $\dfrac{0.6 d_b f_y}{\lambda \sqrt{f_{ck}}}$

여기서, f_y : 철근의 항복강도
f_{ck} : 콘크리트의 압축강도($\sqrt{f_{ck}} \leq 8.4$MPa)
db : 철근 또는 철선의 공칭직경(mm)
λ : 경량콘크리트계수

45 그림과 같이 스팬이 8,000mm이며, 보 중심 간격이 3,000mm인 합성보 H-588×300×12×20의 강재에 콘크리트 두께 150mm로 합성보를 설계하고자 한다. 합성보 B의 슬래브 유효폭을 구하면? (단, 스터드 전단연결재가 설치됨)

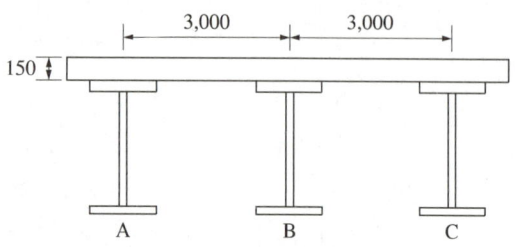

① 1,500mm
② 2,000mm
③ 3,000mm
④ 4,000mm

해설
합성보의 유효폭은 다음 중 작은 값으로 한다.
• 양쪽 슬래브의 보 중심 간 거리 : 1,500+1,500 = 3,000mm
• 보경 간의 $\frac{1}{4}$: $\frac{8,000}{4}$ = 2,000mm

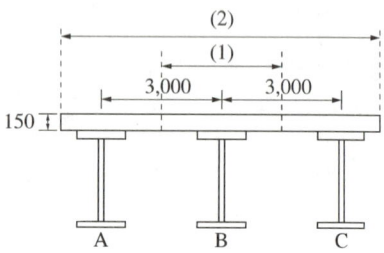

따라서, 합성보 B의 슬래브 유효폭은 두 값 중 작은 값인 2,000mm이 된다.

46 다음 중 내진 I 등급 구조물의 허용층간변위로 옳은 것은?(단, KDS기준, h_{sx}는 x층 층고)

① $0.005h_{sx}$
② $0.010h_{sx}$
③ $0.015h_{sx}$
④ $0.020h_{sx}$

해설
건물 형상 및 변형과 횡변위 제한
• 모든 구조물은 조항에 따라 평면 또는 수직의 정형 혹은 비정형으로 구분한다.
• 허용 층간변위(Δa) : h_{sx}는 x의 층고

구 분	내진등급		
	특	I	II
허용 층간변위	$0.010h_{sx}$	$0.015h_{sx}$	$0.020h_{sx}$

47 다음 그림과 같은 단순 인장접합부의 강도한계상태에 따른 고력볼트의 설계전단강도를 구하면?(단, 강재의 재질은 SS275이며 고력볼트는 M22(F10T), 공칭전단강도 F_{nv} = 500MPa, ϕ = 0.75)

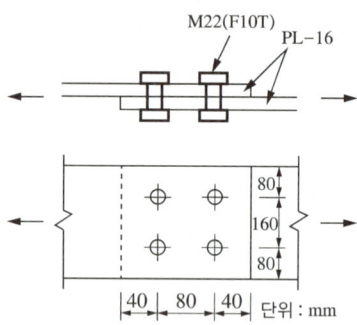

① 500kN
② 530kN
③ 550kN
④ 570kN

해설
고력볼트 설계전단강도 : $\phi R_{nv} = \phi \cdot F_{nv} \cdot A_b \cdot n_s$
여기서, R_{nv} : 공칭전단강도
A_b : 볼트의 공칭단면적
n_s : 전단면의 수
∴ $\phi R_{nv} = 0.75 \times 500 \times \left(\frac{\pi \times 22^2}{4}\right) \times 4$
≒ 570,199N
≒ 570kN

48 도심축에 대한 빗줄(사선)친 부분의 단면계수 값은?

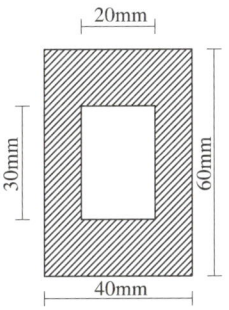

① 19,000mm³ ② 20,500mm³
③ 21,000mm³ ④ 22,500mm³

해설
단면 2차 모멘트를 압축 또는 인장 연단거리로 나누면 단면계수 Z가 된다.
- 외부 직사각형의 단면 2차 모멘트
$$I_{X1} = \frac{b_1 h_1^3}{12} = \frac{40 \times 60^3}{12} = 720{,}000\text{mm}^3$$
- 내부 직사각형의 단면 2차 모멘트
$$I_{X2} = \frac{b_2 h_2^3}{12} = \frac{20 \times 30^3}{12} = 45{,}000\text{mm}^3$$
∴ 빗줄친 부분의 단면계수는
$$Z = \frac{I_{X1} - I_{X2}}{y} = \frac{720{,}000 - 45{,}000}{30} = 22{,}500\text{mm}^3$$

49 다음 구조용 강재의 명칭에 관한 내용으로 옳지 않은 것은?

① SM – 용접구조용 압연강재(KS D 3515)
② SS – 일반구조용 압연강재(KS D 3503)
③ SN – 건축구조용 각형 탄소강관(KS D 3864)
④ SGT – 일반구조용 탄소강관(KS D 3566)

해설
SN(Steel New) : 건축구조용 압연강재
강재의 명칭(강종)
- SS : 일반구조용 압연강재(Steel Structure)
- SM : 용접구조용 압연강재(Steel Marine)
- SMA : 용접구조용 내후성 열간 압연강재(Steel Marine Atmosphere)
- SN : 건축구조용 압연강재(Steel New)
- FR : 건축구조용 내화강재(Fire Resistance)

50 다음 그림과 같은 단순보에서 부재 길이가 2배로 증가할 때 보의 중앙점 최대 처짐은 몇 배로 증가되는가?

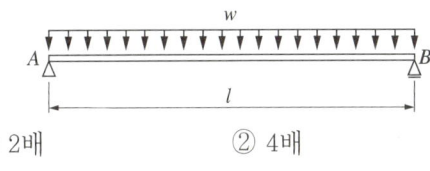

① 2배 ② 4배
③ 8배 ④ 16배

해설
단순보 등분포하중 시 최대 처짐은 $\delta_{\max} = \dfrac{5wl^4}{384EI}$이다.
부재 길이가 2배 증가하면 $(2l)^4$이므로, 최대 처짐은 16배 증가한다.

51 인장력을 받는 원형단면 강봉의 지름을 4배로 하면 수직응력도(Normal Stress)는 기존 응력도의 얼마로 줄어드는가?

① 1/2 ② 1/4
③ 1/8 ④ 1/16

해설
인장응력 $(\sigma) = \dfrac{\text{하중}(P)}{\text{면적}(A)}$

원형단면의 단면적 $(A) = \dfrac{\pi D^2}{4}$ 이며, $\sigma = \dfrac{4P}{\pi D^2}$ 이므로, 강봉의 지름이 4배 증가하면 $\dfrac{1}{(4D)^2}$ 로서, 응력도는 기존 응력도의 1/16로 감소한다.

52 철근콘크리트 보 설계 시 적용되는 경량콘크리트 계수 중 모래경량콘크리트의 경우에 적용되는 계수 값은 얼마인가?

① 0.65
② 0.75
③ 0.85
④ 1.0

해설
경량콘크리트 계수
- 경량콘크리트 사용에 따른 영향을 반영하기 위하여 사용하는 경량콘크리트계수 다음과 같다.

콘크리트 종류	계수(λ)
전경량콘크리트	0.75
모래경량콘크리트	0.85
보통중량콘크리트	1.0

- 0.75에서 0.85 사이의 값은 모래경량콘크리트의 잔골재를 경량 잔골재로 치환하는 체적비에 따라 직선 보간한다.
- 0.85에서 1.0 사이의 값은 보통중량콘크리트의 굵은 골재를 경량골재로 치환하는 체적비에 따라 직선 보간한다.

53 KDS에서 철근콘크리트 구조의 최소 피복두께를 규정하는 이유로 보기 어려운 것은?

① 철근이 부식되지 않도록 보호
② 철근의 화해(火害) 방지
③ 철근의 부착력 확보
④ 콘크리트의 동결융해 방지

해설
콘크리트의 동결융해를 방지하기 위해 피복두께를 규정하는 것으로 보기 어렵다.
철근콘크리트 구조의 최소 피복두께
- 콘크리트 표면에서부터 단면 안쪽으로 만나는 최초의 철근표면까지이며, 보의 경우는 콘크리트 표면에서부터 늑근(Stirrup) 표면까지가 된다.
- 피복의 목적 : 철근의 부식 방지, 철근의 내구성 및 내화성, 콘크리트 부착력 확보

54 그림과 같은 구조물에 힘 P가 작용할 때 휨모멘트가 0이 되는 곳은 모두 몇 개인가?

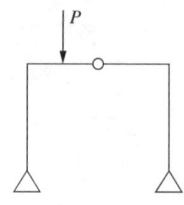

① 2개
② 3개
③ 4개
④ 5개

해설
휨모멘트가 0이 되는 지점이 4개이다.

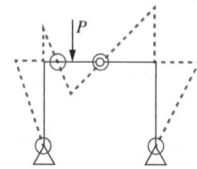

55 강도설계법에서 양단연속 1방향 슬래브의 스팬이 3,000mm일 때 처짐을 계산하지 않는 경우 슬래브의 최소 두께를 계산한 값으로 옳은 것은?(단, 단위중량 w_c = 2,300kg/m³의 보통콘크리트 및 f_y = 400MPa 철근 사용)

① 107.1mm
② 124.3mm
③ 132.1mm
④ 145.5mm

해설
처짐을 계산하지 않는 경우 양단연속 1방향 슬래브의 최소 두께는 $\frac{l}{28}$ 이다.

$$\therefore \frac{l}{28} = \frac{3,000}{28} ≒ 107.143mm$$

처짐을 계산하지 않는 경우, 보 또는 1방향 슬래브 최소 두께

부재(l : 지간 거리)	최소 두께(h)			
	캔틸레버	단순지지	1단연속	양단연속
l : 경간 길이(단위 : cm), f_y = 400MPa 철근을 사용한 경우의 값				
보 리브가 있는 1방향 슬래브	$\frac{l}{8}$	$\frac{l}{16}$	$\frac{l}{18.5}$	$\frac{l}{21}$
1방향 슬래브	$\frac{l}{10}$	$\frac{l}{20}$	$\frac{l}{24}$	$\frac{l}{28}$

정답 52 ③ 53 ④ 54 ③ 55 ①

56 그림과 같은 부정정 라멘에서 A점의 M_{AB}는?

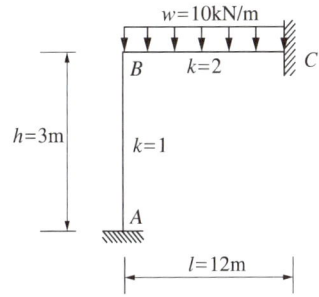

① 0
② 20kN·m
③ 40kN·m
④ 60kN·m

해설

모멘트분배법으로 구한다.

$M_{AB} = M_{BA}$ 일 경우, A점 도달모멘트 M_{AB}는 분배모멘트의 $\frac{1}{2}$이다.

BC 부재는 양단고정 보이며, 등분포하중이 작용한다.

$M_B = \frac{wl^2}{12} = \frac{10 \times 12^2}{12} = 120 \text{kN·m}$

· 분배율 : $DF_{BA} = \frac{K_{BA}}{\Sigma K} = \frac{1}{1+2} = \frac{1}{3}$

· 분배모멘트 : $M_{BA} = M_B + DF_{BA} = 120 \times \frac{1}{3} = 40 \text{kN·m}$

· 전달모멘트 : $M_{AB} = \frac{1}{2} \times M_{BA} = \frac{1}{2} \times 40 = 20 \text{kN·m}$

57 등분포하중을 받는 4변 고정 2방향 슬래브에서 모멘트량이 일반적으로 가장 크게 나타나는 곳은?

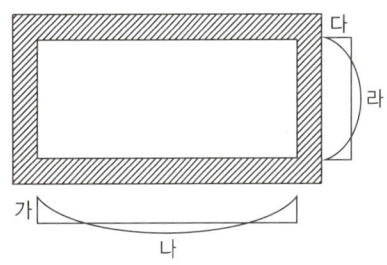

① 가
② 나
③ 다
④ 라

해설

등분포하중의 4변 고정 2방향 슬래브에 하중이 가해지면, 힘은 단변방향의 단부로 많이 전해지며, 따라서 휨모멘트는 '다'에서 가장 크게 받는다.

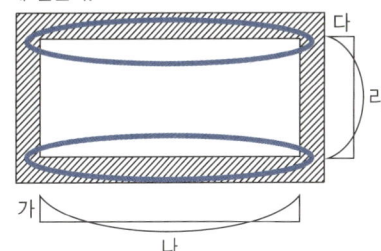

58 합성보에서 강재보와 철근콘크리트 또는 합성슬래브 사이의 미끄러짐을 방지하기 위하여 설치하는 것은?

① 스터드 볼트
② 퍼 린
③ 윈드 칼럼
④ 턴 버클

해설

① 스터드 볼트(Stud Bolt) : 합성보에서 철골과 콘크리트를 일체화시키기 위한 부재를 말하며, 미끄러짐을 방지하기 위해 설치하는 전단연결재이다.
② 퍼린(Purlin, 중도리) : 지붕을 지탱하는 골조로서 왕도리와 갓도리 사이에 설치되어 서까래를 받치는 수평재이며, 보통 80cm 간격으로 설치한다.
③ 윈드 칼럼(Wind Column) : 벽체에 횡판넬을 설치할 때 메인칼럼 사이에 2m 내외로 세우는 2차 부재로서 샛기둥을 말한다.
④ 턴 버클(Turn Buckle) : 한쪽에는 오른나사, 다른 쪽은 왼나사로 되어 너트를 회전시키면서 연결 부재가 서로 동시에 접근하거나 멀어지는 부품으로서 와이어로프나 전선 등의 길이 조절, 장력 조정을 필요로 하는 곳에 사용한다.

59 활하중의 영향면적 산정기준으로 옳은 것은?(단, KDS 기준)

① 부하면적 중 캔틸레버 부분은 영향면적에 단순합산
② 기둥 및 기초에서는 부하면적의 6배
③ 보에서는 부하면적의 5배
④ 슬래브에서는 부하면적의 2배

해설
활하중의 영향면적 산정기준에서, 부하면적 중 캔틸레버 부분은 영향면적에 단순합산한다.
① 캔틸레버 부분 : 영향면적에 부하면적을 단순합산
② 기둥 및 기초 : 부하면적의 4배
③ 보 : 부하면적의 2배
④ 슬래브 : 부하면적의 1배

60 보통중량콘크리트를 사용한 그림과 같은 보의 단면에서 외력에 의해 휨균열을 일으키는 균열모멘트(M_{cr})값으로 옳은 것은?(단, f_{ck} = 27MPa, f_y = 400MPa, 철근은 개략적으로 도시되었음)

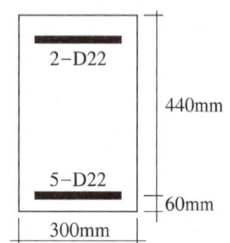

① 29.5kN·m ② 34.7kN·m
③ 40.9kN·m ④ 52.4kN·m

해설
균열모멘트는 콘크리트가 균열하기 시작하는 시점의 모멘트로서, 철근은 무시하고 콘크리트 전체 단면으로 구한다.
균열모멘트(M_{cr}) = $f_{cr} \times Z$
콘크리트 파괴계수(f_{cr}) = $0.63\lambda\sqrt{f_{ck}}$
단면계수(Z) = $\dfrac{bh^2}{6}$
여기서, λ : 1.0(보통중량콘크리트 계수)
f_{ck} : 콘크리트 항복강도
∴ 균열모멘트(M_{cr}) = $0.63 \times 1.0 \times \sqrt{27} \times \dfrac{300 \times 500^2}{6}$
≒ 40,919,700N·mm
≒ 40.9kN·m

제4과목 건축설비

61 온열 감각에 영향을 미치는 물리적 온열 4요소에 속하지 않는 것은?

① 기 온   ② 습 도
③ 일사량   ④ 복사열

해설
온열 감각에 영향을 미치는 물리적 온열 4요소 : 기온, 습도, 기류, 복사열

62 자연환기에 관한 설명으로 옳지 않은 것은?

① 풍력환기량은 풍속이 높을수록 증가한다.
② 중력환기량은 개구부 면적이 클수록 증가한다.
③ 중력환기량은 실내의 온도차가 클수록 감소한다.
④ 중력환기는 실내외의 온도차에 의한 공기의 밀도차가 원동력이 된다.

해설
중력환기량은 실내외 온도차가 클수록 증가한다.

63 가스설비에 사용되는 거버너(Governor)에 관한 설명으로 옳은 것은?

① 실내에서 발생되는 배기가스를 외부로 배출시키는 장치
② 연소가 원활히 이루어지도록 외부로부터 공기를 받아들이는 장치
③ 가스가 누설되거나 지진이 발생했을 때 가스 공급을 긴급히 차단하는 장치
④ 가스공급회사로부터 공급받은 가스를 건물에서 사용하기에 적합한 압력으로 조정하는 장치

해설
거버너(Governor) : 가스공급회사로부터 공급받은 가스를 건물에서 사용하기에 적합한 압력으로 조정하는 장치이며, 가스의 양을 일정하게 조절하여 공급해 준다.

64 온수난방 방식에 관한 설명으로 옳지 않은 것은?

① 예열시간이 짧아 간헐운전에 주로 이용된다.
② 한랭지에서 운전 정지 중에 동결의 위험이 있다.
③ 증기난방 방식에 비해 난방부하 변동에 따른 온도조절이 용이하다.
④ 보일러 정지 후에도 여열이 남아 있어 실내 난방이 어느 정도 지속된다.

해설
• 온수난방 방식은 예열시간이 길어서 장시간 운전에 주로 이용된다.
• 증기난방 방식은 예열시간이 짧아서 간헐운전에 주로 이용된다.

65 다음 중 조명률에 영향을 끼치는 요소와 가장 거리가 먼 것은?

① 광원의 높이
② 마감재의 반사율
③ 조명기구의 배광방식
④ 글레어(Glare)의 크기

해설
조명률에 영향을 미치는 요소에는 광원의 종류 및 높이, 조명기구의 효율, 조명 방식 및 배광방식, 실내 재료의 반사율, 실의 형태 등이 있다.

66 다음 중 건축물 실내공간의 잔향시간에 가장 큰 영향을 주는 것은?

① 실의 용적
② 음원의 위치
③ 벽체의 두께
④ 음원의 음압

해설
잔향시간은 실의 체적(용적), 흡음력(재료의 평균 흡음률×실내 표면적)에 의해 결정된다.

정답 63 ④ 64 ① 65 ④ 66 ①

67 옥내소화전설비에 관한 설명으로 옳지 않은 것은?

① 옥내소화전방수구는 바닥으로부터의 높이가 1.5m 이하가 되도록 설치한다.
② 옥내소화전설비의 송수구는 구경 65mm의 쌍구형 또는 단구형으로 한다.
③ 전동기에 따른 펌프를 이용하는 가압송수 장치를 설치하는 경우, 펌프는 전용으로 하는 것이 원칙이다.
④ 어느 한 층의 옥내소화전을 동시에 사용할 경우 각 소화전의 노즐선단에서의 방수압력은 최소 0.7MPa 이상이어야 한다.

해설
어느 한 층의 옥내소화전을 동시에 사용할 경우, 각 소화전의 노즐선단에서의 방수압력은 최소 0.17MPa 이상이 되어야 한다.

69 어느 점광원에서 1m 떨어진 곳의 직각면 조도가 200lx일 때, 이 광원에서 2m 떨어진 곳의 직각면 조도는?

① 25lx
② 50lx
③ 100lx
④ 200lx

해설
거리의 역 제곱의 법칙 : 조도(E)는 광도(I)에 비례하고, 거리(d)의 제곱에 반비례한다.
$$E = \frac{1}{d^2} = \frac{1}{2^2}$$
따라서, 거리가 2배가 되면 조도는 200lx의 1/4이므로 50lx가 된다.

68 다음 설명에 알맞은 통기방식은?

- 회로통기방식이라고도 한다.
- 2개 이상의 기구트랩에 공통으로 하나의 통기관을 설치하는 방식이다.

① 공용통기방식
② 루프통기방식
③ 신정통기방식
④ 결합통기방식

해설
루프통기방식 : 회로통기 또는 환상통기방식이라고도 하며, 2개 이상 8개 이하의 기구 트랩에 공통으로 1개의 통기관을 설치하는 방식이다.

70 다음 설명에 알맞은 급수방식은?

- 위생성 측면에서 가장 바람직한 방식이다.
- 정전으로 인한 단수의 염려가 없다.

① 수도직결방식
② 고가수조방식
③ 압력수조방식
④ 펌프직송방식

해설
수도직결방식 : 수도 본관에 급수관을 직결하는 방식으로 오염이 적어서 위생성 측면에서 바람직하고 전동기(모터)를 사용하지 않으므로 정전으로 인한 단수의 염려가 없으며, 소규모 건물에 적용한다.

71 급수설비에서 역류를 방지하여 오염으로부터 상수계통을 보호하기 위한 방법으로 옳지 않은 것은?

① 토수구 공간을 둔다.
② 각개 통기관을 설치한다.
③ 역류방지밸브를 설치한다.
④ 가압식 진공브레이커를 설치한다.

해설
- 역류 방지 방법 : 토수구 공간 설치, 역류방지밸브 설치, 진공브레이커를 설치 등이 있다.
- 각개 통기관 : 트랩의 봉수를 보호할 목적으로 각 위생기구마다 통기관을 설치하는 통기방식이다.

72 전기설비의 배선공사에 관한 설명으로 옳지 않은 것은?

① 금속관 공사는 외부적 응력에 대해 전선보호의 신뢰성이 높다.
② 합성수지관 공사는 열적 영향이나 기계적 외상을 받기 쉬운 곳에서는 사용이 곤란하다.
③ 금속 덕트 공사는 다수회선의 절연전선이 동일 경로에 부설되는 간선 부분에 사용된다.
④ 플로어 덕트 공사는 옥내의 건조한 콘크리트 바닥면에 매입 사용되나 강·약전을 동시에 배선할 수 없다.

해설
- 플로어덕트 공사는 옥내의 건조한 콘크리트 또는 신더 콘크리트 플로어 내에 매입할 경우 적용할 수 있으며, 덕트 내부에는 절연전선을 사용하여 강·약전을 동시에 배선할 수 있다.
- 플로어덕트 공사는 수요자의 요구가 수시로 변하는 임대사무실, 매장의 레이아웃의 변화가 심한 백화점, 전화 또는 인터폰 등이 수시로 이동하여야 하는 기기의 배선설계 등에서 바닥에서 전선을 인출하여 사용할 수 있도록 하는 배선공사이다.

73 다음 설명에 알맞은 접지의 종류는?

> 기능상 목적이 서로 다르거나 동일한 목적의 개별 접지들을 전기적으로 서로 연결하여 구현한 접지

① 단독접지　② 공통접지
③ 통합접지　④ 종별접지

해설
③ 통합접지 : 전력계통, 통신, 피뢰를 모두 등전위하여 묶어 하나의 접지로 사용하는 방식이다.
① 단독(개별)접지 : 전력계통, 통신, 피뢰를 따로 접지하여 다섯 개의 접지로 된 방식이다.
② 공통접지 : 전력계통을 하나로 묶고 통신, 피뢰를 따로 접지하여 세 개의 접지로 된 방식이다.

74 자동화재탐지설비의 열감지기 중 주위 온도가 일정 온도 이상일 때 작동하는 것은?

① 차동식　② 정온식
③ 광전식　④ 이온화식

해설
정온식 : 자동화재탐지설비의 열감지기 중 주위 온도가 일정 온도 이상일 때 작동하는 방식이다.
열감지기의 종류
- 정온식(금속 팽창형)
  - 국부적인 온도가 일정한 온도를 넘으면 작동한다.
  - 화기 및 열원기기를 취급하는 보일러실, 주방 등에 이용된다.
- 차동식(공기 팽창형)
  - 주위의 온도가 일정한 온도 상승률 이상으로 되었을 때 작동한다.
  - 일반 사무실 등에 많이 사용된다.
- 보상식
  - 정온식과 차동식을 복합한 방식이다.
  - 온도가 일정한 값 이상으로 오르거나 온도 상승률이 일정한 값을 초과할 경우에 작동한다.

정답 71 ② 72 ④ 73 ③ 74 ②

75 엘리베이터의 안전장치에 속하지 않는 것은?

① 균형추 ② 완충기
③ 조속기 ④ 전자브레이크

해설
균형추는 안전장치에 해당하지 않는다.
엘리베이터의 안전장치
- 완충기(Buffer) : 승강로 하부에서 충돌 방지 안전장치이다.
- 조속기 : 정격속도가 120%를 초과할 때 권상기의 전원을 끊고, 정지시키는 장치이다.
- 비상정지장치 : 정격속도가 130%를 초과할 때 카를 비상정지시키는 장치이다.
- 종점 스위치(Terminal Switch) : 종단층에서 카 정지 스위치를 잊은 경우 자동정지시키는 장치이다.
- 리밋 스위치(Limit Switch) : 승강로 상부와 하부에 설치하는 위치이동의 한계 스위치이다.

76 간접가열식 급탕 방식에 관한 설명으로 옳지 않은 것은?

① 저압보일러를 써도 되는 경우가 많다.
② 직접가열식에 비해 소규모 급탕설비에 적합하다.
③ 급탕용 보일러는 난방용 보일러와 겸용할 수 있다.
④ 직접가열식에 비해 보일러 내면에 스케일이 발생할 염려가 적다.

해설
간접가열식 급탕 방식은 대규모 급탕설비에 적합하다.

77 흡수식 냉동기의 주요 구성부분에 속하지 않는 것은?

① 응축기 ② 압축기
③ 증발기 ④ 재생기

해설
압축기는 압축식 냉동기의 주요 구성요소이다.
- **흡수식 냉동기의 구성부분**
  - 증발기 : 냉각관 내를 흐르는 냉수로부터 열을 빼앗아 냉매(물)를 증발시킨다.
  - 흡수기 : 수분을 흡수하여 온도를 떨어뜨리는 작용을 하는 장치이다.
  - 재생기 : 묽은 용액을 온도를 높여 증발시키면 용액은 농축되고 물은 증발되어 리튬브로마이드(LiBr, 브롬화리튬)를 재생하는 장치이다.
  - 응축기 : 냉매증기(수증기)를 냉각관 내(냉각수)로 통하여 냉각 응축시킨다.
- **압축식 냉동기의 구성부분**
  - 압축기(Compressor) : 저온·저압의 냉매가스를 응축 액화하기 위해 압축하여 응축기로 보낸다.
  - 응축기(Condenser) : 고온·고압의 냉매가스를 공기나 물을 접촉시켜 응축 액화시키는 역할을 한다.
  - 팽창밸브(Expansion Valve) : 고온·고압의 냉매액을 증발기에서 증발하기 쉽게 저온·저압액으로 팽창시키는 역할을 한다.
  - 증발기(Evaporator) : 저온·저압의 액체냉매가 피냉각 물질로부터 열을 흡수하여 증발시킨다.

78 단일 덕트 변풍량 방식에 관한 설명으로 옳지 않은 것은?

① 전공기 방식의 특성이 있다.
② 각 실이나 존의 온도를 개별 제어할 수 있다.
③ 일사량 변화가 심한 페리미터 존에 적합하다.
④ 정풍량 방식에 비해 설비비는 낮아지나 운전비가 증가한다.

해설
변풍량 방식은 정풍량 방식에 비교하여 설비비가 증가하지만 운전비는 감소한다.

79 다음과 같은 조건에 있는 실외 틈새바람에 의한 현열부하는?

┌─ 조건 ─────────────────┐
- 실의 체적 : 400m³
- 환기횟수 : 0.5회/h
- 실내온도 : 20℃, 외기온도 : 0℃
- 공기의 밀도 : 1.2kg/m³
- 공기의 정압비열 : 1.01kJ/kg·K
└────────────────────────┘

① 약 654W ② 약 972W
③ 약 1,347W ④ 약 1,654W

해설

$Q = \dfrac{3,600 \times H_i}{\rho \times C \times \Delta T}$ 에서

$H_i = \dfrac{Q \times \rho \times C \times \Delta T}{3,600}$

$= \dfrac{(400 \times 0.5) \times 1.2 \times 1.01 \times (20-0)}{3,600}$

$\fallingdotseq 1.34666 \text{kW}$

∴ 현열부하는 1.34666kW로서 약 1,347W이다.

여기서, Q : 환기량
H_i : 현열부하(발열량)
ρ : 공기의 밀도
C : 비열
ΔT : 온도차

80 어떤 실의 취득열량이 현열 35,000W, 잠열 15,000W이었을 때, 현열비는?

① 0.3 ② 0.4
③ 0.7 ④ 2.3

해설

현열비 = $\dfrac{\text{현열부하}}{\text{현열부하} + \text{잠열부하}}$

$= \dfrac{35,000}{35,000 + 15,000}$

$= 0.7$

제5과목 건축관계법규

81 다음 중 국토의 계획 및 이용에 관한 법령에 따른 용도지역 안에서의 건폐율 최대 한도가 가장 높은 것은?

① 준주거지역
② 중심상업지역
③ 일반상업지역
④ 유통상업지역

해설
중심상업지역의 건폐율 최대 한도는 90% 이하이다.

건폐율 한도

구 분	지 역	최대 한도	지역 세분	건폐율 한도
도시 지역	주거 지역	70%	제1종, 2종 전용주거지역	50% 이하
			제1종, 2종 일반주거지역	60% 이하
			제3종 일반주거지역	50% 이하
			준주거지역	70% 이하
	상업 지역	90%	근린상업지역	70% 이하
			일반상업지역	80% 이하
			유통상업지역	80% 이하
			중심상업지역	90% 이하
	공업 지역	70%	전용공업지역	70% 이하
			일반공업지역	
			준공업지역	
	녹지 지역	20%	보전녹지지역	20% 이하
			생산녹지지역	
			자연녹지지역	
관리지역			보전관리지역	20% 이하
			생산관리지역	
			계획관리지역	40% 이하
농림지역			–	20%
자연환경보전지역			–	20%

정답 79 ③ 80 ③ 81 ②

82 국토의 계획 및 이용에 관한 법령상 지구단위계획의 내용에 포함되지 않는 것은?

① 건축물의 배치·형태·색채에 관한 계획
② 건축물의 안전 및 방재에 대한 계획
③ 기반시설의 배치와 규모
④ 교통처리계획

해설
건축물의 안전 및 방재에 대한 계획은 지구단위계획의 내용에 포함되지 않는다.

지구단위계획에 포함되는 내용
- 용도지역 또는 용도지구를 국토계획법 시행령이 정하는 범위 안에서 세분·변경하는 사항
- 기존 용도지구를 폐지하고 건축물 등에 적용되던 용도·종류·규모 등 제한을 대체하는 사항
- 국토계획법 시행령에서 정하는 기반시설의 배치와 규모
- 도로로 둘러싸인 일단의 지역 또는 계획적 개발·정비를 위해 구획된 일단의 토지의 규모와 조성계획
- 건축물의 용도제한·건축물의 건폐율 또는 용적률·건축물의 높이의 최고 한도 또는 최저 한도
- 건축물의 배치·형태·색채 또는 건축선에 관한 계획
- 환경관리계획 또는 경관계획
- 보행안전 등을 고려한 교통처리계획

83 건축물의 대지는 원칙적으로 최소 얼마 이상이 도로에 접하여야 하는가?(단, 자동차만의 통행에 사용되는 도로는 제외)

① 1.5m
② 2m
③ 3m
④ 4m

해설
건축물이 있는 대지가 도로에 접해야 하는 길이는 최소 2m 이상이어야 한다(단, 자동차만의 통행에 사용되는 도로는 제외).

84 다음 중 건축법상 건축물의 용도 구분에 속하지 않는 것은?(단, 대통령령으로 정하는 세부 용도는 제외)

① 공 장
② 교육시설
③ 묘지 관련 시설
④ 자원순환 관련 시설

해설
학교, 교육원, 학원, 연구소, 도서관 등을 포함하여 교육연구시설로 분류하고 있다.

85 다음은 지하층과 피난층 사이의 개방공간 설치와 관련된 기준 내용이다. ( ) 안에 알맞은 것은?

> 바닥면적의 합계가 ( ) 이상인 공연장·집회장·관람장 또는 전시장을 지하층에 설치하는 경우에는 각 실에 있는 자가 지하층 각 층에서 건축물 밖으로 피난하여 옥외 계단 또는 경사로 등을 이용하여 피난층으로 대피할 수 있도록 천장이 개방된 외부 공간을 설치하여야 한다.

① 500m^2
② 1,000m^2
③ 2,000m^2
④ 3,000m^2

해설
바닥면적의 합계가 3,000m^2 이상인 공연장·집회장·관람장 또는 전시장을 지하층에 설치하는 경우에 개방공간을 설치하여야 한다.

86 공동주택과 오피스텔의 난방설비를 개별 난방 방식으로 하는 경우 설치기준과 거리가 먼 것은?

① 보일러실의 윗부분에는 그 면적이 $0.5m^2$ 이상인 환기창을 설치할 것
② 보일러를 설치하는 곳과 거실 사이의 경계벽은 출입구를 포함하여 방화구조의 벽으로 구획할 것
③ 보일러의 연도는 내화구조로서 공동연도로 설치할 것
④ 기름보일러를 설치하는 경우에는 기름저장소를 보일러실 외의 다른 곳에 설치할 것

해설
보일러실과 거실 사이의 경계벽은 출입구는 제외하고 내화구조의 벽으로 구획하여야 한다.

87 피난 용도로 쓸 수 있는 광장을 옥상에 설치하여야 하는 대상 기준으로 옳지 않은 것은?

① 5층 이상인 층이 종교시설의 용도로 쓰는 경우
② 5층 이상인 층이 업무시설의 용도로 쓰는 경우
③ 5층 이상인 층이 판매시설의 용도로 쓰는 경우
④ 5층 이상인 층이 장례식장의 용도로 쓰는 경우

해설
업무시설의 용도로 쓰는 경우 옥상광장을 설치해야 하는 의무 대상에 해당되지 않는다.
옥상광장의 설치 대상(5층 이상의 층이 다음의 용도일 경우)
• 제2종 근린생활시설 중 공연장, 종교집회장, 인터넷컴퓨터게임시설 제공업소(바닥면적 합계가 각각 $300m^2$ 이상인 경우 해당)
• 문화 및 집회시설(전시장, 동·식물원은 제외한다)
• 종교시설, 판매시설, 장례식장
• 위락시설 중 주점영업 건축물

88 하나 이상의 필지의 일부를 하나의 대지로 할 수 있는 토지 기준에 해당하지 않는 것은?

① 도시·군계획시설이 결정·고시된 경우 그 결정·고시된 부분의 토지
② 농지법에 따른 농지전용허가를 받은 경우 그 허가받은 부분의 토지
③ 국토의 계획 및 이용에 관한 법률에 따른 지목변경허가를 받은 경우 그 허가받은 부분의 토지
④ 산지관리법에 따른 산지전용허가를 받은 경우 그 허가받은 부분의 토지

해설
• 지목변경허가를 받은 경우의 그 허가받은 부분의 토지는 관계가 없다.
• 개발행위허가를 받은 경우의 그 허가 받은 부분의 토지는 하나 이상의 필지의 일부를 하나의 대지로 할 수 있다.

89 주차장법령상 노외주차장의 구조 및 설비기준에 관한 아래 설명에서, ㉠~㉢에 들어갈 내용이 모두 옳은 것은?

> 노외주차장의 출구 부근의 구조는 해당 출구로부터 (㉠)m(이륜자동차전용 출구의 경우에는 1.3m)를 후퇴한 노외주차장의 차로의 중심선상 (㉡)m의 높이에서 도로의 중심선에 직각으로 향한 왼쪽·오른쪽 각각 (㉢)°의 범위에서 해당 도로를 통행하는 자를 확인할 수 있도록 하여야 한다.

① ㉠ 1, ㉡ 1.2, ㉢ 45
② ㉠ 2, ㉡ 1.4, ㉢ 60
③ ㉠ 3, ㉡ 1.6, ㉢ 60
④ ㉠ 2, ㉡ 1.2, ㉢ 45

해설
노외주차장의 출구 부근의 구조는 해당 출구로부터 2m를 후퇴한 노외주차장의 차로의 중심선상 1.4m의 높이에서 도로의 중심선에 직각으로 향한 왼쪽·오른쪽 각각 60°의 범위에서 해당 도로를 통행하는 자를 확인할 수 있어야 한다.

정답 86 ② 87 ② 88 ③ 89 ②

90 국토의 계획 및 이용에 관한 법령상 아래와 같이 정의되는 것은?

> 도시·군계획 수립 대상지역의 일부에 대하여 토지이용을 합리화하고 그 기능을 증진시키며 미관을 개선하고 양호한 환경을 확보하며, 그 지역을 체계적·계획적으로 관리하기 위하여 수립하는 도시·군관리계획

① 광역도시계획
② 지구단위계획
③ 도시·군기본계획
④ 입지규제최소구역계획

해설
① 광역도시계획 : 지정된 광역계획권의 장기 발전방향을 제시하는 계획이다.
③ 도시·군기본계획 : 관할구역에 대하여 기본적인 공간구조와 장기 발전 방향을 제시하는 종합계획으로서 도시·군관리계획 수립의 지침이 되는 계획이다.
④ 입지규제최소구역계획 : 입지규제최소구역에서의 토지의 이용 및 건축물의 용도 등의 제한에 관한 사항 등 입지규제최소구역의 관리에 필요한 사항을 정하기 위하여 수립하는 도시·군관리계획이다.

91 계단 및 복도의 설치 기준에 관한 설명으로 틀린 것은?

① 높이가 3m를 넘은 계단에는 높이 3m 이내마다 유효너비 120cm 이상의 계단참을 설치할 것
② 거실 바닥면적의 합계가 100m² 이상인 지하층에 설치하는 계단인 경우 계단 및 계단참의 유효너비는 120cm 이상으로 할 것
③ 계단을 대체하여 설치하는 경사로의 경사도는 1 : 6을 넘지 아니할 것
④ 문화 및 집회시설 중 공연장의 개별 관람실(바닥면적이 300m² 이상인 경우)의 바깥쪽에는 그 양쪽 및 뒤쪽에 각각 복도를 설치할 것

해설
계단을 대체하여 설치하는 경사로의 경사도는 1 : 8을 넘지 아니하고 표면을 거친 면으로 하거나 미끄러지지 아니하는 재료로 마감해야 한다.

92 다음 중 내화구조에 해당하지 않는 것은?

① 벽의 경우 철재로 보강된 콘크리트블록조·벽돌조 또는 석조로서 철재에 덮은 콘크리트블록 등의 두께가 3cm 이상인 것
② 기둥의 경우 철근콘크리트조로서 그 작은 지름이 25cm 이상인 것
③ 바닥의 경우 철근콘크리트조로서 두께가 10cm 이상인 것
④ 철근콘크리트조로 된 보

해설
벽의 경우 철재로 보강된 콘크리트블록조·벽돌조 또는 석조로서 철재에 덮은 콘크리트블록 등의 두께가 5cm 이상일 때 내화구조에 해당된다.

93 세대의 구분이 불분명한 건축물로, 주거에 쓰이는 바닥면적의 합계가 300m²인 주거용 건축물의 음용수용 급수관 지름의 최소 기준은?

① 20mm
② 25mm
③ 32mm
④ 40mm

해설
바닥면적 합계가 300m²인 주거용 건축물은 5가구로 산정하므로 최소 25mm 이상이어야 한다.
주거용 건축물 급수관의 지름(건축물의 설비 기준 등에 관한 규칙 별표 3)

가구 또는 세대수	1	2~3	4~5	6~8	9~16	17 이상
최소 기준(mm)	15	20	25	32	40	50

• 가구 또는 세대의 구분이 불분명한 건축물에 있어서는 주거에 쓰이는 바닥면적의 합계에 따라 다음과 같이 가구수를 산정한다.
  - 바닥면적 85m² 이하 : 1가구
  - 바닥면적 85m² 초과 150m² 이하 : 3가구
  - 바닥면적 150m² 초과 300m² 이하 : 5가구
  - 바닥면적 300m² 초과 500m² 이하 : 16가구
  - 바닥면적 500m² 초과 : 17가구
• 가압설비 등을 설치하여 급수되는 각 기구에서의 압력이 1cm당 0.7kg 이상인 경우에는 위 표의 기준을 적용하지 아니할 수 있다.

94 면적 등의 산정방법과 관련한 용어의 설명 중 틀린 것은?

① 대지면적은 대지의 수평투영면적으로 한다.
② 건축면적은 건축물의 외벽의 중심선으로 둘러싸인 부분의 수평투영면적으로 한다.
③ 용적률을 산정할 때에는 지하층의 면적을 포함하여 연면적을 계산한다.
④ 건축물의 높이는 지표면으로부터 그 건축물의 상단까지의 높이로 한다.

해설
용적률 산정할 때에는 지하층의 면적은 제외한다(건축법 시행령 제119조).

95 다음 설명에 알맞은 용도지구의 세분은?

> 건축물·인구가 밀집되어 있는 지역으로서 시설 개선 등을 통하여 재해 예방이 필요한 지구

① 일반방재지구
② 시가지방재지구
③ 중요시설물보호지구
④ 역사문화환경보호지구

해설
시가지방재지구 : 건축물·인구가 밀집되어 있는 지역으로서 시설 개선 등을 통하여 재해 예방이 필요한 지구이다.
① 일반방재지구 : 국토의 계획 및 이용에 관한 법률상 용도지구의 세분에 해당되지 않는다.
  ※ 방재지구는 시가지방재지구와 자연방재지구로 구분된다.
  ※ 자연방재지구 : 토지의 이용도가 낮은 해안변, 하천변, 급경사지 주변 등의 지역으로서 건축 제한 등을 통하여 재해 예방이 필요한 지구이다.
③ 중요시설물보호지구 : 중요시설물의 보호와 기능의 유지 및 증진 등을 위하여 필요한 지구이다.
④ 역사문화환경보호지구 : 문화재·전통사찰 등 역사·문화적으로 보존가치가 큰 시설 및 지역의 보호와 보존을 위하여 필요한 지구이다.

96 다음 중 건축물의 용도변경 시 허가를 받아야 하는 경우에 해당하지 않는 것은?

① 주거업무시설군에 속하는 건축물의 용도를 근린생활시설군에 해당하는 용도로 변경하는 경우
② 문화 및 집회시설군에 속하는 건축물의 용도를 영업시설군에 해당하는 용도로 변경하는 경우
③ 전기통신시설군에 속하는 건축물의 용도를 산업 등의 시설군에 해당하는 용도로 변경하는 경우
④ 교육 및 복지시설군에 속하는 건축물의 용도를 문화 및 집회시설군에 해당하는 용도로 변경하는 경우

해설
문화 및 집회시설군에서 영업시설군의 용도로 변경하는 경우는 신고대상이다.

97 건축물의 피난층 외의 층에서 피난층 또는 지상으로 통하는 직통계단을 거실의 각 부분으로부터 계단에 이르는 보행거리가 최대 얼마 이내가 되도록 설치하여야 하는가?(단, 건축물의 주요구조부는 내화구조이고 층수는 15층으로 공동주택이 아닌 경우)

① 30m
② 40m
③ 50m
④ 60m

해설
피난층 외의 층에서의 보행거리는 내화구조이고 15층으로 공동주택이 아닌 경우에 50m 이내가 되도록 하여야 한다.
피난층 외의 층에서의 보행거리

구 분	보행거리
원 칙	30m 이하
주요구조부가 내화구조 또는 불연재료 건축물	• 50m 이하(지하층 바닥면적 300m² 이상 공연장·집회장·관람장, 전시장 제외) • 16층 이상 공동주택은 40m 이하
자동화 생산시설에 스프링클러 등 자동식 소화 설비를 설치한 공장	반도체 및 디스플레이 패널 제조공장 75m 이하(무인화 공장 – 100m 이하)

98. 건축물의 거실에 국토교통부령으로 정하는 기준에 따라 배연설비를 하여야 하는 대상 건축물에 속하지 않는 것은?(단, 피난층의 거실은 제외하며, 6층 이상인 건축물의 경우)

① 종교시설
② 판매시설
③ 위락시설
④ 방송통신시설

해설

방송통신시설은 배연설비 설치 의무 대상이 아니다.

배연설비 설치 대상(건축물의 거실)

규모	건축물 용도
6층 이상 건축물	• 제2종 근린생활시설 중 공연장, 종교집회장, 인터넷컴퓨터게임시설제공업소 및 다중생활시설(공연장, 종교집회장 및 인터넷컴퓨터게임시설제공업소는 해당 용도로 쓰는 바닥면적의 합계가 각각 300m² 이상인 경우만 해당) • 문화 및 집회시설 • 종교시설 • 판매시설 • 운수시설 • 의료시설(요양병원 및 정신병원은 제외) • 교육연구시설 중 연구소 • 노유자시설 중 아동 관련 시설, 노인복지시설 • 수련시설 중 유스호스텔 • 운동시설 • 업무시설 • 숙박시설 • 위락시설 • 관광휴게시설 • 장례시설
해당 용도로 쓰는 건축물	• 의료시설 중 요양병원 및 정신병원 • 노유자시설 중 노인요양시설, 장애인 거주시설 및 장애인 의료재활시설 • 제1종 근린생활시설 중 산후조리원

99. 건축지도원에 관한 설명으로 틀린 것은?

① 허가를 받지 아니하고 건축하거나 용도변경한 건축물의 단속 업무를 수행한다.
② 건축지도원은 시장, 군수, 구청장이 지정할 수 있다.
③ 건축지도원의 자격과 업무범위는 국토교통부령으로 정한다.
④ 건축신고를 하고 건축 중에 있는 건축물의 시공지도와 위법 시공 여부의 확인·지도 및 단속 업무를 수행한다.

해설

건축지도원의 자격은 건축직 공무원과 건축에 관한 학식이 풍부한 자로서 건축조례로 정한다.

100. 주차장법령의 기계식주차장치의 안전기준과 관련하여, 중형 기계식주차장의 주차장치 출입구 크기 기준으로 옳은 것은?(단, 사람이 통행하지 않는 기계식주차장치인 경우)

① 너비 2.3m 이상, 높이 1.6m 이상
② 너비 2.3m 이상, 높이 1.8m 이상
③ 너비 2.4m 이상, 높이 1.6m 이상
④ 너비 2.4m 이상, 높이 1.9m 이상

해설

기계식주차장의 주차장치 출입구 크기 기준

종류	출입구 크기(너비×높이)	
중형 기계식 주차장	2.3m×1.6m 이상	사람이 통행하는 기계식 주차장 출입구 높이는 1.8m 이상이어야 한다.
대형 기계식 주차장	2.4m×1.9m 이상	

제1과목 건축계획

01 상점 건축의 진열장 배치에 관한 설명으로 옳은 것은?

① 손님 쪽에서 상품이 효과적으로 보이도록 계획한다.
② 들어오는 손님과 종업원의 시선이 정면으로 마주치도록 계획한다.
③ 도난을 방지하기 위하여 손님에게 감시한다는 인상을 주도록 계획한다.
④ 동선이 원활하여 다수의 손님을 수용하고 가능한 다수의 종업원으로 관리하게 한다.

해설
① 상품 판매를 위해 손님 쪽에서 상품이 효과적으로 보여야 한다.
② 들어오는 손님과 종업원의 시선이 직접 마주치지 않도록 한다.
③ 손님에게는 감시한다는 인상을 주지 않도록 한다.
④ 소수의 종업원으로 효율적으로 관리하게 한다.

02 다음 중 도서관에 있어 모듈 계획(Module Plan)을 고려한 서고 계획 시 결정 및 선행되어야 할 요소와 가장 거리가 먼 것은?

① 엘리베이터의 위치
② 서가 선반의 배열 깊이
③ 서고 내의 주요 통로 및 교차 통로의 폭
④ 기둥의 크기와 방향에 따른 서가의 규모 및 배열의 길이

해설
엘리베이터의 위치는 도서관 평면 계획 시 관계되지만 서고 내부 계획에는 선행되지 않는다. 서고 계획 시에는 서가의 배열, 통로 계획 등이 주요한 결정요인이 된다.

03 호텔의 퍼블릭 스페이스(Public Space) 계획에 관한 설명으로 옳지 않은 것은?

① 로비는 개방성과 다른 공간과의 연계성이 중요하다.
② 프런트 데스크 후방에 프런트 오피스를 연속시킨다.
③ 주식당은 외래객이 편리하게 이용할 수 있도록 출입구를 별도로 설치한다.
④ 프런트 오피스는 기계화된 설비보다는 많은 사람을 고용함으로서 고객의 편의와 능률을 높여야 한다.

해설
프런트 오피스는 기계화된 설비로 관리업무를 효율화시키며, 적은 인원으로 업무의 편의와 능률을 높여야 한다.

04 아파트에서 친교공간 형성을 위한 계획방법으로 옳지 않은 것은?

① 아파트에서의 통행을 공동 출입구로 집중시킨다.
② 별도의 계단실과 입구 주위에 집합단위를 만든다.
③ 큰 건물로 설계하고, 작은 단지는 통합하여 큰 단지로 만든다.
④ 공동으로 이용되는 서비스 시설을 현관에 인접하여 통행의 주된 흐름에 약간 벗어난 곳에 위치시킨다.

해설
친교공간은 거주자 간 교류 활성, 이웃관계 회복, 공동체 의식 형성을 추구하는 목적의 공간이며, 작은 단지의 단위로 서비스 공간을 제공하는 것이 좋다.

05 다음과 같은 특징을 갖는 건축 양식은?

> • 사라센 문화의 영향을 받았다.
> • 도세렛(Dosseret)과 펜던티브 돔(Pendentive Dome)이 사용되었다.

① 로마 건축
② 이집트 건축
③ 비잔틴 건축
④ 로마네스크 건축

해설
비잔틴 건축은 사라센 문화의 영향을 받았으며, 도세렛(Dosseret)과 펜던티브 돔(Pendentive Dome)을 사용하였다.

06 오토 바그너(Otto Wagner)가 주장한 근대 건축의 설계지침 내용으로 옳지 않은 것은?

① 경제적인 구조
② 그리스 건축 양식의 복원
③ 시공재료의 적당한 선택
④ 목적을 정확히 파악하고 완전히 충족시킬 것

해설
그리스와 로마 건축 양식의 복원과 모방을 추구한 것은 신고전주의 건축 양식이다.
오토 바그너(Otto Wagner)의 근대 건축의 4가지 설계지침
• 목적의 정확한 파악과 완전한 충족
• 재료의 적절한 선택
• 단순하고 경제적인 구조
• 위와 같은 결과에 의한 형태와 양식

07 공동주택의 단면 형식에 관한 설명으로 옳지 않은 것은?

① 트리플렉스형은 듀플렉스형보다 공용면적이 크게 된다.
② 메조넷형에서 통로가 없는 층은 채광 및 통풍 확보가 양호하다.
③ 플랫형은 평면구성의 제약이 적으며, 소규모의 평면계획도 가능하다.
④ 스킵 플로어형은 동일한 주거동에서 각기 다른 모양의 세대 배치가 가능하다.

해설
트리플렉스형 : 3개 층을 하나의 주호에서 사용하는 복층형이며, 듀플렉스형은 2개 층을 하나의 주호에서 사용하는 복층형이다. 트리플렉스형으로 계획할 경우 계단실을 연속하여 이용하면서 복도의 면적을 듀플렉스 형식에 비해 줄여 줄 수 있으므로 공용면적이 작아지게 된다.

08 공연장의 객석 계획에서 잘 보이는 동시에 실제적으로 관객을 수용해야 하는 공연장에서 큰 무리가 없는 거리인 제1차 허용거리의 한도는?

① 15m
② 22m
③ 38m
④ 52m

해설
• 생리적 한도 : 15m
• 제1차 허용한도 : 22m
• 제2차 허용한도 : 35m

09 우리나라의 현존하는 목조 건축물 중 가장 오래된 것은?

① 부석사 무량수전
② 부석사 조사당
③ 봉정사 극락전
④ 수덕사 대웅전

해설
③ 봉정사 극락전(고려시대, 12세기 말) : 현존하는 가장 오래된 목조 건축물로서 정면 3칸, 측면 4칸의 단층 맞배지붕으로서 된 주심포식 건축물이다.
① 부석사 무량수전(고려시대, 14세기 중기) : 정면 5칸, 측면 3칸의 팔작지붕으로 주심포 양식이다.
② 부석사 조사당(고려시대, 14세기 중기) : 정면 3칸 측면 1칸의 맞배지붕으로 주심포 양식이다.
④ 수덕사 대웅전(고려시대, 14세기 초) : 정면 3칸 측면 4칸의 맞배지붕으로 주심포 양식이다.

10 열람자가 서가에서 책을 자유롭게 선택하나 관원의 검열을 받고 열람하는 도서관 출납 시스템은?

① 폐가식
② 반개가식
③ 안전개가식
④ 자유개가식

해설
안전개가식 : 열람자가 책을 직접 서가에서 뽑지만 관원의 검열을 받고 대출의 기록을 남긴 후 열람하는 형식이다.
① 폐가식 : 열람자는 목록에 의해 책을 선택하여 관원에게 대출 기록을 제출한 후 대출을 받는 형식이다.
② 반개가식 : 열람자는 직접 서가에 면하여 책의 체재나 표지 정도는 볼 수 있으나, 내용을 보려면 관원에게 요구하여 대출 기록을 남긴 후 열람하는 형식이다.
④ 자유개가식 : 열람자 자신이 서가에서 책을 꺼내어 책을 고르고 그대로 검열을 받지 않고 열람하는 형식이다.

11 테라스 하우스에 관한 설명으로 옳지 않은 것은?

① 각 호마다 전용의 뜰(정원)을 갖는다.
② 각 세대의 깊이는 7.5m 이상으로 하여야 한다.
③ 진입방식에 따라 하향식과 상향식으로 나눌 수 있다.
④ 시각적인 인공테라스형은 위층으로 갈수록 건물의 내부면적이 작아지는 형태이다.

해설
각 세대의 깊이가 깊으면 일조 및 채광, 환기 등에 불리하므로 6~7.5m 이상이 되어서는 안 된다.

12 학교 교사의 배치 형식에 관한 설명으로 옳지 않은 것은?

① 분산병렬형은 넓은 부지를 필요로 한다.
② 폐쇄형은 일조, 통풍, 등 환경조건이 불균등하다.
③ 집합형은 이동 동선이 길어지고 물리적 환경이 나쁘다.
④ 분산병렬형은 구조계획이 간단하고 생활환경이 좋아진다.

해설
• 집합형은 이동 동선이 짧고 물리적 환경을 좋게 할 수 있다.
• 집합형은 도심지 내 학생 수의 감소와 지가 상승 등에 따른 교육시설 환경의 새로운 대안으로써 건물의 배치를 동선 및 이용 특성, 물리적 환경을 고려하여 다목적으로 계획하는 방법이다.

13 사무소 건물의 엘리베이터 배치 시 고려사항으로 옳지 않은 것은?

① 교통 동선의 중심에 설치하여 보행거리가 짧도록 배치한다.
② 대면배치에서 대면거리는 동일 군 관리의 경우 3.5~4.5m로 한다.
③ 여러 대의 엘리베이터를 설치하는 경우, 그룹별 배치와 군 관리 운전방식으로 한다.
④ 일렬배치는 6대를 한도로 하고, 엘리베이터 중심 간 거리는 10m 이하가 되도록 한다.

해설
직선의 일렬배치는 4대 한도로 하며, 엘리베이터 중심 간 거리는 8m 이하가 되도록 한다.

14 사무소 건축의 코어 형식 중 편심형 코어에 관한 설명으로 옳지 않은 것은?

① 고층인 경우 구조상 불리할 수 있다.
② 각 층 바닥면적이 소규모인 경우에 사용된다.
③ 바닥면적이 커지면 코어 이외에 피난시설 등이 필요해 진다.
④ 내진구조상 유리하며 구조 코어로서 가장 바람직한 형식이다.

해설
중심코어형은 구조 코어로서 계획할 경우 내진구조상 유리하게 할 수 있는 형식이다.

15 공장 건축의 레이아웃에 관한 설명으로 옳지 않은 것은?

① 장래 공장 규모의 변화에 대응한 융통성이 있어야 한다.
② 제품 중심의 레이아웃은 생산에 필요한 모든 공정, 기계·기구를 제품의 흐름에 따라 배치한다.
③ 이동식 레이아웃은 사람이나 기계가 이동하여 작업하는 방식으로 제품이 크고, 수량이 적을 때 사용된다.
④ 레이아웃은 공장 생산성에 미치는 영향이 크므로 공장의 배치 계획, 평면 계획은 이것에 부합되는 건축 계획이 되어야 한다.

해설
고정식 레이아웃은 사람이나 기계가 이동하여 작업하며, 제품이 크고 수량이 적을 때 사용하는 형식이다.

16 병원 건축에 있어서 파빌리온 타입(Pavilion Type)에 관한 설명으로 옳은 것은?

① 대지 이용의 효율성이 높다.
② 고층 집약식 배치 형식을 갖는다.
③ 각 실의 채광을 균등히 할 수 있다.
④ 도심지에서 주로 적용되는 형식이다.

해설
③ 파빌리온 타입은 분관식으로서 각 병실을 남향으로 할 수 있어 각 실의 채광이 균등하고 일조 및 통풍 조건이 좋게 할 수 있다.
① 대지 이용의 효율성이 낮다.
② 저층 분산식 배치 형식을 갖는다.
④ 지가가 낮은 교외 지역에 적용되는 형식이다.

17 전시공간의 특수전시기법 중 하나의 사실이나 주제의 시간 상황을 고정시켜 연출함으로써 현장에 임한 듯한 느낌을 가지고 관찰할 수 있는 기법은?

① 알코브 전시　② 아일랜드 전시
③ 디오라마 전시　④ 하모니카 전시

해설
디오라마(Diorama) 전시 : 전시공간의 특수전시기법 중 하나의 사실이나 주제의 시간 상황을 고정시켜 연출함으로써 현장에 임한 듯한 느낌을 가지고 관찰할 수 있는 기법이다.

18 백화점 매장의 배치 유형에 관한 설명으로 옳지 않은 것은?

① 직각배치는 매장면적의 이용률을 최대로 확보할 수 있다.
② 직각배치는 고객의 통행량에 따라 통로폭을 조절하기 용이하다.
③ 사행배치는 많은 고객이 매장공간의 코너까지 접근하기 용이한 유형이다.
④ 사행배치는 Main 통로를 직각배치하며, Sub 통로를 45° 정도 경사지게 배치하는 유형이다.

해설
직각배치는 고객의 통행량에 따라 통로폭을 조절하기 어렵고, 모서리 부분에서 국부적 혼란을 일으키기 쉽다.

19 지속가능한(Sustainable) 공동주택의 설계 개념으로 적절하지 않은 것은?

① 환경친화적 설계
② 지형순응형 배치
③ 가변적 구조체의 확대 적용
④ 규격화, 동일화된 단위평면

해설
규격화된 단위평면은 지속가능한 공동주택의 설계 개념과 관계 없다.

20 래드번(Radburn) 계획의 5가지 기본원리로 옳지 않은 것은?

① 기능에 따른 4가지 종류의 도로 구분
② 보도망 형성 및 보도와 차도의 평면적 분리
③ 자동차 통과도로 배제를 위한 슈퍼블록 구성
④ 주택단지 어디로나 통할 수 있는 공동 오픈 스페이스 조성

해설
보도망 형성 및 보도와 차도의 입체적 분리
래드번(Radburn) 계획의 5가지 기본원리
- 슈퍼블록은 자동차의 통과교통을 배제하고, 주택과 시설, 학교, 공원 등은 보도로 연결
- 기능에 따른 4가지 종류의 도로 구분
- 보도망 형성 및 보도와 차도의 입체적 분리
- 쿨데삭(Cul-de-sac)으로 접근하고 주택의 거실, 서비스실은 보도 또는 정원 방향으로 배치
- 주택단지 어디로나 통할 수 있는 공동 오픈 스페이스 조성

정답 17 ③　18 ②　19 ④　20 ②

제2과목 건축시공

21 표준시방서에 따른 시스템비계에 관한 기준으로 옳지 않은 것은?

① 수직재와 수직재의 연결은 전용의 연결조인트를 사용하여 견고하게 연결하고, 연결 부위가 탈락 또는 꺾어지지 않도록 하여야 한다.
② 수평재는 수직재에 연결핀 등의 결합방법에 의해 견고하게 결합되어 흔들리거나 이탈되지 않도록 하여야 한다.
③ 대각으로 설치하는 가새는 비계의 외면으로 수평면에 대해 40~60° 방향으로 설치하며 수평재 및 수직재에 결속한다.
④ 시스템 비계 최하부에 설치하는 수직재는 받침철물의 조절너트와 밀착되도록 설치하여야 하며, 수직과 수평을 유지하여야 한다. 이때, 수직재와 받침철물의 겹침길이는 받침철물 전체 길이의 5분의 1 이상이 되도록 하여야 한다.

해설
시스템 비계 최하부에 설치하는 수직재는 받침철물의 조절너트와 밀착되도록 설치하여야 하며, 수직과 수평을 유지하여야 한다. 이때 수직재와 받침철물의 겹침길이는 받침철물 전체 길이의 3분의 1 이상이 되도록 하여야 한다.

22 공정관리에서 공기단축을 시행할 경우에 관한 설명으로 옳지 않은 것은?

① 특별한 경우가 아니면 공기단축 시행 시 간접비는 상승한다.
② 비용구배가 최소인 작업을 우선 단축한다.
③ 주공정선상의 작업을 먼저 대상으로 단축한다.
④ MCX(Minimum Cost Expediting)법은 대표적인 공기단축방법이다.

해설
일반적으로 공기가 단축될 경우 직접비는 증가하지만 간접비는 감소한다.

23 콘크리트 건조수축 영향인자에 관한 설명으로 옳지 않은 것은?

① 시멘트의 화학성분이나 분말도에 따라 건조수축량이 변화한다.
② 골재 중에 포함된 미립분이나 점토, 실트는 일반적으로 건조수축을 증대시킨다.
③ 바다모래에 포함된 염분은 그 양이 많으면 건조수축을 증대시킨다.
④ 단위수량이 증가할수록 건조수축량은 작아진다.

해설
단위수량이 증가할수록 건조수축량은 커진다.
콘크리트의 건조수축 : 콘크리트 타설 시 콘크리트 수화반응 후 블리딩(Bleeding) 현상에 의해 콘크리트 속에 있던 수분이 증발하면서 콘크리트가 수축하는 현상이다.

24 지내력을 갖춘 지반으로 만들기 위한 배수공법 또는 탈수공법이 아닌 것은?

① 샌드 드레인 공법
② 웰 포인트 공법
③ 페이퍼 드레인 공법
④ 베노토 공법

해설
④ 베노토 공법은 피어기초를 만드는 굴착공법이다.
① 샌드 드레인 공법 : 일정한 간격으로 모래말뚝을 형성하고 그 지반 위에 하중을 가하여 지반 중의 물을 탈수시키는 공법이다.
② 웰 포인트 공법 : 관을 삽입 후 펌프로 배수하여 지하수위를 낮추는 배수공법이다.
③ 페이퍼 드레인 공법 : 샌드파일을 형성한 후 모래 대신에 흡수지를 삽입하여 지반의 물을 탈수시키는 공법이다.

25 페인트칠의 경우 초벌과 재벌 등을 도장할 때마다 색을 약간씩 다르게 하는 주된 이유는?

① 희망하는 색을 얻기 위하여
② 색이 진하게 되는 것을 방지하기 위하여
③ 착색안료를 낭비하지 않고 경제적으로 사용하기 위하여
④ 초벌, 재벌 등 페인트칠 횟수를 구별하기 위하여

해설
도장공사 시 칠하는 횟수를 구분하기 위해 초벌부터 정벌까지 다른 색으로 도장해야 한다.

26 개념설계에서 유지관리 단계까지 건물의 전 수명주기 동안 다양한 분야에서 적용되는 모든 정보를 생산하고 관리하는 기술을 의미하는 용어는?

① ERP(Enterprise Resource Planning)
② SOA(Service Oriented Architecture)
③ BIM(Building Information Modeling)
④ CIC(Computer Integrated Construction)

해설
BIM(Building Information Modeling) : 3차원 건물정보모델로서 건설 전 분야에 걸쳐 시설물 객체의 물리적·기능적 특성에 의해 모델링하며, 시설물의 수명주기 동안 의사결정을 하는 데 신뢰할 수 있는 건축적 정보를 입력하고 산출 및 제공하는 것이다.
① ERP(Enterprise Resource Planning) : 기업활동을 위해 사용되는 기업 내의 모든 인적, 물적 자원을 효율적으로 관리하여 궁극적으로 기업의 경쟁력을 강화시켜 주는 역할을 하는 통합 정보 시스템이다.
② SOA(Service Oriented Architecture) : 소프트웨어 인프라를 구축하는 방법론 가운데 하나로, 정보 시스템 구축 방식에 일정한 규칙을 두고 공유하거나 다시 사용할 수 있는 서비스를 만드는 플랫폼 기술을 의미한다.
④ CIC(Computer Integrated Construction) : 건설 프로세스의 효율적인 운영을 위한 건설산업 정보통합화 생산시스템이다.

27 벽돌벽의 균열원인과 가장 거리가 먼 것은?

① 문꼴의 불균형 배치
② 벽돌벽의 공간 쌓기
③ 기초의 부동침하
④ 하중의 불균등 분포

해설
벽돌벽의 공간 쌓기는 조적벽체의 방습 및 단열을 목적으로 구조체 사이에 공간을 두고 벽을 쌓는 공법이다.

28 쇄석 콘크리트에 관한 설명으로 옳지 않은 것은?

① 모래의 사용량은 보통 콘크리트에 비해서 많아진다.
② 쇄석은 각이 둔각인 것을 사용한다.
③ 보통콘크리트에 비해 시멘트 페이스트의 부착력이 떨어진다.
④ 깬자갈 콘크리트라고도 한다.

해설
쇄석 콘크리트는 깬자갈을 사용한 콘크리트로서 보통콘크리트에 비해 부착력이 증가한다.

정답 25 ④ 26 ③ 27 ② 28 ③

29 실비정산보수가산계약 제도의 특징이 아닌 것은?

① 설계와 시공의 중첩이 가능한 단계별 시공이 가능하다.
② 복잡한 변경이 예상되거나 긴급을 요하는 공사에 적합하다.
③ 계약체결 시 공사비용의 최댓값을 정하는 최대보증한도 실비정산보수가산계약이 일반적으로 사용된다.
④ 공사금액을 구성하는 물량 또는 단위공사 부분에 대한 단가만을 확정하고 공사 완료 시 실시수량의 확정에 따라 정산하는 방식이다.

해설
단가계약방식 : 공사금액을 구성하는 물량 또는 단위공사 부분에 대한 단가만을 확정하고 공사 완료 시 실시수량의 확정에 따라 정산하는 방식

30 합성수지 중 건축물의 천장재, 블라인드 등을 만드는 열가소성수지는?

① 알키드수지
② 요소수지
③ 폴리스티렌수지
④ 실리콘수지

해설
③ 폴리스티렌수지는 열가소성 수지로서 천장재, 블라인드, 도료 등에 사용되고 저온 단열 발포재로도 사용된다.
① 알키드수지 : 도료에 사용되는 수지이며 지방산, 다가알코올, 다염기산의 에스터화 반응으로 생성된다.
② 요소수지 : 요소와 포름알데히드의 반응으로 만들어진다. 열경화성 수지, 우레아 수지이며, 무색이므로 선명한 착색을 만들어낼 수 있다.
④ 실리콘수지 : 실록산 결합에 의한 고분자 화합물이며, 유연하고 내열성이 우수하여 보온재로 사용된다.

31 프리패브 콘크리트(Prefab Concrete)에 관한 설명으로 옳지 않은 것은?

① 제품의 품질을 균일화 및 고품질화할 수 있다.
② 작업의 기계화로 노무 절약을 기대할 수 있다.
③ 공장생산으로 부재의 규격을 다양하고 쉽게 변경할 수 있다.
④ 자재를 규격화하여 표준화 및 대량생산을 할 수 있다.

해설
프리패브 콘크리트(Prefab Concrete) : 부재를 공장에서 생산하고 현장에서는 조립 및 부착하는 공법이다. 표준화 및 생산성 향상과 품질의 균일성을 목표로 하지만 자재를 규격화하여 대량생산하기는 어렵다.

32 철근콘크리트 공사에 사용되는 거푸집 중 갱 폼(Gang Form)의 특징으로 옳지 않은 것은?

① 기능공의 기능도에 따라 시공 정밀도가 크게 좌우된다.
② 대형 장비가 필요하다.
③ 초기 투자비가 높은 편이다.
④ 거푸집의 대형화로 이음부위가 감소한다.

해설
갱 폼은 조립분해 과정이 생략되므로 기능공의 기능도에 시공 정밀도가 좌우되지 않는다.
갱 폼(Gang Form, 대형 패널공법) : 주로 고층 아파트와 같이 평면상 상·하부가 동일한 단면 구조물에서 외부 벽체 거푸집과 발판용 케이지를 일체로 하여 제작한 대형 거푸집으로서 부재의 조립, 분해를 반복하지 않고 한번에 설치하고 해체할 수 있는 시스템화 거푸집이다.

33 건축물 외벽공사 중 커튼 월 공사의 특징으로 옳지 않은 것은?

① 외벽의 경량화
② 공업화 제품에 따른 품질 제고
③ 가설비계의 증가
④ 공기 단축

해설
커튼 월 공사에서 부재를 인양하고 조립할 때에는 타워크레인을 이용하며 무비계 작업을 원칙으로 한다.
커튼 월(Curtain Wall): 비내력 장막벽이며, 구조부(Frame)의 외부를 금속재 또는 무기질 재료로써 공간의 수직방향으로 막아대는 비 내력벽(Non Bearing Wall)을 말한다.
- 현장작업이 간소하다.
- 공장제작에 의한 품질의 균질성이 확보된다.
- 가설공사가 절감된다.
- 건물의 완성 후 외벽이 경량화된다.
- 부재를 사전에 공장에서 제작하기 때문에 공기가 단축된다.

34 철근 콘크리트 PC 기둥을 8ton 트럭으로 운반하고자 한다. 차량 1대에 최대로 적재가능한 PC 기둥의 수는?(단, PC 기둥의 단면크기는 30cm×60cm, 길이는 3m임)

① 1개 ② 2개
③ 4개 ④ 6개

해설
PC기둥 1개 무게=기둥의 체적×철근콘크리트의 비중(2.4ton/m³)
따라서, (0.3m×0.6m×3m)×2.4ton/m³=1.296ton
8ton 트럭을 사용하므로 8÷1.296≒6.17이므로, 최대 적재 개수는 6개이다.

35 콘크리트를 타설하면서 거푸집을 수직 방향으로 이동시켜 연속작업을 할 수 있게 한 것으로 사일로 등의 건설공사에 적합한 것은?

① Euro Form
② Sliding Form
③ Air Tube Form
④ Traveling Form

해설
슬라이딩 폼(Sliding Form): 콘크리트 타설 후 콘크리트가 자립할 수 있는 강도 이상이 되면 거푸집을 상방향으로 수직 이동시켜 연속작업을 할 수 있도록 한 것으로 사일로, 굴뚝공사 등에 적합하다.

슬라이딩 폼(Sliding Form)과 슬립 폼(Slip Form)의 비교

구 분	슬라이딩 폼	슬립 폼
원 리	연속타설식	유압 잭(Jack) 견인식
단면변화	불가능(단면 일정)	가능(단면 치수 변경)
1일 타설고	5~8m	3~5m
사용개소	교각기둥부	전망대, 급수탑

① 유로 폼(Euro Form): 나무합판과 철재로 제작한 패널로서 파손에 강하고 패널(Panel) 교환이 가능하다.
④ 트레블링 폼(Traveling Form): 트래블러(Traveler)라고 불리는 비계틀 또는 가동골조(Movable Frame)에 지지된 수평이동 거푸집으로서 거푸집 전체를 그대로 해체하여 다음 사용 장소로 이동시켜 사용할 수 있다.

36 신축할 건축물의 높이의 기준이 되는 주요 가설물로 이동의 위험이 없는 인근 건물의 벽 또는 담장에 설치하는 것은?

① 줄띄우기 ② 벤치마크
③ 규준틀 ④ 수평보기

해설
벤치마크는 신축할 건축물의 높이의 기준이 되는 주요 가설물로 이동의 위험이 없는 인근 건물의 벽 또는 담장에 설치하는 것을 말한다.
벤치마크(Bench mark, 기준점, 수준점)
- 기준면으로부터 표고를 측정하여 표시해 둔 점이다.
- 건물의 위치, 높이 기준이 되는 표식이다.
- 높이 측량의 기준이 되도록 건축물 인근에 설치한다.

정답 33 ③ 34 ④ 35 ② 36 ②

37 수경성 마무리재료로 가장 적합하지 않은 것은?

① 돌로마이트 플라스터
② 혼합 석고 플라스터
③ 시멘트 모르타르
④ 경석고 플라스터

해설
돌로마이트 플라스터는 기경성 미장재료이다.
돌로마이트 플라스터
- 돌로마이트 석회에 모래, 여물, 물을 혼합하여 사용한다.
- 경화가 늦고, 건조수축으로 인한 균열이 크다.
- 주로 내벽에 사용하나 습기가 많은 지하실 등에는 적당하지 않다.
- 점성이 커서 해초풀을 사용하지 않으며, 시공이 용이하고 가격이 저렴하다.

38 보통 창유리의 특성 중 투과에 관한 설명으로 옳지 않은 것은?

① 투사각 0°일 때 투명하고 청결한 창유리는 약 90%의 광선을 투과한다.
② 보통의 창유리는 많은 양의 자외선을 투과시키는 편이다.
③ 보통 창유리도 먼지가 부착되거나 오염되면 투과율이 현저하게 감소한다.
④ 광선의 파장이 길고 짧음에 따라 투과율이 다르게 된다.

해설
- 보통의 창유리는 자외선을 거의 투과시키지 않는다.
- 자외선 투과 유리는 산화제이철의 함유량을 줄인 유리이며, 일광욕실이나 온실에 사용된다.

39 가치공학(Value Engineering) 수행계획 4단계로 옳은 것은?

① 정보(Informative) → 제안(Proposal) → 고안(Speculative) → 분석(Analytical)
② 정보(Informative) → 고안(Speculative) → 분석(Analytical) → 제안(Proposal)
③ 분석(Analytical) → 정보(Informative) → 제안(Proposal) → 고안(Speculative)
④ 제안(Proposal) → 정보(Informative) → 고안(Speculative) → 분석(Analytical)

해설
VE 수행계획 4단계 : 정보 → 고안 → 기능분석 및 평가 → 제안

40 시멘트 광물질의 조성 중에서 발열량이 높고 응결시간이 가장 빠른 것은?

① 알루민산 삼석회
② 규산 삼석회
③ 규산 이석회
④ 알루민산철 사석회

해설
- 시멘트의 성분 : 규산 이석회, 규산 삼석회, 알루민산 삼석회, 알루민산철 사석회 등
- 시멘트 성분 중 응결시간이 빠름에서 늦은 순서 : 알루민산 삼석회 → 규산 삼석회 → 규산 이석회 → 알루민산철 사석회

제3과목 건축구조

41 강도설계법에서 처짐을 계산하지 않는 경우 스팬이 8.0m인 단순지지된 보의 최소 두께로 옳은 것은?(단, 보통중량콘크리트와 f_y=400MPa 철근을 사용한 경우)

① 380mm ② 430mm
③ 500mm ④ 600mm

해설

처짐을 계산하지 않는 경우 단순보의 최소 두께 : $\dfrac{l}{16}$

따라서, $\dfrac{l}{16} = \dfrac{8,000}{16} = 500\text{mm}$

처짐을 계산하지 않는 경우, 보 또는 1방향 슬래브 최소 두께

부재(l : 지간 거리)	최소 두께(h)			
	캔틸레버	단순지지	1단연속	양단연속
	l : 경간 길이(단위 : cm) f_y = 400MPa 철근을 사용한 경우의 값			
보 · 리브가 있는 1방향 슬래브	$\dfrac{l}{8}$	$\dfrac{l}{16}$	$\dfrac{l}{18.5}$	$\dfrac{l}{21}$
1방향 슬래브	$\dfrac{l}{10}$	$\dfrac{l}{20}$	$\dfrac{l}{24}$	$\dfrac{l}{28}$

42 그림과 같이 캔틸레버 보가 상수 k를 가지는 스프링에 의해 지지되어 있으며 집중 하중 P가 작용하고 있다. 스프링에 걸리는 힘은?

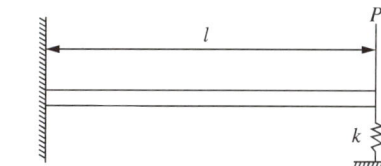

① $\dfrac{Pl^3 k}{(2EI + kl^3)}$ ② $\dfrac{Pl^3 k}{(3EI + kl^3)}$

③ $\dfrac{Pl^3 k}{(6EI + kl^3)}$ ④ $\dfrac{Pl^3 k}{(8EI + kl^3)}$

해설

(1) 캔틸레버 보 자유단의 최대 처짐

$\delta_{\max} = \left(\dfrac{Pl}{EI} \times l\right) \times \dfrac{l}{3} = \dfrac{Pl^3}{3EI}$

(2) 스프링에 작용하는 처짐

$\delta_s = \dfrac{(P - R_s) \cdot l^3}{3EI}$

(3) 스프링에 작용하는 반력

$R_s = k \cdot \delta_s$

따라서, $R_s = k \cdot \dfrac{(P - R_s)l^3}{3EI}$

(2), (3)에 대해 정리하면,

$3R_s EI = Pl^3 k - R_s l^3 k$

$(3EI + l^3 k)R_s = Pl^3 k$이고,

$\therefore R_s = \dfrac{Pl^3 k}{3EI + kl^3}$

43 전단과 휨만을 받는 철근콘크리트 보에서 콘크리트만으로 지지할 수 있는 전단강도 V_c는?(단, 보통중량콘크리트 사용, f_{ck} = 28MPa, b_w = 100mm, d = 300mm)

① 26.5kN ② 53.0kN
③ 79.3kN ④ 158.7kN

해설
콘크리트의 설계전단강도(V_c)
$$V_c = \frac{1}{6}\lambda\sqrt{f_{ck}} \cdot b_w \cdot d$$
$$= \frac{1}{6} \times 1.0 \times \sqrt{28} \times 10 \times 300$$
$$\fallingdotseq 26,457.5\text{N}$$
$$\fallingdotseq 26.5\text{kN}$$

44 보의 유효깊이 d = 550mm, 보의 폭 b_w = 300mm인 보에서 스터럽이 부담할 전단력 V_s = 200kN일 경우, 적용 가능한 수직 스터럽의 간격으로 옳은 것은? (단, A_v = 142mm², f_{yt} = 400MPa, f_{ck} = 24MPa)

① 150mm ② 180mm
③ 200mm ④ 250mm

해설
스터럽의 간격(S)
다음을 검토한다.
$V_s \geq \frac{1}{3}\lambda\sqrt{f_{ck}}b_w d$인 경우 검토
$\frac{1}{3} \times 1.0 \times \sqrt{24} \times 300 \times 550 \times 10^{-3} \fallingdotseq 269.4\text{kN}$
∴ $V_s(=200\text{kN}) < 269.4\text{kN}$
아래의 $S_{(1)}$, $S_{(2)}$은 그대로 적용한다.
다음을 검토하여 최솟값 이하로 한다.
(1) $S_{(1)} = \frac{d}{2} = \frac{550}{2} = 275\text{mm}$
(2) $S_{(2)} = 600\text{mm}$
(3) $S_{(3)}$은 스터럽 전단강도(V_s)에서 구한다.
$V_s = A_v \cdot f_y \cdot \frac{d_b}{S}$, ∴ $S = A_v \cdot f_y \cdot \frac{d_b}{V_s}$
조건에 대해 식에 대입한다.
$S_{(3)} = 142 \times 400 \times \frac{550}{200 \times 10^3} = 156.2\text{mm}$
∴ $S_{(2)} > S_{(1)} > S_{(3)}$이므로, $S = 156.2\text{mm}$ 이하여야 한다.

45 고력볼트 F10T-M24의 현장시공을 위한 본조임의 조임력(T)은 얼마인가?(단, 토크계수는 0.13, F10T-M24볼트의 설계볼트장력은 200kN이며 표준볼트장력은 설계볼트장력에 10%를 할증한다)

① 568,573N·mm
② 686,400N·mm
③ 799,656N·mm
④ 892,638N·mm

해설
조임력(T) = $k \times d \times N$
여기서, k : 토크계수(0.1~0.19)
d : 고력볼트 축부 공칭직경(mm)
N : 고력볼트의 장력(N)
∴ $T = 0.13 \times 24 \times 200 \times 10^3 \times 1.1$
$= 686,400\text{N} \cdot \text{mm}$

46 강구조 고장력볼트 마찰접합의 특징에 관한 설명으로 옳지 않은 것은?

① 시공이 용이하여 공기가 절약된다.
② 접합부의 강성과 강도가 크다.
③ 품질관리가 용이하다.
④ 국부적인 응력집중이 발생한다.

해설
마찰접합은 접합 부재의 접촉면에 축력에서 발생되는 마찰력으로 응력을 얻어 힘을 전달하는 방법으로서 응력집중현상이 생기지 않는다.

47 그림과 같은 단면의 단순보에서 보의 중앙점 C 단면에 생기는 휨응력 σ_b와 전단응력 v의 값은?

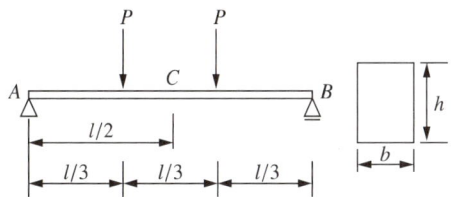

① $\sigma_b = \dfrac{Pl}{bh^2}$, $v = \dfrac{3Pl}{2bh}$

② $\sigma_b = \dfrac{2Pl}{bh^2}$, $v = 0$

③ $\sigma_b = \dfrac{2Pl}{bh^2}$, $v = \dfrac{3Pl}{2bh}$

④ $\sigma_b = \dfrac{Pl}{bh^2}$, $v = 0$

해설

- 휨응력(σ) $= \dfrac{M}{Z}$

단순보의 하중은 $2P$이고 좌우대칭이므로, A지점 반력은 P이다.
$M_C = \left(P \times \dfrac{l}{2}\right) - \left(P \times \dfrac{l}{6}\right) = \dfrac{Pl}{3}$

사각형 단면의 단면 계수(Z) $= \dfrac{bh^2}{6}$ 이며,

$\therefore \sigma_b = \dfrac{\dfrac{Pl}{3}}{\dfrac{bh^2}{6}} = \dfrac{2Pl}{bh^2}$

- 전단응력(τ) $= \dfrac{V \cdot G}{I \cdot b}$

여기서, V : 전단력
G : 단면 1차 모멘트
I : 단면 2차 모멘트
b : 보의 폭

$V_C = P - P = 0$이므로
$\therefore \tau = \dfrac{V \cdot Q}{I \cdot b} = 0$이다.

48 다음과 같은 조건에서의 필릿용접의 최소 치수(mm)는 얼마인가?(단, 하중저항계수설계법 기준)

┌ 조건 ┐
접합부의 두꺼운 쪽 모재 두께(t, mm)
$6 \leq t < 13$
└─────┘

① 5mm ② 6mm
③ 7mm ④ 8mm

해설

접합부의 얇은 쪽 모재두께(t) $6 < t \leq 13$인 경우, 최소 사이즈는 5mm이다.

모살용접의 최소, 최대 사이즈

접합부의 얇은 쪽 모재두께(t)	모살용접의 최소 사이즈	모살용접 치수의 최대 사이즈
$t \leq 6$	3mm	$t < 6$mm일 때 $S = t$
$6 < t \leq 13$	5mm	
$13 < t \leq 19$	6mm	$t \geq 6$mm일 때 $S = t - 2$
$t > 19$	8mm	

49 그림과 같은 보에서 C점의 처짐은?(단, EI는 전 경간에 걸쳐 일정하다)

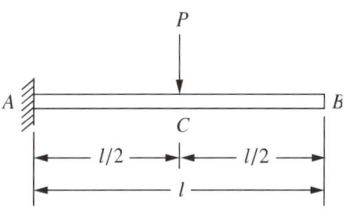

① $\dfrac{Pl^3}{12EI}$ ② $\dfrac{Pl^3}{24EI}$

③ $\dfrac{Pl^3}{48EI}$ ④ $\dfrac{Pl^3}{96EI}$

해설

C점의 처짐(δ_c) $= \left(\dfrac{1}{2} \times \dfrac{l}{2} \times \dfrac{Pl}{2EI}\right) \times \left(\dfrac{l}{2} \times \dfrac{2}{3}\right) = \dfrac{Pl^3}{24EI}$

정답 47 ② 48 ① 49 ②

50 다음 그림과 같이 단면적이 같은 4개의 단면을 보 부재로 각각 사용할 경우 X축에 대한 처짐에 가장 유리한 단면은?

① 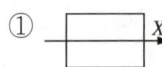 ②

③ 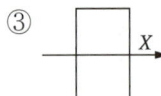 ④

해설
처짐$\left(\delta = \dfrac{M}{EI}\right)$은 모멘트를 EI 값으로 나눈 값으로 단면 2차 모멘트(I)에 반비례한다.
단면2차모멘트(I) = (면적) × (거리)^{2}이다.
따라서, X축에 대한 처짐은 축으로부터의 연단까지의 거리가 멀고, 면적이 큰 단면일수록 유리하다.

51 그림과 같은 단면을 가진 압축재에서 유효좌굴길이 Kl = 250mm일 때 Euler의 좌굴하중 값은?(단, E = 210,000MPa이다)

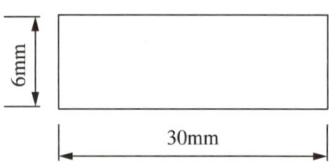

① 17.9kN ② 43.0kN
③ 52.9kN ④ 64.7kN

해설
좌굴하중(P_{cr})
$P_{cr} = \dfrac{\pi^2 EI}{(Kl)^2}$
여기서, EI : 휨강도
Kl : 기둥의 유효길이
사각형 단면 2차 모멘트 $I = \dfrac{bh^3}{12}$

$\therefore P_{cr} = \dfrac{\pi^2 EI}{(Kl)^2} = \dfrac{\pi^2 \times 210,000 \times \dfrac{30 \times 6^3}{12}}{250^2}$
≒ 17,907.4N
≒ 17.9kN

52 철골구조와 비교한 철근콘크리트구조의 특징으로 옳지 않은 것은?

① 진동이 적고 소음이 덜 난다.
② 시공 시 동절기 기후의 영향을 받을 수 있다.
③ 내화성이 크다.
④ 구조의 개조나 보강이 쉽다.

해설
철근콘크리트구조는 습식공법 구조체로서 개조나 보강, 해체 등이 어렵다.

53 주철근으로 사용된 D22 철근 180° 표준갈고리의 구부림 최소 내면 반지름으로 옳은 것은?

① d_b ② $2d_b$
③ $2.5d_b$ ④ $3d_b$

해설
주철근으로 사용된 D22 철근 표준갈고리의 구부림 최소 내면 반지름은 $3d_b$이다.
주철근의 표준갈고리 내면 및 외면 반지름

철근의 크기	최소 내면 반지름(r)	최소 외면 반지름
D10~D25	$3d_b$	$4d_b$
D29~D35	$4d_b$	$5d_b$
D35 이상	$5d_b$	$6d_b$

54 그림과 같은 구조물의 부정정 차수는?

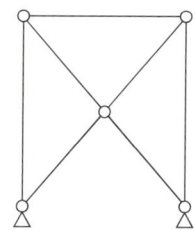

① 1차 ② 2차
③ 3차 ④ 4차

해설
판별식으로 구하면,
$N = m + r + k - 2j$
$= 7 + 4 + 0 - 2 \times 5$
$= 1$
여기서, m : 부재(Member)수
r : 지점반력(Reaction)수
k : 강절점수
j : 절점(Joint) 수
∴ $N = 1$이므로, 1차 부정정 구조물이다.

55 각 지반의 허용지내력의 크기가 큰 것부터 순서대로 올바르게 나열된 것은?

| A. 자갈 | B. 모래 |
| C. 연암반 | D. 경암반 |

① B > A > C > D
② A > B > C > D
③ D > C > A > B
④ D > C > B > A

해설
지반 종류별 허용지내력 크기의 순 : 경암반 > 연암반 > 자갈 > 모래

56 그림과 같은 정정라멘에서 BD부재의 축방향력으로 옳은 것은?(단, + : 인장력, - : 압축력)

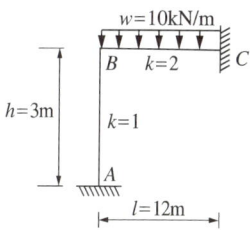

① 5kN ② -5kN
③ 10kN ④ -10kN

해설
평행방정식에 따라,
$\sum F_x = 10\text{kN} - H_A = 0$
∴ $H_A = 10\text{kN}$
$\sum F_y = -R_A - R_B = 0$
∴ $R_A = -R_B$
$\sum M_B = (3\text{m} \times 10\text{kN}) - (6\text{m} \times R_A) = 0$
∴ $R_A = -R_B = 5\text{kN}$
$R_B = -5\text{kN}$이므로, BD부재의 축방향력은 -5kN이다.

57 강구조의 볼트접합 구성에 관한 일반적인 설명으로 옳지 않은 것은?

① 볼트의 중심 사이의 간격을 게이지라인이라고 한다.
② 볼트는 가공정밀도에 따라 상볼트, 중볼트, 흑볼트로 나뉜다.
③ 게이지라인과 게이지라인과의 거리를 게이지라고 한다.
④ 배치방식은 정렬배치와 엇모배치가 있다.

해설
• 피치(Pitch) : 볼트의 중심 사이의 간격을 말한다.
• 게이지라인(Gauge Line) : 볼트의 중심선을 연결하는 선이다.

58 압축철근 $A_s' = 2,400\text{mm}^2$로 배근된 복철근보의 탄성처짐이 15mm라 할 때 지속하중에 의해 발생되는 5년 후 장기처짐은?(단, b = 300mm, d = 400mm, 5년 후 지속하중 재하에 따른 계수 ξ = 2.0)

① 9mm ② 12mm
③ 15mm ④ 30mm

해설
- 장기처짐 = 탄성처짐 × λ

  여기서, λ : 장기처짐계수(λ) = $\dfrac{\xi}{1+50\rho'}$

  ρ' : 압축철근비(ρ') = $\dfrac{A_s'}{bd}$

  ξ : 시간경과계수(5년 후 : 2.0)

- 장기처짐

  $\rho' = \dfrac{A_s'}{bd} = \dfrac{2,400}{300 \times 400} = 0.02$

  $\lambda = \dfrac{\xi}{1+50\rho'} = \dfrac{2}{1+(50 \times 0.02)} = 1$

  ∴ 장기처짐 = 탄성처짐 × λ
  = 15mm × 1
  = 15mm

59 연약지반에 대한 안전확보 대책으로 옳지 않은 것은?

① 지반개량공법을 실시한다.
② 말뚝기초를 적용한다.
③ 독립기초를 적용한다.
④ 건물을 경량화한다.

해설
온통기초(Mat Foundation)로 시공하거나, 독립기초를 단독으로 적용하는 것 보다는 지붕보로 연결하여야 한다.

연약지반에서의 안전확보 대책
- 건물을 경량화할 것
- 경질지반에 지지하거나, 마찰말뚝 사용할 것
- 건물의 중량 분배를 고려하고, 건물의 길이를 짧게 할 것
- 온통기초(Mat Foundation) 시공할 것
- 독립기초의 지중보(Underground-Beam)로 연결 시공
- 지반개량공법으로 지반의 지지력 증대

60 다음 그림과 같이 수평하중 30kN이 작용하는 라멘 구조에서 E점에서의 휨모멘트값(절댓값)은?

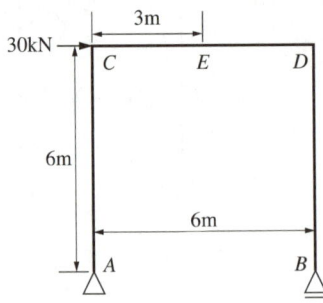

① 40kN·m ② 45kN·m
③ 60kN·m ④ 90kN·m

해설
반력의 산정
$\Sigma M_A = 0$; $30 \times 6 - R_B \times 6 = 0$
∴ $R_B = 30\text{kN}$
E점의 휨모멘트(절댓값)
$M_E = 30 \times (6-3)$
∴ $M_E = 90\text{kN·m}$

제4과목 건축설비

61 유압식 엘리베이터에 관한 설명으로 옳지 않은 것은?

① 오버헤드가 작다.
② 기계실의 위치가 자유롭다.
③ 큰 적재량으로 승강행정이 짧은 경우에는 적용할 수 없다.
④ 지하주차장 엘리베이터와 같이 지하층에만 운전하는 경우 적용할 수 없다.

해설
유압식 엘리베이터는 큰 적재량으로 짧은 행정에 적용할 수 있으며, 비교적 저렴한 비용으로 큰 힘을 낼 수 있으므로 화물용이나 자동차용 등 대용량이 필요한 곳에 주로 사용된다.

62 온수난방에 관한 설명으로 옳지 않은 것은?

① 증기난방에 비해 예열시간이 길다.
② 온수의 잠열을 이용하여 난방하는 방식이다.
③ 한랭지에서 운전정지 중에 동결의 우려가 있다.
④ 증기난방에 비해 난방부하 변동에 따른 온도 조절이 비교적 용이하다.

해설
온수난방은 현열을 이용하여 난방하는 방식이며, 증기난방은 잠열을 이용하는 난방 방식이다.

63 중앙식 급탕방식에 관한 설명으로 옳지 않은 것은?

① 온수를 사용하는 개소마다 가열장치가 설치된다.
② 상향 또는 하향 순환식 배관에 의해 필요 개소에 온수를 공급한다.
③ 국소식에 비해 기기가 잘 집중되어 있으므로 설비의 유지관리가 용이하다.
④ 호텔이나 병원 등과 같이 급탕개소가 많고 사용량이 많은 건물 등에 채용된다.

해설
• 중앙식 급탕방식 : 가열장치·저탕조(Storage Tank) 등의 기기류를 기계실 등의 중앙(1개소)에 설치해서 탕을 필요로 하는 개소에 배관으로 공급하는 방식이다.
• 국소식(개별식) 급탕방식 : 온수를 사용하는 개소마다 가열장치를 설치하여 급탕을 공급하는 방식이다.

64 건구온도 30℃, 상대습도 60%인 공기를 냉수코일에 통과시켰을 때 공기의 상태변화로 옳은 것은? (단, 코일 입구수온 5℃, 코일 출구수온 10℃)

① 건구온도는 낮아지고, 절대습도는 높아진다.
② 건구온도는 높아지고, 절대습도는 낮아진다.
③ 건구온도는 높아지고, 상대습도는 높아진다.
④ 건구온도는 낮아지고, 상대습도는 높아진다.

해설
공기를 냉수코일에 통과시켰을 때에는 공기가 냉각되면서 건구온도는 낮아지고 상대습도는 높아진다.

정답 61 ③ 62 ② 63 ① 64 ④

65 터보식 냉동기에 관한 설명으로 옳지 않은 것은?

① 임펠러의 원심력에 의해 냉매가스를 압축한다.
② 대용량에서는 압축효율이 좋고 비례 제어가 가능하다.
③ 대·중형 규모의 중앙식 공조에서 냉방용으로 사용된다.
④ 기계적 에너지가 아닌 열에너지에 의해 냉동효과를 얻는다.

해설
• 압축식 냉동기 : 기계적 에너지에 의해 냉동효과를 얻는다.
 – 체적형 : 왕복식 냉동기, 스크루식 냉동기, 로터리 냉동기
 – 원심형 : 터보식 냉동기
• 흡수식 냉동기 : 열에너지에 의해 냉동효과를 얻는다.

66 연결송수관설비의 방수구에 관한 설명으로 옳지 않은 것은?

① 방수구의 위치표시는 표시등 또는 축광식 표지로 한다.
② 호스접결구는 바닥으로부터 0.5m 이상 1m 이하의 위치에 설치한다.
③ 개폐기능을 가진 것으로 설치하여야 하며, 평상시 닫힌 상태를 유지하도록 한다.
④ 연결송수관설비의 전용방수구 또는 옥내소화전 방수구로서 구경 50mm의 것으로 설치한다.

해설
연결송수관설비의 전용방수구 또는 옥내소화전 방수구는 구경 65mm의 것으로 설치한다.

67 엔탈피 변화량에 대한 현열 변화량의 비를 의미하는 것은?

① 현열비 ② 잠열비
③ 유인비 ④ 열수분비

해설
② 잠열비 : 엔탈피 변화량에 대한 잠열 변화량의 비이다.
③ 유인비 : 취출구에서 나온 공기는 주위 실내공기를 자기 흐름 속에 유인하여 혼합공기가 되면서 점차 풍량은 증가하고 속도는 감소하며, 이때 1차 공기의 풍량에 대한 혼합공기의 풍량의 비가 유인비이다.
④ 열수분비 : 엔탈피 변화량과 수분 변화량의 비이다.

68 의복의 단열성을 나타내는 단위로서, 그 값이 클수록 인체에서 발생되는 열이 주위 공기로 적게 발산되는 것을 의미하는 것은?

① clo ② dB
③ NC ④ MRT

해설
① clo : 의복의 단열성(열저항)을 나타내는 단위로서, 풍속 0.1m/s이고, 주위 온도가 21℃인 경우 58W/m^2의 열을 발산하는 사람이 안락감을 느낄 수 있는 상태의 보온 상태를 뜻한다. 1clo = 0.155m^2·K/W이며, 그 값이 클수록 인체에서 발생되는 열이 주위 공기로 적게 발산되는 것을 의미한다.
② dB : 소리의 상대적인 세기를 나타내는 단위이다.
③ NC : 수치제어(Numerical Control)를 뜻한다.
④ MRT(평균복사온도) : 실내의 어떤 점에 대하여 주위 벽에서 방사하는 열량과 똑같은 열량을 방사하는 흑체의 표면온도를 말하며, 복사난방의 평가에 많이 사용된다.

정답 65 ④ 66 ④ 67 ① 68 ①

69 양수 펌프의 회전수를 원래보다 20% 증가시켰을 경우 양수량의 변화로 옳은 것은?

① 20% 증가　② 44% 증가
③ 73% 증가　④ 100% 증가

해설
양수량은 펌프의 회전수에 비례하므로 20% 증가한다.

70 다음과 같은 조건에서 사무실의 평균조도를 800lx로 설계하고자 할 경우 광원의 필요수량은?

┌ 조건 ┐
• 광원 1개의 광속 : 2,000lm
• 실의 면적 : 10m²
• 감광 보상률 : 1.5
• 조명률 : 0.6

① 3개　② 5개
③ 8개　④ 10개

해설
광속법에 의한 조명설계식에서,
$N = \dfrac{A \times E \times D}{F \times U} = \dfrac{10 \times 800 \times 1.5}{2,000 \times 0.6} = 10$개
여기서, N : 조명 개수
E : 작업면의 평균조도(lx)
F : 사용 광원 1개의 광속(1m)
D : 감광 보상률(보수율(M)의 역수)
U : 조명률
A : 방의 면적(m²)

71 공조부하 중 현열과 잠열이 동시에 발생하는 것은?

① 인체의 발생열량
② 벽체로부터의 취득열량
③ 유리로부터의 취득열량
④ 덕트로부터의 취득열량

해설
인체에서는 현열(열기)과 잠열(습기)가 모두 발생열량으로 방출되며 그 밖에 극간풍에 의한 취득열량, 외기의 도입으로 인한 취득열량, 실내열원기기에서 현열과 잠열이 동시에 발생된다.

72 다음과 같이 정의되는 통기관의 종류는?

┌──────────────────────────┐
│ 오배수 수직관 내의 압력변동을 방지하기 위하여 오 │
│ 배수 수직관 상향으로 통기수직관에 연결하는 통기관 │
└──────────────────────────┘

① 결합 통기관　② 공용 통기관
③ 각개 통기관　④ 반송 통기관

해설
결합 통기관은 배수수직관 내의 압력변화 방지를 위해 배수수직관에서 상향으로 통기 수직관에 접속하는 통기관을 말한다.

73 공조방식 중 팬코일 유닛방식에 관한 설명으로 옳지 않은 것은?

① 유닛의 개별 제어가 용이하다.
② 수배관이 없어 누수의 우려가 없다.
③ 덕트 샤프트나 스페이스가 필요 없다.
④ 덕트방식에 비해 유닛의 위치변경이 용이하다.

해설
팬코일 유닛방식은 전수방식이며, 유닛 내에는 수배관이 필요하므로 누수의 우려가 있다.

74 다음 설명에 알맞은 전기설비 관련 용어는?

> 최대 수용전력을 구하기 위한 것으로 최대 수용전력의 총 부하설비용량에 대한 비율이다.

① 역률 ② 부등률
③ 부하율 ④ 수용률

해설

- 수용률 = $\dfrac{\text{최대 수용전력}}{\text{총 부하설비용량}} \times 100\%$
- 부하율 = $\dfrac{\text{평균수용전력(부하의 평균전력)}}{\text{최대 수용전력}} \times 100\%$
- 부등률 = $\dfrac{\text{각 부하의 최대 수용전력 합계}}{\text{최대 수용전력}} \times 100\%$

75 다음 중 급수 계통의 오염 원인과 가장 거리가 먼 것은?

① 급수로의 배수 역류
② 저수탱크에 유해물질 침입
③ 수격작용(Water Hammering)
④ 크로스 커넥션(Cross Connection)

해설

수격작용(워터해머): 급수관 내에서 물의 흐름이 갑자기 정지할 때, 급수관경이 작을 때, 빠른 유속에 의해 발생한다.

76 220V, 200W 전열기를 110V에서 사용하였을 경우 소비전력은?

① 50W ② 100W
③ 200W ④ 400W

해설

전력(P) = 전압(V)×전류(I)이므로,

전류(I) = $\dfrac{\text{전력}(P)}{\text{전압}(V)} = \dfrac{200}{220} \fallingdotseq 0.91(A)$

옴의 법칙에 의해 전류는 전압에 비례하므로,
220(V) : 110(V) = 0.91(A) : x(A)이므로, x = 0.455(A)이다.
전압이 110(V)로 감소하면 전류도 0.455(A)로 감소하므로,
∴ 소비전력(P) = 전압(V)×전류(I)
  = 110 × 0.455
  = 50.05W

77 덕트의 분기부에 설치하여 풍량조절용으로 사용되는 댐퍼는?

① 스플릿 댐퍼
② 평행익형 댐퍼
③ 대향익형 댐퍼
④ 버터플라이 댐퍼

해설

스플릿 댐퍼(Split Damper): 덕트 분기부에서 설치하여 풍량조절에 사용하는 댐퍼이다.

78 다음 중 변전실 면적에 영향을 주는 요소와 가장 거리가 먼 것은?

① 출입문의 높이
② 건축물의 구조적 여건
③ 수전전압 및 수전방식
④ 설치기기와 큐비클의 종류 및 시방

해설
출입문의 높이는 변전실 면적에 영향을 주는 요소가 아니다.
변전실 면적에 영향을 주는 요소
• 수전전압 및 수전방식
• 변전설비 강압방식, 변압기 용량, 수량 및 형식
• 설치기기와 큐비클 및 시방
• 기기의 배치방법 및 유지보수 필요 면적
• 건축물의 구조적 여건

79 3상 동력과 단상 전등 부하를 동시에 사용할 수 있는 방식으로 대형 빌딩이나 공장 등에서 사용되는 것은?

① 단상 3선식 220/110V
② 3상 2선식 220V
③ 3상 3선식 220V
④ 3상 4선식 380/220V

해설
3상 4선식은 주로 220V와 380V를 사용하며, 대규모 건물이나 공장 등의 전등 및 동력의 전원으로 여러 종류의 전압이 필요할 때 사용된다.

80 개방형 헤드를 사용하는 연결살수설비에 있어서 하나의 송수구역에 설치하는 살수헤드의 수는 최대 얼마 이하가 되도록 하여야 하는가?

① 10개　　② 20개
③ 30개　　④ 40개

해설
개방형 헤드를 사용하는 연결살수설비는 하나의 송수구역에 설치하는 살수헤드의 수를 10개 이하가 되도록 한다.

제5과목 건축관계법규

81 건축법령에 따른 리모델링이 쉬운 구조에 속하지 않는 것은?

① 구조체가 철골구조로 구성되어 있을 것
② 구조체에서 건축설비, 내부 마감재료 및 외부 마감재료를 분리할 수 있을 것
③ 개별 세대 안에서 구획된 실의 크기, 개수 또는 위치 등을 변경할 수 있을 것
④ 각 세대는 인접한 세대와 수직 또는 수평 방향으로 통합하거나 분할할 수 있을 것

해설
'구조체가 철골구조로 구성되어 있을 것'은 관계없다.
리모델링이 쉬운 구조
• 각 세대는 인접 세대와 수직 또는 수평 방향으로 통합하거나 분할할 수 있을 것
• 구조체에서 건축설비, 내부 마감재료 및 외부 마감자료를 분리할 수 있을 것
• 개별 세대 안에서 구획된 실의 크기, 개수 또는 위치 등을 변경할 수 있을 것

82 국토교육부장관이 정한 범죄예방 기준에 따라 건축하여야 하는 대상 건축물에 속하지 않는 것은?

① 수련시설
② 교육연구시설 중 도서관
③ 업무시성 중 오피스텔
④ 숙박시설 중 다중생활시설

해설
교육연구시설 중 도서관은 범죄예방 기준에 따라 건축해야 하는 건축물에서 제외된다.
범죄예방 건축기준 대상 건축물
• 공동주택 중 다세대주택, 연립주택, 아파트
• 제1종 근린생활시설 중 일용품 판매점
• 제2종 근린생활시설 중 다중생활시설
• 문화 및 집회시설(동·식물원을 제외한다)
• 교육연구시설(연구소, 도서관을 제외한다)
• 노유자시설
• 수련시설
• 업무시설 중 오피스텔
• 숙박시설 중 다중생활시설
• 단독주택 중 다가구주택

정답 78 ① 79 ④ 80 ① 81 ① 82 ②

83 지하식 또는 건축물식 노외주차장의 차로에 관한 기준 내용으로 옳지 않은 것은?(단, 이륜자동차전용 노외주차장이 아닌 경우)

① 높이는 주차바닥면으로부터 2.3m 이상으로 하여야 한다.
② 경사로의 종단경사도는 직선 부분에서는 17%를 초과하여서는 아니 된다.
③ 곡선 부분은 자동차가 4m 이상의 내변반경으로 회전할 수 있도록 하여야 한다.
④ 주차대수 규모가 50대 이상인 경우의 경사로는 너비 6m 이상인 2차로를 확보하거나 진입차로와 진출차로를 분리하여야 한다.

해설
곡선 부분은 자동차가 6m(같은 경사로를 이용하는 주차장의 총 주차대수가 50대 이하인 경우에는 5m, 이륜자동차전용 노외주차장의 경우에는 3m) 이상의 내변반경으로 회전할 수 있도록 하여야 한다.

84 피난용 승강기의 설치에 관한 기준 내용으로 옳지 않은 것은?

① 예비전원으로 작동하는 조명설비를 설치할 것
② 승강장의 바닥면적은 승강기 1대당 5m² 이상으로 할 것
③ 각 층으로부터 피난층까지 이르는 승강로를 단일구조로 연결하여 설치할 것
④ 승강장의 출입구 부근의 잘 보이는 곳에 해당 승강기가 피난용 승강기임을 알리는 표지를 설치할 것

해설
피난용 승강기의 승강장 바닥면적은 비상용 승강기 1대에 대하여 6m² 이상으로 하여야 한다.

85 대지의 조경에 있어 조경 등의 조치를 하지 아니할 수 있는 건축물 기준으로 옳지 않은 것은?

① 면적 5,000m² 미만인 대지에 건축하는 공장
② 연면적의 합계가 1,500m² 미만인 공장
③ 연면적의 합계가 2,000m² 미만인 물류시설
④ 녹지지역에 건축하는 건축물

해설
연면적 합계가 1,500m² 미만인 물류시설은 조경 등의 조치를 하지 아니할 수 있다.

86 건축허가신청에 필요한 설계도서 중 건축계획서에 표시하여야 할 사항으로 옳지 않은 것은?

① 주차장 규모
② 토지형질변경계획
③ 건축물의 용도별 면적
④ 지역·지구 및 도시계획사항

해설
토지형질변경계획은 건축계획서에 표시하여야 할 사항이 아니다.
건축계획서에 표시하여야 할 사항
• 개요(위치, 대지면적 등)
• 지역, 지구 및 도시계획사항
• 건축물의 규모(건축면적, 연면적, 높이, 층수 등)
• 건축물의 용도별 면적
• 주차장 규모
• 에너지절약계획서(해당 건축물에 한함)
• 노인 및 장애인 등을 위한 편의시설 설치계획서

정답 83 ③ 84 ② 85 ③ 86 ②

87 국토의 계획 및 이용에 관한 법률상 용도지역에서의 용적률 최대 한도 기준이 옳지 않은 것은?(단, 도시지역의 경우)

① 주거지역 : 500% 이하
② 녹지지역 : 100% 이하
③ 공업지역 : 400% 이하
④ 상업지역 : 1,000% 이하

해설
상업지역의 용적률 최대 한도는 중심상업지역의 용적률 한도인 1,500% 이하이다.

88 건축물이 있는 대지의 분할 제한 최소 기준이 옳은 것은?(단, 상업지역의 경우)

① 100m²
② 150m²
③ 200m²
④ 250m²

해설
상업지역은 150m² 이상으로 분할하여야 한다.
대지의 분할 제한 기준
건축물이 있는 대지는 다음의 범위 안에서 당해 지방자치단체의 조례가 정하는 면적에 미달되게 분할할 수 없다.

용도지역	분할규모	대지의 분할제한
주거지역	60m²	• 대지와 도로와의 관계 • 건폐율 • 용적률 • 대지 안의 공지 • 건축물의 높이 제한 • 일조 등의 확보를 위한 건축물의 높이 제한
상업지역	150m²	
공업지역		
녹지지역	200m²	
기타 지역	60m²	

89 허가권자가 가로구역별로 건축물의 높이를 지정·공고할 때 고려하지 않아도 되는 사항은?

① 도시·군관리계획의 토지이용계획
② 해당 가로구역에 접하는 대지의 너비
③ 도시미관 및 경관계획
④ 해당 가로구역의 상수도 수용능력

해설
허가권자가 가로구역별로 건축물의 높이를 지정·공고할 때에는 해당 가로구역에 접하는 도로의 너비를 고려해야 한다.

90 다음 중 거실의 용도에 따른 조도 기준이 가장 낮은 것은?(단, 바닥에서 85cm의 높이에 있는 수평면의 조도 기준)

① 독 서
② 회 의
③ 판 매
④ 일반사무

해설
• 독서를 위한 거실의 용도 : 150lx 이상
• 회의, 판매, 일반사무를 위한 거실의 용도 : 300lx 이상
거실의 용도에 따른 조도 기준(건축물의 피난·방화구조 등의 기준에 관한 규칙 [별표 1의3])

거실의 용도구분	조도구분	바닥에서 85cm의 높이에 있는 수평면의 조도(lx)
1. 거 주	독서·식사·조리	150
	기 타	70
2. 집 무	설계·제도·계산	700
	일반사무	300
	기 타	150
3. 작 업	검사·시험·정밀검사·수술	700
	일반작업·제조·판매	300
	포장·세척	150
	기 타	70
4. 집 회	회 의	300
	집 회	150
	공연·관람	70
5. 오 락	오락일반	150
	기 타	30

정답 87 ④ 88 ② 89 ② 90 ①

91 다음의 옥상광장 등의 설치에 관한 기준 내용 중 ( ) 안에 알맞은 것은?

> 옥상광장 또는 2층 이상인 층에 있는 노대나 그 밖에 이와 비슷한 것의 주위에는 높이 ( ) 이상의 난간을 설치하여야 한다. 다만, 그 노대 등에 출입할 수 없는 구조인 경우에는 그러하지 아니하다.

① 1.0m   ② 1.2m
③ 1.5m   ④ 1.8m

해설
옥상광장 또는 2층 이상인 층에 있는 노대나 그 밖에 이와 비슷한 것의 주위에는 높이 1.2m 이상의 난간을 설치해야 한다.

92 국토의 계획 및 이용에 관한 법령상 제1종 일반주거지역 안에서 건축할 수 있는 건축물에 속하지 않는 것은?

① 아파트
② 단독주택
③ 노유자시설
④ 교육연구시설 중 고등학교

해설
- 제1종 일반주거지역은 저층주택을 중심으로 편리한 주거환경을 조성하기 위하여 필요한 지역에 지정하므로 아파트는 건축할 수 없다.
- 제1종 일반주거지역은 안에서 건축할 수 있는 건축물은 단독주택, 공동주택(아파트는 제외된다), 제1종 근린생활시설, 교육연구시설 중 유치원·초등학교·중학교 및 고등학교, 노유자시설이다.

93 노외주차장의 설치에 관한 계획기준 내용 중 ( ) 안에 알맞은 것은?

> 주차대수 400대를 초과하는 규모의 노외주차장의 경우에는 노외주차장의 출구와 입구를 각각 따로 설치하여야 한다. 다만, 출입구의 너비의 합이 ( )m 이상으로서 출구와 입구가 차선 등으로 분리되는 경우에는 함께 설치할 수 있다.

① 4.5   ② 5.0
③ 5.5   ④ 6.0

해설
주차대수 규모가 400대 이상인 노외주차장인 경우에는 출구와 입구를 분리해서 설치해야 한다. 다만, 출입구의 너비의 합이 5.5m 이상으로서 출구와 입구가 차선 등으로 분리되는 경우에는 함께 설치할 수 있다.

94 건축법령상 공동주택에 해당하지 않는 것은?

① 기숙사   ② 연립주택
③ 다가구 주택   ④ 다세대 주택

해설
- 공동주택 : 아파트, 연립주택, 다세대 주택, 기숙사
- 단독주택 : 단독주택, 다중주택, 다가구 주택, 공관

정답 91 ② 92 ① 93 ③ 94 ③

95 다음은 건축선에 따른 건축제한에 관한 기준 내용이다. ( ) 안에 알맞은 것은?

> 도로면으로부터 높이 ( ) 이하에 있는 출입구, 창문, 그 밖에 이와 유사한 구조물은 열고 닫을 때 건축선의 수직면을 넘지 아니하는 구조로 하여야 한다.

① 1.5m ② 2.5m
③ 3.5m ④ 4.5m

해설
도로면으로부터 높이 4.5m 이하에 있는 출입구, 창문, 그 밖에 이와 유사한 구조물은 열고 닫을 때 건축선의 수직면을 넘지 아니하는 구조로 하여야 한다.

96 다음 중 옥내계단의 너비의 최소 설치 기준으로 적합하지 않는 것은?

① 관람장의 용도에 쓰이는 건축물의 계단의 너비 120cm 이상
② 중학교 용도에 쓰이는 건축물의 계단의 너비 150cm 이상
③ 거실의 바닥면적의 합계가 100m² 이상인 지하층의 계단의 너비 120cm 이상
④ 바로 윗층의 거실의 바닥면적의 합계가 200m² 이상인 층의 계단의 너비 150cm 이상

해설
바로 윗층의 거실의 바닥면적의 합계가 200m² 이상인 경우 계단 및 계단참의 유효너비는 120cm 이상으로 하여야 한다.

97 국토의 계획 및 이용에 관한 법률상 주거지역의 세분에서 단독주택 중심의 양호한 주거환경을 보호하기 위하여 필요한 지역에 대해 지정하는 용도지역은?

① 제1종 전용주거지역
② 제1종 특별주거지역
③ 제1종 일반주거지역
④ 제3종 일반주거지역

해설
주거지역의 세분

지 역	지정 목적	
전용주거 지역	양호한 주거환경을 보호하기 위해 필요한 지역	
	제1종 전용주거지역	단독주택 중심
	제2종 전용주거지역	공동주택 중심
일반주거 지역	편리한 주거환경을 조성하기 위해 필요한 지역	
	제1종 일반주거지역	저층주택 중심
	제2종 일반주거지역	중층주택 중심
	제3종 일반주거지역	중고층주택 중심
준주거 지역	주거기능 위주로 이를 지원하는 일부 상업 및 업무 기능을 보완하기 위해 필요한 지역	

98 건축물의 출입구에 설치하는 회전문의 구조에 대한 설명으로 옳지 않은 것은?

① 계단이나 에스컬레이터로부터 2m 이상의 거리를 둘 것
② 틈 사이를 고무와 고무펠트의 조합체 등을 사용하여 신체나 물건 등에 손상이 없도록 할 것
③ 출입에 지장이 없도록 일정한 방향으로 회전하는 구조로 할 것
④ 회전문의 회전속도는 분당회전수가 10회를 넘지 아니하도록 할 것

해설
건축물의 출입구에 설치하는 회전문의 회전속도는 분당회전수가 8회를 넘지 아니하도록 할 것

99 높이 31m를 넘는 각 층의 바닥면적 중 최대 바닥면적이 5,000m²인 건축물에 원칙적으로 설치하여야 하는 비상용 승강기의 최소 대수는?

① 1대
② 2대
③ 3대
④ 4대

해설
최대 바닥면적이 1,500m²를 초과할 경우 1대에 1,500m²를 넘는 3,000m² 이내마다 1대씩 더한 대수 이상의 비상용 승강기를 설치해야 한다.

설치대수 $= 1 + \dfrac{5,000 - 1,500}{3,000} ≒ 2.17$A

따라서, 최소 3대 이상 설치한다.

100 국토의 계획 및 이용에 관한 법률상 용도지역의 구분이 모두 옳은 것은?

① 도시지역, 관리지역, 농림지역, 자연환경보전지역
② 도시지역, 개발관리지역, 농림지역, 보전지역
③ 도시지역, 관리지역, 생산지역, 녹지지역
④ 도시지역, 개발제한지역, 생산지역, 보전지역

해설
국토의 계획 및 이용에 관한 법률상 용도지역은 도시지역, 관리지역, 농림지역, 자연환경보전지역으로 구분된다.

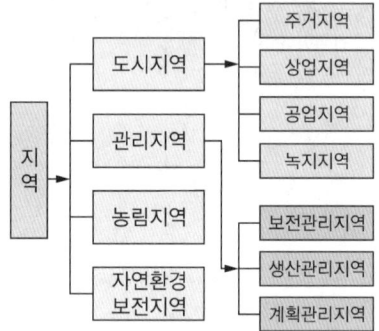

[용도지역 구분]

2022년 제1회 과년도 기출문제

제1과목 건축계획

01 특수전시기법에 관한 설명으로 옳지 않은 것은?

① 하모니카 전시는 동일 종류의 전시물을 반복 전시하는 경우에 사용된다.
② 파노라마 전시는 연속적인 주제를 연관성 있게 표현하기 위해 선형의 파노라마로 연출하는 기법이다.
③ 디오라마 전시는 하나의 사실 또는 주제의 시간 상황을 고정시켜 연출하는 것으로 현장에 임한 느낌을 준다.
④ 아일랜드 전시는 실물을 직접 전시할 수 없거나 오브제 전시만의 한계를 극복하기 위해 영상매체를 사용하여 전시하는 기법이다.

해설
- 아일랜드 전시 : 벽, 천장을 직접 이용하지 않고 전시물이나 장치를 바닥에 배치함으로써 전시공간을 만들어 내는 전시기법이다.
- 영상 전시 : 실물을 직접 전시할 수 없거나 오브제 전시만의 한계를 극복하기 위해 영상매체를 사용하여 전시하는 기법이다.

02 병원건축의 병동배치방법 중 분관식(Pavilion Type)에 관한 설명으로 옳은 것은?

① 각종 설비시설의 배관길이가 짧아진다.
② 대지의 크기와 관계없이 적용이 용이하다.
③ 각 병실을 남향으로 할 수 있어 일조와 통풍 조건이 좋다.
④ 병동부는 5층 이상의 고층으로 하며 환자는 엘리베이터로 운송된다.

해설
분관식(Pavilion Type)
- 각종 설비시설의 배관길이가 길어진다.
- 외래부, 부속진료시설, 병동을 각각 별동으로 계획하여야 하므로 넓은 대지가 필요하다.
- 병동부는 3층 이하의 저층으로 하며 환자는 주로 경사로 보행 또는 들것으로 운송된다.

03 전시실의 순회 형식에 관한 설명으로 옳지 않은 것은?

① 중앙홀 형식은 각 실에 직접 들어갈 수 없다는 단점이 있다.
② 연속순회 형식은 많은 실을 순서별로 통하여야 하는 불편이 있다.
③ 갤러리 및 코리더 형식에서는 복도 자체도 전시공간으로 이용할 수 있다.
④ 갤러리 및 코리더 형식은 각 실에 직접 들어갈 수 있으며, 필요시 독립적으로 폐쇄할 수 있다.

해설
중앙홀 형식은 중앙에 위치한 홀에서 각 실로 직접 들어갈 수 있다는 장점이 있다.

정답 1 ④ 2 ③ 3 ①

04 공동주택의 단지계획에서 보차분리를 위한 방식 중 평면분리에 해당하는 방식은?

① 시간제 차량 통행
② 쿨데삭(Cul-de-sac)
③ 오버브리지(Over Bridge)
④ 보행자 안전참(Pedestrian Safecross)

해설
보차의 동선분리방법
- 평면분리 : 쿨데삭(Cul-de-sac), 루프(Loop), T자형 교차로
- 면적분리 : 안전참, 보행자 공간, 몰 플라자(Mall Plaza)
- 입체분리 : 오버브리지(Over Bridge), 언더패스(Under Path), 지상인공지반, 지하가, 다층구조지반
- 시간분리 : 시간제 차량 통행, 차 없는 날

05 다음 중 터미널 호텔의 종류에 속하지 않는 것은?

① 해변 호텔
② 부두 호텔
③ 공항 호텔
④ 철도역 호텔

해설
해변 호텔은 리조트 호텔에 속한다.

06 레이트 모던(Late Modern) 건축양식에 관한 설명으로 옳지 않은 것은?

① 기호학적 분절을 추구하였다.
② 퐁피두 센터는 이 양식에 부합되는 건축물이다.
③ 공업기술을 바탕으로 기술적 이미지를 강조하였다.
④ 대표적 건축가로는 시저 펠리, 노만 포스터 등이 있다.

해설
- 레이트 모던 건축양식 : 근대 건축운동의 이념과 형식을 계승하였으며, 미적 즐거움을 제공하고 추상적 형태의 언어와 공업기술을 구사하였다.
- 포스트 모던 건축양식 : 기호학적 분절을 추구하였으며, 근대 건축사상을 의도적으로 거부하고 대중적, 지역적 코드에 관심을 가졌으며 맥락주의 건축을 지향하였다.

07 다음 중 백화점 건물의 기둥 간격 결정요소와 가장 거리가 먼 것은?

① 진열장의 치수
② 고객 동선의 길이
③ 에스컬레이터의 배치
④ 지하주차장의 주차방식

해설
백화점 건물의 기둥 간격 결정요소
- 매장 진열장의 치수와 배치방법
- 엘리베이터, 에스컬레이터의 배치방법
- 매장의 통로와 계단실의 폭
- 지하주차장의 주차방식과 주차폭

08 주택의 부엌에서 작업 순서에 따른 작업대 배열로 가장 알맞은 것은?

① 냉장고 – 싱크대 – 조리대 – 가열대 – 배선대
② 싱크대 – 조리대 – 가열대 – 냉장고 – 배선대
③ 냉장고 – 조리대 – 가열대 – 배선대 – 싱크대
④ 싱크대 – 냉장고 – 조리대 – 배선대 – 가열대

해설
부엌 작업대는 '냉장고 – 싱크대 – 조리대 – 가열대 – 배선대' 순으로 배열한다.

10 르 코르뷔지에가 주장한 근대 건축 5원칙에 속하지 않는 것은?

① 필로티
② 옥상정원
③ 유기적 공간
④ 자유로운 평면

해설
근대 건축 5원칙
- 필로티
- 수평 띠창
- 자유로운 평면
- 자유로운 입면
- 옥상정원

09 도서관 출납시스템에 관한 설명으로 옳지 않은 것은?

① 자유개가식은 책 내용의 파악 및 선택이 자유롭다.
② 자유개가식은 서가의 정리가 잘 안 되면 혼란스럽게 된다.
③ 안전개가식은 서가 열람이 가능하여 책을 직접 뽑을 수 있다.
④ 폐가식은 서가와 열람실에서 감시가 필요하나 대출절차가 간단하여 관원의 작업량이 적다.

해설
폐가식은 서가와 열람실에서 감시가 필요 없으나, 대출절차가 복잡하여 관원의 작업량이 많다.

11 다음 중 사무소 건축에서 기준층 평면형태의 결정요소와 가장 거리가 먼 것은?

① 동선상의 거리
② 구조상 스팬의 한도
③ 사무실 내의 책상 배치방법
④ 덕트, 배선, 배관 등 설비시스템상의 한계

해설
기준층 평면형태 결정요소
- 구조상 스팬의 한도
- 동선상의 거리
- 덕트, 배선, 배관 등 각종 설비시스템상의 한계
- 방화구획상의 면적
- 자연광에 의한 조명한계
- 대피 시 최대 피난거리

12 다음 설명에 알맞은 학교운영방식은?

> 각 학급을 2분단으로 나누어 한쪽이 일반교실을 사용할 때, 다른 한쪽은 특별교실을 사용한다.

① 달톤형
② 플래툰형
③ 개방학교
④ 교과교실형

해설
학교운영방식
- 플래툰형 : 각 학급을 2분단으로 나누어 한쪽이 일반교실을 사용할 때, 다른 한쪽은 특별교실을 사용한다.
- 달톤형 : 학급, 학년을 없애고 능력에 따라 교과목을 이수 후 졸업한다.
- 교과교실형 : 교과교실 구성으로 순수율이 높지만, 학생의 이동이 심하다.

13 주택 부엌의 가구 배치 유형 중 병렬형에 관한 설명으로 옳은 것은?

① 연속된 두 벽면을 이용하여 작업대를 배치한 형식이다.
② 폭이 길이에 비해 넓은 부엌의 형태에 적당한 유형이다.
③ 작업면이 가장 넓은 배치 유형으로 작업효율이 좋다.
④ 좁은 면적 이용에 효과적이므로 소규모 부엌에 주로 이용된다.

해설
부엌의 가구 배치 유형
- ㄱ자형 부엌 : 연속된 두 벽면을 이용하여 작업대를 배치한 형식이다.
- 병렬형 부엌 : 외부로 연결되는 출입문을 설치할 수 있지만, 몸을 앞뒤로 바꾸며 작업해야 하는 불편함이 있다.
- ㄷ자형 부엌 : 작업면이 가장 넓은 배치 유형으로 작업효율이 좋다.
- ―자형 부엌 : 좁은 면적 이용에 효과적이므로 소규모 부엌에 주로 이용된다.

14 극장 무대 주위의 벽에 6~9m 높이로 설치되는 좁은 통로로, 그리드 아이언에 올라가는 계단과 연결되는 것은?

① 록 레일
② 사이클로라마
③ 플라이 갤러리
④ 슬라이딩 스테이지

해설
무대 천장 부분
- 플라이 갤러리(Fly Gallery) : 그리드 아이언에 올라가는 계단과 연결된 좁은 통로로, 무대 주위 벽에 폭은 1.2~2m, 높이는 6~9m로 설치한다.
- 록 레일(Lock Rail) : 와이어로프를 모아서 조정하는 장소
- 사이클로라마 : 극장건축에서 무대의 제일 뒤에 설치되는 무대 배경용의 벽이다.

15 다음 중 다포식 건물에 속하지 않는 것은?

① 서울 동대문
② 창덕궁 돈화문
③ 전등사 대웅전
④ 봉정사 극락전

해설
봉정사 극락전은 주심포 양식으로 축조되었으며, 정면 3칸과 측면 4칸의 맞배지붕 건물이다.

16 이슬람(사라센) 건축 양식에서 미나렛(Minaret)이 의미하는 것은?

① 이슬람교의 신학원시설
② 모스크의 상징인 높은 탑
③ 메카 방향으로 설치된 실내 제단
④ 열주나 아케이드로 둘러싸인 중정

해설
미나렛(Minaret)은 모스크의 부수건물이자 상징인 높은 탑으로서, 예배시간 알림(아잔) 시 사용된다.

17 아파트의 단면 형식 중 메조넷 형식(Maisonnette Type)에 관한 설명으로 옳지 않은 것은?

① 하나의 주거단위가 복층 형식을 취한다.
② 양면 개구부에 의한 통풍 및 채광이 좋다.
③ 주택 내의 공간의 변화가 없으며 통로에 의해 유효면적이 감소한다.
④ 거주성, 특히 프라이버시는 높으나 소규모 주택에는 비경제적이다.

해설
메조넷 형식은 주택 내 공간의 변화가 많으며 통로가 감소되므로 유효면적이 증가한다.

18 기계공장에서 지붕의 형식을 톱날지붕으로 하는 가장 주된 이유는?

① 소음을 작게 하기 위하여
② 빗물의 배수를 충분히 하기 위하여
③ 실내 온도를 일정하게 유지하기 위하여
④ 실내의 주광조도를 일정하게 하기 위하여

해설
톱날지붕은 실내의 주광조도를 일정하게 유지하기 위하여 사용되며 창은 북쪽으로 향한다.

19 상점 정면(Facade) 구성에 요구되는 5가지 광고 요소(AIDMA법칙)에 속하지 않는 것은?

① Attention(주의)
② Identity(개성)
③ Desire(욕구)
④ Memory(기억)

해설
상점 광고 5요소(AIDMA법칙)
• Attention(주의)
• Interest(흥미, 주목)
• Desire(욕망, 공감, 욕구)
• Memory(기억, 인상)
• Action(행동, 출입)

20 사무소 건축의 오피스 랜드스케이핑(Office Landscaping)에 관한 설명으로 옳지 않은 것은?

① 의사전달, 작업흐름의 연결이 용이하다.
② 일정한 기하학적 패턴에서 탈피한 형식이다.
③ 작업단위에 의한 그룹(Group) 배치가 가능하다.
④ 개인적 공간으로의 분할로 독립성 확보가 용이하다.

해설
오피스 랜드스케이핑(Office Landscaping)은 개방된 대규모 사무공간으로 계획하므로 프라이버시가 결여될 우려가 있다. 개인적 공간으로 분할하여 독립성을 확보하기 용이한 것은 개실형 시스템(Individual Room System)이다.

정답 17 ③ 18 ④ 19 ② 20 ④

제2과목 건축시공

21 건축물에 사용되는 금속자재와 그 용도가 바르게 연결되지 않은 것은?

① 경량철골 M-BAR : 경량벽체 시공을 위한 구조용 지지틀
② 코너비드 : 벽, 기둥 등의 모서리에 대한 보호용 철물
③ 논슬립 : 계단에 사용하는 미끄럼 방지 철물
④ 조이너 : 천장, 벽 등의 이음새 감추기용 철물

해설
경량철골 M-BAR : 경량철골 반자 시공을 위한 천장틀

22 네트워크 공정표에서 작업의 상호관계만을 도시하기 위하여 사용하는 화살선은?

① Event
② Dummy
③ Activity
④ Critical Path

해설
네트워크 공정표의 용어와 기호
- 더미(Dummy) : 네트워크에서 작업 상호관계만을 도시하기 위하여 사용하는 화살선
- 이벤트(Event) : 작업과 작업을 결합하는 점 및 프로젝트의 개시점 혹은 종료점
- 활동(Activity) : 프로젝트를 구성하는 작업 단위
- 크리티컬 패스(Critical Path) : 개시 결합점으로부터 종료 결합점에 이르는 가장 긴 패스인 주공정선

23 건축용 석재 사용 시 주의사항으로 옳지 않은 것은?

① 석재를 구조재로 사용 시 압축강도가 큰 것을 선택하여 사용할 것
② 석재를 다듬어 쓸 때는 석질이 균일한 것을 사용할 것
③ 동일 건축물에는 다양한 종류 및 다양한 산지의 석재를 사용할 것
④ 석재를 마감재로 사용 시 석리와 색채가 우아한 것을 선택하여 사용할 것

해설
동일 건축물에는 동일한 종류 및 동일한 산지의 석재를 사용하여야 한다.

24 린건설(Lean Construction)에서의 관리방법으로 옳지 않은 것은?

① 변이관리
② 당김생산
③ 대량생산
④ 흐름생산

해설
린건설(Lean Construction) : 낭비요소를 최소화하면서 자원의 대기시간을 최소화하고 공사의 유연성을 확보할 수 있도록 효율적으로 건설하는 방식으로, 대량생산과는 거리가 멀다.

25 건축공사 시 직접공사비 구성항목으로 옳게 짝지어진 것은?

① 재료비, 노무비, 장비비, 간접공사비
② 재료비, 노무비, 외주비, 간접공사비
③ 재료비, 노무비, 일반관리비, 경비
④ 재료비, 노무비, 외주비, 경비

해설
- 직접공사비 구성항목 : 재료비, 노무비, 외주비, 경비
- 간접공사비 구성항목 : 간접노무비, 4대 보험료, 건설근로자 퇴직공제부금비, 안전관리비, 환경보전비

26 벽돌쌓기 시 벽면적 1m²당 소요되는 벽돌(190 × 90 × 57mm)의 정미량(매)과 모르타르량(m³)으로 옳은 것은?(단, 벽두께 1.0B, 모르타르의 재료량은 할증이 포함된 것이며, 배합비는 1 : 3이다)

① 벽돌매수 : 224매, 모르타르량 : 0.078m³
② 벽돌매수 : 224매, 모르타르량 : 0.049m³
③ 벽돌매수 : 149매, 모르타르량 : 0.078m³
④ 벽돌매수 : 149매, 모르타르량 : 0.049m³

해설
- 표준형 벽돌(190×90×57mm)의 1m³당 단위수량

쌓기	0.5B	1.0B	1.5B
벽돌량	75매	149매	224매

- 표준형 벽돌의 1.0B 쌓기 시 모르타르량은 배합비가 1 : 3일 경우 1,000매당 0.33m³이다.
∴ 0.33m³ × 0.149 = 0.04917m³

27 금속 커튼 월의 성능시험 관련 항목과 가장 거리가 먼 것은?

① 내동해성 시험
② 구조시험
③ 기밀시험
④ 정압수밀시험

해설
내동해성 시험은 재료에 동결·융해가 지속적으로 가해질 때 재료가 이에 저항하는 정도를 측정한다.

금속 커튼 월의 성능시험방법
- 구조시험 : 설계 풍압력에서 변위와 파손 여부를 확인
- 기밀시험 : 지정된 압력차에서의 공기누출량을 측정
- 정압 수밀시험 : 설계 풍압력의 20%에서 일정유량을 15분 동안 살수하여 누수를 관찰
- 동압 수밀시험 : 규정 압력의 상한값까지 가압하여 시료를 확인 후, 규정 맥동압으로 누수를 관찰
- 열 순환시험 : 온도의 변화에 따른 성능을 시험
- 예비시험 : 설계 풍압력의 50%를 일정시간(30초) 동안 가압하여 시험실시 가능 여부를 판단
- 층간변위 시험 : 지진에 대한 내진성능을 시험

28 석재 설치 공법 중 오픈조인트 공법의 특징으로 옳지 않은 것은?

① 등압이론방식을 적용한 수밀방식이다.
② 압력차에 의해서 빗물을 차단할 수 있다.
③ 실링재가 많이 소요된다.
④ 층간변위에도 유동적으로 변위를 흡수할 수 있으므로 파손 확률이 작아진다.

해설
석재공사 오픈조인트(Open Joint) 공법
- 판넬과 벽체 사이를 개방시켜 패널의 외기와 내기를 등기압 상태인 등압공간으로 만들어 공기의 흐름을 유지하는 공법
- 등압이론을 기초로 하여 빗물의 침투를 방지한다.
- 실런트 시공을 생략하므로 석재오염이 방지된다.
- 기밀성이 증대되며, 결로가 감소될 수 있다.
- 수직재 사이의 정밀 시공과 품질관리가 요구된다.
- 층간변위에도 유동적으로 변위를 흡수할 수 있으므로 파손 확률이 작아진다.

정답 25 ④ 26 ④ 27 ① 28 ③

29 웰 포인트 공법에 관한 설명으로 옳지 않은 것은?

① 중력배수가 유효하지 않은 경우에 주로 쓰인다.
② 지하수위를 저하시키는 공법이다.
③ 인접지반과 공동매설물 침하에 주의가 필요한 공법이다.
④ 점토질의 투수성이 나쁜 지질에 적합하다.

해설
웰 포인트(Well Point) 공법 : 집수장치를 붙인 파이프를 지중에 박아 지상의 집수관에 연결하여 펌프로 지중의 물을 배수하는 공법으로, 사질지반에 적합하다. 투수성이 나쁜 점토지반은 배수가 곤란하여 부적당하다.

30 타일 크기가 10cm×10cm이고 가로세로 줄눈을 6mm로 할 때 면적 1m²에 필요한 타일의 정미수량은?

① 94매　　② 92매
③ 89매　　④ 85매

해설

$$타일\ 정미량(매/m^2) = \frac{1m^2}{(가로\ 크기 + 줄눈폭) \times (세로\ 크기 + 줄눈폭)}$$

$$= \frac{1m^2}{(0.1m + 0.006m) \times (0.1m + 0.006m)}$$

$$\simeq 89매$$

31 콘크리트의 압축강도를 시험하지 않을 경우 다음과 같은 조건에서의 거푸집널 해체시기로 옳은 것은?

- 기초, 보, 기둥 및 벽의 측면의 경우
- 평균기온 20℃ 이상
- 조강 포틀랜드 시멘트 사용

① 1일　　② 2일
③ 3일　　④ 4일

해설
콘크리트의 압축강도를 시험하지 않을 경우 기초, 보, 기둥 및 벽의 측면 거푸집널 해체시기

시멘트 종류	20℃ 이상	20℃ 미만 10℃ 이상
조강 포틀랜드 시멘트	2일	3일
보통 포틀랜드 시멘트 고로슬래그 시멘트(1종) 포틀랜드 포졸란 시멘트(1종) 플라이 애시 시멘트(1종)	4일	6일
고로슬래그 시멘트(2종) 포틀랜드 포졸란 시멘트(2종) 플라이 애시 시멘트(2종)	5일	8일

32 건축공사의 도급계약서 내용에 기재하지 않아도 되는 항목은?

① 공사의 착수시기
② 재료의 시험에 관한 내용
③ 계약에 관한 분쟁 해결방법
④ 천재 및 그 외의 불가항력에 의한 손해 부담

해설
건축공사의 도급계약서 기재 내용
- 공사도급금액, 공사금액 지불방법 및 지불시기
- 공사기간(공사 착수시기, 완공시기)
- 설계 변경, 공사 중지의 경우 도급액 변경 및 손해 부담에 대한 사항, 천재지변에 의한 손해 부담
- 건물인도 검사방법 및 인도시기
- 계약자의 이행 지연, 채무 불이행, 분쟁 해결방법, 지체보상금, 위약금에 관한 사항
- 공사 시공으로 인해 제3자가 입은 손해 부담에 관한 사항
- 공사기간에 따른 도급금액 변동에 관한 사항 및 기타 사항

33 지질조사를 통한 주상도에서 나타나는 정보가 아닌 것은?

① N치
② 투수계수
③ 토층별 두께
④ 토층의 구성

> **해설**
> - 주상도 : 지질조사를 통한 지질 상태를 그림으로 표시하는 도법
> - 주상도의 주요한 정보 : 토질명, 토질상태 및 구성, 토층별 두께 및 깊이(심도), N치, 시료의 상태, 지하수위

34 레디믹스트 콘크리트 발주 시 호칭규격인 25-24-150에서 알 수 없는 것은?

① 염화물 함유량
② 슬럼프(Slump)
③ 호칭강도
④ 굵은 골재의 최대 치수

> **해설**
> **레디믹스트 콘크리트의 호칭규격**
> Remicon(25-24-150)
> - 25 : 굵은 골재 최대 치수(mm)
> - 24 : 호칭강도(MPa)
> - 150 : 슬럼프값(mm)

35 Top-down 공법(역타 공법)에 관한 설명으로 옳지 않은 것은?

① 지하와 지상작업을 동시에 한다.
② 주변지반에 대한 영향이 적다.
③ 수직부재 이음부 처리에 유리한 공법이다.
④ 1층 슬래브의 형성으로 작업공간이 확보된다.

> **해설**
> Top-down 공법(역타 공법)은 수직부재 이음부 처리가 어려운 공법이다.

36 도장공사 시 유의사항으로 옳지 않은 것은?

① 도장마감은 도막이 너무 두껍지 않도록 얇게 몇 회로 나누어 실시한다.
② 도장을 수회 반복할 때에는 칠의 색을 동일하게 하여 혼동을 방지해야 한다.
③ 칠하는 장소에서 저온, 다습하고 환기가 충분하지 못할 때는 도장작업을 금지해야 한다.
④ 도장 후 기름, 산, 수지, 알칼리 등의 유해물이 배어 나오거나 녹아 나올 때에는 재시공한다.

> **해설**
> 도장을 수회 반복할 때에는 칠의 색을 다르게 하여 도장 횟수를 구별한다.

37 철골부재 용접 시 겹침 이음, T자 이음 등에 사용되는 용접으로 목두께의 방향이 모재의 면과 45° 또는 거의 45°의 각을 이루는 것은?

① 필릿용접
② 완전용입 맞댐용접
③ 부분용입 맞댐용접
④ 다층용접

해설
용접접합
- 필릿용접 : 철골부재 용접 시 겹침 이음, T자 이음 등에 사용되는 용접으로 목두께의 방향이 모재의 면과 45° 또는 거의 45°의 각을 이룬다.
- 맞댐용접(Butt Welding) : 두 부재를 맞대어 홈을 만들고 그 사이를 용착금속으로 용접한다.

38 타일 붙임 공법에 쓰이는 용어 중 거푸집에 전용시트를 붙이고, 콘크리트 표면에 요철을 부여하여 모르타르가 파고 들어가는 것에 의해 박리를 방지하는 공법은?

① 개량압착 붙임 공법
② MCR 공법
③ 마스크 붙임 공법
④ 밀착 붙임 공법

해설
① 개량압착 붙임 공법 : 먼저 시공된 모르타르 바탕면에 붙임 모르타르를 도포하고, 타일 안쪽 면에도 같은 모르타르를 도포하여 벽 또는 바닥 타일을 붙이는 공법
③ 마스크 붙임 공법 : 유닛(Unit)화된 50mm 이상의 타일 각 표면에 모르타르 도포용 마스크를 덧대어 붙임 모르타르를 바르고 마스크를 바깥에서부터 바탕면에 타일을 바닥면에 누름하여 붙이는 공법
④ 밀착 붙임 공법 : 붙임 모르타르를 바탕면에 도포하고 타일 붙임용 진동공구로 타일에 진동을 주는 방식으로 매입하여 벽타일을 붙이는 공법

39 아래 설명은 어느 방식에 해당되는가?

> 도급자가 대상계획의 기업, 금융, 토지조달, 설계, 시공, 기계·기구 설치, 시운전 및 조업지도까지 주문자가 필요로 하는 모든 것을 조달하여 주문자에게 인도하는 방식으로 산업기술의 고도화, 전문화와 건축물의 고층화, 대형화에 따라 계속 증가 추세인 것

① 프로젝트관리방식(PM)
② 공사관리방식(CM)
③ 파트너링방식
④ 턴키방식

해설
턴키(Turn Key)방식 : 설계, 시공 일괄 입찰계약방식으로, 건설업체가 공사를 처음부터 끝까지 모두 책임지고 마친 후 발주자에게 열쇠를 넘겨주는 방식으로, 도급자가 대상계획의 기업, 금융, 토지조달, 설계, 시공, 기계·기구 설치, 시운전 및 조업지도까지 주문자가 필요로 하는 모든 것을 조달하여 주문자에게 인도한다.

40 아스팔트 방수재료에 관한 설명으로 옳지 않은 것은?

① 아스팔트 컴파운드는 블론 아스팔트에 동식물성 섬유를 혼합한 것이다.
② 아스팔트 프라이머는 아스팔트 싱글을 용제로 녹인 것이다.
③ 아스팔트 펠트는 섬유원지에 스트레이트 아스팔트를 가열·용해하여 흡수시킨 것이다.
④ 아스팔트 루핑은 원지에 스트레이트 아스팔트를 침투시키고 양면에 컴파운드를 피복한 후 광물질 분말을 살포시킨 것이다.

해설
- 아스팔트 프라이머 : 아스팔트를 휘발성 높은 용제에 용해시켜 만든 제품으로서, 방수층 바탕에 침투시켜 부착이 잘되게 하는 역할을 한다.
- 아스팔트 싱글(Asphalt Shingle) : 아스팔트 사이에 강한 유리섬유(Fiberglass)나 종이매트를 넣어 만든 것이다. 표면을 채색된 돌 입자로 코팅해 색상을 다양하게 만들며, 주로 지붕면 마감에 사용된다.

제3과목 건축구조

41 그림과 같은 단순보의 양단 수직반력을 구하면?

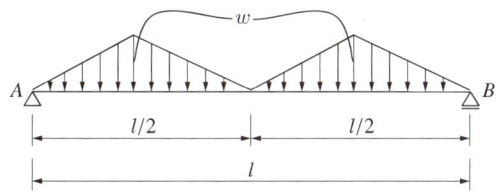

① $R_A = R_B = \dfrac{wl}{2}$ ② $R_A = R_B = \dfrac{wl}{4}$

③ $R_A = R_B = \dfrac{wl}{6}$ ④ $R_A = R_B = \dfrac{wl}{8}$

해설

하중$(P) = w \times \dfrac{l}{2} \times \dfrac{1}{2} \times 2 = \dfrac{wl}{2}$ 이며, 하중(P)에 대해 A지점과 B지점의 반력은 좌우 대칭이므로 반력$(R_A) = R_B = \dfrac{P}{2}$ 이다.

∴ $R_A = R_B = \dfrac{\frac{wl}{2}}{2} = \dfrac{wl}{4}$

42 강도설계법으로 설계된 보에서 스터럽이 부담하는 전단력이 $V_s = 265$kN일 경우 수직 스터럽의 적절한 간격은?(단, $A_v = 2 \times 127$mm²(U형 2-D13), $f_{yt} = 350$MPa, $b_w \times d = 300 \times 450$mm)

① 120mm ② 150mm
③ 180mm ④ 210mm

해설

$V_s = A_v f_{yt} \dfrac{d}{S}$ 이므로,

$S = A_v f_{yt} \dfrac{d}{V_s} = 2 \times 127 \times 350 \times \dfrac{450}{265 \times 10^3}$

≒ 150.96mm

여기서, S : 스터럽 간격
V_s : 전단보강철근(스터럽)의 전단강도
A_v : 스터럽 면적
f_{yt} : 스터럽의 항복강도
d : 보의 유효 깊이

43 부동침하의 원인과 가장 거리가 먼 것은?

① 건물이 경사지반에 근접되어 있을 경우
② 건물이 이질지반에 걸쳐 있을 경우
③ 이질의 기초구조를 적용했을 경우
④ 건물의 강도가 불균등할 경우

해설

부동침하의 원인 : 지지력 부족, 연약지반, 이질지반, 경사지반, 다른 기초구조, 지하수위 변동, 증축

44 바람의 난류로 인해서 발생되는 구조물의 동적 거동 성분을 나타내는 것으로, 평균 변위에 대한 최대 변위의 비를 통계적인 값으로 나타낸 계수는?

① 지형계수
② 가스트 영향계수
③ 풍속 고도분포계수
④ 풍력계수

해설

가스트 영향계수 : 바람의 난류로 인해 발생하는 구조물의 동적 거동 성분을 나타내는 것으로, 평균 변위에 대한 최대 변위의 비를 통계적인 값으로 나타낸다.

45 다음 용접기호에 대한 옳은 설명은?

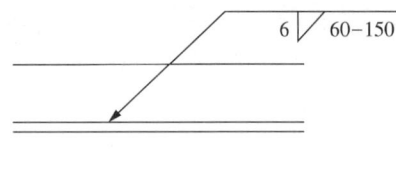

① 맞댐용접이다.
② 용접되는 부위는 화살의 반대쪽이다.
③ 유효 목두께는 6mm이다.
④ 용접길이는 60mm이다.

해설
- 필릿(모살)용접이다.
- 화살표쪽에서 용접한다.
- 용접치수(목길이)는 6mm이다.
- 용접길이는 60mm이다.
- 피치(인접한 용접부 간격)는 150mm이다.

46 그림과 같은 강접골조에 수평력 $P=10$kN이 작용하고 기둥의 강비 $k=\infty$인 경우, 기둥의 모멘트가 최대가 되는 위치 h_0는?(단, 괄호 안의 기호는 강비이다)

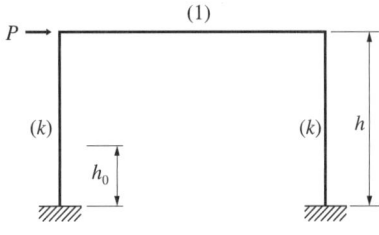

① 0
② $0.5h$
③ $(4/7)h$
④ h

해설

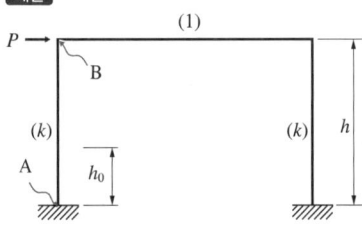

모멘트(M) = 힘(F) × 거리(D)이므로, B점의 모멘트는 0이며 ($M_B=0$), P로부터 가장 먼 거리인 A점에서 모멘트가 가장 크다 ($M_{\max}=P\times D_{AB}$). 따라서, $h_0=0$이다.

47 강구조에서 기초 콘크리트에 매입되어 주각부의 이동을 방지하는 역할을 하는 것은?

① 앵커 볼트 ② 턴 버클
③ 클립 앵글 ④ 사이드 앵글

해설
철골 주각부
- 앵커 볼트 : 기초 콘크리트에 매입되어 주각부의 이동을 방지한다.
- 턴 버클 : 변형을 막기 위해 가새를 고정하는 기구이다.
- 클립 앵글 : 베이스 플레이트와 철골 기둥의 웨브 부분을 고정시키는 접합 앵글이다.
- 사이드 앵글 : 윙 플레이트와 베이스 플레이트를 연결하는 측면에 부착하는 앵글이다.

48 그림에서 파단선 a-1-2-3-d의 인장재의 순단면적은?(단, 판두께는 10mm, 볼트 구멍지름은 22mm)

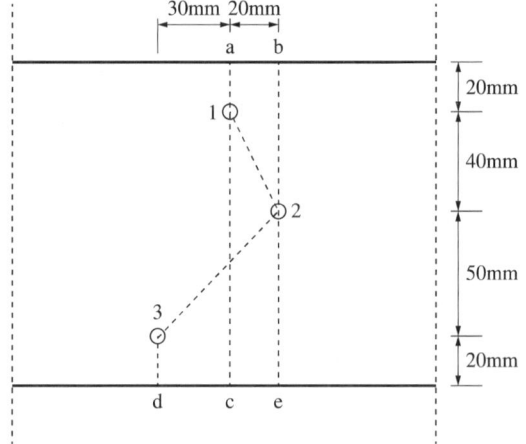

① 690mm²
② 790mm²
③ 890mm²
④ 990mm²

해설
순단면적

$$A_n = A_g - ndt + \sum \frac{P^2}{4g}t$$

$$= (130\times 10) - (3\times 22\times 10) + \left(\frac{20^2}{4\times 40} + \frac{50^2}{4\times 50}\right)\times 10$$

여기서, A_g : 전체 단면적(높이×두께), n : 볼트 개수,
d : 구멍의 지름, t : 두께, P : 피치, g : 게이지

∴ $A_n = 790$mm²

49 다음과 같은 조건의 단면을 가진 부재의 균열모멘트(M_{cr})를 구하면?

- 단면의 중립축에서 인장연단까지의 거리 : $y_t = 420mm$
- 총 단면 2차 모멘트 : $I_g = 1.0 \times 10^{10} mm^4$
- 보통중량 콘크리트 설계 기준 압축강도 : $f_{ck} = 21MPa$

① 50.6kN·m
② 53.3kN·m
③ 62.5kN·m
④ 68.8kN·m

해설

$\sigma = \dfrac{M}{I} y$ 이고, $M_{cr} = \sigma_b \times \dfrac{I_g}{y_t}$ 이다.

여기서, σ_b : 휨응력($0.63 \times \lambda \sqrt{f_{ck}}$)

I_g : 단면 2차 모멘트 $\left(\dfrac{bh^3}{12}\right)$

y_t : 중립축에서 연단까지의 거리

λ : 1.0(보통 콘크리트의 경량 콘크리트계수)

$\therefore M_{cr} = \sigma_b \times \dfrac{I_g}{y_t} = 0.63 \times \lambda \sqrt{f_{ck}} \times \dfrac{I_g}{y_t}$

$= 0.63 \times 1.0 \sqrt{21} \times \dfrac{1.0 \times 10^{10}}{420}$

$\fallingdotseq 68.74 \times 10^6 N \cdot mm \fallingdotseq 68.8kN \cdot m$

50 강도설계법에서 직접설계법을 이용한 콘크리트 슬래브 설계 시 적용조건으로 옳지 않은 것은?

① 각 방향으로 3경간 이상 연속되어야 한다.
② 슬래브판들은 단변 경간에 대한 장변 경간의 비가 2 이하인 직사각형이어야 한다.
③ 각 방향으로 연속한 받침부 중심 간 경간 차이는 긴 경간의 1/3 이하이어야 한다.
④ 모든 하중은 슬래브판의 특정지점에 작용하는 집중하중이어야 하며, 활하중은 고정하중의 3배 이하이어야 한다.

해설

콘크리트 슬래브 설계 시 직접설계법의 제한 사항
- 모든 하중은 연직하중으로서 슬래브판 전체에 등분포되는 것으로 간주하며, 활하중은 고정하중의 2배 이하로 한다.
- 각 방향으로 3경간 이상이 연속되어야 한다.
- 각 방향으로 연속한 받침부 중심 간 경간 길이의 차이는 긴 경간의 1/3 이하이어야 한다.
- 슬래브판들은 단변 경간에 대한 장변 경간의 비가 2 이하인 직사각형이어야 한다.
- 연속한 기둥 중심선으로부터 기둥의 이탈은 이탈방향 경간의 최대 10%까지 허용된다.

51 인장을 받는 이형철근의 정착길이(l_d)는 기본 정착길이(l_{db})에 보정계수를 곱하여 산정한다. 다음 중 이러한 보정계수에 영향을 미치는 사항이 아닌 것은?

① 하중계수
② 경량콘크리트계수
③ 에폭시 도막계수
④ 철근배치 위치계수

해설
이형철근의 정착길이(l_d)
- 인장 이형철근의 기본 정착길이
$$l_{db} = \frac{0.6 d_b f_y}{\lambda \sqrt{f_{ck}}}$$
- 인장 이형철근의 정착길이
$l_d = l_{db} \times 보정계수 = l_{db} \times \alpha \times \beta \times \gamma$
여기서, l_d : 철근의 정착길이
l_{db} : 철근의 기본 정착길이
d_b : 철근의 직경
f_y : 철근의 항복강도
λ : 경량콘크리트계수
f_{ck} : 콘크리트의 압축강도
α : 철근배치 위치계수
β : 에폭시 도막계수
γ : 철근의 크기계수

52 직경(D) 30mm, 길이(L) 4m인 강봉에 90kN의 인장력이 작용할 때 인장응력(σ_t)과 늘어난 길이(ΔL)는?(단, 강봉의 탄성계수 E = 200,000MPa)

① σ_t = 127.3MPa, ΔL = 1.43mm
② σ_t = 127.3MPa, ΔL = 2.55mm
③ σ_t = 132.5MPa, ΔL = 1.43mm
④ σ_t = 132.5MPa, ΔL = 2.55mm

해설
- 인장응력(σ_t) = $\frac{P}{A} = \frac{P}{\frac{\pi D^2}{4}} = \frac{4 \times P}{\pi D^2}$ (여기서, P : 인장력)

$\therefore \sigma_t = \frac{4 \times P}{\pi D^2} = \frac{4 \times 90 \times 10^3}{\pi \times 30^2} ≒ 127.3$MPa

- 늘어난 길이(ΔL) = $\frac{Pl}{AE} = \frac{4Pl}{\pi d^2 E}$

$\therefore \Delta L = \frac{4Pl}{\pi d^2 E} = \frac{4 \times 90 \times 10^3 \times 4,000}{\pi \times 30^2 \times 200,000} ≒ 2.55$mm

53 동일 재료를 사용한 캔틸레버보에서 작용하는 집중하중의 크기가 $P_1 = P_2$일 때, 보의 단면이 그림과 같다면 최대 처짐 $y_1 : y_2$의 비는?

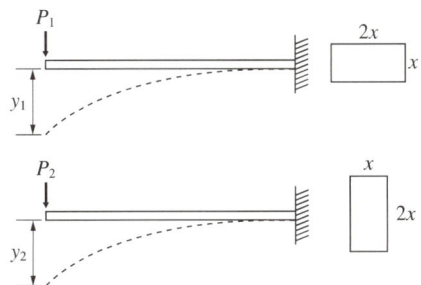

① 2 : 1
② 4 : 1
③ 8 : 1
④ 16 : 1

해설
캔틸레버의 처짐

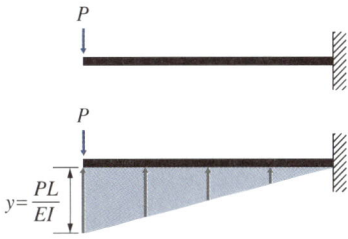

처짐$(y) = \dfrac{PL}{EI}$ 이다.

조건에서 $P_1 = P_2$, $L_1 = L_2$, 동일 재료이므로 $E_1 = E_2$ 이다.

따라서 처짐 $y_1 : y_2 = \dfrac{1}{I_1} : \dfrac{1}{I_2}$ 가 된다.

$I_1 = \dfrac{bh^3}{12} = \dfrac{2x \times x^3}{12} = \dfrac{2x^4}{12}$,

$I_2 = \dfrac{bh^3}{12} = \dfrac{x \times (2x)^3}{12} = \dfrac{8x^4}{12}$

∴ $y_1 : y_2 = \dfrac{1}{I_1} : \dfrac{1}{I_2} = \dfrac{12}{2x^4} : \dfrac{12}{8x^4} = 4 : 1$

54 인장시험을 통하여 얻어진 탄소강의 응력-변형도 곡선에서 변형도 경화영역의 최대 응력을 의미하는 것은?

① 인장강도
② 항복강도
③ 탄성강도
④ 비례한도

해설
강의 응력-변형률 곡선

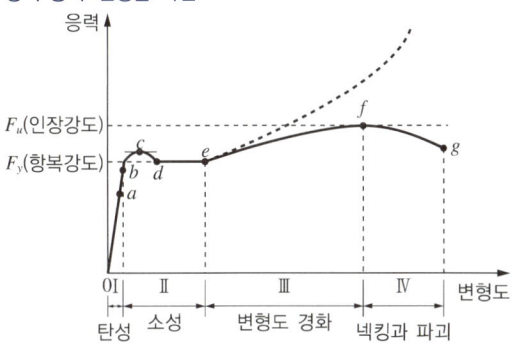

- 비례한도(a) : 응력과 변형도가 비례하여 선형관계를 유지하는 한계의 응력
- 탄성한도(b) : 하중을 가하였다가 제거하면 원점으로 돌아가는 지점
- 상항복점(c) : 항복하기 이전의 최대 하중을 원단면적으로 나눈 값
- 하항복점(d) : 강재의 항복강도
- 변형도 경화시점(e) : 항복강도 이상의 저항능력이 다시 나타나는 시점
- 인장강도(f) : 변형도 경화영역의 최대 응력
- 파괴점(g) : 파괴되는 강도

55 고층건물의 구조 형식 중에서 건물의 중간층에 대형 수평부재를 설치하여 횡력을 외곽기둥이 분담할 수 있도록 한 형식은?

① 트러스 구조
② 골조 아웃리거 구조
③ 튜브 구조
④ 스페이스 프레임 구조

해설
② 골조 아웃리거 구조 : 건물의 중간층에 대형 수평부재를 설치하여 외곽기둥이 횡력을 분담할 수 있도록 한다.
① 트러스 구조 : 여러 개의 직선 부재들을 한 개 또는 그 이상의 삼각형 형태로 배열하여 각 부재를 절점에서 연결하여 구성한 뼈대 구조이다.
③ 튜브 구조 : 외벽을 강한 외피로 둘러싸서, 외부 벽체가 마치 튜브와 같은 역할로써 수평하중을 지탱시켜 주는 역할을 한다.
④ 스페이스 프레임 구조 : 부재의 입체적 조립으로 대공간으로 만드는 구조시스템으로 철골구조와 같은 대스팬 구조물에 적용하며 경량이고 강성이 크다.

56 그림과 같은 기둥단면이 300mm×300mm인 사각형 단주에서 기둥에 발생하는 최대 압축응력은? (단, 부재의 재질은 균등한 것으로 본다)

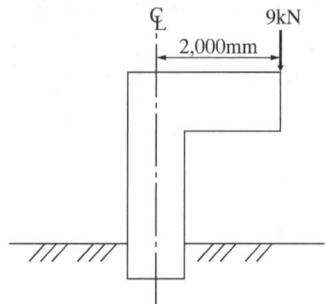

① -2.0MPa
② -2.6MPa
③ -3.1MPa
④ -4.1MPa

해설
1축 편심축 하중이 작용하는 경우
하중이 한 쪽에 편심되어 작용하면 축방향 응력을 받는 동시에 편심 모멘트에 의한 휨응력도 같이 받는다.

응력(σ) = 축응력 ± 휨응력 = $\dfrac{P}{A} \pm \dfrac{M}{Z}$

여기서, P : 중심축 하중
A : 단면적
Z : 직사각형 보의 단면계수 $\left(\dfrac{bh^2}{6}\right)$

$\therefore \sigma = \dfrac{9,000}{300 \times 300} + \dfrac{9,000 \times 2,000}{\dfrac{300 \times 300^2}{6}} = 0.1 + 4.0 = 4.1$MPa이며,

압축응력을 구해야 하므로 -4.1MPa이다.

57 다음 그림과 같은 트러스의 반력 R_A와 R_B는?

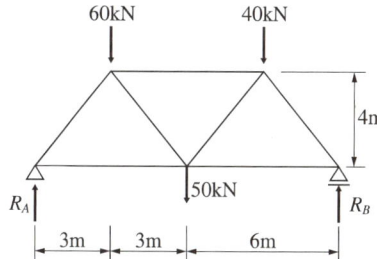

① $R_A = 60$kN, $R_B = 90$kN
② $R_A = 70$kN, $R_B = 80$kN
③ $R_A = 80$kN, $R_B = 70$kN
④ $R_A = 100$kN, $R_B = 50$kN

해설

$P_1 = 60$kN일 때, $R_A = 60 \times \dfrac{9}{12} = 45$kN, $R_B = 60 \times \dfrac{3}{12} = 15$kN

$P_2 = 40$kN일 때, $R_A = 40 \times \dfrac{3}{12} = 10$kN, $R_B = 40 \times \dfrac{9}{12} = 30$kN

$P_3 = 50$kN일 때, $R_A = R_B = \dfrac{P_3}{2} = 25$kN

P_1, P_2, P_3에 대한 각각의 R_A와 R_B의 합계로서 반력을 구한다.

∴ $R_A = 45 + 10 + 25 = 80$kN, $R_B = 15 + 30 + 25 = 70$kN

58 점 A에 작용하는 두 개의 힘 P_1과 P_2의 합력을 구하면?

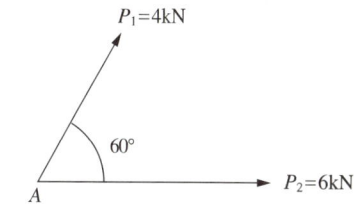

① $\sqrt{72}$ kN
② $\sqrt{74}$ kN
③ $\sqrt{76}$ kN
④ $\sqrt{78}$ kN

해설

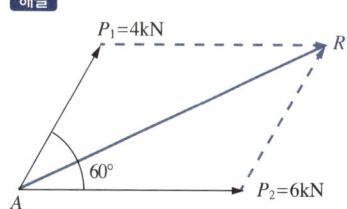

합력$(R) = \sqrt{(P_1^2 + P_2^2) + 2P_1 P_2 \cos\theta}$
$= \sqrt{(4^2 + 6^2) + 2 \times 4 \times 6 \times \dfrac{1}{2}} = \sqrt{76}$ kN

59 표준갈고리를 갖는 인장 이형철근(D13)의 기본 정착길이는?(단, D13의 공칭지름 : 12.7mm, $f_{ck} = 27$MPa, $f_y = 400$MPa, $\beta = 1.0$, $m_c = 2{,}300$kg/m³)

① 190mm ② 205mm
③ 220mm ④ 235mm

해설

기본 정착길이

$l_{hb} = \dfrac{0.24\beta d_b f_y}{\lambda\sqrt{f_{ck}}}$

$m_c = 2{,}300$kg/m³는 보통중량 콘크리트이므로, 콘크리트 계수(λ)는 1.0이다.

∴ $l_{hb} = \dfrac{0.24\beta d_b f_y}{\lambda\sqrt{f_{ck}}} = \dfrac{0.24 \times 1.0 \times 12.7 \times 400}{1.0 \times \sqrt{27}} \fallingdotseq 235$mm

정답 57 ③ 58 ③ 59 ④

60 H형강이 사용된 압축재의 양단이 핀으로 지지되고 부재 중간에서 x축 방향으로만 이동할 수 없도록 지지되어 있다. 부재의 전 길이가 4m일 때 세장비는?(단, $r_x = 8.62$cm, $r_y = 5.02$cm)

① 26.4
② 36.4
③ 46.4
④ 56.4

해설

세장비

세장비$(\lambda) = \dfrac{KL}{r}$

양단힌지 $K = 1$이며, 약축방향 중간 횡지지는 $\dfrac{L}{2}$을 적용한다.

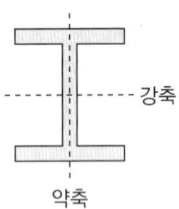

강축(λ_x) = $\dfrac{1 \times 400}{8.62} ≒ 46.4$

약축(λ_y) = $\dfrac{1 \times 400 \times \dfrac{1}{2}}{5.02} ≒ 39.8$

부재의 세장비는 둘 중 큰 값이므로, $\lambda = 46.4$이다.

제4과목 건축설비

61 실내에 4,500W를 발열하고 있는 기기가 있다. 이 기기의 발열로 인해 실내 온도 상승이 생기지 않도록 환기를 하려고 할 때, 필요한 최소 환기량은?(단, 공기의 밀도 1.2kg/m³, 비열 1.01kJ/kg · K, 실내온도 20℃, 외기온도 0℃이다)

① 약 452m³/h
② 약 668m³/h
③ 약 856m³/h
④ 약 928m³/h

해설

최소 환기량

$Q = m \cdot c \cdot \Delta t$에서,

$m = \dfrac{Q}{c \cdot \Delta t} = \dfrac{4.5 \times 3,600 \text{kJ/h}}{1.01 \text{kJ/kg} \cdot \text{K} \times (293 - 273)\text{K}} ≒ 802 \text{kg/h}$

환기량 = $\dfrac{질량}{밀도} = \dfrac{802 \text{kg/h}}{1.2 \text{kg/m}^3} ≒ 668 \text{m}^3/\text{h}$

여기서, Q : 발열량(W/h)
m : 질량(kg/h)
c : 비열(kJ/kg · K)
Δt : 온도차

62 주위 온도가 일정온도 이상이 되면 동작하는 자동화재탐지설비의 감지기는?

① 이온화식 감지기
② 차동식 스폿형 감지기
③ 정온식 스폿형 감지기
④ 광전식 스폿형 감지기

해설

자동화재탐지설비 작동 방식
• 정온식 : 일정 온도 감지
• 이온화식 : 연기 입자 때문에 이온 전류가 변화하는 것을 이용하여 감지
• 차동식 : 온도 상승률 감지
• 광전식 : 연기 입자로 광전 소자에 대한 입사광량이 변화하는 것을 이용하여 감지

63 습공기의 엔탈피에 관한 설명으로 옳은 것은?

① 건구온도가 높을수록 커진다.
② 절대습도가 높을수록 작아진다.
③ 수증기의 엔탈피에서 건공기의 엔탈피를 뺀 값이다.
④ 습공기를 냉각·가습할 경우, 엔탈피는 항상 감소한다.

해설
습공기의 엔탈피
- 절대습도가 높을수록 커진다.
- 수증기의 엔탈피에서 건공기의 엔탈피를 합한 값이다.
- 습공기를 냉각·가습할 경우, 엔탈피는 증가한다.

64 조명기구의 배광에 따른 분류 중 직접조명형에 관한 설명으로 옳은 것은?

① 상향광속과 하향광속이 거의 동일하다.
② 천장을 주광원으로 이용하므로 천장의 색에 대한 고려가 필요하다.
③ 매우 넓은 면적이 광원으로서의 역할을 하기 때문에 직사 눈부심이 없다.
④ 작업면에 고조도를 얻을 수 있으나 심한 휘도차 및 짙은 그림자가 생긴다.

해설
직접조명형의 경우 하향광속이 상향광속에 비해 많다. ②·③은 간접조명형에 대한 설명이다.

65 다음 중 건축물 실내공간의 잔향시간에 가장 큰 영향을 주는 것은?

① 실의 용적　　② 음원의 위치
③ 벽체의 두께　　④ 음원의 음압

해설
실의 용적은 실내공간의 잔향시간에 가장 큰 영향을 주며, 용적이 클수록 잔향시간은 길다.

66 다음 설명에 알맞은 통기관의 종류는?

> 기구가 반대 방향(좌우분기) 또는 병렬로 설치된 기구배수관의 교점에 접속하여 입상하며, 그 양 기구의 트랩 봉수를 보호하기 위한 1개의 통기관을 말한다.

① 공용통기관　　② 결합통기관
③ 각개통기관　　④ 신정통기관

해설
통기관의 종류
- 공용통기관 : 기구가 반대 방향 또는 병렬로 설치된 기구배수관의 교점에 접속하여 입상하며, 그 양 기구의 트랩봉수를 보호하기 위한 1개의 통기관
- 결합통기관 : 고층의 5개 층마다 통기 수직관과 배수 수직관을 연결하는 통기관
- 각개통기관 : 위생기구 1개마다 1개씩 설치하는 통기관
- 신정통기관 : 배수 수직관의 상단을 연장하여 대기 중(옥상)으로 개방하는 통기관

정답 63 ① 64 ④ 65 ① 66 ①

67 습공기가 냉각되어 포함되어 있던 수증기가 응축되기 시작하는 온도를 의미하는 것은?

① 노점온도 ② 습구온도
③ 건구온도 ④ 절대온도

해설
- 노점온도 : 습공기의 냉각으로 포함되어 있던 수증기가 응축되기 시작하는 온도
- 습구온도 : 온도계의 감온부를 젖은 헝겊으로 감싸고 3m/s 이상의 바람이 불 때 측정되는 온도
- 건구온도 : 온도계의 감지부를 공기 중에 직접 노출시킨 조건에서 측정한 온도

68 변전실에 관한 설명으로 옳지 않은 것은?

① 건축물의 최하층에 설치하는 것이 원칙이다.
② 용량의 증설에 대비한 면적을 확보할 수 있는 장소로 한다.
③ 사용부하의 중심에 가깝고, 간선의 배선이 용이한 곳으로 한다.
④ 변전실의 높이는 바닥의 케이블트렌치 및 무근 콘크리트 설치 여부 등을 고려한 유효높이로 한다.

해설
변전실의 위치
- 건물 전체의 부하 중심에 가까운 곳
- 통풍 및 채광이 양호하며 습기가 적은 곳
- 기기의 반출입과 전원 인입이 용이한 곳
- 용량의 증설에 대비한 면적을 확보할 수 있는 곳
- 바닥의 케이블트렌치 및 무근 콘크리트 설치 여부 등을 고려한 유효높이로 할 것

69 10Ω의 저항 10개를 직렬로 접속할 때의 합성저항은 병렬로 접속할 때 합성저항의 몇 배가 되는가?

① 5배 ② 10배
③ 50배 ④ 100배

해설
합성저항

직렬의 합성저항 $= R_1 + R_2 + R_3 + \cdots = 10\Omega \times 10$개 $= 100\Omega$

병렬의 합성저항 $= \dfrac{1}{\left(\dfrac{1}{R_1} + \dfrac{1}{R_2} + \dfrac{1}{R_3} + \cdots\right)} = \dfrac{1}{\left(\dfrac{1}{10\Omega} \times 10개\right)} = 1\Omega$

따라서 직렬저항은 병렬저항의 100배가 된다.

※ 동일한 저항 N개를 접속할 때의 합성저항값
- 직렬 합성저항 $= N \times R\,\Omega$
- 병렬 합성저항 $= \dfrac{R}{N}\,\Omega$

70 증기난방에 관한 설명으로 옳지 않은 것은?

① 응축수 환수관 내에 부식이 발생하기 쉽다.
② 동일 방열량인 경우 온수난방에 비해 방열기의 방열면적이 작아도 된다.
③ 방열기를 바닥에 설치하므로 복사난방에 비해 실내바닥의 유효면적이 줄어든다.
④ 온수난방에 비해 예열시간이 길어서 충분한 난방감을 느끼는 데 시간이 걸린다.

해설
증기난방은 온수난방에 비해 예열시간이 짧아서 충분한 난방감을 느끼는 데 시간이 덜 소요된다.

정답 67 ① 68 ① 69 ④ 70 ④

71 건구온도 26℃인 실내공기 8,000m³/h와 건구온도 32℃인 외부공기 2,000m³/h를 단열혼합하였을 때 혼합공기의 건구온도는?

① 27.2℃
② 27.6℃
③ 28.0℃
④ 29.0℃

해설
혼합공기의 온도
$$t_3 = \frac{(Q_1 \times t_1)+(Q_2 \times t_2)}{Q_1+Q_2} = \frac{(8,000 \times 26)+(2,000 \times 32)}{8,000+2,000}$$
$= 27.2℃$
여기서, Q_1, Q_2 : 혼합 전 공기의 양
t_1, t_2 : 혼합 전 공기의 온도
t_3 : 혼합 후 공기의 온도

72 다음의 스프링클러설비의 화재안전기준 내용 중 ( ) 안에 알맞은 것은?

> 전동기에 따른 펌프를 이용하는 가압송수장치의 송수량은 0.1MPa의 방수압력 기준으로 ( ) 이상의 방수성능을 가진 기준 개수의 모든 헤드로부터의 방수량을 충족시킬 수 있는 양 이상으로 할 것

① 80L/min
② 90L/min
③ 110L/min
④ 130L/min

해설
가압송수장치(스프링클러설비의 화재안전성능기준, NFPC 103)
전동기에 따른 펌프를 이용하는 가압송수장치의 송수량은 0.1 MPa의 방수압력 기준으로 80L/min 이상의 방수성능을 가진 기준 개수의 모든 헤드로부터의 방수량을 충족시킬 수 있는 양 이상으로 할 것

73 다음 설명에 알맞은 요운전원 엘리베이터 조작방식은?

> 기동은 운전원의 버튼 조작으로 하며, 정지는 목적층 단추를 누르는 것과 승강장의 호출신호로 층의 순서대로 자동 정지한다.

① 카 스위치방식
② 전자동군관리방식
③ 레코드 컨트롤방식
④ 시그널 컨트롤방식

해설
엘리베이터 조작방식
- 시그널 컨트롤(신호 운전)방식 : 기동은 운전원의 버튼 조작으로 하며, 정지는 목적층 단추를 누르는 것과 승강장의 호출신호로 순서대로 자동 정지하는 방식
- 카 스위치방식 : 운전원이 조작반의 핸들로 시동을 조작하는 방식
- 전자동군관리방식 : 승객이 승강장에서 카 호출버튼을 눌렀을 때 승강기의 위치나 승차비율에 따른 최적의 엘리베이터를 배차하는 방식
- 레코드 컨트롤(기록 운전)방식 : 운전원이 승객의 목적층과 승강장의 호출신호를 보고 조작반의 단추를 누르면 목적층 순서대로 자동 정지하는 방식

74 가스설비에서 LPG에 관한 설명으로 옳지 않은 것은?

① 공기보다 무겁다.
② LNG에 비해 발열량이 작다.
③ 순수한 LPG는 무색, 무취이다.
④ 액화하면 체적이 1/250 정도가 된다.

해설
LPG는 LNG에 비해 발열량이 크다.

75 각종 급수방식에 관한 설명으로 옳지 않은 것은?

① 수도직결방식은 정전으로 인한 단수의 염려가 없다.
② 압력수조방식은 단수 시에 일정량의 급수가 가능하다.
③ 수도직결방식은 위생 및 유지·관리 측면에서 가장 바람직한 방식이다.
④ 고가수조방식은 수도 본관의 영향에 따라 급수 압력의 변화가 심하다.

해설
고가수조방식은 급수 압력을 일정하게 유지할 수 있다. ④는 수도직결방식에 대한 설명이다.

76 길이 20m, 지름 400mm의 덕트에 평균속도 12m/s로 공기가 흐를 때 발생하는 마찰저항은?(단, 덕트의 마찰저항계수는 0.02, 공기의 밀도는 1.2kg/m³이다)

① 7.3Pa ② 8.6Pa
③ 73.2Pa ④ 86.4Pa

해설
달시-바이스바하 방정식

마찰저항(Hf) = $f \times \dfrac{L}{D} \times \dfrac{\rho V^2}{2g}$

∴ $Hf = 0.02 \times \dfrac{20}{0.4} \times \dfrac{1.2 \times 12^2}{2 \times 9.8} \times 9.8 = 86.4$Pa

여기서, f : 관마찰손실계수(도표 또는 경험식으로 구함)
L : 관 길이(m)
D : 관 내경(m)
ρ : 밀도
V : 해당 관 내의 평균유속(m/s)
g : 중력가속도(9.8m/s²)

※ 1kgf = 9.8N, 1N/m² = 1Pa, 1kgf/m² = 9.8Pa

77 압축식 냉동기의 냉동사이클을 옳게 나타낸 것은?

① 압축 → 응축 → 팽창 → 증발
② 압축 → 팽창 → 응축 → 증발
③ 응축 → 증발 → 팽창 → 압축
④ 팽창 → 증발 → 응축 → 압축

해설
냉동기의 냉동사이클
• 압축식 냉동기 : 압축 → 응축 → 팽창 → 증발
• 흡수식 냉동기 : 흡수 → 재생 → 응축 → 증발

78 다음 중 급수배관계통에서 공기빼기 밸브를 설치하는 가장 주된 이유는?

① 수격작용을 방지하기 위하여
② 배관 내면의 부식을 방지하기 위하여
③ 배관 내 유체의 흐름을 원활하게 하기 위하여
④ 배관 표면에 생기는 결로를 방지하기 위하여

해설
공기빼기 밸브는 배관 내 유체의 흐름을 원활하게 하기 위하여 설치한다.

정답 75 ④ 76 ④ 77 ① 78 ③

79 배수트랩의 봉수파괴 원인 중 통기관을 설치함으로써 봉수파괴를 방지할 수 있는 것이 아닌 것은?

① 분출 작용
② 모세관 작용
③ 자기사이펀 작용
④ 유도사이펀 작용

해설
모세관 작용을 방지하기 위해서는 거름망을 설치해야 한다.
봉수파괴 방지방법
- 자기사이펀 작용, 유도사이펀 작용(흡출 작용, 감압 흡인 작용), 토출 작용(역압 분출 작용) : 통기관 설치
- 증발 현상 : 기름을 흘려보내서 유막 형성, 사용 빈도 증가
- 관성에 의한 파괴 : 격자 석쇠 설치

80 저압옥내 배선공사 중 직접 콘크리트에 매설할 수 있는 공사는?

① 금속관 공사
② 금속덕트 공사
③ 버스덕트 공사
④ 금속몰드 공사

제5과목 건축관계법규

81 판매시설 용도이며 지상 각 층의 거실면적이 2,000m²인 15층의 건축물에 설치하여야 하는 승용 승강기의 최소 대수는?(단, 16인승 승강기이다)

① 2대
② 4대
③ 6대
④ 8대

해설
판매시설 용도의 승용 승강기 설치 대수는 6층 이상의 거실면적 합계가 3,000m²를 초과하는 경우, 2대에 3,000m²를 초과하는 2,000m² 이내마다 1대의 비율로 더한 대수 이상으로 한다.
따라서, 10개층 거실면적 합계는 20,000m²이며,

$$2대 + \frac{(20,000 - 3,000)m^2}{2,000m^2}대 = 10.5대이므로,$$

11대를 설치해야 하지만, 16인승 이상 승강기는 2대로 계산하므로 6대를 설치하여야 한다.

82 다음 중 건축물 관련 건축기준의 허용되는 오차 범위(%)가 가장 큰 것은?

① 평면 길이
② 출구 너비
③ 반자 높이
④ 바닥판 두께

해설
건축물 관련 건축기준의 허용오차

항 목	허용되는 오차의 범위
건축물 높이	2% 이내(1m를 초과할 수 없다)
평면 길이	2% 이내 (건축물 길이는 1m를 초과할 수 없고, 벽으로 구획된 각 실은 10cm를 초과할 수 없다)
출구 너비	2% 이내
반자 높이	2% 이내
벽체 두께	3% 이내
바닥판 두께	3% 이내

정답 79 ② 80 ① 81 ③ 82 ④

83 다음 중 내화구조에 해당하지 않는 것은?(단, 외벽 중 비내력벽인 경우)

① 철근콘크리트조로서 두께가 7cm인 것
② 무근콘크리트조로서 두께가 7cm인 것
③ 골구를 철골조로 하고 그 양면을 두께 3cm의 철망모르타르로 덮은 것
④ 철재로 보강된 콘크리트블록조로서 철재에 덮은 콘크리트블록의 두께가 3cm인 것

해설
외벽 중 비내력벽인 경우의 내화구조 기준
- 철근콘크리트조 또는 철골철근콘크리트조로서 두께가 7cm 이상인 것
- 골구를 철골조로 하고 그 양면을 두께 3cm 이상의 철망모르타르 또는 두께 4cm 이상의 콘크리트블록·벽돌 또는 석재로 덮은 것
- 철재로 보강된 콘크리트블록조·벽돌조 또는 석조로서 철재에 덮은 콘크리트블록 등의 두께가 4cm 이상인 것
- 무근콘크리트조·콘크리트블록조·벽돌조 또는 석조로서 그 두께가 7cm 이상인 것

84 중앙도시계획위원회에 관한 설명으로 틀린 것은?

① 위원장·부위원장 각 1명을 포함한 25명 이상 30명 이하의 위원으로 구성한다.
② 위원장은 국토교통부장관이 되고, 부위원장은 위원 중 국토교통부장관이 임명한다.
③ 공무원이 아닌 위원의 수는 10명 이상으로 하고, 그 임기는 2년으로 한다.
④ 도시·군계획에 관한 조사·연구 업무를 수행한다.

해설
중앙도시계획위원회의 위원장과 부위원장은 국토교통부장관이 위원 중에서 임명한다.

85 다음은 건축법령상 직통계단의 설치에 관한 기준 내용이다. ( ) 안에 알맞은 것은?

> 초고층 건축물에는 피난층 또는 지상으로 통하는 직통계단과 직접 연결되는 피난안전구역(건축물의 피난·안전을 위하여 건축물 중간층에 설치하는 대피공간)을 지상층으로부터 최대 ( )층마다 1개소 이상 설치하여야 한다.

① 10개
② 20개
③ 30개
④ 40개

해설
직통계단의 설치(건축법 시행령 제34조)
초고층 건축물에는 피난층 또는 지상으로 통하는 직통계단과 직접 연결되는 피난안전 구역을 지상층으로부터 최대 30개 층마다 1개소 이상 설치하여야 한다.

86 다음은 승용 승강기의 설치기준에 관한 내용이다. ( ) 안의 대통령령으로 정하는 건축물에 대한 기준으로 옳은 것은?

> 건축주는 6층 이상으로서 연면적이 2,000m² 이상인 건축물(대통령령으로 정하는 건축물은 제외한다)을 건축하려면 승강기를 설치하여야 한다.

① 층수가 6층인 건축물로서 각 층 거실의 바닥면적 300m² 이내마다 1개소 이상의 직통계단을 설치한 건축물
② 층수가 6층인 건축물로서 각 층 거실의 바닥면적 500m² 이내마다 1개소 이상의 직통계단을 설치한 건축물
③ 층수가 10층인 건축물로서 각 층 거실의 바닥면적 300m² 이내마다 1개소 이상의 직통계단을 설치한 건축물
④ 층수가 10층인 건축물로서 각 층 거실의 바닥면적 500m² 이내마다 1개소 이상의 직통계단을 설치한 건축물

해설
승용 승강기의 설치(건축법 시행령 제89조)
법 제64조에서 대통령령으로 정하는 건축물이란 층수가 6층인 건축물로서 각 층 거실의 바닥면적 300m² 이내마다 1개소 이상의 직통계단을 설치한 건축물을 말한다.

87 주차장의 용도와 판매시설이 복합한 연면적 20,000m²인 건축물이 주차전용건축물로 인정받기 위해서는 주차장으로 사용되는 부분의 면적이 최소 얼마 이상이어야 하는가?

① 6,000m²   ② 10,000m²
③ 14,000m² ④ 19,500m²

해설
주차전용건축물은 건축물의 연면적 중 주차장으로 사용되는 부분의 면적이 70% 이상이어야 하므로, 20,000 × 0.7 = 14,000m² 이상이어야 한다.

88 건축법령상 건축을 하는 경우 조경 등의 조치를 하지 아니할 수 있는 건축물 기준으로 틀린 것은?(단, 옥상 조경 등 대통령령으로 따로 기준을 정하는 경우는 고려하지 않는다)

① 축 사
② 녹지지역에 건축하는 건축물
③ 연면적의 합계가 2,000m² 미만인 공장
④ 면적 5,000m² 미만인 대지에 건축하는 공장

해설
대지의 조경(건축법 시행령 제27조)
다음에 해당하는 건축물에 대하여는 조경 등의 조치를 하지 아니할 수 있다.
• 녹지지역에 건축하는 건축물
• 면적 5,000m² 미만인 대지에 건축하는 공장
• 연면적 합계가 1,500m² 미만인 공장
• 산업단지 안의 공장, 염분이 함유되어 있는 대지
• 축사, 가설건축물
• 연면적 합계가 1,500m² 미만인 물류시설(주거지역 또는 상업지역에 건축하는 것은 제외)

89 시가화 조정구역에서 시가화 유보기간으로 정하는 기간 기준은?

① 1년 이상 5년 이내
② 3년 이상 10년 이내
③ 5년 이상 20년 이내
④ 10년 이상 30년 이내

해설
시가화 조정구역 : 도시지역과 그 주변지역의 무질서한 시가화를 방지하고 계획적·단계적인 개발을 도모하기 위하여 일정기간 시가화를 유보할 필요가 있다고 인정되는 지역에 대하여 도시·군관리계획으로 결정·고시한 구역이다. 시가화를 유보하는 기간은 5년 이상 20년 이내로 한다.

정답 86 ① 87 ③ 88 ③ 89 ③

90 공동주택과 오피스텔의 난방설비를 개별난방방식으로 하는 경우의 기준으로 틀린 것은?

① 보일러실의 윗부분에는 그 면적이 $0.5m^2$ 이상인 환기창을 설치할 것
② 보일러는 거실 외의 곳에 설치하되, 보일러를 설치하는 곳과 거실 사이의 경계벽은 출입구를 제외하고는 내화구조의 벽으로 구획할 것
③ 보일러의 연도는 방화구조로서 개별연도로 설치할 것
④ 기름보일러를 설치하는 경우 기름저장소를 보일러실 외의 다른 곳에 설치할 것

해설
개별난방설비 등(건축물의 설비기준 등에 관한 규칙 제13조)
보일러의 연도는 내화구조로서 공동연도로 설치할 것

91 건축물의 층수 산정에 관한 기준이 틀린 것은?

① 지하층은 건축물의 층수에 산입하지 아니한다.
② 층의 구분이 명확하지 아니한 건축물은 그 건축물의 높이 4m마다 하나의 층으로 보고 그 층수를 산정한다.
③ 건축물이 부분에 따라 그 층수가 다른 경우에는 바닥면적에 따라 가중평균한 층수를 그 건축물의 층수로 본다.
④ 계단탑으로서 그 수평투영면적의 합계가 해당 건축물 건축면적의 8분의 1 이하인 것은 건축물의 층수에 산입하지 아니한다.

해설
면적 등의 산정방법(건축법 시행령 제119조)
건축물이 부분에 따라 그 층수가 다른 경우에는 그중 가장 많은 층수를 그 건축물의 층수로 본다.

92 특별시장·광역시장·특별자치시장·특별자치도지사·시장 또는 군수가 관할 구역의 도시·군기본계획에 대하여 타당성을 전반적으로 재검토하여 정비하여야 하는 기간의 기준은?

① 5년
② 10년
③ 15년
④ 20년

해설
특별시장·광역시장·특별자치시장·특별자치도지사·시장 또는 군수는 5년마다 관할 구역의 도시·군기본계획에 대하여 타당성을 전반적으로 재검토하여 정비하여야 한다.

93 국토의 계획 및 이용에 관한 법령상 주거지역의 세분 중 중층주택을 중심으로 편리한 주거환경을 조성하기 위하여 지정하는 용도지역은?

① 제1종 일반주거지역
② 제2종 일반주거지역
③ 제1종 전용주거지역
④ 제2종 전용주거지역

해설
용도지역의 세분(국토의 계획 및 이용에 관한 법률 시행령 제30조)
제2종 일반주거지역은 중층주택을 중심으로 편리한 주거환경을 조성하기 위하여 필요한 지역이다.

90 ③ 91 ③ 92 ① 93 ②

94 사용승인을 받는 즉시 건축물의 내진능력을 공개하여야 하는 대상 건축물의 층수 기준은?(단, 목구조 건축물의 경우이며 기타의 경우는 고려하지 않는다)

① 2층 이상 ② 3층 이상
③ 6층 이상 ④ 16층 이상

해설
건축물의 내진능력 공개(건축법 제48조의3)
다음의 어느 하나에 해당하는 건축물을 건축하고자 하는 자는 사용승인을 받는 즉시 건축물이 지진 발생 시에 견딜 수 있는 능력을 공개하여야 한다.
• 층수 : 2층 이상인 건축물(목구조 건축물의 경우 3층 이상)
• 연면적
  - 200m² 이상인 건축물(목구조 건축물의 경우 500m² 이상)
  - 창고, 축사, 작물재배사, 표준설계도서 건축물 제외
• 높이 : 13m 이상인 건축물
• 처마높이 : 9m 이상인 건축물
• 기둥과 기둥 사이의 거리(경간) : 10m 이상인 건축물
• 중요도 특 또는 중요도 1에 해당하는 건축물 : 용도 및 규모 고려
• 국가적 문화유산 : 보존할 가치가 있는 박물관·기념관 등 연면적 합계 5,000m² 이상
• 특수구조 건축물 중 한쪽 끝은 고정되고, 다른 끝은 지지되지 아니한 구조로 된 보·차양 등이 외벽의 중심선으로부터 3m 이상 돌출된 건축물
• 특수구조 건축물 중 특수한 설계·시공·공법 등이 필요한 건축물로서 국토교통부장관이 정하여 고시하는 구조로 된 건축물
• 단독주택 및 공동주택

95 특별피난계단의 구조에 관한 기준 내용으로 틀린 것은?

① 계단은 내화구조로 하되, 피난층 또는 지상까지 직접 연결되도록 한다.
② 계단실 및 부속실의 실내에 접하는 부분의 마감은 불연재료로 한다.
③ 출입구의 유효너비는 0.9m 이상으로 하고 피난의 방향으로 열 수 있도록 한다.
④ 건축물의 내부에서 노대 또는 부속실로 통하는 출입구에는 30분 방화문을 설치하고, 노대 또는 부속실로부터 계단실로 통하는 출입구에는 60분 방화문을 설치하도록 한다.

해설
피난계단 및 특별피난계단의 구조(건축물의 피난·방화구조 등의 기준에 관한 규칙 제9조)
건축물의 내부에서 노대 또는 부속실로 통하는 출입구에는 60+방화문 또는 60분 방화문을 설치하고, 노대 또는 부속실로부터 계단실로 통하는 출입구에는 60+방화문, 60분 방화문 또는 30분 방화문을 설치하도록 한다.

96 건축허가 대상 건축물이라 하더라도 건축신고를 하면 건축허가를 받은 것으로 보는 경우에 속하지 않는 것은?(단, 층수가 2층인 건축물의 경우)

① 바닥면적의 합계가 75m²의 증축
② 바닥면적의 합계가 75m²의 재축
③ 바닥면적의 합계가 75m²의 개축
④ 연면적이 250m²인 건축물의 대수선

해설
건축신고(건축법 제14조)
건축허가 대상 건축물이라 하더라도 다음의 어느 하나에 해당하는 경우에는 미리 신고를 하면 건축허가를 받은 것으로 본다.
• 바닥면적의 합계가 85m² 이내의 증축·개축 또는 재축
• 관리지역, 농림지역 또는 자연환경보전지역에서 연면적이 200m² 미만이고, 3층 미만인 건축물의 건축(다음의 어느 하나에 해당하는 구역에서의 건축은 제외)
  - 지구단위계획구역
  - 방재지구 등 재해취약지역으로서 대통령령으로 정하는 구역
• 연면적이 200m² 미만이고, 3층 미만인 건축물의 대수선
• 주요구조부의 해체가 없는 등 대통령령으로 정하는 대수선
• 그 밖에 소규모 건축물로서 대통령령으로 정하는 건축물의 건축

97 건축지도원에 관한 내용으로 틀린 것은?

① 건축지도원은 특별자치시·특별자치도 또는 시·군·구에 근무하는 건축직렬의 공무원과 건축에 관한 학식이 풍부한 자 중에서 지정한다.
② 건축지도원의 자격과 업무 범위는 건축조례로 정한다.
③ 건축설비가 법령 등에 적합하게 유지·관리되고 있는지 확인·지도 및 단속한다.
④ 허가를 받지 아니하거나 신고를 하지 아니하고 건축하거나 용도 변경한 건축물을 단속한다.

해설
건축지도원(건축법 제37조 제2항)
건축지도원의 자격과 업무 범위 등은 대통령령으로 정한다.

98 다음 노외주차장의 구조 및 설비 기준에 관한 내용 중 ( ) 안에 알맞은 것은?

> 자동차용 승강기로 운반된 자동차가 주차구획까지 자주식으로 들어가는 노외주차장의 경우에는 주차 대수 ( )마다 1대의 자동차용 승강기를 설치하여야 한다.

① 10대　　② 20대
③ 30대　　④ 40대

해설
노외주차장의 구조·설비기준(주차장법 시행규칙 제6조)
자동차용 승강기로 운반된 자동차가 주차구획까지 자주식으로 들어가는 노외주차장의 경우에는 주차 대수 30대마다 1대의 자동차용 승강기를 설치하여야 한다.

99 비상용 승강기의 승강장에 설치하는 배연설비의 구조에 관한 기준 내용으로 틀린 것은?

① 배연구 및 배연풍도는 불연재료로 할 것
② 배연구는 평상시에는 열린 상태를 유지할 것
③ 배연구가 외기에 접하지 아니하는 경우에는 배연기를 설치할 것
④ 배연기는 배연구의 열림에 따라 자동적으로 작동하고, 충분한 공기배출 또는 가압능력이 있을 것

해설
배연설비(건축물의 설비기준 등에 관한 규칙 제14조 제2항)
특별피난계단 및 비상용 승강기의 승강장에 설치하는 배연설비의 구조는 다음의 기준에 적합하여야 한다.
• 배연구 및 배연풍도는 불연재료로 하고, 화재가 발생한 경우 원활하게 배연시킬 수 있는 규모로서 외기 또는 평상시에 사용하지 아니하는 굴뚝에 연결할 것
• 배연구에 설치하는 수동개방장치 또는 자동개방장치(열감지기 또는 연기감지기에 의한 것)는 손으로도 열고 닫을 수 있도록 할 것
• 배연구는 평상시에는 닫힌 상태를 유지하고, 연 경우에는 배연에 의한 기류로 인하여 닫히지 아니하도록 할 것
• 배연구가 외기에 접하지 아니하는 경우에는 배연기를 설치할 것
• 배연기는 배연구의 열림에 따라 자동적으로 작동하고, 충분한 공기배출 또는 가압능력이 있을 것
• 배연기에는 예비전원을 설치할 것

100 막다른 도로의 길이가 15m일 때, 이 도로가 건축법령상 도로이기 위한 최소 폭은?

① 2m　　② 3m
③ 4m　　④ 6m

해설
지형적 조건 등에 따른 도로의 구조와 너비(건축법 시행령 제3조의3)
막다른 도로로서 그 도로의 너비가 그 길이에 따라 각각 다음 표에서 정하는 기준 이상인 도로

막다른 도로의 길이	도로 너비
10m 미만	2m
10m 이상~35m 미만	3m
35m 이상	6m (도시지역이 아닌 읍·면지역 : 4m)

정답 97 ② 98 ③ 99 ② 100 ②

2022년 제2회 과년도 기출문제

제1과목 건축계획

01 장애인·노인·임산부 등의 편의증진 보장에 관한 법령에 따른 편의시설 중 매개시설에 속하지 않는 것은?

① 주출입구 접근로
② 유도 및 안내설비
③ 장애인전용주차구역
④ 주출입구 높이 차이 제거

해설
대상시설별 편의시설의 종류 및 설치기준(장애인·노인·임산부 등의 편의증진 보장에 관한 법률 시행령 별표 2)
• 매개시설
  – 주출입구 접근로
  – 장애인전용주차구역
  – 주출입구 높이 차이 제거
• 안내시설
  – 점자블록
  – 유도 및 안내설비
  – 경보 및 피난설비

02 다음 중 사무소 건축의 기둥간격 결정요소와 가장 거리가 먼 것은?

① 책상배치의 단위
② 주차배치의 단위
③ 엘리베이터의 설치 대수
④ 채광상 층 높이에 의한 깊이

해설
기둥간격 결정요소
• 공간의 기능 : 책상배치단위, 사무기기 배치 등
• 채광상 층고에 의한 안 깊이
• 코어의 크기, 위치 등
• 지상부 주차배치단위, 지하주차장 주차구획

03 우리나라 전통 한식주택에서 문꼴부분(개구부)의 면적이 큰 이유로 가장 적합한 것은?

① 겨울의 방한을 위해서
② 하절기 고온다습을 견디기 위해서
③ 출입하는 데 편리하게 하기 위해서
④ 상부의 하중을 효과적으로 지지하기 위해서

해설
전통 한식주택은 문꼴부분(개구부)의 면적을 크게 함으로써, 하절기 고온다습을 견디고 통풍과 환기가 잘되게 하였다.

04 공장건축의 레이아웃(Layout)에 관한 설명으로 옳지 않은 것은?

① 제품 중심의 레이아웃은 대량생산에 유리하며 생산성이 높다.
② 레이아웃이란 공장건축의 평면요소 간의 위치 관계를 결정하는 것을 말한다.
③ 고정식 레이아웃은 조선소와 같이 제품이 크고 수량이 적은 경우에 행해진다.
④ 중화학 공업, 시멘트 공업 등 장치공업 등은 시설의 융통성이 크기 때문에 신설 시 장래성에 대한 고려가 필요 없다.

해설
중화학 공업, 시멘트 공업 등 장치공업 등은 시설의 융통성이 크기 때문에 신설 시 장래성에 대한 고려가 필요하다.

정답 1 ② 2 ③ 3 ② 4 ④

05 메조넷형 아파트에 관한 설명으로 옳지 않은 것은?

① 다양한 평면구성이 가능하다.
② 소규모 주택에서는 비경제적이다.
③ 통로면적이 감소되며 유효면적이 증대된다.
④ 복도와 엘리베이터 홀은 각 층마다 계획된다.

해설
메조넷형(복층형) 아파트 : 2~3개 층마다 복도와 엘리베이터 홀이 배치되어 격층으로 운행되도록 계획된다.
플랫형(단층형) 아파트 : 복도와 엘리베이터 홀은 각 층마다 계획된다.

06 고층 밀집형 병원에 관한 설명으로 옳지 않은 것은?

① 병동에서 조망을 확보할 수 있다.
② 대지를 효과적으로 이용할 수 있다.
③ 각종 방재대책에 대한 비용이 높다.
④ 병원의 확장 등 성장변화에 대한 대응이 용이하다.

해설
고층 밀집형 병원 : 병원의 확장 등 성장변화에 대한 대응이 용이하지 못하다.
저층 분산형 병원 : 병원의 확장 등 성장변화에 대한 대응이 용이하다.

07 주당 평균 40시간을 수업하는 어느 학교에서 음악실에서의 수업이 총 20시간이며 이 중 15시간은 음악시간으로 나머지 5시간은 학급토론시간으로 사용되었다면, 이 음악실의 이용률과 순수율은?

① 이용률 : 37.5%, 순수율 : 75%
② 이용률 : 50%, 순수율 : 75%
③ 이용률 : 75%, 순수율 : 37.5%
④ 이용률 : 75%, 순수율 : 50%

해설
• 이용률 $= \dfrac{실제\ 이용시간}{평균\ 수업시간} \times 100 = \dfrac{20시간}{40시간} \times 100 = 50\%$

• 순수율 $= \dfrac{해당\ 교과목\ 수업시간}{실제\ 교실\ 이용시간} \times 100 = \dfrac{15시간}{20시간} \times 100 = 75\%$

08 극장건축에서 무대의 제일 뒤에 설치되는 무대 배경용의 벽을 의미하는 것은?

① 사이클로라마
② 플라이 로프트
③ 플라이 갤러리
④ 그리드 아이언

해설
극장의 무대 및 주변 계획
• 사이클로라마 : 극장건축에서 무대의 제일 뒤에 설치되는 무대 배경용의 벽이다.
• 플라이 로프트 : 무대 위의 천장공간이다.
• 플라이 갤러리 : 그리드 아이언에 올라가는 계단과 연결되게 무대 후면의 벽에 6~9m 높이로 설치되는 좁은 통로이다.
• 그리드 아이언 : 배경, 조명기구, 음향판 등을 매달 수 있게 한 장치이다.

정답 5 ④ 6 ④ 7 ② 8 ①

09 도서관의 출납시스템 중 자유개가식에 관한 설명으로 옳은 것은?

① 도서의 유지관리가 용이하다.
② 책의 내용 파악 및 선택이 자유롭다.
③ 대출절차가 복잡하고 관원의 작업량이 많다.
④ 열람자는 직접 서가에 면하여 책의 표지 정도는 볼 수 있으나 내용은 볼 수 없다.

해설
도서관의 출납시스템
• 자유개가식 : 책의 내용 파악 및 선택이 자유롭다.
• 폐가식 : 도서의 유지관리가 용이하지만, 대출절차가 복잡하고 관원의 작업량이 많다.
• 반개가식 : 열람자는 직접 서가에 면하여 책의 표지 정도는 볼 수 있으나 내용은 볼 수 없다.

10 미술관 전시실의 순회 형식 중 연속순로 형식에 관한 설명으로 옳은 것은?

① 각 실을 필요시에는 자유로이 독립적으로 폐쇄할 수 있다.
② 평면적인 형식으로 2, 3개 층의 입체적인 방법은 불가능하다.
③ 많은 실을 순서별로 통하여야 하는 불편이 있으나 공간 절약의 이점이 있다.
④ 중심부에 하나의 큰 홀을 두고 그 주위에 각 전시실을 배치하여 자유로이 출입하는 형식이다.

해설
① 갤러리 및 코리더 형식의 설명이다.
② 평면적인 형식으로 2, 3개 층의 입체적인 방법이 가능하다.
④ 중앙 홀 형식의 설명이다.

11 서양 건축양식의 역사적인 순서가 옳게 배열된 것은?

① 로마 → 로마네스크 → 고딕 → 르네상스 → 바로크
② 로마 → 고딕 → 로마네스크 → 르네상스 → 바로크
③ 로마 → 로마네스크 → 고딕 → 바로크 → 르네상스
④ 로마 → 고딕 → 로마네스크 → 바로크 → 르네상스

해설
서양 건축양식의 역사
이집트 → 그리스 → 로마 → 초기 기독교 → 비잔틴 → 사라센 → 로마네스크 → 고딕 → 르네상스 → 바로크 → 로코코

12 르네상스 교회 건축양식의 일반적 특징으로 옳은 것은?

① 타원형 등 곡선평면을 사용하여 동적이고 극적인 공간연출을 하였다.
② 수평을 강조하며 정사각형, 원 등을 사용하여 유심적 공간구성을 하였다.
③ 직사각형의 평면구성으로 볼트구조의 지붕을 구성하며 종탑을 설치하였다.
④ 로마네스크 건축의 반원아치를 발전시킨 첨두형 아치를 주로 사용하였다.

해설
① 바로크 건축에 대한 설명이다.
③ 로마네스크 건축에 대한 설명이다.
④ 고딕 건축에 대한 설명이다.

13 아파트의 평면 형식에 관한 설명으로 옳지 않은 것은?

① 홀형은 통행부 면적이 작아서 건물의 이용도가 높다.
② 중복도형은 대지 이용률이 높으나, 프라이버시가 좋지 않다.
③ 집중형은 채광·통풍 조건이 좋아 기계적 환경 조절이 필요하지 않다.
④ 홀형은 계단실 또는 엘리베이터 홀로부터 직접 주거 단위로 들어가는 형식이다.

해설
집중형은 채광·통풍 조건이 좋지 않으므로 기계적 환경 조절이 필요하다.

14 페리의 근린주구이론의 내용으로 옳지 않은 것은?

① 주민에게 적절한 서비스를 제공하는 1~2개소 이상의 상점가를 주요도로의 결절점에 배치하여야 한다.
② 내부 가로망은 단지 내의 교통량을 원활히 처리하고 통과교통에 사용되지 않도록 계획되어야 한다.
③ 근린주구의 단위는 통과교통이 내부를 관통하지 않고 용이하게 우회할 수 있는 충분한 넓이의 간선도로에 의해 구획되어야 한다.
④ 근린주구는 하나의 중학교가 필요하게 되는 인구에 대응하는 규모를 가져야 하고, 그 물리적 크기는 인구밀도에 의해 결정되어야 한다.

해설
근린주구는 하나의 초등학교가 필요하게 되는 인구에 대응하는 규모를 가져야 하고, 그 물리적 크기는 인구밀도에 의해 결정되어야 한다.

15 다음 설명에 알맞은 백화점 진열장 배치방법은?

- Main 통로를 직각배치하며, Sub 통로를 45° 정도 경사지게 배치하는 유형이다.
- 많은 고객이 매장공간의 코너까지 접근하기 용이하지만, 이형의 진열장이 많이 필요하다.

① 직각배치 ② 방사배치
③ 사행배치 ④ 자유유선배치

해설
백화점 매장의 배치 형식
- 사행배치 : 직각배치의 단점을 보완하기 위해서 Main 통로를 직각배치하며, Sub 통로를 45° 정도 경사지게 배치하는 방법이다.
- 직각배치 : 가장 간단한 배치로, 가구와 가구 사이를 직교하여 배치하는 방법이다.
- 방사배치 : 수직 동선을 중심으로 판매장의 통로를 방사형이 되도록 배치하는 방법이다.
- 자유유선배치 : 고객 유동 방향에 따라 자유 곡선으로 통로를 배치하는 방법이다.

16 다음 중 주심포식 건물이 아닌 것은?

① 강릉 객사문 ② 서울 남대문
③ 수덕사 대웅전 ④ 무위사 극락전

해설
서울 남대문(숭례문)은 정면 5칸, 측면 2칸의 중층 다포식 건물이다.

17 극장건축의 음향계획에 관한 설명으로 옳지 않은 것은?

① 음향계획에 있어서 발코니의 계획은 될 수 있는 한 피하는 것이 좋다.
② 음의 반복 반사현상을 피하기 위해 가급적 원형에 가까운 평면형으로 계획한다.
③ 무대에 가까운 벽은 반사체로 하고 멀어짐에 따라서 흡음재의 벽을 배치하는 것이 원칙이다.
④ 오디토리움 양쪽의 벽은 무대의 음을 반사에 의해 객석 뒷부분까지 이르도록 보강해 주는 역할을 한다.

해설
음의 반복 반사현상을 피하기 위해 가급적 원형에 가까운 평면형으로 계획하지 않는다.

18 쇼핑센터의 특징적인 요소인 페데스트리언 지대(Pedestrian Area)에 관한 설명으로 옳지 않은 것은?

① 고객에게 변화감과 다채로움, 자극과 흥미를 제공한다.
② 바닥면의 고저차를 많이 두어 지루함을 주지 않도록 한다.
③ 바닥면에 사용하는 재료는 주위 상황과 조화시켜 계획한다.
④ 사람들의 유동적 동선이 방해되지 않는 범위에서 나무나 관엽식물을 둔다.

해설
페데스트리언 지대
변화감과 다채로움, 자극과 변화와 흥미를 주며 쇼핑의 유쾌함을 더하거나 휴식할 수 있는 장소를 말한다. 고객의 안전과 통행의 편의를 위해 바닥면의 고저차를 두지 않는다.

19 그리스 건축의 오더 중 도릭 오더의 구성에 속하지 않는 것은?

① 벌류트(Volute) ② 프리즈(Frieze)
③ 아바쿠스(Abacus) ④ 에키누스(Echinus)

해설
벌류트(Volute) : 기둥머리의 끝이 말린 것처럼 보이는 소용돌이 모양의 장식으로, 이오니아식 기둥머리 장식에서 볼 수 있다.

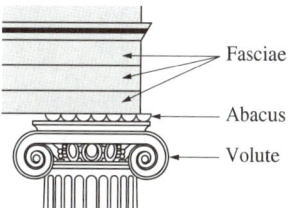

도릭 오더의 구성

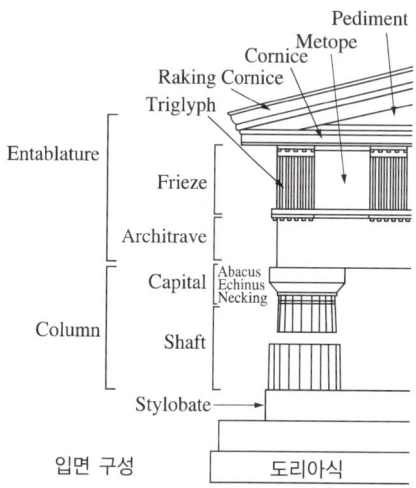

입면 구성 | 도리아식

20 오피스 랜드스케이프(Office Landscape)에 관한 설명으로 옳지 않은 것은?

① 외부 조경면적이 확대된다.
② 작업의 폐쇄성이 저하된다.
③ 사무능률의 향상을 도모한다.
④ 공간의 효율적 이용이 가능하다.

해설
오피스 랜드스케이프(Office Landscape) : 사무공간의 작업 패턴(흐름) 관계를 고려하여 획일성을 없애고 업무의 융통성과 능률을 높이고자 하는 방식으로, 개방식 배치의 변형된 방식이다. 외부 조경면적 확대와는 관계가 없다.

정답 17 ② 18 ② 19 ① 20 ①

제2과목 건축시공

21 목공사에 사용되는 철물에 관한 설명으로 옳지 않은 것은?

① 감잡이쇠는 큰 보에 걸쳐 작은 보를 받게 하고, 안장쇠는 평보를 대공에 달아매는 경우 또는 평보와 ㅅ자보의 밑에 쓰인다.
② 못의 길이는 박아대는 재두께의 2.5배 이상이며, 마구리 등에 박는 것은 3.0배 이상으로 한다.
③ 볼트 구멍은 볼트지름보다 3mm 이상 커서는 안 된다.
④ 듀벨은 볼트와 같이 사용하여 듀벨에는 전단력, 볼트에는 인장력을 분담시킨다.

[해설]
감잡이쇠는 보를 대공에 달아매는 경우 또는 평보와 ㅅ자보의 밑에 쓰이며, 안장쇠는 큰 보에 걸쳐 작은 보를 받게 하는 철물이다.

22 지명경쟁입찰을 택하는 이유 중 가장 중요한 것은?

① 공사비의 절감
② 양질의 시공 결과 기대
③ 준공기일의 단축
④ 공사 감리의 편리

[해설]
지명경쟁입찰
• 공사에 적합하다고 인정되는 여러 개의 회사를 선정하여 입찰시키는 방법이다.
• 시공상의 신뢰성이 높고, 양질의 시공 결과를 기대할 수 있다.
• 불합리한 요소가 줄어들고, 부당한 시공자를 제거할 수 있다.

23 실의 크기 조절이 필요한 경우 칸막이 기능을 하기 위해 만든 병풍 모양의 문은?

① 여닫이문
② 자재문
③ 미서기문
④ 홀딩 도어

24 강제배수 공법의 대표적인 공법으로 인접 건축물과 토류판 사이에 케이싱 파이프를 삽입하여 지하수를 펌프 배수하는 공법은?

① 집수정 공법
② 웰 포인트 공법
③ 리버스 서큘레이션 공법
④ 전기 삼투 공법

[해설]
배수공법
• 웰 포인트 공법 : 강제배수 공법의 대표적인 공법으로 인접 건축물과 토류판 사이에 케이싱 파이프를 삽입하여 지하수를 펌프 배수하는 공법이다.
• 집수정 공법 : 우물과 같은 집수정을 만들어 자연 배수되도록 하는 중력배수 공법이다.
• 전기 삼투 공법 : 전기의 힘을 이용한 강제배수 공법이다.

25 기계가 위치한 곳보다 높은 곳의 굴착에 가장 적당한 건설기계는?

① Dragline
② Back Hoe
③ Power Shovel
④ Scraper

[해설]
파워셔블(Power Shovel) : 버킷을 앞으로 떠 올려서 흙, 모래, 돌 등을 굴착하는 중장비로서, 기계가 서 있는 위치보다 높은 곳의 굴착에 적합하다.

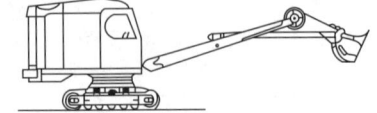

26 건축공사 스프레이 도장방법에 관한 설명으로 옳지 않은 것은?

① 도장거리는 스프레이 도장면에서 300mm를 표준으로 한다.
② 매 회의 에어스프레이는 붓도장과 동등한 정도의 두께로 하고, 2회분의 도막 두께를 한 번에 도장하지 않는다.
③ 각 회의 스프레이 방향은 전회의 방향에 평행으로 진행한다.
④ 스프레이할 때는 항상 평행이동하면서 운행의 한 줄마다 스프레이 너비의 1/3 정도를 겹쳐 뿜는다.

해설
각 회의 스프레이 방향은 전 회의 직각 방향으로 진행한다.

27 철근콘크리트 공사 시 벽체 거푸집 또는 보 거푸집에서 거푸집판을 일정한 간격으로 유지시켜 주는 동시에 콘크리트의 측압을 최종적으로 지지하는 역할을 하는 부재는?

① 인서트   ② 컬럼밴드
③ 폼타이   ④ 턴 버클

28 커튼 월(Curtain Wall)에 관한 설명으로 옳지 않은 것은?

① 주로 내력벽에 사용된다.
② 공장 생산이 가능하다.
③ 고층 건물에 많이 사용된다.
④ 용접이나 볼트조임으로 구조물에 고정시킨다.

해설
커튼 월(Curtain Wall)은 비내력벽에 사용된다.

29 TQC를 위한 7가지 도구 중 다음 설명에 해당하는 것은?

> 모집단에 대한 품질특성을 알기 위하여 모집단의 분포상태, 분포의 중심위치, 분포의 산포 등을 쉽게 파악할 수 있도록 막대그래프 형식으로 작성한 도수분포도를 말한다.

① 히스토그램   ② 특성요인도
③ 파레토도   ④ 체크시트

해설
히스토그램: 모집단에 대한 품질특성을 알기 위하여 모집단의 분포상태, 분포의 중심위치, 분포의 산포 등을 쉽게 파악할 수 있도록 막대그래프 형식으로 작성한 도수분포도이다.
※ 품질관리를 위한 통계 수법으로 이용되는 7가지 도구(Tools)
- 히스토그램: 분포도
- 파레토그램: 영향도
- 특성요인도: 원인결과도
- 체크시트: 집중도
- 산점도: 상관도
- 층별: 부분집단도
- 관리도: 그래프

30 건설현장에서 근무하는 공사감리자의 업무에 해당되지 않는 것은?

① 공사시공자가 사용하는 건축자재가 관계법령에 의한 기준에 적합한 건축자재인지 여부의 확인
② 상세 시공도면의 작성
③ 공사현장에서의 안전관리지도
④ 품질시험의 실시 여부 및 시험성과의 검토·확인

해설
상세 시공도면의 작성은 공사시공자의 업무이다.

31 석고 플라스터에 관한 설명으로 옳지 않은 것은?

① 석고 플라스터는 경화지연제를 넣어서 경화시간을 너무 빠르지 않게 한다.
② 경화·건조 시 치수 안정성과 내화성이 뛰어나다.
③ 석고 플라스터는 공기 중의 탄산가스를 흡수하여 표면부터 서서히 경화한다.
④ 시공 중에는 될 수 있는 한 통풍을 피하고 경화 후에는 적당한 통풍을 시켜야 한다.

해설
석고 플라스터 : 석고를 주원료로 하여 혼화제, 접착제, 응결조절제 등을 혼합한 플라스터로서, 물과 작용하여 서서히 경화하는 수경성(미장재료)이다. 벽이나 천장 등의 미장재료로 사용된다.
돌로마이트 플라스터 : 공기 중의 탄산가스를 흡수하여 표면부터 서서히 경화하는 기경성 미장재료이다.

32 미장공사에서 균열을 방지하기 위하여 고려해야 할 사항 중 옳지 않은 것은?

① 바름면은 바람 또는 직사광선 등에 의한 급속한 건조를 피한다.
② 1회의 바름두께는 가급적 얇게 한다.
③ 쇠 흙손질을 충분히 한다.
④ 모르타르 바름의 정벌바름은 초벌바름보다 부배합으로 한다.

해설
모르타르는 바탕에 가까울수록 부배합, 정벌에 가까울수록 빈배합으로 한다.

33 고강도 콘크리트에 관한 내용으로 옳지 않은 것은?

① 설계 기준 압축강도는 보통 또는 중량골재 콘크리트에서 40MPa 이상인 것으로 한다.
② 고성능 감수제의 단위량은 소요 강도 및 작업에 적합한 워커빌리티를 얻도록 시험에 의해서 결정하여야 한다.
③ 단위수량은 소요의 워커빌리티를 얻을 수 있는 범위 내에서 가능한 한 작게 하여야 한다.
④ 기상의 변화나 동결융해 발생 여부에 관계없이 공기연행제를 사용하는 것을 원칙으로 한다.

해설
AE제를 사용하면 콘크리트 체적의 3~6% 정도의 공기가 발생되면서 내부공극이 많아져 강도(압축, 부착)가 낮아진다. 따라서 고강도 콘크리트, 수밀 콘크리트 등에는 원칙적으로 AE제를 사용하지 않는다.
공기연행제(Air Entraining admixtures ; AE제) : 콘크리트 내부에 독립된 미세기포를 발생시켜 콘크리트의 워커빌리티(시공성)을 개선하고 동결융해에 저항성을 높인다.

정답 30 ② 31 ③ 32 ④ 33 ④

34 건축공사에서 활용되는 견적방법 중 가장 상세한 공사비의 산출이 가능한 견적방법은?

① 개산견적　② 명세견적
③ 입찰견적　④ 실행견적

해설
명세견적 : 상세견적으로서 설계도서가 완성되고 공사시방서 등 관련 자료가 모두 정해진 다음 정밀하게 적산해서 공사비를 산출하는 견적으로, 건축공사에서 활용되는 견적방법 중 가장 상세한 공사비의 산출이 가능하다.
개산견적 : 설계도서가 불완전할 때 또는 정밀 산출시간이 없을 때 실시하는 견적이다.

35 벽돌에 생기는 백화를 방지하기 위한 방법으로 옳지 않은 것은?

① 10% 이하의 흡수율을 가진 양질의 벽돌을 사용한다.
② 벽돌면 상부에 빗물막이를 설치한다.
③ 파라핀 도료를 발라 염류가 나오는 것을 방지한다.
④ 줄눈 모르타르에 석회를 넣어 바른다.

해설
줄눈 모르타르에 석회를 넣어 바를 경우 백화현상은 증가하게 된다.

36 주문받은 건설업자가 대상계획의 기업, 금융, 토지조달, 설계, 시공 기타 모든 요소를 포괄하여 발주하는 도급계약 방식은?

① 실비청산 보수가산도급
② 정액도급
③ 공동도급
④ 턴키도급

해설
턴키(Turn Key)도급 : 설계·시공의 일괄 입찰계약 방식으로, 건설업체가 공사를 처음부터 끝까지 모두 책임지고 마친 후 발주자에게 열쇠를 넘겨 주는 방식이다. 도급자가 대상계획의 기업, 금융, 토지조달, 설계, 시공, 기계·기구 설치, 시운전 및 조업지도까지 주문자가 필요로 하는 모든 것을 조달하여 주문자에게 인도한다.

37 서로 다른 종류의 금속재가 접촉하는 경우 부식이 일어나는 경우가 있는데 부식성이 큰 금속순으로 옳게 나열된 것은?

① 알루미늄 > 철 > 주석 > 구리
② 주석 > 철 > 알루미늄 > 구리
③ 철 > 주석 > 구리 > 알루미늄
④ 구리 > 철 > 알루미늄 > 주석

해설
부식성이 큰 금속순 : 알루미늄 > 철 > 주석 > 구리

정답 34 ②　35 ④　36 ④　37 ①

38 프리스트레스트 콘크리트에 관한 설명으로 옳은 것은?

① 진공매트 또는 진공펌프 등을 이용하여 콘크리트로부터 수화에 필요한 수분과 공기를 제거한 것이다.
② 고정시설을 갖춘 공장에서 부재를 철재거푸집에 의하여 제작한 기성제품 콘크리트(PC)이다.
③ 포스트텐션 공법은 미리 강선을 압축하여 콘크리트에 인장력으로 작용시키는 방법이다.
④ 장스팬 구조물에 적용할 수 있으며, 단위부재를 작게 할 수 있어 자중이 경감되는 특징이 있다.

해설
프리스트레스트 콘크리트 : 철근콘크리트 보에 일어나는 인장응력을 상쇄할 수 있도록 미리 압축응력을 준 콘크리트로서, 장스팬 구조물에 적용할 수 있으며 단위부재를 작게 할 수 있어 자중이 경감된다.

39 다음 그림과 같은 건물에서 G_1과 같은 보가 8개 있다고 할 때 보의 총 콘크리트량을 구하면?(단, 보의 단면상 슬래브와 겹치는 부분은 제외하며, 철근량은 고려하지 않는다)

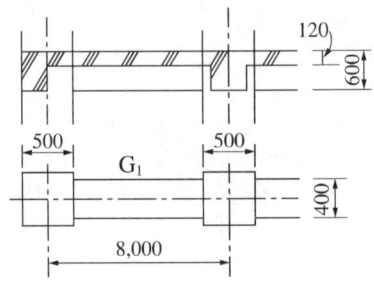

① 11.52m³
② 12.23m³
③ 13.44m³
④ 15.36m³

해설

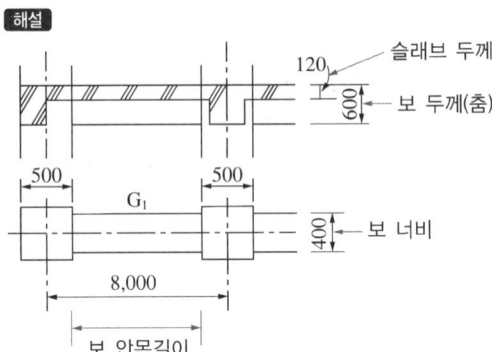

보의 총 콘크리트량 = 보 너비 × (보 춤 − 슬래브 두께) × 보 안목 길이 × 보 개수
= 0.4 × (0.6 − 0.12) × (8 − 0.5) × 8
= 11.52m³

40 포틀랜드 시멘트 화학성분 중 1일 이내 수화를 지배하며 응결이 가장 빠른 것은?

① 알루민산 3석회
② 알루민산철 4석회
③ 규산 3석회
④ 규산 2석회

해설
알루민산 3석회는 포틀랜드 시멘트 화학성분 중 1일 이내 수화를 지배하며 응결이 가장 빠르다.

수화 작용에 관계있는 혼합물의 특성

화합물	수화작용	경화 및 강도
규산 3석회	빠름	경화속도는 2~4주
규산 2석회	가장 느림	4주 이후에 강도 발생
알루민산 3석회	가장 빠름	1~3일 이내에 강도 발생
알루민산철 4석회	빠름	강도에 관계없고, 색채 치장용으로 사용

제3과목 건축구조

41 고장력볼트 접합에 관한 설명으로 옳지 않은 것은?

① 유효단면적당 응력이 크며, 피로강도가 작다.
② 강한 조임력으로 너트의 풀림이 생기지 않는다.
③ 응력방향이 바뀌더라도 혼란이 일어나지 않는다.
④ 접합방식에는 마찰접합, 지압접합, 인장접합이 있다.

해설
고장력볼트 마찰접합 특징
• 유효단면적당 응력이 작으며, 피로강도가 크다.
• 강한 조임력으로 너트의 풀림이 생기지 않는다.
• 응력방향이 바뀌더라도 혼란이 일어나지 않는다.
• 응력집중이 작아 반복응력에 강하다.
• 고력볼트의 전단응력과 판의 지압응력이 생기지 않는다.
• 접합방식에는 마찰접합, 인장접합, 지압접합이 있다.

42 지진에 대응하는 기술 중 하나인 제진에 관한 설명으로 옳지 않은 것은?

① 기존 건물의 구조 형식에 좌우되지 않는다.
② 지반 종류에 의한 제약을 받지 않는다.
③ 소형 건물에 일반적으로 많이 적용된다.
④ 댐퍼 등을 사용하여 흔들림을 효과적으로 제어한다.

해설
제진(製震)구조
• 구조물의 내부나 외부에서 구조물의 진동에 대응할 제어력을 가하여 구조물의 진동을 저감시키거나 구조물의 강성이나 감쇠 등을 변화시켜 구조물을 제어하는 시스템으로, 지진력을 상쇄하여 간단한 보수만으로 구조물을 재사용할 수 있게 한다.
• 제진구조의 특성
 - 내진성능 향상 및 구조물의 사용성을 확보할 수 있다.
 - 댐퍼 등을 사용하여 흔들림을 효과적으로 제어한다.
 - 기존 건물의 구조 형식에 좌우되지 않는다.
 - 지반 종류에 의한 제약을 받지 않는다.
 - 초고층 건물에 주로 적용되는 구조설계방법이다.

43 콘크리트구조의 내구성 설계 기준에 따른 보수·보강 설계에 관한 설명으로 옳지 않은 것은?

① 손상된 콘크리트 구조물에서 안전성, 사용성, 내구성, 미관 등의 기능을 회복시키기 위한 보수는 타당한 보수설계에 근거하여야 한다.
② 보수·보강 설계를 할 때는 구조체를 조사하여 손상 원인, 손상 정도, 저항내력 정도를 파악한다.
③ 책임구조기술자는 보수·보강 공사에서 품질을 확보하기 위하여 공정별로 품질관리검사를 시행하여야 한다.
④ 보강설계를 할 때에는 사용성과 내구성 등의 성능은 고려하지 않고, 보강 후의 구조내하력 증가만을 반영한다.

해설
보강설계를 할 때에는 보강 후의 구조내하력 증가 외에 사용성과 내구성 등의 성능 향상을 고려하여야 한다.

44 그림과 같은 직사각형 단면을 가지는 보에 최대 휨모멘트 $M = 20\text{kN} \cdot \text{m}$가 작용할 때 최대 휨응력은?

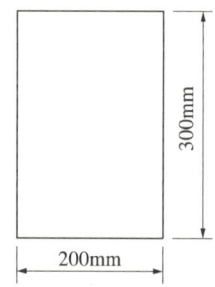

① 3.33MPa ② 4.44MPa
③ 5.56MPa ④ 6.67MPa

해설
최대 휨모멘트(M) = 20kN·m = 20×10^6N·mm
$Z = \dfrac{bh^2}{6}$, $\sigma_{max} = \dfrac{M}{Z}$이며 1MPa = 1N/mm²이다.
∴ 최대 휨응력 $\sigma_{max} = \dfrac{M}{Z} = \dfrac{M}{\dfrac{bh^2}{6}} = \dfrac{20 \times 10^6}{\dfrac{200 \times 300^2}{6}} ≒ 6.67\text{MPa}$

45 다음 그림과 같은 복근보에서 전단보강철근이 부담하는 전단력 V_s를 구하면?(단, f_{ck} = 24MPa, f_y = 400MPa, f_{yt} = 300MPa, A_v = 71mm²)

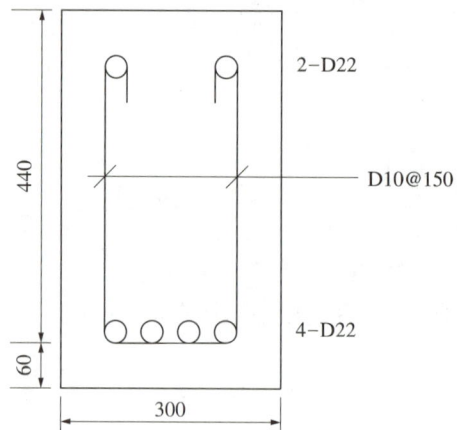

① 약 110kN
② 약 115kN
③ 약 120kN
④ 약 125kN

해설
전단력
$$V_s = A_v f_{yt} \dfrac{d}{S} = (2 \times 71) \times 300 \times \dfrac{440}{150} \times 10^{-3} = 124.96\text{kN}$$
여기서, V_s : 전단보강철근(스터럽)의 전단강도
A_v : 스터럽 면적(수직으로 2개)
f_{yt} : 스터럽의 항복강도
S : 스터럽 간격
d_b : 보의 유효 깊이

46 강도설계법에서 단근직사각형 보의 c값(압축연단에서 중립축까지 거리)으로 옳은 것은?(단, f_{ck} = 24MPa, f_y = 400MPa, b = 300mm, A_s = 1,161mm², 포물선-직선 형상의 응력-변형률 관계 이용)

① 92.65mm
② 94.85mm
③ 96.65mm
④ 98.85mm

해설
단근직사각형 보의 압축연단에서 중립축까지의 거리
$a = \beta_1 \times c$이며, $c = \dfrac{a}{\beta_1} = \dfrac{\frac{A_s f_y}{0.85 f_{ck} b}}{\beta_1} = \dfrac{A_s f_y}{\beta_1 \times 0.85 f_{ck} b}$ 이다.
$f_{ck} \leq 40$MPa일 때, $\beta_1 = 0.80$이므로,
$\therefore c = \dfrac{A_s f_y}{\beta_1 \times 0.85 f_{ck} b} = \dfrac{1,161 \times 400}{0.8 \times 0.85 \times 24 \times 300} = \dfrac{464,400}{4,896}$
$\fallingdotseq 94.85$mm

47 다음 그림의 용접기호와 관련된 내용으로 옳은 것은?

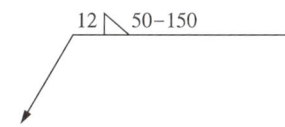

① 양면용접에 용접길이 50mm
② 용접 간격 100mm
③ 용접치수 12mm
④ 맞댐(개선)용접

해설
• 필릿용접이다.
• 화살표의 반대쪽에서 용접한다.
• 용접치수(목길이)는 12mm이다.
• 단면용접에 용접길이는 50mm이다.
• 피치(인접한 용접부 간격)는 150mm이다.

48 다음 그림과 같은 3회전단 구조물의 반력은?

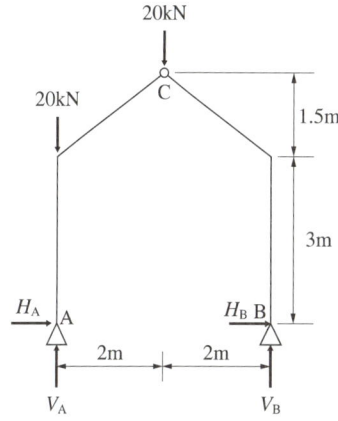

① H_A = 4.44kN, V_A = 30kN, H_B = -4.44kN, V_B = 10kN
② H_A = 0, V_A = 30kN, H_B = 0, V_B = 10kN
③ H_A = -4.44kN, V_A = 30kN, H_B = 4.44kN, V_B = 10kN
④ H_A = 4.44kN, V_A = 50kN, H_B = -4.44kN, V_B = -10kN

해설
수직반력 V_A = 20 + 10 = 30kN, V_B = 10kN이다. 수평반력 H_A는 (+)값이고 H_B는 (-)값이 되며 반력의 값을 구하지 않아도 부호로써 H_A = 4.44kN, H_B = -4.44kN임을 찾을 수 있다.

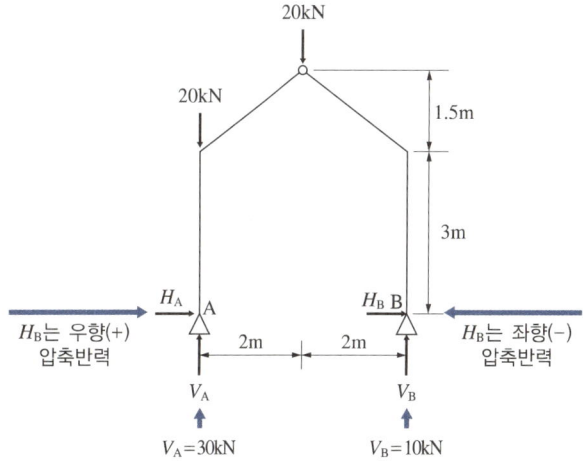

정답 46 ② 47 ③ 48 ①

49 다음 그림과 같은 양단 고정보에서 B단의 휨모멘트값은?

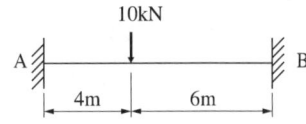

① 2.4kN·m   ② 9.6kN·m
③ 14.4kN·m   ④ 24.8kN·m

해설
양단 고정보에서 휨모멘트값

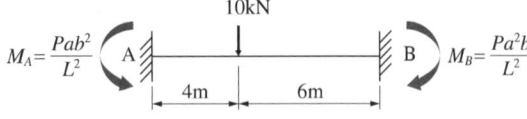

- $M_A = \dfrac{Pab^2}{L^2} = \dfrac{10 \times 4 \times 6^2}{10^2} = 14.4$kN·m
- $M_B = \dfrac{Pa^2 b}{L^2} = \dfrac{10 \times 4^2 \times 6}{10^2} = 9.6$kN·m

50 1방향 철근콘크리트 슬래브에 배치하는 수축·온도철근에 관한 기준으로 옳지 않은 것은?

① 수축·온도철근으로 배치되는 이형철근 및 용접철망의 철근비는 어떤 경우에도 0.0014 이상이어야 한다.
② 수축·온도철근으로 배치되는 설계 기준 항복강도가 400MPa을 초과하는 이형철근 또는 용접철망을 사용한 슬래브의 철근비는 $0.0020 \times \dfrac{400}{f_y}$로 산정한다.
③ 수축·온도철근의 간격은 슬래브 두께의 6배 이하, 또한 600mm 이하로 하여야 한다.
④ 수축·온도철근은 설계 기준 항복강도 f_y를 발휘할 수 있도록 정착되어야 한다.

해설
1방향 철근콘크리트 슬래브에 배치하는 수축·온도철근의 간격은 슬래브 두께의 5배 이하, 또한 450mm 이하로 하여야 한다.

51 다음 그림과 같은 인장재의 순단면적을 구하면? (단, F10T-M20볼트 사용(표준구멍), 판의 두께는 6mm임)

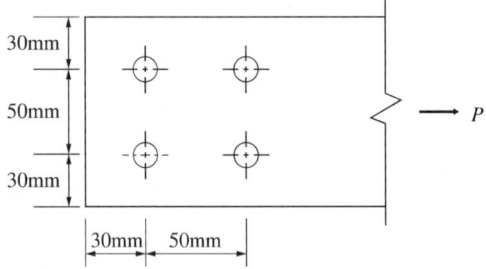

① 296mm²   ② 396mm²
③ 426mm²   ④ 536mm²

해설
인장재의 순단면적

순단면적(A_n) = $A_g - ndt + \Sigma \dfrac{P^2}{4g}$

여기서, A_g : 전체 단면적(높이×두께)
  n : 볼트 개수
  d : 구멍의 지름
  t : 두께
  P : 피치
  g : 게이지

단, 엇모배치가 아니므로 $\Sigma \dfrac{P^2}{4g}$는 적용하지 않으며, M20볼트의 표준구멍구경은 20+2이다.
∴ $A_n = A_g - ndt = (110 \times 6) - 2 \times (20+2) \times 6 = 396$mm²

52 그림과 같은 내민보에 집중하중이 작용할 때 A점의 처짐각 θ_A를 구하면?

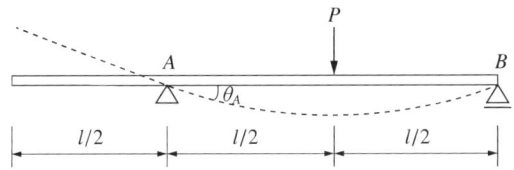

① $\dfrac{Pl^2}{4EI}$ ② $\dfrac{Pl^2}{16EI}$

③ $\dfrac{Pl^2}{128EI}$ ④ $\dfrac{Pl^2}{256EI}$

해설

공액보법을 이용한 처짐각 산출

$\theta_A = \dfrac{1}{2} \times \dfrac{Pl}{4EI} \times \dfrac{l}{2} = \dfrac{Pl^2}{16EI}$

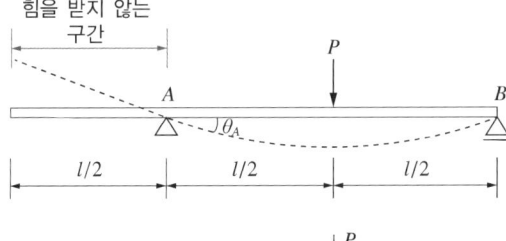

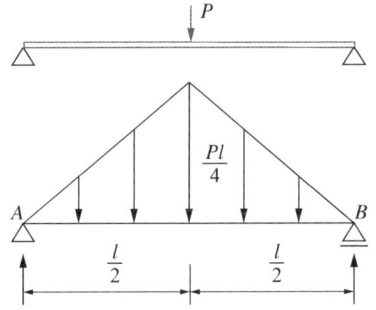

53 양단 힌지인 길이 6m의 H-300×300×10×15의 기둥이 부재 중앙에서 약축방향으로 가새를 통해 지지되어 있을 때 설계용 세장비는?(단, r_x = 131mm, r_y = 75.1mm)

① 39.9 ② 45.8
③ 58.2 ④ 66.3

해설

세장비(λ) = $\dfrac{\text{유효좌굴길이}}{\text{최소 단면 2차 반경}} = \dfrac{KL}{r} = \dfrac{KL}{\sqrt{\dfrac{I}{A}}}$

여기서, K : 좌굴 유효길이계수
L : 기둥의 지지길이
I : 단면 2차 모멘트
A : 단면적

강축방향 세장비(λ_x) = $\dfrac{KL}{r_x} = \dfrac{1 \times 6,000}{131} \fallingdotseq 45.8$

약축방향 세장비(λ_y) = $\dfrac{KL}{r_y} = \dfrac{1 \times 3,000}{75.1} \fallingdotseq 39.9$

양단 힌지이므로 K=1이며, 약축방향인 경우 중간에 횡지지가 되어 있어 $\dfrac{L}{2}$을 적용한다.

세장비는 큰 값으로 하여야 하므로 45.8을 적용한다.

54 과도한 처짐에 의해 손상되기 쉬운 비구조요소를 지지 또는 부착하지 않은 바닥구조의 활하중 l에 의한 순간처짐의 한계는?

① $\dfrac{l}{180}$ ② $\dfrac{l}{240}$

③ $\dfrac{l}{360}$ ④ $\dfrac{l}{480}$

해설
최대 허용 처짐

부재의 형태	고려해야 할 처짐	처짐한계
과도한 처짐에 의해 손상되기 쉬운 비구조요소를 지지 또는 부착하지 않은 평지붕 구조	활하중 l에 의한 순간처짐	$\dfrac{l}{180}$
과도한 처짐에 의해 손상되기 쉬운 비구조요소를 지지 또는 부착하지 않은 바닥구조		$\dfrac{l}{360}$
과도한 처짐에 의해 손상되기 쉬운 비구조요소를 지지 또는 부착한 지붕 또는 바닥구조	전체 처짐 중에서 비구조요소가 부착된 후에 발생하는 처짐 부분	$\dfrac{l}{480}$
과도한 처짐에 의해 손상될 염려가 없는 비구조요소를 지지 또는 부착한 지붕 또는 바닥구조		$\dfrac{l}{240}$

55 다음과 같은 사다리꼴 단면의 도심값(y_0)은?

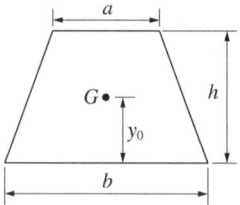

① $\dfrac{h(2a+b)}{3(a+b)}$ ② $\dfrac{h(a+b)}{3(2a+b)}$

③ $\dfrac{3h(2a+b)}{(a+b)}$ ④ $\dfrac{h(a+2b)}{3(a+b)}$

해설
사다리꼴 단면의 도심

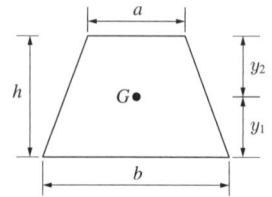

- $y_1 = \dfrac{h}{3} \times \dfrac{(2a+b)}{(a+b)}$
- $y_2 = \dfrac{h}{3} \times \dfrac{(a+2b)}{(a+b)}$

56 그림과 같은 라멘에 있어서 A점의 모멘트는?(단, k는 강비이다)

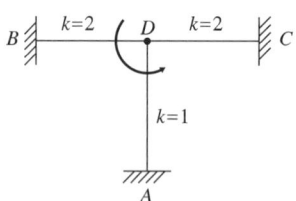

① $1\text{kN} \cdot \text{m}$ ② $2\text{kN} \cdot \text{m}$

③ $3\text{kN} \cdot \text{m}$ ④ $4\text{kN} \cdot \text{m}$

해설
- 유효강비 : 강비의 합($\sum k$)$= k_{DA} + k_{DB} + k_{DC} = 1 + 2 + 2 = 5$
- 분배모멘트 : $DF_{DA} = \dfrac{k_{DA}}{\sum k} = \dfrac{1}{5}$

∴ $DM_{DA} = M_D \times DF_{DA} = 10 \times \dfrac{1}{5} = 2\text{kN} \cdot \text{m}$

도달모멘트는 분배모멘트의 $\dfrac{1}{2}$만 전달되므로,

∴ $DM_{DA} \times \dfrac{1}{2} = 2 \times \dfrac{1}{2} = 1\text{kN} \cdot \text{m}$

57 연약한 지반에 대한 대책 중 하부구조의 조치사항으로 옳지 않은 것은?

① 동일 건물의 기초에 이질 지정을 둔다.
② 경질지반에 기초판을 지지한다.
③ 지하실을 설치한다.
④ 경질지반이 깊을 때는 마찰말뚝을 사용한다.

해설
연약한 지반의 하부구조에 대한 대책
• 경질지반에 지지시킨다.
• 마찰말뚝을 사용한다.
• 지하실을 설치한다.
• 기초에 이질 지정을 사용하지 않는다.
• 온통기초로 시공한다.
• 독립기초인 경우 상호간에 연결하여 지중보로 시공한다.
• 지반개량 공법으로 지반의 지지력을 증대시킨다.

58 프리스트레스하지 않는 부재의 현장치기 콘크리트 중 흙에 접하여 콘크리트를 친 후 영구히 흙에 묻혀 있는 콘크리트의 최소 피복두께 기준으로 옳은 것은?

① 100mm   ② 75mm
③ 50mm   ④ 40mm

해설
프리스트레스하지 않는 부재의 현장치기 콘크리트의 최소 피복두께
(단위 : mm)

종 류			피복두께
수중에서 타설하는 콘크리트			100
흙에 접하여 콘크리트를 친 후 영구히 흙에 묻혀 있는 콘크리트			75
흙에 접하거나 옥외의 공기에 직접 노출되는 콘크리트	D19 이상 철근		50
	D16 이하 철근		40
옥외의 공기나 흙에 직접 접하지 않는 콘크리트	슬래브, 벽체, 장선	D35 초과	40
		D35 이하	20
	보, 기둥	$f_{ck} < 40$MPa	40
		$f_{ck} \geq 40$MPa	30
	셸, 절판부재		20

59 그림과 같은 구조물의 부정정 차수는?

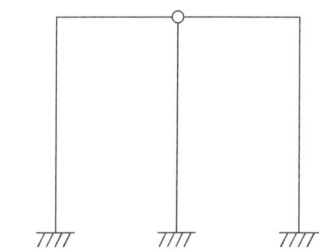

① 1차 부정정   ② 2차 부정정
③ 3차 부정정   ④ 4차 부정정

해설
부정정 차수(N)
$N = m + r + k - 2j = 5 + 9 + 2 - 2 \times 6 = 4$
여기서, m : 부재(Member)수
r : 지점반력(Reaction)수
k : 강절점수
j : 절점(Joint)수
∴ $N = 4$이므로, 4차 부정정 구조물이다.

60 철골구조 주각부의 구성요소가 아닌 것은?

① 커버 플레이트
② 앵커 볼트
③ 리브 플레이트
④ 베이스 플레이트

해설
커버 플레이트는 판보(Plate Girder)의 보강재이다.
기둥 주각의 구성

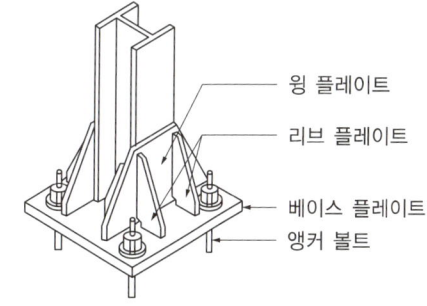

정답 57 ① 58 ② 59 ④ 60 ①

제4과목 건축설비

61 배수관의 관경과 구배에 관한 설명으로 옳지 않은 것은?

① 배관구배를 완만하게 하면 세정력이 저하된다.
② 배수관경을 크게 하면 할수록 배수능력은 향상된다.
③ 배관구배를 너무 급하게 하면 흐름이 빨라 고형물이 남는다.
④ 배관구배를 너무 급하게 하면 관로의 수류에 의한 파손 우려가 높아진다.

해설
배수관경을 크게 하면 할수록 배수속도가 저하되면서 배수능력이 감소한다.

62 한 시간당 급탕량이 5m³일 때 급탕부하는?(단, 물의 비열은 4.2kJ/kg·K, 급탕온도는 70℃, 급수온도는 10℃이다)

① 35kW
② 126kW
③ 350kW
④ 1,260kW

해설
한 시간당 급탕량 5m³=5,000kg/h이고, 1kW=3,600kJ/h이므로,

급탕부하(Q) = $m \cdot c \cdot \Delta t$ = $\dfrac{5,000 \times 4.2 \times (70-10)}{3,600}$

= 350kW

여기서, m : 급탕량(kg/h)
c : 비열(kJ/kg·K)
Δt : 온도차

63 엘리베이터의 조작방식 중 무운전원 방식으로 다음과 같은 특징을 갖는 것은?

> 승객 스스로 운전하는 전자동 엘리베이터로, 승강장으로부터의 호출신호로 기동, 정지를 이루는 조작방식이며, 누른 순서에 상관없이 각 호출에 응하여 자동적으로 정지한다.

① 단식 자동방식
② 카 스위치방식
③ 승합 전자동방식
④ 시그널 컨트롤방식

해설
엘리베이터 조작방식
- 승합 전자동방식 : 승객 스스로 운전하는 전자동 엘리베이터로, 카 버튼이나 승강장의 호출신호로 기동 또는 정지를 이루는 엘리베이터 조작방식
- 카 스위치방식 : 운전원이 조작반 핸들로 시동을 조작하는 방식
- 단식자동방식 : 가장 먼저 등록된 호출에만 응답하며, 운전 중의 다른 호출은 운전 종료 시까지 응하지 않는 방식
- 시그널 컨트롤(신호 운전)방식 : 기동은 운전원의 버튼 조작으로 하며, 정지는 목적층 단추를 누르는 것과 승강장의 호출신호 순서대로 자동 정지하는 방식

64 전기샤프트(ES)의 계획 시 고려사항으로 옳지 않은 것은?

① 각 층마다 같은 위치에 설치한다.
② 기기의 배치와 유지보수에 충분한 공간으로 하고, 건축적인 마감을 실시한다.
③ 점검구는 유지보수 시 기기의 반출입이 가능하도록 하여야 하며, 점검구 문의 폭은 최소 300mm 이상으로 한다.
④ 공급대상 범위의 배선거리, 전압 강하 등을 고려하여 가능한 한 공급대상 설비시설 위치의 중심부에 위치하도록 한다.

해설
전기샤프트(ES) 계획
- 전력용(EPS)과 정보통신용(TPS)과 같이 용도별로 구분하여 설치한다(단, 각 용도의 설치 장비 및 배선이 적은 경우는 공용으로 사용).
- 각 층마다 같은 위치에 설치한다.
- 연면적 3,000m² 이상 건축물의 경우 1개 층을 기준하여 800m²마다 설치한다(단, 용도에 따라 면적을 달리할 수 있다).
- 면적은 보, 기둥부분을 제외하고 산정하며, 기기의 배치와 유지보수에 충분한 공간으로 하고, 건축적인 마감을 시행한다.
- 점검구는 유지보수 시 기기의 반입 및 반출이 가능하도록 하여야 하며, 점검구 문의 폭은 600mm 이상으로 한다.
- 공급대상 범위의 배선거리, 전압강하 등을 고려하여 가능한 한 공급대상 설비시설 위치의 중심부에 위치하도록 한다.

65 다음 중 변전실 면적에 영향을 주는 요소와 가장 거리가 먼 것은?

① 발전기실의 면적
② 변전설비 변압방식
③ 수전전압 및 수전방식
④ 설치 기기와 큐비클의 종류

해설
변전실 면적에 영향을 주는 요소
- 수전전압 및 수전방식
- 변전설비 변압방식, 변압용량, 수량 및 형식
- 설치 기기와 큐비클의 종류
- 건물 구조적 여건, 기기 배치, 유지보수면적 고려

66 배수트랩의 봉수가 파손되는 것을 방지하기 위한 방법으로 옳지 않은 것은?

① 자기사이펀 작용에 의한 봉수파괴를 방지하기 위하여 S트랩을 설치한다.
② 유도사이펀 작용에 의한 봉수파괴를 방지하기 위하여 도피통기관을 설치한다.
③ 증발현상에 의한 봉수파괴를 방지하기 위하여 트랩 봉수 보급수 장치를 설치한다.
④ 역압에 의한 분출작용을 방지하기 위하여 배수 수직관의 하단부에 통기관을 설치한다.

해설
봉수파괴방지 방법
- 자기사이펀 작용, 유도사이펀 작용(흡출 작용, 감압 흡인 작용), 토출 작용(역압 분출 작용) : 통기관 설치
- 증발 현상 : 기름을 흘려보내서 유막 형성, 사용빈도 증가
- 관성에 의한 파괴 : 격자 석쇠 설치

67 다음의 간선 배전방식 중 분전반에서 사고가 발생했을 때 그 파급 범위가 가장 좁은 것은?

① 평행식
② 방사선식
③ 나뭇가지식
④ 나뭇가지 평행식

해설
간선 배선방식(배전반에서 분전반까지 배선)
- 평행식(개별방식)
  - 각 분전반에 단독으로 배선하는 방식
  - 전압이 일정하고, 화재 등 분전반 사고 발생 시 파급범위가 가장 좁다.
  - 대규모 건물에 적합하다.
  - 설비비가 많이 소요된다.
- 나뭇가지식(수지상식)
  - 한 개의 간선이 각 분전반을 거치며 공급하는 방식
  - 넓게 분산된 구역의 소규모 건물에 적합하다.
- 나뭇가지 평행식(병용식) : 평행식과 수지상식을 병용한 방식

68 스프링클러설비를 설치하여야 하는 특정소방대상물의 최대 방수구역에 설치된 개방형 스프링클러헤드의 개수가 30개일 경우, 스프링클러 설비의 수원의 저수량은 최소 얼마 이상으로 하여야 하는가?

① $16m^3$
② $32m^3$
③ $48m^3$
④ $56m^3$

해설
30개 이하의 스프링클러헤드를 설치한 경우 개방형 스프링클러헤드의 저수량(Q)
$Q = N \times 1.6m^3$ 이상
여기서, Q : 수원의 저수량(m^3)
N : 개방형 스프링클러헤드 설치개수
∴ 저수량(Q) = $30 \times 1.6 = 48m^3$

69 열관류율 $K = 2.5W/m^2 \cdot K$인 벽체의 양쪽 공기온도가 각각 20℃와 0℃일 때, 이 벽체 $1m^2$당 이동열량은?

① 25W
② 50W
③ 100W
④ 200W

해설
$2.5W/m^2 \cdot K \times (20 - 0℃) = 50W/m^2$이므로, 이동열량은 50W가 된다.

70 어느 점광원과 1m 떨어진 곳의 직각면 조도가 800lx일 때, 이 광원과 4m 떨어진 곳의 직각면 조도는?

① 50lx
② 100lx
③ 150lx
④ 200lx

해설
조도는 거리의 제곱에 반비례하므로,
조도(E_2) = $\dfrac{E_1}{(거리)^2}$
여기서, E_1, E_2 : 점광원으로부터 각각의 직각면 조도
∴ 조도 = $\dfrac{800}{4^2}$ = 50lx

71 습공기를 가열했을 때 상태값이 변화하지 않는 것은?

① 엔탈피
② 습구온도
③ 절대습도
④ 상대습도

해설
습공기를 가열했을 때 절대습도는 변하지 않으며, 엔탈피·습구온도·상대습도는 증가한다.

72 증기난방에 관한 설명으로 옳지 않은 것은?

① 온수난방에 비해 예열시간이 짧다.
② 온수난방에 비해 한랭지에서 동결의 우려가 작다.
③ 운전 시 증기해머로 인한 소음을 일으키기 쉽다.
④ 온수난방에 비해 부하변동에 따른 실내방열량의 제어가 용이하다.

해설
증기난방은 온수난방에 비해 부하변동에 따른 실내방열량의 제어가 어렵다.

73 공기조화방식 중 이중 덕트방식에 관한 설명으로 옳지 않은 것은?

① 전공기방식에 속한다.
② 덕트가 2개의 계통이므로 설비비가 많이 든다.
③ 부하특성이 다른 다수의 실이나 존에도 적용할 수 있다.
④ 냉풍과 온풍을 혼합하는 혼합상자가 필요 없으므로 소음과 진동도 적다.

해설
이중 덕트방식은 공기조화방식 중 냉풍과 온풍을 공급받아 각 실 또는 각 존의 혼합유닛에서 혼합하여 공급하는 방식이다.
이중 덕트방식의 특성
• 장 점
 – 부하변동에 따른 온도 조절이 우수하다.
 – 개별제어가 용이하다.
 – 계절마다 냉난방의 전환이 불필요하다.
• 단 점
 – 덕트 스페이스가 크다.
 – 혼합손실이 발생되는 에너지의 소비가 많은 형이다.
 – 여름철에도 보일러 운전이 요구된다.
 – 혼합상자를 설치해야 하며, 고속덕트 도입으로 설비비와 운전비가 많이 든다.

74 다음과 가장 관계가 깊은 것은?

> 에너지보존의 법칙을 유체의 흐름에 적용한 것으로서 유체가 갖고 있는 운동에너지, 중력에 의한 위치에너지 및 압력에너지의 총합은 흐름 내 어디에서나 일정하다.

① 뉴턴의 점성법칙
② 베르누이의 정리
③ 보일-샤를의 법칙
④ 오일러의 상태방정식

해설
베르누이의 정리 : 에너지보존의 법칙을 유체의 흐름에 적용한 것으로서, 유체가 갖고 있는 운동에너지, 중력에 의한 위치에너지 및 압력에너지의 총합은 흐름 내 어디에서나 일정하다.

75 자연환기에 관한 설명으로 옳은 것은?

① 풍력환기에 의한 환기량은 풍속에 반비례한다.
② 풍력환기에 의한 환기량은 유량계수에 비례한다.
③ 중력환기에 의한 환기량은 공기의 입구와 출구가 되는 두 개구부의 수직거리에 반비례한다.
④ 중력환기에서 실내온도가 외기온도보다 높을 경우 공기는 건물 상부의 개구부에서 실내로 들어와서 하부의 개구부로 나간다.

해설
① 풍력환기에 의한 환기량은 풍속에 비례한다.
③ 중력환기에 의한 환기량은 공기의 입구와 출구가 되는 두 개구부의 수직거리에 비례한다.
④ 중력환기에서 실내온도가 외기온도보다 높을 경우 공기는 건물 상부의 개구부에서 실내로 나가고 하부의 개구부로 들어온다.

76 실내 음환경의 잔향시간에 관한 설명으로 옳은 것은?

① 실의 흡음력이 높을수록 잔향시간은 길어진다.
② 잔향시간을 길게 하기 위해서는 실내공간의 용적을 작게 하여야 한다.
③ 잔향시간은 음향청취를 목적으로 하는 공간이 음성전달을 목적으로 하는 공간보다 짧아야 한다.
④ 잔향시간은 실내가 확장음장이라고 가정하여 구해진 개념으로 원리적으로는 음원이나 수음점의 위치에 상관없이 일정하다.

해설
① 실의 흡음력이 높을수록 잔향시간은 짧아진다.
② 잔향시간을 길게 하기 위해서는 실내공간의 용적을 크게 하여야 한다.
③ 잔향시간은 음향청취를 목적으로 하는 공간이 음성전달을 목적으로 하는 공간보다 길어야 한다.

77 발전기에 적용되는 법칙으로 유도기전력의 방향을 알기 위하여 사용되는 법칙은?

① 옴의 법칙
② 키르히호프의 법칙
③ 플레밍의 왼손법칙
④ 플레밍의 오른손법칙

해설
플레밍의 오른손법칙은 발전기에 적용되는 법칙으로 유도기전력의 방향을 알기 위하여 사용된다.
• 플레밍의 오른손법칙 : 발전기 원리
• 플레밍의 왼손법칙 : 전동기 원리

78 압력에 따른 도시가스의 분류에서 고압의 기준으로 옳은 것은?(단, 게이지압력 기준)

① 0.1MPa 이상
② 1MPa 이상
③ 10MPa 이상
④ 100MPa 이상

해설
도시가스 공급 압력
• 저압 : 0.1MPa 미만
• 중압 : 0.1MPa 이상 1MPa 미만
• 고압 : 1MPa 이상

79 냉방부하 계산 결과 현열부하가 620W, 잠열 부하가 155W일 경우, 현열비는?

① 0.2
② 0.25
③ 0.4
④ 0.8

해설
현열비 = $\dfrac{\text{현열부하}}{\text{현열부하} + \text{잠열부하}} = \dfrac{620W}{620W + 155W} = 0.8$

80 다음의 냉동기 중 기계적 에너지가 아닌 열에너지에 의해 냉동효과를 얻는 것은?

① 원심식 냉동기
② 흡수식 냉동기
③ 스크류식 냉동기
④ 왕복동식 냉동기

해설
흡수식 냉동기 : 묽은 용액을 가열(열에너지 이용)하여 증기와 농축된 용액(흡수액, LiBr)을 재생하고, 응축기 및 흡수기, 증발기로 순환하여 냉각 열에너지에 의해 냉동효과를 얻는다.
압축식 냉동기 : 원심식(터보식), 스크류식, 왕복동식 등이 있으며 기계적 에너지에 의해 냉동효과를 얻는다.

77 ④ 78 ② 79 ④ 80 ②

제5과목 건축관계법규

81 막다른 도로의 길이가 30m인 경우, 이 도로가 건축법상 도로이기 위한 최소 너비는?

① 2m ② 3m
③ 4m ④ 6m

해설
지형적 조건 등에 따른 도로의 구조와 너비(건축법 시행령 제3조의3)
막다른 도로로서 그 도로의 너비가 그 길이에 따라 각각 다음 표에서 정하는 기준 이상인 도로

도로의 길이	최소 도로 너비
10m 미만	2m
10m 이상~35m 미만	3m
35m 이상	6m (도시지역이 아닌 읍·면지역 : 4m)

82 신축공동주택 등의 기계환기설비의 설치 기준이 옳지 않은 것은?

① 세대의 환기량 조절을 위하여 환기설비의 정격풍량을 3단계 또는 그 이상으로 조절할 수 있는 체계를 갖추어야 한다.
② 적정 단계의 필요 환기량은 신축공동주택 등의 세대를 시간당 0.3회로 환기할 수 있는 풍량을 확보하여야 한다.
③ 기계환기설비에서 발생하는 소음의 측정은 한국산업규격(KS B 6361)에 따르는 것을 원칙으로 한다.
④ 기계환기설비는 주방 가스대 위의 공기배출장치, 화장실의 공기배출 송풍기 등 급속 환기 설비와 함께 설치할 수 있다.

해설
공동주택 및 다중이용시설의 환기설비기준 등(건축물의 설비기준 등에 관한 규칙 제11조)
신축 또는 리모델링하는 다음의 어느 하나에 해당하는 주택 또는 건축물은 시간당 0.5회 이상의 환기가 이루어질 수 있도록 자연환기설비 또는 기계환기설비를 설치하여야 한다.
• 30세대 이상의 공동주택
• 주택을 주택 외의 시설과 동일 건축물로 건축하는 경우로서 주택이 30세대 이상인 건축물

83 주차전용건축물의 주차면적비율과 관련한 아래 내용에서 ( ) 안에 들어갈 수 없는 것은?

주차전용건축물이란 건축물의 연면적 중 주차장으로 사용되는 부분의 비율이 95% 이상인 것을 말한다. 다만, 주차장 외의 용도로 사용되는 부분이 건축법 시행령 별표 1에 따른 ( )인 경우에는 주차장으로 사용되는 부분의 비율이 70% 이상인 것을 말한다.

① 종교시설 ② 운동시설
③ 업무시설 ④ 숙박시설

해설
주차전용건축물의 주차면적 비율

주차장 사용비율	건축물의 용도
95% 이상	아래 용도 이외의 용도
70% 이상	• 단독주택, 공동주택 • 제1종, 제2종 근린생활시설 • 문화 및 집회시설, 종교시설, 판매시설 • 운수시설, 운동시설, 업무시설 • 창고시설, 자동차 관련 시설

84 건축물과 분리하여 공작물을 축조할 때 특별자치시장·특별자치도지사 또는 시장·군수·구청장에게 신고를 해야 하는 대상 공작물 기준이 옳지 않은 것은?

① 높이 2m를 넘는 옹벽
② 높이 2m를 넘는 굴뚝
③ 높이 6m를 넘는 골프연습장 등의 운동시설을 위한 철탑
④ 높이 8m를 넘는 고가수조

해설
옹벽 등의 공작물에의 준용(건축법 시행령 제118조)
공작물을 축조할 때 신고를 해야 하는 공작물은 다음과 같다.
• 높이 6m를 넘는 굴뚝
• 높이 4m를 넘는 장식탑, 기념탑, 첨탑, 광고탑, 광고판
• 높이 8m를 넘는 고가수조
• 높이 2m를 넘는 옹벽 또는 담장
• 바닥면적 30m²를 넘는 지하대피호
• 높이 6m를 넘는 골프연습장 등의 운동시설을 위한 철탑, 주거지역·상업지역에 설치하는 통신용 철탑
• 높이 8m 이하의 기계식 주차장 및 철골 조립식 주차장으로서 외벽이 없는 것

정답 81 ② 82 ② 83 ④ 84 ②

85 다음 중 제2종 일반주거지역 안에서 건축할 수 없는 건축물은?(단, 도시·군계획 조례가 정하는 바에 따라 건축할 수 있는 경우는 고려하지 않는다)

① 종교시설 ② 운수시설
③ 노유자시설 ④ 제1종 근린생활시설

해설
제2종 일반주거지역 안에서 건축할 수 있는 건축물(국토의 계획 및 이용에 관한 법률 시행령 별표 5)
- 단독주택
- 공동주택
- 근린생활시설
- 종교시설
- 교육연구시설 중 유치원·초등학교·중학교 및 고등학교
- 노유자시설

86 높이가 31m를 넘는 각 층의 바닥면적 중 최대 바닥면적이 4,500m²인 건축물에 원칙적으로 설치하여야 하는 비상용 승강기의 최소 대수는?

① 1대 ② 2대
③ 3대 ④ 5대

해설
비상용 승강기는 높이 31m를 초과하는 각 층의 바닥면적 중 최대 바닥면적이 1,500m²를 초과하는 경우, 1대+'1,500m²를 넘는 매 3,000m² 이내마다 1대씩 가산한 대수' 이상으로 설치한다.
∴ 비상용 승강기의 최소 대수
$= 1 + \dfrac{31\text{m를 초과하는 층의 최대 바닥면적} - 1{,}500\text{m}^2}{3{,}000\text{m}^2}$
$= 1 + \dfrac{4{,}500\text{m}^2 - 1{,}500\text{m}^2}{3{,}000\text{m}^2} = 2\text{대}$

87 다음 중 대지에 조경 등의 조치를 하지 않을 수 있는 대상 건축물에 속하지 않는 것은?

① 축사
② 녹지지역에 건축하는 건축물
③ 연면적의 합계가 1,000m²인 공장
④ 면적이 5,000m²인 대지에 건축하는 공장

해설
대지의 조경(건축법 시행령 제27조)
다음에 해당하는 건축물에 대하여는 조경 등의 조치를 하지 아니할 수 있다.
- 녹지지역에 건축하는 건축물
- 면적 5,000m² 미만인 대지에 건축하는 공장
- 연면적 합계가 1,500m² 미만인 공장
- 산업단지 안의 공장, 염분이 함유되어 있는 대지
- 축사, 가설건축물
- 연면적 합계가 1,500m² 미만인 물류시설(주거지역 또는 상업지역에 건축하는 것은 제외)

88 건축물의 바닥면적 산정 기준에 대한 설명으로 옳지 않은 것은?

① 공동주택으로서 지상층에 설치한 어린이 놀이터의 면적은 바닥면적에 산입하지 않는다.
② 필로티는 그 부분이 공중의 통행이나 차량의 통행 또는 주차에 전용되는 경우에는 바닥면적에 산입하지 아니한다.
③ 벽·기둥의 구획이 없는 건축물은 그 지붕 끝부분으로부터 수평거리 1.5m를 후퇴한 선으로 둘러싸인 수평투영면적을 바닥면적으로 한다.
④ 단열재를 구조체의 외기측에 설치하는 단열 공법으로 건축된 건축물의 경우에는 단열재가 설치된 외벽 중 내측 내력벽의 중심선을 기준으로 산정한 면적을 바닥면적으로 한다.

해설
면적 등의 산정방법(건축법 시행령 제119조)
벽·기둥의 구획이 없는 건축물은 그 지붕 끝부분으로부터 수평거리 1.0m를 후퇴한 선으로 둘러싸인 수평투영면적을 바닥면적으로 한다.

89. 특별피난계단의 구조에 관한 기준 내용으로 옳지 않은 것은?

① 계단실에는 예비전원에 의한 조명설비를 할 것
② 계단은 내화구조로 하되, 피난층 또는 지상까지 직접 연결되도록 할 것
③ 출입구의 유효너비는 0.9m 이상으로 하고 피난의 방향으로 열 수 있을 것
④ 계단실의 노대 또는 부속실에 접하는 창문은 그 면적을 각각 3m² 이하로 할 것

해설
피난계단 및 특별피난계단의 구조(건축물의 피난·방화구조 등의 기준에 관한 규칙 제9조)
계단실의 노대 또는 부속실에 접하는 창문 등(출입구를 제외한다)은 망이 들어 있는 유리의 붙박이창으로서 그 면적을 각각 1m² 이하로 할 것

90. 국토의 계획 및 이용에 관한 법령상 용도지구에 속하지 않는 것은?

① 경관지구
② 미관지구
③ 방재지구
④ 취락지구

해설
용도지구의 지정(국토의 계획 및 이용에 관한 법률 제37조, 시행령 제31조)
- 경관지구
  - 자연경관지구
  - 시가지경관지구
  - 특화경관지구
- 고도지구
- 방화지구
- 방재지구
  - 시가지방재지구
  - 자연방재지구
- 보호지구
  - 역사문화환경보호지구
  - 중요시설물보호지구
  - 생태계보호지구
- 취락지구
  - 자연취락지구
  - 집단취락지구
- 개발진흥지구
  - 주거개발진흥지구
  - 산업·유통개발진흥지구
  - 관광·휴양개발진흥지구
  - 복합개발진흥지구
  - 특정개발진흥지구
- 특정용도제한지구
- 복합용도지구

정답 89 ④ 90 ②

91 도시·군계획 수립 대상지역의 일부에 대하여 토지 이용을 합리화하고 그 기능을 증진시키며 미관을 개선하고 양호한 환경을 확보하며, 그 지역을 체계적·계획적으로 관리하기 위하여 수립하는 도시·군관리계획은?

① 지구단위계획
② 도시·군성장계획
③ 광역도시계획
④ 개발밀도관리계획

92 지하층에 설치하는 비상탈출구의 유효너비 및 유효높이 기준으로 옳은 것은?(단, 주택이 아닌 경우)

① 유효너비 0.5m 이상, 유효높이 1.0m 이상
② 유효너비 0.5m 이상, 유효높이 1.5m 이상
③ 유효너비 0.75m 이상, 유효높이 1.0m 이상
④ 유효너비 0.75m 이상, 유효높이 1.5m 이상

> **해설**
> 지하층의 구조(건축물의 피난·방화구조 등의 기준에 관한 규칙 제25조 제2항)
> 지하층의 비상탈출구는 다음의 기준에 적합하여야 한다(단, 주택의 경우 제외).
> • 유효너비 0.75m 이상, 유효높이 1.5m 이상으로 할 것
> • 문은 피난 방향으로 열리도록 하고(실내에서 항상 열 수 있는 구조), 내·외부에 비상탈출구 표시를 할 것
> • 출입구로부터 3m 이상 떨어진 곳에 설치할 것
> • 지하층의 바닥으로부터 비상탈출구의 아랫부분까지의 높이가 1.2m 이상이 되는 경우 벽체에 발판의 너비가 20cm 이상인 사다리를 설치할 것
> • 피난통로 유효 너비는 0.75m 이상(마감은 불연재료)으로 할 것

93 지역의 환경을 쾌적하게 조성하기 위하여 대통령령으로 정하는 용도와 규모의 건축물에 대해 일반이 사용할 수 있도록 대통령령으로 정하는 기준에 따라 공개공지 등을 설치하여야 하는 대상 지역에 속하지 않는 것은?(단, 특별자치시장·특별자치도지사 또는 시장·군수·구청장이 따로 지정·공고하는 지역의 경우는 고려하지 않는다)

① 준공업지역
② 준주거지역
③ 일반주거지역
④ 전용주거지역

> **해설**
> 공개공지 등의 확보(건축법 제43조)
> • 일반주거지역, 준주거지역
> • 상업지역
> • 준공업지역
> • 도시화 가능성이 크거나 노후 산업단지의 정비가 필요하다고 인정하여 지정·공고하는 지역

94 건축물의 거실(피난층의 거실 제외)에 국토교통부령으로 정하는 기준에 따라 배연설비를 설치하여야 하는 대상 건축물 용도에 속하지 않는 것은?(단, 6층 이상인 건축물의 경우)

① 종교시설
② 판매시설
③ 방송통신시설 중 방송국
④ 교육연구시설 중 연구소

> **해설**
> 배연설비 설치 대상(6층 이상 건축물로서 다음의 용도인 경우)
> • 제2종 근린생활시설 중 공연장, 종교집회장, 인터넷컴퓨터게임시설 제공업소(해당 용도로 쓰는 바닥면적의 합계가 각각 300m² 이상인 경우만 해당)
> • 제2종 근린생활시설 중 다중생활시설
> • 문화 및 집회시설, 종교시설, 판매시설
> • 운수시설, 의료시설(요양, 정신병원 제외)
> • 교육연구시설 중 연구소, 업무시설
> • 노유자시설 중 아동 관련 시설, 노인복지시설(노인요양시설 제외)
> • 수련시설 중 유스호스텔, 숙박시설
> • 운동시설, 위락시설, 관광휴게시설, 장례시설

정답 91 ① 92 ④ 93 ④ 94 ③

95 건축물과 해당 건축물의 용도의 연결이 옳지 않은 것은?

① 주유소 : 자동차 관련 시설
② 야외음악당 : 관광 휴게시설
③ 치과의원 : 제1종 근린생활시설
④ 일반음식점 : 제2종 근린생활시설

해설
주유소는 위험물 저장 및 처리시설이다.
자동차 관련 시설 : 주차장, 세차장, 폐차장, 검사장, 매매장, 정비공장, 운전학원 및 정비학원, 차고 및 주차장, 전기자동차 충전소

96 건축법령상 용어의 정의가 옳지 않은 것은?

① 초고층 건축물이란 층수가 50층 이상이거나 높이가 200m 이상인 건축물을 말한다.
② 증축이란 기존 건축물이 있는 대지에서 건축물의 건축면적, 연면적, 층수 또는 높이를 늘리는 것을 말한다.
③ 개축이란 건축물이 천재지변이나 그 밖의 재해로 멸실된 경우 그 대지에 종전과 같은 규모의 범위에서 다시 축조하는 것을 말한다.
④ 부속건축물이란 같은 대지에서 주된 건축물과 분리된 부속용도의 건축물로서 주된 건축물을 이용 또는 관리하는 데에 필요한 건축물을 말한다.

해설
정의(건축법 시행령 제2조)
- 개축 : 기존 건축물의 전부 또는 일부를 해체하고 그 대지에 종전과 같은 규모의 범위에서 건축물을 다시 축조하는 것
- 재축 : 건축물이 천재지변이나 그 밖의 재해로 멸실된 경우 그 대지에 종전과 같은 규모의 범위에서 다시 축조하는 것

97 건축물의 주요구조부를 내화구조로 하여야 하는 대상 건축물에 속하지 않는 것은?

① 공장의 용도로 쓰는 건축물로서 그 용도로 쓰는 바닥면적의 합계가 500m²인 건축물
② 판매시설의 용도로 쓰는 건축물로서 그 용도로 쓰는 바닥면적의 합계가 500m²인 건축물
③ 창고시설의 용도로 쓰는 건축물로서 그 용도로 쓰는 바닥면적의 합계가 500m²인 건축물
④ 문화 및 집회시설 중 전시장의 용도로 쓰는 건축물로서 그 용도로 쓰는 바닥면적의 합계가 500m²인 건축물

해설
건축물의 내화구조(건축법 시행령 제56조)
- 제2종 근린생활시설 중 공연장·종교집회장, 문화 및 집회시설(전시장 및 동·식물원은 제외), 종교시설, 위락시설 중 주점영업 및 장례시설의 용도로 쓰는 건축물로서 관람실 또는 집회실의 바닥면적의 합계가 200m²(옥외관람석의 경우 1,000m²) 이상인 건축물
- 문화 및 집회시설 중 전시장 또는 동·식물원, 판매시설, 운수시설, 교육연구시설에 설치하는 체육관·강당, 수련시설, 운동시설 중 체육관·운동장, 위락시설(주점영업의 용도는 제외), 창고시설, 위험물저장 및 처리시설, 자동차 관련 시설, 방송통신시설 중 방송국·전신전화국·촬영소, 묘지 관련 시설 중 화장시설·동물화장시설 또는 관광휴게시설의 용도로 쓰는 건축물로서 그 용도로 쓰는 바닥면적의 합계가 500m² 이상인 건축물
- 공장의 용도로 쓰는 건축물로서 그 용도로 쓰는 바닥면적의 합계가 2,000m² 이상인 건축물
- 건축물의 2층이 단독주택 중 다중주택 및 다가구주택, 공동주택, 제1종 근린생활시설(의료 용도만 해당), 제2종 근린생활시설 중 다중생활시설, 의료시설, 노유자시설 중 아동 관련 시설 및 노인복지시설, 수련시설 중 유스호스텔, 업무시설 중 오피스텔, 숙박시설 또는 장례시설의 용도로 쓰는 건축물로서 그 용도로 쓰는 바닥면적의 합계가 400m² 이상인 건축물
- 3층 이상인 건축물 및 지하층이 있는 건축물(다만, 단독주택(다중주택 및 다가구주택은 제외), 동물 및 식물 관련 시설, 발전시설(발전소의 부속용도는 제외), 교도소·소년원 또는 묘지 관련 시설(화장시설 및 동물화장시설은 제외)의 용도로 쓰는 건축물과 철강 관련 업종의 공장 중 제어실로 사용하기 위하여 연면적 50m² 이하로 증축하는 부분은 제외)

98 기반시설부담구역에서 기반시설설치비용의 부과대상인 건축행위의 기준으로 옳은 것은?

① 100m²(기존 건축물의 연면적 포함)를 초과하는 건축물의 신축·증축
② 100m²(기존 건축물의 연면적 제외)를 초과하는 건축물의 신축·증축
③ 200m²(기존 건축물의 연면적 포함)를 초과하는 건축물의 신축·증축
④ 200m²(기존 건축물의 연면적 제외)를 초과하는 건축물의 신축·증축

해설
기반시설부담구역의 지정기준(기반시설연동제 운영지침 제66조)
기반시설부담구역에서 기반시설설치비용의 부과대상인 건축행위는 200m²(기존 건축물의 연면적을 포함)를 초과하는 건축물의 신축·증축 행위로 한다. 다만, 기존 건축물을 철거하고 신축하는 경우에는 기존 건축물의 건축 연면적을 초과하는 건축행위만 부과대상으로 한다.

99 국토교통부령으로 정하는 기준에 따라 채광 및 환기를 위한 창문 등이나 설비를 설치하여야 하는 대상에 속하지 않는 것은?

① 의료시설의 병실
② 숙박시설의 객실
③ 업무시설 중 사무소의 사무실
④ 교육연구시설 중 학교의 교실

해설
거실의 채광 등(건축법 시행령 제51조)
단독주택 및 공동주택의 거실, 교육연구시설 중 학교의 교실, 의료시설의 병실 및 숙박시설의 객실에는 채광 및 환기를 위한 창문 등이나 설비를 설치해야 한다.

100 부설주차장 설치대상 시설물이 문화 및 집회시설(관람장 제외)인 경우, 부설주차장 설치 기준으로 옳은 것은?(단, 지방자치단체의 조례로 따로 정하는 사항은 고려하지 않는다)

① 시설면적 50m²당 1대
② 시설면적 100m²당 1대
③ 시설면적 150m²당 1대
④ 시설면적 200m²당 1대

해설
부설주차장의 설치대상 시설물 종류 및 설치기준(주차장법 시행령 별표 1)

용 도	설치기준
위락시설	시설면적 100m²당 1대
• 문화 및 집회시설,(관람장 제외) • 종교시설, 판매시설, 운수시설 • 의료시설(정신병원, 요양소, 격리병원 제외) • 운동시설, 업무시설, 방송국, 장례식장	시설면적 150m²당 1대
• 제1종 근린생활시설(공중화장실, 대피소, 지역아동센터 제외) • 제2종 근린생활시설, 숙박시설	시설면적 200m²당 1대

2023년 제1회 과년도 기출복원문제

※2023년부터는 CBT(컴퓨터 기반 시험)로 진행되어 수험자의 기억에 의해 문제를 복원하였습니다. 실제 시행문제와 일부 상이할 수 있음을 알려드립니다.

제1과목 건축계획

01 단지계획에 있어서 교통계획의 주요 착안사항으로 옳지 않은 것은?

① 근린주구 단위 내부로의 자동차 통과진입을 최소화한다.
② 통행량이 많은 고속도로는 근린주구 단위를 분리시킨다.
③ 단지 내의 교통량을 줄이기 위하여 고밀도지역은 단지의 중앙부에 배치시킨다.
④ 주도로에서부터 연결되는 단지 내의 2차 도로체계는 통과도로를 두지 않는 쿨데삭을 이루게 한다.

해설
단지 내의 교통량을 줄이기 위하여 고밀도지역은 진입구 주변에 배치시킨다.

02 주택 부엌의 작업 삼각형(Work Triangle)에 관한 설명으로 옳지 않은 것은?

① 삼각형의 한 변 길이를 길게 하여 동선 상의 기능을 좋게 한다.
② 삼각형의 한 변의 길이는 1.8m 이하가 바람직하다.
③ 3변의 길이 합은 3.6~6.6m 정도가 기능적이다.
④ 냉장고, 개수대, 레인지의 중간 지점을 연결한 삼각형이다.

해설
삼각형의 한 변 길이가 너무 길어지면 동선이 길어지므로 기능상 좋지 않다.

03 특수전시기법에 관한 설명으로 옳지 않은 것은?

① 디오라마 전시는 실물을 직접 전시할 수 없거나 오브제 전시만의 한계를 극복하기 위해 영상매체를 사용하여 전시하는 기법이다.
② 파노라마 전시는 연속적인 주제를 연관성 있게 표현하기 위해 선형의 파노라마로 연출하는 기법이다.
③ 하모니카 전시는 전시내용을 통일된 형식 속에서 규칙적으로 반복시켜 표현하는 기법이다.
④ 아일랜드 전시는 벽이나 천장을 직접 이용하지 않고 전시물 또는 전시장치를 배치함으로써 전시공간을 만들어 내는 전시기법이다.

해설
• 디오라마 전시 : 하나의 사실 또는 주제의 시간 상황을 고정시켜 연출하는 것으로 현장에 임한 느낌을 주는 기법이다.
• 영상 전시 : 실물을 직접 전시할 수 없거나 오브제 전시만의 한계를 극복하기 위해 영상매체를 사용하는 전시방법이다.

04 병원계획에 관한 설명으로 옳지 않은 것은?

① 환자 병상수에 따라 병원의 시설 규모가 결정된다.
② 종합병원의 간호 단위는 40병상 이상으로 계획하는 것이 바람직하다.
③ 수술실 앞에는 홀이나 다른 통과교통이 없도록 한다.
④ 입원환자와 외래환자의 출입구는 분리시킨다.

해설
간호사 대기소 간호 단위
• 1조(8~10명)의 간호 병상수로 25베드가 이상적이다.
• 일반적으로는 병상수는 30~40개 정도를 간호한다.

정답 1 ③ 2 ① 3 ① 4 ②

05 호텔에 관한 설명으로 옳지 않은 것은?

① 커머셜 호텔은 교통이 편리한 도심의 중심에 위치하는 상업상, 사무상 여행자를 위한 호텔이다.
② 아파트먼트 호텔은 장기간 체재할 수 있도록 계획하는 호텔이며, 각 객실에는 주방설비를 갖출 필요가 없다.
③ 리조트 호텔은 조망 및 주변경관의 조건이 좋은 곳에 위치하는 것이 좋다.
④ 터미널 호텔은 교통기관의 발착지점에 위치하는 시티호텔의 일종이다.

해설
아파트먼트 호텔은 장기간 체재하는 데 적합한 호텔로서 각 객실에는 주방설비를 갖추고 있다.

06 아파트의 형식 중 메조넷형에 관한 설명으로 옳지 않은 것은?

① 복층형으로서 소규모 주택에 적용 시 경제적이지 못하다.
② 다양한 평면 구성이 가능하며, 구조적으로도 단층형에 비해 유리하다.
③ 통로가 없는 층은 통풍 및 채광 확보가 용이하다.
④ 듀플렉스형은 하나의 주거 단위가 2층형으로 구성되며, 트리플렉스형은 3층형으로 구성된다.

해설
메조넷형은 다양한 평면 구성이 가능하지만, 구조적으로는 불리하다.

07 전시실의 순회 형식에 관한 설명으로 옳지 않은 것은?

① 연속순로 형식은 많은 실을 순서별로 통하여야 하는 불편이 있으며, 장래 확장은 용이하지 못하다.
② 연속순로 형식은 소규모의 전시실에 이용하면 적은 대지면적에서도 가능하고 편리하다.
③ 갤러리 및 코리도 형식은 각 실에 직접 들어갈 수 있으며, 필요시 독립적으로 폐쇄할 수 있다.
④ 중앙홀 형식은 중심부에 큰 홀을 두고 그 주위에 각 전시실이 배치되며, 대규모 전시실에 적합하다.

해설
연속순로 형식은 장래 확장에 용이하다.

08 사무소 건축에서 코어계획에 관한 설명으로 옳지 않은 것은?

① 코어 내의 각 공간은 각 층마다 공통의 위치에 두도록 한다.
② 코어 내의 화장실은 외래자에게도 알려질 수 있는 곳에 위치시킨다.
③ 엘리베이터 홀이 출입구 문에 바짝 접근해 있지 않도록 한다.
④ 코어 평면은 위치 관계를 명확하게 계획하며, 계단실은 코어 부분에서 제외하여 별도로 계획한다.

해설
코어 평면은 위치 관계를 명확하게 계획하며, 코어 부분에는 계단실도 포함시킨다.

정답 5 ② 6 ② 7 ① 8 ④

09 한식주택과 양식주택에 관한 설명으로 옳지 않은 것은?

① 양식주택은 입식생활이며, 한식주택은 좌식생활이다.
② 한식주택의 실은 단일용도이며, 양식주택의 실은 혼용도이다.
③ 한식주택은 실의 위치별 분화이며, 양식주택은 실의 기능별 분화이다.
④ 양식주택의 가구는 주요한 내용물이며, 한식주택의 가구는 부차적 존재이다.

해설
양식주택의 실은 단일용도이며, 한식주택의 실은 혼용도이다.

10 레이트 모던(Late Modern) 건축양식에 관한 설명으로 옳지 않은 것은?

① 근대 건축운동의 이념과 형식을 계승하였으며, 미적 즐거움을 제공하고 추상적 형태의 언어와 공업기술을 구사하였다.
② 대중적, 지역적 코드에 관심을 가졌으며 맥락주의 건축을 지향하였다.
③ 공업기술을 바탕으로 기술적 이미지를 강조하였으며, 퐁피두 센터가 대표적인 건축물이다.
④ 대표적 건축가로는 시저 펠리, 노만 포스터 등이 있다.

해설
포스트 모던 건축양식 : 기호학적 분절을 추구하였으며, 근대 건축 사상을 의도적으로 거부하고 대중적·지역적 코드에 관심을 가졌으며 맥락주의 건축을 지향하였다.

11 도서관 출납시스템에 관한 설명으로 옳지 않은 것은?

① 자유개가식은 책 내용의 파악 및 선택이 자유롭지만, 서가의 정리가 잘 안 되면 혼란스럽게 된다.
② 안전개가식은 서가 열람이 가능하여 책을 직접 뽑을 수 있다.
③ 반개가식은 책의 내용은 볼 수 없으며, 표지를 보고 책을 선택해야 하는 어려움이 있다.
④ 폐가식은 서가와 열람실에서 감시가 필요하나 대출절차가 간단하여 관원의 작업량이 적다.

해설
폐가식은 서가와 열람실에서 감시가 필요 없으나, 대출절차가 복잡하여 관원의 작업량이 많다.

12 각 학급을 2분단으로 나누어 한쪽이 일반교실을 사용할 때, 다른 한쪽은 특별교실을 사용하는 학교 운영 방식은?

① 종합교실형 ② 교과교실형
③ 플래툰형 ④ 달톤형

해설
학교 운영방식
- 교과교실형 : 교과교실 구성으로 순수율이 높지만, 학생의 이동이 심하다.
- 플래툰형 : 각 학급을 2분단으로 나누어 한쪽이 일반교실을 사용할 때, 다른 한쪽은 특별교실을 사용한다.
- 달톤형 : 학급, 학년을 없애고 능력에 따라 교과목을 이수 후 졸업한다.

13 아파트의 평면 형식 중 계단실형에 관한 설명으로 옳지 않은 것은?

① 각 세대가 양쪽으로 개구부를 계획할 수 있는 관계로 통풍이 양호하다.
② 통행을 위한 공용면적이 작으므로 건물의 이용도가 높다.
③ 엘리베이터를 공용으로 사용하는 세대가 적으므로 엘리베이터의 효율이 낮다.
④ 대지에 대한 이용률이 가장 높은 유형이다.

해설
대지에 관한 이용률이 가장 높은 유형은 중복도형이다.

14 다음 설명에 알맞은 공장 건축의 레이아웃(Layout) 형식은?

- 생산에 필요한 모든 공정, 기계기구를 제품의 흐름에 따라 배치한다.
- 대량생산에 유리하며 생산성이 높다.

① 제품중심의 레이아웃
② 공정중심의 레이아웃
③ 고정식 레이아웃
④ 혼성식 레이아웃

해설
② 공정중심 레이아웃(기계설비 중심) : 기능식 레이아웃으로서 동일 종류의 공정이나 기계, 기능이 동일하거나 유사한 것을 하나의 그룹으로 집합시켜 작업하는 방식이다.
③ 고정식 레이아웃 : 주가 되는 재료나 조립부품이 고정되어 있고 사람이나 기계가 이동해 가면서 작업이 행해지는 방식이다.
④ 혼성식 레이아웃 : 제품중심, 공정중심, 고정식 레이아웃을 혼합한 방식이다.

15 건축물의 에너지 절약 설계에 대한 설명으로 옳지 않은 것은?

① 건물의 평면 형태는 복잡한 형태가 에너지 절약에 불리하다.
② 건물의 외표면적비(외피면적비)가 작을수록 에너지 절약에 유리하다.
③ 건물의 코어 공간을 건물 외벽 쪽에 배치하면 열 부하를 작게 할 수 있다.
④ 동일한 형상의 건물이라면 방위에 따른 열 부하는 같다.

해설
동일한 형상의 건물이라도 방위에 따른 열부하는 달라진다.

16 서양 중세 건축양식별 특징과 그와 관련된 건축물에 대한 설명으로 옳지 않은 것은?

① 고딕 건축은 플라잉 버트레스, 첨두아치를 사용하였으며, 노트르담 성당이 있다.
② 로마네스크 건축은 반원 아치, 교차볼트를 사용하였으며, 성 소피아 성당이 있다.
③ 비잔틴 건축은 돔, 펜던티브를 사용하였고, 성 비탈레 성당이 있다.
④ 사라센 건축의 모스크는 미나렛이 특징이며, 코르도바 사원이 있다.

해설
성 소피아(St. Sophia) 성당은 비잔틴 건축양식의 대표적 건축물이다.

17 병원 건축의 수술부 계획에 대한 설명으로 옳지 않은 것은?

① 멸균재료부(CSSD)에 수직 및 수평적으로 근접이 쉬운 장소이어야 한다.
② 수술 중에 검사를 요하는 조직병리부, 진단방사선부와 협조가 잘 될 수 있는 장소이어야 한다.
③ 타 부분의 통과교통이 없는 장소이어야 한다.
④ 수술실의 공기조화설비는 오염 방지를 위해 독립된 설비계통으로 하여 수술실의 공기를 재순환시킨다.

해설
수술실의 공기조화설비를 할 때는 오염 방지를 위해 독립된 설비계통으로 하여 수술실의 공기를 재순환시키지 않는다.

18 치수 조정(MC ; Modular Coordination) 및 건축 공간에 대한 설명으로 옳지 않은 것은?

① 치수 조정을 하면 설계 작업이 단순해지고, 건축물 구성재의 대량생산이 용이해진다.
② 치수 조정을 하면 건축물 형태에서 창조성과 인간성 확보가 쉬워진다.
③ 건축 공간의 치수는 물리적, 생리적, 심리적 치수 등을 고려해야 한다.
④ 실내의 필요환기량을 반영하여 창문 크기를 결정하는 것은 생리적 치수를 고려한 것이다.

해설
모듈(Module)에 의한 계획이나 치수 조정(MC ; Modular Coordination)을 하면, 설계의 자유도가 떨어지며 건축물 형태에서 창조성과 인간성 확보가 어려워진다.

19 다음 글에서 설명하는 백화점 진열장(판매대)의 배치방법에 해당하는 것은?

- 통로를 상품의 성격, 고객의 통행량에 따라 유기적으로 계획하여 전시에 변화를 주고 판매장의 특수성을 살릴 수 있다.
- 동선이 혼란스럽고 매장의 변경이 어렵다.

① 직교배치법 ② 방사배치법
③ 사행배치법 ④ 자유유선형 배치법

해설
자유유선형 배치법 : 통로를 상품의 성격, 고객의 통행량에 따라 유기적으로 계획하여 전시에 변화를 주고 판매장의 특수성을 살릴 수 있지만, 동선이 혼란스럽고 매장의 변경이 어렵다.

20 전통건축의 지붕 평면상에서 처마선을 안쪽으로 굽혀서 날렵하게 보이도록 하는 기법은?

① 조로 ② 안쏠림
③ 귀솟음 ④ 후림

해설
① 조로 : 입면에서 처마선을 날렵하게 보이도록 하기 위해서 처마의 양 끝이 들려 올라가도록 하는 것이다.
② 안쏠림 : 기둥 상단을 안쪽으로 쏠리게 세우는 것으로 시각적으로 건물 전체에 안정감을 준다.
③ 귀솟음 : 우주를 중간에 있는 평주보다 약간 길게(높게) 하여 솟아 올리게 해서 처마 곡선과 조화를 이루도록 한다.

제2과목　건축시공

21 기술제안입찰제도의 특징에 관한 설명으로 옳지 않은 것은?

① 공사비 절감방안의 제안이 가능하다.
② 원안 설계에 대한 공법, 품질 확보 등이 핵심 제안요소이다.
③ 제안된 기술의 지적재산권 인정이 명확하다.
④ 기술제안서 작성에 추가비용이 발생한다.

해설
제안된 기술의 지적재산권 인정이 미흡하다.
기술제안입찰제도 : 발주처에서 설계한 뒤 업체에서 공기 단축, 공사비 절감 등을 위한 기술제안서를 제출하도록 하는 제도이다.

22 계측관리 항목 및 기기에 관한 설명으로 옳지 않은 것은?

① 주변 건물의 경사는 건물경사계(Tiltmeter)를 이용한다.
② 버팀보, 앵커 등의 축하중 변화 상태의 측정은 하중계(Load Cell)를 이용한다.
③ 지하수의 간극수압은 간극수압계(Piezo Meter)를 이용한다.
④ 지하수위의 변화는 변형계(Strain Gauge)를 이용한다.

해설
• 변형계(Strain Gauge) : 흙막이벽의 응력을 측정
• 지하수위계(Water Level Meter) : 지하수위의 변화를 측정

23 철근의 정착 위치에 관한 설명으로 옳지 않은 것은?

① 기둥의 주근은 기초에 정착한다.
② 큰 보의 주근은 기둥에 정착한다.
③ 바닥철근은 기둥에 정착한다.
④ 지중보의 주근은 기초 또는 기둥에 정착한다.

해설
바닥철근은 보 또는 벽체에 정착한다.
철근의 정착 위치
• 기둥의 주근은 기초에 정착한다.
• 보의 주근은 기둥에 정착한다.
• 작은 보의 주근은 큰 보에 정착한다.
• 직교하는 단부 보의 밑에 기둥이 없을 때는 상호 간에 정착한다.
• 벽 철근은 기둥, 보, 바닥판에 정착한다.
• 바닥철근은 보 또는 벽체에 정착한다.
• 지중보의 주근은 기초 또는 기둥에 정착한다.

24 가치공학(Value Engineering)기법에서 어떤 개선 활동이나 계획을 세울 때 적용하는 것은?

① 브레인스토밍　　② 원가 절감
③ 기능 설계　　　④ 공기단축기법

해설
• 브레인스토밍 : 어떤 개선 활동이나 계획을 세울 때 아이디어를 제시하고 토의하는 기법이다.
• 가치공학(價値工學, Value Engineering) : 필요한 기능을 최저의 총비용으로 확실히 달성하기 위하여 제품 또는 서비스의 기능을 분석하는 기법이다.

25 웰 포인트 공법에 대한 설명으로 옳지 않은 것은?

① 진공펌프를 사용하여 토중의 지하수를 강제적으로 집수한다.
② 사질지반보다 점토층 지반에서 효과적이다.
③ 지하수 저하에 따른 인접지반과 공동매설물 침하에 주의가 필요하다.
④ 흙파기 밑면의 토질 약화를 예방한다.

해설
펌프로 집수하기 때문에 사질지반에 효과적이다.

26 다음 중 녹막이 칠에 사용하는 도료가 아닌 것은?

① 광명단   ② 크레오소트유
③ 아연분말 도료   ④ 역청질 도료

해설
크레오소트유는 목재 방부제로 사용한다.
• 광명단, 역청질 도료 : 강재의 녹막이 칠에 사용한다.
• 아연분말 도료 : 알루미늄의 녹막이 칠에 사용한다.

27 다음 중 공사 진행의 일반적인 순서로 옳은 것은?

① 공사 착공 준비 → 가설공사 → 토공사 → 지정 및 기초공사 → 구조체 공사
② 가설공사 → 공사 착공 준비 → 토공사 → 지정 및 기초공사 → 구조체 공사
③ 공사 착공 준비 → 토공사 → 가설공사 → 구조체 공사 → 지정 및 기초공사
④ 가설공사 → 공사 착공 준비 → 지정 및 기초공사 → 토공사 → 구조체 공사

28 사무실 용도의 건물에서 철골구조의 슬래브 바닥재로 일반적으로 사용되는 것은?

① 베이스 플레이트   ② 커버 플레이트
③ 거싯 플레이트   ④ 데크 플레이트

해설
데크 플레이트 : 밑창 거푸집으로서 철골구조의 슬래브 바닥재로 일반적으로 사용된다.

29 목조 지붕틀 구조에 있어서 모서리 기둥과 층도리 맞춤에 사용되는 철물은?

① 주걱볼트   ② 감잡이쇠
③ ㄱ자쇠   ④ 띠 쇠

해설
① 주걱볼트 : 깔도리와 기둥의 맞춤
② 감잡이쇠 : ㄷ자형의 보강철물 기초와 토대의 연결부, 평보와 왕대공을 연결하는 ㄷ자형의 보강철물
④ 띠쇠 : 층도리와 통재기둥의 맞춤

정답 25 ② 26 ② 27 ① 28 ④ 29 ③

30 보통 창유리의 특성 중 투과에 관한 설명으로 옳지 않은 것은?

① 투사각 0°일 때 투명하고 청결한 창유리는 약 90%의 광선을 투과한다.
② 보통 창유리는 자외선 투과 유리에 비해 자외선을 잘 투과시키지 못한다.
③ 보통 창유리도 먼지가 부착되거나 오염되면 투과율이 현저하게 감소한다.
④ 보통 창유리는 광선의 파장이 길고 짧음에 관계없이 투과율이 같다.

해설
- 보통 창유리 : 광선의 파장이 길고 짧음에 따라 투과율이 다르다.
- 자외선 투과 유리 : 유리의 철 성분을 줄여서 자외선을 투과시키는 유리로서 온실, 살균실 등에 사용한다.

31 아스팔트 방수공사에 관한 설명 중 옳지 않은 것은?

① 아스팔트의 용융 중에는 최소한 30분에 1회 정도로 온도를 측정하며, 접착력 저하 방지를 위하여 200℃ 이하가 되지 않도록 한다.
② 한랭지에서 사용되는 아스팔트는 침입도 지수가 큰 것이 좋다.
③ 지붕 방수에는 침입도가 작고 연화점(軟化點)이 낮은 것을 사용한다.
④ 아스팔트 용융솥은 가능한 한 시공장소와 근접한 곳에 설치한다.

해설
지붕 방수에는 침입도가 크고 연화점이 높은 것을 사용한다.

32 레디믹스트 콘크리트(Ready Mixed Concrete)에 대한 설명으로 옳지 않은 것은?

① 제조설비를 갖춘 공장에서 제조해 주문자의 필요에 따라 필요장소에 운반하여 사용한다.
② 콘크리트의 운반거리 및 운반시간에 제한이 없다.
③ 콘크리트의 혼합이 충분하여 품질이 고르다.
④ 현장도착 시 실시하는 시험으로는 슬럼프 시험, 압축강도 시험용 공시체 제작, 염화물 시험, 공기량 측정 등이 있다.

해설
레디믹스트 콘크리트는 콘크리트의 운반거리 및 운반시간에 제한이 많다.

33 콘크리트 이어붓기에 대한 설명으로 옳지 않은 것은?

① 염분 피해의 우려가 있는 해양 및 항만 콘크리트 구조물에서는 시공이음부를 금지하고 연속으로 타설한다.
② 아치이음은 아치축에 직각으로 설치한다.
③ 부득이 전단력이 큰 위치에 이음을 설치할 경우에는 시공이음에 촉 또는 홈을 두거나 적절한 철근을 내어 둔다.
④ 보 및 슬래브의 이어붓기 위치는 전단력이 큰 스팬의 단부에 수직으로 한다.

해설
보 및 슬래브의 이어붓기 위치는 전단력이 작은 스팬의 중앙부에 수직으로 한다.

34 표준관입시험에서 상대밀도의 정도가 몹시 느슨한 상태에 해당될 때의 사질지반의 N값으로 옳은 것은?

① 0~4
② 4~10
③ 10~30
④ 30~50

해설
N값에 따른 모래의 상대밀도

N값	모래의 상대밀도
0~4	몹시 느슨하다.
4~10	느슨하다.
10~30	보통이다.
50 이상	다진 상태이다.

35 ALC 제품에 관한 설명으로 옳지 않은 것은?

① 절건 상태에서의 비중이 0.75~1 정도이다.
② 압축강도는 3~4MPa 정도이다.
③ 사용 후 변형이나 균열이 적다.
④ 내화성능을 보유하고 있다.

해설
- 절건 상태의 비중은 0.5로 보통 콘크리트의 1/4 정도이다.
- ALC 일반 블록의 경우 절건비중이 0.45~0.55 정도이다.
ALC(Autoclaved Lightweight Concrete) : 천연소재인 규석을 주원료로 생석회, 석고, 시멘트, 물 등을 혼합·발포시켜 오토클레이브의 고온·고압 상태에서 증기 양생한 경량기포 콘크리트이다.

36 공사원가 구성요소의 하나인 직접공사비에 속하지 않는 것은?

① 자재비
② 노무비
③ 일반관리비
④ 경 비

해설
- 직접공사비 : 재료비, 노무비, 외주비, 경비
- 일반관리비 : 기업의 유지, 관리활동에 소요되는 제비용으로 공사원가에는 포함하지 않는다.

37 콘크리트 배합에 직접적인 영향을 주는 요소가 아닌 것은?

① 골재의 입도
② 철근의 품질
③ 물시멘트비
④ 시멘트 강도

해설
철근의 품질은 콘크리트 배합에 직접적인 영향을 주지 않는다.

38 벽면적 4.8m² 크기에 1.5B 두께로 붉은 벽돌을 쌓고자 할 때 벽돌 소요매수는?(단, 벽돌 크기는 190×90×57mm)

① 768매
② 963매
③ 1,108매
④ 1,245매

해설
벽돌 1.5B 쌓기는 1m²당 224장이므로,
4.8m² × 224매/m² = 1,075.2매
할증률은 3%이므로,
1,075.2매 × 1.03 = 1,107.456매
따라서, 벽돌 소요매수는 1,108매이다.
1m²당 벽돌 수
- 0.5B : 75장
- 1.0B : 149장
- 1.5B : 224장

정답 34 ① 35 ① 36 ③ 37 ② 38 ③

39 콘크리트 보수 및 보강에 관한 설명으로 옳지 않은 것은?

① 표면처리공법은 균열 0.2mm 이하 부위에 수지로 충전하고 균열표면에 보수재료를 씌우는 공법이다.
② 주입공법은 강판의 접착면에 접착제를 도포하여 콘크리트면에 부착하는 공법이다.
③ 탄소섬유접착공법은 탄소섬유판을 에폭시수지 등으로 콘크리트면에 부착시켜 탄소섬유판의 높은 인장저항성으로 콘크리트를 보강하는 공법이다.
④ 충전공법 사용재료는 실링재, 에폭시수지 및 폴리머 시멘트 모르타르 등이 있다.

해설
- 압착공법 : 강판의 접착면에 접착제를 도포하여 콘크리트면에 부착하는 강판접착공법이다.
- 주입공법 : 작업의 신속성을 위하여 균열부위에 주입파이프를 설치하여 보수재를 주입하는 공법이다. 단시간에 고압고속으로 주입하는 직접주입공법과, 장시간에 걸쳐 저속저압으로 주입하는 간접주입공법이 있다.

40 사질지반 굴착 시 벽체 배면의 토사가 흙막이 틈새 또는 구멍으로 누수가 되어 흙막이벽 배면에 공극이 발생하여 물의 흐름이 점차로 커져 결국에는 주변 지반을 함몰시키는 현상을 일컫는 것은?

① 보일링 현상 ② 히빙 현상
③ 액상화 현상 ④ 파이핑 현상

해설
파이핑 현상 : 흙막이 벽의 틈 또는 구멍, 이음새를 통하여 물이 공사장 내부 바닥으로 스며드는 현상이다.

제3과목 건축구조

41 강재의 기계적 성질에서 시험 전의 표점 간 거리에 대한 인장시험편 파단 후 표점 간 거리와 시험 전 표점 간 거리의 차이의 백분율을 말하는 것은?

① 항복비 ② 연신율
③ 안전계수 ④ 안전율

해설
② 연신율 : 시험 전의 표점 간 거리에 대한 인장시험편 파단 후 표점 간 거리와 시험 전 표점 간 거리의 차이의 백분율을 말한다.
① 항복비 : 인장강도에 대한 항복강도의 비로서, 강재의 안전율의 한 척도가 된다.

42 테두리보(Wall Girder)에 대한 설명 중 옳지 않은 것은?

① 횡력에 대한 벽면의 직각방향의 이동은 수직균열이 생기게 되고 이것을 막기 위해 강력한 테두리보를 설치한다.
② 철근콘크리트 바닥판으로 할 때에는 테두리보를 따로 쓰지 않아도 좋다.
③ 세로철근의 끝을 정착할 필요가 없다.
④ 각 층 벽 위에는 춤이 벽두께의 1.5배 이상인 테두리보를 설치한다.

해설
세로철근의 끝을 정착할 필요가 있다.
테두리보의 설치 목적
- 분산된 벽체의 일체화를 통한 건물의 보강
- 지붕, 바닥틀 등 집중하중을 받는 부분 보강
- 횡력에 의한 수직균열에 대한 보강

정답 39 ② 40 ④ 41 ② 42 ③

43 그림에서 AC 부재가 받는 힘은?

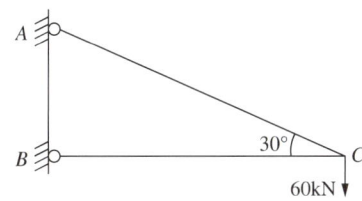

① 30kN ② $30\sqrt{3}$ kN
③ $60\sqrt{3}$ kN ④ 120kN

> **해설**
> C점에서 힘의 평형으로 구할 수 있으며,
> $N_{AC} \cdot \sin 30° = 60\text{kN}$
> $\therefore N_{AC} = 120\text{kN}$

44 강구조 주각부에서 베이스 플레이트와 철골 기둥의 웨브 부분을 고정시키는 역할을 하는 것은?

① 앵커 볼트(Anchor Bolt)
② 클립 앵글(Clip Angle)
③ 윙 플레이트(Wing Plate)
④ 사이드 앵글(Side Angle)

> **해설**
> ② 클립 앵글(Clip Angle) : 베이스 플레이트와 철골 기둥의 웨브 부분을 고정시키는 접합 앵글이다.
> ① 앵커 볼트(Anchor Bolt) : 기초 콘크리트에 매입되어 주각부의 이동을 방지하는 역할을 한다.
> ③ 윙 플레이트(Wing Plate) : 사이드 앵글을 거치거나 직접 용접에 의해서 베이스 플레이트에 기둥으로부터의 응력을 전달한다.
> ④ 사이드 앵글(Side Angle) : 윙 플레이트와 베이스 플레이트를 연결하는 측면에 부착하는 앵글이다.

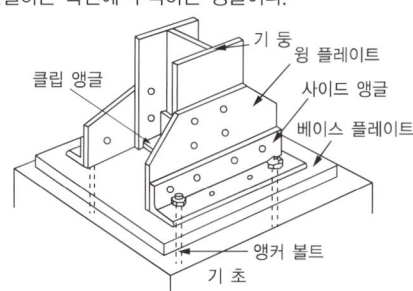

45 등분포하중 w와 B지점에 모멘트 하중 wl^2이 작용하는 그림과 같은 단순보에서 중앙점의 휨모멘트의 크기를 구한 값은?

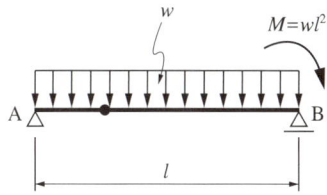

① $\dfrac{l}{8}wl^2$ ② $\dfrac{3}{8}wl^2$
③ $\dfrac{5}{8}wl^2$ ④ $\dfrac{5}{16}wl^2$

> **해설**
> ㉠ 반력을 구한다.
> $\sum M_B = 0$에 의해서 R_A를 상향으로 가정하면,
> $R_A \times l - w \times l \times \dfrac{l}{2} + wl^2 = 0$, $R_A = -\dfrac{wl}{2}(\downarrow)$
> $\therefore \sum Y = 0$에서 $R_B = \dfrac{wl}{2}(\uparrow)$
> ㉡ 중앙점의 휨모멘트를 구한다.
> $M_C = -\dfrac{wl}{2} \times \dfrac{l}{2} - w \times \dfrac{l}{2} \times \dfrac{l}{4} = -\dfrac{3wl^2}{8}$

46 그림과 같은 단순보의 중앙에 실릴 수 있는 최대 하중 P는 얼마인가?(단, 전단은 안전하고 허용 휨응력도 f_b=9MPa이다)

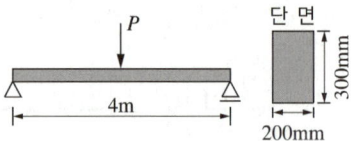

① 21kN ② 24kN
③ 25kN ④ 27kN

해설

허용응력(σ) $\geq \dfrac{M(\text{휨모멘트})}{Z(\text{단면계수})}$ 이며, $M \leq \sigma \times Z$ 이며,

허용 휨응력도(f_b) = 9MPa = 9N/mm^2,

$Z = \dfrac{bh^2}{6} = \dfrac{200 \times 300^2}{6} = 3{,}000{,}000\text{mm}^3$ 이다.

단순보의 중앙 휨모멘트를 구하면,

$M = \dfrac{P \times l}{4} = \dfrac{P \times 4{,}000}{4} = P \times 1{,}000\text{N} \cdot \text{mm}$ 이며,

$M \leq \sigma \times Z$ 에서

$P \times 1{,}000\text{N} \cdot \text{mm} \leq 9\text{N/mm}^2 \times 3{,}000{,}000\text{mm}^3$ 이며,

$\therefore P \leq \dfrac{27{,}000{,}000\text{N} \cdot \text{mm}}{1{,}000\text{mm}} = 27{,}000\text{N} = 27\text{kN}$

47 다음과 같은 트러스에서 부재력이 0이 되는 부재수는?

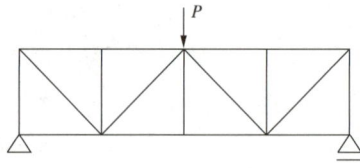

① 0개 ② 3개
③ 5개 ④ 7개

해설

부재력이 0이 되는 부재수는 5개이다.

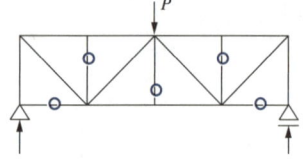

트러스의 부재력이 0인 부재
- 2개의 부재가 만나는 절점에 외력이 작용하지 않는 경우, 두 부재의 응력은 0이다.
- 위의 경우에서 하나의 부재축과 나란하게 외력이 작용하는 경우, 다른 한 부재의 응력은 0이다.
- 3개의 부재가 모이는 절점에 외력이 작용하지 않는 경우, 동일 직선상에 놓여 있는 두 부재의 응력은 같고 다른 한 부재의 응력은 0이다.

48 그림과 같은 단면에서 $X-X$축에 대한 단면2차반경값으로 맞는 것은?

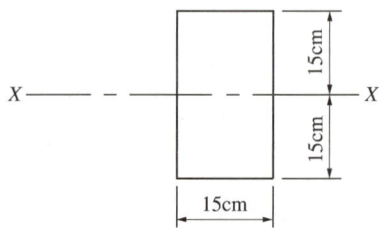

① 6.4cm ② 7.9cm
③ 8.7cm ④ 9.1cm

해설

$A = 15 \times 30 = 450\text{cm}^2$

$I = \dfrac{bh^3}{12} = \dfrac{15 \times 30^3}{12} = 33{,}750\text{cm}^4$

$\therefore$ 단면2차반경(i) = $\sqrt{\dfrac{I}{A}} = \sqrt{\dfrac{33{,}750}{450}} \fallingdotseq 8.66\text{cm}$

49 정방형 단면의 크기가 120mm×120mm이고, 길이 3m인 기둥의 세장비는 약 얼마인가?

① 67　　　② 76
③ 87　　　④ 95

해설

세장비(λ) = $\dfrac{\text{유효 좌굴길이}}{\text{최소 단면2차반경}} = \dfrac{KL}{r} = \dfrac{KL}{\sqrt{\dfrac{I}{A}}}$

여기서, K : 좌굴유효길이 계수
　　　　L : 기둥의 지지길이
　　　　I : 단면2차모멘트
　　　　A : 단면적

각 변(a)의 길이가 같은 정사각형이므로,
$A = a^2$, $I = \dfrac{a^4}{12}$ 이며,

$r = \sqrt{\dfrac{I}{A}} = \sqrt{\dfrac{a^4}{12a^2}} = \dfrac{a}{\sqrt{12}}$ 이므로,

∴ $\lambda = \dfrac{\sqrt{12} \times 3{,}000}{120} ≒ 86.6$

50 다음 구조물의 부정정 차수는 얼마인가?

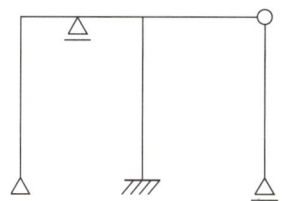

① 1차 부정정　　② 2차 부정정
③ 3차 부정정　　④ 4차 부정정

해설

부정정 차수(N) = $R + m + k - 2j$
　　　　　　　 = $7 + 6 + 4 - 2 \times 7$
　　　　　　　 = 3

여기서, m : 부재(Member)수
　　　　r : 지점반력(Reaction)수
　　　　k : 강절점수
　　　　j : 절점(Joint)수

∴ N은 3이므로, 3차 부정정 구조물이다.

51 그림과 같은 보의 C점에 대한 처짐은?(단, EI는 전체 경간에서 일정하다)

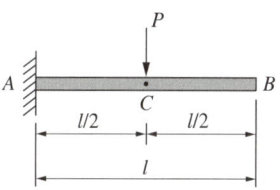

① $\dfrac{Pl^3}{12EI}$　　② $\dfrac{Pl^3}{24EI}$
③ $\dfrac{Pl^3}{48EI}$　　④ $\dfrac{Pl^3}{96EI}$

해설

보의 처짐 = $\dfrac{Pl^3}{3EI} = \dfrac{P \times \left(\dfrac{l}{2}\right)^3}{3EI} = \dfrac{Pl^3}{24EI}$

52 보 단면의 성질에 관한 다음 기술 중 틀린 것은?

① 단면의 도심을 통과하는 축에 대한 단면1차모멘트는 0이다.
② 직경 D인 원형단면의 단면계수 $\dfrac{\pi D^3}{32}$ 이다.
③ 단면 상승모멘트의 단위는 cm^4, m^{4}이다.
④ 도심을 지나는 두 직교축에 대한 단면2차모멘트의 합은 방향에 따라 다르다.

해설

도심을 지나는 두 직교축에 대한 단면2차모멘트의 합은 방향에 관계없이 일정하다.

또한 직사각형의 단면2차모멘트는 $\dfrac{b(\text{보의 폭}) \times h^3(\text{보의 춤})}{12}$ 이다. 따라서, 보 폭과 보 춤이 변화하면 단면2차모멘트도 변화하나, 도심을 지나는 두 직교축에 대한 단면2차모멘트의 합은 동일하다.

53 단근장방형보에 대한 강도설계법에서 철근비가 $\rho = 0.034$이고 단면이 $b = 400\text{mm}$, $d = 500\text{mm}$일 때 철근단면적은?

① $3,400\text{mm}^2$
② $4,100\text{mm}^2$
③ $5,925\text{mm}^2$
④ $6,800\text{mm}^2$

해설
철근의 단면적 = 부재의 단면적 × 철근비
부재의 단면적 = $400 \times 500 = 200,000\text{mm}^2$
철근비 = 0.034
∴ 철근의 단면적 = $200,000 \times 0.034 = 6,800\text{mm}^2$

54 그림과 같은 구조에서 A단에 생기는 휨모멘트는? (단, ① $k = 1$, ② $k = 2$)

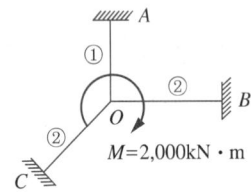

① $100\text{kN} \cdot \text{m}$
② $200\text{kN} \cdot \text{m}$
③ $400\text{kN} \cdot \text{m}$
④ $1,000\text{kN} \cdot \text{m}$

해설
- 강비의 합 ($\sum k$) = 2 + 2 + 1 = 5
- OA부재의 분배모멘트 = $\dfrac{k}{\sum k} \cdot M$
  = $\dfrac{1}{5} \times 2,000 = 400\text{kN} \cdot \text{m}$

고정단 A의 도달률은 1/2이므로,
∴ 도달모멘트 = $\dfrac{1}{2} \times$ 분배모멘트
  = $\dfrac{1}{2} \times 400 = 200\text{kN} \cdot \text{m}$

55 다음의 말뚝에 관한 설명 중 옳지 않은 것은?

① 지지말뚝은 말뚝을 연약한 지반을 관통시켜 단단한 지지층에 도달시켜 상부구조물의 하중을 말뚝선단의 지지력에 의존하여 지지하는 말뚝이다.
② 마찰말뚝은 연약한 지층이 깊어 지층까지 말뚝을 도달시킬 수 없을 때 말뚝 전 길이의 주변 마찰력에 의해 지지하는 말뚝이다.
③ 지지말뚝의 경우 말뚝저항의 중심은 말뚝의 끝에 있다.
④ 말뚝의 지지력은 일반적으로 시일이 경과함에 따라 감소한다.

해설
말뚝의 지지력은 일반적으로 시일이 경과함에 따라 증가한다.

56 단면이 400×400mm인 기둥에 축력 500kN이 편심거리 $e = 20\text{mm}$에 작용할 때 최대 응력의 크기는?

① 4.1MPa
② 5.7MPa
③ 7.1MPa
④ 9.7MPa

해설
최대 압축응력도 ($\sigma_{\max}$) = $-\dfrac{P(\text{하중})}{A(\text{단면적})} - \dfrac{M(\text{휨모멘트})}{Z(\text{단면계수})}$ 이며,
$P = 500,000\text{N}$
$A = 400 \times 400 = 160,000\text{mm}^2$
$M = 500,000\text{N} \times 20\text{mm} = 1 \times 10^7 \text{N} \cdot \text{mm}$
$Z = \dfrac{bh^2}{6} = \dfrac{400 \times 400^2}{6} ≒ 10.67 \times 10^6 \text{mm}^3$ 이다.

∴ $\sigma_{\max} = -\dfrac{500,000\text{N}}{160,000\text{mm}^2} - \dfrac{1 \times 10^7 \text{N} \cdot \text{mm}}{10.67 \times 10^6 \text{mm}^3}$
≒ $-3.125 - 0.937\text{N/mm}^2$
≒ -4.06MPa

정답 53 ④ 54 ② 55 ④ 56 ①

57 철근콘크리트보에서 하중 때문에 그림과 같은 균열이 생겼다. 이 균열이 생기지 않게 하기 위해서 취하여야 할 가장 적당한 방법은?

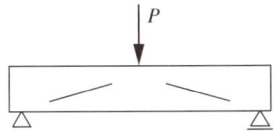

① 압축철근을 많이 배근한다.
② 인장철근을 많이 배근한다.
③ 스터럽(Stirrup)을 많이 배근한다.
④ 인장 및 압축철근의 부착력을 증가시킨다.

해설
경사 방향의 인장력인 사인장력에 의해 전단부분에서 경사지게 균열이 발생할 수 있으므로 이를 방지하기 위해서는 늑근(스터럽)을 많이 배근한다.
늑근(스터럽, Stirrup) : 보의 주근을 둘러싸고 이에 직각이 되게 또는 경사지게 배치한 복부 보강근으로서, 전단력 및 비틀림모멘트에 저항하도록 배치한 보강철근을 말한다.

58 가구식 구조물의 횡력에 대해 안전한 구조법으로 가장 적절한 것은?

① 기둥과 보의 단면계수 값을 증가시킨다.
② 샛기둥을 많이 설치한다.
③ 가새를 유효하게 설치한다.
④ 버팀대를 설치한다.

해설
가새를 유효하게 설치함으로써 횡력에 대한 안전성을 확보한다.
가새(Brace) : 4변형으로 짜여진 뼈대의 변형을 방지하기 위해 다각방향으로 댄 보강재(횡력 저항 부재)이다.

59 강구조 용접에서 용접결함에 관한 설명으로 옳지 않은 것은?

① 오버랩(Over Lap)은 용접금속과 모재가 융합되지 않고 단순히 겹쳐지는 결함이다.
② 크레이터(Crater)는 과대 전류로 용접 상부에 모재가 녹아서 용착금속이 채워지지 않고 홈으로 남게 된 부분을 말한다.
③ 슬래그(Slag) 감싸들기는 용접봉의 피복재 용해물인 회분(Slag)이 용착금속 내에 혼합되어 섞인 것을 말한다.
④ 블로홀(Blow Hole)은 용융금속이 응고할 때 방출가스가 남아서 생긴 기포나 작은 공기의 틈을 말한다.

해설
• 크레이터(Crater) : 용접 시 길이 방향 끝부분에 용착금속이 채워지지 않고 우묵하게 따진 부분을 말한다.
• 언더컷(Under Cut) : 과대 전류로 용접 상부에 모재가 녹아서 용착금속이 채워지지 않고 홈으로 남게 된 부분을 말한다.

60 직경 22mm, 길이 50cm의 강봉에 축방향 인장력을 작용시켰더니 길이는 0.4mm 늘어났고 직경은 0.006mm 줄었다. 이 재료의 푸아송수는?

① 0.015   ② 0.34
③ 2.93   ④ 66.7

해설
푸아송수(m)는 푸아송수비의 역수이다.

$$\frac{1}{m} (\text{푸아송의 비}) = \frac{\frac{\Delta d}{d}}{\frac{\Delta l}{l}} = \frac{\Delta d \times l}{\Delta l \times d}$$

$$= \frac{0.006\,\text{mm} \times 500\,\text{mm}}{0.4\,\text{mm} \times 22\,\text{mm}} \fallingdotseq 0.341$$

여기서, $d=22$mm, $\Delta d=0.006$mm, $l=500$mm, $\Delta l=0.4$mm이므로,

$$\therefore \text{푸아송수}(m) = \frac{1}{0.341} \fallingdotseq 2.93$$

제4과목 건축설비

61 건축 열환경과 관련된 용어의 설명으로 옳지 않은 것은?

① 열전달은 표면적 1m²에서 벽과 공기 온도차 1℃일 때 단위시간 동안 흐르는 열량을 말하며, 단위는 kcal/m·h·℃이다.
② 열관류율은 열관류에 의한 관류열량의 계수로서 전열의 정도를 나타내는 데 사용되며 단위는 kcal/m²·h·℃이다.
③ 작은 공극이 많으면 열전도율이 작으며, 같은 종류의 재료는 비중이 작으면 열전도율이 작다.
④ 열관류율이 적은 벽을 만들기 위해서는 열전도율이 적은 재료를 사용한다.

해설
열전달의 단위 : kcal/m²·h·℃, W/m²·℃

62 오물 정화조에 대한 설명으로 옳지 않은 것은?

① 부패조에는 공기의 공급을 충분히 한다.
② 여과조에서는 쇄석층을 통하여 여과시켜 고형물을 없앤다.
③ 산화조에서는 호기성균으로서 산화시킨다.
④ 소독조에서는 약액을 넣어 살균한다.

해설
부패조는 침전작용과 혐기성균(밀폐)에 의한 분해작용을 한다. 따라서 공기의 공급이 없도록 하여 혐기성균의 활동을 활성화해야 한다.

63 스프링클러(Sprinkler)설비에 관한 내용으로 옳지 않은 것은?

① 자동소화설비로서 경보의 기능을 가지며, 초기 화재의 소화율이 높다.
② 스프링클러 헤드부분의 가용편 용융 온도는 72℃ 이상으로 한다.
③ 소화 후 제어밸브를 잠그며, 소화 후 복구가 용이하다.
④ 인접 건물의 화재 시 방수로 인해 수막을 형성하여 화재를 방지하는 기능을 갖는다.

해설
④는 드렌처설비에 대한 내용이다.
드렌처(Drencher)설비(방화설비) : 건축물의 창, 외벽, 지붕 등에 설치하여 인접 건물의 화재 시 방수로 인해 수막을 형성하여 화재를 방지하는 설비이다.

64 흡음 및 차음에 관한 설명으로 옳지 않은 것은?

① 벽의 차음성능은 투과손실이 클수록 높다.
② 벽의 차음성능은 동일 재료일 경우에는 두께와 시공법에 관계없이 같다.
③ 벽의 차음성능은 사용재료의 면밀도에 크게 영향을 받는다.
④ 차음성능이 높은 재료는 흡음성능이 낮아진다.

해설
벽의 차음성능은 동일 재료에서도 두께와 시공법에 따라 다르다.

65 증기 방열기의 전체 방열량이 4,225kcal/h일 때, 상당방열면적(EDR)은?

① 4.2m² ② 5.8m²
③ 6.5m² ④ 9.4m²

해설

$$EDR = \frac{4,225 kcal/h}{650 kcal/m^2 \cdot h} = 6.5 m^2$$

상당방열면적(EDR)
- 표준방열 상태에서 방열기의 단위면적당 방사열량(kcal/m²·h)
- 증기 : 1EDR = 650kcal/m²·h
- 온수 : 1EDR = 450kcal/m²·h

66 복사난방에 대한 설명으로 옳지 않은 것은?

① 실내의 온도 분포가 쾌감도가 좋다.
② 천장이 높은 실에도 난방효과가 좋다.
③ 시공이 어렵고 수리비, 설비비가 고가이다.
④ 외기의 급변에 따른 방열량 조절이 용이하다.

해설

외기의 급변에 따른 방열량 조절이 곤란하다.

복사난방(Panel Heating)
- 실내 온도분포가 균등하여 쾌감도가 좋다.
- 방을 개방하여도 난방효과가 좋다.
- 바닥의 이용도가 높다.
- 실온이 낮기 때문에 열손실이 적다.
- 천장이 높은 실에도 난방효과가 좋다.
- 외기의 급변에 따른 방열량 조절이 곤란하다.
- 예열시간이 길다.
- 시공이 어렵고 수리비, 설비비가 고가이다.
- 고장발견이 어렵고, 수리가 곤란하다.

67 유압식 엘리베이터에 대한 설명 중 옳지 않은 것은?

① 윤활유 속에 잠긴 모터펌프의 가동으로 작동이 부드럽고 저속으로 작동하며, 기계적 마모가 적다.
② 오버헤드가 작으며, 기계실의 위치가 자유롭다.
③ 무거운 중량물에 효율적이고 짧은 승강행정에도 유리하지만, 기계실의 발열량이 크다.
④ 지하주차장 엘리베이터와 같이 지하층에 운전하는 경우는 적용하기 어렵다.

해설

지하주차장 엘리베이터와 같이 지하층에만 운전하는 경우에 적용할 수 있다.

68 기계환기방식 중 송풍기에 의한 급기와 자연적인 배기로 클린룸과 수술실 등에 적용하는 환기방식은?

① 제1종 환기 ② 제2종 환기
③ 제3종 환기 ④ 제4종 환기

해설

송풍기에 의한 급기와 자연적인 배기 : 제2종 환기

69 급수펌프에 대한 설명으로 옳지 않은 것은?

① 펌프의 진공에 의한 흡입 높이는 표준기압상태에서 이론상 10.33m, 실제 7m 정도이다.
② 히트 펌프는 열원은 공기, 우물 물 등이 있으며 고온부에서 저온부로 보내는 열펌프이다.
③ 원심식 펌프는 왕복식 펌프에 비해 고속운전에 적합하고 양수량 조정이 쉬워 고양정 펌프로 사용된다.
④ 왕복식 펌프는 펌프 내부의 용적의 변화를 이용하여 액체를 흡입, 토출하는 방법으로 피스톤 펌프, 플런저 펌프, 다이아프램 펌프 등이 있다.

해설
히트 펌프는 저온부에서 고온부로 보내는 열펌프로서 열원은 공기, 우물 물, 태양열, 지열 등을 사용한다.

70 다음 보기에서 설명하는 내용에 해당하는 것은?

┌ 보기 ┐
배수설비에서 트랩의 봉수를 보호하고, 배수관 내의 흐름을 원활하게 하며, 신선한 공기를 유통시켜 배수관 계통의 환기를 도모하는 역할을 한다.

① 통기관 ② 정화조
③ 배수 피트 ④ 하이탱크

해설
통기관은 배수설비에서 트랩의 봉수를 보호하고, 배수관 내의 흐름을 원활하게 하며, 신선한 공기를 유통시켜 배수관 계통의 환기를 도모하는 역할을 한다.

71 전기설비 용량이 각각 80kW, 90kW, 100kW인 부하설비가 있다. 그 수용률이 60%인 경우 최대 수용전력은?

① 90kW ② 135kW
③ 162kW ④ 270kW

해설
수용률 = (최대 수용전력/부하설비 용량) × 100%
60% = (최대 수용전력/(80 + 90 + 100)) × 100%
∴ 최대 수용전력 = 0.6 × (80 + 90 + 100)
= 162kW

72 배수 배관에 관한 설명으로 옳지 않은 것은?

① 고온의 배수는 원칙적으로 45℃ 미만으로 냉각한 후 배수한다.
② 건물 외부에서 지중매설배관(공동구)으로 한다.
③ 배수계통은 원칙적으로 중력에 의해 옥외로 배출하도록 한다.
④ 엘리베이터 샤프트, 수변전실에는 배수 배관을 반드시 설치한다.

해설
엘리베이터 샤프트, 수변전실에는 배수 배관을 설치하지 않는다.

73 가스사용시설에서 가스계량기의 설치에 관한 설명으로 옳지 않은 것은?

① 화기 사이의 유지거리는 최소 2m 이상이 되도록 한다.
② 전기점멸기와의 거리가 최소 60cm 이상이 되도록 한다.
③ 전기계량기와의 거리가 최소 60cm 이상이 되도록 한다.
④ 전기개폐기와의 거리가 최소 60cm 이상이 되도록 한다.

해설
전기점멸기와의 거리는 30cm 이상이 되도록 한다.
가스계량기 설치기준
- 가스계량기와 화기 사이의 유지거리 : 2m 이상
- 설치금지 장소 : 공동주택의 대피 공간, 방·거실 및 주방 등
- 설치높이 : 바닥으로부터 1.6m 이상 2m 이내

가스계량기와 전기기기 이격거리
- 전기계량기, 전기개폐기 : 60cm 이상
- 굴뚝, 전기점멸기 및 전기접속기 : 30cm 이상
- 절연조치를 하지 아니한 전선과의 거리 : 15cm 이상

74 결로의 원인에 대한 내용으로 옳지 않은 것은?

① 실내의 단열성능이 나쁜 곳에서는 표면온도가 낮아 결로가 쉽게 발생한다.
② 생활습관에 의한 환기 부족으로 인하여 결로가 발생한다.
③ 단열을 연속할 수 없는 단열의 취약 부위에서 결로의 발생이 쉽다.
④ 단열이 잘된 벽체에서는 내부결로는 발생하지 않으나 표면결로는 발생하기 쉽다.

해설
단열이 잘된 벽체는 열을 차단하는 성능이 좋으며, 내부결로 및 표면결로가 잘 발생하지 않는다.

75 발산광속 중 상향광속이 60~90% 정도이고, 하향광속이 10~40% 정도이며, 천장을 주광원으로 이용하는 조명기구는?

① 직접 조명기구　② 반직접 조명기구
③ 반간접 조명기구　④ 전반확산 조명기구

해설
① 직접 조명기구 : 상향 0~10%, 하향 90~100%
② 반직접 조명기구 : 상향 10~40%, 하향 60~90%
④ 전반확산 조명기구 : 상향 40~60%, 하향 40~60%

76 증기난방 중 진공환수식에 대한 설명으로 옳지 않은 것은?

① 환수관의 말단에 설치된 진공펌프가 증기트랩 이후의 환수관 내를 진공압으로 만들어 강제적으로 응축수를 환수한다.
② 중력환수식 증기난방과 달리 환수관의 말단에 공기빼기 밸브를 설치할 필요가 없다.
③ 보일러와 방열기의 높이차를 충분히 유지할 수 있어야 한다.
④ 환수가 원활하고 급속히 이루어지므로 관경을 작게 할 수 있다.

해설
진공환수식은 방열기 위치에 제한을 받지 않는다.
리프트 이음(Lift Fitting)
- 방열기가 보일러보다 낮은 곳에 위치할 때 응축수를 끌어올리기 위한 배관이다.
- 길이는 1.5m 이내, 리프트관은 환수관보다 한 치수 작게 한다.

정답 73 ② 74 ④ 75 ③ 76 ③

77 배관 및 밸브설비에 대한 설명으로 옳지 않은 것은?

① 급탕 배관의 경우 배관 내 공기의 체류를 유발하기 쉬운 슬루스 밸브보다는 글로브 밸브를 사용하는 것이 좋다.
② 급탕 배관의 경우 신축·팽창을 흡수 처리하기 위해 강관은 30m, 동관은 20m마다 신축이음을 1개씩 설치하는 것이 좋다.
③ 체크밸브는 유체를 한 방향으로 흐르게 하고 반대 방향으로는 흐르지 못하게 하는 밸브이다.
④ 동관이나 스테인리스 강관은 내구성, 내식성이 우수하여 급수관이나 급탕관으로 적합하다.

해설
급탕 배관의 경우 배관 내 공기의 체류를 유발하기 쉬운 글로브 밸브보다는 슬루스 밸브를 사용하는 것이 좋다.
- 슬루스(Sluice) 밸브: 마찰저항 손실이 적고, 개폐기능에 적합하며, 배관 도중에 설치한다.
- 글로브(Glove) 밸브: 마찰저항 손실이 크고, 유로 폐쇄 또는 유량 조정에 적합하며, 배관 말단에 주로 설치한다.

78 오수의 BOD 제거율이 90%인 정화조로 유입되는 오수의 BOD 농도가 500ppm일 경우, 방류수의 BOD 농도는?

① 45ppm　　② 50ppm
③ 150ppm　 ④ 200ppm

해설
BOD 제거율 = $\dfrac{\text{유입수BOD} - \text{유출수BOD}}{\text{유입수BOD}} \times 100$

∴ 90% = $\dfrac{500 - \text{유출수BOD}}{500} \times 100\%$

∴ 유출수 BOD = 500 − (500 × 0.9)
　　　　　　 = 50ppm

79 펌프의 양수량 10m³/min, 전양정 10m, 효율 80%일 때, 이 펌프의 소요동력은?(단, 여유율은 10%로 한다)

① 22.5kW　　② 26.5kW
③ 30.6kW　　④ 32.4kW

해설
축동력 = $\dfrac{W \times Q \times H}{6{,}120 \times E} \times$ 여유율

$= \dfrac{1{,}000 \times 10 \times 10}{6{,}120 \times 0.8} \times$ 여유율

$= \dfrac{100{,}000}{4{,}896} \times 1.1$

≒ 22.48 kW

여기서, W: 비중량(kg/m³), 물의 비중량 = 1,000kg/m³
　　　　Q: 양수량(m³/min)
　　　　H: 전양정(m)
　　　　E: 효율(%)

80 다음 중 역류를 방지하여 오염으로부터 상수계통을 보호하기 위한 방법과 가장 거리가 먼 것은?

① 역류방지밸브를 설치한다.
② 플렉시블 조인트를 설치하거나 스위치블 이음으로 배관한다.
③ 토수구 공간을 둔다.
④ 대기압식 또는 가압식 진공브레이커를 설치한다.

해설
플렉시블 조인트: 유연성이 필요한 배관 라인의 접속관으로서 진동을 흡수한다.

제5과목 건축관계법규

81 건축법이 적용되는 건축물에 해당하는 것은?

① 문화재보호법에 따른 지정문화재나 임시지정문화재
② 공장의 용도로만 사용되는 건축물의 대지에 설치하는 컨테이너를 이용한 간이창고
③ 동물화장시설, 동물건조장시설 및 동물 전용의 납골시설
④ 철도나 궤도의 선로 부지(敷地)에 있는 플랫폼

해설
동물화장시설, 동물건조장시설 및 동물 전용의 납골시설은 건축법이 적용되는 건축물이다.

건축법을 적용하지 않는 건축물(건축법 제3조)
- 문화재보호법에 의한 지정·임시지정문화재 또는 자연유산의 보존 및 활용에 관한 법률에 따라 지정된 명승이나 임시지정명승
- 철도나 궤도의 선로 부지에 있는 다음의 시설
  - 운전보안시설
  - 철도 선로의 위나 아래를 가로지르는 보행시설
  - 플랫폼
  - 해당 철도 또는 궤도사업용 급수·급탄 및 급유시설
- 고속도로 통행료 징수시설
- 컨테이너를 이용한 간이창고(공장의 용도로만 사용되는 건축물의 대지에 설치하는 것으로서 이동이 쉬운 것만 해당된다)
- 하천법에 따른 하천구역 내의 수문조작실

82 건축법령상, 다중이용 건축물에 해당되지 않는 것은?(단, 해당하는 용도로 쓰는 바닥면적의 합계가 5,000㎡인 건축물인 경우)

① 교육연구시설
② 숙박시설 중 관광숙박시설
③ 운수시설 중 여객용 시설
④ 의료시설 중 종합병원

해설
교육연구시설은 포함되지 않는다.

다중이용 건축물(건축법 시행령 제2조 제17호)
- 바닥면적 합계가 5,000㎡ 이상인 다음의 용도
  - 문화 및 집회시설(동물원 및 식물원 제외)
  - 종교시설
  - 판매시설
  - 운수시설 중 여객용 시설
  - 의료시설 중 종합병원
  - 숙박시설 중 관광숙박시설
- 16층 이상인 건축물

83 다른 도로의 길이가 30m인 경우, 이 도로가 건축법령상 도로이기 위한 최소 너비는?

① 2m
② 3m
③ 4m
④ 6m

해설
막다른 도로의 구조와 너비(건축법 시행령 제3조의3)

도로 길이	도로 너비
10m 미만	2m
10m 이상 35m 미만	3m
35m 이상	6m (도시지역이 아닌 읍·면지역: 4m)

정답 81 ③ 82 ① 83 ②

84 건축물의 피난·방화구조 등의 기준에 관한 규칙에서 정하는 방화구조의 기준으로 옳지 않은 것은?

① 철망모르타르로서 그 바름두께가 2cm 이상인 것
② 석고판 위에 시멘트 모르타르 또는 회반죽을 바른 것으로서 그 두께의 합계가 2.5cm 이상인 것
③ 시멘트 모르타르 위에 타일을 붙인 것으로서 그 두께의 합계가 2cm 이상인 것
④ 심벽에 흙으로 맞벽치기한 것

해설
시멘트 모르타르 위에 타일을 붙인 것으로서 그 두께의 합계가 2.5cm 이상인 것

85 건축법 시행령상 다중주택이 갖추어야 할 요건으로 옳지 않은 것은?

① 학생 또는 직장인 등 여러 사람이 장기간 거주할 수 있는 구조로 되어 있는 것
② 1개 동의 주택 바닥면적(부설주차장 면적은 제외한다)의 합계가 660m² 이하일 것
③ 주택으로 쓰는 층수(지하층은 제외한다)가 3개 층 이하일 것
④ 독립된 주거의 형태를 갖추지 아니한 것으로 각 실별로 욕실과 취사시설은 설치하지 아니한 것

해설
독립된 주거의 형태를 갖추지 아니한 것으로 각 실별로 욕실은 설치할 수 있으나, 취사시설은 설치하지 아니한 것

86 건축법령상 공개공지 또는 공개공간(이하 공개공지 등)에 대한 설명으로 옳지 않은 것은?

① 공개공지는 필로티의 구조로 설치할 수 있다.
② 울타리를 설치하는 등 공개공지 등의 활용을 저해하는 행위를 해서는 아니 된다.
③ 공개공지 등에는 일정기간 동안 건축조례로 정하는 바에 따라 주민들을 위한 문화행사를 열 수 있으나, 판촉활동은 할 수 없다.
④ 공개공지 등을 설치하는 경우 건축물의 용적률, 건폐율, 높이제한 등을 완화하여 적용할 수 있다.

해설
공개공지 등에는 일정기간 동안 건축조례로 정하는 바에 따라 주민들을 위한 문화행사(전시회, 음악회, 콘서트 등)를 열거나 판촉활동(시민장터, 바자회 등)을 할 수 있다.

87 대지면적이 600m²인 건축물의 옥상에 조경면적을 60m² 설치한 경우, 대지에 설치하여야 하는 최소 조경면적은?(단, 조경설치기준은 대지면적의 10%)

① 20m² ② 30m²
③ 50m² ④ 60m²

해설
옥상 부분의 조경면적의 2/3에 해당하는 면적을 대지 안에 조경면적으로 산정 가능하다. 이 경우 조경면적의 50/100을 초과할 수 없다. 따라서, 조경면적은 600m²의 10%인 60m²이며, 50/100을 초과할 수 없으므로 60m²의 50%인 30m²는 대지에 조경하여야 한다.

88 국토의 계획 및 이용에 관한 법률 시행령상 준주거지역으로 지정된 300m²의 대지에 건축 가능한 최대 건축면적은?(단, 단위는 m²이고, 건폐율 완화 등 예외규정, 자치단체 조례, 허용오차는 고려하지 않는다)

① 210
② 240
③ 270
④ 285

해설
준주거지역의 건폐율은 최대 70%이므로
300m² × 0.7 = 210m²

90 주차장법 시행규칙상 노외주차장 설치에 대한 계획기준과 구조·설비기준에 대한 설명으로 옳지 않은 것은?

① 노외주차장의 출구 및 입구는 너비 6m 미만의 도로와 종단 기울기가 10%를 초과하는 도로에 설치하여서는 아니 된다.
② 지하식 노외주차장의 경사로의 종단경사도는 직선부분에서는 17%를 초과하여서는 아니 된다.
③ 특별한 이유가 없으면, 노외주차장과 연결되는 도로가 둘 이상인 경우에는 자동차 교통에 미치는 지장이 적은 도로에 출구와 입구를 설치하여야 한다.
④ 노외주차장의 출구 및 입구는 교차로의 가장자리나 도로의 모퉁이로부터 10m 이내에 해당하는 도로의 부분에 설치하여서는 아니 된다.

해설
노외주차장의 출구 및 입구는 교차로의 가장자리나 도로의 모퉁이로부터 5m 이내에 해당하는 도로의 부분에 설치하여서는 아니 된다.

89 건축법 시행령상 건축물의 높이에 산입되는 것은?

① 지붕마루장식
② 굴뚝
③ 방화벽의 옥상 돌출부
④ 벽면적의 2분의 1 미만이 공간으로 되어 있는 난간벽

해설
지붕마루장식, 굴뚝, 방화벽의 옥상돌출부나 그 밖의 이와 비슷한 옥상돌출물과 난간벽(그 벽면적의 1/2 이상이 공간으로 되어 있는 것만 해당한다)은 해당 건축물의 높이에 산입하지 않는다.

91 다음 중 경형 자동차용 주차단위구획의 최소 크기는?(단, 평행주차형식 외의 경우)

① 너비 1.7m, 길이 4.5m
② 너비 2.0m, 길이 5.0m
③ 너비 2.0m, 길이 3.6m
④ 너비 2.5m, 길이 5.0m

해설
주차장의 주차구획(주차장법 시행규칙 제3조)
• 평행주차형식 외의 경우 : 너비 2.0m, 길이 3.6m 이상
• 평행주차형식의 경우 : 너비 1.7m, 길이 4.5m 이상

92 건축법령상 고층 건축물의 정의로 옳은 것은?

① 층수가 30층 이상이거나 높이가 120m 이상인 건축물
② 층수가 40층 이상이거나 높이가 120m 이상인 건축물
③ 층수가 40층 이상이거나 높이가 160m 이상인 건축물
④ 층수가 50층 이상이거나 높이가 200m 이상인 건축물

해설
- 고층 건축물 : 층수가 30층 이상이거나 높이가 120m 이상
- 초고층 건축물 : 층수가 50층 이상이거나 높이가 200m 이상

93 착공 신고 시 첨부서류에 해당되지 않는 것은?

① 건축관계자(건축주, 설계자, 공사시공자, 공사감리자) 상호 간의 계약서 사본
② 설계도서(건축허가 대상)
③ 건축시공자가 작성한 상세시공 도면
④ 건축사에게 제출받은 보험증서 또는 공제증서의 사본

해설
건축시공자가 작성하는 상세시공 도면은 공사 중에 작성하는 도면이다.
착공 신고 시 첨부서류
- 건축관계자(건축주, 설계자, 공사시공자, 공사감리자) 상호 간의 계약서 사본
- 설계도서(건축허가 대상)
- 감리 계약서(해당 사항이 있는 경우로 한정)
- 건축사에게 제출받은 보험증서 또는 공제증서의 사본

94 태양열을 주된 에너지원으로 이용하는 주택의 건축면적 산정 시 기준이 되는 것은?

① 외벽의 내측 벽 마감선
② 외벽 중 내측 내력벽의 중심선
③ 외벽의 외측 벽 마감선
④ 외벽 중 외측 비내력벽의 중심선

해설
외벽 중 내측 내력벽의 중심선을 기준으로 산정한다.

95 장애인·노인·임산부 등의 편의증진 보장에 관한 법률 시행규칙상 장애인을 위한 편의시설에 대한 설명으로 옳지 않은 것은?

① 장애인 출입문의 전면 유효거리는 1.2m 이상으로 하여야 한다.
② 건물을 신축하는 경우, 장애인용 화장실의 대변기 전면에는 1.4m×1.4m 이상의 활동공간을 확보하여야 한다.
③ 접근로의 기울기는 18분의 1 이하이어야 하며, 다만 지형상 곤란한 경우에는 12분의 1까지 완화할 수 있다.
④ 장애인용 승강기의 승강장 바닥과 승강기 바닥의 틈은 2cm 이하이어야 하며, 승강장 전면의 활동공간은 1.2m×1.2m 이상 확보하여야 한다.

해설
편의시설의 구조·재질 등에 관한 세부기준(장애인등편의법 시행규칙 별표 1)
장애인용 승강기의 승강장 바닥과 승강기 바닥의 틈은 3cm 이하이어야 하며, 승강장 전면의 활동공간은 1.4m×1.4m 이상 확보하여야 한다.

96 부설주차장 설치대상 시설물이 판매시설로서 시설면적이 1,500m²인 경우, 설치하여야 하는 부설주차장의 최소 대수는?

① 8대　② 10대
③ 15대　④ 20대

해설
판매시설은 시설 면적 150m²당 1대를 설치해야 한다.
따라서 1,500m²/150m² = 10대

97 주요구조부가 내화구조 또는 불연재료로 된 층수가 16층 이상인 공동주택의 경우, 피난층 외의 층에서 피난층 또는 지상으로 통하는 직통계단을 거실의 각 부분으로부터 보행거리가 최대 얼마 이하가 되도록 설치하여야 하는가?(단, 계단은 거실로부터 가장 가까운 거리에 있는 계단을 말한다)

① 30m　② 40m
③ 50m　④ 75m

해설
주요구조부가 내화구조, 불연재료일 경우에는 50m 이하이며, 16층 이상 공동주택은 40m 이하가 되도록 설치하여야 한다.

98 손궤의 우려가 있는 토지에 대지를 조성하는 경우 설치하는 옹벽에 관한 기준 내용으로 옳지 않은 것은?

① 옹벽에는 2m²마다 하나 이상의 배수구멍을 설치하여야 한다.
② 옹벽의 높이가 2m 이상인 경우에는 이를 콘크리트 구조로 하는 것이 원칙이다.
③ 배수를 위한 시설 외의 구조물이 밖으로 튀어나오지 않게 해야 한다.
④ 옹벽의 윗가장자리로부터 안쪽으로 2m 이내에 묻는 배수관은 주철관, 강관 또는 흡관으로 하고, 이음부분은 물이 새지 않도록 하여야 한다.

해설
옹벽에는 3m²마다 하나 이상의 배수구멍을 설치하여야 한다.

99 제1종 일반주거지역 안에서 건축할 수 있는 건축물에 속하지 않은 것은?

① 제1종 근린생활시설
② 교육연구시설 중 고등학교
③ 공동주택 중 아파트
④ 노유자시설

해설
제1종 일반주거지역에는 4층 이하 건축이 가능하며, 아파트는 5층 이상이므로 건축할 수 없다.
제1종 일반주거지역에서 건축할 수 있는 건축물(건축법 시행령 별표 1)
• 4층 이하의 단독주택, 공동주택
• 제1종 근린생활시설
• 유치원, 초등학교, 중학교, 고등학교
• 노유자시설

100 건축물의 피난·방화구조 등의 기준에 관한 규칙상 연면적 200m²를 초과하는 건물에 설치하는 계단의 설치기준으로 옳지 않은 것은?

① 높이가 3m를 넘는 계단에는 높이 3m 이내마다 유효너비 120cm 이상의 계단참을 설치할 것
② 높이가 1m를 넘는 계단 및 계단참의 양옆에는 난간(벽 또는 이에 대치되는 것을 포함한다)을 설치할 것
③ 너비가 3m를 넘는 계단에는 계단의 중간에 너비 3m 이내마다 난간을 설치하되, 계단의 단높이가 15cm 이하이고 계단의 단너비가 30cm 이상인 경우에는 그러하지 아니함
④ 계단의 유효높이(계단의 바닥 마감면부터 상부 구조체의 하부 마감면까지의 연직방향의 높이를 말한다)는 2.3m 이상으로 할 것

해설
계단의 유효높이(계단의 바닥 마감면부터 상부 구조체의 하부 마감면까지의 연직방향의 높이를 말한다)는 2.1m 이상으로 할 것

정답 96 ② 97 ② 98 ① 99 ③ 100 ④

2023년 제2회 과년도 기출복원문제

제1과목 건축계획

01 미술관 건축계획에 관한 설명으로 옳은 것은?

① 연속 순회형식이 가장 이상적으로 반영되어 있는 건축물로는 뉴욕의 구겐하임 미술관이 있다.
② 하모니카 전시기법은 동일 종류의 전시물을 반복 전시할 경우 유리하다.
③ 미술관의 채광 방식을 편측창 방식으로 할 경우 실 전체의 조도분포가 균일하여 별도의 조명설비가 필요 없다.
④ 아일랜드 전시기법은 벽이나 천장을 직접 이용하여 전시물을 배치하는 기법으로 관람자의 시거리를 짧게 할 수 없다는 단점이 있다.

해설
① 중앙홀 형식이 가장 이상적으로 반영되어 있는 건축물로는 뉴욕의 구겐하임 미술관이 있다.
③ 미술관의 채광 방식을 편측창 방식으로 할 경우 실 전체의 조도분포가 균일하지 못하고 별도의 조명설비가 필요하다.
④ 아일랜드 전시기법은 벽이나 천장을 직접 이용하지 않고 바닥에 전시물을 배치하는 기법으로 관람자의 시거리를 짧게 할 수 있는 장점이 있다.

02 종합병원계획에 관한 설명으로 옳지 않은 것은?

① 수술부는 외래와 병동 중간에 위치시킨다.
② 수술실의 바닥은 전기부도체성 마감을 사용하는 것이 좋다.
③ 간호사 대기실은 되도록 계단이나 엘리베이터실 등에 인접하여 설치한다.
④ 병동부의 각 병실은 1인실, 2인실, 다인실 등으로 다양하게 평면을 구성하는 것이 좋다.

해설
수술실의 바닥은 전기도체성 마감을 사용하는 것이 좋다.

03 고층 사무소 건축에 관한 설명으로 옳지 않은 것은?

① 층고를 낮게 할 경우 건축비를 절감시킬 수 있다.
② 화재와 지진 등의 재난에 대한 대비가 필요하다.
③ 토지이용 효율이 높아진다.
④ 고층일수록 설비비의 감소로 단위면적당 건축비가 절감된다.

해설
고층일수록 구조 및 설비가 고도화되며, 설비비는 증가하게 되고 단위면적당 건축비도 증가한다.

정답 1 ② 2 ② 3 ④

04 학교 교사의 배치형식 중 분산병렬형에 관한 설명으로 옳지 않은 것은?

① 교사동을 남면으로 향하게 나란히 배치하며, 일조 및 통풍 등 교실환경 조건이 균등하다.
② 일종의 핑거 플랜(Finger Plan)으로 구조계획이 간단하다.
③ 좁은 부지에 적합하며, 편복도 형식의 경우 복도 면적이 크고 단조로운 형태로 구성된다.
④ 각 교사 건축물 사이의 공간을 놀이터나 정원으로 이용할 수 있다.

해설
분산병렬형은 넓은 부지가 필요하며, 편복도 형식의 경우 복도 면적이 크고 단조로운 형태로 구성된다.

05 상점의 판매방식에 관한 설명으로 옳지 않은 것은?

① 대면 판매형식은 측면 판매형식에 비해 상품 진열면적이 넓어진다.
② 측면 판매형식은 직원 동선의 이동성이 많다.
③ 대면 판매형식은 쇼케이스를 중심으로 판매원이 고정된 자리나 위치를 확보하는 것이 용이하다.
④ 측면 판매형식은 고객이 직접 진열된 상품을 접촉할 수 있는 관계로 선택이 용이하다.

해설
대면 판매형식은 측면 판매형식에 비해 진열장(쇼케이스)에 전시하므로 상품 진열면적이 감소된다.

06 주택단지 계획에서 보차분리의 형태 중 평면분리에 해당하지 않는 것은?

① 쿨데삭(Cul-de-sac)
② 루프(Loof)
③ 오버브리지(Over Bridge)
④ T자형

해설
오버브리지(Over Bridge)는 고가교, 구름다리로서 보차의 평면상 교차 부분을 입체화시키는 방법이다.
보차의 동선 분리방법
- 평면적 분리 : 평면에서 선적으로 분리(T자형 교차로, 루프(Loof)형 도로, 쿨데삭(Cul-de-sac) 등)
- 입체적 분리 : 평면에서 교차되는 부분을 입체시키는 방법(오버브리지(Over Bridge), 언더패스(Underpass, 지하도) 등)

07 호텔계획에 관한 설명으로 옳지 않은 것은?

① 호텔의 적정 규모는 일반적으로 시장성을 따른다.
② 시티 호텔은 대부분 고밀도의 고층형이다.
③ 커머셜 호텔은 일반적으로 리조트 호텔에 비해 넓은 공공공간(Public Space)을 갖는다.
④ 리조트 호텔의 건축형식은 주변 조건에 따라 자유롭게 이루어진다.

해설
리조트 호텔은 일반적으로 커머셜 호텔에 비해 넓은 공공공간(Public Space)을 갖는다.

정답 4 ③ 5 ① 6 ③ 7 ③

08 극장 건축의 플라이 갤러리(Fly Gallery)에 관한 설명으로 옳은 것은?

① 무대 뒤편의 좁은 통로이다.
② 무대의 배경이 되는 벽면시설이다.
③ 관객의 시선을 차단하는 데 사용된다.
④ 조명기구, 배경 등을 매다는 데 사용된다.

해설
② 사이클로라마(Cyclorama)에 대한 설명이다.
③ 마스킹(Masking)에 대한 설명이다.
④ 그리드 아이언(Grid Iron)에 대한 설명이다.

09 어느 학교의 1주간의 평균수업시간이 40시간인데 과학교실이 사용되는 시간은 20시간이다. 그 중 4시간은 다른 과목을 위해 사용되었다. 과학교실의 이용률과 순수율은 각각 얼마인가?

① 이용률 30%, 순수율 50%
② 이용률 50%, 순수율 30%
③ 이용률 50%, 순수율 80%
④ 이용률 80%, 순수율 50%

해설
- 이용률 = $\dfrac{\text{실제이용시간}}{\text{평균수업시간}} \times 100(\%)$

  = $\dfrac{20\text{시간}}{40\text{시간}} \times 100(\%) = 50\%$

- 순수율 = $\dfrac{\text{해당 교과목 수업시간}}{\text{실제 교실이용시간}} \times 100(\%)$

  = $\dfrac{20\text{시간} - 4\text{시간}}{20\text{시간}} \times 100(\%) = 80\%$

10 장애인·노인·임산부 등을 위한 편의시설은 매개시설, 내부시설, 위생시설, 안내시설 등으로 구분할 수 있다. 다음 중 매개시설에 속하는 것은?

① 장애인전용주차구역
② 점자블록
③ 장애인 등의 통행이 가능한 복도
④ 시각 및 청각장애인 경보 및 피난설비

해설
편의시설의 종류
- 매개시설 : 장애인 등의 통행이 가능한 접근로(주출입구 접근로), 장애인전용주차구역, 주출입구 높이 차이 제거
- 내부시설 : 출입구(문), 복도, 계단, 승강기
- 안내시설 : 유도 및 안내설비, 점자블록, 경보 및 피난설비
- 위생시설 : 대변기, 소변기, 세면대, 욕실, 샤워 및 탈의실
- 그 밖의 시설 : 객실, 침실, 관람석, 열람석, 접수대, 작업대, 매표소, 판매기, 음료대, 임산부 등을 위한 휴게시설 등

11 공장형식 중 집중식(Block Type)에 관한 설명으로 옳지 않은 것은?

① 분관식(Pavilion Type)에 비해 공간의 효율이 좋다.
② 분관식(Pavilion Type)에 비해 공장의 신설, 확장이 용이하다.
③ 공장건설을 병행할 수 없으므로 시공기간이 길다.
④ 자재나 제품의 운반이 용이하고 흐름이 단순하다.

해설
집중식(Block Type)은 분관식(Pavilion Type)에 비해 공장의 신설, 확장이 용이하지 못하다.

12 고딕 양식의 건축물에 속하지 않는 것은?

① 노트르담 성당 ② 비탈레 성당
③ 샤르트르 성당 ④ 아미앵 성당

해설
비탈레 성당은 비잔틴 양식의 건축물이다.

13 전통건축에서의 공포 형식에 관한 설명으로 옳지 않은 것은?

① 주심포 형식은 공포를 기둥 위에만 배열한 형식이다.
② 다포 형식은 장혀는 긴 것을 사용하고 평방을 두어 주간포를 얹는다.
③ 다포 형식은 봉정사 극락전, 수덕사 대웅전 등에서 볼 수 있다.
④ 주심포 형식은 맞배지붕이 대부분이며 천장을 특별히 가설하지 않아 서까래가 노출되어 보인다.

해설
주심포 형식은 봉정사 극락전, 수덕사 대웅전 등에서 볼 수 있다.

14 비잔틴 건축에 관한 설명으로 옳은 것은?

① 강렬한 극적효과를 추구하며 관찰자의 주관적 감흥을 중시하였다.
② 첨탑과 플라잉 버트레스가 처음 도입되었다.
③ 펜덴티브 돔이 창안되어 실내 공간의 자유도가 높아졌다.
④ 건축 비례와 미적 대칭 등을 중시하였다.

해설
① 바로크 건축에 대한 설명이다.
② 고딕 건축에 대한 설명이다.
④ 르네상스 건축에 대한 설명이다.

15 주택 건축계획에 대한 설명으로 옳지 않은 것은?

① 동선계획에 있어서 개인, 사회, 가사노동권의 3개 동선은 서로 분리되어 간섭이 없는 것이 좋다.
② 숑바르 드 로브(Chombard de Lawve)는 심리적 압박이나 폭력 등의 병리적 현상이 일어날 수 있는 규모를 14m²/인으로 규정하였다.
③ 식당의 위치는 부엌과 근접시키고 부엌이 직접 보이지 않도록 시선을 차단시키는 것이 좋다.
④ 주방계획은 '재료준비→세척→조리→가열→배선→식사'의 작업 순서를 고려해야 한다.

해설
숑바르 드 로브(Chombard de Lawve)는 심리적 압박이나 폭력 등의 병리적 현상이 일어날 수 있는 규모를 8m²/인으로 규정하였다.

16 호텔의 기능적 부분과 소요실을 연결한 것으로 옳지 않은 것은?

① 숙박 부분 – 린넨실(리넨실)
② 공용 부분 – 보이실
③ 관리 부분 – 프런트 오피스
④ 요리관계 부분 – 배선

해설
보이실은 숙박부문에 위치한다.
호텔의 기능적 부분의 분류
- 숙박 부분 : 객실, 린넨실, 보이실, 트렁크룸 등
- 관리 부분 : 프런트 오피스
- 요리 부분 : 요리실, 배선실(Pantry) 등
- 공용 부분 : 로비, 홀, 라운지, 식당, 연회장 등
- 설비관계 부분 : 설비관계실 등

정답 12 ② 13 ③ 14 ③ 15 ② 16 ②

17 다음은 극장의 가시거리에 관한 설명이다. ( ) 안에 알맞은 내용은?

> 연극 등을 감상하는 경우 연기자의 표정을 읽을 수 있는 가시한계는 (㉠) 정도이다. 그러나 실제적으로 극장에서는 잘 보여야 되는 동시에 많은 관객을 수용해야 하므로 (㉡)까지를 제1차 허용한도로 한다.

① ㉠ 15, ㉡ 22
② ㉠ 20, ㉡ 35
③ ㉠ 22, ㉡ 35
④ ㉠ 22, ㉡ 38

해설
㉠ : 생리적 한도 – 15m
㉡ : 제1차 허용 한도 – 22m

18 사무소 건축계획에서 개방식 배치에 관한 설명으로 옳지 않은 것은?

① 공간의 길이나 깊이에 변화를 줄 수 없다.
② 전면적을 유용하게 이용할 수 있다.
③ 기본적인 자연채광에 인공조명이 필요한 형식이다.
④ 사무공간이 개방되어 있어서 개인의 독립성 확보가 불리하다.

해설
공간의 길이나 깊이에 변화를 줄 수 있다.

19 주거 건축계획에 대한 설명으로 옳지 않은 것은?

① 침실은 가급적 소음원이 있는 쪽을 피하여 배치하는 것이 좋다.
② 복층형 주택은 단층형에 비해 동선을 절약할 수 있으며, 피난에도 유리하다.
③ 다세대주택의 1개동 바닥면적 합계는 660m² 이하, 층수는 4층 이하이다.
④ 테라스하우스는 경사지 활용에 적절한 주거형식이다.

해설
복층형 주택은 단층형에 비해 동선을 절약할 수 있으나, 피난에는 불리하다.

20 미술관의 출입구 및 동선계획에 대한 설명으로 옳지 않은 것은?

① 일반적으로 상설전시장과 특별전시장은 전시장 입구를 같이 사용한다.
② 전시실은 입구에서 출구에 이르기까지 연속적인 일방통행 동선으로 하는 것이 좋다.
③ 전시 공간의 전체 동선체계는 관람자 동선, 관리자 동선, 자료의 동선으로 나눌 수 있다.
④ 각 출입구는 방재시설로 셔터나 그릴 셔터를 설치한다.

해설
일반적으로 상설전시장과 특별전시장은 전시장 입구를 분리하여 사용한다.

제2과목 건축시공

21 다음 중 품질관리기법(Quality Control) 활동의 도구가 아닌 것은?

① 기능계통도　② 히스토그램
③ 층 별　　　 ④ 파레토그램

해설
기능계통도(Function Analysis System Technique)는 VE의 수행 시 기능을 분석하는 대표적인 분석방법이다.
QC(Quality Control) 활동의 7도구(품질관리기법) : 히스토그램, 파레토도, 특성요인도, 체크시트, 각종 관리도(그래프), 산점도, 층별

22 다음 중 건설공사 경비에 포함되지 않는 것은?

① 현장관리비　② 업무추진비
③ 교통비　　　 ④ 외주제작비

해설
외주제작비는 직접공사비에 포함되며, 외주제작비와 경비는 별도의 항목이다.
직접공사비 : 재료비, 노무비, 외주비, 경비

23 석재에 관한 설명으로 옳지 않은 것은?

① 안산암은 강도, 경도, 비중이 크고 내화력도 우수하여 구조용 석재로 사용된다.
② 수성암은 화성암의 풍화물, 유기물, 기타 광물질이 땅속에 퇴적되어 지열과 지압을 받아서 응고된 것이다.
③ 심성암에 속한 암석은 대부분 입상의 결정 광물로 되어 있어 압축강도가 작고 가볍다.
④ 화산암의 조암광물은 결정질이 작고 비결정질이어서 경석과 같이 공극이 많고 물에 뜨는 것도 있다.

해설
심성암에 속한 암석은 대부분 입상의 결정 광물로 되어 있어 압축강도가 크고 무겁다.

24 다음 중 거푸집 구성에서 격리재이며, 거푸집 간의 간격이 일정하도록 유지하기 위한 철물은?

① 임팩트렌치(Impact Wrench)
② 세퍼레이터(Separater)
③ 턴 버클(Turn Buckle)
④ 리머(Reamer)

해설
① 임팩트렌치(Impact Wrench) : 고력볼트 조임 장비이다.
③ 턴 버클(Turn Buckle) : 철골구조물 변형을 막기 위해 가새를 고정하는 철물이다.
④ 리머(Reamer) : 구멍을 맞추는 도구이다.

정답 21 ① 22 ④ 23 ③ 24 ②

25 부순 골재를 사용하는 콘크리트의 배합설계에 관한 설명으로 옳지 않은 것은?

① 굵은 골재의 크기는 강자갈의 경우보다 조금 큰 편이 좋다.
② 잔골재는 특히 미립분이 부족하지 않도록 주의한다.
③ 모래는 강자갈 콘크리트의 경우보다 많이 사용한다.
④ 될 수 있는 한 AE제를 사용한다.

해설
굵은 골재의 크기는 강자갈의 경우보다 조금 작은 편이 좋다.

26 공사계약제도 중 공사관리방식(CM)의 단계별 업무내용 중 비용의 분석 및 VE 기법의 도입 시 가장 효과적인 단계는?

① Pre-Design 단계(기획단계)
② Design 단계(설계단계)
③ Pre-Construction 단계(입찰·발주단계)
④ Construction 단계(시공단계)

해설
VE 기법은 Design 단계(설계단계)에서 수행하는 것이 가장 효과적이다.

27 콘크리트가 앞면의 접촉부까지 채워지도록 다지는 돌쌓기 방법은?

① 찰쌓기 ② 메쌓기
③ 건쌓기 ④ 막돌쌓기

해설
② 메쌓기 : 모르타르를 쓰지 않고 돌을 쌓는 방식
③ 건쌓기 : 돌의 뿌리가 서로 물리게 속을 채우는 석회물을 쓰지 않고 돌만을 이용하는 쌓기 방식
④ 막돌쌓기 : 가공되지 않은 자연 그대로의 돌 또는 거칠게 마감한 돌을 겹쳐 쌓은 돌쌓기

28 가이데릭(Guy Derick)에 대한 설명 중 옳지 않은 것은?

① 붐(Boom)의 회전각은 360°이다.
② 볼 휠(Ball Wheel)은 가이데릭 하단부에 위치한다.
③ 붐(Boom)의 길이는 마스트의 길이보다 길다.
④ 기계대수는 평면높이의 가동범위, 조립능력과 공기에 따라 결정한다.

해설
붐(Boom)의 길이는 마스트의 길이보다 짧다.

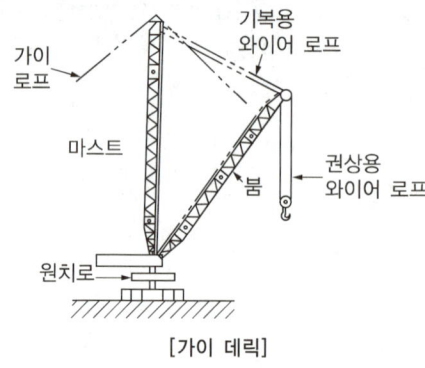

[가이 데릭]

29 일반콘크리트에서 굳지 않은 콘크리트 중의 전 염소이온량은 얼마 이하로 하여야 하는가?(단, 콘크리트표준시방서 기준)

① $0.10kg/m^3$ ② $0.20kg/m^3$
③ $0.30kg/m^3$ ④ $0.40kg/m^3$

해설
• Cl(염화이온) : 0.02% 이하
• NaCl(염화나트륨) : 0.04% 이하
• 콘크리트의 전체 염화이온량 : $0.3kg/m^3$ 이하

30 어스앵커 공법에 대한 설명으로 틀린 것은?

① 버팀대가 없어 굴착 공간을 넓게 활용할 수 있다.
② 대형 기계의 반입이 용이하지만, 작업공간이 좁은 곳에서는 시공이 불가능하다.
③ 대형 기계의 반입이 용이하다.
④ 인접한 구조물의 기초나 매설물이 있는 경우 부적합하다.

해설
대형 기계의 반입이 용이하고, 작업공간이 좁은 곳에서도 시공이 가능하다.
어스앵커(Earth Anchor, Tie-back Method) 공법
• 버팀대가 없어 굴착 공간을 넓게 활용할 수 있다.
• 대형 기계의 반입이 용이하고, 작업공간이 좁은 곳에서도 시공이 가능하다.
• 공기단축이 용이하지만, 시공 후 검사가 어렵다.
• 인접한 구조물의 기초나 매설물이 있는 경우에는 적절하지 않다.

31 시공과정 중 휴식시간 등으로 응결하기 시작한 콘크리트에 새로운 콘크리트를 이어칠 때 일체화가 저해되어 생기는 줄눈은?

① 콜드 조인트(Cold Joint)
② 익스팬션 조인트(Expansion Joint)
③ 컨스트럭션 조인트(Construction Joint)
④ 컨트롤 조인트(Control Joint)

해설
콜드 조인트(Cold Joint)
콘크리트를 타설하는 경우 시간 간격을 두고 중단했다가 이어칠 때 일체화되지 않고 생기는 줄눈이다.

32 지붕 잇기 중 금속판 지붕 잇기에 대한 설명으로 틀린 것은?

① 금속판 지붕은 다른 재료에 비해 가볍고, 시공이 용이하다.
② 겹침의 두께가 작으며 물매를 완만하게 할 수 있다.
③ 대기 중에 장기간 노출되면 산화하며, 염류나 가스에 부식되기 쉽다.
④ 금속판 지붕은 열전도가 작고 온도변화에 의한 신축이 작다.

해설
열전도가 크고 온도변화에 의한 신축이 크기 때문에 바탕재와의 연결에 주의한다.

33 지하수가 많은 지반을 탈수(脫水)하여 지내력을 갖춘 지반으로 만들기 위한 공법이 아닌 것은?

① 웰 포인트 공법
② 샌드 드레인 공법
③ 페이퍼 드레인 공법
④ 베노토 공법

해설
베노토 공법은 현장타설 말뚝 공법이다.
지반개량을 위한 탈수공법
• 웰 포인트(Well Point) 공법
• 생석회 말뚝 공법(점토지반)
• 샌드 드레인(Sand Drain) 공법
• 페이퍼 드레인(Paper Drain) 공법

정답 30 ② 31 ① 32 ④ 33 ④

34 다음 공사계약방식 중 공사수행방식에 따른 분류에 해당하지 않는 것은?

① 설계·시공일괄계약
② 설계·시공분리계약
③ 실비정산보수가산계약
④ 턴키계약

해설
실비정산보수가산계약은 도급금액지불방식에 따른 분류이다.

35 시트 방수공법에 관한 설명 중 틀린 것은?

① 시트방수는 폭 1m, 두께 1~3mm 정도의 시트를 접착제 또는 열로 가열하여 바탕면에 접착하는 공법이다.
② 접착제는 앞서 도포한 프라이머가 건조되기 전에 도포한다.
③ 접착공법은 모서리부, 이음 부위의 처리가 성능을 좌우하며, 드레인 주변 등 특수한 부위를 먼저 세심하게 작업한다.
④ 수용성의 프라이머는 저온 시 동결피해 발생에 주의한다.

해설
접착제 도포에 앞서 먼저 도포한 프라이머의 적정한 건조를 확인한다.

36 다음 합성수지에 관한 설명으로 틀린 것은?

① 에폭시수지는 내수성, 내약품성, 내알칼리성으로 날씨의 변화에도 잘 견딘다.
② 실리콘수지는 내열성이 우수하고 발포보온재에 사용된다.
③ 페놀수지는 접착성, 전기 절연성이 작다.
④ 요소수지는 무색으로 착색이 자유롭다.

해설
페놀수지는 접착성, 전기 절연성이 크다.

37 블록쌓기에 대한 설명으로 틀린 것은?

① 줄눈 모르타르는 쌓은 후 줄눈누르기 및 줄눈파기를 한다.
② 특별한 지정이 없으면 줄눈은 10mm가 되게 한다.
③ 하루의 쌓기 높이는 1.5m 이내를 표준으로 한다.
④ 살두께가 큰 편을 아래로 하여 쌓는다.

해설
살두께가 큰 편을 위쪽으로 시공한다.

38 방수공사에 사용하는 아스팔트의 견고성 정도를 침(針)의 관입저항으로 평가하는 방법은?

① 침입도 ② 마모도
③ 연화점 ④ 신 도

해설
침입도 : 아스팔트의 견고성 정도를 침(針)의 관입저항으로 평가하는 방법으로 아스팔트 양부를 판별하는 데 가장 중요한 검사이다.
※ 아스팔트의 품질검사 항목 : 침입도, 연화점, 신도, 감온비, 인화점

39 지반조사 중 보링에 관한 설명으로 옳지 않은 것은?

① 채취시료는 토질시험을 위해 건조시키지 않은 자연 상태로 시험 및 보관한다.
② 보링 구멍은 수직으로 파는 것이 중요하다.
③ 부지 내에서 3개소 이상 행하는 것이 바람직하다.
④ 보링의 깊이는 일반적인 건물의 경우 대략 지지층 이하로 한다.

해설
보링의 깊이는 일반적인 건물의 경우 대략 지지층 이상으로 한다.
보링(Boring)
- 지반을 천공하고 토질의 시료를 채취하여 지층상황을 판단하는 방법이다.
- 보링의 종류
  - 오거 보링 : 오거(Auger)의 회전으로 시료를 채취하며, 얕은 지반에 적합하다.
  - 수세식 보링 : 연약한 토사에 수압을 이용하여 탐사한다.
  - 충격식 보링 : 경질층의 깊은 굴삭에 사용한다.
  - 회전식 보링 : 지층의 변화를 연속적으로 비교적 정확히 알 수 있다.

40 서중 콘크리트에 관한 설명으로 옳지 않은 것은?

① 기온이 높을 경우 콘크리트의 온도가 높아져 수화반응이 빨라지므로 이상응결이 발생하기 쉽다.
② 동일 슬럼프를 얻기 위한 단위수량이 많아지며, 연행공기량이 감소한다.
③ 운반 중의 슬럼프(Slump)가 증가되고, 워커빌리티(Workability)가 증가하여 작업성이 좋아진다.
④ 표면 수분의 급격한 증발에 의해 균열과 콜드 조인트(Cold Joint)가 발생한다.

해설
운반 중의 슬럼프(Slump)가 저하되고, 워커빌리티(Workability)가 감소되어 작업성은 좋지 않다.

제3과목 건축구조

41 조립식 건축구조에 관한 설명 중 옳지 않은 것은?

① 공장에서의 부품생산과 현장 조립시공에 의한 건축의 생산성을 향상시킬 수 있다.
② 접합부의 설계 및 조립에서의 일체화가 용이하며, 접합부 강성 확보에 유리하다.
③ 규격화된 각종 부재를 공정에서 정밀도가 높은 기계로 양산할 수 있다.
④ 공사비 절감과 공기단축이 가능하다.

해설
접합부의 설계 및 조립에서의 일체화가 어려우며, 접합부 강성이 취약할 수 있다.

42 그림에서 R은 평행한 두 힘 P_1, P_2의 합력이다. 합력 R이 작용하는 점을 P_1으로부터 x라 할 때 x의 값은?

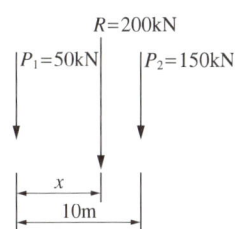

① 5.0m ② 6.5m
③ 7.5m ④ 8.2m

해설
합력의 위치를 구하기 위하여 바리뇽의 정리를 이용하면,
$200 \times x = 150 \times 10$
$\therefore x = 7.5m$
바리뇽의 정리(합력의 위치)
여러 힘의 임의 한 점에 대한 모멘트의 합은 그들의 합력의 그 점에 대한 모멘트와 같다.

43 다음 그림과 같은 구조물의 판별로 옳은 것은?

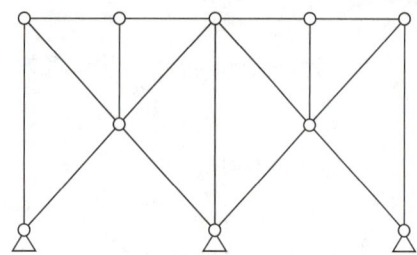

① 정정
② 1차 부정정
③ 2차 부정정
④ 3차 부정정

> **해설**
> 부정정 차수(N) = $r + m + k - 2j$
> $\quad\quad\quad\quad\quad\; = 17 + 5 + 0 - 2 \times 10$
> $\quad\quad\quad\quad\quad\; = 2$
> 여기서, m : 부재(Member)수
> $\quad\quad\;\; r$: 지점반력(Reaction)수
> $\quad\quad\;\; k$: 강절점수
> $\quad\quad\;\; j$: 절점(Joint)수
> ∴ N은 2이므로, 2차 부정정 구조물이다.

44 그림과 같이 기초에 하중이 가해질 경우 기초 저면에 생기는 최대 압축응력은?(단, $P = 1,000$kN, $l = 2.5$m, $l' = 1.6$m, $e = 0.3$m)

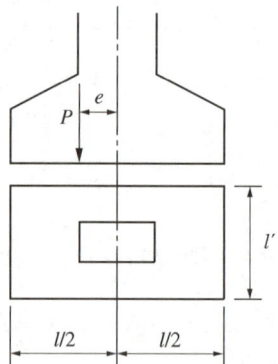

① 280kN/m^2
② 330kN/m^2
③ 380kN/m^2
④ 430kN/m^2

> **해설**
> 최대 압축응력도($\sigma_{\max}$) = $-\dfrac{P(하중)}{A(단면적)} - \dfrac{M(휨모멘트)}{Z(단면계수)}$ 이며,
> $P = 1,000$kN
> $A = 2.5 \times 1.6 = 4$m^2
> $M = 1,000 \times 0.3 = 300$kN · m
> $Z = \dfrac{bh^2}{6} = \dfrac{1.6 \times 2.5^2}{6} = 1.67$m^3 이다.
> ∴ $\sigma_{\max} = -\dfrac{P(하중)}{A(단면적)} - \dfrac{M(휨모멘트)}{Z(단면계수)}$
> $\quad\quad\;\; = -\dfrac{1,000}{4} - \dfrac{300}{1.67}$
> $\quad\quad\;\; ≒ -429.64$kN/m^2

45 다음 중 내진설계에 있어서 밑면 전단력 산정과 가장 관계가 먼 것은?

① 진도계수
② 건물의 중요도계수
③ 동작계수
④ 유효건물중량

> **해설**
> 밑면 전단력 $V = \left(\dfrac{A \cdot I \cdot C}{R}\right) \times W$
> 여기서, A : 지역계수, I : 중요도 계수
> $\quad\quad\;\; C$: 동작계수, R : 반응수정계수
> $\quad\quad\;\; W$: 유효건물중량

46 그림과 같은 단순보에서 반력 R_A의 값은?

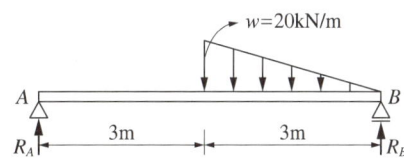

① 5kN   ② 10kN
③ 20kN ④ 25kN

해설
$\sum M_B = 0$에서 $R_A \times 6 - \left(\dfrac{1}{2} \times 3 \times 20\right) \times 2 = 0$

$\therefore R_A = 10\text{kN}$

47 철근콘크리트 독립기초를 설계할 때 수직압력만 받도록 하기 위한 방법으로 가장 효과적인 것은?

① 기초판의 크기를 증가시킨다.
② 기초판의 두께를 증가시킨다.
③ 기초 위의 기둥단면의 크기를 증가시킨다.
④ 기초 위 주각을 연결하는 지중보의 크기를 증가시킨다.

해설
지중보의 크기를 증가시켜서 기초에서 발생하는 모멘트의 전달을 감소시킬 수 있으므로 수직압력만을 전달할 수 있다.
독립기초 : 독립기초판 위에 단일 기둥이 놓이며 정방향 또는 장방형으로 설계되며, 기둥 사이 거리가 멀고, 지내력이 비교적 양호한 경우에 적용한다.

48 보강콘크리트 블록조에 대한 설명 중 잘못된 것은?

① 블록의 빈 속에 철근을 가로, 세로로 배근하고 콘크리트를 다져 넣어 보강한 구조이다.
② 통줄눈으로 하여 세로철근을 배근할 수 있도록 한다.
③ 철근보강 시 철근은 굵은 것을 많이 넣는 것보다 가는 것을 조금 넣는 것이 좋다.
④ 내력벽으로 둘러싸인 부분의 바닥면적은 80m²를 넘지 않도록 한다.

해설
철근보강 시 철근은 굵은 것을 조금 넣는 것보다 가는 것을 많이 넣는 것이 좋다.

49 그림과 같은 단순보의 최대 처짐이 중앙에서 30mm가 발생하였다. 보의 춤을 2배로 크게 하였을 경우 처짐량은?

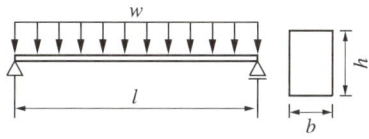

① 2.5mm   ② 3.75mm
③ 5.0mm   ④ 7.25mm

해설
등분포하중을 받는 단순보의 최대 처짐$(\delta) = \dfrac{5wl^4}{384EI}$이다.
보의 단면은 사각형이므로 보의 춤이 두 배가 되면 단면2차모멘트(I)는 8배가 되므로, 처짐은 $\dfrac{1}{8}$이 된다.

$\therefore$ 최대 처짐 $= 30 \times \dfrac{1}{8} = 3.75\text{mm}$

50 그림과 같은 단순보에서 최대 전단응력은 얼마인가?

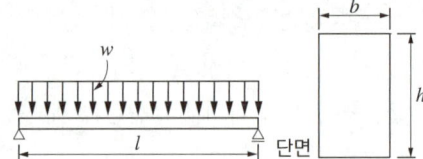

① $\dfrac{2}{3} \cdot \dfrac{wl}{bh}$ ② $\dfrac{3}{4} \cdot \dfrac{wl}{bh}$

③ $\dfrac{4}{3} \cdot \dfrac{wl}{bh}$ ④ $\dfrac{3}{2} \cdot \dfrac{wl}{bh}$

해설

최대 전단응력도$(\tau_{\max}) = \dfrac{3}{2} \cdot \dfrac{S}{A}$

단순보에 등분포하중 만재 시 최대 전단력은 지점에서 생기며 지점 반력과 같으므로, $S_{\max} = \dfrac{wl}{2}$ 이다.

단면적$(A) = b \times h$ 이므로,

∴ 최대 전단응력도$(\tau_{\max}) = \dfrac{3}{2} \cdot \dfrac{S}{A} = \dfrac{3}{2} \cdot \dfrac{\frac{wl}{2}}{bh} = \dfrac{3}{4} \cdot \dfrac{wl}{bh}$

51 단면의 도심을 지나는 X축에 대한 단면2차모멘트(I_X)와 Y축과에 대한 단면2차모멘트(I_Y)와 같기 위해서 Y축에서 떨어진 거리 x_0는 얼마인가?(단, $h = 2b$)

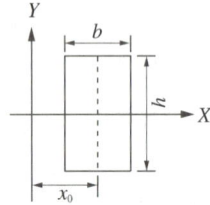

① $\dfrac{b}{4}$ ② $\dfrac{b}{3}$

③ $\dfrac{b}{2}$ ④ b

해설

$I_X = \dfrac{bh^3}{12} = \dfrac{b \times (2b)^3}{12} = \dfrac{8b^4}{12}$

$I_Y = \dfrac{2b \times b^3}{12} + (2b \times b) \times x_0^2$

$I_X = I_Y$이므로, $\dfrac{8b^4}{12} = \dfrac{2b^4}{12} + 2b^2 \times x_0^2$

∴ $x_0 = \dfrac{b}{2}$

52 대린벽으로 구획된 10m 길이의 조적조 벽체에 최대한 허용 가능한 개구부 폭의 합계는?

① 2m ② 3m
③ 5m ④ 8m

해설

각 층의 대린벽으로 구획된 벽에서는 개구부 너비의 합계는 그 벽길이의 1/2을 넘을 수 없다. 따라서, 10m 길이의 조적조 벽체에 최대한 허용 가능한 개구부 폭의 합계는 5m이다.

53 그림과 같은 트러스의 C부재의 부재력은?(단, + : 인장, - : 압축)

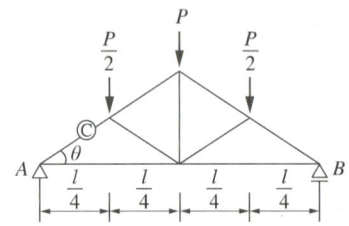

① $\dfrac{P}{2}\sin\theta$ ② $P\sec\theta$

③ $-P\operatorname{cosec}\theta$ ④ $-\dfrac{3}{2}P\operatorname{cosec}\theta$

해설

$\Sigma P = P + \dfrac{P}{2} + \dfrac{P}{2} = 2P$이며,

트러스는 하중조건이 좌우대칭이므로 $V_A = V_B = P(\uparrow)$이다. A절점에서 절점법 $\Sigma V = 0$을 이용하여 C부재의 부재력을 구할 수 있다.

∴ $+ V_A + C\sin\theta = 0$에서,

$C = -V_A \dfrac{1}{\sin\theta} = -P\dfrac{1}{\sin\theta} = -P\operatorname{cosec}\theta$

54 콘크리트의 크리프에 영향을 미치는 요인에 대한 설명으로 옳지 않은 것은?

① 물시멘트비가 클수록 크리프가 증가한다.
② 단위시멘트량이 많을수록 크리프가 증가한다.
③ 부재의 치수가 작을수록 크리프가 증가한다.
④ 온도가 낮을수록 크리프가 증가한다.

해설
온도가 높을수록 크리프가 증가한다.
크리프의 증가 원인
- 물시멘트비가 많을 때
- 단위시멘트량이 많을 때
- 진동기를 사용하지 않을 경우
- 온도가 높을 때
- 습도가 낮을 때
- 단면의 치수가 작을 때
- 재령이 작을 때
- 재하시기가 빠를 때

55 강구조의 볼트접합에서 볼트 중심 사이의 간격을 말하는 것은?

① 피치(Pitch)
② 게이지(Gauge)
③ 게이지 라인(Gauge Line)
④ 연단거리

해설
② 게이지(Gauge) : 게이지 라인과 게이지 라인과의 거리
③ 게이지 라인(Gauge Line) : 볼트 중심을 연결하는 선
④ 연단거리 : 볼트 중심과 연단까지의 거리

56 강도 설계법에서 f_y = 400MPa, d = 600mm인 철근콘크리트 단근 직사각형 균형보의 중립축 거리(C_b)로 알맞은 값은?

① 330mm
② 360mm
③ 400mm
④ 600mm

해설
중립축 거리$(C_b) = \dfrac{600}{600+f_y} \times d$
$= \dfrac{600}{600+400} \times 600 = 360\text{mm}$

57 용접부의 유효길이에 관한 설명으로 옳지 않은 것은?

① 유효길이는 응력의 직각 방향에 투영시킨 거리로서 재축에 직각인 접합부분의 폭을 말한다.
② 맞댄용접은 각도에 관계없이 수직길이로 한다.
③ 필릿용접은 용접길이에서 모살치수의 3배를 공제한 값으로 한다.
④ 필릿용접에서 끝돌림 용접부분은 유효길이에 포함시키지 않는다.

해설
필릿용접은 용접길이(l)에서 모살치수(S)의 2배를 공제한 값으로 한다.

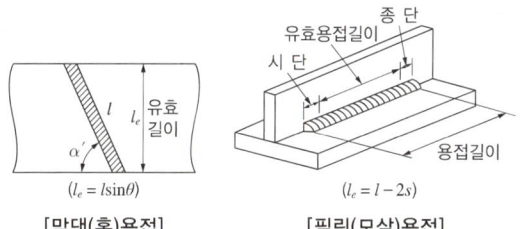

58 그림과 같은 직사각형 기둥에서 띠철근의 최대 간격은?(단, 주근은 D22, 띠철근 D10)

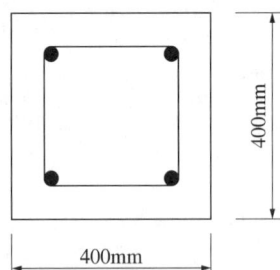

① 300mm　② 352mm
③ 400mm　④ 480mm

해설
띠철근 간격은 다음 중 최솟값으로 한다.
- 주철근 × 16 = 22 × 16 = 352mm 이하
- 띠철근 × 48 = 10 × 48 = 480mm 이하
- 기둥 단면의 최소폭 이하 : 400mm 이하
∴ 띠철근의 최소 간격은 위의 3가지 중에서 가장 작은 치수인 352mm가 된다.

59 철골조 가새의 특성에 관한 설명으로 옳지 않은 것은?

① 트러스의 절점에서 대각선 방향으로 연결하여 구조체의 변형을 방지하는 부재이다.
② 수평 가새는 지붕 트러스의 하현재면 및 지붕면에 설치할 수 있다.
③ 일반적으로 단일 형강재 또는 조립재를 사용하지만 응력이 작은 지붕 가새에는 봉강을 사용하기도 한다.
④ 풍하중 및 지진력과 같은 수평력에 저항하며, 인장응력은 발생하지만 압축응력은 발생하지 않는다.

해설
풍하중 및 지진력과 같은 수평력에 저항하며, 인장응력 및 압축응력이 발생한다.

60 강도설계법에서 흙에 접하여 콘크리트를 친 후 영구히 흙에 묻혀 있는 콘크리트의 최소 피복두께 기준으로 옳은 것은?(단, KCI 2012 기준, 프리스트레스하지 않는 부재의 현장치기 콘크리트로서 D22인 철근임)

① 30mm　② 50mm
③ 70mm　④ 100mm

해설
프리스트레스하지 않는 부재의 현장치기 콘크리트의 최소 피복두께
(단위 : mm)

종류			피복두께
수중에서 타설하는 콘크리트			100
흙에 접하여 콘크리트를 친 후 영구히 흙에 묻혀 있는 콘크리트			75
흙에 접하거나 옥외의 공기에 직접 노출되는 콘크리트		D19 이상 철근	50
		D16 이하 철근	40
옥외의 공기나 흙에 직접 접하지 않는 콘크리트	슬래브, 벽체, 장선	D35 초과	40
		D35 이하	20
	보, 기둥	$f_{ck} < 40\text{MPa}$	40
		$f_{ck} \geq 40\text{MPa}$	30
	쉘, 절판부재		20

제4과목 건축설비

61 자연환기에 대한 설명으로 옳지 않은 것은?

① 실외의 풍속이 클수록 환기량은 크다.
② 실내외의 온도차가 클수록 환기량은 작다.
③ 2개의 창을 나란히 두는 것보다 상하로 두는 것이 좋다.
④ 같은 면적의 개구부일 때는 큰 것 하나보다 2개로 나누어 설치한다.

해설
실내외의 온도차가 클수록 환기량은 크다.

62 열환경 중 일사에 대한 설명으로 옳지 않은 것은?

① 하루의 일사량을 합한 것을 전일 일사량이라고 한다.
② 일사량의 단위는 단위면적과 단위시간당 받는 열량으로 표시한다.
③ 지표도달 일사량은 태양 고도가 높을수록 흡수율이 많으므로 감소한다.
④ 주택의 배치는 난방기간 중 수직면 일사량이 가장 큰 남향이 유리하다.

해설
지표도달 일사량은 태양 고도가 높을수록 흡수율이 많으므로 증가한다.

63 옥내소화전설비에 관한 설명으로 옳지 않은 것은?

① 옥내소화전설비의 송수구는 소방차가 쉽게 접근할 수 있는 잘 보이는 장소에 설치한다.
② 전동기에 따른 펌프를 이용하는 가압송수장치를 설치하는 경우, 펌프는 전용으로 하는 것이 원칙이다.
③ 옥내소화전 방수구는 바닥으로부터의 높이가 1.5m 이하가 되도록 설치한다.
④ 당해 층의 옥내소화전을 동시에 사용할 경우 각 소화전의 노즐선단에서의 방수압력은 최소 0.7 MPa 이상이 되어야 한다.

해설
옥내소화전설비 : 노즐의 소요압력은 0.17~0.7MPa

64 급수방식 중 고가수조방식에 대한 설명으로 옳지 않은 것은?

① 일정한 수압으로 급수할 수 있다.
② 단수 시에 급수가 가능하다.
③ 급수방식 중 수질오염 가능성이 가장 높은 방식이다.
④ 건축구조에 부담이 없으며 초기 설비비가 적게 든다.

해설
옥상에 대형 수조가 있어야 하므로 건축구조에 부담을 주게 되며, 초기 설비비가 많이 든다.

65 건구온도가 20℃, 습구온도가 17℃인 경우의 불쾌지수(DI)는?

① 61.9
② 62.2
③ 66.94
④ 67.24

해설
DI = 0.72(Ta + Tw) + 40.6
  = 0.72(20 + 17) + 40.6
  = 67.24

불쾌지수(DI, Discomfort Index)
- 불쾌지수는 기온과 습도에 따른 불쾌감을 나타낸 수치이다.
- 불쾌지수(DI) = 0.72(Ta + Tw) + 40.6
  여기서, Ta : 건구온도, Tw : 습구온도
- DI 수치가 68 미만일 때는 전원 쾌적함을 느끼고, 75 미만은 불쾌감을 나타내기 시작한다. 80 미만은 반 정도의 사람이 불쾌감을 느끼며, 80 이상은 전원 불쾌감을 느낀다.
- 불쾌지수는 기온과 습도만을 고려한 여름철 무더위의 기준으로써, 기상청에서는 4~9월까지 불쾌지수 자료를 제공한다.
- 피부에서의 열손실의 차이는 고려되지 않기 때문에 사람이 불쾌감을 느끼는 명확한 기준보다는 불쾌감을 느낄 수 있는 참고로 이용된다.

66 건축화 조명 중 천장 전면에 광원 또는 조명기구를 배치하고, 발광면을 확산투과성 플라스틱 판이나 루버 등으로 전면을 가리는 조명방법은?

① 광천장 조명
② 다운라이트 조명
③ 코니스 조명
④ 밸런스 조명

해설
② 다운라이트 조명 : 천장에 매입한 점형의 전등조명 방식이다.
③ 코니스 조명 : 벽 모서리를 이용한 하향조명 방식이다.
④ 밸런스 조명 : 벽면의 일부를 이용한 간접조명 방식이다.

67 수격작용(Water Hammering)의 발생 원인으로 옳지 않은 것은?

① 유속의 급정지 시 충격
② 관경이 클 때
③ 수압이 과다하고, 유속이 클 때
④ 밸브를 급조작할 때

해설
관경이 작을 때 발생한다.
수격작용의 원인
- 유속의 급정지 시 충격
- 관경이 작을 때
- 수압이 과다하고, 유속이 클 때
- 밸브를 급조작할 때
수격작용의 방지법
- 밸브 작동을 서서히 한다.
- 관경을 크게 하고, 직선 배관으로 한다.
- 유속을 작게 한다.
- 공기실(Air Chamber)을 설치한다.

68 다음 설명에 알맞은 전동기는?

- 구조와 취급이 간단하고 기계적으로 견고하다.
- 가격이 비교적 싸고 운전이 대체로 쉽다.
- 건축설비에서 가장 널리 사용되고 있다.

① 유도전동기
② 동기전동기
③ 직류전동기
④ 정류자전동기

해설
유도전동기 : 회전자 주위에 3상의 전원을 인가하면 시계방향으로 회전 자기장이 생기고, 회전자도 시계방향으로 회전하게 된다.

정답 65 ④ 66 ① 67 ② 68 ①

69 1시간당 급탕량이 5m³일 때 급탕부하는 몇 kW인가?(단, 물의 비열은 4.2kJ/kg·K, 급탕온도 70℃, 급수온도 10℃)

① 35kW ② 126kW
③ 350kW ④ 1,260kW

해설
1시간당 급탕량은 5m³ = 5,000kg/h이고, 1kW = 3,600kJ/h이므로
급탕부하량(Q) = $m \times C \times \Delta t$
= 5,000 × 4.2 × (70 − 10) ÷ 3,600
= 1,260,000(kJ) ÷ 3,600
= 350kW
여기서, m : 급탕량(kg/h)
C : 비열(kJ/kg·K)
Δt : 온도차

70 다음 설명에 해당하는 급수방식은?

- 급수오염 가능성이 가장 작으며, 소규모 건물에 적합하다.
- 정전 시에도 급수가 가능하다.
- 단수 시에는 급수가 불가능하다.

① 수도직결 방식 ② 고가탱크 방식
③ 압력탱크 방식 ④ 펌프직송 방식

해설
수도직결 방식 : 도로에 매설된 상수도 본관에 수도관을 연결시켜 본관의 압력으로 직접 건물 내로 급수하는 방식이며, 급수오염 가능성이 낮고 정전 시에도 급수가 가능하다. 그러나 단수 시에는 급수가 불가능하며 급수높이에 제한이 있다.

71 위생기구에 설치되는 통기관에 대한 설명으로 옳지 않은 것은?

① 각개 통기관은 위생기구마다 통기관이 하나씩 설치되는 것으로 통기방식 중에서 가장 이상적이다.
② 신정 통기관은 배수 수직관의 상단을 축소하지 않고 그대로 연장하여 대기 중에 개방한 통기관이다.
③ 도피 통기관은 통기와 배수를 겸한 통기관이다.
④ 결합 통기관은 5개 층 정도마다 배수입관과 통기입관을 연결하는 관을 말하며, 통기 능률을 향상시키는 효과가 있다.

해설
③은 습식 통기관에 대한 설명이다.
- 도피 통기관 : 루프 통기식 배관에서 통기 능률을 촉진하기 위해 설치하는 통기관이다.
- 습식(습윤) 통기관 : 배수 수평지관 최상류 기구에 설치하여 통기 및 배수의 기능을 겸하는 통기관이다.

72 습공기의 엔탈피에 관한 설명으로 옳지 않은 것은?

① 건구온도가 높을수록 커진다.
② 절대습도가 높을수록 커진다.
③ 수증기의 엔탈피에서 건공기의 엔탈피를 합한 값이다.
④ 습공기를 냉각·가습할 경우, 엔탈피는 항상 감소한다.

해설
습공기를 냉각·가습할 경우, 엔탈피는 증가한다.

73 난방 설비방식에 대한 설명으로 옳지 않은 것은?

① 증기난방 - 증발잠열을 이용하므로 열의 운반 능력이 크며, 예열시간이 짧고 증기순환이 빠르다.
② 간접난방 - 열원장치에서 가열된 열매가 공기조화기, 배관, 덕트 등을 지나 공급되는 난방 방식이다.
③ 온수난방 - 난방부하의 변동에 따라 온수온도와 순환 수량을 조절할 수 없으며, 현열을 이용하므로 증기난방보다 쾌감도가 낮다.
④ 복사난방 - 실내온도 분포가 균등하고 쾌감도가 높으며, 방열기가 필요하지 않고 바닥면의 이용도가 높다.

해설
온수난방 : 난방부하의 변동에 따라 온수온도와 순환 수량을 쉽게 조절할 수 있으며, 현열을 이용하므로 증기난방보다 쾌감도가 높다.

74 주위 온도가 일정온도 이상이 되면 동작하는 자동화재탐지설비의 감지기는?

① 이온화식 감지기
② 차동식 스폿형 감지기
③ 정온식 스폿형 감지기
④ 광전식 스폿형 감지기

해설
자동화재탐지설비 작동방식
• 정온식 : 일정온도를 넘으면 감지한다.
• 이온화식 : 연기 입자 때문에 이온 전류가 변화하는 것을 이용하여 감지한다.
• 차동식 : 일정온도 상승률 이상일 때 감지한다.
• 광전식 : 연기 입자로 광전 소자에 대한 입사광량이 변화하는 것을 이용하여 감지한다.

75 다음의 간선 배전방식 중 각 분전반에 단독으로 배선하는 방식으로 분전반에서 사고가 발생했을 때 그 파급 범위가 가장 좁은 것은?

① 평행식
② 나뭇가지식
③ 방사선식
④ 나뭇가지 평행식

해설
간선 배선방식(배전반에서 분전반까지 배선)
• 평행식(개별방식)
 - 각 분전반에 단독으로 배선하는 방식이다.
 - 전압이 일정하고, 화재 등 분전반 사고 발생 시 파급범위가 가장 좁다.
 - 설비비가 많이 소요되며, 대규모 건물에 적합하다.
• 수지상식(나뭇가지식)
 - 한 개의 간선이 각 분전반을 거치며 공급하는 방식이다.
 - 넓게 분산된 구역의 소규모 건물에 적합하다.
• 병용식(나뭇가지 평행식) : 평행식과 수지상식을 병용한 방식이다.

76 공기조화 방식 중 이중 덕트 방식에 관한 설명으로 옳지 않은 것은?

① 냉풍과 온풍을 공급받아 각 실 또는 각 존의 혼합유닛에서 혼합하여 공급하는 방식이다.
② 덕트가 2개의 계통이므로 덕트 스페이스가 커야 하며, 설비비가 많이 든다.
③ 혼합손실이 발생되는 에너지의 소비가 많은 방식이다.
④ 부하변동에 따른 온도 조절이 우수하지만, 개별 제어가 용이하지 못하다.

해설
부하변동에 따른 온도 조절이 우수하며, 개별 제어가 용이하다.
이중 덕트 방식의 특성
• 장 점
 - 부하변동에 따른 온도 조절이 우수하다.
 - 개별 제어가 용이하다.
 - 계절마다 냉·난방의 전환이 불필요하다.
• 단 점
 - 덕트 스페이스가 크다.
 - 혼합손실이 발생되는 에너지의 소비가 많은 방식이다.
 - 여름철에도 보일러 운전이 요구된다.
 - 혼합상자를 설치해야 하며, 고속덕트 도입으로 설비비와 운전비가 많이 든다.

77 최대 수용전력을 구하기 위한 것으로 총설비부하용량에 대한 최대 수용전력의 비율로 나타내는 것은?

① 역률 ② 수용률
③ 부등률 ④ 부하율

해설
수용률(수요율)
- 최대 수용전력과 수용설비용량의 비를 말한다.
- 수용률 = $\dfrac{\text{최대 수용전력}}{\text{총설비부하용량}} \times 100\%$

78 일사량의 단위로 옳은 것은?

① cd/cm^2 ② $kcal/m^2 \cdot h$
③ $kcal/L$ ④ lm/m^2

해설
일사량은 열의 전달과정에 속하므로 $kcal/m^2 \cdot h$로 표시할 수 있다.
① cd/cm^2 : 휘도의 단위(cd/cm^2 = stilb)
③ $kcal/L$: 에너지 열량 단위(휘발유, 경유, 등유, 윤활유 등의 에너지원의 발열량)
④ lm/m^2 : 조도의 단위(lm/m^2 = lx)

79 100명을 수용하고 있는 회의실에서 1인당 CO_2 배출량이 17L/h일 때 실내의 CO_2 농도를 1,000ppm 이하로 유지시키기 위한 필요환기량은?(단, 외기의 CO_2 농도는 300ppm이다)

① 약 $1,120m^3/h$ ② 약 $1,750m^3/h$
③ 약 $2,140m^3/h$ ④ 약 $2,430m^3/h$

해설
환기량 = $\dfrac{\text{실내 } CO_2 \text{ 발생량}}{\text{실내 } CO_2 \text{ 농도} - \text{외기 } CO_2 \text{ 농도}}$ (m^3/h)

∴ $Q = \dfrac{100 \times 17 \times 1,000}{1,000 - 300} = 2,428.57 m^3/h$

※ 1ppm = mg/L = mL/m^3

80 다음의 냉동기 중 기계적 에너지에 의해 냉동효과를 얻는 것이 아닌 것은?

① 원심식 냉동기 ② 흡수식 냉동기
③ 스크루식 냉동기 ④ 왕복동식 냉동기

해설
- 압축식 냉동기 : 원심식(터보식), 스크루식, 왕복동식 등이 있으며 기계적 에너지에 의해 냉동효과를 얻는다.
- 흡수식 냉동기 : 묽은 용액을 가열(열에너지 이용)하여 증기와 농축된 용액(흡수액, LiBr)을 재생하고, 응축기 및 흡수기, 증발기로 순환하여 냉각 열에너지에 의해 냉동효과를 얻는다.

제5과목 건축관계법규

81 건축물의 대지는 원칙적으로 최소 얼마 이상이 도로에 접하여야 하는가?(단, 자동차만의 통행에 사용되는 도로는 제외)

① 2m   ② 3m
③ 4m   ④ 6m

해설
- 원칙 : 도로에 2m 이상(단, 자동차만 통행되는 것은 제외)
- 연면적 합계가 2,000m² 이상 : 너비 6m 이상 도로에 4m 이상(공장인 경우에는 3,000m²)

82 문화 및 집회시설 중 공연장의 개별 관람실의 출구에 관한 설명으로 옳지 않은 것은?(단, 개별 관람실의 바닥면적은 500m²인 경우)

① 각 출구의 유효너비는 1.5m 이상으로 한다.
② 출구는 관람실별로 2개소 이상 설치하여야 한다.
③ 개별 관람실 출구의 유효너비의 합계는 4.0m 이상이어야 한다.
④ 바깥쪽으로의 출구로 쓰이는 문은 안여닫이로 하여서는 아니 된다.

해설
개별 관람실 출구의 유효너비의 합계는 3.0m 이상이어야 한다.

83 주택법상 복리시설에 해당되지 않는 것은?

① 어린이 놀이터 및 주민운동시설
② 근린생활시설
③ 경로당
④ 담장 및 주택단지 안의 도로

해설
주차장, 관리사무소, 담장 및 주택단지 안의 도로 등은 부대시설에 속한다.
복리시설
- 어린이 놀이터, 근린생활시설, 유치원, 주민운동시설 및 경로당
- 그 밖에 입주자 등의 생활복리를 위하여 대통령령으로 정하는 공동시설

84 건축법상 '주요구조부'에 속하는 것만을 모두 고르면?

ㄱ. 내력벽	ㄴ. 작은 보
ㄷ. 주계단	ㄹ. 지붕틀
ㅁ. 옥외 계단	ㅂ. 최하층 바닥

① ㄱ, ㄴ, ㄷ   ② ㄱ, ㄷ, ㄹ
③ ㄱ, ㄷ, ㅂ   ④ ㄴ, ㄹ, ㅁ

해설
작은 보, 옥외 계단, 최하층 바닥 등은 주요구조부에 속하지 않는다.

정답 81 ① 82 ③ 83 ④ 84 ②

85 비상용 승강기 승강장의 구조에 관한 기준 내용으로 옳지 않은 것은?

① 승강장은 각 층의 내부와 연결될 수 있도록 할 것
② 벽 및 반자가 실내에 접하는 부분의 마감재료는 불연재료로 할 것
③ 피난층이 있는 승강장의 출입구로부터 도로 또는 공지에 이르는 거리가 20m 이하일 것
④ 옥내 승강장의 바닥면적은 비상용 승강기 1대에 대하여 6m² 이상으로 할 것

해설
피난층이 있는 승강장의 출입구로부터 도로 또는 공지에 이르는 거리가 30m 이하일 것

86 건축 바닥면적 산정 시 바닥면적에 포함되는 것은?

① 공중의 통행에 전용되는 필로티 부분의 면적
② 평지붕일 때 층 높이가 1.8m인 다락 면적
③ 옥상·옥외 또는 지하에 설치하는 물탱크 면적
④ 공동주택 지상층 기계실 면적

해설
평지붕일 때 층 높이가 1.5m 이하인 다락은 바닥면적에 산입되지 않는다. 따라서 평지붕일 때 층 높이가 1.8m인 다락 면적 부분은 건축 바닥면적 산정 시 바닥면적에 포함된다.

바닥면적 산정에 포함되지 않는 부분
- 필로티, 기타 이와 유사한 구조 부분의 바닥면적이 다음과 같은 용도에 전용되는 경우
  - 공중의 통행에 전용되는 경우
  - 차량의 통행·주차에 전용되는 경우
  - 공동주택의 경우
- 승강기탑, 계단탑, 장식탑, 층고 1.5m 이하인 다락(경사진 형태의 지붕인 경우에는 1.8m)
- 건축물의 외부 또는 내부에 설치하는 굴뚝, 더스트 슈트, 설비 덕트 등
- 옥상·옥외 또는 지하에 설치하는 물탱크, 기름탱크, 냉각탑, 정화조, 도시가스 정압기 등
- 공동주택으로서 지상층에 설치한 기계실, 어린이 놀이터, 조경시설, 생활폐기물 보관함

87 노인복지법상 노인복지시설 중 노인주거복지시설이 아닌 것은?

① 양로시설
② 노인공동생활가정
③ 노인복지주택
④ 노인요양시설

해설
노인요양시설은 노인의료복지시설에 포함된다.

노인주거복지시설
- 양로시설 : 노인을 입소시켜 급식과 그 밖에 일상생활에 필요한 편의 제공을 목적으로 하는 시설이다.
- 노인공동생활가정 : 노인들에게 가정과 같은 주거여건과 급식, 그 밖에 일상생활에 필요한 편의 제공을 목적으로 하는 시설이다.
- 노인복지주택 : 노인에게 주거시설을 임대하여 주거의 편의·생활지도·상담 및 안전관리 등 일상생활에 필요한 편의 제공을 목적으로 하는 시설이다.

88 건축법령에 따른 연면적 1,000m² 이상인 대규모 건축물의 방화구획 및 방화벽에 대한 내용으로 옳지 않은 것은?

① 방화벽은 내화구조로서 홀로 설 수 있는 구조이어야 한다.
② 주요구조부가 내화구조이거나 불연재료인 건축물의 경우, 각 방화구획의 바닥면적 합이 1,000m²를 넘을 수 있다.
③ 방화벽의 양 끝 및 위 끝은 건축물의 외벽면 및 지붕면으로부터 0.5m 이상 튀어나오게 한다.
④ 방화벽에 설치하는 출입문의 너비 및 높이는 각각 3.0m 이하로 한다.

해설
방화벽에 설치하는 출입문의 너비 및 높이는 각각 2.5m 이하로 한다.

89 다음은 바닥면적의 산정과 관련된 기준 내용이다. ( ) 안에 알맞은 내용은?

> 벽·기둥의 구획이 없는 건축물은 그 지붕 끝부분으로부터 수평거리 ( )를 후퇴한 선으로 둘러싸인 수평투영면적으로 한다.

① 0.5m
② 1m
③ 1.5m
④ 2m

해설
바닥면적의 산정 시 벽·기둥의 구획이 없는 건축물은 그 지붕 끝부분으로부터 수평거리 1m를 후퇴한 선으로 둘러싸인 수평투영면적으로 한다.

90 건축법 시행규칙상 대지와 관련한 건축기준의 허용오차 중 항목과 허용오차범위가 옳지 않은 것은?

① 건축선의 후퇴거리 : 3% 이내
② 인접대지 경계선과의 거리 : 3% 이내
③ 인접 건축물과의 거리 : 3% 이내
④ 용적률 : 2% 이내(연면적 30m²를 초과할 수 없음)

해설
용적률 : 1% 이내(연면적 30m²를 초과할 수 없음)
대지 관련 건축기준의 허용오차

항 목	허용되는 오차의 범위
건축선의 후퇴거리	3% 이내
인접 대지 경계선과의 거리	3% 이내
인접 건축물과의 거리	3% 이내
건폐율	0.5% 이내 (건축면적 5m²를 초과할 수 없다)
용적률	1% 이내 (연면적 30m²를 초과할 수 없다)

91 건축물의 면적, 높이 및 층수 산정의 기본원칙으로 옳지 않은 것은?

① 건축면적은 건축물의 외벽(외벽이 없는 경우에는 외곽 부분의 기둥)의 중심선으로 둘러싸인 부분의 수평투영면적으로 한다.
② 연면적은 하나의 건축물 각 층의 거실면적의 합계로 한다.
③ 대지면적은 대지의 수평투영면적으로 한다.
④ 바닥면적은 건축물의 각 층 또는 그 일부로서 벽, 기둥 기타 이와 유사한 구획의 중심선으로 둘러싸인 부분의 수평투영면적으로 한다.

해설
연면적은 하나의 건축물의 각 층 바닥면적의 합계를 말한다.

92 피난안전구역의 구조 및 설비에 관한 기준 내용으로 옳지 않은 것은?

① 피난안전구역의 높이는 2.3m 이상일 것
② 피난안전구역의 내부마감재료는 불연재료로 설치할 것
③ 비상용 승강기는 피난안전구역에서 승하차할 수 있는 구조로 설치할 것
④ 건축물의 내부에서 피난안전구역으로 통하는 계단은 특별피난계단의 구조로 설치할 것

해설
피난안전구역의 높이는 2.1m 이상일 것

89 ② 90 ④ 91 ② 92 ①

93 장애인·노인·임산부 등의 편의증진 보장에 관한 법률 시행규칙상 편의시설의 구조·재질 등에 관한 세부기준에 대한 설명으로 옳지 않은 것은?

① 장애인전용시설 복도 측면에 2중 손잡이를 설치할 때, 아래쪽 손잡이의 높이는 바닥면으로부터 0.65m 내외로 하여야 한다.
② 계단 경사면에 설치된 손잡이의 끝부분에는 0.3m 이상의 수직손잡이를 설치하여야 한다.
③ 장애인용 승강기 전면에는 1.4m×1.4m 이상의 활동 공간을 확보하여야 한다.
④ 장애인용 에스컬레이터 속도는 분당 30m 이내로 하여야 한다.

해설
계단 경사면에 설치된 손잡이의 끝부분에는 0.3m 이상의 수평손잡이를 설치하여야 한다.

94 높이 31m를 넘는 각 층의 바닥면적 중 최대 바닥면적이 3,500m²인 종합병원에 설치하여야 할 비상용 승강기의 최소 대수는?

① 2대　　② 3대
③ 4대　　④ 6대

해설
비상용 승강기는 1대에 1,500m²를 넘는 3,000m² 이내마다 1대씩 더한 대수 이상 설치한다. 높이 31m를 넘는 각 층의 바닥면적 중 최대 바닥면적(A)이 3,500m²이므로,

1대 + $\frac{A - 1,500m^2}{3,000m^2}$ 대 = 1대 + $\frac{3,500 - 1,500m^2}{3,000m^2}$ 대 = 1.67대

∴ 설치대수는 2대이다.

95 건축법령상 건축허가의 취소에 관한 내용으로 옳지 않은 것은?

① 허가 후 1년 이내에 공사에 착수하지 아니한 경우에 건축허가를 취소할 수 있다.
② 공사 착수 후, 공사 완료가 불가능하다고 인정한 경우에 건축허가를 취소할 수 있다.
③ 착공신고 전에 경매 또는 공매 등으로 건축주가 대지의 소유권을 상실한 때부터 6개월이 경과한 이후 공사의 착수가 불가능하다고 판단되는 경우에 건축허가를 취소할 수 있다.
④ 허가권자는 정당한 이유가 있다고 인정하는 경우에는 1년의 범위 안에서 그 공사의 착수기간을 연장할 수 있다.

해설
허가 후 2년 이내에 공사에 착수하지 아니한 경우에 건축허가를 취소할 수 있다.

96 부설주차장 설치대상 시설물로서 시설면적이 2,000m²인 제2종 근린생활시설에 설치하여야 하는 부설주차장의 최소 대수는?

① 5대　　② 10대
③ 14대　　④ 20대

해설
제2종 근린생활시설 부설주차장 설치기준 : 200m²당 1대
∴ 2,000m² ÷ 200m² = 10대

정답 93 ② 94 ① 95 ① 96 ②

97 주거지역에서 건축물에 설치하는 냉방시설의 배기구는 도로면으로부터 최소 얼마 이상의 높이에 설치하여야 하는가?

① 1m
② 2m
③ 3m
④ 4m

해설
배기구는 도로면으로부터 2m 이상의 높이에 설치할 것

98 주거지역의 세분 중 단독주택을 중심으로 양호한 주거환경을 보호하기 위해 필요한 지역은?

① 제1종 전용주거지역
② 제2종 전용주거지역
③ 제1종 일반주거지역
④ 준주거지역

해설
주거지역

지 역	지정목적	
전용 주거지역	양호한 주거환경을 보호하기 위해 필요한 지역	
	제1종 전용주거지역	단독주택 중심
	제2종 전용주거지역	공동주택 중심
일반 주거지역	편리한 주거환경을 조성하기 위해 필요한 지역	
	제1종 일반주거지역	저층주택 중심
	제2종 일반주거지역	중층주택 중심
	제3종 일반주거지역	중고층주택 중심
준주거지역	주거기능을 위주로 이를 지원하는 일부 상업기능 및 업무기능을 보완하기 위해 필요한 지역	

99 한 방에서 층의 높이가 다른 부분이 있는 경우 층고 산정방법으로 옳은 것은?

① 가장 높은 높이로 한다.
② 가장 낮은 높이로 한다.
③ 각 부분 높이에 따른 면적에 따라 가중평균한 높이로 한다.
④ 가장 낮은 높이와 가장 높은 높이의 산술평균한 높이로 한다.

해설
각 부분 높이에 따른 면적에 따라 가중평균한 높이로 한다.

100 허가대상 건축물이라 하더라도 미리 특별자치시장·특별자치도지사 또는 시장·군수·구청장에게 국토교통부령으로 정하는 바에 따라 신고를 하면 건축허가를 받은 것으로 보는 경우에 속하지 않는 것은?(단, 층수가 2층인 건축물의 경우)

① 바닥면적의 합계가 85m² 이내의 신축
② 바닥면적의 합계가 85m² 이내의 증축
③ 바닥면적의 합계가 85m² 이내의 개축
④ 연면적이 200m² 미만인 건축물의 대수선

해설
신축은 해당하지 않는다.

정답 97 ② 98 ① 99 ③ 100 ①

제1과목 건축계획

01 테라스 하우스에 관한 설명으로 옳지 않은 것은?

① 상부층으로 갈수록 약간씩 뒤로 후퇴하여 테라스가 되는 형식이다.
② 각 호마다 전용의 뜰(정원)을 갖기 어렵다.
③ 진입방식에 따라 하향식과 상향식으로 나눌 수 있다.
④ 각 세대의 깊이는 7.5m 이내로 하여야 한다.

해설
아래층 세대의 지붕은 위층 세대의 개인 정원이 되므로, 각 호마다 전용의 뜰(정원)을 가질 수 있다.

02 단지계획에서 커뮤니티 센터에 관한 내용으로 옳지 않은 것은?

① 일상생활에 필요한 공동시설, 즉 홀, 집회실, 체육시설, 작업실, 점포 등으로 형성된 군을 말한다.
② 커뮤니티 시설은 단지 주변에 배치한다.
③ 커뮤니티 센터는 특정 공동주택 거주민뿐만 아니라 인근 주민들이 이용할 수 있는 시설이다.
④ 주택단지 어디로나 통할 수 있도록 위치하며 오픈 스페이스와 연결한다.

해설
단지계획 시 커뮤니티 시설과 학교 등은 중심부에 배치한다.

03 사무소 건물의 엘리베이터 배치 시 고려사항으로 옳지 않은 것은?

① 도시 스카이라인에 변화를 주며, 개성 있는 외관의 구성이 가능하다.
② 적절한 계획에 의해 건축하지 않으면 기존 건물과의 유기성을 상실한다.
③ 인접 건물의 일조, 통풍, 채광, 프라이버시를 침입할 우려가 있다.
④ 비상시 피난 등의 방재계획이 용이하다.

해설
비상시의 피난 등의 방재계획이 어렵다.

04 병원 건축에 있어서 파빌리온 타입(Pavilion Type)에 관한 설명으로 옳지 않은 것은?

① 각 실의 채광을 균등히 할 수 있다.
② 대지 이용의 효율성이 낮다.
③ 고층 집약식 배치형식을 갖는다.
④ 도심지에서 적용되기 어려운 형식이다.

해설
고층 집약식 배치형식을 갖는 형식은 집중식(Block) 타입이다.
분관식(Pavilion Type): 평면 분산식으로 각 건물은 3층 이하의 저층 건물이며 외래부, 부속진료시설, 병동을 각각 별동으로 하여 분산시키고 복도로 연결시키는 방법이다.

정답 1 ② 2 ② 3 ④ 4 ③

05 학교 교실의 채광계획에 관한 내용으로 옳지 않은 것은?

① 창은 가급적 높게 하여 교실 깊숙이까지 채광이 되도록 해야 한다.
② 교실을 향해 좌측채광이 우선이며, 칠판의 현휘를 방지하기 위해 칠판 좌우로 1m 정도의 측면벽을 남긴다.
③ 칠판면의 조도가 책상면의 조도보다 높아야 하며, 칠판면의 조도는 최저 100lx 이상이 되도록 한다.
④ 일반교실의 채광면적은 바닥면적의 1/20 이상으로 하고, 천장높이는 3.0m 이상으로 한다.

해설
일반교실의 채광면적은 바닥면적의 1/10 이상으로 한다.

06 자연형 태양열 시스템에 관한 내용으로 옳지 않은 것은?

① 건축계획 및 디자인 시스템과 시스템 디자인이 요구된다.
② 집열기, 축열조, 배열기 등의 기계적인 설비를 필요로 한다.
③ 이중의 창이나 축열벽으로 데워진 60~70℃의 공기를 실내로 유입하여 순환시키는 시스템이다.
④ 축열벽으로 열을 축적하는 트롬 월(Trombe-wall)을 설치할 수 있다.

해설
집열기, 축열조, 배열기 등의 기계적인 설비를 필요로 하는 것은 능동적 방식(설비형 태양열 시스템)이다.

07 비잔틴 건축에 관한 설명으로 옳은 것은?

① 펜덴티브 돔이 창안되어 실내 공간의 자유도가 높아졌다.
② 첨탑과 플라잉 버트레스가 처음 도입되었다.
③ 건축 비례와 미적 대칭 등을 중시하였다.
④ 강렬한 극적효과를 추구하며 관찰자의 주관적 감흥을 중시하였다.

해설
① 비잔틴 건축에서는 펜덴티브 돔이 창안되어 실내 공간의 자유도가 높아졌다.
② 고딕 건축에 대한 설명이다.
③ 르네상스 건축에 대한 설명이다.
④ 바로크 건축에 대한 설명이다.

08 단독주택의 리빙 다이닝 키친에 관한 설명으로 옳은 것은?

① 대규모 주택에 주로 사용된다.
② 주부의 동선이 길어져서 노동력이 증가된다.
③ 거실과 식사실을 함께 이용하므로 공간의 이용률이 높다.
④ 거실과 식당이 분리되어 각 실의 분위기 조성이 용이하다.

해설
① 소규모 주택에 주로 사용된다.
② 주부의 동선이 짧고 노동력이 감소된다.
④ 리빙 다이닝 키친은 거실과 식사실, 부엌을 함께 이용하므로 공간의 이용률이 높다.

정답 5 ④ 6 ② 7 ① 8 ③

09 미술관 전시실의 전시기법에 관한 설명으로 옳지 않은 것은?

① 아일랜드 전시는 실물을 직접 전시할 수 없는 경우 영상매체를 사용하여 전시하는 방법이다.
② 하모니카 전시는 동일 종류의 전시물을 반복하여 전시할 경우에 유리하다.
③ 파노라마 전시는 연속적인 주제를 연관성 있게 표현하기 위해 선형의 파노라마로 연출하는 전시기법이다.
④ 디오라마 전시는 하나의 사실 또는 주제를 고정시켜 연출하는 것으로 현장에 임한 느낌을 주는 기법이다.

해설
아일랜드 전시 : 벽, 천장을 직접 이용하지 않고 전시물이나 장치를 바닥에 배치함으로써 전시 공간을 만들어 내는 전시 기법이다.

10 상점 건축에서 대면판매와 측면판매에 대한 설명으로 옳지 않은 것은?

① 대면판매는 고객과 종업원이 쇼케이스를 가운데 두고 상담하고 판매하는 형식이다.
② 대면판매는 판매원의 통로면적이 필요하므로 진열면적이 감소한다.
③ 측면판매는 대면판매에 비해 진열면적이 작고, 상품에 친근감을 주기 어렵다.
④ 측면판매는 양복, 서적, 전기기구, 운동용구점 등에서 주로 쓰인다.

해설
측면판매는 대면판매에 비해 진열면적이 커지며, 상품에 친근감이 있다.

11 르 코르뷔지에(Le Corbusier)의 건축 작품으로 옳지 않은 것은?

① 빌라 사보아(Villa Savoye)
② 찬디가르 국회의사당(Legislative Assembly Building and Capital Complex, Chandigarh)
③ 롱샹 교회(Notre-Dame du Haut, Ronchamp)
④ 크라운 홀(S. R. Crown Hall)

해설
크라운 홀(S. R. Crown Hall)은 미스 반데어로에(Mies van der Rohe)의 작품이다.

12 극장의 평면형 중 아레나(Arena)형에 관한 설명으로 옳은 것은?

① 가까운 거리에서 관람하면서 가장 많은 관객을 수용할 수 있다.
② 투시도법을 무대 공간에 응용한 형식이다.
③ 픽처프레임 스테이지(Picture Frame Stage)라고도 한다.
④ 무대의 장치나 소품은 주로 높은 가구로 구성될 수 있다.

해설
②, ③, ④는 프로시니엄(Proscenium) 형식에 대한 설명이다.
아레나 형식(Arena Stage, Center Stage)
• 중앙에 무대가 있고 사방이 객석으로 둘러쌓인 형식이다.
• 가까운 거리에서 가장 많은 관객을 수용한다.
• 무대 배경은 주로 낮은 가구로 구성되어 경제적이다.
• 연기 도중 다른 연기자를 가리는 결점이 있다.

13 엘리베이터 배치 시 고려사항으로 옳지 않은 것은?

① 엘리베이터 홀은 엘리베이터 정원 합계의 50% 정도를 수용할 수 있도록 한다.
② 일렬배치는 6대를 한도로 하고, 엘리베이터 중심 간 거리는 10m 이하가 되도록 한다.
③ 여러 대의 엘리베이터를 설치하는 경우, 그룹별 배치와 군 관리 운전방식으로 한다.
④ 대면배치 시 대면거리는 동일 군 관리의 경우는 3.5~4.5m로 한다.

> 해설
> 일렬배치는 4대를 한도로 하고, 엘리베이터 중심 간 거리는 8m 이하가 되도록 한다.

14 백화점 판매장의 진열장 배치유형 중 직각형 배치에 관한 설명으로 옳지 않은 것은?

① 진열장의 규격화가 가능하다.
② 매장면적의 이용률이 다른 유형에 비해 높다.
③ 고객의 통행량에 따라 통로 폭을 조절하기가 쉽다.
④ 획일적인 진열장 배치로 매장 공간이 지루해질 가능성이 높다.

> 해설
> 직각형 배치는 고객의 통행량에 따라 통로 폭을 조절하기 어렵다.

15 호텔에 관한 설명으로 옳지 않은 것은?

① 커머셜 호텔은 일반적으로 고밀도의 고층형이다.
② 터미널 호텔에는 공항 호텔, 부두 호텔, 철도역 호텔 등이 있다.
③ 리조트 호텔의 건축 형식은 주변 조건에 따라 자유롭게 이루어진다.
④ 아파트먼트 호텔은 여행자의 단기간 체재에 적합한 호텔로서, 각 객실에는 주방설비를 갖출 필요가 없다.

> 해설
> 아파트먼트 호텔은 여행자의 장기간 체재에 적합한 호텔로서, 각 객실에는 주방설비를 갖추고 있다.

16 다포식 건물에서 창방 위에 덧대는 수평 부재이며, 공포에서 내려오는 지붕의 하중을 기둥에 전달하는 역할을 하는 것은?

① 첨차
② 서까래
③ 살미
④ 평방

> 해설
> ① 첨차 : 기둥머리에서 기둥과 기둥을 연결하는 수평 부재이다.
> ② 서까래 : 마룻대에서 도리와 도리 사이에 직각으로 걸쳐놓는 부재이다.
> ③ 살미 : 공포에서 기둥 위의 도리 사이를 소의 혀 모양으로 꾸민 부재의 짜임새를 통틀어 이르는 말이다.

17 도서관 건축계획에 관한 설명으로 옳지 않은 것은?

① 자유개가식 출납시스템은 이용자가 자유롭게 도서를 찾고 검열 없이 열람 가능하다.
② 반개가식 출납시스템은 이용자가 책의 표지는 볼 수 있으나 대출기록을 제출한 후 사서로부터 책을 받아 열람한다.
③ 일반 열람실은 통로를 포함하여 성인 1인당 3.0~4.0m^2 정도로 한다.
④ 서고의 규모는 150~250권/m^2 정도로 한다.

해설
일반 열람실은 통로를 포함하여 성인 1인당 1.5~2.0m^2 정도로 계획한다.

18 다음 중 주택 거실에서 가구 배치의 결정에 영향을 주는 요소와 가장 거리가 먼 것은?

① 개구부의 위치
② 거주자의 취향
③ 바닥재의 종류
④ 거실의 형태

해설
바닥재의 종류는 가구배치의 결정에 관한 중요한 요소는 아니다.

19 극장 건축의 관련 제실에 대한 설명 중 옳지 않은 것은?

① 그린 룸(Green Room)은 출연자 대기실을 말하며 주로 무대 가까운 곳에 배치한다.
② 의상실은 실의 크기가 1인당 최소 8~9m^2 정도가 필요하며, 그린 룸이 있는 경우 무대와 동일한 층에 배치하여야 한다.
③ 배경 제작실의 위치는 무대에 가까울수록 편리하며, 제작 중의 소음을 고려하여 차음설비가 요구된다.
④ 앤티 룸(Anti Room)은 출연자들이 출연 바로 직전에 기다리는 공간이다.

해설
의상실은 실의 크기가 1인당 4~5m^2 정도가 필요하며, 그린 룸이 있는 경우 무대와 동일한 층에 배치하지 않아도 된다.

20 공동주택의 평면형식에 관한 설명으로 옳지 않은 것은?

① 편복도형은 각 호의 통풍 및 채광이 양호하다.
② 중복도형은 독신자 아파트에 많이 이용된다.
③ 집중형은 각 세대별 조망이 다르다.
④ 계단실형은 통행부 면적이 커서 대지의 이용률이 높다.

해설
계단실형은 통행부 면적이 작고 대지의 이용률이 낮다.

정답 17 ③ 18 ③ 19 ② 20 ④

제2과목 건축시공

21 철근콘크리트공사에서 콘크리트 이어치기에 관한 설명으로 옳지 않은 것은?

① 콘크리트 이어치기는 응력이 집중되는 곳에 하지 않는다.
② 보는 스팬의 중앙 또는 단부의 1/4 부분에서 이어친다.
③ 기둥 및 벽은 바닥슬래브 및 기초의 상단에서 이어친다.
④ 캔틸레버 보는 한 번에 타설하지 않고 이어치기를 한다.

해설
캔틸레버 보는 이어치기를 하지 않고 한 번에 타설한다.

22 콘크리트 배합에서 부순 골재에 관한 설명으로 옳지 않은 것은?

① 굵은 골재의 크기는 강자갈보다 조금 큰 편이 좋다.
② 잔골재는 특히 미립분이 부족하지 않도록 주의한다.
③ 모래는 강자갈 콘크리트의 경우보다 많이 사용한다.
④ 부순 골재는 될 수 있는 한 AE제를 사용한다.

해설
굵은 골재의 크기는 강자갈보다 조금 작은 편이 좋다.

23 갱 폼(Gang Form)에 관한 설명으로 옳지 않은 것은?

① 대형 패널을 이용해 대형화·단순화하여 한 번에 설치하고 해체하는 거푸집 공법이다.
② 초기 투자비가 과다하며, 대형 양중 장비 필요하다.
③ 거푸집 조립시간과 기능공 숙달기간이 필요 없다.
④ 거푸집널과 강지보공으로 이루어져 옹벽, 피어 등에 사용된다.

해설
갱 폼 공법은 거푸집 조립시간과 기능공의 교육 및 숙달기간이 필요하다.

24 철근의 정착 위치를 연결한 것으로 옳지 않은 것은?

① 기둥의 주근 – 바닥에 정착
② 보의 주근 – 기둥에 정착
③ 작은 보의 주근 – 큰 보에 정착
④ 지중보의 주근 – 기초 또는 기둥에 정착

해설
기둥의 주근은 기초에 정착한다.

25 기준점(Bench Mark)에 대한 설명으로 틀린 것은?

① 공사 착수 전에 설정되어야 한다.
② 기준점은 1개만 설치한다.
③ 이동의 우려가 없는 곳에 설치한다.
④ 바라보기 좋고 공사에 지장이 없는 곳에 설치한다.

해설
건축물의 각 부에서 헤아리기 좋도록 2개소 이상 보조 기준점을 표시해 두어야 한다.

정답 21 ④ 22 ① 23 ③ 24 ① 25 ②

26 공사원가 구성요소에서 직접공사비에 해당되지 않는 것은?

① 공사에 소요되는 자재비
② 임금, 상여수당 등의 노무비
③ 일괄 또는 부분, 제작 등에 사용되는 외주비
④ 기업의 유지, 관리활동에 소요되는 관리비, 영업비

해설
기업의 유지, 관리활동에 소요되는 관리비, 영업비 등은 일반 관리비이다.

27 네트워크(Network) 공정표의 장점이라고 볼 수 없는 것은?

① 진도관리를 명확하게 실시할 수 있으며 적절한 조치를 취할 수 있다.
② 작업 상호 간의 관련성 파악이 용이하다.
③ 작업의 선후관계 및 소요일정 파악이 용이하다.
④ 작성 및 검사에 특별한 기능이 필요 없고, 경험이 없는 사람도 쉽게 작성할 수 있다.

해설
네트워크(Network) 공정표는 작성 및 검사에 특별한 기능을 요하며 경험이 있는 자가 쉽게 작성할 수 있다.

28 시트방수공법에 관한 설명 중 옳지 않은 것은?

① 시트의 접착은 모서리부, 드레인 주변 등 특수한 부위를 맨 나중에 세심하게 작업한다.
② 시트는 폭 1m, 두께 1~3mm 정도로 접착제 또는 열로 가열하여 바탕면에 접착한다.
③ 수용성의 프라이머는 저온 시 동결피해 발생에 주의한다.
④ 접착제 도포에 앞서 먼저 도포한 프라이머의 건조를 확인한다.

해설
시트의 접착은 모서리부, 드레인 주변 등 특수한 부위를 먼저 세심하게 작업한다.

29 도장공사의 뿜칠에 관한 설명으로 옳지 않은 것은?

① 칠 횟수를 구분하기 위해 색을 다르게 칠한다.
② 스프레이건과 뿜칠면 사이의 거리는 30cm를 표준으로 한다.
③ 뿜칠은 도막 두께를 일정하게 유지하기 위해 겹치지 않게 순차적으로 이행한다.
④ 뿜칠 방향은 위에서 밑으로, 왼편에서 오른편으로 한다.

해설
뿜칠은 한 줄마다 너비의 1/3이 겹치게 도장한다.

30 다음 중 열가소성수지에 해당하는 것은?

① 페놀수지   ② 아크릴수지
③ 요소수지   ④ 멜라민수지

해설
①, ③, ④는 열경화성수지에 해당한다.

열가소성과 열경화성 수지의 종류

열경화성수지	열가소성수지
• 페놀수지	• 염화비닐수지
• 요소수지	• 초산비닐수지
• 멜라민수지	• 폴리아미드수지
• 폴리에스테르수지	• 폴리스틸렌수지
• 에폭시수지	• 폴리에틸렌수지
• 실리콘수지	• 폴리프로필렌수지
• 우레탄수지	• 아크릴수지

정답 26 ④ 27 ④ 28 ① 29 ③ 30 ②

31 금속 중 알루미늄의 특성에 관한 설명으로 옳지 않은 것은?

① 열전도율, 전기전도율이 높고 가공성이 우수하다.
② 비중이 작고, 내식성이 크다.
③ 탄성계수가 높고, 알칼리에 침식되지 않는다.
④ 용융점이 낮고, 열팽창계수가 크다.

해설
알루미늄은 탄성계수가 낮고, 알칼리(콘크리트)에 침식된다.

32 Low-E 유리의 특징으로 옳지 않은 것은?

① 가시광선 투과율은 맑은 유리에 비해 큰 차이가 난다.
② 근적외선 영역의 열선 투과율은 현저히 낮다.
③ 단판보다 복층판으로 가공하는 것이 효과적이다.
④ 코팅면이 내측 유리의 바깥쪽 표면에 오도록 제작한다.

해설
가시광선 투과율은 맑은 유리와 비교할 때 큰 차이가 나지 않지만, 적외선 투과율은 많은 차이가 난다.

33 다음 중 화성암에 속하지 않는 것은?

① 화강암　　② 안산암
③ 현무암　　④ 석회암

해설
④ 석회암 : 수성암의 일종으로 석회, 시멘트의 원료로 사용된다.
① 화강암 : 마그마가 냉각하여 굳은 것으로, 단단하고 내구성 및 강도가 크나 내화성은 부족하다.
② 안산암 : 화강암보다 내화력이 우수하고 광택이 없으며, 구조용에 많이 사용한다.
③ 현무암 : 용암가스 때문에 슬래그 모양의 다공질구조이다.

34 보강 콘크리트 블록조의 내력벽에 관한 설명으로 옳지 않은 것은?

① 벽량이 많아야 구조상 유리하다.
② 통줄눈은 될 수 있는 한 피한다.
③ 사춤은 철근이 이동하지 않게 한다.
④ 사춤은 3켜 이내마다 한다.

해설
보강 콘크리트 블록조는 통줄눈으로 한다.

35 백화현상 방지 대책으로 옳지 않은 것은?

① 소성이 잘된 벽돌을 사용한다.
② 줄눈 모르타르에 방수제를 혼합하고, 밀실하게 사춤시켜서 빗물의 침투를 막는다.
③ 차양, 루버, 돌림띠 등의 비막이를 설치한다.
④ 조립률이 작은 모래, 분말도가 작은 시멘트를 사용한다.

해설
조립률이 큰 모래, 분말도가 큰 시멘트를 사용한다.

31 ③　32 ①　33 ④　34 ②　35 ④

36 컬럼 쇼트닝(Column Shortening)에 관한 설명으로 옳지 않은 것은?

① 고층 건물에서 건축구조물의 높이가 증가함에 따라 발생하는 기둥의 축소 변위량을 말한다.
② 원인은 기둥구조가 상이하거나, 내·외부 기둥의 하중 차이 등이 있다.
③ 건축마감재, 엘리베이터, 설비 등에 변형을 유발할 수 있다.
④ 구조물의 안전성은 저해할 수 있으나, 건물의 기능 및 사용성에는 영향이 없다.

해설
구조물의 안전성, 건물의 기능 및 사용성을 저해할 수 있다.

37 용접 결함에서 전류로 용접 상부에 모재가 녹아 용착 금속이 채워지지 않고 홈으로 남게 된 부분을 말하는 용어는?

① 피시아이(Fish Eye)
② 블로홀(Blow Hole)
③ 언더컷(Under Cut)
④ 크레이터(Crater)

해설
① 피시아이(Fish Eye) : 슬래그 혼입 및 블로 홀 겹침 현상으로 용착금속 단면에 생기는 생선 눈알 모양의 은색 반점(은점)
② 블로홀(Blow Hole) : 용융금속 응고 시 방출가스가 남아서 생긴 기포나 공기의 작은 틈을 말한다.
④ 크레이터(Crater) : 용접 시 비드(Bead) 끝에 항아리 모양처럼 오목하게 파이는 현상이다.

38 프리패브 콘크리트(Prefab Concrete)에 관한 설명으로 옳지 않은 것은?

① 제품의 품질을 균일화 및 고품질화할 수 있다.
② 자재를 규격화하여 표준화 및 대량생산을 할 수 있다.
③ 공장생산의 기계화로 부재 규격을 쉽게 변경할 수 있다.
④ 작업의 기계화로 노무 절약을 기대할 수 있다.

해설
프리패브 콘크리트는 표준화, 대량생산 등을 목표로 하므로 부재의 규격은 쉽게 변경하지 않는다.

39 경량기포 콘크리트(ALC)에 관한 설명으로 옳지 않은 것은?

① 발포제에 의하여 콘크리트 내부에 무수한 기포를 독립적으로 분산시켜 중량을 가볍게 한 기포 콘크리트이다.
② 고온고압으로 증기양생하여 제조한다.
③ 열전도율은 보통 콘크리트의 1/10 정도로 단열성이 우수하다.
④ 경량성·내구성은 좋지만, 내화성 및 차음성은 좋지 않다.

해설
경량성, 내구성, 단열 및 내화성, 흡음 및 차음성이 우수하다.

40 알칼리 골재반응의 대책으로 적절하지 않은 것은?

① 반응성 골재를 사용한다.
② 단위시멘트량을 최소화한다.
③ 콘크리트 중의 알칼리양을 감소시킨다.
④ 포졸란 반응을 일으킬 수 있는 혼화재를 사용한다.

해설
반응성 골재 사용을 금지하며, 저알칼리(고로슬래그, 플라이 애시) 시멘트, 비반응성 골재를 사용한다.

제3과목 건축구조

41 다음 중 구조물의 내진 보강대책으로 적합하지 않은 것은?

① 구조물의 강도를 증가시킨다.
② 구조물의 중량을 증가시킨다.
③ 구조물의 연성을 증가시킨다.
④ 구조물의 감쇠를 증가시킨다.

해설
밑면 전단력 $V = C_S \times W$에서 구조물의 중량(W)을 증가시키면 지진하중이 증가하게 된다.

42 다음 그림과 같이 용접을 할 때, 용접의 목두께(a)는?

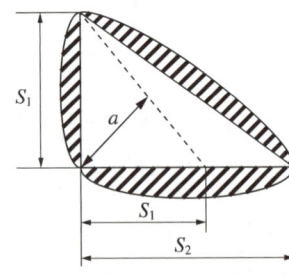

① $a = 0.5S_1$ ② $a = 0.5S_2$
③ $a = 0.7S_1$ ④ $a = 0.7S_2$

해설
유효목두께는 작은 쪽의 모살치수(S_1)의 0.7배로 하므로, $a = 0.7S_1$이다.

43 철근콘크리트 단순보에서 순간탄성처짐이 0.9mm이었다면 1년 뒤 이 부재의 총처짐량을 구하면?(단, 시간경과계수 $\xi = 1.4$, 압축철근비 $\rho' = 0.01071$)

① 1.52mm ② 1.72mm
③ 1.92mm ④ 2.12mm

해설
최종처짐 = 순간탄성처짐 + 장기처짐
= 순간탄성처짐 + ($\lambda \times$ 탄성처짐)
즉, $\delta = \delta_L + \delta_S$이고, $\delta_S = \lambda \times \delta_L$이다.
$\lambda = \dfrac{\xi}{1+50\rho'} = \dfrac{1.4}{1+50\times 0.01071} ≒ 0.91176$
$\delta_S = \lambda \times \delta_L = 0.91176 \times 0.9 ≒ 0.82$mm
여기서, δ_L : 순간처짐
δ_S : 장기처짐
λ : 지속하중에 대한 처짐계수
∴ $\delta = \delta_L + \delta_S = 0.9 + 0.82 = 1.72$mm

44 단면의 도심을 지나는 X축에 대한 단면 2차 모멘트(I_X)와 Y축에 대한 단면 2차 모멘트(I_Y)가 같기 위해서 Y축에서 떨어진 거리 x_0는 얼마인가?(단, $h = 2b$)

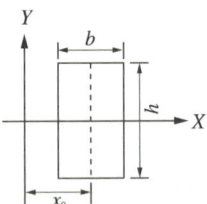

① b ② $\dfrac{b}{2}$
③ $\dfrac{b}{3}$ ④ $\dfrac{b}{4}$

해설
$I_X = \dfrac{bh^3}{12}$, $I_Y = \dfrac{b^3h}{12} + (bh \times x_0^2)$
$I_X = I_Y$이고 $h = 2b$이므로
$\dfrac{8b^4}{12} = \dfrac{2b^4}{12} + 2b^2 x_0^2$, $x_0^2 = \dfrac{b^2}{4}$
∴ $x_0 = \dfrac{b}{2}$

45 강재의 응력-변형도 곡선에서 변형도 경화영역(Strain Hardening Range) 구간은?

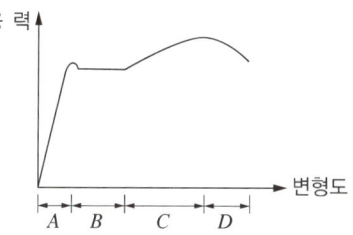

① A구간 ② B구간
③ C구간 ④ D구간

해설
① A구간 : 탄성구간
② B구간 : 소성구간
③ C구간 : 변형도 경화영역
④ D구간 : 네킹 및 파괴영역

46 다음 중 철골구조의 소성설계와 관계가 없는 것은?

① 소성힌지(Plastic Hinge)
② 붕괴기구(Collapse Mechanism)
③ 형상계수(Form Factor)
④ 전단중심(Shear Center)

해설
전단중심(Shear Center)은 비틀림을 일으키지 않고 순수하게 휨 변형만을 유발하는 하중의 작용점을 말한다.

47 직경 25mm, 길이 50cm의 강봉에 축방향 인장력을 작용시켰더니 길이는 0.02cm 늘어났고 직경은 0.0003cm가 줄어들었을 경우, 이 재료의 포아송 수는?

① 0.5   ② 2.5
③ 3.33 ④ 25.5

해설

$$\text{포아송수}(m) = \frac{1}{\text{포아송비}(\nu)} = \frac{\varepsilon_l}{\varepsilon_d} = \frac{\lambda \cdot d}{l \cdot \delta}$$

$$= \frac{0.02 \times 2.5}{50 \times 0.0003} = \frac{0.05}{0.015} \fallingdotseq 3.33$$

48 다음 중 철골기둥의 주각부에 사용되는 보강재로 거리가 먼 것은?

① 베이스 플레이트(Base Plate)
② 윙 플레이트(Wing Plate)
③ 필러 플레이트(Filler Plate)
④ 사이드 앵글(Side Angle)

해설
필러 플레이트(Filler Plate)는 기둥 이음부에서 상하 단면의 크기가 다를 때 끼워 넣어서 사용하는 부재이다.

49 그림에서 A점의 반력은?

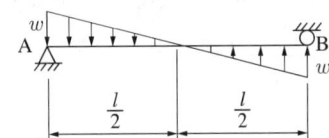

① $\dfrac{wl}{2}$ ② $\dfrac{wl}{3}$

③ $\dfrac{wl}{6}$ ④ $\dfrac{wl}{8}$

해설

$M = \left(\dfrac{1}{2} \times w \times \dfrac{l}{2}\right) \times \dfrac{2l}{3} = \dfrac{wl^2}{6}$ 이므로,

$R_A = \dfrac{M}{l} = \dfrac{wl^2}{6} \times \dfrac{1}{l} = \dfrac{wl}{6}$

50 그림과 같은 라멘 구조물의 판별은?

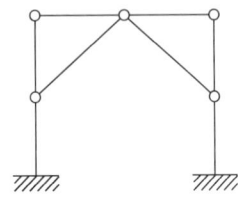

① 안정이며, 정정 구조물
② 안정이며, 1차 부정정 구조물
③ 안정이며, 2차 부정정 구조물
④ 불안정 구조물

해설

판별식으로 구하면,
$N = m + r + k - 2j$
$= 8 + 6 + 0 - 2 \times 7$
$= 0$

여기서, m : 부재(Member)수
r : 지점반력(Reaction)수
k : 강절점수
j : 절점(Joint) 수

∴ $N = 0$이므로 정정 구조물이다.

51 그림과 같은 단순보에서 C점의 최대처짐량은?

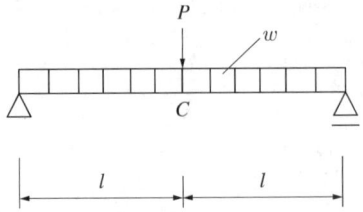

① $\dfrac{5wl^4}{384EI} + \dfrac{Pl^3}{48EI}$

② $\dfrac{8wl^4}{384EI} + \dfrac{Pl^3}{48EI}$

③ $\dfrac{16wl^4}{384EI} + \dfrac{Pl^3}{48EI}$

④ $\dfrac{5wl^4}{384EI} + \dfrac{16Pl^3}{48EI}$

해설

$\delta_C = \dfrac{5wl^4}{384EI} + \dfrac{Pl^3}{48EI}$

52 철근콘크리트 단순보에서 휨모멘트에 관한 설명 중 옳지 않은 것은?

① 집중하중이 작용할 때 휨모멘트선은 경사직선이다.
② 등분포하중이 작용할 때 휨모멘트선은 포물선이다.
③ 휨모멘트의 극대, 극소는 전단력이 0인 단면에서 생긴다.
④ 등변분포하중이 작용할 때 휨모멘트선은 2차 곡선이다.

해설

등변분포하중이 작용할 때 휨모멘트선은 3차 곡선이다.

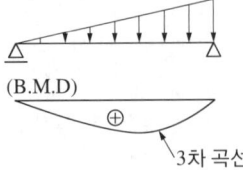

53 그림과 같은 철근콘크리트 기둥단면에서 띠철근의 간격이 옳은 것은?

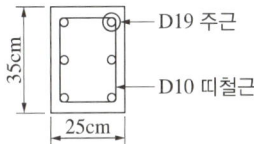

① 250mm ② 350mm
③ 480mm ④ 600mm

해설
㉠ 주근 지름의 16배 이하 : 16×19mm = 304mm
㉡ 띠철근 지름의 48배 이하 : 48×10mm = 480mm
㉢ 기둥단면의 최소치수 이하 : 250mm
∴ ㉠~㉢의 값 중 최솟값은 250mm이다.

54 철근콘크리트 보에 관한 기술 중 옳지 않은 것은?
① 보의 보폭을 크게 하면 압축철근량을 줄일 수 있다.
② 보의 단부에 헌치를 두면 전단내력을 증가시킬 수 있다.
③ 과대 철근보가 될 시엔 압축철근을 보강함이 합리적이다.
④ 콘크리트 강도보다는 철근의 강도를 증가시킴으로써 보의 처짐을 크게 줄일 수 있다.

해설
콘크리트 강도를 높임으로써 보의 처짐을 줄일 수 있다.

55 압축이형철근(D19)의 기본정착길이 l_{db}는?(단, $\lambda = 1$, $f_{ck} = 24$MPa, $f_y = 400$MPa)
① 273.6mm ② 387.8mm
③ 412.5mm ④ 607.3mm

해설
$l_{db} = \dfrac{0.25d_b \cdot f_y}{\lambda\sqrt{f_{ck}}} = \dfrac{0.25 \times 19 \times 400}{\sqrt{24}} \fallingdotseq 387.8\text{mm}$

56 그림의 콘크리트 옹벽의 철근 배근에서 다른 철근에 비하여 없어도 되는 것은?

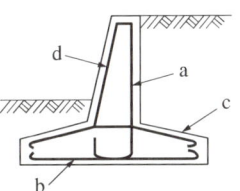

① a철근 ② b철근
③ c철근 ④ d철근

해설
a, b, c는 인장력을 받는 철근이다. d는 압축력을 받는 철근이며 구조물의 강도를 증가시키는 역할을 하므로 배근량을 줄이거나 없어도 된다.

57 그림과 같은 철판을 리벳으로 이음할 때 저항력은? (단, 리벳 1개의 허용전단력은 1면 전단은 50kN, 2면 전단의 경우 80kN, 가셋 플레이트의 허용지압력은 12mm 판에 대해 40kN으로 가정한다)

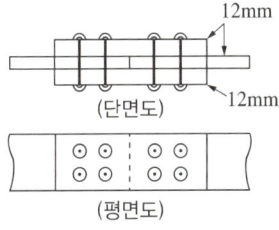

① 40kN ② 50kN
③ 80kN ④ 120kN

해설
㉠ 리벳의 저항력 : 80kN/개 × 8개 = 640kN
㉡ 12mm 철판 2개의 저항력 : 40kN/개 × 2개 = 80kN
㉢ 12mm 철판 1개의 저항력 : 40kN/개 × 1개 = 40kN
∴ ㉠~㉢ 중에서 최솟값인 40kN이 된다.

58 그림과 같은 모살용접 시 유효목두께는?

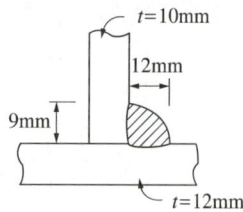

① 6.3mm ② 9.0mm
③ 10.0mm ④ 12.0mm

해설
유효목두께 = 0.7 × S(모살치수) = 0.7 × 9 = 6.3mm

59 지름 22cm의 원형 단면에서 도심축에 대한 단면계수 Z는?

① 8.75cm³ ② 1,045cm³
③ 1,412cm³ ④ 3,127cm³

해설
$Z = \dfrac{\pi D^3}{32} = \dfrac{\pi \times 22^3}{32} \fallingdotseq 1,045\text{cm}^3$

60 1단은 자유이고, 1단은 고정지점인 높이 6m의 H형강 기둥의 이론적 좌굴길이는?

① 3m ② 6m
③ 9m ④ 12m

해설
1단 고정 1단 자유단의 이론적 좌굴길이는 $2l$이므로,
∴ $2l = 2 \times 6 = 12\text{m}$

제4과목 건축설비

61 흡음 및 차음에 관한 설명으로 옳지 않은 것은?

① 콘크리트 등과 같이 무거운 재료의 차음성은 높고, 흡음성은 낮다.
② 벽의 차음성능은 동일 재료인 경우에는 두께와 시공법에 관계없이 동일하다.
③ 벽의 차음성능은 사용재료의 면밀도에 크게 영향을 받는다.
④ 벽의 차음성능은 투과손실이 클수록 높다.

해설
벽의 차음성능은 동일 재료에서도 두께와 시공법에 따라 다르다.

62 옥내소화전설비에서 소방자동차부터 그 설비에 송수할 수 있는 송수구의 설치기준에 관한 설명으로 옳지 않은 것은?

① 송수구는 송수 및 그 밖의 소화작업에 지장을 주지 않도록 설치할 것
② 송수구로부터 주배관에 이르는 연결배관에는 개폐밸브를 설치할 것
③ 지면으로부터 높이가 0.5m 이상 1m 이하의 위치에 설치할 것
④ 구경 65mm의 쌍구형 또는 단구형으로 할 것

해설
옥내소화전설비의 화재안전성능기준(NFPC 102 제6조)
송수구로부터 주배관에 이르는 연결배관에는 개폐밸브를 설치하지 않을 것

63 액화천연가스(LNG)에 관한 설명으로 옳지 않은 것은?

① 공기보다 가벼우므로 누설되어도 공기 중에 흡수되어 안정성이 높다.
② 무공해, 무독성이다.
③ 프로필렌, 부탄, 에탄이 주성분이며, 발열량이 높다.
④ 대형 저장시설이 필요하며, 배관으로 공급된다.

해설
액화천연가스는 메탄이 주성분이며, 발열량이 낮다.

64 승객 스스로 운전하는 전자동 엘리베이터로 카 버튼이나 승강장의 호출신호로 기동, 정지를 이루는 엘리베이터 조작방식은?

① 레코드 컨트롤 방식   ② 카 스위치 방식
③ 시그널 컨트롤 방식   ④ 승합 전자동식

해설
① 레코드 컨트롤(기록 운전)방식 : 운전원이 승객의 목적층과 승강장의 호출신호를 보고 조작반의 단추를 누르면 목적층 순서대로 자동 정지하는 방식
② 카 스위치방식 : 운전원이 조작반의 핸들로 시동을 조작하는 방식
③ 시그널 컨트롤(신호 운전)방식 : 기동은 운전원의 버튼 조작으로 하며, 정지는 목적층 단추를 누르는 것과 승강장의 호출신호로 순서대로 자동 정지하는 방식

65 스포트형 열 감지기 설치기준에 관한 설명으로 옳지 않은 것은?

① 열 축적 기능이 있는 것으로 설치할 것
② 실내 공기 유입구로부터 1.5m 이상의 위치에 설치할 것
③ 천장 또는 반자의 옥내에 면하는 부분에 설치할 것
④ 정온식 스포트형 감지기는 공칭 작동 온도가 최고 주위 온도보다 20℃ 이상 높은 것으로 설치할 것

해설
열 축적 기능이 없는 것으로 설치해야 한다.

66 배수 배관에 관한 설명으로 옳지 않은 것은?

① 배수계통은 원칙적으로 중력에 의해 옥외로 배출하도록 한다.
② 고온의 배수는 원칙적으로 45℃ 미만으로 냉각한 후 배수한다.
③ 건물 외부에서는 지중매설배관으로 한다.
④ 엘리베이터 샤프트, 수변전실에는 배수 배관을 설치한다.

해설
엘리베이터 샤프트, 수변전실에는 배수 배관을 설치하지 않는다.

67 공기조화계획에서 외부존의 조닝방법은?

① 방위별 조닝
② 용도에 따른 시간별 조닝
③ 온·습도 설정별 조닝
④ 부하 특성별 조닝

해설
방위별 조닝과 층별 조닝은 외부존 조닝에 속한다.
공조설비(조닝, Zoning)
• 건물 또는 각 실 열부하 특성, 실내환경 조건, 사용시간에 따라서 공조계통을 분리하여 구역별로 공조한다.
• 외부존 : 방위별 조닝, 층별 조닝
• 내부존 : 용도에 따른 조닝, 부하 특성별 조닝, 온·습도설정별 조닝, 공기 청정도별 조닝, 개별실 제어 조닝, 내부 인원 및 부하밀도별 조닝, 사용시간별 조닝

정답 63 ③ 64 ④ 65 ① 66 ④ 67 ①

68 간선의 배선방식 중 나뭇가지식(수지상식)에 대한 설명으로 옳지 않은 것은?

① 설비비가 평행식에 비해 저렴하다.
② 배선 자재의 소요가 적다.
③ 사고의 영향을 최소화할 수 있다.
④ 넓게 분산된 구역의 소규모 건물에 적합하다.

해설
나뭇가지식(수지상식)은 사고의 영향을 많이 받지만, 평행식은 배전반 → 분전반으로 개별적으로 배선하므로 사고의 영향을 최소화할 수 있다.

간선의 배선 방식(배전반에서 분전반까지 배선)
- 평행식
  - 각 분전반에 단독으로 배선하는 방식
  - 전압이 일정하다(전압강하가 적음).
  - 화재 등 사고발생 시 영향이 적다.
  - 대규모 건물에 적합하다.
  - 설비비가 많이 소요된다.
- 나뭇가지식(수지상식)
  - 한 개의 간선이 각 분전반을 거쳐가며 공급하는 방식
  - 넓게 분산된 구역의 소규모 건물에 적합하다.
- 병용식
  - 평행식과 수지상식을 병용한 방식
  - 일반적으로 가장 많이 사용된다.

69 100명을 수용하고 있는 회의실에서 1인당 CO_2 배출량이 17L/h일 때 실내의 CO_2 농도를 1,000ppm 이하로 유지시키기 위한 필요환기량은?(단, 외기의 CO_2 농도는 300ppm이다)

① 약 $1,120m^3/h$
② 약 $2,140m^3/h$
③ 약 $2,430m^3/h$
④ 약 $4,280m^3/h$

해설
$$환기량 = \frac{실내\ CO_2\ 발생량}{실내\ CO_2\ 농도 - 외기\ CO_2\ 농도}(m^3/h)$$

$$\therefore Q = \frac{100 \times 17 \times 10^3}{1,000 - 300} = 2,428.57 m^3/h$$

※ 1ppm = mg/L = mL/m^3

70 각종 보일러에 관한 설명으로 옳지 않은 것은?

① 관류보일러는 보유수량이 적어서 예열시간이 짧다.
② 주철제 보일러는 사용 내압이 높아 고압용으로 주로 사용되며 용량도 크다.
③ 수관보일러는 드럼 속 관내 물을 가열하며, 대용량으로 대규모 건물에 사용한다.
④ 노통 연관보일러는 부하 변동에 잘 적응되며, 보유수면이 넓어서 급수용량 제어가 쉽다.

해설
주철제 보일러는 압력이 약하고 용량 적어서 소규모에 사용된다.

71 중앙식 급탕법에 관한 설명으로 옳지 않은 것은?

① 배관 및 기기로부터의 열손실이 적다.
② 급탕개소마다 가열기를 설치할 필요가 없는 대용량 방식이다.
③ 일반적으로 열원장치는 공조설비와 겸용하여 설치된다.
④ 급탕기구의 동시사용율을 고려하기 때문에 가열장치의 전체용량을 줄일 수 있다.

해설
배관 및 기기로부터의 열손실이 많다.

72 공기조화방식 중 팬코일유닛 방식에 관한 설명으로 옳지 않은 것은?

① 전수방식에 속한다.
② 유닛을 이용한 실내용 소형 공조기이며 덕트가 필요 없다.
③ 각 실에 수배관으로 인한 누수의 우려가 있다.
④ 각 실의 유닛은 수동으로도 제어할 수 없고, 개별 제어가 어렵다.

해설
각 실의 유닛은 수동으로도 제어할 수 있고, 개별제어가 쉽다.

73 습공기의 상태변화에 관한 설명으로 옳지 않은 것은?

① 가열하면 엔탈피는 감소한다.
② 냉각하면 비체적은 감소한다.
③ 가열하면 상대습도는 감소한다.
④ 냉각하면 습구온도는 감소한다.

해설
가열하면 엔탈피는 증가한다.
습공기의 가열 또는 냉각에 따른 상태변화

구 분	t, t', H, V	ϕ	t'', X, P_w
가 열	증 가	감 소	변화 없다.
냉 각	감 소	증 가	변화 없다.

여기서, t : 건구온도 t' : 습구온도
t'' : 노점온도 ϕ : 상대습도
X : 절대습도 P_w : 수증기분압
H : 엔탈피 V : 비체적

74 세정밸브식 대변기의 최소 급수관경은?

① 15A ② 20A
③ 25A ④ 32A

해설
급수관 직결로서 급수관은 25mm(25A)를 사용한다.

75 주택의 1인 1일 오수량이 0.05m²/인·일이고 오수의 BOD 농도가 260g/m²일 때 1인 1일당 BOD 부하량은?

① 5g/인·일
② 13g/인·일
③ 26g/인·일
④ 50g/인·일

해설
BOD 부하량 = 오수량 × 농도
= 0.05m²/인·일 × 260g/m²
= 13g/인·일

76 다음 중 강전 전기설비에 속하는 것은?

① 화재경보설비
② 전기음향설비
③ 조명설비
④ 인터폰설비

해설
조명설비는 강전설비에 해당된다.
전기설비의 분류
• 강전설비 : 조명, 동력, 전원 등에 이용되는 전기설비
• 약전설비 : 전화, 인터폰, 전기시계, 안테나, 방송설비 등에 이용되는 전기설비
• 방재설비 : 피뢰침 설비, 항공장애등 설비, 비상콘센트 설비, 소방전기설비 등에 이용되는 전기설비

정답 72 ④ 73 ① 74 ③ 75 ② 76 ③

77 금속관 공사에 관한 설명으로 옳지 않은 것은?

① 저압에는 사용하기 어려우며, 고압이나 통신설비 등에 주로 사용된다.
② 고조파의 영향이 없다.
③ 사용목적과 사용전압 등에 따라 적절한 접지가 필요하다.
④ 사용장소로는 은폐장소, 노출장소, 옥측, 옥외 등 광범위하게 사용할 수 있다.

해설
금속관 공사는 저압, 고압, 통신설비 등에 널리 사용된다.

78 지역난방 방식에 관한 설명으로 옳지 않은 것은?

① 각 건물의 이용시간차를 이용하면 보일러의 용량을 줄일 수 있다.
② 설비의 고도화로 대기오염 등 공해를 방지할 수 있다.
③ 배관 도중 열손실이 크며, 초기 시설비가 비싸다.
④ 열원설비의 집중화가 어렵고 관리가 용이하지 못하다.

해설
지역난방 방식은 열원설비의 집중화로 관리가 용이하다.

79 배수트랩에 관한 설명으로 옳지 않은 것은?

① 트랩은 위생기구에 가능한 한 접근시켜 설치하는 것이 좋다.
② 트랩은 봉수깊이를 깊게 설치하여 통수 능력이 좋게 한다.
③ 트랩은 하수가스의 실내 침입을 방지하는 역할을 한다.
④ 트랩은 유수의 흐름을 원활히 하기 위해 이중으로 설치하지 않는다.

해설
트랩의 봉수깊이가 너무 깊으면 통수 능력이 감소된다.

80 전기 배전방식에 대한 설명으로 옳지 않은 것은?

① 단상 2선식은 소형 주택 등에 많이 사용된다.
② 단상 3선식은 대규모 전등용, 아파트, 사무실, 학교 등에서 많이 사용된다.
③ 3상 3선식은 동력용으로 공장 등에 적합하다.
④ 3상 4선식은 주로 중소형 건물에 사용된다.

해설
3상 4선식은 3상 동력과 단상 전등, 전열부하를 동시에 사용 가능한 방식으로 사무소 건물 등 대규모 건물에 많이 사용된다.

제5과목 건축관계법규

81 비상용 승강기 승강장의 구조에 관한 기준 내용으로 옳지 않은 것은?

① 승강장은 각 층의 내부와 연결될 수 있도록 할 것
② 벽 및 반자가 실내에 접하는 부분의 마감재료는 불연재료로 할 것
③ 옥내 승강장의 바닥면적은 비상용승강이 1대에 대하여 6m² 이상으로 할 것
④ 피난층이 있는 승강장의 출입구로부터 도로 또는 공지에 이르는 거리가 50m 이하일 것

해설
피난층이 있는 승강장의 출입구로부터 도로 또는 공지에 이르는 거리가 30m 이하이어야 한다.

정답 77 ① 78 ④ 79 ② 80 ④ 81 ④

82 건축물로부터 바깥쪽으로 나가는 출구를 국토교통부령으로 정하는 기준에 따라 설치하여야 하는 대상 건축물에 속하지 않는 것은?

① 교육연구시설 중 연구소
② 장례시설
③ 판매시설 중 도매시장
④ 문화 및 집회시설 중 관람장

해설
교육연구시설 중 연구소는 해당되지 않는다.
건축물 바깥쪽으로의 출구 설치 대상 건축물
- 제2종 근린생활시설 중 공연장·종교집회장·인터넷컴퓨터게임시설제공업소(해당 용도의 바닥면적 합계가 각각 300m² 이상인 경우만 해당)
- 문화 및 집회시설(전시장 및 동·식물원은 제외)
- 종교시설*
- 판매시설
- 업무시설 중 국가 또는 지방자치단체의 청사
- 위락시설*
- 연면적이 5,000m² 이상인 창고시설
- 교육연구시설 중 학교
- 장례시설*
- 승강기를 설치하여야 하는 건축물
※ *의 용도에 쓰이는 건축물의 바깥쪽으로의 출구로 쓰이는 문은 안여닫이로 하여서는 아니 된다.

83 주거지역 중 단독주택 중심의 양호한 주거환경을 보호하기 위하여 지정하는 지역은?

① 제1종 전용주거지역
② 제2종 전용주거지역
③ 제1종 일반주거지역
④ 제2종 일반주거지역

해설
주거지역 세분(국토의 계획 및 이용에 관한 법률 시행령 제30조 제1항)

전용 주거 지역	제1종 전용주거지역	단독주택 중심의 양호한 주거환경을 보호하기 위하여 필요한 지역
	제2종 전용주거지역	공동주택 중심의 양호한 주거환경을 보호하기 위하여 필요한 지역
일반 주거 지역	제1종 일반주거지역	저층주택을 중심으로 편리한 주거환경을 조성하기 위하여 필요한 지역
	제2종 일반주거지역	중층주택을 중심으로 편리한 주거환경을 조성하기 위하여 필요한 지역
	제3종 일반주거지역	중고층주택을 중심으로 편리한 주거환경을 조성하기 위하여 필요한 지역
준주거지역		주거기능을 위주로 이를 지원하는 일부 상업기능 및 업무기능을 보완하기 위하여 필요한 지역

84 건축물에 설치하는 지하층의 구조 및 설비에 관한 기준 내용으로 옳지 않은 것은?

① 거실의 바닥면적의 합계가 1,000m² 이상인 층에는 환기설비를 설치할 것
② 거실의 바닥면적이 50m² 이상인 층에는 피난층으로 통하는 비상탈출구를 설치할 것
③ 지하층의 바닥면적이 500m² 이상인 층에는 식수공급을 위한 급수전을 1개소 이상 설치할 것
④ 문화 및 집회시설 중 공연장의 용도에 쓰이는 층으로서 그 층 거실 바닥면적의 합계가 50m² 이상인 건축물에는 직통계단을 2개소 이상 설치할 것

해설
지하층의 바닥면적이 300m² 이상인 층에는 식수공급을 위한 급수전을 1개소 이상 설치할 것
지하층의 구조 및 설비 기준(건축물의 피난·방화구조 등의 기준에 관한 규칙 제25조 제1항)

지하층 규모	설치기준
거실의 바닥면적이 50m² 이상인 층	직통계단 외에 비상탈출구 및 환기통 설치 예외 : 직통계단이 2개소 이상이 설치된 경우는 제외
바닥면적이 1,000m² 이상인 층	방화구획으로 구획하는 각 부분마다 1개소 이상의 피난계단 또는 특별피난계단을 설치
거실의 바닥면적이 1,000m² 이상인 층	환기설비 설치
지하층의 바닥면적이 300m² 이상인 층	식수 공급을 위한 급수전을 1개소 이상을 설치

85 건축물의 내부에 설치하는 피난계단의 구조에 관한 기준 내용으로 옳지 않은 것은?

① 계단실은 창문·출입구 기타 개구부를 제외한 당해 건축물의 다른 부분과 내화구조의 벽으로 구획할 것
② 계단실의 실내에 접하는 부분의 마감은 불연재료 또는 준불연재료로 할 것
③ 건축물의 내부에서 계단실로 통하는 출입구의 유효너비는 0.9m 이상으로 할 것
④ 계단은 내화구조로 하고 피난층 또는 지상까지 직접 연결되도록 할 것

해설
계단실의 실내에 접하는 부분의 마감은 불연재료로 해야 한다.

86 피난안전구역의 구조 및 설비에 관한 기준 내용으로 옳지 않은 것은?

① 피난안전구역의 높이는 2.3m 이상일 것
② 피난안전구역의 내부 마감재료는 불연재료로 설치할 것
③ 비상용 승강기는 피난안전구역에서 승하차할 수 있는 구조로 설치할 것
④ 건축물의 내부에서 피난안전구역으로 통하는 계단은 특별피난계단의 구조로 설치할 것

해설
피난안전구역의 높이는 2.1m 이상이어야 한다.

87 건축물의 대지는 원칙적으로 최소 얼마 이상이 도로에 접하여야 하는가?(단, 자동차만의 통행에 사용되는 도로는 제외한다)

① 1m ② 2m
③ 3m ④ 4m

해설
- 원칙 : 도로에 2m 이상(자동차만 통행되는 것 제외)
- 연면적 합계가 2,000m² 이상(공장인 경우 3,000m²) : 너비 6m 이상 도로에 4m 이상

88 다음 중 특별시나 광역시에 건축할 경우, 특별시장이나 광역시장의 허가를 받아야 하는 대상 건축물은?

① 연면적이 50,000m²인 공동주택
② 층수가 20층인 사무소
③ 층수가 25층인 호텔
④ 연면적이 100,000m²인 공장

해설
층수가 25층인 호텔은 21층 이상 건축이므로 특별시장이나 광역시장의 허가대상이 된다.
특별시장, 광역시장의 건축 허가 대상(건축법 시행령 제8조)
- 21층 이상 건축
- 연면적 합계 100,000m² 이상 건축(공장·창고 제외)
- 연면적 3/10 이상 증축으로 인하여 층수가 21층 이상이 되거나 연면적 100,000m² 이상(공장·창고 제외)이 되는 경우

89 높이 31m를 넘는 각 층의 바닥면적 중 최대 바닥면적이 3,000m²인 종합병원에 설치하여야 할 비상용 승강기의 최소 대수는?

① 1대 ② 2대
③ 3대 ④ 4대

해설
비상용 승강기는 1대에 1,500m²를 넘는 3,000m² 이내마다 1대씩 더한 대수 이상 설치한다. 따라서, 높이 31m를 넘는 각 층의 바닥면적 중 최대 바닥면적(A)이 3,000m² 이므로,

$1대 + \dfrac{A - 1,500m^2}{3,000m^2} = 1 + \dfrac{3,000 - 1,500m^2}{3,000m^2} = 1.5대$

∴ 설치대수는 2대이다.

90 공동주택의 난방설비를 개별난방방식으로 하는 경우에 관한 기준 내용으로 옳지 않은 것은?

① 보일러의 연도는 내화구조로서 공동연도로 설치할 것
② 보일러실 윗부분에는 그 면적이 최소 0.5m² 이상인 환기창을 설치할 것
③ 기름보일러를 설치하는 경우에는 기름저장소를 보일러실 외의 다른 곳에 설치할 것
④ 윗부분과 아랫부분에는 각각 지름 15cm 이상 공기 흡입구 및 배기구를 항상 개방된 상태로 외기와 접하도록 설치할 것

해설
윗부분과 아랫부분에는 각각 지름 10cm 이상 공기 흡입구 및 배기구를 항상 개방된 상태로 외기와 접하도록 설치해야 한다.

91 주요구조부를 내화구조로 하여야 하는 대상 건축물 기준으로 옳은 것은?(단, 판매시설의 용도로 쓰는 건축물의 경우)

① 해당 용도로 쓰는 바닥면적의 합계가 500m² 이상인 건축물
② 해당 용도로 쓰는 바닥면적의 합계가 1,000m² 이상인 건축물
③ 해당 용도로 쓰는 바닥면적의 합계가 2,000m² 이상인 건축물
④ 해당 용도로 쓰는 바닥면적의 합계가 3,000m² 이상인 건축물

해설
판매시설, 운수시설은 바닥면적 합계 500m² 이상일 경우 내화구조로 하여야 한다.

93 손궤의 우려가 있는 토지에 대지를 조성하는 경우 설치하는 옹벽에 관한 기준 내용으로 옳지 않은 것은?

① 옹벽에는 3m²마다 하나 이상의 배수구멍을 설치하여야 한다.
② 옹벽의 높이가 3m 이상인 경우에는 이를 콘크리트 구조로 하는 것이 원칙이다.
③ 옹벽에는 배수를 위한 시설 외의 구조물이 밖으로 튀어나오지 않게 해야 한다.
④ 옹벽의 윗가장자리로부터 안쪽으로 2m 이내에 묻는 배수관은 주철관, 강관 또는 흄관으로 하고, 이음부분은 물이 새지 않도록 하여야 한다.

해설
옹벽의 높이가 2m 이상인 경우에는 이를 콘크리트 구조로 하는 것이 원칙이다.

92 다음의 시가화조정구역 지정과 관련된 기준 내용 중 밑줄 친 '대통령령으로 정하는 기간'으로 옳은 것은?

> 시·도지사는 직접 또는 관계 행정기관의 장의 요청을 받아 도시 지역과 그 주변 지역의 무질서한 시가화를 방지하고 계획적·단계적인 개발을 도모하기 위하여 <u>대통령령으로 정하는 기간</u> 동안 시가화를 유보할 필요가 있다고 인정되면 시가화조정구역의 지정 또는 변경을 도시·군관리계획으로 결정할 수 있다.

① 5년 이상 10년 이내의 기간
② 5년 이상 20년 이내의 기간
③ 7년 이상 10년 이내의 기간
④ 7년 이상 20년 이내의 기간

해설
대통령령으로 정하는 기간이란 5년 이상 20년 이내의 기간을 말한다(국토계획법 시행령 제32조).

94 주차장의 장애인전용 주차단위구획 기준으로 옳은 것은?(단, 평행주차형식 외의 경우)

① 너비 2.5m 이상, 길이 5m 이상
② 너비 2.5m 이상, 길이 6m 이상
③ 너비 3.3m 이상, 길이 5m 이상
④ 너비 3.3m 이상, 길이 6m 이상

해설
장애인전용 주차단위구획 기준은 너비 3.3m 이상, 길이 5m 이상이어야 한다.

주차단위구획 크기(평행주차 형식 이외의 경우)

형식 구분	너비 × 길이	주차면적
경형	2.0 × 3.6m 이상	7.2m²
일반형	2.5 × 5.0m 이상	12.5m²
확장형	2.6 × 5.2m 이상	13.52m²
장애인 전용	3.3 × 5.0m 이상	16.5m²
이륜자동차 전용	1.0 × 2.3m 이상	2.3m²

95 막다른 도로의 길이가 30m일 때 이 도로가 건축법령상 도로이기 위한 최소 폭은?

① 2m ② 3m
③ 4m ④ 6m

해설
막다른 도로

도로 길이	도로 너비
10m 미만	2m
10m 이상~35m 미만	3m
35m 이상	6m(도시지역이 아닌 읍·면지역 : 4m)

96 건축물의 용도변경 시 분류된 시설군에 속하지 않는 것은?

① 근린생활시설군
② 주거업무시설군
③ 전기통신시설군
④ 위험물저장처리시설군

해설
위험물저장처리시설군은 없다.
용도변경을 위한 시설군과 용도

자동차 관련 시설군	자동차 관련 시설
산업 등 시설군	운수시설, 창고시설, 공장, 위험물저장 및 처리시설, 자원순환 관련 시설, 묘지 관련 시설, 장례시설
전기통신시설군	방송통신시설, 발전시설
문화집회시설군	문화 및 집회시설, 종교시설, 위락시설, 관광휴게시설
영업시설군	판매시설, 운동시설, 숙박시설, 제2종 근린생활시설 중 다중생활시설
교육 및 복지시설군	의료시설, 교육연구시설, 노유자시설, 수련시설, 야영장 시설
근린생활시설군	제1종 근린생활시설 제2종 근린생활시설(다중생활시설은 제외)
주거업무시설군	단독주택, 공동주택, 업무시설, 교정 및 군사시설
그 밖의 시설군	동물 및 식물 관련 시설

97 노외주차장의 구조 및 설비 기준으로 옳지 않은 것은?

① 주차구획선의 긴 변과 짧은 변 중 한 변 이상이 차로에 접하여야 한다.
② 지하식 또는 건축물식 노외주차장의 차로의 높이는 주차바닥면으로부터 2.3m 이상으로 하여야 한다.
③ 노외주차장에서 주차에 사용되는 부분의 높이는 주차바닥면으로부터 2.1m 이상으로 하여야 한다.
④ 주차대수 규모가 50대 미만인 노외주차장의 출입구 너비는 3.3m 이상으로 하여야 한다.

해설
주차대수 규모가 50대 미만인 노외주차장의 출입구 너비는 3.5m 이상으로 하여야 한다.

98 문화 및 집회시설 중 공연장의 개별 관람석의 출구에 관한 설명으로 옳지 않은 것은?(단, 개별 관람석의 바닥면적은 500m²인 경우)

① 각 출구의 유효너비는 1.2m 이상으로 한다.
② 출구는 관람석별로 2개소 이상 설치하여야 한다.
③ 개별 관람석 출구 유효너비 합계는 3.0m 이상으로 한다.
④ 바깥쪽으로의 출구로 쓰이는 문은 안여닫이로 하여서는 아니 된다.

해설
각 출구의 유효 너비는 1.5m 이상이어야 한다.

99 건축법령상 다중이용건축물에 속하지 않는 것은?

① 종교시설
② 운수시설 중 여객용 시설
③ 숙박시설 중 일반숙박시설
④ 판매시설

해설

다중이용 건축물
- 다음의 어느 하나에 해당하는 용도로 쓰는 바닥면적 합계가 5,000m² 이상인 건축물
  - 문화 및 집회시설(동물원 및 식물원은 제외한다)
  - 종교시설
  - 판매시설
  - 운수시설 중 여객용 시설
  - 의료시설 중 종합병원
  - 숙박시설 중 관광숙박시설
- 16층 이상인 건축물

100 국토의 계획 및 이용에 관한 법령상 제2종 전용주거지역 안에서 건축할 수 있는 건축물에 속하지 않은 것은?

① 단독주택
② 의료시설
③ 제1종 근린생활시설로서 바닥면적 합계 1,000m² 미만인 건축물
④ 공동주택

해설

의료시설은 제2종 전용주거지역에서 건축할 수 없다.

제2종 전용주거지역 안에서 건축할 수 있는 건축물
- 건축할 수 있는 건축물
  - 단독주택
  - 공동주택
  - 제1종 근린생활시설로서 바닥면적 합계 1,000m² 미만
- 도시·군계획조례에서 정하는 건축물
  - 제2종 근린생활시설 중 종교집회장
  - 문화 및 집회시설 중[박물관, 미술관, 체험관(한옥만 해당) 및 기념관에 한정] 바닥면적 합계 1,000m² 미만
  - 종교시설로서 바닥면적 합계 1,000m² 미만인 것
  - 교육연구시설 중 유치원·초등학교·중학교 및 고등학교
  - 노유자시설
  - 자동차 관련 시설 중 주차장

정답 99 ③ 100 ②

2024년 제 2 회 최근 기출복원문제

제1과목 건축계획

01 주거단지의 교통계획 시 각 도로에 대한 설명 중 옳지 않은 것은?

① 쿨데삭(Cul-de-sac)은 차량의 흐름을 주변으로 한정하여 서로 연결하며 차량과 보행자를 분리할 수 있다.
② 선형 도로는 폭이 넓은 단지에 유리하고 양 측면 또는 한 측면의 단지를 서비스할 수 있다.
③ 단지 순환로가 단지 주변에 분포하는 경우 최소한 4~5m 정도 완충지를 두고 식재한다.
④ 격자형 도로의 교차점은 40m 이상 떨어져 있어야 하며 업무 또는 주거지역으로 직접 연결되어서는 안 된다.

해설
선형 도로는 폭이 좁은 단지에 유리하고, 양 측면 또는 한 측면의 단지를 서비스할 수 있다.

02 다음 중 케빈 린치(Kevin Lynch)가 주장한 "도시이미지"의 구성요소가 아닌 것은?

① Paths   ② Node
③ Linkages   ④ Landmarks

해설
케빈 린치(Kevin Lynch)의 도시 이미지 5가지 요소
- Path(통로, 길)
- Node(중심, 지역)
- District(구역)
- Edge(경계, 접경)
- Landmark(랜드 마크)

03 사무소 건축에 대한 설명 중 옳지 않은 것은?

① 수용인원수에 의한 면적 산출 시 기준이 되는 1인당 소요바닥면적은 8~11m² 정도이다.
② 아트리움은 공간적으로는 중간영역으로서 매개와 결절점의 기능을 수용한다.
③ 오피스 랜드스케이핑은 개방식 배치의 한 형식이다.
④ 층고는 기준층에서는 3.3~4.0cm 정도로 하고 최상층에서는 기준층보다 30cm 정도 낮게 한다.

해설
층고는 기준층에서는 3.3~4.0cm 정도로 하고 최상층에서는 기준층보다 30cm 정도 높게 하여 단열을 고려한다.

04 극장 건축에 관련된 용어에 대한 설명 중 옳지 않은 것은?

① 플라이 갤러리(Fly Gallery) : 무대 주위의 벽에 설치되는 좁은 통로이다.
② 사이클로라마(Cyclorama) : 무대의 제일 뒤에 설치되는 무대 배경용 벽이다.
③ 그리드 아이언(Grid Iron) : 무대 천장 밑에 설치한 것으로 배경이나 조명 기구 등이 매달린다.
④ 그린룸(Green Room) : 무대와 출연자 대기실 사이에 있는 조그만 방으로 출연자들이 출연 바로 직전에 기다리는 공간이다.

해설
그린 룸(Green Room) : 출연자 대기실이며, 주로 무대 가까운 곳에 둔다.
앤티룸(Anteroom) : 무대와 출연자 대기실 사이에 있는 조그만 방으로 출연자들이 출연 바로 직전에 기다리는 공간이다.

정답 1 ② 2 ③ 3 ④ 4 ④

05 초고층 오피스 건물의 코어형식 선정 시 일반 저층 건물과 비교하여 특별히 고려해야 할 사항은?

① 업무 공간의 융통성　② 횡하중
③ 건물의 입면　　　　④ 유효율

해설
초고층 건물은 바람의 영향을 많이 받으므로 횡하중을 특별히 고려한다.

06 공장의 지붕형태에 관한 설명으로 옳지 않은 것은?

① 뾰족지붕은 직사광선이 완전히 차단되지 못하는 단점이 있다.
② 샤렌구조는 기둥이 적게 소요된다는 장점이 있다.
③ 솟음지붕은 채광, 환기에 적합하지 않은 방법이다.
④ 톱날지붕은 북향으로 할 경우 하루 종일 변함없는 조도를 가진 약광선을 받아들일 수 있다.

해설
솟음지붕은 채광, 환기에 적합한 방법이다.

07 다음 중 백화점 기둥 간격의 결정요소와 가장 거리가 먼 것은?

① 지하 주차장의 주차방법
② 진열대의 치수와 배열법
③ 엘리베이터의 배치방법
④ 각 층별 매장의 상품구성

해설
각 층별 매장의 상품구성은 기둥 간격의 결정요소와는 거리가 멀다.

08 그리스 건축의 착시교정기법이 아닌 것은?

① 기둥의 배흘림(Entasis)
② 긴 수평선을 위쪽으로 볼록하게 처리
③ 모서리 기둥의 솟음
④ 모서리쪽의 기둥 간격을 좁게 처리

해설
그리스 건축의 착시교정기법
- 배흘림(Entasis) : 기둥의 중앙부가 가늘어 보이는 것을 교정하기 위해 기둥 중앙부의 직경을 기둥 상하부의 직경보다 약간 크게 하는 기법
- 라이즈(Rise) : 착시 현상을 교정하기 위해 건물 외관의 수평적 요소인 기단과 엔타블레처의 중앙부를 약간씩 솟아오르게 하는 기법
- 안쏠림 : 건물에 안정감을 주기 위해 양측 모서리 기둥을 약간씩 안쪽으로 기울이는 기법
- 기둥 간격 : 기둥 간격이 양측 모서리로 갈수록 넓어 보이는 착시 현상을 교정하기 위해 모서리로 갈수록 기둥 간격을 좁게 하였다.

09 건축물의 방재계획 내용으로 옳지 않은 것은?

① 재난발생 시에 대비하여 일정시간 안전한 건축 공간을 확보하여야 한다.
② 신속한 대피를 위하여 각 층에서 한 방향으로만의 피난 통로를 확보하여야 한다.
③ 신속한 소화나 구난 활동설비를 확보하여야 한다.
④ 재난 시 안전하게 대피할 수 있는 통로와 설비를 확보하여야 한다.

해설
신속한 대피를 위하여 각 층에서 한 방향보다는 양방향으로 피난 통로를 확보하는 것이 유리하다.

10 초등학교 건축의 교실환경계획에 관한 설명 중 옳지 않은 것은?

① 채광창 유리의 면적은 교실면적의 1/4 정도가 적당하다.
② 교실의 색채는 저학년의 경우 난색계통, 고학년은 대체로 사고력의 증진을 위해 중성색이나 한색계통의 배색이 좋다.
③ 교실 채광은 일조시간이 긴 방위를 택하고 1방향 채광일 때는 깊은 곳까지 고른 조도가 얻어질 수 있도록 한다.
④ 책상면의 조도는 교실의 칠판면의 조도보다 더 밝아야 한다.

해설
교실의 칠판면의 조도는 책상면의 조도보다 더 밝아야 한다.

11 아파트 각 평면형식에 대한 설명으로 옳지 않은 것은?

① 홀형은 계단 또는 엘리베이터홀로부터 직접 주거단위로 들어가는 형식이다.
② 편복도형은 복도가 개방형이므로 각 호의 통풍 및 채광이 양호하다.
③ 중복도형은 대지에 대해서 건물 이용도가 높다.
④ 집중형은 프라이버시가 좋으나 기후조건에 따라 기계적 환경조절이 필요한 형이다.

해설
집중형은 프라이버시가 좋지 못하며 기계적 환경조절이 필요한 형식이다.

12 1주간의 평균수업시간이 40시간인 어느 학교의 설계제도실이 사용되는 시간은 20시간이다. 그 중 15시간은 다른 과목을 위해 사용된다. 설계제도실의 이용률과 순수율은 각각 얼마인가?

① 이용률 25%, 순수율 75%
② 이용률 50%, 순수율 75%
③ 이용률 75%, 순수율 25%
④ 이용률 75%, 순수율 50%

해설

• 이용률 = $\dfrac{\text{실제 교실 사용시간}}{\text{평균 수업시간}} \times 100(\%)$

  $= \dfrac{20}{40} \times 100 = 50\%$

• 순수율 = $\dfrac{\text{해당 교과목 사용시간}}{\text{실제 교실 사용시간}} \times 100(\%)$

  $= \dfrac{15}{20} \times 100 = 75\%$

13 상점 건축의 진열장 배치에 관한 설명으로 옳은 것은?

① 손님쪽에서 상품이 효과적으로 보이도록 계획한다.
② 동선이 원활하여 다수의 손님을 수용하고 다수의 종업원으로 관리하게 한다.
③ 도난을 방지하기 위하여 손님에게 감시한다는 인상을 주도록 계획한다.
④ 들어오는 손님과 종업원의 시선이 정면으로 마주치도록 계획한다.

해설
② 동선이 원활하여 다수의 손님을 수용하고 소수의 종업원으로 관리하게 한다.
③ 도난을 방지하기 위하여 손님에게 감시한다는 인상을 주지 않도록 계획한다.
④ 들어오는 손님과 종업원의 시선이 정면으로 마주치지 않도록 계획한다.

정답 10 ④ 11 ④ 12 ② 13 ①

14 다음 중 극장의 음향계획에서 극장 측면벽에 사용되는 재료에 대한 설명으로 가장 알맞은 것은?

① 무대쪽 벽은 반사재, 객석쪽 벽은 흡음재
② 무대쪽 벽은 흡음재, 객석쪽 벽은 반사재
③ 모두 반사재
④ 모두 흡음재

해설
무대에 가까운 벽은 반사체로 하고, 멀어짐에 따라서 흡음재의 벽을 배치하는 것이 원칙이다.

15 주거 건축의 세부계획에 대한 설명 중 옳지 않은 것은?

① 소규모 주택에서는 복도가 없는 홀 형식의 평면계획으로 최대한의 공간활용을 하는 것이 좋다.
② 욕실은 제한된 공간에서 편리하게 기능을 수행하면서 넓게 사용하는 공간 사용의 극대화 방안이 요구된다.
③ 부엌의 평면형 중 ㄱ자형은 작업동선이 효율적이지만 여유 공간이 없어 식사실과 함께 구성할 수 없다.
④ 현관의 크기는 주택의 규모와 가족의 수, 그리고 방문객의 예상수 등을 고려한 출입량에 중점을 두는 것이 타당하다.

해설
부엌의 평면형 중 ㄱ자형은 작업동선이 효율적이며, 식사실과 함께 구성할 수 있다.

16 백화점의 진열장 배치에 대한 설명 중 옳지 않은 것은?

① 직각배치 방식은 판매장 면적이 최대한으로 이용되고 간단하다.
② 사행배치는 많은 고객이 판매장 구석까지 가기 어려우며 이형의 진열장이 필요하다.
③ 사행배치는 주통로 이외의 제2통로를 상하교통계를 향해서 45° 사선으로 배치한다.
④ 자유유선 배치방식은 획일성을 탈피할 수 있으며 변화와 개성을 추구할 수 있으나 시설비가 많이 든다.

해설
사행배치는 많은 고객이 판매장 구석까지 가기 쉬운 이점이 있으나 이형의 진열장이 필요하다.

17 근대 건축 발생의 시대적 배경에 관한 내용 중 옳지 못한 것은?

① 18세기 후반 시민혁명으로 인한 중세 자본주의 붕괴 영향을 받았다.
② 자본주의 경제와 주권국가, 합리주의 사상이 싹트기 시작했다.
③ 공장 주변 인구집중으로 인한 급격한 도시화로 공업도시가 발생하였다.
④ 증기기관 동력 도입으로 수송기관이 발전하였다.

해설
18세기 후반 시민혁명으로 인한 중세 봉건제도의 붕괴 영향을 받았다.

18 호텔계획에 관한 설명으로 옳지 않은 것은?

① 시티 호텔은 대부분 고밀도의 고층형이다.
② 커머셜 호텔은 일반적으로 리조트 호텔에 비해 넓은 공공 공간(Public Space)을 갖는다.
③ 리조트 호텔의 건축형식은 주변 조건에 따라 자유롭게 이루어진다.
④ 호텔의 적정규모는 일반적으로 시장성을 따른다.

해설
커머셜 호텔은 일반적으로 리조트 호텔에 비해 적은 공공 공간(Public Space)으로 계획할 수 있다.

19 사무소 건축의 코어 형식 중 편심형 코어에 관한 설명으로 옳지 않은 것은?

① 고층인 경우 구조상 불리할 수 있다.
② 각 층 바닥면적이 소규모인 경우에 사용된다.
③ 내진구조상 유리하며 구조 코어로서 가장 바람직한 형식이다.
④ 바닥면적이 커지면 코어 이외에 피난시설 등이 필요해 진다.

해설
편심형 코어는 내진구조상 불리하며, 구조코어로서 내진구조상 유리한 것은 중심코어형이다.

20 병원계획에 관한 설명으로 옳지 않은 것은?

① 입원환자와 외래환자의 출입구는 분리시킨다.
② 환자 병상수에 따라 병원의 시설규모가 결정된다.
③ 수술실 앞에는 홀이나 다른 통과교통이 없도록 한다.
④ 종합병원의 간호 단위는 40~50병상 정도로 하는 것이 바람직하다.

해설
종합병원의 간호 단위는 30~40병상 정도로 하는 것이 바람직하다.

제2과목 건축시공

21 건축공사 스프레이 도장방법에 관한 설명으로 옳지 않은 것은?

① 도료가 되면 거칠고, 묽으면 칠오름이 나빠질 수 있으므로 묽기에 주의한다.
② 뿜칠 운행 방향은 1회, 2회 동일하게 평행 방향으로 한다.
③ 칠면과의 뿜칠거리는 30cm 정도를 유지한다.
④ 뿜칠은 한 줄마다 너비의 1/3 정도 겹치게 도장한다.

해설
뿜칠 방향은 1회를 위에서 밑으로 했다면, 2회는 왼편에서 오른편으로 재의 길이(직각) 방향으로 한다.

22 다음 합성수지에 관한 설명으로 옳지 않은 것은?

① 실리콘수지는 내열성이 우수하고 발포보온재에 사용된다.
② 요소수지는 무색으로 착색이 자유롭다.
③ 에폭시수지는 산 및 알칼리에 약하나 내수성이 뛰어나다.
④ 페놀수지는 접착성, 전기절연성이 크다.

해설
에폭시수지는 내알칼리성, 내약품성, 내수성을 갖는다.

정답 18 ② 19 ③ 20 ④ 21 ② 22 ③

23 돌로마이트 플라스터의 특성으로 옳지 않은 것은?

① 경화가 빠르고, 수축성이 작으므로 균열 발생이 안 된다.
② 소석회보다도 점도가 높고 풀을 혼용하지 않아도 미장 도장이 가능하다.
③ 밑바름 두께와 건조도에 영향을 많이 받는다.
④ 공기의 유통이 좋지 않은 지하실과 같이 밀폐된 방에는 적합하지 않다.

해설
경화가 늦고, 수축성이 크기 때문에 균열 발생이 쉽다.

24 다음 중 네트워크 공정표에 사용되는 용어의 설명으로 옳지 않은 것은?

① Critical Path : 처음 작업부터 마지막 작업에 이르는 모든 경로 중에서 가장 긴 시간이 걸리는 경로
② Event : 작업과 작업을 결합하는 점 및 프로젝트의 개시점 혹은 종료점
③ Float : 각 작업에 허용되는 시간적인 여유
④ Activity : 작업을 수행하는 데 필요한 시간

해설
활동(Activity)은 프로젝트를 구성하는 작업단위이다. 전체 계획사업을 구성하는 개별단위 작업을 표시하며 시간과 자원을 필요로 한다.

25 지반개량공법에서 웰 포인트(Well Point) 공법에 관한 내용으로 옳지 않은 것은?

① 출수가 많은 깊은 터파기에 있어 지하수 배수공법의 일종이다.
② 수분이 많은 점토질 지반에 적당한 공법이다.
③ 지내력이 증가한다.
④ 진공펌프를 사용하여 토중의 지하수를 강제적으로 집수한다.

해설
웰 포인트(Well Point) 공법은 수분이 많은 사질지반에 효과적이다.

26 시멘트 액체방수에 대한 기술 중 옳지 않은 것은?

① 시멘트 방수제를 모체에 침투시키거나 방수제를 혼합한 모르타르를 바르는 방수공법이다.
② 방수모르타르 바름은 방수제를 혼합반죽한 모르타르를 2~3회 발라 총두께가 10~20mm 정도로 바른다.
③ 보호누름이 필요하고 시공이 어렵다.
④ 방수층이 넓을 때에는 적당한 위치에 신축줄눈을 시공한다.

해설
시멘트 액체방수법은 보호누름이 불필요하고 시공이 용이하다.

정답 23 ① 24 ④ 25 ② 26 ③

27 철골공사에 관한 사항 중 옳지 않은 것은?

① 볼트접합부는 부식하기 쉬우므로 방청도장을 하여야 한다.
② 용접 후 용접부의 안전성을 확인하기 위한 비파괴검사에는 침투탐상법, 초음파탐상법 등이 있다.
③ 철골은 화재에 의한 강성 저하가 심하므로 내화피복을 하여야 한다.
④ 볼트죄기에는 임팩트렌치, 토크렌치 등을 사용한다.

해설
볼트접합부의 마찰면은 녹막이칠(방청도장)을 하지 않는다.

28 다음 중 벽돌공사에 대한 설명으로 옳지 않은 것은?

① 벽돌쌓기 하루 전에 물호스로 충분히 젖게 하여 벽돌 표면에 습도를 유지한 상태로 준비한다.
② 하루에 쌓는 높이는 1.2~1.5m를 표준으로 한다.
③ 모르타르에 사용되는 모래는 제염된 것을 사용한다.
④ 쌓기용 모르타르의 강도는 벽돌 강도와 동등하거나 그 이하로 한다.

해설
쌓기용 모르타르의 강도는 벽돌 강도와 동등하거나 그 이상으로 한다.

29 블록쌓기에서 벽량이란 바닥면적(m^2)에 대한 그 면적 내에 있는 무엇의 비율인가?

① 내력벽의 총면적
② 내력벽의 길이
③ 내력벽의 두께
④ 내력벽의 총 부피

해설
벽량은 내력벽 길이의 합계를 그 층의 바닥면적으로 나눈 값으로 최소 벽량은 15cm/m^2 이상으로 한다.

30 굳지 않은 콘크리트의 성질에 관한 설명 중 옳지 않은 것은?

① 워커빌리티(Workbility)란 작업의 난이도 및 재료의 분리에 저항하는 정도를 나타내며 골재의 입도와도 밀접한 관계가 있다.
② 단위수량이 많으면 컨시스턴시(Consistency)가 좋아 작업이 용이하고 재료 분리가 일어나지 않는다.
③ 블리딩(Bleeding)이란 콘크리트 타설 후 표면에 물이 모이게 되는 현상을 말한다.
④ 피니셜빌리티(Finishability)란 굵은 골재의 최대치수, 잔골재율, 골재의 입도, 반죽질기 등에 따라 마무리하기 쉬운 정도를 말한다.

해설
컨시스턴시(Consistency)는 반죽질기를 말하며, 단위수량이 많으면 유동성은 증가하지만 재료분리가 일어난다.

31 공사현장의 가설건축물에 대한 설명으로 옳지 않은 것은?

① 인화성 재료저장소는 벽, 지붕, 천장의 재료를 방화구조 또는 불연구조로 한다.
② 시멘트 창고는 통풍이 되지 않도록 출입구 외에는 개구부 설치를 금하고 벽, 천장, 바닥에는 방수·방습처리한다.
③ 변전소는 안전상 현장사무실에서 가능한 멀리 위치시킨다.
④ 하도급자 사무실은 후속공정에 지장이 없는 현장사무실과 가까운 곳에 둔다.

해설
변전소는 안전상 현장사무실에서 가능한 가까이 위치시킨다.

32 수량산출 작업을 함에 있어 효율적인 적산방법이 아닌 것은?

① 외부에서 내부로 적산한다.
② 시공순서대로 적산한다.
③ 수평 방향에서 수직 방향으로 적산한다.
④ 큰 곳에서 작은 곳으로 적산한다.

해설
내부에서 외부로 적산한다.

33 다음 중 병원 건축물 등에서 방사선 차폐용으로 사용되는 콘크리트는?

① 한중콘크리트 ② 쇄석콘크리트
③ 수밀콘크리트 ④ 중량콘크리트

해설
방사선 차폐용으로는 중량콘크리트를 사용한다.

34 시공기계에 관한 설명 중 옳지 않은 것은?

① 스크레이퍼는 굴착, 적재, 운반, 정지 등의 작업을 연속적으로 할 수 있는 중·장거리용 토공기계이다.
② 타워크레인은 골조공사의 거푸집, 철근 양중에 주로 사용된다.
③ 파워셔블은 위치한 지면보다 낮은 곳의 굴착에 적합하다.
④ 트럭 크레인은 트럭에 설치한 크레인으로 이동성 및 작업능률 좋다.

해설
파워셔블은 위치한 지면보다 높은 곳의 굴착에 적합하다.

35 대린벽으로 구획된 조적조의 벽에서 벽 길이가 9m인 경우 이 벽체에 설치할 수 있는 개구부 폭의 합계는?

① 2.0m 이하 ② 3.0m 이하
③ 4.5m 이하 ④ 6.0m 이하

해설
각 층의 대린벽으로 구획된 각 벽에 있어서 개구부의 폭의 합계는 그 벽의 길이의 1/2 이하로 하여야 한다.
따라서, 9m의 1/2이므로 4.5m 이하로 한다.

정답 31 ③ 32 ① 33 ④ 34 ③ 35 ③

36 블론 아스팔트에 대한 설명으로 옳지 않은 것은?

① 적당히 증류한 잔류유를 다시 공기와 증기를 불어넣고 비교적 낮은 온도로 장시간 증류하여 얻는다.
② 스트레이트 아스팔트보다 내구력이 작고 연화점이 낮다.
③ 온도에 대한 감수성 및 신도가 적다.
④ 방식용, 방청도료, 방습포장지, 전기절연재로 사용된다.

해설
블론 아스팔트는 스트레이트 아스팔트보다 내구력이 크고 연화점이 높다.

37 콘크리트 중의 공기량에 대한 설명으로 옳지 않은 것은?

① AE제의 혼입량이 증가할수록 공기량은 증가한다.
② 콘크리트의 온도가 높아질수록 공기량은 감소한다.
③ 시멘트의 분말도 및 단위시멘트량이 증가하면 공기량은 감소한다.
④ 슬럼프가 커지면 공기량은 감소한다.

해설
슬럼프가 커지면 공기량은 증가한다.

38 서중콘크리트 시공 시 유의할 점에 대한 설명 중 옳지 않은 것은?

① 고온의 재료를 사용하지 않는다.
② 혼화제는 지연성을 가진 재료를 사용한다.
③ 콘크리트의 비빔 시부터 타설종료까지 시간은 가능한 짧게 한다.
④ 콘크리트의 타설온도는 35℃ 이하로 한다.

해설
고온의 재료를 사용하지 않는다.

39 지붕 잇기 중 금속판 지붕 잇기에 대한 설명으로 옳지 않은 것은?

① 금속판 지붕은 다른 재료에 비해 가볍고, 시공이 용이하다.
② 열전도가 작으며 온도변화에 의한 신축이 적다.
③ 겹침의 두께가 작으며 물매를 완만하게 할 수 있다.
④ 대기 중에 장기간 노출되면 산화하며, 염류나 가스에 부식되기 쉽다.

해설
금속판 지붕 잇기는 열전도가 크고 온도변화에 의한 신축이 크다.

40 콘크리트 측압에 영향을 주는 요인에 관한 설명으로 옳지 않은 것은?

① 철골 또는 철근량이 적을수록 측압이 크다.
② 묽은 콘크리트일수록 측압이 크다.
③ 콘크리트 타설 속도가 늦을수록 측압이 크다.
④ 진동기를 사용하여 다질수록 측압이 크다.

해설
콘크리트 타설 속도가 빠를수록 측압이 크다.

제3과목 건축구조

41 다음 강구조 접합부 중 회전저항에 유인해서 모멘트를 전달하지 않는 형태로 기둥에 보의 플랜지를 연결하지 않고 웨브만 접합한 형태는?

① 강접접합부
② 스플릿 티 모멘트 접합부
③ 전단접합부
④ 반강접접합부

[해설]
전단접합 또는 핀접합은 휨모멘트를 전달하지 않고 보의 전단력만을 기둥으로 전달하는 접합방식이다.

42 다음 조건을 가진 압축재의 좌굴하중 P_{cr} 값은?

- $EI = 1.4 \times 10^{13} \text{N} \cdot \text{mm}^2$
- $k = 1$
- $l = 4,000 \text{mm}$
- 부재단면 $400 \times 400 \text{mm}$

① 5,678.23kN
② 6,294.85kN
③ 7,156.69kN
④ 8,635.90kN

[해설]
$$P_{cr} = \frac{\pi^2 EI}{(kl)^2} = \frac{\pi^2 \times 1.4 \times 10^{13}}{(1 \times 4,000)^2} \fallingdotseq 8,635,904\text{N} = 8,635.90\text{kN}$$

43 그림과 같은 구조물에 휨모멘트가 0이 되는 위치의 수는?

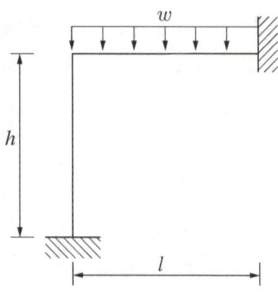

① 1개　② 2개
③ 3개　④ 4개

[해설]
휨모멘트도를 그리면 휨모멘트가 0인 곳은 3개소이다.

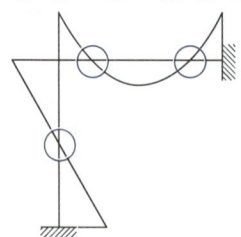

44 x축에 대한 단면 2차 모멘트 $I_x = 12,000\text{cm}^4$일 때, X축에 대한 단면 2차 모멘트 I_X 값은?(단, x축은 단면의 중심축 X축에 평행하다)

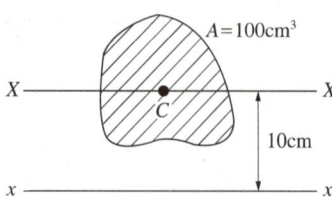

① $1,200\text{cm}^4$　② $2,000\text{cm}^4$
③ $2,400\text{cm}^4$　④ $4,800\text{cm}^4$

[해설]
$I_x = I_X + Ay_0^2$
$I_X = I_x - Ay_0^2$
　$= 12,000 - 100 \times 10^2$
　$= 2,000\text{cm}^4$

정답　41 ③　42 ④　43 ③　44 ②

45 절점 B에 외력 $M = 200\text{kN}\cdot\text{m}$가 작용하고 각 부재의 강비가 그림과 같을 경우 M_{AB}는?

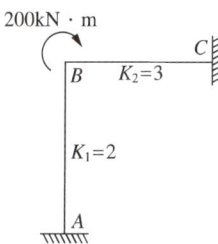

① 30kN·m   ② 40kN·m
③ 50kN·m   ④ 80kN·m

해설
모멘트 분배법에 의해 구할 수 있다.
- 분배율 $= \dfrac{K_1}{\sum K} = \dfrac{2}{5}$
- 분배 모멘트 $M_{BA} = \dfrac{K_1}{\sum K} \times M = \dfrac{2}{5} \times 200 = 80\text{kN}\cdot\text{m}$

∴ 전달 모멘트 $M_{AB} = \dfrac{1}{2} \times M_{BA} = \dfrac{1}{2} \times 80 = 40\text{kN}\cdot\text{m}$

46 연약지반의 기초구조에 대한 설명 중 옳지 않은 것은?

① 가능한 한 경질기반에 지지한다.
② 기초 상호 간을 지중보로 연결한다.
③ 흙 다지기, 강제배수 등의 방법으로 지반을 우선 개량한다.
④ 말뚝을 사용하지 않는다.

해설
연약지반의 기초구조에는 지지말뚝 또는 마찰말뚝을 사용한다.

47 다음 그림의 구조물은 몇차 부정정 구조물인가?

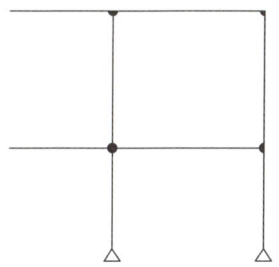

① 2차   ② 3차
③ 4차   ④ 5차

해설
부정정 차수(N)
$N = r + m + s - 2j$
$= 4 + 8 + 8 - 2 \times 8$
$= 4$

여기서, r : 반력수
m : 부재수
s : 강절점수
j : 절점수

∴ $N = 4$이므로, 4차 부정정 구조물이다.

48 단면이 500mm²이고 길이가 3m인 강봉에 50kN의 축방향 인장하중이 작용한다면 늘음량은?(단, 강봉의 탄성계수 $E = 2.0 \times 10^5$MPa이다)

① 1.5mm   ② 2.0mm
③ 2.5mm   ④ 3.0mm

해설
$\Delta l = \dfrac{P \times l}{A \times E}$
$= \dfrac{50,000\,\text{N} \times 3,000\,\text{mm}}{500\,\text{mm}^2 \times 2.0 \times 10^5\,\text{N/mm}^2}$
$= 1.5\text{mm}$

49 그림과 같은 독립기초에 $N=480\text{kN}$, $M=96\text{kN}\cdot\text{m}$ 가 작용할 때 기초 저면에 발생하는 최대 지반반력은?

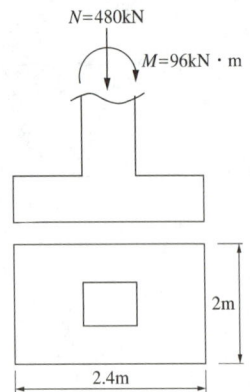

① 15kN/m^2 ② 150kN/m^2
③ 20kN/m^2 ④ 200kN/m^2

해설
$$q = \frac{P}{A} \pm \frac{M}{Z}$$
$$= \frac{480}{2 \times 2.4} \pm \frac{6 \times 96}{2 \times 2.4^2} = 100 \pm 50$$
∴ 반력은 최소 50kN/m^2, 최대 150kN/m^2

50 용접접합 설계에 대한 설명으로 옳지 않은 것은?

① 맞댐용접의 유효면적은 용접의 유효길이에 유효 목두께를 곱한 것으로 한다.
② 모살용접의 유효길이는 모살용접의 총길이에서 모살치수 S의 2배를 공제한 값으로 한다.
③ 모살용접의 유효목두께는 모살치수 S의 0.7배로 한다.
④ 완전용입된 맞댐용접의 유효목두께는 접합판 중 두꺼운 쪽의 판두께로 한다.

해설
맞댐 용접의 유효목두께는 접합판 중 얇은 쪽의 판두께로 한다.

51 건축구조의 구조별 특징을 기술한 것 중 옳지 않은 것은?

① 조적식 구조는 횡력에는 강하지만 압축력에 취약하다.
② 가구식 구조는 부재 배치를 삼각형으로 해야 안정한 구조체가 된다.
③ 일체식 구조는 비교적 균일한 강도를 가진다.
④ 조립식 구조는 부재를 공장에서 생산·가공하여 현장에서 조립하므로 공기가 짧다.

해설
조적식 구조는 압축력에는 강하지만 횡력에 취약하다.

52 도심축에 대한 빗줄(사선)친 부분의 단면계수값은?

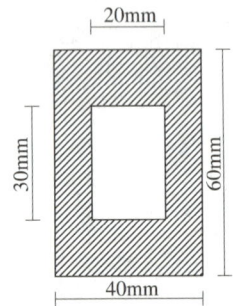

① $19,000\text{mm}^3$ ② $20,500\text{mm}^3$
③ $21,000\text{mm}^3$ ④ $22,500\text{mm}^3$

해설
단면 2차 모멘트를 압축 또는 인장 연단거리로 나누면 단면계수 Z가 된다.
• 외부 직사각형의 단면 2차 모멘트
$$I_{X1} = \frac{b_1 h_1^3}{12} = \frac{40 \times 60^3}{12} = 720,000\text{mm}^4$$
• 내부 직사각형의 단면 2차 모멘트
$$I_{X2} = \frac{b_2 h_2^3}{12} = \frac{20 \times 30^3}{12} = 45,000\text{mm}^4$$
∴ 빗줄친 부분의 단면계수
$$Z = \frac{I_{X1} - I_{X2}}{y} = \frac{720,000 - 45,000}{30} = 22,500\text{mm}^3$$

53 주철근으로 사용된 D32 철근 180° 표준갈고리의 구부림 최소 내면 반지름은?

① $2d_b$ ② $3d_b$
③ $4d_b$ ④ $5d_b$

해설
주철근으로 사용된 D32 철근 표준갈고리의 구부림 최소 내면 반지름은 $4d_b$이다.

주철근의 표준갈고리 내면 및 외면 반지름

철근의 크기	최소 내면 반지름(r)	최소 외면 반지름
D10~D25	$3d_b$	$4d_b$
D29~D35	$4d_b$	$5d_b$
D35 이상	$5d_b$	$6d_b$

54 고력볼트 F10T-M24의 현장시공을 위한 본조임의 조임력(T)은 얼마인가?(단, 토크계수는 0.13, F10T-M24볼트의 설계볼트장력은 200kN이며 표준볼트장력은 설계볼트장력에 10%를 할증한다)

① 568,573N·mm
② 686,400N·mm
③ 799,656N·mm
④ 892,638N·mm

해설
조임력(T) = $k \times d \times N$
여기서, k : 토크계수(0.1 ~ 0.19)
d : 고력볼트 축부 공칭직경(mm)
N : 고력볼트의 장력(N)
∴ $T = 0.13 \times 24 \times 200 \times 10^3 \times 1.1$
    = 686,400N·mm

55 전단과 휨만을 받는 철근콘크리트 보에서 콘크리트만으로 지지할 수 있는 전단강도 V_c는?(단, 보통중량콘크리트 사용, f_{ck} = 28MPa, b_w = 100mm, d = 300mm)

① 26.5kN   ② 53.0kN
③ 79.3kN   ④ 158.7kN

해설
콘크리트의 설계전단강도(V_c)
$V_c = \frac{1}{6} \lambda \sqrt{f_{ck}} \cdot b_w \cdot d$
$= \frac{1}{6} \times 1.0 \sqrt{28} \times 100 \times 300$
$≒ 26,457.5N$
$≒ 26.5kN$

56 다음 각 구조물에 대한 설명으로 옳지 않은 것은?

① 셸(Shall)은 주로 면내력으로 외력에 저항하는 구조이다.
② 라멘(Rahmen)은 주로 휨모멘트 및 전단력으로 외력에 저항하는 구조이다.
③ 아치(Arch)는 주로 축방향 인장력으로 외력에 저항하는 구조이다.
④ 트러스(Truss)는 주로 인장 또는 압축력으로 외력에 저항하는 구조이다.

해설
아치(Arch)는 주로 축방향 압축력으로 외력에 저항하는 구조이다.

57 다음과 같은 사다리꼴 단면의 도심값(y_0)은?

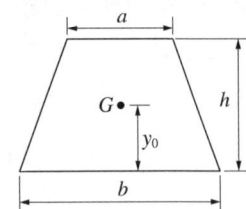

① $y_0 = \dfrac{h}{3} \times \dfrac{(2a+b)}{(a+b)}$

② $y_0 = \dfrac{h}{3} \times \dfrac{(a+b)}{(2a+b)}$

③ $y_0 = \dfrac{h}{3} \times \dfrac{(a+2b)}{(a+b)}$

④ $y_0 = \dfrac{h}{3} \times \dfrac{(a+b)}{(a+2b)}$

해설
사다리꼴 단면의 도심

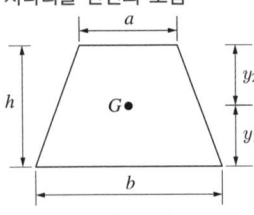

- $y_0 = \dfrac{h}{3} \times \dfrac{(2a+b)}{(a+b)}$
- $y_1 = \dfrac{h}{3} \times \dfrac{(a+2b)}{(a+b)}$

58 그림과 같은 하중이 작용하는 트러스의 T부재의 응력은?

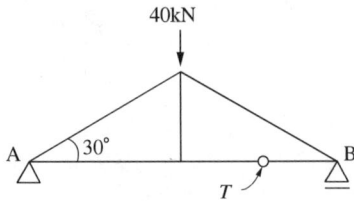

① 10kN

② $10\sqrt{3}$ kN

③ 20kN

④ $20\sqrt{3}$ kN

해설
㉠ 반력 V_A, V_B는 20kN에 대해 대칭으로 각각 20kN이다.
㉡ 절점법을 이용하여 부재력을 계산한다.

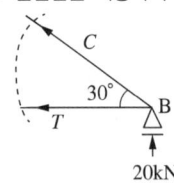

$\Sigma Y = 0$, $-C \times \sin 30° + 20 = 0$이므로
$\therefore C = 40\text{kN}$
$\Sigma X = 0$, $-C \times \cos 30° - T = 0$이므로
$\therefore T = -C \times \cos 30°$
$\quad = -40 \times \dfrac{\sqrt{3}}{2}$
$\quad = -20\sqrt{3}\,\text{kN}$

가정 방향과 반대 방향(→ ←)이므로 인장력이 작용한다.

정답 57 ① 58 ④

59 콘크리트에서 발생하는 크리프에 대한 설명으로 옳지 않은 것은?

① 일반적으로 건조수축에 영향을 미치는 요인이 크리프에도 영향을 미친다.
② 일반적으로 크리프 변형은 초기에 증가속도가 빠르고 시간이 지남에 따라 증가속도가 느려진다.
③ 크리프 변형량은 하중이 작용하는 시점의 콘크리트 강도와 재령에 좌우된다.
④ 콘크리트에 하중을 제거하면 크리프 회복이 먼저 일어난 후 일부 탄성회복이 일어난다.

해설
콘크리트에 하중을 제거하면 탄성회복이 먼저 일어난 후 일부 크리프 회복이 일어난다.

60 그림과 같은 구조용 강재의 단면 2차 반경이 2cm일 때 세장비(λ)는 얼마인가?

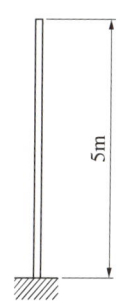

① 100 ② 250
③ 500 ④ 1,000

해설
세장비(λ)
$\lambda = \dfrac{l_k}{r} = \dfrac{2l}{r} = \dfrac{2 \times 500}{2} = 500$

제4과목 건축설비

61 급수방식 중 고가수조방식에 관한 설명으로 옳지 않은 것은?

① 하향급수 배관방식이 주로 사용된다.
② 3층 이상의 고층으로의 급수가 가능하다.
③ 압력수조방식에 비해 급수압 변동이 크다.
④ 펌프직송방식에 비해 수질오염 가능성이 적다.

해설
압력수조방식에 비해 급수압 변동이 적다.

62 실내열환경 지표 중 공기의 습도가 고려되지 않는 것은?

① 작용온도   ② 유효온도
③ 등온지수   ④ 신유효지수

해설
작용온도(효과온도) : 기온·기류 및 주위벽 온도의 종합에 의해서 체감도를 나타내는 척도이며, 작용온도(효과온도)는 습도의 영향을 고려하지 않는다.

63 건축물 실내 공간의 잔향시간에 가장 큰 영향을 주는 것은?

① 실의 용적   ② 벽체의 두께
③ 음원의 위치 ④ 음원의 음압

해설
잔향시간은 실의 용적에 가장 큰 영향을 받는다.
Sabine의 잔향 이론
잔향시간(T) = KV/A
여기서, K(비례상수) : 0.162
V : 실용적
A : 흡음력[평균 흡음률(α) × 실내 표면적]

64 보일러 하부의 물드럼과 상부의 기수드럼을 연결하는 다수의 관을 연소실 주위에 배치한 구조로 상부 기수드럼 내의 증기를 사용하는 보일러는?

① 주철제 보일러 ② 수관식 보일러
③ 관류 보일러 ④ 노통연관 보일러

해설
② 수관식 보일러 : 드럼과 다수의 수관으로부터 고압증기를 발생시켜서 사용한다.
① 주철제 보일러 : 주철로 만든 보일러(난방용 보일러)이며, 내식성이 우수하고 수명이 길다.
③ 관류 보일러 : 관내에 물이 통과하면서 가열되며, 드럼이 없다.
④ 노통연관 보일러 : 노통 주위에 연관을 배치한 것으로, 부하변동에 잘 적응되며, 보유수면이 넓어서 급수용량 제어가 쉽다.

65 900명을 수용하고 있는 극장에서 실내 CO_2 농도를 0.1%로 유지하기 위해 필요한 환기량은?(단, 외기 CO_2 농도는 0.04%, 1인당 CO_2 배출량은 18L/h이다)

① 27,000m³/h ② 30,000m³/h
③ 60,000m³/h ④ 66,000m³/h

해설
CO_2 농도에 의한 환기량(Q)
• 실내 CO_2 발생량을 구한다.
 - 900명 × 18L/h = 16,200L/h
 - 1L = 0.001m³이므로 환산하면, 16.2m³/h
• 환기량을 구한다.

환기량 = $\dfrac{\text{실내 } CO_2 \text{ 발생량}}{\text{실내 } CO_2 \text{ 농도} - \text{외기 } CO_2 \text{ 농도}}$ (m³/h)

= $\dfrac{16.2}{0.001 - 0.0004}$ = 27,000m³/h

66 배수트랩의 봉수파괴 원인 중 통기관을 설치함으로써 봉수파괴를 방지할 수 있는 것이 아닌 것은?

① 자기사이펀 작용 ② 모세관 작용
③ 분출 작용 ④ 유도사이펀 작용

해설
모세관 작용을 방지하기 위해서는 거름망 설치한다.
통기관의 봉수파괴 방지방법
• 자기사이펀 작용, 유도사이펀 작용(흡출 작용, 감압 흡인 작용), 토출 작용(역압 분출 작용) : 통기관 설치
• 증발 현상 : 기름을 흘려보내서 유막 형성, 자주 사용
• 관성에 의한 파괴 : 격자 석쇠 설치

67 겨울철 주택의 단열 및 결로에 관한 설명으로 옳지 않은 것은?

① 실내측 벽 표면온도가 실내공기의 노점온도보다 높은 경우 표면결로는 발생하지 않는다.
② 벽체 내부로 수증기 침입을 억제할 경우 내부결로 방지에 효과적이다.
③ 단열이 잘 된 벽체에서는 내부결로는 발생하지 않으나 표면결로는 발생하기 쉽다.
④ 단층 유리보다 복층 유리의 사용이 단열에 유리하다.

해설
단열이 잘 된 벽체는 열의 이동을 차단하는 성능이 좋으며 내부결로 및 표면결로가 잘 발생하지 않는다.

68 전력부하 산정에서 수용률 산정방법으로 옳은 것은?

① (부등률/설비용량)×100%
② (최대 수용전력/부등률)×100%
③ (최대 수용전력/설비용량)×100%
④ (부하 각개의 최대 수용전력 합계/각 부하를 합한 최대 수용전력)×100%

해설
수용률(수요율)
- 최대 수용전력과 설비용량의 비를 말한다.
- 수용률 = (최대 수용전력/설비용량)×100%

69 도시가스 배관 시공에 관한 설명으로 옳지 않은 것은?

① 건물 내에서는 반드시 은폐배관으로만 시공한다.
② 배관 도중에 신축 흡수를 위한 이음을 한다.
③ 건물의 주요구조부를 관통하지 않도록 한다.
④ 건물의 규모가 크고 배관 연장이 길 경우는 계통을 나누어 배관한다.

해설
도시가스 배관은 건물 내에 설치할 경우에는 매립과 은폐배관을 겸해서 설치한다.
매립배관과 은폐배관
- 매립배관 : 건축물의 천장, 벽, 바닥 속에 설치되는 배관
- 은폐배관 : 건축물 내 천장, 벽체, 바닥 등의 공간에 외부에서 배관이 보이지 않게 설치된 배관(배관의 점검·교체 등이 가능한 배관)

70 일사에 관한 설명으로 옳지 않은 것은?

① 일사에 의한 건물의 수열은 방위에 따라 차이가 있다.
② 추녀와 차양은 창면에서의 일사조절 방법으로 사용된다.
③ 블라인드, 루버, 롤스크린은 계절이나 시간, 실내의 사용상황에 따라 일사를 조절할 수 있다.
④ 일사조절의 목적은 일사에 의한 건물의 수열이나 흡열을 작게 하여 동계의 실내 기후의 악화를 방지하는 데 있다.

해설
일사조절의 목적
- 건물의 열 획득을 감소시킴으로써 여름철 냉방부하를 저감하는 동시에 자연채광 및 자연환기를 유지한다.
- 겨울철 일사량을 증가시키면 난방부하가 저감된다.

71 간접가열식 급탕설비에 관한 설명으로 옳지 않은 것은?

① 가열 보일러는 난방용 보일러와 겸용할 수 있다.
② 비교적 안정된 급탕을 할 수 있다.
③ 보일러 내면에 스케일이 많이 생긴다.
④ 대규모 급탕설비에 적당하다.

해설
간접가열식은 직접가열식에 비해 보일러 내면에 스케일이 적게 생긴다.
직접가열식과 간접가열식 급탕설비 비교

구 분	직접가열식	간접가열식
가열장소	온수보일러	저탕조
보일러	급탕용 보일러 난방용 보일러	난방용 보일러로 급탕까지 가능
저탕조 내의 가열코일	불필요	필 요
보일러 내의 스케일	많다.	적다.
보일러 내의 압력	고 압	저 압
열효율	유 리	불 리
규 모	중소규모 건물	대규모 건물

72 경질 비닐관 공사에 관한 설명으로 옳은 것은?

① 절연성과 내식성이 강하다.
② 자성체이며 금속관보다 시공이 어렵다.
③ 온도 변화에 따라 기계적 강도가 변하지 않는다.
④ 부식성 가스가 발생하는 곳에는 사용할 수 없다.

해설
경질 비닐관 공사
- 절연성, 내식성이 뛰어나다.
- 중량이 가볍고 시공이 용이하다.
- 열에 약하고 기계적 강도가 낮다.
- 화학공장, 연구실 배선에 적합하다.

73 냉방설비의 냉각탑에 관한 설명으로 옳은 것은?

① 열에너지에 의해 냉동효과를 얻는 장치
② 냉동기의 냉각수를 재활용하기 위한 장치
③ 임펠러의 원심력에 의해 냉매가스를 압축하는 장치
④ 물과 브롬화리튬 혼합용액으로부터 냉매인 수증기와 흡수제인 LiBr로 분리시키는 장치

해설
① : 냉동기, ③ : 압축기, ④ : 재생기
냉각탑 : 응축기용 냉각수를 재사용하기 위해 대기와 접촉시켜서 물을 냉각하는 장치이다.

74 공기조화설비의 에너지 절약방법 중 폐열을 회수하여 이용하는 방식은?

① 변유량 방식
② 외기냉방 방식
③ 전열교환 방식
④ 전력수요제어 방식

해설
폐열회수형 환기장치(전열교환기)를 통해 실내 열에너지를 회수하여 도입 외기공기에 공급함으로써 실내온도와 가까운 온도의 바깥공기가 도입됨에 따라 에너지 손실을 크게 절감할 수 있다.

75 소방시설은 소화설비, 경보설비, 피난구조설비, 소화용수설비, 소화활동설비로 구분할 수 있다. 다음 중 소화활동설비 속하는 것은?

① 제연설비
② 비상방송설비
③ 스프링클러설비
④ 자동화재탐지설비

해설
②, ④ : 경보설비이다.
③ : 소화설비이다.
소화활동설비
- 화재를 진압하거나 인명구조활동을 위하여 사용하는 설비
- 종류 : 제연설비, 연결살수설비, 연결송수관설비, 비상콘센트설비, 무선통신보조설비, 연소방지설비

76 크로스 커넥션(Cross Connection)에 관한 설명으로 가장 알맞은 것은?

① 관로 내의 유체의 유동이 급격히 변화하여 압력 변화를 일으키는 것
② 상수의 급수·급탕계통과 그 외의 계통 배관이 장치를 통하여 직접 접속되는 것
③ 겨울철 난방을 하고 있는 실내에서 창을 타고 차가운 공기가 하부로 내려오는 현상
④ 급탕·반탕관의 순환거리를 각 계통에 있어서 거의 같게 하여 전 계통의 탕의 순환을 촉진하는 방식

해설
크로스 커넥션(Cross Connection) : 급수계통(상수)과 급수계통 이외의 배관이 교차·접속되어, 상수 수돗물과 상수 이외 물질이 혼입되는 오염현상이다.

정답 72 ① 73 ② 74 ③ 75 ① 76 ②

77 고속덕트에 관한 설명으로 옳지 않은 것은?

① 원형 덕트의 사용이 불가능하다.
② 동일한 풍량을 송풍할 경우 저속덕트에 비해 송풍기 동력이 많이 든다.
③ 동일한 풍량을 송풍할 경우 저속덕트에 비해 덕트의 단면치수가 작아도 된다.
④ 공장이나 창고 등과 같이 소음이 별로 문제가 되지 않는 곳에 사용된다.

> **해설**
> 고속덕트는 원형 덕트의 사용이 가능하며, 소음이 문제되지 않는 공장 등에 사용된다.

78 가스사용시설의 가스계량기의 설명으로 옳지 않은 것은?

① 가스계량기와 전기점멸기와의 거리는 30cm 이상 유지하여야 한다.
② 가스계량기와 전기계량기와의 거리는 60cm 이상 유지하여야 한다.
③ 가스계량기와 전기개폐기와의 거리는 60cm 이상 유지하여야 한다.
④ 공동주택의 경우 가스계량기는 일반적으로 대피공간이나 주방에 설치한다.

> **해설**
> 가스계량기와 전기기기 이격거리
> • 전기계량기, 전기개폐기 : 60cm 이상
> • 굴뚝, 전기점멸기 및 전기접속기 : 30cm 이상
> • 절연조치를 하지 아니한 전선과의 거리 : 15cm 이상
> 가스계량기 설치 위치
> • 화기, 습기로 부터 멀리해야 한다.
> • 햇빛·비바람이 직접 닿지 않는 곳에 설치한다.
> • 검침, 검사, 교환에 지장이 없는 곳에 설치한다.
> • 보일러실, 대피 공간 안에는 설치하지 않는다.
> • 진동이 없는 장소에 설치한다.

79 온수난방에 관한 설명으로 옳지 않은 것은?

① 증기난방에 비해 보일러의 취급이 비교적 쉽고 안전하다.
② 동일 방열량인 경우 증기난방보다 관지름을 작게 할 수 있다.
③ 증기난방에 비해 난방부하의 변동에 따른 온도조절이 용이하다.
④ 보일러 정지 후에도 여열이 남아 있어 실내 난방이 어느 정도 지속된다.

> **해설**
> 증기난방에 비해 온수의 흐름으로 인해 관지름이 커지며 방열기의 면적도 크다.

80 간접조명기구에 관한 설명으로 옳지 않은 것은?

① 발산광속 중 상향광속이 90~100% 정도이다.
② 매우 넓은 면적이 광원으로서의 역할을 한다.
③ 직사 눈부심이 없다.
④ 천장, 벽면 등은 빛이 잘 흡수되는 색과 재료를 사용하여야 한다.

> **해설**
> 천장, 벽면 등은 빛이 잘 반사되는 색과 재료를 사용하여야 한다.
> 간접조명
> • 조명(광원)의 천장이나 벽면에 의한 반사에 유의한다.
> • 상향광속이 90% 이상, 하향광속이 10% 이하이다.
> • 벽이나 천장 재료는 빛의 반사에 영향이 주며 흡수되지 않도록 한다.
> • 조도분포가 균일하고 차분한 분위기를 얻을 수 있다.
> • 조명효율은 낮고 입체감이 약하다.

정답 77 ① 78 ④ 79 ② 80 ④

제5과목 건축관계법규

81 다음은 승용 승강기의 설치에 관한 기준 내용이다. 밑줄 친 "대통령령으로 정하는 건축물"에 대한 기준 내용으로 옳은 것은?

> 건축주는 6층 이상으로서 연면적이 2,000㎡ 이상인 건축물(대통령령으로 정하는 건축물은 제외한다)을 건축하려면 승강기를 설치하여야 한다.

① 층수가 6층인 건축물로서 각 층 거실의 바닥면적 300㎡ 이내마다 1개소 이상의 직통계단을 설치한 건축물
② 층수가 6층인 건축물로서 각 층 거실의 바닥면적 500㎡ 이내마다 1개소 이상의 직통계단을 설치한 건축물
③ 층수가 10층인 건축물로서 각 층 거실의 바닥면적 300㎡ 이내마다 1개소 이상의 직통계단을 설치한 건축물
④ 층수가 10층인 건축물로서 각 층 거실의 바닥면적 500㎡ 이내마다 1개소 이상의 직통계단을 설치한 건축물

[해설]
승용 승강기의 설치(건축법 시행령 제89조)
층수가 6층인 건축물로서 각 층 거실의 바닥면적 300㎡ 이내마다 1개소 이상의 직통계단을 설치한 건축물을 말한다.

82 주요구조부가 내화구조 또는 불연재료로 된 층수가 16층 이상인 공동주택의 경우, 피난층 외의 층에서 피난층 또는 지상으로 통하는 직통계단을 거실의 각 부분으로부터 보행거리가 최대 얼마 이하가 되도록 설치하여야 하는가?(단, 계단은 거실로부터 가장 가까운 거리에 있는 계단을 말한다)

① 20m ② 30m
③ 40m ④ 75m

[해설]
직통계단의 설치(건축법 시행령 제34조)
• 주요구조부가 내화구조, 불연재료일 경우 : 50m 이하
• 16층 이상 공동주택 : 40m 이하

83 다음 중 건축물의 대지에 공개공지 또는 공개공간을 확보하여야 하는 대상 건축물에 속하는 것은? (단, 일반주거지역의 경우)

① 업무시설로서 해당 용도로 쓰는 바닥면적의 합계가 4,000㎡인 건축물
② 숙박시설로서 해당 용도로 쓰는 바닥면적의 합계가 3,000㎡인 건축물
③ 문화 및 집회시설로서 해당 용도로 쓰는 바닥면적의 합계가 4,000㎡인 건축물
④ 종교시설로서 해당 용도로 쓰는 바닥면적의 합계가 5,000㎡인 건축물

[해설]
공개공지 등의 확보 대상 건축물
바닥면적 합계 5,000㎡ 이상인 다음의 용도
• 문화 및 집회시설
• 종교시설
• 판매시설(농수산물 유통시설 제외)
• 운수시설(여객용 시설)
• 업무시설
• 숙박시설

84 시설물의 부지 인근에 부설주차장을 설치하는 경우, 해당 부지의 경계선으로부터 부설주차장의 경계선까지의 거리 기준으로 옳은 것은?

① 직선거리 200m 이내
② 도보거리 300m 이내
③ 직선거리 500m 이내
④ 도보거리 1,000m 이내

해설
당해 부지의 경계선으로부터 부설주차장의 경계선까지의 직선거리 300m 이내 또는 도보거리 600m 이내

85 국토의 계획 및 이용에 관한 법령상 광장, 공원, 녹지, 유원지, 공공공지가 속하는 기반시설은?

① 교통시설　② 환경기초시설
③ 공간시설　④ 공공·문화체육시설

해설
기반시설의 종류
- 교통시설 : 도로, 철도, 공항
- 공간시설 : 광장, 공원, 녹지 등
- 환경기초시설 : 하수도, 폐기물처리시설, 수질오염 방지시설, 폐차장 등
- 공공·문화체육시설 : 학교, 운동장, 공공청사, 문화시설, 체육시설 등

86 건축물의 옥상에 60m²의 옥상조경을 설치하고 대지에 100m²의 조경을 설치한 경우 조경면적으로 산정받을 수 있는 전체 조경면적은?(단, 이 건축물에 설치하여야 하는 조경면적은 100m²이다)

① 120m²　② 140m²
③ 150m²　④ 160m²

해설
지상 100m² + (옥상 60m² × 2/3) = 140m²

87 같은 건축물 안에 공동주택과 위락시설을 함께 설치하고자 하는 경우에 관한 기준 내용으로 옳지 않은 것은?

① 건축물의 주요구조부를 내화구조로 할 것
② 공동주택의 출입구와 위락시설의 출입구는 서로 그 보행거리가 30m 이상이 되도록 설치할 것
③ 공동주택과 위락시설은 내화구조로 된 바닥 및 벽으로 구획하여 서로 차단할 것
④ 공동주택과 위락시설은 서로 이웃하도록 배치할 것

해설
공동주택과 위락시설 등은 같은 건축물 안에는 함께 설치할 수 없다.
복합용도의 제한 원칙
같은 건축물 안에는 다음 "1"란의 용도와 "2"란의 용도를 함께 설치할 수 없다.

"1" 공동주택 등	"2" 위락시설 등
• 의료시설 • 노유자시설(아동 관련 시설 및 노인복지시설만 해당) • 공동주택 • 장례식장 • 제1종 근린생활시?(산후조리원만 해당)	• 위락시설 • 위험물 저장 및 처리시설 • 공장 • 자동차 관련 시설(정비공장에 한함)

정답 84 ② 85 ③ 86 ② 87 ④

88 다음 중 특별건축구역으로 지정할 수 있는 사업구역에 속하지 않는 것은?

① 도로법에 따른 접도구역
② 도시개발법에 따른 도시개발구역
③ 택지개발촉진법에 따른 택지개발사업구역
④ 공공기관 지방이전에 따른 혁신도시 건설 및 지원에 관한 특별법에 따른 혁신도시의 사업구역

해설
도로법에 따른 접도구역은 특별건축구역으로 지정할 수 없다.
특별건축구역
- 조화롭고 창의적인 건축물의 건축을 통하여 도시경관의 창출, 건설기술 수준향상 및 건축 관련 제도개선을 도모하기 위해 건축법에 의해 특별히 지정되는 구역
- 특별건축구역으로 지정된 지역 안에서 건축법 규정 특례 적용 가능 건축물을 심의를 거쳐 건축하는 경우에는 건폐율, 건축물의 높이, 일조권 등 건축규제가 완화 또는 통합 적용
- 다음 지역·구역 등에는 특별건축구역으로 지정할 수 없다.
  - 개발제한구역
  - 자연공원
  - 접도구역
  - 보전산지
  - 군사기지 및 군사시설 보호구역

89 건축물의 건축 시 허가 대상 건축물이라 하더라도 미리 특별 자치시장·특별 자치도 지사 또는 시장·군수·구청장에게 국토교통부령으로 정하는 바에 따라 신고를 하면 건축허가를 받은 것으로 보는 소규모 건축물의 연면적 기준은?

① 연면적의 합계가 $100m^2$ 이하인 경우
② 연면적의 합계가 $150m^2$ 이하인 경우
③ 연면적의 합계가 $200m^2$ 이하인 경우
④ 연면적의 합계가 $300m^2$ 이하인 경우

해설
건축신고 - 소규모 건축물(건축법 시행령 제11조 제3항)
- 연면적 합계 $100m^2$ 이하
- 건축물 높이 3m 이하 범위 안에서 증축
- 표준설계도서에 의하여 건축하는 건축물로서 용도 미관상 지장이 없다고 건축조례로 정하는 건축물

90 건축법령에 따른 고층 건축물의 정의로 옳은 것은?

① 층수가 30층 이상이거나 높이가 90m 이상인 건축물
② 층수가 30층 이상이거나 높이가 120m 이상인 건축물
③ 층수가 50층 이상이거나 높이가 150m 이상인 건축물
④ 층수가 50층 이상이거나 높이가 200m 이상인 건축물

해설
- 초고층 건축물(건축법 시행령 제2조) : 층수가 50층 이상이거나 높이가 200m 이상
- 고층 건축물(건축법 제2조) : 층수가 30층 이상이거나 높이가 120m 이상

91 지방건축위원회의 심의사항에 속하지 않는 것은?

① 건축선의 지정에 관한 사항
② 다중이용건축물의 구조안전에 관한 사항
③ 특수구조건축물의 구조안전에 관한 사항
④ 경관지구 내의 건축물의 건축에 관한 사항

해설
지방건축위원회의 심의사항(건축법 시행령 제5조의5 제1항)
- 건축선(建築線)의 지정에 관한 사항
- 조례의 제정·개정 및 시행에 관한 중요 사항
- 다중이용 건축물 및 특수구조건축물의 구조안전에 관한 사항
- 분양을 목적으로 하는 건축물로서 건축조례로 정하는 용도 및 규모에 해당하는 건축물의 건축에 관한 사항
- 다른 법령에서 지방건축위원회의 심의를 받도록 한 경우 해당 법령에서 규정한 심의사항
- 건축조례로 정하는 건축물의 건축 등에 관한 것으로서 특별시장·광역시장·특별자치시장·도지사 또는 특별자치도지사 및 시장·군수·구청장이 지방건축위원회의 심의가 필요하다고 인정한 사항

92 건축법령에 따라 건축물의 경사지붕 아래에 설치하는 대피 공간에 관한 기준 내용으로 옳지 않은 것은?

① 특별피난계단 또는 피난계단과 연결되도록 할 것
② 관리사무소 등과 긴급 연락이 가능한 통신시설을 설치할 것
③ 대피 공간의 면적은 지붕 수평투영면적의 20분의 1 이상일 것
④ 출입구는 유효너비 0.9m 이상으로 하고, 그 출입구에는 60분+방화문 또는 60분 방화문을 설치할 것

해설
대피 공간의 면적은 지붕 수평투영면적의 10분의 1 이상이어야 한다.

93 용도지역에 따른 건폐율의 최대 한도가 옳지 않은 것은?(단, 도시지역의 경우)

① 녹지지역 : 30% 이하
② 주거지역 : 70% 이하
③ 공업지역 : 70% 이하
④ 상업지역 : 90% 이하

해설
녹지지역 건폐율 : 20% 이하

94 자연녹지지역으로서 노외주차장을 설치할 수 있는 지역에 속하지 않는 것은?

① 토지의 형질변경 없이 주차장의 설치가 가능한 지역
② 주차장 설치를 목적으로 토지의 형질변경 허가를 받은 지역
③ 택지개발사업 등의 단지조성사업 등에 따라 주차수요가 많은 지역
④ 하천구역 및 공유수면으로서 주차장이 설치되어도 해당 하천 및 공유수면의 관리에 지장을 주지 아니하는 지역

해설
③항에 관계된 내용 : 단지조성사업 등으로 설치되는 노외주차장에는 경형자동차를 위한 전용 주차구획과 환경친화적 자동차를 위한 전용 주차구획을 총주차대수의 10% 이상 설치해야 한다.
노외주차장의 설치 가능한 지역(주차장법 시행규칙 제5조 제3호)
• 노외주차장을 설치하는 지역은 녹지지역이 아닌 지역이어야 한다.
• 자연녹지지역으로서 다음의 경우에는 제외한다.
 – 하천구역 및 공유수면으로서 주차장이 설치되어도 해당 하천 및 공유수면의 관리에 지장을 주지 아니하는 지역
 – 토지의 형질변경 없이 주차장의 설치가 가능한 지역
 – 주차장의 설치를 목적으로 토지의 형질변경 허가를 받은 지역
 – 시장(특별시장 및 광역시장 포함)·군수·구청장이 특히 주차장의 설치가 필요하다고 인정하는 지역

95 급수, 배수, 환기, 난방설비를 건축물에 설치하는 경우, 건축기계설비기술사 또는 공조냉동기계기술사의 협력을 받아야 하는 대상 건축물에 속하지 않는 것은?

① 아파트
② 연립주택
③ 기숙사로서 해당 용도에 사용되는 바닥면적의 합계가 2,000m² 인 건축물
④ 업무시설로서 해당 용도에 사용되는 바닥면적의 합계가 2,000m² 인 건축물

해설
업무시설, 연구소, 판매시설의 경우 바닥면적 합계 3,000m² 이상인 경우에 해당 관계 전문기술자에게 협력을 받아야 한다.

96 국토의 계획 및 이용에 관한 법률상 다음과 같이 정의되는 것은?

> 도시·군계획 수립 대상 지역의 일부에 대하여 토지이용을 합리화하고 그 기능을 증진시키며 미관을 개선하고 양호한 환경을 확보하며, 그 지역을 체계적·계획적으로 관리하기 위하여 수립하는 도시·군관리계획

① 광역도시계획
② 지구단위계획
③ 도시·군기본계획
④ 입지규제최소구역계획

해설
지구단위계획에 대한 설명이다.

97 건축물의 면적, 높이 및 층수 산정의 기본 원칙으로 옳지 않은 것은?

① 대지면적은 대지의 수평투영면적으로 한다.
② 연면적은 하나의 건축물 각 층의 거실면적의 합계로 한다.
③ 건축면적은 건축물의 외벽(외벽이 없는 경우에는 외각 부분의 기둥)의 중심선으로 둘러싸인 부분의 수평투영면적으로 한다.
④ 바닥면적은 건축물의 각 층 또는 그 일부로서 벽, 기둥, 그 밖에 이와 비슷한 구획의 중심선으로 둘러싸인 부분의 수평투영면적으로 한다.

해설
연면적은 하나의 건축물의 각 층 바닥면적 합계로 한다.

98 다음 중 건축물 관련 건축기준의 허용되는 오차의 범위(%)가 가장 큰 것은?

① 평면길이   ② 출구너비
③ 반자높이   ④ 바닥판 두께

해설
• 건축물의 높이, 평면길이, 출구너비, 반자높이 : 2% 이내
• 벽체 및 바닥판 두께 : 3% 이내

99 다음은 건축법상 리모델링에 대비한 특례 등에 관한 내용이다. 밑줄 친 기준 내용에 속하지 않는 것은?

> 리모델링이 쉬운 구조의 공동주택의 건축을 촉진하기 위해 공동 주택을 대통령령으로 정하는 구조로 하여 건축허가를 신청하면 <u>제56조, 제60조 및 제61조에 따른 기준</u>을 100분의 120의 범위에서 대통령령으로 정하는 비율로 완화하여 적용할 수 있다.

① 건축물의 건폐율
② 건축물의 용적률
③ 건축물의 높이 제한
④ 일조 등의 확보를 위한 건축물의 높이 제한

해설
리모델링에 대비한 특례(건축법 제8조)
리모델링이 쉬운 구조의 공동주택의 건축을 촉진하기 위하여 공동주택을 대통령령으로 정하는 구조로 하여 건축허가를 신청하면 제56조(건축물의 용적률), 제60조(건축물의 높이 제한) 및 제61조(일조 등의 확보를 위한 건축물의 높이 제한)에 따른 기준을 100분의 120의 범위에서 대통령령으로 정하는 비율로 완화하여 적용할 수 있다.

100 태양열을 주된 에너지원으로 이용하는 주택의 건축면적 산정 시 기준이 되는 것은?

① 건축물 외벽의 외곽선
② 건축물의 외벽 중 내측 내력벽의 중심선
③ 건축물의 외벽 중 외측 비내력벽의 중심선
④ 건축물 외벽의 내력벽과 비내력벽의 경계선

해설
태양열을 주된 에너지원으로 이용하는 주택의 건축면적은 건축물의 외벽 중 내측 내력벽의 중심선을 기준으로 한다.

참 / 고 / 문 / 헌

- 김태훈 외, 「건축구조」, 성안당, 2019

- 민영기, 「건축계획(학)」, 미래가치, 2020

- 민영기, 「건축계획(학)」, 박문각, 2006

- 민영기 외, 「건축관계법규 해설」, 예문사, 2018

- 정규영 외, 「건축시공」, 성안당, 2019

참 / 고 / 사 / 이 / 트

- 국가법령정보센터(http://www.law.go.kr)

Win-Q 건축기사 필기

개정4판1쇄 발행	2025년 01월 10일 (인쇄 2024년 11월 26일)
초 판 발 행	2021년 01월 05일 (인쇄 2020년 10월 30일)
발 행 인	박영일
책 임 편 집	이해욱
편 저	민영기
편 집 진 행	윤진영 · 김달해
표지디자인	권은경 · 길전홍선
편집디자인	정경일 · 박동진
발 행 처	(주)시대고시기획
출 판 등 록	제10-1521호
주 소	서울시 마포구 큰우물로 75 [도화동 538 성지 B/D] 9F
전 화	1600-3600
팩 스	02-701-8823
홈 페 이 지	www.sdedu.co.kr
I S B N	979-11-383-8245-8(13540)
정 가	36,000원

※ 저자와의 협의에 의해 인지를 생략합니다.
※ 이 책은 저작권법에 의해 보호를 받는 저작물이므로 동영상 제작 및 무단전재와 복제를 금합니다.
※ 잘못된 책은 구입하신 서점에서 바꾸어 드립니다.

윙크
Win Qualification의 약자로서
자격증 도전에 승리하다의
의미를 갖는 시대에듀
자격서 브랜드입니다.

시대에듀

Win-Q 시리즈
단기 합격을 위한 완전 학습서

기술자격증 도전에 승리하다!

자격증 취득에 승리할 수 있도록
Win-Q시리즈가 완벽하게 준비하였습니다.

빨간키
핵심요약집으로
시험 전 최종점검

핵심이론
시험에 나오는 핵심만
쉽게 설명

빈출문제
꼭 알아야 할 내용을
다시 한번 풀이

기출문제
시험에 자주 나오는
문제유형 확인

NAVER 카페 대자격시대 - 기술자격 학습카페 cafe.naver.com/sidaestudy / 응시료 지원이벤트

시대에듀가 만든
기술직 공무원 합격 대비서

테크 바이블 시리즈!
TECH BIBLE SERIES

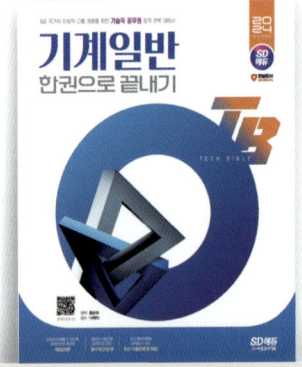

기술직 공무원 기계일반
별판 | 24,000원

기술직 공무원 기계설계
별판 | 24,000원

기술직 공무원 물리
별판 | 23,000원

기술직 공무원 화학
별판 | 21,000원

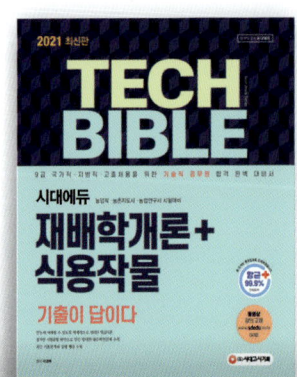

기술직 공무원 재배학개론+식용작물
별판 | 35,000원

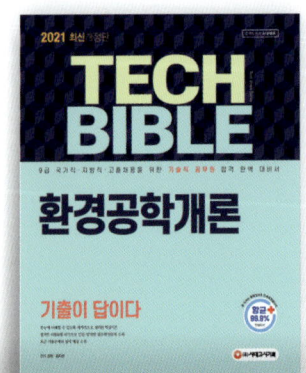

기술직 공무원 환경공학개론
별판 | 21,000원

www.sdedu.co.kr

한눈에 이해할 수 있도록 체계적으로 정리한 **핵심이론**

철저한 시험유형 파악으로 만든 **필수확인문제**

국가직·지방직 등 최신 기출문제와 상세 해설

기술직 공무원 건축계획
별판 | 30,000원

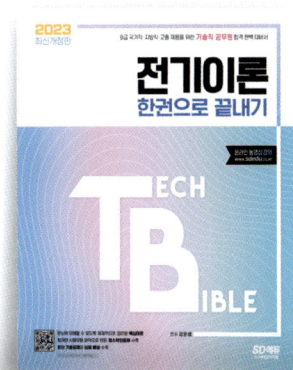

기술직 공무원 전기이론
별판 | 23,000원

기술직 공무원 전기기기
별판 | 23,000원

기술직 공무원 생물
별판 | 20,000원

기술직 공무원 임업경영
별판 | 20,000원

기술직 공무원 조림
별판 | 20,000원

※도서의 이미지와 가격은 변경될 수 있습니다.